Die Grundlehren der mathematischen Wissenschaften

in Einzeldarstellungen
mit besonderer Berücksichtigung
der Anwendungsgebiete

Band 133

Geometrische Ordnungen

Otto Haupt und Hermann Künneth

Professoren an der Universität
Erlangen-Nürnberg

Mit 20 Abbildungen

Springer-Verlag Berlin Heidelberg GmbH 1967

ISBN 978-3-662-39150-1 ISBN 978-3-662-40135-4 (eBook)
DOI 10.1007/978-3-662-40135-4

Ursprünglich erschienen bei Springer-Verlag Berlin Heidelberg New York 1967.

Library of Congress Catalog Card Number 67-10647

Titelnummer 5116

Vorwort

Die Fragestellungen aus dem Gebiet der geometrischen Ordnungen (französisch: "géométrie finie") sind erwachsen aus solchen der algebraischen Geometrie und der Differentialgeometrie, und zwar aus dem Bestreben, den geometrischen Gehalt einschlägiger Sätze herauszuschälen; man gelangt dabei vielfach zu topologischen Problemen. Aus den in vielen Zeitschriften verstreuten Arbeiten über geometrische Ordnungen soll hier erstmals eine Auswahl gegeben werden, wobei wir auch einige neue Sätze sowie noch unveröffentlichte Beweise für ältere Sätze bringen. Eine zusammenfassende Darstellung aller bisherigen Ergebnisse hätte den zur Verfügung stehenden Raum weit überschritten. Um aber einen, wenn auch nicht vollständigen Überblick wenigstens über neuere Untersuchungen zu geben, werden im letzten Teil des Buches Berichte über Arbeiten von D. DERRY (Vancouver), F. FABRICIUS-BJERRE (Kopenhagen), A. MARCHAUD (Paris) und P. SCHERK (Toronto) gebracht; wir möchten den eben genannten Herren auch an dieser Stelle herzlichst danken für die große Liebenswürdigkeit, mit der sie uns bei der Abfassung dieser Berichte geholfen haben. Bezüglich älterer Arbeiten, insbesondere der von C. JUEL und G. v. SZ.-NAGY, auch über Flächen, kann auf den ausführlichen Bericht des letzteren im 53. Bd. (1943) der Jahresberichte der Deutschen Mathematiker-Vereinigung verwiesen werden. Herrn H.-J. KOWALSKY verdanken wir einige Bemerkungen zum Abschn. 1.1.1. Schließlich gilt unser Dank Herrn Professor Dr. F. K. SCHMIDT für die Aufforderung, das Buch zu schreiben, sowie dem Verlag für sein Entgegenkommen unseren Wünschen gegenüber.

Erlangen, im September 1966 HAUPT KÜNNETH

Inhaltsverzeichnis

II. Probleme in n-dimensionalen und allgemeineren Räumen

III. Ergänzungen

Verwendete Symbole

$\prec \succ$ 8

$\not{B}$ 8, 233
$B(a|b)$ 8
$B \circ K$ 38
$B \frown \mathfrak{k}$, $B \circ \mathfrak{k}$ 39

$\boldsymbol{C}$ K, $\boldsymbol{C}$(K) 54

E_0 54
$E_0(K;\ \pm)$ 54, 351

$H(T_s(j_1), \ldots, T_s(j_m))$ 274

IK 269

$K(L;\ \pm)$ 361
$K(\pm,\ G)$ 9
$K(\alpha)$, $K(\alpha;\ U)$, $K(\alpha;\ U;\ \Gamma^{\upsilon})$ 15
KOW($M \frown K$), KOW(M; $\mathfrak{k}$),
schwKOW(M; $\mathfrak{k}$) 18
KOW($T(B)$; $\mathfrak{h}$) 234
$kH(M)$ 57, 243
Kh(x; K; $\pm$), Kh(x; y) 56
KI(C), KI(C; $\mathfrak{k}$) 107, 116
$Kl(z;\ C)$ 114
$Kl(C)$ 116
$Kl(G;C)$ 116
$\mathfrak{k}(z)$, $\mathfrak{k}h(z)$ 56

$L(M)$ 232
L_k, Lh_k 232, 233

mKI 117

OCh 9

OW 170
OW(x; B; $\mathfrak{k}$) 170
OW(x) 34

PI(C), PI(C; $\mathfrak{k}$) 107
POW($M \frown K$), POW(M; $\mathfrak{k}$)
schwPOW(M; $\mathfrak{k}$) 18
POW(x; M; $\mathfrak{k}$) 100
POW($T(B)$; $\mathfrak{h}$) 234
$\pi(t)$ 233

$\mathfrak{R}(M)$, $\mathfrak{R}(M;p)$ 232, 233

$S_k(t_0;\ B)$, $vSh_k(t_0;\ B)$, $hSh_k(t_0;\ B)$
261
vSKS, hSKS 316, 317
SKS 318
$\mathfrak{S}(i_0, \ldots, i_j)$, $\mathfrak{S}(i_0, \ldots, i_j)$ 268
$S_1(M)$, $S_1(p;M)$ 305
$\tilde{S}_t(i;\ \varrho)$ 275
$S(x,y)$ 38
StI(B; $\mathfrak{k}$) 234
StOW(B; $\mathfrak{h}$) 234

$T(B)$ 233
$T_k(t)$, $vT_k(t)$, $hT_k(t)$, $Th_k(t)$,
$vTh_k(t)$, $hTh_k(t)$ 236, 237, 317
$Th_v(a;B)$, $Th_h(a:B)$ 63
t(x) 145
$(t, f(t))$ 112
$\{t, p(t)\}$ 233
$Tr(t)$, $Tr(\tau)$ 112

$U_P(M;\varepsilon)$, $U_{\mathfrak{F}}(A;\varepsilon)$ 351

Einleitung

Die vorliegende Schrift ist Problemen aus dem Gebiet der sog. geometrischen Ordnungen gewidmet. Es handelt sich dabei um Fragen, die durch geometrische, genauer topologische Verallgemeinerung algebraischer und differentialgeometrischer Sachverhalte inauguriert wurden. Dies soll zunächst an ein paar einfachen Beispielen erläutert werden.

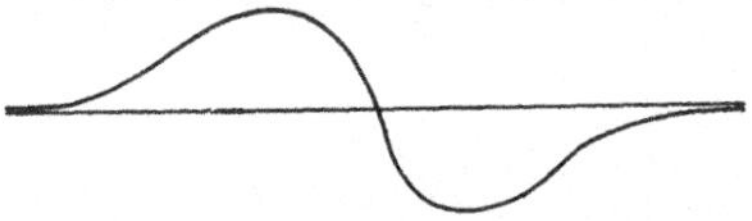

Fig. 1

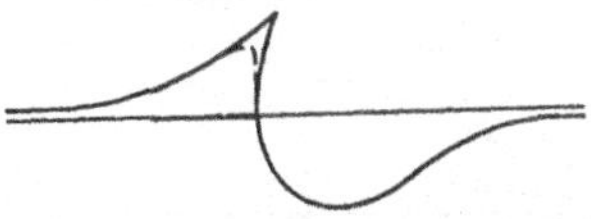

Fig. 2

E.1. Wir gehen aus von den „gestaltlichen Eigenschaften" der reellen, ebenen, algebraischen Kurven 3. Grades. Dabei heißt eine algebraische Kurve 3. Grades C_3 „reell", wenn sie in der projektiven Ebene P_2 definiert ist als Nullstellengebilde einer Form 3. Grades mit reellen Koeffizienten (bezüglich homogener Koordinaten vgl. z. B. Burau [*1*], § 6). Da wir es hier nur mit der Menge C_3^r der reellen Punkte einer (reellen) C_3 in der reellen P_2 zu tun haben, ist hier stets ein solches C_3^r gemeint, wenn wir von einer C_3 sprechen.

Man weiß nun seit Newton [*1*] unter anderem: Eine nicht zerfallende einteilige C_3 ohne Doppelpunkt besitzt entweder 3 (reelle) Wendepunkte w_i, $i = 1, 2, 3$, oder 1 Dornspitze und dazu 1 Wendepunkt w (vgl. den ungefähren Verlauf solcher C_3 in Fig. 1 bzw. 2; dabei ist die uneigentliche Gerade so gewählt, daß sie mit der C_3 genau einen (Schnitt-) Punkt gemeinsam hat). Ferner besitzt eine nicht zerfallende einteilige C_3 höchstens einen Doppelpunkt d und dann genau einen Wendepunkt w (vgl. Fig. 3). Nicht zerfallende zweiteilige C_3 bestehen aus einer einteiligen C_3 mit 3 Wendepunkten und aus einem Oval, d. h. aus einer konvexen Kurve, welches auch in einen (isolierten) Punkt ausarten kann (vgl. Fig. 4).

E.2. Man kann diese „Gestalten" der nicht zerfallenden C_3 rein geometrisch beschreiben, das soll heißen ohne Bezugnahme auf ein Koordinatensystem und auf die Definition der Kurven als algebraischer. Die (nicht zerfallenden) einteiligen C_3 ohne Doppelpunkt, d. h. geometrisch gesprochen ohne Verzweigungspunkt, erscheinen dabei als Vereinigungen von 3 bzw. 2 Konvexbogen, je nachdem 3 Wendepunkte w_i oder 1 Dornspitze s und 1 Wendepunkt w vorhanden sind; die Endpunkte dieser 3 bzw. 2 Konvexbogen sind die w_i bzw. s und w (bei unserer Wahl der uneigentlichen Geraden enthält einer der Konvexbogen in seinem Innern einen uneigentlichen Punkt). Besitzt die C_3 einen Verzweigungspunkt d, also genau einen Wendepunkt w, so läßt sich die C_3 beschreiben als Vereinigung eines Ovals, welches in d eine Ecke besitzt, mit 2 Konvexbogen, deren Endpunkte d und w sind. Bei zweiteiligen C_3 tritt zu einer einteiligen C_3 mit 3 Wendepunkten noch ein Oval oder ein isolierter Punkt. Es bedarf kaum des Hinweises, daß sich die Begriffe Konvexbogen, Wendepunkt, Spitze und Doppelpunkt rein geometrisch definieren lassen.

E.3. Die in E.2. angegebene Beschreibung der Gestalten der C_3 ist noch zu vervollständigen durch Angabe der nachstehenden geometrischen

Fig. 3

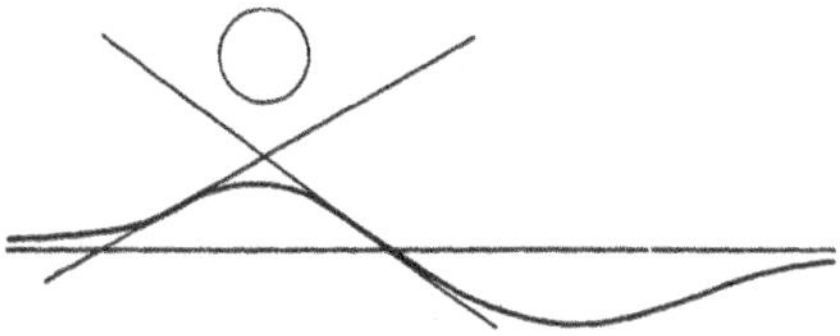

Fig. 4

Eigenschaft J^3, welche unmittelbar aus der (algebraischen) Definition der C_3 folgt: Jede Gerade (der reellen projektiven Ebene P_2) hat mit C_3 höchstens 3 Punkte gemeinsam und mit mindestens einer Geraden auch genau 3 Punkte; dabei wird jeder Punkt mit der Vielfachheit Eins gezählt, gleichgültig, ob es sich um Berührungspunkte, Wendepunkte, Spitzen oder Verzweigungspunkte handelt.

Nun hat Juel (vgl. [9]) entdeckt: Aus der Eigenschaft J^3 allein folgt schon die in E.2. geometrisch formulierte gestaltliche Klassifikation der reellen C_3; genauer: Jede einfache Kurve C in P_2 mit der Eigenschaft J^3 hat (bei geeigneter Wahl der uneigentlichen Geraden) eine der Gestalten in Fig. 1 oder 2. Und entsprechendes gilt für mehrteilige Kurven und für solche mit Verzweigungspunkt. Noch vorausgesetzt wird von Juel dabei, daß C erstens Vereinigung von endlich vielen Konvexbogen ist und zweitens, daß C stetige Tangente besitzt.

Später ergab sich (vgl. Haupt (im folgenden immer H. abgekürzt) [2] sowie S. Straszewicz, vgl. H. [7], S. 3, Fußn. 15), daß die Voraussetzung zweitens entbehrlich ist und daß erstens aus J^3 folgt. Existiert aber die Tangente nicht, so können an Stelle der Wendepunkte bzw. Dornspitzen allgemeiner Schnäbel bzw. Dorne auftreten (vgl. Näheres in Abschn. 3.2.2.).

Darüber hinaus hat A. MARCHAUD [2] allgemein ebene Kontinua und speziell also auch Bogen (nicht nur (geschlossene) Kurven) mit der Eigenschaft J^3 in Betracht gezogen. Unter anderem hat er gezeigt: Jedes Kontinuum in P_2 mit der Eigenschaft J^3 besitzt höchstens einen Verzweigungspunkt; und er hat die Gestalten dieser Kontinua bestimmt. Wie er ferner gezeigt hat, ist nicht jeder Bogen (mit J^3) Teilbogen einer Kurve (mit J^3). (Bezüglich weiterer neuer Fragestellungen in der Marchaudschen Arbeit vgl. III., 1 (c), 1.)

E.4. Die Betrachtungen in E.3. gehören zu einem, wenn man so sagen darf, Zwischengebiet zwischen der projektiven (reellen) Geometrie und der Topologie in der projektiven reellen Ebene P_2; denn der Begriff der Geraden gehört zur ersteren, der des Kontinuums (und der Kurve) aber zur letzteren. Es läßt sich aber auch die projektive Geometrie aus der Fragestellung und ihrer Behandlung eliminieren. Was nämlich aus der projektiven Geometrie herangezogen wird, ist der Begriff der Geraden, und zwar von deren Eigenschaften nur das Folgende: Die Geraden sind einfache Kurven der folgenden Art: (1) irgend zwei Gerade „schneiden" sich in genau einem Punkt; (2) irgend zwei Punkte der Ebene werden durch genau eine Gerade „verbunden"; (3) die Operationen des Schneidens und Verbindens sind stetig. Dabei ist der Raum der Geraden (als in sich kompakter Teilmengen von P_2) in üblicher Weise topologisiert (metrisiert; vgl. Abschn. 1.1.).

Die Theorie der Kontinua mit der Eigenschaft J^3 gilt also allgemein, wenn das System der Geraden im üblichen Sinne ersetzt wird durch ein Kurvensystem in P_2 mit den Eigenschaften (1) bis (3); m. a. W., die Theorie gilt in beliebigen topologisch ebenen projektiven Ebenen (vgl. Abschn. 3.1.1.), beispielsweise also in den (gewöhnlichen) Nicht-Desargueschen Ebenen. Dabei ergeben sich auch Sätze über die entsprechende Verallgemeinerung der konvexen Bogen und Kurven (Abschn. 3.1.5.; vgl. auch E.6., I.). Letztere sowie die Sätze über beschränkte Kontinua mit der Eigenschaft J^3 gelten ferner in der hyperbolischen (nichteuklidischen) Ebene, allgemeiner in sog. topologisch ebenen hyperbolischen Ebenen (vgl. Abschn. 3.1.1.); bei diesen ist der Grundbereich nicht die reelle projektive Ebene (bzw. ein topologisches Bild von ihr), sondern ein topologisches Kreisscheibenbild mit einem System $\mathfrak{k}'$ von Bogen, welches die Eigenschaften (2) und (3) besitzt, während in (1) nur die Existenz höchstens eines Schnittpunktes gefordert wird.

Bei den in dieser Nr. E.4. genannten Verallgemeinerungen befindet man sich in sog. topologisch ebenen projektiven Ebenen (vgl. Abschn. 3.1.)

E.5. Wir greifen nochmals auf die in E.2. bis E.4. besprochene Klassifikation der C_3 zurück und heben an ihr, als für unseren Gesichtspunkt wesentlich, u. a. folgendes hervor:

I. Zunächst lassen sich die als Elementarbestandteile der C_3 (sowie der Kontinua mit der Eigenschaft J^3) auftretenden Konvexbogen bekanntlich kennzeichnen als diejenigen Bogen, für welche die „Ordnung" bezüglich der Geraden, d. h. die Maximalzahl ihrer Schnittpunkte mit den Geraden *minimal*, nämlich gleich 2 ist. Die C_3, deren „Ordnung" also um Eins größer ist als die minimale, ist somit aufgebaut aus (beschränkt vielen) Bogen der Minimalordnung. Zu bemerken ist noch, daß die Bogen der Minimalordnung speziell *ordnungshomogen* sind, d. h., daß alle ihre Teilbogen die gleiche (hier minimale) Ordnung besitzen.

II. Gegenüber den Punkten eines ordnungshomogenen Bogens besitzen die Schnäbel, Dorne und Wendepunkte einer C_3 nur solche Umgebungen auf C_3, deren Ordnung 3 ist, also verschieden von den Ordnungen der in ihnen zusammenstoßenden Konvexbogen. Wir bezeichnen solche Punkte als *ordnungssingulär* auf der C_3 im Gegensatz zu den *ordnungsregulären* Punkten im Innern eines Konvexbogens.

III. Schließlich enthält die „gestaltliche" Klassifikation der C_3 bei Kurven die Angabe der genauen Anzahl der ordnungssingulären Punkte, bei Bogen wenigstens eine obere Schranke für diese Anzahl.

IV. Die Bemerkungen in Ziff. II. betreffen Fragen *lokaler* Natur. Demgegenüber handelt es sich in Ziff. III. und überhaupt bei „gestaltlicher" Klassifikation um ein *globales* Problem.

E.6. Die Betrachtungen in E.2. bis E.5. geben nun Anlaß zu einer Reihe von Fragen, deren einige hier genannt seien:

(1) Ziff. I. in E.5. führt zur Frage nach allen ordnungshomogenen Bogen. Es zeigt sich, daß — abgesehen von Bogen unendlicher Ordnung — die Bogen minimaler Ordnung die einzigen ordnungshomogenen sind. Dies gilt auch für die in E.4. genannten topologischen Verallgemeinerungen (vgl. Abschn. 3.4.).

(2) Ziff. II. in E.5. führt zur Frage nach einem Überblick über alle *ordnungssingulären* Punkte beliebiger Ordnung bezüglich der Geraden (vgl. Abschn. 3.4.2. und 5.6.).

(3) Neben der Frage nach einer oberen Schranke für die Anzahl der ordnungssingulären Punkte kann auch die nach einer *unteren* Schranke für diese Anzahl eine Rolle spielen. Dies zeigt der Satz von Möbius, von dem eine Verallgemeinerung auch in topologisch ebenen projektiven Ebenen gilt (vgl. Abschn. 3.7.); ihm zufolge besitzt jede einfache Kurve mindestens 3 (ordnungssinguläre) „Wendepunkte", falls die Minimalzahl der Schnittpunkte mit einer Geraden ungerade ist.

(4) Bisher war lediglich von Bogen, Kurven, allgemein Kontinuen die Rede, welche mit jeder Geraden nur endlich viele Punkte gemeinsam haben. Solche Kontinuen enthalten daher insbesondere keine Strecken. Die bisher angegebenen Sätze gelten somit beispielsweise nicht für Polygone. Daß bei Zulassung von Strecken als Teilbogen neue Gestalten

auftreten, zeigen Kontinua in der projektiven Ebene, welche mit jeder Geraden maximal 2 bzw. 3 Punkte gemeinsam haben, ausgenommen solche Geraden, die Strecken mit dem Kontinuum gemeinsam haben (vgl. Fig. 5 bzw. 6). Wir sprechen in solchen Fällen von schwachen Ordnungen (vgl. die Definition in Abschn. 1.3.3. und 7.4.).

(5) Statt Bogen usw. in der Ebene bezüglich der Geraden zu betrachten, kann man dies im reellen projektiven n-dimensionalen Raum bezüglich der Hyperebenen tun. Entsprechend der Fragestellung in E.2. bis E.3. handelt es sich dann zunächst um Bogen usw., die von jeder Hyperebene in maximal n (vgl. E.5., Ziff. I.) bzw. $n+1$ Punkten getroffen werden. Die Fragen in Ziff. (1) bis (4) stellen sich auch hier.

(6) Andererseits läßt sich beispielsweise die projektive Ebene ersetzen durch die euklidische und das System der Geraden durch das der Kreise (einschließlich der Geraden). Der Frage nach der Gestalt der Bogen usw. von 2. bzw. 3. Ordnung bezüglich der Geraden entspricht hier die nach der Gestalt der Bogen usw., welche mit jedem Kreis maximal 3 bzw. 4 Punkte gemeinsam haben. Besonders bekannt ist hierbei die (in Ziff. (3) erwähnte) Frage nach einer unteren Schranke für die Anzahl der bezüglich der Kreise ordnungssingulären Punkte einer Kurve; diese Punkte sind solche, in deren beliebig kleiner Umgebung auf der Kurve mindestens 4 auf einem Kreis gelegene Punkte existieren (unter entsprechenden Differenzierbarkeitseigenschaften der Kurve sind diese ordnungssingulären Punkte identisch mit den Scheiteln im Sinne der Differentialgeometrie; vgl. Abschn. 4.1.1.1.). Die größte derartige untere Schranke ist vier für alle Jordankurven mit stetiger Krümmung; dies ist der Inhalt des sog. Vierscheitelsatzes (von A. Kneser [*4*], auch H. Kneser [*1*]); für Ovale zuerst formuliert und bewiesen nach einer verallgemeinerbaren Methode von S. Mukhopadhyaya [*2*]). Die Anzahl vier wird erreicht z. B. für die Ellipse.

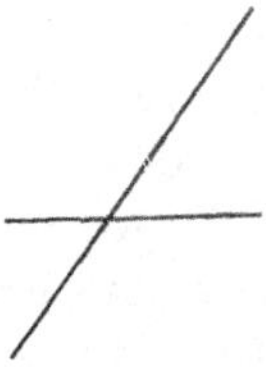

Fig. 5

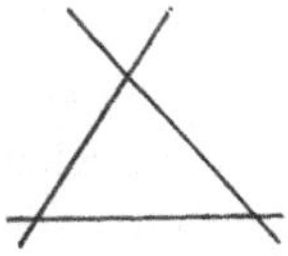

Fig. 6

Entsprechend der in E.4. erwähnten Topologisierung der Juelschen Sätze wird man eine Verallgemeinerung des Vierscheitelsatzes in der Richtung anstreben, daß man das System der Kreise ersetzt durch Systeme $\mathfrak{k}$ von Kurven, deren jede — kurz gesagt — durch $k=3$ Punkte eindeutig bestimmt ist (vgl. Abschn. 4.6.) oder — noch allgemeiner —durch $k \geq 4$ Punkte (vgl. weiteres auch in E.7.).

E.7. Bei den Erörterungen in E.4. bis E.6. standen *topologische* Gesichtspunkte im Vordergrund. Daneben führen aber Probleme der geometrischen Ordnungen vielfach auch auf Fragen *infinitesimalgeometrischer* Natur. Als einfachstes Beispiel diene der in E.6., (6), erwähnte Vierscheitelsatz. In der Mukhopadhyaya-Kneserschen Fassung werden dabei die betrachteten Kurven als mit stetiger Krümmung versehen vorausgesetzt. Läßt man diese Krümmungsbedingung fallen, so erniedrigt sich die untere Schranke für die Anzahl der (bezüglich der Kreise) ordnungssingulären Punkte auf zwei: Zweischeitelsatz; dies zeigen einfache Beispiele. Hier erweist sich also eine infinitesimalgeometrische Bedingung als wesentlich für die Gültigkeit eines ordnungsgeometrischen Satzes. Der Zweischeitelsatz gilt allgemeiner auch für Jordankurven bezüglich der Systeme $\mathfrak{k}$ „verallgemeinerter Kreise" (also mit $k = 3$ im Sinne von E.6., letzter Absatz). Es läßt sich somit der Zweischeitelsatz als topologische Verallgemeinerung des Vierscheitelsatzes ansehen (vgl. Abschn. 4.5.).

Auf eine in gewissem Sinne umgekehrte Situation stößt man, wenn infinitesimalgeometrische Eigenschaften sich als Folge von ordnungsgeometrischen Annahmen erweisen. Ein Beispiel hierfür liefern schon die Konvexbogen K. Jedes K besitzt nämlich in jedem inneren Punkt p genau eine vordere und eine hintere Tangente (sogar Halbtangente); und z.B. die vordere Tangente in p ist gleichzeitig Limes aller Geraden durch zwei, auf K vor p gelegene, gegen p konvergierende Punkte, so daß diese Tangente insbesondere Limes aller vorderen und hinteren Tangenten in vor p gelegenen Punkten von K ist (vgl. Abschn. 3.1.6. sowie — allgemeiner — Abschn. 4.2.).

E.8. Die oben besprochenen Beispiele zeigen, daß es sich bei ordnungsgeometrischen Untersuchungen teils um topologische und teils um infinitesimalgeometrische Fragen handelt, soweit solche in Verbindung mit ersteren auftreten.

Allgemein zu reden werden hierbei als *ordnungsgeometrisch* Probleme der folgenden Art bezeichnet: In einem topologischen Raum G ist gegeben ein System $\mathfrak{k}$ von Teilmengen von G als sog. *Ordnungscharakteristiken*. Eine Menge $M \subset G$ heißt dann vom *Punktordnungswert* m bezüglich $\mathfrak{k}$, wenn M mit jedem $K \in \mathfrak{k}$ maximal m Punkte gemeinsam hat. Man fragt nun etwa nach der „*Gestalt*" von M bezüglich $\mathfrak{k}$, also etwa nach den bezüglich $\mathfrak{k}$ ordnungshomogenen Teilmengen, nach bezüglich $\mathfrak{k}$ ordnungssingulären Punkten und evtl. nach infinitesimalgeometrischen Eigenschaften von M. Daneben ergeben sich auch Fragen hinsichtlich des *Komponentenordnungswertes* von M, wobei die Anzahl der Punkte von $M \cap K$ ersetzt ist durch die der Zusammenhangskomponenten von $C \cap K$.

Anmerkung. Als Hilfsmittel zur Behandlung solcher ordnungsgeometrischer Fragen steht (wenigstens bislang) kein Kalkül zur Verfügung, insbesondere nicht die Differentialgeometrie. Wir sprechen daher in Zusammenhang mit ordnungsgeometrischen Betrachtungen von *Infinitesimal-* und nicht von Differentialgeometrie (vgl. Bouligand [1,2]).

E.9. Zum Schluß sei auf die interessante Fragestellung hingewiesen, inwieweit algebraische Sachverhalte durch nichtalgebraische ordnungsgeometrische Annahmen impliziert werden können. Als ein Beispiel hierfür mögen neueste Ergebnisse von A. MARCHAUD dienen, denen zufolge auf den Flächen 3. Ordnung, z. B. mit endlich vielen, aber mehr als 7 Geraden und folglich mit $N = 8$ oder 9, 10, 11, 12, 15, 16, 21, 27 Geraden, eben diese Geraden zugleich die einzigen reellen Geraden jeweils eindeutig bestimmter algebraischer Flächen 3. Grades sind — abgesehen von Ausnahmefällen für $N = 8$ und $N = 11$. Hervorzuheben ist dabei, daß die Marchaudsche Definition der Flächen 3. Ordnung nur den Begriff des ebenen Kontinuums 2. und 3. Ordnung heranzieht, nicht aber infinitesimalgeometrische Annahmen benutzt (vgl. Näheres III.1 (c), 2.3.).

Anmerkung.

Untersuchungen ordnungsgeometrischer Natur finden sich, um nur die bekanntesten zu nennen[1], schon bei MÖBIUS, VON STAUDT, A. KNESER sowie in der Theorie der konvexen Körper (H. BRUNN). Indes war C. JUEL der erste, welcher den Begriff der geometrischen Ordnung zum Ausgangspunkt einer eigenen Theorie gemacht und diese in vielen Arbeiten ausgebaut hat; hierher gehören neben seinen Untersuchungen über ebene Kurven vor allem auch seine Sätze über Flächen 3. Ordnung und die auf ihnen liegenden Geraden (vgl. den Bericht über die weitergehenden Ergebnisse von A. MARCHAUD, III.1 (c)). Von späteren Autoren seien (in alphabetischer Reihenfolge, ohne jeden Anspruch auf Vollständigkeit) genannt: D. DERRY, FR. FABRICIUS-BJERRE, W. FENCHEL, J. HJELMSLEV, E. KIVIKOSKI, A. MARCHAUD, S. MUKHOPADHYAYA, J. VON SZ.-NAGY, A. ROSENTHAL, P. SCHERK.

[1] Weiteres entnehme man dem Namen- und Sachverzeichnis sowie den Berichten von MONTEL [*1*], J. VON SZ.-NAGY [*27*], A. MARCHAUD [*18*], [*19*], H. KÜNNETH [*7*], HAUPT [*18*], [*40*].

I. Ebene Bogen, Kurven und Kontinua

1. Grundlegende Begriffe und Sätze

1.1. Ordnungscharakteristiken

Der *Grundbereich* $G = \bar{G}$, in welchem sich die Betrachtungen dieses I. Teiles abspielen, ist zumeist eine abgeschlossene Kreisscheibe in der euklidischen Ebene, evtl. ein topologisches Bild von ihr. Der metrische Raum G ist (voll-) kompakt.

Unter (einfachen, auch Jordan-) *Bogen* bzw. *Kurven* werden, soweit nicht ausdrücklich anderes bemerkt wird, die topologischen Bilder von abgeschlossenen beschränkten Intervallen (Strecken) $J = [\alpha, \beta]$, $\alpha < \beta$, auf der Zahlgeraden bzw. von eindimensionalen Sphären (Kreisperipherien) verstanden. Ist $B = f(J)$ $(= \bar{B})$ ein Bogen, so heißen $a = f(\alpha)$ und $b = f(\beta)$ die *Endpunkte* auch *Extrempunkte* von B, in Zeichen $B = B(a|b)$; dabei ist f topologische Abbildung. Ist $J' = [\alpha', \beta']$ Teilintervall von J, so heiße $B' = B'(a'|b') = B(a'|b') = f(J')$ (abgeschlossener) *Teilbogen* von B. Entsprechend werden Teilbogen von Kurven erklärt. Ist $B = f(J)$ und $\underset{\sim}{J} = J - \{\alpha\} - \{\beta\} = (\alpha, \beta)$, so heiße $\underset{\sim}{B} = f(\underset{\sim}{J})$ größter *offener* Teilbogen von B; es ist also $\underset{\sim}{B} = B - \{a\} - \{b\}$, wenn $B = B(a|b)$. Punkte von $\underset{\sim}{B}$ heißen *innere* Punkte von B. Ist T Teilbogen eines Bogens oder einer Kurve B', so heiße $\underset{\sim}{T}$ auch offener Teilbogen von B'. — Wird die Orientierung von $J = [\alpha, \beta]$, $\alpha < \beta$, vermöge f auf $B = f(J)$ übertragen, so erhält man eine *Orientierung* von B; bei dieser wird $a = f(\alpha)$ als *Anfangs*punkt (von B) bezeichnet (und $b = f(\beta)$ als Endpunkt). Ist $\xi, \eta \in J$ mit $\xi < \eta$, so heißt $y = f(\eta) \in B$ auf B *hinter* $x = f(\xi)$ gelegen und x auf B *vor* y; in Zeichen $x \prec y$ oder $y \succ x$. Dementsprechend wird das Bild eines halboffenen Intervalls $(\xi', \xi]$ bzw. $[\xi, \xi'')$ mit $\xi' < \xi < \xi''$ als *vordere* bzw. *hintere* Umgebung von x auf B bezeichnet. Jeder (offene) Teilbogen $\underset{\sim}{T}$ von B mit $x \in \underset{\sim}{T}$ ist *Umgebung* von $x \in \underset{\sim}{B}$ in B. Ist $x, y, z \in B$ mit $x \prec y \prec z$, so heiße y *zwischen* x und z gelegen.

(ε-)-Umgebungen in G, d. h. bezüglich der Metrik in G, heißen auch (ε-) *G-Umgebungen*. Das System $\mathfrak{g} = \mathfrak{g}(G)$ der (voll-) kompakten Teilmengen (Kompakta) von G wird zu einem metrischen Raum vermöge der bekannten Definition des Abstandes von A_1, $A_2 \in \mathfrak{g}$ als $\inf(\varepsilon > 0;$ $A_1 \subset U_2,$ $A_2 \subset U_1)$, wobei $U_i = U(A_i; \varepsilon)$ die ε-G-Umgebung von A_i ist (d. h. die Vereinigung der ε-G-Umgebungen aller Punkte von A_i, $i = 1{,}2$. Die (ε-)-Umgebungen in $\mathfrak{g}$ bzw. in einem Teilsystem $\mathfrak{k}$ von $\mathfrak{g}$ bezüglich dieser in $\mathfrak{g}$ erklärten Metrik bzw. bezüglich der durch sie in $\mathfrak{k}$ induzierten Metrik heißen auch (ε-) $\mathfrak{g}$-Umgebungen bzw. (ε-) $\mathfrak{k}$-Umgebungen. Übrigens wird durch die Metrik in $\mathfrak{g}$ zugleich eine Pseudometrik in der Potenzmenge von G erklärt; demgemäß wird im Folgenden gelegentlich auch von (ε-) $\mathfrak{g}$-Umgebungen einer beliebigen (nicht notwendig abgeschlossenen, also kompakten) Teilmenge von G gesprochen.

1.1.1. Axiome für die Ordnungscharakteristiken

Im folgenden werden mit $\mathfrak{k}$ nicht leere Systeme von Bogen und Kurven in G, von sog. *Ordnungscharakteristiken* K, *abgekürzt*: OCh K, bezeichnet, welche den folgenden *Axiomen* genügen:

(I) Ist $K \in \mathfrak{k}$ ein Bogen $K(e'|e'')$, so hat K mit der Begrenzung $G_g = G - \underline{G}$ von G genau seine beiden Endpunkte e', e'' gemeinsam $(e' \neq e'')$. Ist $K \in \mathfrak{k}$ eine Kurve, so hat K mit G_g höchstens einen Punkt gemeinsam $(K \subset G)$. Demnach ist $G - G \cap K$ für jedes $K \in \mathfrak{k}$ Vereinigung zweier fremder, offener, zusammenhängender Mengen $K(\alpha, G)$, wobei $\alpha = +$ oder $\alpha = -$ sei; es werden $K(\pm, G)$ als die beiden (globalen) *Seiten* von K in G bezeichnet (positive bzw. negative Seite).

(II) Es existiert eine natürliche Zahl $k = k(\mathfrak{k}) \geq 1$, die sog. *Grundzahl,* von folgender Beschaffenheit:

(1) Durch irgend k Punkte $x_\varkappa$, $\varkappa = 1, \ldots, k$; $x_\varkappa \neq x_\mu$ für $\varkappa \neq \mu$, einer OCh K und alle zu solchen $x_\varkappa$ hinreichend G-benachbarten $x'_\varkappa$ ist eine mit $K' = K(x'_1, \ldots, x'_k) = K'(x'_1, \ldots, x'_k)$ bezeichnete OCh eindeutig bestimmt (wobei $x'_\varkappa = x_\varkappa$ zugelassen ist).

(2) Es ändert sich $K(x'_1, \ldots, x'_k)$ stetig im Sinne der $\mathfrak{g}$-Topologie mit den $x'_\varkappa$.

(3) *Erstens.* Darüber hinaus ändern sich auch die Teilbogen T von K' stetig mit den $x'_\varkappa$. — *Zweitens.* Insbesondere geht $T \subset K(x_1, \ldots, x_k)$ für $x_1, \ldots, x_{k-1} \in K - T$ und $x_k \in T$ entweder (a) in einen in $K(\alpha, G)$ liegenden Teilbogen T' von $K(x_1, \ldots, x_{k-1}, x'_k)$ über, wenn $x'_k \in K(\alpha, G)$ G-benachbart zu x_k ist, oder (b) in einen x_k enthaltenden, zur einen Hälfte in $\overline{K(\alpha, G)}$ und zur anderen Hälfte in $\overline{K(-\alpha, G)}$ liegenden Teilbogen von $K(x_1, \ldots, x_{k-2}, x'_{k-1}, x_k)$, wenn $x'_{k-1} \in K(\alpha, G)$ und G-benachbart zu x_{k-1} ist.

Ausführlicher und präziser lauten die drei Axiome (II) (1) bis (3):

(II) Es sei $\mathfrak{x} \subset G \times \cdots \times G = G^k$, wo k die Grundzahl, das System aller derjenigen k-tupel $((x_\varkappa)) = (x_1, \ldots, x_k)$ von Punkten $x_\varkappa \in G$ mit $x_\varkappa \neq x_\mu$ für $\varkappa \neq \mu$; $\varkappa$, $\mu = 1, \ldots, k$, zu denen mindestens ein $K \in \mathfrak{k}$

mit $x_\varkappa \in K$ existiert $(1 \leq \varkappa \leq k)$; jedes solche K sei mit $K(x_1, \ldots, x_k)$ bezeichnet.

(1) Es ist $\mathfrak{x}$ offen in G^k. Durch $((x_\varkappa)) \in \mathfrak{x}$ ist $K(x_1, \ldots, x_k)$ eindeutig bestimmt. Die hierdurch erklärte Abbildung von $\mathfrak{x}$ in $\mathfrak{k}$ sei mit φ bezeichnet.

(2) Es ist $\varphi: \mathfrak{x} \to \mathfrak{k}$ stetig.

(3) Ist $K \in \mathfrak{k}$, $\varepsilon > 0$ sowie $T = K(a|b)$ ein Teilbogen von K, so bezeichene $\mathfrak{T}(K, K', T; \varepsilon)$ das System aller Teilbogen $T' = K'(a'|b')$ einer $K' \in \mathfrak{k}$ derart, daß $T' \in \mathfrak{u}(T; \varepsilon)$ und $a' \in U(a; \varepsilon)$ sowie $b' \in U(b; \varepsilon)$, unter $U(a; \varepsilon)$ bzw. $\mathfrak{u}(T; \varepsilon)$ die ε-G-Umgebung von a bzw. die ε-$\mathfrak{g}$-Umgebung von T verstanden. Dann wird im Axiom (3) gefordert:

Erstens: Zu beliebigen $K \in \mathfrak{k}$, $T = K(a|b) \subset K$ und $\varepsilon > 0$ existiert ein $\delta = \delta(T; \varepsilon) > 0$ derart, daß $\mathfrak{T}(K, K', T; \varepsilon) \neq \emptyset$ falls $K' \in \mathfrak{u}(K; \delta)$.

Zweitens. Ist $K \in \mathfrak{k}$ sowie $T \subset K$ und $\varepsilon > 0$ beliebig, ist ferner $x_1, \ldots, x_{k-1} \in K - T$ und $x_k = y \in \underline{T}$, so soll (über „Erstens" hinaus) gelten:

(a) Es gibt ein $\eta = \eta(T; \varepsilon, x_1, \ldots, x_{k-1}, y) > 0$ von folgender Art: Ist $y' \in U(y; \eta) \cap K(\alpha, G), \alpha = \pm$, so existiert $K' = K(x_1, \ldots, x_{k-1} y')$ $\in \mathfrak{k}$ mit $K' \in \mathfrak{u}(K; \varepsilon)$ sowie ein $T' \in \mathfrak{T}(K, K', T; \varepsilon)$ mit $\underline{T}' \subset K(\alpha, G)$.

(b) Wird x_{k-1} durch keines der $x_1, \ldots, x_{k-2}, y$ von a auf K getrennt, so gibt es ein $\zeta = \zeta(T; \varepsilon; x_1, \ldots, x_{k-2}, x_{k-1}, y) > 0$ von folgender Art: Ist $x'_{k-1} \in U(x_{k-1}; \zeta) \cap K(\alpha, G)$, so existiert $K' = K(x_1, \ldots, x_{k-2}, x'_{k-1}, y)$ mit $K' \in \mathfrak{u}(K; \varepsilon) \cap \mathfrak{k}$ sowie ein $T' = K'(a'|b')$ mit $T' \in \mathfrak{T}(K, K', T; \varepsilon)$ und mit $y \in \underline{T}'$ sowie mit $\underline{T}'(a'|y) \subset K(\alpha, G)$ und $\underline{T}'(y|b') \subset K(-\alpha, G)$.

Anmerkung. Die Widerspruchsfreiheit der Axiome (I) bis (II) (1) bis (3) ergibt sich aus den Beispielen (vgl. Abschn. 1.2.)

Anmerkung zu Axiom (II) (1). Es wird nicht gefordert, daß durch *beliebige* k Punkte von G eine OCh geht (vgl. aber Abschn. 1.2., Beispiel 1 und 2, andererseits Beispiel 4).

Anmerkung zu Axiom (II) (3). Für $k = 1$ ist Zweitens (a) von selbst erfüllt und (b) gegenstandslos. — Aus Zweitens (a) folgt noch ein „Trennungsaxiom": Ist $x \in K \cap \underline{G}$ und $y \in \underline{G} - \underline{G} \cap K$, so gibt es zu K beliebig $\mathfrak{k}$-benachbarte K' derart, daß y und x auf verschiedenen Seiten von K' liegen. Entsprechendes gilt allgemeiner für $x_1, \ldots, x_r \in K$ und $y_1, \ldots, y_r \in K(\alpha, G)$, sowie für $x_1, x_2 \in K$ und $y_1 \in K(+, G)$, $y_2 \in K(-, G)$. — Es ist z. B. Erstens nicht erfüllt, wenn beispielsweise K ein Kreis ist und die zu K $\mathfrak{k}$-benachbarten OCh K' Kurven, die fremd sind etwa zu einem festen Radius von K.

1.1.2. Grundpunkte

Gelegentlich begegnet man Systemen $\mathfrak{k}$ von OCh, bei welchen *alle* OCh gewisse Punkte, sog. *Grundpunkte,* gemeinsam haben. Von Ausnahmefällen abgesehen, treten aber dann bei unseren Betrachtungen immer solche Teilbogen von OCh auf, in denen keine Grundpunkte liegen. Beim Auftreten von Grundpunkten gilt Axiom (3), Zweitens nicht mehr ausnahmslos; wir verabreden aber, daß für Teilbogen, in denen keine Grundpunkte liegen, Axiom (3) gelten soll.

1.1.3. Ein zu Nr. 1.1.1. gleichwertiges Axiomensystem

Die für Anwendungen bequemen Forderungen (II) (3) (Nr. 1.1.1.) sind mit Hilfe von (I) und (II) (1), (2) beweisbar. – Ein zweites, mit (I), (II) (1), (2), also mit (I), (II) (1) bis (3), gleichwertiges Axiomensystem ist das folgende, bestehend aus (I′) = (I), (II′) (1) = (II) (1) sowie aus: (II′) (2). Es seien $x_1, \ldots, x_k$ beliebige (verschiedene) Punkte einer OCh K; ferner sei $x'_\varkappa$ hinreichend benachbart zu $x_\varkappa$, $\varkappa = 1, \ldots, k$, so daß insbesondere $K' = K(x'_1, \ldots, x'_k)$ existiert (gemäß (II′) (1)). Entspricht dann die Reihenfolge $x_1, \ldots, x_k$ auf K einer Orientierung von K (d. h. liegt $x_\varkappa$ auf K vor $x_{\varkappa+1}$), so entspricht auch die Reihenfolge $x'_1, \ldots, x'_k$ auf K' einer Orientierung von K'.

(II′) (3). Es seien eine OCh K, ein Teilbogen T von K sowie $k-1$, zu $\underline{T}$ fremde Punkte $y'_1, \ldots, y'_{k-1} \in K$ beliebig gegeben und dazu ein von den $y'_1, \ldots, y'_{k-1}$ verschiedener Punkt $q \in K$ sowie ein $z \in \bar{G} - K$ (für $k = 1$ entfallen die $y'_\varkappa$). Dann gibt es in beliebiger Nachbarschaft von q solche $q' \in \bar{G} - K$, daß z und $\underline{T}$ durch $K' = K(y'_1, \ldots, y'_{k-1}, q') \in \mathfrak{k}$ getrennt werden, d. h., daß $z \in K'(\alpha; G)$ und $\underline{T} \subset K'(-\alpha, G)$ für ein geeignetes $\alpha = \pm$.

1. Anmerkung. Im Axiomensystem (I′), (II′) (1) bis (3), treten Stetigkeitsforderungen explizit nicht auf; es ist aber das Stetigkeitsaxiom (II) (2), Folge von (I′), (II′) (1) bis (3).

2. Anmerkung. Das Axiomensystem (I′) (II′) (1) bis (3) ist im Beispiel (5), Abschn. 1.2. trivialerweise erfüllt; es gilt also auch (I) (II) (1) bis (3).

1.2. Beispiele

1. Es sei G eine abgeschlossene Kreisscheibe und $\mathfrak{k}$ das System der Sehnen des, G berandenden, Kreises G_g, wobei also $k = 2$ ist; oder es sei $\mathfrak{k}$ das System der in G liegenden Kreise mit höchstens einpunktigem $G_g \cap K$ sowie der in G_g mündenden Kreisbogen $B = K(a|b)$ mit $\underline{B} \subset \underline{G}$ und $a, b \in G_g$, wobei also $k = 3$ ist. – Ein Fall mit $k = 1$ liegt vor, wenn $\mathfrak{k}$ ein System paralleler Kreissehnen ist.

2. Es sei $\mathfrak{k}$ das System der, in der Kreisscheibe G liegenden, zu G_g orthogonalen Kreisbogen (Poincaréscher Modell der nichteuklidischen (hyperbolischen) Geometrie); hier ist $k = 2$.

3. Weitere Systeme mit $k = 2$ oder mit $k = 3$ sind folgende: Für $k = 2$. Die Systeme der Geraden in topologisch ebenen hyperbolischen

Ebenen (vgl. Abschn. 3.1.1.). Wird aber z. B. als Grundgebiet die projektive Ebene E gewählt mit den Geraden als OCh, so existieren globale Seiten $K(\alpha, E)$ von K nicht. Statt dessen wird man in den Axiomen (II), Zweitens, für einen jeweils zu wählenden echten Teilbogen B von K Seiten $K(\pm, V)$ heranziehen, wobei V ein von einer Jordankurve J begrenztes Gebiet ist, welches beschränkt ist und durch $\underline{B} = V \cap K$ in die beiden beschränkten Gebiete $K(\pm, V)$ zerlegt wird (die Endpunkte von B liegen in J, und B ist als echter Teilbogen einer Geraden K beschränkt). Entsprechendes gilt allgemeiner für topologisch ebene projektive Ebenen (vgl. Abschn. 3.1.1.). — Für $k = 3$. Es sei G ein von einer ebenen Jordankurve begrenztes Gebiet auf der Oberfläche F eines konvexen Körpers im euklidischen 3-dimensionalen Raum E_3, wobei F keine Strecken enthalten soll. Das System $\mathfrak{k}$ der Durchschnitte von G mit den F nicht stützenden Ebenen genügt den Axiomen in Abschn. 1.1.1.

4. Fälle mit $k \geq 4$ sind die nachstehenden: Es sei Q_k eine Kurve k-ter Ordnung im E_k (vgl. Abschn. 5.2.) und P ein Halbkegel im E_k mit Q_k als Leitlinie und mit einem Punkt s als Spitze, wobei Q_k mit jeder Kegelerzeugenden genau einen Punkt gemeinsam hat. Für ein geeignetes, s nicht enthaltendes Stück S der Kegelfläche, sei $\mathfrak{k}$ erklärt als das System der Durchschnitte von S mit den, keine Kegelerzeugende enthaltenden Hyperebenen (vgl. Näheres z. B. in Abschn. 5.2.6.).

5. Es sei $G = \bar{G}$ das (abgeschlossene) Quadrat $|\xi| \leq 1$, $|\eta| \leq 1$ in einer ξ, η-Ebene. In G wird $\mathfrak{k}$ so erklärt: Es sei f die topologische Abbildung $\xi = x, \eta = y : (1 + |y|)$ der Punktmenge $R = \{(x, y) : -1 \leq x \leq +1, -\infty \leq y \leq +\infty\}$ auf G (es ist R also das Produkt der abgeschlossenen Einheitsstrecke mit der durch $\pm\infty$ erweiterten Zahlgeraden). Die OCh $K \in \mathfrak{k}$ sind die f-Bilder der Graphen der Polynome $y = P(x)$, in $J = \{-1 \leq x \leq +1\}$ von höchstens dem Grade $k - 1$. — Allgemein können an Stelle der Polynome eindeutige stetige reelle Funktionen $f|J$ treten derart, daß zu beliebigen k verschiedenen $x_1, \ldots, x_k \in J$ und beliebigen reellen Zahlen $y_1, \ldots, y_k$ genau ein f gehört mit $y_\varkappa = f(x_\varkappa)$, $\varkappa = 1, \ldots, k$.

1.3. Folgerungen aus den Axiomen Nr. 1.1.1.

1.3.1. Lokale Kompaktheit von $\mathfrak{k}$.

1. Satz. *Voraussetzung.* Es genüge $\mathfrak{k}$ den Axiomen (I) und (II) (1).

Behauptung (1). Je 2 verschiedene OCh haben höchstens $k - 1$ Punkte gemeinsam. — (2) Die Abbildung $\varphi : \mathfrak{x} \to \mathfrak{k}$ ist offen, d. h., das Bild $\varphi(U)$ einer jeden offenen Teilmenge U von $\mathfrak{x}$ ist offen in $\mathfrak{k}$. — (3) Zu jedem $K \in \mathfrak{k}$, beliebigen $x_\varkappa \in K$, $\varkappa = 1, \ldots, k$; $x_\varkappa \neq x_\tau$ für $\varkappa \neq \tau$, und

G-Umgebungen $U'_\varkappa$ von $x_\varkappa$ mit $\bar{U}'_\varkappa \cap \bar{U}'_\tau = \emptyset$ für $\varkappa \neq \tau$, existiert ein $\beta > 0$ derart, daß für jedes K' aus der β-$\mathfrak{k}$-Umgebung $\mathfrak{w} = \mathfrak{w}(K; \beta)$ von K gilt: $K' \cap U'_\varkappa \neq \emptyset$ für jedes $\varkappa = 1, \ldots, k$. — (3a) In Behauptung (3) lassen sich die $U'_\varkappa$ so wählen, daß sogar zu beliebigen $x''_\varkappa \in \bar{U}'_\varkappa$ ein $K'' = K(x''_1, \ldots, x''_k) \in \mathfrak{k}$ existiert.

Beweis *Betr. Behauptung* (1). Jede OCh ist (gemäß Axiom (II) (1) durch k ihrer Punkte eindeutig bestimmt.

Betr. Behauptung (2). Es sei $\mathfrak{y}$ Teilmenge von $\mathfrak{x}$. Man hat zu zeigen: Ist $\mathfrak{y}$ offen in $\mathfrak{x}$, so existiert zu jedem $K \in \varphi(\mathfrak{y})$ eine $\mathfrak{k}$-Umgebung $\mathfrak{u}$ von K mit $\mathfrak{u} \subset \varphi(\mathfrak{y})$. — Es sei also $K \in \varphi(\mathfrak{y})$, d. h., es gebe $((x_\varkappa)) \in \mathfrak{y}$ mit $K = K(x_1, \ldots, x_k) \in \mathfrak{k}$. Da $\mathfrak{y}$ offen in $\mathfrak{x}$ und $\mathfrak{x}$ offen in G^k (gemäß Axiom (II) (1)) ist, existieren G-Umgebungen $U_\varkappa$ von $x_\varkappa$ derart, daß $U = U_1 \times \cdots \times U_k \subset \mathfrak{y}$; dabei kann $U_\varkappa = U(x_\varkappa; 2\varepsilon)$, $\varepsilon > 0$, und $U_\varkappa \cap U_\mu = \emptyset$ für $\varkappa \neq \mu$ angenommen werden; $\varkappa, \mu = 1, \ldots, k$, Es sei nun $\mathfrak{u} = \mathfrak{u}(K; \varepsilon)$ die ε-$\mathfrak{k}$-Umgebung von K. Dann gilt $K \in U(K'; \varepsilon)$ für jedes $K' \in \mathfrak{u}$. Folglich existiert zu jedem $x_\varkappa, \varkappa = 1, \ldots, k$, ein $x'_\varkappa \in K'$ mit $x_\varkappa \in U(x'_\varkappa; \varepsilon)$. Dann ist aber auch $x'_\varkappa \in U(x_\varkappa; \varepsilon)$. Wegen $U(x_\varkappa; \varepsilon) \subset U_\varkappa$ ist $U(x_\varkappa; \varepsilon) \cap U(x_\mu; \varepsilon) = \emptyset$ für $\varkappa \neq \mu$, also $x'_\varkappa \neq x'_\mu$ für $\varkappa \neq \mu$ und folglich $((x'_\varkappa)) \in U$. Wegen $x'_\varkappa \in K'$ ergibt sich $K' = K(x'_1, \ldots, x'_k)$ und mithin $K' \in \varphi(U) \subset \varphi(\mathfrak{y})$; w. z. z. w.

Betr. Behauptung (3). Folgt aus dem Beweis für Behauptung (2).

Betr. Behauptung (3a). Es gibt G-Umgebungen $U''_\varkappa$ von $x_\varkappa$ mit $\bar{U}''_\varkappa \subset U'_\varkappa$. Vermöge Ersetzung der $U'_\varkappa$ durch die $U''_\varkappa$ folgt die Behauptung.

2. Satz. *Voraussetzung. Es genüge $\mathfrak{k}$ den Axiomen in Abschn. 1.1.1.*

Behauptung (1). *Jedes $K \in \mathfrak{k}$ besitzt eine $\mathfrak{k}$-Umgebung $\mathfrak{w}$, deren in $\mathfrak{g}$ abgeschlossene Hülle $\bar{\mathfrak{w}}$ in $\mathfrak{k}$ enthalten ist.* — (2) *Es ist $\mathfrak{k}$ lokal kompakt in $\mathfrak{k}$.*

Beweis *Betr.* (1) Es sei $x_\varkappa \in K \in \mathfrak{k}$; $\varkappa = 1, \ldots, k$, mit $x_\varkappa \neq x_\tau$ für $\varkappa \neq \tau$. Ferner sei $U'_\varkappa$ eine gemäß Satz 1., Behauptung (3a), gewählte G-Umgebung von $x_\varkappa$, $\varkappa = 1, \ldots, k$, wobei $\mathfrak{w}$ eine β-$\mathfrak{k}$-Umgebung von K mit der in Satz 1 angegebenen Eigenschaft ist. Man betrachte ein beliebiges $L \in \bar{\mathfrak{w}}$. Gemäß der Definition von $\bar{\mathfrak{w}}$ gibt es $K'_n \in \mathfrak{w}$, $n = 1, 2, \ldots$, mit $L = \lim K'_n$ (wobei der Limes sich auf die $\mathfrak{g}$-Topologie bezieht). Wegen $K'_n \in \mathfrak{w}$ gibt es $x'_{n\varkappa} \in K'_n \cap U'_\varkappa$, $\varkappa = 1, \ldots, k$; $n = 1, 2, \ldots$ (vgl. Satz 1). Da $\bar{U}'_\varkappa$ kompakt ist (in G), kann — evtl. nach Übergang zu einer Teilfolge der Folge der $((x'_{n\varkappa}))$, $n = 1, 2, \ldots$, — angenommen werden, daß $x''_\varkappa = \lim_n x'_{n\varkappa} \in \bar{U}'_\varkappa$ existiert für jedes $\varkappa = 1, \ldots, k$. Es ist $x''_\varkappa \neq x''_\tau$ für $\varkappa \neq \tau$ wegen $\bar{U}'_\varkappa \cap \bar{U}_\tau = \emptyset$. Gemäß Satz 1. existiert genau ein $K'' = K(x''_1, \ldots, x''_k) \in \mathfrak{k}$. Zu beliebig kleinem $\eta > 0$ existiert ferner ein $n(\eta)$ derart, daß für $n > n(\eta)$ die $x'_{n\varkappa}$ in der η-G-Umgebung $V_\varkappa$ von $x''_\varkappa$ liegen. Gemäß Axiom (II) (2) liegt daher K'_n für $n > n(\eta)$ bei hinreichend kleinem η in beliebig kleiner $\mathfrak{k}$-Umgebung von K''.

Somit ist $K'' = \lim K_n' = L \in \mathfrak{k} \cap \overline{\mathfrak{w}}$. Da $L \in \overline{\mathfrak{w}}$ beliebig war, folgt $\overline{\mathfrak{w}} \cap \mathfrak{k} = \overline{\mathfrak{w}} \subset \mathfrak{k}$. — *Betr.* (2) Da $\mathfrak{g}$ in sich kompakt ist und $\overline{\mathfrak{w}}$ abgeschlossen in $\mathfrak{g}$, ist $\overline{\mathfrak{w}}$ ebenfalls in sich kompakt. Da in-sich-kompakt ein Absolutbegriff ist und $\overline{\mathfrak{w}} \subset \mathfrak{k}$, ist $\overline{\mathfrak{w}}$ auch kompakt (in sich) in $\mathfrak{k}$. Jedes $K \in \mathfrak{k}$ besitzt also beliebig kleine $\mathfrak{k}$-Umgebungen $\mathfrak{w}$ mit kompaktem $\overline{\mathfrak{w}} \subset \mathfrak{k}$; w. z. z. w.

3. Satz. *Voraussetzung* (α). *Es genüge* $\mathfrak{k}$ *den Axiomen* (I), (II) (1) *und* (2) (*Abschn.* 1.1.1.). — (β) *Außerdem soll für* $\mathfrak{k}$ *gelten: Ist* $x_\varkappa = \lim x_{n\varkappa}$ *mit* $x_\varkappa \neq x_\tau$ *für* $\varkappa \neq \tau$; $\varkappa, \tau = 1, \ldots, k$; *und existiert* $K_n = K(x_{n1}, \ldots, x_{nk}) \in \mathfrak{k}$, *so existiert auch* $K(x_1, \ldots, x_k)$. — (γ) *Schließlich seien* $M = \overline{M} \subset \underline{G}$ *und* $N = \overline{N} \subset \underline{G}$ *fremde abgeschlossene Mengen.*

Behauptung. Das System $\mathfrak{k}' = \mathfrak{k}(M, N)$ *aller OCh mit* $M \cap K \neq \emptyset$ *und* $N \cap K \neq \emptyset$ *ist kompakt* (*in sich*).

Beweis. Es sei $K_r' \in \mathfrak{k}'$, $r = 1, 2, \ldots$. Wegen der Kompaktheit von $\mathfrak{g}$ kann die Existenz von $L = \lim K_r' \in \mathfrak{g}$ vorausgesetzt werden. Wegen $M \cap N = \emptyset$ ist $L \cap M \neq \emptyset$ und $L \cap N \neq \emptyset$, also L ein (mehrpunktiges) Kontinuum; daher existieren k verschiedene Punkte $y_\varkappa \in L$, $\varkappa = 1, \ldots, k$. Wegen $L = \lim K_r'$ gibt es $y_{r\varkappa} \in K_r'$ mit $y_\varkappa = \lim y_{r\varkappa}$, $r = 1, 2, \ldots$. Gemäß Voraussetzung (β) existiert $K(y_1, \ldots, y_k) \in \mathfrak{k}$. Da die $y_{r\varkappa}$ schließlich alle in beliebig kleiner G-Umgebung von $y_\varkappa$ liegen, schließt man wie beim Beweis der Behauptung (1) des 2. Satzes auf $K(y_1, \ldots, y_k) = \lim K_r' = L \in \mathfrak{k}'$.

1.3.2. Lokale Seiten von Ordnungscharakteristiken. Stetigkeit

Hilfssatz. *Voraussetzung.* Es sei $T = \overline{T} \subset \underline{G}$ ein Teilbogen oder ein Punkt von K. — *Behauptung* (I). Es gibt beliebig kleine G-Umgebungen U von T derart, daß U Inneres einer Jordankurve J ist und daß $K \cap J = \{b'\} \cup \{b''\}$, also genau zwei Punkte enthält. — (II) Bei gegebenem U (vgl. (I)) ist $\underline{T}^0 = K \cap U = \underline{K}(b' | b'')$ der größte in U enthaltene Teilbogen von K, und zwar ist $T \subset \underline{T}^0$. Zu U gibt es G-Umgebungen U' von b' bzw. U'' von b'' der folgenden Art: Es ist U' bzw. U'' Inneres einer Jordankurve J' bzw. J''; ferner ist $T^0 \cap J'$ und $T^0 \cap J''$ bzw. $K \cap J'$ und $K \cap J''$ je ein- bzw. zweipunktig und $T \subset V = U - U \cap \overline{U}' - U \cap \overline{U}''$. Außerdem ist V Inneres einer (in $J \cup J' \cup J''$ enthaltenen) Jordankurve, und gleiches gilt von $U - U \cap \overline{U}'$ sowie von $U - U \cap \overline{U}''$.

Bezeichnung. Umgebungen U von der in Behauptung (I) erklärten Art sollen *Normalumgebungen* von T *heißen.*

Beweis *Betr. Behauptung* (I). Es sei $\underline{T}^1$ ein T enthaltender offener Teilbogen von K mit $T^1 \subset \underline{G}$. Es werde T^1 erweitert zu einer Jordankurve J^1 in der G enthaltenden euklidischen Ebene E_2; sodann werde die topologische Abbildung t von J^1 auf eine Kreisperipherie $P^* \subset E_2$ erweitert zu einem Homöomorphismus f von E_2 auf sich (vgl. Kerékjártó

[*1*, S. 69]). Das Bild $f(T^1) = t(T^1)$ von T^1 bzw. $t(T)$ von T ist ein Kreisbogen. Mit elementargeometrischen Mitteln konstruiert man in E_2 eine beliebig kleine Umgebung U^* von $t(T)$, die von einer Jordankurve J^* begrenzt wird derart, daß $t(J^1) \frown J^*$ zweipunktig ist. Der größte in U^* enthaltene (und $t(T)$ enthaltende) Teilbogen von $t(T^1)$ sei $\underline{T}^{0*}$. Dann haben $U = f^{-1}(U^*)$ und $T^0 = f^{-1}(T^{0*})$ sowie $J = f^{-1}(J^*)$ die gewünschten Eigenschaften.

Betr. Behauptung (II). Ebenso elementar wie U^* erhält man G-Umgebungen der Endpunkte von T^{0*}, die mit den Punkten von $t(T^1) \frown J^*$ definitionsgemäß zusammenfallen. Vermöge f^{-1} ergibt sich die Behauptung (II).

Definition. Es sei U das Innere einer Jordankurve J und $\underline{T}^0 = \underline{K}(b'|b'')$ ein (offener) Teilbogen von K mit $\underline{T}^0 \subset U$ und $b', b'' \in J$. Dann zerfällt $U - \underline{T}^0$ in zwei (Zusammenhangs-) Komponenten $K(\alpha; U) = K(\alpha; U; T^0)$, $\alpha = +$ oder $\alpha = -$, die wir als die beiden (*lokalen*, offenen) *Seiten* von K (genauer von T^0) *in* U, abgekürzt auch $K(\alpha)$, bezeichnen. Statt auf U können die beiden Seiten von K auch auf $V = U - U \frown \bar{U}' - U \frown \bar{U}''$ bezogen werden, in Zeichen $K(\alpha; V)$. Es ist $K(\alpha; U) \subset K(\beta; G)$ für passendes β bei gegebenem α.

Zufolge des Axioms (II) (3) bzw. des Hilfssatzes gilt nun der

Satz. *Die lokalen Seiten von K ändern sich stetig mit K.* — Genauer: *Voraussetzung* (1). Es genüge $\mathfrak{k}$ (in G) den Axiomen (I), (II) (1) bis (3). Ferner mögen $V = U - U \frown \bar{U}' - U \frown \bar{U}''$ und T^0 die im Hilfssatz (Behauptung (II)) angegebenen Bedeutungen besitzen. Es sei $\underline{T}_0$ der (gemäß Behauptung (II) des Hilfssatzes) eindeutig bestimmte in V enthaltene Teilbogen von T^0, der in $\bar{U}'$ und $\bar{U}''$ mündet, d. h. dessen Endpunkte in U'_g und U''_g liegen. — (2) Bei genügend kleinem $\varepsilon > 0$ sei $\delta = \delta(T^0; \varepsilon)$, $K' \in \mathfrak{u}(K; \delta)$ und $T^{0\prime} \in \mathfrak{T}(K, K', T^0; \varepsilon)$ (gemäß Axiom (II) (3), Erstens). Schließlich sei $\underline{T}'_0$ ein Teilbogen von $T^{0\prime}$, der in V enthalten ist und sowohl in $\bar{U}'$ als in $\bar{U}''$ mündet (die Existenz eines solchen $\underline{T}'_0$ folgt aus dem Brückensatz).

Behauptung. Zu beliebigem $\gamma > 0$ existiert ein $\varepsilon_0 = \varepsilon(K, T_0; \gamma)$ derart, daß $\overline{K'(\alpha; V; T'_0)} \in \mathfrak{u}(\overline{K(\alpha; V; T_0)}; \gamma)$, wenn $K' \in \mathfrak{u}(K; \delta)$, $\delta = \delta(T^0; \varepsilon_0)$ usw., $\alpha = \pm$ (gemäß Voraussetzung (2)).

Beweis (1). Man setze $A = \overline{K(\alpha; V; T_0)}$, $A' = \overline{K'(\alpha; V; T'_0)}$ und $U_0 = U(T_0; \gamma)$, $U'_0 = U(T'_0, \gamma)$, wobei z. B. $U(T_0; \gamma)$ die γ-G-Umgebung von T_0 ist. Falls nun $T'_0 \in \mathfrak{u}(T_0; \gamma)$ ist, gilt $T'_0 \subset U_0$, $T_0 \subset U'_0$. Wegen $A' = A' \frown U_0 \smile (A' - A' \frown U_0)$ und $T'_0 \subset U_0$ ist $A' - A' \frown U_0 = A - A \frown U_0$, und $A' \subset U_0 \smile (A - A \frown U_0) \subset U(A; \gamma)$. Da sich entsprechend $A \subset U(A'; \gamma)$ ergibt, folgt $A' \in \mathfrak{u}(A; \gamma)$ sofern eben $T'_0 \in \mathfrak{u}(T_0; \gamma)$. — (2). Gemäß Ziffer (1) genügt es zu zeigen: Es existiert $\varepsilon_0 > 0$ derart, daß $T'_0 \in \mathfrak{u}(T_0; \gamma)$, falls $K' \in \mathfrak{u}(K; \delta(T^0; \varepsilon_0))$. Wir schließen indirekt. Es gebe also $\varepsilon_n > 0$, $n = 1, 2, \ldots$, mit $\varepsilon_n \to 0$ für $n \to \infty$ sowie $K'_n \in \mathfrak{u}(K; \delta_n)$; wobei $\delta_n = \delta(T^0; \varepsilon_n)$ und $T'_{n0} \subset K'_n$ derart, daß $T'_{n0} \notin \mathfrak{u}(T_0; \gamma)$, $n = 1, 2, \ldots 0$. B. d. A. kann angenommen werden, daß $\delta_n \to 0$ mit $n \to \infty$. Nun besagt aber $T'_{n0} \notin \mathfrak{u}(T_0; \gamma)$, daß (evtl. nach Übergang zu Teilfolgen) entweder (1. Fall) gilt $T'_{n0} \not\subset U_0 = U(T_0; \gamma)$ oder (2. Fall), daß $T_0 \not\subset U' = U(T'_{n0}; \gamma)$. Im 1. Fall gibt es $y_n \in T'_{n0} \subset \bar{V}$ mit $U(y_n; \gamma) \cap T_0 = \emptyset$, $n = 1, 2, \ldots$. Wegen der Kompaktheit von $\bar{V}$ kann angenommen werden, daß $y = \lim y_u \in \bar{V}$ existiert; dabei ist jedenfalls $\bar{U}(y; 2^{-1}\gamma) \cap T_0 = \emptyset$. Andererseits folgt aus $y_n \in T'_{n0} \subset \bar{V} \cap T_n^{0\prime} \subset K'_n \in \mathfrak{u}(K; \delta_n)$ und $\delta_n \to 0$, daß $y \in \bar{V} \cap K$, also $y \in T_0$. Widerspruch. Dabei stehen $T_n^{0\prime}$ und T'_{0n} in entsprechendem Zusammenhang wie $T^{0\prime}$ mit T'_0. — Im 2. Fall gibt es $x_n \in T_0$ mit $x_n \notin U(T'_{n0}; \gamma)$ also mit $U(x_n; \gamma) \cap T'_{n0} = \emptyset$, $n = 1, 2, \ldots$. Dabei kann $x_n \to x \in T_0$ angenommen werden, so daß $\bar{U}(x; 2^{-1}\gamma) \subset U(x_n; \gamma)$ für schließlich alle n ist. Dies steht aber im Widerspruch zu $T'_{n0} \subset T_n^{0\prime} \cap \bar{V} \subset U(K; \delta_n) \cap \bar{V}$ mit $\delta_n \to 0$ und dazu, daß T'_{n0} eine Brücke zwischen $\bar{U}'$ und $\bar{U}''$ ist, so daß für $\delta_n < 2^{-1}\gamma$ doch $\bar{U}(x; 2^{-1}\gamma) \cap T'_{n0} \neq \emptyset$ wäre.

Anmerkung. Der Begriff der „Seite" einer OCh K ist lokaler Natur, insofern er jeweils nur für eine geeignete G-Umgebung eines Teilbogens von K erklärt ist.

Zusatz. Man kann zeigen: Bei gegebenem T und hinreichend kleinem V im Sinne des Hilfssatzes ist der Bogen T'_0 des Satzes eindeutig bestimmt, sofern K' hinreichend $\mathfrak{k}$-benachbart zu K' ist. Die lokale Seite von K' in V ist also für solche K' eindeutig bestimmt (vgl. H. [*45*], Abschn. 2.1., Satz 2).

1.3.3.* Schnitt und Stützkomponenten. Komponenten und Punktordnungswert

Es sei $C \subset G$ ein Kontinuum, ferner sei $K \in \mathfrak{k}$ und $T = \bar{T} \subset C \cap K \cap G$ eine evtl. auch einpunktige (Zusammenhangs-) Komponente von $C \cap K$, die in G enthalten sei. Gemäß Abschn. 1.3.2., Hilfssatz, sei U eine beliebig kleine Normalumgebung von T und $K(\alpha; U)$ seien die beiden Seiten von K in U; dabei liegt T auf der gemeinsamen Begrenzung der $K(\alpha; U)$. — Falls $C \cap K$ nur endlich viele Komponenten $T \subset \underline{G}$ besitzt, ist $(C - T) \cap U \cap K = \emptyset$ für jedes hinreichend kleine U speziell also $C \cap U_g \cap K = \emptyset$. Es sei $C \neq T$; dann existiert eine T enthaltende Komponente Q von $C \cap U$ mit $Q \neq T$. Wir behaupten:

1. Satz. Es besitze $C \cap K$ nur eine endliche Anzahl von Komponenten. Es sei T eine Komponente mit $T \neq C$ und mit $T \subset \underline{G}$. Dann gilt: *Entweder* ist T *Schnitt*komponente von C mit K, d. h. für jede hinreichend kleine Normalumgebung U von T ist $C \cap U_g \cap \overline{K(+; U)} \neq \emptyset$ und

---

* In diesem Abschnitt wird nur Axiom I in Abschn. 1.1.1. herangezogen.

$C \frown U_g \frown \overline{K(-;U)} \neq \emptyset$. — *Oder* es ist T *Stütz*komponente von C mit K, d. h. es gibt ein α derart, daß $C \frown U_g \frown K(\alpha; U) \neq \emptyset$ und $C \frown U_g \frown K(-\alpha; U) = \emptyset$ für jedes hinreichend kleine U (mit $C \frown U \frown K = T$.)

Enthält eine OCh K eine Stützkomponente T mit C, so werde K auch als lokale *StützOCh* von C (in T) bezeichnet und C als lokal (in T) von K gestützt. Gilt für eine StützOCh K von C zugleich $C \subset \overline{K(\alpha;G)}$ für ein α, so werde K als globale StützOCh von C bezeichnet und C als von K global gestützt.

Anmerkung. Ist T einpunktig, so sprechen wir von einem Schnitt- bzw. Stütz*punkt* von C mit K (oder von K mit C).

Beweis (1). In jedem Falle gibt es U mit $C \frown U_g \neq \emptyset$. Nämlich: Wegen $C \neq T$ existiert ein $z \in C - T$; es gibt U mit $z \in G - U$. Nun sind T und $C \frown (G - U)$ abgeschlossene, fremde Teilmengen des Kontinuums C. Daher existiert (Brückensatz) mindestens eine Brücke zwischen T und $C \frown (G - U)$, d. h. eine in T und in U_g mündende Komponente Q von $(C - T) \frown U$, so daß also $\bar{Q} \frown T \neq \emptyset$ und $\bar{Q} \frown U_g \neq \emptyset$ ist. Und wegen $C \frown K \frown U_g = \emptyset = T \frown U_g$ gibt es zu jeder solchen Brücke Q ein $\alpha = \alpha(Q)$ mit $Q \subset C \frown U \frown K(\alpha; U)$.

(2). Gibt es ein U und ein $Q_1 \subset C \frown U \frown K(+; U)$ sowie ein $Q_2 \subset C \frown U \frown K(-; U)$, so ist T Schnittkomponente. In der Tat: Es sei U' eine G-Umgebung von T mit $\bar{U}' \subset U$, also $U'_g \frown U_g = \emptyset$. Dann existiert ein $z_1 \in \bar{Q}_1 \frown (\bar{U} - \bar{U}')$. Anwendung des Brückensatzes auf das Kontinuum $\bar{Q}_1$ und seine abgeschlossenen fremden Teilmengen $\bar{Q}_1 - \bar{Q}_1 \frown U'$ sowie $T \frown \bar{Q}_1$ liefert eine Komponente Q'_1 von $\bar{Q}_1 \frown K(+; U) \frown U'$, welche in $U'_g \frown K(+; U)$ und in T mündet. Entsprechendes gilt für Q_2. — Es ist $Q_1 \smile Q_2 \smile T$ Teil der T enthaltenden Komponente $Q(T)$ von $C \frown U$.

(3) Liegt der in Ziffer (2) erledigte Fall nicht vor, so existiert (vgl. Ziffer (1)) wenigstens ein U und eine Komponente Q_1 von $(C - T) \frown U$ sowie ein α, etwa $\alpha = +$, derart, daß $Q_1 \subset C \frown U \frown K(+; U)$ und $\bar{Q}_1 \frown T \neq \emptyset$ nebst $\bar{Q}_1 \frown U_g \neq \emptyset$. Hingegen existiert keine Komponente Q_2 von $C \frown U \frown K(-; U)$. Wie in Ziffer (2) gezeigt, gibt es zu jeder G-Umgebung U' von T mit $\bar{U}' \subset U$ eine Brücke Q'_1 zwischen $C \frown U'_g \frown K(+; U)$ und T. Hingegen ist $C \frown U'_g \frown K(-; U) = \emptyset$. Somit ist T Stützkomponente.

Anmerkung. Mit der vorstehend gegebenen Definition von Schnitt- und Stützkomponente sind die beiden folgenden gleichwertig:

(1). Ist Q^+ die T enthaltende Komponente von $C \frown U$, so ist T Schnitt- bzw. Stützkomponente je nachdem $Q^+ \frown K(\alpha, U) \neq \emptyset$ für $\alpha = +$ und für $\alpha = -$ bzw. $Q^+ \frown K(\alpha, U) \neq \emptyset$ und $Q^+ \frown K(-\alpha, U) = \emptyset$ für geeignetes α.

(2). Je nachdem T Schnitt- oder Stützkomponente ist, existieren für jedes hinreichend kleine U unter den in T mündenden Komponenten von $(C - T) \frown U$ solche, die sowohl in $U_g \frown K(+, U)$ als in $U_g \frown K(-, G)$ münden oder nur solche, die z. B. in $U_g \frown K(+, U)$ münden. (Der Beweis sei dem Leser überlassen.)

Der folgende 2. Satz enthält ein Kriterium für die Existenz von Schnittkomponenten. Dabei sowie für die meisten späteren Betrachtungen ist die Einführung der folgenden Begriffe bequem.

Definition. Unter dem *Komponentenordnungswert* KOW$(M \frown K)$ der Menge $M \subset G$ bezüglich $K \in \mathfrak{k}$ wird verstanden die Anzahl (Kardinalzahl) der (Zusammenhangs-) Komponenten von $M \frown K$; sind alle Komponenten von $M \frown K$ einpunktig, so spricht man vom *Punktordnungswert* POW $(M \frown K)$ (= KOW $(M \frown K)$); man setzt außerdem POW $(M \frown K) = \infty$, wenn $M \frown K$ mehrpunktige Komponenten besitzt. — Ist KOW $(M \frown K)$ endlich für jedes $K \in \mathfrak{k}$ bzw. existiert Max(KOW $(M \frown K)$; $K \in \mathfrak{k}) = m < +\infty$, so sagt man, es sei der Komponentenordnungswert KOW $(M; \mathfrak{k})$ von M *bezüglich* $\mathfrak{k}$ *endlich* bzw. *beschränkt* und gleich m; andernfalls spricht man von *unendlichem* KOW$(M; \mathfrak{k})$. Statt „endlich oder beschränkt" sagen wir auch *(höchstens) endlich.* Es wird KOW $(M; \mathfrak{k})$ = POW $(M; \mathfrak{k})$ gesetzt, wenn $M \frown K$ für jedes K nur einpunktige Komponenten besitzt, wenn also $M \frown K$ diskontinuierlich ist.

Ist m die kleinste unter den ganzen Zahlen $m' \geq 0$, für welche die Menge $\mathfrak{n} = \mathfrak{n}(m')$ der $K \in \mathfrak{k}$ mit KOW $(M \frown K) > m'$ bzw. mit POW $(M \frown K) > m'$ nirgends dicht ist in $\mathfrak{k}$, so wird m als der *schwache* Komponenten- bzw. Punktordnungswert von M bezüglich $\mathfrak{k}$ bezeichnet, in Formel: schwKOW $(M; \mathfrak{k}) = m$ bzw. schwPOW $(M; \mathfrak{k}) = m$. Dabei kann $\mathfrak{n} = \mathfrak{n}(m)$ o. B. d. A. als abgeschlossen angenommen, also $\mathfrak{n}$ durch $\bar{\mathfrak{n}}$ ersetzt werden. Es ist schwKOW $(M; \mathfrak{k})$ = KOW $(M; \mathfrak{k} - \mathfrak{n})$. — Ist KOW $(M \frown K)$ endlich, abgesehen von einer in $\mathfrak{k}$ nirgends dichten Menge $\mathfrak{n}'$, so heißt M vom *endlichen schwachen* Komponenten- bzw. Punktordnungswert schwKOW $(M; \mathfrak{k})$ bzw. schwPOW $(M; \mathfrak{k})$. Der Fall $m = 0$ ist trivial; daher kann stets $m \geq 1$ angenommen werden.

Es wird nun behauptet:

2. Satz. *Voraussetzung* (1). Es sei $C \subset G$ ein Kontinuum. — (2) Für ein gewisses $K \in \mathfrak{k}$ sei KOW $(C \frown K)$ endlich und $\emptyset \neq C \frown K \subset \underline{G}$ sowie $C \frown K \neq C$. — (3). Es sei $T^0 = K(e'|e'')$ ein Teilbogen von K mit $C \frown K \subset \underline{T}^0 \subset T^0 \subset \underline{G}$ (gemäß Voraussetzung (2) existiert T^0); ferner sei U eine von einer Jordankurve $J = U_g$ begrenzte G-Umgebung von $C \frown K$ mit $\underline{T}^0 \subset U$ und $\{e'\} \smile \{e''\} = J \frown K$. (Vgl. Abschn. 1.3.2.) (Es kann also T^0 mehr als eine Komponente von $C \frown K$ enthalten.)

Behauptung. Gibt es eine Komponente Q von $C \frown U$ mit $\bar{Q} \frown U_g \frown K(+; U) \neq \emptyset$ und $\bar{Q} \frown U_g \frown K(-; U) \neq \emptyset$, so enthält $C \frown K \frown U$ mindestens eine Schnittkomponente.

Beweis. Nach Voraussetzung (2) ist $C \frown K = C \frown K \frown U = T_1 \smile \cdots \smile T_r$, $r \geq 1$, wobei die T_ϱ die sämtlichen Komponenten von $C \frown K$

sind. Wir schließen indirekt. Sind nämlich alle T_ϱ Stützkomponenten, so gibt es zu jedem T_ϱ eine von einer Jordankurve J_ϱ begrenzte G-Umgebung U_ϱ mit $\bar{U}_\varrho \subset U$, mit $\bar{U}_\varrho \cap \bar{U}_\tau = \emptyset$ für $\varrho \neq \tau$ sowie mit zweipunktigem $K \cap J_\varrho$; und überdies gibt es zu jedem ϱ ein $\alpha_\varrho = \pm$ so, daß $C \cap U_\varrho \cap K(\alpha_\varrho; U) = \emptyset$. Es sei dann $\alpha_\varrho = +$ für $\varrho = \mu = 1, \ldots, q$, und $\alpha_\varrho = -$ für $\varrho = \nu = q+1, \ldots, r$. Wir setzen $S(+) = U_1 \cup \cdots \cup U_q$ und $S(-) = U_{q+1} \cup \cdots \cup U_r$ und erhalten $Q = Q \cap W(+) \cup Q \cap W(-)$ mit $W(\pm) = (K(\pm) - \overline{S(\pm)}) \cup S(\mp)$; es ist aber $W(\pm)$ offen und $W(+) \cap W(-) = \emptyset$, im Widerspruch damit, daß Q zusammenhängend ist und daß $Q \cap W(\pm) \neq \emptyset$.

1.3.4. Erhaltung und Stetigkeit der Schnittkomponenten bei stetiger Änderung der Ordnungscharakteristik

Es handelt sich um den folgenden

Satz. *Voraussetzung* (1). *Es seien für* $\mathfrak{k}$ *die Axiome in Abschn.* 1.1.1. *erfüllt.* — (2). *Es sei* C *ein Kontinuum* ($C \subset G$). — (3). *Es sei* KOW$(C; \mathfrak{k})$ *höchstens endlich.* — (4). *Es sei* T *eine Schnittkomponente von* $C \cap K$.

Behauptung. Ändert sich K *stetig, so ändert sich auch* T *stetig im folgenden Sinne: Ist* U *eine beliebig kleine Normalumgebung von* T (*im Sinne von* Nr. 1.3.2., *Hilfssatz*), *so enthält* $C \cap U \cap K'$ *mindestens eine Schnittkomponente* T' *für jedes zu* K *hinreichend* $\mathfrak{k}$*-benachbarte* $K' \in \mathfrak{k}$.

Beweis. Es mögen U, U', U'' und damit $V = U - \bar{U}' - \bar{U}''$ sowie T_0 die im Satz des Abschn. 1.3.2. vorausgesetzte Bedeutung besitzen; überdies sei — was mit obigem verträglich ist — U so gewählt, daß $C \cap U_g \cap K(\alpha; U) \neq \emptyset$ ist für $\alpha = +$ und für $\alpha = -$, ferner U', U'' so, daß $\bar{U}' \cup \bar{U}''$ fremd ist zu der T enthaltenden Komponente $Q(T)$ von $C \cap U$. Es liegen also Punkte von $Q(T)$ auf verschiedenen Seiten von K in U. Gemäß Abschn. 1.3.2., Satz, ist gleiches der Fall für zu K hinreichend $\mathfrak{k}$-benachbartes $K' \in \mathfrak{k}$. Da wegen $Q(T) \subset U$ die Voraussetzung des 2. Satzes in Abschn. 1.3.3. erfüllt sind, folgt die Behauptung.

Zusatz. Ist nur schwKOW$(C; \mathfrak{k})$ höchstens endlich (vgl. Voraussetzung (3)), so gibt es in beliebiger $\mathfrak{k}$-Umgebung von K solche in $\mathfrak{k}$ offene Mengen $\mathfrak{o}$ mit endlichem KOW$(C; \mathfrak{o})$, daß die Behauptung des Satzes richtig ist für jedes $K' \in \mathfrak{o}$.

Beweis. Ist KOW$(C; \mathfrak{k} - \mathfrak{n})$ höchstens endlich für in $\mathfrak{k}$ nirgends dichtes $\mathfrak{n}$ und ist für $K \in \mathfrak{n}$ die Voraussetzung (4) des Satzes erfüllt, so kann $K' \in \mathfrak{k} - \bar{\mathfrak{n}}$ gewählt und dann für K' sowie für eine passende $\mathfrak{k}$-Umgebung $\mathfrak{o}$ von K' ebenso geschlossen werden, wie im Beweis des Satzes.

1.3.5. Stetige Überführung von Stütz- in Schnittkomponenten

Satz. *Voraussetzung* (1). *Es genüge* $\mathfrak{k}$ *den Axiomen in* Abschn. 1.1.1. — (2). *Es sei* $C \subset G$ *ein Kontinuum.* — (3). *Es sei* schwKOW $(C; \mathfrak{k})$ *höchstens endlich.* — (4). *Für eine* OCh K *sei* T *Stützkomponente von* $C \cap K$ *und* U *eine beliebig kleine Normalumgebung von* T *mit* $C \cap K \cap U_g = \emptyset$.

Behauptung. Münden in T *genau eine bzw, mindestens zwei Komponenten von* $C \cap U \cap K(+;{}^{-}U)$, *so gibt es in beliebiger* $\mathfrak{k}$*-Umgebung von* K *eine in* $\mathfrak{k}$ *offene Menge* $\mathfrak{o}$ *derart, daß* $C \cap U \cap K'$ *für jedes* $K' \in \mathfrak{o}$ *mindestens eine bzw. mindestens zwei Schnittkomponenten besitzt, die in* U *enthalten sind.*

Zusatz. Ist $C \subset G$ ein (Jordan-) Bogen oder eine Kurve und ist $T \subset \underline{C}$ Stützkomponente von $C \cap K$, so münden in T genau zwei Komponenten von $C \cap U$.

Beweis (1). Gemäß Voraussetzung (3) existiert ein in $\mathfrak{k}$ nirgends dichtes $\mathfrak{n}$ mit höchstens endlichem KOW $(C; \mathfrak{k} - \bar{\mathfrak{n}})$. Es genügt also, ein zu K beliebig $\mathfrak{k}$-benachbartes $K'' \in \mathfrak{k} - \bar{\mathfrak{n}}$ zu konstruieren, für welches $C \cap K'' \cap U$ mindestens eine bzw. zwei Schnittkomponenten besitzt; gemäß Abschn. 1.3.4. existiert nämlich dann eine $\mathfrak{k}$-Umgebung von K'' in $\mathfrak{k} - \bar{\mathfrak{n}}$ mit den in der Behauptung genannten Eigenschaften von $\mathfrak{o}$.

(2). Zur Konstruktion von K'' kann man so vorgehen: Es sei Q eine in $y \in T$ mündende Komponente von $(C - T) \cap U = C \cap U \cap K(+; U)$. O. B. d. A. sei $\bar{Q} \cap U_g \neq \emptyset$. Weiter sei $T^0 = K \cap \bar{U}$ und $V = U - \bar{U}' - \bar{U}''$ im Sinne von Abschn. 1.3.2., Hilfssatz, mit so kleinen U', U'', daß $\bar{U}' \cap \bar{Q} = \bar{U}'' \cap \bar{Q} = \emptyset$ ist. Wir wählen $p_1, \ldots, p_{k-1} \subset K - K \cap \bar{U}$ und $y'' \subset K(+; U)$ hinreichend G-benachbart zu y. Dann enthält $K'' = K(p_1, \ldots, p_{k-1}, y'')$ einen zu T^0 beliebig G-benachbarten Teilbogen B'' mit $\underline{B}'' \subset K(+; V)$ derart, daß Punkte von Q auf verschiedenen Seiten von B'' liegen (vgl. Axiom (II) (3), Zweitens (a)). Da Q zusammenhängend und $Q \subset V$ mit $\bar{Q} \cap \bar{U}' = \bar{Q} \cap \bar{U}'' = \emptyset$ ist, folgt (gemäß Abschnitt 1.3.3., Satz 2 angewandt auf die von $(K \cap \bar{U}) \cup (U_g \cap K(+; U))$ begrenzte Umgebung) die Existenz einer Schnittkomponente von $\bar{Q} \cap B''$ und damit von $\bar{Q} \cap K'' \subset U$, falls KOW$(\bar{Q} \cap K'')$ endlich ist. Letzteres folgt aber daraus, daß $\bar{Q} \cap B'' = Q \cap B''$ fremd ist zu jeder Komponente von $(C - \bar{Q}) \cap K'' \cap U$ sowie daß KOW$(C \cap K'' \cap U)$ endlich ist. Daher ist auch jede Schnittkomponente von $\bar{Q} \cap B''$ zugleich Schnittkomponente von $C \cap K'' \cap U$. Dies gilt ebenso für jede zu K'' hinreichend benachbarte OCh (gemäß Abschn. 1.3.4.).

Ist neben Q eine zweite in T mündende Komponente Q_1 von $C \cap U \cap K(+; U)$ vorhanden, so ist $Q \cap Q_1 = \emptyset$. Für zu K hinreichend $\mathfrak{k}$-benachbartes $K'' \in \mathfrak{k} - \bar{\mathfrak{n}}$ enthält dann $C \cap K'' \cap U$ mindestens zwei

Schnittkomponenten, ebenso wie jede OCh aus einem geeigneten $\mathfrak{o} \subset \mathfrak{k} - \bar{\mathfrak{n}}$ mit $K'' \in \mathfrak{o}$, Damit ist der Satz bewiesen.

Anwendung des Satzes. Enthält der Durchschnitt $K' \cap K''$ zweier verschiedener $K', K'' \in \mathfrak{k}$ genau $k-1$ Punkte, so ist jeder Punkt $z \in \underline{K}' \cap K''$ ein Schnittpunkt von K' mit K''. (Es enthält $K' \cap K''$ keine mehrpunktige Komponente.)

In der Tat: Es gibt Teilbogen $B = \bar{B}$ von $\underline{K}'$ mit $\underline{K}' \cap K'' \subset \underline{B}$. Es seien $z, p_1, \ldots, p_{k-2} \in K' \cap K''$; es sei z Stützpunkt und $y \in K'' - K' \cap K''$. Für geeignet gewähltes y gibt es OCh K mit $p_1, \ldots, p_{k-2}, y \in K$, wobei K zu K'' beliebig $\mathfrak{k}$-benachbart sein soll und K in einer hinreichend kleinen G-Umgebung U von z auf der gleichen Seite von K'' liegt wie $(B - \{z\}) \cap U$. Dann folgt aus dem Zusatz zum obigen Satz, daß $K' \cap K$ mindestens k Punkte enthält, also $K = K'$, obwohl $K \neq K'$, weil $K' \neq K''$ und weil K beliebig $\mathfrak{k}$-benachbart zu K'' ist.

Anmerkung. Sind K' und K'' hinreichend $\mathfrak{k}$-benachbart, so ist die Reihenfolge ihrer $k-1$ gemeinsame (Schnitt-) Punkte auf K' und auf K'' die gleiche (bei passender Orientierung der K', K'') (vgl. Abschn. 1.1.3, (II') (2)).

Folgerung. (1) Ist $k \equiv 0 \pmod 2$, so ist keine OCh eine Kurve ($k \geq 2$). Ist nämlich etwa $K \in \mathfrak{k}$ eine Kurve und $x_1, \ldots, x_k \in K$, $x_\varkappa \neq x_\mu$ für $\varkappa \neq \mu$, so existiert $K' = K(x_1, \ldots, x_{k-1}, x'_k) \neq K$ für $x'_k \in U(x_k : \varepsilon) \cap K(\alpha, G)$ für hinreichend kleines $\varepsilon > 0$ (Axiom (II) (1)). Es ist dann $K \cap K' = \{x_1\} \cup \cdots \cup \{x_{k-1}\}$, und jeder dieser Punkte ist Schnittpunkt von K mit K'. Da aber K Kurve ist, gilt andererseits $\mathrm{POW}(K \cap K') \equiv 0 \pmod 2 \not\equiv k-1$, gleichgültig ob K' Kurve oder (in G_g mündender) Bogen ist. Widerspruch.

(2). Ist $k \equiv 1 \pmod 2$, $k \geq 3$, und $\mathrm{schwPOW}(B; \mathfrak{k}) = k$, so ist B keine Kurve. Andernfalls kann man so schließen: Es existiert $K \in \mathfrak{k}$ mit $\mathrm{POW}(B \cap K) = k$, wobei $B \cap K$ genau k Schnittpunkte enthält (vgl. Abschn. 1.4.4.). Da B Kurve ist, gilt $\mathrm{POW}(B \cap K) \equiv 0 \pmod 2 \not\equiv k$.

1.4. Kontinua von höchstens endlichem Komponentenordnungswert

1.4.1. Verteilung der OCh K mit Stützkomponenten in $C \cap K$.

Satz. *Voraussetzung* (1). *Es genüge $\mathfrak{k}$ den Axiomen in* Abschn. 1.1.1.— *Es sei $C \subset G$ ein Kontinuum.* — (2). *Es sei* schwKOW $(C; \mathfrak{k})$ *höchstens endlich.*

Behauptung. Die Menge $\mathfrak{z}$ derjenigen Ordnungscharakteristiken, für welche $C \cap K$ Stützkomponenten enthält, ist nirgends dicht *in $\mathfrak{k}$.*

Beweis (1). Gemäß Voraussetzung (2) existiert eine in $\mathfrak{k}$ nirgends dichte Menge $\mathfrak{n}$ derart, daß KOW$(C; \mathfrak{k} - \bar{\mathfrak{n}})$ = schwKOW$(C; \mathfrak{k})$ höchstens endlich ist. Es sei $\mathfrak{k}' = \mathfrak{k} - \bar{\mathfrak{n}}$ gesetzt.

(2). Der Beweis werde indirekt geführt. Es existiere also eine in $\mathfrak{k}$ offene Menge $\mathfrak{o}$, zu welcher $\mathfrak{s}$ dicht ist. Dann gibt es ein in $\mathfrak{k}'$ offenes $\mathfrak{o}' \subset \mathfrak{o}$, so daß $\mathfrak{s}' = \mathfrak{o}' \cap \mathfrak{s}$ dicht in $\mathfrak{o}'$ ist. Es ist KOW$(C; \mathfrak{o}')$ (höchstens) endlich. Es sei nun $K_1 \in \mathfrak{s}'$ und T eine Stützkomponente von $C \cap K_1$. Wegen $K_1 \in \mathfrak{o}'$ besitzt $C \cap K_1$ endlich viele Komponenten T_ϱ, $\varrho = 1, \ldots, r$; dabei sei etwa $T = T_1$. Es gibt G-Umgebungen U_ϱ von T_ϱ mit $\bar{U}_\varrho \cap \bar{U}_\tau = \emptyset$ für $\varrho \neq \tau$; $\varrho, \tau = 1, \ldots, r$, wobei die U_ϱ den in Abschnitt 1.3.4. und 1.3.5. gestellten Anforderungen genügen. Nun gibt es eine $\mathfrak{k}$-Umgebung $\mathfrak{w}$ von K_1 mit in $\mathfrak{k}$ abgeschlossener kompakter Hülle $\bar{\mathfrak{w}}$ (gemäß Abschn. 1.3.1., Satz 2); dabei kann $\mathfrak{w}$ beliebig, mithin so klein angenommen werden, daß $\bar{\mathfrak{w}} \subset \mathfrak{o}'$. Gemäß Abschn. 1.3.5. gibt es ein $K_1' \in \mathfrak{w}$ derart, daß $C \cap K_1'$ (mindestens) eine in U_1 enthaltene Schnittkomponente T_1' besitzt und daß K_1' beliebig $\mathfrak{k}$-benachbart zu K_1 ist. Nach der Annahme über $\mathfrak{s}'$ gibt es weiter ein zu K_1' beliebig $\mathfrak{k}$-benachbartes $K_2 \in \mathfrak{s}' \cap \mathfrak{w}$ mit einer Schnittkomponente $S_{21} \subset C \cap K_2$ in beliebig kleiner G-Umgebung von T_1' und mit einer Stützkomponente T_2; dabei existieren G-Umgebungen U_{21} von S_{21} und U_{22} von T_2 mit $\bar{U}_{21} \subset U_1 = U_{11}$ und $\bar{U}_{21} \cap \bar{U}_{22} = \emptyset$, welche den Anforderungen in Abschn. 1.3.4., 1.3.5. genügen. — Erneute Anwendung von Abschn. 1.3.5. führt zu einem $K_3 \in \mathfrak{w}$, beliebig $\mathfrak{k}$-benachbart zu K_2 mit mindestens je einer in U_{21} und U_{22} enthaltenen Schnittkomponente S_{31} bzw. S_{32} von $C \cap K_3$ und außerdem mit (mindestens) einer Stützkomponente T_3. Wie zu S_{21} und T_2 werden jetzt zu S_{31}, S_{32} und T_3 G-Umgebungen U_{31}, U_{32} und U_{33} gebildet mit paarweise fremden abgeschlossenen Hüllen und mit $\bar{U}_{3i} \subset U_{2i}$, $i = 1, 2$. Fortsetzung der Schlüsse führt zu einer Folge von OCh $K_n \in \mathfrak{w}$ (beliebig $\mathfrak{k}$-benachbart zu K) und von (in G) offenen Mengen $U_{n\nu}$, $\nu = 1, \ldots, n$; $n = 1, 2, \ldots$, wobei $\bar{U}_{n+1,\nu} \subset U_{n\nu}$ für $\nu = 1, \ldots, n$, sowie $\bar{U}_{n\nu} \cap \bar{U}_{n\tau} = \emptyset$ für $\nu \neq \tau$ und $C \cap K_n \cap U_{n\nu} \neq \emptyset$.

(3). Wegen der Kompaktheit von $\bar{\mathfrak{w}}$ kann (evtl. nach Bildung einer Auswahlfolge aus den K_n) angenommen werden, daß $K_0 = \lim K_n$ existiert, wobei dann $K_0 \in \bar{\mathfrak{w}} \subset \mathfrak{k}$. Wegen der Kompaktheit von G und wegen $\bar{U}_{n+1,\nu} \subset U_{n\nu} \subset \bar{U}_{n\nu} \subset G$ existiert $\lim \bar{U}_{n\nu} = \bar{U}_\nu = \lim U_{n\nu} \neq \emptyset$ für $\nu = 1, 2, \ldots, n$. Und weiter ist dann $C \cap K_0 \cap \bar{U}_\nu \neq \emptyset$. Somit ist KOW$(C \cap K_0)$ unendlich im Widerspruch zu $K \in \bar{\mathfrak{w}} \subset \mathfrak{o}'$.

1.4.2. Folgerungen aus Nr. 1.3.4.—1.3.5.

1. Satz. *Voraussetzung. Es genüge $\mathfrak{k}$ den Axiomen in* Abschn. 1.1.1. *Es sei $C \subset \underline{G}$ ein Kontinuum mit höchstens endlichem* KOW$(C; \mathfrak{k})$. *Es sei $K \in \mathfrak{k}$ gegeben mit* KOW$(C \cap K) \geq 1$.

Behauptung (1). *Es existiert eine $\mathfrak{k}$-Umgebung $\mathfrak{w}$ von K derart, daß die Anzahl der Schnittkomponenten von $C \frown K'$ für jedes $K' \in \mathfrak{w}$ nicht kleiner ist als die der Schnittkomponenten von $C \frown K$.*

(2). *Es existiert in beliebig kleiner $\mathfrak{k}$-Umgebung von K eine in $\mathfrak{k}$ offene Menge $\mathfrak{o}$ derart, daß die Komponenten von $C \frown K'$ für jedes $K' \in \mathfrak{o}$ sämtlich Schnittkomponenten sind und daß* KOW $(C \frown K')$ *konstant ist auf* $\mathfrak{o}$.

Zusatz. Der 1. Satz bleibt richtig, wenn KOW$(C; \mathfrak{w})$ höchstens endlich ist nur für eine $\mathfrak{k}$-Umgebung $\mathfrak{w}$ von K.

Beweis *Betr.* (1). Folgt aus dem Satz des Abschn. 1.3.4. — *Betr.* (2) Gemäß Abschn. 1.4.1. bilden diejenigen $K \in \mathfrak{k}$, für welche $C \frown K$ Stützkomponenten enthält, eine in $\mathfrak{k}$ nirgends dichte Menge $\mathfrak{n}$. Es gibt daher in beliebiger $\mathfrak{k}$-Umgebung von K ein in $\mathfrak{k}$ offenes $\mathfrak{o}' \subset \mathfrak{k} - \bar{\mathfrak{n}}$: für jedes $K' \in \mathfrak{o}'$ enthält $C \frown K'$ nur Schnittkomponenten. Um zu zeigen, daß in $\mathfrak{o}'$ ein $\mathfrak{o}$ der in (2) behaupteten Art enthalten ist, schließen wir indirekt, nehmen also die Existenz einer in $\mathfrak{o}'$ dichten Menge $\mathfrak{d} \subset \mathfrak{o}'$ an mit folgender Eigenschaft: In beliebig kleiner $\mathfrak{k}$-Umgebung $\mathfrak{w} = \mathfrak{w}(K'')$ eines jeden $K'' \in \mathfrak{d}$ gibt es K''', für welche KOW $(C \frown K'') <$ KOW $(C \frown K''')$ ist. Nunmehr liegt im wesentlichen hier der gleiche Sachverhalt vor, wie in Ziffer (2) des Beweises in Abschn. 1.4.1. Dort trat beim Übergang z. B. von K_1' zu $K_2 \in \mathfrak{Z}' \frown \mathfrak{w}$ zu den schon vorhandenen Schnittkomponenten eine Stützkomponente hinzu, aus welcher dann beim Übergang zu K_3 eine weitere Schnittkomponente gewonnen würde. Hier tritt beim Übergang von K'' zu K''' sogleich eine weitere Schnittkomponente hinzu. Somit ist der Beweis in der genannten Ziffer (2) unmittelbar anwendbar, der zu einem Widerspruch führt.

2. Satz. *Voraussetzung. Es genüge $\mathfrak{k}$ den Axiomen in* Abschn. 1.1.1. *Es sei $C \subset \underline{G}$ ein Kontinuum mit* schwKOW $(C; \mathfrak{k}) = m < +\infty$.

Behauptung. Es ist sogar KOW $(C; \mathfrak{k})$ *beschränkt, und zwar kleiner als* $2m + 1$.

Beweis. Indirekt. Angenommen, es gibt ein $K \in \mathfrak{k}$, für welches $C \frown K$ mindestens $t = 2m + 1$ Komponenten enthält. Es existieren Teilbogen $\underline{T}^0 = \underline{K}(e' | e'')$ von K mit $C \frown K \subset \underline{T}^0$ und mit $K - T^0 \neq \emptyset$. Ferner existiert zu jedem T^0 eine Jordankurve J, welche mit T^0 genau e' und e'' gemeinsam hat und für welche das Innere von J eine — bei passendem T^0 und J beliebig kleine — G-Umgebung U von $C \frown K$ ist (vgl. Abschn. 1.3.2., Hilfssatz). Weiter gibt es t in G offene Mengen U_τ mit $\bar{U}_\tau \subset U$, mit $\bar{U}_\tau \frown \bar{U}_\varrho = \emptyset$ für $\tau \neq \varrho$, mit $C \frown K \frown U_\tau \neq \emptyset$ und mit $C \frown K \subset \bigcup_{\tau=1}^{t} C \frown K \frown U_\tau$, $\tau, \varrho = 1, \ldots, t$. — Weil C ein Kontinuum und weil $C \neq C \frown K \frown U \neq \emptyset$ ist, existiert eine in $C \frown K \frown U_\tau$ mündende Komponente $Q_\tau \neq \emptyset$ von $(C - C \frown K) \frown U_\tau$. Folglich gibt es ein α, etwa $\alpha = +$, derart, daß für mindestens $m + 1$ der Q_τ, etwa für Q_μ, $\mu = 1, \ldots, m + 1$, gilt: $Q_\mu \frown K(+; U) \neq \emptyset$. Sind dann

$p_1, \ldots, p_{k-1} \in K - T^0$ gewählt und $y \in Q_1$, so gilt $K' \frown U \subset K(+; U)$ für $K' = K(p_1, \ldots, p_{k-1}, y)$, falls y hinreichend G-benachbart zu $C \frown K \frown U_1$ ist (gemäß Axiom (II) (3), Zweitens (a)). Es kann K' beliebig $\mathfrak{k}$-benachbart zu K angenommen werden; es gibt dann $z_\mu \in Q_\mu$ mit $z_\mu \in K'(+; U)$ sowie mit $\bar{Q}_\mu \frown K \subset K'(-; U)$, $\mu = 1, \ldots, m+1$ (vgl. Abschn. 1.3.2., Satz). Da $\bar{Q}_\mu$ ein Kontinuum ist, folgt $Q_\mu \frown K' \neq \emptyset$; und gleiches gilt für eine $\mathfrak{k}$-Umgebung $\mathfrak{w}$ von K', d. h., für jedes $K'' \in \mathfrak{w}$ (vgl. Abschn. 1.3.4., Satz). Somit ist KOW $(C; \mathfrak{w}) \geq m+1$ im Widerspruch zu schwKOW $(C; \mathfrak{k}) = m$.

1.4.3. Reduktionssatz

Schließlich sei noch erwähnt der mehrfach benötigte, sogenannte *Reduktionssatz*. Wir bedienen uns dabei der folgenden

Definition. Es sei C ein Kontinuum und K eine OCh mit endlichem KOW $(C \frown K)$. Eine *Stütz*komponente T von $C \frown K$ werde als *innere* oder *nichtinnere* bezeichnet, je nachdem für jede hinreichend kleine G-Umgebung U von T, für die $(C - T) \frown K \frown \bar{U} = \emptyset$ ist, in T mehr als eine bzw. genau eine Komponente von $(C - T) \frown U$ mündet. Weiter heißt C *(ordnungs)reduzibel* für oder *bezüglich* K, kürzer K-reduzibel, wenn $C \frown K$ höchstens k nichtinnere Stützkomponenten besitzt. Ist KOW$(C; \mathfrak{k})$ höchstens endlich und C K-reduzibel für jedes $K \in \mathfrak{k}$, so wird C als *$\mathfrak{k}$-reduzibel* (ordnungsreduzibel) bezeichnet.

Beispiele. Kontinua mit höchstens k Endpunkten sind $\mathfrak{k}$-reduzibel Spezialfälle: Bogensummen mit höchstens k Endpunkten, Bogen, Kurven.

Es gilt nun der

Reduktionssatz. *Voraussetzung. Es genüge* $\mathfrak{k}$ *den Axiomen in* Abschnitt 1.1.1. *Es sei* $C \subset \underline{G}$ *ein Kontinuum mit höchstens endlichem* KOW $(C; \mathfrak{k})$. *Es sei* C *reduzibel für ein* $K \in \mathfrak{k}$.

Behauptung. Es gibt in beliebiger $\mathfrak{k}$*-Umgebung von* K *ein* $K' \in \mathfrak{k}$ *derart, daß* $C \frown K'$ *mindestens* KOW $(C \frown K)$ Schnitt*komponenten besitzt, die in beliebig kleiner G-Umgebung von* $C \frown K$ *liegen.*

Beweis (1). Im Falle KOW $(C \frown K) = 1$ ist im Hinblick auf Abschnitt 1.3.4./5. nichts zu beweisen. Es sei also KOW $(C \frown K) \geq 2$. Wegen $C \subset \underline{G}$ ist $C \frown K$ fremd zu etwaigen Endpunkten von K, alle Komponenten von $C \frown K$ sind also Schnitt- oder Stützkomponenten. Es seien $S_1, \ldots, S_s$ bzw. $T_1, \ldots, T_t$ bzw. $N_1, \ldots, N_n$ die Schnitt- bzw. inneren bzw. nichtinneren Stützkomponenten von $C \frown K$, also $C \frown K = S_1 \smile \cdots \smile S_s \smile T_1 \smile \cdots \smile T_t \smile N_1 \smile \cdots \smile N_n$ und KOW $(C \frown K) = s + t + n$; nach Voraussetzung ist dabei $0 \leq n \leq k$; $2 \leq s + t + n$; $k \geq 1$. Es seien nun $U = U(C \frown K)$ bzw. $U(S_\sigma)$ bzw. $U(T_\tau)$ bzw. $U(N_\nu)$ G-Umgebungen von $C \frown K$ bzw. S_σ bzw. T_τ bzw.

N_ν, von denen angenommen werden kann: Eine jede der G-Umgebungen ist begrenzt von einer Jordankurve, die mit K genau zwei Punkte gemeinsam hat; es ist $K - K \cap \bar{U} \neq \emptyset$, die abgeschlossenen Hüllen der $U(S_\sigma)$, $U(T_\tau)$, $U(N_\nu)$ sind paarweise fremd und in U enthalten.

(2). Es sei zunächst $n \geq 1$. Zur Konstruktion eines $K' \in \mathfrak{k}$ von der in der Behauptung geforderten Art wähle man $z_\nu \in N_\nu$ für $\nu = 1, \ldots, n-1$, ferner $p_1, \ldots, p_{k-n} \in K - K \cap \bar{U}$ sowie ein $y(\alpha) \in K(\alpha; U)$, $\alpha = \pm$, das zu N_n hinreichend G-benachbart ist; für $n = k$ bzw. für $n = 1$ fallen die $p_\varkappa$ bzw. die z_ν fort. Es existiert dann $K^\alpha = K(p_1, \ldots, p_{k-n}, z_1, \ldots, z_{n-1}, y(\alpha)) \in \mathfrak{k}$ und es ist $K \cap K^\alpha \cap U = \{z_1\} \cup \cdots \cup \{z_{n-1}\} = Z$. Es sei nun das $y(\alpha) \in K(\alpha, U)$ so nahe bei N_n gewählt, daß das zugehörige K^α für jedes $\nu = 1, \ldots, n$, einen zu $K(z_{\nu-1}|z_\nu)$ benachbarten Teilbogen im Sinne von Axiom (II) (3) (Abschn. 1.1.1.) enthält; dabei sind z_0, z_n die Endpunkte von $K \cap U = K(z_0|z_n)$. Für ein solches, etwa mit K^α_* zu bezeichnendes, K^α sei gesetzt

$$R(\alpha) = (K(\alpha; V) \cap K^\alpha_*(-\alpha; V)) \cup (K(-\alpha; V) \cap K^\alpha_*(\alpha; V)), \quad \alpha = \pm;$$

dabei sind $K(\alpha; V)$, $K^\alpha_*(\alpha; V)$ Seiten von K bzw. K^α_* und $K^\alpha_*(\alpha; V)$ ist $\mathfrak{g}$-benachbart zu $K(\alpha; V)$, außerdem besitzt V die in Abschn. 1.3.2., Hilfssatz, Behauptung (II), angegebene Bedeutung.

Für jedes, zu K hinreichend $\mathfrak{k}$-benachbarte K^α gilt $V \cap K^\alpha \subset Z \cup R(\alpha)$; denn die z_ν, $\nu = 1, \ldots, n-1$, sind Schnittpunkte in $K^\alpha \cap K$ und $K^\alpha \cap K^\alpha_*$. Nunmehr sei das Vorzeichen $\alpha = +$ so gewählt, daß für die N_n enthaltende Komponente von $C \cap U(N_n)$ gilt $Q(N_n) \cap R(+) \neq \emptyset$.

Es sei $t(+)$ bzw. $t(-)$ die Anzahl derjenigen unter den T_τ, $\tau = 1, \ldots, t$, für welche $Q(T_\tau) \cap R(+) \neq \emptyset$ bzw. $Q(T_\tau) \cap R(-) \neq \emptyset$ ist, wobei mit $Q(T_\tau)$ die T_τ enthaltende Komponente von $C \cap U(T_\tau)$ bezeichnet wird. Es gilt $t = t(+) + t(-)$. Ist nun (1. Fall) $t(+) \geq t(-)$, so gilt $2t(+) + 1 \geq t(+) + t(-) + 1 = t + 1$; hingegen (2. Fall) für $t(-) \geq t(+) + 1$ gilt $2t(-) \geq t(+) + t(-) + 1 = t + 1$. Im 1. bzw. 2. Fall wähle man $\alpha = +$ bzw. $\alpha = -$ in K^α, so daß $V \cap K^\alpha \subset Z \cup R(+)$ bzw. $V \cap K^\alpha \subset Z \cup R(-)$ ist. Für derartige, zu K hinreichend $\mathfrak{k}$-benachbarte K^α liefern die $Q(T_\tau) \cap K^\alpha$, $\tau = 1, \ldots, t$, im 1. bzw. im 2. Fall zusammen mit $Q(N_n) \cap K^\alpha$ mindestens $2t(+) + 1 \geq t + 1$ bzw. $2t(-) \geq t + 1$ *Schnitt*komponenten (gemäß Abschn. 1.3.5.). Außerdem enthält jedes $C \cap U(S_\sigma) \cap K^\alpha$, $\sigma = 1, \ldots, s$ (weil die S_σ Schnittkomponenten sind), mindestens eine Schnittkomponente. Wegen $z_\nu \in C \cap U(N_\nu) \cap K^\alpha$, $\nu = 1, \ldots, n-1$, ist somit $\text{KOW}(C \cap K^\alpha) \geq s + t + 1 + (n-1) = s + t + n = \text{KOW}(C \cap K)$. Genauer: Es existieren unter den Komponenten von $C \cap K^\alpha$ solche $s + t + n$, daß höchstens $n - 1$ von ihnen nichtinnere Stützkomponenten und daß die übrigen $s + t + 1$

Schnittkomponenten sind. Erneute Anwendung der für K angestellten Schlüsse auf K^α, falls noch nichtinnere Stützkomponenten in $C \cap K^\alpha$ vorhanden sind, und Fortsetzung dieses Verfahrens führt nach höchstens n Schritten auf den Fall $n = 0$.

(3) Ist $n = 0$, so wählt man $p_1, \ldots, p_{k-1} \in K - K \cap \bar{U}$ und K^α wie in Ziffer (2) im 1. bzw. im 2. Fall.

Anmerkung. Daß der Reduktionssatz für nicht $\mathfrak{k}$-reduzible Kontinua nicht mehr zu gelten braucht, zeigen folgende Beispiele (für $k = 1$ und $k = 2$). Es werde C (als Vereinigung dreier Jordanbogen ohne bzw. mit einem Verzweigungspunkt) wie folgt erklärt: Es sei

$$B(\gamma) = \{(x, y) \mid x^2 + y^2 = 1, -1 \leq x \leq \gamma, 0 \leq y \leq 1\},$$

$$B' = \{(x, y) \mid x^2 + y^2 = 4^{-1}, -2^{-1} \leq x \leq 2^{-1}, -2^{-1} \leq y \leq 0\},$$

$$B'' = \{(x, y) \mid x = 2^{-1}, 0 \leq y \leq 2^{-1}\sqrt{3}\}.$$

Es sei $C = B(\gamma) \cup B' \cup B''$. Ist $\gamma = 2^{-1}$, so haben wir einen Jordanbogen mit den Endpunkten $(-1, 0)$ und $(-2^{-1}, 0)$; ist $\mathfrak{k}$ das System der Parallelen zur x-Achse, so gilt POW $(C \cap K_0) = 3$, wenn $K_0 = (y = 0)$, während für alle übrigen K gilt POW $(C \cap K) \leqq 2$. — Ist $\gamma = 1$ und ist $\mathfrak{k}$ das System aller Sehnen von G, so ist POW $(C \cap K_0) = 4$ für $K_0 = (y = 0)$, hingegen POW $(C \cap K) \leq 3$ für alle zu $(y = 0)$ $\mathfrak{k}$-benachbarten OCh. (Ersetzt man B'' durch einen genügend wenig gekrümmten Konvexbogen, so läßt sich erreichen, daß POW $(C; \mathfrak{k} - \{K_0\}) = 2$ bzw. $= 3$ für $K_0 = (y = 0)$ je nachdem $\gamma = 2^{-1}$ bzw. $\gamma = 1$; vgl. auch die etwas modifizierte Figur 7.)

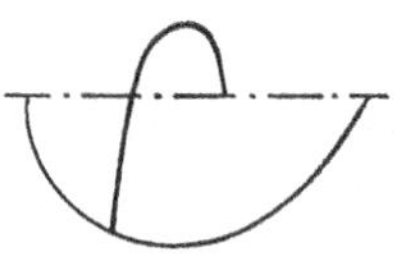

Fig. 7

Als Anwendung des Reduktionssatzes sei vermerkt der

Satz. *Voraussetzung. Es genüge* $\mathfrak{k}$ *den Axiomen in* Abschn. 1.1.1. *Es sei* $C \subset \underline{G}$ *ein* $\mathfrak{k}$*-reduzibles Kontinuum mit höchstens endlichem* KOW $(C; \mathfrak{k})$.

Behauptung (1). *Existiert ein* $K \in \mathfrak{k}$ *mit* KOW $(C \cap K) = m'$, *so ist* schwKOW $(C; \mathfrak{k}) \geq m'$. — (2). *Folgende beiden Aussagen sind gleichwertig:* (a) *Es ist* KOW $(C; \mathfrak{k}) = m$; (b) *Es ist* schwKOW $(C; \mathfrak{k}) = m$.

Zusatz. Die Menge der OCh K mit KOW $(C \cap K) = m$ ist nicht nirgends dicht in $\mathfrak{k}$, wenn schwKOW $(C; \mathfrak{k}) = m$ ist.

Beweis *Betr.* (1). Nach dem Reduktionssatz gibt es $K' \in \mathfrak{k}$ mit KOW $(C \cap K') \geq m'$ derart, daß $C \cap K'$ mindestens m' Schnittkomponenten enthält. Gemäß Abschn. 1.3.4. gibt es daher eine $\mathfrak{k}$-Umgebung $\mathfrak{w}$ von K' mit KOW $(C; \mathfrak{w}) \geq m'$. Wegen KOW $(C; \mathfrak{w}) \leq$ schwKOW $(C; \mathfrak{k})$ folgt die Behauptung. — *Betr.* (2). Aus (a) folgt (b). Gemäß Behauptung (1) ist $m \leq$ schwKOW $(C; \mathfrak{k})$. Andererseits ist definitionsgemäß schwKOW $(C; \mathfrak{k}) \leq$ KOW $(C; \mathfrak{k}) = m$. — Aus (b) folgt (a). Gemäß Abschn. 1.4.2., Satz 2., ist KOW $(C; \mathfrak{k}) < 2m + 1$, also beschränkt. Aus KOW $(C; \mathfrak{k}) \geq m + 1$ folgt aber (Behauptung (1)) schwKOW $(C; \mathfrak{k}) \geq m + 1$.

Zusatz. Es sei $C \subset \underline{G}$ ein $\mathfrak{k}$-reduzibles Kontinuum mit beschränktem KOW $(C; \mathfrak{k}) = m$. Ist die Menge E der Endpunkte von C endlich, so ist KOW $(C - E; \mathfrak{k}) = m$.

Beweis. Ein auf K liegender Endpunkt von C liefert höchstens eine nichtinnere Stützkomponente von $C \frown K$. Andererseits ist die Menge derjenigen OCh, welche mindestens einen Endpunkt enthalten, nirgends dicht in $\mathfrak{k}$. In Rücksicht auf den Reduktionssatz folgt die Behauptung.

Spezieller Fall. Es ist C ein Bogen, und die Grundzahl ist $k \geq 2$. *Allgemeiner* gilt: Ist $C \subset \underline{G}$ $\mathfrak{k}$-reduzibel mit KOW $(C; \mathfrak{k}) = m$, ist ferner $\mathfrak{n}$ irgend eine, in $\mathfrak{k}$ nirgends dichte Menge, so ist KOW $(C; \mathfrak{k} - \mathfrak{n}) = m$.

1.4.4. Schnitteigenschaft von Maximalsekanten bei Kontinuen von beschränktem Komponentenordnungswert

Als eine Ergänzung zum Reduktionssatz für Kontinua C kann angesehen werden: Bei beschränktem KOW $(C; \mathfrak{k})$ besitzen die OCh K mit (maximalem) KOW $(C \frown K) = m$ nur Schnittkomponenten außer etwa vorhandenen nichtinneren Stützkomponenten, falls die Zahl dieser nichtinneren Stützkomponenten nicht größer ist als $k - 1$; solche OCh können daher als *Maximalsekanten* bezeichnet werden.

Die eingangs erwähnte Ergänzung zum Reduktionssatz lautet nun:

Satz. *Besitzt eine Maximalsekante K höchstens $k - 1$ nichtinnere Stützkomponenten mit einem Kontinuum C von beschränktem* KOW $(C; \mathfrak{k}) = m$, *so sind die übrigen (mindestens $m - k + 1$) Komponenten von $C \frown K$ sämtlich Schnittkomponenten. — Ausführlich:*

Voraussetzung (1). Das System $\mathfrak{k}$ der OCh mit einer Grundzahl $k \geq 2$ genüge den Axiomen in Abschn. 1.1.1. — (2). Es sei $C \subset \underline{G}$ ein Kontinuum, $K_0 \in \mathfrak{k}$ und KOW $(C; \mathfrak{w}) = m$ für eine $\mathfrak{k}$-Umgebung $\mathfrak{w}$ von K_0. — (3). Es sei $K \in \mathfrak{w}$ mit KOW $(C \frown K) = m$ und es enthalte $C \frown K$ genau t nichtinnere Stützkomponenten, wobei $0 \leq t \leq k - 1$ ist.

Behauptung. Es enthält $C \frown K$ genau $q = m - t$ Schnittkomponenten (also keine inneren Stützkomponenten).

Zusatz. In Voraussetzung (2) kann an Stelle eines einzelnen Kontinuums C auch eine Vereinigung von m' Kontinuen treten $(1 \leq m' \leq m)$ derart, daß jede Komponente von $C \frown K$ einem dieser Kontinua angehört.

Beispiele. In der Voraussetzung (3) ist die Bedingung $0 \leq t \leq k - 1$ erfüllt, wenn C höchstens $k - 1$ Endpunkte (im Sinne der topologischen Kurventheorie) besitzt. Spezialfälle: Es ist $k \geq 3$ und C ein Bogen oder es ist $k \geq 2$ und C eine Kurve.

Beweis (I). Es sei *zunächst* $t = k - 1$. Die $k - 1$ nichtinneren Stützkomponenten seien $\bar{s}_1, \ldots, \bar{s}_{k-1} \subset C \frown K$, wobei ihre Reihenfolge einer Orientierung von K entspreche. Ferner sei $T = K(a|b)$ ein Teilbogen von K mit $C \cap K \subset \underline{T}$, dessen Endpunkte a, b in $\underline{G}$ liegen. Weiter seien s_τ^+, $\tau = 0, \ldots, k$, Punkte mit $s_0^+ = a$, $s_k^+ = b$, $s_\tau^+ \in \bar{s}_\tau$, $\tau = 1, \ldots, k-1$. Mit $K_\tau = K(s_{\tau-1}^+|s_\tau^+)$, $\tau = 1, \ldots, k$, wird der von $s_{\tau-1}^+$ und s_τ^+ begrenzte, zu den $\bar{s}_\varrho$ fremde Teilbogen von K bezeichnet, wobei $\varrho \neq \tau - 1$, $\varrho \neq \tau$. Schließlich seien $p_{\tau\alpha}$, $\alpha = 1, \ldots, \pi_\tau$ bzw. $m_{\tau\beta}$, $\beta = 1, \ldots, \mu_\tau$ die in $\underline{K}_\tau$ enthaltenen inneren Stützkomponenten von $C \cap K$, in deren Umgebung C in $K(+; G) \cup p_{\tau\alpha}$ bzw. in $K(-; G) \cup m_{\tau\beta}$ liegt. Es werde gesetzt (wobei die Summationsvariable 2λ bzw. $2\nu - 1$ alle geraden bzw. ungeraden Zahlen zwischen 1 und k durchläuft)

$$S(\pi_{2\lambda}) = \sum_{2 \leq 2\lambda \leq k} \pi_{2\lambda} \quad \text{und} \quad S(\pi_{2\nu-1}) = \sum_{1 \leq 2\nu-1 \leq k} \pi_{2\nu-1}.$$

Und entsprechend, wenn $\pi_{2\lambda}$ bzw. $\pi_{2\nu-1}$ durch $\mu_{2\lambda}$ bzw. $\mu_{2\nu-1}$ ersetzt wird.

Dann gilt, wenn q' die Anzahl der Schnittkomponenten von $C \cap K$ ist:

$$(\mathrm{I}^*, 0) \qquad m = q' + (k-1) + S(\pi_{2\lambda}) + S(\pi_{2\nu-1}) + S(\mu_{2\lambda}) + S(\mu_{2\nu-1}),$$

$$(\mathrm{I}^*, 1) \qquad S(\pi_{2\lambda}) + S(\mu_{2\nu-1}) = S(\mu_{2\lambda}) + S(\pi_{2\nu-1}).$$

Beweis. Betr. (I*, 0). Folgt aus den Definitionen. — Betr. (I*, 1). O. B. d. A. kann etwa angenommen werden

$$(\mathrm{I}^*, 1\mathrm{a}) \qquad S(\pi_{2\lambda}) + S(\mu_{2\nu-1}) \geq S(\mu_{2\lambda}) + S(\pi_{2\nu-1}).$$

Es sei dann $y_1 \in K_1 - \{s_0^+\} - \{\bar{s}_1\}$ beliebig und $y_1' \in K(-; G)$ hinreichend nahe bei y_1 gewählt. Es existiert $K' = K(s_1^+, \ldots, s_{k-1}^+; y_1') \in \mathfrak{k}$ eindeutig. Wie beim Beweis des Reduktionssatzes (vgl. Abschn. 1.4.3.) ergibt sich

$$m \geq \mathrm{KOW}\,(C \cap K') \geq 2S(\pi_{2\lambda}) + 2S(\mu_{2\nu-1}) + (k-1) + q'.$$

Wegen (I*, 0) ergibt sich

$$S(\mu_{2\lambda}) + S(\pi_{2\nu-1}) \geq S(\pi_{2\lambda}) + S(\mu_{2\nu-1}),$$

und daraus (I*, 1) wegen (I*, 1a).

Wegen (I*, 1) gilt weiter

$$(\mathrm{I}^*, 1') \quad 2S(\pi_{2\lambda}) + 2S(\mu_{2\nu-1}) = 2S(\mu_{2\lambda}) + 2S(\pi_{2\nu-1}) = m - (k-1) - q'.$$

Außerdem hat man

$$(\mathrm{I}^*, 2) \qquad \pi_\tau = \mu_\tau, \quad \tau = 1, \ldots, k.$$

Beweis *Betr.* (I*, 2).

(1) Es ist $\pi_1 = \mu_1$ und $\pi_k = \mu_k$.

Da K_1 und K_k bei Umorientierung von K miteinander vertauscht werden, genügt es, zu zeigen, daß $\pi_1 = \mu_1$ ist. Gilt etwa $\pi_1 \leq \mu_1$, so werde $K'' = K(s_0^+, s_2^+, \ldots, s_{k-1}^+, y_1') \in \mathfrak{k}$ betrachtet, und zwar mit dem oben (nach (I*, (1a) gewählten y_1'. Zufolge Abschn. 1.3.5., Satz, gilt $m \geq \mathrm{KOW}(C \frown K'') \geq (k-2) + q' + 2\mu_1 + 2S(\mu_{2\lambda}) + 2(S(\pi_{2\nu-1}) - \pi_1)$.

Wegen (I*, 0) folgt

$$S(\mu_{2\lambda}) + S(\mu_{2\nu-1}) + S(\pi_{2\lambda}) + S(\pi_{2\nu-1}) \geq -1 + 2\mu_1 + \\ + 2S(\mu_{2\lambda}) + 2S(\pi_{2\nu-1}) - 2\pi_1$$

und wegen (I*, 1) daraus $2^{-1} \geq \mu_1 - \pi_1$, also (weil die π_τ, μ_τ ganze Zahlen sind) $\pi_1 \geq \mu_1$; w. z. z. w.

(2). Für $k = 2$ folgt (I*, 2) aus Ziffer (1). — Für $k \geq 3$ genügt der Nachweis, daß $\pi_\tau = \mu_\tau$ für $1 \leq \tau \leq k-2$; denn aus $\pi_1 = \mu_1$ und $\pi_2 = \mu_2$ folgt bei Umorientierung von K, daß auch $\pi_k = \mu_k$ und $\pi_{k-1} = \mu_{k-1}$ ist. Dementsprechend kann man induktiv so schließen:

Induktionsvoraussetzung: Es sei $k \geq 3$ und schon gezeigt, daß

(I, g) $\qquad \pi_\gamma = \mu_\gamma$ für $1 \leq \gamma \leq g \leq k-3$.

Behauptung: Es ist auch

(I, g + 1) $\qquad \pi_{g+1} = \mu_{g+1}$.

B e w e i s. Sind φ, ω nichtnegative ganze Zahlen mit $\varphi < \omega$, so setze man (vgl. betr. $S(\pi_{2\lambda})$)

$$S(\pi_{2\lambda};\, \varphi, \omega) = \sum_{\varphi \leq 2\lambda \leq \omega} \pi_{2\lambda}$$

$$S(\mu_{2\nu-1};\, \varphi, \omega) = \sum_{\varphi \leq 2\nu-1 \leq \omega} \mu_{2\nu-1}$$

und entsprechend bei Vertauschung von π und μ. Außerdem sei $\eta = \eta_{g+1} = 0$ oder $= 1$, je nachdem $g \equiv 0$ oder $g \equiv 1 \pmod 2$. Dann gilt

$$S(\pi_{2\lambda}) + S(\mu_{2\nu-1}) = S(\pi_{2\lambda};\, 1, g) + \eta\,\pi_{g+1} + S(\pi_{2\lambda};\, g+2, k) + \\ + S(\mu_{2\nu-1};\, 1, g) + (1-\eta)\,\mu_{g+1} + S(\mu_{2\nu-1};\, g+2, k).$$

$$S(\mu_{2\lambda}) + S(\pi_{2\nu-1}) = S(\mu_{2\lambda};\, 1, g) + \eta\,\mu_{g+1} + S(\mu_{2\lambda};\, g+2, k) + \\ + S(\pi_{2\nu-1};\, 1, g) + (1-\eta)\,\pi_{g+1} + S(\pi_{2\nu-1};\, g+2, k).$$

Wegen (I, g) ist andererseits

(I⁺, g′) $\qquad S(\pi_{2\lambda};\, 1, g) = S(\mu_{2\lambda};\, 1, g) =_{\mathrm{Def}} S(2\lambda;\, 1, g)$,

(I⁺, g′) $\qquad S(\pi_{2\nu-1};\, 1, g) = S(\mu_{2\nu-1};\, 1, g) =_{\mathrm{Def}} S(2\nu-1;\, 1, g)$.

Damit ergibt sich

(I⁺, 2′) $$\eta\,\pi_{g+1} + (1-\eta)\,\mu_{g+1} + S(\pi_{2\lambda};\, g+2, k) + S(\mu_{2\nu-1};\, g+2, k) \\ = \eta\,\mu_{g+1} + (1-\eta)\,\pi_{g+1} + S(\mu_{2\lambda};\, g+2, k) + S(\pi_{2\nu-1};\, g+2, k).$$

Für den Beweis von (I, g + 1) kann o. B. d. A. $\pi_{g+1} \leq \mu_{g+1}$ angenommen werden. Wir betrachten $K'' = K(s_0^+, \ldots, s_g^+, s_{g+2}^+, \ldots, s_{k-1}^+, y_g')$, wobei $y'_g \in K(-; G)$ hinreichend benachbart ist zu einem $y_g \in \underline{K}_{g+1}$. Gemäß Voraussetzung (1) und (2) ist

$$m \geq \text{KOW}(C \frown K'') \geq (k-2) + q' + 2S(2\lambda; 1, g) + \\ + 2S(2\nu - 1; 1, g) + 2\mu_{g+1} + (2\mu_{g+2} + R),$$

wenn zur Abkürzung gesetzt ist

$$R = \begin{array}{l} 2\big(S(\pi_{2\nu-1}; g+2, k) + S(\mu_{2\lambda}; g+2, k) - \mu_{g+2}\big)(1-\eta) + \\ \quad + 2\big(S(\mu_{2\nu-1}; g+2, k) - \mu_{g+2} + S(\pi_{2\lambda}; g+2, k)\big)\eta. \end{array}$$

In Rücksicht auf $(\text{I}^*, 0)$, $(\text{I}^*, 1)$ und (I^+, g') ergibt sich weiter

$$1 + \pi_{g+1} - \mu_{g+1} \geq (1-2\eta)[S(\pi_{2\nu-1}; g+2, k) + S(\mu_{2\lambda}; g+2, k) - \\ - S(\mu_{2\nu-1}; g+2, k) - S(\pi_{2\lambda}; g+2, k)] \\ = (1-2\eta)\big(\eta\,\pi_{g+1} + (1-\eta)\,\mu_{g+1} - \eta\,\mu_{g+1} - (1-\eta)\,\pi_{g+1}\big) \\ = \mu_{g+1} - \pi_{g+1},$$

wobei $(1-2\eta)(1-2\eta) = 1$ berücksichtigt ist. Aus der letzten Ungleichung folgt $\pi_{g+1} - \mu_{g+1} \geq -2^{-1}$ und daher (weil π_{g+1}, μ_{g+1} ganze Zahlen sind) $\pi_{g+1} \geq \mu_{g+1}$. Zusammen mit der Annahme $\pi_{g+1} \leq \mu_{g+1}$ ergibt sich $(\text{I}, g+1)$ und damit $(\text{I}^*, 2)$.

Auf Grund von $(\text{I}^*, 2)$ ergibt sich jetzt, daß in $C \frown K$ keine inneren Stützkomponenten auftreten. Indirekt schließend nehmen wir an, daß $\sum_{\tau=1}^{k} (\pi_\tau + \mu_\tau) > 0$ ist. Es sei r das kleinste unter den τ mit $0 < \pi_\tau + \mu_\tau$, wegen $(\text{I}^*, 2)$ also mit $\pi_r = \mu_r \geq 1$. O. B. d. A. kann $1 \leq r \leq k-1$ angenommen werden, da der Fall $r = k$ vermöge Umorientierung von K in den Fall $r = 1$ überführbar ist. Unter den in K_r gelegenen inneren Stützkomponenten sei ein mit p zu bezeichnendes $p_{r\alpha}$ die am nächsten bei s_r^+ gelegene; der Fall, daß statt eines $p_{r\alpha}$ ein $m_{r\beta}$ am nächsten bei s_r^+ liegt, wird durch Vertauschung von $K(+; G)$ mit $K(-; G)$ auf den Fall eines $p_{r\alpha}$ zurückgeführt. Weiter sei m das am nächsten bei p gelegene $m_{r\beta} \subset \underline{K}_r$, also p auf $\underline{K}_r$ zwischen m und s_r^+ gelegen. Wir wählen ein $x \in \underline{K}_r$ zwischen m und p; außerdem ein zu s_r^+ hinreichend benachbartes $z \in K(+; G)$. Es sei dann $K^+ = K(s_1^+, \ldots, s_{r-1}^+, x, z, s_{r+1}^+, \ldots, s_{k-1}^+) \in \mathfrak{k}$ gesetzt; für $r = 1$ bzw. $r = k-1$ fehlen die $s_1^+, \ldots, s_{r-1}^+$ bzw. die $s_{r+1}^+, \ldots, s_{k-1}^+$. Mit Rücksicht auf $(\text{I}^*, 2)$ hat man

$$m \geq \text{KOW}(C \frown K^+) \geq q' + (k-2) + 2S(1, r-1) + 2\mu_r + 2 + \\ + 2\pi_{r+1} + 2S(r+2, k),$$

wobei gesetzt wird

$$S(1, r-1) = S(2\lambda; 1, r-1) + S(2\nu - 1; 1, r-1),$$
$$S(r+2, k) = S(2\lambda; r+2, k) + S(2\nu - 1; r+2, k).$$

Zufolge $(\text{I}^*, 0)$ und $(\text{I}^*, 2)$ ergibt sich $1 \geq 2$. Widerspruch.

(II). Es sei *jetzt* (anders als in Ziffer (I)) $1 \leq t \leq k-2$. Die Reihenfolge $\bar{s}_1, \ldots, \bar{s}_t$ der nichtinneren Stützkomponenten $\bar{s}_\tau$ entspreche wieder der Orientierung von K, auch sei wieder T ein echter Teilbogen von K mit $C \cap K \subset \underline{T} \subset T \subset \underline{G}$. Man wählt jetzt ein $s_\tau^\tau \in \bar{s}_\tau, \tau = 1, \ldots, t$ beliebig und dazu Punkte $s_\omega^+ \in K - T$, $\omega = 0, t+1, \ldots, k$, derart, daß die Reihenfolge $s_0^+, s_1^+, \ldots, s_t^+, s_{t+1}^+, \ldots, s_k^+$ der Orientierung von K entspricht. Die in Ziffer (I) angewandten Schlüsse gestatten jetzt eine genaue Wiederholung.

(III). Im Falle, daß $t = 0$, daß also keine nichtinneren Stützkomponenten vorhanden sind, gibt es nur $p_{1\alpha}$ und $m_{1\beta}$ (vgl. Ziffer (I)), $\alpha = 1, \ldots, \pi_1$, $\beta = 1, \ldots, \mu_1$, soweit überhaupt innere Stützkomponenten vorhanden sind. Hier ist $T = K_1$ zu nehmen und $s_\varkappa^+ \in K - K_1, \varkappa = 0, 1, \ldots, k$ zu wählen. Ist $K_1 = K(a|b)$, so betrachtet man das am nächsten bei b gelegene unter den $p_{1\alpha}$, $m_{1\beta}$, nachdem man wie in Ziffer (I) $\pi_1 = \mu_1$ gezeigt hat. Ist ein $p_{1\alpha}$, etwa p, die bei b nächstgelegene Stützkomponente und entsprechend m die am nächsten bei p gelegene unter den $m_{1\beta}$, so wird wieder x zwischen m und p gewählt und z aus einer hinreichend kleinen G-Umgebung von b in $K(+;G)$. Dann schließt man wie in Ziffer (I).

Gegenbeispiele. Im Falle $k = 2$ lassen sich Kontinua angeben, derart, daß eine Maximalsekante existiert, für die $C \cap K$ entweder (genau) k nichtinnere und außerdem innere Stützkomponenten besitzt oder genau $k+1$ nichtinnere Stützkomponenten und daß der Reduktionssatz nicht gilt, indem KOW $(C \cap K') <$ KOW $(C \cap K)$ für jedes zu K hinreichend benachbarte $K' \in \mathfrak{k}$.

1.5. Ordnungshomogene Kontinua im Falle der Grundzahl $k = 1$

Als global ordnungshomogen bezüglich eines OCh-Systems $\mathfrak{k}$ werde ein Kontinuum C bezeichnet, wenn jedes Teilkontinuum den gleichen KOW oder POW bezüglich $\mathfrak{k}$ besitzt wie C. Beispiel für $k = 2$. In einer topologisch hyperbolischen Ebene $(G, \mathfrak{k})$ (vgl. Abschn. 3.1.1.) ist jede $\mathfrak{k}$-Strecke S homogen vom KOW 1 bezüglich $\mathfrak{k}$; ferner ist jeder $\mathfrak{k}$-streckenfreie, $\mathfrak{k}$-konvexe Bogen homogen vom POW 2 bezüglich $\mathfrak{k}$ (Beweis in Abschn. 3.1.5.3.).

Für den Fall der Grundzahl $k = 1$ lassen sich alle bezüglich des POW homogenen Kontinua bestimmen. Wir beweisen dazu vorerst den

1. Satz. Darstellungssatz. *Voraussetzung* (1). *In einer abgeschlossenen Kreisscheibe G sei gegeben ein System $\mathfrak{k}$ von* OCh *mit der Grundzahl $k = 1$, welches den Axiomen in* Abschn. 1.1.1. *genügt.* — (2). *Es sei $C \subset \underline{G}$ ein*

Kontinuum von höchstens endlichem POW $(C; \mathfrak{k})$. *Und jeder Punkt von* C *liege auf (genau) einer* OCh K.

Behauptung (I). *Es ist* C *reguläre Kurve im Sinne der topologischen Kurventheorie*$_k$ *insbesondere ist daher* C *im Kleinen (d. h. lokal) zusammenhängend,* — (II). *Es ist* C *darstellbar als abgeschlossene Hülle einer Vereinigung von abzählbar vielen abgeschlossenen, bis auf höchstens Endpunkte paarweise fremden (einfachen) Bogen* B_n, $n = 1, 2, \ldots$, *deren jeder den* POW $(B_n; \mathfrak{k}) = 1$ *besitzt.*

Zusatz. Es ist C sogar Bogensumme.

Anmerkung. Beispiele von Systemen $\mathfrak{k}$ gemäß der Voraussetzung (1) kann man so erhalten: In einer topologisch hyperbolischen Ebene $(G, \mathfrak{k}^*)$, also mit $k = 2$, sei $\bar{H}$ eine $\mathfrak{k}^*$-konvexe Menge mit $\bar{H} \subset \underline{G}$. Ferner sei $c \in \underline{G} - \bar{H}$. Dann hat das Büschel $\mathfrak{k}^*(c)$ der $K \in \mathfrak{k}^*$ mit $c \in K$ bzw. der Durchschnitt von $\mathfrak{k}^*(c)$ mit $\bar{H}$ die gewünschte Eigenschaft.

Beweis *betr. Behauptung* (I). Jeder Punkt $x \in C$ ist regulär, d. h., es gibt beliebig kleine Umgebungen U von x in $\underline{G}$ mit endlichem $C \frown U_g$. In der Tat: Ist $x \in C \frown K$ für $K \in \mathfrak{k}$, so ist $C \frown K$ endlich (Voraussetzung (2)); es gibt daher beliebig kleine Umgebungen U' von x in $\underline{G}$ mit $K \frown U'_g = \{y\} \smile \{z\}$ und $y, z \notin C$, also Umgebungen Y von y bzw. Z von z auf U'_g mit $C \frown Y = C \frown Z = \emptyset$. O. B. d. A. kann $U'_g = J$ als Jordankurve J, also Y, Z als Jordanbogen angenommen werden. Wir setzen $J(\alpha) = J \frown K(\alpha, G)$, $Y(\alpha) = Y \frown K(\alpha, G)$ und $Z(\alpha) = Z \frown K(\alpha, G)$, $\alpha = \pm$. Ist $C \frown J$ endlich, so ist nichts zu beweisen. Ist aber etwa $C \frown J(+)$ unendlich, so ersetzen wir $J(+)$ durch einen Bogen B der folgenden Art: Es gibt zu K beliebig benachbarte OCh $K' \subset K(+, G)$, welche fremd sind zu $J'(+) = J(+) - Y(+) - Z(+)$. Es sei dann $\underline{S} - \underline{K}'(y'|z')$ ein in U gelegener Teilbogen von K' mit $y' \in Y(+)$, $z' \in Z(+)$ und $\underline{S} \frown (Y(+) \smile Z(+)) = \emptyset$. Setzt man $B = S \smile Y(y|y') \smile Z(z|z')$, so ist $C \frown B$ endlich. Indem man nötigenfalls entsprechend mit $J(-)$ verfährt, ergibt sich eine Jordankurve J'', von welcher eine beliebig kleine Umgebung von x begrenzt wird und deren Durchschnitt mit C endlich ist; w. z. z.

Betr. Behauptung (II). Gemäß Abschn. 1.4.1. ist die Menge $\mathfrak{n}'$ der OCh K' mit Stützpunkten in $C \frown K'$ nirgends dicht in $\mathfrak{k}$. Ebenso ist nirgends dicht in $\mathfrak{k}' = \mathfrak{k} - \bar{\mathfrak{n}}'$ die Menge $\mathfrak{n}''$ der $K'' \in \mathfrak{k}'$, die keine Umgebung $\mathfrak{u}''$ in $\mathfrak{k}'$ besitzen, so daß POW $(C \frown K^+) > 0$ konstant ist für $K^+ \in \mathfrak{u}''$. Denn zu jedem $K \in \mathfrak{n}''$ mit $C \frown K \neq \emptyset$ gibt es beliebig benachbarte $K' \in \mathfrak{k}'$, so daß POW $(C \frown K) <$ POW $(C \frown K')$ oder POW $(C \frown K) >$ POW $(C \frown K'')$ für jedes K'' aus einer Umgebung $\mathfrak{v}$ von K in $\mathfrak{k}'$. Die OCh K der letzteren Art gibt es zufolge des Abschn. 1.4.2. nicht. Wäre aber die Menge der K der ersten Art nicht nirgends dicht, so gelangte man zu einem Widerspruch mit Voraussetzung (2) wie beim Beweise für die Nirgends-Dichtheit von $\mathfrak{n}'$. — Demnach ist $\mathfrak{k}''$

$= \mathfrak{k} - \mathfrak{n}' - \mathfrak{n}''$ überdeckbar mit offenen Mengen $\mathfrak{o} \subset \mathfrak{k}''$, in denen POW ($C \cap K$) konstant ist. Da das System der $\mathfrak{o}$ eine abzählbare Basis besitzt, erhält man $\mathfrak{o}_n \subset \mathfrak{k}''$, von denen $\mathfrak{k}''$ überdeckt wird mit folgender Eigenschaft: Es ist POW ($C \cap K$) $= m_n$ für $K \in \mathfrak{o}_n$; es ist $\mathfrak{o}_n$ zusammenhängend; wird $O_n = \{x\colon x \in K;\ K \in \mathfrak{o}_n\}$ gesetzt, so besitzt, weil keine Stützkomponenten auftreten, $C \cap O_n$ genau m_n Komponenten Q_{nr}, $r = 1, \ldots, m_n$, deren jede auf den beiden O_n begrenzenden OCh K'_n, K''_n mündet. Da POW ($\bar{Q}_{nr}$; $\mathfrak{k}$) höchstens endlich ist, ist auch $\bar{Q}_{nr}$ eine reguläre Kurve; daher enthält $\bar{Q}_{nr}$ einen K'_n mit K''_n verbindenden Jordanbogen B_{nr}. Für diesen ist aber POW ($Q_{nr} \cap K$) = POW ($\underline{B}_{nr} \cap K$) $= 1$, also $Q_{nr} = \underline{B}_{nr}$. Für die $B_{nr} = \bar{B}_{nr}$ ergibt sich daher die Behauptung (II).

Betr. den Zusatz. Einen Beweis dieses Zusatzes, übrigens auch einen ins einzelne ausgeführten Beweis für die Behauptung (II), findet man in Abschn. 7.8.5.2., wo eine Verallgemeinerung bewiesen wird.

Aus dem 1. Satz folgt jetzt der

2. Satz. *Voraussetzung. Es sei* $\mathfrak{k}$ *mit* $k = 1$ *wie in Satz* 1, *Voraussetzung* (1), *erklärt. Ferner sei* C' *ein Kontinuum* ($C' \subset \underline{G}$), *so daß jedes* $x \in C'$ *einem* $K \in \mathfrak{k}$ *angehört.*

Behauptung. Ist C' *ordnungshomogen hinsichtlich des Punktordnungswertes bezüglich* $\mathfrak{k}$, *so ist entweder* POW (C''; $\mathfrak{k}$) $= \infty$ *oder* POW (C''; $\mathfrak{k}$) $= 1$ *für jedes Teilkontinuum* C'' *von* C'. *Die* C'' *mit* POW (C''; $\mathfrak{k}$) $= 1$ *sind Jordanbogen.*

1.6. Ordnungshomogene Gebilde. Reguläre und singuläre Punkte

Der in Abschn. 1.3.3. eingeführte Begriff des *Punkt*ordnungswertes (POW) bezüglich eines Systems $\mathfrak{k}$ von Ordnungscharakteristiken (OCh) besitzt gegenüber dem des *Komponenten*ordnungswertes (KOW) die folgende Monotonieeigenschaft: Ist $N \subset M$, so gilt stets POW (N; $\mathfrak{k}$) $\leq$ POW (M; $\mathfrak{k}$). Der KOW besitzt diese Eigenschaft i. allg. nicht, wie das folgende Beispiel zeigt: Es sei $\mathfrak{k}$ das System der Geraden (in der euklidischen Ebene), ferner sei $M = \bar{M}$ und $R = \bar{R}$ eine abgeschlossene Kreisscheibe mit $R \subset \underline{M}$; setzt man $N = \bar{M} - \underline{R}$, so gilt $N = \bar{N} \subset \bar{M}$ und KOW ($\bar{M}$; $\mathfrak{k}$) $= 1$ hingegen KOW ($\bar{N}$; $\mathfrak{k}$) $= 2$. Diese Monotonieeigenschaft des POW gestattet die Lokalisierung des POW, damit eine Unterscheidung der einzelnen Punkte nach ihrem POW und sodann Aussagen über die Verteilung der einzelnen Punkte im Grundgebilde. Dies soll jetzt näher ausgeführt werden.

Es erscheint dabei zweckmäßig, den *Ordnungsbegriff* so allgemein zu fassen, daß auch spätere Anwendungen mit berücksichtigt sind.

A. Der Grundbereich sei ein topologischer Raum R (nicht notwendig mit Trennungsaxiomen); es sei also jedem Punkt $x \in R$ ein (nicht leeres) System $\mathfrak{u}(x)$ von beliebig kleinen „Umgebungen“ $U = U(x) \subset R$ mit $x \in U(x)$ zugeordnet derart, daß im Durchschnitt zweier $U(x)$ ein $U(x)$ enthalten ist und daß zu jedem $y \in U(x)$ ein $U(y) \in \mathfrak{u}(y)$ existiert mit $U(y) \subset U(x)$. Es sei $\mathfrak{u} = \bigcup_{x \in R} \mathfrak{u}(x)$ gesetzt.

Weiter sei ein System $\mathfrak{t}$ von Teilmengen von R gegeben mit $\mathfrak{u} \subset \mathfrak{t}$ und eine eindeutige Abbildung OW von $\mathfrak{t}$ in eine wohlgeordnete Menge $\mathfrak{w}$; es besitze dabei OW die Monotonieeigenschaft: $\mathrm{OW}(T') \leq \mathrm{OW}(T)$ für $T, T' \in \mathfrak{t}$ mit $T' \subset T$. Wir bezeichnen OW als den *Ordnungswert* der Mengen $T \in \mathfrak{t}$.

Beispiele. (1). Im Falle des beschränkten POW $(M; \mathfrak{k})$ im Sinne des Abschn. 1.3.3. ist $R = M$, ferner $\mathfrak{t}$ das System aller Teilmengen von M und $\mathfrak{w}$ das System $\mathfrak{z}$ der natürlichen Zahlen, schließlich ist $\mathrm{OW}(T) = \mathrm{POW}(T; \mathfrak{k})$. Werden auch (höchstens) endliche POW in Betracht gezogen, so läßt man diese etwa der kleinsten transfiniten Ordinalzahl ω_0 entsprechen und unendliche POW etwa dem $\omega_0 + 1$, indem man ω_0 und $\omega_0 + 1$ zu $\mathfrak{z}$ adjungiert.

(2). Allgemeiner kann R eine beliebige Teilmenge etwa des projektiven oder sphärischen R_n bzw. S_n sein und $\mathfrak{k}'$ ein System linearer bzw. sphärischer Unterräume usw.

(3). Im projektiven R_n kann man $\mathrm{OW}(T)$ als den Rang von T erklären, d. h. als Dimension der linearen Hülle von T.

Wir bemerken jetzt:

I. Aus der Wohlordnung von $\mathfrak{w}$ folgt die Existenz von $\mathrm{OW}(x) = \mathrm{Min}\,(\mathrm{OW}(U);\, U \in \mathfrak{u}(x))$; wir bezeichnen $\mathrm{OW}(x)$ als den *Ordnungswert* des *Punktes* x (in R, $\mathfrak{u}(x)$). Definitionsgemäß existiert zu x ein $U \in \mathfrak{u}(x)$ mit $\mathrm{OW}(x) = \mathrm{OW}(U)$; zufolge der Monotonie von OW ist $\mathrm{OW}(U') = \mathrm{OW}(U)$ für jedes $U' \in \mathfrak{u}(x)$ mit $U' \subset U$. Hervorgehoben sei, daß zur Definition von $\mathrm{OW}(x)$ nur $\mathfrak{u}(x)$ herangezogen wird, nicht auch $\mathfrak{t}$. Es gilt weiter

I'. Ist Q eine in R offene Menge und $x \in Q$, so existiert (mindestens) ein $U^+(x) \subset Q$ mit $\mathrm{OW}(x) = \mathrm{OW}(U^+(x))$. Ist daher $Q \in \mathfrak{t}$ (und offen), so gilt $\mathrm{OW}(x) \leq \mathrm{OW}(Q)$ für jedes $x \in Q$. — Denn es gibt $U' \in \mathfrak{u}(x)$ mit $\mathrm{OW}(x) = \mathrm{OW}(U')$ und $U \in \mathfrak{u}(x)$ mit $U \subset Q$, ferner $U^+(x) \in \mathfrak{u}(x)$ mit $U^+(x) \subset U' \cap U$; gemäß der Definition von $\mathrm{OW}(x)$ ist $\mathrm{OW}(U^+(x)) = \mathrm{OW}(x)$. Daß $\mathrm{OW}(x) \leq \mathrm{OW}(Q)$ ist, folgt aus der Monotonie von OW wegen $U^+(x) \subset Q$.

II. Als (lokal) *ordnungshomogen*, abgekürzt: o. h., in $(R, \mathfrak{t})$, genauer in $(R, \mathfrak{u})$, wird jedes $M \subset R$ mit $M \neq \emptyset$ bezeichnet von der Art, daß für beliebiges $x, y \in M$ mit $x \neq y$ gilt $\mathrm{OW}(x) = \mathrm{OW}(y)$. Dabei ist $M \notin \mathfrak{t}$ zugelassen, so daß $\mathrm{OW}(M)$ nicht erklärt zu sein braucht.

Ist aber $M \in \mathfrak{t}$ und ist gleichzeitig OW $(x) =$ OW (M) für jedes $x \in M$, so heiße M *global* ordnungshomogen. Definitionsgemäß ist jede global ordnungshomogene Menge auch lokal ordnungshomogen. Die Eigenschaft lokal bzw. global ordnungshomogen zu sein ist erblich, d. h. mit H hat auch jede Teilmenge von H die eine bzw. die andere Eigenschaft.

Die Existenz (sogar global) ordnungshomogener Mengen für jedes $(R, \mathfrak{t})$ ergibt sich aus

II′. (α) Jede (nicht leere) offene Menge $Q \subset R$ enthält eine (nicht leere) in $(R, \mathfrak{t})$ global ordnungshomogene Menge.

(β). Ist $H \neq \emptyset$ offen und (lokal) ordnungshomogen, so besitzt jedes $x \in H$ eine global ordnungshomogene Umgebung.

Beweis *Betr.* (α). Die OW (x) für $x \in Q$ besitzen ein Minimum, etwa für $x = x' \in Q$. Gemäß I′ gibt es $U(x') \subset Q$ mit OW $(x') =$ OW $(U(x'))$. Es ist aber $U = U(x')$ global o. h. Denn U ist offen, so daß OW $(y) \leq$ OW (U) für jedes $y \in U$; andererseits ist aber OW (U) $\leq$ OW (y) gemäß der Definition von x'.

Betr. (β). Zu jedem $x \in H$ existiert ein $U \in \mathfrak{u}(x)$ mit $U \subset H$ und mit OW $(x) =$ OW (U); aber nach Voraussetzung ist OW $(x) =$ OW (y) für jedes $y \in U$.

Mit Hilfe von II′. ergibt sich eine Aussage über die ordnungshomogenen Teilmengen einer beliebigen Menge $M \subset R$. Es gilt nämlich folgender

II″. **Darstellungssatz.** *Es ist M darstellbar als in M abgeschlossene Hülle einer Vereinigung von paarweise fremden größten in M offenen je (lokal) ordnungshomogenen Teilmengen. Die Menge L der Punkte von M, welche nicht zu diesen ordnungshomogenen Teilmengen gehören, ist daher nirgends dicht und abgeschlossen in M.*

1. Zusatz. In M ist also die größte in M offene (lokal) ordnungshomogene Teilmenge $H(s)$, für die OW $(x) = s \in \mathfrak{w}$ für jedes $x \in H(s)$, leer genau dann, wenn in M die Menge der Punkte $y \in M$ mit OW $(y) = s$ nirgends dicht ist.

2. Zusatz. Es sei A die Menge derjenigen $x \in R$, deren OW minimal ist, für die also OW $(x) \leq$ OW (y) ist für alle $y \in R$. Es ist A offen (und lokal ordnungshomogen).

Beweis. Wegen der Erblichkeit von o. h. genügt es, den Beweis für $M = R$ zu führen. Es sei also $\mathfrak{z} \in \mathfrak{w}$ und $R(\mathfrak{z}) = \{x\colon \mathrm{OW}(x) = \mathfrak{z},\, x \in R\}$, so daß $R = \bigcup_{\mathfrak{z} \in \mathfrak{w}} R(\mathfrak{z})$; ferner sei $J = \bigcup_{\mathfrak{z} \in \mathfrak{w}} \underline{R(\mathfrak{z})}$. Es ist $R(\mathfrak{z}) \cap R(\mathfrak{z}') = \underline{R(\mathfrak{z})} \cap \underline{R(\mathfrak{z}')} = \emptyset$ für $\mathfrak{z} \neq \mathfrak{z}'$; $\mathfrak{z}, \mathfrak{z}' \in \mathfrak{w}$. Dabei ist $\underline{R(\mathfrak{z})}$ die größte offene Teilmenge der $x \in R$ mit OW $(x) = \mathfrak{z}$. Zu zeigen ist, daß $R = \overline{J}$. Andernfalls aber enthält $R - \overline{J}$ eine nicht leere offene Menge und daher, gemäß

II'. (α), eine nicht leere offene o. h. Menge $\mathfrak{H}$, so daß also ein $\mathfrak{z} \in \mathfrak{w}$ existiert mit $\mathfrak{H} \subset \overline{R(\mathfrak{z})} \subset J$, im Widerspruch zu $\mathfrak{H} \subset R - \overline{J}$.

Betr. Zusatz 2. Definitionsgemäß ist $\mathfrak{z}'' \leq \mathrm{OW}(y)$ für alle y, wenn $\mathfrak{z}'' = \mathrm{OW}(x)$ für $x \in A$. Zu jedem $x \in A$ gibt es aber $U(x) \in \mathfrak{u}(x)$ mit $\mathrm{OW}(x) = \mathfrak{z}'' = \mathrm{OW}(U(x))$. Wegen $\mathfrak{z}'' \leq \mathrm{OW}(y) \leq \mathrm{OW}(U(x)) = \mathfrak{z}''$ für jedes $y \in U(x)$ ist $\mathrm{OW}(y) = \mathrm{OW}(x)$ für $y \in U(x)$. Und da A die Menge aller $x \in R$ mit $\mathrm{OW}(x) = \mathfrak{z}''$ ist, folgt $U(x) \subset A$. Daher ist $A = \underline{A}$.

B. Der Darstellungssatz in A.II''. läßt sich verschärfen, wenn R und $\mathfrak{k}$ noch den beiden folgenden Forderungen genügt. *Erstens. R* besitzt eine abzählbare reguläre Basis (R ist regulär mit abzählbarer Basis). *Zweitens.* Zum System $\mathfrak{k}$ sollen alle offenen Mengen und deren abgeschlossene Hüllen gehören. — Dann gilt:

III. **Verschärfter Darstellungssatz.** *Jede größte offene (lokal) ordnungshomogene Teilmenge von R sowie R — L ist darstellbar als Vereinigung abzählbar vieler, abgeschlossener global ordnungshomogener Mengen* F_n, $n = 1, 2, \ldots$, *welche paarweise höchstens Randpunkte gemeinsam haben. Übrigens können die* F_n *als abgeschlossene Hüllen offener Mengen angenommen werden.*

Beweis. Es sei $H \subset R$ eine größte offene o. h. Menge (gemäß A. II''). Gemäß II' (β) existiert zu jedem $x \in H$ ein $U \in \mathfrak{u}(x)$ mit $\mathrm{OW}(x) = \mathrm{OW}(U)$, wobei U global o. h. Wegen der Erblichkeit von o. h. und der Regularität von R kann $\overline{U} \subset H$ angenommen werden, wobei auch $\overline{U}$ global o. h. ist. Es gibt abzählbar viele U_n, $n = 1, 2, \ldots$, mit $H = \bigcup_n U_n \subset \bigcup_n \overline{U}_n \subset H$, also mit $H = \bigcup_n \overline{U}_n$. Man setze $A_1 = \overline{U}_1$ und $A_n = \overline{U_n - U_n \cap (A_1 \cup \cdots \cup A_{n-1})}$, $n = 2, 3, \ldots$. Dann ist $A_n = \overline{N}$ mit $N = \underline{A}_n$; ferner ist $\underline{A}_n \cap \underline{A}_m = \emptyset$ für $n \neq m$. Schließlich ist neben $\bigcup_n A_n \subset \bigcup_n \overline{U}_n = H$ auch $H = \bigcup_n U_n \subset \bigcup_n A_n$, somit $H = \bigcup_n A_n$. In der Tat: Setzt man $S_n = U_1 \cup \cdots \cup U_n$, $S'_n = A_1 \cup \cdots \cup A_n$, $n \geq 1$, so genügt es zu zeigen, daß $S_n \subset S'_n$ ist. Es gilt aber $S_1 \subset S'_1$; ist nun schon $S_n \subset S'_n$ bewiesen, so folgt $S'_{n+1} \supset S'_n \cup (U_{n+1} - U_{n+1} \cap S'_n) = S'_n \cup U_{n+1} \supset S_n \cup U_{n+1} = S_{n+1}$. Mit $\overline{U}_n$ ist dann auch A_n global o. h. — Wegen der Abzählbarkeit der Basis von R ist jedes System von offenen, paarweise fremden Teilmengen von R abzählbar, insbesondere also das im Darstellungssatz II'' auftretende.

C. Der Darstellungssatz II'' zeigt, daß die Vereinigung der größten offenen ordnungshomogenen Teilmengen H von M dicht in M ist. Jeder zu einem H gehörige Punkt werde als (ordnungs-) *regulär* bezeichnet, jeder andere Punkt als (ordnungs-) *singulär* (im engeren Sinne).

Anmerkung. Ein besonderer Fall ist der, daß die Menge A der Punkte minimalen Ordnungswertes (vgl. A.II'', 2. Zusatz) die einzige größte offene (lokale) ordnungshomogene Menge in R ist (vgl. Abschn. 1.5., 3.4.). Dann ist jeder Punkt, dessen OW vom minimalen verschieden ist, singulär.

Ergänzende Hinweise zum Text des Abschnitts I.1

Zu Abschn. **1.1.3.** Vgl. H [*44*], [*45*].

Zu Abschn. **1.2.** Beispiel 5. Vgl. Popoviciu [*1*]; Moldovan [*1*] sowie dortige Literaturangaben.

Zu Abschn. **1.3.3.** Kontinua wurden zuerst von Marchaud [*2*] als Grundgebilde bei ordnungsgeometrischen Problemen untersucht (vgl. III.1 (c), 1.).

Zu Abschn. **1.4.3.** Der Reduktionssatz für den Fall von Bogen und Kurven im P_n, $n \geq 2$, bezüglich der Hyperebenen als OCh zuerst bei Marchaud [*2*].

Zu Abschn. **1.4.4.** Für Kreise als OCh ($k = 3$) zuerst von Jackson [*3*] bewiesen.

Zu Abschn. **1.6.** (A). Vgl. H [*15*]. — (B) (1). Rosenthal [*2*, *4*] hat die Frage behandelt nach *Mengen* M_t *im* (*euklidischen*) E_n, $n \geq 2$, deren POW gleich ihrem Index und gleich $t \geq n$ ist in bezug auf das System $\mathfrak{h}$ der Hyperebenen; es soll also sein POW $(M_t; \mathfrak{h}) = \mathrm{POW}(M_t \cap H) = t$ für jedes $H \in \mathfrak{h}$. Gemäß Nr. 5.1,2.1. ist ein solches M_t jedenfalls kein Bogen. Es ergibt sich: Zu jedem $t \geq n$ existieren M_t (dies gilt allgemein — statt für den E_n — für Punktmengen R, in denen ein geeignetes System $\mathfrak{c}$ von OCh ausgezeichnet ist; es kommt dabei im wesentlichen nur auf die Mächtigkeiten des R und der OCh als Punktmengen sowie des $\mathfrak{c}$ als Menge der OCh an). Es gibt auch solche $M \subset E_n$, für welche die Menge {POW · $(M \cap H): H \in \mathfrak{h}$} vorgegeben ist. Unter den M_t gibt es solche, die in beliebig vorgeschriebenen Gebieten dicht und sonst nirgends dicht sind. Es dreht sich dann vor allem um die Frage, ob solche M_t Kontinua enthalten können. Dies ist für t mit $2n \leq t$ der Fall, wobei die Kontinua mit einem POW $\leq t - n$ beliebig vorgeschrieben werden können. Dagegen kann M_t für $n \leq t \leq 2n - 1$ kein Kontinuum vom POW n enthalten (ob überhaupt keine Kontinua bleibt unentschieden, ausgenommen die Fälle $n = 2, 3, 4$, in denen keine solchen Kontinua existieren). (Anmerkung. Jede Menge $N \subset E_n$ mit höchstens abzählbarem POW besitzt das innere Lebesguemaß Null.) — (2) Für $t = n$ (vgl. (1)) hat Gustin [*1*] gezeigt, daß jedes M_t punkthaft und nicht Vereinigung abzählbar vieler abgeschlossener Mengen ist. Nach Gustin gilt ferner für beliebige zusammenhängende Mengen $Z \subset E_n$: Ist $(2 \leq)\, n \leq r = \mathrm{POW}(Z; \mathfrak{h})$, so ist $\mathrm{POW}(\bar{Z}; \mathfrak{h}) \leq 2r - 2$. Für jedes Z mit $\mathrm{POW}(Z; \mathfrak{h}) = n$ ist $\bar{Z}$ (einfacher) Bogen oder Kurve vom POW n (es liegt also $\bar{Z}$ auf dem Rand seiner konvexen Hülle). — Betr. Existenz singulärer Punkte vgl. H [14] [19].

2. Kontraktionssatz

Nach den allgemeinen Erörterungen in Abschn. 1.1.ff. wenden wir uns spezielleren Problemen zu, nämlich Problemen, für die der sog. Monotoniesatz und seine Folgerungen gelten.

2.1. Einführung

Der Grundbereich G sei wieder eine abgeschlossene Kreisscheibe. Für einen Bogen $B \subset \underline{G}$ können zwei Seiten (in $\underline{G}$) so erklärt werden: Man erweitere (vgl. KEREKJARTO [*1*], S. 69) B zu einer (Jordan-) Kurve $C \subset \underline{G}$ und erkläre die beiden Seiten von C in $\underline{G}$ als die beiden *Seiten* $B(\pm)$ von B; genauer wäre zu schreiben $B(\pm; C)$. Ist $\underline{B} \subset \underline{G}$ und liegen die beiden Endpunkte von B in G_g, so bedarf es einer Erweiterung nicht.

Ist B topologisches Bild $B = f(J)$ von $J = [\alpha, \beta]$, so bezeichne man als *Spannweite* von $B(x|y)$ bzw. als *Quasiabstand* der Punkte $x, y \in B$ (bezüglich f, J) die Zahl $S(x, y) = S(x, y, f) = |\xi - \eta|$, wenn $x = f(\xi)$, $y = f(\eta)$. Bei Kurven ist $S(x, y)$ auf einen bestimmten der beiden durch x, y begrenzten Teilbogen zu beziehen.

2.2. Simultane Orientierung von Bogen. Gewinn- und Verlustpunkte

Der Bogen B sei orientiert. Ein m-tupel $\mathbf{Z} = (z_1, \ldots, z_m) = (z_\mu)$ von Punkten $z_\mu \in B$, $\mu = 1, \ldots, m$; $m \geq 2$; heiße orientiert oder natürlich angeordnet auf (bezüglich) B, wenn z_μ vor $z_{\mu+1}$ liegt (in Zeichen: $z_\mu \prec z_{\mu+1}$); $\mu = 1, \ldots, m-1$. Auf einer Kurve B ist eine orientierte Anordnung von $\mathbf{Z}$ nur in bezug auf einen echten Teilbogen von B eindeutig, sonst nur bis auf zyklische Vertauschung. Von zwei orientierten m- bzw. n-tupeln (z'_μ), (z''_ν) sagt man, es werde (z''_ν) von (z'_μ) *umfaßt*, wenn z'_1 nicht hinter z''_1 und z''_n nicht hinter z'_m liegt; ist überdies $m = n$ und $S(z'_\mu, z''_\mu) < \varepsilon$, so können (z'_μ), (z''_μ) als *ε-benachbart* bezeichnet werden.

2.2.1. Simultane Orientierung

Es sei $\mathfrak{k}$ ein System von OCh in G und $B \subset \underline{G}$ Bogen oder Kurve, kurz *Grundbogen*. Mit $B \circ K$ für ein $K \in \mathfrak{k}$ werde die Menge der Punkte von $B \cap K$ bezeichnet, die nicht Grundpunkte von $\mathfrak{k}$ sind (vgl. Abschnitt 1.1.2.).

Es sei $D' = B \cap K$ endlich und mindestens 2punktig; außerdem enthalte D' nur Schnittpunkte. Existiert nun eine Orientierung von K derart, daß (mindestens) eine orientierte Anordung der Punkte von D' (also einschließlich etwa vorhandener Grundpunkte) auf B zugleich eine solche auf K ist, so heiße eine solche Orientierung von K *simultan* und K selbst simultan orientierbar, simultan nämlich bezüglich der Orientierung von B (und von K). Orientierungen einer OCh sollen für das Folgende immer simultan sein; auf eine solche beziehen sich auch die

Begriffe vorn, hinten, zwischen usw. Ist *jede* OCh simultan orientierbar bzw. orientiert (bezüglich B), so heiße das *System* $\mathfrak{k}$ *der OCh* selbst (*simultan*) *orientierbar* bzw. *orientiert* (bezüglich B). Zugleich sind dann irgend zwei OCh K', K'', die $k-1$ Punkte mit B gemeinsam haben ($k \geq 3$ Grundzahl von $\mathfrak{k}$) simultan orientiert (bezüglich K', K'').

Anmerkung. Es sei B eine Kurve, ferner seien $p_1, \ldots, p_n \in B \cap K$ mit $n \geq 3$, in dieser Reihenfolge simultan orientiert angeordnet. — Folgende drei Aussagen sind gleichwertig: (1). Es gibt (mindestens) eine zweite simultan orientierte Anordnung von (p_ν) derart, daß auch die $p_r, p_{r+1}, \ldots, p_{r+n-1}$ für ein geeignetes r mit $2 \leq r \leq n$ simultan orientiert angeordnet sind, wobei $p_\varrho = p_\nu$ für $\varrho \equiv \nu (\bmod n)$ $(1 \leq \nu \leq n)$. — (2). Es ist jede solche Anordnung $p_r, \ldots, p_{r+n-1}$ simultan orientiert. — (3). Es ist auch K eine Kurve.

In der Tat: Aus (3) folgt (2) und aus (2) folgt (1). Aus (1) folgt (3), weil keines der $p_r, \ldots, p_{r+n-1}$ simultan orientiert ist, falls K keine Kurve ist.

2.2.2. Assoziierte Punkte

Es sei $\mathbf{Z} = (z_1, \ldots, z_m)$ mit $z_\mu \in B \circ K$, $\mu = 1, \ldots, m$, orientiert bezüglich B; $1 \leq k < m$. Jedes in $\mathbf{Z}$ nicht enthaltene $z \in B \circ K$ (soweit z vorhanden) heiße *assoziiert* zu $\mathbf{Z}$ oder zu den z_μ (in $B \circ K$); da durch je k Punkte aus $B \circ K$ die übrigen eindeutig bestimmt sind, bezeichnen wir irgend zwei Punkte von $B \circ K$ als assoziiert (bezüglich $B \circ K$). Es heiße $\mathbf{Z}$ *lückenlos*, wenn auf B zwischen z_1 und z_m außer den $z_2, \ldots, z_{m-1}$ (falls $m > 2$) keine zu $\mathbf{Z}$ assoziierten Punkte liegen. Sind die $z_\mu \in \mathbf{Z}$ sämtlich Schnittpunkte von B mit K, also $z_\mu \in \underline{B} \circ K$, so heiße $\mathbf{Z}$ auch *Schnitt-m*-tupel. Statt $\mathbf{Z} = (z_\mu)$, $z_\mu \in B \circ K$, schreibt man kürzer $\mathbf{Z} \subset B \circ K$ oder $\mathbf{Z} \in B \circ K$ und, soweit es auf die Angabe der einzelnen OCh K nicht ankommt, $\mathbf{Z} \in B \circ \mathfrak{k}$; entsprechend, wenn $\circ$ durch $\cap$ ersetzt wird. Ist $\mathbf{Z}$ orientiert sowohl auf B als auf K, so heiße $\mathbf{Z}$ *simultan orientiert.*

2.2.3. Gewinne und Verluste

Zwecks Untersuchung der Änderungen, welche ein m-tupel assoziierter Punkte erleidet, wenn man $k-1$ seiner Punkte (abgesehen von den Grundpunkten) festhält, führen wir folgende Bezeichnungen ein: Es sei $\Xi' = (x'_1, \ldots, x'_{k-1}, x') \subset \underline{B} \circ K'$, $K' \in \mathfrak{k}$. Ferner sei $V(x')$ bzw. $H(x')$ eine, zu den $x'_1, \ldots, x'_{k-1}$ und den Grundpunkten fremde vordere bzw. hintere Umgebung von x' auf B. Durch die $x'_1, \ldots, x'_{k-1}$ und ein $x \in V(x') \cup H(x')$ ist, bei hinreichend kleinen $V(x')$, $H(x')$, ein $K = K(x) = K(x'_1, \ldots, x'_{k-1}, x)$ eindeutig bestimmt. Es sei nun $y \in B \cap K(x')$, aber $y \notin \Xi'$, also y evtl. auch Grundpunkt. Wir sagen: „Falls x den Punkt x' von vorn nach hinten überschreitet, findet in y ein

Gewinn bzw. ein *Verlust* von (zu $\Xi = (x'_1, \ldots, x'_{k-1}, x)$ assoziierten) Punkten statt" oder „es ist y *Gewinn-* bzw. *Verlustpunkt* (bezüglich Ξ')", wenn folgender Sachverhalt vorliegt: Zu beliebig kleinen $V(x')$, $H(x')$ gibt es Umgebungen U von y auf B derart, daß die Mächtigkeit von $U \cap K(x)$ für jedes $x \in \underline{V}(x')$ kleiner bzw. größer ist als die Mächtigkeit von $U \cap K(x)$ für gewisse $x \in \underline{H}(x')$. — Ist T Teilbogen von B mit $y \in \underline{T}$, so sagt man auch, es finde in T oder $\underline{T}$ ein Gewinn bzw. ein Verlust statt. Man bemerkt, daß wegen der Stetigkeit von $K(x)$ in Abhängigkeit von x (vgl. Abschn. 1.1.1., Axiom II (2)) auch U beliebig klein gewählt werden kann, wenn die $V(x')$, $H(x')$ hinreichend klein sind. — Bei endlichem POW $(B; \mathfrak{k})$ ist die Anzahl in $\underline{B}$ gewonnener oder verlorener Punkte stets gerade.

2.3. Monotoniesatz

Bei (simultan) orientiertem $\mathfrak{k}$ gilt nun der

Spezielle Monotoniesatz. *Voraussetzung.* Das System $\mathfrak{k}$ genüge den Axiomen in Abschn. 1.1.1., besitze keine Grundpunkte und sei orientiert bezüglich des Grundbogens B. Ferner sei $\Xi = (x_1, \ldots, x_m) \subset B \circ K$ ein lückenloses (simultan) orientiertes Schnitt-m-tupel mit $m \geq k+1$; $k \geq 1$. Ferner sei POW $(B \cap K'')$ für zu K hinreichend $\mathfrak{k}$-benachbarte K'' endlich.

Behauptung. Werden irgend $k-1$ der $x_\mu \in \Xi$ festgehalten und wird einer der $m-k+1$ übrigen Punkte $x_\mu \in \Xi$ monoton „bewegt" (vgl. unten, Ziffer (III)), so „bewegen" sich irgend zwei dieser „beweglichen", also nicht festgehaltenen, Punkte aus Ξ monoton, und zwar im gleichen oder im entgegengesetzten Sinne auf $\underline{B}$, je nachdem auf $\underline{B}$ zwischen ihnen eine ungerade oder gerade Anzahl „beweglicher" Schnittpunkte liegt.

Zur Erläuterung und Präzisierung der Behauptung sei bemerkt:

(I) Es sei $\Xi' = (x'_1, \ldots, x'_n)$ mit $n = m - (k-1)$ das simultan orientierte n-tupel der nicht festgehaltenen Punkte von $B \cap K$. Bewegt sich etwa x'_1 nach hinten (also gegen x'_2 hin) auf $\underline{B}$, so nimmt jeder der (paarweise fremden) Teilbogen $T_r = B(x'_r | x'_{r+1})$ ab bzw. zu, je nachdem $r \equiv 1 \pmod 2$ bzw. $r \equiv 0 \pmod 2$ ist. Dabei werde der Einfachheit wegen angenommen, daß keine Gewinne und Verluste, wenigstens zunächst, stattfinden.

(II) (a). *Die zunehmenden T_r bleiben im Verlauf der Änderung frei* von assoziierten Punkten (also von Gewinnen). — (b). *Gewinne,* also neue zunehmende Teilbogen, können nur innerhalb der *abnehmenden T_r* entstehen. — (b'). Im Falle (b) wird das abnehmende T_r seinerseits in abwechselnd ab- und zunehmende Teilbogen zerlegt, für die wieder (b) bzw. (a) gilt. — (c). Ein abnehmendes T_r verschwindet (d. h., es zieht sich auf einen Punkt zusammen und geht in die leere Menge über), wenn die beiden, das T_r begrenzenden zunehmenden Teilbogen, nämlich T_{r-1}, T_{r+1}, sich zu einem einzigen zunehmenden Teilbogen vereinigen (für $r = 1$ ist dabei $T_{r-1} = B(a|x_1')$, wenn a der vor x_1' gelegene Endpunkt ist; und entsprechend für T_{r+1} bei $r = n - 1$), es tritt also in diesem Falle (c) ein Verlust ein.

Entsprechendes gilt, falls x_1' auf B sich nach vorn bewegt oder falls an Stelle von x_1' ein anderes x_ν' bewegt wird.

(III). Der in der Formulierung des Monotoniesatzes der Anschaulichkeit wegen gebrauchte Ausdruck „bewegen" ist so zu verstehen: Es sei (vgl. Ziffer (I)) $\Xi' = (x_1', \ldots, x_n')$ das simultan orientierte n-tupel der nicht festgehaltenen Punkte des lückenlosen Schnitt-m-tupels $\Xi = (x_\mu)$ und $T_r = B(x_r'|x_{r+1}')$ gesetzt. Ferner sei $K(x'')$ die durch x'' und die $k-1$ festgehaltenen Punkte (aus Ξ) eindeutig bestimmte OCh. Ist $r \equiv 1 \pmod 2$, so gibt es zu jedem hinreichend nahe hinter x_1' gelegenen $x'' = x_1'' \in B$ für $K'' = K(x_1'')$ solche beliebig nahe hinter x_r' bzw. vor x_{r+1}' gelegene $x_r'' \in \underline{B} \circ K''$ bzw. $x_{r+1}'' \in \underline{B} \circ K''$, $r = 1, \ldots, n-1$, für die $B(x_{r+1}''|x_{r+2}'')$ höchstens festgehaltene Punkte aus $\underline{B} \circ K''$ enthält, hingegen liegen in $\underline{B}(x_r''|x_{r+1}'')$ i. allg. noch weitere zu $B \circ K''$ gehörige Punkte.

Zusatz. Entsprechendes gilt, aber immer nur für Schnittpunkte, falls Gewinne von (endlich oder) unendlich vielen Punkten auftreten, ebenso wie für den Fall von Verlusten.

Beweis. Für zu K hinreichend $\mathfrak{k}$-benachbarte K'' entspricht jedem Schnittpunkt von $\underline{B} \frown K$ eine ungerade Anzahl von zu ihm benachbarten Schnittpunkten von $\underline{B} \frown K''$, also genau ein Schnittpunkt, wenn keine Gewinne auftreten. Es sei K'' die durch $k-1$ festgehaltene Punkte von $\underline{B} \circ K$ und ein zu x_1' hinreichend G-benachbartes $x_1'' \in \underline{B}$ eindeutig bestimmte OCh. Liegt x_1'' hinter x_1' auf $\underline{B}$, so liegt der von x_2' herrührende Schnittpunkt $x_2'' \in \underline{B} \circ K''$ auf B vor x_2'. In der Tat: Da $\underline{B}(x_1'|x_2') \frown K$ und $K''(x_1''|x_2'') \frown K$ gleich viel Schnittpunkte enthalten, liegen einerseits eine hintere Umgebung von x_1', zusammen mit x_1'', andererseits eine vordere Umgebung von x_2' zusammen mit x_2'' auf der gleichen bzw. entgegengesetzten Seite von K, je nachdem die Anzahl der festen Schnittpunkte in $\underline{B}(x_1'|x_2')$ gerade oder ungerade ist. Somit liegt x_2'' vor x_2'. Betrachtet man hingegen $B(x_1'|x_r')$ und enthält $\underline{B}(x_1'|x_r') \frown K$ insgesamt d bewegliche (Schnitt-) Punkte, gehört ferner x_1'' einer hinreichend kleinen hinteren Umgebung von x_1' an, so liegt x_r'' vor bzw. hinter x_r' je nachdem $d \equiv 0$ bzw. $d \equiv 1 \pmod 2$ ist. Denn d ist der Unterschied der Anzahl der Schnittpunkte von $\underline{B}(x_1'|x_r') \frown K$ und von $\underline{K}'(x_1''|x_r'') \frown K$.

Anmerkung. Es folgt noch: Schnittpunkte (fest oder beweglich) aus $B \circ K$ können in Stützpunkte nur dadurch übergehen, daß sie innerhalb eines abnehmenden Bogens mit (einer ungeraden Anzahl von) anderen Schnittpunkten zusammenrücken. Ein Schnittpunkt bleibt also im Verlaufe der Änderung erhalten, wenn er mit nur einer geraden Anzahl anderer Schnittpunkte zusammenrückt.

2.3.1. Berücksichtigung von Grundpunkten

In Abschn. 2.3. war die Existenz von Grundpunkten ausgeschlossen. Sind *Grundpunkte vorhanden*, so sind für die Gültigkeit des Monotoniesatzes außer der Orientierbarkeit von $\mathfrak{k}$ (bezüglich B) noch *zusätzliche* Forderungen nötig, wie an einem Beispiel (weiter unten) gezeigt wird. Wir wählen folgende Zusatzforderungen: (1). Jedes $K \in \mathfrak{k}$ enthält einen Teilbogen T, für welchen $B \circ K = B \circ T$ ist und welcher höchstens solche Grundpunkte enthält, die auf B liegen und Schnittpunkte sind. (2). Insbesondere soll dabei gelten: Liegt ein Grundpunkt g (als Schnittpunkt) in einem abnehmenden Teilbogen und konvergiert der eine seiner Begrenzungspunkte, etwa x' gegen g, so soll x' monoton über g hinwegrücken, also g ins Innere eines zunehmenden Bogens geraten.

Ist K bzw. $\mathfrak{k}$ simultan orientierbar bezüglich B und sind entweder keine Grundpunkte vorhanden oder aber die vorstehenden Zusatzforderungen (1) und (2) erfüllt, so heiße K bzw. $\mathfrak{k}$ *normal* zu (bezüglich) B oder auch B normal zu K bzw. zu $\mathfrak{k}$.

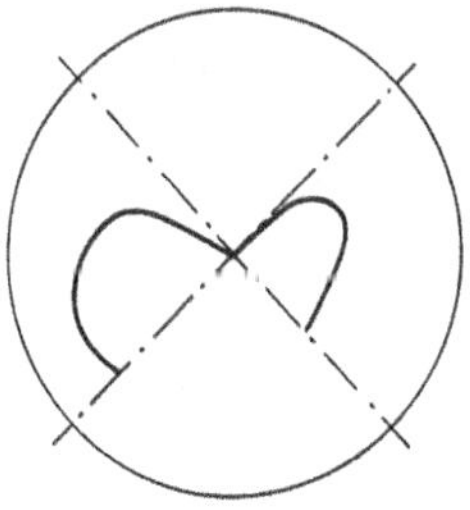

Fig. 8

Beispiel eines OCh-Systems $\mathfrak{k}$, das simultan orientiert, aber nicht normal ist bezüglich eines Bogens B: Grundgebiet sei ein Kreis G mit dem Nullpunkt 0 von Koordinaten x, y als Zentrum; OCh seien die Durchmesser von G. Es sei B die Vereinigung von 2 in G gelegenen Halbkreisen H', H'', wobei H' bzw. H'' in 0 die Tangente $x - y = 0$ bzw. $x + y = 0$ besitzt und im Winkelraum $|y| \leq |x|, x \geq 0$ bzw. $x \leq 0$ liegt, während 0 gemeinsamer Endpunkt von H' und H'' ist (vgl. die modifizierte Figur 8).

2.4. Kontraktions- und Expansionssatz

Es sei $\Xi = (x_1, \ldots, x_{k+1}) \in B \frown \mathfrak{k}$ ein (simultan) orientiertes, lückenloses Schnitt-$(k+1)$-tupel. Das System $\mathfrak{k}$ der OCh soll — wie fortan stets — *normal* zu B sein. Außerdem sei B von *endlichem* POW bezüglich $\mathfrak{k}$.

2.4.1. Kontraktion

Schließlich wird bei den folgenden Betrachtungen, insbesondere aber *beim Kontraktionssatz* (und Expansionssatz) über die Axiome in Abschnitt 1.1.1. hinaus noch gefordert:

Axiom. Es sei $B \subset \underline{G}$ ein Bogen und $x_\varkappa \in B$, $\varkappa = 1, \ldots, k$, mit $x_\varkappa \neq x_\mu$, $\varkappa \neq \mu$. Ferner gebe es $K_n \in \mathfrak{k}$, $n = 1, 2, \ldots$, und $x_{n\varkappa} \in K_n$ mit $x_\varkappa = \lim x_{n\varkappa}$, $\varkappa = 1, \ldots, k$. Dann existiert $K \in \mathfrak{k}$ mit $x_\varkappa \in K$, $\varkappa = 1, \ldots, k$. (Gemäß Nr. 1.1.1., Axiom (II) (2), ist $K = \lim K_n$).

2.4.1.1. Wir halten irgend $k-1$ unter den $x_\varkappa \in \Xi$, $\varkappa = 1, \ldots, k+1$, *fest* und lassen die beiden übrigen $x_\varkappa$, etwa x_0', x_0'' mit $x_0' \prec x_0''$ sich monoton einander nähern (gemäß des Monotoniesatzes, Abschn. 2.3.), wobei sie in x' und x'' übergehen mögen. Wir sprechen dann von einer *Kontraktion* von Ξ und nennen x', x'' *beweglich* (bei der Kontraktion). Die durch die festen $k-1$ unter den $x_\varkappa$ und durch einen k-ten Punkt $x \in B$ bestimmte OCh (soweit sie existiert) werde *mit* $K(x)$ *bezeichnet.*

Die monotone Bewegung der x', x'' soll zunächst „hinreichend klein gehalten“, d. h. *höchstens so lange fortgeführt* werden, bis einer der beiden folgenden Fälle eintritt:

(a) Die Spannweite (mindestens) eines, von einem beweglichen und einem festen Punkt oder von zwei beweglichen Punkten begrenzten Bogens T, der keine assoziierten (d. h. zu $B \circ K(x')$ gehörigen) Punkte enthält, wird kleiner als ein (beliebig) vorgegebenes $\varepsilon > 0$ *bevor* Gewinne stattfinden (*Vermeidung von Verlusten*).

(b) Es finden in $\underline{B}(x_1 | x_{k+1})$ „*Gewinne*“ von assoziierten Punkten statt, bevor Fall (a) eingetreten ist (*Ausnutzung von Gewinnen*) (betr. die Definition von „Gewinnen“ vgl. Abschn. 2.2.3.).

Anmerkung. Zufolge des Kompaktheitsaxioms (Abschn. 2.4.1.) kann die monotone Bewegung bis zum Eintreten eines der Fälle stets fortgesetzt werden.

2.4.1.2. Über den Verlauf einer solchen Kontraktion im einzelnen ist noch folgendes zu bemerken:

Es sei x_v bzw. x_h ein vor x' bzw. hinter x'' gelegener im übrigen beliebiger Punkt, so daß zwischen x_v und x' sowie zwischen x'' und x_h keine beweglichen zu Ξ assoziierten Punkte liegen. Bei der Kontraktion liegen dann zwischen x_v und x' sowie zwischen x'' und x_h keine Punkte von $B \circ K(x') = D(x') = D$, abgesehen von festen $x_\varkappa$; wir nennen daher die Bogen $\underline{B}(x_v | x')$ und $\underline{B}(x'' | x_h)$ auch *frei* (von beweglichen Punkten) *bei der Kontraktion.* Und bei der Kontraktion können Gewinne in $B(x_1 | x_{k+1})$ nur in $\underline{B}(x' | x'')$ auftreten.

Aus dem Monotoniesatz (Abschn. 2.3.) und dem Satz von der Erhaltung der Schnittpunkte (Abschn. 1.3.4.) folgt: Bei der Kontraktion feste Punkte, die in $B(x_1 | x_{k+1}) - \underline{B}(x' | x'')$ liegen, können weder Gewinn- noch Verlustpunkte sein. Es sei $x_0 \in \underline{B}(x'|x'')$ und $y_0 \in \underline{B}(x'|x'')$ und $y_0 \in B(x'|x'') \cap K(x_0)$ mit $x_0 \neq y_0$; ferner sei $H(x_0)$ bzw. $V(x_0)$ eine hintere bzw. vordere Umgebung von x_0 auf B und $U(y_0)$ eine Umgebung von y_0 auf B. Ist $(U(y_0) - \{y_0\}) \cap K(x)$ leer für jedes $x \in \underline{V}(x_0)$ oder für jedes $x \in \underline{H}(x_0)$, so ist y_0 Stützpunkt von $K(x_0)$ auf B.

Anmerkung. Es kann y_0 auch mit einem bei der Kontraktion festen $x_\varkappa$ zusammenfallen.

2.4.2. Kontraktionsprozesse

Unter einem *Kontraktionsprozeß* ausgeübt auf ein orientiertes $(k+1)$-tupel $\mathsf{Y} = (y_1, \ldots, y_{k+1}) \in B \cap \mathfrak{k}$ werde verstanden eine abzählbare Folge von Operationen der folgenden Art:

Operation I. *Es enthält* $\bar{B}(y_1|y_{k+1})$ *einen Häufungspunkt* p der Menge *der zu* Y *assoziierten Punkte* (auf B). Dann gibt es eine beliebig kleine Umgebung U von $\bar{B}(y_1|y_{k+1})$ auf B, in der $(k+1)$-tupel von zu Y assoziierten Punkten beliebig kleiner Spannweite (in beliebig kleiner Umgebung von p) enthalten sind. Operation I besteht in der Auswahl einer gegen p konvergierenden Folge von solchen $(k+1)$-tupeln beliebig kleiner Spannweite.

Operation II. *Reduktion.* Liegt der Fall für eine Operation I nicht vor, so ersetze man Y, soweit nötig, durch ein *von* Y *umfaßtes* orientiertes, lückenloses $(k+1)$-tupel Y', gebildet aus Punkten, die zu Y gehören oder zu Y assoziiert sind. Ist Y' kein Schnitt-$(k+1)$-tupel, so führt eine beliebig kleine Änderung von K entweder zu einem $(k+1)$-tupel mit unendlich vielen, von Y' umfaßten assoziierten Punkten (Fall der Operation I) oder man gelangt durch Reduktion (vgl. Abschn. 1.4.3.) zu einem zu Y' beliebig benachbarten lückenlosen Schnitt-$(k+1)$-tupel.

Operation III. *Kontraktion* eines orientierten, lückenlosen Schnitt-$(k+1)$-tupels $\mathsf{Y} = (y_\varkappa)$ gemäß Abschn. 2.4.1.1.

Operation IVa. *Fortsetzung der Kontraktion unter Vermeidung von Verlusten.* Die Operation III führe zum *Fall* (a) des Abschn. 2.4.1.1.; alle (festen und beweglichen) $y_\varkappa$ sind Schnittpunkte geblieben. Ziel der Operation: Die Spannweite des (dort betrachteten) Bogens T soll nicht weiter abnehmen. Dabei wird ε auch im weiteren Verlauf des Prozesses festgehalten, solange bis für das jeweils gewonnene $(k+1)$-tupel $(x_\varkappa^*)$ gilt $S_\varkappa = S(x_\varkappa^*, x_{k+1}^*) < \varepsilon$ für *jedes* $\varkappa = 1, \ldots, k$; erst dann wird ε verkleinert, etwa kleiner gewählt als $\min(S_1, \ldots, S_{k+1})$.

Man wähle unter den insgesamt $k+1$ Punkten, nämlich den $k-1$ festen und den zwei beweglichen, neue $k-1$ als fest so wie es den jeweiligen Zielen des Kontraktionsprozesses entspricht; mit den beiden übrigen Punkten als beweglichen setze man sodann die Kontraktion fort. Das neue $(k+1)$-tupel ist *vom vorhergehenden umfaßt.*

Operation IVb. *Fortsetzung der Kontraktion unter Ausnutzung von Gewinnen.* Die Operation III führe zum *Fall* (b) des Abschn. 2.4.1.1., also zu Gewinnen zwischen den bisher beweglichen Punkten y', y''. Dann ist *entweder* die Operation I einschlägig *oder* es werden *nur endlich viele* Punkte gewonnen. Im letzteren Falle ist auch zugelassen, einerseits daß die Ausgangslage y'_0 von y' Häufungspunkt von hinter y'_0 gelegenen Gewinnpunkten y' ist, andererseits, daß Gewinne auch in festen Punkten auftreten. Im Falle (b) unterbricht man (nach dem Eintreten von Gewinnen) die Kontraktion. Aus dem alsdann vorliegenden, *vom vorhergehenden umfaßten,* lückenlosen m-tupel assoziierter Punkte mit $k+1 < m$ wählt man das aus den $k+1$ *vordersten* Punkten bestehende $(k+1)$-tupel aus und wendet auf letzteres, soweit nötig (falls z. B. Stützpunkte aufzulösen sind) die Operation II, weiter aber III bzw. IVa, b an.

Operation V. *Grenzübergang.* Durch abzählbar viele Operationen II bis IVa, b sei eine Folge von lückenlosen Schnitt-$(k+1)$-tupeln $\Xi_r = (x^r_\varkappa)$, $r = 1, 2, \ldots$, konstruiert. Die Ξ_r sollen konvergieren, d. h., es soll $x^0_\varkappa = \lim\limits_r x^r_\varkappa$ existieren, $\varkappa = 1, \ldots, k+1$, wobei $x^0_\varkappa \neq x^0_\tau$ sein soll für $\tau \neq \varkappa$. Aus dem Zusatzaxiom Abschn. 2.4.1. folgt dann (vgl. auch Abschn. 2.4.3., Lemma 1), daß $\Xi_0 = (x^0_\varkappa) \in B \cap \mathfrak{k}$. Dieses Ξ_0 wird dann für die weitere Anwendung der Operationen I bis IVa, b zugrunde gelegt.

2.4.3. Zwei Hilfssätze

Zur Rechtfertigung von Schlüssen, die später mehrfach benötigt werden, seien hier die beiden folgenden Lemmata erwähnt.

1. Lemma. *Voraussetzung* (1). Es sei $\mathfrak{k}$ normal zu B und $\mathsf{Y} = (y_1, \ldots, y_{k+1}) \in B \cap \mathfrak{k}$ ein (orientiertes) lückenloses Schnitt-$(k+1)$-tupel. Es seien q, q' vorgegeben mit $1 \leq q < q' \leq k+1$. — (2). Durch einen Kontraktionsprozeß sei aus Y eine Folge von $(k+1)$-tupeln $\mathsf{Y}^r = (y^r_1, \ldots, x^r_{k+1}) \in B \cap \mathfrak{k}$ gewonnen, so daß $y^0_\varkappa = \lim\limits_r y^r_\varkappa$ existiert mit $y^0_\varkappa \neq y^0_\tau$; $\varkappa \neq \tau$; $\varkappa, \tau = 1, \ldots, k+1$. Es sei $\mathsf{Y}^r \in B \cap K^r$.

Behauptung (I). Es ist $\mathsf{Y}^0 = (y^0_1, \ldots, y^0_{k+1}) \in B \cap K^0$ mit $K^0 = \lim K^r \in \mathfrak{k}$. — (II). Durch einen Kontraktionsprozeß lassen sich aus Y^0 solche von Y^0 umfaßte orientierte $(k+1)$-tupel $\mathsf{Z} = (z_1, \ldots, z_{k+1}) \in B \cap \mathfrak{k}$ gewinnen, für deren Spannweite $S(\mathsf{Z})$ gilt: $S(\mathsf{Z}) \leq S(\mathsf{Y}^0)$ und $S(z_q, z_{q'}) < S(y^0_q, y^0_{q'})$.

Beweis. *Betr. Behauptung* (I). Folgt aus dem Zusatzaxiom Abschnitt 2.4.1.

Betr. Behauptung (II). Bei festen $y_\varkappa^0$ für $\varkappa \neq q, q'$ kontrahiere man y_q^0 und $y_{q'}^0$ in Y^0 (beliebig wenig), sofern auf Y^0 nicht Operation I anwendbar ist. In jedem Falle erhält man so ein Z der behaupteten Art.

2. Lemma. *Voraussetzung* (1). Es sei B von endlicher $\mathfrak{k}$-Ordnung ($1 \leq k$) und $\mathfrak{k}$ normal zu B; außerdem sei gegeben ein orientiertes, lückenloses Schnitt-($k+1$)-tupel $\Xi = (x_1, \ldots, x_{k+1}) \in B \frown \mathfrak{k}$. — (2). Es sei der Punkt $c \in B$ fest vorgegeben mit $x_k < c < x_{k+1}$ (einschließlich $c = x_k$) und besitze folgende Eigenschaft: Werden $x_1, \ldots, x_{r-1}, x_{r+1}, \ldots, x_k$ bei beliebigem r mit $1 \leq r \leq k$ festgehalten und x_r, x_{k+1} kontrahiert, so finden zwischen x_1 und c keine Gewinne statt; außerdem kann x_{k+1} nicht nach c rücken und ebensowenig ein Punkt, der bei der Kontraktion zwischen c und x_{k+1} etwa gewonnen wird (vgl. Bemerkung zur Behauptung).

Behauptung. Durch einen Kontraktionsprozeß, bei welchem die $x_\varkappa$ mit $\varkappa \neq r$ und $\varkappa \neq k+1$ stets festgehalten sind ($1 \leq r \leq k$), kann x_r in eine beliebig kleine, vordere Umgebung von x_{r+1} gebracht werden.

Bemerkung. In der Behauptung wird abkürzend mit x_r und mit x_{k+1} die jeweilige Lage des beweglichen Punktes bezeichnet, in den beim Kontraktionsprozeß x_r bzw. x_{k+1} übergeführt werden.

Beweis (I). *Es sei* $r < k$.

(I 1). Nach Voraussetzung können bei der Kontraktion zwischen x_1 und c keine Gewinne stattfinden. Ferner liegen zwischen x_r und x_{r+1} keine zu Ξ assoziierten Punkte. Daher ist auch im Verlauf der Kontraktion der Teilbogen $B(x_r | x_{r+1})$ stets frei von assoziierten Punkten. Die monotone Änderung von x_r erfolgt also *stetig* (solange x_r nicht nach x_{r+1} gelangt); außerdem bleiben x_r und x_{r+1} *Schnitt*punkte.

(I 2). Demgegenüber sind hinter c, also zwischen c und der Ausgangslage von x_{k+1} (endlich viele) Gewinne zugelassen. Beim Auftreten solcher Gewinne wird hier die Operation IVb so festgelegt: Man ersetzt den vordersten der hinter c gelegenen, bisher beweglichen Punkte durch den am nächsten hinter c gelegenen neu gewonnenen Punkt (der wieder mit x_{k+1} bezeichnet wird); die monotone Bewegung von x_{k+1} (gegen x_k hin) erfolgt also i. allg. unstetig. Sollte der neue Punkt x_{k+1} kein Schnittpunkt sein, so kann *hier* trotzdem die Kontraktion mit x_{k+1} fortgesetzt werden (man entnimmt dies unmittelbar etwa aus dem Beweis des Monotoniesatzes); auf die bei der Kontraktion hinter x_{k+1} sich abspielenden Vorgänge kommt es hier ja nicht an. Die Anwendung der *Operation* II (Reduktion) ist also *hier* im Verlaufe des Kontraktionsprozesses *nicht erforderlich*. Übrigens wird vermöge der eben angegebenen Festlegung der Operation IVb der Verlauf unseres Kontraktionsprozesses eindeutig bestimmt.

(I 3). Angenommen, es lasse sich x_r im Laufe des Kontraktionsprozesses nicht in beliebig kleine vordere Umgebung von x_{r+1} bringen;

es sei also $\inf S(\mathsf{Y}) = i > 0$ für alle aus Ξ durch unseren Kontraktionsprozeß zu gewinnende $(x_1, \ldots, x_{r-1}, x_r', x_{r+1}, \ldots, x_k, x_{k+1}')$, wenn $\mathsf{Y} = (x_r', x_{r+1})$. Wegen der Monotonie der Bewegung von x_r und x_{k+1} gibt es $\mathsf{Z}^n = (z_1^n, \ldots, z_{k+1}^n)$ mit folgenden Eigenschaften: Es wird Z^{n+1} aus Z^n durch eine Kontraktion von z_r^n und z_{k+1}^n (Operation III und IVb) gewonnen; es ist $z_\tau^n = x_\tau$; $\tau = 1, \ldots, r-1, r+1, \ldots, k$; es ist $z_r^{n+1} \in \underline{B}(z_r^n | x_{r+1})$; es existiert $z_r = \lim z_r^n$ und $z_{k+1} = \lim z_{k+1}^n$; es ist $S(z_r, x_{r+1}) = \lim S(z_r^n, x_{r+1}) = i$. — Für die Z^n und $\mathsf{Z} = (x_1, \ldots, x_{r-1}, z_r, x_{r+1}, \ldots, x_k, z_{k+1})$ sind daher die Voraussetzungen des 1. Lemmas erfüllt. Somit erhält man aus Z durch Kontraktion von z_r und z_{k+1} ein $\mathsf{Z}' = (x_1, \ldots, x_{r-1}, z_r', x_{r+1}, \ldots, x_k, z_{k+1}') \in B \cap \mathfrak{k}$ mit $S(z_r', x_{r+1}) < i$. Da Z und folglich Z' durch einen Kontraktionsprozeß aus Ξ hervorgeht, ist also i nicht das Infimum der $S(\mathsf{Y})$. — Folglich muß $i = 0$ sein, womit die Behauptung des 2. Lemmas für $r < k$ bewiesen ist.

(II). *Es sei* $r = k$. Hier sind nur zwischen den beweglichen Punkten x_k, x_{k+1} Gewinne möglich. Daher gelten hinsichtlich der Definition der Operation IVb die gleichen Bemerkungen für x_{k+1}. Sodann schließt man wie in Ziffer (I 3), daß $\inf S(\mathsf{Y}) = 0$ ist für die aus Ξ durch Kontraktion von x_k und x_{k+1} erhaltenen Y.

2.4.4. Allgemeiner Kontraktionssatz

Voraussetzung. Es sei B ein Grundbogen, bezüglich dessen das System $\mathfrak{k}$ der OCh *normal ist* (vgl. Abschn. 2.3.1.).

Behauptung. Aus jedem orientierten $(k+1)$*-tupel* $\Xi = (x_1, \ldots, x_{k+1}) \in B \cap \underline{K}$ *kann durch einen Kontraktionsprozeß ein von Ξ umfaßtes* $(k+1)$*-tupel* $\Xi' = (x_1', \ldots, x_{k+1}') \in B \cap \mathfrak{k}$ *beliebig kleiner Spannweite gewonnen werden.*

Zusatz. Ist B von endlichem POW, so kann gefordert werden, daß Ξ' ein lückenloses *Schnitt*-$(k+1)$-tupel ist.

(I) *Vorbemerkungen zum Beweis* (I 1). Bei einem Kontraktionsprozeß erhält man lediglich solche $(k+1)$-tupel, die von Ξ umfaßt werden. Dies ist nämlich für jede der Operationen I bis IV der Fall.

(I 2). Es werde bei (mindestens) einem Kontraktionsprozeß ein von Ξ umfaßtes orientiertes $(k+1)$-tupel $\mathsf{Y} = (y_1, \ldots, y_{k+1})$ gewonnen, so daß in $\underline{B}(y_1 | y_{k+1})$ *unendlich viele* zu Y assoziierte Punkte enthalten sind. Dann besitzen diese assoziierten Punkte in $\bar{B}(y_1 | y_{k+1})$ einen Häufungspunkt. Gemäß Operation I ergibt sich dann die Behauptung des Kontraktionssatzes. Wir können also diesen Fall weiterhin ausschließen, d. h. annehmen, daß *bei allen Kontraktionsprozessen jeweils nur solche $K \in \mathfrak{k}$ auftreten, für die $\bar{B}(y_1 | y_{k+1}) \cap K$ endlich ist.*

(I 3). Indem wir auf Ξ, soweit nötig, die Operation II anwenden, erhalten wir als Ausgangs-$(k+1)$-tupel ein orientiertes lückenloses Schnitt-$(k+1)$-tupel $\Xi'' = (x_1'', \ldots, x_{k+1}'')$.

(II) Beweis.

(II 1). Die Behauptung des Satzes ist richtig für $k = 1$; man entnimmt dies dem 2. Lemma in Abschn. 2.4.3., wobei $c = x_k$ zu setzen ist. Wir wenden nun *vollständige Induktion nach k* an, setzen also voraus: Die Behauptung des Kontraktionssatzes sei schon für $1 \leq k < m$ bewiesen. Wir schließen indirekt, gehen also von der Annahme aus, die Behauptung sei für $k = m$ nicht richtig. Dann besitzt $S(\mathsf{Z})$ für alle, aus Ξ'' durch Kontraktionsprozesse erhältlichen lückenlosen, von Ξ'' umfaßten $\mathsf{Z} = (z_1, \ldots, z_{k+1})$ ein positives Infimum i. Folglich gibt es unter diesen Z ein Z' mit $i \leq S(\mathsf{Z}') < 1,2 \cdot i$. Dabei ist das Gleichheitszeichen linker Hand auszuschließen; denn im Fall $i = S(\mathsf{Z}')$ gewinnt man durch Reduktion (Operation II) aus Z' ein zu Z' beliebig benachbartes lückenloses Schnitt-$(m+1)$-tupel $\mathsf{Z}'' = (z_1'', \ldots, z_{m+1}'')$ und aus diesem durch Kontraktion, etwa von z_m'' und z_{m+1}'' (Operation III und IV) ein Z''' mit $S(\mathsf{Z}''') < i$.

(II 2). Es sei also $\mathsf{Z}' = (z_1', \ldots, z_{m+1}')$ mit $i < S(\mathsf{Z}') < 1,2i$. Hält man z_{m+1}' als Grundpunkt fest, so existiert (nach Induktionsannahme für $k = m - 1$) zu dem m-tupel $\mathsf{Y}' = (z_1'', \ldots, z_m'')$ ein Kontraktionsprozeß, vermöge dessen Y' in ein von Y' umfaßtes m-tupel $\mathsf{Y}'' = (z_1'', \ldots, z_m'')$ übergeht mit $S(\mathsf{Y}'') = S(z_1'', z_m'') < 0,4i$. Aus Y'' erhält man, bei festem z_{m+1}', durch Reduktion (Operation II) ein zu Y'' beliebig benachbartes, lückenloses *Schnitt-m*-tupel $\mathsf{Y}^1 = (z_1^1, \ldots, z_m^1) \in B \cap K$, wobei $K \in \mathfrak{k}$ die durch $z_1^1, \ldots, z_m^1$ eindeutig bestimmte OCh ist. Es ist also z_{m+1}' assoziiert zu Y^1 und folglich $\mathsf{Z}^1 = (z_1^1, \ldots, z_m^1, z_{m+1}^1)$ mit $z_{m+1}^1 = z_{m+1}'$ ein $(m+1)$-tupel aus assoziierten Punkten (für $k = m$). Dabei kann durch evtl. Reduktion, angewandt auf Z^1, erreicht werden, daß Z^1 in ein beliebig benachbartes, lückenloses *Schnitt*-$(m+1)$-tupel übergeht, das von Z' umfaßt wird und das wieder mit Z^1 bezeichnet sei. Es gilt daher $i < S(\mathsf{Z}^1) < 1,2i$ und $S(z_1^1, z_m^1) < 0,4i$.

(II 3). Es gibt Punkte $b, c \in B$ mit folgenden Eigenschaften: $z_1^1 \prec b \prec c$; $z_2^1, \ldots, z_m^1 \in \underline{B}(z_1^1|b)$; $S(z_1^1, b) = 0,4i$; $S(b, c) = 0,6i$, also $S(z_1^1, c) = i$. — Daraus folgt $c \prec z_{m+1}^1$ und $S(c, z_{m+1}^1) < 0,2i$. — Wir halten $z_1^1, \ldots, z_{m-1}^1$ fest und kontrahieren z_m^1 und z_{m+1}^1. Dabei können zwischen z_1 und c keine Gewinne eintreten, weil andernfalls bei der Kontraktion aus Z^1 ein $(m+1)$-tupel Y mit $S(\mathsf{Y}) < i$ erhalten wird. Aus dem gleichen Grunde kann z_{m+1}^1 bei der Kontraktion bzw. bei seiner (i. allg. unstetigen) monotonen Bewegung nicht nach c oder in $\underline{B}(b|c)$ rücken. Gemäß Abschn. 2.4.3., Lemma 2., kann daher z_m^1 (stetig und monoton) beliebig nahe an z_{m+1}^1 heran, also um so mehr in einen Punkt z_m^2 aus einer beliebig (klein) vorgegebenen vorderen Umgebung V von c

gebracht werden; es sei etwa $S(V) < 0, 2i$. Die festen $z_1^1, \ldots, z_{m-1}^1$ bleiben dabei Schnittpunkte, weil zwischen z_1 und c keine Gewinne stattfinden können; aus dem gleichen Grunde ist z_m^2 Schnittpunkt. Setzt man $z_u^2 = z_u^1$, $u \doteq 1, \ldots, m-1$, und ist z_{m+1}^2 der am nächsten hinter c gelegene, zu den $z_1^2, \ldots, z_m^2$ assoziierte Punkt, so kann — wenn nötig nach hinreichend kleiner Reduktion (Operation II) — auch z_{m+1}^2 als Schnittpunkt angenommen werden. Auf das lückenlose Schnitt-$(m+1)$-tupel $\mathsf{Z}^2 = (z_u^2)$ kann nun, bei festen $z_1^2, \ldots, z_{m-2}^2, z_m^2$ der gleiche Schluß angewandt, also gemäß Lemma 2 der Punkt z_{m-1}^2 monoton und stetig nach V, aber vor z_m^2 gebracht werden. Wiederholung dieser Schlüsse unter Anwendung von Lemma 2 liefert ein lückenloses Schnitt-$(m+1)$-tupel $\mathsf{Z}^m = (z_1^m, \ldots z_{m+1}^m)$ mit $z_\mu^m \in V$ für $\mu = 1, \ldots, m$, und $S(c, z_{m+1}^m) < 0, 2i$; wegen $z_\mu^m \in V$ ist $S(z_1^m, z_m^m) < 0, 2i$ und daher $S(\mathsf{Z}^m) < 0, 4i < i$. Die Annahme, daß $i > 0$, führt daher zu einem Widerspruch. Daher ist $i = 0$ und damit der Kontraktionssatz bewiesen.

2.4.4.1. Für spätere Zwecke benötigen wir eine Verschärfung des Kontraktionssatzes des Abschn. 2.4.4. In dieser Verschärfung tritt der Begriff des *Vorzeichens eines m-tupels* aus $B \frown K$ auf, wenn K simultan orientiert ist bezüglich B (vgl. Abschn. 2.2.2.); dieser Begriff wird so erklärt: Es sei T ein Teilbogen von B und $\mathsf{Y} = (y_1, \ldots, y_m) \in \underline{T} \frown K$ ein orientiertes, lückenloses m-tupel ($m \geq 2$). Außerdem sei K (normal zu B und) simultan orientiert bezüglich B. Eine vordere Umgebung V von y_1 auf B sei fremd zu $B \frown K - \{y_1\}$, also zu $T \frown K - \{y_1\}$. Eine vordere Umgebung V' von y_1 auf K ist dann ebenfalls fremd zu $B \frown K - \{y_1\}$ und zu $T \frown K - \{y_1\}$. Liegt nun $V' - \{y_1\}$ in $B(+)$ oder in $B(-)$ (vgl. Abschn. 2.1.), so heiße Y *positiv* bzw. *negativ* oder von positivem bzw. negativem *Vorzeichen bezüglich* T. Insbesondere besitzt daher Y ein Vorzeichen, wenn y_1 auf T isolierter Schnittpunkt von T mit K ist.

Nunmehr wird behauptet:

Verschärfter Kontraktionssatz.

Voraussetzung (1). Es sei $\mathfrak{k}$ normal zu B mit $k \geq 1$. Ferner sei B von endlichem Punktordnungswert. — (2). Es sei $\Xi = (x_1, \ldots, x_{k+1}) \in B \frown \mathfrak{k}$ ein (orientiertes) lückenloses Schnitt-$(k+1)$-tupel. Ferner sollen $d', d'' \in B$ existieren von folgender Beschaffenheit: Es ist $d' \prec x_1 \prec x_{k+1} \prec d''$; es enthält $T^* = \underline{B}(d', d'')$ keine zu Ξ assoziierten Punkte. — (3). Es sei T' ein — im folgenden fester — offener Teilbogen von T^* mit $\Xi \subset T' \subset T^*$; im übrigen kann T' beliebig gewählt werden.

Behauptung. Aus Ξ kann durch einen Kontraktionsprozeß ein (orientiertes) lückenloses Schnitt-$(k+1)$-tupel $\mathsf{Z}^* = (z_1^*, \ldots, z_{k+1}^*)$ beliebig kleiner Spannweite gewonnen werden mit folgenden Eigenschaften: (A). Es ist Z^* enthalten in T'. — (B). Es enthält $B(d' | z_1^*)$ keine zu Z^*

assoziierten Punkte. — (C). Es besitzt Z^* bezüglich T^* das gleiche Vorzeichen wie Ξ bezüglich T^*.

Beweis. Dieser verschärfte Kontraktionssatz kann im wesentlichen wie der Kontraktionssatz in Abschn. 2.4.4. bewiesen werden. Man hat nur noch zu verifizieren, daß bei den einzelnen Operationen II bis V im Beweise des Kontraktionssatzes jeweils die obigen Behauptungen (A) bis (C) erfüllt sind. Dies ist in der Tat der Fall: Denn $B(d'|z_1^*)$ liegt immer in einem wachsenden Intervall, so daß in $B(d'|z_1^*)$ keine Gewinne stattfinden; und z_1^* bleibt, sich stetig ändernd, stets erster (vorderster Schnitt-) Punkt des jeweils betrachteten $(k+1)$-tupels. Die Durchführung im einzelnen sei dem Leser überlassen.

2.4.5. Expansionssatz

Dem „Kontraktionssatz" läßt sich ein „Expansionssatz" gegenüberstellen; bei diesem ist aber, im Unterschied zum Kontraktionssatz, ein Gewinn und Verlust nur in den Endpunkten des betrachteten Bogens möglich, was durch die zusätzliche Voraussetzung bedingt wird, daß POW $(B; \mathfrak{k}) = k+1$ sei.

Expansionssatz. *Voraussetzung* (1). *Es sei B ein Grundbogen, der normal ist bezüglich* $\mathfrak{k}$. *Dabei sei* POW $(B; \mathfrak{k}) = k+1$. — (2). *Es seien* $\Xi' = (x_1', \ldots, x_{k+1}')$ *und* $\Xi'' = (x_1'', \ldots, x_{k+1}'')$, *wobei* $\Xi', \Xi'' \in \underline{B} \frown \mathfrak{k}$ (vgl. Abschn. 2.2.2.) (*natürlich*) *angeordnet auf B mit* $x_{k+1}' \prec x_1''$ *sowie mit* $\bar{B}(x_1'|x_{k+1}') \frown \bar{B}(x_1''|x_{k+1}'') = \emptyset$. — (3). *Es sei* $x \in B - \bar{B}(x_1'|x_{k+1}'')$.

Behauptung. Es existiert ein k-tupel $\mathsf{Y} = (y_1, \ldots, y_k) \in \underline{B} \frown \mathfrak{k}$ *beliebig kleiner Spannweite derart, daß x zu den $y_1, \ldots, y_k$ assoziiert und daß* $B(y_1|y_k) \subset \underline{B}(x_1'|x_{k+1}'')$ *ist. — Dabei besitzen* $(x_2', \ldots, x_{k+1}')$ *und* Y *gleiches Vorzeichen bezüglich* $B(x_1'|x_{k+1}'')$.

Beweis. Ist B eine Kurve C, so wählen wir einen zu allen x_i', x_i'' sowie zu x fremden abgeschlossenen Teilbogen $T = B(b|a)$ mit $a \prec x_1' \prec x_{k+1}'' \prec b$ und betrachten statt C den Bogen $B(a|b) = C - \underline{T}$; o. B. d.A. wird dabei $a \prec x \prec x_1'$ angenommen. Wegen $\Xi', \Xi'' \in \underline{B}(a|b) \frown \mathfrak{k}$ ist POW $(B(a|b); \mathfrak{k}) = k+1$ und damit der Fall, daß B Kurve ist, zurückgeführt auf den Fall eines Bogens B. — Wir halten $x_2', \ldots, x_k'$ fest und lassen $z = x_{k+1}'$ stetig und monoton gegen x_k'' (auf B) wandern. Dann bewegt sich $u = x_1'$ monoton und stetig gegen x. Dabei können keine Gewinne stattfinden, weil andernfalls POW $(B; \mathfrak{k}) > k+1$ sein muß. Verluste können also nur dadurch eintreten, daß z bzw. u den Bogen $B(a|b)$ über b bzw. a hinaus verläßt. Daher muß im Verlaufe der Bewegung entweder (I) z mit x_k'' zusammenfallen, während noch $x \prec u$ ist; oder (II) u mit x zusammenfallen, während noch $z \prec x_k''$ oder aber $z = x_k''$ ist. Im Falle (II) wird durch Kontraktion von $(x_2', \ldots, x_k', z)$ bei festem x ein Y im Sinne der Behauptung geliefert. Ist $k = 1$, so ist

Fall (I) unmöglich und es muß zuerst Fall (II) eintreten; denn andernfalls sind mit x_k'' noch zwei weitere Punkte assoziiert, nämlich x_{k+1}'' und u. Die Behauptung ist somit im Falle $k = 1$ richtig; denn auch die Behauptung betr. das Vorzeichen von Y ist richtig.

Ist $k \geq 2$, so wird im Fall (I) $z = x_k''$, während noch $x \prec u$ ist. Ist $k = 2$, so bewegt man unter Festhalten von $x_k'' = x_2''$ weiterhin u gegen x und daher $x_k' = x_2'$ gegen $x_{k-1}'' = x_1''$. Dann kann aber nicht $x_k' = x_{k-1}''$ werden bei $x \prec u$; denn in diesem Falle wären die 4 Punkte u, x_1'', x_2'' und x_3'' assoziiert im Widerspruch zu POW $(B; \mathfrak{k}) = k + 1 = 3$. Es muß also zuerst $x = u$ werden, womit die Behauptung auch für $k = 2$ bewiesen ist. Man sieht, wie der Schluß allgemein (für $k \geq 4$) fortzuführen ist: Hat man schon erreicht, daß $z = x_{k+1}' = x_k'', \ldots, x_3' = x_2''$ ist, während noch $x \prec u$ ist, so hält man die $x_2'', \ldots, x_k''$ fest, bewegt u weiter (monoton und stetig) gegen x und folglich x_2' gegen x_1''. Dabei muß dann $x = u$ werden, während noch $x_2' \prec x_1''$ ist; denn andernfalls sind die $k + 2$ Punkte $u, x_1'', \ldots, x_k'', x_{k+1}''$ assoziiert im Widerspruch mit der Voraussetzung, daß POW $(B; \mathfrak{k}) = k + 1$ ist.

2.4.6. Ein weiterer Existenzsatz

Es sei noch eine Art Gegenstück zum Expansionssatz erwähnt, bei dem aber die Annahme, daß POW $(B; \mathfrak{k}) = k + 1$ ist, nicht benötigt wird. Es handelt sich dabei um den folgenden

Satz. *Voraussetzung* (1). *Der Grundbogen B sei normal bezüglich $\mathfrak{k}$ mit $k \geq 1$.* — (2). *Es sei $c \in B$ und $X' = (c, x_1', \ldots, x_k') \in B \cap \mathfrak{k}$ und $X'' = (c, x_1'', \ldots, x_k'') \in B \cap \mathfrak{k}$, wobei X', X'' auf B angeordnet sind mit $x_k' \prec x_1''$ und $\bar{B}(x_1'|x_k') \cap \bar{B}(x_1''|x_k'') = \emptyset$. Außerdem soll c nicht in $\bar{B}(x_1'|x_k'')$ enthalten sein.*

Behauptung. Es existiert ein in $\bar{B}(x_1', x_k'')$ enthaltenes $(k + 1)$-tupel assoziierter Punkte (bezüglich $\mathfrak{k}$).

Beweis. Indirekt. Wir nehmen also an, es existiere kein $(k + 1)$-tupel der behaupteten Art, es sei also POW $(\bar{B}(x_1'|x_k''); \mathfrak{k}) = k$. Hält man daher irgendwelche $k - 1$ unter den $x_1', \ldots, x_k'$ fest, so kann bei monotoner, stetiger Änderung des noch übrigen unter den $x_1', \ldots, x_k'$ niemals ein Gewinn oder Verlust in $\bar{B}(x_1'|x_k'')$ eintreten, jedenfalls so lange nicht, als der bewegte Punkt von den übrigen verschieden bleibt und den Bogen $\bar{B}(x_1'|x_k'')$ nicht (über die Endpunkte hinweg) verläßt. (Im Falle $k = 1$ ist $X' = (c, x_1')$ und es ist x_1' beweglich.) Dem soeben Bemerkten zufolge läßt sich bei festen $x_1', \ldots, x_{k-1}'$ (falls $k \geq 2$) das x_k' stetig und monoton in x_k'' überführen. Dabei ändert sich c monoton (kann dabei aber auch mit einem weiteren Punkt zusammenrücken und so verlorengehen). Und zwar ist die *ursprüngliche Lage von c* enthalten *in einem* (offenen) *zunehmenden Teilbogen T* von B (vgl. Abschn. 2.3.), ist also im weiteren Verlaufe dieser monotonen Änderung nicht mehr assoziiert zum (durch die Änderung erzeugten) neuen k-tupel $(x'_1, \ldots, x'_{k-1}, x''_k)$. Aus den gleichen Gründen kann man bei festen $x'_1, \ldots, x'_{k-2}, x''_k$ (falls $k \geq 3$) das x'_{k-1} stetig und monoton in x''_{k-1} überführen; auch dabei wird der offene Teilbogen T, dem die ursprüngliche Lage von c während der Bewegung von x'_k angehörte und innerhalb dessen keine Gewinne möglich sind, nicht verkleinert. Durch Fortsetzung des Verfahrens führt man, ohne Verkleinerung von T, das X' in X'' über. Hierbei bleibt die ursprüngliche Lage von c stets im Innern des von assoziierten Punkten freien Bogens T, ist also nicht assoziiert zu X'' im Widerspruch zur Voraussetzung über X''.

Ergänzender Hinweis zum Text des Abschnitts I.2

Zu Abschn. 2. Der Monotonie- und Kontraktionssatz zuerst bei MUKHOPADHYAYA [*2*, *3*, *4*]. — Der Beweis des Kontraktionssatzes im Text (Abschn. 2.4.) ist anders geführt als ursprünglich (in *H* [*7*]).

3. Kurventheorie in topologisch projektiven und hyperbolischen Ebenen (Grundzahl $k = 2$)

Die früher für Systeme von Ordnungscharakteristiken in der euklidischen Ebene für eine beliebige Grundzahl $k \geq 2$ dargelegte Methode soll hier auf den Fall der reellen projektiven Ebene als Grundgebiet und für $k = 2$ angewandt werden, also für den Fall der sog. topologisch (ebenen) projektiven Ebenen. Dabei ergibt sich von selbst eine Verallgemeinerung gewisser Sätze über konvexe Mengen sowie — und dies ist das eigentliche Ziel — der JUELschen Theorie der ebenen Kurven 3. Ordnung, erweitert um die der Bogen 3. Ordnung. Dazu kommen einige Bemerkungen über Kurven höherer Ordnung, insbesondere solche vom Maximalindex, sowie der Satz über die Existenz (und Eindeutigkeit) ordnungshomogener Bogen. Auch die Theorie von J. v. SZ.-NAGY über Kurven vom Maximalklassenindex sowie Sätze von MÖBIUS, A. KNESER und KIVIKOSKI bleiben, wie gezeigt wird, gültig.

3.1. Bogen vom schwachen Punktordnungswert zwei und $\mathfrak{k}$-konvexe Bogen und Kurven

3.1.1. Einleitung

Es sei E die (gewöhnliche) reelle projektive Ebene P_2 (oder ein topologisches Bild von P_2). In E sei ein System $\mathfrak{k}$ von Ordnungscharakteristiken K mit der Grundzahl $k = 2$ im Sinne von Abschn. 1.1.1. gegeben, wobei Abschn. 1.2., Beispiel 3, und die dortigen Bemerkungen zu beachten sind. Dabei ist jetzt E das Grundgebiet und jede OCh eine einfache Kurve; ferner existiert zu *jedem* Paar verschiedener Punkte $x', x'' \in E$ genau ein $K \in \mathfrak{k}$ mit $x', x'' \in K$ und für beliebige $K', K'' \in \mathfrak{k}$ mit $K' \neq K''$ ist $K' \cap K''$ einpunktig. Außerdem sollen die OCh den im Sinne der Topologie in E verstandenen Stetigkeitsforderungen gemäß Abschn. 1.1.1. genügen. — *Es ist* $\mathfrak{k}$ *kompakt* (*in sich*); dies folgt auch aus Abschn. 1.3.1., Satz 2, weil der Limes einer konvergenten Folge von OCh mehrpunktig ist und weil durch je zwei Punkte von E eine OCh geht. (Die Kompaktheit von $\mathfrak{k}$ wird von Abschn. 3.1.5.2. ab verwendet.)

Im Sinne der gebräuchlichen Terminologie ist also ein Paar $(E, \mathfrak{k})$ eine topologisch ebene projektive Ebene (vgl. Salzmann [*1*]); wir bezeichnen ein $(E, \mathfrak{k})$ auch als eine (topologisch ebene) *projektive* $\mathfrak{k}$*-Geometrie.*

Neben den projektiven $\mathfrak{k}$-Geometrien $(E, \mathfrak{k})$ kommen für das folgende auch sog. (topologisch ebene) *hyperbolische* Geometrien $(G, \mathfrak{k})$ in Betracht. Diese unterscheiden sich von den $(E, \mathfrak{k})$-Geometrien dadurch, daß der Grundbereich nicht die projektive Ebene E, sondern eine abgeschlossene Kreisscheibe G bzw. ein topologisches Bild von ihr ist und daß dementsprechend zwar durch je zwei Punkte von G genau eine OCh bestimmt wird, daß es aber voneinander verschiedene OCh mit leerem Durchschnitt gibt. Beispiel die hyperbolische Ebene.

Soweit im folgenden Sätze für $\mathfrak{k}$-beschränkte Mengen aus einer projektiven $\mathfrak{k}$-Geometrie bewiesen werden, gelten sie auch für hyperbolische $(G, \mathfrak{k})$-Geometrien. Dies wird später nicht jeweils eigens vermerkt.

Beispiele. Topologisch ebene projektive Ebenen lassen sich (vgl. Salzmann [*1*], § 1, S. 403) so gewinnen: Man betrachtet in der euklidischen Ebene E_0 ein System $\mathfrak{k}^+$ von topologischen Bildern der Zahlgeraden, die in E_0 keine Endpunkte besitzen (in E_0 abgeschlossen sind). Außerdem soll zu je zwei Punkten aus E_0 genau eine Kurve aus $\mathfrak{k}^+$ existieren, die diese Punkte enthält und die sich stetig mit diesen Punkten ändert; ebenso soll sich der Schnittpunkt je zweier Kurven aus $\mathfrak{k}^+$ stetig mit diesen ändern. Ist $K \in \mathfrak{k}^+$ beliebig und $x \in \mathbf{C}\,K$ beliebig, so soll es genau ein $K' \in \mathfrak{k}^+$ geben, das x enthält und fremd zu K ist. Dann bildet $(E_0, \mathfrak{k}^+)$ eine „topologisch ebene affine Ebene", die sich durch Adjunktion „uneigentlicher" Punkte auf genau eine Weise zu einer topologisch ebenen projektiven Ebene erweitern läßt. Hierher gehören insbesondere etwa Nicht-Desarguesche ebene projektive Geometrien (mit den geforderten Stetigkeitseigenschaften).

3.1.2. Axiome der $(E, \mathfrak{k})$-Geometrie

Um über die auf Grund der Axiome in Abschn. 1.1.1. entwickelten Hilfsmittel (in Abschn. 1 und 2) verfügen zu können, haben wir zu zeigen: *Unter den Voraussetzungen über* $\mathfrak{k}$, *wie sie einer* $(E, \mathfrak{k})$*-Geometrie zugrunde liegen, sind die Axiome* (I) *und* (II) *des* Abschn. 1.1.1. *erfüllt.*

Für $\mathfrak{k}$ in einer $(E, \mathfrak{k})$-Geometrie wird folgendes gefordert:

Axiom E (Existenz- und Eindeutigkeitsaxiom). Die OCh $K \in \mathfrak{k}$ sind topologische Bilder der Kreisperipherie in die projektive Ebene E. Zu beliebigen $x', x'' \in E$ (mit $x' \neq x''$) existiert genau ein $K = K(x', x'') \in \mathfrak{k}$ mit $x', x'' \in K$. Und zu beliebigen $K', K'' \in \mathfrak{k}$ (mit $K' \neq K''$) existiert genau ein $x \in E$ mit $x \in K' \cap K''$.

Axiom S (Stetigkeitsaxiom). Zu beliebigem $\varepsilon > 0$ existiert (bei gegebenen $x', x'' \in E$) ein $\delta = \delta(x', x''; \varepsilon) > 0$ derart, daß aus $y' \in U(x'; \delta)$, $y'' \in U(x''; \delta)$ folgt: $K(y', y'') \in \mathfrak{u}(K(x', x''); \varepsilon)$. Und zu beliebigem $\bar{\varepsilon} > 0$ existiert (bei gegebenen $K', K'' \in \mathfrak{k}$) ein $\delta^* = \delta^*(K', K''; \bar{\varepsilon}) > 0$ derart, daß aus $K'^* \in \mathfrak{u}(K'; \delta^*)$, $K''^* \in \mathfrak{u}(K''; \delta^*)$ folgt: $K'^* \cap K''^* \subset U(K' \cap K''; \bar{\varepsilon})$.

Aus E und S folgt die Gültigkeit der Axiome (I), (II) (1) bis (3) in Abschn. 1.1.1.; dabei ist Axiom (I) entsprechend der Bemerkung in Abschn. 1.2., Beispiel (3), zu modifizieren. — In der Tat: Das modifizierte Axiom (I) ist erfüllt (vgl. auch die nachstehenden Folgerungen). Ferner gilt (II) (1) mit der Grundzahl $k = 2$; gemäß E ist nämlich $\mathfrak{x}$ offen. Schließlich ist gemäß S auch (II) (2) erfüllt. Daß (II) (3) gilt, kann man direkt zeigen oder sich auf die Abhängigkeit dieses Axioms von (I), (II) (1) und (II) (2) berufen (vgl. Abschn. 1.1.3.).

Folgerungen. Für $K', K'' \in \mathfrak{k}$ mit $K' \neq K''$ ist $x' \in K' \cap K''$ *Schnitt*punkt (im Sinne von Abschn. 1.3.3.) (Folge aus S). Die OCh sind Kompakta im kompakten metrisierten Raum E. Jede OCh ist isotop zu den Geraden (Gerade im Sinne der gewöhnlichen projektiven Geometrie in E verstanden). Es ist $\mathbf{C}\,K = E - K$ einfach zusammenhängend. Es wird $\mathbf{C}\,K_0 = E_0$ gesetzt (für $K_0 \in \mathfrak{k}$). Für ein $K \in \mathfrak{k} - \{K_0\}$ ist $E_0 - K \cap E_0$ Vereinigung zweier offener, fremder, je einfach zusammenhängender (nicht leerer) Mengen, die mit $E_0(K; \pm)$ und als die *offenen* $(\mathfrak{k}$-$)$*Halbebenen* oder $(\mathfrak{k}$-$)$*Seiten* von K bezüglich (oder in) E_0 bezeichnet seien. Es ist $K \cap E_0$ die gemeinsame Begrenzung der beiden $\mathfrak{k}$-Seiten von K in E_0. Als *abgeschlossene* $(\mathfrak{k}$-$)$Seiten von K werden $(K \cap E_0) \cup E_0(K; \pm)$ bezeichnet.

Anmerkung *betr. die Bezeichnung.* Man beachte, daß hier $E_0(K; \pm)$ an Stelle des in Abschn. 1.1.1. eingeführten $K(\pm; G)$ tritt — soweit eben jeweils E als Grundgebiet betrachtet wird.

3.1.3. Beschränkte Mengen

Eine Punktmenge $M \subset E$ heiße $\mathfrak{k}$*-beschränkt* (bezüglich $K_0 \in \mathfrak{k}$), wenn es ein $K_0 \in \mathfrak{k}$ gibt mit $\bar{M} \subset \mathbf{C}(K_0)$; wir sprechen hier von $\mathfrak{k}$-Beschränktheit, um Verwechslungen mit der Beschränktheit bezüglich der Geraden (im üblichen Sinne in E) zu vermeiden. Bei einer bezüglich K_0 $\mathfrak{k}$-beschränkten Menge spielt K_0 die Rolle einer *uneigentlichen* OCh. Jeder abgeschlossene *echte* Teilbogen A einer OCh. K ist $\mathfrak{k}$-beschränkt (bezüglich jeder OCh $K' \neq K$, die durch einen Punkt von $K - A$ geht). Man bezeichne ein solches A auch als *$\mathfrak{k}$-Bogen*, OCh-Bogen oder als *$\mathfrak{k}$-Strecke* und die A enthaltende OCh als den *Träger* von A.

Sind p', p'' die Endpunkte des $\mathfrak{k}$-Bogens A, so schreiben wir auch $K(p'|p'')$ für A, wobei allerdings $K(p'|p'')$ auf K eindeutig bestimmt ist erst durch Angabe einer zu $K(p'|p'')$ fremden OCh K_0 (als einer uneigentlichen OCh).

Ist K orientiert, so sollen $K(p'|p'')$ und $K(p''|p')$ die auf K zueinander „komplementären" $\mathfrak{k}$-Strecken bedeuten derart, daß p' bzw. p'' der Anfangspunkt von $K(p'|p'')$ bzw. von $K(p''|p')$ ist. Sofern es sich ausschließlich um $\mathfrak{k}$-beschränkte Strecken handelt, wird zwischen $K(p'|p'')$ und $K(p''|p')$ nicht immer unterschieden.

3.1.3.1. *Ein einfacher Bogen $B \subset E$, der mit einer* OCh K *nur seine Endpunkte gemeinsam hat, ist $\mathfrak{k}$-beschränkt.*

In der Tat: Es seien $a', a'' \in K$ die Endpunkte von B und es sei $x \in K - \{a'\} - \{a''\}$. Wir wählen $K_0 \in \mathfrak{k} - \{K\}$ mit $x \in K_0$. Für $E_0 = C(K_0)$ gibt es dann zwei Möglichkeiten: In E_0 liegen Umgebungen von a' und a'' auf B auf der gleichen oder auf verschiedenen $\mathfrak{k}$-Seiten von K. Im ersteren Fall gibt es $K' \in \mathfrak{k} - \{K\}$ mit $K \cap K_0 \in K'$ und mit $B \cap K' = \emptyset$; im zweiten Fall ersetzt man $K \cap K_0$ durch einen Punkt e im Innern der von a', a'' begrenzten, zu K_0 fremden $\mathfrak{k}$-Strecke $K(a'|a'')$ und erhält ein $K'' \in \mathfrak{k} - \{K\}$ mit $e \in K''$ und $B \cap K'' = \emptyset$.

3.1.3.2. Jede *$\mathfrak{k}$-beschränkte* (geschlossene, einfache) *Kurve ist isotop* Null, zerlegt also E in zwei Gebiete (zusammenhängende, offene Mengen), deren genau eines $\mathfrak{k}$-beschränkt und einfach zusammenhängend ist; das andere Gebiet ist nicht $\mathfrak{k}$-beschränkt und zweifach zusammenhängend. Jede $\mathfrak{k}$-beschränkte Menge M ist enthalten in einem einfach zusammenhängenden, von einer $\mathfrak{k}$-beschränkten einfachen Kurve begrenzten Gebiet. Eine solche Kurve kann als Vereinigung dreier $\mathfrak{k}$-Strecken („$\mathfrak{k}$-Dreieck") gewählt werden. In der Tat: Es sei $\bar{M} \cap \bar{K}_0 = \emptyset$ für ein $K_0 \in \mathfrak{k}$; ferner sei $x \in K_0$. Es gibt zu K_0 beliebig benachbarte $K \in \mathfrak{k}$ mit $\bar{M} \cap K = \emptyset$ und $x \in K$. Durch $K_0 \cup K$ wird E in zwei fremde Gebiete D', D'' zerlegt, die als $\mathfrak{k}$-Dieder bezeichnet werden können. Falls K hinreichend benachbart ist zu K_0, ist $\bar{M}$ in genau einem der D', D'' enthalten. (Denn andernfalls wäre $\bar{M} \cap D' \neq \emptyset \neq \bar{M} \cap D''$ für eine Folge von gegen K_0 konvergierenden K (mit $x \in K$), obwohl dabei eines der D', D'' gegen $\emptyset$ konvergiert, so daß $\bar{M} \cap K_0 \neq \emptyset$.) Ist nun $\bar{M} \subset D'$ und $y \in K_0 - \{x\}$, ist ferner $K' \in \mathfrak{k}$ mit $y \in K'$ hinreichend benachbart zu K_0, so ist ebenso $\bar{M}$ in einem der von $K_0 \cup K'$ begrenzten $\mathfrak{k}$-Dieder enthalten. Der Durchschnitt dieser 2 $\mathfrak{k}$-Dieder ist begrenzt von einem $\mathfrak{k}$-beschränkten $\mathfrak{k}$-Dreieck.

Jede einfache (nicht $\mathfrak{k}$-beschränkte) Kurve von geradem bzw. ungeradem (Punkt-) Index ist isotop Null bzw. isotop zu jeder OCh.

3.1.4. Büschel von Ordnungscharakteristiken

Es sei $z \in E$ beliebig. Das System $\mathfrak{k}(z)$ aller $K \in \mathfrak{k}$ mit $z \in K$ werde als das $\mathfrak{k}$-*Büschel* mit dem *Zentrum* z bezeichnet. Für ein festes $K' \in \mathfrak{k}$ mit $z \in \mathbf{C} K'$ ist ersichtlich die Abbildung f: $K \in \mathfrak{k}(z) \to K \cap K'$ der OCh des $\mathfrak{k}$-Büschels $\mathfrak{k}(z)$ auf die Punkte von K' topologisch; man kann f auch als $\mathfrak{k}$-*Projektion*(sabbildung) von E aus z auf K' auffassen. Es ist $\mathfrak{k}(z)$ kompakt (vgl. Abschn. 1.3.1., Satz 3).

Durch eine Orientierung von K' wird vermöge f eine Orientierung von $\mathfrak{k}(z)$ induziert.

Es seien K_0, $K \in \mathfrak{k}$ mit $K_0 \neq K$ und es sei $x \in K \cap \mathbf{C}(K_0)$. Durch x werden auf $K \cap \mathbf{C}(K_0)$ zwei in $\mathbf{C}(K_0)$ abgeschlossene Teilbogen bestimmt, welche bis auf den gemeinsamen Endpunkt x fremd sind; diese beiden Bogen seien als ($\mathfrak{k}$-) *HalbOCh* bezüglich der (uneigentlichen) OCh K_0 mit x als *Anfangspunkt*, in Zeichen $\mathrm{Kh}(x; K; \pm)$ bezeichnet und K als der *Träger* der $\mathrm{Kh}(x; K; \pm)$. Ist $y \in \mathrm{Kh}(x; K; \pm) - \{x\}$, so ist die HalbOCh durch x und y bestimmt, wenn x als Anfangspunkt gewählt wird; wir setzen daher $\mathrm{Kh}(x; K; \pm) = \mathrm{Kh}(x; y)$.

Das System der HalbOCh mit dem festen Punkt z als gemeinsamem Anfangspunkt (bezüglich K_0 als uneigentlicher OCh), wobei also $z \in \mathbf{C}(K_0)$, werde als das ($\mathfrak{k}$-) *HalbOChbüschel* $\mathfrak{k}\,h(z)$ mit dem *Zentrum* z bezeichnet. Es ist $\mathfrak{k}\,h(z)$ homöomorph zur doppelt durchlaufenen (überdeckten) OCh K_0 und damit zur Kreislinie (1-Sphäre) $\mathfrak{P}$, also kompakt. (Denn bei der Projektion f von E aus z in K_0 haben je zwei HalbOCh aus $\mathfrak{k}\,h(z)$ mit dem gleichen Träger den gleichen Bildpunkt in K_0.) Vermöge dieser Homöomorphie von $\mathfrak{k}\,h(z)$ mit $\mathfrak{P}$ wird durch eine Orientierung von $\mathfrak{P}$ eine *Orientierung* von $\mathfrak{k}\,h(z)$ induziert.

Als ein *abgeschlossener* (evtl. orientierter) $\mathfrak{k}$-*Winkel*(*raum*) $W = W(z)$ mit dem Zentrum (*Scheitel*) $z \in \mathbf{C}(K_0)$ bezüglich K_0 soll erklärt werden die Menge der Punkte der HalbOCh aus $\mathfrak{k}\,h(z)$, welche (bei der obigen Homöomorphie) irgendeinem abgeschlossenen Teilbogen von $\mathfrak{P}$ entsprechen. Folgerichtig wird dann als $\mathfrak{k}$-*Scheitelwinkel*(*raum*) von $W(z)$ bezeichnet derjenige $\mathfrak{k}$-Winkelraum mit z als Zentrum, welcher von den Punkten derjenigen HalbOCh gebildet wird, die mit einer in $W(z)$ enthaltenen HalbOCh den gleichen Träger besitzen, ohne mit ihr identisch zu sein.

Wir sagen von einem $\mathfrak{k}$-Winkel W, er sei *kleiner als* π bzw. *gleich* π, falls W echter Teil einer $\mathfrak{k}$-Halbebene bzw. gleich einer $\mathfrak{k}$-Halbebene ist.

3.1.5. 𝔨-konvexe Mengen

Eine nicht leere (bezüglich K_0) *𝔨-beschränkte* offene oder abgeschlossene Menge M heiße *𝔨-konvex*, wenn M die folgende Eigenschaft (K_v) besitzt:

(K_v) Aus $x, y \in M$, $x \neq y$, folgt $K(x|y) \subset M$, wobei $K(x|y)$ wieder den zu K_0 fremden, von x und y begrenzten (abgeschlossenen) Teilbogen von K bezeichnet. Der Fall, daß M Teil einer OCh oder speziell einpunktig ist, sei einbegriffen.

Beispiele. I. Es sind 𝔨-konvex die folgenden Mengen: (1). Jede (𝔨-beschränkte) 𝔨-Strecke; (2). Jedes 𝔨-beschränkte, von einer (𝔨-beschränkten) Kurve C mit schwPOW $(C; 𝔨) = 2$ begrenzte Gebiet (vgl. Abschn. 3.1.5.3., Satz 2). — (II). Jede 𝔨-konvexe Menge ist *𝔨-zusammenhängend* (d. h. also irgendzwei Punkte sind durch einen der Menge angehörigen 𝔨-Bogen verbindbar), aber nicht umgekehrt. Das Komplement einer 𝔨-konvexen Menge ist 𝔨-zusammenhängend. Ferner ist jede 𝔨-Halbebene 𝔨-zusammenhängend.

Mit M ist auch $\bar{M}$ und $\underline{M}$ 𝔨-konvex bzw, 𝔨-zusammenhängend. — Der Durchschnitt beliebig vieler 𝔨-konvexer Mengen ist, falls nicht leer, selbst 𝔨-konvex. Daher existiert zu jeder 𝔨-beschränkten Menge M die kleinste abgeschlossene 𝔨-konvexe Obermenge; sie werde als *𝔨-konvexe Hülle* von M und mit $k\,H(M)$ bezeichnet. Es ist $\bar{N}$ 𝔨-konvex genau dann, wenn $\bar{N} = k\,H(\bar{N})$, Es ist $k\,H(M) = kH(\bar{M})$.

Zusatz. Es ist $k\,H(M)$ gleich dem Durchschnitt aller abgeschlossenen 𝔨 Halbebenen, in denen $\bar{M}$ enthalten ist (Beweis in Abschn. 3.1.5.2.1.).

3.1.5.1. Es gilt nun:

(1). Der offene Kern einer 𝔨-konvexen Menge M ist nicht leer genau dann, wenn M nicht 𝔨-Bogen ist (d. h., wenn mindestens 3 Punkte von M existieren, die nicht auf der gleichen OCh liegen).

(2). *Die Begrenzung M_g einer 𝔨-konvexen Menge mit nicht leerem offenem Kern ist eine einfache (𝔨-beschränkte) Kurve mit* schwPOW $(M_g; 𝔨) = 2$.

(3). Für 𝔨-konvexes M gilt: Ist $\bar{M} \cap K = M_g \cap K$ für ein $K \in 𝔨$, so liegt $\bar{M}$ ganz auf der einen, abgeschlossenen 𝔨-Seite dieses K.

Beweis. Es sei $\bar{M} \subset \boldsymbol{C}(K_0)$, wobei $K_0 \in 𝔨$ uneigentliche OCh für M.

Betr. (1). *Dann.* Es sei $x_i \in M$, $i = 1, 2, 3$; nach Voraussetzung kann und soll angenommen werden, daß die x_i nicht sämtlich auf der gleichen OCh liegen. Die 𝔨-beschränkten 𝔨-Strecken $K(x_i|x_j)$, $i \neq j$, gehören (wegen der 𝔨-Konvexität von M) zu Y. Ist W derjenige 𝔨-Winkelraum mit dem Zentrum x_1, welcher aus x_1 auf $K(x_2|x_3)$ projiziert wird, so gehört der Durchschnitt von W mit derjenigen 𝔨-Seite des Trägers von $K(x_2|x_3)$, auf welcher x_1 liegt, zu M und enthält innere Punkte (solche sind etwa die Schnittpunkte je zweier „Transversalen" des 𝔨-

Dreiecks (x_1, x_2, x_3)); folglich ist $\underline{M} \neq \emptyset$. — *Nur dann*. Wegen $\underline{K} = \emptyset$ für jedes $K \in \mathfrak{k}$ folgt aus $M \subset K$ auch $\underline{M} = \emptyset$.

Betr. (2). (I). Es sei $z \in \underline{M}$. Vermöge $\mathfrak{k}$-Projektion aus z wird $\mathfrak{k}\,h(z)$ topologisch abgebildet auf M_g. In der Tat: Zunächst ist $M_g \cap H \neq \emptyset$ für jedes $H \in \mathfrak{k}\,h(z)$. Weil nämlich M_g $\mathfrak{k}$-beschränkt und abgeschlossen ist, existiert auf H ein am weitesten von z entfernter Punkt $x \in M_g \cap H$. Für dieses x ist aber $\underline{K}(x|z) \subset \underline{M}$; denn $\underline{K}(x|z)$ ist enthalten in einem $\mathfrak{k}$-Winkelraum, der x als Zentrum besitzt und eine in $\underline{M}$ enthaltene Umgebung U von z in E enthält, so daß $\underline{K}(x|z') \subset M$ ist für jedes $z' \in U$ und folglich $x'' \in \underline{M}$ für jedes $x'' \in \underline{K}(x|z)$. Somit ist $\{x\} = M_g \cap H$. Damit ist die Eineindeutigkeit der Zuordnung zwischen den $H \in \mathfrak{k}\,h(z)$ und den $x \in M_g$ vermöge $\{x\} = M_g \cap H$ bewiesen. Daß diese Zuordnung stetig ist, folgt so: Andernfalls gibt es ein $x \in M_g$ und dazu $x_\nu \in M_g$, $\nu = 1, 2, \ldots$, mit $\lim x_\nu = x' \in M_g$ und $x' \neq x$ sowie mit $x' \in H$. Folglich ist $\{x\} \cup \{x'\} \subset M_g \cap H$ im Widerspruch zur Eineindeutigkeit. — (I a). Weiter folgt jetzt, daß M_g eine einfache Kurve, d. h. ein topologisches Kreisbild ist. Denn $\mathfrak{k}\,h(z)$ ist homöomorph zu einem $\mathfrak{k}$-Dreieck D, in dessen $\mathfrak{k}$-beschränktem Inneren z liegt; und D seinerseits ist homöomorph zu einer Kreislinie $\mathfrak{K}$.

(II). Es sei nun $K \in \mathfrak{k}$ mit $\bar{M} \cap K \neq \emptyset$, sonst sei K beliebig. Ist $\underline{M} \cap K \neq \emptyset$, so ist $M_g \cap K$ zweipunktig; denn es gibt $z \in \underline{M} \cap K$ und jede der beiden durch z begrenzten HalbOCh von K hat nach dem in Ziffer (I) Bewiesenen genau einen Punkt mit M_g gemeinsam. Ist aber $\underline{M} \cap K = \emptyset$ (und $\bar{M} \cap K \neq \emptyset$), so gilt $\bar{M} \cap K \subset M_g$; und zufolge der $\mathfrak{k}$-Konvexität von $\bar{M}$ ist $M_g \cap K$, wenn nicht einpunktig, eine $\mathfrak{k}$-Strecke (auf K).

(III). Daß schwPOW $(M_g; \mathfrak{k}) = 2$ ist, besagt: In beliebiger Nachbarschaft eines jeden $K \in \mathfrak{k}$ mit POW $(M_g \cap K) > 2$ gibt es eine in $\mathfrak{k}$ offene Menge $\mathfrak{o}'$ mit POW $(M_g \cap K') = 2$ für $K' \in \mathfrak{o}'$. Gemäß Ziffer (II) ist aber die Menge der $K \in \mathfrak{k}$ mit POW $(M_g \cap K) > 2$ enthalten in der Menge $\mathfrak{g}$ der $K'' \in \mathfrak{k}$ mit $\bar{M} \cap K'' = M_g \cap K''$. Es reicht daher hin, zu zeigen: In beliebiger Nachbarschaft eines jeden $K'' \in \mathfrak{g}$ gibt es eine Menge $\mathfrak{o}'$ der oben genannten Art. Nun ist aber jedes $x \in M_g$ Häufungspunkt von $\underline{M}$ (vgl. auch Ziffer (I)) und für jedes $K \in \mathfrak{k}(z)$ mit $z \in \underline{M}$ ist POW $(M_g \cap K) = 2$ (gemäß Ziffer (II)). Daraus folgt die Existenz eines $\mathfrak{o}'$.

Betr. (3). Es sei also $\bar{M} \cap K = M_g \cap K \neq \emptyset$. Ist die Behauptung (3) nicht richtig, so gibt es $x' \in \bar{M} \cap E_0(K; +)$ und $x'' \in \bar{M} \cap E_0(K; -)$. Es ist jeder Punkt von $\bar{M}$ Häufungspunkt von $\underline{M}$, so daß, weil die $E_0(K; \pm)$ offen sind, $x' \in \underline{M}$ und $x'' \in \underline{M}$ angenommen werden kann. Infolgedessen ist $K(x'|x'') \subset \underline{M}$ und daher, weil $K \cap K(x'|x'') \neq \emptyset$, auch $\underline{M} \cap K \neq \emptyset$. Dies widerspricht der Annahme $(\bar{M} - M_g) \cap K = \underline{M} \cap K = \emptyset$.

3.1.5.2. Es sei N eine $\mathfrak{k}$-beschränkte Menge in E. Es heiße $K \in \mathfrak{k}$ eine (globale) *StützOCh* von N, wenn $\bar{N} \cap K \neq \emptyset$ und $\bar{N} \subset \overline{E_0(K;\alpha)}$ für $\alpha = +$ oder $\alpha = -$. Ist $x \in \bar{N} \cap K$ und ist K StützOCh von N, so sagen wir: N besitzt in x die StützOCh K und x ist *Stützpunkt* von N auf K.

Es gilt nun der

Satz. *Jede $\mathfrak{k}$-konvexe Menge M besitzt in jedem Punkt p ihrer Begrenzung M_g (mindestens) eine Stütz*OCh K.

Beweis. Die Behauptung ist richtig, falls es ein $K \in \mathfrak{k}(p)$ gibt mit $\underline{M} \cap K = \emptyset$ (gemäß Abschn. 3.1.5.1., (3). Wir schließen nun indirekt, nehmen also an, es sei $\underline{M} \cap K \neq \emptyset$ für jedes $K \in \mathfrak{k}(p)$. Gemäß Abschnitt 3.1.5.1., (2), Beweis, ist dann $M_g \cap K = \{p\} \cup \{x\}$ mit $x \neq p$ und $M_g \cap K' = \{p\} \cup \{y\}$ für jedes $y \in M_g - \{p\}$, wenn $K' \in \mathfrak{k}(p) \cap \mathfrak{k}(y)$. Es gibt nun $y_n \in M_g - \{p\}$ mit $p = \lim y_n$ und $K_n \in \mathfrak{k}(p) \cap \mathfrak{k}(y_n)$. Wegen der Kompaktheit von $\mathfrak{k}(p)$ kann dabei angenommen werden, daß $K'' = \lim K_n$ existiert und $K'' \in \mathfrak{k}$ ist. Nun ist aber $\underline{K}(p|y_n) \subset \underline{M}$ (vgl. Abschn. 3.1.5.1., (2)) und $K_n - \underline{K}(p|y_n) \subset \mathbf{C}(\underline{M})$. Wegen der Abgeschlossenheit von $\mathbf{C}(\underline{M})$ und wegen $\{p\} = \lim K(p|y_n)$ ist $K'' - \{p\} \subset \mathbf{C}(\underline{M})$; wegen $p \notin \underline{M}$ gilt daher $\underline{M} \cap K'' = \emptyset$ mit $p \in K''$ im Widerspruch zur Beweisannahme.

3.1.5.2.1. Als eine Folgerung aus dem Satz in Abschn. 3.1.5.2. ergibt sich der

Satz. *Voraussetzung.* Es sei M eine $\mathfrak{k}$-beschränkte Menge in E.

Behauptung. Die $\mathfrak{k}$-konvexe Hülle $k\,H(M)$ von M ist gleich dem Durchschnitt D aller abgeschlossenen $\mathfrak{k}$-Halbebenen, in welchen $\bar{M}$ enthalten ist; also

$$H = k\,H(M) = D = \bigcap_{\bar{M} \subset K \cup E_0(K;\alpha_K)} E_0 \cap K \cup E_0(K;\alpha_K),$$

Beweis (I). Im Falle $\underline{H} = \emptyset$ ist $\bar{M}$ der Durchschnitt von vier $\mathfrak{k}$-Halbebenen, Denn es gibt dann, wenn M mehrpunktig ist, ein $K \in \mathfrak{k}$ mit $H \subset K(a'|a'')$, wobei a', a'' die Endpunkte von H sind (vgl. Abschnitt 3.1.5.1., (1)). Sind K', $K'' \in \mathfrak{k} - \{K\}$ mit $a' \in K'$, $a'' \in K''$, so ist $H = (K \cup E_0(K;+)) \cap (K \cup E_0(K;-)) \cap (K' \cup E_0(K';\alpha')) \cap (K'' \cup E_0(K'';\alpha''))$. Ist hingegen M einpunktig, so ist $K' = K''$ und $\alpha' = -\alpha''$ zu setzen. Somit ist $\bar{M} = D \subset H$. Definitionsgemäß ist aber $H \subset D$. Daher ist $D = H$ im Falle $\underline{H} = \emptyset$.

(II). Es sei jetzt $\underline{H} \neq \emptyset$, es existiere also $z \in \underline{H} \subset D$. Angenommen, es sei $D - H \neq \emptyset$. Wegen $H \subset D$ gibt es dann $x \in D \cap \mathbf{C}(H)$. Gemäß Abschn. 3.1.5.1., Beweis betr. (2), enthält $\underline{K}(z|x)$ genau einen Punkt x' von H_g. Gemäß Abschn. 3.1.5.2., Satz, existiert in x' eine StützOCh K' von H. Es liegen dann z und x auf verschiedenen $\mathfrak{k}$-Seiten von K' und H liegt ganz auf der z enthaltenden abgeschlossenen $\mathfrak{k}$-Seite von K';

es sei etwa $H \subset (K' \cup E_0(K'; +)) = S$. Dann ist aber $D \subset S$, also $D' = D \cap E_0(K'; -) = \emptyset$, im Widerspruch zu $x \in D'$.

3.1.5.3. Nunmehr läßt sich die Behauptung (2) in Abschn. 3.1.5.1. noch ergänzen. Zunächst zeigen wir:

Hilfssatz. *Voraussetzung*. Es sei B ein einfacher Bogen oder eine einfache Kurve; B sei außerdem $\mathfrak{k}$-beschränkt. Schließlich sei auch noch schwPOW $(B; \mathfrak{k}) = 2$ (so daß B keine $\mathfrak{k}$-Strecke ist).

Behauptung. Besitzt $B \cap K$ für ein $K \in \mathfrak{k}$ (mindestens) eine mehrpunktige Komponente F, die ganz in $\underline{B}$ liegt, so ist $F (= \underline{F} \subset \underline{B})$ Stützkomponente (im Sinne von Abschn. 1.3.3.) und es ist $B \cap K = F$, also F einzige Komponente und daher K StützOCh von B.

Beweis. Indirekt. Ist F *mehr*punktige *Schnitt*komponente und ist $x \in \underline{F}$, so gibt es $K' \in \mathfrak{k}(x)$ derart, daß $\underline{B} \cap K'$ mindestens 3 Schnittkomponenten enthält; und daher gibt es (vgl. Abschn. 1.3.4., Satz) eine in $\mathfrak{k}$ offene, K' enthaltende Menge $\mathfrak{u}$ derart, daß $B \cap K''$ für $K'' \in \mathfrak{u}$ mindestens 3 (Schnitt-) Komponenten besitzt, im Widerspruch zur Voraussetzung, daß schwPOW $(B; \mathfrak{k}) = 2$. — Ist andererseits F Stützkomponente und existiert $x \in (B - F) \cap K$, so gibt es (vgl. Abschn. 1.3.5.) OCh $K' \in \mathfrak{k}(x)$ derart, daß $B \cap K'$ mindestens 3 Komponenten besitzt und darunter mindestens 2 Schnittkomponenten. Gemäß Abschn. 1.3.4., 1.3.5. existiert eine in $\mathfrak{k}$ offene Menge $\mathfrak{o}$ derart, daß KOW $(B \cap K'') \geq 3$ ist für $K'' \in \mathfrak{o}$, im Widerspruch zu schwPOW $(B; \mathfrak{k}) = 2$.

Es gilt nun der

1. Satz. *Voraussetzung*. Es sei B ein $\mathfrak{k}$-beschränkter, einfacher Bogen mit schwPOW $(B; \mathfrak{k}) = 2$ und mit den Endpunkten b', b''. Es sei $K(b'|b'')$ die $\mathfrak{k}$-beschränkte $\mathfrak{k}$-Strecke mit den Endpunkten b', b''.

Behauptung (α). Es ist $\underline{B} \cap \underline{K}(b'|b'') = \emptyset$ und $C' = B \cup K(b', b'')$ eine $\mathfrak{k}$-beschränkte einfache Kurve mit schwPOW $(C'; \mathfrak{k}) = 2$. — (β). Ist $\underline{K}(b'|b'') \cap K' \neq \emptyset$ für ein $K' \in \mathfrak{k} - \mathfrak{k}(b') - \mathfrak{k}(b'')$, so ist POW $(\underline{B} \cap K')$ $= 1 =$ POW $(B \cap K')$.

Anmerkung. Ist B' bzw. B'' diejenige Komponente von $B \cap K$, für welche $b' \in B'$ und $b'' \in B''$, so gilt also $(B' \cup B'') \cap \underline{K}(b', b'') = \emptyset$.

Beweis I. *Betr. Anmerkung*. Die Behauptung ist richtig, wenn B', B'' beide einpunktig sind. Es sei also etwa B' mehrpunktig. Angenommen, es existiert ein $c' \in B' \cap \underline{K}(b'|b'')$; es liegt also c' auf K „zwischen" b' und b''. O. B. d. A. kann c' als der von b' verschiedene Endpunkt von B' angenommen werden. Es gibt dann in beliebiger Nachbarschaft von K solche $K' \in \mathfrak{k}(b') - \{K\}$, wobei also $\{K\} = \mathfrak{k}(b') \cap \mathfrak{k}(b'')$, für die $R = (B - B \cap \underline{B}') \cap K'$ einen zu c' beliebig benachbarten Punkt x' enthält. Da $R \subset B$ abgeschlossen in B ist, und R (mindestens) zwei verschiedene Komponenten besitzt, enthält R gemäß des Hilfssatzes nur einpunktige Komponenten. Für (zu K hinreichend benachbarte) solche K' gibt es auf $B - B(b'|x')$ Punkte, die auf der entgegengesetzten $\mathfrak{k}$-

Seite von K' liegen, wie b''; daher ist POW $(B \cap K') \geq 3$. Andererseits ist KOW $(B \cap K'') < 5$ (gemäß Abschn. 1.4.2., Satz 2), also beschränkt für alle $K'' \in \mathfrak{k}$. Daher kann auf K' der Reduktionssatz (Abschn. 1.4.3.) angewandt werden. Daraus ergibt sich ein Widerspruch mit der Voraussetzung, daß schwPOW $(B; \mathfrak{k}) = 2$ ist. Damit ist die Anmerkung bewiesen.

II. *Betr. Behauptung* (β) *des Satzes.* Es sei also $\{K\} = \mathfrak{k}(b') \cap \mathfrak{k}(b'')$ und $I = \underline{K}(b'|b'') \cap K' \neq \emptyset$ für irgendein $K' \in \mathfrak{k} - \{K\}$. Wegen $K \neq K'$ ist I einpunktig, etwa $I = \{x\}$, sowie $(B' \cup B'') \cap K' = \emptyset$. Daher ist $(B - (B' \cup B'') \cap K'$ abgeschlossen und in $\underline{B}$ enthalten. Gemäß des vorstehenden Hilfssatzes besitzt $B \cap K'$ nur einpunktige Komponenten; denn b', b'' liegen auf verschiedenen $\mathfrak{k}$-Seiten von K', so daß K' nicht StützOCh von B sein kann. Wegen KOW $(B \cap K^*) < 5$ für jedes $K^* \in \mathfrak{k}$ (gemäß Abschn. 1.4.2.) kann der Reduktionssatz angewandt werden; diesem zufolge gibt es in beliebiger Nähe von K' eine in $\mathfrak{k}$ offene Menge $\mathfrak{o}''$, so daß POW $(B \cap K') \leq$ POW $(B \cap K'')$ und POW $(B \cap K'') \equiv 1 \pmod 2$ ist für jedes $K'' \in \mathfrak{o}''$. Da aber schwPOW $(B; \mathfrak{k}) = 2$ sein sollte, muß POW $(B \cap K'') = 1$ und daher POW $(B \cap K') = 1$ sein; w. z. z. w.

Betr. Behauptung (α). Aus der Anmerkung folgt $(B' \cup B'') \cap \underline{K}(b'|b'') = \emptyset$. Wäre nun $(B - B' - B'') \cap \underline{K}(b'|b'') \neq \emptyset$. so gäbe es zufolge des Reduktionssatzes in beliebiger $\mathfrak{k}$-Umgebung des Trägers $K \in \mathfrak{k}$ von $K(b'|b'')$ eine in $\mathfrak{k}$ offene Menge $\mathfrak{o}$ derart, daß POW $(\underline{B} \cap K') \geq 3$ für $K' \in \mathfrak{o}$, im Widerspruch zu schwPOW $(B; \mathfrak{k}) = 2$. Mithin ist C' einfache Kurve, $\mathfrak{k}$-beschränkt und (gemäß Behauptung (β)) mit schwPOW $(C'; \mathfrak{k}) = 2$.

2. Satz. *Voraussetzung. Es sei B ein einfacher Bogen oder eine einfache Kurve; B sei außerdem* $\mathfrak{k}$*-beschränkt.*

Behauptung. Folgende beiden Aussagen sind gleichwertig:

(a). *Es ist* schwPOW $(B; \mathfrak{k}) = 2$. — (b). *Es ist B enthalten in der Begrenzung der konvexen Hülle* $k\,H(B)$ *von B. Und zwar ist B echter Teil bzw. gleich dieser Begrenzung, je nachdem B ein Bogen oder eine Kurve ist.*

Zusatz. Ist B ein Bogen mit den Endpunkten b', b'' und ist schwPOW $(B; \mathfrak{k}) = 2$, so gilt für die Kurve $C' = B \cup K(b'|b'')$, daß $k\,H(C') = k\,H(B)$ und $(k\,H(C'))_g = (k\,H(B))_g$.

Beweis. Aus (a) *folgt* (b). (I). Zunächst sei B eine *Kurve* C und es sei $H = k\,H(C)$ gesetzt. Wir schließen indirekt, nehmen also an, es existiere ein $p \in C \cap \underline{H}$. Dann ist kein $K \in \mathfrak{k}(p)$ StützOCh von C, weil andernfalls $\underline{H} \subset E(K; \alpha)$, also $p \in \mathbf{C}(\underline{H})$ ist. Daraus und aus dem Hilfssatz folgt, daß $C \cap K$ nur einpunktige Komponenten besitzt für jedes $K \in \mathfrak{k}(p)$. Wegen KOW $(C \cap K'') < 5$ für jedes $K'' \in \mathfrak{k}$ ist $0 <$ POW $(C \cap K) < 5$ für $K \in \mathfrak{k}(p)$. Es ist der Reduktionssatz auf K anwendbar, woraus POW $(C \cap K) \leq 2$ folgt. Hierbei ist sogar POW $(C \cap K) = 2$, weil K keine StützOCh von C ist, und die Punkte von $C \cap K$ sind beide Schnittpunkte, weil andernfalls eine in $\mathfrak{k}$ offene Menge $\mathfrak{o}''$ existiert mit KOW $(B \cap K'') \geq 3$ für $K'' \in \mathfrak{o}''$. Nun kann wie beim Beweise des Satzes in Abschn. 3.1.5.2. geschlossen werden: Es existieren nämlich Punkte $y_n \in C - \{p\}$ mit $p = \lim y_n$ und (wegen der Kompaktheit von $\mathfrak{k}$) $K_n \in \mathfrak{k}(p) \cap \mathfrak{k}(y_n)$ mit $K_0 = \lim K_n \in \mathfrak{k}(p)$, $n = 1, 2, \ldots$. Ist G das von C begrenzte $\mathfrak{k}$-beschränkte Gebiet, so gilt $K_n - K(p|y_n) \subset \boldsymbol{C}(G)$. Wegen $\{p\} = \lim K(p|y_n)$ ist $K_0 - \{p\} \subset \boldsymbol{C}(G)$, also K_0 StützOCh von C im Widerspruch mit $K_0 \in \mathfrak{k}(p)$.

(II). Es sei jetzt B ein *Bogen* $B(b'|b'')$ mit den Endpunkten b', b''. Gemäß Satz 1 ist $C' = B \cup K(b'|b'')$ eine einfache Kurve mit schwPOW $(C'; \mathfrak{k}) = 2$. Zufolge Ziffer (I) ist $B \subset C' = (k\,H(C'))_g$. Wegen $\overline{k\,H(B)} \subset \overline{k\,H(C')}$ ist daher $C' \cap \overline{k\,H(B)} = \emptyset$, also $B \subset (k\,H(B))_g$. Wegen $K(b'|b'') \subset (k\,H(C'))_g$ ist $K \in \mathfrak{k}(b') \cap \mathfrak{k}(b'')$ StützOCh von C' und folglich auch von B, so daß $K(b'|b'') \subset (k\,H(B))_g$, Daraus folgt $(k\,H(C'))_g = (k\,H(B))_g$ und dann $k\,H(C') = k\,H(B)$.

Aus (b) *folgt* (a). Dies gilt wegen Abschn. 3.1.5.1., (2), falls B eine Kurve; es ist also auch schwPOW $((B \cup K(b'|b'')); \mathfrak{k}) = 2$, falls B ein Bogen. Um so mehr ist dann schwPOW $(B; \mathfrak{k}) = 2$.

Betr. Zusatz. Dieser Zusatz folgt aus dem Beweis, Betr. Aus (a) folgt (b), Ziffer (II).

Im Hinblick auf den 2. Satz werden die Bogen und Kurven B vom schwPOW 2 auch als (*global*) $\mathfrak{k}$-konvex bezeichnet. Ferner heißen Bogen und Kurven A *lokal $\mathfrak{k}$-konvex im Punkt* $p \in A$, wenn eine $\mathfrak{k}$-konvexe Umgebung von p auf A existiert; ist A in jedem Punkt lokal $\mathfrak{k}$-konvex, so heiße A (kurzweg) lokal $\mathfrak{k}$-konvex. Als *stückweise* $\mathfrak{k}$-konvex bezeichnet werden Vereinigungen von endlich vielen paarweise bis auf höchstens Endpunkte fremden $\mathfrak{k}$-konvexen Bogen.

Die Voraussetzung, daß ein B mit schwPOW $(B; \mathfrak{k}) = 2$ $\mathfrak{k}$-beschränkt sein soll, ist überflüssig. Es gilt nämlich der

3. Satz. *Jeder Bogen und jede Kurve vom schwachen Punktordnungswert zwei ist $\mathfrak{k}$-beschränkt.*

Beweis. Es sei schwPOW $(B; \mathfrak{k}) = 2$, wobei B ein Bogen oder eine Kurve sein kann. Zufolge der Definition von schwPOW $(B; \mathfrak{k}) = 2$ existiert ein $K \in \mathfrak{k}$ mit zweipunktigem $B \cap K = \{x'\} \cup \{x''\}$. Gemäß Abschn. 3.1.3.1. ist ein Teilbogen $T = B(x', x'')$ von B $\mathfrak{k}$-beschränkt, da er mit K nur die Endpunkte x', x'' gemeinsam hat. Da außerdem schwPOW $(T; \mathfrak{k}) = 2$ ist, existiert in jedem $p \in T$ (mindestens) eine StützOCh K' an T (gemäß Abschn. 3.1.5.2., Satz, und Abschn. 3.1.5.3., Satz 2). Es gibt aber unter den p und zugehörigen K' solche, für welche die p enthaltende Komponente S von $T \cap K'$ fremd ist zu x' und zu x''. (Ist nämlich T' bzw. T'' die größte x' bzw. x'' enthaltende $\mathfrak{k}$-Strecke, welche in T enthalten ist, so enthält $\underline{T} - \underline{T}' - \underline{T}''$ derartige Punkte p). Es sei nun S diejenige Komponente von $T \cap K'$, in welcher p enthalten ist; zufolge der Wahl von p und K' ist $S = \bar{S} \subset \underline{T}$. Außerdem ist aber $D = (K' - S) \cap B = \emptyset$, also K' globale StützOCh von B. Denn andernfalls existiert $x \in D$; und da S Stützkomponente ist, gibt es ein zu K' beliebig benachbartes $K'' \in \mathfrak{k}(x)$ mit KOW $(B \cap K'') \geq 3$, was gemäß des Reduktionssatzes zum Widerspruch mit schwPOW $(B; \mathfrak{k}) = 2$ führt. Aus der Existenz einer globalen Stützgeraden folgt die $\mathfrak{k}$-Beschränktheit.

Bezeichnen wir jetzt einen $\mathfrak{k}$-beschränkten Bogen B bzw. eine $\mathfrak{k}$-beschränkte Kurve C als $\mathfrak{k}$-konvex, wenn $B \subset (k\,H(B))_g$ bzw. $C = (k\,H(C))_g$ ist, so läßt sich Satz 2 im Hinblick auf Satz 3 so aussprechen:

4. Satz. *Ein Bogen oder eine Kurve ist $\mathfrak{k}$-konvex genau dann, wenn er (sie) den schwachen Punktordnungswert zwei besitzt.*

3.1.6. Differenzierbarkeitseigenschaften $\mathfrak{k}$-konvexer Bogen

Wir beweisen noch die Eindeutigkeit der $\mathfrak{k}$-Halbtangente und die einseitige Stetigkeit der $\mathfrak{k}$-Paratingente an einen Bogen B mit schwPOW $(B; \mathfrak{k}) = 2$.

Es sei also B ein Bogen mit schwPOW $(B; \mathfrak{k}) = 2$. Als eine *$\mathfrak{k}$-Paratingente* an B in Punkt $a \in B$ wird bezeichnet jeder Limes einer Folge von OCh K_n derart, daß $x'_n, x''_n \in B \cap K_n$ existieren mit $x'_n \neq x''_n$ und mit $a = \lim x'_n = \lim x''_n$; dabei können x'_n, x''_n beide der gleichen Komponente von $B \cap K_n$ angehören, auch kann z. B. $x'_n = a$ sein. Ist U eine vordere oder hintere Umgebung von a auf B, ist $a = x'_n$ und $x''_n \in \underline{U}$ für jedes n, so heißt $\lim K_n$ (falls dieser Limes existiert) eine *vordere* bzw. *hintere $\mathfrak{k}$-Tangente* an B in a; ferner heißt der Limes der HalbOCh H_n mit a als Anfangspunkt und mit $x''_n \in \underline{H}_n$ eine vordere bzw. hintere *$\mathfrak{k}$-Halbtangente* $Th_v(a; B)$ bzw. $Th_h(a; B)$ in a an B.

1. Satz. *Voraussetzung. Es sei B ein Bogen mit* schwPOW $(B; \mathfrak{k}) = 2$ *und $a \in B$. Ferner sei U eine einseitige (vordere oder hintere) Umgebung von a auf B.*

Behauptung (1). *Es existiert genau eine $\mathfrak{k}$-Halbtangente $Th = Th(a) = Th(a; U)$ an U in a. Ferner existiert genau eine $\mathfrak{k}$-Tangente $T = T(a) = T(a; U)$ an U in a; dabei ist T der Träger von Th.*

(2). *Es existiert in a an U genau eine $\mathfrak{k}$-Paratingente; sie fällt zusammen mit der Tangente T an U in a.*

(3). *Ist B so orientiert, daß U vordere Umgebung von a auf B ist, so gilt: Die vordere $\mathfrak{k}$-Halbtangente an U ist stetig in a, d. h. zu jeder Nachbarschaft $\mathfrak{n}$ von $Th_v(a; U)$ existiert eine Umgebung $U'(\mathfrak{n})$ von a auf U derart, daß $Th_v(x; U)$ für jedes $x \in U'(\mathfrak{n})$ in $\mathfrak{n}$ liegt.*

(4). *Ebenso ist die $\mathfrak{k}$-Paratingente an U in a stetig.*

Zusatz. Jede $\mathfrak{k}$-Paratingente an B in einem Punkt y von $\underline{B}$ ist StützOCh an B in y.

Beweis. Die Existenz mindestens eines Th, T und einer $\mathfrak{k}$-Paratingente folgt aus der Kompaktheit von $\mathfrak{k}$. Die Eindeutigkeit ergibt sich so:

Betr. Behauptung (1). Angenommen, es gibt zwei verschiedene Limiten H', H'' von HalbOCh mit a als Anfangspunkt, die je einen von a verschiedenen, gegen a auf U konvergierenden Punkt x' bzw. x'' enthalten. Es gibt dann abgeschlossene $\mathfrak{k}$-Winkelräume W', W'' mit a als Scheitel, in deren Inneren $H' - \{a\}$ bzw. $H'' - \{a\}$ liegt und wobei $W' \cap W'' = \{a\}$ ist. Es sei nun V eine hinreichend kleine Umgebung in E von a; dann liegen in einem Teilgebiet G von $V \cap \mathbf{C}(W') \cap \mathbf{C}(W'')$, zu dessen Begrenzung a gehört, unendlich viele paarweise fremde Teilbogen U_r von U, $r = 1, 2, \ldots$ Und zwar mündet jedes U_r in je einer HalbOCh, die zur Begrenzung von W' bzw. W'' gehört. Die U_r konvergieren mit $r \to \infty$ gegen a. Jedes U_r wird daher von jeder HalbOCh H mit a als Anfangspunkt getroffen, sofern H nicht fremd ist zu G. Ist daher $K \in \mathfrak{k}$ der Träger von H, so besitzt $U \cap K$ unendlich viele Komponenten. Wegen schwPOW $(B; \mathfrak{k}) = 2$ ist aber KOW $(B; \mathfrak{k})$ beschränkt, nämlich < 5 (Abschn. 1.4.2.). Die Annahme der Existenz von H', H'' führt also zu einem Widerspruch. Aus der Existenz und Eindeutigkeit von Th folgt die von T. Damit ist die Behauptung bewiesen.

Betr. Behauptung (2). Indirekt. Es sei P eine von T verschiedene $\mathfrak{k}$-Paratingente an U in a, Es sei ferner W ein beliebig kleiner, offener $\mathfrak{k}$-Winkelraum mit a als Scheitel, in dem $Th(a; U) - \{a\}$ liegt. Zufolge der Definition von Th liegt jede hinreichend kleine Umgebung $U' \subset U$ von a auf $\underline{U}$ in W. Für ein solches U' ist daher $P \cap U' = \emptyset$, wenn W so klein gewählt ist, daß beide von a begrenzten, in P enthaltenen HalbOCh fremd zu W sind (bis auf a); wegen $P \neq T$ gibt es solche W. Es sei a' der von a verschiedene Endpunkt von U'. Gemäß der Definition von P gibt es eine Folge von OCh K_n, $n = 1, 2, \ldots$, derart, daß $P = \lim K_n$ und daß für alle n entweder *Erstens* POW $(U' \cap K_n) = 2$ oder *Zweitens* $D = U' \cap K_n$ eine mehrpunktige Komponente B_n enthält. Im *Fall Erstens* kann für schließlich alle n angenommen werden, daß POW $((U' - \{a\}) \cap K_n) = 2$; denn andernfalls ist $P = T$. Ferner sind die beiden Punkte von $(U' - \{a\}) \cap K_n$ Schnittpunkte von K_n mit $\underline{U}'$, weil andernfalls schwPOW $(U'; \mathfrak{k}) \geq 3$ ist (vgl. auch Abschn. 3.1.5.3., Satz 3, Ende des Beweises). Daher liegen a und a' auf der gleichen $\mathfrak{k}$-Seite von K_n. Andererseits liegen aber, wenn $P \neq T$ ist, für jede zu P hinreichend benachbarte OCh K' mit $(U' - \{a\}) \cap K' \neq \emptyset$ die Punkte a und a' auf verschiedenen $\mathfrak{k}$-Seiten von K'. Somit kann nicht $P = \lim K_n$ sein. — Ebenso kommt man im *Fall Zweitens* zu einem Widerspruch. Zunächst ist die mehrpunktige Komponente B_n von D

fremd zu a; denn andernfalls ist wieder $P = T$. Daher liegt B_n in $\underline{U}'$, so daß gemäß des Hilfssatzes in Abschn. 3.1.5.3. $B_n = U' \cap K_n$ und Stützkomponente ist, also K_n StützOCh von U'. Somit liegen wieder a und a' auf der gleichen $\mathfrak{k}$-Seite von K_n. Wie im Fall Erstens ergibt sich daraus ein Widerspruch mit $P \neq T$.

Betr. Behauptung (4). Folgt aus der Oberhalbstetigkeit der $\mathfrak{k}$-Paratingente an U in a. Ausführlich: Gemäß Behauptung (2) ist bei hinreichend kleiner Umgebung $U' \subset U$ von a jedes K mit POW $(U' \cap K) \geq 2$ beliebig benachbart zur $\mathfrak{k}$-Paratingente $P(a; U)$ an U in a. Dies gilt somit auch für jeden Limes solcher K, also für jede $\mathfrak{k}$-Paratingente an U in einem $x \in U'$, insbesondere für die Träger der $Th_v(x; U)$ und und $Th_h(x; U)$.

Betr. Behauptung (3). Es sind aber auch die $Th_v(x; U)$ selbst beliebig benachbart zu $Th_v(a; B)$ für zu a hinreichend benachbarte x. Ist nämlich $y \in \underline{T}h_v(a; B)$ und $u \in U - \{a\}$ fest gewählt, so ist $Th_v(x; U) \cap K(u|y) = \{z\} \neq \emptyset$ mit $z \to y$, wenn $x \to a$, was man so einsehen kann: Jedenfalls ist $H \cap K(u|y) \neq \emptyset$ für jedes $H = Kh(x'; x'')$ mit $\underline{U} \cap H \supset \{x'\} \cup \{x''\}$, sofern x' auf U hinter x'' und letzteres hinreichend nahe bei a liegt; und jedes $Th_v(x; U)$ ist Limes solcher H; gemäß Behauptung (2) ist ferner der Träger der H beliebig benachbart zu dem von $Th_v(a; U)$, so daß aus $a = \lim x$ auch $y = \lim Th_v(x; U) \cap K(u, y)$ und damit die Behauptung folgt.

Betr. Zusatz. Jede $\mathfrak{k}$-Paratingente in y an $\underline{B}$ ist Limes von OCh K, derart, daß B bis auf einen beliebig kleinen, gegen y konvergierenden Teilbogen ganz auf der einen Seite von K liegt.

2. Satz. *Voraussetzung.* Es sei $B = B(b'|b'') \subset E_0$ ein einfacher Bogen mit b' als Anfangspunkt und mit POW $(B; \mathfrak{k}) = 2$ (nicht nur mit schwPOW $(B; \mathfrak{k}) = 2$). Ferner sei Th' bzw. Th'' die hintere bzw. vordere $\mathfrak{k}$-Halbtangente (in E_0) an B in b' bzw. in b''.

Behauptung (1). Ist $Th' \cap Th'' = \{a\} \neq \emptyset$, so gilt $\underline{K}(b'|a) \cap K \neq \emptyset$ und $\underline{K}(b''|a) \cap K \neq \emptyset$ für jedes $K \in \mathfrak{k}$ mit POW $(\underline{B} \cap K) = 2$ sowie für jede $\mathfrak{k}$-Paratingente an $\underline{B}$. — (2). Ist $Th' \cap Th'' = \emptyset$, so ist B Vereinigung von endlich vielen, bis auf Endpunkte paarweise fremde Teilbogen, für deren jeden die $\mathfrak{k}$-Halbtangenten in seinen Endpunkten nicht fremd sind, also die Annahme in Behauptung (1) erfüllt ist.

Beweis. *Betr.* (1). Es seien $K^+, K', K'' \in \mathfrak{k}$ mit $K(b'|b'') \subset K^+$, $K(b'|a) \subset K'$, $K(b''|a) \subset K''$. Es liegen $\underline{T}h'$ und $\underline{T}h''$ sowie a und $\underline{B}$ auf der gleichen Seite von K^+, ferner $\underline{B}$ und b'' bzw. $\underline{B}$ und b' auf der gleichen Seite von K' bzw. K''. Daher liegt $\underline{B}$ in dem $\mathfrak{k}$-beschränkten Gebiet J, welches begrenzt wird von $C \mathrel{\overline{\overline{\cdot}}} K(b'|b'') \cup K(b''|a) \cup K(b'|a)$. Wegen POW $(\underline{B} \cap K) = 2$ ist aber $K(b'|b'') \cap K = \emptyset$ (gemäß Abschn. 3.1.5.3., Satz 1, Behauptung (β)), also, weil K Punkte von J enthält, die Behauptung (1) richtig.

Betr. (2). Es sei $z' \in \underline{Th}'$ beliebig, also $z' \notin B$. Wegen POW $(B; \mathfrak{k}) = 2$ liegen Th' und Th'' auf der gleichen abgeschlossenen Seite von K^+ (vgl. Betr. (1)). Es ist $Kh(z'; b'') \cap B = \{x\} \cup \{b''\}$; denn andernfalls ist $\emptyset \neq K(b'|z') \cap Th'' \subset Th' \cap Th''$. Durch z' geht somit (genau) eine vom Träger K von $K(z'|b'')$ verschiedene StützOCh K' an $\underline{B}''$, wobei $B'' = B(x|b'')$. Zum Beweis der Existenz von K' wende man ausgehend von K auf B'' und $\mathfrak{k}(z')$ den Kontraktionssatz (Grundzahl gleich 1) an. Ist $\underline{B} \cap K' = \{b_0\}$, so wird $K(b'|z') - \{b'\}$ von $Th(b_0; B(b_0|b'))$ getroffen, etwa im Punkt a_0. Und für $B(b_0|b')$ an Stelle von $B(b'|b'')$ sowie für a_0 an Stelle von a ist die Voraussetzung von Behauptung (1) erfüllt. — Aus dem soeben Bewiesenen folgt: Zu jedem Punkt $z \in B$ existiert eine Umgebung $U(z)$ auf B derart, daß $\bar{U}$ entweder, falls $z = b'$ oder $z = b''$, die Voraussetung von Behauptung (1) erfüllt oder daß $\bar{U}$ durch z in eine vordere und hintere abgeschlossene Umgebung je mit der gleichen Eigenschaft zerlegt wird. Wegen der Kompaktheit von B ist B überdeckbar mit endlich vielen solchen U. Da mit U auch jeder Teilbogen von U die fragliche Eigenschaft besitzt, folgt die Behauptung.

3.1.6.1. Konstruktion $\mathfrak{k}$-konvexer Bogen. Es sei wieder $(E, \mathfrak{k})$ eine $\mathfrak{k}$-Geometrie.

Grundaufgabe. *Gegeben* seien die Punkte $a, b \in E_0 = \mathbf{C} K_0$, ferner die HalbOCh H_a bzw. H_b mit a bzw. b als Anfangspunkt. Ist K die OCh mit $a, b \in K$, so soll $\underline{H}_a, \underline{H}_b \subset E_0(K; +)$, d.h., es sollen $\underline{H}_a, \underline{H}_b$ auf der gleichen offenen $\mathfrak{k}$-Seite von K liegen. — *Gesucht wird ein,* in beliebig vorgegebener Umgebung W von $K(a|b)$ in$E$ gelegener $\mathfrak{k}$-konvexer Bogen $B = B(a|b)$ mit den Endpunkten a, b, welcher in a bzw. b die $\mathfrak{k}$-Halbtangente H_a bzw. H_b besitzt.

Zusatz. Es kann auch z. B. $\underline{H}_a \subset K - Kh(a; b)$ sein.

Konstruktion. Es genügt, $H_a \cap H_b \neq \emptyset$ anzunehmen. Zu jedem der zu konstruierenden $\mathfrak{k}$-konvexen Bogen B gibt es nämlich (gemäß Abschn. 3.1.6., Satz 2) $\mathfrak{k}$-konvexe Polygone P von gerader Seitenzahl, etwa $P = K(c_1|c_2) \cup K(c_2|c_3) \cup \cdots \cup K(c_{2r}|c_{2r+1})$ mit folgender Eigenschaft: Es ist $c_1 \in \underline{H}_a$, $c_{2r+1} \in \underline{H}_b$, die Ecken $c_{2\varrho}$, $\varrho = 1, \ldots, r$, liegen auf B und die HalbOCh $Kh(c_{2\varrho}; c_{2\varrho-1})$, $Kh(c_{2\varrho}; c_{2\varrho+1})$ mit $c_{2\varrho}$ als gemeinsamem Anfangspunkt sind $\mathfrak{k}$-Halbtangenten an die Teilbogen $B'_\varrho = B(c_{2\varrho-2}|c_{2\varrho})$ bzw. $B''_\varrho = B(c_{2\varrho}|c_{2\varrho+2})$ von B. Für jedes B'_ϱ und B''_ϱ ist die Bedingung $H_a \cap H_b \neq \emptyset$ erfüllt. Da umgekehrt jedes solche $\mathfrak{k}$-konvexe Polygon, das zusammen mit $K(c_1|a) \cup K(a|b) \cup K(b|c_{2r+1})$ ein geschlossenes $\mathfrak{k}$-konvexes Polygon bildet, zu einem der gesuchten Bogen B gehört, ist die Konstruktion der Bogen B auf die der B'_ϱ, B''_ϱ zurückgeführt bzw. auf die der Polygone P. Die P gewinnt man als Durchschnitte von je endlich vielen (geeignet gewählten) $\mathfrak{k}$-Halbebenen.

Es sei $a_1 \in \underline{H}_a$, $b_1 \in \underline{H}_b$ mit $K(a_1|b_1) \subset W$, also $K(a|b) \cap K(a_1|b_1) = \emptyset$. Ist K_a bzw. K_b Träger von H_a bzw. H_b, so sei $K(a|b) \subset \overline{E_0(K_a;\,+) \cap E_0(K_b;\,-)} = D$. Dann ist auch $K(a_1|b_1) \subset D$. Man wähle $c_1 \in \underline{K}(a_1|b_1)$. Es wird jetzt die Konstruktion von B auf die Lösung der Grundaufgabe betr. $K(a|c_1)$, $Kh(a;\,a_1)$, $Kh(c_1;\,a_1)$ und betr. $K(c_1|b)$, $Kh(c_1;\,b_1)$, $Kh(b;\,b_1)$ verteilt. Es soll also je ein zu $K(a|c_1)$ bzw. $K(c_1|b)$ beliebig benachbarter $\mathfrak{k}$-konvexer Bogen dem $\mathfrak{k}$-Dreieck a, c_1, a_1 bzw. c_1, b, b_1 so „einbeschrieben" werden, daß er die Endpunkte a, c_1 bzw. c_1, b als Endpunkte besitzt und $Kh(a;\,a_1)$, $Kh(c_1;\,a_1)$ bzw. $Kh(c_1;\,b_1)$, $Kh(b;b_1)$ als $\mathfrak{k}$-Halbtangente in diesen Endpunkten. Dementsprechend setzt man das Verfahren etwa für das $\mathfrak{k}$-Dreieck a, c_1, a_1 so fort. Es wird $a_{21} \in \underline{K}(a|a_1)$, $a_{22} \in \underline{K}(c_1|a_1)$ und $c_{21} \in \underline{K}(a_{21}|a_{22})$ in hinreichender Nähe von $K(a|c_1)$ gewählt und sodann die Konstruktion wieder auf die $\mathfrak{k}$-Dreiecke a, a_{21}, c_{21} und c_1, a_{22}, c_{21} verteilt: Man erhält so Punkte $a, b, c_1, c_{21}, c_{22}, \ldots$ des gesuchten Bogens B. Bezeichnet man mit $P(a, c_1, b)$, $P(a, c_{21}, c_1, c_{22}, b), \ldots$, die bei der unbeschränkten Fortsetzung der Konstruktion erhaltenen „$\mathfrak{k}$-Polygone", so sind diese $\mathfrak{k}$-konvex. Die Folge dieser $\mathfrak{k}$-Polygone (oder eine Teilfolge) konvergiert (vgl. III. 2(d)) gegen einen $\mathfrak{k}$-konvexen Bogen. Die Träger von $K(a_1|b_1)$, $K(a_{21}|a_{22}), \ldots$ sind $\mathfrak{k}$-Tangenten an B in c_1 bzw. $c_{21}, \ldots$; in diesen Punkten sind also die $\mathfrak{k}$-Halbtangenten an B komplementär. Es kann B auch $\mathfrak{k}$-Strecken enthalten. — *Einen Bogen B ohne $\mathfrak{k}$-Strecken* erhält man bei folgender Einrichtung der Konstruktion: Es sei $z \in \underline{K}(a|b)$ und $\mathfrak{h}$ das Büschel der in $\overline{E_0(K;\,+)}$ gelegenen HalbOCh mit z als Anfangspunkt. Man projiziere $\mathfrak{h}$ aus z zentral etwa auf das $\mathfrak{k}$-konvexe Polygon $P = P(a, a_1, b_1, b)$; letzteres ist topologisches Bild des Intervalles $[0, 1]$ auf der reellen Zahlgeraden. Es sei $\mathfrak{d}$ die Menge der dyadischen Brüche in $[0, 1]$, also $\mathfrak{d} = \mathfrak{d}_1 \cup \mathfrak{d}_2 \cup \cdots$, wobei $\mathfrak{d}_n$ die Menge der (2^n+1)-tupel der Zahlen $r\,2^{-n}$, $r = 0, 1, \ldots, 2^n$ ist. Das (eindeutige) Bild von $y \in [0, 1]$ in P bzw. in $\mathfrak{h}$ sei $f(y)$ bzw. $H(y)$, also $a = f(0)$, $b = f(1)$. Man wählt nun c_1, c_{21}, c_{22} usw. so, daß für ihre Projektionen $p(c_1), \ldots$ aus z auf P gilt: $p(c_1) = f(2^{-1})$, $p(c_{21}) = f(2^{-2})$, $p(c_{22}) = f(3.2^{-2}), \ldots$ Die $p(c_{uv})$ bilden dann auf P eine dichte Menge. Es enthält aber B $\mathfrak{k}$-Strecken genau dann, wenn das Komplement der Menge der $p(c_{uv})$ auf P $\mathfrak{k}$-Strecken enthält. — Schließlich kann man erreichen, *daß B überall* (gewöhnlich) *$\mathfrak{k}$-differenzierbar* ist, d. h. daß in jedem Punkt die $\mathfrak{k}$-Halbtangenten komplementär sind. Dazu bemerke man: Gemäß Abschn. 3.1.6., Satz 2, ist B Vereinigung von endlich vielen Teilbogen, bei denen die $\mathfrak{k}$-Halbtangenten in den Endpunkten sich in E_0 schneiden. Für einen solchen (Teil-) Bogen geht durch jeden Punkt von $\underline{K}(a|s)$, wobei s der Schnittpunkt von H_a mit H_b ist, genau eine Stützgerade an $\underline{B}$. Ist nun $t \in \underline{B}$ und T_v bzw. T_h die Tangente an

$B(a|t)$ bzw. an $B(t|b)$ in t, so liegt $\underline{H}_a \cap T_h$ auf $\underline{K}(a|s)$ näher an s als $\underline{H}_a \cap T_v$, falls $T_h \neq T_v$. Liegt ferner t' auf $\underline{B}$ näher an a als $t'' \in \underline{B}$ und ist S' bzw. S'' StützOCh an B in t' bzw. in t'', so liegt $\underline{H}_a \cap S'$ auf $\underline{K}(a|s)$ näher bei a als $\underline{H}_a \cap S''$. (Dies folgt aus der $\mathfrak{k}$-Konvexität von B.) Für verschiedene t sind daher die von $\underline{H}_a \cap T_h$ und $\underline{H}_a \cap T_v$ begrenzten abgeschlossenen $\mathfrak{k}$-Strecken (auf $\underline{H}_a$) fremd, wobei $T_h \neq T_v$ angenommen ist. Richtet man also die Konstruktion so ein, daß die Schnittpunkte der Stützgeraden $K(a_1, b_1)$, $K(a_{21}, a_{22})$ usw. eine auf $K(a|s)$ dichte Menge bilden, so können in keinem Punkt von B die T_h, T_v verschieden sein.

Aus den eben angestellten Überlegungen zusammen mit den Sätzen von Abschn. 3.1.6. folgt noch der

Satz. *Voraussetzung. Es sei B ein Bogen mit* schwPOW $(B; \mathfrak{k}) = 2$. *Behauptung* (1). *In jedem Punkt $x \in B$ ist die vordere $\mathfrak{k}$-Halbtangente an B verschieden von der hinteren.* — (2). *Die Menge N der Punkte $x \in B$, in denen die vordere und hintere $\mathfrak{k}$-Halbtangente nicht auf der gleichen* OCh *liegen, ist abzählbar.* — (3). *In allen Punkten von $B - N$ existiert genau eine $\mathfrak{k}$-Paratingente an B, sie fällt mit der vorderen und hinteren $\mathfrak{k}$-Paratingente zusammen.*

3.2. Bogen und Kurven vom Punktordnungswert Drei

In einer $\mathfrak{k}$-Geometrie (vgl. Abschn. 3.1.1.) betrachten wir die Bogen und Kurven vom Punktordnungswert 3 und bestimmen deren Gestalten, insbesondere bei Bogen die Maximalzahl und bei Kurven die genaue Anzahl der $\mathfrak{k}$-singulären Punkte; dabei erweisen sich diese Bogen und Kurven als Vereinigungen einer beschränkten Anzahl $\mathfrak{k}$-konvexer Bogen.

Bemerkung. Im Folgenden benutzen wir zunächst die durch den Monotoniesatz (vgl. Abschn. 2.3.) auf den Bogen bzw. Kurven induzierten Korrespondenzen (vgl. auch MUKHOPADHYAYA [2]) an Stelle der (etwa bei JUEL [9] verwendeten) durch die Schnittpunktsysteme der Tangenten mit den Bogen bzw. Kurven gelieferten. Korrespondenzen der letzteren Art ziehen wir heran z. B. bei der Bestimmung der nicht-$\mathfrak{k}$-beschränkten Bogen vom POW 3 (Abschn. 3.2.5.6.) sowie später im Abschn. 3.8.

3.2.1. Typen $\mathfrak{k}$-singulärer Punkte vom Punktordnungswert Drei

Es sei B ein orientierter o. B. d. A. $\mathfrak{k}$-beschränkter Bogen in E und $x \in B$. Es sei V bzw. H eine vordere bzw. hintere Umgebung von x auf B; falls POW $(B; \mathfrak{k}) = 3$ gilt dabei POW $(V; \mathfrak{k}) =$ POW $(H; \mathfrak{k}) = 2$ für alle hinreichend kleinen V, H (gemäß Abschn. 3.2.3. und Abschnitt 3.2.5.5.). Ist auch POW $((V \cup H); \mathfrak{k}) = 2$ für alle hinreichend kleinen V, H, so heiße x ein $\mathfrak{k}$-*regulärer* Punkt* von B; ist hingegen POW $((V \cup H); \mathfrak{k}) \geq 3$ für alle hinreichend kleinen V, H, so werde x als $\mathfrak{k}$-*singulärer* Punkt auf (oder von) B bezeichnet.

Im folgenden sei stets POW $(x; \mathfrak{k}) = 3$, d. h. POW $((V \cup H); \mathfrak{k}) = 3$ für beliebig kleine V, H. Definitionsgemäß gibt es dann zu solchen V, H OCh K derart, daß $(V \cup H) \cap K$ genau drei zu x beliebig benachbarte Punkte enthält. Durch evtl. Übergang zu OCh K', die zu K beliebig benachbart sind, kann erreicht werden, daß diese 3 Punkte x_i, $i = 1, 2, 3$, von x verschieden und Schnittpunkte sind.

Die Reihenfolge solcher x_i soll der Orientierung von B entsprechen derart, daß x_i von x_{i+1} liegt, $i = 1, 2$. Wir bezeichnen nun x als ($\mathfrak{k}$-singulären) (1, 2) bzw. als (2, 1)-*Punkt*, wenn es $K \in \mathfrak{k}$ gibt, für welche $x_1 \in \underline{V}$ und $x_2, x_3 \in \underline{H}$ bzw. $x_1, x_2 \in \underline{V}$ und $x_3 \in \underline{H}$ gilt.

Weiter sei a ein Endpunkt von B, etwa der Anfangspunkt, also von x verschieden und vor x gelegen. Ein Punkt $y \in B - \{a\}$ heißt dann $\mathfrak{k}(a)$-*singulär*, wenn in beliebiger Umgebung von y auf B zwei Punkte y', y'' existieren, welche auf dem gleichen $K \in \mathfrak{k}(a)$ liegen.

Anmerkung. Die Bezeichnung $\mathfrak{k}(a)$-singulär kann so motiviert werden: Es ist y singulär in bezug auf $\mathfrak{k}(a)$ in dem Sinne, daß y bezüglich $\mathfrak{k}(a)$ nicht den minimalen POW, nämlich 1, besitzt, also sozusagen nicht regulär ist bezüglich $\mathfrak{k}(a)$.

Wir unterscheiden nun *bezüglich des festen (End-) Punktes a* von B die folgenden 3 *Typen* von $\mathfrak{k}$-singulären Punkten x *mit* POW $(x; \mathfrak{k}) = 3$, durch welche Typen alle Möglichkeiten ausgeschöpft werden:

Typus (w), sog. $\mathfrak{k}$-*Wendepunkt*: Es ist x sowohl (1, 2)- als (2, 1)-Punkt, aber nicht $\mathfrak{k}(a)$-singulär.

Typus (d), sog. $\mathfrak{k}$-*Dorn*: Es ist x sowohl (1, 2)- als (2, 1)-Punkt und zugleich $\mathfrak{k}(a)$-singulär.

Typus (s), sog. $\mathfrak{k}$-*Schnabel*: Es ist x entweder kein (1, 2)- oder kein (2, 1)-Punkt.

Anmerkung (1). *Jeder* $\mathfrak{k}$-singuläre Punkt vom POW 3 ist entweder (1, 2)- oder (2, 1)-Punkt oder beides zugleich. — (2). Die Bezeichnungen $\mathfrak{k}$-Wendepunkt usw. lassen sich so rechtfertigen: Im klassischen Fall der gewöhnlichen projektiven Geometrie, also der Geraden im üblichen Sinne als OCh werden die Singularitäten (w) die Wendepunkte im üblichen Sinne, die Singularitäten (d) die Dorne und Dornspitzen und die Singularitäten (s) die Schnäbel. Die Schnabelspitze (im üblichen Sinne) zählt nicht zu den Schnäbeln, weil sie den POW 4 (und nicht 3) besitzt.

In die Definition für die Singularitäten (w) und (d) geht der Endpunkt a des Bogens ein; dieser ist willkürlich insofern, als z. B. eine

---

* Auch gewöhnlicher Punkt; betr. Hut vgl. 3.8.1.

durch Verkleinerung von B bewirkte Ersetzung von a durch ein $a' \in \underset{\sim}{B}$ möglicherweise eine Änderung im Typus von x nach sich ziehen könnte. Es wird sich aber durch die nachstehende Kennzeichnung der Typen deren Unabhängigkeit von a ergeben.

3.2.2. Andere Kennzeichnung der $\mathfrak{k}$-Wendepunkte, der $\mathfrak{k}$-Dorne und der $\mathfrak{k}$-Schnäbel

Es sei als wieder $x \in \underset{\sim}{B}$, ferner H bzw. V eine $\mathfrak{k}$-konvexe hintere bzw. vordere Umgebung von x auf B. Es sei $Th_h = Th_h(x)$ bzw. $Th_v = Th_v(x)$ die $\mathfrak{k}$-Halbtangente in x an H bzw. an V (vgl. Abschn. 3.1.6.); der Träger von Th_h bzw. Th_v sei T_h bzw. T_v, also die hintere bzw. vordere Tangente an B in x.

Wir bezeichnen Th_h und Th_v als *komplementär*, wenn sie zwar verschieden sind, aber gleichen Träger besitzen. Zur Abkürzung setzen wir $-Th_v = T_v - \underset{\sim}{T}h_v$ usw. und schreiben, wenn Th_v und Th_h komplementär sind, auch $-Th_v = Th_h$ oder $-Th_h = Th_v$. Ist $T_v \neq T_h$, so bezeichnen $W(v, h)$ bzw. $W(v, -h)$ usw. den abgeschlossenen, von Th_v und Th_h bzw. von Th_v und $-Th_h$ usw. berandeten $\mathfrak{k}$-Winkelraum, der *kleiner als* π ist, d. h. eine in E_0 enthaltene $\mathfrak{k}$-Strecke mit Endpunkten auf Th_v und Th_h liegt in $W(v, h)$ usw. Es heiße dann z. B. $W(-v, -h)$ der $\mathfrak{k}$-*Scheitelwinkelraum* von $W(v, h)$; und $W(v, -h)$ sowie $W(-v, h)$ heißen die $\mathfrak{k}$-*Nebenwinkelräume* von $W(v, h)$.

Wir behaupten nun

Satz. *Voraussetzung.* Es sei B ein $\mathfrak{k}$-beschränkter Bogen. Ferner sei $x \in \underset{\sim}{B}$ ein (isolierter) $\mathfrak{k}$-singulärer Punkt, welcher vordere und hintere Umgebungen $V = B(x|v')$ und $H = B(x|h')$ besitzt mit POW $(V; \mathfrak{k})$ = POW $(H; \mathfrak{k}) = 2$.

Behauptung (1). Damit x ein $\mathfrak{k}$-*Dorn* sei (bezüglich eines Endpunktes von $V \cup H$), ist notwendig und hinreichend: Erstens ist $Th_h(x) \neq -Th_v(x)$; Zweitens liegen V und H, falls $Th_h(x) = Th_v(x)$ ist, auf verschiedenen $\mathfrak{k}$-Seiten von $T_v = T_h$ ($\mathfrak{k}$-*Dornspitze*), hingegen falls $Th_h(x) \neq Th_v(x)$ ist, in $\mathfrak{k}$-Scheitelwinkeln, d. h., es gilt $H \subset W(-v, h)$ $(<\pi)$ und $V \subset W(v, -h)$.

(2). Es ist x ein $\mathfrak{k}$-*Wendepunkt* bezüglich eines Endpunktes von $V \cup H$ genau dann, wenn $Th_h(x) = -Th_v(x)$ und wenn H und V auf verschiedenen, abgeschlossenen $\mathfrak{k}$-Seiten von $T_v = T_h$ liegen.

(3). Es ist x ein $\mathfrak{k}$-*Schnabel* genau dann, wenn $Th_h(x) \neq \pm Th_v(x)$ und wenn $V \subset W(v, h)$, $H \subset W(-v, h)$ oder $V \subset W(v, -h)$, $H \subset W(v, h)$, wenn also V und H in $\mathfrak{k}$-*Neben*winkeln liegen.

(1a). Ist POW $((B; \mathfrak{k}) = 3$ und ist x ein $\mathfrak{k}$-Dorn gemäß Behauptung (1), so ist x sogar $\mathfrak{k}(z)$-singulär für jedes $z \in B - \{x\}$; und zwar wird B in x von $K \in \mathfrak{k}(x) \cap \mathfrak{k}(z)$ gestützt.

Beweis. Wir diskutieren der Reihe nach die folgenden, alle Möglichkeiten erschöpfenden Fälle:

I. *Fall*: $T_v \neq T_h$. *Unterfälle*:

(I 1)	$V \subset W(v, h)$,	$H \subset W(v, h)$;	(reg.)
(I 2)	$V \subset W(v, h)$,	$H \subset W(-v, h)$;	(Schnabel)
(I 3)	$V \subset W(v, -h)$,	$H \subset W(v, h)$;	(Schnabel)
(I 4)	$V \subset W(v, -h)$,	$H \subset W(-v, h)$.	(Dorn)

Bemerkung. Fall (I 2) und (I 3) gehen durch Vertauschung von V, v und H, h ineinander über, sind also nicht wesentlich verschieden.

II. *Fall*: $T_v = T_h$. *Unterfälle*:

(II 1)	$Th_v = Th_h$.		
(II 1 1)	$\underline{V} \subset E_0(T_v; \underline{a})$,	$\underline{H} \subset E_0(T_v; \underline{a})$;	(SS)
(II 1 2)	$\underline{V} \subset E_0(T_v; \underline{a})$,	$\underline{H} \subset E_0(T_v; -\underline{a})$.	(DS)
(II 2)	$Th_v = -Th_h$.		
(II 2 1)	$\underline{V} \subset E_0(T_v; \underline{a})$,	$\underline{H} \subset E_0(T_v; \underline{a})$;	(reg.)
(II 2 2)	$\underline{V} \subset E_0(T_v; \underline{a})$,	$\underline{H} \subset E_0(T_v; -\underline{a})$.	(WP)

Dabei ist $a = \pm$.

3.2.2.1. Vorbemerkungen zu Fall I. und II 2. Da V und H beliebig klein gewählt werden können (aber dann festzuhalten sind), darf o. B. d. A. angenommen werden:

(a′). Es liegen V und H in $\mathfrak{k}$-Winkelräumen, deren Durchschnitt gleich $\{x\}$ ist (denn in x existieren $Th_v(x) \neq Th_h(x)$);

Es sei $Th_v(v')$ bzw. $Th_h(h')$ die vordere bzw. hintere $\mathfrak{k}$-Halbtangente an $\underline{B}$ in v' bzw. in h' (wobei $\overline{V} \cup \overline{H} \subset \underline{B}$ angenommen ist). Für hinreichend kleine V, H folgt aus Abschn. 3.1.6., Satz 2, Behauptung (2):

(a″). Es ist $(Th_v(x) - \{x\}) \cap (-Th_v(v')) = \{v''\} \neq \emptyset$
und

$$(Th_h(x) - \{x\}) \cap (-Th_h(h')) = \{t''\} \neq \emptyset.$$

Außerdem gilt für hinreichend kleine V, H (falls schon (a′) und (a″) erfüllt ist):

(a‴). Es ist $\quad Th_v(v') \cap H = Th_h(h') \cap V = \emptyset.$

Man sieht (a‴) so ein: Es sei W_v bzw. W_h ein offener $\underline{Th}_v(x)$ bzw. $\underline{Th}_h(x)$ enthaltender $\mathfrak{k}$-Winkelraum mit x als Scheitel und so klein, daß $\overline{W}_v \cap \overline{W}_h = \{x\}$ ist (vgl. (a′)). Für hinreichend kleine V bzw. H ist dann $\underline{V} \subset W_v$ bzw. $\underline{H} \subset W_h$; außerdem ist aber gemäß Abschn. 3.1.6., Satz 1,

Behauptung (3), und Satz 2, sogar $Th_v(v) \subset W_v$ bzw. $Th_h(h) \subset W_h$ für $v \in \underline{V}$ bzw. $h \in \underline{H}$. Wegen $W_v \cap W_h = \emptyset$ folgt (a‴).

(b). *Aus* (a′) bis (a‴) *folgt*: Liegt H auf der gleichen abgeschlossenen $\mathfrak{k}$-Seite von T_v wie V und ist POW $(V \cap K) = 2$ für ein $K \in \mathfrak{k}$, so ist $H \cap K = \emptyset$ bzw. $H \cap K = \{x\}$ genau dann, wenn $x \notin V \cap K$ bzw. $x \in V \cap K$. Und entsprechend für H.

Beweis betr. (b). Es habe v'' die in (a″) angegebene Bedeutung. Zunächst sei POW $(\underline{V} \cap K) = 2$. Dann wird $\underline{K}(v'|v'') \subset -Th_v(v')$ bzw. $\underline{K}(x|v'') \subset Th_v(x)$ in je einem Punkt r bzw. t durch K geschnitten (Abschn. 3.1.6., Satz 2). Die HalbOCh $Kh(t; r)$ ist fremd zu H; denn sie enthält x nicht und liegt in der Vereinigung der abgeschlossenen $\mathfrak{k}$-Winkelräume W' bzw. W'', die von $Th_v(x)$ und $Kh(x; v')$ bzw. von $Th_v(v')$ und der HalbOCh $K'' - Kh(v'; x)$ mit $\{K''\} = \mathfrak{k}(x) \cap \mathfrak{k}(v')$ begrenzt werden (und kleiner als π sind). Gemäß (a′) ist $W' \cap H = \emptyset$. Ferner ist $W'' \cap H = \emptyset$ wegen $Th_v(v') \cap H = \emptyset$ (vgl. (a‴)) und $(K'' - Kh(v'; x)) \cap H \subset (Kh(x; v') - \{x\}) \cap H = \emptyset$ (vgl. (a′)). Andererseits liegt die zu $Kh(t; r)$ komplementäre HalbOCh auf der entgegengesetzten $\mathfrak{k}$-Seite von T_v wie V und H. Wegen $Kh(t; r) \subset K$ folgt $H \cap K = \emptyset$. — Ist hingegen $x \in V \cap K$, so ist $H \cap K = \{x\}$, wie sich ebenso ergibt.

3.2.2.2. Beweis der Behauptung (1) bis (3) des Satzes in Abschnitt 3.2.2. Fall (I 1) *und* (II 2 1). *Behauptung*. Es ist x $\mathfrak{k}$-regulär. — In der Tat. Es genügt zu zeigen: Für jedes $K \in \mathfrak{k}$ mit POW $(V \cap K) = 2$ oder POW $(H \cap K) = 2$ ist $\underline{H} \cap K = \emptyset$ bzw. $\underline{V} \cap K = \emptyset$. Dies folgt aber aus Vorbemerkung (b) (Abschn. 3.2.2.1.), da hier V und H auf der gleichen (abgeschlossenen) $\mathfrak{k}$-Seite von T_v und von T_h liegen (wobei evtl. $T_v = T_h$) und da $Th_v(x) \neq Th_h(x)$ ist.

Betr. Fall (I 2) *und* (I 3). Es genügt, den Fall (I 2) zu behandeln (vgl. I. Fall Bemerkung (Abschn. 3.2.2.). Hier liegen V und H auf der gleichen $\mathfrak{k}$-Seite von T_v. Gemäß Vorbemerkung (b) (Abschn. 3.2.2.1.) ist daher $H \cap K = \emptyset$ falls POW $(\underline{V} \cap K) = 2$ bzw. $\underline{H} \cap K = \emptyset$, falls POW $(V \cap K) = 2$ (mit $x \in V \cap K$). Daraus folgt, daß POW $(V \cap K) \leq 1$, falls POW $(\underline{H} \cap K) = 2$. Somit ist POW $(x; B) =$ POW $((H \cup V; \mathfrak{k}) \leq 3$. Es ist aber sogar POW $(x; B) = 3$. Es gibt nämlich $K \in \mathfrak{k}$ mit POW $(\underline{H} \cap K) = 2$ und mit POW $(V \cap K) = 1$. In der Tat: Es ist T_h Limes von OCh $K' \in \mathfrak{k}(x)$, die mit $\underline{H}$ je einen zu x beliebig benachbarten Schnittpunkt r gemeinsam haben. Für ein solches K' ist x Stützpunkt von $H \cup V$ auf K', weil $\underline{V}$ und $\underline{H}(x|r)$ auf der gleichen Seite von K' liegen. Daher gibt es zu K' beliebig benachbarte $K \in \mathfrak{k}(r)$, welche mit $H \cup V$ (mindestens) zwei, von x und r verschiedene Punkte gemeinsam haben. Da auch r beliebig nahe bei x gewählt werden kann, folgt POW $((H \cup V); \mathfrak{k}) = 3$ für beliebig kleine V, H. Somit ist POW $(x; \mathfrak{k}) = 3$, und x ist $\mathfrak{k}$-singulär. Ferner gilt: Da für jedes K mit POW $((H \cup V) \cap K) = 3$ nach dem oben Bewiesenen POW $(V \cap K) \leq 1$ ist, denn andernfalls ist POW $(\underline{H} \cap K) = \emptyset$, also POW $\big((H \cup V) \cap K\big) < 3$, ist x ein (1, 2)-Punkt, aber kein (2, 1)-Punkt. Somit ist x ein $\mathfrak{k}$-Schnabel.

Betr. Fall (II 2 2). Hier gibt es (vgl. (a′)) beliebig kleine $\underline{V}$ und $\underline{H}$, die in (offenen) beliebig kleinen $\mathfrak{k}$-Scheitelwinkelräumen W_v bzw. W_h mit dem Scheitel x liegen und deren eine begrenzende HalbOCh $Th_v(x)$ bzw. $Th_h(x)$ ist. Sind Kh_v bzw. Kh_h die anderen beiden (zueinander komplementären) begrenzenden HalbOCh, so kann $v' \in Kh_v$ bzw. $h' \in Kh_h$ angenommen werden; denn es gibt zu $T_v = T_h$ beliebig benachbarte $K \in \mathfrak{k}(x)$ mit POW $\big((H \cup V) \cap K\big) \geq 3$. Daraus folgt schon, daß POW $\big((H \cup V); \mathfrak{k}\big) \geq 3$ ist. Es ist aber auch POW $\big((H \cup V); \mathfrak{k}\big) \leq 3$. Ist nämlich POW $(\underline{V} \cap K) = 2$, so ist $x \notin K$ und $K(v'|x) \cap K = \emptyset$ sowie $\underline{Th}_v(x) \cap K \neq \emptyset$, wobei $\underline{Th}_v(x) = Th_v(x) - \{x\}$ (gemäß (a″) und Abschnitt 3.1.6., Satz 2). Weiter gilt dann: *Entweder* ist $K(x|h') \cap K = \emptyset$ und dann $H \cap K = \emptyset$; denn wegen $K(x|h') \cap K = \emptyset$ ist andernfalls POW $(\underline{H} \cap K) = 2$ und somit $\underline{Th}_h(x) \cap K \neq \emptyset$ (wegen (a″) und Abschnitt 3.1.6., Satz 2). Wegen $T_v = Th_v(x) \cup Th_h(x)$ und POW $(T_v \cap K) = 1$ ist aber $\underline{Th}_v(x) \cap K \neq \emptyset$ zugleich mit $\underline{Th}_h(x) \cap K \neq \emptyset$ unmöglich. *Oder* es ist $\underline{K}(x|h') \cap K \neq \emptyset$ und dann POW $(\underline{H} \cap K) = 1$ (gemäß (a″) und Abschn. 3.1.6., Satz 2). — *Oder* es ist $h' \in K$. In diesem Falle ist POW $(\underline{H} \cap K) = 0$; denn andernfalls ist $\underline{Th}_h(x) \cap K \neq \emptyset$. (vgl. Abschnitt 3.1.5.3., Satz 1 und (a″)), während zugleich $Th_v(x) \cap K \neq \emptyset$. Dies bedingt, wie schon vorhin bemerkt, einen Widerspruch. Entsprechend schließt man, wenn $x \in K$ mit POW $(V \cap K) = 2$, sowie wenn V durch H ersetzt wird. Damit ist gezeigt, daß x $\mathfrak{k}$-singulär mit POW $(x; \mathfrak{k}) = 3$ ist. Zu zeigen ist noch: *Erstens*, daß x kein $\mathfrak{k}(v')$- und kein $\mathfrak{k}(h')$-singulärer Punkt ist, ferner *Zweitens*, daß x sowohl (1, 2)- als (2, 1)-Punkt ist. Betr. Zweitens. Man betrachte ein zu T_v beliebig benachbartes $K \in \mathfrak{k}(x)$; es hat dann K mit $\underline{V}$ und mit $\underline{H}$ je genau einen zu x beliebig benachbarten Punkt gemeinsam; und die 3 Punkte von $(V \cup H) \cap K$ sind Schnittpunkte. Daher gibt es zu K solche beliebig benachbarte $K' \in \mathfrak{k}$, für die POW $(\underline{V} \cap K') = 2$ und POW $(\underline{H} \cap K') = 1$, und solche, für die POW $(\underline{V} \cap K') = 1$ und POW $(\underline{H} \cap K') = 2$ ist. — Betr. Erstens. Ist x z. B. $\mathfrak{k}(v')$-singulär, so gibt es $K_n \in \mathfrak{k}(v')$ mit $K = \lim K_n \in \mathfrak{k}(v')$ und, wenn $F = (V \cup H) - \{v'\}$ gesetzt wird, mit $F \cap K_n = \{x_n'\} \cup \{x_n''\}$, wobei $x = \lim x_n' = \lim x_n''$. Da x Schnittpunkt von K mit T_v ist, liegen $\underline{V}$ und $\underline{H}$ auf verschiedenen $\mathfrak{k}$-Seiten von K. Daher ist POW $(\underline{F} \cap K_n) = 1 \pmod 2$ für schließlich alle n, im Widerspruch zu $F \cap K_n = \{x_n'\} \cup \{x_n''\}$.

Betr. Fall (II 1 1). Hier gibt es beliebig kleine V und H, ferner $K' \in \mathfrak{k}(x)$, die zu $T_v = T_h$ beliebig benachbart sind und für die $\underline{V} \cap K' = \{r\}$, $\underline{H} \cap K' = \{t\}$, wobei r, t Schnittpunkte sind. Da x Stützpunkt von $V \cup H$ auf K' ist, gibt es zu K' beliebig benachbarte $K'' \in \mathfrak{k}$ mit POW $\big((V \cup H) \cap K''\big) = 4$. Somit scheidet der Fall (II 1 1) aus, falls

POW $(x; \mathfrak{k}) = 3$ sein soll. (Es handelt sich um eine als $\mathfrak{k}$-*Schnabelspitze* zu bezeichnende $\mathfrak{k}$-Singularität.)

Es bleibt nun noch übrig

Betr. Fall (I 4) *und* (II 1 2). Ist POW $(\underline{V} \cap K) = 2$ und liegt $\underline{V} \cap K$ hinreichend nahe bei x, so ist $\underline{K}(x|h') \cap K \neq \emptyset$, vorausgesetzt, daß $Kh(x; h')$ hinreichend nahe bei $Th_v(x)$ liegt (vgl. Abschn. 3.2.2.1., (a')). Gemäß Abschn. 3.1.5.3., Satz 1, ist daher POW $(\underline{H} \cap K) = 1$. Entsprechend ergibt sich, daß für POW $(V \cap K) = 2$ mit $x \in K$ gilt $\underline{H} \cap K = \emptyset$. Da für jedes K mit POW $((V \cup H) \cap K) \geq 3$ entweder POW $(V \cap K) = 2$ oder POW $(H \cap K) = 2$ und da für H das gleiche gilt wie das soeben für V Bewiesene, folgt: Es ist POW $(x; \mathfrak{k}) = 3$ und es ist x sowohl (1, 2)- als (2, 1)-Punkt. Schließlich ist x ein $\mathfrak{k}(v')$- und $\mathfrak{k}(h')$-singulärer Punkt, falls V und H hinreichend klein sind. Denn z. B. $\{K''\} = \mathfrak{k}(x) \cap \mathfrak{k}(v')$ ist StützOCh an B in x und daher x $\mathfrak{k}(v')$-singulär. Somit ist x im Falle (I 4) und (II 1 2) ein $\mathfrak{k}$-Dorn; *im Fall* (II 1 2) spricht man auch von einer $\mathfrak{k}$-*Dornspitze.*

3.2.2.3. *Betr. Behauptung* (1 a) *des Satzes in* Abschn. 3.2.2. Es sei also $x \in B$, ferner V bzw. H eine $\mathfrak{k}$-konvexe vordere bzw. hintere Umgebung von x auf B, Weiter sei x ein $\mathfrak{k}$-Dorn z. B. bezüglich $v' \in V - \{x\}$ also x $\mathfrak{k}(v')$-singulär. Überdies sei noch POW $(B; \mathfrak{k}) = 3$. Zum Beweise der Behauptung (1 a) zeigen wir

(a). *Es liegt* $B - \{x\}$ *ganz in den beiden offenen* $\mathfrak{k}$-*Scheitelwinkeln* W' *bzw,* W'', *die begrenzt werden von* $Th_v(x)$ *und* $-Th_h(x)$ *bzw. von* $-Th_v(x)$ *und* $Th_h(x)$ sofern $Th_v(x) \neq Th_h(x)$. Ist aber $Th_v(x) = Th_h(x)$ und ist $T = T_v = T_h$ ihr Träger, so nehmen wir $W' = E_0(T; +)$ und $W'' = E_0(T; -)$ ($\mathfrak{k}$-Dornspitze) und zeigen wieder, daß $B - \{x\} \subset W' \cup W''$.

Beweis von (a). Es sei V' der größte, von x begrenzte und V enthaltende Teilbogen von B. Es genügt zu zeigen: $V' - \{x\} \subset W'$ (denn für $H' = B - \underline{V}'$ folgt dann ebenso $H' - \{x\} \subset W''$, weil H' der größte, H enthaltende Teilbogen von B ist. Ist dies aber nicht richtig, so gilt entweder (Fall a') $(V' - \{x\}) \cap Th_v(x) \neq \emptyset$ oder (Fall a'') $(V' - \{x\}) \cap (-Th_h(x)) \neq \emptyset$; denn $\underline{V}'$ (bzw. $\underline{H}'$) liegt in der Umgebung V (bzw. H) von x in W' (bzw. in W''). — Betr. Fall a': Es ist $Th_v(x)$ $\mathfrak{k}$-Halbtangente an V in x. Ist $x' \in (V' - \{x\}) \cap Th_v(x)$, wobei $\underline{B}(x, x') \cap Th_v(x) = \emptyset$ angenommen werden kann, so gibt es daher zu T_v beliebig benachbarte OCh $K' \in \mathfrak{k}(x)$, welche mit $\underline{V}' - \{x\}$ mindestens zwei Schnittpunkte gemeinsam haben, nämlich einen zu x' und einen zu x beliebig benachbarten. Außerdem ist K' StützOCh an B in x. Daher existieren zu K' beliebig benachbarte $K \in \mathfrak{k}$, welche mit B mindestens 4 Schnittpunkte gemeinsam haben. Dies widerspricht der Annahme, daß POW $(B; \mathfrak{k}) = 3$ ist. Ähnlich erweist sich auch der Fall a'' als unmöglich. — Damit ist (a) bewiesen.

(b) Nun ergibt sich die Behauptung (1a) des Satzes so: Für jedes $z \in B - \{x\}$ gilt $z \in W' \cup W'' = W$ (gemäß (a)). Daher ist $K' - \{x\} \subset W$ für $\{K'\} = \mathfrak{k}(x) \cap \mathfrak{k}(z)$. Es ist aber K' StützOCh an B in x; denn K' ist StützOCh an $Th_v(x) \cup Th_h(x)$ in x und B liegt in hinreichend kleiner Umgebung von x in beliebig kleinen, von $Th_v(x)$ bzw. $Th_h(x)$ begrenzten $\mathfrak{k}$-Winkelräumen. Mithin gibt es beliebig nahe bei K' solche $K'' \in \mathfrak{k}(z)$, für die POW $(U \cap K'') = 2$, wobei U eine beliebig gegebene Umgebung von x auf B ist. Somit ist x ein $\mathfrak{k}(z)$-singulärer Punkt.

Zusatz. Es ist x *$\mathfrak{k}$-regulär* genau dann, wenn Entweder $T_h \neq T_v$ und $\underline{V} \cup \underline{H} \subset W(v, h)$. Oder $Th_h(x) = -Th_v(x)$ und $\underline{V}, \underline{H}$ auf der gleichen $\mathfrak{k}$-Seite von $T_v = T_h$ liegen.

3.2.3. Hilfssätze

Wir betrachten von jetzt ab *nur noch* Bogen und Kurven B *mit* POW $(B; \mathfrak{k}) = 3$. Zunächst wird $\mathfrak{k}$ als *normal* bezüglich B angenommen; dies gilt also insbesondere für die OCh K mit POW $(B \cap K) = 3$.

1. Hilfssatz. *Voraussetzung.* Es sei B ein ($\mathfrak{k}$-beschränkter, vgl. Abschn. 3.2.5.6.) *Bogen* mit POW $(B; \mathfrak{k}) = 3$. Außerdem sei $\mathfrak{k}$ *normal* bezüglich B.

Behauptung (I). Es gibt nur eine beschränkte Anzahl N von $\mathfrak{k}$-singulären Punkten auf B (dabei besitzt $N = N(B)$ eine von B und $\mathfrak{k}$ unabhängige obere Schranke). — Jeder $\mathfrak{k}$-singuläre Punkt ist innerer Punkt von B (gehört als zu $\underline{B}$). Es ist B Vereinigung von $N + 1$ $\mathfrak{k}$-konvexen Bogen; die $\mathfrak{k}$-singulären Punkte von B fallen in Endpunkte dieser Bogen.

II. Es seien $x', x'' \in \underline{B}$ beide $\mathfrak{k}$-singulär. Es sei a der Anfangspunkt des (orientierten) Bogens B; ferner liege x' vor x'', also zwischen a und x''. Dann gibt es folgende möglichen Fälle:

Fall A. Ist x' ein (1, 2)- und x'' ein (2, 1)-Punkt, so liegt zwischen x' und x'', also in $\underline{B}(x'|x'')$, mindestens ein $\mathfrak{k}(a)$-singulärer Punkt s.

Fall B''. Ist x' ein (2, 1)-Punkt und x'' (ebenfalls) ein (2, 1)-Punkt, so liegt in $B(x'|x'') - \{x''\}$ mindestens ein $\mathfrak{k}(a)$-singulärer Punkt s; d. h., s liegt in $\underline{B}(x'|x'')$ oder fällt mit x' zusammen.

Fall B'. Ist x' ein (1, 2)- und x'' (ebenfalls) ein (1, 2)-Punkt, so gibt es (mindestens) einen $\mathfrak{k}(a)$-singulären Punkt, der entweder in $\underline{B}(x'|x'')$ liegt oder mit x'' zusammenfällt (er liegt also in $B(x'|x'') - \{x'\}$).

Fall C. Ist x' ein (2, 1)- und x'' ein (1, 2)-Punkt, so existiert (mindestens) ein $\mathfrak{k}(a)$-singulärer Punkt, der zwischen x' und x'' liegt oder mit x' oder mit x'' zusammenfällt (der also zu $B(x'|x'')$ gehört).

Beweis. *Betr.* (I). Da B normal zu allen OCh K mit POW $(B \cap K) = 3$ ist, folgt aus POW $(B; \mathfrak{k}) = 3$ die Behauptung gemäß Abschn. 4.1.3.1.1.

Betr. II. Bei den im folgenden auftretenden „Expansionen" von Punktetripeln auf B, die auf einer OCh liegen, handelt es sich um Änderungen, bei denen jeweils ein Punkt festgehalten und die beiden andern monoton geändert werden (vgl. Abschn. 2.3.).

Es sei nun H' bzw. H'' eine beliebig (und jeweils hinreichend) klein gewählte hintere Umgebung von x' bzw. von x'' auf B; entsprechende vordere Umgebungen von x' bzw. von x'' seien V' bzw. V''.

Betr. Fall A. Es sei $x_i' \in B \cap K'$, $i = 1, 2, 3$, mit $x_1' \in V'$ und x_2', $x_3' \in H'$. Solche K' bzw. x_i' existieren, weil x' ein $(1, 2)$-Punkt ist. Wir unterwerfen das Tripel (x_i') einer Expansion derart, daß dabei x_2', x_3' monoton gegen x'' wandern, während x_1' monoton gegen a geht. Nach Voraussetzung gibt es aber, weil x'' ein $(2, 1)$-Punkt ist, $K'' \in \mathfrak{k}$ und $x_i'' \in B \cap K''$, $i = 1, 2, 3$, mit x_1'', $x_2'' \in V''$ und $x_3'' \in H''$. Sind nun bei der Expansion der x_i', die x_2', x_3' bis zu x_1'', x_2'' gelangt, so muß x_1' nach x_3'' gelangt sein; denn die x_1'' und x_2'' enthaltende OCh hat mit B nur noch den Punkt x_3'' gemeisnam. Wegen der (Monotonie und) Stetigkeit der Änderungen der x_i' kann aber x_1' nach x_3'' bei der Expansion nur gelangen, wenn x_1' vorher den Punkt a überschritten hat (und danach den anderen Endpunkt von B). Somit existiert ein $K \in \mathfrak{k}$ mit $B \cap K = \{a\} \cup \{x_2\} \cup \{x_3\}$ derart, daß $x_2, x_3 \in \underline{B}(x' | x''.)$ Für das $\mathfrak{k}$-Büschel $\mathfrak{k}(a)$, d. h. für $B \cap K$ mit $K \in \mathfrak{k}(a)$, gilt nun bezüglich B wieder der Kontraktionssatz (vgl. Abschn. 2.4.4.); folglich lassen sich, bei festem a, die x_2, x_3 in einen Punkt $s \in B(x' | x'')$ kontrahieren. Und ein solches s ist definitionsgemäß ein $\mathfrak{k}(a)$-singulärer Punkt.

Betr. Fall B'. Hier ist $x_1'' \in V''$ und x_2'', $x_3'' \in H''$. Wie im Fall A wird mit $x_1' \in V'$ und x_2', $x_3' \in H'$ eine (monotone) Expansion vorgenommen, bei der x_1' gegen a und x_2', x_3' gegen x'' gehen. Im Unterschied zum Fall A wird hier x_1' möglicherweise nicht schon für ein in $\underline{B}(x' | x'')$ enthaltenes Paar x_2, x_3 nach a gelangen, sondern erst für ein Paar x_2, x_3, für welches $x'' \in \underline{B}(x_2 | x_3)$ (Fall B'^{+}); sicher ist im Fall B'^{+} nur, daß x_1' nach a gelangt, bevor x_2', x_3' nach x_1'', x_2'' gelangt sind, weil ja mit x_1'', x_2'' nur noch x_3'' auf der gleichen OCh liegt. Wir erhalten daher keinen in $\underline{B}(x' | x'')$ liegenden $\mathfrak{k}(a)$-singulären Punkt nur dann, wenn Fall B'^{+} für beliebig kleine H'', V'' eintritt, d. h. für $x_1'' \in V''$, x_2'', $x_3'' \in H''$ bei beliebig kleinen H'', V''. Dann gibt es also zu beliebig kleinen H'', V'' solche $K \in k(a)$, für die $B \cap K - \{a\} = \{x_2) \cup \{x_3\} \in H'' \cup V''$ ist. Folglich ist dann x'' ein $\mathfrak{k}(a)$-singulärer Punkt.

Fall B''. Hier existieren $K'' \in \mathfrak{k}$ und $x_i'' \in B \cap K''$, $i = 1, 2, 3$, mit x_1'', $x_2'' \in V''$ und $x_3'' \in H''$, ferner $K' \in \mathfrak{k}$ und $x_i' \in B \cap K'$, $i = 1, 2, 3$, mit x_1', $x_2' \in V'$ und $x_3' \in H'$. Wir unterwerfen das Tripel (x_i'') einer Expansion, bei der die x_1'', x_2'' monoton gegen x' gehen und x_3'' in der entgegengesetzten Richtung. Bevor x_1'', x_2'' mit x_2', x_3' zusammenrücken, muß aber x_3'' nach a gelangt sein (vgl. den Beweis betr. Fall A). Jetzt zeigt man wie im Fall B', daß ein $\mathfrak{k}(a)$-singulärer Punkt s in $B(x'|x'') - \{x''\}$ existiert.

Betr. Fall C. Nach Voraussetzung existiert $K' \in \mathfrak{k}$ mit $x'_i \in B \cap K'$, $i = 1, 2, 3$, so daß $x'_1, x'_2 \in V'$ und $x'_3 \in H'$ sowie ein $K'' \in \mathfrak{k}$ mit $x''_i \in B \cap K''$, $i = 1, 2, 3$, wobei $x''_1 \in V''$ und $x''_2, x''_3 \in H''$ ist. Hier nimmt man mit dem Tripel (x'_i) eine Expansion vor derart, daß x'_1 monoton gegen a geht und x'_2, x'_3 monoton gegen x''. Zunächst ist der Fall denkbar, daß x'_1 mit a zusammenfällt, bevor x'_2 aus $\underline{V}'$ nach H' gelangt ist. Tritt dies für beliebig kleine H', V' ein, so schließt man wie im Fall B' bzw. B'', daß x' $\mathfrak{k}(a)$-singulär ist. Andernfalls liegt ein $\mathfrak{k}(a)$-singulärer Punkt in $B(x'|x'')$, was sich wie im Fall B' ergibt.

2. Hilfssatz. *Voraussetzung.* Wie für Hilfssatz 1.

Behauptung I. Auf $\underline{B}$ existiert mindestens ein $\mathfrak{k}$-singulärer Punkt, und höchstens ein $\mathfrak{k}$-Dorn.

II. Ist a ein Endpunkt von B, so existieren in $B - \{a\}$ höchstens zwei $\mathfrak{k}(a)$-singuläre Punkte.

Beweis. *Betr.* I. Da $\mathfrak{k}$ normal bezüglich B ist und $k = 2$, also $k + 1 = 3$, folgt der 1. Teil der Behauptung I aus Abschn. 2.4.4.— Gibt es auf B (mindestens) 2 $\mathfrak{k}$-Dorne, etwa d' und d'', so wird B in d' und in d'' von den OCh $K'' \in \mathfrak{k}(d') \cap \mathfrak{k}(d'')$ gestützt (gemäß Abschn. 3.2.2., Satz, Behauptung (1a)). Folglich gibt es in beliebiger Nähe von K'' solche OCh K', für die POW $(B \cap K') \geq 4$ ist, im Widerspruch zur Voraussetzung. Damit ist auch der 2. Teil der Behauptung I bewiesen.

Betr. II. Indirekt. Es seien $y_i \in B - \{a\}$, $i = 1, 2, 3$, $\mathfrak{k}(a)$-singuläre Punkte; dabei liege a vor y_1 und y_j vor y_{j+1}, $j = 1, 2$. Es kann y_3 mit dem von a verschiedenen anderen Endpunkt von B zusammenfallen. Es sei $K_i \in \mathfrak{k}$ mit $a, y_i \in K_i$, $i = 1, 2, 3$. Nach Annahme ist POW $(y_i; \mathfrak{k}(a)) = 2$; es gibt als zu beliebig kleiner Umgebung U_i von y_i auf B solche $K \in \mathfrak{k}(a)$, die zu K_i beliebig benachbart sind mit POW $(U_i \cap K) = 2$. Daher ist K_i StützOCh von B in y_i, es sei denn $i = 3$ und y_i Endpunkt von B. Die K_1, K_2, K_3 sind infolgedessen verschieden. In der Tat: Ist $K_j = K_{j+1}$, so enthält, falls $y_{j+1} \in \underline{B}$, also nicht Endpunkt ist, K_j zwei verschiedene Stützpunkte, woraus POW $(B; \mathfrak{k}) \geq 4$ folgt. Ist aber $y_3 = b$ Endpunkt, so liegt (für $j = 2$) auf K_2 neben den beiden Endpunkten von B noch ein Stützpunkt. Liegt der Stützpunkt nicht auf der gleichen $\mathfrak{k}$-Seite von K_2 wie einer der Endpunkte, so enthält $B \cap K_2$ noch (mindestens) einen Schnittpunkt, also (mindestens) 4 Punkte (einschließlich der beiden Endpunkte), woraus POW $(B; \mathfrak{k}) \geq 4$ folgt, im Widerspruch mit POW $(B; \mathfrak{k}) = 3$. Liegen aber die beiden Endpunkte und der Stützpunkt sämtlich auf der gleichen $\mathfrak{k}$-Seite von K_2, so gibt es zu K_2 beliebig benachbarte $K \in \mathfrak{k}(a)$ mit POW $(B \cap K) \geq 4$. *Es sind also K_1, K_2, K_3 verschieden. — Und außerdem enthält jedes K_i außer a und dem Stützpunkt bzw. evtl. für K_3 dem Endpunkt, keine weite-*

ren Punkte (die obigen Überlegungen zeigen nämlich, daß weder ein weiterer Stützpunkt, noch, für $y_i \in \underline{B}$, ein von a verschiedener Endpunkt auf K_i liegen kann; und ebenso folgt, daß K_i für $y_i \in \underline{B}$ keinen Schnittpunkt enthalten kann). Aber auch für K_3 ist dies ausgeschlossen, falls y_3 Endpunkt von B ist; da nämlich y_3 $\mathfrak{k}(a)$-singulär sein soll, gibt es zu K_3 beliebig benachbarte $K' \in \mathfrak{k}(a)$ mit $\mathrm{POW}(U \cap K') = 2$ für beliebig kleine Umgebungen U von y_3 auf B. Somit ist dann (weil außer a noch ein Schnittpunkt vorhanden ist) $\mathrm{POW}(B \cap K') \geq 4$. Widerspruch.

Da K_1 und K_2 außer a nur noch je einen Punkt, und zwar einen Stützpunkt (mit B), enthalten und da a Endpunkt von B ist, liegt der $\mathfrak{k}$-beschränkte Bogen B ganz in einer der beiden abgeschlossenen von K_1 bzw. K_2 berandeten $\mathfrak{k}$-Halbebenen E_1 bzw. E_2. Es ist also $B \subset E_1 \cap E_2 = D$. Der Teilbogen $B(y_1 | y_2)$ von B (mit den Endpunkten y_1, y_2) mündet auf $K_1 - \{a\}$ und auf $K_2 - \{a\}$, zerlegt also D und wird daher von jedem zu $\underline{D}$ nicht fremden $K \in \mathfrak{k}(a)$ in (mindestens) einem Punkt getroffen, der Schnittpunkt ist. Da K_3 zu $B - \{a\}$ nicht fremd und von K_1, K_2 verschieden ist, hat K_3 mit $B - \{a\}$ einen Schnittpunkt gemeinsam. Dies widerspricht aber dem oben Festgestellten. Die Annahme, es gebe mindestens 3 $\mathfrak{k}(a)$-singuläre Punkte in $B - \{a\}$, führt also zu einem Widerspruch. Damit ist die Behauptung II bewiesen.

3.2.4. Beschränkte normale Bogen

Mit Hilfe der Ergebnisse von Abschn. 3.2.3. gelangt man jetzt zum folgenden

Satz. *Voraussetzung. Es sei B ein $\mathfrak{k}$-beschränkter (einfacher) Bogen mit* $\mathrm{POW}(B; \mathfrak{k}) = 3$. *Außerdem sei $\mathfrak{k}$ normal bezüglich B.*

Behauptung. Es besitzt B h ö c h s t e n s *drei $\mathfrak{k}$-singuläre Punkte. Ist unter diesen ein $\mathfrak{k}$-Dorn (insbesondere eine $\mathfrak{k}$-Dornspitze) vorhanden, so existiert neben ihm höchstens noch ein $\mathfrak{k}$-singulärer Punkt, und zwar höchstens ein $\mathfrak{k}$-Schnabel oder ein $\mathfrak{k}$-Wendepunkt. Demgemäß ist also B Vereinigung von höchstens 4 $\mathfrak{k}$-konvexen Bogen, die bis auf Endpunkte paarweise fremd sind.*

Fig. 9

Fig. 10

Z u s a t z. Alle in der Behauptung aufgezählten Möglichkeiten sind realisierbar (es existieren also Bogen B mit $\mathrm{POW}(B; \mathfrak{k}) = 3$ und mit i $\mathfrak{k}$-Schnäbeln oder $\mathfrak{k}$-Wendepunkten, $0 \leq i \leq 3$, sowie solche mit einem $\mathfrak{k}$-Dorn und j $\mathfrak{k}$-Schnäbeln bzw. $\mathfrak{k}$-Wendepunkten, $0 \leq j \leq 1$. Vgl. Fig. 9, 10.

Beweis. Wir unterscheiden drei Fälle:

I. *Fall.* Es ist ein $\mathfrak{k}$-Dorn vorhanden; dieser ist zugleich $\mathfrak{k}(a)$-singulär (gemäß Abschn. 3.2.2., Satz, Behauptung (1a)).

II. *Fall.* Es ist kein $\mathfrak{k}$-Dorn vorhanden, aber mindestens ein solcher $\mathfrak{k}$-singulärer Punkt, der zugleich $\mathfrak{k}(a)$-singulär ist (zufolge der Definition (des $\mathfrak{k}$-Wendepunktes) kann dies nur ein $\mathfrak{k}$-Schnabel sein (vgl. Abschnitt 3.2.1.)).

III. *Fall.* Keiner der $\mathfrak{k}$-singulären Punkte (in $\underline{B}$) ist zugleich $\mathfrak{k}(a)$-singulär.

In diesen drei Fällen führen wir den Beweis indirekt; wir schließen nämlich aus der Annahme der Existenz von mindestens im Fall I. drei bzw. in den Fällen II. und III. vier $\mathfrak{k}$-singulären Punkten auf die Existenz von mindestens drei $\mathfrak{k}(a)$-singulären Punkten und erhalten damit einen Widerspruch zur Behauptung II im Hilfssatz 2 des Abschn. 3.2.3.

Betr. Fall I. Außer dem $\mathfrak{k}$-Dorn $d \in \underline{B}$ existiert höchstens ein $\mathfrak{k}$-Schnabel oder ein $\mathfrak{k}$-Wendepunkt.

Beweis. Es seien also 3 $\mathfrak{k}$-singuläre Punkte d, x', x'' vorhanden.

Unterfall I 1. — *Es liegt d nicht zwischen x' und x''*, d. h. nicht in $B(x'|x'')$. Wir wählen den Endpunkt a von B so, daß $B(a|d)$ fremd ist zu x', x''. Die Orientierung von B und die Bezeichnung von x', x'' sei dann so gewählt, daß die Reihenfolge a, d, x', x'' der Orientierung von B entspricht. Wir unterscheiden dann weiter:

Fall I 1.1. Es ist x' ein (2, 1)-Punkt;

Fall I 1.2. Es ist x' ein (1, 2)-Punkt.

Betr. Fall I 1.1. Behandeln wir d als (1, 2)-Punkt, so liegt für d und x' der Fall A (Abschn. 3.2.3., Hilfssatz 1, (II)) vor. Daher existiert ein $\mathfrak{k}(a)$-singulärer Punkt t mit $t \in \underline{B}(d|x')$. — Für x', x'' liegt der Fall B'' oder der Fall C vor, je nachdem x'' ein (2, 1)- oder ein (1, 2)-Punkt ist; daher liegt im (abgeschlossenen) Bogen $B(x'|x'')$ mindestens ein $\mathfrak{k}(a)$-singulärer Punkt. Es existieren also neben d noch mindestens 2 $\mathfrak{k}(a)$-singuläre Punkte (entgegen Abschn. 3.2.3., Hilfssatz 2., II).

Betr. Fall I 1.2. Wieder wird d als (1, 2)-Punkt behandelt. Für d und x' liegt dann der Fall B' (Abschn. 3.2.3., Hilfssatz 1 (II)) vor; daher existiert, außer d, ein $\mathfrak{k}(a)$-singulärer Punkt in $B(d|x') - \{d\}$ — Für x' und x'' hingegen liegt Fall A oder B' vor, je nachdem x'' ein (2, 1)- oder (1, 2)-Punkt ist; es existiert also ein $\mathfrak{k}(a)$-singulärer Punkt in $B(x'|x'') - \{x'\}$. — Insgesamt gibt es wieder mindestens 3 verschiedene $\mathfrak{k}(a)$-singuläre Punkte in $\underline{B}$.

Unterfall I 2. *Es liegt d zwischen x' und x''*, d. h. $d \in \underline{B}(x'|x'')$. O. B. d. A. sei a, x', d, x'' die Reihenfolge im Sinne der Orientierung von B. *Ist x' ein (1, 2)- bzw. ein (2, 1)-Punkt*, so liegt für x' und den als (2, 1)-Punkt aufgefaßten $\mathfrak{k}$-Dorn d der Fall A bzw. B'' vor; es gibt also in $B(x'|d) - \{d\}$ mindestens einen $\mathfrak{k}(a)$-singulären Punkt. — *Ist*

x'' ein (2, 1)- *bzw. ein* (1, 2)-*Punkt*, so liegt für den als (1, 2)-Punkt betrachteten $\mathfrak{k}$-Dorn d und x'' der Fall A bzw. B' vor; es existiert also in $B(d|x'') - \{d\}$ ein $\mathfrak{k}(a)$-singulärer Punkt. Insgesamt gibt es wieder 3 $\mathfrak{k}(a)$-singuläre Punkte in $\underline{B}$.

Betr. Fall II. *Es existieren höchstens* 3 *$\mathfrak{k}$-singuläre Punkte.*

Beweis. Es sei s der als vorhanden vorausgesetzte $\mathfrak{k}$-Schnabel s, der zugleich $\mathfrak{k}(a)$-singulär ist. Indirekt schließend setzen wir die Existenz von (mindestens) 4 $\mathfrak{k}$-singulären Punkten s, x', x'', x''' voraus, wobei o. B. d. A. a, x', x'', x''' die der Orientierung von B entsprechende Reihenfolge sei, während hinsichtlich der Lage von s unterschieden werden:

Unterfall II 1. *Es liegt s in $\underline{B}(a|x')$ oder in $\underline{B}(x'''|b)$, wobei b der zweite Endpunkt von B ist*; m. a. W.: Es liegt s nicht in $B(x'|x''')$.

Unterfall II 2. Es liegt s zwischen x' und x''', also $s \in \underline{B}(x'|x''')$.

Betr. Unterfall II 1. Wir unterscheiden also

Fall II 1.1. *Es ist $s \in \underline{B}(a|x')$.* — Fall II 1 2: *Es ist $s \in \underline{B}(x'''|b)$.*

Betr. Fall II 1.1.

Fall II 1.1.1. *Es sei x' ein* (1, 2)-*Punkt.* — *Ist x'' ein* (2, 1)-*Punkt*, so liegt für x', x'' der Fall A vor gemäß Abschn. 3.2.3., Hilfssatz 1, II, es existiert also ein $\mathfrak{k}(a)$-singulärer Punkt in $\underline{B}(x'|x'')$. Außerdem liegt für x'', x''' der Fall B'' oder C vor, also ein $\mathfrak{k}(a)$-singulärer Punkt in $B(x''|x''')$. — *Ist hingegen x'' ein* (1, 2)-*Punkt*, so liegt für x', x'' der Fall B' vor, also ein $\mathfrak{k}(a)$-singulärer Punkt in $B(x'|x'') - \{x'\}$. Ferner liegt für x'', x''' der Fall A oder B' vor, also ein $\mathfrak{k}(a)$-singulärer Punkt in $B(x''|x''') - \{x''\}$.

Fall II 1.1.2. *Es sei x' ein* (2, 1)-*Punkt.* — *Ist x'' ein* (2, 1)-*Punkt*, so liegt für x', x'' der Fall B'' vor, also ein $\mathfrak{k}(a)$-singulärer Punkt in $B(x'|x'') - \{x''\}$. Ferner liegt für x'', x''' der Fall B'' oder C vor, also ein $\mathfrak{k}(a)$-singulärer Punkt in $B(x''|x''')$. — *Ist hingegen x'' ein* (1, 2)-*Punkt*, so liegt für x', x'' Fall C vor, also ein $\mathfrak{k}(a)$-singulärer Punkt in $B(x'|x'')$. Ferner haben wir für x'', x''' den Fall A oder B', also einen $\mathfrak{k}(a)$-singulären Punkt in $B(x''|x''') - \{x''\}$.

Betr. Fall II 1 2. Da bei der Diskussion des Falles II 1 1 der Punkt s für die Konstruktion zweier (weiterer) $\mathfrak{k}(a)$-singulärer Punkte überhaupt nicht herangezogen wurde (diese beiden Punkte lagen ja in $B(x'|x''')$), folgt auch im Fall II 1 2 die Existenz dieser beiden $\mathfrak{k}(a)$-singulären Punkte in $B(x'|x''')$.

Betr. Unterfall II 2. Wir unterscheiden:

Fall II 2.1: Es ist $s \in \underline{B}(x'|x'')$.— *Fall* II 2 2: Es ist $s \in \underline{B}(x''|x''')$.

Betr. Fall II 2.1.

Fall II 2.1.1. *Es sei s ein* (1, 2)-*Punkt.* — *Ist x'' ebenfalls ein* (1, 2)-*Punkt*, so haben wir für s, x'' den Fall B', also einen $\mathfrak{k}(a)$-singulären Punkt in $B(s, x'') - \{s\}$. Für x'', x''' haben wir den Fall A oder B', also einen $\mathfrak{k}(a)$-singulären Punkt in $B(x''|x''') - \{x''\}$. — *Ist hingegen* x'' *ein* $(2, 1)$-*Punkt,* so haben wir für s, x'' den Fall A, somit einen $\mathfrak{k}(a)$-singulären Punkt in $\underline{B}(s|x'')$, während für x'', x''' der Fall B'' oder C vorliegt und demnach ein $\mathfrak{k}(a)$-singulärer Punkt in $B(x''|x''')$ enthalten ist.

Fall II 2.1.2. *Es sei s ein* $(2, 1)$-*Punkt.* — Hier liegt für x', s Fall A oder B'' vor, so daß in $B(x'|s) - \{s\}$ ein $\mathfrak{k}(a)$-singulärer Punkt liegt. Für x'', x''' existiert in jedem Falle (nämlich A, B', B'', C) ein $\mathfrak{k}(a)$-singulärer Punkt in $B(x''|x''')$.

Betr. Fall II 2.2.

Fall II 2.2.1. *Es sei s ein* $(2, 1)$-*Punkt.* — *Ist* x'' *ebenfalls ein* $(2, 1)$-*Punkt,* so liegt für x'', s der Fall B'' vor, so daß ein $\mathfrak{k}(a)$-singulärer Punkt in $B(x''|s) - \{s\}$ enthalten ist. Ferner hat man für x', x'' den Fall A oder B'', also einen $\mathfrak{k}(a)$-singulären Punkt in $B(x'|x'') - \{x''\}$. — *Ist hingegen* x'' *ein* $(1, 2)$-*Punkt,* so liegt für x'', s der Fall A vor, also ein $\mathfrak{k}(a)$-singulärer Punkt in $\underline{B}(x''|s)$. Für x', x'' haben wir Fall B' oder C und folglich einen $\mathfrak{k}(a)$-singulären Punkt in $B(x'|x'')$.

Fall II 2.2.2. *Es sei s ein* $(1, 2)$-*Punkt.* Unabhängig davon, ob die x', x'', x''' $(1, 2)$- oder $(2, 1)$-Punkte sind, hat man für s, x''' den Fall A oder B', also einen $\mathfrak{k}(a)$-singulären Punkt in $B(s|x''') - \{s\}$; und stets liegt ein $\mathfrak{k}(a)$-singulärer Punkt in $B(x'|x'')$.

Betr. Fall III. *Kein* $\mathfrak{k}$-*singulärer Punkt von B ist zugleich* $\mathfrak{k}(a)$-*singulär* Es seien x_i, $i = 1, \ldots, 4$, $\mathfrak{k}$-singuläre Punkte ($x_i \in \underline{B}$), wobei a vor x_1 und x_j vor x_{j+1} liegt, $j = 1, 2, 3$. Wie die Fälle A bis C (Abschn. 3.2.3., Hilfssatz 1) zeigen, liegt in $B(x_j|x_{j+1})$ mindestens ein $\mathfrak{k}(a)$-singulärer Punkt $j = 1, 2, 3$; da dieser nach Voraussetzung weder mit x_j noch mit x_{j+1} zusammenfällt, liegt er in $\underline{B}(x_j|x_{j+1})$. Aus der Existenz von (mindestens) 4 $\mathfrak{k}$-singulären und nicht $\mathfrak{k}(a)$-singulären Punkten folgt also die von mindestens 3 $\mathfrak{k}(a)$-singulären Punkten im Widerspruch zu Abschn. 3.2.3., Hilfssatz 2, II.

Damit ist der Satz (Abschn. 3.2.4.) bewiesen,

Zusatz. Durch geeignete Zusammenfassungen ließe sich die vorstehende Diskussion im Beweise noch etwas kürzen. — Es handelt sich im Grunde um Sätze über reelle *monotone* $(2, 3)$-*Korrespondenzen.*

3.2.5. Beschränkte nicht-normale sowie nicht-beschränkte Bogen

Wir behandeln jetzt den Fall eines einfachen Bogens B mit POW $(B;\mathfrak{k}) = 3$, der $\mathfrak{k}$-beschränkt, aber bezüglich dessen $\mathfrak{k}$ *nicht normal* ist.

3.2.5.1. Es sei also $\mathfrak{k}$ nicht normal bezüglich B, Dann existiert eine OCh K mit $B \cap K = \{y_1\} \cup \{y_2\} \cup \{y_3\}$ derart, daß (bei geeigneter Orientierung von B) y_j auf B vor y_{j+1} liegt, aber y_3 auf K zwischen y_1

und y_2. Gemäß des Reduktionssatzes können die y_i als *Schnittpunkte* angenommen werden, so daß $y_i \in \underset{\sim}{B}$ ist, $i = 1, \ldots, 3$.

Es sei Q das einfach zusammenhängende, von der einfachen $\mathfrak{k}$-beschränkten Kurve $B(y_1|y_2) \cup K(y_1|y_2)$ begrenzte Gebiet; es ist $\bar{Q}$ $\mathfrak{k}$-beschränkt. Eine (im Sinne der Orientierung von B) hintere Umgebung H_3 von y_3 auf B liegt bis auf y_3 ganz in Q. In der Tat: Es gibt hintere Umgebungen H_2 von y_2 auf B, die auf derjenigen abgeschlossenen $\mathfrak{k}$-Seite von K liegen, zu der $\underset{\sim}{B}(y_1|y_2)$ fremd ist. Und eine vordere Umgebung von y_3 auf B liegt auf der gleichen $\mathfrak{k}$-Seite von K wie H_2, also nicht in Q. Da y_3 Schnittpunkt in $B \cap K$ ist, liegt eine hintere Umgebung H_3 von y_3 auf B in $\bar{Q}$. Und da kein Punkt von $B \cap K$ auf B hinter y_3 liegt, folgt: *Ist b der hintere Endpunkt von B, so liegt $\underset{\sim}{B}(y_3|b)$ in Q.*

Jede OCh *K' mit $K' \neq K$ und mit $\underset{\sim}{B}(y_3|b) \cap K' \neq \emptyset$ oder mit $\underset{\sim}{K}(y_1|y_2) \cap K' \neq \emptyset$ enthält Punkte auch von $\underset{\sim}{B}(y_1|y_2)$.* — Denn in beiden Fällen enthält K' Punkte aus $Q = \underset{\sim}{Q}$, so daß POW $((B(y_1|y_2) \cup K(y_1|y_2)) \cap K') \geq 2$; aber POW $(K(y_1|y_2) \cap K') \leq 1$.

Aus der eben gemachten Feststellung folgt:

Es ist POW $(B(y_2|b); \mathfrak{k}) = 2$.

Beweis. Es ist POW $(B(y_2|b); \mathfrak{k}) \leq 3$. Ist nun POW$(B(y_2|b); \mathfrak{k}) = 3$, so gibt es $K'' \in \mathfrak{k}$ mit $B(y_2|b) \cap K'' = \{z_1\} \cup \{z_2\} \cup \{z_3\}$; dabei kann auf Grund des Reduktionssatzes $z_\nu \in \underset{\sim}{B}(y_2|b)$ als Schnittpunkt, $\nu = 1, 2, 3$, und als von den y_2, y_3, b verschieden angenommen werden, also auch $K \neq K''$. Ist nun $z_\nu \in \underset{\sim}{B}(y_3|b)$ für ein ν, etwa für $\nu = 1$, so ist $\underset{\sim}{B}(y_1|y_2) \cap K'' \neq \emptyset$ (wie oben gezeigt); wegen $\underset{\sim}{B}(y_1|y_2) \cap B(y_3|b) = \emptyset$ folgt POW $(B(y_1|b); \mathfrak{k}) \geq 4$; Widerspruch. Es sei also $z_\nu \in \underset{\sim}{B}(y_2|y_3)$ für $\nu = 1, 2, 3$. Dann liegen y_2 und y_3 auf verschiedenen $\mathfrak{k}$-Seiten von $K'' \neq K$, so daß* POW $(\underset{\sim}{K}(y_3|y_2) \cap K'') = 1$ ist; wie oben gezeigt, ist dann $\underset{\sim}{B}(y_1|y_2) \cap K'' \neq \emptyset$. also wieder POW $(B(y_1|b); \mathfrak{k}) \geq 4$. — Somit ist POW $(B(y_2|b); \mathfrak{k}) \leq 2$, also $= 2$.

3.2.5.2. *Der Punkt $y_2 \in \underset{\sim}{B}$ ist $\mathfrak{k}$-regulärer Punkt von B.* (Definition von y_2 in Abschn. 3.2.5.1.).

Beweis. Weil B nicht normal zu K ist (vgl. Abschn. 3.2.5.1.), gibt es OCh K'' der folgenden Art: K'' ist beliebig benachbart zu K; ferner ist $\underset{\sim}{B} \cap K'' = \{y_3\} \cup \{y_1''\} \cup \{y_2''\}$, wobei y_1'', y_2'', y_3 bzw. y_1'', y_3, y_2'' die (einer Orientierung von B bzw. K'' entsprechende) Reihenfolge auf B bzw. auf K'' ist (es ist also B auch nicht normal zu K''); und schließlich liegt y_2'' in einer vorderen Umgebung von y_2, also $y_2'' \in \underset{\sim}{B}(y_1|y_2)$. Da nun die Sachlage für $B(y_2''|b)$ und K'' die gleiche ist wie für $B(y_2|b)$ und K folgt POW $(B(y_2''|b); \mathfrak{k}) = 2$ (gemäß Abschn. 3.2.5.1.). Da aber $y_2 \in \underset{\sim}{B}(y_2''|b)$ ist, folgt POW $(y_2; \mathfrak{k}) = 2$, wie behauptet.

---

* Hier wird nur benutzt: Ist $y_2, y_3 \in K$ mit $y_2 \in E_0(K'', +)$, $y_3 \in E_0(K'', -)$, so gilt $\underset{\sim}{K}(y_2|y_3) \cap K'' \neq \emptyset$.

3.2.5.3. *Es ist $\mathfrak{k}$ bezüglich $B(y_1|y_2)$ normal.*

Beweis. Andernfalls gibt es ein $K'' \in \mathfrak{k}$ mit $B(y_1|y_2) \cap K'' = \{x_1\} \cup \{x_2\} \cup \{x_3\}$, wobei x_1, x_2, x_3 bzw. x_1, x_3, x_2 die (der Orientierung von B bzw. K'' entsprechende) Reihenfolge der x_i auf B bzw. auf K'' ist. Für das in Abschn. 3.2.5.1. erklärte $K \in \mathfrak{k}$ gilt $K \neq K''$. Zufolge des Reduktionssatzes kann $x_i \in \underline{B}(y_1|y_2)$ und $y_3 \notin K''$ angenommen werden. Da $B(x_1|x_3)$ und y_2 bezüglich K'' den gleichen Voraussetzungen genügt, wie $B(y_1|y_3)$ und b bezüglich K, so folgt (vgl. Abschn. 3.2.5.1. bis 3.2.5.2.): Es liegt y_2 in dem von $\underline{B}(x_1|x_2) \cup K(x_1|x_2)$ begrenzten Gebiet Q''. Wegen $y_2 \in K$ hat daher K mit $\underline{B}(x_1|x_2)$ (mindestens) einen Punkt z gemeinsam. Wegen $\underline{B}(x_1|x_2) \subset \underline{B}(y_1|y_2)$ ist aber z von den y_1, y_2, y_3 verschieden, so daß POW $(B \cap K) \geq 4$. Widerspruch.

3.2.5.4. *Es ist entweder* POW$(B(y_1|y_2); \mathfrak{k}) = 2$ *oder* $= 3$.

Im ersten Fall gibt es definitionsgemäß auf $B(y_1|y_2)$ keine $\mathfrak{k}$-singulären Punkte, auch keine auf $B(y_1|b)$ (Abschn. 3.2.5.1. und 3.2.5.2.).

Ist aber POW $(B(y_1|y_2); \mathfrak{k}) = 3$, *so enthält $B(y_1|y_2)$ genau einen $\mathfrak{k}$-singulären Punkt, und zwar einen $\mathfrak{k}$-Schnabel oder einen $\mathfrak{k}$-Wendepunkt* (also keinen $\mathfrak{k}$-Dorn).

Beweis (I). Es gibt keine OCh K', von welcher B in zwei (inneren) Punkten gestützt wird; denn zu K' gäbe es beliebig benachbarte $K'' \in \mathfrak{k}$ mit POW $(\underline{B} \cap K'') \geq 4$.

(II). Es gibt kein $K' \in \mathfrak{k}(y_2)$, von welchem $\underline{B}(y_1|y_2)$ in einem Punkt x gestützt wird. Nämlich: Gemäß Ziffer (I) ist für ein in x stützendes $K' \in \mathfrak{k}(y_2)$ der Punkt y_2 Schnittpunkt mit B. Daher liegt auf B eine vordere Umgebung V von y_2 auf der entgegengesetzten $\mathfrak{k}$-Seite von K' wie eine hintere Umgebung H. Es ist $B \cap K' = \{x\} \cup \{y_2\}$; denn andernfalls gibt es außer y_2 noch Punkte von $(B - \{x\}) \cap K'$ und diese sind (gemäß Ziffer (I)) Schnittpunkte, so daß es zu K' beliebig benachbarte $K'' \in \mathfrak{k}$ gibt mit POW $(B \cap K'') \geq 4$. Folglich liegt zugleich mit H auch der hinter y_2 liegende Teilbogen H' von B ganz auf der einen (abgeschlossenen) $\mathfrak{k}$-Seite von K' und der vor y_2 liegende Teilbogen V' von B ganz auf der anderen $\mathfrak{k}$-Seite von K'. Wegen $y_3 \in \underline{H}'$, $y_1 \in \underline{V}'$ liegt daher y_3 auf der entgegengesetzten $\mathfrak{k}$-Seite von K' wie y_1. Andererseits liegt y_3 wegen $y_3 \in \underline{K}(y_1|y_2) \subset K$ und wegen $K \cap K' = \{y_2\}$ auf der gleichen $\mathfrak{k}$-Seite von K' wie y_1. Widerpruch.

(III). Da POW $(B(y_1|y_2); \mathfrak{k}) = 3$ (Voraussetzung) und da $\mathfrak{k}$ normal bezüglich $B(y_1|y_2)$ gemäß Abschn. 3.2.5.3.) ist, existiert in $\underline{B}(y_1|y_2)$ mindestens ein $\mathfrak{k}$-singulärer Punkt (gemäß des Kontraktionssatzes). *Ein $\mathfrak{k}$-Dorn d kann* unter diesen $\mathfrak{k}$-singulären Punkten *nicht vorkommen*; denn gemäß Abschn. 3.2.2., Satz, Behauptung (1a), ginge andernfalls durch y_2 eine StützOCh mit d als Stützpunkt, was der Ziffer (II) widerspricht.

(IV). Somit ist nur noch zu zeigen, daß genau ein $\mathfrak{k}$-Schnabel oder ein $\mathfrak{k}$-Wendepunkt auf $\underline{B}(y_1|y_2)$ liegt. — Angenommen, es seien x', $x'' \in \underline{B}(y_1|y_2)$ zwei $\mathfrak{k}$-singuläre Punkte, wobei x' auf B hinter y_1 und vor x'' liege. Es existiert ein $K' \in \mathfrak{k}$ mit $\underline{B}(y_1|y_2) \frown K' = \{x_1''\} \smile \{x_2''\} \smile \{x_3''\}$, wobei die x_i'' beliebig nahe bei x'' liegen; es möge x_j'' vor x_{j+1}'' auf B liegen, $j = 1, 2$. Da der Expansionssatz gilt, gibt es eine StützOCh aus $\mathfrak{k}(y_2)$ an $\underline{B}(y_1|y_2)$ im Widerspruch zu Ziffer (II). Damit ist die Behauptung zu Beginn des Abschn. 3.2.5.4. bewiesen.

Ergänzend sei hinzugefügt die

Bemerkung. Ist x' der (einzige) $\mathfrak{k}$-singuläre Punkt in $\underline{B}(y_1|y_2)$, so gibt es *Erstens* einen $\mathfrak{k}(y_1)$-singulären Punkt z'' in $B(x'|y_2) - \{y_2\}$; *Zweitens* ein $z' \in \underline{B}(x'|y_2)$, welches Schnittpunkt von $\underline{B}(x'|y_2)$ mit der $\mathfrak{k}$-Tangente in y_1 an $B(y_1|y_2)$ ist.

Beweis der Bemerkung. Nach Annahme existieren zu beliebig kleiner Umgebung U^+ von x' auf B OCh K^+ mit $U^+ \frown K^+ = \{x_1'\} \smile \{x_2'\} \smile \{x_3'\}$. Da $B(y_1|y_2)$ normal zu $\mathfrak{k}$ ist (Abschn. 3.2.5.3.), gelten der Monotonie- und Kontraktionssatz, die im folgenden angewandt werden.

Betr. Erstens. Der Punkt x_1'' möge, ausgehend von der Anfangslage x_1', monoton auf $B(y_1|y_2)$ gegen y_1 wandern und x_2'', x_3'', ausgehend von x_2', x_3', monoton gegen y_2. Dann sind nur die folgenden *beiden Fälle* denkbar: (I'). Es konvergiert x_1'' gegen ein $z \in \underline{B}(y_1|x_1')$, während x_2'' und x_3'' beide gegen y_2 konvergieren. — (II'). Es konvergiert x_1'' gegen y_1, während x_2'' und x_3'' in $B(x_2'|y_2)$ bleiben.

Betr. Fall (I'). (a) Es sei $K'' = K(x_2'', x_3'') \in \mathfrak{k}(x_2'') \frown \mathfrak{k}(x_3'')$ und es sei $\underline{B}' = \underline{B}(y_1|y_2)$ gesetzt. Da y_2 nicht $\mathfrak{k}$-singulär auf B ist (Abschn. 3.2.5.2.), existiert $P = \lim K''$ für $x_2'', x_3'' \to y_2$ und es ist P StützOCh an B in y_2. Außerdem ist $z \in B' \frown P$. Ferner ist $P \neq K$ für $K = K(y_1, y_2)$, weil y_2 (gemäß Abschn. 3.2.5.1.) Schnittpunkt von B mit K ist. — (b) Es liegt $\underline{B}'$ ganz auf der einen Seite von P. In der Tat: Da y_2 Stützpunkt von B mit P ist, liegt eine Umgebung U von y_2 auf B bis auf y_2 ganz auf einer der $\mathfrak{k}$-Seiten von P, wegen $P \neq K$ (vgl. (a)) also *Entweder* auf der gleichen oder auf der entgegengesetzten $\mathfrak{k}$-Seite von P wie y_1 und y_3. Außerdem enthält $\underline{B}' \frown P$ nur Schnittpunkte (vgl. Ziffer (II)), und zwar mindestens einen, nämlich z. Läge nun $\underline{B}'$ nicht ganz auf einer der $\mathfrak{k}$-Seiten von P, so wäre im Fall „Entweder" POW $(\underline{B}' \frown P) \geq 2$; daher existieren zu P benachbarte OCh P' mit POW $(B \frown P') \geq 4$, im Widerspruch zu POW $(B; \mathfrak{k}) = 3$. — Im Fall „Oder" hingegen ist sowohl $\underline{B}' \frown P \neq \emptyset$ als $\underline{B}(y_2|y_3) \frown P \neq \emptyset$ und es existieren wieder $P' \in \mathfrak{k}$, für die POW $(B \frown P') \geq 4$ ist.

Betr. Fall (II'). Man halte $y_1 = \lim x_1''$ fest und kontrahiere x_2'', x_3'', so daß $z'' = \lim x_2''$ wird. Dabei ist $z'' \in \underline{B}(x_2'|y_2)$. Es ist also z'' ein $\mathfrak{k}(y_1)$-singulärer Punkt. Außerdem ist $z'' \notin \underline{B}'' = \underline{B}(y_1|x')$; denn das zu $\mathfrak{k}$ normale $\underline{B}''$ enthält keine $\mathfrak{k}$-singulären Punkte, so daß POW $(\underline{B}''; \mathfrak{k}) = 2$

ist und folglich kein $\mathfrak{k}(y_1)$-singulärer Punkt in $\underline{B}''$ existiert. — Da nur Fall (II') auftreten kann, ist damit die Behauptung „Erstens" der Bemerkung bewiesen.

Betr. Zweitens. Man lasse x_1', x_2' gegen y_1 gehen und x_3' gegen y_2. Dabei kann x_3' nicht gegen y_2 konvergieren, also nur gegen einen Punkt von $\underline{B}(y_1|y_2)$. Andernfalls gibt es nämlich entweder eine StützOCh aus $\mathfrak{k}(y_2)$ an $\underline{B}(y_1|y_2)$ (im Widerspruch zu Ziffer (II)) oder K' konvergiert gegen $K \in \mathfrak{k}(y_1) \frown \mathfrak{k}(y_2)$ und es ist schließlich POW $(\underline{B} \frown K') \geq 4$, weil y_1 und y_2 Schnittpunkte von $\underline{B}$ mit K sind. — Dem eben Bewiesenen zufolge konvergiert also x_3' gegen einen Punkt von $\underline{B}(y_1|y_2)$, während $K' \in \mathfrak{k}(x_1') \frown \mathfrak{k}(x_2')$ gegen eine $\mathfrak{k}$-Paratingente an B in y_1 konvergiert.

3.2.5.5. Zusammenfassung des in Abschn. 3.2.5.1. bis 3.2.5.4. Bewiesenen ergibt den

Satz. *Voraussetzung Es sei B ein einfacher, $\mathfrak{k}$-beschränkter Bogen mit* POW $(B; \mathfrak{k}) = 3$. *Außerdem sei* $\mathfrak{k}$ n i c h t n o r m a l *bezüglich* B.

Behauptung. Es ist B Vereinigung von höchstens drei $\mathfrak{k}$-konvexen Bogen, und B besitzt höchstens einen $\mathfrak{k}$-singulären Punkt, und zwar (höchstens) einen $\mathfrak{k}$-Schnabel oder einen $\mathfrak{k}$-Wendepunkt, aber keinen $\mathfrak{k}$-Dorn.

Zusatz. Es gibt (nichtnormale) Bogen mit und ohne $\mathfrak{k}$-singulären Punkt.

Beweis (α). Es genügt zu zeigen, daß der in Abschn. 3.2.5.1. bis 3.2.5.4. benutzte Punkt $y_1 \in B$ als beliebig benachbart zu einem Endpunkt a von B gewählt werden kann. Denn $B(y_1|y_2)$ ist, weil normal mit höchstens einem $\mathfrak{k}$-singulären Punkt, Vereinigung (höchstens) zweier $\mathfrak{k}$-konvexer Bogen (vgl. Abschn. 3.2.5.4.), und $B(y_2|b)$ ist selbst $\mathfrak{k}$-konvex (vgl. Abschn. 3.2.5.1.). Außerdem ist y_2 $\mathfrak{k}$-regulär. — (β). Es kann aber y_1 als der vor y_3 liegende Endpunkt a von B gewählt werden. Denn die OCh $K' \in \mathfrak{k}(a) \frown \mathfrak{k}(y_3)$ ist (wenn $y_1 \neq a$) von $K \in \mathfrak{k}(y_1) \frown \mathfrak{k}(y_2)$ verschieden und hat mit $\underline{B}(y_1|y_2)$ genau einen Punkt y_2' gemeinsam (vgl. Abschn. 3.2.5.1.). Daher ist K' nicht normal bezüglich B mit den Punkten $y_1' = a$, y_2', $y_3' = y_3 \in B \frown K'$; und für zu K' beliebig benachbarte, geeignete OCh gilt alles, was in Abschn. 3.2.5.1. bis 3.2.5.4. für K bewiesen wurde.

Daß die Sätze über Bogen B mit POW $(B; \mathfrak{k}) = 3$ sich nicht aus Sätzen über Kurven C mit POW $(C; \mathfrak{k}) = 3$ zu ergeben brauchen, ist zu entnehmen aus der

Bemerkung. Es gibt (einfache) Bogen B mit POW $(B; \mathfrak{k}) = 3$, welche nicht zu Kurven C mit POW $(C; \mathfrak{k}) = 3$ erweiterbar sind.

Beispiel: Jeder Bogen in der euklidischen Ebene (mit stetiger Tangente), welcher genau drei Wendepunkte sowie den POW 3 besitzt und für welchen die Verbindungsgerade G seiner Endpunkte zugleich Tangente an den Bogen in jedem seiner Endpunkte ist, wobei die Halbtangente in jedem Endpunkt den anderen Endpunkt enthält (vgl. Fig. 11).

Der Bogen des Beispiels ist sogar *in keinem Bogen vom* POW 3 *als echter Teilbogen enthalten* (oder, wie man sagt, er ist *nicht echt ordnungsfest erweiterbar*). Wird bei Erweiterung ein Endpunkt zum Schnittpunkt mit G, so wird er 𝔨-singulär; der erweiterte Bogen enthält also mindestens 4 𝔨-singuläre Punkte und besitzt daher einen POW > 3.

3.2.5.6. Bisher wurden nur 𝔨-beschränkte Bogen B mit POW $(B;\mathfrak{k}) = 3$ betrachtet. Jetzt sollen alle nicht-𝔨-beschränkten B mit POW $(B;\mathfrak{k}) = 3$ bestimmt werden; sie erweisen sich als Limiten von aufsteigenden Folgen 𝔨-beschränkter Bogen B_n mit POW $(B_n;\mathfrak{k}) = 3$, deren jeder genau 2 „*𝔨-Wendepunkte im weiteren Sinne*" (i. w. S.) besitzt.

Fig. 11

Zur Abkürzung bezeichnen wir dabei als 𝔨-Wendepunkte i. w. S. jeden 𝔨-Schnabel einschließlich der 𝔨-Wendepunkte (und ausschließlich der 𝔨-Schnabelspitzen), während jeder 𝔨-Dorn, einschließlich der 𝔨-Dornspitzen, als *zwei* 𝔨-Wendepunkte i. w. S. gezählt wird.

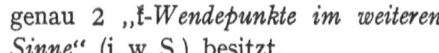

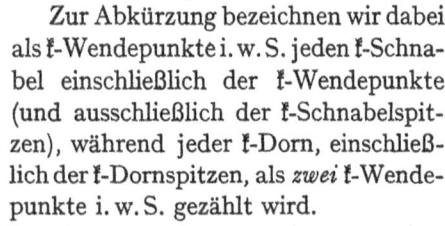

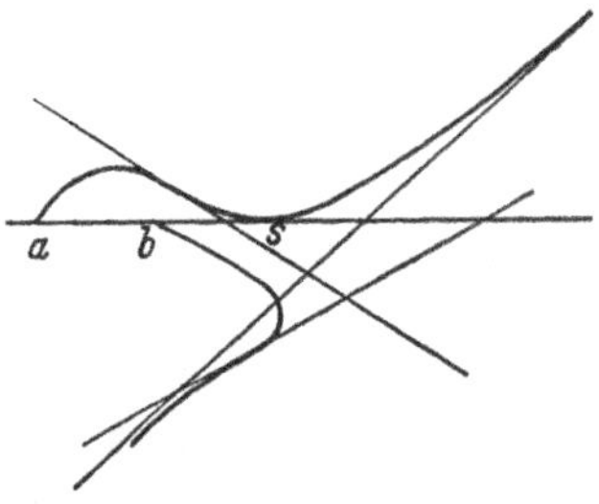

Fig. 12

Die gewünschte Bestimmung aller nicht-𝔨-beschränkten Bogen 3. Ordnung wird nun geleistet mit dem

Satz. *Voraussetzung. Es sei* $B = B(a|b)$ *ein einfacher Bogen mit* POW $(B;\mathfrak{k}) = 3$, *der nicht 𝔨-beschränkt ist.*

Behauptung (1). *Es besitzt B genau zwei 𝔨-Wendepunkte im weiteren Sinne.* — (2). *Es ist* $\{s\} = \underline{B} \cap K(a, b)$ *und s Stützpunkt von B auf der* OCh $K(a, b)$. *Dabei liegt s im abgeschlossenen, von den 𝔨-Wendepunkten i. w. S. begrenzten Teilbogen von B, der sich also bei Vorhandensein eines 𝔨-Dornes auf den Punkt s reduziert.* — (3). *Es ist B fast-𝔨-beschränkt, d. h.: Ist A eine beliebig kleine Umgebung von a auf B, so ist $(B - A)$ 𝔨-beschränkt.*

Zusatz. Es gibt der Voraussetzung genügende Bogen B. Sie lassen sich auf Grund der Behauptung (1) und (2) sämtlich konstruieren (vgl. Fig. 12).

Beweis. Es ist B stückweise 𝔨-konvex; denn B ist überdeckbar mit endlich vielen 𝔨-beschränkten Bogen von höchstens dem POW 3 und diese sind stückweise konvex (Abschn. 3.2.3. und 3.2.5.5.). Somit besitzt B nur endlich viele 𝔨-singuläre Punkte, etwa $w_1, \ldots, w_m$, $m \geq 0$.

Bezeichnung. Im gegenwärtigen Beweis lassen wir in „𝔨-beschränkt", „𝔨-Dorn" usw. das „𝔨-" meistens weg. — Für $x \in B$ werde mit $T(x)$ bezeichnet: Falls x End- oder Wendepunkt ist, die Tangente an B in x; wenn $x \in \underline{B}$ nicht-singulär ist, jede B in x lokal stützende OCh.

Für festes $x = x' \in B$ besitzt die Menge $\mathfrak{t}(x')$ der $T(x')$ genau ein Element, falls x' End- oder Wende- oder differenzierbarer Punkt ist; dagegen ist die Menge $\mathfrak{t}(x')$ im Falle eines (nichtdifferenzierbaren) Hutes x' homöomorph zu einer ($\mathfrak{k}$-)Strecke und es sei $\mathfrak{t}(x')$ dann jeweils als geeignet orientiert vorausgesetzt.

Als *AusnahmeOCh* (für B) werde die OCh $K(a, b)$ bezeichnet, wenn $\underline{B} \cap K(a, b)$ (genau) einen Stützpunkt enthält.

(A). Der Satz wird zunächst bewiesen unter der *speziellen Voraussetzung*: Die $\mathfrak{k}$-singulären Punkte von B seien sämtlich $\mathfrak{k}$-Wendepunkte (nicht i. w. S.); $w_1, \ldots, w_m$ mit a vor w_1 und w_μ vor $w_{\mu+1}$; $\mu = 1, \ldots, m-1$, falls $m \geq 2$.

(A I). Es sei $B' = B - \{x\}$ gesetzt. Wegen POW $(B; \mathfrak{k}) = 3$ und der Unbeschränktheit von B sind bezüglich $T(x)$ nur folgende Fälle denkbar: Ist x *Endpunkt*, so enthält $D = B' \cap T(x)$ entweder genau einen Schnittpunkt und dazu höchstens den anderen Endpunkt oder genau einen Stützpunkt und dazu stets den anderen Endpunkt. Ist x *Wendepunkt*, so enthält D, falls $D \neq \emptyset$, keinen Schnittpunkt, sondern höchstens einen Stützpunkt und höchstens Endpunkte. Ist x *weder Endnoch Wendepunkt* (also differenzierbar bzw. Hut), so enthält D keine Stützpunkte, sondern entweder genau einen Punkt, der Schnittpunkt ist, oder die beiden Endpunkte.

(A II). Es sei $w = w_u$ Wendepunkt und V bzw. H eine vordere bzw. hintere Umgebung von w auf B. Gemäß Abschn. 3.8.1., Folgerung (d), gilt für hinreichend kleine V, H: Ist $x \in \underline{V}$, so existiert ein (in $D = B' \cap T(x)$) einziger Schnittpunkt $s(x) \in \underline{H} \cap T(x)$. Bewegt sich x stetig und monoton auf $\underline{V}$ bzw. ändert sich entsprechend $T(x)$ (speziell in $\mathfrak{t}(x)$, wenn x Hut ist), so geht $s(x)$ nicht verloren und bleibt (einziger) Schnittpunkt in D, solange nicht entweder $s(x) = b$ oder $x = a$ wird. (Denn $s(x)$ kann nicht Stützpunkt werden, sondern höchstens mit x zusammenfallen.) Bewegt sich x gegen a so $s(x)$ (monoton und stetig) gegen b (und fällt dann nicht mit x zusammen), es sei denn, daß x einen Wendepunkt überschreitet, in welchem Fall $s(x)$ seine Bewegungsrichtung ändern würde.

(A III). Es ist $m \leq 2$. — Zunächst wird gezeigt: Für $m \geq 2$ ist $K(a, b)$ AusnahmeOCh mit einem Stützpunkt s zwischen w_1 und w_2; $(\{s\} = \underline{B} \cap K(a, b))$. — In der Tat: Wir starten mit einem x vor und nahe bei w_2. Gemäß (A II) liegt ein Schnittpunkt $s(x) \in B' \cap T(x)$ hinter w_2 und wandert gegen b, wenn x gegen w_1 geht. Ist x in hinreichende Nähe hinter w_1 gelangt, so existiert ein $s'(x) \in B' \cap T(x)$ nahe und vor w_1. Da aber $s'(x)$ Schnittpunkt ist und $B \cap T(x)$ nicht mehr als einen Schnittpunkt erhalten kann, ist $s(x)$ verlorengegangen, also über b hinausgerückt. Mithin gibt es ein $x' \in \underline{B}(w_1 | w_2)$ mit $s(x') = b$. Gemäß (A I) ist dann $T(x') = K(a, b)$ mit dem Stützpunkt x'.

Ist nun $m \geq 3$ und wendet man die vorstehende Überlegung auf w_2 und w_3 an, so folgt die Existenz eines $x'' \in \underline{B}(w_2|w_3)$ mit $K(a, b) = T(x'') = T(x')$. Da aber $x' \neq x''$ (wegen $\underline{B}(w_1|w_2) \cap \underline{B}(w_2|w_3) = \emptyset$), ergibt sich ein Widerspruch mit (A I).

(A IV). Es ist sogar $m = 2$. — Zunächst nämlich ist $m > 0$; denn für $m = 0$ ist B eine Spirale, also beschränkt (gemäß Abschn. 3.8.2.). Aber auch für $m = 1$ ist B beschränkt. Indirekt schließend, nehmen wir B als nichtbeschränkt an. Es sei $K = K(a, b)$ gesetzt. Wegen POW $(B; \mathfrak{k}) = 3$ und der Unbeschränktheit von B ist $\underline{B} \cap K = \{p\}$ einpunktig.

(A IV 1). Es ist p Schnittpunkt. In der Tat: Andernfalls ist p Stützpunkt und folglich $K = T(p) \in \mathfrak{t}(p)$ sowie $w \neq p$, wenn w der (einzige) Wendepunkt von B. Setzt man $B' = B(a|p)$ und $B'' = B(p|b)$, so ist o. B. d. A. $w \in \underline{B}'$, Wir starten mit einem zu w hinreichend benachbarten x hinter w. Dann enthält $\underline{B}(a|w) \cap T(x)$ einen Schnittpunkt z nahe bei und vor w; und wegen POW $(B; \mathfrak{k}) = 3$ ist sogar $\{z\} = (\underline{B} - \{x\}) \cap T(x)$. Gemäß (A II) bewegt sich z gegen a, wenn x gegen b wandert; solange noch $x \in \underline{B}$ ist und x seine Bewegungsrichtung nicht ändert, geht z höchstens dadurch verloren, daß $z = a$ wird. Für $x = p$ bzw. $T(x) = T(p)$ wird aber $z = a$. Da $p \neq w$, also regulärer Punkt ist, ändert $T(x)$ beim Durchgang durch $T(p)$ seine Bewegungsrichtung nicht, also tut dies auch z nicht und geht damit verloren. Für zu p bzw. zu $T(p)$ entsprechend hinreichend benachbarte x hinter p, bzw. $T(x)$ existiert mithin gemäß (A I) ein zu b beliebig benachbarter Schnittpunkt $\{y\} = \underline{B}(x|b) \cap T(x)$. Es bewegt sich daher $y \in \underline{B}''$ zunächst, also gemäß (A II) überhaupt, gegen a und damit dem x entgegen, solange x gegen b geht und keinen Wendepunkt überschreitet. Wegen $w \notin B''$ kommen daher x und y einander beliebig nahe, im Widerspruch zu $w \notin B''$. — Somit ist p Schnittpunkt.

(A IV 2). Gemäß (A IV 1) ist $p \in B \cap K(a, b)$ Schnittpunkt, ferner ist $\underline{B}''$ frei von Wendepunkten sowie $\underline{B}'' \cap K = \emptyset$, wenn $K = K(a, b)$. — Daher ist B'' beschränkt (Abschn. 3.1.3.1.) sowie konvex (Abschn. 3.7., Hilfssatz 3). Ist H die konvexe Hülle von B'', so ist $H \cap K = K(p|b) \subset K(a, b)$ und $H_g = B'' \cup K(p|b)$ die Begrenzung von H. Es gilt nun $a \in \underline{K}(p|b)$; denn andernfalls existiert eine OCh K' durch a, welche StützOCh von H und damit (wegen $B'' \subset H_g$) auch von $\underline{B}''$ ist, und da wegen der Unbeschränktheit von B ebenfalls $b \in K'$ sein müßte (A I)), ergibt sich ein Widerspruch, falls $a \notin \underline{K}(p|b)$.

(A IV 3). Zufolge (A IV 2) ist $B'' \subset D''$, wobei D'' eines der beiden von K und $T(p)$ begrenzten, abgeschlossenen Dieder bezeichnet. Es sei D' das zu D'' komplementäre, also offene, Dieder. Eine Umgebung A von a auf $\underline{B}'$ liegt in D'; andererseits liegt, da p Schnittpunkt von $\underline{B}$ und K ist, eine Umgebung P von p auf $\underline{B}'$ in D'' bzw. in D', je nachdem

p Wendepunkt ist oder nicht. Beachtet man, daß $\underline{B}' \cap K = \emptyset$ ist (weil sonst POW $(B \cap K) \geq 4$ wäre), so ergibt sich: Ist p Wendepunkt, so folgt aus $A \subset D'$ und $P \subset D''$, daß $R = \underline{B}' \cap T(p)$ Schnittpunkte enthält, was damit unvereinbar ist, daß $T(p)$ Wendetangente und daß POW $(B; \mathfrak{k}) = 3$ ist. Es ist also p nicht Wendepunkt. Dann gilt wieder $R = \emptyset$; denn aus $R \neq \emptyset$ folgt die Existenz mindestens eines, also wegen $A \cup P \subset D'$ mindestens zweier Schnittpunkte in $\underline{B}' \cap T(p)$ (Stützpunkte außer p können ja nicht auf $T(p)$ liegen) und damit ein Widerspruch zu POW $(B; \mathfrak{k}) = 3$. Wegen $R = \emptyset$ ist $T(p)$ globale StützOCh von B in p. Es gibt daher zu $T(p)$ benachbarte OCh, die zu B fremd sind, im Widerspruch zur vorausgesetzten Unbeschränktheit von B.

(A V). Gemäß (A IV 1) bis (A IV 3) ist $m = 2$. Gemäß (A III) ist $K = K(a, b)$ AusnahmeOCh mit Stützpunkt $s \in \underline{B}(w_1|w_2)$. Ist ferner V beliebig kleine Umgebung auf B etwa von a, so ist $(B - V) \cap K = \{s\} \cup \{b\}$. Da aber s Stütz- und b Endpunkt ist, gibt es zu K beliebig benachbarte zu $B - V$ fremde OCh. Damit ist die Behauptung (1) bis (3) des Satzes in Abschn. 3.2.5.6. für den Fall (A) bewiesen. Der Zusatz folgt vermöge Behauptung (1) und (2).

(B). Es ist noch zu zeigen, daß der Satz (Abschn. 3.2.5.6.) auch dann gilt, wenn B von Wendepunkten verschiedene Schnäbel oder Dorne enthält. Es sei also $B = B(a|b)$ unbeschränkt mit POW $(B; \mathfrak{k}) = 3$. Wir betrachten $D = \underline{B} \cap K$, wobei $K = K(a, b)$ ist. Wegen der Unbeschränktheit von B ist $D \neq \emptyset$. Es sei $t \in D$; ferner sei t nicht regulär auf B, aber nicht Wendepunkt. Ist t Stützpunkt, so verwandelt man t vermöge des in Abschn. 3.2.8.2. gegebenen Verfahrens in einen regulären Punkt, wobei K StützOCh in t ist und $B - U$ ungeändert bleibt, unter U eine (beliebig kleine) Umgebung von t auf B verstanden, die außer t nur reguläre Punkte von B enthält. Bei evtl. vorhandenen Schnittpunkten $t \in D$ arbeitet man mit einer StützOCh $K^* \neq K$ an B in t und mit einem U, für welches $(\bar{U} - \{t\}) \cap K = \emptyset$ ist. Diese Konstruktion führt man für alle derartigen Punkte $t \in D$ aus, und zwar mit paarweise fremden $\bar{U}$, für die auch $a, b \notin \bar{U}$. Man erhält so (vgl. auch Abschnitt 3.2.8.2., Ergebnis) einen unbeschränkten Bogen $B' = B'(a|b)$ mit POW $(B'; \mathfrak{k}) = 3$ derart, daß alle von Wendepunkten verschiedenen Punkte von $B' \cap K$ regulär auf B' sind; außerdem besitzen B und B' gleichviel Wendepunkte i. w. S. Die von Wendepunkten verschiedenen singulären Punkte von B' bzw. paarweise fremde Umgebungen V von ihnen werden jetzt gemäß Abschn. 3.2.8.1., durch nur Wendepunkte enthaltende Bogen V' ersetzt, wobei $a, b \notin \bar{V}$ für alle V. Bei beliebig kleinen V erhält man eine Folge von Bogen $B'_n = B'_n(a|b)$ mit POW $(B'_n; \mathfrak{k}) = 3$ und mit nur Wendepunkten, wobei $B' = \lim B'_n = \lim B'_n \cap B'$; es besitzt B' ebenso viele Wendepunkte i. w. S. wie B'_n Wendepunkte. Sind t_ϱ die Punkte von $\underline{B}' \cap K$, $\varrho = 1, \ldots, r$, so gibt es gemäß der

Konstruktion der B' und B'_n Umgebungen W_a, W_b, W_ϱ von a bzw. b bzw. t_ϱ derart, daß $W = \overline{W}_a \cup \overline{W}_b \cup \overline{W}_1 \cup \cdots \cup \overline{W}_r \subset B' \cap B'_n$ für alle n. Wegen der Unbeschränktheit von B' gibt es daher eine $\mathfrak{k}$-Umgebung $\mathfrak{w}$ von K derart, daß $W \cap K' \neq \emptyset$ für jedes $K' \in \mathfrak{w}$; es ist also auch $B'_n \cap K' \neq \emptyset$ für alle n. Daraus folgt, daß die B'_n schließlich alle unbeschränkt sind. Andernfalls nämlich gibt es unendlich viele B'_n, die wir wieder einfach mit B'_n bezeichnen, und zu jedem B'_n eine OCh K'_n mit $B'_n \cap K'_n = \emptyset$, $n = 1, 2, \ldots$. Durch evtl. Übergang zu einer Auswahlfolge kann erreicht werden, daß $K'' = \lim K'_n$ existiert; wegen der Kompaktheit von $\mathfrak{k}$ ist $K'' \in \mathfrak{k}$. Es ist aber $K'' = K$; denn zufolge $B' \cap K'' \neq \emptyset$ und der Definition von B'_n und K'' ist $a, b \in K''$. Wegen $K'' = K$ ist aber $K'_n \in \mathfrak{w}$ für schließlich alle n und somit $B'_n \cap K'_n \supset W \cap K'_n \neq \emptyset$; Widerspruch. Ist aber z. B. B'_n unbeschränkt, so hat B'_n gemäß (A) genau zwei Wendepunkte i. w. S., also auch B' und B; ferner ist K Ausnahme-OCh von B'_n und damit von B' und B. Ebenso ergibt sich die Behauptung betr. die Lage des Stützpunktes $s \in B \cap K$. Damit ist der Satz in Abschn. 3.2.5.6. bewiesen.

3.2.6. Kurven ohne Verzweigungspunkte

Wir betrachten jetzt einfache *Kurven* C mit POW $(C; \mathfrak{k}) = 3$.

3.2.6.1. *Es ist C nicht $\mathfrak{k}$-beschränkt.* Denn andernfalls ist POW $(C; \mathfrak{k}) \equiv 0 \pmod 2$, also POW $(C; \mathfrak{k}) \neq 3$.

Indes läßt sich die Untersuchung von C zurückführen auf die eines $\mathfrak{k}$-beschränkten einfachen Bogens B mit POW $(B; \mathfrak{k}) = 3$. Wir zeigen nämlich:

(a). Jede Kurve C mit POW $(C; \mathfrak{k}) = 3$ ist darstellbar als $C = B \cup U$, wobei $B \cap \overline{U} = \emptyset$ und *B Teilbogen von C mit* POW $(B; \mathfrak{k}) = 3$, ferner U beliebig kleine Umgebung eines Punktes $x \in C$ mit POW $(U; \mathfrak{k}) = 2$ (es ist also x ein $\mathfrak{k}$-regulärer Punkt von C). Es ist B *$\mathfrak{k}$-beschränkt* (Abschnitt 3.2.5.6.).

Beweis. Es gibt OCh K mit POW $(C \cap K) = 3$. Ist $x' \in C - C \cap K$, so gibt es eine Umgebung U' von x' auf C mit $\overline{U}' \cap (C \cap K) = \emptyset$. Dann ist $B' = C - U'$ ein einfacher Bogen mit POW $(B'; \mathfrak{k}) = 3$. Gemäß Abschn. 3.2.4. und Abschn. 3.2.5.5., Satz, gibt es Punkte $x \in \underline{B}'$ mit Umgebungen U derart, daß $\overline{U} \subset \underline{B}' - C \cap K$ und POW $(U; \mathfrak{k}) = 2$. Ein solches x, U genügt der Behauptung.

(b). Bezüglich eines Teilbogens B von C im Sinne von (a) ist $\mathfrak{k}$ *normal.*

Beweis. Andernfalls liegt für ein geeignetes $K \in \mathfrak{k}$ mit $B \cap K = \{y_1\} \cup \{y_2\} \cup \{y_3\}$ ein Endpunkt b von B in einem $\mathfrak{k}$-beschränkten Gebiet Q, begrenzt von einem Teilbogen $B(y_1|y_2)$ und $K(y_1|y_2)$ (vgl. Abschn. 3.2.5.1.). Da $C \cap \underline{K}(y_1|y_2) = \{y_3\}$ und da andererseits C, weil

Kurve, das Gebiet Q über b hinaus wieder verläßt, also mit $\underline{K}(y_1|y_2)$ noch einen Punkt (außer y_3) gemeinsam hat, ergibt sich ein Widerspruch.

(c). *Jede einfache Kurve C mit* POW $(C; \mathfrak{k}) = 3$ *besitzt den Punktindex* 1 (vgl. Abschn. 3.5.).

Beweis. Gemäß (a) gibt es $\mathfrak{k}$-konvexe Teilbogen U von C und daher (gemäß Abschn. 3.1.5.2. und 3.1.5.3.) StützOCh K' in jedem $x' \in \underline{U}$ an U. Da C nicht $\mathfrak{k}$-beschränkt und POW $(C; \mathfrak{k}) = 3$ ist, enthält $D = (C - \{x'\}) \cap K'$ genau einen Punkt x''; es ist x'' Schnittpunkt von K' mit C. In der Tat: Aus $D = \emptyset$ würde die $\mathfrak{k}$-Beschränktheit von C folgen. Enthält ferner D mindestens einen Stützpunkt oder mindestens zwei Schnittpunkte, so gibt es zu K' beliebig benachbarte OCh K'' mit POW $(C \cap K'') \geq 4$. Es gibt zu K' beliebig benachbarte $K'' \in \mathfrak{k}(x'')$ mit $\{x''\} = C \cap K''$, wobei x'' Schnittpunkt von C mit K'' ist. Das war zu zeigen.

3.2.6.2. Wir betrachten einen ($\mathfrak{k}$-beschränkten) Teilbogen B von C mit POW $(B; \mathfrak{k}) = 3$ im Sinne von Abschn. 3.2.6.1., (b). Gemäß Abschnitt 3.2.4. besitzt B höchstens drei $\mathfrak{k}$-singuläre Punkte. Da POW $\big((C - \underline{B}); \mathfrak{k}\big) = 2$ ist, besitzt auch C selbst höchstens 3 $\mathfrak{k}$-singuläre Punkte. Wir zeigen, daß genau 3 solche Punkte auf C vorhanden sind.

(I). Es besitzt C *mindestens zwei* $\mathfrak{k}$-singuläre Punkte.

Beweis. Da $\mathfrak{k}$ normal ist bezüglich $B = C - U$ (Abschn. 3.2.6.1., (b)) existiert (Abschn. 3.2.3., Hilfssatz 2) mindestens ein $\mathfrak{k}$-singulärer Punkt y' auf $\underline{B}$. Definitionsgemäß gibt es in beliebiger Nähe von y' Punkte y'_i und $K' \in \mathfrak{k}$ mit $B \cap K' = \{y'_1\} \cup \{y'_2\} \cup \{y'_3\}$, wobei y'_j vor y'_{j+1} liegt (auf C). Außerdem können wir annehmen, daß die y'_i von y' verschieden sind. Ist nun U'' eine Umgebung von y' auf C mit zu den y'_i fremden $\bar{U}''$, so ist $B'' = C - U''$ wieder ein Teilbogen von C mit POW $(B''; \mathfrak{k}) = 3$ und $\mathfrak{k}$ ist normal bezüglich B''. Somit enthält auch $\underline{B}''$ mindestens einen $\mathfrak{k}$-singulären Punkt y''.

(II). Ist $K \in \mathfrak{k}$, so ist $P_2 - K = \boldsymbol{C}(K)$ orientierbar, was für P_2 selbst nicht gilt; es sei eine Orientierung von $\boldsymbol{C}(K)$ festgelegt. Weiter sei A ein bezüglich K $\mathfrak{k}$-beschränkter $\mathfrak{k}$-konvexer Bogen; es sei A mit einem Durchlaufungssinn versehen (d. h. orientiert). Irgend drei Punkte $z_i \in A$, $i = 1, 2, 3$, wobei z_j vor z_{j+1} auf A liegt ($j = 1, 2$,) folgen dann entweder stets im Sinne der Orientierung von $\boldsymbol{C}(K)$ aufeinander oder im entgegengesetzten Sinne; je nachdem werde abkürzend A als *positiv* oder *negativ* im Sinne der Orientierung von $\boldsymbol{C}(K)$ bezeichnet. Es gilt nun (wie unmittelbar zu verifizieren):

Ist F ein einfacher Bogen und $y \in F$ $\mathfrak{k}$-singulär sowie gemeinsamer Endpunkt der beiden $\mathfrak{k}$-konvexen Bogen A', A'', so sind A' und A'' vom gleichen oder entgegengesetzten Vorzeichen, je nachdem y ein $\mathfrak{k}$-Dorn ist oder nicht (also ein $\mathfrak{k}$-Schnabel oder $\mathfrak{k}$-Wendepunkt).

(III). Wir *wählen* K in (II) *als ein* K'' gemäß Abschn. 3.2.6.1., (c). Es enthält also $C \cap K''$ *nur einen Punkt* x'', und dieser ist *Schnittpunkt von* C *mit* K''. Dabei kann o. B. d. A. angenommen werden, *daß* x'' $\mathfrak{k}$*-regulär ist*; da nämlich nur endlich viele $\mathfrak{k}$-singuläre Punkte auf C existieren (nämlich höchstens 3; vgl. oben), so gibt es zu K'' beliebig benachbarte K mit $C \cap K = \{z\}$, wobei z zu x'' beliebig benachbart, $\mathfrak{k}$-regulär und Schnittpunkt ist (vgl. Abschn. 1.3.4.).

In $\mathbf{C}(K'')$ wird eine Orientierung festgesetzt und ebenso für C ein Durchlaufungssinn. Es enthält $B' = C - C \cap K'' = C - \{x''\}$ höchstens 3 $\mathfrak{k}$-singuläre Punkte, wobei ein $\mathfrak{k}$-Dorn für 2 $\mathfrak{k}$-singuläre Punkte zählt (Abschn. 3.2.4.). Somit ist B Vereinigung von höchstens 4 bis auf Endpunkte paarweise fremde $\mathfrak{k}$-konvexe Bogen, wenn B'' ein abgeschlossener, sämtliche $\mathfrak{k}$-singuläre Punkte im Innern enthaltender Teilbogen von B' ist; es ist $B'' \subset \mathbf{C}(K'')$. Da P_2 nicht orientierbar ist, gilt für die Anzahl s der Vorzeichenwechsel der $\mathfrak{k}$-konvexen Teilbogen von B'' beim Durchlaufen von C, daß $s \equiv 1 \pmod 2$. Somit ist $s = 1$ oder $s = 3$. Da mindestens 2 $\mathfrak{k}$-singuläre Punkte vorhanden sind (Ziffer I), wobei ein $\mathfrak{k}$-Dorn zweifach zählt, ist $s = 1$ nur möglich, wenn 1 $\mathfrak{k}$-Dorn und 1 $\mathfrak{k}$-Schnabel bzw. 1 $\mathfrak{k}$-Wendepunkt vorliegt. Im Falle $s = 3$ hingegen existieren insgesamt 3 $\mathfrak{k}$-Schnäbel bzw. $\mathfrak{k}$-Wendepunkte.

(IV). Aus (I) bis (III) folgt der

Satz. *Voraussetzung. Es sei* C *eine einfache Kurve in* P_2 *mit* POW $(C; \mathfrak{k}) = 3$.

Behauptung (1). *Es besitzt* C *genau drei* $\mathfrak{k}$*-singuläre Punkte, wobei ein* $\mathfrak{k}$*-Dorn* (*insbesondere eine* $\mathfrak{k}$*-Dornspitze*) *für zwei solche Punkte zu zählen ist.*

(2). *Es ist* C *darstellbar als Vereinigung von zwei oder drei bis auf* $\mathfrak{k}$*-singuläre Endpunkte paarweise fremde* $\mathfrak{k}$*-konvexe Bogen, je nachdem* C *einen* $\mathfrak{k}$*-Dorn besitzt oder nicht besitzt.*

3.2.7. Kurven mit Verzweigungspunkten

Zum Schlusse betrachten wir Kurven C mit POW $(C; \mathfrak{k}) = 3$, wobei C nicht einfach ist, also der Träger $Tr(C)$ von C Verzweigungspunkte (i. S. d. topol. Kurventheorie (vgl. MENGER [2]) besitzt. Es handelt sich dabei aber um „*Durchlaufungskurven*" C, d. h. um eindeutige stetige Bilder der Kreisperipherie mit der Eigenschaft, daß *kein Teilbogen von* $Tr(C)$ *mehrfach durchlaufen* wird (d. h. fremde Kreisbogen als Urbilder besitzt). Da C Kurve ist, besitzt demgemäß $Tr(C)$ *keine Endpunkte* (i. S. d. topol. Kurventheorie). Man beachte noch, daß es sich hier um *Punkt*ordnungs-, nicht um *Stellen*ordnungswerte handelt (vgl. etwa Abschn. 5.1.2.1.).

I. Es ist in $Tr(C)$ *genau ein Verzweigungspunkt* vorhanden.

Nämlich: In jedem Verzweigungspunkt v von $Tr(C)$ münden mehr als 2 $\mathfrak{k}$-beschränkte Teilbogen von $Tr(C)$, die bis auf v paarweise fremd sind; wegen POW $(C; \mathfrak{k}) = 3$ ist der Durchschnitt eines solchen Teilbogens mit beliebigen $K \in \mathfrak{k}$ endlich. Sind daher v', v'' zwei Verzweigungspunkte von $Tr(C)$ und ist $v', v'' \in K \in \mathfrak{k}$, so gibt es je zwei in v' bzw. v'' mündende Teilbogen, welche bis auf v' bzw. v'' in einer Umgebung von v' bzw. von v'' je ganz auf der gleichen $\mathfrak{k}$-Seite von K liegen (man kann ja hier in einem $\mathfrak{k}$-beschränkten Bereich operieren). Folglich gibt es in beliebiger Nachbarschaft von K solche $K' \in \mathfrak{k}$, für welche POW $(C \frown K') \geq 4$ ist entgegen der Voraussetzung.

II. Es sei also v der (einzige) Verzweigungspunkt von $Tr(C)$. Einfache Teilbogen von $Tr(C)$, die in v münden und bis auf v paarweise fremd sind, können als $\mathfrak{k}$-konvex angenommen werden; denn jeder dieser einfachen Bogen hat einen POW ≤ 3, setzt sich also aus endlich vielen $\mathfrak{k}$-konvexen Bogen zusammen (vgl. Abschn. 3.2.4. sowie Abschn. 3.2.5.5.).

Im Verzweigungspunkt v von $Tr(C)$ münden höchstens 4 Bogen. In der Tat: Andernfalls münden in v mindestens 5 ($\mathfrak{k}$-konvexe) Bogen B_i, $i = 1, \ldots, 5$. Es sei T die $\mathfrak{k}$-Tangente an B_1 in v (gemäß Abschn. 3.1.6., 1. Satz, Behauptung (1)). Höchstens 3 der $B_i - \{v\}$ können auf der gleichen (offenen) $\mathfrak{k}$-Seite von T liegen; denn sonst gibt es zu T beliebig benachbarte OCh K' mit POW $(C \frown K') \geq 4$. Demgemäß liegen mindestens zwei der B_i, etwa B_4 und B_5, auf der entgegengesetzten $\mathfrak{k}$-Seite von T wie B_1. — Wir unterscheiden: 1. Fall. Es ist v Wendepunkt von $B_4' = B_1 \smile B_4$ oder (bzw. und) von $B_5' = B_1 \smile B_5$, so daß v Schnittpunkt von B_4' oder (bzw. und) von B_5' mit T ist. In diesem 1. Fall gibt es zu T benachbarte OCh K' mit POW $((B_4' \smile B_5') \frown K') \geq 4$ entgegen der Voraussetzung, daß POW $(C; \mathfrak{k}) = 3$. — 2. Fall. Es liegt der 1. Fall nicht vor. Wegen der $\mathfrak{k}$-Konvexität von B_1 gibt es zu T beliebig benachbarte $K'' \in \mathfrak{k}(v)$, deren jede mit $\underline{B}_1$ je einen zu v beliebig benachbarten Schnittpunkt y gemeinsam hat. Im 2. Fall liegen außerdem $\underline{B}_1(v|y)$ und $B_{45} = \underline{B}_4 \smile \underline{B}_5$ auf verschiedenen Seiten von K'', falls K'' hinreichend benachbart zu T ist. Daher gibt es $K \in \mathfrak{k}(y)$ mit POW $(\underline{B}_1 \frown K) = 2$ und mit POW $(B_{45} \frown K) \geq 2$, im Widerspruch zur Voraussetzung.

Im Verzweigungspunkt von $Tr(C)$ münden mindestens 4 Bogen. Münden nämlich nur 2 Bogen, so ist v kein Verzweigungspunkt. Münden genau 3 Bogen, so muß einer von ihnen beim Durchlaufen von C (mindestens) zweimal durchlaufen werden, was nach der Voraussetzung ausgeschlossen ist.

Das Ergebnis dieser Ziffer II läßt sich so zusammenfassen:

Es besitzt C nur einen einzigen mehrfachen Punkt v. In v münden genau vier Teilbogen von C (die, wenn hinreichend klein gewählt, paarweise bis auf v fremd und *$\mathfrak{k}$-konvex* sind). — *Ist T die Tangente in v*

an irgendeinen dieser vier Bogen, etwa an B, so liegt höchstens einer der übrigen drei Bogen (bis auf v) auf der entgegengesetzten $\mathfrak{k}$-Seite von T wie B.

III. Nunmehr läßt sich der folgende Satz beweisen:

Satz. *Voraussetzung. Es sei C eine Kurve mit* POW $(C; \mathfrak{k}) = 3$. *Es besitze C (genau) einen mehrfachen Punkt (d. h. Verzweigungspunkt des Trägers von C).*

Behauptung (1). *Der Träger $Tr(C)$ von C ist Vereinigung aus einer einfachen Kurve C' mit* POW $(C'; \mathfrak{k}) = 3$ *und aus einer einfachen Kurve C'' mit* POW $(C''; \mathfrak{k}) = 2$, *so daß ein $K_0 \in \mathfrak{k}$ existiert mit $C'' \subset \mathbf{C} K_0$.*

(2). *Es besitzt C' genau einen $\mathfrak{k}$-Dorn (und einen $\mathfrak{k}$-Schnabel oder einen $\mathfrak{k}$-Wendepunkt); und zwar liegt dieser $\mathfrak{k}$-Dorn im mehrfachen Punkt v von C. (Es liegt keine $\mathfrak{k}$-Dornspitze vor.)*

(3). *Es ist $C' \cap C'' = \{v\}$. Es liegt C'' im $\mathfrak{k}$-Scheitelwinkel desjenigen $\mathfrak{k}$-Winkels, der von den $\mathfrak{k}$-Halbtangenten (bezüglich K_0) an C' in v begrenzt wird und fremd ist zu $C' - \{v\}$.*

Beweis (1). Zufolge Ziffer II wird der Träger $Tr(C)$ von C durch v zerlegt in zwei einfache Kurven, welche nur den Punkt v gemeinsam haben, etwa in Kurven C' und C''. *Von diesen besitzt genau eine,* etwa C', *den* POW 3 *und die andere,* etwa C'', *den* POW 2.

In der Tat: Andernfalls ist entweder POW $(C'; \mathfrak{k}) =$ POW $(C''; \mathfrak{k}) = 2$ oder POW $(C'; \mathfrak{k}) =$ POW $(C''; \mathfrak{k}) = 3$. — In beiden Fällen gibt es OCh, welche mit $Tr(C) = C' \cup C''$ mindestens 4 Punkte gemeinsam haben. Man sieht dies so ein: Im ersten Fall verbinde man einen Punkt von C' mit einem von C'' durch eine OCh K; in beliebiger Nähe von K gibt es dann OCh K' mit POW $(C \cap K') \geq 4$. — Im zweiten Falle hat jede OCh mit C' mindestens einen Punkt gemeinsam, weil C' den Punktindex 1 besitzt (Abschn. 3.2.6.1., (c)); insbesondere ist also für jedes $K \in \mathfrak{k}$ mit POW $((C'' - \{v\}) \cap K) = 3$ zugleich POW $(C' \cap K) \geq 1$, woraus POW $(C \cap K) \geq 4$ folgt.

(2). Es sei also etwa POW $(C'; \mathfrak{k}) = 3$ und POW $(C''; \mathfrak{k}) = 2$. Es ist C'' $\mathfrak{k}$-beschränkt (Abschn. 3.1.5.3., Satz 3).

Es seien nun A', B' $\mathfrak{k}$-konvexe Teilbogen von C', die in v münden; ferner sei Th'_a bzw. Th'_b die $\mathfrak{k}$-Halbtangente in v an A' bzw. an B' und T'_a bzw. T'_b die zugehörige $\mathfrak{k}$-Tangente, d. h. der Träger dieser $\mathfrak{k}$-Halbtangente. Entsprechend seien A'' bzw. B'' in v mündende $\mathfrak{k}$-konvexe Teilbogen von C'' und Th''_a, T''_a bzw. Th''_b, T''_b die $\mathfrak{k}$-Halbtangente bzw. $\mathfrak{k}$-Tangente an A'' bzw. an B'' in v.

Es ist $(C'' - \{v\}) \cap T'_a = \emptyset$ und $(C'' - \{v\}) \cap T'_b = \emptyset$. Denn andernfalls hat (wegen POW $(C''; \mathfrak{k}) = 2$ z. B. T'_a mit C'' zwei Schnittpunkte gemeinsam und gleiches gilt daher für alle zu T'_a hinreichend $\mathfrak{k}$-benachbarte OCh K; es gibt K mit POW $(A' - \{v\}) \cap K) = 2$, so daß POW $(C \cap K) \geq 4$ wird. Demzufolge liegt $C'' - \{v\}$ ganz auf der einen

$\mathfrak{k}$-Seite von T'_a und ebenso von T'_b. Gemäß Ziffer II liegt $C'' - \{v\}$ auf der gleichen $\mathfrak{k}$-Seite von T'_a bzw. T'_b wie $A' - \{v\}$ bzw. wie $B' - \{v\}$. Daher kann $B' - \{v\}$ nicht auf der gleichen $\mathfrak{k}$-Seite von T'_a liegen wie $A' - \{v\}$ und $A' - \{v\}$ nicht auf der gleichen $\mathfrak{k}$-Seite von T'_b wie B'; denn andernfalls liegen alle vier Bogen $A' - \{v\}, \ldots, B'' - \{v\}$ auf der gleichen Seite von z. B. T'_a.

Daraus folgt: $A' - \{v\}$ und $B' - \{v\}$ liegen in $\mathfrak{k}$-Scheitelwinkeln, die von Th'_a und $-Th'_b$ bzw. von Th'_b und $-Th'_a$ begrenzt werden. Ferner liegt $C'' - \{v\}$ in dem von $-Th'_a$ und $-Th'_b$ begrenzten $\mathfrak{k}$-Winkelraum.

Schließlich ist $D'_a = (C' - \{v\}) \cap T'_a = \emptyset$ und $D'_b = (C' - \{v\}) \cap T'_b = \emptyset$. Andernfalls nämlich enthielte z. B. D'_a genau einen Punkt y, der überdies Schnittpunkt mit C sein muß; denn es ist POW $(C; \mathfrak{k}) = 3$ vorausgesetzt und nach dem vorher Bewiesenen ist v Stützpunkt von $A' \cup C''$ mit T'_a. Ist nun z ein zu v hinreichend benachbarter Punkt von $C'' - \{v\}$, so hat $K' \in \mathfrak{k}(y) \cap \mathfrak{k}(z)$ mit C'' zwei und mit $\underline{A}'$ einen Punkt gemeinsam, woraus POW $(C \cap K') \geq 4$ und damit ein Widerspruch folgt. Somit ist $D'_a = \emptyset$ und ebenso $D'_b = \emptyset$.

Damit ist der Satz bewiesen.

Hinweis. Mit den vorstehend entwickelten Methoden lassen sich allgemein die Kontinua in einer $(E; \mathfrak{k})$-Geometrie mit POW $(A; \mathfrak{k}) = 3$ oder mit schwPOW $(A; \mathfrak{k}) = 3$ klassifizieren, insbesondere also auch „Bogen“ mit Doppelpunkten.

3.2.8. Ordnungsfeste Approximation. Bemerkung über den Begriff der Gestalt

Manchmal erscheint es zweckmäßig, statt vorgegebener Bogen bzw. Kurven beliebig oder hinreichend $\mathfrak{k}$-benachbarte des gleichen Ordnungswertes zu betrachten, die der jeweiligen Untersuchung bequemer zugänglich sind, insofern sie beispielsweise einfachere Singularitäten besitzen. Wir geben einige Beispiele.

3.2.8.1. Es sei B ein einfacher stückweise $\mathfrak{k}$-konvexer Bogen in einer $(E, \mathfrak{k})$-Geometrie. Es sei $t \in \underline{B}$ ein $\mathfrak{k}$-Dorn oder $\mathfrak{k}$-Schnabel; dabei seien $\mathfrak{k}$-Wendepunkte ausgeschlossen, aber $\mathfrak{k}$-Schnabelspitzen zugelassen (im Folgenden lassen wir „$\mathfrak{k}$-“ bei $\mathfrak{k}$-konvex usw. fort). Demgemäß existieren *konvexe* vordere bzw. hintere Umgebungen U bzw. V von t auf B. Für hinreichend kleine U, V ist POW $((U \cup V); \mathfrak{k}) = 3$ bzw. $= 4$ je nachdem t Schnabel oder Dorn bzw. Schnabelspitze ist; und außerdem kann $\bar{U} \cup \bar{V}$ als fremd zu einer Maximalsekante $M \in \mathfrak{k}$ angenommen werden (wobei also POW $(B; \mathfrak{k}) =$ POW $(B \cap M)$). Es gibt $u' \in \underline{U}$, $v' \in \underline{V}$ so, daß B in u' und v' differenzierbar und daß $B(u'|t) \cup B(t|v') = B'$ beschränkt, etwa $B' \subset E_0$, ist; es sei $K(u'|v') \subset K(u', v') \cap E_0$ und

o. B. d. A. $\underset{\sim}{B}' \cap K(u', v') = \emptyset$. Mit $N \subset E_0$ werde das von $B' \cup K(u'|v')$ begrenzte Gebiet bezeichnet. Ist $Th(u')$ bzw. $Th(v')$ die Halbtangente in u' bzw. in v' an B', so läßt sich gemäß Abschn. 3.1.6.1. ein Konvexbogen W' konstruieren mit folgenden Eigenschaften: Es ist $W' \subset N$ und $Th(u')$ bzw. $Th(v')$ die Halbtangente an W' in u' bzw. in v'. Wird $B'' = (B - B') \cup W'$ gesetzt, so gilt $\mathrm{POW}(B; \mathfrak{k}) = \mathrm{POW}(B \cap M) \leq \mathrm{POW}(B''; \mathfrak{k})$; andererseits ist bei $W' \cap K \neq \emptyset$ entweder $\gamma = \mathrm{POW}(W' \cap K) = 1$ und dann $\gamma' = \mathrm{POW}(B' \cap K) \geqq 1$ oder $\gamma = 2$ und $\gamma' \geqq 2$. Es ist daher auch $\mathrm{POW}(B''; \mathfrak{k}) \leq \mathrm{POW}(B; \mathfrak{k})$. Außerdem gibt es zu beliebig kleinem $\varepsilon > 0$ solche B'' (zu B), für die $B'' \in \mathfrak{u}(B; \varepsilon)$; man braucht nur B' so zu wählen, daß der Durchmesser von N kleiner als etwa $2^{-1}\varepsilon$ wird.

Ergebnis: Es ist $B'' \in \mathfrak{u}(B; \varepsilon)$ und $\mathrm{POW}(B''; \mathfrak{k}) = \mathrm{POW}(B; \mathfrak{k})$. An Stelle des Schnabels bzw. Dorns t besitzt B'' genau einen oder zwei Wendepunkte; in allen übrigen singulären Punkten stimmen B und B'' (genauer $B - B'$ und $B'' - W'$) überein.

Auch für Bogen mit mehrfachen Punkten ist die Abrundung anwendbar.

3.2.8.2. An zweiter Stelle besprechen wir ein Verfahren der ordnungsfesten Deformation, bestehend in der Verlegung von Schnäbeln und Dornen.

Es sei B ein einfacher, stückweise konvexer Bogen mit $\mathrm{POW}(B; \mathfrak{k}) = n$; ferner sei $t \in \underset{\sim}{B}$ ein Schnabel oder Dorn (aber kein Wendepunkt) und S eine (lokale) StützOCh an B in t. Mit V bzw. J sei eine vordere bzw. hintere konvexe Umgebung von t auf B bezeichnet.

Ist t Schnabel, so gilt bei geeigneter Wahl der Bezeichnung „vorn", „hinten", d. h. der Orientierung von B, und bei hinreichend kleinem J: Für jede OCh K' mit $\mathrm{POW}(J \cap K') = 2$ ist $\mathrm{POW}(V \cap K') = 1$ und ebenso für jede StützOCh $T(x)$ an J in $x \in \underset{\sim}{J}$. — Ist t Dorn, so gilt entsprechendes auch bei Änderung der Orientierung.

Wir setzen $U = V \cup J$ und $B' = B - U$. Es gibt nun beliebig nahe bei t solche $t' \in \underset{\sim}{J}$, daß die OCh $K(t, t')$ und dann auch alle OCh aus einer hinreichend kleinen $\mathfrak{k}$-Umgebung $\mathfrak{w}$ von $K(t, t')$ nur Schnittpunkte mit B' enthalten und daß die Anzahl dieser Schnittpunkte die gleiche ist für alle OCh aus $\mathfrak{w}$ (wegen der stückweisen Konvexität von B gibt es nämlich zunächst ein $K' = K(t, t')$, für welches $B' \cap K'$ nur Schnittpunkte enthält derart, daß diese sämtlich innere Punkte von konvexen Teilbogen von B sind; daraus folgt dann die Existenz eines $\mathfrak{w}$). Es sei $t' \in \underset{\sim}{J}$ derartig gewählt.

Es ist $\mathrm{POW}(B' \cap K) \leq n - 3$ für jedes $K \in \mathfrak{w}$. Denn $\mathrm{POW}(B' \cap K) = \mathrm{POW}(B \cap K) - \mathrm{POW}(U \cap K)$, wobei die linke Seite für alle $K \in \mathfrak{w}$ konstant ist; wegen $\mathrm{POW}(U \cap K) = 3$ für passendes $K \in \mathfrak{w}$ folgt die Behauptung.

Es kann und soll U, also auch $B(t|t')$, als beschränkt angenommen werden; dann sei H die konvexe Hülle von $B(t|t')$ und $K(t|t') = H \cap K(t, t')$. Man ersetze $B(t|t')$ durch einen Konvexbogen $F = F(t|t')$, der streckenfrei ist und von folgender Art: Es ist S StützOCh in t an $V \cup F$; aus POW $(F \cap K) = 2$ folgt $K \in \mathfrak{w}$ und es ist $T(x) \in \mathfrak{w}$ für jede StützOCh $T(x)$ an F in $x \in \underline{F}$ sowie für die Tangente $T(t)$, $T(t')$ an F in t bzw. t'; ferner ist POW $((J - \underline{B}(t|t')) \cap K) = 1$ für alle solchen K und für alle $K = T(x)$, $x \in F$, wobei dann $\underline{V} \cap K = \underline{V} \cap T(x) = \emptyset$.

Folgerungen. Für $U' = (U - \underline{B}(t|t')) \cup F$ gilt: Aus POW $(F \cap K) = 2$ folgt POW $(U' \cap K) = 3$, weil $U' \cap K = (\underline{V} \cap K) \cup ((J - \underline{B}(t|t')) \cap K) \cup (F \cap K)$; und ebenso folgt POW $(U' \cap T(x)) = 2$ für $x \in \underline{F}$. Weiter ist POW $(F \cap K) = 1$ für $K \neq T(x)$, $x \in \underline{F}$, gleichwertig mit POW $(B(t|t') \cap K) = 1$ für $K \neq T(y)$, $y \in \underline{B}(t|t')$; denn $B(t|t') \cup F$ ist eine konvexe Kurve.

Setzt man jetzt $B'' = (B - U) \cup U' = B' \cup U'$, so ergibt sich: POW $(B''; \mathfrak{k}) \leq$ POW $(B; \mathfrak{k})$.

Beweis. Für OCh K bzw. $T(x)$ mit POW $(F \cap K) = 2$ bzw. $x \in F$ ist $K, T(x) \in \mathfrak{w}$, also POW $(B' \cap K) \leq n - 3$ bzw. POW $(B' \cap T(x)) \leq n - 3$ sowie POW $(U' \cap K) = 3$ bzw. POW $(U' \cap T(x)) = 2$. — Für OCh K' mit POW $(F \cap K') = 1$, $K' \neq T(x)$, $x \in \underline{F}$, ist POW $(B(t|t') \cap K') = 1$, also POW $(B'' \cap K') =$ POW $((B - U) \cap K') +$ POW $((U - B(t|t')) \cap K') +$ POW $(F \cap K') =$ POW $(B \cap K')$. — Für $K'' \in \mathfrak{k}$ mit POW $(F \cap K'') = 0$ ist POW $(B'' \cap K'') =$ POW $((B - B(t|t')) \cap K'') \leq$ POW $(B \cap K'')$.

Außerdem gilt: *Aus* $B \cap K \neq \emptyset$ für ein $K \in \mathfrak{k}$, *folgt* $B'' \cap K \neq \emptyset$. Wird nämlich $F' = B(t|t')$ gesetzt, so gilt: Für $F' \cap K = \emptyset$ und $B \cap K \neq \emptyset$ ist $B'' \cap K \neq \emptyset$; für POW $(F' \cap K) = 1$ mit $K \neq T(x)$, $x \in \underline{F}'$ ist $F \cap K \neq \emptyset$, also $B'' \cap K \neq \emptyset$; für POW $(F' \cap K) = 2$ bzw. für $K = T(x)$, $x \in F'$ ist $V \cap K \neq \emptyset$, also wieder $B'' \cap K \neq \emptyset$.

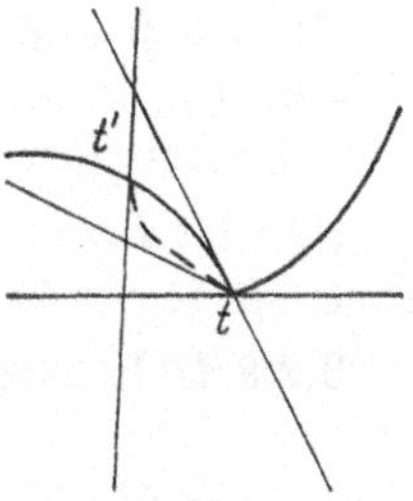

Fig. 13

Schließlich ist bei hinreichend kleinem U auch POW $(B''; \mathfrak{k}) = n$. Es gibt nämlich $M \in \mathfrak{k}$ mit POW $(B \cap M) = n$ und mit $t \notin M$; es gibt also U mit $\overline{U} \cap M = \emptyset$, und für solche ist POW $(B'' \cap M) = n$. Es ist t regulär und t' Schnabel auf B'' (vgl. Fig. 13).

Ist t Dorn (und nicht Schnabel) auf B, so t Schnabel auf B''. Wendet man das obige Verfahren auf B'' und t an, so ergibt sich ein $B^* = B^*(a|b)$, welches in beliebig kleiner Umgebung von t zwei Schnäbel besitzt, zwischen denen t liegt.

Ergebnis: Ist t Dorn oder Schnabel auf $B = B(a|b)$, ferner S lokale StützOCh an B in t, so gibt es Bogen $B^* = B^*(a|b)$ mit POW $(B^*; \mathfrak{k}) =$ POW $(B; \mathfrak{k})$, welche nur in beliebig kleiner Umgebung von

t von B verschieden sind, in t lokal von S gestützt werden und auf welchen t regulärer Punkt ist, in dessen beliebig kleiner Nähe auf B^* 1 bzw. 2 Schnäbel von B^* liegen; im Falle zweier solcher Schnäbel liegt t zwischen ihnen. Schließlich ist B^* nicht beschränkt, wenn dies für B gilt (denn aus $B \cap K \neq \emptyset$ folgt $B^* \cap K \neq \emptyset$; es ist aber $B \cap K \neq \emptyset$ für jedes $K \in \mathfrak{k}$). — Insbesondere besitzt B^* genauso viele Wendepunkte i. w. S. wie B.

3.2.8.3. Ist B ein Bogen oder eine Kurve mit beschränktem POW in einer $(E, \mathfrak{k})$-Geometrie, so gibt es zu beliebigem $\varepsilon > 0$ stückweise $\mathfrak{k}$-konvexe Bogen bzw. Kurven B' mit $B' \in \mathfrak{u}(B; \varepsilon)$ und mit POW $(B; \mathfrak{k}) =$ POW $(B'; \mathfrak{k})$. Dies ergibt sich aus folgender Bemerkung: (1). Ist $T = B(a'|b')$ $\mathfrak{k}$-beschränkter Teilbogen von B und H die $\mathfrak{k}$-konvexe Hülle von T, so gibt es $\mathfrak{k}$-konvexe Bogen $T' = T'(a'|b') \subset H$. — (2). Es ist B Vereinigung von endlich vielen Teilbogen T beliebig kleinen Durchmessers. — (3). Für hinreichend kleines $\varepsilon > 0$ ist POW $(B; \mathfrak{k}) \leq$ POW $(B'; \mathfrak{k})$ für jedes $B' \in \mathfrak{u}(B; \varepsilon)$.

Es sei E die gewöhnliche projektive (reelle) Ebene und $\mathfrak{k}$ das System der Geraden. Ist B' in projektiven Koordinaten x_i gegeben durch $x_i = \varphi_i(s)$, $i = 1, 2, 3$, so kann man die φ durch Polynome in s beliebig genau approximieren, also B durch algebraische B''. Eine genaue Durchführung, die hier nicht gegeben werden kann, führt beispielsweise für beschränkte, aber nicht notwendig einfache Bogen bzw. Kurven B mit POW $(B; \mathfrak{k}) = n$ zu folgendem Ergebnis:

(I). Ist $B = B(a|b)$ ein Bogen, so gibt es B_r, $r = 1, 2, \ldots$, mit $B = \lim B_r$, wobei die B_r reelle, keine Spitzen enthaltende Teilbogen von algebraischen Kurven sind und POW $(B_r; \mathfrak{k}) = n$ ist.

(II). Ist $B = C$ eine Kurve, so gibt es reelle analytische Kurven C_r ohne Spitzen, $r = 1, 2, \ldots$ mit $C = \lim C_r$ und POW $(C_r; \mathfrak{k}) = n$.

3.2.8.4. In Abschn. 3.2.8.3. handelte es sich um Approximationen im Großen (global). In diesem Zusammenhang erscheint eine Bemerkung über den Begriff der Gestalt angebracht, der ebenfalls globaler Natur ist. — Was mit Gestalt gemeint sein kann, werde nur an einem Beispiel erläutert.

Es sei $B = B(a_0|a_{m+1})$ ein Bogen mit nur endlich vielen $\mathfrak{k}$-singulären Punkten $a_1, \ldots, a_m$ je von endlichem POW. Es ist dann $B = S_0 \cup \cdots \cup S_m$, wobei $S_\mu = B(a_\mu|a_{\mu+1})$, $\mu = 0, \ldots, m$, eine $\mathfrak{k}$-Spirale, evtl. ein $\mathfrak{k}$-konvexer Bogen ist. Wir können nun zwei Spiralen $S = S(a|b)$, $S' = S'(a'|b')$ als von gleicher Gestalt bezeichnen, wenn S und S' beide einfache oder beide Doppelspiralen sind und wenn POW $(S \cap K(a|b)) =$ POW $(S' \cap K(a'|b'))$ ist. Weiter werden wir $B = S_0 \cup \cdots \cup S_m$ und $B' = S'_0 \cup \cdots \cup S'_r$ mit POW $(B; \mathfrak{k}) =$ POW $(B'; \mathfrak{k})$ als von gleicher Gestalt bezeichnen können, wenn $m = r$ ist, $a_1, \ldots, a_m$ und $a'_1, \ldots, a'_m$

die sämtlichen $\mathfrak{k}$-singulären Punkte von B bzw. B' sind und die Spiralen $S_\mu = S(a_\mu | a_{\mu+1})$, $S'_\mu = S'(a'_\mu | a'_{\mu+1})$ gleiche Gestalt besitzen. — Eine Verschärfung der Definition würde darin bestehen, daß überdies von a_μ und a'_μ gefordert wird: Beide sollen Wendepunkte oder beide Schnäbel bzw. Schnabelspitzen bzw. Dorne bzw. Dornspitzen sein. Natürlich ist jeweils zu verifizieren, daß eine so erklärte Gestaltsgleichheit auch wirklich eine Äquivalenzrelation ist.

3.3. Infinitesimalgeometrische Eigenschaft von Bogen endlichen Punktordnungswertes

Für $\mathfrak{k}$-konvexe Bogen wurde die Existenz der $\mathfrak{k}$-Halbtangenten in jedem Punkt bewiesen (Abschn. 3.1.6., Satz 1). Jetzt soll gezeigt werden, daß dies für jeden Bogen von höchstens endlichem POW gilt; dabei existiert aber i. allg. nicht (wie beim Konvexbogen) genau eine einseitige $\mathfrak{k}$-Paratingente (vgl. die Beispiele weiter unten). Zunächst wird etwas mehr bewiesen, indem für einen einzelnen Punkt des betrachteten Bogens nur die Endlichkeit des POW bezüglich der durch diesen Punkt gehenden OCh vorausgesetzt wird.

1. Satz. *Voraussetzung* (1). *Es sei* $B = B(a|b)$ *ein* $\mathfrak{k}$*-beschränkter Bogen in einer topologisch projektiven Geometrie* $(E, \mathfrak{k})$ *(oder auch in einer topologisch hyperbolischen Geometrie).* — (2). *Es sei* POW $(B; \mathfrak{h})$ *höchstens endlich, wenn* $\mathfrak{h} = \mathfrak{k}\,\mathfrak{h}(a)$ *das HalbOChbüschel mit a als Zentrum ist* (vgl. Abschn. 3.1.4.).

Behauptung. In a existiert an B eine $\mathfrak{k}$*-Halbtangente* $Th(a; B)$.

Beweis. Indirekt wie in Abschn. 3.1.6., Satz 1.

Aus dem 1. Satz folgt speziell der

2. Satz. *Ein Bogen* $B \subset E$ *in einer topologisch projektiven* $(E, \mathfrak{k})$*-Geometrie (oder auch hyperbolischen Geometrie) von höchstens endlichem* POW $(B; \mathfrak{k})$ *besitzt in jedem Punkt genau eine vordere und eine hintere* $\mathfrak{k}$*-Halbtangente (in den Endpunkten nur eine vordere bzw. hintere).*

Zusatz. Daß der 1. Satz für unendliches POW $(B; \mathfrak{h})$ nicht richtig ist, zeigt das Beispiel (in der üblichen x, y-Ebene): $y = 0$ für $x = 0$; $y = x \sin x^{-1}$ für $x \neq 0$. — Daß unter den Voraussetzungen des 1. Satzes mehr als eine $\mathfrak{k}$-Paratingente an B in a vorhanden sein kann, zeigt das Beispiel: $y = 0$ für $x = 0$; $y = (2 + \sin x^{-1})\,x^2$ für $x \neq 0$. — Daß auch bei unendlichem POW $(B; \mathfrak{h})$ Halbtangente und Paratingente existieren und daß dabei die letztere Träger der ersteren sein kann, zeigt das Beispiel: $y = 0$ für $x = 0$; $y = x^3 \sin x^{-1}$ für $x \neq 0$. — Im ersten Beispiel existieren unendlich viele Halbtangenten in $(x = 0, y = 0)$. Im zweiten Beispiel existiert genau eine Halbtangente in $(x = 0, y = 0)$.

3.4. Bestimmung der ordnungshomogenen Bogen

Außer den einpunktigen Mengen gibt es keine, die $\mathfrak{k}$-ordnungshomogen, abgekürzt $\mathfrak{k}$-o.h., sind mit dem Punktordnungswert 1. Dabei wird eine Menge M als $\mathfrak{k}$-o.h. bezeichnet, wenn jeder ihrer Punkte x den gleichen Punktordnungswert (auf M) bezüglich $\mathfrak{k}$, in Zeichen POW $(x; M; \mathfrak{k})$, besitzt. (Die Teilbogen von OCh besitzen nur den schwPOW 1.) Nach Abschn. 1.6. ist jeder Bogen B abgeschlossene Hülle einer Vereinigung von auf B offenen, paarweise fremden $\mathfrak{k}$-o.h. Bogen sowie evtl. von Teilbogen von OCh. — Es soll zunächst gezeigt werden, daß für $\mathfrak{k}$-o.h. Bogen (mit $k = 2$) nur die POW 2 und unendlich möglich sind, also gerade die kleinsten und größten POW.

3.4.1. Ein Hilfssatz

Vorausgesetzt sei der folgende

Hilfssatz. *Voraussetzung.* Es sei B ein Bogen, für dessen sämtliche Teilbogen B' gilt: Es ist POW $(B'; \mathfrak{k}) \geq 3$ und höchstens endlich.

Behauptung. Jeder Teilbogen B' von B enthält Teilbogen T derart, daß die OCh K mit POW $(B' \frown K) \geq 3$ normal zu T sind (vgl. Abschnitt 2.3.1.).

Beweis (1). Zwecks bequemerer Formulierung des Beweises werde folgendes verabredet: Es sei $T = B(a|b)$ ein Bogen mit $T \subset E_0 = \boldsymbol{C} K_0$, ferner sei $K \in \mathfrak{k}(a) \frown \mathfrak{k}(b)$ und $\underline{T} \frown K = \{z\}$ mit $b \in \underline{K}(a|z) \subset E_0$. Die $\mathfrak{k}$-Strecke $S = \underline{K}(b|z) \subset E_0$ hat die Eigenschaft: Für jede OCh K' mit $S \frown K' \neq \emptyset$ und $K' \neq K$ gilt $\underline{T} \frown K' \neq \emptyset$. Es werde S als ausgezeichnete Sehne, abgekürzt a. S., des (bezüglich K nicht normalen) Bogens T bezeichnet. Die OCh K' mit $S \frown K' \neq \emptyset$ bilden eine in $\mathfrak{k}$ offene Menge $\mathfrak{u}$.

(2). Der Hilfssatz werde indirekt bewiesen; es werde also angenommen: Ein beliebiges $B' \subset B$ enthält einen Teilbogen $T_1 = B(a_1|b_1) \subset E_0$ derart, daß für $K_1 \in \mathfrak{k}(a_1) \frown \mathfrak{k}(b_1)$ gilt: $\underline{T}_1 \frown K_1 = \{z_1\}$ mit $b_1 \in \underline{K}_1(a_1|z_1) \subset E_0$ (da T_1 in E_0 ist, kann $B' \subset E_0 = \boldsymbol{C} K_0$ angenommen werden). Es sei S_1 a. S. von T_1, Es sei $K_2 \in \mathfrak{k}$ mit $S_1 \frown K_2 \neq \emptyset$ und $\underline{T}_1 \frown K_2 \neq \emptyset$.* Es gibt eine Umgebung $\mathfrak{u}_2$ von K_2 in $\mathfrak{k}$ derart, daß jedes $K \in \mathfrak{u}_2$ die gleiche Eigenschaft besitzt wie K_2. Ist etwa $y_2 \in \underline{T}_1 \frown K_2$, so gibt es nach Annahme (in einer Umgebung von y_2 auf $\underline{T}_1$) ein T_2 mit a. S. S_2 derart, daß $S_2 \frown K \neq \emptyset$ für jedes K aus einer offenen Teilmenge $\mathfrak{u}_3$ von $\mathfrak{u}_2$ mit $\bar{\mathfrak{u}}_3 \subset \mathfrak{u}_2$; dabei kann durch passende Wahl von T_2 erreicht werden, daß $\bar{S}_1 \frown \bar{S}_2 = \emptyset$ und daß S_1, S_2 auf verschiedenen OCh liegen. Ist $\underline{T}_2 \frown K_3 \ni \{y_3\}$ für ein $K_3 \in \mathfrak{u}_3$, so existiert wieder in hinreichender Nähe von y_3 ein T_3 sowie ein $\mathfrak{u}_4$ mit den entsprechenden Eigenschaften wie T_2 und $\mathfrak{u}_3$. Die Fortsetzung der Konstruktion liefert eine Folge

* Wesentlich ist, daß POW $(\underline{T}_r \frown K_{r+1}) \geq 2$ für jedes $r = 1, 2, \ldots$.

von T_r und $\mathfrak{u}_{r+1}$, $r = 1, 2, \ldots$, mit $\bar{T}_{r+1} \subset T_r$ und $\bar{\mathfrak{u}}_{r+1} \subset \mathfrak{u}_r$ derart, daß $\underline{T}_n \cap K \neq \emptyset$ ist für jedes $n = 1, \ldots, r$ und jedes $K \in \mathfrak{u}_{r+1}$. Für jedes $K \in \bigcap_{r=1}^{\infty} \bar{\mathfrak{u}}_{r+1} \neq \emptyset$ ist also POW $(B \cap K)$ unendlich im Widerspruch zur Voraussetzung, daß POW $(B; \mathfrak{k})$ höchstens endlich sei.

Zusatz. Wie aus dem 1. Satz hervorgehen wird, existieren Bogen B, B' von der im Hilfssatz vorausgesetzten Art nicht. Daß im speziellen Fall POW $(B'; \mathfrak{k}) = 3$ (für alle B') diese B' nicht existieren, ergibt sich aus der stückweisen $\mathfrak{k}$-Konvexität solcher B' (vgl. Abschn. 3.2.4. und 3.2.5.5. oder auch Abschn. 3.4.2., Folgerung aus Satz 5).

3.4.2. Existenz- und Darstellungssätze

Mit Hilfe von Abschn. 3.4.1. wird jetzt bewiesen der

1. Satz. *Voraussetzung. Es sei $\mathfrak{k}$ ein System von OCh mit der Grundzahl $k = 2$, wobei $\mathfrak{k}$ die in* Abschn. 3.1.1. *geforderten Eigenschaften besitzt.*

Behauptung (1). *Für jeden Punkt x eines $\mathfrak{k}$-ordnungshomogenen Bogens B ist* POW $(x{:}B; \mathfrak{k}) = 2$ *oder unendlich.* — (2). *Insbesondere ist jedes B mit höchstens endlichem* POW $(B; \mathfrak{k})$ *abgeschlossene Hülle einer Vereinigung abzählbar vieler paarweise fremder, auf B offener Bogen vom* POW 2.

Beweis (I). Zufolge des Hilfssatzes in dem vorangehenden Abschnitt 3.4.1. enthält jeder Teilbogen B' des $\mathfrak{k}$-o.h. Bogens B (von endlichem oder beschränktem POW ≥ 4) einen Teilbogen T derart, daß alle $K \in \mathfrak{k}$ mit POW $(\underline{T} \cap K) \geq 4$ normal liegen zu T. Gemäß Abschn. 1.4.2. existiert ferner zu B' eine in $\mathfrak{k}$ offene Menge $\mathfrak{u}$ derart, daß $\underline{B}' \cap K$ für jedes $K \in \mathfrak{u}$ *nur Schnitt*punkte enthält, und zwar $\underline{B}' \cap K$ und $\underline{T} \cap K$ je die gleiche Anzahl r' bzw. $r = r(\mathfrak{u}) \geq 4$ für jedes $K \in \mathfrak{u}$.

(II). Es sei $T \subset B'$ gemäß Ziffer I gewählt, ebenso $\mathfrak{u}_1 = \mathfrak{u}$. Es sei $K_1 \in \mathfrak{u}_1$ und $\underline{T} \cap K_1 = \{x_{11}\} \cup \cdots \cup \{x_{1r_1}\}$ mit $r_1 \geq 4$; dabei liegt $x_{1,\varrho+1}$ auf T hinter $x_{1\varrho}$, $\varrho = 1, \ldots, r_1 - 1$. Wir setzen $x_1 = x_{11}$, $a_1 = x_{12}$ und halten a_1 im folgenden fest. Gemäß Ziffer I gibt es dann eine Umgebung U_1 von x_1 sowie Umgebungen $U_{1\varrho}$ von $x_{1\varrho}$ auf T, $\varrho = 3, \ldots, r_1$, mit folgenden Eigenschaften: (1). Es ist $\emptyset = \bar{U}_1 \cap \bar{U}_{1\varrho} = \bar{U}_{1\varrho} \cap \bar{U}_{1\tau} = \{a_1\} \cap \bar{U}_1 = \{a_1\} \cap \bar{U}_{1\varrho}$, für $\varrho \neq \tau$ und $\varrho, \tau = 3, \ldots, r_1$. — (2). Für jedes $x_1' \in \bar{U}_1$ gehört die x_1' und a_1 enthaltende (eindeutig bestimmte) OCh K_1' zu $\mathfrak{u}_1$, und daher hat K_1' mit jedem der $\bar{U}_1$, $\bar{U}_{1\varrho}$ je genau einen Punkt, und zwar einen Schnittpunkt gemeinsam, so daß $\underline{T} \cap \mathbf{C}(\bar{U}_1 \cup \bar{U}_{13} \cup \cdots \cup \bar{U}_{1r_1}) \cap K_1' = \{a_1\}$ ist. — (3). Es liegt eine hintere Umgebung von $x_1' \in \bar{U}_1$ auf K_1' für alle K_1' auf der gleichen Seite von B' (bis auf x_1'), etwa in $B'(+)$. — (4). Gemäß (2) und (3) liegen $\underline{K}_1(x_1|a_1)$ und $\underline{K}_1'(x_1'|a_1)$ beide in $B'(+)$ für jedes $x_1' \in \bar{U}_1$.

(III). Wir setzen $B_1' = \bar{U}_1 \cup T(x_1|a_1)$ und wählen $T_1 \subset U_1 \subset B_1'$ gemäß des Hilfssatzes in Abschn. 3.4.1. so, daß T_1 bezüglich B_1' die gleichen Eigenschaften hat, wie im Hilfssatz T bezüglich B'. Auf B_1' und T_1 lassen sich die gleichen Überlegungen anwenden wie in Ziffer I und II auf B' und T, allerdings mit einer durch eine hier nötige (vgl. unten) Fallunterscheidung bedingten Modifikation. Gemäß Ziffer I existiert nämlich ein in $\mathfrak{k}$ offenes $\mathfrak{u}_2$ derart, daß alle Punkte von $B_1' \cap K_2$ und von $T_1 \cap K_2$ Schnittpunkte sind für jedes $K_2 \in \mathfrak{u}_2$, und zwar ist die Anzahl der Punkte von $B_1' \cap K_2$ bzw. $T_1 \cap K_2$ je die gleiche für alle $K_2 \in \mathfrak{u}_2$ und für $T_1 \cap K_2$ mindestens gleich 4. Es sei etwa $T_1 \cap K_2 = \{x_{21}\} \cup \cdots \cup \{x_{2r_2}\}$ mit $r_2 \geq 4$, wobei $x_{2\varrho+1}$ hinter $x_{2\varrho}$ auf T_1 liegt, $\varrho = 1, \ldots, r_2 - 1$.

Ist $B'(+)$ so gewählt, daß $\underline{K}_1(x_1|a_1) \subset B'(+)$, so haben wir die beiden, alle Möglichkeiten umfassenden Fälle zu unterscheiden: *Erster Fall*: $\underline{K}_2(x_{21}|x_{22}) \subset B'(-)$, und *Zweiter Fall*: $\underline{K}_2(x_{21}|x_{22}) \subset B'(+)$. Um für beide Fälle die gleichen Bezeichnungen zur Verfügung zu haben, schreiben wir im Zweiten Fall r_2 statt $r_2 - 1 \geq 3$, ferner $x_{2\varrho}$ mit $\varrho = 1, \ldots, r_2$ statt $x_{2,\varrho+1}$ mit $\varrho = 1, \ldots, r_2 - 1$; dabei fällt also im Zweiten Fall das ursprüngliche x_{21} weg, und es ist $r_2 = 3$ zuzulassen. In beiden Fällen liegen (bei dieser Bezeichnung) $K_1(x_1|a_1)$ und $K_2(x_{21}|x_{22})$ auf verschiedenen Seiten von B'.

(III 1). Entsprechend wie in Ziffer (II) setzen wir jetzt $x_2 = x_{21}$, $a_2 = x_{22}$ und betrachten (entsprechend den U_1, $U_{1\varrho}$ in Ziffer (II)) Umgebungen U_2 bzw. $U_{2\varrho}$ auf T_1 von x_2 bzw. $x_{2\varrho}$, $\varrho = 3, \ldots, r$; dabei ist $\bar{U}_2 \cup \bar{U}_{23} \cup \cdots \subset U_1$. Das durch $x_2, a_2 \in K_2$ eindeutig bestimmte $K_2 \in \mathfrak{k}$ liegt für beliebige $x_2 \in \bar{U}_2$ in $\mathfrak{u}_2$ .Wegen $\bar{U}_2 \subset U_1$ können wir $x_1 = x_2$ wählen, wobei im Folgenden immer noch x_2 beliebig in $\bar{U}_2$ wählbar ist. Es ist $\underline{T}(x_1|a_2) \cap K_2 = \emptyset$.

(III 2). Es sei nun y_2 der auf T am nächsten bei a_1 gelegene Schnittpunkt in $\underline{T}(x_1|a_1) \cap K_2$; wegen $r_2 \geq 3$ ist $a_2 \neq y_2$ und y_2 auf T hinter a_2 gelegen. Außerdem liegt aber eine hintere Umgebung von y_2 auf K_2 bis auf y_2 in $B'(-)$. In der Tat: Wegen der normalen Lage von K_2 zu T (vgl. Ziffer (I)) ist $(K_2 - K_2(x_2|y_2)) \cap T(x_2|a_1) = \emptyset$; und da $K_2 - K_2(x_2|y_2)$ Punkte außerhalb des von $K_1(x_2|a_1) \cup T(x_2|a_1)$ begrenzten $\mathfrak{k}$-beschränkten Gebietes G_1 enthält, liegt auch eine hintere Umgebung von y_2 auf K_2 außerhalb G_1 und folglich in $B'(-)$, weil $G_1 \subset B'(+)$ (wegen $\underline{K}_1(x_2|a_1) \subset B'(+)$) und weil y_2 auf dem Rand von G_1 liegt.

(III 3). Das durch die einfache, $\mathfrak{k}$-beschränkte Kurve $K_2(x_2|y_2) \cup T(y_2|a_1) \cup K_1(x_2|a_1)$ begrenzte, $\mathfrak{k}$-beschränkte Gebiet sei mit $G_2 = G_2(x_2)$ bezeichnet. Eine hintere Umgebung von y_2 auf K_2 liegt bis auf y_2 außerhalb G_2. Es ist $\underline{T}(x_2|a_2) \subset G_2$ (für $x_1 = x_2$), weil $\underline{K}(x_2|a_2) \subset B'(-)$.

(III 4). Wendet man jetzt auf U_2 bezüglich K_2 die gleiche Konstruktion an wie in Ziffer (III) und (III 1) auf U_1 bezüglich K_1, so erhält man ein, im weiteren Verlauf der Betrachtungen festzuhaltendes, in $\underline{T}(x_2|a_2)$ gelegenes $a_3 \in U_2$ und einen offenen Teilbogen U_3 von U_2 mit $\bar{U}_3 \subset U_2 - T(a_3|a_1)$ von folgender Beschaffenheit: Für jedes $x_3 \in \bar{U}_3$ hat die durch die Forderung x_3, $a_3 \in K_3$ (eindeutig) bestimmte OCh K_3 mit $\underline{T}(x_3|a_1) \cup U_3$ lauter Schnittpunkte gemeinsam, wobei insbesondere $T \cap \underline{K}_3(x_3|a_3) = \emptyset$ ist. Ferner liegt $\underline{K}_3(x_3|a_3)$ in $B'(+)$, aber $\underline{K}_2(x_2|a_2)$ in $B'(-)$. Wegen $\bar{U}_3 \subset U_2 \subset U_1$ kann und soll gesetzt werden $x_3 = x_2 (= x_1)$ wobei noch x_3 beliebig in $\bar{U}_3$ gewählt werden darf. Jeder von x_3 begrenzte, hinter x_3 auf K_3 liegende Teilbogen $K_3(x_3)$ von K_3 ist (abgesehen von x_3) fremd zu $K_1(x_3, a_1)$ sowie zu $K_2(x_3, y_2)$. Aber $K_3(x_3)$ enthält, wenn hinreichend groß, den Punkt a_3, und dieser liegt in G_2. Somit liegt ein a_3 enthaltender von x_3 begrenzter Teilbogen von $K_3(x_3)$ in G_2. Andererseits enthält jedes hinreichend große $K_3(x_3)$ Punkte, die außerhalb G_2 liegen. Daher existieren Schnittpunkte von T mit $\underline{K}_3(x_3)$, welche zu dem, zu K_2 und K_1 fremden Teil der Begrenzung von G_2 gehören; es sei y_3 der am nächsten bei a_3 auf $K_3(x_3)$ gelegene Schnittpunkt von $\underline{T}(y_2|a_1) \cap \underline{K}_3(x_3)$.

(III 5). Außerdem existiert noch mindestens ein Schnittpunkt von $\underline{T}(a_3|a_2) \cap \underline{K}_3(x_3)$. Denn eine hintere Umgebung von a_3 auf K_3 liegt bis auf a_3 in $B'(-)$, während eine vordere Umgebung von y_3 auf K_3 (bis auf y_3) in $B'(+)$ liegt und $\underline{K}_2(x_3|a_2) \subset B'(-)$ ist. Es sei y_{33} der am nächsten bei a_2 auf $\underline{T}(x_3|a_2)$ gelegene (Schnitt-) Punkt von $\underline{T}(a_3|a_2) \cap \underline{K}_3(x_3)$. Der Teilbogen $T_{33} = \underline{T}(y_{33}|a_2) \subset \underline{T}(a_3|a_2)$ liegt in dem von $K_2(x_3|y_2) \cup T(y_2|y_3) \cup K_3(x_3|y_3)$ begrenzten, $\mathfrak{k}$-beschränkten Gebiet G_3. Durch T_{33} werden zwei (von x_3 verschiedene Begrenzungspunkte von G_3 verbunden, und zwar ein zu $\underline{K}_2(x_3|y_2)$ und ein zu $K_3(x_3|y_3)$ gehöriger Punkt. Es ist $\underline{T}(x_3|a_3) \subset G_3$ wegen $\underline{T}(x_3|a_3) \cap K_3 = \emptyset$, wegen $\underline{K}_2(x_3|a_2) \subset B'(-)$ und wegen $\underline{K}_3(x_3|a_3) \subset B'(+)$. — Eine durch x_3 gehende OCh K, welche mit $\underline{T}(x_3|a_3)$ einen Punkt gemeinsam hat, ist also, weil fremd zu $\underline{K}_2(x_3|y_2) \cup \underline{K}_3(x_3|y_3)$, nicht fremd zu $\underline{T}_{33}$. Es ist $G_3 \subset G_2$.

(IV). Induktionsannahme: Es sei schon für $n = 2, 3, \ldots, m$; $m \geq 3$ folgendes festgestellt: (1). Es gibt einen (offenen) Teilbogen $\bar{U}_n \subset U_{n-1} \subset U_1$. — (2). Es gibt ein $a_n \in U_{n-1} - \bar{U}_n$, wobei a_n auf T vor a_{n-1} und hinter $\bar{U}_n$ liegt. — (3). und (4). Zu $x_{n-1} = x_n \in \bar{U}_n$ existiert ein $y_n \in \underline{T}(y_{n-2}|y_{n-1}) \cap K_n$. Dabei bezeichnet K_n die durch x_n, $a_n \in K_n$ (eindeutig) bestimmte OCh; ferner liegt $\underline{K}_{n-1}(x_{n-1}|a_{n-1})$ in $B'(+)$ bzw. in $B'(-)$ und y_n vor bzw. hinter y_{n-1} auf T, je nachdem n gerade oder ungerade ist; und schließlich ist $y_0 = x_1$, $y_1 = a_1$ zu setzen. Wird das von der Kurve $K_n(x_n|y_n) \cup T(y_n|y_{n-1}) \cup K_{n-1}(y_{n-1}|x_n)$ begrenzte Gebiet mit G_n bezeichnet, so ist $G_n \subset G_{n-1}$. Ferner ist $\underline{K}_{n+r}(x_{n+r}|y_{n+r}) \subset G_n$. — (5). Es existiert ein am nächsten bei a_{n-1} gelegener Schnittpunkt $y'_n \in \mathfrak{T}(a_n|a_{n-1}) \cap K_n$. Es ist $\bar{T}(y'_r|a_{r-1}) \cap \bar{T}(y'_n|a_{n-1}) = \emptyset$ und $T(y'_n|a_{n-1}) \cap K_t \neq \emptyset$ für $n+1 \leq r, t \leq m; y'_2 = y_2; y'_3 = y_{33}$.

Induktionsbehauptung: Die Induktionsannahme ist auch für $m+1$ erfüllt. In der Tat: Man konstruiert U_{m+1}, a_{m+1} wie U_2, a_2 (vgl. Ziffer (III) und (III 1)), ferner K_{m+1} mit x_{m+1}, $a_{m+1} \in K_{m+1}$ und y_{m+1} (vgl. Ziffer (III 1) und (III 2), auch (III 4)). Wegen $a_{m+1} \in \mathfrak{T}(x_{m+1}|a_m) \cap K_{m+1}$ und $a_{m+1} \in G_m$ ist $\mathfrak{K}_{m+1}(x_{m+1}|y_{m+1}) \subset G_m$ und $T(y'_n|a_{n-1}) \cap K_{m+1} \neq \emptyset$ auch für $n = m$. Schließlich existiert der am nächsten bei a_m gelegene Schnittpunkt $y'_{m+1} \in \mathfrak{T}(a_{m+1}|a_m) \cap K_{m+1}$ mit den entsprechenden Eigenschaften wie y'_m.

Dabei ist zu beachten, daß $\mathfrak{T}_m(x_m|a_m) \subset B'(+)$ bzw. $\subset B'(-)$ je nachdem $m \equiv 1$ bzw. $m \equiv 0 \pmod 2$.

(V). Vollständige Induktion gemäß Ziffer (IV) liefert eine Folge von U_n mit $\bar{U}_{n+1} \subset U_n$, so daß $D = \bigcap_{n=1}^{\infty} \bar{U}_n \neq \emptyset$. Es sei $x_0 \in D$. Da $x_n \in \bar{U}_n$ beliebig war, kann die ganze Konstruktion für $x_1 = x_2 = x_n = \cdots = x_0$ wiederholt werden, wobei aber die a_n aus der ursprünglichen Konstruktion unverändert übernommen werden. Durch Auswahl aus der Folge der y_n können wir erreichen, daß die y_n gegen ein y_0 und damit die K_n gegen ein $K_0 \in \mathfrak{k}$ mit $x_0, y_0 \in K$ konvergieren. Es ist aber $T(y'_n|a_{n-1}) \cap K_0 \neq \emptyset$ für jedes n, also POW $(T \cap K_0) = \infty$ (weil die $\bar{T}(y'_n|a_{n-1})$ paarweise fremd sind) im Widerspruch dazu, daß POW $(T; \mathfrak{k})$ endlich oder beschränkt ist.

Betr. Behauptung (2) *des 1. Satzes.* Sie ergibt sich aus Abschn. 1.6., III. Verschärfter Darstellungssatz, dessen Voraussetzungen hier erfüllt sind.

Aus Abschn. 1.6., Satz II″ und III ergibt sich jetzt der

2. Satz. *Jeder einfache Bogen B in einer topologisch projektiven Ebene $(E, \mathfrak{k})$ ist abgeschlossene Hülle einer Vereinigung von abzählbar vielen offenen paarweise fremden $\mathfrak{k}$-Strecken und global $\mathfrak{k}$-ordnungshomogenen Teilbogen B_n, $n = 1, 2, \ldots$ derart, daß für jedes n entweder* POW $(B_n; \mathfrak{k}) = 2$ *oder* POW $(B_n; \mathfrak{k}) = \infty$ *ist.*

1. Zusatz. Daß ordnungshomogene B_n mit unendlichem POW existieren, zeigt — außer dem trivialen Fall der $\mathfrak{k}$-Strecken — der Graph einer reellen stetigen Funktion einer reellen Variablen für die in keinem Punkt zugleich die vordere und die hintere Ableitung existiert (denn gemäß Abschn. 3.3. kann kein Teilbogen des Graphen höchstens endlichen POW besitzen).

2. Zusatz. Fordert man, wie im 2. Satz, daß die B_n *global* ordnungshomogen sind, so kann die in B nirgends dichte Menge $N = B - \bigcup_n B_n$ möglicherweise nur Punkte vom POW 2 also nur $\mathfrak{k}$-reguläre Punkte enthalten. Beispiel (in der euklidischen Ebene): Die Spirale $r = \varphi, 0 \leq \varphi \leq 4\pi$.

Berücksichtigt man den Satz 1 in Abschn. 1.5., so folgt der

3. Satz. *In einer topologisch projektiven Ebene* $(E, \mathfrak{k})$ *ist jedes* $\mathfrak{k}$*-beschränkte Kontinuum von höchstens endlichem* POW *abgeschlossene Hülle einer Vereinigung von abzählbar vielen offenen paarweise fremden* $\mathfrak{k}$*-konvexen Bogen.*

Gemäß Abschn. 1.6., C, Anmerkung, zusammen mit Satz 2 bzw. 3 sind die $\mathfrak{k}$-singulären Punkte eines Bogens bzw. Kontinuums von höchstens endlichem POW bezüglich $\mathfrak{k}$ identisch mit den Punkten, deren POW größer als 2; statt von $\mathfrak{k}$-singulären Punkten sprechen wir hier auch von (Punkt-) *Singularitäten.* Ist B ein Bogen und POW $(x; B; \mathfrak{k}) = 3$, so kann (nach dem über Bogen 3. Ordnung Bewiesenen) x nur ein Dorn oder Schnabel (aber nicht Schnabelspitze) oder ein Wendepunkt sein. Es liegt also eine *elementare* Singularität vor, d. h. eine solche, die auf B sowohl eine vordere als eine hintere $\mathfrak{k}$-konvexe Umgebung besitzt (also eine Umgebung vom POW 2). Für POW $(x; B; \mathfrak{k}) = 4$ gibt es genau eine elementare Singularität, nämlich die Schnabelspitze; denn 4 ist der maximale POW für eine elementare Singularität. Daher gibt es für $m =$ POW $(x; B; \mathfrak{k}) \geq 5$ keine elementaren Singularitäten. Dabei ist (definitionsgemäß) eine Singularität auf einem Bogen nicht elementar, wenn beliebig kleine einseitige Umgebungen von x auf B einen POW größer als 2 besitzen. Es gilt nun:

4. Satz. *Für jedes* $m \geq 5$ *gibt es Bogen* B *mit (nicht elementaren) Singularitäten* x*, für die* POW $(x; B; \mathfrak{k}) = m$*. Für* $m = 4$ *gibt es* B *sowohl mit nicht elementaren Singularitäten als mit elementaren (Schnabelspitzen). Für* $m = 3$ *sind alle Singularitäten (eines Bogens) elementar. Ein Endpunkt eines Bogens ist entweder regulär oder nicht elementar* $\mathfrak{k}$*-singulär. — Es gibt Bogen* B *mit* POW $(B; \mathfrak{k}) = m$*, auf welchen die Menge der Punkte* x *mit* POW $(x; B; \mathfrak{k}) = m$ *perfekt (und nirgends dicht) ist; und zwar gilt das für jedes* $m \geq 4$.

Wegen des Beweises sei auf die Literatur (z. B. H. [*19*]) verwiesen. Wir begnügen uns hier mit der Andeutung einer Konstruktion, durch welche ein nicht elementarer singulärer Punkt x mit POW $(x; B; \mathfrak{k}) = 4$ geliefert wird. Dazu gehen wir aus von einem Kreisbogen $Z = \{(x, y);\ y = y(x) = +\sqrt{1 - x^2},\ 0 \leq x \leq 1\}$ in der x, y-Ebene und markieren auf Z die Punkte $p_n = (x = n^{-1},\ y = y(n^{-1}))$, $n = 1, 2, \ldots$. Ist $Z_n = \bar{Z}_n$ bzw. $S_n = \bar{S}_n$ der Kreisbogen bzw. die Strecke mit den Endpunkten p_n, p_{n+1}, so wird durch $S_n \cup Z_n$ ein konvexes Gebiet G_n begrenzt. Dabei ist $Z - \{0, 1\} = \bigcup_n Z_n$ und $G_n \cap G_m = \emptyset$ für $n \neq m$; ferner hat jede Gerade mit höchstens zweien der G_n Punkte gemeinsam. Man ersetze nun Z_n durch einen Bogen $Z'_n = Z'(p_n | p_{n+1})$ mit $Z'_n \subset G_n$, mit stetiger Tangente sowie mit POW $(Z'_n; \mathfrak{k}) = 4$; im Rahmen dieser

Bedingungen läßt sich Z'_n so wählen, daß POW $(U'; \mathfrak{k}) = 4$ für jede Umgebung U' des Endpunktes $(0, 1) = e$ des Bogens $Z' = \{e\} \cup \bigcup_n Z'_n$ auf Z', so daß POW $(e; Z'; \mathfrak{k}) = 4$ und e nicht elementar ist auf Z'. — Ähnlich lassen sich Bogen mit Punkten von beliebig vorgegebenem POW $m \geq 5$ sowie von endlichem POW konstruieren. Betrachtet man allgemeiner Kontinua an Stelle von Bogen, so kommen neue Typen von singulären Punkten hinzu, nämlich Verzweigungspunkte.

Zum Schlusse seien noch Bemerkungen angefügt über die Gestalt von Bogen in der Umgebung nicht elementarer Singularitäten.

5. Satz. *Voraussetzung* (1). *Es sei* $B = B(a|b) \subset E_0 = \mathbf{C} K_0$ *ein Bogen in einer topologisch projektiven Ebene* $(E, \mathfrak{k})$. — (2). *Es sei* POW $(B; \mathfrak{h})$ *höchstens endlich, wobei* $\mathfrak{h} = \mathfrak{k}\,\mathfrak{h}(a)$ *das HalbOChbüschel in* E_0 *mit* a *als Zentrum ist. Außerdem soll* B *mit keiner OCh Teilbogen gemeinsam haben.*

Behauptung. Ist a $\mathfrak{k}$*-singulär auf* B *(besitzt also* a *auf* B *keine* $\mathfrak{k}$*-konvexe Umgebung), so gibt es eine Umgebung* U_0 *von* a *auf* B *von folgender Beschaffenheit: Zu jeder Umgebung* $U' \subset U_0$ *von* a *gibt es* OCh K' *derart, daß* U' *in (mindestens) zwei Punkten aus* U' *von* K' *global gestützt wird.*

Beweis. Zufolge der Voraussetzung (2) hat B mit jedem $H \in \mathfrak{h}$ nur endlich viele Punkte, also insbesondere keine $\mathfrak{k}$-Strecken, gemeinsam; außerdem existiert die $\mathfrak{k}$-Halbtangente Th an B in a (vgl. Abschn. 3.3.). Es gibt folglich eine Umgebung U_0 von a auf B derart, daß $\underline{U}_0$ ganz auf der einen Seite des Trägers $T \in \mathfrak{k}$ von Th liegt sowie in einem von Th und von einem $H \in \mathfrak{h}$ gebildeten offenen $\mathfrak{k}$-konvexen Winkelraum $W \subset E_0$. Es ist dann auch $\underline{k\,H(U_0)} \subset W$. Da B keine $\mathfrak{k}$-Strecken enthält, enthält $\overline{U}_0 = B(a|b_0)$ keine $\mathfrak{k}$-Strecken; o. B. d. A. sei $H \subset K(a, b_0)$. Wegen $\underline{U}_0 \cap T = \emptyset$ gibt es mithin kein $K \in \mathfrak{k}(a) - \{K(a, b_0)\}$ derart, daß $F = (k\,H(U_0))_g$ eine von a begrenzte $\mathfrak{k}$-Strecke mit K gemeinsam hat. Da andererseits kein U' $\mathfrak{k}$-konvex ist, gibt es also $x_n \in \underline{U}_0 \cap F$ mit $x_n \to a$ für $n \to \infty$ derart, daß $\underline{B}(x_n|x_{n+1}) \subset \underline{k\,H}(U_0)$. Dann ist aber $K(x_n, x_{n+1}) \in \mathfrak{k}$ StützOCh an U_0 mit den Stützpunkten $x_n, x_{n+1} \in \underline{U}_0$; w. z. z. w.

Für Bogen B von geradem POW $2r$ läßt sich über die Lage der etwa vorhandenen Punkte vom POW $2r$ folgendes aussagen:

6. Satz. *Voraussetzung. In einer topologisch projektiven Ebene* $(E, \mathfrak{k})$ *sei* B *ein* $\mathfrak{k}$*-beschränkter (einfacher) Bogen (oder Kurve) mit* POW $(B; \mathfrak{k}) = 2r$, $1 \leq r$.

Behauptung (1). *Jeder Punkt* $x \in B$ *mit* POW $(x; B; \mathfrak{k}) = 2r$ *liegt auf dem Rand der* $\mathfrak{k}$*-konvexen Hülle* $k\,H(B)$ *von* B. — (2). *Für jeden im Innern von* $k\,H(B)$ *gelegenen Teilbogen* B' *von* B *gilt* POW $(B'; \mathfrak{k}) \leq 2r - 1$.

Zusatz. Jeder nicht $\mathfrak{k}$-beschränkte Bogen B mit POW $(B; \mathfrak{k}) = 2r$, $r \geq 2$, besitzt keine Punkte x mit POW $(x; B; \mathfrak{k}) = 2r$. Speziell für

$r = 2$ folgt daraus: Jeder nicht $\mathfrak{k}$-beschränkte Bogen vom POW $(B; \mathfrak{k}) = 4$ ist stückweise $\mathfrak{k}$-konvex.

Beweis. *Betr. Behauptung* (1). Nach Voraussetzung gibt es zu beliebig kleinen Umgebungen U von x auf B solche OCh K, daß POW $(U \cap K) = 2r$, also $U \cap K = B \cap K$ ist. Somit ist (bei passender Wahl von $\pm$) für die Seiten von K einerseits $B - U \subset E_0(K; +)$, andererseits $B \cap E_0(K; -) \subset U$. Wegen $U \cap K = B \cap K \subset k\,H(B)$ (gemäß der $\mathfrak{k}$-Beschränktheit von B) existiert durch einen Punkt $y \in (E_0 - k\,H(B)) \cap K$ eine StützOCh an U, und folglich enthält U Punkte des Randes $(k\,H(B))_g$ von $k\,H(B)$. Da U beliebig klein gewählt werden kann, ist $x \in U$ Häufungspunkt von $(k\,H(B))_g$, also gilt $x \in (k\,H(B))_g$; w. z. z. w.—

Betr. Behauptung (2). Ist POW $(B'; \mathfrak{k}) = 2r$, so gibt es OCh K mit POW $(\underset{\cdot}{B}' \cap K) = 2r$; dabei enthält $\underset{\cdot}{B}' \cap K$ nur Schnittpunkte (weil K Maximalsekante ist). Für $B' = B(a'|b')$ gilt $a', b' \in E_0(K; \alpha)$, etwa mit $\alpha = +$. Wegen POW $(\underset{\cdot}{B}' \cap K) = 2r$ ist $(B - \underset{\cdot}{B}') \cap K = \emptyset$, so daß $B - \underset{\cdot}{B}' \subset E_0(K; +)$. Mithin ist $\underset{\cdot}{B}' \cap E_0(K; -) \cap (k\,H(B))_g \neq \emptyset$, während doch $B' \subset k\,H(B)$ vorausgesetzt war.

Anmerkung. Der vorstehende Satz gilt auch für Bogen im E_n von geradem POW bezüglich der Hyperebenen.

3.4.3. Zerlegungssätze bezüglich $\mathfrak{k}$-Büscheln

Der 1. Satz in Abschn. 1.5., angewandt auf den Fall einer $(E, \mathfrak{k})$-Geometrie, zeigt, daß jedes Kontinuum C von höchstens endlichem POW $(C; \mathfrak{k})$ abgeschlossene Hülle einer Vereinigung von abzählbar vielen, bis auf höchstens Endpunkte paarweise fremden Teilbogen ist, deren jeder vom POW 1 bezüglich eines $\mathfrak{k}$-Büschels $\mathfrak{k}(z)$ mit einem Zentrum $z \notin C$ ist. Diese Aussage läßt sich folgendermaßen verschärfen:

Satz. *Ist* POW $(B; \mathfrak{k}) \leq 5$, *so gibt es* endlich *viele Punkte* $z_\nu \in E$, $\nu = 1, \ldots, n$, *derart, daß* B *Vereinigung von Bogen* $B_\nu \subset B$, $\nu = 1, \ldots, n$, *mit* POW $(B_\nu; \mathfrak{k}(z_\nu)) = 1$ *ist.* — *Es gibt (wenigstens im Fall der gewöhnlichen projektiven Ebene) Bogen* B *mit* POW $(B; \mathfrak{k}) = 6$, *für die vorstehender Zerlegungssatz nicht gilt.*

Der Satz läßt sich verallgemeinern, indem man nach der Zerlegbarkeit von B in endlich viele Bogen $B_{r\nu}$ mit POW $(B_{r\nu}; \mathfrak{k}(z_\nu)) \leq r$ für $r \geq 2$ fragt (statt für $r = 1$).

3.5. Index von Bogen und Kurven. Kurven vom Maximalindex

Als Komponenten- bzw Punkt*index* eines Kontinuums C bezüglich eines Systems $\mathfrak{k}$ von OCh, in Zeichen KI(C) = KI$(C; \mathfrak{k})$ bzw. PI(C) = PI$(C; \mathfrak{k})$, wird das Minimum des KOW $(C \cap K')$ bzw. POW $(C \cap K')$

bezeichnet für alle diejenigen OCh K', bei denen $C \cap K'$ nur *Schnittkomponenten* bzw. nur Schnittpunkte enthält oder bei denen $C' \cap K' = \emptyset$ ist (Minimum Null).

Anmerkung. Es sei darauf hingewiesen, daß bei der Definition von KOW $(C; \mathfrak{k})$ bzw. POW $(C; \mathfrak{k})$ die beim Index gemachte Beschränkung auf OCh mit lauter Schnittkomponenten bzw. Schnittpunkten nicht gemacht wird. Für ordnungsreduzible Kontinua (vgl. Abschn. 1.4.3.) von höchstens endlichem KOW bzw. POW wird aber der KOW bzw. POW bei Hinzunahme besagter Beschränkung nicht geändert.

Wir fragen nach einem Zusammenhang zwischen POW und PI. In dieser Hinsicht gilt der

1. Satz. *Voraussetzung. In einer topologisch projektiven oder hyperbolischen Geometrie* $(E, \mathfrak{k})$ *bzw.* $(G, \mathfrak{k})$ *sei ein Kontinuum* $C \subset E$ *bzw.* $C \subset \underline{G}$ *gegeben mit* POW $(C; \mathfrak{k}) = m < \infty$.

Behauptung (1). *Es ist* PI $(C; \mathfrak{k}) \leq m - 2$. — (2). *Ist C eine (geschlossene, einfache) Kurve, so gilt* PI $(C; \mathfrak{k}) \equiv m \pmod 2$.

Beweis. *Betr. Behauptung* (1). I. Gemäß Abschn. 1.4.3. und 3.4.2., Satz 3., ist $C = N \cup \bigcup_n \underline{B}_n$, wobei $\underline{B}_n$ ein offener ($\mathfrak{k}$-streckenfreier) $\mathfrak{k}$-konvexer Bogen mit $\underline{B}_n \cap \underline{B}_t = \emptyset$ für $n \neq t$; $n, t = 1, 2, \ldots$, und N eine in C nirgends dichte Menge ist. Wir betrachten die StützOCh K in einem Punkt $x_1 = x \in \underline{B}_1 = \underline{B}$, in welchem die $\mathfrak{k}$-Tangente K an C existiert; solche x und K gibt es (vgl. Abschn. 3.1.6., Satz 1, Zusatz). Es sei

(D) $$C \cap K = \{x\} \cup \{y_1\} \cup \cdots \cup \{y_r\}, \quad 0 \leq r < m.$$

II. O. B. d. A. kann angenommen werden, daß (falls $1 \leq r$) die $y_1, \ldots, y_r$ sämtlich Schnittpunkte sind, daß jedes y_ϱ in einem der $\underline{B}_n$, etwa in $\underline{B}_{n_\varrho}$, liegt und daß auch für jede zu K hinreichend benachbarte StützOCh K'' an $\underline{B}$ in zu x hinreichend benachbarten Stützpunkten x'' ebenfalls gilt $C \cap K'' = \{x''\} \cup \{y_1''\} \cup \cdots \cup \{y_r''\}$ mit den Schnittpunkten $y_\varrho'' \in \underline{B}_{n_\varrho}$. — In der Tat: Ist $y_1 \in \underline{B}_{n_1}$ und Schnittpunkt, so gehen wir zu y_2 über. Andernfalls ist *entweder* (*a*) $y_1 \in N$ *oder* (*b*) $y_1 \in \underline{B}_{n_1}$ Stützpunkt in $\underline{B}_{n_1} \cap K$. Im Fall (*a*) gibt es zu x beliebig benachbarte $x' \in \underline{B}$ derart, daß die StützOCh K' in x' an $\underline{B}$ zu K beliebig benachbart ist und mit einem zu y_1 beliebig benachbarten $\underline{B}_{n_1} = \underline{B}'$ mindestens einen (also höchstens zwei) Schnitpunkt(e) gemeinsam hat. Und dies gilt dann auch für jede zu K' hinreichend benachbarte StützOCh K'' an $\underline{B}$. — Im Fall (*b*) ergibt sich die Existenz von $x' \in \underline{B}$ bzw. von K' derart, daß jede zu K' hinreichend benachbarte StützOCh an $\underline{B}$ mit $\underline{B}'$ zwei Schnittpunkte gemeinsam hat. Sollten beim Übergang von K zu K' bzw. zu K'' Stützpunkte aus $C \cap K$ verlorengehen, so ist dies für die zu beweisende Behauptung ohne Belang; dagegen sind neu auftretende

Punkte aus N oder aus einem der $\mathcal{B}_n$ zu den Schnittpunkten aus $C \cap K'$ hinzuzufügen. Dabei nehmen wir alle Schnittpunkte, die einem der $\mathcal{B}_n$ angehören, als die ersten der y_r, etwa als $y_1, \ldots, y_q$, und beschränken uns im Folgenden auf so kleine Änderungen von K', d. h. auf zu K' derart benachbarte K'', daß $y_1, \ldots, y_q$ dabei immer erhalten und auf $B_{n_1}, \ldots, B_{n_q}$ sowie untereinander und von den übrigen Punkten aus $C \cap K''$ getrennt bleiben. Wendet man das für den Fall (a) bzw. (b) beschriebene Verfahren auf y_{q+1} an und bemerkt, daß dabei die Anzahl der Schnittpunkte der resultierenden OCh mit C stets nicht kleiner ist als die der vorhergehenden OCh mit C und daß diese Anzahl nicht größer als m sein kann, so ergibt sich: Nach weniger als $m - 1$ Schritten gelangt man zu einer OCh K von der eingangs dieser Ziffer II behaupteten Beschaffenheit.

III. In (D) (Ziffer I) sei also $y_\varrho \in B_{n_\varrho}$, $\varrho = 1, \ldots, r$, und Schnittpunkt. Für jedes zu K hinreichend benachbarte $K'' \in \mathfrak{k}$ ist $(C - B) \cap K'' = \{y_1''\} \cup \cdots \cup \{y_r''\}$ mit dem Schnittpunkt $y_\varrho'' \in \mathcal{B}_{n_\varrho}$. Andererseits gibt es unter diesen K'' solche, etwa K_0 und K_2 mit $\mathcal{B} \cap K_0 = \emptyset$ bzw. mit $\mathcal{B} \cap K_2 = \{x_1\} \cup \{x_2\}$, wobei auch die x_1, x_2 Schnittpunkte sind. Es ist somit POW $(C \cap K_0) = r =$ POW $(C \cap K_2) - 2$. Wegen $r + 2 \leq m$ ist $r \leq m - 2$, also PI $(C; \mathfrak{k}) \leq m - 2$.

Betr. Behauptung (2). — I. Es genügt der Beweis der *Behauptung* (I): Ist $C \cap K' = \{y_1'\} \cup \cdots \cup \{y_r'\}$ und $C \cap K'' = \{y_1''\} \cup \cdots \cup \{y_t''\}$, wobei die y_ϱ' und y_τ'' sämtlich Schnittpunkte sind, so gilt $r \equiv t \pmod 2$. Da nämlich für die Kurve C der Reduktionssatz gilt, gibt es OCh K derart, daß $C \cap K$ nur Schnittpunkte, und zwar genau m enthält. Falls also die Behauptung (I) richtig ist, gilt $m \equiv t$ für beliebiges K'' der in Rede stehenden Art, also speziell PI $(C; \mathfrak{k}) \equiv m$.

II. Beweis der Behauptung (I). Es existiere zunächst $\{p\} = K' \cap K''$ (projektive Geometrie). Ist $p \in C \cap K' \cap K''$, so liegt C, weil die y_ϱ', y_τ'' sämtlich Schnittpunkte sind und etwa $p = y_1' = y_1''$ ist, in einer Umgebung U von p (in E) in einem der beiden von K', K'' gebildeten $\mathfrak{k}$-Dieder S, S' (vgl. Abschn. 3.1.3.2.), etwa in S. Es ist dann $U \cap (S' - \{p\} \cap C = \emptyset$. Ist U_g als Jordankurve geeignet gewählt, so wird $S' - S' \cap U$ begrenzt von einer $\mathfrak{k}$-beschränkten Jordankurve C', welche Vereinigung von 4 Bogen ist, nämlich von zwei zu C fremden Teilbogen von U_g sowie je einem Teilbogen von K' und von K''. Es ist jetzt POW $(C \cap C') = r + t - 2$. Andererseits ist POW $(C \cap C') \equiv 0 \pmod 2$, weil C und C' Kurven und C' $\mathfrak{k}$-beschränkt ist. Daraus folgt die Behauptung (I) für den Fall $C \cap K' \cap K'' \neq \emptyset$. Existiert $p \in K' \cap K''$, ist aber $C \cap K' \cap K'' = \emptyset$ so kann man ebenso verfahren wie im Fall $C \cap K' \cap K'' \neq \emptyset$, wobei jetzt POW $(C \cap C') = r + t$. Ist aber $K' \cap K'' = \emptyset$ (hyperbolische Geometrie), so wird durch K', K'' und zwei passende Teilbogen B', B'' der Begrenzung von G oder durch zwei zu B', B'' hinreichend benachbarte einfache Bogen zusammen mit je einem, von ihren Endpunkten begrenzten Teilbogen von K' und von K'' eine Kurve C' gebildet, mit deren Hilfe man, wegen $C \subset G$ ebenso schließen kann wie im Fall $K' \cap K'' \neq \emptyset$. Der Beweis für den Fall $K' \cap K'' \neq \emptyset$ in der hyperbolischen Geometrie verläuft ähnlich.

Ein Kontinuum heiße vom *Maximalindex*, genauer maximalem Punktindex, bezüglich $\mathfrak{k}$, wenn POW $(C; \mathfrak{k}) = m$ und PI $(C; \mathfrak{k}) = m - 2$ ist. Diese Definition ist durch den 1. Satz gerechtfertigt sowie durch folgende Beispiele: Kontinua vom Maximalindex sind die Kurven 3. Ordnung (POW $(C; \mathfrak{k}) = 3$) (vgl. Abschn. 3.2.6.1., (c)). Dagegen sind die Bogen 3. Ordnung, wenn $\mathfrak{k}$-beschränkt, vom Index 0. Im übrigen gibt es Bogen und Kurven von beliebig vorgegebenem POW m und beliebigem Index $j \leq m - 2$ (wegen der Konstruktion solcher Kurven vgl. man z. B. H. [*12*], § 3); man kann dabei fordern, daß die Kurve überall eine Tangente besitzt und daß die einzigen, endlich vielen $\mathfrak{k}$-singulären Punkte Wendepunkte sind.

Auf die Bogen und Kurven vom Maximalindex $m - 2$ bei beliebigem m wird hier nicht eingegangen, zumal später (Abschn. 3.6.) „duale" Gegenstücke, nämlich Kurven vom Maximalklassenindex ausführlich behandelt sind. Nur hinsichtlich der Kurven 4. Ordnung seien einige Bemerkungen angefügt.

2. Satz. *Voraussetzung. In einer topologisch projektiven Geometrie* $(E, \mathfrak{k})$ *sei C eine einfache Kurve 4. Ordnung, d. h.* POW $(C; \mathfrak{k}) = 4$, *und vom Maximalindex* $j = 2$.

Behauptung (1). *Es existiert höchstens eine* OCh K, *von der C in mehr als einem Punkt — und dann in genau 3 Punkten — gestützt wird. Es wird C von K in keinem Punkt geschnitten.* — (2). *Es ist C stückweise* $\mathfrak{k}$*-konvex, d. h. Vereinigung von endlich vielen* $\mathfrak{k}$*-konvexen Bogen.*

Beweis. *Betr. Behauptung* (1). Es existiere also $K \in \mathfrak{k}$ derart, daß $C \cap K$ (mindestens) die beiden Stützpunkte x, y enthält; dabei sei $K_0 \in \mathfrak{k}$ fremd zu $C \cap K$ gewählt und $E_0 = \complement K_0$. Ist $C \cap K = \{x\} \cup \{y\}$, so gibt es zu K beliebig benachbarte K', $K'' \in \mathfrak{k}$ mit POW $(C \cap K') = 0$ bzw. POW $(C \cap K'') \geq 4$, was mit $j = 2$ unverträglich ist. Es enthält also $C \cap K$ noch mindestens einen weiteren Punkt z. Es kann aber z nicht Schnittpunkt sein, weil andernfalls ein zu K beliebig benachbartes K' existiert mit POW $(C \cap K') \geq 5 > 4$. Es sei also z Stützpunkt. Ist $S = K(x|y)$ der $\mathfrak{k}$-beschränkte Teilbogen in E_0 von K mit x, y als Endpunkten, ist ferner $U(x)$ bzw. $U(y)$ bzw. $U(z)$ eine hinreichend kleine Umgebung von x bzw. y bzw. z auf C, so gilt: Liegen $\underline{U}(x)$, $\underline{U}(y)$ in $\overline{E_0(K, \alpha)}$, so ist $z \in \underline{S}$ und $\underline{U}(z) \subset \overline{E_0(K, -\alpha)}$, weil andernfalls POW $(C; \mathfrak{k}) > 4$ wäre. Liegen aber $\underline{U}(x)$, $\underline{U}(y)$ auf verschiedenen Seiten von K, so liegen z und $\underline{U}(z)$ derart, daß bei geeigneter Vertauschung der Bezeichnungen x, y, z wieder die bei $\underline{U}(x) \cup \underline{U}(y) \subset \overline{E_0(K;\alpha)}$ geschilderte Situation vorliegt. Außerdem ergibt sich, daß $C \cap K$ außer x, y, z keine Punkte enthält. Wegen $j = 2$ läßt sich K_0 so wählen, daß $C \cap K_0$ genau zwei Schnittpunkte enthält, etwa u', u''. Es liegt dann z auf einem Teilbogen $T = C(u'|u'')$ von C und x, y auf $C - T$ (vgl. Fig. 14). Zum Beweise dafür, daß keine OCh K' mit $K' \neq K$ mehrfache StützOCh sein kann, genügt es zu zeigen: $C \cap K'$ enthält Schnittpunkte. Ist $\underline{S} \cap K' \neq \emptyset$, so existieren Schnittpunkte von K' mit $C(x|y) \subset E_0$. Ist weiter z. B. $x \in K'$, so enthält K' Schnittpunkte mit dem zu x fremden Teilbogen $C(y|z)$; denn es ist $C(y|z) \cup K(z|y)$, wobei $K(z|y) \subset E_0$, eine einfache und (weil $C(y|z) \cap K_0$ einpunktig ist) zu K' isotope Kurve ist. Wenn schließlich $(K - S) \cap K' \neq \emptyset$ ist, so enthält K' Schnittpunkte mit jeder der beiden zu K' isotopen einfachen Kurven $C(x|z) \cup K(z|x)$ bzw. $C(y|z) \cup K(z|y)$, wobei $K(x|z)$, $K(y|z) \subset E_0$. Damit ist die Behauptung (1) bewiesen.

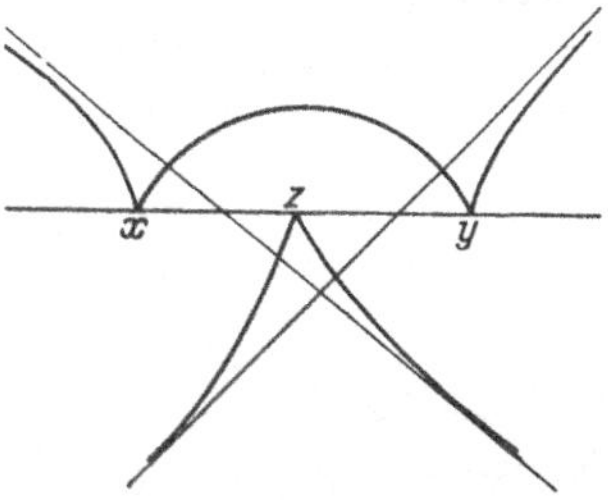

Fig. 14

Betr. Behauptung (2). Indirekt. Andernfalls nämlich existiert ein $v \in C$, dessen beliebig kleine, etwa vordere Umgebungen U auf C nicht $\mathfrak{k}$-konvex sind. Die Voraussetzung des Satzes in Abschn. 3.4., Satz 5., sind somit erfüllt. Daher gibt es mindestens zwei (sogar unendlich viele) OCh, von denen U, also C in mindestens zwei Punkten gestützt wird. Dies widerspricht der Behauptung (1).

Anmerkung. Daß es Bogen und Kurven 4. Ordnung vom Index Null gibt, die (also beschränkt und) nicht stückweise $\mathfrak{k}$-konvex sind, zeigt das in Abschn. 3.4.2. konstruierte Beispiel.

Bemerkung. In Analogie zur algebraischen Geometrie kann man die Definition des Punktindex (PI) (sowie des Punktordnungswertes (POW)) dahin abändern, daß man auch Ordnungscharakteristiken K mit Stützpunkten zuläßt und solche Stützpunkte sowie evtl. auf K liegende singuläre Punkte mit entsprechenden Vielfachheiten zählt (vgl. dazu Abschn. 3.6.6., Satz, Anmerkung).

3.6. Kurven vom Maximalklassenindex

Im folgenden wird statt des Punktordnungswertes von Kurven C der dazu duale Klassenwert betrachtet, d. h. das Maximum der Anzahl der Tangenten, die von den Punkten der Ebene E an C gehen. Und zwar handelt es sich speziell um Kurven vom Maximalklassenindex, d. h. solche C, für die das Minimum der Anzahl der Tangenten von den Punkten der Ebene an C um zwei kleiner ist als der Klassenwert. Vor allem sollen die „Gestalten" aller dieser Kurven bestimmt werden. Unter der Ebene E ist dabei eine *topologisch ebene projektive Ebene* im Sinne von Abschn. 3.1.1. zu verstehen und unter Geraden Ordnungscharakteristiken einer $(E, \mathfrak{k})$-Geometrie. Soweit von beschränkten Mengen, Halbtangenten usw. die Rede ist, wird stillschweigend auf eine jeweils geeignet zu wählende als „uneigentlich" ausgezeichnete Gerade Bezug genommen. Der Einfachheit wegen bedienen wir uns aber im Folgenden der für den Fall der gewöhnlichen projektiven Ebene üblichen *Bezeichnungen*, sprechen also statt von $\mathfrak{k}$-Geraden bzw. Ordnungscharakteristiken oder von $\mathfrak{k}$-konvexen Bogen usw. einfach von Geraden, Konvexbogen usw.

3.6.1. Voraussetzungen. Definitionen

3.6.1.1. Es sei also E die reelle projektive Ebene. Unter einem (Kurven-) *Zug* $Z = (f; \mathfrak{P})$, wobei $\mathfrak{P}$ eine Kreisperipherie und f eine eindeutige stetige Abbildung von $\mathfrak{P}$ in E bedeutet, wird verstanden die Menge der Paare $\tau = (t, f(t))$ für $t \in \mathfrak{P}$; es handelt sich also um eine „Durchlaufungskurve". Vermöge einer Orientierung von $\mathfrak{P}$ wird auch Z orientiert. Das einzelne Paar τ heißt eine *Stelle* von Z und der Punkt $f(t)$ *Träger* $Tr(\tau) = f(t) = Tr(t)$ von τ. Ist $\mathfrak{B}$ ein *abgeschlossener* Teilbogen von $\mathfrak{P}$, so wird die Stellenmenge $\{(t, f(t)) : t \in \mathfrak{B}\}$ als *Teilbogen* $B = (f; \mathfrak{B})$ von Z bezeichnet und $\{f(t); t \in \mathfrak{B}\}$ als Träger $Tr(\mathfrak{B}) = Tr(B)$ von B; der Fall $\mathfrak{B} = \mathfrak{P}$, also $B = Z$ ist einbegriffen. Entsprechend wird $(f; \underset{\sim}{\mathfrak{B}})$ als *offener* Teilbogen $\underset{\sim}{B}$ von Z und als eine *Umgebung jeder* Stelle $(t', f(t'))$ auf Z bezeichnet, für die $t' \in \underset{\sim}{\mathfrak{B}}$ ist.

Vorausgesetzt wird noch, daß kein $Tr(\mathfrak{B})$ *einpunktig* ist.

Es heißt Z *streckenfrei*, wenn $Tr(B)$ für kein B eine Strecke ist; es heißt ferner Z *stückweise konvex*, wenn $\mathfrak{P}$ Vereinigung endlich vieler abgeschlossener Bogen $\mathfrak{B}_1, \ldots, \mathfrak{B}_r$ ist derart, daß f auf $\mathfrak{B}_\varrho$ topologisch und $Tr(\mathfrak{B}_\varrho)$ lokal konvex ist, d. h., wenn jeder Punkt von $Tr(\mathfrak{B}_\varrho)$ eine konvexe Umgebung auf $Tr(\mathfrak{B}_\varrho)$ besitzt.

Ein System $\{Z_\mu : \mu = 1, \ldots, m\}$ von endlich vielen Zügen Z_μ, wobei $\mathfrak{P}_\mu$ Urbild von Z_μ, also $\mathfrak{P}' = \bigcup_\mu \mathfrak{P}_\mu$, mit paarweise fremden $\mathfrak{P}_\mu$, Urbild von $\{Z_\mu : \mu = 1, \ldots, m\}$ ist, bezeichnen wir als eine *Kurve* $C = (Z_1, \ldots, Z_m)$ mit den Zügen Z_μ und jedes Teilsystem $\{Z_{\mu_\nu} : \nu = 1, \ldots, n\}$ als Teilkurve von C, ferner $Tr(C) = Tr(Z_1) \cup \cdots \cup Tr(Z_m)$ als *Träger* von C. Es heißt C streckenfrei bzw. stückweise konvex, wenn dies für jedes Z_μ gilt.

Anmerkung. Die Darstellung von C als System von Zügen ist durch $Tr(C)$ nicht eindeutig bestimmt.

Ist C (streckenfrei und) stückweise konvex, so ist definitionsgemäß $f|\mathfrak{P}$ stückweise, d. h. auf Teilbogen $\mathfrak{B}_{\mu\varrho}$ eines jeden $\mathfrak{P}_\mu$ topologisch, also $Tr(\mathfrak{B}_{\mu\varrho}) = f(\mathfrak{B}_{\mu\varrho}) = B_{\mu\varrho}$. Und da $B_{\mu\varrho}$ konvex ist, existiert in jeder Stelle $\tau' = (t', f(t'))$ von C die vordere und die hintere Halbtangente, so daß entsprechend zu Abschn. 3.2.2. die Begriffe regulär oder Wende*stelle* bzw. Dorn- oder Schnabel*stelle* von C erklärt sind. Liegen vordere und hintere Halbtangente auf der gleichen Geraden T, so heißt T *Tangente* an Z in τ' und Z in τ' *differenzierbar*; ist T stetige Funktion (von τ) in τ', so heißt Z in τ' stetig differenzierbar. Es heißt C selbst (stetig) differenzierbar, wenn dies für alle Stellen von C gilt. Soweit, wie z. B. auf $B_{\mu\varrho}$, zwischen Stelle und (Träger-) Punkt nicht unterschieden zu werden braucht, spricht man auch von Wendepunkt, Dorn (-Spitze), Wende- und Spitzentangente usw.

Voraussetzung. Im folgenden werden nur streckenfreie, stückweise konvexe, stetig differenzierbare Kurven C betrachtet, deren Träger endlich viele (evtl. keine) Verzweigungspunkte je von endlicher Verzweigungsordnung (≥ 3) besitzt; nur diese Verzweigungspunkte sollen Träger von mehr als einer Kurvenstelle sein, und zwar nur endlich vieler Stellen. Außerdem besitzt C nur endlich viele Wende-, Dorn- und Schnabelstellen.

3.6.1.2. Es ist jetzt der im folgenden benutzte Begriff der Klasse von C zu erklären. Zu dem Zwecke bemerken wir:

A. Es sei $z \in E$ beliebig, also evtl. auch $z \in Tr(C)$. Ferner seien T_ν, $\nu = 1, \ldots$, die sämtlichen Geraden durch z, welche Träger von Tangenten an C sind; und zwar sei T_ν Tangente in den (*Berühr-*) Stellen $(t_{\nu\varrho}, f(t_{\nu\varrho}))$, $\varrho = 1, 2, \ldots$ Aus der Voraussetzung (Abschn. 3.6.1.1., Ende) folgt, daß die Anzahl der $t_{\nu\varrho}$ endlich ist. Es gibt daher zu jedem $t_{\nu\varrho}$ Umgebungen $\mathfrak{U}_{\nu\varrho}$ in $\mathfrak{P}$ so klein, daß die $\mathfrak{U}_{\nu\varrho}$ paarweise fremd sind, daß f auf $\mathfrak{U}_{\nu\varrho}$ topologisch und daß $(t, f(t))$ für jedes $t \in \mathfrak{U}_{\nu\varrho} - \{t_{\nu\varrho}\}$ regulär ist; es geht dann durch z genau eine Tangente an $Tr(\mathfrak{U}_{\nu\varrho})$.

B. Es existiert eine Umgebung $V_0 = V_0(z)$ von z in E mit folgender Eigenschaft: Jede Tangente an C durch ein beliebiges $z' \in V_0$ hat als Urbild t einer jeden Berührstelle einer jeden Tangente an C durch z' ein $t \in \bigcup_{\nu,\varrho} \mathfrak{U}_{\nu\varrho}$.

In der Tat: Andernfalls gibt es ein Intervall $\mathfrak{U} \subset \mathfrak{P}$ mit $\bar{\mathfrak{U}} \cup \mathfrak{U}_{\nu\varrho} = \emptyset$ für alle ν, ϱ, ferner eine Folge von Punkten $z'_\mu \in V_0(z)$ mit $z = \lim z'_\mu$ und dazu eine Folge von Tangenten T'_μ an C mit $z'_\mu \in T'_\mu$ derart, daß für (mindestens) eine Berührstelle τ'_μ von T'_μ ein Urbild t'_μ von τ'_μ in $\mathfrak{U}$ liegt. Nimmt man o. B. d. A. die T'_μ bzw. t'_μ als konvergent an, so gilt $z \in T' = \lim T'_\mu$ und $t' = \lim t'_\mu \in \bar{\mathfrak{U}}$. Wegen der Stetigkeit der Tangenten ist T' Tangente an C in $(t', f(t'))$ und t' Urbild einer Berührstelle von T'. Daher ist T' ein T_ν (vgl. A.) und t' ein $t_{\nu\varrho}$, also $t' \in \bar{\mathfrak{U}} \frown \mathfrak{U}_{\nu\varrho} = \emptyset$; Widerspruch.

C. Jetzt sei V_λ, $\lambda = 1, 2, \ldots$, eine Folge von Umgebungen von z in E mit $V_{\lambda+1} \subset V_\lambda \subset V_0(z)$, (vgl. B) und mit $\{z\} = \bigcap_\lambda V_\lambda$. Für $z' \in V_0$ bezeichnen wir mit $Kl(z'; \mathfrak{U}_{\nu\varrho})$ die Anzahl der Tangenten an den Bogen $f(\mathfrak{U}_{\nu\varrho})$, die durch z' gehen (wobei jede Tangente einfach gezählt ist). Da $Kl(z'; \mathfrak{U}_{\nu\varrho})$ ganzzahlig und beschränkt ist, existiert

$$\text{(I)} \qquad Kl(V_\lambda; \mathfrak{U}_{\nu\varrho}) = \operatorname{Max}(Kl(z'; \mathfrak{U}_{\nu\varrho}); z' \in V_\lambda),$$

$$\text{(II)} \qquad Kl(z; t_{\nu\varrho}; T_\nu) = \operatorname{Min}(Kl(V_\lambda; \mathfrak{U}_{\nu\varrho}); \lambda = 1, 2, \ldots);$$

es ist $Kl(V_{\lambda+1}; \mathfrak{U}_{\nu\varrho}) \leq Kl(V_\lambda; \mathfrak{U}_{\nu\varrho})$. Wegen der Ganzzahligkeit von $Kl(V_\lambda; \mathfrak{U}_{\nu\varrho})$ gibt es somit ein $\lambda' = \lambda(\nu, \varrho)$ derart, daß $Kl(z; t_{\nu\varrho}; T_\nu)$ für $\lambda = \lambda'$ erreicht wird. Und da es nur endlich viele Paare (ν, ϱ) gibt, ist

$$\text{(V)} \qquad V(z) = \bigcap_{\nu, \varrho} V_{\lambda(\nu, \varrho)} \neq \emptyset,$$

also $V(z)$ eine Umgebung von z mit $V(z) \subset V_0(z)$. Ist also $V^*(z)$ irgendeine Umgebung (in E) von z mit $V^*(z) \subset V(z)$, so gilt

$$\text{(III)} \quad Kl(z; t_{\nu\varrho}; T_\nu) = Kl(V^*(z); \mathfrak{U}_{\nu\varrho}), \quad \nu = 1, \ldots, n'; \quad \varrho = 1, \ldots, r_\nu,$$

wobei $V^*(z) = V(z)$ zugelassen ist.

Als (quasi-algebraische) *Klasse* $Kl(z; C)$ *von* oder für z bezüglich C wird jetzt erklärt:

$$\text{(IV)} \qquad Kl(z; C) = \sum_{\nu=1}^{n'} \sum_{\varrho=1}^{r_\nu} Kl(z; t_{\nu\varrho}; T_\nu).$$

Daß C eine Kurve, d. h. ein System von Zügen sei, ist dabei nicht benützt; es ist somit $Kl(z; B)$ erklärt, wenn B ein System von Strecken- und Kreisbildern ist, sofern die Voraussetzung in Abschn. 3.6.1.1. erfüllt ist.

3.6.1.3. Wie leicht zu zeigen, folgt aus den Definitionen (III), (IV): Es sei $\tau = (t, f(t))$ eine Stelle von C und T Tangente an C in τ, ferner sei $z \in T$. Dann gilt:

(1). Ist τ *reguläre* Stelle, so gilt $Kl(z; t; T) = 1$ oder $= 2$ je nachdem $z \neq f(t)$ oder $z = f(t)$. Je nachdem zählt also t in $Kl(z; C)$ *ein*- oder *zwei*fach.

(2). Ist τ *Dornstelle*, so zählt T in $Kl(z; C)$ *ein*- oder *drei*fach, je nachdem $z \neq f(t)$ oder $z = f(t)$ (je nachdem ist also $Kl(z; t; T) = 1$ bzw. $= 3$).

(3). Ist τ *Wende*- oder Schnabelstelle, so zählt T in $Kl(z; C)$ *zwei*fach, wenn $z \neq f(t)$, und *drei*- oder vierfach, wenn $z = f(t)$.

Aus der Definition der Klasse $Kl(z; C)$ folgt weiter:

(1'). Es ist $Kl(z; C)$ eine *oberhalb stetige* (ganzzahlige) Funktion von z in E, und zwar ist $Kl(z'; C) \leq Kl(z; C)$ für $z' \in V(z)$ (vgl. (I) und (V)).

(2'). Damit $Kl(z; C)$ in z unstetig sei, ist notwendig und hinreichend: In beliebiger Nähe von z gibt es $z'' \in V(z)$ und dazu gewisse unter den (zu z gehörigen) $\mathfrak{U}_{\nu\varrho}$ (vgl. Abschn. 3.6.1.2.), etwa $\mathfrak{U}_1'', \ldots, \mathfrak{U}_m''$, für die $\sum\limits_{\mu} Kl(V(z); \mathfrak{U}_\mu'') - \sum\limits_{\mu} Kl(V(z''); \mathfrak{U}_\mu'') = \alpha \geq 1$. Es ist dann $Kl(z; C) - Kl(z''; C) \geq \alpha$.

(3'). *Die Menge der Unstetigkeitspunkte von $Kl(z; C)$ ist nicht leer und enthalten in der Vereinigung H des $Tr(C)$ von C mit den Punkten aller Wende- und Schnabeltangenten.*

Beweis. *Betr.* (1'). Es ist $Kl(z; C) = \Sigma Kl(V(z); \mathfrak{U}_{\nu\varrho})$ (vgl. (III), (IV)) und $Kl(z'; C) = \Sigma Kl(V(z'); \mathfrak{U}_{\nu\varrho})$, wobei $V(z') \subset V(z) \subset V_0(z)$ angenommen werden konnte (wegen $z' \in V(z)$). Zufolge (I) ist aber $Kl(V(z'); \mathfrak{U}_{\nu\varrho}) \leq Kl(V(z); \mathfrak{U}_{\nu\varrho})$.

Betr. (2'). Folgt aus dem Beweis betr. (1').

Betr. (3'). Es sei W_e bzw. S_p die Menge der Punkte aller Wende- und Schnabeltangenten von C; ferner sei $H = Tr(C) \cup W_e \cup S_p$ gesetzt. Es ist H abgeschlossen in E. Für $z \in E' = E - H$ ist z Stetigkeitspunkt von $Kl(z; C)$; denn für eine hinreichend kleine Umgebung $V' \subset V_0(z) \cap E'$ eines $z \in E'$ gilt: Durch jedes $z' \in V'$ gehen nur solche Tangenten an C, deren Berührstellen gewöhnlich oder Dornstellen sind und alle derartigen Tangenten zählen einfach in $Kl(z; C)$ (vgl. (1), (2) sowie Abschn. 3.6.1.2., B); diese Tangenten ändern sich stetig mit z', bleiben erhalten (weil $Tr(C)$ keine Endpunkte besitzt) und es kommen auch keine neuen hinzu. Somit ist $Kl(z'; C) = Kl(z; C)$ für $z' \in V'$; w. z. z. w.

3.6.1.4. Definition. Es sei K ein lokal-konvexer einfacher Bogen in E; ferner sei $z \in K$. Es sei W eine (beliebig kleine) konvexe Umgebung von z in E derart, daß $K \cap W$ ein konvexer Bogen $K' \subset \underline{K}$ ist. Es wird dann bezeichnet: Als *konkave Seite von K bezüglich W* oder z der Durchschnitt von W mit dem offenen Kern der konvexen Hülle von K', und als *konvexe* Seite der offene Kern des Komplements der konkaven Seite. Soweit Mißverständnisse ausgeschlossen sind, sprechen wir im folgenden kürzer von der (lokalen) konkaven bzw. konvexen Seite von K (ohne Bezugnahme auf W und auf z).

In Ergänzung von Abschn. 3.6.1.3. ist jetzt noch folgendes festzustellen: Es sei $\tau = (t, f(t))$, ferner W eine konvexe Umgebung von $f(t)$ in E von folgender Art: Ist $\mathfrak{U} = (a, b)$ diejenige Umgebung von t in $\mathfrak{P}$, für die $U = f(\mathfrak{U})$ ein einfacher Bogen mit $f(\mathfrak{U}) \subset W$ und mit $f(a)$, $f(b) \in W_g$ ist, so sind $f(\mathfrak{U}')$ und $f(\mathfrak{U}'')$ Konvexbogen, wenn $\mathfrak{U}' = (a, t]$,

$\mathfrak{U}'' = [t, b)$ ist. Es sei jetzt $z = f(t)$ oder $z \in T$, wobei T die Tangente in τ bezeichnet, wenn τ Wende- oder Schnabelstelle ist, außerdem sei V' eine jeweils hinreichend kleine Umgebung von z in E. Dann gilt:

(1″). Es sei τ reguläre Stelle. Dann ist $Kl(z'; U) = 0$ oder $= 2$ für $z' \in V'$, je nachdem z' auf der konkaven oder konvexen Seite von U (bezüglich W) liegt.

(2″). Es sei τ *Dornstelle.* Für $z = f(t)$ ist $Kl(z'; U) = 3$ oder $= 1$, je nachdem $z' \in V'$ auf der konvexen Seite (eines jeden) der beiden (in $f(t)$ zusammenstoßenden) Konvexbogen $f(\mathfrak{U}')$, $f(\mathfrak{U}'')$ liegt oder nicht.

(3″). Es sei τ *Wendestelle* mit der Wendetangente T. Ist z fremd zu U, aber $z \in T$, so ist $Kl(z'; U) = 0$ oder $= 2$, je nachdem $z' \in V'$ auf der einen oder anderen Seite von T liegt. Für $z = f(t)$ ist $Kl(z'; U) = 1$ oder $= 3$.

(4″). Es sei τ *Schnabelstelle* und T Tangente an U in τ. Ist $z \in T$ fremd zu U, so ist $Kl(z'; U) = 0$ oder $= 2$. Für $z = f(t)$ kann $Kl(z'; U)$ jeden der Werte 0, 2 oder 4 annehmen.

(5″). Folgerung. Ist $Kl(z_0; C) = k$ für ein z_0, so ist $Kl(z; C) \equiv k \pmod 2$ für jedes $z \in E$.

Gemäß Abschn. 3.6.1.3., (3′), ist $E' = E - H$ mit $H = Tr(C) \cup W_e \cup S_p$ Vereinigung von Gebieten G (d. h. offenen, zusammenhängenden Mengen) derart, daß in jedem dieser Gebiete die $Kl(z; C)$ konstant ist. Wir bezeichnen diesen konstanten Wert von $Kl(z; C)$ für $z \in G$ als die *Klasse* $Kl(G; C)$ von C *in* G oder auch *von* G. Die Vereinigung aller Gebiete gleicher Klasse k heiße das (Gebiets-) *System* der Klasse k. — Für ein $z \in H$ ist $Kl(z; C)$ entweder die gleiche wie die (mindestens) eines Gebietes, zu dessen Begrenzung z gehört, oder verschieden von den Klassen aller Gebiete, zu deren Begrenzungen z gehört; im letzteren Falle ist dann $Kl(z; C)$ größer als die Klassen aller dieser Gebiete (wegen der Oberhalbstetigkeit von $Kl(x; C)$) und es heiße dann z *klassensingulär.* Die Menge aller klassensingulären Punkte der gleichen Klasse k' werde als das (klassensinguläre) *System* der Klasse k' bezeichnet./— Es gilt nun:

(A). *Es gibt stets mindestens zwei Gebietssysteme, deren Klassen sich um (mindestens) zwei unterscheiden.*— (B). *Die Klassen verschiedener Systeme sind kongruent mod 2.*

Beweis. Betr. (A). Es gibt eine reguläre Stelle $\tau = (t, f(t))$, deren Träger z kein Verzweigungspunkt und fremd zu $W_e \cup S_p$ ist. Gemäß (1″) gehört z zur Begrenzung zweier Gebiete, deren Klassen sich um genau Zwei unterscheiden. — Betr. (B) folgt aus (5″).

3.6.1.5. Es wird $Kl(C) = \mathrm{Max}(Kl(z; C); z \in E)$ bzw. $\mathrm{KI}(C) = \mathrm{Min}(Kl(z; C); z \in E)$ als *Klasse* bzw. als Klassen-*Index von* C bezeichnet. Es ist

$$Kl(C) \geq \mathrm{KI}(C) + 2 \quad \text{und} \quad Kl(C) \equiv \mathrm{KI}(C) \pmod 2 .$$

Bei gegebenem $k \geq 3$ gibt es Kurven C mit $Kl(C) = k = \mathrm{KI}(C) + 2$ (vgl. Abschn. 3.6.5.1., Satz, Anmerkung 2). Ist $Kl(C) = \mathrm{KI}(C) + 2$, so heißt C vom *Maximalklassenindex*, in Zeichen m KI.

Es besitzt C Maximalklassenindex genau dann, wenn zu C genau zwei Systeme verschiedener Klasse gehören; in diesem Falle existieren keine klassensingulären Systeme. — *Ist* $Kl(C) = k$ *und C vom Maximalklassenindex, so gilt* $Kl(z; C) = k$ *für jedes* $z \in Tr(C)$.

Denn jedes $z \in Tr(C)$ ist Häufungspunkt von in $Tr(C)$ enthaltenen lokal konvexen Bogen, also Häufungspunkt von Unstetigkeitspunkten z' bezüglich $Kl(z; C)$. Da $Kl(z; C)$ oberhalbstetig ist und in z' den Sprung Zwei macht (gemäß Abschn. 3.6.1.4., (1″)) ist $Kl(z'; C) = k$. Und dies gilt auch für den Häufungspunkt z der z'.

Zur Voraussetzung in Abschn. 3.6.1.1. tritt im Abschn. 3.6.2. eine neue.

3.6.2. Eigenschaften der Kurven vom Maximalklassenindex

Voraussetzung. Von jetzt ab werden, soweit nicht anderes bemerkt ist, *alle Kurven als vom Maximalklassenindex* angenommen. Das System der Klasse $k = Kl(C)$ bzw. $k-2$ sei mit $\mathfrak{S}(C; k)$ bzw. $\mathfrak{S}(C; k-2)$ bezeichnet.

3.6.2.1. Für Kurven vom Maximalklassenindex gilt:

(1). Es besitzt C *keine Schnabelstelle;*

(2). Es besitzt $Tr(C)$ als *Verzweigungspunkte* höchstens *äußere (Selbst-) Berühr(ungs)punkte,* d. h. Punkte z, deren jeder Träger genau zweier gewöhnlicher Stellen $\tau' = (t', f(t'))$, $\tau'' = (t'', f(t''))$ mit zusammenfallenden Tangenten ist und wobei von hinreichend kleinen Umgebungen U' von τ' und U'' von τ'' auf C jede auf der konvexen Seite der anderen liegt (sich also von „außen" berühren).

(3). Es besitzt C *höchstens eine Wendestelle* $\tau = (t, f(t))$. Die zugehörige Wendetangente T trägt außer $Tr(\tau)$ höchstens noch Träger von regulären Stellen $\tau' = (t', f(t'))$ der folgenden Art: Ist B eine hinreichend kleine Umgebung von τ' auf C, so wird $B = Tr(B)$ in $Tr(\tau')$ von T gestützt, und zwar so, daß es zu T beliebig benachbarte Geraden durch $f(t) = Tr(\tau)$ gibt, die bis auf $Tr(\tau)$ fremd sind zu $Tr(C)$ (so daß $Tr(\tau')$ kein Verzweigungspunkt (also kein Selbstberührpunkt) von $Tr(C)$ ist).

Beweis. Indirekt, indem man für die in (1) bis (3) jeweils ausgeschlossenen Fälle feststellt: In beliebiger Nähe des Trägers z einer Schnabelstelle oder eines Verzweigungspunktes, der nicht äußerer (Selbst-) Berührpunkt ist, oder eines Schnittpunktes von Wendetangenten untereinander oder mit C gibt es z' mit $Kl(z; C) - Kl(z'; C) \geq 4$.

Dies ergibt sich mit Hilfe von Abschn. 3.6.1.3., (1) bis (3), und Abschnitt 3.6.1.4., (1″) bis (4″).

3.6.2.2. Aus Abschn. 3.6.2.1. folgt für Kurven vom mKI:

I. Die Anzahl der Verzweigungspunkte von $Tr(C)$ ist endlich.

II. Besitzt C, also genau ein Zug, etwa Z_w, (genau) eine Wendestelle, so gibt es solche zur Wendetangente benachbarte Geraden, die mit Z_w genau einen Punkt gemeinsam haben. Es ist daher Z_w unpaar (d. h. $\mathrm{POW}(Z_w) \equiv 1 \pmod 2$), also isotop zur Geraden. Besitzt der Zug Z vom mKI keine Wendestelle, so ist Z paar (d. h. $\mathrm{POW}(Z) \equiv 0 \pmod 2$) und (wenn ohne Verzweigungspunkt) isotop Null. (Denn jede Gerade trifft gleichviel Gebiete der Klasse k und der Klasse $k-2$.)

Verabredung. Im Hinblick auf Abschn. 3.6.2.1., (2), werden wir bei Kurven vom mKI zwischen Stellen und ihren Trägern, also auch zwischen C und $Tr(C)$ i. allg. nicht mehr unterscheiden.

In Umkehrung von II. und Abschn. 3.6.2.1., (2) zeigen wir noch:

I′. Voraussetzung. Es sei Z_w ein Zug mit (genau) einer Wendestelle und besitze höchstens Dornstellen (also keine Schnabelstellen), ferner an Verzweigungspunkten höchstens äußere Selbstberührpunkte; es soll zur Wendetangente beliebig benachbarte Geraden geben, die durch den Wendepunkt gehen, aber außer diesem keine Punkte von $Tr(Z_w)$ enthalten. — *Behauptung.* Es ist Z_w vom mKI.

II′. Ein von Wendestellen freier Zug Z, der außer höchstens Dornstellen nur reguläre und außer höchstens äußeren Selbstberührpunkten keine Verzweigungspunkte besitzt, ist vom mKI.

III′. *Jeder Zug einer Kurve vom* mKI *ist selbst vom* mKI.

Beweis (A). O. B. d. A. sei angenommen, daß in I′ bzw. II′ $Tr(Z_w)$ und $Tr(Z)$ keine Verzweigungspunkte besitzt. Man kann nämlich jeden äußeren Selbstberührpunkt unter Erhaltung von $Kl(Z_w)$ bzw. $\mathrm{KI}(Z_w)$ usw. „auflösen“ in zwei gewöhnliche Punkte mit fremden Umgebungen; das soll heißen: Es seien z der Selbstberührpunkt, ferner B' und B'' einander berührende hinreichend kleine konvexe Umgebungen von z auf $Tr(Z_w)$ bzw. $Tr(Z)$ und T die Tangente in z an B' und B''. Wir halten z, B' und T fest und ersetzen $\underline{B}'' = \underline{B}(a''|b'')$ durch einen in der konvexen Hülle von B'' gelegenen Konvexbogen $\underline{B} = \underline{B}(a''|b'')$ (mit stetiger Tangente), für welchen die Halbtangente in a'' bzw. b'' von B'' und B übereinstimmt. Für Punkte z' in einer hinreichend kleinen Umgebung von z in E ist dann $Kl(z'; B') + Kl(z'; B) = 2$ oder 4, wie dies auch für $Kl(z'; B') + Kl(z'; B'')$ der Fall ist. — Ebenso zeigt man durch „Auflösung“ evtl. vorhandener Stützpunkte auf der Wendetangente, daß die Wendetangente als, bis auf den Wendepunkt, fremd zum Zug angenommen werden darf.

(B). Gemäß (A) nehmen wir $Tr(Z_w)$ und $Tr(Z)$ als einfache Kurven, also $Z_w = Tr(Z_w)$, $Z = Tr(Z)$, an; die Wendetangente T von Z_w sei fremd, bis auf den Wendepunkt, zu Z_w. Da Z_w zur Geraden isotop ist, bildet $Z_w \cup T$ in E die Begrenzung zweier einfach zusammenhängender Gebiete, in deren jedem $Kl(z; Z_w)$ konstant ist. Gemäß Abschn. 3.6.1.5. ist daher Z_w vom mKI. — Hingegen ist der wendepunktfreie Zug eine (einfache) paare Kurve (vgl. den Satz von MÖBIUS) und isotop Null. Daher ist auch Z in E Begrenzung zweier Gebiete (von denen genau eines einfach zusammenhängt), in deren jedem $Kl(z; Z)$ konstant ist. Damit ist I′ und II′ bewiesen. Zusammen mit I und II folgt daraus III′.

3.6.2.3. Auf Grund von Abschn. 3.6.2.1. und 3.6.2.2. lassen sich nun alle Kurven C vom mKI konstruieren. Dazu bemerken wir:

A. Zur Abkürzung bezeichnen wir jeden Zug Z vom mKI *ohne* Wendepunkt als ein *nach außen* (abgekürzt; n. a.) *konkaves* oder *konvexes Bogenpolygon*, je nachdem die konvexe Seite eines, und folglich (vgl. B) eines jeden, lokal konvexen Bogens des Zuges demjenigen Gebiet angehört oder nicht angehört, welches vom Zug begrenzt wird und einfach zusammenhängt; dieses Gebiet heißt entsprechend *konvexe* bzw. *konkave Seite* von Z.

Ist dagegen Z_w ein Zug *mit* Wendepunkt, wobei die Wendetangente T mit Z_w nur den Wendepunkt gemeinsam hat, so wird E durch $T \cup Tr(Z_w)$ in zwei einfach zusammenhängende Gebiete G', G'' zerlegt, deren jedes von $T \cup Tr(Z_w)$ begrenzt wird. Dem einen Gebiet, etwa G', gehört eine auf der konvexen Seite von Z_w in der Umgebung des Wendepunktes gelegene und von T begrenzte Punktmenge an. Wir bezeichnen $T \cup Tr(Z_w)$ als *Wendedieder* und G' bzw. G'' als die *konvexe* bzw. *konkave Seite* von Z_w.

B. Ist C vom mKI mit den Zügen $Z_1, \ldots, Z_m$, so gilt:

Jedes Gebiet G der Klasse $Kl(G; C) = k = Kl(C)$ bzw. $Kl(G; C) = k - 2$ liegt auf der konvexen bzw. der konkaven Seite aller begrenzenden Züge.

Andernfalls enthält nämlich die Begrenzung etwa des Gebietes G der Klasse k einen zu den Verzweigungspunkten und dem Wendepunkt (soweit ein solcher vorhanden ist) fremden Konvexbogen $B = f(\mathfrak{U})$, dessen konkave Seite in G liegt. Ist z. B. $z \in \underset{\circ}{B}$, so gibt es in beliebiger Nähe von z Punkte a aus einem Gebiet der Klasse $k - 2$ bzw. Punkte $i \in G$, also mit $Kl(i; C) = k$ derart, daß $Kl(a; B) = 2$ und $Kl(i; B) = 0$ ist (gemäß Abschn. 3.6.1.4., (1″)). Es folgt $Kl(i; C) + 2 = Kl(a; C)$. Widerspruch.

C. Ausgangsbereich für die Konstruktion einer Kurve C von mKI ist entweder E, wenn nämlich kein Wendepunkt vorhanden ist (Fall 1) oder die konkave oder konvexe Seite eines Zuges Z_w mit Wendepunkt (Fall 2).

1. Fall. Wir legen in E endlich viele, etwa n_1, nicht notwendig beschränkte Bogenpolygone P_ν; diese sollen sämtlich konkav oder sämtlich konvex nach außen sein, ferner sollen sie bis auf höchstens Berührpunkte von außen fremd sein, ebenso wie ihre konvexen bzw. konkaven Seiten (vgl. A). — Bezeichnung: $P(\nu_1)$, $1 \leq \nu_1 \leq n_1$, bei Konkavität bzw. $P(\bar{\nu}_1)$, $1 \leq \bar{\nu}_1 \leq n_1$, bei Konvexität n. a. — Beim 2. Schritt wird entsprechend mit der konvexen bzw. konkaven Seite eines jeden $P(\nu_1)$ bzw. $P(\bar{\nu}_1)$ in der gleichen Weise verfahren wie mit E; dabei werden also z. B. ins Innere von $P(\nu_1)$ bzw. von $P(\bar{\nu}_1)$ etwa $n(\nu_1)$ n. a. konvexe bzw. konkave Bogenpolygone mit paarweise fremden konkaven bzw. konvexen Seiten gelegt: Bezeichnung $P(\nu_1, \bar{\nu}_2)$, $1 \leq \nu_1 \leq n$, $1 \leq \bar{\nu}_2 \leq n(\nu_1)$ bzw. $P(\bar{\nu}_1, \nu_2)$. Nach m Schritten erhält man Bogenpolygone $P(\nu_1, \bar{\nu}_2, \nu_3, \bar{\nu}_4, \ldots, \nu_m)$ oder $P(\nu_1, \bar{\nu}_2, \ldots, \bar{\nu}_m)$ je nachdem m ungerade oder gerade ist bzw. $P(\bar{\nu}_1, \nu_2, \bar{\nu}_3, \nu_4, \ldots, \bar{\nu}_m)$ usw.

2. Fall. Man verfährt mit der konvexen bzw. konkaven Seite des vorgegebenen Z_w wie im 1. Fall mit $P(\nu_1)$ bzw. $P(\bar{\nu}_1)$; dabei sind, neben Berührungen von außen auch Stützpunkte auf der Wendetangente (gemäß Abschn. 3.6.2.1., (3)) zugelassen.

3.6.3. Reduzible und irreduzible Kurven

Eine Kurve C mit $Kl(C) = k$ heiße *reduzibel*, wenn C darstellbar ist als ein System von Kurven $C_1, \ldots, C_r$ derart, daß $r \geq 2$ und $k = k_1 + \cdots + k_r$ mit $Kl(C_\varrho) = k_\varrho$, $\varrho = 1, \ldots, r$. — Ist C nicht reduzibel, so heißt C *irreduzibel*.

1. Satz. Kennzeichnung der Irreduzibilität bei mKI.

Voraussetzung. Es sei C eine Kurve vom mKI *mit $k = Kl(C)$.*

Behauptung. Folgende drei Aussagen sind gleichwertig:

(1). *Es ist C irreduzibel.* — (2). *Das zu C gehörige System der Gebiete der Klasse $k-2$ enthält nur ein einziges Gebiet (jeder Zug von C gehört daher zur Begrenzung dieses Gebietes).* — (3). *Sind $Z_1, \ldots, Z_m$ die Züge von C und ist* KI $(C) = i$, KI $(Z_\mu) = i_\mu$, $\mu = 1, \ldots, m$, *so gilt* $i = i_1 + \cdots + i_m$.

Zusatz. Ist C eine irreduzible Kurve vom mKI, so ist auch jede Teilkurve C' von C irreduzibel (und vom mKI). Jeder Zug ist irreduzibel.

Beweis. *Aus* (1) *folgt* (2). Es seien $G_1, \ldots, G_s$, $s \geq 1$, die sämtlichen (paarweise fremden) Gebiete der Klasse $k-2$. Wegen KI $(C) = i = k-2$ ist $Tr(C)$ in der Vereinigung der Begrenzungen der G_σ enthalten. Es zerfällt daher C in Kurven C_σ derart, daß C_σ in der Begrenzung von G_σ enthalten ist; es sei $k_\sigma = Kl(C_\sigma)$. Wegen $Kl(G_\sigma; C) = k-2$ liegt G_σ auf der konkaven Seite von C_σ und von C (Abschn. 3.6.2.3., B). Jedes z auf der konvexen Seite von C_σ liegt daher auf der konvexen Seite eines jeden anderen C_σ, so daß $Kl(z; C) = k = Kl(z; C_1) + \cdots$

$+ Kl(z; C_s) = k_1 + \cdots + k_s$. Da C irreduzibel sein soll, folgt $s = 1$, w. z. z. w. — *Aus* (2) *folgt* (3). Weil nur ein Gebiet G mit $Kl(G; C) = k - 2$ existiert, sind alle Züge Z_μ an der Begrenzung von G beteiligt und es liegt G auf der konkaven Seite eines jeden Z_μ. Nun ist Z_μ vom mKI (Abschn. 3.6.2.2., III'); also $Kl(z; Z_\mu) = Kl(Z_\mu) - 2 = i_\mu$ für $z \in G$ und jedes $\mu = 1, \ldots, m$. Wegen $i = Kl(z; C)$ für $z \in G$ folgt $i = i_1 + \cdots + i_m$; w. z. z. w. — *Aus* (3) *folgt* (1). Indirekt. Es sei C das System der Kurven $C_1, \ldots, C_r$, $2 \leq r$, und $k = k_1 + \cdots + k_r$ für $k_\varrho = Kl(C_\varrho)$. Ist nun $i'_\varrho = \mathrm{KI}\,(C_\varrho)$, so gilt $i'_\varrho + 2 \leq k_\varrho$ und folglich (a) $i'_1 + \cdots + i'_r + 2(r-1) \leq k - 2 = i$. Sind weiter $Z_{\varrho 1}, \ldots, Z_{\varrho t_\varrho}$, $\varrho = 1, \ldots, r$, die Züge von C_ϱ und ist $\mathrm{KI}\,(Z_{\varrho\tau}) = i_{\varrho\tau}$, so gilt $i_{\varrho 1} + \cdots + i_{\varrho t_\varrho} \leq i'_\varrho$ und $\sum_{\varrho,\tau} i_{\varrho\tau} = i_1 + \cdots + i_m = i$ (gemäß (3)). Wegen (a) folgt $i + 2(r-1) \leq i$, was für $r \geq 2$ unmöglich ist.

Betr. Zusatz. Es sei $C = (Z_1, \ldots, Z_r)$ und o. B. d. A. $C' = (Z_1, \ldots, Z_t)$, ferner $i = \mathrm{KI}\,(C) = k - 2$, $k = Kl(C)$, $i_\varrho = \mathrm{KI}\,(Z_\varrho)$, $\varrho = 1, \ldots, r$. Nach Voraussetzung ist $s = i_1 + \cdots + i_r = i$. Weiter ist $s' = i_1 + \cdots + i_t \leq i' = \mathrm{KI}\,(C')$ und $i' + (i - s') \leq i$. Zusammen ergibt dies $s' \leq i' \leq s'$, also $s' = i'$. Da C' vom mKI ist, folgt der Zusatz aus der Gleichwertigkeit von (3) und (1).

Mit Hilfe von Satz 1, Behauptung (2), ergibt sich noch der

2. Satz. *Jede reduzible Kurve C vom* mKI *ist auf genau eine Weise darstellbar als System von irreduziblen (fremden) Teilkurven C_ϱ, $\varrho = 1, \ldots, r$, derart, daß $Kl(C) = \Sigma\, Kl(C_\varrho)$. Es ist $(C_1, \ldots, C_r)$ die Zerlegung in größte irreduzible Teilkurven.*

Beweis, *Betr. Existenz mindestens einer Darstellung.* Es sei also $C = (C_1, \ldots, C_r)$, $r \geq 2$ mit $Kl(C) = \Sigma\, Kl(C_\varrho)$. Ist dann z. B. C_1 reduzibel, so gilt $C_1 = (C_{11}, \ldots, C_{1t_1})$ mit $Kl(C_1) = \Sigma\, Kl(C_{1\tau})$. Ist wieder eines der $C_{1\tau}$ reduzibel, so läßt sich der Schluß wiederholen. Da jede Kurve als System von endlich vielen Zügen nur auf endlich viele verschiedene Weisen in Teilkurven zerlegbar ist, gelangt man nach endlich vielen Schritten zu irreduziblen Teilkurven.

Betr. Einzigkeit der Darstellung. Es sei $C = (C_1, \ldots, C_m)$ und $C = (C'_1, \ldots, C'_n)$ mit irreduziblen C_μ und C'_ν sowie mit (R) $k = Kl(C) = k_1 + \cdots + k_m = k'_1 + \cdots + k'_n$, wobei $k_\mu = Kl(C_\mu)$, $k'_\nu = Kl(C'_\nu)$. Es ist $Tr(C_\mu) \cap Tr(C_\tau) = \emptyset = Tr(C'_\nu) \cap Tr(C'_\varrho)$ für $\mu \neq \tau$, $\nu \neq \varrho$. Es sei G_μ bzw. G'_ν das (einzige) von C_μ bzw. C'_ν begrenzte Gebiet mit $Kl(G_\mu; C_\mu) = k_\mu - 2$ bzw. mit $Kl(G'_\nu; C'_\nu) = k'_\nu - 2$. Wegen (R) ist $G_\mu \cap G_\tau = \emptyset = G'_\nu \cap G'_\varrho$ für $\mu \neq \tau$, $\nu \neq \varrho$. Wegen $G_1 \cup \cdots \cup G_m = G'_1 \cup \cdots \cup G'_n$ gibt es daher μ, ν, etwa $\mu = 1 = \nu$, mit $G_1 \cap G'_1 \neq \emptyset$. Dann ist $S = G_1 \cup G'_1$ zusammenhängend mit $Kl(S; C_1) = Kl(S; C'_1) = k_1 - 2 = k'_1 - 2$, so daß $G_1 = G'_1$ und $k_1 = k'_1$. Fortsetzung dieses Schlusses liefert die Behauptung.

Folgerung. Es sei $C = (C_1, \ldots, C_r)$ die Zerlegung von C in größte irreduzible Teilkurven C_ϱ. Es sei C' irgendeine aus den C_ϱ gebildete Teilkurve von C, etwa $C' = (C_1, \ldots, C_s)$. Dann ist $C' = (C_1, \ldots, C_s)$ die Zerlegung von C' in irreduzible Teilkurven.

Beweis. Es sei $k = Kl(C)$, $k_\varrho = Kl(C_\varrho)$, $\varrho = 1, \ldots, r$. Ferner sei $k' = Kl(C')$. Nun ist $k \leq k' + k''$, wenn $k'' = k_{s+1} + \cdots + k_r$, und andererseits $k' \leq k - k''$ (wegen $\Sigma k_\varrho = k$). Somit folgt $k - k'' \leq k' \leq k - k''$ oder $k' = k_1 + \cdots + k_s$, w. z. z. z.

3.6.4. Stetige Deformation einer Kurve vom mKI, bei welcher Klasse, Index und evtl. die Anzahl der Doppeltangenten ungeändert bleibt

Das System der Tangenten einer Kurve wurde bis jetzt nur hinsichtlich der Klasse und des (Klassen-) Index sowie der vorhandenen Wendetangenten untersucht. Nun sollen auch die Spitzen- und die sog. Doppeltangenten in die Betrachtung einbezogen werden.

3.6.4.1. Als eine *Doppeltangente* an die Kurve C vom mKI wird jede Gerade bezeichnet, welche Tangente an C in $r \geq 2$ Stellen von C ist. Des Näheren gelten folgende Festsetzungen: Berührt T lediglich in r gewöhnlichen oder Dornstellen, so zählt T als $\binom{r}{2}$ Doppeltangenten. Ist außer d gewöhnlichen oder Dornstellen noch *ein* Selbstberührpunkt von C Berührpunkt von T, so zählt T als $\binom{d+2}{2} + 1$ Doppeltangenten, für $d = 0$ also 2-fach. Ist schließlich T Wendetangente, die noch s Stützpunkte trägt, so zählt T als $\binom{s+2}{2} - 1$ Doppeltangenten.

Die *Gesamtzahl* der Spitzen, Wendepunkte und Doppeltangenten der Kurve C wird mit $s(C)$ bzw. $w(C)$ bzw. $d(C)$ bezeichnet.

Anmerkung. Die Festsetzung betr. die Vielfachheiten von Doppeltangenten T ist so getroffen, daß bei hinreichend kleiner Abänderung von C in der Umgebung der Berührstellen diese Vielfachheit das Maximum der Anzahl der zu T benachbarten Doppeltangenten an die abgeänderte Kurve ist.

3.6.4.2. Es werden jetzt gewisse, später benötigte Deformationen von C von der in der Überschrift geannnten Art erklärt.

I. Operation. Auflösung eines äußeren Selbstberührpunktes.

Es sei s ein äußerer Selbstberührpunkt von C mit der Tangente T in s. Gemäß Abschn. 3.6.2.1., (2), ist s Träger von genau zwei gewöhnlichen Stellen $\tau' = (t', f(t'))$, $\tau'' = (t'', f(t''))$ mit $s = f(t') = f(t'')$. Es sei V', V'' bzw. H', H'' eine vordere bzw. hintere Umgebung von τ', τ'' auf C. Es gehören τ', τ'' entweder zu verschiedenen Zügen Z', Z'' von C (*Fall* a) oder zum gleichen Zug Z (*Fall* b). — Im *Fall* a hat, nach evtl. Umorientierung von Z'', das H' die gleiche Halbtangente in s wie V'' ferner V' die gleiche wie H''. Man kann Z' und Z'' zu einem einzigen Zug Z zusammenfassen, für welchen s Träger zweier Dornstellen ist, welch letztere in s gleiche Tangente T, aber entgegengesetzte Halbtangenten besitzen. Man setze $W' = V' \cup H''$, $W'' = V'' \cup H'$. Für den Selbstberührpunkt s ist $Kl(s; W' \cup W'') = 4$. Schiebt man nun die beiden Spitzen längs T so auseinander, daß ihre Umgebungen und damit die Halbtangenten fremd werden, so erhält man aus C eine Kurve C', welche statt τ', τ'' auf C zwei Dornstellen mit fremden Trägern s', s'' besitzt und für die $Kl(s'; W' \cup W'') = 4 = Kl(s''; W' \cup W'')$ gilt (gemäß Abschn. 3.6.1.3., (2)). Sind s', s'' hinreichend benachbart zu s, so ist $Kl(C) = Kl(C')$ und ebenso KI (C) = KI (C'). Ferner ist $d(C') = d(C) - 1$ sowie $s(C') = s(C) + 2$. — Im *Fall* b zerlegen τ' und τ'' den Zug Z in 2 Teilbogen, deren einer V' und H'', deren anderer V'' und H' enthält. Haben H' und V'' gleiche Halbtangente in s, so gehe man beim Durchlaufen von Z von H' zu V'' über und von H'' zu V'. Es zerfällt dann Z in zwei Züge Z', Z'', die den Punkt s gemeinsam und in ihm je eine Dornspitze haben. Besitzen aber H' und H'' die gleiche Halbtangente in s, so gelangt man nach Umorientierung des einen der beiden durch τ' und τ'' auf Z begrenzten Teilbogens von Z zu einem einzigen Zug. Die beiden so gewonnenen Dornspitzen werden dann wie im Fall a getrennt. (Bei beschränkten Kurven kann der letztere Fall nicht eintreten.) In beiden Fällen ergibt sich also:

Die Operation I führt von C zu einer Kurve C' vom mKI *mit $Kl(C) = Kl(C')$ und mit $d(C') = d(C) - 1$ sowie mit $s(C') = s(C) + 2$.*

Anmerkung. Ist C beschränkt, so liefert die Operation Ib stets zweizügige C'.

II. Operation. Herstellung eines äußeren Selbstberührungspunktes.

Dieser Operation II liegt ein *beschränktes* (also wendepunktfreies) nach außen konkaves Bogenpolygon Z vom mKI ohne (äußere) Selbstberührpunkte zugrunde. Es soll Z in ein ebensolches Polygon Z' vom mKI aber *mit* einem Selbstberührpunkt übergeführt werden, wobei $Kl(Z') = Kl(Z)$ und $d(Z') = d(Z)$ sein soll. Es existiert also $K_0 \in \mathfrak{k}$ mit $Z \subset E_0 = \boldsymbol{C} K_0$. Im folgenden wird E_0 als affine Ebene betrachtet.

Mit $J(Z)$ bzw. $A(Z)$ wird die konvexe Seite (das „Innere") bzw. die konkave Seite (das „Äußere") von Z bezeichnet.

Operation II A. *Annahme.* Unter den in $Tr(Z)$, also in Z, enthaltenen *konvexen* Bogen B soll es mindestens einen geben, für welchen der Schnittpunkt der Halbtangenten $Th(e)$, $Th(f)$ in den Endpunkten e bzw. f von B entweder nicht existiert (insbesondere uneigentlich ist) oder existiert, aber in $A(Z)$ liegt.

Es genügt, den Fall des uneigentlichen Schnittpunktes, also den paralleler Halbtangenten, zu betrachten; denn die hierbei anzustellenden Überlegungen gelten auch für die übrigen Fälle.

Es sei also B ein konvexer Teilbogen von $Tr(Z)$ mit parallelen $Th(e)$, $Th(f)$; es ist daher $Th(e)$ durch Translation in $Th(f)$ überführbar. Es sei S die von $Th(e)$, $Th(f)$ und B berandete abgeschlossene, zur konkaven Seite von B fremde Menge. Es ist S fremd zu Umgebungen von e und f auf $Tr(Z) - B$; ferner ist $\underline{S} \frown A(Z) \neq \emptyset$ und $\underline{S} \frown J(Z) \neq \emptyset$. Daher gibt es Teilbogen $R = \bar{R}$ von $Tr(Z) - B$ mit $\underline{R} \subset \underline{S}$, von deren Endpunkten einer auf $Th(e) - \{e\}$ und einer auf $Th(f) - \{f\}$ liegt; es gibt nur endlich viele solche R. Es sei S' die kleinste, in S enthaltene, von B und einem R berandete, abgeschlossene Menge, deren Inneres fremd ist zu allen R; es ist S' fremd zur konkaven Seite von B und R. Daneben kann es Teilbogen R' von $Tr(Z) - B - \underline{R}$ geben, deren Endpunkte g', h' beide auf $(Th(e) - \{e\}) \frown S'$ oder beide auf $(Th(f) - \{f\}) \frown S'$ liegen, während $\underline{R}' \subset \underline{S}'$ ist; es ist $R' \frown Th(f) = \emptyset$ bzw. $R' \frown Th(e) = \emptyset$. Das von R' und der Strecke $(g' | h')$ begrenzte beschränkte Gebiet sei $H(R')$. Es gibt nur endlich viele solche R'. Nimmt man von S' die sämtlichen $H(R')$ weg, so erhält man eine abgeschlossene, von B, R, den R' und Teilstrecken von $Th(e)$, $Th(f)$ berandete, einfach zusammenhängende Menge S''. Die konvexe Seite der R, R' liegt in $\underline{S}''$.

Es gibt nun Systeme $\mathfrak{q}$ von Konvexbogen Q mit stetiger Tangente von folgender Art: Jedes $Q \in \mathfrak{q}$ besitzt e und f als Endpunkte, ferner $Th(e)$ bzw. $Th(f)$ als Halbtangente in e bzw. in f; es ist $\underline{Q} \subset \underline{S}$ und durch jeden Punkt von $\underline{S}$ geht genau ein $Q \in \mathfrak{q}$ (man erhält solche $\mathfrak{q}$, wenn man B den Abbildungen einer geeigneten stetigen Schar topologischer Abbildungen unterwirft). Unter diesen Q gibt es in $\mathfrak{q}$ ein „kleinstes", etwa Q', welches mit gewissen R' und bzw. oder mit R äußere Berührungspunkte gemeinsam hat. Durch evtl. geeignete (beliebig kleine) Abänderung von Q' kann erreicht werden, daß der Konvexbogen Q' mit genau einem der R, R' in genau einem gewöhnlichem Punkt einen äußeren Selbstberührpunkt gemeinsam hat. Ersetzung von B durch Q' ergibt somit ein n. a. konkaves Bogenpolygon $Z' = (Z - B) \smile Q'$, welches beschränkt ist, in $\overline{J(Z)}$ liegt und genau einen Selbstberührpunkt besitzt. Es ist Z' vom mKI (vgl. Abschn. 3.6.2.2., II'). Ist z ein zu B hinreichend benachbarter, auf der konkaven Seite von B, also auch von Q' gelegener Punkt, so ist $Kl(z; Z') = \mathrm{KI}\,(Z')$. Weil durch z Tangenten weder an B noch an Q' gehen, ist $Kl(Z') = 2 + \mathrm{KI}\,(Z') = 2 + \mathrm{KI}\,(Z) = Kl(Z)$. Ferner ist $s(Z') = s(Z)$. Schließlich ist die Operation II A so eingerichtet worden, daß auch $d(Z') = d(Z)$ ist. Denn etwaige Doppeltangenten an $\underline{B}$ in Z ändern sich bei Operation II A stetig und monoton und bleiben erhalten, da neben gewöhnlichen nur

Dornstellen vorhanden sind (vgl. auch A. KNESER [3]). Da die Betrachtungen auch richtig bleiben, wenn Z ein Zug einer Kurve C vom mKI ist, so ergibt sich:

Bei der Operation II A, *angewandt auf einen beschränkten, nach* außen konkaven Zug (einer Kurve C vom mKI) ohne Selbstberührpunkte, blieben Konkavität nach außen, Klasse und Klassenindex sowie die Anzahl der Spitzen und Doppeltangenten unverändert. Die neue Kurve C' besitzt genau einen (äußeren) Selbstberührpunkt.

Operation II B. Hierbei handelt es sich um die bei der Operation II A ausgeschlossenen Fälle, also um die *Annahme*: Es sei Z ein beschränktes, nach außen konkaves Bogenpolygon ohne Selbstberührpunkte und derart, daß die Halbtangenten $Th(e)$, $Th(f)$ in den Endpunkten e, f eines *jeden* konvexen Teilbogens B von Z sich in einem Punkt z von $J(Z)$ oder evtl. von Z selbst schneiden. In beiden Fällen ist die Behandlung die gleiche. Bezeichnet $(e|z) \subset Th(e)$ bzw. $(f|z) \subset Th(f)$ die von e und z bzw. von f und z begrenzte Strecke, so soll das von $\overline{(e|z)} \cup \overline{(f|z)} \cup B$ begrenzte einfach zusammenhängende Gebiet fremd sein zu $Z - B$; denn andernfalls kann Operation I angewandt werden.

Ergänzung. Die weiter unten im Fall der euklidischen Ebene benutzte Addition von Winkeln, etwa α, γ, ist für den Fall einer topologisch ebenen projektiven Ebene, also einer $(E, \mathfrak{k})$-Geometrie, durch folgendes zu ersetzen: Es werde eine OCh K_0 ausgezeichnet. Ferner seien $A, B, C \in \mathfrak{k}$, wobei $\{a'\} = A \cap B \notin K_0$ und $\{b'\} = B \cap C \notin K_0$; es werde $\{a\} = A \cap K_0$, $\{b\} = B \cap K_0$, $\{c\} = C \cap K_0$ gesetzt. Es sei $D(a')$ bzw. $D(c')$ ein von A, B bzw. von B, C begrenztes offenes Dieder und $\bar{D}(a') \cap K_0 = K_0(a|b)$, $\bar{D}(c') \cap K_0 = K_0(b|c)$. Zunächst werde $\bar{D}(a') \cap \bar{D}(c') \cap K_0 = \{b\}$ bzw. $= \{b\} \cup \{a\}$ (bzw. falls $a = c$) angenommen. An Stelle von α bzw. γ tritt jetzt $K_0(a|b)$ bzw. $K_0(b|c)$ und an Stelle von $\alpha + \gamma$ tritt $K_0(a|c) = K_0(a|b) \cup K_0(b|c)$, so daß dem Fall $\alpha + \gamma < \pi$ bzw. $\alpha + \gamma = \pi$ entspricht: $a \neq c$ bzw. $a = c$ und $K_0(a|b) \cup K_0(b|c) \neq K_0$ bzw. $= K_0$. Fällen $\alpha + \gamma > \pi$ entspricht $\underline{K}_0(a|b) \cap \underline{K}_0(b|c) \neq \emptyset$ zuzüglich sinngemäßer weiterer Verabredungen. Entsprechen sich β und $K_0(b'|b'')$ sowie δ und $K_0(d'|d'')$, so soll $\beta = \delta$ gleichwertig sein mit $K_0(b'|b'') = K_0(d'|d'')$, so daß $b' = d'$, $b'' = d''$. Und einem Winkel $m\pi$ entspricht eine m-fache Überdeckung von $K_0 (m = 1, 2, \ldots)$*.

Bei Operation II B sind alle, von je zwei Dornspitzen begrenzten Teilbogen $B_\mu = B(e_{\mu-1}|e_\mu)$ von Z konvex (soweit sie im Innern nur reguläre Punkte enthalten), $\mu = 1, \ldots, m$; $e_0 = e_m$. Setzt man $\sphericalangle (Th(e_{\mu-1}), Th(e_\mu)) = \alpha_\mu$, so ist $\alpha_\mu < \pi$ und $\alpha_1 + \cdots + \alpha_m = 2\pi$; denn die Richtungen der $Th(e_\mu)$, $\mu = 0, 1, \ldots, m$, entsprechen einer mono-

* Entsprechend sind die bei der Operation I bzw. weiter unten erwähnten „perspektiven Affinitäten" bzw. „Translationen" und „projektiven Transformationen" im Fall topologischer projektiver Ebenen zu interpretieren.

tonen Folge von Drehungen insgesamt um 2π. Ist nun $m \geq 5$, so gibt es ein μ, etwa $\mu = 1$, mit $\alpha_1 + \alpha_2 < \pi$; denn andernfalls wäre $2(\alpha_1 + \cdots + \alpha_m) = 4\pi \geq m\pi$. Die Fälle $m \leq 3$ kommen für die Operation II B im Hinblick auf die späteren Zwecke nicht in Betracht, ebensowenig der Fall $m = 4$, wenn kein μ mit $\alpha_{\mu-1} + \alpha_\mu < \pi$ existiert, also alle vier α_μ gleich $2^{-1}\pi$ sind.

Es sei also $\alpha_1 + \alpha_2 < \pi$ und $m \geq 4$. Mit $T_\mu = T(e_\mu)$ werde die Tangente in e_μ, d. h. die Trägergerade von $Th(e_\mu) = Th_\mu$ bezeichnet. Es sei $Th_0 \cap Th_1 = \{s_0\}$, $Th_2 \cap Th_1 = \{s_2\}$; ferner sei $(e_1|s_0) \subset Th_1$ bzw. $(e_1|s_2) \subset Th_1$ die offene von e_1, s_0 bzw. e_1, s_2 begrenzte Strecke. Es ist entweder $s_0 = s_2$ oder $s_0 \in (e_1|s_2)$ nach evtl. Vertauschung von e_0 mit e_2; die folgenden Betrachtungen gelten gleichzeitig für beide Möglichkeiten. Nach der für Operation II B oben gemachten Annahme liegen in dem von $(e_0|s_0) \cup (e_1|s_0) \cup B_1$ bzw. von $(e_1|s_2) \cup (e_2|s_2) \cup B_2$ begrenzten Gebiet keine Punkte von $Z - (B_1 \cup B_2) = Z^*$. Es gibt ein $x \in (e_1|s_0)$ derart, daß das Dreieck $\triangle(e_0, x, s_0)$ keine Punkte von Z^* enthält und daß — wenn Th_1' bzw. Th_2' die durch Translation aus Th_1 bzw. Th_2 gewonnene Halbgerade mit x als Anfangspunkt ist — gilt: $Th_1' \subset Th_1$ und $Th_2' \cap (e_0|s_0) \neq \emptyset$; wegen $\alpha_1 + \alpha_2 < \pi$ gibt es x, die letzterer Bedingung genügen. Man ersetze nun B_1 bzw. B_2 durch einen Konvexbogen $B_1' = B_1'(e_0|x)$ bzw. $B_2' = B_2'(x|e_2)$, welcher im Dreieck $\triangle(e_0, x, s_0)$ bzw. $\triangle(e_2, x, s_2)$ liegt und Th_0, Th_1 in e_0, x bzw. Th_1', Th_2 in x, e_2 als Halbtangenten besitzt. Es gibt dann auch Konvexbogen $B_1'' = B''(e_0|x)$ bzw. $B_2'' = B''(x|e_2)$, welche Th_0, Th_2' in e_0, x bzw. Th_2', Th_2 in x, e_2 als Halbtangenten besitzen (vgl. Fig. 15).

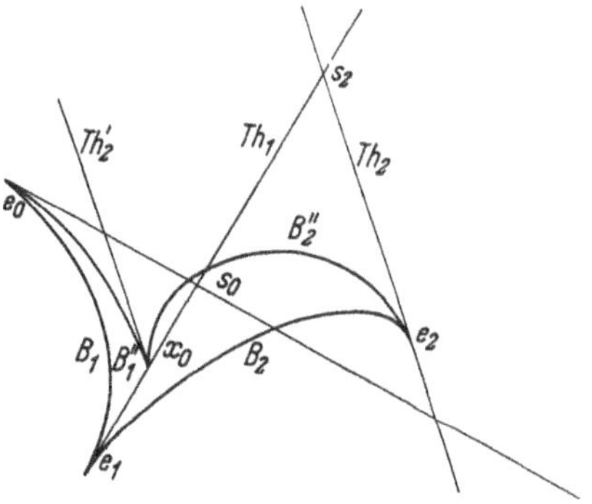

Fig. 15

Da die beiden Halbtangenten in den Endpunkten von B_2'' parallel sind, ist die bei Operation II A gemachte Annahme erfüllt. — Zu bemerken ist noch: Der Übergang von B_i über B_i' zu B_i'', $i = 1, 2$, kann durch eine stetige Schar projektiver Transformationen erfolgen derart, daß „zwischen" B_i und B_i' die „späteren" Konvexbogen stets auf der konvexen Seite der „früheren" liegen, ferner daß „zwischen" B_2' und B_2'' gleiches gilt, während „zwischen" B_1' und B_1'' „früher" und „später" zu vertauschen sind. Zufolge der Wahl von x bleiben alle Konvexbogen (nicht nur „zwischen" B_2 und B_2'', sondern auch) „zwischen" B_1 und B_1'' fremd zu Z^*. Schließlich ist $Z' = Z^* \cup B_1'' \cup B_2''$ ein nach außen konkaves Bogenpolygon, dessen Klasse und Klassenindex gleich denen von Z ist; und dies gilt dann auch für die aus C durch Ersetzung von Z durch Z' gewonnene Kurve C'. Weiter verifiziert man, daß beim (stetigen) Übergang von Z zu Z' die Anzahl der Spitzen sowie der Doppeltangenten unverändert bleibt. Wir haben also:

Ohne Änderung von Klasse, Klassenindex, $m = s(C)$ und $d(C)$ erhält man vermittelst der Operation II B aus C ein C', welches für einen seiner Züge die der Operation II A zugrunde gelegte Annahme erfüllt. (Dabei ist vom Fall $m = 3$ und $m = 4$ mit $\alpha_i = 2^{-1}\pi, i = 1, \ldots, 4,$ abgesehen.)

3.6.5. Geschlecht einer Kurve vom mKI. „Plückersche" Formeln

3.6.5.1. Als Geschlecht eines Gebietes G in E wird erklärt die maximale Anzahl der Querschnitte, durch welche G nicht zerspalten, d. h. in fremde Gebiete zerlegt wird. Ist C eine Kurve vom mKI, so wird als (geometrisches) *Geschlecht* $g(C)$ von C erklärt: Falls C irreduzibel ist, sei $g(C)$ gleich dem Geschlecht des (gemäß Abschn. 3.6.3., Satz 1) einzigen Gebietes G mit $Kl(G; C) = Kl(C) - 2 = \mathrm{KI}\,(C)$; falls C reduzibel und $C = (C_1, \ldots, C_n)$ die (Abschn. 3.6.3., Satz 2) einzige Zerlegung von C in größte irreduzible Teilkurven C_ν ist, sei als Geschlecht $g(C)$ erklärt

$$g(C) = g(C_1) + \cdots + g(C_n) - n + 1.$$

Demgemäß ist $g(C)$ durch C eindeutig bestimmt.

Ziel der Ausführungen in Abschn. 3.6.5.2. bis 3.6.5.6. ist der Beweis von

Satz. *Voraussetzung. Es sei C eine Kurve vom* mKI *mit $Kl(C) = k$, also* KI $(C) = k - 2$, *mit $s = s(C)$ Spitzen, mit $w = w(C)$ Wendestellen und $d = d(C)$ Doppeltangenten.*

Behauptung. Es gilt

$$\text{(G)}\quad 2g(C) = s - k + 2 \quad \text{und} \quad \text{(D)}\quad d + w = \binom{k-1}{2} - g(C).$$

1. Anmerkung. Gemäß Abschn. 3.6.2.1., (3), ist $w = 0$ oder $= 1$.

2. Anmerkung. Es gibt Kurven C, sogar Züge, vom mKI mit beliebig vorgeschriebenem $k = Kl(C)$, $k = 3, 4, \ldots$ Ist nämlich C etwa ein beschränkter nach außen konkaver Zug mit Dornspitzen, so ist C irreduzibel, also $g(C) = 1$ und $Kl(C) = k = s$.

Der Beweis wird induktiv geführt.

3.6.5.2. Der Satz ist richtig für *beschränkte nach außen* konkave Bogenpolygone P; dabei ist $g(P) = 1$, $w(P) = 0$. — In der Tat: Es ist $s = s(P) \geq 3$. Für $s = 3$ ist $Kl(P) = 3$, $d(P) = 0$, also die Behauptung (G), (D) richtig; wegen $g(P) = 1$ ist dabei (G) äquivalent mit (G') $s = k = Kl(P)$. Gleiches wie für $s = 3$ gilt für $s = 4$, wenn alle $\alpha_i = 2^{-1}\pi$, $i = 1, \ldots, 4$ (vgl. Abschn. 3.6.4.2., Operation II B). — Wir wenden Induktion nach s an, wobei die Anwendbarkeit von Operation II A bzw. II B gesichert ist. Es sei also (G) bzw. (G') und (D) richtig für $3 \leq s < s_0$. Mittels Operation II A und II B erhält man aus P ein beschränktes, nach außen konkaves Bogenpolygon $\bar{P}$ von mKI mit $s(P) = s(\bar{P})$, $d(P) = d(\bar{P})$, $Kl(P) = Kl(\bar{P})$, aber mit einem Selbstberührpunkt. Operation I (Abschn. 3.6.4.2.) liefert eine zweizügige Kurve $C = (P', P'')$ mit beschränkten, nach außen konkaven P', P'' vom mKI mit $s(C) = s(P) + 2$ und $d(C) = d(P) - 1$ sowie $Kl(C) = Kl(P)$. Wegen $s(C) = s(P') + s(P'')$ und $3 \leq s(P')$ folgt $s(P'') \leq s(P) - 1$ und ebenso $s(P') \leq s(P) - 1$. Nach Induktionsannahme gilt daher $s(P') = Kl(P') = k'$, $s(P'') = Kl(P'') = k''$. Andererseits gilt $Kl(C) = k = k' + k'' - 2$. In der Tat: Es ist $P' \subset A(P'')$, $P'' \subset A(P')$ (gemäß Operation I) und $A(P')$ die konkave Seite von P' usw., mithin $J(P') \frown J(P'') = \emptyset$ und daher $Kl(z; C) = k' + (k'' - 2)$ oder $= k'' + (k' - 2)$ bzw. $= (k' - 2) + (k'' - 2)$, je nachdem $z \in J(P') \frown A(P'')$ oder $z \in A(P') \frown J(P'')$ oder $z \in Tr(C)$ bzw. $z \in A(P') \frown A(P'')$.

Betr. (G') und (G). Es ist also $k = k' + k'' - 2 = s(P') + s(P'') - 2 = s(C) - 2 = s(P)$. — *Betr.* (D). Zufolge eines Satzes von v. Staudt (vgl. S. 168) gilt: Ist $Kl(z; P'') = m''$ für jedes $z \in P'$ und $Kl(z; P') = m'$ für jedes $z \in P''$, so ist $m' m''$ die Anzahl der Doppeltangenten von $C = (P', P'')$, die gleichzeitig Tangenten sowohl an P' wie an P'' sind. Hier ist $m' = k' - 2$, $m'' = k'' - 2$ (wegen $P' \subset A(P'')$ usw.). Ferner war $d(C) = d(P) - 1$. Daher ist $d(P) - 1 = d(P') + d(P'') + (k' - 2) \cdot (k'' - 2)$. Andererseits ist die Induktionsannahme für P', P'' erfüllt, mithin $2d(P') = (k' - 1)(k' - 2) - 2$, $2d(P'') = (k'' - 1)(k'' - 2) - 2$, also $2(d(P) - 1) = (k' + k'' - 3)(k' + k'' - 4) - 4 = (k - 1)(k - 2) - 4$, so daß (D) gilt.

3.6.5.3. Es gelten (G) und (D) für *beschränkte*, nach außen *konvexe* Bogenpolygone Q. Hier ist $g(Q) = 0 = w(Q)$, also $0 = s(Q) - k + 2$ sowie $2d(Q) = (k - 1)(k - 2)$ für $k = Kl(Q)$ zu beweisen. — Nun existiert, weil Q beschränkt ist, ein beschränktes, nach außen konkaves Bogendreieck F mit $Q \subset J(F)$; dabei kann und soll F so gewählt werden, daß die Halbtangenten in den Endpunkten eines der 3 Konvexbogen K von F sich in $J(Q)$ schneiden derart, daß vermöge Operation II A, angewandt auf K, ein Berührungspunkt von außen mit Q hergestellt werden kann. Es ist $C = (Q, F)$ vom mKI mit $Kl(C) = k + 3$. Ferner ist (nach dem Staudtschen Satz, Abschn. 3.6.5.2.) $d(C) = d(Q) + 3k$, weil $d(F) = 0$. Schließlich ist $g(C) = 0$ und $s(C) = s(Q) + 3$. Vermöge Operation II A und nachfolgender Operation I erhält man ein nach außen konkaves Bogenpolygon P mit $Kl(P) = Kl(C) = k + 3$, $s(P) = s(C) + 2 = s(Q) + 5$, $d(P) = d(C) - 1 = d(Q) + 3k - 1$. Gemäß

Abschn. 3.6.5.2. ist aber $s(P) = k + 3$, so daß (G) gilt; ferner ist $2d(P) = (k + 3 - 1)(k + 3 - 2) - 2$, woraus (D) folgt.

3.6.5.4. Es gelten (G) und (D) allgemein für *beschränkte, irreduzible* Kurven C vom mKI; dabei sei wieder $k = Kl(C)$, ferner bestehe C aus den r Zügen $Z_1, \ldots, Z_r$. Weil C irreduzibel ist, existiert genau ein Gebiet G^* mit $Kl(G^*; C) = k - 2$. Daher existiert höchstens ein nach außen konvexer Zug $\bar{Z}$ von C (denn das Innere eines jeden solchen $\bar{Z}$ enthält ein Gebiet G mit $Kl(G; C) = k - 2$). — Wir unterscheiden: (α). Es sei *jedes der* Z_ϱ *nach außen konkav*, $\varrho = 1, \ldots, r$. Weil C irreduzibel ist, gilt $Z_\tau \subset A(Z_\varrho)$ für alle $\varrho \neq \tau$; $\varrho, \tau = 1, \ldots, r$. Daher ist $G^* = A(Z_1) \cap \cdots \cap A(Z_r)$, also $g(C) = r$. Die Z_ϱ sind vom mKI. Wird $Kl(Z_\varrho) = k_\varrho$ gesetzt, so ist (gemäß Abschn. 3.6.5.2.) $s(Z_\varrho) = s_\varrho = k_\varrho$. Nun gilt (G) und (D) für $r = 1$, so daß induktiv weiter geschlossen werden kann. Ist die Behauptung schon für $1 \leq r < R$ bewiesen, so betrachten wir $C = (Z_1, \ldots, Z_R)$. Es sei also C irreduzibel mit lauter nach außen konkaven Z_ϱ. Dann ist (gemäß Abschn. 3.6.3., Satz 1, Zusatz) $C' = (Z_1, \ldots, Z_{R-1})$ irreduzibel (ebenso Z_ϱ). Ist $Kl(C') = k'$, so gilt nach Induktionsannahme, weil $g(C') = R - 1$ ist, $2(R - 1) = s' - k' + 2$; dabei ist $s' = s(C') = s_1 + \cdots + s_{R-1}$. Andererseits ist (wegen der Konkavität der Z_ϱ) $k = k' + k_R - 2$. Zusammen mit $s(C) = s' + s_R$ und $s_R = k_R$ folgt (G) für C. Nach Induktionsannahme für C' und Z_R und zufolge des Staudtschen Satzes ist $2d(C) = ((k' - 1) \cdot (k' - 2) - 2(R - 1)) + ((k_R - 1)(k_R - 2) - 2) + 2(k' - 2)(k_R - 2)$. Unter Benutzung von $k = k' + k_R - 2$ folgt (D) für C. — (β). *Es sei der Zug* $\bar{Z}$ *von* $C = (Z_1, \ldots, Z_r, \bar{Z})$ *nach außen konvex*. Für jeden Zug Z_ϱ ist dann $Z_\varrho \subset J(\bar{Z})$ (wegen der Irreduzibilität von C (vgl. Abschn. 3.6.3., Satz 1, (2))). Für $C' = (Z_1, \ldots, Z_r)$ ist somit $g(C) = g(C') = r$. Setzt man $k' = Kl(C')$, $\bar{k} = Kl(\bar{Z})$, $s' = s(C')$, $\bar{s} = s(\bar{Z})$, $d' = d(C')$, $\bar{d} = d(\bar{Z})$ und beachtet $g(\bar{Z}) = 0$, so folgt aus (α) für das irreduzible C' bzw. für $\bar{Z}$, daß $k' = s' - 2r + 2$, $\bar{k} = \bar{s} + 2$. Wegen $k = k' + \bar{k} - 2$ ergibt sich (G) für C. Wie bei (α) folgt (D).

3.6.5.5. Es gelten (G) und (D) für *beschränktes*, sonst beliebiges C vom mKI. Es sei nämlich $C = (C_1, \ldots, C_r)$ reduzibel mit irreduziblen C_ϱ und mit $k = k_1 + \cdots + k_r$ für $k = Kl(C)$, $k_\varrho = Kl(Z_\varrho)$, $r \geq 2$. Wegen Abschn. 3.6.5.4. kann man induktiv schließen: Man setzt $C = (C', C_r)$ mit $C' = (C_1, \ldots, C_{r-1})$, nimmt die Behauptung als richtig für C' sowie für das irreduzible C_r an und beachtet, daß $Kl(C') = k_1 + \cdots + k_{r-1}$ (Abschn. 3.6.3., Satz 2. Folgerung) sowie (definitionsgemäß) $g(C) = g(C') + g(C_r) - 1$ ist.

3.6.5.6. Die beschränkten Kurven C sind diejenigen vom (Punkt-) Index Null, wobei dieser Index die Minimalzahl der Punkte angibt, welche C mit Geraden gemeinsam hat. Um (G) und (D) für beliebige

C vom mKI zu beweisen, erledigen wir zuerst (A) den *Fall des Index* 1 und sodann (B) vermöge vollständiger Induktion auch den *Fall eines beliebigen Index.*

A.1. Es gelten (G) und (D) für jeden *Zug vom Index* 1 (und vom mKI). Hier ist $w(Z) = 1$ (= Anzahl der Wendepunkte); o. B. d. A. hat die Wendetangente mit Z nur den Wendepunkt gemeinsam. Es ist $g(Z) = 0$. Man kann nun von Z zu einem beschränkten Z'' mit gleicher Klasse usw. auf folgende Weise gelangen: Man vereinigt den orientierten Zug Z mit der geeignet orientierten Wendetangente W zu einer Kurve F mit dem Wendepunkt w als einzigem Verzweigungspunkt. Es gibt nun zu einer beliebig kleinen Umgebung U von w auf Z stetig differenzierbare Konvexbogen K in beliebiger Nähe von W mit folgender Eigenschaft: Es ist W Tangente an K; es ist $(Z - U) \cup K = Z'$ ein Zug vom Index Null ohne (Wende- und) Verzweigungspunkt; Z' ist beliebig benachbart zu Z; der beschränkte Zug Z' ist nach außen konvex, so daß $g(Z') = 0$ ist. Es gilt dann $d(Z') = d(Z) + 1$, $s(Z') = s(Z)$, $w(Z') = w(Z) - 1$, $Kl(Z') = Kl(Z) = k$. Aus der Gültigkeit von (G) und (D) für Z' folgt die für Z.

A.2. Es gelten (G) und (D) für beliebige *Kurven C vom Index* 1 und vom mKI. Es enthält nämlich jedes solche C genau einen Zug Z mit Wendepunkt vom Index 1, der durch ein Z' vermöge der Konstruktion in A.1. ersetzt wird. Ist C irreduzibel, so liegen alle übrigen Zweige im Innern von Z'. Daher kann man wie in Abschn. 3.6.5.4., (β), schließen. Für reduzibles C sind dann die Schlüsse in Abschn. 3.6.5.5. anwendbar.

B. Um die Gültigkeit von (G) und (D) für beliebiges C vom mKI nachzuweisen, verwenden wir Induktion nach dem (Punkt-) Index $j = j(C)$ von C. Es sei also schon für $1 \leq j < j_0$ der Beweis geliefert und C vom mKI mit $j(C) = j_0$, es existiere also eine Gerade S, mit der C genau j_0 Schnittpunkte gemeinsam hat, die keine Verzweigungspunkte von C und Träger regulärer Stellen sind, Beim Durchlaufen von S gelangt man beim Überschreiten von $Tr(C)$ aus einem Gebiet G mit $Kl(G; C) = k = Kl(C)$ in eines der Klasse $k - 2$ oder umgekehrt. Es gibt daher zwei, auf S durch keine anderen Punkte von $S \cap Tr(C)$ getrennte Punkte q', q'' derart, daß die offene, zu C fremde, von q' und q'' begrenzte Strecke $(q'|q'')$ in G, also auf der konvexen Seite von C liegt. Es gibt nun eine (stetig differenzierbare) konvexe Kurve K, von welcher C in q' und q'' von außen berührt wird, während $K - \{q'\} - \{q''\} \subset G$. Die Operation I (Abschn. 3.6.4.2.) kann nun auf $C' = (C, K)$ sowohl in q' als in q'' angewandt werden und läßt sich so einrichten, daß die resultierende Kurve C'' in der Umgebung von q' und von q'' fremd ist zu S. Infolgedessen ist $j(C'') \leq j_0 - 2$, so daß für C'' die Induktionsannahme erfüllt ist. Nun gilt $Kl(C'') = k'' = k + 2$, $s(C'') = s'' =$

$s(C) + 4$, $d(C'') = d(C) + 2k - 2$, $w(C'') = w'' = w(C) = w$ (zum Beweise für $d(C'') = d(C) + 2k - 2$ wende man auf C' den STAUDTschen Satz an). Für $p'' = g(C'')$ gilt somit: $k'' = s'' - 2p'' + 2$, $2(d'' + w'') = (k'' - 1)(k'' - 2) - 2p''$. Daher ist $k = s - 2p'' + 4$, $2(d + w) = (k + 1)k - 2p'' - 4k + 4$, wobei $s = s(C)$, $d = d(C)$, $k = Kl(C)$ ist. Es gelten also (G) und (D) für C, falls $p'' = g(C) + 1$ ist. Zum Beweis dieser letzteren Beziehung betrachten wir die Zerlegung $C = (C_1, \ldots, C_m)$ von C in größte irreduzible C_μ, $\mu = 1, \ldots, m$. Es sei G_μ das (einzige) Gebiet mit $Kl(G_\mu; C_\mu) = k_\mu - 2$, wobei $k_\mu = Kl(C_\mu)$. Es ist $Tr(C_\mu)$ in der Begrenzung von G_μ enthalten.

(α). Es gehören q' und q'' zum gleichen C_μ, etwa zu C_1. Beim Übergang von C zu C'' wird dann nur C_1 verändert, etwa in C_1''; dabei ist $Kl(C_1'') = Kl(C_1) + 2$, $s(C_1'') = s(C_1) + 4$. Entsprechend ändert sich unter den G_μ nur G_1, etwa in die offene Menge G_1''. Dabei ist G_1'' zusammenhängend. Ferner enthält des Gebiet G_1'' alle $z \in E$ mit $Kl(z; C_1'') = k_1'' - 2$. Gemäß Abschn. 3.6.3., Satz 1, (2), ist daher C_1'' irreduzibel und folglich $C'' = (C_1'', C_2, \ldots, C_m)$ Zerlegung von C'' in irreduzible Teilkurven. Definitionsgemäß ist also $p'' = g(C'') = g(C_1'') + g(C_2) + \cdots + g(C_m) - m + 1$. Aber $g(C_1'') = g(C_1) + 1$.

(β). Es gehören q' und q'' zu verschiedenen C_μ, etwa zu C_1 und C_2. Hier werden beim Übergang von C zu C'' nur C_1 und C_2 geändert. Dementsprechend geht $G_1 \cup G_2$ über in ein Gebiet G''', wobei o. B. d. A. $G_1 \cup G_2 \subset G'''$. Die in der Begrenzung von G''' enthaltene, aus C_1, C_2 und K hervorgegangene Kurve sei C'''. Es enthält G''' alle $z \in E$ mit $Kl(z; C''') = Kl(C''') - 2 = k_1 + k_2$. Somit ist C''' irreduzibel mit $Kl(C) = Kl(C''') + Kl(C_3) + \cdots + Kl(C_m)$ und daher $g(C'') = g(C''') + g(C_3) + \cdots + g(C_m) - (m - 1) + 1$. Aber $g(C''') = g(C_1) + g(C_2)$, woraus $p'' = g(C) + 1$ folgt.

3.6.6. Maximalklassenindex und Ordnung

Zum Schlusse soll noch eine genaue obere Schranke für den Punktordnungswert einer Kurve C vom mKI angegeben werden, wenn Klasse, Geschlecht und Anzahl der Wendetangenten von C bekannt sind.

Vorausgeschickt werde der folgende

Hilfssatz. *Voraussetzung* (1). Es seien B', B'' zwei (abgeschlossene) zueinander fremde lokal konvexe Bogen, nur deren Endpunkte auf der gleichen Geraden H liegen. — (2). Es existiere ein Punkt $q \in H$ derart, daß jede von H verschiedene Gerade durch q mit B' und mit B'' je genau einen Punkt gemeinsam hat. — (3). Die Gerade $H' \neq H$ mit $q \in H'$ sei so orientiert, daß die Punkte q, $b' \in B' \cap H'$ und $b'' \in B'' \cap H'$ in dieser Anordnung auf H' liegen. Die von q und b' begrenzte, b'' nicht enthaltende offene Strecke S' liege in einer Umgebung von b' auf der konvexen Seite von B'.

Behauptung. Die von b' und b'' begrenzte offene Strecke S'' liegt in einer Umgebung von b'' auf der konvexen Seite auch von B''.

Beweis. Zufolge Voraussetzung (1) ist sowohl B' als B'' je beschränkt und global konvex (vgl. Abschn. 3.1.3.1., 3.7., Hilfssatz 3). Die abgeschlossene konvexe Hülle von B' bzw. B'' sei K' bzw. K''. Wegen $B' \cap B'' = \emptyset$ ist entweder $K' \subset K''$ oder $K'' \subset K'$ oder $K' \cap K'' = T$ eine in H enthaltene Strecke oder $K' \cap K'' = \emptyset$. Die beiden letzten Fälle sind gemäß Voraussetzung (2) und (3) ausgeschlossen. Daher gibt es eine, als uneigentlich auszuzeichnende Gerade, bezüglich deren K' *und* K'' beschränkt sind. Gemäß Voraussetzung (2) ist $q \in H \cap K' \cap K''$. Damit S' der Voraussetzung (3) genüge, muß $K'' \subset K'$ sein, also $S'' \subset \underline{K}' - K''$. Daraus folgt die Behauptung.

Satz. *Für jede Kurve C vom* mKI *ist*

$$\mathrm{POW}\,(C;\mathfrak{k}) \leq 2\,Kl(C) + 2g(C) - 2 - w.$$

1. Zusatz. Ist POW $(C;\mathfrak{k})$ maximal, also POW $(C;\mathfrak{k}) = m = 2k + 2g - 2 - w$ (vgl. Fig. 16, 17), wobei $k = Kl(C)$, $g = g(C)$ ist, so gilt $m = k(k-1) - 2d - 3w$. Diese Beziehung entspricht einer Plückerschen Formel für ebene (reelle) algebraische Kurven C^*, welche nur reelle und keine isolierten „Singularitäten" besitzen; in der Plückerschen Formel bezeichnet dann m bzw. k die „algebraische" Ordnung bzw. Klasse von C^* (vgl. Burau [*1*], S. 99).

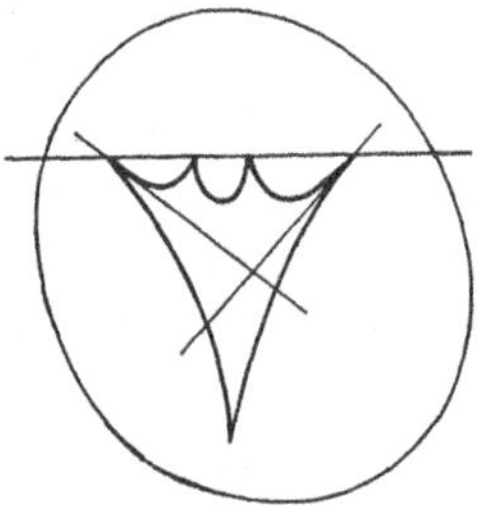

Fig. 16

2. Zusatz. Für jede Kurve C vom mKI mit $Kl(C) = k$ und POW $(C;\mathfrak{k}) = m \equiv 0$ bzw. $\equiv 1 \pmod 2$, d. h. für „paare" bzw. „unpaare" Kurven C, ist $m \leq 4k - 6$ bzw. $m \leq 4k - 9$ sowie $g(C) \leq Kl(C) - 2$ bzw. $g(C) \leq Kl(C) - 3$.

Fig. 17

Anmerkung. Im Satz kann POW $(C;\mathfrak{k})$ auch ersetzt werden durch einen Ordnungswert, welcher der in der Bemerkung zum 2. Satz in Abschn. 3.5. angedeuteten Definition des (Punkt-) Index entspricht und am Begriff der algebraischen Ordnung orientiert ist. Dieser Begriff liegt den Untersuchungen z. B. von Juel und Nagy zugrunde.

Beweis I. Zunächst sei POW $(C;\mathfrak{k}) = m \equiv 0 \pmod 2$, also $w = 0$ und $m \geq 2$. Bekanntlich (vgl. den Reduktionssatz Abschn. 1.4.3.) gibt es Geraden R derart, daß $D = Tr(C) \cap R = \{a_1\} \cup \cdots \cup \{a_m\}$, wobei die a_μ sämtlich regulär und Schnittpunkte sind sowie nicht mit Verzweigungspunkten von C zusammenfallen; $\mu = 1, \ldots, m+1$, wobei $a_{m+1} = a_1$. Es sei $a_1, \ldots, a_m$ die einer Orientierung von R entsprechende Reihenfolge der a_μ; ferner sei $S_\mu = R(a_\mu | a_{\mu+1})$ die von a_μ und $a_{\mu+1}$ begrenzte, offene, zu $\bigcup_\mu \{a_\mu\}$ fremde Strecke. Ist dann $\mathfrak{g}$ bzw. $\mathfrak{g}'$ das System der Gebiete der Klasse k bzw. $k-2$ (wobei $k = Kl(C)$), so kann o. B. d. A. $S_m \subset G$ mit $G \in \mathfrak{g}$ angenommen werden. Jetzt liegt S_μ in einem $G \in \mathfrak{g}$ bzw. $G \in \mathfrak{g}'$ je nachdem $\mu \equiv 0$ oder $\mu \equiv 1 \pmod 2$ ist, also je nachdem S_μ in der Umgebung von a_μ und $a_{\mu+1}$ auf der konvexen oder konkaven Seite von C liegt. Durch die a_μ wird C in m offene Bogen B'_τ zerlegt, wobei diese B'_τ untereinander und zu R fremd sind. Wenn a_i, a_j die Endpunkte eines B'_τ sind, so gilt $i \equiv j + 1 \pmod 2$, weil C keine Endpunkte und keine Verzweigungspunkte besitzt.

II. Es sei, bei $w = 0$, nun $q \in \underset{\sim}{S}_m = S_m$ und $\mathfrak{b}$ ein orientiertes Büschel von orientierten Geraden mit q als Zentrum; o. B. d. A. sei q fremd zu allen Spitzen- und Doppeltangenten. Ein B'_τ heiße π- oder 0-*Bogen*, je nachdem B'_τ mit jeder Geraden aus $\mathfrak{b}$ Punkte gemeinsam hat oder nicht. Vermöge der Orientierung von $\mathfrak{b}$ ist jeder π-Bogen B'_τ ebenfalls orientiert; ist bei dieser Orientierung a_i Anfangspunkt von B'_τ, so setzen wir $B_i = B'_\tau$. Liegt eine Umgebung von a_i auf der (im Sinne der Orientierung von R) orientierten Strecke $R(q | a_i)$ auf der konvexen oder konkaven Seite von C, so heißt der π-Bogen B_i selbst „konvex" oder „konkav".

Es seien $a''_\varrho = a_{i_\varrho}$, $\varrho = 1, \ldots, r$, mit $i_1 < i_2 < \cdots < i_r$, die Anfangspunkte sämtlicher π-Bogen. *Behauptet wird:* Es ist $i_\varrho \equiv i_{\varrho+1} + 1 \pmod 2$, d. h., zwischen je zwei auf R benachbarten Anfangspunkten von π-Bogen liegt eine gerade Anzahl von a_μ. Zusammen mit $q \in S_m \subset G \in \mathfrak{g}$ folgt daraus: Es ist B_ϱ „konvex" oder „konkav", je nachdem $\varrho \equiv 1$ oder $\varrho \equiv 0 \pmod 2$ ist.

Beweis. Man zeichne R als uneigentliche OCh (Gerade) aus. Die projektive Ebene E ist topologisch äquivalent zu einer abgeschlossenen Kreisscheibe bei Identifizierung „diametraler" Punkte $\mathfrak{g}$, $\bar{\mathfrak{g}}$ des begrenzenden Kreises. Analog ordnet man jetzt jedem Punkt $p \in R$ als Träger zwei uneigentliche „Stellen" $\mathfrak{p}$, $\bar{\mathfrak{p}}$, in Zeichen $p = p(\mathfrak{p}) = p(\bar{\mathfrak{p}})$, zu vermöge der folgenden Festsetzung: Man wähle ein $z \in E - R$ fest, betrachte das HalbOChbüschel $\mathfrak{k}\,h(z)$ mit z als Zentrum und lasse jedem Paar $H, \bar{H} \in \mathfrak{k}\,h(z)$ mit $H \neq \bar{H}$, aber gleicher OCh als Träger eineindeutig ein Stellenpaar $\mathfrak{p}$, $\bar{\mathfrak{p}}$ entsprechen, in Zeichen $H = H(\mathfrak{p})$, $\bar{H} = H(\bar{\mathfrak{p}})$; außerdem werde für $\mathfrak{k}\,h(z)$ und damit auch für $\mathfrak{p}$, $\bar{\mathfrak{p}}$ (und R) eine Orientierung vorgeschrieben, indem man etwa $\mathfrak{k}\,h(z)$ auf ein, z im Innern enthaltendes $\mathfrak{k}$-konvexes orientiertes (einfaches) Polygon projiziert und festsetzt, daß $\mathfrak{k}\,h(z)$ in dem der Orientierung des Polygons entsprechenden Sinne orientiert (zu durchlaufen) ist, daß die $\bar{\mathfrak{p}}$ im gleichen Sinne aufeinanderfolgen wie die zugehörigen $\mathfrak{p}$ und daß die $\mathfrak{p}$ (bzw. $\bar{\mathfrak{p}}$) sich mit H, d. h. mit den Projektionen der H in das Polygon, stetig ändern. Wir sagen dann, es liege $\mathfrak{p}'$ zwischen $\mathfrak{p}$ und $\mathfrak{p}''$, wobei $\mathfrak{p} \neq \mathfrak{p}''$, $\mathfrak{p} \neq \bar{\mathfrak{p}}''$, wenn $H(\mathfrak{p}')$ in dem von $H(\mathfrak{p})$ und $H(\mathfrak{p}'')$ begrenzten $\mathfrak{k}$-konvexen Winkelraum liegt. Die eingangs dieser Ziffer II eingeführten π- bzw. 0-Bogen B sind dann genau diejenigen Teilbogen von C, für welche ($\underline{B} \cap R = \emptyset$ und) die den (uneigentlichen) Endpunkten von B entsprechenden Stellen durch die beiden, dem q entsprechenden Stellen $\mathfrak{q}$, $\bar{\mathfrak{q}}$ (mit $q = p(\mathfrak{q}) = p(\bar{\mathfrak{q}})$) auf R getrennt bzw. nicht getrennt werden.

Es seien jetzt B', B'' zwei π-Bogen, deren Anfangsstellen $\mathfrak{a}'$, $\mathfrak{a}''$ (mit $a_{i_\varrho} = p(\mathfrak{a}')$, $a_{i_\varrho+1} = p(\mathfrak{a}'')$) auf R durch keine Anfangsstellen anderer π-Bogen getrennt werden; ferner sei B ein 0-Bogen, dessen Anfangsstelle $\mathfrak{a}$ auf der zu $\mathfrak{q}$ und zu $\bar{\mathfrak{q}}$ fremden Verbindungsstrecke von $\mathfrak{a}'$ und $\mathfrak{a}''$ liegt. Dann muß auch die zweite Endstelle von B eben dieser Verbindungsstrecke angehören, weil $\underline{B} \cap \underline{B}' = \underline{B} \cap \underline{B}'' = \underline{B}' \cap \underline{B}'' = \emptyset$ ist und weil B', B'' bzw. B π- bzw. 0-Bogen sind. Daraus folgt schon $1 + i_{\varrho+1} = i_\varrho \pmod 2$.

III. Es sei noch $w = 0$. Spitzen sowie Berührpunkte von Tangenten aus q an C seien als (bezüglich q) *kritische* Punkte bezeichnet. Enthält der π-Bogen B_i keine kritischen Punkte, so ist er lokal, also (vgl. Abschnitt 3.7., Hilfssatz 3) sogar global konvex und hat daher mit jeder von R verschiedenen Geraden durch q genau einen Punkt gemeinsam. Nach dem Hilfssatz enthält daher für jedes einzelne $\varrho \equiv 1 \pmod 2$ mindestens eines der B_{i_ϱ} und $B_{i_{\varrho+1}}$ kritische Punkte; denn $i_\varrho \equiv i_{\varrho+1} + 1 \pmod 2$ (gemäß II), so daß der π-Bogen B_{i_ϱ} konvex und $B_{i_{\varrho+1}}$ konkav ist. Da sich beim Durchlaufen von $\mathfrak{b}$ die Schnittpunktszahl von H mit B_i nur in kritischen Punkten und jeweils um Vielfache von Zwei ändert, während der Anfangs- und Endpunkt von B_i die einzigen Punkte aus $\bar{B}_i \cap H$ sind, treten mindestens zwei kritische Punkte in jedem nicht global konvexen π-Bogen auf. Da ferner jeder 0-Bogen mindestens einen kritischen Punkt enthält und da die Gesamtzahl der π- und 0-Bogen m ist, gibt es mindestens m kritische Punkte bezüglich q. Andererseits gehen von q genau $k = Kl(C)$ Tangenten an C, so daß $m \leq s + k$ ist ($s = s(C)$). Wegen $s = k + 2g(C) - 2$ folgt $m \leq 2k + 2g(C) - 2$, falls $w = 0$ ist.

IV. Ist jetzt $w = 1$ und W die Wendetangente, so läßt sich C gemäß der in Abschn. 3.6.5.6., A.1., beschriebenen Deformation in eine Kurve C' vom mKI ohne Wendepunkte überführen mit POW $(C'; \mathfrak{k}) = m + 1$, $Kl(C') = k$, $g(C') = g(C)$, $w(C') = 0$. Da der Satz für C' bewiesen ist, folgt er jetzt auch für C.

Betr. den 1, Zusatz. Dieser folgt aus dem Satz sowie aus Abschnitt 3.6.5.1., Satz, Behauptung, (D).

Betr. den 2. Zusatz. Es genügt, den Fall eines irreduziblen C zu erledigen; ist nämlich $C = (C_1, \ldots, C_r)$ die Zerlegung von C in größte irreduzible C_ϱ und gilt die Behauptung für jedes C_ϱ, so für C, weil

$g(C) = \sum_{\varrho} g(C_{\varrho}) - r + 1$ und $Kl(C) = \sum_{\varrho} Kl(C_{\varrho})$. Es sei also $C = (Z_1, \ldots, Z_t)$ irreduzibel und $Kl(G; C) = k - 2$, wobei $k = Kl(C)$ ist. Zunächst sei $w = 0$. Für $z \in G$ ist dann $Kl(z; C) = k - 2 = \sum_{\tau} (Kl(Z_{\tau}) - 2) \geq t$, wenn kein nach außen konvexes Z_{τ} existiert, weil dann $Kl(Z_{\tau}) \geq 3$. Es ist also $k - 2 \geq t$ und $g(C) = t$. Existiert ein nach außen konvexes Z_{τ}, etwa Z_1, so ist $Kl(Z_1) \geq 2$, $Kl(C_{\tau}) \geq 3$, $2 \leq \tau \leq t$, also $k - 2 \geq t - 1$ und $g(C) = t - 1$. — Ist aber $w = 1$, so ist $k - 2 \geq t$ und $g(C) = t - 1$, also $g(C) \leq k - 3$.

3.6.7. Zusätze zu den Sätzen in Abschn. 3.6.5.1. und Abschn. 3.6.6.

I. Ist $Kl(C) = k \geq 4$, so enthält C, wenn vom mKI, mindestens entweder eine Doppeltangente oder eine Wendetangente. — Denn aus $g(C) \leq k - 2$ folgt $2(d + w) \geq (k - 1)(k - 2) - 2(k - 2) = (k - 2) \cdot (k - 3) > 0$.

II. Über die Beziehung des hier verwendeten Begriffes Geschlecht $g(C)$ von C zu dem in der algebraischen Geometrie auftretenden sei bemerkt (ohne Beweis): Es sei C eine ebene algebraische reelle Kurve. Mit alg$Kl(C)$ bzw. alg$g(C)$ werde die Klasse bzw. das Geschlecht von C im Sinne der algebraischen Geometrie bezeichnet. Ist dann C' der reelle Teil von C, ferner C vom maximalen algebraischen Klassenindex und ist alg $Kl(C) = Kl(C'; \mathfrak{k})$, so gilt: alg $g(C) = g(C')$; ferner ist C algebraisch reduzibel genau dann, wenn C' reduzibel ist im Sinne der von uns gebrauchten Definition (vgl. Abschn. 3.6.3.). Es besitzt dann C keine imaginären Tangentensingularitäten (vgl. Näheres in Nagy [27]).

3.7. Sätze von Möbius

Die hier zu beweisende Verallgemeinerung eines bekannten Satzes von Möbius gibt eine untere Schranke für die Anzahl der singulären Punkte gewisser (geschlossener) Kurven in einer topologisch *projektiven Ebene*, d. h. in einer $(E, \mathfrak{k})$-Geometrie. Diese Grundannahme wird im folgenden nicht immer ausdrücklich hervorgehoben; doch wird auf sie durch die Bezeichnungen OCh (statt Gerade), $\mathfrak{k}$-beschränkt usw. in der Formulierung der Sätze hingewiesen, während gelegentlich, insbesondere in den Beweisen, auch von Geraden, von beschränkt usw. die Rede ist. Außerdem wird durchweg vorausgesetzt, daß die betrachteten *Bogen und Kurven keine $\mathfrak{k}$-Strecken enthalten* (streckenfrei sind).

Dem Beweis des Satzes sind verschiedene Bemerkungen vorauszuschicken.

1. Hilfssatz. *Voraussetzung* (1). Es sei $B = B(a|b)$ ein einfacher Bogen. — (2). Es sei $a' \in \underline{B}$ und es soll $B' = B(a'|b)$, mit der a' und b

verbindenden OCh $K = K(a', b)$ nur a' und b gemeinsam haben. Es ist demnach B' $\mathfrak{k}$-beschränkt (vgl. Abschn. 3.1.3.1.). — (3). Es besitze a' eine $\mathfrak{k}$-konvexe Umgebung U auf B. — (4). Es werde U von K in a' gestützt. — (5). Es existiere eine vordere Umgebung U_v von a' auf $\underline{B}$, welche fremd ist zu dem von der $\mathfrak{k}$-Strecke $K(a'|b)$ und von B' begrenzten $\mathfrak{k}$-beschränkten Gebiet G.

Behauptung. Es ist $\underline{B}'$ nicht lokal $\mathfrak{k}$-konvex, d. h., es gibt $x \in \underline{B}'$ ohne $\mathfrak{k}$-konvexe Umgebungen auf $\underline{B}'$, also $\mathfrak{k}$-singuläre Punkte x.

Zusatz. Liegt b auf der hinteren $\mathfrak{k}$-Halbtangente $H_h = Th_h(a'; B')$ in a' an B, also auf der $\mathfrak{k}$-Halbtangente in a' an B', so sind die Voraussetzungen (4), (5) Konsequenzen der Voraussetzungen (1) bis (3).

Beweis des Zusatzes. *Voraussetzung* (4) ist erfüllt, weil U konvex ist, also U von der TrägerOCh von H_h gestützt wird. Wäre Voraussetzung (5) nicht erfüllt, so müßte die vordere Halbtangente H_v in a' an U mit H_h zusammenfallen im Widerspruch zur Konvexität von U in a'.

Beweis der Behauptung. — I. Gemäß Voraussetzung (3) und (4) existiert in a' an U die hintere bzw. vordere Halbtangente H_h bzw. H_v, von deren Trägern (TrägerOCh) T_h bzw. T_v U in a' gestützt wird. Behauptet wird: Es ist *entweder* $b \in H_h$ *oder* es ist $U' = U - \{a'\} \subset E' = E_0(T_h; +)$ und $b \in E'' = E_0(T_h; -)$, wobei $E_0 = E - K_0$ und $B' \cap K_0 = \emptyset$ ist. Beweis. Andernfalls ist entweder $b \in T_h - H_h$ oder es ist $b \in E'$. Im ersten Fall wäre, weil U konvex, ist Voraussetzung (5) nicht erfüllt. Im zweiten Fall ist $G \subset E'$ und es liegen $\underline{U}_v$ sowie eine (hintere) Umgebung $\underline{U}_h$ von a' auf $\underline{B}'$ auf verschiedenen Seiten von K, weil nämlich $U_v \cap G = \emptyset$ ist und $U = U_v \cup U_h$ in a' von T_h gestützt wird. Dies widerspricht der Voraussetzung (4). — Ist nun $b \in H_h$, so liegt der Fall des Zusatzes vor. Ist aber $U' \subset E'$, $b \in E''$, so ist $\underline{U}_h \subset E'$ und daher $\underline{B}' \cap H_h \neq \emptyset$; denn $\underline{B}' \cap (T_h - H_h) \neq \emptyset$ zieht die Existenz von Punkten aus $\underline{B}' \cap (K - K(a'|b))$ nach sich, im Widerspruch zur Voraussetzung (2). Es existiert also der am nächsten bei a' auf B' gelegene Punkt $b' \in \underline{B}' \cap H_h$, und dann sind für $B(a'|b') \subset B'$ wieder die im Zusatz gemachten Annahmen erfüllt.

II. Gemäß Ziffer I sei o. B. d. A. $b \in H_h = Th_h(a'; B') \subset K$ und etwa $\underline{B}' \subset E' = E_0(T_h; +) = E_0(K; +)$. Es existieren dann OCh K', mit $a' \in K'$, und $a'' \in \underline{B}'$ der folgenden Art: Es ist a'' Stützpunkt von B' mit K', es ist sogar $B(a'|b) - \{a'\} - \{a''\} \subset E_0(K', \alpha)$, ferner ist $\underline{B}(a'|a'') \cap K' = \emptyset$. In der Tat: Es sei $\mathfrak{h}' = \mathfrak{k}\, h(a')$ das HalbOChbüschel mit dem Zentrum a' und $\mathfrak{h}$ sei die Teilmenge der $H \in \mathfrak{h}'$ mit $\underline{H} \subset E'$. Die Menge $\mathfrak{t} \subset \mathfrak{h}$ der $H \in \mathfrak{h}$ mit $\underline{B}' \cap H \neq \emptyset$ ist nicht leer und in $\mathfrak{h}$ abgeschlossen. Da überdies $\mathfrak{h}$ linear angeordnet werden kann, existiert das am nächsten bei $K - \underline{H}_h$ gelegene $H' \in \mathfrak{t}$; dessen Träger K' ist StützOCh von B' (nach Definition von H'). Es ist a' isoliert auf H', weil $U_h \subset B'$ konvex ist und keine Strecke enthält. Daher ist $\underline{B}' \frown H' \neq \emptyset$ abgeschlossen und es existiert der auf H' am nächsten bei a' gelegene Punkt $a'' \in \underline{B}' \frown H'$. Dann ist aber $\underline{B}'(a''|a') \frown K' = \emptyset$; w. z. z. w.

III. Ist $a'' \in \underline{B}'$ (vgl. Ziffer II) singulär, so ist die Behauptung des 1. Hilfssatzes richtig. Andernfalls liegt für $B'' = B(a''|a') \subset B'$ und K' die gleiche Situation vor wie für $B' = B(a'|a_0)$ mit $a_0 = b$ und K, d. h., es sind für B'' und K' wieder die Voraussetzungen (1) bis (5) des 1. Hilfssatzes erfüllt, wenn B'' entgegengesetzt orientiert wird wie B'. Nur die Gültigkeit der Voraussetzung (5) bedarf eines Beweises. Ist aber G' das von $B'' \smile K'(a''|a')$ begrenzte beschränkte Gebiet und gibt es auf B' beliebig kleine hintere Umgebungen U''_h von a'' mit $\underline{U}''_h \frown G' \neq \emptyset$, so enthält $\underline{B}(a''|b) \frown G'_g$ Schnittpunkte, weil $b \in \underline{H}_h$ und $\underline{H}_h \frown G' = \emptyset$ ist. Wegen $\underline{B}(a''|b) \frown B(a''|a') = \emptyset$ ist $\underline{B}(a''|b) \frown K'(a''|a') \neq \emptyset$ und enthält einen Schnittpunkt im Widerspruch dazu, daß K' StützOCh von B' ist. Nach dem soeben Bewiesenen kann — falls $\underline{B}'$ keinen singulären Punkt enthält — das in Ziffer I und II für B' und K angegebene Verfahren unbegrenzt fortgesetzt werden. Es ergibt sich dann eine Folge von Bogen $B_n = B(a_{2n+1}|a_{2n})$, $n = 0, 1, \ldots$, von folgender Art: Es ist $B_{n+1} \subset \underline{B}_n \subset \underline{B}'$; es liegt a_{2n} hinter a_{2n+2}, dieses hinter a_{2n+3} und letzteres hinter a_{2n+1}. Die (hintere) Halbtangente H^n_h in a_{2n+1} an die hintere konvexe Umgebung von a_{2n+1} auf $\underline{B}'$ enthält a_{2n} und die TrägerOCh von H^n_h ist fremd zu $\underline{B}_n$. Ist nun $D = \bigcap_n B_n$ einpunktig (wegen $\bar{B}_n = B_n$ ist $D \neq \emptyset$), so ist $c \in D \subset \underline{B}'$ ein singulärer Punkt. Denn es sind in jeder Umgebung von c auf B' schließlich alle B_n enthalten; es ist aber POW $(B_n; \mathfrak{k}) > 2$, weil es zu H^n_h beliebig benachbarte HalbOCh H mit a_{2n+1} als Anfangspunkt und mit POW $(\underline{B}_n \frown H) \geq 2$ gibt. Somit ist nur noch zu zeigen, daß D als einpunktig angenommen werden kann. Andernfalls ist nämlich D mehrpunktig, also $D = B(b'|b'') \subset \underline{B}_n$, $n = 1, 2, \ldots$, und $\underline{B}'$ lokal konvex. Dabei ist etwa $b' = \lim a_{2n+1}$ und $b'' = \lim a_{2n}$; ferner existiert $H' = \lim H^n_h$, und der Träger K' von H' ist die vordere Paratingente an B' in b'. Daher wird eine (konvexe) Umgebung U' von b' auf B' von K' in b' gestützt. Aus $a_{2n+1} \in H^n_h$ und $a_{2n} \in H^n_h$ folgt $b'' \in K' - \{b'\}$. Wir können b'' ersetzen durch den am nächsten bei b' auf $B(b'|b'')$ gelegenen Punkt von $B(b'|b'') \frown K'$. Schließlich ist jede hinreichend kleine vordere Umgebung U'_v von b' auf B' fremd zu dem beschränkten, von $B(b'|b'') \smile K'(b'|b'')$ begrenzten Gebiet G'. Denn andernfalls ist $b'' \in K' - H'$, und dann müßte entsprechendes für schließlich alle B_n und H^n_h gelten. Zusammengefaßt: Es sind für $B(b'|b'')$ und K' die Voraussetzungen des 1. Hilfssatzes erfüllt. Man kann daher auf $B(b'|b'')$ erneut das in Ziffer I, II geschilderte Verfahren anwenden. Da dieses zu einem echten Teilbogen von D führt, kann D durch einen kleineren Durchschnitt ersetzt werden. Man gelangt also nach abzählbar vielen Schritten zu einem einpunktigen D.

2. Hilfssatz. *Voraussetzung* (1). Es sei $B = B(a|b)$ ein Bogen und $a' \in \underset{\sim}{B}$ mit einer $\mathfrak{k}$-konvexen Umgebung auf $\underset{\sim}{B}$. — (2). Der Teilbogen $B' = B(a'|b')$, wobei $b' \in B(a'|b) - \{a'\}$, soll mit $K' \in \mathfrak{k}$ lediglich a' und b' gemeinsam haben. — (3). Eine $\mathfrak{k}$-konvexe Umgebung von a' auf B werde in a' durch K' gestützt. — (4). Ist G das $\mathfrak{k}$-beschränkte, durch $B' \cup K'(a'|b')$ begrenzte Gebiet, so sei a fremd zu $\bar{G}$.

Behauptung. Es ist $\underset{\sim}{B}$ nicht lokal $\mathfrak{k}$-konvex.

Zusatz. Die Voraussetzung (4) ist insbesondere dann erfüllt, wenn a fremd ist zur $\mathfrak{k}$-konvexen Hülle $k\,H(G)$ von G.

Beweis. Zufolge der Voraussetzung des 2. Hilfssatzes sind die Voraussetzungen (1) bis (4) des 1. Hilfssatzes erfüllt. Gilt auch dessen Voraussetzung (5), so ist $\underset{\sim}{B}'$ nicht lokal konvex, also auch $\underset{\sim}{B}$. Ist hingegen die Voraussetzung (5) nicht erfüllt, so gibt es eine zu G nicht fremde vordere Umgebung U_v von a' auf B. Wegen der Konvexität von U ist dann $\underset{\sim}{U}_v \subset G$ für jedes hinreichend kleine U_v. Andererseits ist $a \notin \bar{G}$, so daß $B(a|a') \cap G_g \neq \emptyset$ ist, also $\underset{\sim}{B}(a|a') \cap K'(a'|b') \neq \emptyset$. Es gibt daher ein $c' \in \underset{\sim}{K}'(a'|b') \subset K'$ derart, daß $\underset{\sim}{B}(a'|c') \cap K' = \emptyset$ und daß für $B(a'|c')$ und K' auch die Voraussetzungen (1) bis (5) erfüllt sind. Somit ist $\underset{\sim}{B}(a'|c')$ und damit auch $\underset{\sim}{B}$ nicht lokal konvex.

3. Hilfssatz. *Voraussetzung* (1). Es sei $B = B(a|b)$ ein Bogen, der lokal $\mathfrak{k}$-konvex ist, ausgenommen höchstens seine Endpunkte a, b. — (2). Es existiere eine OCh K mit $a \in K$ und mit endlichem, evtl. leerem $\underset{\sim}{B} \cap K$.

Behauptung (I). Es ist B auch in a $\mathfrak{k}$-konvex. — (II). JederTeilbogen $B' = B(a'|b')$ von B, welcher mit der OCh $K' = K(a', b')$ nur a' und b' gemeinsam hat, ist sogar global $\mathfrak{k}$-konvex.

Zusatz. Ein Bogen $B = B(a''|b'')$, welcher zu der seine Endpunkte a'', b'' verbindenden OCh fremd ist bis auf a'' und b'', ist genau dann global $\mathfrak{k}$-konvex, wenn $\underset{\sim}{B}$ lokal $\mathfrak{k}$-konvex ist.

Beweis. Gemäß Voraussetzung (2) existiert $B' = B(a|b') \subset B$ und ein $K \in \mathfrak{k}$ derart, daß $a \in K$ und $\underset{\sim}{B}' \cap K = \emptyset$; dabei kann $b' \in K$ oder $b' \notin K$ sein. Gemäß Abschn. 3.1.3.1. ist B' beschränkt. Ferner liegt a auf H'_g, wenn $H' = \bar{H}' = k\,H(B')$ die konvexe Hülle von B' bezeichnet. Für jede hinreichend kleine Umgebung U von a auf B' ist $b' \notin H = k\,H(U)$ und $a \in H_g$.

Betr. Behauptung (I). Indirekt. Ist kein U konvex, so gibt es, weil U streckenfrei ist, zu jedem U eine OCh K und a'', $b'' \in H_g \cap U$ derart, daß $K(a''|b'') \subset H_g$, daß $\underset{\sim}{B}(a''|b'') \cap K = \emptyset$ und daß H in a'' sowie in b'' von K gestützt wird (vgl. Abschn. 3.4.2., Satz 5); dabei ist a'', $b'' \in \underset{\sim}{U}$. Wegen $B(a''|b'') \cup K(a''|b'') \subset H$ und $b' \notin H$ sind in beiden

Fällen die Voraussetzung des 2. Hilfssatzes nebst Zusatz erfüllt, es ist also $\underline{U}$ nicht lokal konvex entgegen der Voraussetzung (1).

Betr. Behauptung (II). Hier ist $a', b' \in H_g''$, wenn $H'' = k\,H(B')$. Gemäß Behauptung (I) ist B' konvex sowohl in a' als in b'. Wie beim Beweis betr. Behauptung (I) für U ergibt sich jetzt indirekt die globale Konvexität für B'.

Bei den weiteren Betrachtungen spielen gewisse $\mathfrak{k}$-singuläre Punkte von unendlichem POW eine Rolle, nämlich die sog. Spiralzentren; dabei heißt für einen Bogen $B' = B(a'|b')$ ein Punkt $c \in B'$ *Spiralzentrum* (von B'), wenn eine Umgebung $U = B(a''|b'')$ von c auf B' existiert, wobei auch $c = b' = b''$ zugelassen ist, von folgender Art: Es ist $U' = U - \{c\}$ lokal $\mathfrak{k}$-konvex und c ist $\mathfrak{k}$-singulärer Punkt mit POW $(c; U; \mathfrak{k}) = \infty$, ferner ist U' Vereinigung von abzählbar unendlich vielen, abgeschlossenen, bis auf Endpunkte paarweise fremden Teilbogen, die c als Häufungspunkt besitzen und deren jeder mit jeder von c ausgehenden HalbOCh höchstens einen Punkt gemeinsam hat. Wir beweisen dann den

1. Satz. *Voraussetzung. Es sei $B = B(a|b)$ ein Bogen und $B - \{b\}$ lokal $\mathfrak{k}$-konvex. Es sei $\mathfrak{k}' = \mathfrak{k}(b)$ das OChbüschel mit b als Zentrum.*

Behauptung (I). *Es sind nur die beiden folgenden Fälle möglich: Für mindestens ein $K \in \mathfrak{k}'$ ist entweder* Fall (Ia), *$B \cap K$ endlich oder,* Fall (Ib), *$B \cap K$ unendlich und b einziger Häufungspunkt von $B \cap K$. Liegt der Fall* (Ia) *bzw.* (Ib) *für (mindestens) ein $K \in \mathfrak{k}'$ vor, dann für jedes $K \in \mathfrak{k}'$.*

(II). *Folgende vier Aussagen sind gleichwertig:* (IIa). *Es liegt der Fall* (Ia) vor. — (IIb). *Es ist B lokal $\mathfrak{k}$-konvex auch in b.* — (IIc). *Es ist* POW $(B; \mathfrak{k})$ *höchstens endlich.* — (IId). *Es ist* POW $(B; \mathfrak{k})$ *beschränkt.*

(III). *Folgende vier Aussagen sind gleichwertig:* (IIIa). *Es liegt der Fall* (Ib) *vor.* — (IIIb). *Es ist b $\mathfrak{k}$-Spiralzentrum.* — (IIIc). *Es ist B nicht lokal $\mathfrak{k}$-konvex,* — (IIId). *Es ist* POW $(B; \mathfrak{k}) = \infty$.

Beweis. *Betr. Behauptung* (I). Diese Behauptung ist richtig für B genau dann, wenn sie zutrifft für jeden Teilbogen $B(a'|b)$. Da nämlich $B(a|a')$ lokal konvex ist, also Vereinigung von endlich vielen konvexen Bogen, ist POW $(B(a|a'); \mathfrak{k})$ beschränkt. Entsprechend dieser Bemerkung wird im folgenden $B = B(a|b)$ als beschränkt vorausgesetzt. — Betr. Fall (Ia). Es existiere also ein $K \in \mathfrak{k}'$ mit endlichem $B \cap K$. Zufolge des 3. Hilfssatzes, Behauptung (I), ist B auch in b konvex, also B lokal konvex und mithin POW $(B; \mathfrak{k})$ beschränkt. Es liegt also Fall (Ia) für jedes $K \in \mathfrak{k}'$ vor. — Betr. Fall (Ib). Zufolge des für Fall (Ia) Bewiesenen ist POW $(B \cap K) = \infty$ für jedes $K \in \mathfrak{k}'$. Andererseits ist POW $(B(a|a'); \mathfrak{k})$ höchstens endlich für jedes $a' \in \underline{B}$. Somit ist b einziger Häufungspunkt von $B \cap K$ und $B \cap K$ abzählbar.

Betr. Behauptung (II). Aus (IIa) folgt (IIb) gemäß des für Fall (I) Bewiesenen. — Aus (IIb) folgt (IIc) und (IId), weil $B = \bar{B}$ gemäß

(IIb) lokal konvex und daher POW (B; $\mathfrak{k}$) beschränkt ist. — Aus (IId) folgt (IIa), wie ohne weiteres klar.

Betr. Behauptung (III). Aus (IIIa) folgt (IIIb). *Erstens.* Es sei U eine beschränkte Umgebung von b auf B derart, daß $a \notin k\,H(U)$. Es sei $\mathfrak{h} = \mathfrak{k}\,h(b)$ das HalbOChbüschel mit dem Zentrum b. Für jedes $H \in \mathfrak{h}$ ist jeder Punkt $x \in \underline{U} \cap H$ Schnittpunkt. Andernfalls nämlich sei x Stützpunkt und y der auf $B(x|b) - \{x\}$ am nächsten bei x gelegene Punkt von $U \cap T$, wobei T der Träger von H ist und $b = y$ zugelassen wird; dann ist aber $\underline{B}(x|y)$ gemäß des Zusatzes zum 2. Hilfssatz nicht lokal konvex, im Widerspruch zur Voraussetzung über $B - \{b\}$. Es besitzt x eine konvexe Umgebung V auf $\underline{U}$ und da zu jedem $z \in V$ ein $H(z) \in \mathfrak{h}$ gehört mit $z \in V \cap H(z)$, so gilt: Die $z \in V$ und die $H(z) \in \mathfrak{h}$ entsprechen einander umkehrbar eindeutig und stetig. Außerdem ist $\underline{B} \cap H \neq \emptyset$ für *jedes* $H \in \mathfrak{h}$; wäre nämlich $\underline{B} \cap H' = \emptyset$ für ein $H' \in \mathfrak{h}$, so existierte ein $H'' \in \mathfrak{h}$, von dem $\underline{B}$ in einem Punkt gestützt würde. — *Zweitens.* Es sei $b' \in \underline{U}$ (vgl. Erstens) und $B' = B(b'|b) - \{b\}$. Es ist B' überdeckbar mit abzählbar vielen konvexen V, etwa $V_1, V_2, \ldots$; aus diesen V_n gewinnt man $B_n = \bar{B}_n = B(b'_n|b'_{n+1}) \subset B'$, wobei die b'_n auf $\underline{U}$ monoton gegen b konvergieren. Gemäß Erstens wird jedes B_n topologisch abgebildet auf einen Teilbogen C_n eines b im Innern enthaltenden konvexen Polygons P. Ist $H_n \in \mathfrak{h}$ mit $b'_n \in \underline{H}_n$ und ist $p_n = P \cap H_n$, so bilden die p_n auf dem orientierten P eine monotone Folge. Weil Fall (Ib) vorliegt, existiert aber $\lim p_n$ nicht. Denn andernfalls existiert $\lim H_n = H' \in \mathfrak{h}$, und H' ist, weil keine Stützpunkte auf den $\underline{H}$ auftreten, Halbtangente in b an B derart, daß eine Umgebung von b auf der einen Seite des Trägers T von H' liegt, so daß $B \cap T$ endlich wäre, also Fall (Ia) vorliegen würde. Somit ist b Spiralzentrum. — Aus (IIIb) folgt (IIIc). Denn andernfalls ist POW (B; $\mathfrak{k}$) beschränkt. — Aus (IIIc) folgt (IIId) gemäß Behauptung (IIb), (IIc). — Aus (IIId) folgt (IIIa), weil $B - \{b\}$ lokal konvex, aber POW (b; B; $\mathfrak{k}$) $= \infty$ ist.

Zusatz *zum 1. Satz.* Der 1. Satz bleibt bis auf die Behauptung (IIb) wörtlich richtig, wenn (statt $B(a|b)$) ein Bogen $B = B(a|c)$ und ein $b \in \underline{B}$ betrachtet wird derart, daß $B - \{b\}$ lokal $\mathfrak{k}$-konvex ist. Die Behauptung (IIb) ist dann zu ersetzen durch (IIb'): Es ist B in b vorn und hinten $\mathfrak{k}$-konvex, d. h., es besitzt b auf B eine $\mathfrak{k}$-konvexe vordere und eine $\mathfrak{k}$-konvexe hintere Umgebung. (Es ist somit b auf B entweder $\mathfrak{k}$-regulär oder elementar $\mathfrak{k}$-singulär.)

Beweis des Zusatzes. Zum Beweis zunächst der Behauptung (I) des 1. Satzes genügt es zu zeigen, daß $B(a|b)$ und $B(c|b)$ immer beide zum Fall (Ia) gehören oder beide zum Fall (Ib). Es liege also der Fall (Ib) z. B. für $B(a|b)$ vor. Gemäß Behauptung (IIIb) ist b Spiralzentrum auf $B(a|b)$. Läge nun für $B(c|b)$ der Fall (Ia) vor, so würde eine hinreichend kleine Umgebung von b auf $B(c|b)$, weil (gemäß Behauptung

(IIb) für $B(c|b)$) konvex in einem beliebig kleinen Winkelraum mit b als Scheitel liegen; folglich wäre POW $(\underset{\circ}{B}(a|b) \cap \underset{\circ}{B}(c|b)) = \infty$, also B kein einfacher Bogen (denn b ist gemäß Behauptung (IIIb) Spiralzentrum auf $B(a|b)$. — Zum Beweis der Behauptung (II) des 1. Satzes sei bemerkt: Da gemäß Behauptung (I) der Fall (Ia) sowohl für $B(a|b)$ als für $B(c|b)$ vorliegt, verläuft der Beweis für jedes der $B(a|b)$, $B(c|b)$ wie für den 1. Satz; daraus folgt dann insbesondere die Behauptung (IIb′) (an Stelle von (IIb)). — Der Beweis der Behauptung (III) ist im wesentlichen der gleiche wie der für den 1. Satz, angewandt auf $B(a|b)$ und auf $B(c|b)$.

Aus dem 1. Satz nebst Zusatz ergibt sich noch der

2. Satz. *Jeder auf einem Bogen B isolierte $\mathfrak{k}$-singuläre Punkt ist entweder $\mathfrak{k}$-elementar (also Wendepunkt oder Dorn oder Schnabel einschließlich der Spitzen) oder $\mathfrak{k}$-Spiralzentrum.* — (2). *Ein Endpunkt a eines Bogens ist isolierter $\mathfrak{k}$-singulärer Punkt genau dann, wenn a Spiralzentrum ist.* — (3). *Folgende drei Aussagen sind gleichwertig:* (a). *Jeder $\mathfrak{k}$-singuläre Punkt von B ist elementar.* — (b). *Es ist B stückweise $\mathfrak{k}$-konvex.* — (c). *Die Anzahl der $\mathfrak{k}$-singulären Punkte und ihre Punktordnungswerte (bezüglich $\mathfrak{k}$) sind endlich.*

1. Zusatz. Jeder isolierte $\mathfrak{k}$-singuläre Punkt s im Innern $\underset{\circ}{B}$ des Bogens B läßt sich vermöge „Abrundung“ durch s beliebig benachbarte Wendepunkte ersetzen; und zwar Schnäbel und Spiralzentra durch je einen, Dorne durch je zwei Wendepunkte. Diese Abrundung läßt sich mit Hilfe der in Abschn. 3.1.6.1. angegebenen Konstuktion ohne weiteres ausführen (vgl. auch Abschn. 3.2.8.).

2. Zusatz. Durch die Abrundung wird, wenn sie auf hinreichend kleine Umgebungen der betr. $\mathfrak{k}$-singulären Punkte beschränkt wird, weder der Punktordnungswert noch der Index von B geändert (vgl. Abschn. 3.2.8.1.).

Wir kommen nun zum verallgemeinerten MÖBIUSschen Satz.

3. Satz. *Voraussetzung* (1). *Es sei C eine einfache (geschlossene) Kurve in einer topologisch projektiven (ebenen) Geometrie $(E, \mathfrak{k})$.* — (2). *Der Punktindex $i = \mathrm{PI}\,(C; \mathfrak{k})$ von C sei endlich.* — (3). *Die Anzahl der $\mathfrak{k}$-singulären Punkte von C sei endlich.*

Behauptung (I). *Ist i gerade oder ungerade, so auch die Anzahl s der $\mathfrak{k}$-singulären Punkte. Dabei wird in s ein $\mathfrak{k}$-Wendepunkt, ein $\mathfrak{k}$-Spiralzentrum und ein $\mathfrak{k}$-Schnabel (einschließlich der Schnabelspitze) für je einen $\mathfrak{k}$-singulären Punkt („Wendepunkt“), hingegen ein $\mathfrak{k}$-Dorn (einschließlich der Dornspitze) für zwei $\mathfrak{k}$-singuläre Punkte („Wendepunkte“) gerechnet (diese Berechnung entspricht der Anzahl der bei einer „Abrundung“ auftretenden Wendepunkte).* — (II). *Ist i ungerade, so ist $3 \leq s$.*

Folgerung: Satz von MÖBIUS. Jede einfache (geschlossene) Kurve von beschränktem ungeradem Punktordnungswert (bezüglich $\mathfrak{k}$) besitzt, wenn nur endlich viele $\mathfrak{k}$-singuläre Punkte, mindestens 3 „Wendepunkte" (d. h., es ist $s \geq 3$) (vgl. Abschn. 3.5., Satz 1).

1. Zusatz. Zusammen mit der Voraussetzung (3) im 3. Satz ist stärker als die Voraussetzung (2) die Voraussetzung (1), (2'): Zu jedem $\mathfrak{k}$-singulären Punkt x von C gibt es eine x enthaltende OCh, die nicht Tangente an C in x ist; gleichwertig mit (1), (3), (2') ist (1), (3), (2''), wobei (2''): Es ist POW (C; $\mathfrak{k}$) höchstens endlich.

2. Zusatz. Zu jedem $r = 0, 1, 2, \ldots$ existieren einfache Kurven C mit genau $2r$ bzw. $2r + 3$ Wendepunkten, wobei noch gefordert werden kann, daß der Index von C gleich 0 bzw. 1 und, falls $r > 0$, daß zugleich POW (C; $\mathfrak{k}$) $= 4$ bzw. $= 5$ sei. Außerdem gibt es Kurven C mit POW (C; $\mathfrak{k}$) $= \infty$ und mit genau t „Wendepunkten", $t = 2, 3, \ldots$, darunter t' Spiralzentren, wobei $1 \leq t' \leq t$ ist.

Beweis des 3. Satzes. *Betr. Behauptung* (I). Zunächst werden, soweit nötig, alle singulären Punkte, abgekürzt: s. P., mittels Abrunden schrittweise durch Wendepunkte ersetzt derart, daß i mod 2 und s ungeändert bleibt. Ist nämlich PI ($C \frown K$) $= i$ mit i Schnittpunkten in $C \frown K$ und liegt der s. P. x nicht in $C \frown K$, so wird innerhalb einer hinreichend kleinen (zu K und den übrigen s. P. fremden) Umgebung von x abgerundet; ist aber $x \in C \frown K$, so ist x entweder ein Dorn (evtl. Dornspitze) oder ein Schnabel (aber nicht Schnabelspitze, weil x Schnittpunkt in $C \frown K$ ist), und bei der Abrundung tritt an Stelle von x genau ein benachbarter Schnittpunkt mit K. Die so erhaltene Kurve C' ist jetzt, weil ihre endlich vielen s. P. sämtlich elementar sind, stückweise konvex, also in jedem Punkt bis auf abzählbar viele, gewöhnlich differenzierbar (das soll heißen, daß vordere und hintere Halbtangente an C' im betrachteten Punkt existieren, verschieden sind, aber gleichen Träger besitzen). Außerdem ist POW (C'; $\mathfrak{k}$) $= m$ beschränkt und PI (C'; $\mathfrak{k}$) $= i' \equiv i \pmod 2$, weil $C \frown K$ auch nach der Abrundung genau i Schnittpunkte enthält und PI (C'; $\mathfrak{k}$) $\equiv i \pmod 2$ ist (vgl. Abschn. 3.5., Satz 1, Beweis betr. Behauptung (2)). Das System der OCh K mit POW ($C \frown K$) $= m$ enthält eine in $\mathfrak{k}$ offene Menge $\mathfrak{o}$ derart, daß jedes $K \in \mathfrak{o}$ genau m Schnittpunkte in $C' \frown K$ liefert. Daher existieren $K_0 \in \mathfrak{o}$, so daß $C' \frown K_0$ nur reguläre (Schnitt-) Punkte enthält. Es sei $x \in C'$ und $T(x)$ Tangente in x an C' im Sinne der Verabredung in Abschn. 3.8.1. Durchläuft dann x stetig sowie monoton C und entsprechend $T(x)$ (auch in einem Hut x) die Menge der Tangenten an C', so ändert sich der Schnittpunkt $T(x) \frown K_0$ stetig sowie monoton auf K_0, ausgenommen beim Durchgang von x durch einen Wendepunkt oder einen Punkt von $C \frown K_0$. Wegen $m + s \equiv 0 \pmod 2$ folgt $s \equiv i \pmod 2$. Damit ist die Behauptung (I) bewiesen.

Betr. Behauptung II. Besitzt C genau einen Wendepunkt, so existiert gemäß Abschn. 3.8.4., Satz 2, Beh. (3), eine C global stützende OCh;

daher ist der Index PI $(C; \mathfrak{k}) = 0$, im Widerspruch zur Voraussetzung (ein anderer Beweis in H. [39]).

Betr. Folgerung aus Satz 3. Weil POW $(C; \mathfrak{k}) = m$ beschränkt ist, gilt dies auch für den Index PI $(C; \mathfrak{k}) = i$, und es ist i zugleich mit m ungerade. Da überdies die Anzahl der $\mathfrak{k}$-singulären Punkte endlich sein soll, sind die Voraussetzungen des 3. Satzes sämtlich erfüllt.

Betr. Zusatz 1. Aus (2″) folgt (2′). Wegen (2″) sind nämlich keine Spiralzentren vorhanden. Gemäß Voraussetzung (3) sind daher alle singulären Punkte elementar und durch jeden von ihnen gehen OCh, die nicht Tangenten sind (auch nicht im Sinne der Definition in Abschnitt 3.8.1.). — Aus (2′) folgt (2″). Denn wegen (2′) treten keine Spiralzentren auf. Wegen Voraussetzung (3) ist also POW $(C; \mathfrak{k})$ beschränkt und damit (2″) erfüllt. — Aus (2″) zusammen mit Voraussetzung (3) folgt, daß POW $(C; \mathfrak{k})$ und dann auch PI $(C; \mathfrak{k})$ endlich, also Voraussetzung (2) erfüllt ist.

Betr. Zusatz 2. Es sei C' eine (beschränkte) konvexe streckenfreie Kurve. Es ist POW $(C'; \mathfrak{k}) = 2$ und $i = 0$, $r = 0$. Man betrachte jetzt $r > 0$ paarweise fremde, abgeschlossene Teilbogen $B_\varrho = C(a_\varrho | b_\varrho)$ von C' und die Verbindungsstrecke $K_\varrho = K(a_\varrho | b_\varrho)$ ihrer Endpunkte, $\varrho = 1, \ldots, r$. Das von $B_\varrho \cup K_\varrho$ begrenzte beschränkte Gebiet sei G_ϱ. Ist $B'_\varrho = B(a'_\varrho | b'_\varrho)$ mit $a'_\varrho, b'_\varrho \in \underline{B}_\varrho$ Teilbogen von B_ϱ und $\underline{K}'_\varrho = \underline{K}(a'_\varrho | b'_\varrho) \subset G_\varrho$, so sei $T_\varrho = T(a'_\varrho | b'_\varrho)$ ein Konvexbogen mit $\underline{T}_\varrho \subset G'_\varrho$, wobei G'_ϱ das durch $K_\varrho \cup K'_\varrho \cup (B_\varrho - B'_\varrho)$ begrenzte Gebiet mit $G'_\varrho \subset G_\varrho$ ist. Durch geeignete Abrundung der Schnäbel, welche der im übrigen lokal konvexe Bogen $(B_\varrho - B'_\varrho) \cup T_\varrho = B''_\varrho$ in a'_ϱ, b'_ϱ besitzt, erhält man eine Kurve $C'' = (C' - \bigcup_\varrho B_\varrho) \cup \bigcup_\varrho B''_\varrho$ mit $2r$ Wendepunkten und — bei hinreichend „flachen" T_ϱ — mit POW $(C''; \mathfrak{k}) = 4$ sowie mit $i = 0$. Geht man hingegen von einer einfachen Kurve C' mit POW $(C'; \mathfrak{k}) = 3$ sowie mit 3 Wendepunkten, also mit $i = 1 =$ PI $(C'; \mathfrak{k})$ aus und wendet auf r fremde abgeschlossene Teilbogen B_ϱ eines konvexen Teilbogens von C' die oben beschriebene Konstruktion an, so erhält man eine Kurve C'' mit $2r + 3$ Wendepunkten, mit POW $(C''; \mathfrak{k}) = 5$ und PI $(C''; \mathfrak{k}) = i = 1$. — Schließlich kann man, ohne daß dabei i geändert wird, t' der $2r + 3$ Wendepunkte durch Spiralzentren ersetzen, $1 \leq t' \leq 2r + 3$, wobei POW $(C''; \mathfrak{k}) = \infty$ wird; gleiches gilt für die Fälle $2r$, $r \geq 1$.

Mit Hilfe der gleichen Überlegungen wie beim Beweis der Behauptung (I) des 3. Satzes ergibt sich für Kurven mit „Doppelpunkten" ein weiterer Satz. Dabei wird eine „Durchlaufungskurve" F betrachtet, d. h., das eindeutige stetige Bild einer Kreisperipherie $\mathfrak{P}$ in E; dabei wird angenommen, daß die Abbildung f auf keinem Teilbogen von $\mathfrak{P}$

konstant ist. Unter einem mehrfachen Punkt der Kurve F wird verstanden ein Punkt p des Trägers von F (vgl. Abschn. 3.6.1.1.), der Bild von mehr als einem, etwa von t Punkten von $\mathfrak{P}$ ist; t heißt dann die *Vielfachheit* von p. Eine Stelle von F heißt $\mathfrak{k}$-singulär, wenn ihr Träger singulär ist bezüglich einer Umgebung der Stelle auf F. Der angekündigte Satz lautet dann:

4. Satz. *Voraussetzung. Es sei F eine Kurve mit nur endlich vielen* mehrfachen *Punkten je von endlicher Vielfachheit. Ferner besitze F nur endlich viele $\mathfrak{k}$-singuläre Stellen. Schließlich sei der Stellenindex i von F endlich, wobei i die Minimalzahl der Schnittstellen von F mit solchen* OCh *ist, die nur Schnittstellen mit F enthalten.*

Behauptung. Je nachdem i gerade oder ungerade ist, besitzt F eine gerade oder ungerade Anzahl $2r$ bzw. $2r+1$ „Wendestellen" (im Sinne der Behauptung (I) *von Satz* 3)*; dabei kann (falls mindestens ein Punkt mit mindestens der Vielfachheit* 2 *vorhanden ist) r jede der Zahlen* 0, 1, 2,... *sein.*

1. Zusatz. Es gibt Kurven F mit genau einem Punkt der Vielfachheit zwei und einem Wendepunkt (nämlich mit POW $(F;\mathfrak{k}) = 3$; vgl. Abschn. 3.2.7.).

2. Zusatz. Es ist F bzw. C unter den Voraussetzungen des 4. bzw. 3. Satzes homotop (bzw. isotop) Null oder nicht homotop Null, je nachdem i gerade oder ungerade ist.

Anmerkung. Es lassen sich Kurven mit unendlich vielen mehrfachen Punkten je von der Vielfachheit 2 ohne singuläre Stellen und vom (beschränkten) Stellenordnungswert 4 konstruieren. Beispiel: Es sei C eine konvexe Kurve, ferner $A = A(a|b)$ ein orientierter Teilbogen von C und $x_n \in A$, $n = 1, 2, \ldots$, mit $a = x_1$ derart, daß x_n auf A vor x_{n+1} liegt und daß $b = \lim x_n$ ist. Die (beschränkten) Strecken $K(x_n|x_{n+1})$ bilden zusammen eine konvexe Streckensumme P so, daß POW $(A \cap P) = \infty$. Ersetzt man $K(x_n|x_{n+1})$ durch einen passenden, hinreichend benachbarten, streckenfreien Konvexbogen A_n, so ist $A' = \{b\} \cup \bigcup_{n=1}^{\infty} A_n$ ein streckenfreier Konvexbogen mit POW $(A \cap A')$ $= \infty$. Führt man entsprechende Konstruktionen für $B = C - \underset{\sim}{A}$ durch, so erhält man einen Konvexbogen B' mit POW $(B \cap B') = \infty$ und kann die Kurven C und $A' \cup B'$ zu einer Kurve mit der obengenannten Eigenschaft zusammensetzen. — Die Punkte von $A \cap A'$ und $B \cap B'$ sind, bis auf höchstens a, b, Stützpunkte. Man kann auf ähnlichem Wege auch B', A' gewinnen mit POW $(A \cap A') =$ POW $(B \cap B') = \infty$ und mit lauter Schnittpunkten in $\underset{\sim}{A} \cap \underset{\sim}{A}'$, $\underset{\sim}{B} \cap \underset{\sim}{B}'$.

3.8. Singuläre Punkte und singuläre Tangenten

Eine Kennzeichnung der Kurven 3. Ordnung

In Abschn. 3.7. waren ausschließlich singuläre Punkte in Betracht gezogen worden, nämlich „Wende-" und mehrfache Punkte. Jetzt ziehen wir auch singuläre, nämlich mehrfache Tangenten heran. Wie in Abschn. 3.7. handelt es sich um Kurven (und Bogen) ohne $\mathfrak{k}$-Strecken in einer $(E, \mathfrak{k})$-Geometrie. Die Forderung der $\mathfrak{k}$-Streckenfreiheit wird nur der einfacheren Darstellung wegen gestellt. Wie in Abschn. 3.7. verabredet, bedienen wir uns, insbesondere in Beweisen, gelegentlich der auf die gewöhnliche projektive Ebene bzw. Geometrie bezüglichen Bezeichnungen.

3.8.1. Bezeichnungen. Hilfssätze

Betrachtet werden also „Durchlaufungs-"Bogen und -Kurven im Sinne von Abschn. 3.6.1.1., so daß bei einem mehrfachen Punkt zwischen der Stelle $\tau = (t, f(t))$ und ihrem Träger(punkt) $Tr(\tau) = f(t) = Tr(t)$ zu unterscheiden ist; wir übernehmen die früher (Abschn. 3.6.) eingeführten Bezeichnungen. Alle Bogen und Kurven sollen je nur endlich viele singuläre und mehrfache Punkte enthalten, letztere je von endlicher Vielfachheit. Die Typen der isolierten $\mathfrak{k}$-singulären Punkte werden wie früher (Abschn. 3.2.1.) erklärt; dabei zählen Dorn- bzw. Schnabelspitzen zu den Dornen bzw. zu den Schnäbeln. Außerdem wird als *Hut* jeder Punkt $x \in \underline{B}$ mit $\mathrm{POW}(x; B; \mathfrak{k}) = 2$ bezeichnet, in welchem vordere und hintere Tangente nicht den gleichen Träger besitzen. Dazu tritt noch folgende *Verabredung:* Als Tangenten an den Bogen (die Kurve) B in Punkten $x \in \underline{B}$ mit verschiedener vorderer und hinterer Tangente werden auch diejenigen OCh (Geraden) durch x bezeichnet, von welchen B in x lokal gestützt wird, falls x ein Hut ist bzw. geschnitten wird, falls x Dorn oder Schnabel ist. Die Menge dieser Tangenten an B in x wird *mit* $\mathrm{t}(x)$ *bezeichnet.*

Folgerungen. **(a).** Im Falle eines Hutes bzw. Schnabels bzw. Dornes ist jede bzw. genau eine bzw. keine Tangente in x StützOCh an eine Umgebung von x auf B. — **(b).** Zufolge der obigen Verabredung, d. h. *Erweiterung* des *Tangenten*begriffes, besitzt der Bogen *stetige* Tangente im folgenden Sinne: Es läßt sich die vordere Tangente in x an B stetig im System aller Tangenten überführen in die hintere (vordere Tangente in x an B ist die Tangente in x an eine vordere Umgebung von x auf B). — **(c).** Es sei B ein einfacher, orientierter, lokal konvexer Bogen; ferner sei $T(x)$ Tangente in x an B und $y \in (\underline{B} - \{x\}) \cap T(x)$ Schnittpunkt in $\underline{B} \cap T(x)$. Bewegt sich x monoton auf B, so bewegt sich y ebenfalls monoton auf B (ist x Hut, so soll sich die Tangente bei festem x entsprechend monoton ändern, d. h., es soll sich die Änderung von $T(x)$ als monotone Bewegung des Schnittpunktes von $T(x)$ mit einem, x im Innern enthaltenden konvexen Polygon P auf P projizieren). Übrigens gilt die Behauptung betr. Monotonie von y auch dann, wenn B nur lokal konvex in x ist und wenn jede Tangente an B in den Punkten einer Umgebung von x mit einer Umgebung von y auf B genau einen Schnittpunkt gemeinsam hat. — **(d).** Es sei jetzt B ein orientierter, nicht notwendig einfacher, aber stückweise konvexer Bogen und F zunächst eine OCh (Gerade). Die Stelle τ bewege sich auf B stetig und monoton (d. h. stets in der gleichen Richtung) auf B; es kann B auch eine Kurve sein. Bei entsprechender stetiger Änderung der Tangente $T(\tau)$ in τ an B bewegt sich ein (Schnitt-) Punkt aus $T(x) \cap F$ stetig auf F (wobei $T(\tau) \neq F$ vorausgesetzt ist), und zwar monoton, ausgenommen folgende Fälle: Es passiert τ *entweder* eine Wendestelle oder Schnabelstelle, deren Träger nicht auf F liegt, oder eine Schnabelstelle, deren Träger nicht Schnittpunkt von B mit F ist *oder* eine reguläre oder Dornstelle, deren Träger Schnittpunkt von B mit F ist. — Tritt an Stelle der OCh F ein Bogen B^*, so gilt für *Schnitt*punkte aus $B^* \cap T(\tau)$ das gleiche (wie für $T(\tau) \cap F$); dazu kommt allerdings hier noch die Möglichkeit, daß mehrere Schnittpunkte aus $B^* \cap T(\tau)$ zusammenrücken und dann verlorengehen oder daß — umgekehrt — neue Schnittpunkte in $B^* \cap T(\tau)$ gewonnen werden, abgesehen von dem Fall, daß ein Endpunkt von B^* auf $T(\tau)$ zu liegen kommt.

Der Beweis für die Behauptung (a) bis (d) werde hier nur für die Fälle geführt, die bei den folgenden Betrachtungen vorwiegend auftreten, daß nämlich τ reguläre oder Wendestelle ist. Es sei gesetzt $x = Tr(\tau)$, ferner $T = T(x) \in \mathfrak{t}(\tau)$ und $\{y\} = F \cap T$. Es sei V bzw. J eine vordere bzw. hintere Umgebung von τ auf B und $U = V \cup J$. Ist $T' \in \mathfrak{t}(\tau')$ mit $\tau' \in V$ und $T'' \in \mathfrak{t}(\tau'')$ mit $\tau'' \in J$, so sei D' bzw. D'' das von T' und T bzw. von T und T'' begrenzte, offene, zu V bzw. J fremde Dieder (in E); für $D = D' \cap D''$ ist D_g ein Dreieck, dessen auf T gelegene Seite mit $S(T)$ bezeichnet werde. Für hinreichend kleines U gilt: Ist $x \neq y$ und τ reguläre bzw. Wendestelle, so ist $x \in S(T)$ und $y \notin S(T)$ bzw. $x \notin S(T)$ und $y \in S(T)$. Daher ist y gemeinsamer Endpunkt zweier offener fremder bzw. nicht fremder Teilstrecken (oder Teilbogen, wenn F Bogen) $F \cap D'$ und $F \cap D''$ von F. Daraus folgt die Behauptung betr. die Monotonie bzw. die Nicht-Monotonie von y beim Durchgang von τ' durch τ. Ist aber $x = y \in F$ und τ reguläre bzw. Wendestelle, so gilt umgekehrt $y \in S(T)$ bzw. $y \notin S(T)$, also $D' \cap D'' \cap F \neq \emptyset$ bzw. $= \emptyset$. Daher kehrt y seine Bewegungsrichtung auf F um bzw. nicht um, wenn τ' durch τ hindurchgeht.

Im folgenden wird das Wort *Singularität* (eines Bogens oder einer Kurve) als gemeinsame Bezeichnung gebraucht für *Punktsingularitäten*, d. h. für singuläre und mehrfache Punkte, sowie für *Tangentensingulari-*

täten, auch als mehrfache Tangenten bezeichnet, d. h. für OCh, zu denen mindestens zwei Stellen des Bogens B (der Kurve) gehören, in denen die OCh Tangente an B ist.

1. Hilfssatz. *Voraussetzung* (1). Es sei $B = B(\tau'|\tau'')$ ein Bogen, B^* der Träger von B und a' bzw. a'' Träger der Endstelle τ' bzw. τ'' von B; es sei $a' \neq a''$, es können aber a', a'' mehrfache Punkte sein. — (2). Es sei $T(\tau')$ Tangente an B in τ' und $a'' \in T(\tau')$. — (3). Es bewege sich τ stetig und monoton auf einer Umgebung U von τ' in Richtung gegen τ'' hin. Dann soll ein $\tau^* \in B(\tau'|\tau'')$ existieren derart, daß $Tr(\tau^*)$ in $B^* \frown T(\tau)$ liegt und daß τ^* sich (bei der Änderung von τ und einer entsprechenden Änderung von $T(\tau)$) stetig und monoton auf $B(\tau'|\tau'')$ gegen τ' hin bewegt.

Behauptung. Es besitzt $\underline{B}$ (mindestens) eine Singularität.

Beweis. Indirekt. Es sei also $\underline{B}$ ein einfacher, lokal konvexer Bogen ohne Tangentensingularität. Gemäß Folgerung (c) (vgl. auch (d)) bewegt sich jeder Schnittpunkt von $(\underline{B} - \{x\}) \frown T(x)$ stetig und monoton auf B, auch wenn x seine monotone Bewegung über U hinaus fortsetzt. Dabei ist das Auftreten von Stützpunkten in $(\underline{B} - \{x\}) \frown T(x)$ nicht möglich, weil andernfalls $T(x)$ eine Tangentensingularität liefert; wegen der lokalen Konvexität von B würden aber solche Stützpunkte auftreten, wenn Punkte von $(\underline{B} - \{x\}) \frown T(x)$ in einen von x verschiedenen Punkt zusammenrücken. Somit ist nur der Fall möglich, daß x selbst mit einem anderen Punkt zusammenrückt, so daß beide gegen einen singulären Punkt von $\underline{B}$ konvergieren. Dies widerspricht aber der Beweisannahme.

2. Hilfssatz. *Voraussetzungen* (1) und (3) wie im 1. Hilfssatz. — (2'). Es sei $T(\tau')$ Tangente in τ' an B und $B \frown T(\tau') = \{a'\} \smile \{a''\}$.

Behauptung. Es besitzt B (mindestens) eine Punktsingularität.

Beweis. Falls die Behauptung nicht zutrifft, ist B global konvex (gemäß Abschn. 3.7., Hilfssatz 3, Zusatz). Folglich ist $(B - \{x\}) \frown T(x) = \emptyset$ für zu a' benachbarte $x \in \underline{B}$, im Widerspruch zur Voraussetzung (3).

3. Hilfssatz. *Voraussetzung*. Es sei C eine (streckenfreie) einfache Kurve, die als Singularitäten nur $\mathfrak{k}$-Wendepunkte enthält (insbesondere also keine mehrfachen Punkte und Tangentensingularitäten), und zwar mindestens einen $\mathfrak{k}$-Wendepunkt.

Behauptung (1). Es ist POW $(C; \mathfrak{k}) = n$ ungerade; $n \geq 3$. — (2). Jede $\mathfrak{k}$-Tangente $T(x)$ an C in einem Punkt x, der $\mathfrak{k}$-Wendepunkt bzw. nicht Wendepunkt ist (d. h. also hier POW $(x; C; \mathfrak{k}) = 3$ bzw. $= 2$), hat mit $C - \{x\}$ genau $n - 3$ bzw. $n - 2$ Schnittpunkte gemeinsam. — (3). Die $(n-2)$ Schnittpunkte $y_1(x), \ldots, y_{n-2}(x)$ von $(C - \{x\}) \frown T(x)$ (vgl. Behauptung (2)) bewegen sich mit x monoton (und stetig) im folgenden Sinne: Je zwei auf C benachbarte Punkte $x, y_1(x), \ldots, y_{n-2}(x)$ bewegen sich im entgegengesetzten Sinne auf C. — (4). Die Reihenfolge der $x, y_1(x), \ldots, y_{n-2}(x)$, falls $n \geq 4$, ist auf C und $T(x)$ die gleiche bei geeigneter Orientierung von C und von $T(x)$,

Anmerkung. Eine schärfere Aussage über C in Abschn. 3.8.5., Satz 1.

Beweis (I). Weil Wendepunkte die einzigen singulären Punkte sind, gibt es deren nur endlich viele, so daß C stückweise konvex ist. Es sei C irgendwie orientiert. Liegt x hinreichend nahe bei einem Wendepunkt w, so ist $(C - \{x\}) \cap T(x) \neq \emptyset$; und zwar gibt es in der Nähe von w einen Punkt $y_1(x) \in (C - \{x\}) \cap T(x)$, welcher in einer Umgebung von w auf C durch w von x getrennt wird. Es sei $(C - \{x\}) \cap T(x) = y_1(x) \cup \cdots \cup y_r(x)$, wobei $y_1(x)$ der am nächsten bei w gelegene, durch w von x in der Umgebung von w getrennte Punkt ist; dabei liege etwa $y_1(x)$ hinter w und w hinter x auf C. Da C keine Tangentensingularität und nur Wendepunkte besitzt, sind die $y_\varrho(x)$ sämtlich Schnittpunkte, auch dann, wenn x in einen Wendepunkt rückt (in welchem Falle auch x Schnittpunkt wird); die $y_\varrho(x)$ bleiben untereinander für alle x verschieden (getrennt), da andernfalls $T(x)$ mehrfache Tangente wäre. Daher bleibt die Anzahl r der Schnittpunkte $y_\varrho(x)$ sowie ihre Reihenfolge je auf C und auf $T(x)$ auch bei Änderung von x stets die gleiche (denn C ist einfache Kurve).

(II). Nähert sich x monoton dem w (vgl. (I)), so auch $y_1(x)$, und letzteres bewegt sich in entgegengesetztem Sinne wie x. Überschreitet x das w, so auch $y_1(x)$, aber in entgegengesetztem Sinne. Gemäß Folgerung (c), (d) ändert sich die Bewegungsrichtung eines (von x verschiedenen) $y_\varrho(x)$ genau dann, wenn x einen Wendepunkt überschreitet. Daraus folgt: Durchläuft x monoton die Kurve C, so fällt x mit einem $y_\varrho(x)$ nur in einem Wendepunkt zusammen und x überschreitet dann das $y_\varrho(x)$. Entspricht die Reihenfolge $y_1(x), \ldots, y_r(x)$ der Orientierung von C, ist x kein Wendepunkt und bewegt sich x im Sinne dieser Orientierung auf C, so bewegt sich das am nächsten hinter x gelegene $y_\varrho(x)$ entgegengesetzt; da — nach Überschreiten des $y_\varrho(x)$ durch x — das $y_{\varrho+1}(x)$ sich entgegengesetzt zu x bewegt, beim Überschreiten von $y_\varrho(x)$ durch x aber seine Bewegungsrichtung geändert hatte, so haben sich die beiden durch x noch nicht getrennten $y_\varrho(x)$, $y_{\varrho+1}(x)$ entgegengesetzt zueinander bewegt. Und dies gilt allgemein für jedes durch x nicht getrennte Paar $y_\varrho(x)$, $y_{\varrho+1}(x)$.

(III). Wegen der stückweisen Konvexität von C ist POW $(C; \mathfrak{k}) = n$ beschränkt $(n \geq 3)$. Ist M eine Maximalsekante, also POW $(C \cap M) = n$, so kann man vermöge geeigneter Änderungen von M (bei Festhalten eines Punktes von $C \cap M$) erreichen, daß genau zwei dieser Punkte in einen Konvexpunkt x zusammenrücken, also M in ein $T(x)$ übergeht. Man hat also $r = n - 2$, d.h. $n = 2 + r$. Daß $n \equiv 1 \pmod 2$ ist, folgt nun daraus, daß je zwei benachbarte der $x, y_1(x), \ldots, y_r(x)$ sich entgegengesetzt bewegen, so daß $r + 1 \equiv 0 \pmod 2$.

3.8.2. Spiralen

Definition. Ein (abgeschlossener) lokal $\mathfrak{k}$-konvexer Bogen B werde als *einfache $\mathfrak{k}$-Spirale* bzw. als *$\mathfrak{k}$-Doppelspirale* bezeichnet, wenn die $\mathfrak{k}$-Tangente an B in nur einem Endpunkt bzw. in beiden Endpunkten von B Punkte mit $\underset{\sim}{B}$ gemeinsam hat. Die beiden nachstehenden Sätze geben Auskunft über die Gestalt der Spiralen.

1. Satz. *Voraussetzung. Es sei $B = B(a|b)$ eine einfache $\mathfrak{k}$-Spirale. Und zwar sei die $\mathfrak{k}$-Tangente $T(a)$ in a an B fremd zu $\underset{\sim}{B}$.*

Behauptung (0). *Jede einfache $\mathfrak{k}$-Spirale B ist $\mathfrak{k}$-beschränkt$_k$ also $B \subset E_0 = \complement K_0$.*

(1). *Die* OCh $L = K(a, b)$ *durch die Endpunkte a, b von B ist nicht fremd zu $\underset{\sim}{B}$; also* POW $(B \frown L) \geq 3$.

(2). *Ist* POW $(B \frown L) = r + 1, r \geq 2$, *so enthält $D = (B - \{b\}) \frown K$ für jedes $K \in \mathfrak{k}(b)$ genau $r - 1$ oder r Schnittpunkte. Werden diese Schnittpunkte von D in der, einer Orientierung von B entsprechenden Reihenfolge durchlaufen, so werden je zwei unmittelbar aufeinanderfolgende auf $K \frown E_0$ durch b getrennt$_k$ ferner wird unter je drei auf B unmittelbar aufeinanderfolgenden Punkten aus D der erste (vorderste) durch den dritten auf $K \frown E_0$ von b getrennt (wenn a Anfangspunkt von B ist). — Es werde a als der* äußere Endpunkt *und b als der* innere Endpunkt *oder als das* Zentrum *der einfachen $\mathfrak{k}$-Spirale bezeichnet.*

(3). *Es existiert keine* OCh, *von der $\underset{\sim}{B}$ in mehr als einem Punkt (lokal) gestützt wird (keine „DoppelstützOCh“).*

Zusatz. Ein lokal $\mathfrak{k}$-konvexer Bogen B mit $\underset{\sim}{B} \frown T(a) = \emptyset$ ist (A). (global) $\mathfrak{k}$-konvex genau dann, wenn auch $\underset{\sim}{B} \frown T(b) = \emptyset$; (B). eine einfache $\mathfrak{k}$-Spirale genau dann, wenn B die in Behauptung (1) angegebene Eigenschaft besitzt. — Ein lokal $\mathfrak{k}$-konvexer Bogen B ist entweder $\mathfrak{k}$-konvex oder eine einfache oder eine Doppelspirale.

Anmerkung. In Abschn. 3.7. (nach dem 3. Hilfssatz) bezog sich die Bezeichnung „Spiralzentrum“ auf einen Endpunkt b eines *bis auf* b lokal $\mathfrak{k}$-konvexen Bogens mit POW $(B; \mathfrak{k})$ = POW $(b; B; \mathfrak{k}) = \infty$.

Beweis. Ist $T(b)$ die Tangente an B in b, so gilt $\underset{\sim}{B} \frown T(b) \neq \emptyset$; denn nach Voraussetzung ist B einfache Spirale mit $\underset{\sim}{B} \frown T(a) = \emptyset$. —

Betr. Behauptung (0). Wegen $\underset{\sim}{B} \frown T(a) = \emptyset$ gibt es OCh K_0, beliebig benachbart zu $T(a)$ mit $B \frown K_0 = \emptyset$.

Betr. Behauptung (1). Aus POW $(B \frown L) = 2$ folgt, daß B konvex ist (Abschn. 3.7., 3. Hilfssatz, Zusatz). Dann ist aber auch $\underset{\sim}{B} \frown T(b) = \emptyset$.

Betr. Behauptung (2). *Vorbemerkung.* Es sei $B_i = B(x_{i-1}|x_i)$ ein konvexer Teilbogen von B und $G_i = \underline{k\,H}(B_i) \subset E_0$ der offene Kern der konvexen Hülle von B_i; dann werde mit $S_i = K(x_{i-1}|x_i)$ die zu $(G_i)_g$

gehörige $\mathfrak{t}$-Strecke mit den Endpunkten x_{i-1}, x_i bezeichnet. Nun seien $x_0 = a, x_1, \ldots, x_{r-1}, x_r = b$ die $r+1$ Punkte von $B \cap L$; dabei liege $x_{\varrho-1}$ *auf* B vor x_ϱ; $\varrho = 1, \ldots, r$.

(I). Es ist $B_\varrho = B(x_{\varrho-1}|x_\varrho)$ konvex (Abschn. 3.7., Hilfssatz 3, Zusatz). Wegen der lokalen Konvexität von $B_2' = B_1 \cup B_2$ in x_1 existieren StützOCh R in x_1 an B_2'; überdies ist jedes R globale StützOCh von B_2' sowie von $G_1 \cup G_2$. Daher ist entweder $S_1 \subset S_2$ oder $S_2 \subset S_1$. — Wir zeigen: Es ist $S_2 \subset S_1$ und folglich $x_2 \in \underline{S}_1$. In der Tat: Zunächst ist x_1 *Schnitt*punkt in $\underline{B}_2' \cap L$, so daß G_1 und G_2 auf verschiedenen Seiten von L (bezüglich E_0) liegen. Denn andernfalls liegen G_1 und G_2 auf der gleichen Seite von L und es ist $G_1 \subset G_2$ oder $G_2 \subset G_1$ je nachdem $S_1 \subset S_2$ oder $S_2 \subset S_1$; je nachdem ist eine hintere bzw. vordere Umgebung von x_1 auf B fremd zu G_1 bzw. zu G_2, so daß $\underline{B}_1$ bzw. $\underline{B}_2$ einen singulären Punkt enthält (gemäß Abschn. 3.7., Hilfssatz 1), im Widerspruch zur lokalen Konvexität von B. Es liegen also G_1 und G_2 auf verschiedenen Seiten von L; daher ist $\bar{G}_1 \cap \bar{G}_2 = S_1$ oder $= S_2$. Im ersteren Fall hätte man aber $S_1 \subset S_2$, also $a \in \underline{S}_2$, so daß jede OCh durch a, speziell also $T(a)$, nicht fremd zu B_2 und damit zu $\underline{B}$ wäre (gemäß Abschn. 3.1.5.3., Satz 1), im Widerspruch zur Voraussetzung. Somit ist $x_2 \in S_2 \subset S_1$.

(II). Ist $x_2 = b$, so ist $r = 2$, $r - 1 = 1$ und $\underline{B} \cap L = \{x_1\}$. Es liegt b auf S_1 zwischen a und x_1. Für jede OCh K mit $b \in K$ ist daher $\underline{B} \cap K \neq \emptyset$; speziell also ist $\underline{B} \cap T(b) \neq \emptyset$ und $B_1 \cap K \neq \emptyset$ sowie evtl. $B_2 \cap K \neq \emptyset$. Die Behauptung (2) ist daher im Falle $x_2 = b$ richtig. Ist hingegen $x_2 \in \underline{B}$, so lassen sich die in (I) für B_1, B_2 angestellten Überlegungen auf B_2, B_3 anwenden, wobei jetzt x_1 bzw. x_2 an die Stelle von $x_0 = a$ bzw. x_1 tritt, und zwar ist diese Anwendung erlaubt, sofern nur $\underline{B}(x_1|b) \cap T(x_1) = \emptyset$, unter $T(x_1)$ die Tangente in x_1 an $B(x_1|b)$ verstanden. Daß in der Tat $\underline{B}(x_1|b) \cap T(x_1) = \emptyset$ ist, läßt sich so einsehen: Wegen $\underline{B} \cap T(a) = \emptyset$ liegt $\underline{B}(x_1|b)$ in einer Umgebung von x_1 in der Vereinigung von G_1 und von dem G_1 nicht enthaltenden Dreieck mit den Ecken a, x_1 und $z \in T(a) \cap T(x_1)$; wäre nun $\underline{B}(x_1|b) \cap T(x_1) \neq \emptyset$, so existierte (wegen $\underline{B}(x_1|b) \cap B_1 = \emptyset = \underline{B} \cap T(a)$) ein $z' \in T(x_1|z) - \{x_1\} \subset T(x_1)$ aus $\underline{B}(x_1|b)$ und daher (gemäß Abschn. 3.7., Hilfssatz 1) ein singulärer Punkt in $\underline{B}(x_1|z')$. Ebenso ergibt sich übrigens $\underline{B}(x_1|b) \cap T = \emptyset$ für jedes $T \in \mathfrak{t}(x_1)$. — Entsprechend zu (I) hat man nun $G_3 \subset G_1$ sowie $x_3 \in S_3 \subset S_2 \subset S_1$; daher werden B_1, B_2 und evtl. B_3 von jeder OCh durch x_3 getroffen. — Diese Schlüsse lassen sich in vollständiger Induktion fortsetzen. Es ergibt sich so: Für $1 \leq v \leq r - 1$ ist x_v Schnittpunkt in $\underline{B} \cap L$ und $T(x_v)$ globale StützOCh an $B_v'' = B_v \cup B_{v+1} \cup \cdots \cup B_r$, nämlich $\underline{B}_v'' \cap T(x_v) = \emptyset$, wenn $T(x_v)$ Tangente an B_v'' in x_v. Ist $1 \leq \varrho$, $\mu \leq r$, so liegen G_ϱ, G_μ auf der gleichen Seite oder auf verschiedenen Seiten von L, je nachdem $\varrho \equiv \mu$ oder $\varrho \equiv \mu + 1 \pmod 2$; ferner ist $G_\mu \subset G_\varrho$ für $\varrho \equiv \mu$ und $\varrho < \mu$. Schließlich ist $b \in \underline{S}_r$. Daher trifft jede

OCh durch b die Bogen B_ϱ, $1 \leq \varrho \leq r - 1$ und evtl. B_r wegen $b \in S_{r-1} \subset \cdots \subset S_1$. Damit ist die Behauptung (2) bewiesen.

Betr. Behauptung (3). Wir setzen $B'_\varrho = B_1 \cup \cdots \cup B_{\varrho-1}$ sowie $B''_\varrho = B_\varrho \cup \cdots \cup B_r$, $2 \leq \varrho \leq r$ und bezeichnen mit T'_v bzw. T''_v die vordere bzw. hintere Tangente an $\underline{B}$ in x_v, $1 \leq v \leq r - 1$. Es sei $T''_{v-1} \cap T'_v = \{z_v\}$ gesetzt. Es ist T'_v und T''_v globale StützOCh von B''_v sowie von $\bar{G}_v \cup \bar{G}_{v+1}$. Der Konvexbogen B_ϱ liegt in einem Dreieck D_ϱ, dessen Ecken $x_{\varrho-1}$, x_ϱ und z_ϱ sind. An den Konvexbogen $\underline{B}_\varrho$ gehen StützOCh nur aus Punkten, die weder zu G_ϱ noch zur abgeschlossenen Hülle des von D_ϱ verschiedenen Dreiecks D'_ϱ mit der gleichen Seite S_ϱ wie D_ϱ gehören (Abschn. 3.1.6., Satz 2). Daraus folgt: Falls $\varrho < \mu$ ist, besitzt $\underline{B}_\varrho \cup \underline{B}_\mu$ keine DoppelstützOCh; denn für $\mu \equiv \varrho$ ist $G_\mu \subset G_\varrho$ und für $\varrho \equiv \mu + 1$ ist $B_\mu \subset D'_\varrho$, weil $T''_{\varrho-1}$ und T'_ϱ StützOCh von B''_ϱ sind. Schließlich enthält keine StützOCh T in x_ϱ an $\underline{B}$ einen von x_ϱ verschiedenen Stützpunkt; denn einerseits ist $B''_\varrho \cap T = \emptyset$ (gemäß (II) im Beweis für Behauptung (2)), und andererseits enthält $\underline{B}'_\varrho \cap T$ höchstens Schnittpunkte (vgl. Behauptung (2)). Damit ist die Behauptung (3) bewiesen.

Betr. Zusatz. Folgt aus dem Beweis der Behauptung (2).

Hinsichtlich der Doppelspiralen gilt — in Ergänzung von Satz 1 — der

2. Satz. *Voraussetzung. Es sei $B = B(a|b)$ eine $\mathfrak{k}$-Doppelspirale,* d. h. *ein einfacher lokal $\mathfrak{k}$-konvexer Bogen mit $\underline{B} \cap T(a) \neq \emptyset$ und $\underline{B} \cap T(b) \neq \emptyset$; dabei sei $T(a)$ bzw. $T(b)$ die $\mathfrak{k}$-Tangente an B in a bzw. b.*

Behauptung (1). *Es ist B $\mathfrak{k}$-beschränkt.*

(2). *Es ist B Vereinigung aus einer einfachen $\mathfrak{k}$-Spirale und aus entweder (Fall 2′) einem $\mathfrak{k}$-konvexen Bogen oder (Fall 2″) einer zweiten einfachen $\mathfrak{k}$-Spirale.*

(3). *Es existiert genau eine* OCh *S, von der die $\mathfrak{k}$-konvexe Hülle von B in genau zwei Punkten von B gestützt wird; dabei kann höchstens einer der Stützpunkte Endpunkt von B sein.*

Zusatz. Es gibt $\mathfrak{k}$-Doppelspiralen, die gleichzeitig eine Darstellung gemäß Fall 2′ sowohl als gemäß Fall 2″ (in Behauptung (2)) gestatten. Ferner gibt es $\mathfrak{k}$-Doppelspiralen, die als Vereinigung zweier $\mathfrak{k}$-konvexer Bogen darstellbar sind.

Beweis. Es bewege sich x monoton und stetig auf B von a aus gegen b; und dementsprechend durchlaufe die Tangente $T(x)$ stetig die Mengen $\mathfrak{t}(x)$ (vgl. Abschn. 3.8.1.). Für eine konvexe Umgebung U von a auf B ist $B(x) \cap T(x) = \emptyset$, wenn $x \in U$ und wenn $B(x) = B(a|x) - \{x\}$ gesetzt wird. Andererseits ist $\underline{B}(a|b) \cap T(b) \neq \emptyset$ (nach Voraussetzung). Es existiert daher (mindestens) ein $z' \in \underline{B}$ und ein $T(z')$ mit $B(z') \cap T(z') \neq \emptyset$. Die Menge Z' dieser z' ist abgeschlossen auf B; es sei z das am nächsten bei a gelegene unter diesen z'. Definitionsgemäß existieren $y' \in B(z) \cap T(z)$; es sei y das am nächsten bei z auf $B(z)$

gelegene unter diesen (endlich vielen) y', so daß also $y \in B(z)$. Dabei ist $y \neq z$, ferner $z = b$ oder $y = a$, aber nicht beides gleichzeitig möglich. Es ist $B(y|z)$ konvex (wegen $\underline{B}(y|z) \cap K(z, y) = \emptyset$, wobei $K(z, y) = T(z) \in \mathfrak{k}$). Daher gilt $H_g = B(y|z) \cup K(z|y)$, wenn H die konvexe Hülle von $B(y|z)$ ist. Um die Fälle $y = a$ und $y \neq a$ bzw. $z = b$ und $z \neq b$ bei den folgenden Überlegungen gleichzeitig zu erfassen, verabreden wir: Falls $y = a$ bzw. $z = b$ ist, sei $\underline{B}(a|y) = \emptyset$ bzw. $\underline{B}(z|b) = \emptyset$. Es liegt eine hintere Umgebung Z von z auf $\underline{B}(z|b)$ bzw. eine vordere Umgebung Y von y auf $\underline{B}(a|y)$ in H (gemäß Abschn. 3.7., Hilfssatz 2); ebenso ist $(B(a|y) - \{y\}) \cap T(z) = \emptyset = (B(z|b) - \{z\}) \cap T(z)$. Daher gilt $(B(a|y) - \{y\}) \cup (B(z|b) - \{z\}) \subset H$; und es ist $T(z)$ die einzige OCh, durch die die konvexe Hülle von B in genau zwei Punkten von B gestützt wird, Punkte, von denen mindestens einer zu $\underline{B}$ gehört. Zunächst sei $a \neq y$, also $a \in H$. Dann existiert $a' \in \underline{B}(y|z) \cap T(a)$. Es sei $a'' \in B(a'|z)$ beliebig nahe bei a'. Es sei $T_y = T_y(a'')$ bzw. $T_z = T_z(a'')$ die Tangente in a'' an $B(y|a'')$ bzw. an $B(a''|z)$. Wegen $B \subset \bar{H}$ und $B(y|z) \subset H_g$ ist $\underline{B}(a|a'') \cap T_y = \emptyset = \underline{B}(a''|b) \cap T_z$. Daher ist $B(a|a'')$ einfache Spirale und $B(a''|b)$ einfache Spirale oder Konvexbogen. Ist $y = a$, also $z \neq b$, so vertauscht man a mit b und schließt wie oben. Damit ist die Behauptung (1)—(3) bewiesen.

Betr. Zusatz. Im Beweis des 2. Satzes für $a, b \in H$ seien $\underline{B} \cap T(a) = \{a'\} = \underline{B}(y|z) \cap T(a)$ und $\underline{B} \cap T(b) = \{b'\} = \underline{B}(y|z) \cap T(b)$, also diese Durchschnitte einpunktig. Ist dabei $a' \in \underline{B}(y|b')$, so ist $B = B(a|c) \cup B(c|b)$ eine Darstellung 2′ bzw. 2″, wenn $c \in \underline{B}(y|a')$ bzw. $c \in \underline{B}(b'|a')$. Ist aber $a' \in \underline{B}(b'|z)$ und $c \in \underline{B}(b'|a')$, so ist sowohl $B(a|c)$ als $B(c|b)$ konvex. Es gibt Bogen B der jeweils angenommenen Art.

3.8.3. Kurven ohne Punktsingularität

Die beiden Sätze in Abschn. 3.8.2. bezogen sich auf *Bogen* ohne $\mathfrak{k}$-singuläre Punkte. Für *Kurven* hat man demgegenüber den

Satz. *Jede (von* $\mathfrak{k}$*-Strecken freie) Kurve C* ohne Punkt*singularitäten ist global* $\mathfrak{k}$*-konvex, besitzt also auch keine Tangentensingularitäten und somit überhaupt keine Singularitäten.*

Beweis (1). Es genügt zu zeigen: Jede Tangente $T(x)$ in $x \in C$ an C ist fremd zu $C - \{x\}$. Dann nämlich ist C beschränkt, es existiert also die konvexe Hülle $H = H(C)$ von C. Und es liegt C in H_g. In der Tat gibt es, falls $C \not\subset H_g$, DoppelstützOCh D an H derart, daß C ganz auf der einen Seite von D liegt und daß außerdem $x', x'' \in C \cap D \cap H$ existieren, für welche $C \cap \underline{D}(x'|x'') = \emptyset$, wenn $D(x'|x'')$ die beschränkte Verbindungsstrecke von x' und x'' ist. Dann liegt ein Teilbogen $\underline{C}(x'|x'')$ von C in H und enthält singuläre Punkte (weil die Voraussetzung von Abschn. 3.7., Hilfssatz 2, erfüllt sind).

(2). Zum Beweis, daß, wie in (1) angenommen, $(C - \{x\}) \cap T(x) = \emptyset$, werde indirekt geschlossen. Es existiere also $a \in C$ und $b \in (C - \{a\}) \cap T(a)$. Es kann b so gewählt werden, daß für einen der beiden von a und b begrenzten Teilbogen $C(a|b)$ von C gilt $\underset{\sim}{C}(a|b) \cap T(a) = \emptyset$. Dann ist $C(a|b)$ beschränkt und enthält singuläre Punkte (gemäß Abschn. 3.7., Hilfssatz 2). Widerspruch.

Folgerungen. (a). Jede Kurve mit (mindestens) einer Tangentensingularität besitzt auch Punktsingularitäten. — (b). Ein (streckenfreier) Bogen ist zu einer (streckenfreien) Kurve ohne Singularitäten genau dann erweiterbar, wenn der Bogen konvex ist und wenn die Tangenten in den Endpunkten beide verschieden sind von der die Endpunkte verbindenden OCh. — (c). Die einzigen singularitätenfreien (streckenfreien) Bogen und Kurven sind die einfachen Spiralen und die konvexen Bogen und Kurven.

3.8.4. Kurven mit Singularitäten

Nunmehr werden Kurven *mit* Singularitäten betrachtet. Hier gilt zunächst der

1. Satz. *Jede (streckenfreie) Kurve C mit Singularitäten besitzt mindestens zwei Singularitäten und (darunter) mindestens eine Punktsingularität.*

Zusatz. Besitzt C genau eine Punktsingularität s, so mindestens eine mehrfache Tangente*. Ist s singulärer Punkt, so besitzt sogar $C - \{s\}$ mehrfache Tangenten.

Beweis. Gemäß Abschn. 3.8.3., Satz, besitzt C entweder (A) singuläre oder (B) mehrfache Punkte (oder beides). Es genügt also, den Zusatz zu beweisen. Ist genau eine Punktsingularität s vorhanden, so ist $C - \{s\}$ lokal konvex; und, wenn s mehrfacher Punkt ist, so ist sogar C an jeder Stelle lokal konvex. Zum Beweis des Zusatzes werden die Fälle unterschieden: (A). Es sei s singulärer Punkt, also C einfache Kurve und $C - \{s\}$ lokal konvex. Daher ist s entweder Wendepunkt oder Dorn oder Schnabel (einschließlich Schnabelspitze) oder Spiralzentrum im Sinne von Abschn. 3.7. In beliebig kleiner Umgebung U von s auf C gibt es $x, y \in U - \{s\}$ derart, daß $y \in T(x)$ ist und daß x, y durch s auf U getrennt werden, ferner daß sich y von s auf U entfernt, wenn dies für x der Fall ist. Somit sind für den Teilbogen $C(x|y)$ von $C - \{s\}$ (der also nicht in U enthalten ist) die Voraussetzungen des 1. Hilfssatzes in Abschn. 3.8.1. erfüllt; es besitzt daher $C(x|y)$ Singularitäten, also Tangenten- (weil keine Punkt-) Singularitäten. Damit ist der Zusatz für den Fall (A) bewiesen. — (B). Es sei s (einziger)

* Zu den Tangenten sind im folgenden auch die lokalen StützOCh gerechnet.

mehrfacher Punkt von C, und zwar ein genau zweifacher (da sonst mehr als eine Punktsingularität existiert); es ist also s Träger genau zweier Stellen τ', τ'', deren jede eine konvexe Umgebung U', U'' auf C besitzt. Es ist $C = C' \cup C''$, wobei C', C'' einfache Kurven mit $C' \cap C'' = \{s\}$ sind, deren jede einen durch s begrenzten Teilbogen sowohl von U' als von U'' enthält. Wir unterscheiden: (B. 1). Es besitzen U', U'' in s gemeinsame Tangenten. Dann besitzt C in s eine zweifache Tangente entsprechend dem Zusatz. — (B. 2). Es besitzen U' und U'' keine gemeinsame Tangente in s, so daß s Schnittpunkt von U' und U'' ist. Wegen der Konvexität von U' und U'' ist daher s singulärer Punkt von C' oder C'' oder von beiden; es sei etwa s singulär auf C'. Zufolge der Beweisannahme ist s einzige Punktsingularität auf der einfachen Kurve C', die somit zu den in (A) betrachteten Kurven gehört. Gemäß (A) besitzt daher $C' - \{s\}$ und folglich auch $C - \{s\}$ Tangentensingularitäten.

Eine Ergänzung des 1. Satzes ist enthalten im

2. Satz. *Voraussetzung. Es sei C eine Kurve mit genau einer Punktsingularität.*

Behauptung (1). *Die Punktsingularität s von C ist entweder ein $\mathfrak{k}$-Dorn oder ein zweifacher Punkt.*

(2). *Es besitzt C „im wesentlichen" genau eine mehrfache $\mathfrak{k}$-Tangente;* dabei besagt der Ausdruck „im wesentlichen" (genau eine) folgendes: Sind τ', τ'' zwei verschiedene Stellen von C mit dem gleichen Träger und gibt es mehrere OCh, welche Tangenten an C zugleich in τ' und in τ'' sind, so werden diese Tangenten als nur eine Tangentensingularität von C (in τ', τ'') gezählt.

(3). *Es ist C $\mathfrak{k}$-beschränkt und die mehrfache $\mathfrak{k}$-Tangente ist (globale) StützOCh von C. Die Punktsingularität s von C liegt auf dem Rand der $\mathfrak{k}$-konvexen Hülle von C genau dann, wenn s ein zweifacher Punkt ist und wenn zugleich die beiden von s getragenen Stellen gemeinsame $\mathfrak{k}$-Tangenten besitzen.*

Beweis. Gemäß des Zusatzes zum 1. Satz besitzt C mindestens eine mehrfache Tangente. Zum Beweis, daß es (im wesentlichen) genau eine mehrfache Tangente gibt, unterscheiden wir wieder: Es ist s (A) ein singulärer oder (B) ein zweifacher Punkt.

(I). Betr. Fall (A). (1). Gemäß Zusatz zu Satz 1 besitzt $B'' = C - \{s\}$ eine mehrfache Tangente K'', welche DoppelstützOCh an B'' mit (mindestens) zwei Stützpunkten $\bar{x}, \bar{y} \in B'' \cap K''$ ist ($\bar{x} \neq \bar{y}$). Es gibt Umgebungen W von s auf C mit $\overline{W} \cap B = \emptyset$, wobei $B = B(\bar{x}|\bar{y}) \subset B''$, also $s \notin B$ ist. Gemäß Abschn. 3.8.2., Satz 1 und 2, ist $B' = C - W$ Doppelspirale; denn B' ist lokal konvex und besitzt die (einzige) global stützende OCh K'' mit den (einzigen) Stützpunkten $\bar{x}, \bar{y} \in B'$. Demgemäß ist B konvex und $s \in C - B \subset \underline{H}$, wenn H die konvexe Hülle von B und übrigens auch von C ist. Somit ist C beschränkt. Es ist $H_g = B \cup S$, wobei $S = S(\bar{x}|\bar{y})$. Wegen $s \in \underline{H}$ gibt es folglich OCh K mit $s \in K$ und mit genau zweipunktigem $\underline{B} \cap K = \{x\} \cup \{y\}$. O. B. d. A. ist $x \in \underline{B}(y|\bar{x}) \subset \underline{B}$ und $y \in \underline{B}(\bar{y}|x) \subset \underline{B}$.

(2). Es sei $X = B(s|x)$, $Y = B(s|y)$, wobei $\bar{x} \in \underline{X} \subset B''$ und $\bar{y} \in \underline{Y} \subset B''$. *Es sind aber X und Y Konvexbogen.* — In der Tat: Wegen x, $y \in \underline{B}$, $B \subset H_g$, $C \subset H$ ist $\underline{X} \cap T(x) = \emptyset = \underline{Y} \cap T(y)$, wenn $T(x)$ Tangente an X in x usw. Mithin ist X bzw. Y Konvexbogen oder einfache Spirale. Es kann aber weder X noch Y Spirale sein. Ist nämlich etwa X Spirale, so existiert gemäß Abschn. 3.8.2., Satz 1, ein Konvexbogen $X' = X(x|x') \subset X$ mit $\underline{X}' \cap K = \emptyset$ und mit $x' \in \underline{X} \cap \underline{K}(s|y)$, wobei $K(s|y) \subset H \cap K$, also $x \notin K(s|y)$. Daneben existiert ein Konvexbogen $Y' = Y(y|y') \subset Y$ mit $\underline{Y}' \cap K = \emptyset$ und mit $y' \in Y \cap (K(s|x) - \{x\})$ (es ist also $y' = s$ zugelassen). Gemäß der Definition von K bzw. von x, y liegen $\bar{x} \in \underline{X}'$ und $\bar{y} \in \underline{Y}'$, also auch $\underline{X}'$ und $\underline{Y}'$ auf der gleichen Seite von K („Seite" bezüglich etwa einer Umgebung $U(H)$ von H verstanden). Wegen $x' \in \underline{K}(s|y)$, $y' \in K(s|x) - \{x\}$ ist jetzt aber $\underline{X}' \cap \underline{Y}' \neq \emptyset$, im Widerspruch zu $\underline{X}' \cap \underline{Y}' \subset \underline{X} \cap \underline{Y} = \emptyset$.

(3). Gemäß (2) sind X und Y konvex mit $X \cap Y = \{s\}$; ferner liegen $\underline{X}$ und $\underline{Y}$ auf der gleichen Seite (bezüglich $U(H)$) der, ihre Endpunkte x, s, y enthaltenden OCh K. Ist daher $T(s; X)$ bzw. $T(s; Y)$ die Tangente in s an X bzw. Y, so liegt $\underline{X}$ bzw. $\underline{Y}$ in dem konvexen, von K und $T(s; X)$ bzw. $T(s; Y)$ begrenzten offenen Dieder $W(X)$ bzw. $W(Y)$. Wegen $\underline{X} \cap \underline{Y} = \emptyset$, also $W(X) \cap W(Y) = \emptyset$ ist s ein Dorn.

II. *Betr. Fall* (B). Es sei also auf C ein einziger mehrfacher Punkt s vorhanden, so daß s genau zweifach ist; außerdem ist nach Voraussetzung keine Stelle von C singulär, auch keine der beiden von s getragenen Stellen τ', τ''. Daher gibt es eine konvexe Umgebung U' von τ' bzw. U'' von τ'' auf C. Durch s wird C in zwei einfache Kurven C', C'' zerlegt mit $C' \cap C'' = \{s\}$. Es gibt auf C' sowohl als auf C'' eine Umgebung V' bzw. V'' von s, die Vereinigung aus je einer einseitigen, in U' und U'' enthaltenen Umgebung von s ist. Wir unterscheiden: Es besitzen beliebig kleine U' und U'': im Fall (II 1) mindestens eine, im Fall (II 2) keine gemeinsame Tangente.

Betr. Fall (II 1). Die konvexen U', U'' schneiden sich in s; denn andernfalls ist C nicht eindeutiges stetiges Kreisbild. Daher sind V', V'', wenn hinreichend klein, beide konvex und liegen auf der gleichen Seite jeder gemeinsamen Tangente. Somit besitzen C' und C'' keine Punktsingularitäten, sind also konvex (Abschn. 3.8.3.). Da V', V'' einander nicht schneiden, liegt z. B. C'' in der konvexen Hülle von C'. Wegen $C' \cap C'' = \{s\}$ existieren daher nur in s gemeinsame Tangenten an C', C'', also nur in s an C eine im wesentlichen einzige mehrfache Tangente, die überdies genau zweifach ist.

Betr. Fall (II 2). Wegen der Konvexität der in s sich schneidenden (vgl. betr. Fall (II 1), Anfang) U', U'' ist s für mindestens eines der C', C'', etwa für C', singulärer, Punkt und zwar einziger. Daher genügt die einfache Kurve C' den Voraussetzungen für den Fall (A). Somit ist s Dorn auf C' (und keine Spitze); ferner liegt s und damit C'' im Innern der konvexen Hülle H von C'. Weil s Dorn auf C' ist, kann s nur ein Hut auf C'' sein; daher ist C'' konvex und besitzt folglich keine mehrfache Tangente. Auch gemeinsame Tangenten an C'' und den auf H_g gelegenen Teilbogen $B(\bar{x}|\bar{y})$ von C' (vgl. Beweis betr. Fall (A) (1)) gibt es nicht, weil $C'' \subset \underline{H}$. Somit bleibt, weil $K(\bar{x}, \bar{y})$ einzige mehrfache Tangente an C' ist, nur noch zu zeigen, daß gemeinsame Tangenten an $B^* = C' - B(\bar{x}|\bar{y})$ und C'' nicht vorhanden sind. Dies ergibt sich so: Erstens sind die Tangenten in s an C' nicht mehrfache Tangenten an C; Zweitens ist jede Tangente $T(x)$ in $x \in B^* - \{s\}$ an B^* fremd zu C'': denn C'' liegt im Durchschnitt von H mit dem konvexen Dieder, das von den beiden Halbtangenten (bezüglich H) in s an C'' gebildet wird; und in dieses Dieder dringt kein $T(x)$ ein.

3.8.5. Eine Kennzeichnung der Kurven 3. Ordnung

Mit Hilfe des 3. Hilfssatzes in Abschn. 3.8.1. läßt sich eine Kennzeichnung derjenigen ebenen Kurven C mit POW $(C; \mathfrak{k}) = 3$ beweisen, deren singuläre Punkte sämtlich Wendepunkte sind.

1. Satz. *Voraussetzung. Es sei C eine Kurve* (*ohne $\mathfrak{k}$-Strecken*), *deren $\mathfrak{k}$-singuläre Punkte sämtlich $\mathfrak{k}$-Wendepunkte sind* (*es besitzt also C keine mehrfachen Punkte und mindestens einen Wendepunkt*).

Behauptung. Folgende beiden Aussagen (a), (*b*) *sind gleichwertig:*

(a). *Es ist* POW $(C; \mathfrak{k}) = 3$ *und keine $\mathfrak{k}$-Wendetangente an C ist zugleich StützOCh an C.*

(b). *Es besitzt C keine Tangentensingularität.*

Zusatz. Jede (a) oder (b) (sowie der Voraussetzung des Satzes) genügende Kurve besitzt genau 3 Wendepunkte.

Anmerkung. Es gibt einfache Kurven C mit POW $(C; \mathfrak{k}) = 3$ und nur Wendepunkten derart, daß eine Wendetangente zugleich StützOCh an C ist.

Beweis. Da alle singulären Punkte Wendepunkte sind, ist C stückweise konvex.

(A). *Aus* (a) *folgt* (b). Gibt es nämlich mehrfache Tangenten, die entweder C in 2 nicht singulären Punkten stützen oder die Wendetangenten sind und einen, vom Wendepunkt verschiedenen Schnittpunkt enthalten, so ist POW $(C; \mathfrak{k}) \geq 4$.

(B). *Aus* (b) *folgt* (a). Da nach Voraussetzung C keine Tangentensingularität besitzt, so insbesondere keine Wendetangente mit Stützpunkten (vgl. (a)). Somit ist nur noch POW $(C; \mathfrak{k}) = 3$ zu beweisen.

I. Die Voraussetzung des 3. Hilfssatzes in Abschn. 3.8.1. sind erfüllt; daher gilt für jede Tangente $T(x)$ in x an C, wenn x nicht Wendepunkt ist: $C \frown T(x) = \{x\} \smile \{y_1(x)\} \smile \cdots \smile \{y_{n-2}(x)\}$, wobei $n =$ POW $(C; \mathfrak{k})$ mit $n \equiv 1 \pmod 2$ ist. Dabei sind die $y_\nu(x)$ sämtlich Schnittpunkte, ihre Reihenfolge ist auf C und $T(x)$ die gleiche, ferner ändern bei monotoner Änderung von x die $y_\nu(x)$ sich monoton, und zwar benachbarte im entgegengesetzten Sinne. Zu jedem $T(x)$ gibt es (beliebig) benachbarte OCh M derart, daß zwei zu x benachbarte (Schnitt-) Punkte $x', x'' \in C \frown M$ vorhanden sind, während jedem $y_\nu(x)$ mindestens ein, zu $y_\nu(x)$ benachbarter Schnittpunkt y'_ν in $C \frown M$ entspricht. Folglich ist POW $(C \frown M) \geq n$, also $= n$. Wegen des Vorhandenseins von mindestens einem Wendepunkt ist $n \geq 3$. Es genügt daher, weil n ungerade ist, die *Annahme $n \geq 5$ als widerspruchsvoll nachzuweisen.*

II. Wegen POW $(C \frown M) = n$ ist M Maximalsekante von C, so daß in $C \frown M = \{x'\} \smile \{x''\} \smile \{y'_1\} \smile \cdots \smile \{y'_{n-2}\}$ alle Punkte Schnittpunkte sind. Wir behaupten: *Die Reihenfolge der Punkte aus $C \frown M$ ist die gleiche auf C und auf M (bei deren geeigneter Orientierung).* In der Tat: Es sei $y_{n-2}(x), x, y_1(x), \ldots, y_{n-3}(x)$ die einer festen Orientierung von C und $T(x)$ entsprechende Reihenfolge der Punkte aus $C \frown T(x)$, so daß etwa $y_{n-2}(x)$ vor x und x vor $y_1(x)$ und $y_\nu(x)$ vor $y_{\nu+1}(x)$, $\nu = 1, \ldots, n-3$, auf C und auf $T(x)$; $n \geq 5$. Dann ist zunächst die Reihenfolge $y'_{n-2}, y'_1, \ldots, y'_{n-3}$ auf C und M (letzteres passend orientiert) die gleiche, wenn M hinreichend benachbart zu $T(x)$ ist; außerdem liegen x' und x'' auf C und M zwischen y'_{n-2} und y'_1. Angenommen, es sei y'_{n-2}, x', x'', y'_1 die Reihenfolge auf C, hingegen y'_{n-2}, x'', x', y'_1 die auf M. Wir betrachten die von y'_{n-2}, x' bzw. von x'', y'_1 begrenzten, zueinander und zu M fremden Teilbogen $\underline{B}' = \underline{B}(y'_{n-2}|x')$ bzw. $\underline{B}'' = \underline{B}(x''|y'_1)$ von C. Es ist B' beschränkt (wegen $\underline{B}' \frown M = \emptyset$). Es sei H die konvexe Hülle von B' und S der von y'_{n-2} und x' begrenzte, zu H_g gehörige Teilbogen von M. *Entweder* ist nun $C \frown \underline{S} = \{x''\}$. Da x', x'' Schnittpunkte in $C \frown M$ sind, liegt eine Umgebung $U(x'')$ von x'' auf $\underline{B}''$ in H. Andererseits ist $y'_1 \in \mathbf{C}\, H$. Wegen $U(x'') \subset H$ ist daher $\underline{B}' \frown \underline{B}'' \neq \emptyset$. Widerspruch. — *Oder* es ist $C \frown \underline{S} = \{y'_1\} \smile \cdots \smile \{y'_{n-3}\}$, also $x'' \in C \frown (M - S)$. Hält man x'' fest und ändert M so, daß x' auf $\underline{B}' \subset C - B''$ gegen y'_{n-2} wandert, so bewegen sich die Punkte der Paare $x', y'_{n-2}; y'_{n-3}, y'_{n-4}; \ldots; y'_2, y'_1$ auf $C - B''$ einander entgegen. Wegen $n \geq 5$ existiert mindestens ein vom ersten verschiedenes Paar; der von den Punkten eines jeden solchen Paares begrenzte, zu M und den übrigen Paaren fremde offene Teilbogen $\underline{B}(y'_{n-3}|y'_{n-4}), \ldots, \underline{B}(y'_2|y'_1)$ liegt in H. Setzt man daher die monotone Bewegung von x' auf B' bei festem x'' hinreichend lange fort, so rückt, während $y'_{n-2} \neq x'$ bleibt, genau eines der Paare $y'_{n-3}, y'_{n-4}; \ldots$ als erstes in einem Punkt z zusammen derart, daß C vom $M^* = K(x', x'')$ in z gestützt wird; daher ist z kein Wendepunkt und M^* ein $T(z)$. Außerdem sind x', x'' sowie die y'_ν, bis auf ein die y'_{n-2}, x', x'' nicht enthaltendes Paar, auf $T(z)$ verschieden geblieben und haben ihre Lage untereinander nicht geändert, so daß die Reihenfolge der $y'_{n-2}, x', x'', z \in C \frown T(z)$ auf C und $T(z)$ verschieden ist, im Widerspruch zu dem in (I) Festgestellten.

III. Es wird weiter behauptet: *Für jede Maximalsekante R ist die Reihenfolge der Punkte von $C \frown R$ auf C und R die gleiche* (nicht nur für zu einem $T(x)$ hinreichend benachbarte Maximalsekanten M). — In der Tat: Zunächst läßt sich R stetig und ohne Verluste und Gewinne von (Schnitt-) Punkten aus $C \frown R$, also auch unter Erhaltung ihrer Reihenfolge je auf C und auf R in eine Maximalsekante R' überführen mit zwei dem gleichen konvexen Teilbogen B von C angehörigen Punkten von $C \frown R'$. Durch stetige Änderung von R' bringt man alsdann — unter Erhaltung der Maximalsekanteneigenschaft — diese beiden Punkte in beliebige Nähe eines Punktes $x \in B$, also R' in beliebige Nachbarschaft eines $T(x)$; damit erhält man eine Maximalsekante R'', für welche die Reihenfolge der Punkte aus $C \frown R''$ je auf C und R'' die gleiche ist wie die der Punkte aus $C \frown R'$ je auf C und R'; gemäß II ist aber die Reihenfolge in $C \frown R''$ die gleiche auf C und R''.

Folgerung. Es sei R Maximalsekante von C und es werde ein Punkt $z \in C \frown R$ festgehalten. Sodann lasse man vermöge geeigneter stetiger Änderung von R bei festem z einen der Punkte von $(C - \{z\}) \frown R$ sich stetig und monoton auf C bewegen. Dann bewegen sich alle Punkte von $(C - \{z\}) \frown R$ monoton und stetig, und zwar je zwei auf C benachbarte in entgegengesetztem Sinne auf C (vgl. Abschn. 2.3., Monotoniesatz).

IV. Da C nach Voraussetzung keine mehrfachen Tangenten besitzt, existiert ein $\gamma > 0$ von folgender Beschaffenheit: Enthält eine OCh F zwei Punkte $z', z'' \in C \frown F$, deren Quasiabstand $q(z', z'') \leq \gamma$ ist (vgl. Abschn. 2.1.), so ist F Maximalsekante von C. — In der Tat: Andernfalls erhält man (durch Bildung von Auswahlfolgen) eine OCh N und ein $v \in C \frown N$, für die gilt: Es gibt OCh N_r, $r = 1, 2, \ldots$, mit $N = \lim N_r$ und Punkte $v'_r, v''_r \in C \frown N_r$ mit $v'_r \neq v''_r$ und mit $\lim v'_r = \lim v''_r = v$; außerdem sind o. B. d. A. für jedes r sämtliche Punkte von $C \frown N_r$ Schnittpunkte und N_r ist nicht Maximalsekante, also POW $(C \frown N) < n$. Da in jedem nicht-singulären und in jedem Wendepunkt von C, also in jedem Punkt von C, die $\mathfrak{k}$-Paratingenten an C mit den Tangenten an C (im Sinne von Abschn. 3.8.1.) zusammenfallen, ist N Tangente in v an C. Außerdem ist POW $(C \frown N) < n - 1$; denn da N, außer höchstens v, keine Stützpunkte mit C enthält, können beim Grenzübergang $r \to \infty$ keine Punkte in $C \frown N$ gegenüber den $C \frown N_r$ gewonnen werden. Da N Tangente an C ist, muß aber POW $(C \frown N) = n - 1$ sein (gemäß I). Widerspruch.

V. Es sei also R Maximalsekante von C mit $C \cap R = \{y'\} \cup \{y''\} \cup \left(\bigcup_{v=1}^{n-2} \{y_v\}\right)$, wobei $q(y', y'') \leq \gamma$ ist. Zunächst sei $q(y', y'') < \gamma$. Die Numerierung der y' usw. sei so gewählt, daß die Reihenfolge y_1, y', y'', $y_{n-2}, y_{n-3}, \ldots, y_2$ der Orientierung von C entspricht. Wir halten y'' fest und bewegen y' monoton und stetig auf C nach vorn, also von y'' weg. Der zu y'' fremde Teilbogen $C(y'|y_{n-2})$ von C nimmt dabei ab (weil sich gemäß III, Folgerung) auch y_{n-2} von y'' weg bewegt, und zwar gilt dies (mindestens) solange als $q(y', y'') \leq \gamma$ bleibt (weil solange $K(y', y'')$ Maximalsekante ist, gemäß IV. So lange können daher keine der $y', y'', y_1, \ldots$, y_{n-2} zusammenfallen, also verlorengehen. *Entweder* tritt nun der *Fall* (a) ein, d. h., es nähern sich y_{n-2} und y' einander beliebig, bevor $q(y', y'') = \gamma$ geworden ist. Dann konvergieren die $n - 1$ Punkte $y', y_1, \ldots, y_{n-2}$ gegen einen Punkt z. Wegen $n - 1 \geq 4$ (vgl. I) und POW $(z; C; \mathfrak{k}) \leq 3$ ergibt sich ein Widerspruch. — *Oder* es tritt *Fall* (b) ein, d. h., es wird $q(y', y'') = \gamma$ ohne daß Fall (a) eintritt. Die Reihenfolge der y_1, y', $y'', y_{n-2}, \ldots, y_2$ bleibt dabei auf C und auf R stets die gleiche (vgl. III). Es wird jetzt y' festgehalten und y'' nach vorn, also gegen y' hin bewegt. Da alsdann y_{n-2} sich wieder von y'' wegbewegt, nimmt $C(y'|y_{n-2})$ weiter ab und es gehen keine Punkte unter den (n Punkten) y_1, y', y'', $y_{n-2}, \ldots, y_2$ verloren, da ja $q(y', y'') < \gamma$ wird, also immer Maximalsekanten vorliegen. Vermöge dieser monotonen Bewegung von y'' kann erreicht werden, daß etwa $q(y', y'') = 2^{-1}\gamma$ wird, ohne daß vorher der Fall (a) eintritt. Alsdann wird wie im Fall $q(y', y'') < \gamma$ verfahren, d. h. y'' festgehalten und y' nach vorn bewegt, bis der Fall (a) eintritt oder $q(y', y'') = \gamma$ geworden ist. Fortsetzung dieses Verfahrens führt nach endlich vielen Schritten, bei deren jedem die Spannweite des y'' nicht enthaltenden Teilbogens $C(y'|y_{n-2})$ von C um mindestens $2^{-1}\gamma$ abnimmt, einmal zum Fall (a); damit ist gezeigt, daß nicht $n \geq 5$ sein kann, also $n = 3$ sein muß.

Betr. Zusatz. Ist w die Anzahl der Wendepunkte von C, so folgt $w = 3$ entweder aus Abschn. 3.2.6.2. oder (mit Hilfe von Überlegungen, wie sie oben beim Beweise des Satzes verwendet werden) so: Gemäß Abschn. 3.7., Satz 3, ist $w \geq 3$ und $w = 1 \pmod 2$. Wegen $n = 3$ ist $(C - \{x\}) \cap T(x) = \{y(x)\}$. Wird C von x einmal durchlaufen, so von $y(x)$ genau $(w - 1)$mal. Mithin gehen durch jeden regulären Punkt $x \in C$ genau $w - 1$ Tangenten an C, die von $T(x)$ verschieden sind und von denen C in von x verschiedenen Punkten gestützt wird. Angenommen, es sei $w \geq 4$. Dann gibt es unter den $w - 1 \geq 3$ durch x gehenden StützOCh zwei, etwa S', S'' und dazu eine Umgebung U von x auf C derart, daß $U - \{x\}$ in einem von S' und S'' begrenzten offenen Dieder D liegt und daß die übrigen $w - 3 \geq 1$ StützOCh S an $C - \{x\}$ mit $x \in S$, abgesehen von x im offenen Kern des Komplementes D'

von D liegen. Daher ist $(C - \{x\}) \frown S \neq \emptyset$; es enthält also S' oder S'' einen Schnittpunkt x' mit $C - \{x\}$, also x, x' und außerdem einen Stützpunkt. Somit ist POW $(C \frown \tilde{S}) \geq 4$ für gewisse zu S' oder zu S'' benachbarte OCh $\tilde{S}$. Widerspruch mit POW $(C; \mathfrak{k}) = 3$.

Für die Kurven 3. Ordnung *mit* Doppelpunkt gilt die gleiche Kennzeichnung, nämlich der

2. Satz. *Voraussetzung. Es sei C eine (von $\mathfrak{k}$-Strecken freie) Kurve, welche an Punktsingularitäten enthält: Genau einen zweifachen Punkt und im übrigen nur Wendepunkte, und zwar mindestens einen.*

Behauptung. Folgende beiden Aussagen (a), (b) sind gleichwertig: (a). Es ist POW $(C; \mathfrak{k}) = 3$ und keine Wendetangente von C trägt Stützpunkte mit C. — (b). Es besitzt C keine Tangentensingularitäten.

Zusatz. Jede (a) oder (b) sowie der Voraussetzung genügende Kurve besitzt genau einen Wendepunkt.

Anmerkung. Es gibt C mit POW $(C; \mathfrak{k}) = 3$ sowie mit genau einem Wende- und Doppelpunkt, deren Wendetangente einen Stützpunkt mit C enthält.

Einen, auch für topologisch ebene projektive Ebenen gültigen Beweis hat Kivikoski [4] gegeben; bei diesem wird eine wesentlich weitergehende Analyse der durch $x \to C \frown T(x)$ induzierten Korrespondenz auf C erforderlich.

3.8.5.1. Mit Hilfe des Dualitätsprinzips lassen sich unter anderem die beiden Sätze in Abschn. 3.8.5. fast unmittelbar aus früheren Sätzen gewinnen. Dazu dient die

Bemerkung. Eine (Durchlaufungs-) Kurve C, welche nur Punktsingularitäten besitzt — und zwar nur endlich viele Wende- und mehrfache Stellen bzw. Punkte —, ist vom Maximal- (Stellen-) Index, d. h., die Differenz der größten und kleinsten Anzahl der Schnittstellen mit einer OCh ist gleich Zwei.

Beweis. Aus dem Fehlen von Tangentensingularitäten schließt man (analog wie in Abschn. 3.8.1., Hilfssatz 3, und unter Benutzung der in Abschn. 3.6.1. eingeführten Bezeichnungen): Ist τ eine Stelle von C mit konvexer Umgebung auf C und $T(\tau)$ eine Tangente in τ an C, so enthält $C \frown T(\tau)$ außer der Stützstelle τ nur Schnittstellen. Ferner ist die Anzahl der Stellen von $C \frown T(\tau)$ für alle τ die gleiche. Man kann nun jede OCh M, für die $C \frown M$ nur Schnittstellen enthält, stetig so abändern, daß genau zwei Schnittstellen zusammenrücken oder daß genau eine Stützstelle gewonnen wird, daß also M in ein $T(\tau)$ übergeht, wobei im übrigen Stellen weder gewonnen noch verloren werden. Für jedes M, für das $C \frown M$ nur Schnittstellen besitzt, ist daher die Anzahl der Stellen in $C \frown M$ um höchstens 1 kleiner oder größer als die für $C \frown T(\tau)$; ist die letztere gleich $n - 1$ gesetzt, so ist also n bzw. $n - 2$ das Maximum bzw. Minimum der Schnittstellen in einem $C \frown M$, w. z. z. w.

Folgerung. Zugrunde gelegt wird die gewöhnliche projektive Ebene E und das System $\mathfrak{k}$ der Geraden in E.

Es sei C eine (Durchlaufungs-) Kurve in E ohne Teilstrecken und mit überall stetiger (eindeutiger) Tangente. C' sei die zu C duale Kurve (Teilstrecken bzw. nicht-differenzierbaren Punkten von C würden nicht-differenzierbare Punkte bzw. Teilstrecken von C' entsprechen). Es besitze C keine mehrfachen Tangenten, also C' keine mehrfachen Punkte. Es sei d die Anzahl der mehrfachen Punkte von C, wobei jeder solche Punkt in d entsprechend seiner Vielfachheit gezählt wird. Dann ist d die Anzahl der mehrfachen (entsprechend gezählten) Tangenten von C'. Besitzt C an singulären Punkten, außer den mehrfachen, nur Wendepunkte und keine mehrfache Tangente, so ist C vom Maximalindex (gemäß der vorstehenden Bemerkung) und C' vom Maximalklassenindex (im Sinne von Abschn. 3.6.1.5.). Daher gelten (gemäß Abschn. 3.6.5.1.) die Formeln $d + w = \binom{k-1}{2} - g$ und $2g = s - k + 2$; dabei bezeichnen: g das Geschlecht von C' (da C' keine mehrfachen Punkte besitzt und einzügig ist, gilt $g = 0$ oder $g = 1$); ferner w die Anzahl der Wendetangenten von C' (da Spitzen von C und Wendetangenten von C' einander dual entsprechen und da C spitzenfrei ist, gilt $w = 0$); s die Anzahl der Spitzen von C', also s die Anzahl der Wendepunkte von C, wobei hier $s \geq 1$ sein soll; schließlich ist k die Klasse von C', also k der POW $(C; \mathfrak{k})$.

Ist nun $d = 0$ (d. h. C einfache Kurve), so muß $g = 1$ sein, weil andernfalls $s = 0$ resultiert; für $g = 1$ ergibt sich aber $k = 3$, $s = 3$, und dies ist gleichbedeutend mit Abschn. 3.8.5., Satz 1, Behauptung: Aus (b) folgt (a). — Ebenso ist bei $d = 1$ jedenfalls $g = 0$ (weil $g = 1$ zur Gleichung $(k - 1)(k - 2) = 4$ führt, die für kein $k > 0$ erfüllbar ist); dann ergibt sich aber $k = 3$, $s = 1$, also Abschn. 3.8.5., Satz 2., Behauptung: Aus (b) folgt (a). Damit hat man — bei Gültigkeit des Dualitätsprinzips — *die beiden Kennzeichnungen der Kurven 3. Ordnung* aus Abschn. 3.8.5. (Satz 1 und 2) *mit Hilfe von* Abschn. 3.6.5.1. *bewiesen.*

Zugleich enthält die vorstehende Diskussion *die beiden, zu* Abschnitt 3.8.5. *dualen*

Sätze. *Es sei C' eine (streckenfreie, stetig differenzierbare) einfache Kurve; ferner besitze C' als Tangentensingularitäten nur Dornspitzen bzw. außerdem genau eine mehrfache, und zwar genau zweifache Tangente. Dann besitzt C' die Klasse 3 und genau 3 Dornspitzen bzw. genau eine.*

Durch ähnliche Betrachtungen erhält man beispielsweise (aus den obigen beiden Formeln): Für $w = 0$, $d = 2$ ist $g = 1$, $k = 4 = s$; oder: Für $w = 0$, $d = 3$ ist $g = 0$, $k = 4$, $s = 2$, d. h.,

Besitzt eine Kurve C genau zwei bzw. genau drei je zweifache Punkte sowie an singulären Stellen nur Wendestellen, hingegen keine Tangenten-

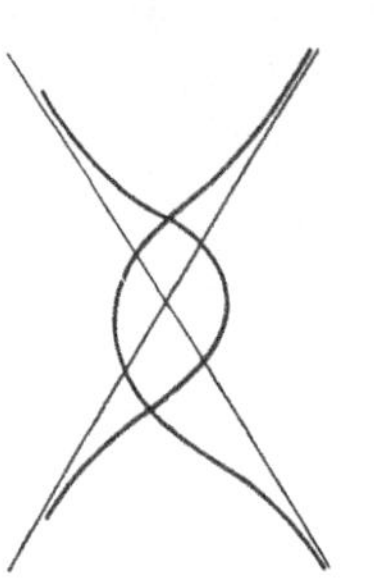

Fig. 18

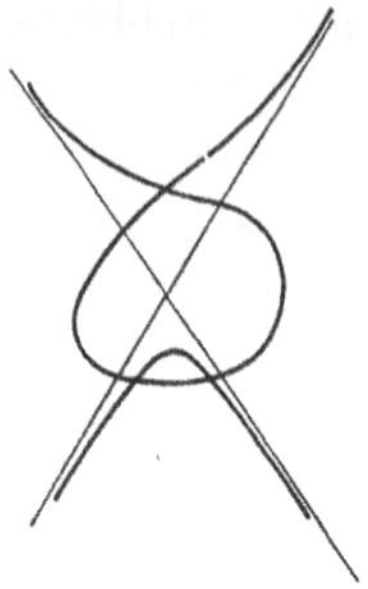

Fig. 19

singularitäten, so ist C vom Maximalindex, besitzt den POW $(C; \mathfrak{k}) = 4$ und 4 bzw. 2 Wendestellen (vgl. Fig. 18, 19).

3.8.6. Beschränkte Kurven ohne Dorne und Schnäbel

Die im folgenden, in einer $(E, \mathfrak{k})$-Geometrie betrachteten Kurven genügen der

Voraussetzung. Die (Durchlaufungs-) Kurve C ist $\mathfrak{k}$-beschränkt, enthält keine $\mathfrak{k}$-Strecken und besitzt stetige Tangente (letztere Annahme wird nur der Einfachheit wegen gemacht). Ferner besitzt C nur endlich viele $\mathfrak{k}$-singuläre Punkte, die (soweit vorhanden) sämtlich Wendepunkte sind. Außerdem besitzt C nur (endlich viele) mehrfache Punkte und Tangenten, die je genau zweifach sind; keine Doppeltangente ist Tangente in einem Doppel- oder Wendepunkt.

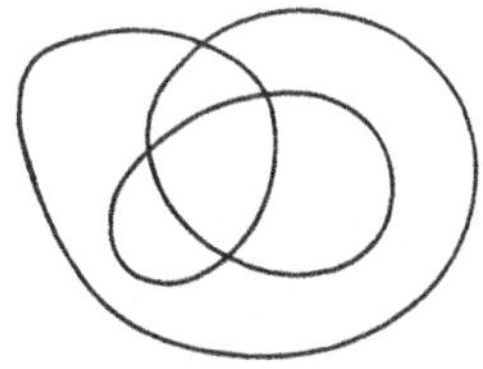

Fig. 20

Je nach Bedarf deuten wir C als Menge der Kurvenstellen $\tau = (t, x(t))$ oder als Menge der Träger $Tr(\tau)$ ihrer Stellen und sprechen demgemäß von Stellen oder Punkten; Mißverständnisse entstehen dadurch nicht.

3.8.6.1. Wir betrachten zunächst „Spiralen mit Doppelpunkten"; *wir setzen* nämlich — genauer — *voraus: Neben den Annahmen in* Abschnitt 3.8.6. soll noch erfüllt sein die Bedingung: Es *sei C lokal* $\mathfrak{k}$*-konvex und vom Klassenindex Null* (vgl. Fig. 20).

(α). Da der Klassenindex Null ist, existiert genau ein $\mathfrak{k}$-konvexes, in der $\mathfrak{k}$-konvexen Hülle H von C enthaltenes, zu C fremdes Gebiet J, das begrenzt wird durch eine Vereinigung von (endlich vielen) Teilbogen von C. Ist $T(\tau)$ die Tangente an C in τ, so liegt J auf der gleichen abgeschlossenen Seite von $T(\tau)$ wie eine Umgebung von τ auf C, „Seite" bezogen auf ein E_0 mit $C \subset E_0$. Ist also D Doppeltangente an C mit den

Berührstellen τ', τ'', so liegen Umgebungen U' von τ' und U'' von τ'' auf C auf der gleichen Seite von D (wie J).

(β). Wir fixieren einen Durchlaufungssinn von C als positiv und orientieren die Tangente $T(\tau)$ an der Stelle τ entsprechend der Richtung der durch die Orientierung von C bestimmten hinteren Halbtangente $Th_h(\tau)$ an C in τ (bezüglich E_0).

1. Satz. *Punktordnungswert und Klasse von C sind gleich* (Voraussetzung Abschn. 3.8.6. und 3.8.6.1.).

Beweis. (Die Beweise sind nicht in alle Einzelheiten ausgeführt.) Es sei r die Klasse von C. Die Klasse von J (vgl. Abschn. 3.6.1.4.) ist Null, die von $\complement H \subset E_0$ ist r. Ist $y \in J$, so gibt es $K \in \mathfrak{k}$ mit $y \in K$ und mit lauter Schnittpunkten in $C \cap K$, unter denen keine mehrfachen Punkte von C sind. Es sei $z \in K \cap \complement H$ und $Kh(y; z)$ die HalbOCh durch z mit y als Anfangspunkt. Bewegt sich u auf $Kh(y; z)$ von y gegen z, so wird (wegen (α)) in jedem Punkt von $C \cap K$ ein Teilbogen von C von der konkaven auf die konvexe Seite hin überschritten; da hierbei die Klasse von u um je zwei zunimmt (vgl. auch Abschn. 3.6.1.4.), ist POW $(C \cap Kh(y; z)) = r' = 2^{-1}r$. Da dies für jedes $z \in K \cap \complement H$ gilt, folgt POW $(C \cap K) = r$. Andererseits ist $r = \text{Max}(\text{POW}\,(C \cap K'); K' \in \mathfrak{k}) = \text{POW}\,(C; \mathfrak{k})$. Ist nämlich $K' \cap J = \emptyset$ und $K' \cap H \neq \emptyset$ für ein $K' \in \mathfrak{k}$, so folgt aus (α); man kann K' ohne Verluste von Punkten (Stellen) aus $C \cap K'$ in eine StützOCh an C überführen und dann mindestens 2 Punkte (Stellen) hinzugewinnen; für ein K' mit $K' \cap J = \emptyset$ liegt also niemals eine Maximalsekante an C vor. Damit ist der 1. Satz bewiesen.

Den weiteren Betrachtungen ist folgendes vorauszuschicken: Durchläuft τ die Kurve C — im positiven Sinne — genau einmal, so wird jeder Doppelpunkt und von $T(\tau)$ jede Doppeltangente genau zweimal überschritten, ferner jedes $z \in \complement H$ genau r-mal von $T(\tau)$ und genau r'-mal von $Th_h(\tau)$. Es kann daher r' als *Rotation* von C (um J) bezeichnet werden.

Ist $t = t(\tau') = t(\tau'')$ zweifacher Punkt von C, ist ferner U' bzw. U'' eine Umgebung der Stelle τ' bzw. τ'' auf C, liegt schließlich τ' auf C vor τ'', so wird t von $t(\tau)$ zuerst in U' und dann in U'' überschritten. Da U' und U'' dem J im Sinne von (α) ihre „konkave Seite zuwenden", wird dabei U'' durch $t(\tau)$ von der konkaven zur konvexen Seite hin bzw. umgekehrt überschritten, wenn U' durch $t(\tau)$ in τ'' von der konvexen zur konkaven Seite hin bzw. umgekehrt überschritten wird; je nachdem heiße $t = t(\tau') = t(\tau'')$ ein *positiver* bzw. *negativer* Doppelpunkt. Bei positivem bzw. negativem t erhöht bzw. erniedrigt sich die Klasse von $t(\tau)$ um zwei, wenn τ durch τ' geht; und umgekehrt beim Passieren von τ''. Und nur in Doppelpunkten kann sich die Klasse von $t(\tau)$ ändern. Dual dazu sei $D = T(\tau') = T(\tau'')$ eine Doppeltangente

($\tau' \neq \tau''$), wobei τ' wieder vor τ'' liegen möge. Gemäß (β) stimmen die Orientierungen von $T(\tau')$ und $T(\tau'')$ überein. Werden beim Durchgang von τ durch τ' zwei Punkte aus $C \cap T(\tau)$ verloren bzw. gewonnen, so beim Durchgang von τ durch τ'' zwei gewonnen bzw. verloren; je nachdem heiße D *negativ* bzw. *positiv*.

2. Satz. *Ist $p' = p'(C)$ bzw. $g' = g'(C)$ die Anzahl der positiven Doppelpunkte bzw. Doppeltangenten von C und entsprechend p'' bzw. g'' die der negativen, so gilt $p' = g'$, $p'' = g''$ sowie $p' - p'' = g' - g'' = r' - 1$, wobei $r' = 2^{-1} r$.*

Anmerkung. Der Satz gilt bei jeder Orientierung von C.

Beweis (1). Zunächst wird $p' - p'' = g' - g'' = r' - 1$ gezeigt. Dazu sei $t(\alpha) \in H_g$, $t(\beta) \in J_g$ und $B = C(\alpha|\beta)$ der positiv orientierte Teilbogen von C mit $t(\alpha)$ als Anfangspunkt; weder $t(\alpha)$ noch $t(\beta)$ seien Träger von Doppelpunkten und weder $T(\alpha)$ noch $T(\beta)$ Doppeltangenten. Entsprechend sei $B' = C(\beta|\alpha) = C - C(\alpha|\beta)$ gesetzt.

Unter den Doppelpunkten $t(\tau') = t(\tau'')$ mit $\tau', \tau'' \in \underline{B}$ (und τ' vor τ'') ist die Anzahl der positiven gleich der Anzahl der negativen. In der Tat: Es möge τ auf B von α nach β wandern. Wir betrachten den variablen Teilbogen $B(\tau) = C(\alpha|\tau)$ von B. Die Anzahl $z(\tau)$ der Tangenten, die aus $t(\tau)$ an $B(\tau)$ gehen, kann sich höchstens dann ändern, wenn τ bzw. $t(\tau)$ einen Doppelpunkt überschreitet (denn die Tangente an B in α ist fremd zu $\underline{B}(\tau)$); und zwar ändert sich $z(\tau)$ jeweils nur beim zweiten Überschreiten des betreffenden Doppelpunktes, wobei dann $z(\tau)$ sich um $+2$ bzw. -2 ändert je nachdem B von der konkaven zur konvexen Seite überschritten wird bzw. umgekehrt. Da nur die Doppelpunkte $t = t(\tau') = t(\tau'')$ mit $\tau', \tau'' \in \underline{B}$ zweimal überschritten werden, da der Doppelpunkt positiv oder negativ ist, je nachdem $z(\tau)$ sich um -2 oder $+2$ ändert, und da schließlich $z(\alpha) = z(\beta) = 0$ (gemäß der Wahl von α, β), ist die Summe der Änderungen von $z(\tau)$ längs B gleich Null, also die Anzahl der positiven gleich der der negativen Doppelpunkte mit $\tau', \tau'' \subset \underline{B}$. — Gleiches gilt für die Doppelpunkte mit $\tau', \tau'' \in \underline{B}'$. — Für die noch übrigen Doppelpunkte ist $\tau' \in \underline{B}$ und $\tau'' \in \underline{B}'$, wenn τ' vor τ''. Da jeder von ihnen beim Durchlaufen von B nur einmal überschritten wird, ist die doppelte Differenz der Anzahl der positiven und negativen unter ihnen gleich der Differenz der Anzahl $z'(\alpha)$ bzw. $z'(\beta)$ der Tangenten aus $t(\alpha)$ an $C - \{t(\alpha)\}$ bzw. aus $t(\beta)$ an $C - \{t(\beta)\}$. Wegen $z'(\alpha) - z(\beta) = r - 2$ (vgl. Beweis von Satz 1) folgt jetzt $p' - p'' = r' - 1 = 2^{-1}(r - 2)$. Dabei ist benutzt, daß die Doppelpunkte mit $\tau', \tau'' \in \underline{B}$ keinen Beitrag zu $z'(\alpha) - z'(\beta)$ liefern, ebensowenig natürlich die mit $\tau', \tau'' \in \underline{B}'$.

(2). Betr. $p' = g'$, $p'' = g''$. Wir bemerken zunächst: Ist $D = T(\tau') = T(\tau'')$ Doppeltangente mit den Berührstellen τ', τ'', so können beim Durchgang von τ durch τ' oder τ'' Punkte (Stellen) in $C \cap T(\tau)$ nur auf $Th_h(\tau)$ gewonnen und nur auf $Th_v(\tau)$ verloren werden. (Folgt aus (α). Es soll sich τ bzw. $t(\tau)$ auf C stets im positiven Sinne bewegen.) Werden nun zwei Stellen σ, σ' gewonnen, so bewegt sich die eine, etwa σ, im negativen Sinne, d. h. entgegen dem sich (im) positiv(en Sinne) bewegenden τ. Es gilt nun: Ein σ bzw. $t(\sigma)$, welches sich auf C negativ bewegt und in $(C - \{t(\tau)\}) \frown Th_h(\tau)$ liegt, verschwindet aus $Th_h(\tau)$ (und tritt unter Wechsel seiner Bewegungsrichtung auf $Th_v(\tau)$ über) genau dann, wenn $t(\tau)$ einen Doppelpunkt und in diesem C von der konvexen zur konkaven Seite hin überschreitet; wir sprechen dann kurz von konvexer Überschreitung. — In der Tat: Es kann σ nicht mit τ zusammenrücken und verloren kann es nur auf $Th_v(\tau)$ werden. Somit bleibt nur — wenn σ aus $Th_h(\tau)$ verschwinden soll — die Möglichkeit, daß $t(\tau) = t(\sigma)$ wird. Und da σ sich negativ bewegt (bis $t(\tau) = t(\sigma)$ wird), muß die Überschreitung von τ eine konvexe sein. Umgekehrt: Bei jeder konvexen Überschreitung eines Doppelpunktes tritt ein sich negativ bewegendes σ mit $t(\sigma) \in C \frown Th_h(\tau)$ auf, welches von $Th_h(\tau)$ auf $Th_v(\tau)$ überwechselt und seine Bewegungsrichtung auf C ändert. Durchläuft nun τ den Bogen B, so finden ebenso viele Gewinne von Punkten auf Doppeltangenten statt als konvexe Überschreitungen von Doppelpunkten. Denn $(C - \{t(\tau)\}) \frown Th_h(\tau) = F(\tau)$ hat folgende Eigenschaft: Es ist $F(\alpha) = \emptyset$, so daß in C negativ sich bewegende $t(\sigma)$ auf $Th_h(\tau)$ nur durch Gewinne auf Doppeltangenten erhalten werden; und andererseits enthält $F(\beta)$ nur Punkte, die sich auf C mit τ positiv bewegen, so daß also alle negativ sich bewegenden σ eliminiert sind.

(2.1). Wir betrachten zunächst nur solche $D = T(\tau') = T(\tau'')$ mit $\tau', \tau'' \in \underline{B}$. Wird B von τ durchlaufen, so liefert jedes solche D, weil zweimal durchlaufen, genau einen Gewinn von negativ sich bewegenden σ; die gleich vielen diesen Gewinnen entsprechenden konvexen Überschreitungen von Doppelpunkten $t = t(\varrho') = t(\varrho'')$ gehören aber zum Fall $\varrho', \varrho'' \in \underline{B}$ und bei jedem solchen wird ein σ eliminiert. Daher gilt (in leicht verständlicher Abkürzung) $p'(B) + p''(B) = g'(B) + g''(B)$. Da aber $p'(B) = p''(B)$ und $g'(B) = g''(B)$ (gemäß (1)) ist, folgt $p'(B) = g'(B) = p''(B) = g''(B)$. — Ebenso schließt man für τ', τ'', ϱ', $\varrho'' \in \underline{B}'$. — Im letzten Fall, nämlich τ', $\varrho' \in \underline{B}$ und τ'', $\varrho'' \in \underline{B}'$, passiert τ bei Durchlaufung von B jedes der hier betrachteten D und t genau einmal. Dabei geben nur positive t Anlaß zu einer konvexen Überschreitung und nur positive D Anlaß zu Gewinnen. Wegen $p'(B) = g'(B)$ folgt, daß gleichviel positive D und t (mit τ', $\varrho' \in \underline{B}$ und τ'', $\varrho'' \in \underline{B}'$) existieren. Daß dies auch für die negativen D und t gilt, ergibt sich aus $p' - g' = p'' - g''$.

Folgerung. Eine $\mathfrak{k}$-beschränkte lokal $\mathfrak{k}$-konvexe Kurve C vom Klassenindex Null und von der Rotation r' besitzt mindestens $r' - 1$ Doppelpunkte bzw. Doppeltangenten. Von den d Doppelpunkten von

C sind mindestens $2^{-1}(d + r' - 1)$ positiv. Im Falle $d = r' - 1 > 0$ ist C Vereinigung einer einfachen Spirale mit einem Konvexbogen.

3.8.6.2. Wir beschränken uns jetzt auf die Voraussetzung in Abschnitt 3.8.6., lassen also auch Wendepunkte zu. Eine Doppeltangente $D = T(\tau') = T(\tau'')$ an C heiße *äußere* bzw. *innere*, wenn Umgebungen U' von τ' bzw. U'' von τ'' auf C existieren, die auf der gleichen bzw. nicht auf der gleichen Seite von D liegen. Ist wieder C orientiert (vgl. Abschnitt 3.8.6.1., (β)), so unterscheiden wir bei den äußeren bzw. inneren D die Fälle A_j bzw. E_j, $j = 1, 2, 3$, wobei für $j = 1$ die $Th_h(\tau')$ und $Th_h(\tau'')$ gleich, für $j = 2, 3$ aber entgegengesetzt gerichtet sind, und zwar sollen sie für $j = 2$ nicht fremd, für $j = 3$ aber fremd sein. Es gilt nun der

Satz. *Ist a bzw. i die Anzahl der äußeren bzw. inneren Doppeltangenten von C, ferner d bzw. w die Anzahl der Doppel- bzw. Wendepunkte, so gilt* $a - i = d + 2^{-1}w$ (Voraussetzung wie in Abschn. 3.8.6.).

Beweis. Wird C von τ (im positiven Sinne) durchlaufen, so ändert sich die Zahl der (Schnitt-) Punkte von $F(\tau) = C \cap (Th_h(\tau) - \{t(\tau)\})$ genau dann, wenn $t(\tau)$ in einen Wende- oder in einen Doppelpunkt oder in einen der beiden Stützpunkte $s'(D)$, $s''(D)$ einer Doppeltangente D rückt. Des Näheren gilt: Es werden verloren: je 1 Punkt: in einem Wende- und Doppelpunkt; sowie je 2 Punkte: im Falle E_1 in einem der $s'(D)$, $s''(D)$ und im Falle E_2 in beiden. Es werden gewonnen: je 2 Punkte: Im Fall A_1 in einem der $s'(D)$, $s''(D)$ und im Falle A_2 in beiden. Ist nun a_j bzw. e_j die Anzahl der Fälle A_j bzw. E_j, die in C auftreten, so ist die Summe der Verluste bzw. Gewinne in $F(\tau)$ längs C gleich $w + 2d + 2e_1 + 4e_2$ bzw. $2a_1 + 4a_2$. Da Verluste und Gewinne bei einer vollständigen Durchlaufung von C durch τ sich aufheben, folgt $w + 2d + 2e_1 + 4e_2 = 2a_1 + 4a_2$. Die entsprechende Überlegung für $Th_v(t)$ liefert $w + 2d + 2e_1 + 4e_3 = 2a_1 + 4a_3$. Daraus folgt die Behauptung.

Beispiel. Besitzt C mindestens eine Doppeltangente und ist POW $(C; \mathfrak{k}) = 4$, so gilt $i = 0$ und daher $a = d + 2^{-1}w$.

Ergänzende Hinweise zum Text des Abschnitts I.3

Zu Abschn. **3.1.1.** Wie wir hinterher bemerkten, legt Locher-Ernst [*1*] ein dem unsrigen gleichwertiges Axiomensystem zugrunde; er bemerkt übrigens auch, daß (in unserer Bezeichnung) aus der Existenz der $E_0(K; \pm)$ die Gültigkeit des Axioms von Pasch folgt. Locher-Ernst betrachtet ausschließlich Kurven (Bogen), die im Sinne von Rosenthal [*1*] dualisierbar sind; daher treten Ecken und Dorne sowie Schnäbel — die nicht Spitzen sind — nicht auf, abgesehen vom Schluß seines Buches, in welchem von der „Auflösung von Doppelpunkten und Doppeltangenten" gehandelt wird. Bei Locher-Ernst sind alle Sätze dualisierbar.

Zu Abschn. **3.1.5.** (S. 57). (1). In den $(E, \mathfrak{k})$-Geometrien gilt auch der *Satz von Helly*. Dieser besagt, etwa für $E_0 = \mathbf{C}(K_0)$ formuliert: Hat ein System von

$\mathfrak{k}$-konvexen, abgeschlossenen Mengen in E_0 die Eigenschaft, daß die Durchschnitte von je dreien dieser Mengen nicht leer sind, so ist auch der Durchschnitt *aller* Mengen des Systems nicht leer. — Der Beweis kann wie bei HELLY [1] geführt werden. — (2). Als $\mathfrak{k}$-semikonvex oder als $\mathfrak{k}$-zusammenhängend sei jede (nicht leere, nicht notwendig $\mathfrak{k}$-beschränkte) Menge $S \subset E$ bezeichnet derart, daß mit $x, y \in S$ auch (mindestens) eine der beiden $\mathfrak{k}$-Strecken $K(x|y)$ und $K(y|x) = K - \underset{\sim}{K}(x|y)$ in S enthalten ist. Vermutlich lassen sich die diesbezüglichen Sätze von DE GROOT-DE VRIES [1] sowie von MARCHAUD [21] auf den Fall der $\mathfrak{k}$-Geometrien ausdehnen.

Zu Abschn. **3.1.5.3.** (S. 60). Betr. Satz 1. Dieser Satz, zusammen mit der Eigenschaft konvexer Bogen B, daß $\underset{\sim}{B}$ nicht mehr als *eine* (Stütz-) Strecke mit einer OCh gemeinsam hat (vgl. den Hilfssatz S. 60), läßt sich für OCh-Systeme $\mathfrak{k}$ mit $k \geq 3$ (vgl. Abschn. 1.1.1.) folgendermaßen verallgemeinern (vgl. H. [42]): Es sei $C \subset \underset{\sim}{G}$ ein Kontinuum mit schwPOW$(C; \mathfrak{k}) = k$. Für eine OCh K' sei KOW $\cdot$ $\cdot (C \cap K') = k$. Dann besitzt $C \cap K'$ keine inneren Stützkomponenten und mehrpunktige Komponenten höchstens dann, wenn die k Komponenten von $C \cap K'$ sämtlich nichtinnere Stützkomponenten sind (Betr. (nicht-) innere Stützkomponenten vgl. Abschn. 1.4.3.). Analog für den P_n mit den Hyperebenen als OCh.

Zu Abschn. **3.2.** (1). Die Klassifikation der Kurven vom POW 3 in der gewöhnlichen projektiven Ebene P_2 ist von C. JUEL [9] gegeben worden; JUEL betrachtet Kurven, von denen stückweise Konvexität und überall (vorhandene) stetige Tangente gefordert werden. Ohne alle diese Vor. hat MARCHAUD in [2] (unter anderem) die Kontinua, und damit neben den Kurven auch die Bogen, vom POW 3 in P_2 klassifiziert. Die MARCHAUDschen Resultate gelten auch in topologisch projektiven Ebenen (vgl. Abschn. 3.2.) Daß jeder Bogen (und jede Kurve) vom POW 3 in P_2 stückweise konvex ist, wurde in H. [2] gezeigt (vorher in Math. Ann. 92). — (2). Die Beweise von JUEL [9] stützen sich wesentlich auf die eineindeutige Abbildung (Korrespondenz) einer Kurve C vom POW 3 auf sich, bei welcher jedem Punkt $x \in C$ der Schnittpunkt von C mit der Tangente in x an C zugeordnet wird (vgl. dazu für den P_n die Arbeiten von SCHERK, S. 396ff.). Demgegenüber wird in Abschn. 3.2. meist von der mit dem Monotoniesatz verknüpften Korrespondenz (nach MUKHOPADHYAYA) Gebrauch gemacht, bei welcher man nicht auf Differenzierbarkeitseigenschaften des Bogens (der Kurve) zurückzugreifen braucht (vgl. auch (4)). — (3). Auch bei der Untersuchung der Kurven C vom POW ≥ 4 in P_2 verwendet JUEL (vgl. [9], § 4) sein Korrespondenzprinzip; es lautet allgemein formuliert: Auf einer (einfachen) Kurve C sei eine stetige Korrespondenz (m, n) gegeben, bei der jedem Punkt von C, je nachdem er als ein „Punkt M" bzw. „Punkt N" betrachtet wird, m bzw. n verschiedene Punkte (von C) entsprechen. Dabei soll einer lokal monotonen Bewegung von M bzw. N eine lokal monotone Bewegung der zugehörigen Punkte N bzw. M entsprechen. Sind diese einander entsprechenden Bewegungen eines Punktes M und eines zugehörigen Punktes N auf C gegensinnig in einer Umgebung von M, so gibt es $m + n$ Punkte auf C, in welchen ein M mit einem zugehörigen N zusammenfällt. — Vgl. eine Anwendung beim Beweis des „STAUDTschen Satzes" (vgl. zu Abschn. 3.6.5.2.). Weitere Anwendungen des JUELschen Korrespondenzprinzips sind bei NAGY [27], S. 108ff., angegeben. — (4). Ist $C = C_3$ eine differenzierbare Kurve in einer topologisch projektiven Ebene vom POW 3 ohne Doppelpunkt, so entspricht je zwei Punkten $x, y \in C$ eindeutig ein mit ihnen kollineares $z \in C$ (für $x = y$ liegt z auf der Tangente an C in $y = x$). Es handelt sich also um eine eindeutige stetige Abbildung f von $C \times C$ in C. Dies verallgemeinernd betrachtet VALETTE [1] einen topologischen Raum X und eine eindeutige stetige Abbildung f von $X \times X$ in X mit den folgenden Eigenschaften: $f(x, y) = f(y, x)$ sowie $f(f(x, y), x) = y$. Wählt man speziell X als die reelle Zahlgerade R bzw. als die Kreisperipherie T, so ergibt sich die Existenz genau eines bzw. genau dreier „Wendepunkte". Auch zeigt Valette, daß sich — kurz gesagt — jedes (R, f) bzw. (T, f) als eine „offene" bzw. geschlossene (notwendig differenzierbare) Kurve C_3 in einer topologisch affinen bzw. projektiven Ebene vom POW 3 realisieren läßt. — In diesem Zusammenhang ist auf Untersuchungen ähnlicher Art von Linsman [*5, 7*] über Involutionen auf Bogen und Kurven hinzuweisen. Man vgl. ferner das Referat über W. Pohl [1] in III 2 (b),

Zu Abschn. **3.2.5.6.** Auch alle nicht beschränkten Bogen 3. Ordnung *mit Verzweigungspunkt* lassen sich bestimmen.

Zu Abschn. **3.2.7.** Für Kurven C mit dem (nächsthöheren) POW 4 liegen (für den Fall der gewöhnlichen projektiven Ebene) Untersuchungen vor allem von Juel [*9, 10, 15*] und Nagy vor (vgl. dazu Nagy [*27*], S. 106—108). Die Resultate dürften auch für topologische projektive Ebenen gelten. Betr. lokaler Eigenschaften solcher Kurven vgl. auch Abschn. 3.4.2., Satz 6, und Zusatz.

Zu Abschn. **3.2.8.** (1). Die „Abrundung" in Abschn. 3.2.8.1. bei Juel [*9*]. — (2). Zu Abschn. 3.2.8.3. vgl. H. [*11*]. — (3) Zu Abschn. 3.2.8.4. vgl. H. [*13*]. — (4). Ebenso könnte man die ordnungsfeste Approximierbarkeit durch Polygone beweisen, wobei allerdings (für die Polygone) der schwPOW in Betracht zu ziehen ist. — (5). Abrundungen im Falle der Kreise als OCh in Sitz.-Ber. phys.-med. Soz. Erlangen *72* (1940/41).

Zu Abschn. **3.3.** Satz 1. und 2. schon bei Rosenthal [*1*] (für den Fall der gewöhnlichen projektiven Ebene).

Zu Abschn. **3.4.2.** Für den Fall der gewöhnlichen projektiven Ebene wurde der 1. Satz unter der Vor., daß B in jedem Punkte eine (einzige) Tangente besitzt, zuerst bewiesen von Hjelmslev ([*3*], Théorème 25). Allgemeiner Fall bei H. [*3*], auch H. [*16*] (a), § 6. — Zu Abschn. **3.4.3.** vgl. H. [*1*].

Zu Abschn. **3.5.** Anmerkung vor dem 1. Satz. Für die Bestimmung des *Index* im Sinne des Textes werden also nicht, wie in den klassischen Arbeiten üblich, alle Geraden herangezogen, sondern nur solche Geraden, welche keine Stützkomponenten oder Endpunkte enthalten. Vgl. die Ausführungen bei Nagy [*27*], S. 114, § 9. Vgl. dazu H. [*12*], wo auch Bedingungen diskutiert werden dafür, daß ein Bogen vom Maximalindex stückweise konvex ist. — Der 1. Satz gilt auch für Bogen und Kurven mit mehrfachen Punkten (vgl. H. [*12*]).

Für den Fall von OCh-Systemen $\mathfrak{k}$ mit $k \geq 3$ scheint der Index neben der Ordnung noch nicht betrachtet worden zu sein.

Zu Abschn. **3.6.** Der Abschn. 3.6. gibt (verallgemeinert für topologisch projektive Ebenen) Arbeiten von Nagy wieder (vgl. Nagy [*2* bis *4*, *6* bis *12*]). Die Resultate des Abschn. 3.6.5. benutzen den Staudtschen Satz; damit verbundene Vorbehalte sind zu Abschn. 3.6.5.2. angegeben. — Durch Dualisierung erhält man im Falle der gewöhnlichen projektiven Ebene aus den Sätzen über Kurven vom Maximalklassenindex solche über Kurven vom Maximalindex. Betreffs weiterer Untersuchungen über Kurven vom Maximal- bzw. vom Maximalklassenindex kann auf den Bericht Nagy [*27*] verwiesen werden, wo auch die einschlägigen Arbeiten von Juel besprochen sind. Hinsichtlich der Definition des Index siehe zu Abschn. 3.5.

Zu Abschn. **3.6.1.2.** Nach Hjelmslev [*3*], Théorème 32, gilt (in der gewöhnlichen projektiven Ebene): Jeder einfache, keine Strecken, Ecken und Spitzen enthaltende Bogen B von höchstens endlicher Klasse besitzt überall eine stetige Tangente und ist von höchstens endlichem POW; daher (vgl. Abschn. 3.4.2., Satz 1.) ist B abgeschlossene Hülle einer Vereinigung von abzählbar vielen Konvexbogen.

Zu Abschn. **3.6.5.2.** *Betr. Staudtscher Satz.* Dieser Satz ist die duale und, unter zusätzlichen Voraussetzungen, verschärfte Fassung des Satzes von Staudt, daß die Zahl der Schnittpunkte zweier Kurven im P_2 gerade oder ungerade ist, je nachdem mindestens eine oder keine der Kurven von geradem POW (bei STAUDT „paar“) ist. Der in Rede stehende (duale) Satz von STAUDT lautet (vgl. NAGY [3]): Es seien C_m, C_n zwei einfache, fremde Kurven mit stetiger Tangente, ohne Wendepunkte und ohne Schnabelspitzen in P_2 (oder in einer topologisch projektiven Ebene) (das Fehlen von Schnabelspitzen besagt, daß die POW aller Kurvenpunkte ≤ 3 sind); dabei sei etwa C_m beschränkt. Gehen aus einem Punkt von C_m bzw. von C_n genau n bzw. m Tangenten an C_n bzw. an C_m, so besitzen C_m und C_n genau $m \cdot n$ gemeinsame Tangenten.

Wir skizzieren einen Beweis nach NAGY [3], dessen 2. Teil allerdings — mindestens für den Fall topologisch projektiver Ebenen — noch nicht vollständig erbracht ist, wenn auch, soweit wir sehen können, erbringbar sein dürfte. — (1). Zunächst sei angenommen: Es existiert eine ($\mathfrak{k}$-)konvexe Kurve C (mit stetiger Tangente) derart, daß C_m im Innern und C_n im Äußeren von C liegt. Dann gehen auch aus jedem Punkt von C an C_m bzw. an C_n genau n bzw. m Tangenten. Es sei M ein Punkt von C und $T(M, C_m)$ eine der m Tangenten aus M an C_m; ferner sei P der zweite Punkt, den C mit $T(M, C_m)$ gemeinsam hat. Es sei entsprechend N der zweite gemeinsame Punkt von C und einer $T(P, C_n)$. Ordnet man dem M das N zu, so wird dadurch auf C eine $(m\,n,\ m\,n)$-Korrespondenz erklärt; bei dieser ist für ein Paar (M, N) genau dann $M = N$, wenn $T(M, C_m) = T(P, C_n) = T$, wenn also T eine gemeinsame Tangente von C_m und C_n ist. Da jedes T genau zwei Punkte mit C gemeinsam hat, ist die Anzahl dieser gemeinsamen Tangenten T gleich der Hälfte der Paare koinzidierender M, N. Außerdem ist die Korrespondez lokal monoton und lokal gegenläufig. Nach dem JUELschen Korrespondenzprinzip (vgl. zu Abschn. 3.2., (3)) gibt es also $2m\,n$ Koinzidenzen $M = N$, d. h. $m\,n$ gemeinsame Tangenten von C_m und C_n. — (2) Es wäre noch zu zeigen, daß die in (1) geforderte Existenz von C keine Beschränkung der Allgemeinheit darstellt. Dies wäre mit folgendem gezeigt: (a) Es existiert eine stetige Schar von einfachen Kurven $C_m(t)$, $0 \leq t \leq 1$ derart, daß $C_m(0) = C_m$ ist, daß jedes $C_m(t)$, $0 \leq t \leq 1$, stetige Tangente, keine Wendepunkte und Schnabelspitzen, aber die gleiche Anzahl von Dornspitzen besitzt wie C_m; außerdem soll jedes $C_m(t)$ für $0 < t \leq 1$ im Innern von $C_m(0)$ liegen und zu $C_m(1)$, C_n soll ein Oval C der in (1) geforderten Beschaffenheit existieren. — (b) Die Anzahl der gemeinsamen Tangenten von $C_m(t)$ und C_n ist für jedes t die gleiche. — Die Anwendung des Staudtschen Satzes in Abschn. 3.6.5.2. ff. ist also erlaubt und es *sind die Ergebnisse dieser Nr. als bewiesen anzusehen nur dann, wenn für die Behauptung* (a) *und* (b) (*in* (2)) *Beweise vorliegen.*

Zu Abschn. **3.7.** Betr. die Sätze von MÖBIUS, vgl. MÖBIUS [*1*] sowie A. KNESER [*3*]. — Die im Text bewiesenen Sätze (vgl. Satz 3 und 4) sind leichte Verallgemeinerungen der ursprünglichen von MÖBIUS, insofern nämlich — abgesehen von der Zugrundelegung topologisch projektiver Ebenen und vom unwesentlichen Verzicht auf Differenzierbarkeitsforderungen — als Singularitäten auch Spiralzentren und damit Punkte von unendlichem POW zugelassen werden. Dadurch wird die Ersetzung des POW bei den Kurven durch den Index erforderlich (vgl H. [*39*]).

Zu Abschn. **3.8.** Betr. Abschn. 3.8.1. bis 3.8.2. vgl. A. KNESER [*3*].— Betr. Abschn. 3.8.3. vgl. die Angaben bei NAGY [*27*], S. 105, — Betr. Abschn. 3.8.4. und 3.8.5. vgl. KIVIKOSKI [*1, 4, 5*]. — Betr. Abschn. 3.8.5., Satz 1 auch NAGY [*10*]. — Betr. Abschn. 3.8.6. Sätze und Beweise nach FABRICIUS-BJERRE [*10*]. — Bemerkung. Gegenüber den zitierten Arbeiten wird im Text die Existenz und Stetigkeit der Tangente nicht gefordert und eine topologisch projektive Ebene zugrunde gelegt. Aus der lokalen Konvexität folgt (für abgeschlossene Bogen und für Kurven) die stückweise.

4. Systeme von Ordnungscharakteristiken in der Ebene mit einer Grundzahl $k \geq 2$

Nachdem in Abschn. 3.1.ff. der Fall $k = 2$ behandelt wurde, sollen jetzt Systeme von OCh mit beliebiger Grundzahl $k \geq 2$ betrachtet werden. Es handelt sich dabei um Fragen teils lokaler, teils globaler Art. Grundgebilde sind Bogen und Kurven. Dies bedeutet keine wesentliche Beschränkung der Allgemeinheit, da die Kontinua von höchstens endlichem Punktordnungswert abgeschlossene Hüllen von Bogensummen sind.

4.1. Untere und obere Schranken für die Anzahl der singulären Punkte von Bogen und Kurven

Da im gegenwärtigen Kapitel nur *Punkt*ordnungswerte in Betracht kommen, wird ohne die Gefahr von Mißverständnissen kurz von Ordnungswerten gesprochen und OW (statt POW) geschrieben.

4.1.1. Reguläre und singuläre Punkte im weiteren Sinne

Es sei $\mathfrak{k} = (\mathfrak{k}; k)$ ein System von OCh (mit der Grundzahl k), welches den Axiomen in Abschn. 1.1.1. und Abschn. 2.4. genügt. Es sei $B \subset \underline{G}$ Bogen (oder Kurve). Der OW eines Punktes $x \in B$, in Zeichen OW $(x; B; \mathfrak{k})$, ist entsprechend des Abschn. 1.6. so zu erklären: Ist U eine Umgebung von x auf B, so ist $f(U) =$ OW $(U; \mathfrak{k})$ monoton (d. h. $f(U') \leq f(U'')$ für $U' \subset U''$). Daher existiert OW $(x; B; \mathfrak{k}) = \inf(f(U); U)$; und zwar wird OW $(x; B; \mathfrak{k})$ als unendlich, als endlich, als höchstens endlich, als beschränkt bezeichnet, je nachdem $f(U) = \infty$ für jede Umgebung U bzw. $f(U)$ endlich oder höchstens endlich für jedes U bzw. beschränkt für mindestens ein U ist. (Bei der Bestimmung von OW $(U; \mathfrak{k})$ werden etwa vorhandene Grundpunkte von $\mathfrak{k}$ nicht mitgezählt; es kann aber x evtl. selbst Grundpunkt sein.) Es heißt B *global* bzw. *lokal* ($\mathfrak{k}$)-ordnungshomogen (vgl. Abschn. 1.6.), wenn jeder Teilbogen bzw. jeder Punkt von B den gleichen OW besitzt.

4.1.1.1. Eine für das folgende bequeme Modifikation der in Abschnitt 1.6. eingeführten Begriffe regulär, singulär ist diese: Der Punkt $y \in B$ wird als *$\mathfrak{k}$-regulär im weiteren Sinne* (i. w. S.) bzw. als *$\mathfrak{k}$-singulär i. w. S.* bezeichnet, wenn OW $(y; B; \mathfrak{k}) = k$ bzw. $\neq k$ ist. Ferner heiße ein i. w. S. $\mathfrak{k}$-singuläres $z \in B$ *$\mathfrak{k}$-elementar* (i. w. S.), wenn jedes $x \in U - \{z\}$ regulär i. w. S. ist, unter U eine geeignete Umgebung von z auf B verstanden. Demzufolge ist $y \in \underline{B}$ $\mathfrak{k}$-elementar genau dann, wenn y *isolierter* $\mathfrak{k}$-singulärer Punkt i. w. S. ist. Ist $x \in \underline{B}$ $\mathfrak{k}$-elementar, so gilt $k + 1 \leq$ OW $(x; \mathfrak{k}) \leq 2k$.

Zusatz (1). Ist a Endpunkt von B und sind alle von a verschiedenen Punkte einer Umgebung von a (auf B) $\mathfrak{k}$-regulär i. w. S., so ist a selbst $\mathfrak{k}$-regulär i. w. S. (Dies folgt aus dem Reduktionssatz, vgl. auch den Satz im nachstehenden Abschn. 4.1.2.1.). — (2). Die Menge der $\mathfrak{k}$-singulären Punkte im engeren bzw. im weiteren Sinne ist bzw. abgeschlossen (in B). Nach einem allgemeinen Satz (vgl. Abschn. 1.6.) ist B abgeschlossene Hülle einer Vereinigung von abzählbar vielen offenen $\mathfrak{k}$-ordnungshomogenen Bogen. — (3). Existieren insbesondere $\mathfrak{k}$-ordnungshomogene Teilbogen von B nur von den Ordnungen Unendlich und k, so sind die $\mathfrak{k}$-singulären Punkte *i. e. S.* identisch mit den $\mathfrak{k}$-singulären *i. w. S.*, soweit ihr Ordnungswert endlich oder beschränkt ist. — (4). Allgemein ist jeder $\mathfrak{k}$-elementare singuläre Punkt (i. w. S.) auch $\mathfrak{k}$-singulär i. e. S.

Beispiele von i. w. S. $\mathfrak{k}$-singulären Punkten bezüglich des Systems $\mathfrak{k}$ der Kreise als OCh sind, wie unten gezeigt wird, die Scheitel ebener Bogen im Sinne der (euklidischen) Differentialgeometrie. Dieser Zusammenhang wird von uns mitunter auch dadurch angedeutet, daß von *$\mathfrak{k}$-Scheiteln* statt von $\mathfrak{k}$-singulären Punkten i. w. S. gesprochen wird, und zwar auch im Falle allgemeinerer Systeme $\mathfrak{k}$ von OCh als dem der Kreise.

Unter einem Scheitel im Sinne der Differentialgeometrie wird dabei ein Punkt s verstanden, in welchem der als auf dem Bogen stetig vorausgesetzte Krümmungsradius ϱ, abgekürzt KR, des betrachteten Bogens ein lokales Extremum besitzt (Näheres auch bezüglich der Differenzierbarkeitsvoraussetzungen bei Ostrowski [*1*], 2. Bd., S. 325ff.; dort handelt es sich um isolierte Extreme); wir sprechen daher auch kurz von *Extremscheiteln*.

Satz. *Auf einem Bogen B mit stetigem (evtl. unendlichem) Krümmungsradius $\varrho \neq 0$ ist jeder Extremscheitel ein $\mathfrak{k}$-Scheitel*, d. h. ein $\mathfrak{k}$-singulärer Punkt i. w. S. bezüglich des Systems $\mathfrak{k}$ der Kreise.

Beweis (1). Hilfssatz. *Es gilt* $\mathrm{POW}(B; \mathfrak{k}) = 3$ *genau dann, wenn ϱ streng monoton und B hinreichend klein ist.*

Begründung. (a). Aus $\mathrm{POW}(B; \mathfrak{k}) = 3$ folgt die Monotonie von ϱ. Denn gemäß Abschn. 4.2.6.3., Satz 2, ändern sich die KR längs B monoton in dem Sinne, daß bei geeigneter Orientierung von B der Krümmungskreis (Schmiegkreis), abgekürzt KK, mit einem vor $x \in B$ liegenden Berührungspunkt im Innern des in x berührenden KK liegt. Dann ist aber der KR streng monoton.

(b). Aus der strengen Monotonie des KR folgt $\mathrm{POW}(B; \mathfrak{k}) = 3$ bei hinreichend kleinem B. — In der Tat: Aus bekannten Eigenschaften von B bzw. der Evolute (vgl. Ostrowski a. a. O., S. 320ff.) folgt zunächst die Monotonie der KK sowie die Tatsache, daß B von seinem KK C im Berührungspunkt x geschnitten (nicht gestützt) wird und daß x isolierter Punkt von $B \cap C$ auf B ist. Die letztgenannte Tatsache zieht nach sich, daß POW $(B; \mathfrak{k})$ höchstens endlich ist; denn andernfalls existiert ein $K \in \mathfrak{k}$ mit einem Häufungspunkt $q \in B \cap K$ auf B und es wäre K der KK mit dem Berührungspunkt q, der aber nicht isoliert in $B \cap K$ ist. Da durch beliebige 3 Punkte von B ein $K \in \mathfrak{k}$ geht, ist POW $(B; \mathfrak{k}) \geq 3$. Zu zeigen ist POW $(B; \mathfrak{k}) < 4$. Andernfalls aber gibt es ein $K \in \mathfrak{k}$ mit $B \cap K = \{x_1\} \cup \cdots \cup \{x_n\}$, $n \geq 4$. Weil POW $(B; \mathfrak{k})$ höchstens endlich ist (vgl. oben), können die x_ν sämtlich als Schnittpunkte von B mit K angenommen werden. Nun ist aber B lokal konvex (vgl. Ostrowski, a. a. O., S. 316), also, wenn hinreichend klein, sogar global konvex (vgl. Abschn. 3.7., Hilfssatz 3). Wegen der Konvexität auch von K ist $\mathfrak{k}$ normal zu B; es können also die $x_1, \ldots, x_n$ in dieser Reihenfolge als orientiert angeordnet sowohl auf B wie auf K angenommen werden. Da die x_ν Schnittpunkte sind, liegen eine hintere Umgebung H_3 von x_3 und H_4 von x_4 auf $K - \{x_3\} - \{x_4\}$ auf verschiedenen Seiten von B. Wir halten x_1 fest und kontrahieren $\{x_2, x_3, x_4\}$; dabei ist zu bemerken, daß für das System der Kreise durch x_1, die mit $B - \{x_1\}$ mindestens 3 Punkte gemeinsam haben, ebenfalls der verschärfte Kontraktionssatz (Abschn. 2.4.4.1.) gilt. Nach diesem Satz kann erreicht werden, daß für das jeweils im Verlauf des Kontraktionsprozesses verwendete $K' \in \mathfrak{k}$ bzw. für das jeweils gewählte Schnittpunkttripel $\{x_2', x_3', x_4'\} \subset B \cap K'$ gilt: Zwischen x_1 und x_2' liegen auf B keine Punkte von $B \cap K'$, und eine hintere Umgebung H_4' von x_4' auf $K' - \{x_4'\}$ liegt auf der entgegengesetzten Seite von B wie H_3 (vgl. oben); dabei ist K' so orientiert, daß x_2', x_3', x_4' orientiert angeordnet sind auf B und auf K'. Im Limes ergibt sich so ein $y_1 \in B$ als Berührungspunkt des KK $C_1' = \lim K'$; wird C_1' so orientiert, daß seine Orientierung mit der von B übereinstimmt, d. h., daß die hinteren Halbtangenten an B und an C_1' in y_1 zusammenfallen, so liegt eine hintere Umgebung H_4'' von y_1 auf $C_1' - \{y_1\}$ auf der entgegengesetzten Seite von B wie H_3. Hält man andererseits x_4 fest und kontrahiert $\{x_1, x_2, x_3\}$, so gelangt man zu einem $y_4 \in B$ als Berührungspunkt des wie B orientierten KK C_4', für welchen eine hintere Umgebung H_3'' von y_4 auf C_4' auf der gleichen Seite von B liegt wie H_3, also auf der entgegengesetzten Seite von B wie H_4''. Aber für alle wie B orientierten KK liegen bekanntlich hintere Umgebungen der Berührungspunkte auf den KK auf der gleichen Seite von B. Die Annahme POW $(B; \mathfrak{k}) \geq 4$ führt also zu einem Widerspruch.

(2). Es sei s ein Extremscheitel von B, also s lokale Extremstelle von ϱ. Ist ϱ konstant in einer einseitigen Umgebung U von s auf B, so liegt U auf einem $K' \in \mathfrak{k}$ und es ist POW $(B \cap K') = \infty$, also s $\mathfrak{k}$-Scheitel. Andernfalls gibt es in beliebig kleiner vorderer und hinterer Umgebung von s solche s' und s'', für die $\varrho(s')$ und $\varrho(s'')$ beide z. B.

$< \varrho(s)$ sind. Gemäß Ziffer 1 (Hilfssatz) ist also POW $(V; \mathfrak{k}) > 3$ für jede Umgebung V von s, also s wieder ein $\mathfrak{k}$-Scheitel, wie behauptet.

Zusatz. Umgekehrt ergibt sich durch ähnliche Überlegungen: *Jeder isolierte $\mathfrak{k}$-Scheitel auf einem Bogen mit stetigem Krümmungsradius ist Extremscheitel.*

4.1.1.2. Der Ordnungswert eines Punktes gibt eine Aussage über *lokale* Verhalten, den lokalen Ordnungswert, der Ordnungswert des ganzen Bogens eine solche über das *globale* Verhalten.

Wir besprechen hier einige Sätze, bei denen *aus dem globalen Verhalten auf das lokale* geschlossen wird, evtl. unter Hinzunahme von Bedingungen infinitesimalgeometrischer Natur.

4.1.2. Untere Schranke für die Anzahl der singulären Punkte im weiteren Sinne bei gegebener unterer Schranke für den globalen Ordnungswert

4.1.2.1. Der einfachste hierhergehörige Satz gibt eine *Kennzeichnung der Grundbogen vom minimalen Ordnungswert.*

Satz. *Voraussetzung. Es sei $B = \bar{B}$ ein bezüglich des Systems $(\mathfrak{k}; k)$ von Ordnungscharakteristiken normaler Grundbogen.*

Behauptung. Es besitzt $\bar{B}$ den (globalen) $\mathfrak{k}$-Ordnungswert k genau dann, wenn jeder Punkt in $\underline{B}$ $\mathfrak{k}$-regulär ist im weiteren Sinne; d. h. also, wenn die lokale Ordnung von $\underline{B}$ gleich k ist.

Beweis. *Nur dann.* Aus OW $(B; \mathfrak{k}) = k$ folgt OW $(U; \mathfrak{k}) = k$ für jede Umgebung U eines jeden $x \in \underline{B}$.

(II). *Dann.* Indirekt: Es sei also OW $(B; \mathfrak{k})$ entweder (1) beschränkt und $\geq k + 1$ oder (2) endlich (aber nicht beschränkt) oder (3) unendlich.

Betr. (1) *und* (2). Nach dem Reduktionssatz (Abschn. 1.4.3.) gibt es in $\underline{B}$ ein $(k+1)$-tupel $Y = Y_0$ assoziierter Schnittpunkte. Nach dem Kontraktionssatz (Abschn. 2.4.4.) existiert also eine Folge von (lückenlosen) $(k+1)$-tupeln $Y_1, Y_2, \ldots$ assoziierter Punkte (von $\underline{B}$) derart, daß Y_{n+1} von Y_n umfaßt wird und daß die Spannweite von Y_n mit $n \to \infty$ gegen Null geht. Es gibt daher ein $x \in \underline{B}$, in dessen beliebiger Umgebung $(k+1)$-tupel assoziierter Punkte liegen. Daher ist OW $(x; \mathfrak{k})$ endlich oder beschränkt und nicht kleiner als $k+1$, im Widerspruch zur Voraussetzung, daß OW $(x; \mathfrak{k}) = k$. — *Betr.* (3). Es gibt ein $K \in \mathfrak{k}$ derart, daß $B \frown K$ unendlich ist. Wegen der Kompaktheit von B besitzt $B \frown K$ einen Häufungspunkt in B, etwa y; es ist dann OW $(y; \mathfrak{k})$ unendlich. Nach Voraussetzung ist andererseits OW $(y; \mathfrak{k}) = k$ falls $y \in \underline{B}$; daher muß B ein Bogen und y einer seiner Endpunkte sein. Da y Häufungspunkt von $B \frown K$ ist, gibt es beliebig viele Punkte in $\underline{B} \frown K$, also ein $(k+3)$-tupel assoziierter Punkte aus $\underline{B}$, etwa $y_0, \ldots, y_{k+2}$ in natürlicher Anordnung. Dabei ist der in $\underline{B}$ enthaltene Teilbogen $\bar{B}(y_0|y_{k+2})$ von endlichem oder beschränktem Ordnungswert; denn andernfalls existiert, wie soeben gezeigt, ein $z \in \bar{B}(y_0|y_{k+2}) \subset \underline{B}$ mit unendlichem OW $(z; \mathfrak{k})$, im Widerspruch zu OW $(z; \mathfrak{k}) = k$. Ferner enthält $\bar{B}(y_0|y_{k+2})$ ein (o. B. d. A.) orientiertes, lückenloses $(k+1)$-tupel assoziierter Punkte. Wie beim Beweis betr. (1) und (2) ergibt sich daher ein Widerspruch mit der Annahme, daß OW $(x; \mathfrak{k}) = k$ für jedes $x \in \underline{B}$.

4.1.2.2. Eine *untere Schranke* für die *Anzahl der singulären Punkte* im weiteren Sinne *bei gegebenem Punktordnungswert* wird geliefert durch den nachstehenden

Satz. *Voraussetzung* (1). *Der Grundbogen* B' *bzw. die Grundkurve* C' *sei normal bezüglich des Systems* $\mathfrak{k}$ *von Ordnungscharakteristiken.* — (2). *Es sei* POW $(B'; \mathfrak{k}) \geq t' = kt + 1$ *bzw.* POW $(C'; \mathfrak{k}) \geq t'$ *mit* $t \geq 1$; *d. h., es sei der* POW $(B'; \mathfrak{k})$ *bzw.* POW $(C'; \mathfrak{k})$ *entweder unendlich oder endlich oder beschränkt und nicht kleiner als* t'.

Behauptung. Für die Anzahl $s(B')$ *bzw.* $s(C')$ *der* $\mathfrak{k}$*-singulären Punkte im weiteren Sinne von* B' *bzw. von* C' *gilt:* $s(B') \geq t$ *und* $s(C') \geq t$, *hingegen* $s(C') \geq t+1$, *falls die Maximalsekanten von* C' *Kurven sind.*

Beweis. Indirekt. (1). Im Falle, daß $B' = B(a|b)$ ein *Bogen* ist, sei $s(B') \leq t-1$. Ferner seien $x_1, \ldots, x_s$ die $\mathfrak{k}$-singulären Punkte von B' i. w. S. in natürlicher Anordnung auf B', also mit $s \leq t-1$; dabei liegen die $x_1, \ldots, x_s$ in $\underline{B}'$ (vgl. Abschn. 4.1.1., Zusatz (1)). Wir setzen noch $x_0 = a$ und $x_{s+1} = b$ und $T_r = \bar{B}(x_r|x_{r+1})$, $0 \leq r \leq s$. Die $x_1, \ldots, x_s$ sind isolierte $\mathfrak{k}$-singuläre Punkte i. w. S., also elementar, so daß (gemäß Abschn. 4.1.2.1., Satz) OW $(T_r; \mathfrak{k}) = k$ ist. Somit ist OW $(B'; \mathfrak{k})$ beschränkt, nämlich OW $(B'; \mathfrak{k}) \leq (s+1)k$. Daher existiert ein $K \in \mathfrak{k}$ mit $kt+1 \leq$ OW $(B' \frown K) \leq (s+1)k$. In jedem Falle gibt es daher ein $(kt+1)$-tupel assoziierter Punkte $y_1, \ldots, y_{kt+1} \in B \frown K$. Von diesen y_i gehören nach dem Schubladenprinzip mindestens $k+1$ zu mindestens einem der T_r, etwa $y_1, \ldots, y_{k+1}$ zu T_0. (Ist nämlich q_r die Anzahl der zu T_r gehörigen unter den y_i, so ist jedenfalls $kt+1 \leq q_0 + q_1 + \cdots + q_s - q$, wenn q der y_i mit q der x_r zusammenfallen. Wenn nun $q_r \leq k$ ist, folgt $kt+1 \leq (s+1)k \leq kt$. Widerspruch.) Infolgedessen ist $k+1 \leq$ OW $(T_0; \mathfrak{k}) \leq (s+1)k$. Gemäß Abschn. 4.1.2.1. existiert daher in $\underline{T}_0$ mindestens ein $\mathfrak{k}$-singulärer Punkt i. w. S. z. Wegen $z \in \underline{T}_0$ ist aber z von allen x_r verschieden, im Widerspruch zur Annahme, daß die x_r die einzigen $\mathfrak{k}$-singulären Punkte i. w. S. in B seien. — (2). Im Falle (C' sowie) die Maximalsekanten *Kurven* sind, sei $s(C') \leq t$. Man kann ganz entsprechend schließen wie im Falle eines Bogens B'; zu bemerken ist nur, daß jetzt von den s $\mathfrak{k}$-singulären Punkten x_r genau s Teilbogen (nicht $s+1$) begrenzt werden, die keine anderen $\mathfrak{k}$-singulären Punkte i. w. S. enthalten.

4.1.2.2.1. Die untere Schranke t bzw. $t+1$ im Satz des Abschnitts 4.1.2.2. wird erreicht mindestens im Falle $k = 3$, $t = 1$. Dies zeigt das folgende Beispiel. Es sei $\mathfrak{k}$ das System der Kreise (einschließlich der Geraden) in der euklidischen Ebene. Im Falle stetiger Krümmung sind die $\mathfrak{k}$-singulären Punkte i. w. S., soweit sie isoliert sind, Scheitel im üblichen Sinne. Man konstruiert nun ein (beschränktes) Oval C wie folgt: Es sei $Q = Q(a|b)$ Teilbogen eines Ellipsenquadranten; $T(x; Q)$ sei die Tangente an Q in $x \in Q$. Es existiert $\{z\} = T(a; Q) \cap T(b; Q)$. Ist Z der Kreis durch a mit z als Zentrum, so enthält das Spiegelbild $Q' = Q'(a|b')$ von Q an Z einen Punkt b'', für welchen $T(b''; Q')$ parallel zu $T(a; Q')$ ist. Es sei $Q'' = Q'(a|b'')$ und Q''' das Spiegelbild von Q' mit dem Mittelpunkt der Verbindungsstrecke von a und b'' als Spiegelzentrum. Dann ist $C = Q'' \cup Q'''$ ein Oval (mit stetiger Tangente und) mit höchstens 2 i. w. S. $\mathfrak{k}$-singulären Punkten, nämlich a und b'', so daß $s \leq 2$. Falls nun OW $(C; \mathfrak{k}) = 4$ ist, gilt $t = 1$, $t + 1 = 2$, also $s = t + 1 = 2$, weil $s \leq 2 = t + 1 \leq s$ (gemäß Abschn. 4.1.2.2.). Nimmt man aus C eine hinreichend kleine Umgebung V des einen der beiden singulären Punkte weg, so ist $B = C - V$ ein Bogen mit genau einem singulären Punkt und mit OW $(B; \mathfrak{k}) = 4 = 3t + 1$ und $t = 1$. Für C bzw. B ist also die untere Schranke $t + 1$ bzw. t für die Anzahl der singulären Punkte erreicht; w. z. z. w. — Es ist aber OW $(C; \mathfrak{k}) = 4$. In der Tat: Jedenfalls ist OW $(C; \mathfrak{k}) \geq 4$ und OW $(C; \mathfrak{k}) \equiv 0 \pmod 2$, weil C Oval. Wegen OW $(Q''; \mathfrak{k}) = 3 =$ OW $(C'''; \mathfrak{k})$ ist andererseits OW $(C; \mathfrak{k}) \leq 6$, so daß nur OW $(C; \mathfrak{k}) \neq 6$ zu zeigen bleibt. Aus OW $(C; \mathfrak{k}) = 6$ folgt aber die Existenz eines Kreises K mit $C \cap K = \{x_1\} \cup \{x_2\} \cup \{x_3\} \cup \{y_1\} \cup \{y_2\} \cup \{y_3\}$, wobei $x_i \in Q''$ sowie $y_i \in Q'''$ und wobei die x_i, y_i sämtlich Schnittpunkte sind. Es liegt K normal zu C (weil K und C Ovale sind); die $x_1, x_2, x_3, y_1, y_2, y_3$ seien in dieser Reihenfolge natürlich angeordnet auf C und K. Durchläuft man K in Richtung von x_1 nach x_2 (ohne y_3 zu überschreiten), so tritt K in x_1 von der konvexen Seite von Q'' auf die konkave Seite über (oder umgekehrt) und dann in y_1 von der konkaven auf die konvexe Seite von Q''' (oder umgekehrt). Es ist aber K Maximalsekante von Q'' und Q'''. Da OW $(Q''; \mathfrak{k}) = 3 =$ OW $(Q'''; \mathfrak{k}) = k$ und da Q''' spiegelsymmetrisch zu Q'', ist diese Lage von K unmöglich (vgl. Abschn. 4.2.4., Satz 3).

4.1.3. Obere Schranke für die Anzahl der k-singulären Punkte im weiteren Sinne eines Bogens vom $\mathfrak{k}$-Ordnungswert $k + 1$

4.1.3.1. Wir erledigen zunächst den Fall $k = 1$.

Satz. *Voraussetzung. Der Grundbogen B sei normal bezüglich* $(\mathfrak{k}; k)$ *mit* $k = 1$.

Ferner sei POW $(B; \mathfrak{k}) = k + 1 = 2$.

Behauptung. Es gibt auf B (mindestens einen und) höchstens zwei $\mathfrak{k}$-singuläre Punkte im weiteren Sinne. Jeder $\mathfrak{k}$-singuläre Punkt im weiteren Sinne $x \in B$ ist elementar mit POW $(x; \mathfrak{k}) = 2 = k + 1$.

Beweis. Indirekt. Angenommen, es sei z_i $\mathfrak{k}$-singulär (i. w. S.), $i = 1, 2, 3$, mit $z_1 \prec z_2 \prec z_3$. Es gibt eine Umgebung U_i von z_i auf B mit $\bar{U}_i \cap \bar{U}_j = \emptyset$ für $i \neq j$; $i, j = 1, 2, 3$. In U_i gibt es ferner ein 2-tupel assoziierter Punkte z_i', z_i'', wobei $z_i' \prec z_i''$. Wir bewegen z_2' monoton und stetig gegen z_1''; dann bewegt sich z_2'' (monoton und stetig) gegen z_3'. Dabei findet (vgl. den Beweis des Expansionssatzes Abschn. 2.4.5.) ein Gewinn oder Verlust von assoziierten Punkten auf $B_2 = \bar{B}(z_1''|z_3')$ jedenfalls so lange nicht statt, als $z_2', z_2'' \in B_2$. Daher wird im Verlaufe der Bewegung entweder (1) $z_1'' = z_2'$ werden, während $z_2'' \preceq z_3'$ bleibt, oder (2) $z_2'' = z_3'$ werden, während $z_1'' \preceq z_2'$ bleibt. Beide Fälle (1) und (2) sind aber unmöglich. Denn z. B. im Falle (1) ist mit z_1'' noch z_1' und mit z_2' noch z_2'' assoziiert; wegen $z_2' = z_1''$ sind daher z_1', z_1'' und z_2'' assoziiert im Widerspruch zu OW $(B; \mathfrak{k}) = 2$.

Bemerkung. Für die Beweisführung ist es gleichgültig, ob auf B außer den z_i noch weitere (evtl. sogar unendlich viele und zwischen den z_i gelegene) $\mathfrak{k}$-singuläre Punkte i. w. S. vorhanden sind.

4.1.3.1.1. Um vermittelst vollständiger Induktion auch den Fall $k \geq 2$ zu erledigen, ziehen wir das nachfolgende (später (Abschn. 4.1.3.1.2.) noch zu verschärfende) Lemma heran. Zuvor erinnern wir noch an das Folgende: Ist B normal bezüglich $(\mathfrak{k}; k)$ und ist $c \in B$ beliebig, so ist das *System* $\mathfrak{k}(c)$ *aller* $K \in \mathfrak{k}$ *mit* $c \in K$ ein System von Ordnungscharakteristiken mit der Grundzahl $k - 1$ und mit c als einem der Grundpunkte; außerdem ist B normal bezüglich $(\mathfrak{k}(c); k - 1)$.

Lemma. *Voraussetzung* (1). Es sei B normal bezüglich $(\mathfrak{k}; k)$ mit $k \geq 2$. Ferner sei POW $(B; \mathfrak{k}) = k + 1$. — (2). Es sei $z_i \in B$ und $\mathfrak{k}$-singulär i. w. S., $i = 1, 2$, wobei etwa $z_1 \prec z_2$. — (3). Schließlich sei $c \in B - \bar{B}(z_1|z_2)$ und U eine (im übrigen beliebige) Umgebung von $\bar{B}(z_1|z_2)$, für welche $c \in B - \bar{U}$.

Behauptung. Es existiert ein $\mathfrak{k}(c)$-singulärer Punkt x im weiteren Sinne mit $x \in U$.

Bemerkung. Die Behauptung ist richtig auch für den Fall, daß außer den z_1, z_2 noch weitere, evtl. zwischen z_1 und z_2 gelegene, $\mathfrak{k}$-singuläre Punkte i. w. S. existieren.

Beweis. Ist B ein Bogen $B' = \bar{B}(a|b)$, so sei o. B. d. A. $a \preceq c \prec z_1$. Ist B eine Kurve C, so existiert ein zu $\bar{U}$ und c fremder Teilbogen $T = \bar{B}(b'|a')$ derart, daß $a' \prec c \prec z_1 \prec z_2 \prec b'$. Wir können uns also auf den Fall eines Bogens B' bzw. $C - \underline{T}$ beschränken. Nach Voraussetzung (2) existieren natürlich angeordnete $(k + 1)$-tupel $Y' = (y_1', \ldots, y_{k+1}') \in U \cap \mathfrak{k}$ und $Y'' = (y_1'', \ldots, y_{k+1}'') \in U \cap \mathfrak{k}$ mit $y_{k+1}' \prec y_1''$. Wenden wir den Expansionssatz (Abschn. 2.4.5.) auf B, Y' und Y'' bezüglich c an, so ergibt sich die Existenz eines $(k + 1)$-tupels $(c, y_1, \ldots, y_k)$ mit $y_1, \ldots, y_k \in U$, also eines k-tupels $(y_1, \ldots, y_k)$

$\in U \frown \mathfrak{k}(c)$. Zufolge des Satzes in Abschn. 2.4.4. liegt also in U (mindestens) ein $\mathfrak{k}(c)$-singulärer Punkt i. w. S.

Nunmehr läßt sich beweisen der

1. Satz. *Voraussetzung. Es sei B normal bezüglich $(\mathfrak{k}; k)$ mit $k \geq 1$. Ferner sei* POW $(B; \mathfrak{k}) = k + 1$.

Behauptung (1). *Es gibt eine, nur von der Grundzahl k abhängige, kleinste* obere *Schranke $s'(k)$ für die Anzahl der $\mathfrak{k}$-singulären Punkte i. w. S. auf B.* — (2). *Die Punkte $x \in B$ mit* POW $(x; \mathfrak{k}) = k + 1$ *sind isoliert, also elementar und identisch mit den $\mathfrak{k}$-singulären Punkten von B* auch *im engeren Sinne. Insbesondere sind die Endpunkte von B (soweit solche vorhanden sind) $\mathfrak{k}$-regulär im weiteren Sinne.*

Zusatz. Es ist $s'(k) < 3 \cdot 2^{k-1}$. Für $k = 1$ ist $3 \cdot 2^{k-1} - 1 = 2$ die genaue, d. h. die kleinste obere Schranke $s'(k)$.

Beweis (1). Zufolge des Satzes in Abschn. 4.1.2.1. (Kennzeichnung) existiert mindestens ein $\mathfrak{k}$-singulärer Punkt im weiteren Sinne. — (2). Da die Behauptung für $k = 1$ richtig ist (vgl. Abschn. 4.1.3.1.), nehmen wir in vollständiger Induktion an, die Behauptung sei schon für alle k mit $1 \leq k < N$ bewiesen. Es sei also $k = N \geq 2$. Existiert höchstens (also gemäß Ziffer (1) genau) ein $\mathfrak{k}$-singulärer Punkt i. w. S. auf B, so ist die Behauptung richtig. Es seien nun mindestens $2q$ oder $2q + 1$ $\mathfrak{k}$-singuläre Punkte i. w. S. vorhanden $(q \geq 1)$; sie seien in natürlicher Anordnung $z_1, \ldots, z_{2q}$, wobei die Existenz von weiteren, evtl. auch zwischen den z_i gelegenen $\mathfrak{k}$-singulären Punkten i. w. S. nicht ausgeschlossen wird. Den Fall, daß B eine Kurve C' ist, führen wir auf den eines *Bogens* zurück (vgl. auch den Beweis des Lemmas in Abschnitt 4.1.3.1.1.); denn für $B = C'$ gibt es einen, keines der z_i enthaltenden Teilbogen T, für dessen geeignet bezeichnete Endpunkte a', b' gilt $a' \prec z_1 \prec z_{2q} \prec b'$. — Es sei also B ein Bogen $B = \bar{B}(a|b)$.

(3). Wir beschränken uns zunächst auf den *Fall*, daß *sowohl* $a \neq z_1$ *als* $b \neq z_{2q}$ ist, daß also die z_i sämtlich *innere* Punkte von B sind. Wird $j = 2t - 1$, $1 \leq t \leq q$ gesetzt, so gibt es eine Umgebung U_j von $\bar{B}(z_j | z_{j+1})$ auf B derart, daß $\bar{U}_j \frown \{a\} = \emptyset = \bar{U}_j \frown \bar{U}_{j'}$ für $j \neq j'$. Aus dem Lemma folgt die Existenz mindestens eines in U_j gelegenen $\mathfrak{k}(a)$-singulären Punktes i. w. S. x_j; es gibt also mindestens q solche x_j. Andererseits ist OW $(B; \mathfrak{k}(a)) \leq N$; und da $\mathfrak{k}(a)$-singuläre Punkte i. w. S. vorhanden sind, ist sogar OW $(B; \mathfrak{k}(a)) = N$ (vgl. Abschn. 4.1.2.1.). Nach Induktionsannahme ist daher $q \leq s'(N-1)$ oder $2q \leq 2s'(N-1)$. Somit liegen im *Innern* von B nicht mehr als $2s'(N-1) + 1$ $\mathfrak{k}$-singuläre Punkte i. w. S.

(4). Die *End*punkte a, b von B können *nicht* $\mathfrak{k}$-singulär i. w. S. sein. Da nämlich nur endlich viele $\mathfrak{k}$-singuläre Punkte in B liegen, besitzt jeder von a oder b verschiedene Punkt aus einer hinreichend kleinen Umgebung von a bzw. b auf B den $\mathfrak{k}$-Ordnungswert k, so daß gemäß Abschn. 4.1.2.1. auch a und b selbst $\mathfrak{k}$-regulär i. w. S. ist.

(5). War ursprünglich $B = C'$ eine Kurve, so wählt man einen zu $\bar{T}$ und allen $\mathfrak{k}$-singulären Punkten von B' fremden Teilbogen $\bar{T}'$ an Stelle von T. So ergibt sich, daß die für B' ermittelte Schranke $s'(N)$ auch für C gilt. — Aus $s'(N) \leq 2s'(N-1)+1$ folgt dann die 1. Behauptung des Zusatzes, während die 2. in Abschn. 4.1.3.1. bewiesen ist.— Die Behauptung (2) ergibt sich aus dem Bewiesenen.

Aus dem 1. Satz entnehmen wir den

2. Satz. *Jeder $\mathfrak{k}$-singuläre Punkt im weiteren Sinne vom Ordnungswert $k+1$ ist isolierter $\mathfrak{k}$-singulärer Punkt, also $\mathfrak{k}$-elementar. Der Endpunkt a eines Bogens A mit* OW $(A;\mathfrak{k}) = k+1$ *besitzt den $\mathfrak{k}$-Ordnungswert k. Dabei ist über* OW $(B;\mathfrak{k})$ *nichts weiter vorausgesetzt.*

4.1.3.1.2. Mit Hilfe des 1. Satzes in Abschn. 4.1.3.1.1. ergibt sich nun die nachstehende Verschärfung des Lemmas in Abschn. 4.1.3.1.1.

Lemma. *Voraussetzung* (1). Es sei B normal bezüglich $(\mathfrak{k}; k)$ mit $k \geq 1$. — (2). Es sei POW $(B;\mathfrak{k}) = k+1$. — (3). Es seien $z', z'' \in B$ $\mathfrak{k}$-singulär im weiteren Sinne. Ferner sei $x \in B - \bar{B}(z'|z'')$.

Behauptung. In $\bar{B}(z'|z'')$ liegt (mindestens) ein $\mathfrak{k}(x)$-singulärer Punkt im weiteren Sinne.

Zusatz. Ist überdies weder z' noch z'' $\mathfrak{k}(x)$-singulär i. w. S., so liegen die $\mathfrak{k}(x)$-singulären Punkte von $\bar{B}(z'|z'')$ in $\underline{B}(z'|z'')$.

Beweis (I). Es sei U' bzw. U'' eine Umgebung von z' bzw. von z'' auf B mit $\bar{U}' \cap \bar{U}'' = \emptyset$ und $x \in B - \bar{U}$, wobei $U = \underline{U} = U' \cup \bar{B}(z'|z'') \cup U''$. Es ist OW $(z';\mathfrak{k}) =$ OW $(z'';\mathfrak{k}) = k+1$, weil z', z'' $\mathfrak{k}$-singulär sind und daher nicht den $\mathfrak{k}$-OW k besitzen. Daher gibt es $(k+1)$-tupel assoziierte Punkte $Y' = (y'_1, \ldots, y'_{k+1}) \in U' \cap \mathfrak{k}$ und $Y'' = (y''_1, \ldots, y''_{k+1}) \in U'' \cap \mathfrak{k}$. Auf U, Y', Y'' läßt sich nun das Lemma in Abschn. 4.1.3.1.1. anwenden. Demzufolge liegt in U (mindestens) ein $\mathfrak{k}(x)$-singulärer Punkt i. w. S. y. Daher ist OW $(B;\mathfrak{k}(x)) = k = (k-1)+1$. Gemäß Abschn. 4.1.3.1.1., Satz 1, gibt es also nur endlich viele $\mathfrak{k}(x)$-singuläre Punkte i. w. S. in B. Mithin können U' und U'' so klein angenommen werden, daß sie, außer vielleicht z' bzw. z'', keine $\mathfrak{k}(x)$-singuläre Punkte enthalten. Daher gehören alle $\mathfrak{k}(x)$-singulären Punkte zu $\bar{B}(z'|z'')$, wie behauptet war.

4.1.4. Ein $(k+1)$-Scheitelsatz bei Differenzierbarkeit

Die in Abschn. 4.1.2.2. und 4.1.3.1.1., Satz 1, ermittelten unteren bzw. oberen Schranken für die Anzahl der $\mathfrak{k}$-singulären Punkte i. w. S. lassen sich verschärfen, wenn man dem Grundbogen noch gewisse Bedingungen infinitesimalgeometrischer Art auferlegt. Dies soll im folgenden gezeigt werden.

4.1.4.1. Wir benutzen folgende Definitionen. Es seien $y_1, \ldots, y_t$, $x \in B$ beliebig und verschieden, aber nicht Grundpunkte von $\mathfrak{k} = (\mathfrak{k}, k)$; weiter existiere $K = K(y_1, \ldots, y_t, x_1, \ldots, x_{k-t}) \in \mathfrak{k}$, wobei die $x_\varrho \in B$, $\varrho = 1, \ldots, k-t$, von den $y_1, \ldots, y_t$ verschieden sind. Das System aller $K' \in \mathfrak{k}$ mit $y_1, \ldots, y_t \in K'$ sei mit $\mathfrak{k}(y_1, \ldots, y_t)$ bezeichnet und werde als ein bezüglich B normales System von OCh mit der Grundzahl $k-t$ vorausgesetzt, wenn $(\mathfrak{k}, k)$ normal bezüglich B ist; die $y_1, \ldots, y_t$ gehören zu den Grundpunkten von $\mathfrak{k}(y_1, \ldots, y_t)$. Man hält nun die $y_1, \ldots, y_t$ fest und läßt die $x_1, \ldots, x_{k-t}$ irgendwie gegen x konvergieren (auf B). Enthält $B \cap K(y_1, \ldots, y_t, x_1, \ldots, x_{k-t})$ mindestens einen, von den $y_1, \ldots, y_t, x_1, \ldots, x_{k-t}$ verschiedenen Punkt x' und konvergiert x' zugleich mit den x_ϱ gegen x, so wird x als $\mathfrak{k}(y_1, \ldots, y_t)$-*singulär im weiteren Sinne* (i. w. S.) bezeichnet. Konvergiert ferner mit $x_\varrho \to x$ auch $K(y_1, \ldots, y_t, x_1, \ldots, x_{k-t})$, so wird die Limesmenge L als eine Paratingente an B bezüglich $\mathfrak{k}(y_1, \ldots, y_t)$ oder als eine $(k-t; \mathfrak{k})$-*Paratingente* $P_{k-t}(y_1, \ldots, y_t; x)$ *in* x *an* B bezeichnet; für $t = 0$ hat man dementsprechend eine $(k, \mathfrak{k})$-Paratingente $P_k(x)$.

Als infinitesimalgeometrische Zusatzbedingung (vgl. Abschn. 4.1.4.) wird nun gewählt die Forderung der

Eindeutigkeit für die $(k-t, \mathfrak{k})$-Paratingenten $P_{k-t}(y_1, \ldots, y_t; x)$ in den $\mathfrak{k}(y_1, \ldots, y_t)$-singulären Punkten x i. w. S. Genauer: Für $k \geq 1$, beliebiges t mit $0 \leq t \leq k-1$ und beliebige, von den Grundpunkten von $\mathfrak{k}$ verschiedene $y_1, \ldots, y_t \in B$ existiert in jedem $x \in B$, das nicht Grundpunkt von $\mathfrak{k}$ und verschieden von den $y_1, \ldots, y_t$, aber $\mathfrak{k}(y_1, \ldots, y_t)$-singulär i. w. S. ist, genau ein $P_{k-t}(y_1, \ldots, y_t; x)$; und der Durchschnitt $B \cap P_{k-t}(y_1, \ldots, y_t; x)$ ist nirgends dicht auf B. —

Wir *bezeichnen* diese *Zusatzforderung* kurz *mit* $(\boldsymbol{E P_k})$.

4.1.4.2. Satz. *Voraussetzung* (1). *Es sei B normal bezüglich* $(\mathfrak{k}; k)$, *wobei* $k \geq 1$. — (2). *Es sei* POW $(B; \mathfrak{k})$, *wenn beschränkt, nicht kleiner als p mit* $k + 1 \leq p$. — (3). *Es sei die Eindeutigkeitsbedingung* $(E\, P_k)$ *erfüllt.*

Behauptung. Je nachdem B ein Bogen B' oder eine Kurve C' ist, besitzt B mindestens $p-k$ bzw. mindestens p $\mathfrak{k}$-singuläre Punkte im weiteren Sinne.

Beispiele: Es sei $\mathfrak{k}$ das System der Kreise, einschließlich der Geraden, also $k = 3$. Ist C' ein Oval mit stetiger endlicher, von Null verschiedener Krümmung, so ist OW $(C'; \mathfrak{k})$ (wenn beschränkt) ≥ 4; da in diesem Falle die Eindeutigkeitsbedingung $(E\, P_3)$ erfüllt ist, liefert unser Satz den bekannten 4-Scheitelsatz für Ovale (vgl. Abschn. 4.6.).

Zusatz. Die angegebenen Schranken $p-k$ bzw. k sind genau. Für $k = 1$ ist die Eindeutigkeitsforderung hinsichtlich der Paratingenten von selbst erfüllt.

Beweis (I). Sind unendlich viele $\mathfrak{k}$-singuläre Punkte i. w. S. vorhanden, so ist die Behauptung richtig. Wir nehmen daher von jetzt ab an, daß *nur endlich viele* $\mathfrak{k}$-*singuläre* Punkte i. w. S. auf B existieren, etwa $z_1, \ldots, z_r$. Der Fall, daß kein $\mathfrak{k}$-singulärer Punkt vorhanden ist, scheidet aus, da alsdann (gemäß Abschn. 4.1.2.1.) OW $(B; \mathfrak{k}) = k$, also beschränkt aber kleiner als $k + 1 \leq p$ ist. Jeder der endlich vielen $\mathfrak{k}$-singulären Punkte ist isoliert, also elementar (vgl. Abschn. 4.1.1.1.); ferner ist jeder der (etwa vorhandenen) Endpunkte von B $\mathfrak{k}$-regulär i. w. S. (vgl. ebenda).

(II). Zunächst sei B ein *Bogen* $B' = \bar{B}(a|b)$. Hier ist jedes $z_i \in \underline{B}'$, $i = 1, \ldots, r$. Sind die z_i natürlich angeordnet, so gilt OW $(\bar{B}(a|z_1); \mathfrak{k})$ $=$ OW $(\bar{B}(z_i|z_{i+1}); \mathfrak{k}) =$ OW $(\bar{B}(z_r|b); \mathfrak{k}) = k$; $i = 1, \ldots, r - 1$. Daher ist OW $(B; \mathfrak{k}) \leq (r + 1)\, k$, also beschränkt; nach Voraussetzung (2) ist somit OW $(B; \mathfrak{k}) = p' \geq p \geq k + 1$. Es gibt daher $K \in \mathfrak{k}$ derart, daß $B \frown K$ genau p' Punkte $x_1, \ldots, x_{p'}$ enthält, welche sämtlich Schnittpunkte, aber keine Grundpunkte sind, und daß alle, zu K hinreichend benachbarten $K' \in \mathfrak{k}$ ebenfalls genau p' Punkte enthalten, die sämtlich Schnittpunkte sind. Es sei etwa $x_j \prec x_{j+1}$, $j = 1, \ldots, p' - 1$.

(II 1). Für $k = 1$ ist die Behauptung richtig. Denn Abschn. 4.1.2.2., Satz, angewandt auf $k = t = 1$, also $t' = 2$, und $B' = \bar{B}(x_j|x_{j+1})$, $j = 1, \ldots, p' - 1$, besagt, daß in jedem dieser $p' - 1$ Bogen mindestens ein $\mathfrak{k}$-singulärer Punkt i. w. S. enthalten ist (weil OW $(\bar{B}(x_j|x_{j+1}); \mathfrak{k})$ ≥ 2 ist).

(II 2). Die Behauptung des Satzes sei schon bewiesen für jedes k mit $1 \leq k < N$. Es sei jetzt $k = N \geq 2$, also $\mathfrak{k} = (\mathfrak{k}; N)$. Zufolge Voraussetzung (3) für $t = 0$ ist $P_N(z_i)$, $i = 1, \ldots, r$, eindeutig bestimmt; da überdies $B \frown P_N(z_i)$ nirgends dicht auf B ist, gibt es in beliebiger Nähe von x_1 Teilbogen von B, die fremd sind zu allen $P_N(z_i)$. Man kann daher, evtl. vermittelst beliebig kleiner Abänderung von K, erreichen, daß x_1 fremd ist zu allen $P_N(z_i)$, $i = 1, \ldots, r$; insbesondere ist dann x_1 verschieden von allen z_i. Außerdem ist *jeder* $\mathfrak{k}(x_1)$-*singuläre Punkt* y $\mathfrak{k}$-*regulär* (i. w. S.), also $y \neq z_i$; denn zu $\mathfrak{k}(x_1)$-singulärem y gibt es definitionsgemäß N-tupel $(y_1', \ldots, y_N') \in B \frown \mathfrak{k}(x_1)$ (zu deren jedem also x_1 assoziiert ist), welche gegen y konvergieren, so daß im Falle $y = z_i$ die gemäß $(E\, P_N)$ eindeutig bestimmte $P_N(z_i)$ den Punkt x_1 enthält entgegen der Konstruktion von x_1. Diese Überlegung zeigt auch, daß OW $(y; \mathfrak{k}(x_1)) = N = (N - 1) + 1$ ist für (i. w. S.) $\mathfrak{k}(x_1)$-singuläres y, weil andernfalls y zugleich $\mathfrak{k}$-singulär ist. Somit ist jeder i. w. S. $\mathfrak{k}(x_1)$-singuläre Punkt elementar, also isoliert und kein Endpunkt von B. Daher gibt es nur endlich viele $\mathfrak{k}(x_1)$-singuläre Punkte, etwa $y_1, \ldots, y_m$, wobei $a \prec y_1 \prec y_m \prec b$ und $y_\mu \prec y_{\mu+1}$ ist, $\mu = 1, \ldots, m - 1$.

(II 3). Wir unterscheiden folgende Fälle: (α) $x_1 \prec y_1$ oder (β) $y_m \prec x_1$ oder (γ) $x_1 \in \underline{B}(y_q|y_{q+1})$, wobei $1 \leq q \leq m - 1$. — (II 3 1). Im *Fall* (α)

setzen wir $B_1 = \underline{B}(x_1|y_1)$; $B_\mu = \underline{B}(y_{\mu-1}, y_\mu)$, $\mu = 2, \ldots, m$, und *behaupten*: In B_ν liegt mindestens ein $\mathfrak{k}$-singulärer Punkt z_ν i. w. S., $\nu = 1, \ldots, m$.

Da die y_μ von den z_i verschieden sind, gibt es eine Umgebung U_μ von y_μ, $\mu = 1, \ldots, m$ mit folgender Eigenschaft: $\bar{U}_\mu \cap \{x_1\} = \bar{U}_\mu \cap \{z_i\} = \bar{U}_\mu \cap \bar{U}_{\mu'} = \emptyset$ für alle i und $\mu, \mu' = 1, \ldots, m$ mit $\mu \neq \mu'$. Wir setzen $B_1' = \bar{B}_1 \cup \bar{U}_1$, ferner $B_\mu' = \bar{U}_{\mu-1} \cup B_\mu \cup \bar{U}_\mu$, $\mu = 2, \ldots, m$. *Betr.* B_1'. Da y_1 $\mathfrak{k}(x_1)$-singulär ist, existiert ein $(k+1)$-tupel $(x_1, y_{11}, \ldots, y_{1k}) \in B_1' \cap \mathfrak{k}$. Gemäß Abschn. 4.1.2.1. existiert, weil OW $(B_1'; \mathfrak{k}) \geq k+1$, in B_1' ein $\mathfrak{k}$-singulärer Punkt z_1'. Da aber weder x_1 noch irgendein Punkt von $\bar{U}_1$ $\mathfrak{k}$-singulär ist, gilt $z_1' \in \underline{B}_1'$. — *Betr.* B_μ', $\mu = 2, \ldots, m$. Da $y_{\mu-1}$ und y_μ $\mathfrak{k}(x_1)$-singulär ist, existieren k-tupel $Y_\mu = (y_{\mu 1}, \ldots, y_{\mu k}) \in U_\mu \cap \mathfrak{k}(x_1)$, die also mit x_1 assoziiert sind. Setzt man $c = x_1$, $X' = Y_\mu$, $X'' = Y_{\mu+1}$, so folgt aus Abschn. 2.4.6. die Existenz eines $(k+1)$-tupels $Z_\mu \in B_\mu' \cap \mathfrak{k}$ und aus Abschn. 4.1.2.1. die eines $\mathfrak{k}$-singulären Punktes $z_\mu' \in B_\mu'$. Da aber $\bar{U}_{\mu-1}$ und $\bar{U}_\mu$ keine $\mathfrak{k}$-singulären Punkte enthalten, gilt $z_\mu' \in \underline{B}_\mu$. — Insgesamt existieren also auf B mindestens m $\mathfrak{k}$-singuläre Punkte (i. w. S.). Andererseits ist OW $(B; \mathfrak{k}(x_1)) \geq p' - 1 \geq p - 1$. Ferner ist für B und $(\mathfrak{k}(x_1); N-1)$ die Induktionsannahme erfüllt, weil insbesondere $(E\,P_{N-1})$ gilt. Daher ist $m \geq (p-1) - (N-1) = p - N$, wie behauptet.

(II 3 2). Im Fall (β) schließt man entsprechend wie im Falle (α), im Falle (γ) hingegen etwa so: Man setze zunächst $B_\mu = \underline{B}(y_\mu|y_{\mu+1})$, $\mu = 1, \ldots, q-1$ (falls $q \geq 2$) und $B_q = \underline{B}(y_q|x_1)$; wie im Fall ($\alpha$) (Ziffer (II 3 1)) ergibt sich, daß in jedem B_ν, $\nu = 1, \ldots, q$ mindestens ein $\mathfrak{k}$-singulärer Punkt liegt. In gleicher Weise ergibt sich die Existenz je eines $\mathfrak{k}$-singulären Punktes in $B_{q+1} = \underline{B}(x_1|y_{q+1})$ und $B_{\mu+1} = \underline{B}(y_\mu|y_{\mu+1})$, $\mu = q+1, \ldots, m-1$ (falls $q \leq m-2$). Insgesamt existieren also mindestens $(q-1) + 1 + 1 + (m-1-q) = m$ $\mathfrak{k}$-singuläre Punkte, und dabei ist $m \geq (p-1) - (N-1) = p - N$, wie behauptet.

(III). Es sei nun B eine *Kurve* C'. Die Schlüsse in Ziffer (II) gelten unverändert. Wie in Ziffer (II 1) ergibt sich für $k = 1$ die Existenz je mindestens eines $\mathfrak{k}$-singulären Punktes in jedem der p' Bogen $\underline{B}(x_j|x_{j+1})$, $j = 1, \ldots, p'$, wobei $x_{p'+1} = x_1$ gesetzt ist. Ferner ergibt sich (wie in Ziffer (II 2) die Existenz eines orientierten p'-tupels $(x_1, \ldots, x_{p'}) \in B \cap \mathfrak{k}$ derart, daß weder x_1 noch einer der $\mathfrak{k}(x_1)$-singulären Punkte $\mathfrak{k}$-singulär ist. Es folgt wieder die Existenz nur endlich vieler $\mathfrak{k}(x_1)$-singulärer Punkte, etwa $y_1, \ldots, y_m$. Da C' eine Kurve ist, lassen sich die y_μ so numerieren, daß sie auf B natürlich angeordnet sind und daß x_1 in dem keine weiteren y_μ enthaltenden Bogen $\underline{B}(y_m|y_1)$ liegt. Entsprechend wie in Ziffer (II 3) und (II 3 1) schließt man auf die Existenz je eines $\mathfrak{k}$-singulären Punktes in jedem der $(m+1)$ Teilbogen $\underline{B}(y_m|x_1)$, $\underline{B}(x_1|y_1)$,

$\underline{B}(y_\mu|y_{\mu+1})$, $\mu = 1, \ldots, m-1$. Wegen $m \geq p-1$ folgt $m+1 \geq p$, wie behauptet.

4.1.4.3. Schließlich verschärfen wir noch die *obere* Schranke, wie sie im 1. Satz von Abschn. 4.1.3.1.1. angegeben wurde durch den

Satz. *Voraussetzung* (1). *Es sei B normal bezüglich* ($\mathfrak{k}$; k) *mit* $k \geq 1$. — (2). *Es sei* POW (B; $\mathfrak{k}$) $= k+1$. — (3). *Es sei die Eindeutigkeitsbedingung* ($E\ P_k$) *erfüllt.*

Behauptung. Es existieren auf B höchstens $(k+1)$ *$\mathfrak{k}$-singuläre Punkte.*

Beweis (1). Gemäß Abschn. 4.1.3.1.1., Satz 1, gibt es nur endlich viele $\mathfrak{k}$-singuläre Punkte, und diese liegen sämtlich im Innern von B; sie seien etwa $z_1, \ldots, z_r$ in natürlicher Anordnung. Gemäß Abschn. 4.1.2.1. ist OW $(\bar{B}(z_i|z_{i+1});\ \mathfrak{k}) = k$; außerdem ist für den Fall eines Bogens $B = \bar{B}(a|b)$ auch OW $(\bar{B}(a|z_1);\ \mathfrak{k}) =$ OW $(\bar{B}(z_r|b);\ \mathfrak{k}) = k$, während im Fall einer Kurve $B = C'$ gilt: OW $(\bar{B}(z_r|z_1);\ \mathfrak{k}) = k$. — Für $r \leq 2$ ist nichts zu beweisen; es sei also $r \geq 3$.

(2). Je nachdem B ein Bogen oder eine Kurve ist, wählen wir $x \in \underline{B}(a|z_1)$ bzw. $x \in \underline{B}(z_r|z_1)$. Wegen ($E\ P_k$) kann x als fremd zu allen $P_k(z_i)$ angenommen werden. Dann ist keines der z_i ein $\mathfrak{k}(x)$-singulärer Punkt (i. w. S.); denn (vgl. Abschn. 4.1.4.2., Satz, Beweis Ziffer (II 2)) andernfalls gibt es zu x assoziierte k-tupel, die gegen y konvergieren, so daß, falls $y = z_i$ ist, $x \in P_k(z_i)$ wäre im Widerspruch zur Wahl von x. Gemäß Abschn. 4.1.3.1.2., Lemma und Zusatz liegt also in jedem $\underline{B}(z_i|z_{i+1})$, $i = 1, \ldots, r-1$, mindestens ein $\mathfrak{k}(x)$-singulärer Punkt. Bezüglich $(\mathfrak{k}(x);\ k-1)$ besitzt aber B höchstens den OW k; und da $\mathfrak{k}(x)$-singuläre Punkte existieren, ist OW $(B;\ \mathfrak{k}(x)) = k$ (gemäß Abschnitt 4.1.2.1.). Ist also die Behauptung des Satzes schon für $k-1$ bewiesen, so ist $r-1 \leq k$, also $r \leq k+1$, wie behauptet. Es genügt daher, den Satz für $k = 1$ zu beweisen. Dies ist aber schon mit dem Satz des Abschn. 4.1.3.1. geschehen.

4.1.4.3.1. Eine einfache Folgerung aus den Sätzen in Abschn. 4.1.4.2. und 4.1.4.3. ist folgende

Kennzeichnung der Kurven vom $\mathfrak{k}$-Punktordnungswert $k+1$.

Voraussetzung. Es sei C eine bezüglich ($\mathfrak{k}$; k) *normale Kurve* ($k \geq 1$). *Es sei die Infinitesimalbedingung* ($E\ P_k$) *erfüllt.*

Behauptung. Folgende zwei Aussagen sind gleichwertig: (1). *Es ist* POW (C; $\mathfrak{k}$) $= k+1$. — (2). *Es besitzt C genau* $(k+1)$ *$\mathfrak{k}$-singuläre Punkte.*

Anmerkung. Es sei ($\mathfrak{k}$, k) normal bezüglich B, es sei die Differenzierbarkeitsbedingung ($E\ P_k$) erfüllt, die (k, $\mathfrak{k}$)-Paratingenten in den $\mathfrak{k}$-singulären Punkten seien selbst OCh und nicht einpunktig, schließlich sei POW (B; $\mathfrak{k}$) höchstens endlich. Man prüfe folgende Behauptungen: Jeder isolierte $\mathfrak{k}$-singuläre Punkt y besitzt den POW (x; B; $\mathfrak{k}$)

$= k + 1$. Orientiert man die $(k, \mathfrak{k})$-Paratingenten in den $\mathfrak{k}$-singulären Punkten durch Grenzübergang im gleichen Sinne wie B, so liegen diese $\mathfrak{k}$-Paratingenten in benachbarten $\mathfrak{k}$-singulären (isolierten) Punkten x', x'' verschiedenartig bezüglich B (d. h. vordere Umgebungen von x' und von x'' auf den Paratingenten liegen auf verschiedenen Seiten von B).

4.2. Ordnungsminimale Bogen und ihre Schmiegkurven

Bekanntlich ändern sich die Schmiegkreise P an einen Ellipsenquadranten B monoton mit ihren Berührungspunkten: Von zweien der Schmiegkreise P umfaßt nämlich immer einer den anderen, m. a. W., die Schmiegkreise sind „ineinandergeschachtelt". Diese Eigenschaft von B, welche üblicherweise rechnerisch bewiesen wird, ist in dem folgenden Sinne topologischer Natur: Ersetzt man — kurz gesagt — das System der Kreise durch ein System $\mathfrak{k}$ von Kurven K, deren jede durch je 3 ihrer Punkte bestimmt ist, und den Ellipsenquadranten durch einen Bogen B mit POW $(B; \mathfrak{k}) = 3$, so ändern sich die durch $\mathfrak{k}$ bestimmten Schmiegkurven P wiederum monoton mit dem Berührungspunkt; überdies existiert in jedem Punkt von B, bis auf abzählbar viele Ausnahmen, genau ein P und in den Ausnahmepunkten a genau ein vorderes und ein hinteres P, zwischen denen jedes P mit a als Berührungspunkt liegt. Dabei ist also über B nur vorausgesetzt, daß POW $(B; \mathfrak{k}) = 3$. Das Entsprechende gilt allgemein für Kurvensysteme $\mathfrak{k}$ derart, daß jedes $K \in \mathfrak{k}$ durch k seiner Punkte eindeutig bestimmt ist, wenn $k \geq 3$ ungerade ist und wenn POW $(B; \mathfrak{k}) = k$ ist. — Für gerades $k \geq 4$ ergibt sich analog eine Verallgemeinerung des Verhaltens der Konvexbogen bzw. ihrer Stützgeraden (vgl. Abschn. 4.2.6.4.).

Das vorliegende Kapitel enthält die Präzisierung und die Beweise für die vorstehenden Behauptungen.

4.2.1. Annahmen

Grundgebiet sei ein von einer einfachen geschlossenen Kurve G_g in der euklidischen Ebene begrenztes beschränktes Gebiet G; daß die ganze Ebene Grundgebiet ist, werde als Grenzfall eingeschlossen.

Der Grundbogen oder die Grundkurve B liegt in G; es sei B orientiert, einfach und abgeschlossen, insbesondere fremd zu G_g. Ist B' bzw. $\underline{B}'$ ein im Sinne von B orientierter, abgeschlossener bzw. offener Teilbogen von B mir r als Anfangs- und s als Endpunkt, so schreiben wir $B' = B(r \to s)$ bzw. $\underline{B}' = \underline{B}(r \to s)$; es liegt s *hinter* r und r *vor* s, in Zeichen $r \prec s$. Wird von der Orientierung abgesehen, so schreiben wir auch $B(r|s)$ usw.

Das System $\mathfrak{k}$ der Ordnungscharakteristiken (OCh) soll den Axiomen in Abschn. 1.1.1.,2.4. mit einer Grundzahl $k > 1$ genügen. Überdies soll gelten: (1). Grundpunkte sind nicht vorhanden. — (2). Durch je k Punkte des Grundbogens B geht eine OCh. — (3). Je zwei OCh, die $k-1$ Punkte gemeinsam haben, sind zueinander normal.

Ist $K = K(a', e') \in \mathfrak{k}$ ein Bogen, also $a', e' \in G_g$ und ist $t, u \in K$ mit $a' \prec t \prec u \prec e'$, so heiße die (orientierte) Vereinigung der beiden fremden Bogen $K(a' \rightarrow t)$ und $K(u \rightarrow e')$ ein *unterbrochenes Stück* von K, abgekürzt $K(u \rightarrow t) = K(u \rightarrow e') \cup K(a' \rightarrow t)$.

Im folgenden sei k der *Punktordnungswert des Grundbogens* B bezüglich $\mathfrak{k}$. Ein $K \in \mathfrak{k}$ mit POW $(B, K) = k$ heiße *Maximalsekante* von B, wenn *keiner der Endpunkte von* B *auf* K liegt, wenn also $B \cap K = \underline{B} \cap K$ ist. Es ist k der kleinstmögliche (minimale) PWO eines Bogens bezüglich $\mathfrak{k}$.

Beispiele von OCh-Systemen $(\mathfrak{k}, k)$, für welche Bogen B existieren mit POW $(B; \mathfrak{k}) = k$. — Es besitze $(\mathfrak{k}', k')$ mit $k' = k+1$ folgende Eigenschaft: Es gibt ein $K \in \mathfrak{k}'$, ein $a \in K$ und eine Umgebung U von a in G, ferner ein $a' \in U - U \cap K$ derart, daß $K(a', x_1, \ldots, x_k) \in \mathfrak{k}'$ existiert für beliebige (verschiedene) $x_1, \ldots, x_k \in B = K - K \cap U \neq \emptyset$. Wird $\mathfrak{k} = \{K(a', x_1, \ldots, x_k) \colon x_1, \ldots, x_k \in B\}$ gesetzt, so ist k Grundzahl von $\mathfrak{k}$ und POW $(B; \mathfrak{k}) = k$; vorausgesetzt ist, daß $(\mathfrak{k}', k')$ den Axiomen in Abschn. 1.1.1. genügt, was dann auch für $(\mathfrak{k}, k)$ der Fall ist. Bei geeignetem U ist B Bogen, falls K Kurve mit $K \subset G$ bzw. falls $D = K \cap G_g \neq \emptyset$ und $a \in D$. Die von $\mathfrak{k}'$ geforderten Eigenschaften hat jedes der Beispiele (5) in Abschn. 1.2.

4.2.2. Folgerungen

Jeder gemeinsame Punkt von B mit einer Maximalsekante K ist *Schnittpunkt* von B mit K. Haben zwei OCh K', K'' genau $k-1$ Punkte, von denen keiner Endpunkt von K' oder K'' ist, gemeinsam, so sind auch diese sämtlich Schnittpunkte.

Ist $k \equiv 0 \pmod 2$, *so ist jede Maximalsekante ein Bogen* (und keine Kurve). Ist $k \equiv 1 \pmod 2$, so ist B ein *Bogen* (vgl. Abschn. 1.3.5.). Daß B ein Bogen ist, gilt hier sogar für beliebiges $k > 2$ (vgl. Abschn. 4.2.4.1.).

4.2.3. $\mathfrak{k}$-Paratingenten

Es seien $K^n = K^n(x_1^n, \ldots, x_k^n)$ mit $x_\varkappa^n \prec x_{\varkappa+1}^n$, $n = 1, 2, \ldots$, Maximalsekanten; dabei existiere $x'_\varkappa = \lim x_\varkappa^n$, $\varkappa = 1, \ldots, k$ und $P = \lim K^n$.

Axiom. *Es sei* $P \in \mathfrak{k}$, *also* P *selbst eine OCh.*

Für den Fall, daß die $x_1, \ldots, x_k$ alle verschieden sind, erhält man speziell das Axiom aus Abschn. 2.4.1.

Übrigens würde auch genügen, daß P (einfacher) Bogen oder Kurve und daß $B \cap P$ endlich ist (vgl. dazu Abschn. 4.2.4.2., (II), letzte Zeilen; Abschn. 4.2.6.1., letzte Zeilen vor dem „Satz"; Abschn. 4.2.6.2., Satz 1, Beweis A).

Sind die $x'_\varkappa$ nicht sämtlich, sondern nur gruppenweise gleich, und zwar mindestens zwei, so wird P als eine Paratingente bezeichnet. Sind alle $x'_\varkappa$ einander gleich x, so spricht man von einer $\mathfrak{k}$-*Paratingente* in x oder mit x als Berührungspunkt. Ist speziell $x'_1 = \cdots x'_k$ aber $x'_1 \prec x''_\varkappa$ bzw. $x''_\varkappa \prec x'_1$, $\varkappa = 1, \ldots, k$; $n = 1, 2, \ldots$, so werde P als *hintere* bzw. *vordere* $\mathfrak{k}$-*Paratingente* an B in x'_1 oder mit x'_1 als *Berührungpunkt* bezeichnet.

4.2.4. Normalität und Regularität

Mit Hilfe des Axioms in Abschn. 4.2.3. läßt sich zunächst beweisen der

1. Satz. *Voraussetzung*. Es sei $K = K(x_1, \ldots, x_k)$ mit $x_\varkappa \prec x_{\varkappa+1}$ auf B, $\varkappa = 1, \ldots, k-1$.

Behauptung. Es ist $B \cap \underline{K}(x_\varrho \to x_{\varrho+1}) = \emptyset$ oder $B \cap \underline{K}(x_{\varrho+1} \to x_\varrho) = \emptyset$ für jedes ϱ mit $1 \leq \varrho \leq k$, wobei $x_{k+1} = x_1$.

Beweis: Für $k \leq 3$ ist die Behauptung richtig, weil dann die $x_\varkappa$, wenn auf B, auch auf K natürlich angeordnet sind (andernfalls müßte nämlich $k \geq 4$ sein). Es sei also $k \geq 4$. Ist die Behauptung nicht richtig, so gibt es ein ϱ und dazu σ, τ mit $x_\sigma \neq x_\tau$ derart, daß $x_\sigma \in \underline{K}(x_\varrho \to x_{\varrho+1})$ *und* $x_\tau \in \underline{K}(x_{\varrho+1} \to x_\varrho)$ (wobei $k \geq 4$ benutzt ist). Unter Festhalten der $x_\varkappa$ mit $\varkappa \neq \varrho + 1$ lasse man nun $x_{\varrho+1}$ gegen x_ϱ konvergieren. Dann konvergiert K gegen eine OCh K_0 (Abschn. 4.2.3.). Dieses K_0 besitzt aber in x_ϱ einen Verzweigungspunkt, weil $\underline{K}(x_\varrho \to x_{\varrho+1})$ und $\underline{K}(x_{\varrho+1} \to x_\varrho)$ je gegen eine Kurve bzw. gegen einen Bogen mit Endpunkten auf G_g konvergieren; denn der eine Zweig von K_0 enthält den Punkt x_σ, der andere x_τ, und es ist $x_\sigma \neq x_\tau$, während x_ϱ beiden Zweigen gemeinsam ist. Als OCh besitzt aber K_0 keinen Verzweigungspunkt.

Um diesen 1. Satz etwas anschaulicher zu formulieren, definieren wir: Ist $K = K(x_1, \ldots, x_k)$ Maximalsekante mit $x_\varkappa \prec x_{\varkappa+1}$ auf B, $1 \leq \varkappa \leq k-1$, so heißen die $x_\varkappa$ *normal im weiteren Sinne* angeordnet auf B *und* auf K, wenn (bei vorgegebener Orientierung von B) eine Orientierung von K existiert, bei der $x_\varkappa \prec x_{\varkappa+1}$, $\varkappa = 1, \ldots, k-1$, *auch aus* K; dabei ist zugelassen, daß eines der $K(x_\varkappa \to x_{\varkappa+1})$ ein unterbrochenes Stück von K ist. Treten keine unterbrochenen Stücke (mit $\varkappa = 1, \ldots, k-1$) auf, so haben wir Normalität („im engeren Sinne", vgl. Abschnitt 2.3.1.). Es gilt nun der

2. Satz. *Für jede Maximalsekante K sind die Schnittpunkte von B mit K normal im engeren oder weiteren Sinne auf B und auf K.*

Beweis. Gemäß Satz 1 ist bei geeigneter Orientierung von K etwa $B \cap \underline{K}(x_\varrho \to x_{\varrho+1}) = \emptyset$. Dann ist $B \cap \underline{K}(x_{\varrho+2} \to x_{\varrho+1}) \neq \emptyset$, weil

$x_\varrho \in \underline{K}(x_{\varrho+2} \to x_{\varrho+1})$; andernfalls nämlich ist $x_\varrho \in \underline{K}(x_{\varrho+1} \to x_{\varrho+2})$, also $\underline{K}(x_{\varrho+1} \to x_\varrho) \subset \underline{K}(x_{\varrho+1} \to x_{\varrho+2})$ und folglich $x_{\varrho+2} \in \underline{K}(x_\varrho \to x_{\varrho+1})$, also $B \cap \underline{K}(x_\varrho \to x_{\varrho+1}) \neq \emptyset$. Gemäß Satz 1 ist daher $B \cap \underline{K}(x_{\varrho+1} \to x_{\varrho+2}) = \emptyset$. Da bei geeigneter Orientierung von K erreicht werden kann, daß $B \cap \underline{K}(x_1 \to x_2) = \emptyset$ (nach Satz 1), folgt die Behauptung des 2. Satzes durch Induktion von ϱ auf $\varrho + 1$.

Wie in Abschn. 2.1. erklären wir eine *positive* und *negative Seite* des (orientierten) Bogens (Kurve) B. Ist ferner x *Schnittpunkt* von $\underline{B}$ mit einem orientierten $K \in \mathfrak{k}$, so bezeichnen wir x als *positiv* bzw. *negativ* oder als von positivem bzw. negativem *Vorzeichen*, je nachdem eine vordere Umgebung von x auf K auf der positiven oder negativen Seite von B liegt.

3. Satz. *Voraussetzung. Es sei $K = K(x_1, \ldots, x_k)$ Maximalsekante von B mit $x_\varkappa \prec x_{\varkappa+1}$ auf B und auf K (gemäß Satz 2).*

Behauptung (I). *Die (Schnitt-) Punkte $x_\varkappa$ und $x_{\varkappa+1}$ besitzen entgegengesetztes Vorzeichen, $\varkappa = 1, \ldots, k-1$.*

(II). *Für alle Maximalsekanten K hat $x_\varkappa$ das gleiche Vorzeichen: Es ist also für alle solche K das Vorzeichen von $x_\varkappa$ nur abhängig von $\varkappa$, nicht von K.*

Beweis. Betr. *Behauptung* (I). Es sei $1 \leq \varrho \leq k-1$. Gemäß Satz 2 ist $C = B(x_\varrho \to x_{\varrho+1}) \cup K(x_\varrho \to x_{\varrho+1})$ eine einfache Kurve, falls $K(x_\varrho \to x_{\varrho+1})$ nicht unterbrochen ist. Haben nun x_ϱ und $x_{\varrho+1}$ gleiches Vorzeichen, so liegt im Innern von C entweder eine hintere Umgebung (bis auf $x_{\varrho+1}$) von $x_{\varrho+1}$ auf K oder eine vordere Umgebung von x_ϱ. Daher ist $\underline{B}(x_\varrho \to x_{\varrho+1}) \cap K \neq \emptyset$, so daß in $\underline{B}(x_\varrho \to x_{\varrho+1})$ ein x_τ liegt mit $\varrho + 1 \prec \tau$ auf K bzw. $\tau \prec \varrho$ auf K entgegen Satz 2. — Ist $K(x_\varrho \to x_{\varrho+1})$ ein unterbrochenes Stück, ist etwa $K(x_\varrho \to x_{\varrho+1}) = K(x_\varrho \to e') \cup K(a' \to x_{\varrho+1})$, so ergänzt man $K(x_\varrho \to x_{\varrho+1})$ zu einer Kurve C, indem man einen der von a' und e' begrenzten Teilbogen von G_g hinzunimmt ($a', e' \in G_g$). Dann schließt man wie oben.

Betr. *Behauptung* (II). Es sei $K' = K(x_1', \ldots, x_k')$ eine Maximalsekante mit $x_\varkappa' \prec x_{\varkappa+1}'$ auf B. Wegen $x_k' \in \underline{B}$ (vgl. Abschn. 4.2.1.) gibt es $x_\varkappa''$ mit $x_\varkappa'' \prec x_{\varkappa+1}''$, $\varkappa = 1, \ldots, k-1$, so daß $x_k' \prec x_1''$. Dann läßt sich x_k' stetig auf B in x_k'' überführen, ohne daß dabei ein anderes $x_\varkappa'$ überschritten wird. Sodann läßt sich in gleicher Weise x_{k-1}' in x_{k-1}'' überführen usw. Mithin läßt sich $K(x_1', \ldots, x_k')$ in $K(x_1'', \ldots, x_k'')$ stetig so überführen, daß dabei nur Maximalsekanten auftreten, also kein Schnittpunkt sein Vorzeichen ändert, außerdem $x_\varkappa'$ in $x_\varkappa''$ übergeht. Somit haben beide Punkte gleiches Vorzeichen. Da zu irgendzwei Maximalsekanten K^1, K^2 stets eine Maximalsekante K'' existiert, welche sowohl zu K^1 wie zu K^2 ebenso liegt, wie K'' zu K' oben, folgt die Behauptung.

4.2.4.1. Es sei $K = K(x_1, \ldots, x_k)$ Maximalsekante. Wir bezeichnen dann $K(x_\varrho \to x_{\varrho+1})$ als ein *inneres* bzw. *äußeres Teilstück* (von K), je nachdem $1 \leq \varrho \leq k-1$ bzw. $\varrho = k$ ist $(x_{k+1} = x_1)$. Das Teilstück kann dabei unterbrochen sein oder nicht. Wir behaupten:

1. Hilfssatz. *Ist $k \equiv 0 \pmod 2$ mit $k \geq 2$, so enthält keine Maximalsekante ein unterbrochenes inneres Teilstück.*

Beweis. Es sei $K(x_\varrho \to x_{\varrho+1}) = K(x_\varrho \to b) \cup K(c \to x_{\varrho+1})$, $1 \leq \varrho \leq k-1$, unterbrochen, wobei zunächst $k \geq 4$.

(I). Dann ist auch $K'(x'_\varrho \to x_{\varrho+1}) = K(x'_\varrho \to b') \cup K(c' \to x_{\varrho+1})$ unterbrochen, wenn $K' = K(x_1, \ldots, x_{\varrho-1}, x'_\varrho, x_{\varrho+1}, \ldots, x_k)$ und $x'_\varrho \in \underline{B}(x_\varrho \to x_{\varrho+1})$; dabei werden b, c durch b', c' auf G_g getrennt. In der Tat: Man ergänze $K(x_\varrho \to x_{\varrho+1})$ durch einen b mit c verbindenden Teilbogen von G_g zu einer Kurve C. Angenommen, es sei $K'(x'_\varrho \to x_{\varrho+1})$ nicht unterbrochen. Dann ist K' eine Kurve oder ein Bogen, dessen Endpunkte auf G_g nicht durch b und c getrennt werden. Daher ist die Anzahl $k-1$ der (Schnitt-) Punkte von $K \cap K' = C \cap K'$ gerade im Widerspruch zu $k - 1 \equiv 1 \pmod 2$. Somit ist $K'(x'_\varrho \to x_{\varrho+1})$ unterbrochen für jedes $x'_\varrho \in \underline{B}(x_\varrho \to x_{\varrho+1})$ und wegen POW $(K \cap K') = k-1 \equiv 1 \pmod 2$ werden b', c' durch b, c auf G_g getrennt.

(II). Läßt man jetzt x'_ϱ auf $\underline{B}(x_\varrho \to x_{\varrho+1})$ gegen $x_{\varrho+1}$ konvergieren, so konvergiere (gemäß Abschn. 4.2.3.) K' gegen eine OCh P. Es besitzt aber P in $x_{\varrho+1}$ einen Verzweigungspunkt im Widerspruch zu $P \in \mathfrak{k}$. — Für $k = 2$ ist die Behauptung trivial.

Aus dem 1. Hilfssatz ergibt sich der

1. Satz. *Ist $k > 2$, so ist B, wenn* POW $(B) = k$, *stets ein* Bogen *(und keine Kurve). Für $k = 2$ kann B sowohl Bogen als Kurve sein.*

Beweis. Für $k \equiv 1 \pmod 2$ ist die Behauptung in Abschn. 4.2.2. bewiesen. Für $k \equiv 0 \pmod 2$ und $k > 3$ kann man so schließen: Ist B Kurve, so ist jedes $K(x_\varrho \to x_{\varrho+1})$, $\varrho = 1, \ldots, k$; $x_{k+1} = x_1$, ein inneres Teilstück (Teilbogen); für $\varrho = k$ folgt dies, wenn man die x_ϱ etwa in der Reihenfolge $x_2, \ldots, x_k, x_1$ auf B wählt. Nach dem Hilfssatz 1 ist also keines der $K(x_\varrho \to x_{\varrho+1})$ unterbrochen und folglich jedes K eine Kurve, im Widerspruch zu Abschn. 4.2.2.

2. Hilfssatz. *Voraussetzung.* Es sei $k \equiv 1 \pmod 2$, also $k \geq 3$. Ferner sei POW $(B_0; \mathfrak{k}) = k$, also B_0 ein Bogen (Satz 1). Schließlich sei B abgeschlossener Teilbogen von $\underline{B}_0$.

Behauptung. Es existiert eine Zahl $\delta' = \delta'(B; B_0) > 0$ derart, daß für jede Maximalsekante $K = K(x_1, \ldots, x_k)$ von B kein inneres Teilstück $K(x_\varrho \to x_{\varrho+1})$ unterbrochen ist, falls der Durchmesser aller Teilbogen $B(x_\varrho \to x_{\varrho+1})$ von B kleiner ist als δ'.

Zusatz. Es existiert bei $k \equiv 1 \pmod 2$ ein $\delta'' = \delta''(B, B_0) > 0$ derart, daß keine Maximalsekante $K(x_1, \ldots, x_k)$ ein unterbrochenes inneres Teilstück besitzt, falls nur der Durchmesser von $B(x_1 \to x_k)$ kleiner als δ'' ist.

Beweis. Indirekt. Andernfalls existiert eine Folge von OCh $K_n = K(x_1^n, \ldots, x_k^n)$ mit $x_1^n, \ldots, x_k^n \in B$, $n = 1, 2, \ldots$, und zu jedem n ein ϱ_n derart, daß $T_n = K_n(x_{\varrho_n}^n \to x_{\varrho_n+1}^n)$ unterbrochen ist und daß der Durchmesser der $B(x_{\varrho_n}^n \to x_{\varrho_n+1}^n)$ gegen Null konvergiert (für $n \to \infty$). Durch Auswahl aus der Folge K_n läßt sich erreichen, daß $\varrho_n = \tau$ für alle n, ferner, daß $P = \lim K_n$ sowie $\lim x_\varkappa^n = x_\varkappa \in B$ für $\varkappa = 1, \ldots, k$ existiert, wobei jedenfalls $x_\tau = x_{\tau+1}$ ist. Es ist P eine Paratingente an B und B_0, also $P \in \mathfrak{k}$. Andererseits konvergieren die unterbrochenen $K_n(x_\tau^n \to x_{\tau+1}^n)$ gegen einen Bogen $B(P)$ oder eine Kurve $C(P)$, der bzw. die in P enthalten ist, durch x_τ geht und mit G_g zwei bzw. einen Punkt gemeinsam hat. Nun waren aber die $K_n(x_\tau^n \to x_{\tau+1}^n)$ innere Teilstücke der K_n, liegen also (gemäß Abschn. 4.2.4., Satz 3) in der Umgebung von x_τ^n und $x_{\tau+1}^n$ auf der gleichen Seite von B. Daher gilt letzteres auch für $B(P)$ bzw. $C(P)$ in der Umgebung von x_τ. Außerdem war POW $(B \cap K_n) = k \equiv 1 \pmod 2$. Ist daher $x_\tau = x_\varkappa$ für alle $\varkappa = 1, \ldots, k$, so kann, weil x_τ Schnittpunkt von P mit $\underline{B}_0$ ist (wegen $k \equiv 1 \pmod 2$)) nicht $P = B(P)$ bzw. $P = C(P)$ sein; denn P schneidet B in x. Es besitzt also P in x_τ einen Verzweigungspunkt im Widerspruch zu $P \in \mathfrak{k}$. Ist aber (mindestens) ein $x_\varkappa \neq x_\tau$, so ist dieses $x_\varkappa$ nicht in $B(P)$ bzw. $C(P)$ enthalten und x_τ wieder Verzweigungspunkt von P.

Betr. Zusatz. Da der Durchmesser eines jeden inneren $B(x_\varrho \to x_{\varrho+1}) \subset B$ nicht größer ist als der von $B(x_1 \to x_k)$ genügt es zu setzen:

$$\delta'' \leq \delta.$$

4.2.4.2. Durch evtl. Verkleinerung von δ'' läßt sich noch mehr erreichen. Es sei wieder B Teilbogen eines $\underline{B}_0$ mit POW $(B_0) = k$, wobei $k \geq 3$ beliebig.

(I). In einem inneren Teilstück $K(x_\varrho \to x_{\varrho+1})$ einer Maximalsekante liegen gemäß Abschn. 4.2.4., Satz 3, eine hintere Umgebung von x_ϱ und eine vordere Umgebung von $x_{\varrho+1}$ (auf K) auf der gleichen Seite von B bzw. B_0. Falls das Teilstück nicht unterbrochen ist, ist $C = B(x_\varrho \to x_{\varrho+1}) \cup K(x_\varrho \to x_{\varrho+1})$ eine (in G gelegene, einfache) Kurve. Dabei liegen eine vordere Umgebung von x_ϱ und eine hintere Umgebung von $x_{\varrho+1}$ auf B beide im Inneren $J(C)$ oder beide im Äußeren $A(C)$ von C. Wegen $B \cap \underline{K}(x_\varrho \to x_{\varrho+1}) = \emptyset$ (gemäß Abschn. 4.2.4., Satz 2) liegen daher die beiden Endpunkte a, e von B_0 beide in $J(C)$ oder beide in $A(C)$. Aus $a, e \in J(C)$ folgt aber $\underline{K}(x_{\varrho+1} \to x_\varrho) \subset J(C)$; denn $B_0 \cap \underline{K}(x_{\varrho+1} \to x_\varrho) \subset J(C)$. Daher ist K eine Kurve. Gemäß Abschn. 4.2.2. ist also $k \equiv 1 \pmod 2$.

(II). Für $k \equiv 1 \pmod 2$ gilt aber: Bei hinreichend kleinem Durchmesser von $B(x_1 \to x_k)$ ist $a, e \in J(C)$ für kein inneres Teilstück von K. —

In der Tat: Anderenfalls existiert (vgl. Abschn. 4.2.4.1., Hilfssatz 2, Beweis) eine Folge von Maximalsekanten $K_n = K(x_1^n, \ldots, x_k^n)$, $n = 1, 2, \ldots$, und von (nicht unterbrochenen) Teilstücken $K_n(x_\tau^n \to x_{\tau+1}^n)$ mit von n unabhängigem τ derart, daß $x_\varkappa = \lim x_\varkappa^n$ auf $\underline{B}_0$, $\varkappa = 1, \ldots, k$ sowie $P = \lim K_n$ mit $x_\tau = x_{\tau+1}$. Außerdem ist $a, e \in J(C_n)$, wobei $C_n = K_n(x_\tau^n \to x_{\tau+1}^n) \cup B(x_\tau^n \to x_{\tau+1}^n)$. Gemäß Abschn. 4.2.3. ist $P \in \mathfrak{k}$. Ist nun eines der $x_\varkappa$ verschieden von x_τ, etwa $x_\sigma \neq x_\tau$, so ist x_τ Verzweigungspunkt von P; denn $\lim K_n(x_\tau^n \to x_{\tau+1}^n)$ existiert (mindestens für eine geeignete Teilfolge der K_n) und ist eine Kurve C', weil $a, e \in J(C')$ oder auf C' liegen; und es ist $x_\tau \in C'$. Hingegen ist $\lim K_n(x_{\tau+1}^n \to x_\tau^n)$ eine Kurve C'', weil $x_\sigma \in C''$. Schließlich ist $C' \cap C'' = \{x_\tau\}$ und $P = C' \cup C''$. Daher ist x_τ Verzweigungspunkt von P im Widerspruch zu $P \in \mathfrak{k}$. — Sind aber alle $x_\varkappa = x_\tau$, so ist (wegen $k \equiv 1 \pmod 2$) lim $K_n(x_{\tau+1}^n \to x_\tau^n)$ eine Kurve C'', in deren Innern genau einer der Endpunkte von B_0 liegt oder auf der einer oder beide Endpunkte von B_0 liegen. Da eine Umgebung von x_τ auf C'' auf der entgegengesetzten Seite von B_0 liegt wie eine solche auf C', ist x_τ Verzweigungspunkt von $P = C' \cup C''$, im Widerspruch zu $P \in \mathfrak{k}$ (man beachte dabei, daß P keine Teilbogen mit B gemeinsam haben darf).

Wir bezeichnen nun eine Maximalsekante $K = K(x_1, \ldots, x_k)$ von B als *regulär*, wenn *Erstens* kein inneres Teilstück $K(x_\varrho \to x_{\varrho+1})$ von K unterbrochen ist und *Zweitens* die beiden Endpunkte von B im Äußeren einer jeden der Kurven $K(x_\varrho \to x_{\varrho+1}) \cup B(x_\varrho \to x_{\varrho+1})$, $\varrho = 1, \ldots, k-1$, liegen.

Aus dem oben Bewiesenen entnimmt man unter Beachtung von Abschn. 4.2.4.1., Hilfssatz 1, den

1. Satz. (1). Falls $k \equiv 0 \pmod 2$ sowie POW $(B) = k$, ist jede Maximalsekante des Bogens B regulär ($k \geq 2$). — (2). Es sei $B \subset \underline{B}_0$ mit POW $(B_0) = k$, Dann existiert für $k \equiv 1 \pmod 2$ mit $k \geq 3$ zu B eine *Regularitätsschranke* $\delta = \delta(B; B_0)$, d. h. eine Zahl $\delta > 0$ derart, daß jede Maximalsekante $K(x_1, \ldots, x_k)$ von B regulär ist, für welche der Durchmesser von $B(x_1 \to x_k)$ kleiner ist als δ.

Ferner hat man noch den

2. Satz. Es wird B mit POW $(B) = k \geq 2$ von jeder $\mathfrak{k}$-Paratingente in $x \in B$ geschnitten oder gestützt je nachdem $k \equiv 1 \pmod 2$ oder $k \equiv 0 \pmod 2$.

4.2.5. Ein Hilfssatz. Folgerungen

Zur Vorbereitung späterer Betrachtungen untersuchen wir die gegenseitige Lage regulärer Maximalsekanten. Zur Abkürzung bezeichnen wir dabei reguläre Maximalsekanten $K' = K(x_1', \ldots, x_k')$ und $K'' = K(x_1'', \ldots, x_k'')$ als *getrennt* oder als in *getrennter Lage*, wenn $x_k' \prec x_1''$ oder $x_k'' \prec x_1'$; dabei ist $x_\varkappa' \prec x_{\varkappa+1}'$ und $x_\varkappa'' \prec x_{\varkappa+1}''$, $\varkappa = 1, \ldots, k-1$, vorausgesetzt.

Hilfssatz. *Voraussetzung*. Es sei B ein Bogen mit POW $(B) = k$, wobei $k \geq 3$. Es seien $K' = K(x_1', \ldots, x_k')$ und $K'' = K(x_1'', \ldots, x_k'')$ reguläre, getrennte Maximalsekanten von B, etwa mit $x_k' \prec x_1''$. Im Falle $k \equiv 1 \pmod 2$ sei überdies $B \subset \underline{B}_0$ mit POW $(B_0) = k$ und der Durchmesser von $B(x_1' \to x_k')$ sowie von $B(x_1'' \to x_k'')$ sei kleiner als die Regularitätsschranke $\delta = \delta(B; B_0)$.

Behauptung. Für K' und K'' ist *nicht* die folgende Annahme $H(K', K'')$ erfüllt:

$H(K', K'')$: Es existiert ein Punkt $y \in \underline{K}'(x_k' \to x_1') \cap \underline{K}''(x_k'' \to x_1'')$ derart, daß

(1). $\underline{K}'(y \to x_1') \cap \underline{K}''(y \to x_1'') = \emptyset$, ferner, daß

(2). $K'(y \to x_1')$ und $K''(y \to x_1'')$ nicht unterbrochen sind sowie daß

(3). mindestens einer der Endpunkte a, e von B bzw. B_0 im Äußern $A(C)$ der Kurve $C = B(x_1' \to x_1'') \cup K'(y \to x_1') \cup K''(y \to x_1'')$ liegt.

Anmerkung. Aus (1) bis (3) folgt, daß beide Endpunkte a, e in $A(C)$ liegen.

Beweis. *Vorbemerkung*. Wir schließen indirekt, indem aus $H(K', K'')$ ein Widerspruch hergeleitet wird, und zwar so: Es wird K'' schrittweise stetig in K' übergeführt, indem man zuerst x_1'' stetig und monoton in x_2' bei im übrigen festen $x_2'', \ldots, x_k''$ übergehen läßt, als K'' in $K_1 = K(x_2', x_2'', \ldots, x_k'')$.

Allgemein: Ist $K_{\varrho-1} = K(x_2', \ldots, x_\varrho', x_\varrho'', \ldots, x_k'')$, so wird $K_{\varrho-1}$ in $K_\varrho = K(x_2', \ldots, x_\varrho', x_{\varrho+1}', x_{\varrho+1}'', \ldots, x_k'')$ stetig übergeführt, $2 \leq \varrho \leq k-1$, indem x_ϱ'' (stetig und monoton) in $x_{\varrho+1}'$ übergeführt wird. Sodann wird gezeigt, daß diese K_ϱ sämtlich regulär sind und daß $H(K'; K_\varrho)$ gilt mit einem y_ϱ (statt mit y). Daraus folgt dann, daß $x_2', \ldots, x_k', y_{k-1} \in K' \cap K_{k-1}$, also (weil POW$(K' \cap K_{k-1}) \geq k$ ist) $K' = K_{k-1}$ und daher $x_k'' \in K'$ im Widerspruch mit $x_k'' \notin K'$.

I. Wir machen für den Fall $k \equiv 1 \pmod 2$, $k \geq 3$, zunächst die, im Vergleich mit der Voraussetzung etwas *stärkere Annahme*, daß der *Durchmesser* von $B(x_1' \to x_k'')$ nicht größer sei als $\delta(B; B_0)$.

I.1. Wegen $a, e \in A(C)$ (vgl. $H(K', K'')$, (3)) gilt für eine vordere Umgebung $\underline{U}_v(x_1'; B)$ von x_1' auf B die Beziehung $\underline{U}_v(x_1'; B) \subset A(C)$. Daher ist auch $\underline{U}_h(x_1'; K') \subset A(C)$, wenn $\underline{U}_h(x_1'; K')$ eine hintere Umgebung von x_1' auf K' bedeutet. Es liegen aber $\underline{U}_v(x_1'; K')$ und $\underline{U}_v(x_2'; K_1)$ auf der gleichen Seite von B (vgl. Abschn. 4.2.4., Satz 3., Behauptung (II)), mithin $\underline{U}_h(x_1'; K')$ und $\underline{U}_v(x_2'; K_1)$ auf verschiedenen Seiten von B und folglich auch auf verschiedenen Seiten von C. Daher gilt $\underline{U}_v(x_2'; K_1) \subset J(C)$ und $\underline{U}_h(x_1'; K') \subset A(C)$. Wegen $e \subset A(C)$ ist $x_k'' \in \underline{B}(x_1'' \to e) \subset A(C)$. Es gibt mithin einen in $J(C)$ gelegenen Teilbogen T_1 von $K_1(x_k'' \to x_2')$, welcher als Endpunkte x_2' und ein y_1 mit $y_1 \in K'(y \to x_1') \cup K''(y \to x_1'')$ als Anfangspunkt besitzt, also $T_1 = K_1(y_1 \to x_2')$. Es ist $y_1 \notin K''(y \to x_1'')$, weil andernfalls $K_1 \cap K''$ die k Punkte $x_2'', \ldots, x_k'', y_1$ enthält, also

$K_1 = K''$ ist im Widerspruch zu $x_2' \notin K''$. Somit ist $y_1 \in K'(y \to x_1') \cap K_1(x_k'' \to x_2')$; wir wählen das am nächsten bei x_1' auf $K'(y \to x_1')$ gelegene y_1. Setzt man $C_1 = B(x_1' \to x_2') \cup K_1(y_1 \to x_2') \cup K'(y_1 \to x_1')$, so ist, wegen $\underline{T}_1 \subset J(C)$ auch $J(C_1) \subset J(C)$, und es gilt $H(K', K_1)$; denn es sind K_1 und K' regulär (gemäß der Annahme in Ziffer I), aber nicht getrennt, und es ist

$$y_1 \in \underline{K}'(y \to x_1') \cap \underline{K}_1(x_k'' \to x_2');$$

(1 1). $\underline{K}'(y_1 \to x_1') \cap \underline{K}_1(y_1 \to x_2') = \emptyset$.

(2 1). Es sind $K'(y_1 \to x_1')$ und $K_1(y_1 \to x_2')$ nicht unterbrochen.

(3 1). Für $C_1 = B(x_1' \to x_2') \cup K'(y_1 \to x_1') \cup K_1(y_1 \to x_2')$ gilt:
C_1 ist eine Kurve mit $J(C_1) \subset J(C)$ und daher $a, e \in A(C_1)$.

I.2. Nun kann man induktiv schließen: Gilt $H(K', K_{\varrho-1})$, so auch $H(K', K_\varrho)$. In der Tat: Es sei $C_{\varrho-1} = B(x_1' \to x_2') \cup K'(y_{\varrho-1} \to x_1') \cup K_{\varrho-1}(y_{\varrho-1} \to x_2')$. Nun liegen $\underline{U}_v(x_2'; K_\varrho)$ und $\underline{B}(x_1' \to x_2')$ auf der gleichen Seite von $K_{\varrho-1}$. Nämlich: Es wird $\underline{U}_v(x_2'; K_\varrho)$ von x_ϱ' auf K_ϱ bzw. $\underline{B}(x_1' \to x_2')$ von x_ϱ' auf B durch die gleichen $\varrho - 2$ Punkte $x_2', \ldots, x_{\varrho-1}' \in B \cap K_{\varrho-1} \cap K_\varrho$ getrennt (und durch keine weiteren Punkte). Ferner liegen $\underline{U}_v(x_1'; K')$ und $\underline{U}_v(x_2'; K_\varrho)$ auf der gleichen Seite von B, weil x_1' und x_2' vorderster Punkt von $B \cap K'$ bzw. von $B \cap K_\varrho$ ist und weil K', K_ϱ Maximalsekanten sind. Daher ist $\underline{U}_v(x_2'; K_\varrho) \subset J(C_{\varrho-1})$. Andererseits ist $x_k'' \in A(C_{\varrho-1})$. Daraus ergibt sich wie in I.1. die Existenz eines $y_\varrho \in K'(y_{\varrho-1} \to x_1') \cap K_\varrho(x_k'' \to x_2')$ und eines $C_\varrho = B(x_1' \to x_2') \cup K_\varrho(y_\varrho \to x_2') \cup K'(y_\varrho \to x_1')$ mit $J(C_\varrho) \subset J(C_{\varrho-1})$ usw.

II. Wir geben jetzt die in Ziffer I für den Fall $k \equiv 1 \pmod 2$ gemachte stärkere Annahme auf, setzen also wie im Satz voraus, daß die Durchmesser von $B(x_1' \to x_k')$ und von $B(x_1'' \to x_k'')$ kleiner als δ seien, während der von $B(x_1' \to x_k'')$ mindestens gleich δ ist. Es gibt dann ein m und m k-tupel von Punkten $x_1^\mu, \ldots, x_k^\mu \in \underline{B}$, $\mu = 1, \ldots, m$, mit $x_\varkappa^\mu \prec x_{\varkappa+1}^\mu$ und $x_k^\varrho \prec x_1^{\varrho+1}$, $1 \leq \varkappa \leq k-1$; $1 \leq \varrho \leq m-1$, derart, daß der Durchmesser von $B(x_1^\varrho \to x_k^{\varrho+1})$ kleiner als δ ist; dabei sei $x_\varkappa^1 = x_\varkappa'$ und $x_\varkappa^m = x_\varkappa''$, $1 \leq \varkappa \leq k$. Die Maximalsekanten $K^\mu = K(x_1^\mu, \ldots, x_k^\mu)$ sind dann alle regulär und paarweise getrennt; es ist $K^1 = K'$, $K^m = K''$. Aus $H(K', K'')$ ist jetzt zu schließen, daß $H(K', K^\varrho)$ gilt für $2 \leq \varrho \leq m-1$. Gemäß Ziffer I führt aber $H(K', K^2)$ auf einen Widerspruch, womit sich auch $H(K', K'')$ als widerspruchsvoll erweist.

II.1. Beweis für $H(K', K^\varrho)$. Wegen $a, e \in A(C)$ (betr. C siehe $H(K', K'')$) ist $\underline{U}_v(x_1'; B) \cup \underline{U}_h(x_1'; K') \cup \underline{U}_h(x_1''; B) \subset A(C)$. Ferner liegen $\underline{U}_h(x_1^{m-1}; K^{m-1})$, $\underline{U}_h(x_1'; K')$ und $\underline{U}_h(x_1''; K'')$ auf der gleichen Seite von B (Abschn. 4.2.4., Satz 3). Aus $\underline{U}_h(x_1'; K') \subset A(C)$ folgt daher $\underline{U}_h(x_1^{m-1}; K^{m-1}) \subset A(C)$ und mithin $\underline{U}_v(x_1^{m-1}; K^{m-1}) \subset J(C)$ (weil $x_1^{m-1} \in \underline{B}(x_1' \to x_1'')$). Daraus folgt die Existenz eines $y_{m-1} \in C \cap K^{m-1}$, so daß $\underline{K}^{m-1}(y_{m-1} \to x_1^{m-1}) \subset J(C)$. Dabei scheidet $y_{m-1} \in K''(y \to x_1'')$

aus; denn andernfalls würde $H(K^{m-1}, K'')$ gelten, und dies führt, weil der Durchmesser von $B(x_1^{m-1} \to x_k'')$ kleiner als δ ist, gemäß Ziffer I, zu einem Widerspruch. — Ferner ist $y_{m-1} \in B(x_1' \to x_1'')$ nicht möglich, so daß $y_{m-1} \in K'(y \to x_1')$ sein muß. Es ist dann $C_{m-1} = B(x_1' \to x_1^{m-1}) \cup K'(y_{m-1} \to x_1') \cup K^{m-1}(y_{m-1} \to x_1^{m-1})$ eine (einfache) Kurve mit $J(C_{m-1}) \subset J(C)$. Daraus folgt $H(K', K^{m-1})$. Durch Induktion ergibt sich (mittels der gleichen Schlüsse) $H(K', K^2)$ und daraus ein Widerspruch, da K', K^2 der in Ziffer I gemachten stärkeren Annahme genügen. — Damit ist der Hilfssatz bewiesen.

4.2.5.1. Ist die Maximalsekante $K = K(x_1, \ldots, x_k)$ ein *Bogen* mit a' als Anfangs- und e' als Endpunkt $(a', e' \in G_g)$, so werde $K(a' \to x_1)$ bzw. $K(x_k \to e')$ als *Anfangs-* bzw. als *Endbogen* von K bezeichnet. Ist K eine *Kurve*, so heiße $K(x_k \to x_1)$ der *äußere Teilbogen* von K.

Für den speziellen Fall $k = 2$ gilt der

1. Satz. *Voraussetzung.* Es sei B ein Bogen oder eine Kurve mit $\mathrm{POW}(B; \mathfrak{k}) = 2 = k$. Entweder seien K', K'' getrennte Maximalsekanten mit den Anfangsbogen A' bzw. A'' und den Endbogen E' bzw. E'' (gemäß Abschn. 4.2.4.2., Satz 1, sind K', K'' regulär; und gemäß Abschn. 4.2.2. sind sie Bogen). Oder K' oder (und) K'' seien $\mathfrak{k}$-Paratingenten mit verschiedenen Berührungspunkten.

Behauptung. Es ist $\underline{A}' \cap A'' = \emptyset$ und $\underline{E}' \cap E'' = \emptyset$.

Beweis. Aus z. B. $\underline{A}' \cap \underline{A}'' = \{y\} \neq \emptyset$ folgt: Entweder ist auch $E' \cap \underline{A}'' \neq \emptyset$ oder es liegt E'' in einer Umgebung von x_2'' innerhalb der Kurve $C = B(x_1' \to x_1'') \cup A''(y \to x_1'') \cup A'(y \to x_1')$, so daß $E'' \cap A' \neq \emptyset$. Beide Male ergibt sich ein Widerspruch zu $\mathrm{POW}(K' \cap K'') < 2$. — Ist z. B. K' eine k-Paratingente, so existieren zu K' beliebig benachbarte Maximalsekanten K^+, die von K'' getrennt sind und deren Anfangs- bzw. Endbogen nicht fremd zu $\underline{A}''$ bzw. zu E'' sind, falls dies für den Anfangs- bzw. Endbogen von K' zutrifft; letztere sind dabei erklärt als die Limiten der Anfangs- bzw. Endbogen der K^+.

Aus dem Hilfssatz in Abschn. 4.2.5. läßt sich nun entnehmen der

2. Satz. *Voraussetzung* (1). Es sei $k > 2$. Es seien $K' = K(x_1', \ldots, x_k')$ und $K'' = K(x_1'', \ldots, x_k'')$ reguläre, getrennte Maximalsekanten des Bogens $B \subset \underline{B}_0$ mit $\mathrm{POW}(B_0) = k$ und $B_0 = B_0(a \to e)$. Im Falle $k \equiv 1 \pmod 2$ sei der Durchmesser von $B(x_1' \to x_k')$ und von $B(x_1'' \to x_k'')$ kleiner als δ angenommen. — (2). Es sei K' und K'' ein Bogen, ferner sei A' bzw. A'' der Anfangs- und E' bzw. E'' der Endbogen von K' bzw. von K''. Es sei $A' \cap A'' \neq \emptyset$ bzw. $E' \cap E'' \neq \emptyset$ und $y_1 \in A' \cap A''$ bzw. $y_k \in E' \cap E''$; es sei dementsprechend

$$C = B(x_1' \to x_1'') \cup K'(y_1 \to x_1') \cup K''(y_1 \to x_1'')$$

bzw.

$$C = B(x_k' \to x_k'') \cup K'(x_k' \to y_k) \cup K''(x_k'' \to y_k).$$

Behauptung. Es ist $a, e \in J(C)$.

Zusatz. Ist K' oder K'' eine Kurve, so tritt der äußere Teilbogen T' bzw. T'' an die Stelle von A' oder A'' bzw. von E' oder E''.

4.2.5.2. Im Falle $k \equiv 1 \pmod 2$ liefert der Hilfssatz in Abschn. 4.2.5. noch den folgenden

Satz. *Voraussetzung.* Es sei $k \equiv 1 \pmod 2$, $k \geq 3$. Ferner sei $B \subset \underline{B}_0$, wobei für den Bogen $B_0 = B_0(a \to e)$ gilt $\mathrm{POW}(B_0) = k$. Es seien $K' = K(x_1', \ldots, x_k')$ und $K'' = K(x_1'', \ldots, x_k'')$ Maximalsekanten des Bogens B (also auch von B_0) (vgl. Abschn. 4.2.4.1., Satz 1). Es seien K' und K'' regulär und getrennt; und die Durchmesser von $B(x_1' \to x_k')$ und von $B(x_1'' \to x_k'')$ seien kleiner als δ.

Behauptung. Es sind $K'(x_k' \to x_1')$ und $K''(x_k'' \to x_1'')$ fremd.

Beweis (1). Gedankengang. Aus der Negation der Behauptung schließt man, daß $H(K', K'')$ gilt (vgl. Abschn. 4.2.5., Hilfssatz, Behauptung), und ist damit bei einem Widerspruch.

(2). O. B. d. A. wird $x_k' \prec x_1''$ angenommen. Es sei also $K'(x_k' \to x_1') \cap K''(x_k'' \to x_1'') = D \neq \emptyset$. Der auf $K'(x_k' \to x_1')$ von x_1' bzw. von x_k' aus gerechnet erste Punkt von D sei y_1 bzw. y_k; es kann auch $y_1 = y_k$ sein. Dementsprechend gilt:

$$\text{(F)}\quad \underline{K}'(y_1 \to x_1') \cap K''(x_k'' \to x_1'') = \underline{K}'(x_k' \to y_k) \cap K''(x_k'' \to x_1'')$$
$$= \underline{K}'(x_k' \to x_1') \cap B = \underline{K}''(x_k'' \to x_1'') \cap B = \emptyset.$$

Wir setzen nun

$$C_{11} = B(x_1' \to x_1'') \cup K'(y_1 \to x_1') \cup K''(y_1 \to x_1'');$$
$$C_{1k} = B(x_1' \to x_k'') \cup K'(y_1 \to x_1') \cup K''(x_k'' \to y_1);$$
$$C_{k1} = B(x_k' \to x_1'') \cup K'(x_k' \to y_k) \cup K''(y_k \to x_1'');$$
$$C_{kk} = B(x_k' \to x_k'') \cup K'(x_k' \to y_k) \cup K''(x_k'' \to y_k).$$

Die C_{ij}; $i, j = 1, k$ sind einfache Bogen oder Kurven (wegen (F)).

(a). Ist $K'(y_1 \to x_1')$ *nicht unterbrochen,* so ist *mindestens eines* der C_{11}, C_{1k} eine *Kurve*; den $K''(y_1 \to x_1'')$ und $K''(x_k'' \to y_1)$ können nicht gleichzeitig beide unterbrochen sein.

(b). Ist hingegen $K'(y_1 \to x_1')$ unterbrochen, so auch $K'(y_k \to x_1')$; infolgedessen ist $K'(x_k' \to y_k)$ nicht unterbrochen und daher *mindestens eines der* C_{k1}, C_{kk} eine Kurve.

Die Orientierung dieser Kurven entspricht der Orientierung von $B(x_1' \to x_k'')$. Wir diskutieren der Reihe nach die Fälle, in welchen die C_{ij} Kurven sind.

Betr. C_{11}. Ist C_{11} eine Kurve, so liegt ein $\underline{U}_h(x_1''; C_{11}) = \underline{U}_v(x_1''; K'')$ auf der gleichen Seite von B wie ein $\underline{U}_v(x_1'; C_{11}) = \underline{U}_v(x_1'; K')$. Es ist daher $a, e \in J(C_{11})$ oder $a, e \in A(C_{11})$. Im letzteren Falle gilt $H(K', K'')$, welcher mithin ausscheidet. Es sei also $a, e \in J(C_{11})$. Wegen $e \in J(C_{11})$ ist $x_k'' \in \underline{B}(x_1'' \to e) \subset J(C_{11})$. Daher existiert ein größter, offener, in $J(C_{11})$ gelegener Teilbogen $\underline{K}''(x_k'' \to y_1')$ von $K''(x_k'' \to x_1'')$; es ist $y_1' \in C_{11}$ und $\underline{K}''(x_k'' \to y_1')$ ist, da innerhalb der Kurve C_{11} gelegen, nicht unterbrochen. Darüber hinaus gilt $y_1' = y_1$; denn y_1' liegt nicht in $B(x_1' \to x_1'')$ und, wegen $\underline{K}'(y_1 \to x_1') \cap K''(x_k'' \to x_1'') = \emptyset$, auch nicht in $\underline{K}'(y_1 \to x_1')$, ferner nicht in $\underline{K}''(y_1 \to x_1'') \subset K''(x_k'' \to x_1'')$, weil $K''(y_1 \to x_1'')$ Teilbogen von C_{11} ist. Mit C_{11} ist also hier auch C_{1k} Kurve, ein Fall, der jetzt erledigt wird.

Betr. C_{1k}. Es sei also C_{1k} eine Kurve. Wegen $k \equiv 1 \pmod 2$ ist $a \in A(C_{1k})$ oder $e \in A(C_{1k})$. Aus dem gleichen Grunde liegen ein $\underline{U}_v(x_k'; K')$ und ein $\underline{U}_h(x_1''; K'')$ auf verschiedenen Seiten von B, so daß, wegen $x_k', x_1'' \in \underline{B}(x_1' \to x_k'') \subset C_{1k}$, eine dieser beiden einseitigen Umgebungen in $J(C_{1k})$ liegt. Es gibt daher einen in $J(C_{1k})$ gelegenen und folglich nicht unterbrochenen Teilbogen entweder $\underline{K}'(x_k' \to y') \subset K'(x_k' \to x_1')$ oder $\underline{K}''(y'' \to x_1'') \subset K''(x_k'' \to x_1'')$ mit y' oder y'' in $K'(y_1 \to x_1') \cup K''(x_k'' \to y_1)$; dabei sei y' bzw. y'' der am nächsten bei x_k' bzw. bei x_1'' gelegene derartige Punkt. Somit ist $y' = y_k$ oder $y'' = y_1 \in K''(x_k'' \to y_1)$. Wir erhalten so eine Kurve $C_{1k}' = B(x_k' \to x_k'') \cup K'(x_k' \to y_k) \cup K''(x_k'' \to y_k)$ oder $C_{1k}'' = B(x_1' \to x_1'') \cup K'(y'' \to x_1') \cup K''(y'' \to x_1'')$ mit $J(C_{1k}') \subset J(C_{1k})$ oder $J(C_{1k}'') \subset J(C_{1k})$, so daß $a \in A(C_{1k}')$ oder $e \in A(C_{1k}')$ bzw. $a \in A(C_{1k}'')$ oder $e \in A(C_{1k}'')$. Nun liegen aber a, e entweder beide in $J(C_{1k}')$ bzw. $J(C_{1k}'')$ oder beide in $A(C_{1k}')$ bzw. in $A(C_{1k}'')$; denn ein $\underline{U}_v(x_k'; C_{1k}') = \underline{U}_h(x_k'; K')$ und ein $\underline{U}_h(x_k''; C_{1k}') = \underline{U}_h(x_k''; K'')$ liegen auf der gleichen Seite von B bzw. ebenso $\underline{U}_v(x_1'; C_{1k}'') = \underline{U}_v(x_1'; K')$ und $\underline{U}_h(x_1''; C_{1k}'') = \underline{U}_v(x_1''; K'')$. Somit ist $a, e \in A(C_{1k}')$ oder $a, e \in A(C_{1k}'')$. Wir gelangen daher zu $H(K', K'')$, wenn man im Falle von C_{1k}' in $H(K', K'')$ die x_1', x_1'' durch x_k', x_k'' ersetzt. Gemäß Abschn. 4.2.5., Hilfssatz, führt daher der Fall, daß C_{1k} eine Kurve ist, auf einen Widerspruch.

Betr. C_{k1}. Es sei C_{k1} eine Kurve. Wegen $k \equiv 1 \pmod 2$ liegt ein $\underline{U}_h(x_k'; K') = \underline{U}_v(x_k'; C_{k1})$ und ein $\underline{U}_v(x_1''; K'') = \underline{U}_h(x_1''; C_{k1})$ auf verschiedenen Seiten von B; daher ist $x_1' \in B(a \to x_k') \subset J(C_{k1})$ oder $x_k'' \in B(x_1'' \to e) \subset J(C_{k1})$. Folglich gibt es ein $y'' \in K'(x_k' \to x_1')$ oder ein $y' \in K''(x_k'' \to x_1'')$, das in $K'(x_k' \to y_k) \cup K''(y_k \to x_1'')$ liegt und für das $\underline{K}'(y' \to x_1') \subset J(C_{k1})$ bzw. $\underline{K}''(x_k'' \to y'') \subset J(C_{k1})$. Letzterem zufolge ist $K'(y' \to x_1')$ bzw. $K''(x_k'' \to y'')$ nicht unterbrochen; und wegen $y' \in \underline{K}''(y_k \to x_1'')$ oder $y' = y_k$ bzw. $y'' \in \underline{K}'(x_k' \to y_k)$ oder $y'' = y_k$ ist auch $K''(y' \to x_1'')$ bzw. $K'(x_k' \to y'')$ nicht unterbrochen. Mithin ist $C_{k1}' = B(x_1' \to x_1'') \cup K'(y' \to x_1') \cup K''(y' \to x_1'')$ bzw. $C_{k1}'' = B(x_k' \to x_k'') \cup K'(x_k' \to y'') \cup K''(x_k'' \to y'')$ eine Kurve. Es ist aber C_{k1}' ein C_{11}, ein Fall, der schon erledigt ist. Oder es ist C_{k1}'' ein C_{kk}, was jetzt zu besprechen ist.

Betr. C_{kk}. Durch Umorientierung von B, K und K'' geht dieser Fall in den schon erledigten Fall C_{11} über.

Damit ist der Satz in Abschn. 4.2.5.2. bewiesen.

4.2.6. Monotonie der $\mathfrak{k}$-Paratingenten

Mit Hilfe der Sätze in Abschn. 4.2.5.1. und 4.2.5.2. erhält man Aussagen hinsichtlich der $\mathfrak{k}$-Paratingenten, insbesondere ihrer gegenseitigen Lage und ihrer Lage bezüglich B sowie dann ihrer Eindeutigkeit. Zunächst ist zu bemerken:

Satz. *Ist* POW $(B_0; \mathfrak{k}) = k$, *ferner* $B \subset \underline{B}_0$ *und ist* P *eine* $\mathfrak{k}$-*Paratingente an* B *in* $x \in B$, *so enthält* $(B - \{x\}) \frown P$ keine Schnittpunkte, *also höchstens Stützpunkte mit* B *oder Endpunkte von* B,

Beweis. Sind nämlich K^n Maximalsekanten mit $P = \lim K^n$ und ist $s \in (B - \{x\}) \frown P$ Schnittpunkt von P mit B_0, so enthält schließlich jedes K^n einen zu s beliebig benachbarten Schnittpunkt s^n mit B_0 und daneben noch k von s^n verschiedene Punkte, im Widerspruch zu POW $(B_0 \frown K^n) = k$.

4.2.6.1. Es sei $P = \lim K^n$, wobei die $K^n = K(x_1^n, \ldots, x_k^n)$ Maximalsekanten mit $x_\varkappa^n \prec x_{\varkappa+1}^n$; $n = 1, 2, \ldots$; und $x = \lim x_\varkappa^n$, $\varkappa = 1, \ldots, k$. Damit ist P $\mathfrak{k}$-Paratingente an B in x, also $P \in \mathfrak{k}$. Es soll zunächst angenommen werden, daß die K^n schließlich alle Bogen (erster Fall) oder schließlich alle Kurven (zweiter Fall) sind. Es sei (im ersten Falle) a^n bzw. e^n der Anfangs- bzw. Endpunkt des im Sinne $x_1^n \to x_k^n$ orientierten K^n. Es existiert dann $a = \lim a^n$ und $e = \lim e^n$ sowie $A^* = \lim K^n \cdot \cdot (a^n \to x_1^n)$ sowie $E^* = \lim K^n (x_k^n \to e^n)$. Man erklärt dann A^* bzw. E^* als *relativen* Anfangs- bzw. Endbogen von P, womit eine Orientierung von P festgelegt ist, übrigens auch für den Fall $a = e$. Sind (im zweiten Falle) die K^n schließlich alle Kurven, so ist auch P Kurve; diese wird dadurch orientiert, daß man auf $P - P \frown B$ ein y festlegt derart, daß $y = \lim y^n$ mit $y^n \in B - B(x_1^n \to x_k^n)$ und dann entsprechend wie im ersten Fall verfährt (solche y gibt es). Gibt es unter den K^n unendlich viele Bogen und Kurven, so stimmen die Orientierungen, die man für die Teilfolge der Bogen und die der Kurven erhält, überein (man wähle nämlich $y = a = e$). Da P orientiert ist und als OCh nur höchstens k Punkte mit B gemeinsam hat, ist nun auch, im Falle eines Bogens $P \in \mathfrak{k}$ der *Anfangs-* und *Endbogen* $A \in A^*$ und $E \in E^*$ eindeutig bestimmt und im Falle einer Kurve P deren *äußerer Teilbogen* (vgl. Abschnitt 4.2.5.1.).

Satz. *Voraussetzung* (1). Es seien P', P'' $\mathfrak{k}$-Paratingenten an den Bogen B mit POW $(B) = k > 2$ und mit den Berührungspunkten x' bzw. x'', wobei $x' \neq x''$. — (2). Es sei A' bzw. A'' der Anfangs- und E' bzw. E'' der Endbogen von P' bzw. P'', falls P' bzw. P'' *Bogen* ist.

Andernfalls sei $A' = E'$ bzw. $A'' = E''$ der äußere Bogen der Kurve P' bzw. P''. Vorausgesetzt wird, daß $\underset{\sim}{A}' \cap A'' \neq \emptyset$ oder $\underset{\sim}{E}' \cap E'' \neq \emptyset$ Schnittpunkte enthält. Für $k \equiv 1 \pmod 2$ sei $B \subset \underset{\sim}{B}_0$ mit POW $(B_0; \mathfrak{k}) = k$. Weiter sei y' bzw. y'' der auf $A' \cap A''$ bzw. auf $E' \cap E''$ am nächsten bei x' gelegene Schnittpunkt. O. B. d. A. sei $x' \prec x''$. Dann ist $C = B(x' \to x'') \cup A'(y' \to x') \cup A''(y' \to x'')$ bzw. $C = B(x' \to x'') \cup E'(x' \to y'') \cup E''(x'' \to y'')$ eine Kurve, die evtl. (nicht mehr als $k-2$) Selbstberührungspunkte besitzt; denn $(B - \{x'\}) \cap P'$ und $(B - \{x''\}) \cap P''$ enthalten höchstens Stütz- oder Endpunkte von B (vgl. Abschn. 4.2.6., Satz).

Behauptung. $a, e \in J(C)$ oder $a, e \in C$.

Beweis. Es sei $P' = \lim K'_n$, $P'' = \lim K''_n$. Da auch $A'_n \cap A''_n$ für schließlich alle n Schnittpunkte besitzen, wobei A'_n bzw. A''_n der Anfangsbogen von K'_n bzw. K''_n und da die K'_n, K''_n schließlich alle regulär und getrennt sind (vgl. Abschn. 4.2.4.2., Satz 1), folgt aus Abschn. 4.2.5.1., Satz 2 nebst Zusatz, die Behauptung für K'_n, K''_n falls diese Bogen sind. Durch Grenzübertragung ergibt sich die Behauptung des Satzes.

Im Falle, daß Selbstberührungspunkte (SBP) in $P' \cap P''$ auftreten, die z. B. auf $\underset{\sim}{A}'(y' \to x') \cap \underset{\sim}{A}''(y' \to x'')$ liegen, ist deren Maximalzahl kleiner als $k-1$ (wegen $P', P'' \in \mathfrak{k}$) und diese SBP sind simultan orientiert auf A', A''. Man kann also $J(C)$ durch Vereinigung von beschränkt vielen Gebieten ersetzen.

4.2.6.2. Mit Hilfe von Abschn. 4.2.5.2. erhält man weiter:

1. Hilfssatz. *Voraussetzung* (1). Es sei $k \equiv 1 \pmod 2$, $k > 2$, also B_0 ein Bogen, wenn POW $(B_0) = k$. Es sei $B = \bar{B} \subset \underset{\sim}{B}_0$. — (2). Es sei $x'', x', x_1, \ldots, x_k \in B$ mit $x'' \prec x' \prec x_1 \ldots \prec x_k$. Der Durchmesser von $B(x_1 \to x_k)$ sei kleiner als die Regularitätsschranke. — (3). Es sei P'' bzw. P' eine $\mathfrak{k}$-Paratingente in x'' bzw. in x' an B. — (4). Es sei $K = K(x_1, \ldots, x_k)$, also Maximalsekante.

Behauptung. Weder $P' \cap K$ noch $P' \cap P''$ enthält Schnittpunkte.

Beweis. *Betr.* $P' \cap K$. Es ist $P' = \lim K'_n$, wobei $K'_n = K(x'_{n1}, \ldots, x'_{nk})$, $n = 1, 2, \ldots$, Maximalsekante und für schließlich alle n regulär ist; übrigens sei $x'_{n1} \prec \cdots \prec x'_{nk}$. Besitzt nun $P' \cap K$ einen Schnittpunkt, so auch $K'_n \cap K$ für schließlich alle n. Da aber K'_n und K getrennt sind, ergibt sich ein Widerspruch mit dem Satz in Abschn. 4.2.5.2. — *Betr.* $P' \cap P''$. Hier folgt aus der Existenz eines Schnittpunktes von P' mit P'' die eines Schnittpunktes von K'_n mit P'' im Widerspruch mit dem betr. $P' \cap K$ Bewiesenen.

Im Falle $k = 0 \pmod 2$ hat man den

2. Hilfssatz. *Voraussetzung* (1). Es sei $k \equiv 0 \pmod 2$, $k > 2$ und POW $(B_0; \mathfrak{k}) = k$, sowie $B \subset \underset{\sim}{B}_0$. — (2). Es sei $x'', x', \ldots, x_k \in B$ mit $x'' \prec x' \prec x_1 \prec \cdots \prec x_k$. — (3). Es sei P'' bzw. P' eine $\mathfrak{k}$-Paratingente in x'' bzw. in x' an B. — (4). Es sei $K = K(x_1, \ldots, x_k) \in \mathfrak{k}$. — (5). Es

seien A, A', A'' bzw. E, E', E'' die Anfangs- bzw. Endbogen von K, P', P'' und,

wenn $y' \in A \cap A'$, sei $C_1 = B(x' \to x_1) \cup P'(y' \to x') \cup K(y' \to x_1)$;

wenn $z' \in E' \cap E$, sei $C_2 = B(x' \to x_k) \cup P'(x' \to z') \cup K(x_k \to z')$;

wenn $y'' \in A' \cap A''$, sei $C_3 = B(x'' \to x') \cup P'(y'' \to x') \cup P''(y'' \to x'')$;

wenn $z'' \in E' \cap E''$, sei $C_4 = B(x'' \to x') \cup P'(x' \to z'') \cup P''(x'' \to z'')$;

wobei y', y'', z', z'' *Schnittpunkte* sein sollen.

Behauptung. $a, e \in J(C_i)$ für $i = 1, 2, 3, 4$.

Anmerkung. Für $k = 2$ kommt vorstehender Hilfssatz 2 nicht in Betracht, weil gemäß Abschn. 4.2.5.1., Satz 1., die Voraussetzung 5 dieses Hilfssatzes nicht erfüllbar ist.

Beweis. Man ersetze P' bzw. P'' durch eine hinreichend benachbarte Maximalsekante und wende sodann Abschn. 4.2.5.1., Satz 2, an, dessen Voraussetzungen hier erfüllt sind (gemäß Abschn. 4.2.4.2., Satz 1).

Nun ergeben sich:

1. Satz. *Voraussetzung. Es sei* POW $(B_0; \mathfrak{k}) = k \geq 2$ *und* $B \subset \underline{B}_0$.

Behauptung. Jede $\mathfrak{k}$*-Paratingente* P *an* B *ist bis auf den Berührungspunkt* p *fremd zu* $\underline{B}_0$ *und damit zu* B.

Beweis. Gemäß Abschn. 4.2.6. enthält $(\underline{B}_0 - \{p\}) \cap P$ höchstens Stützpunkte. Es sei q ein solcher Stützpunkt, den wir o. B. d. A. als auf dem Anfangsbogen A von P und so annehmen können, daß ein von p und q begrenzter nicht unterbrochener Teilbogen T von P existiert mit $\underline{T} \cap B = \emptyset$.

(A). *Fall* $k \equiv 1 \pmod 2$. Es sei $q \prec p$ (für $p \prec q$ schließt man ganz entsprechend). Dann ist $C = B(q \to p) \cup T$ eine einfache Kurve. Nun sei $K = K(x_1, \ldots, x_k)$ eine o. B. d. A. reguläre Maximalsekante mit $x_\varkappa \in \underline{B}(q \to p)$, $\varkappa = 1, \ldots, k$. Wegen $k \equiv 1 \pmod 2$ liegen ein $\underline{U}_v(x_1; K)$ und ein $\underline{U}_h(x_k; K)$ auf verschiedenen Seiten von B und damit von C. Daher existiert ein Schnittpunkt z von $R = K(x_k \to x_1)$ mit C gleichgültig, ob R unterbrochen ist oder nicht. Wegen $B \cap R = \emptyset$ ist $z \in P$, so daß $P \cap K$ einen Schnittpunkt enthält entgegen der Behauptung des 1. Hilfssatzes.

(B). *Fall* $k \equiv 0 \pmod 2$. Ist B' der von p und q begrenzte Teilbogen von B, so ist wieder $C' = B' \cup T$ eine einfache Kurve. Wir unterscheiden: *1. Fall.* $a, e \notin J(C')$. Dann ist $q \prec p$, weil andernfalls, wegen $a \notin J(C')$, eine hintere Umgebung von p auf $P - \{p\}$ in $J(C')$ liegt, also P einen Doppelpunkt besitzt. Nun sei wieder $K = K(x_1, \ldots, x_k)$ Maximalsekante mit $x_1, x_k \in \underline{B}'$. Wegen $k \equiv 0 \pmod 2$ liegt ein $\underline{U}_v(x_1; K)$ und ein $\underline{U}_h(x_k; K)$ auf der gleichen Seite von $\underline{B}_0$, etwa der positiven; dann liegen auch Umgebungen von p und q auf A auf dieser Seite (Abschnitt 4.2.4., Satz 3). Somit liegt $J(C')$ auf der positiven Seite von B, so daß $\underline{U}_v(x_1; K) \cup \underline{U}_h(x_k; K) \subset J(C')$. Ist A' bzw. E' der Anfangs- bzw. Endbogen von K, so ist $A' \cap T \neq \emptyset$ und $E' \cap T \neq \emptyset$ und folglich $A \cap A' \neq \emptyset$. Ist y der auf A' am nächsten bei q gelegene Schnittpunkt von $A \cap A'$ und wird $C'' = B(x_1 \to p) \cup P(y \to p) \cup K(y \to x_1)$ gesetzt, so ist $J(C'') \subset J(C')$, also $a, e \notin J(C'')$ im Widerspruch zum 2. Hilfssatz. — *2. Fall.* $a \in J(C')$. O. B. d. A. können wir $q \prec p$ annehmen. Es sei $x_1, \ldots, x_k \prec q$, also $x_1, \ldots, x_k \in J(C')$. Wieder hat der Anfangsbogen A' von $K = K(x_1, \ldots, x_k)$ mit T einen Schnittpunkt gemeinsam; es sei y der erste solche Schnittpunkt vor x_1 auf A'. Es ist $C'' = B(x_1 \to p) \cup P(y \to p) \cup K(y \to x_1)$ eine Kurve mit $B \cap \overline{J(C'')} = \bar{B}(x_1 \to p)$; es ist also $a \notin J(C'')$, entgegen dem 2. Hilfssatz. Für E' läuft der Beweis entsprechend.

2. Satz. *Voraussetzung. Es sei* $k \equiv 1 \pmod 2$, $k > 2$ *und* B_0 *ein Bogen mit* POW $(B_0) = k$; *es sei* $B = \bar{B} \subset \underline{B}_0$. *Weiter seien* P' *bzw.* P'' $\mathfrak{k}$-*Paratingenten an* B *in* p' *bzw. in* p''; *dabei sei* $p' \neq p''$, *etwa* $p' \prec p''$ *auf* B.

Behauptung. Es ist $P' \cap P'' = \emptyset$.

Beweis. Gemäß des 1. Hilfssatzes kann $P' \cap P''$ höchstens Stützpunkte enthalten und, zwar wegen $P', P'' \in \mathfrak{k}$ nicht mehr als $k - 1$; es seien $s_1, \ldots, s_r$ diese Stützpunkte $(r \geq 1)$. Wegen $P', P'' \in \mathfrak{k}$ gibt es einen nicht unterbrochenen Teilbogen T' von P', dessen einer Endpunkt p', dessen anderer eines der s_ϱ ist und für den $\underline{T}' \cap P'' = \emptyset$ ist; dieses s_ϱ sei mit s bezeichnet. Einer der Teilbogen von P'', dessen Endpunkte p'' und s sind, ist nicht unterbrochen, er sei T''. Es ist $T' \cap T'' = \{s\}$, ferner ist $\underline{T}' \cap B = \underline{T}'' \cap B = \emptyset$ (gemäß Satz 1). Somit ist $C = B(p' \to p'') \cap T' \cap T''$ eine (einfache) Kurve. Zieht man jetzt eine reguläre Maximalsekante K heran mit $B \cap K \subset \underline{B}(p' \to p'')$, so führen die gleichen Schlüsse, wie im Beweis von Satz 1, zu einem Widerspruch mit dem 1. Hilfssatz in diesem Abschnitt.

3. Satz. *Voraussetzung* (1). Es sei POW $(B_0; \mathfrak{k}) = k$, wobei $k \equiv 0 \pmod 2$, $k > 2$. — (2). Ferner sei $\bar{B} = B = B(a \to e) \subset \underline{B}_0$. — (3). Es seien P', P'' $\mathfrak{k}$-Paratingenten an B mit den Berührungspunkten p', p'', wobei $p' \neq p''$; es seien A' und A'' bzw. E' und E'' die Anfangs- bzw. Endbogen von P', P''. — (4). Es sei $y \in \underline{A}' \cap \underline{A}''$ bzw. $z \in \underline{E}' \cap \underline{E}''$ und

$$C_y = B(p' \to p'') \cup A'(y \to p') \cup A''(y \to p'')$$

bzw.

$$C_z = B(p' \to p'') \cup E'(p' \to z) \cup E''(p'' \to z).$$

Behauptung. $a, e \in J(C_y)$ bzw. $a, e \in J(C_z)$.

Beweis. Ersetzt man P', P'' je durch eine hinreichend benachbarte Maximalsekante und beachtet, daß $k > 2$ ist, so ergibt sich die Behauptung aus dem 2. Hilfssatz.

4.2.6.3. *In dieser Nummer ist* $k \equiv 1 \pmod 2$. Wir machen zunächst die folgende

Bemerkung. Es sei P eine $\mathfrak{k}$-Paratingente an B in $p \in \underline{B}$. Wegen $P \in \mathfrak{k}$ wird das Grundgebiet G durch P in zwei Teilgebiete G', G'' geteilt. Ist $k \equiv 1 \pmod 2$, so ist $B \cap P = \{p\}$ (Abschn. 4.2.6.2., Satz 1) und p Schnittpunkt von B mit P. — Es liegen daher der Anfangspunkt a und der Endpunkt e von B nicht beide in G' und nicht beide in G''. Ist etwa $a \in G'$, $e \in G''$, so schreiben wir: $G' = G(P; a)$ und $G'' = G(P; e)$. Daneben erklären wir, falls P eine $\mathfrak{k}$-Paratingente (hintere) in a bzw. (vordere) in e ist: $G(P; a) = G - P - G(P; e)$ bzw. $G(P; e) = G - P - G(P; a)$. Mit diesen Bezeichnungen ergibt sich nun

1. Satz. *Voraussetzung. Es sei* $k \equiv 1 \pmod 2$, $k > 2$. *Es sei* $B_0 = B_0(a_0 \to e_0)$ *ein Bogen mit* $\mathrm{POW}(B_0) = k$ *und* $B = \bar{B} = B(a \to e) \subset \underline{B}_0$.

Behauptung (1). *Ist* $p, p' \in B$ *mit* $p' \prec p$, *ist ferner* P *bzw.* P' *eine* $\mathfrak{k}$*-Paratingente an* B *in* p *bzw.* p', *so gelten die Relationen* $P' \subset G(P; a_0)$ *und* $G(P'; a_0) \subset G(P; a_0)$ *sowie* $P \subset G(P'; e_0)$ *und* $G(P; e_0) \subset G(P'; e_0)$.

(2). *In jedem Punkt* p *von* $\underline{B}$ *gibt es genau eine vordere und genau eine hintere* $\mathfrak{k}$*-Paratingente an* B, *in* a *genau eine hintere, in* e *genau eine vordere. — Insbesondere folgt daraus: Ist* P_h *die (einzige) hintere k-Paratingente in* $p \in B - \{e\}$ *und ist* $p_n \in B$ *mit* $p \prec p_n$ *und* $p = \lim p_n$, *ist ferner* P_n *eine (beliebige)* $\mathfrak{k}$*-Paratingente in* p_n *an* B, *so gilt* $P_h = \lim P_n$. *Und entsprechend ist die vordere* $\mathfrak{k}$*-Paratingente in* p *an* B *Limes von beliebigen* $\mathfrak{k}$*-Paratingenten in Punkten vor* p, *die gegen* p *konvergieren.*

Beweis *Betr. Behauptung* (1). Wegen $p' \prec p$ und $B \cap P = \{p\}$, ist $p' \in \underline{B}(a_0 \to p) \subset G(P; a_0)$. Da P zur Begrenzung von $G(P; a_0)$ gehört und da $P \cap P' = \emptyset$ (Abschn. 4.2.6.2., Satz 2) sowie $p' \in P'$ ist, folgt $P' \subset G(P; a_0)$ und $G(P'; a_0) \subset G(P; a_0)$. Entsprechend schließt man bei Herleitung der beiden anderen Relationen betr. $G(P; e_0)$.

Betr. Behauptung (2). Sind P, P' zwei hintere $\mathfrak{k}$-Paratingenten in p an B mit $P \neq P'$, so ist $P \cap G(P'; a_0) \neq \emptyset$ oder $P' \cap G(P; a_0) \neq \emptyset$. Es sei etwa $P \cap G(P'; a_0) \neq \emptyset$. Es ist $P = \lim K_n$ mit $K_n = K(x_{n1}, \ldots, x_{nk})$, wobei $p \prec x_{n1} \prec \cdots \prec x_{nk}$ und $\lim x_{nk} = p$. Es ist dann $x_{n\varkappa} \in G(P'; e_0)$, weil $\underline{B}(p \to e_0) \subset G(P'; e_0)$, also $K_n \cap G(P'; e_0) \neq \emptyset$. Andererseits ist auch $K_n \cap G(P'; a_0) \neq \emptyset$ für schließlich alle n wegen $P \cap G(P'; a_0) \neq \emptyset$. Da P' der in G enthaltene Teil der Begrenzung von $G(P'; a_0)$ und $G(P'; e_0)$, existiert ein Schnittpunkt in $K_n \cap P'$ im Widerspruch zum 1. Hilfssatz in Abschn. 4.2.6.2. Entsprechend schließt man, falls $P' \cap G(P; a_0) \neq \emptyset$, sowie für die vorderen $\mathfrak{k}$-Paratingenten.

Zum Beweis der zweiten Hälfte von Behauptung (2): Aus der Eindeutigkeit von z. B. $P_v(p)$ folgt $P_v = \lim P_n$ wegen der Oberhalbstetigkeit im Sinne des Enthaltenseins des $\mathfrak{k}$-Paratingents (vgl. HAUPT-AUMANN-PAUC [*1*], 1. Band, Abschn. 6.3.3.).

Die 2. Behauptung des 1. Satzes läßt sich so verschärfen:

2. Satz. *Voraussetzung. Es sei* $k \equiv 1 \pmod 2$, $k > 2$ *und* $B = B(a, e) = \bar{B} \subset \underset{\sim}{B}_0 = \underset{\sim}{B}_0(a_0 \to e_0)$ *mit* $\mathrm{POW}(B_0) = k$. *Es sei* P_h *bzw.* P_v *die (gemäß Satz 1 einzige) hintere bzw. vordere* $\mathfrak{k}$*-Paratingente in* $p \in B$ *an* B. *Ferner sei* P *eine beliebige* $\mathfrak{k}$*-Paratingente in* p *an* B.

Behauptung (1). *Für* $p \in B$ *gilt*

$$\overline{G(P_v; a_0)} \subset \overline{G(P; a_0)} \subset \overline{G(P_h; a_0)},$$
$$G(P_h; e_0) \subset G(P; e_0) \subset G(P_v; e_0).$$

Die Seiten der k-Paratingenten sind also sozusagen „ineinandergeschachtelt".

(2). *Für* $p = a$ *ist* P_h *und für* $p = e$ *ist* P_v *die einzige* $\mathfrak{k}$*-Paratingente in* p *an* B.

Beweis. Betr. Behauptung (1). Definitionsgemäß ist $P_h = \lim K_n$ mit $K_n = K(x_{n1}, \ldots, x_{nk})$, $p \prec x_{n1} \prec \cdots \prec x_{nk}$, $n = 1, 2, \ldots$, mit $p = \lim x_{nk}$; insbesondere ist also $B \cap K_n \subset G(P; e_0)$. Gemäß Abschnitt 4.2.6.2., 1. Hilfssatz, besitzt $P \cap K_n$ keine Schnittpunkte. Mithin ist $K_n \subset \overline{G(P; e_0)}$, woraus $P_h \subset \overline{G(P; e_0)}$ und $\overline{G(P_h; e_0)} \subset \overline{G(P; e_0)}$. Entsprechend ergeben sich die übrigen Behauptungen.

Betr. Behauptung (2). Folgt aus Satz 1, Behauptung (2).

Schließlich sei noch erwähnt der

3. Satz. *Voraussetzung. Es sei* $k \equiv 1 \pmod 2$, $k > 2$ *und* $B = \bar{B} = B(a_0 \to e_0) \subset \underset{\sim}{B}_0 = \underset{\sim}{B}_0(a_0 \to e_0)$ *mit* $\mathrm{POW}(B_0) = k$.

Behauptung (1). *Jeder Punkt z des Grundgebietes G liegt auf höchstens einer vorderen oder hinteren* $\mathfrak{k}$*-Paratingente an* B.

(2). *Ist die* $\mathfrak{k}$*-Paratingente* P *in* $p \in \underset{\sim}{B}$ *eine Kurve mit* $a \in J(P)$ *bzw. mit* $e \in J(P)$, *so ist jede* $\mathfrak{k}$*-Paratingente* P' *mit einem Berührungspunkt* $p' \in \underset{\sim}{B}(a \to p)$ *bzw. mit* $p' \in \underset{\sim}{B}(p \to e)$ *ebenfalls eine Kurve (gemäß* Abschn. 4.2.6.2., *Satz 1, ist* $B \cap P = \{p\}$).

(3). *Ist* $P_v(x)$ *bzw.* $P_h(x)$ *die vordere bzw. hintere* $\mathfrak{k}$*-Paratingente in* $x \in \underset{\sim}{B}$, *so ist* $P_v(x) = P_h(x)$ *bis auf (höchstens) abzählbar viele* x.

Beweis. *Betr. Behauptung* (1). Für $z \in B$ folgt die Behauptung aus Abschn. 4.2.6.3., Satz 1, Behauptung (2), für $z \in G - B$ aus Abschnitt 4.2.6.2, Satz 2.

Betr. Behauptung (2). Folgt aus Abschn. 4.2.6.3., Satz 2. Denn hier ist $J(P) = G(P; a)$ usw.

Betr. Behauptung (3). Ist $P_v(x) \neq P_h(x)$, so ist die offene Menge $D(x) = G - G(P_v(x); a) - G(P_h(x); e)$ nicht leer (vgl. Satz 2). Bezeichnen also $W(r)$, $r = 1, 2, \ldots$, die Elemente einer abzählbaren Umgebungsbasis in G, so existiert ein $r = r(x)$ mit $W(r(x)) \subset D(x)$, Für $x \neq y \, (x, y \in \underset{\sim}{B})$ ist $D(x) \cap D(y) = \emptyset$ (gemäß Satz, Behauptung (1)), also $W(r(x)) \cap W(r(y)) = \emptyset$. Somit gibt es höchstens abzählbar viele $D(x)$, woraus die Behauptung folgt.

4.2.6.4. In dieser Nummer ist $k \equiv 0 \pmod 2$.

1. Satz. *Voraussetzung* (1). *Es sei* $k \equiv 0 \pmod 2$. *Ferner sei* POW $(B_0; \mathfrak{k}) = k$ *und* $B = \bar{B} = B(a \to e) \subset \underset{\sim}{B}_0$, wobei $B_0 = B_0(a_0 \to e_0)$.

Behauptung. In jedem Punkt $p \in \underset{\sim}{B}$ *existiert genau eine vordere und genau eine hintere* $\mathfrak{k}$*-Paratingente, in* a *genau eine hintere, in* e *genau eine vordere.*

Beweis. Es seien P', P'' zwei z. B. hintere $\mathfrak{k}$-Paratingenten in $p \in B - \{e\}$ an B und $P' \neq P''$. Wir betrachten die Anfangsbogen A', A'' von P', P'' und können o. B. d. A. $A' \neq A''$ annehmen, weil sonst $P' = P''$ und dann auch $E' = E''$ ist (wegen $P', P'' \in \mathfrak{k}$).

Es sei U eine offene, hinreichend kleine Kreisscheibe mit p als Zentrum und $\mathfrak{K}$ als dem begrenzenden Kreis; a' bzw. a'' bzw. x sei der am nächsten bei p gelegene Punkt auf $A' \cap \mathfrak{K}$ auf A' bzw. von $A'' \cap \mathfrak{K}$ auf A'' bzw. von $B(p \to e) \cap \mathfrak{K}$ auf $B(p \to e)$; o. B. d. A. ist dabei angenommen, daß $a_0, e_0, e \in \mathbf{C}\, U$ und daß a'' auf dem zu B_0 fremden, von x und a' begrenzten Teilbogen $\mathfrak{K}(x \to a')$ von $\mathfrak{K}$ liegt. Da $\underset{\sim}{A}', \underset{\sim}{A}''$ in der Nähe von p auf der gleichen Seite von B_0 liegen, gilt dies bei hinreichend kleinem U auch für a' und a''. Weiter ist $P' = \lim K'_n$ mit $K'_n = K(x'_{n1}, \ldots, x'_{nk})$ und mit $p \prec x'_{n1} \prec \cdots \prec x'_{nk}$, wobei $p = \lim x'_{n\varkappa}$, $\varkappa = 1, \ldots, k$. Es sei A'_n der Anfangsbogen von K'_n und $a'_n \in K'_n \cap \mathfrak{K}$ der am nächsten bei x'_{n1} auf A'_n gelegene Punkt von $K_n \cap \mathfrak{K}$. Es ist $a' = \lim a'_n$ und $a'' \in \mathfrak{K}(x \to a'_n)$ für schließlich alle n. Für $C'' = B(p \to x) \cup \mathfrak{K}(x \to a'') \cup P''(a'' \to p)$ liegt eine vordere Umgebung von x'_{n1} auf A'_n in $J(C'') \cup \{x'_{n1}\}$, während $a'_n \in A(C'')$. Mithin existiert $y \in A'' \cap A'_n \cap U$. Es ist $C = B(p \to x'_{n1}) \cup K'_n(y \to x'_{n1}) \cup A''(y \to p) \subset U$ sowie $a_0, e_0 \notin J(C)$ wegen $J(C) \subset U$. Dies widerspricht dem 2. Hilfssatz in Abschn. 4.2.6.2. Entsprechend schließt man für die vordere $\mathfrak{k}$-Paratingente.

Im folgenden 2. Satz benützen wir folgende Bezeichnungen. Es sei $B = \bar{B} = B(a \to e) \subset \underset{\sim}{B}_0$ mit $B_0 = B_0(a_0 \to e_0)$. Es sei $\mathfrak{A}$ bzw. A der Anfangsbogen der hinteren $\mathfrak{k}$-Paratingente in a bzw. einer $\mathfrak{k}$-Paratingente P in $p \in B$ an B. Falls $\underset{\sim}{\mathfrak{A}} \cap \underset{\sim}{A} = \emptyset$ ist $C(p) = B(a \to p) \cup A \cup \mathfrak{A}$ ein Bogen. Ist dagegen $\underset{\sim}{\mathfrak{A}} \cap \underset{\sim}{A} \neq \emptyset$ und ist x der auf A am nächsten bei p gelegene Punkt von $\mathfrak{A} \cap A$, so ist $C(p) = B(a \to p) \cup \mathfrak{A}(x \to a) \cup A(x \to p)$ eine Kurve. Durch $C(p)$ wird (in beiden Fällen) das Grundgebiet G in zwei Teilgebiete $G_1(A)$ und $G_2(A)$ zerlegt, wobei $e \in G_2(A)$ sei. Es gilt nun der

2. Satz. *Voraussetzung* (1). *Es sei* $k \equiv 0 \pmod 2$ *mit* $k \geq 2$. *Ferner sei* $B = \bar{B} = B(a \to e) \subset \underset{\sim}{B}_0$ *mit* $B_0 = B_0(a_0 \to e_0)$. — (2). *Es seien* P *bzw.* P' $\mathfrak{k}$*-Paratingenten in* p *bzw. in* p' *an* B. *Die Anfangsbogen von* P *bzw.* P' *seien* A *bzw.* A'.

Behauptung. Ist $p' \prec p$, *so gilt* $G_1(A') \subset G_1(A)$ *sowie* $A' \subset \overline{G_1(A)}$ *und* $G_2(A) \subset G_2(A')$.

Beweis.

Fall 1: Es ist $C(p)$ ein Bogen. Es wird $C(p)$ nicht von A' geschnitten. Ist nämlich z der von p' aus auf A' erste Schnittpunkt von A' mit A bzw. mit $\mathfrak{A}$ und setzt man $C' = B(p' \to p) \cup A(z \to p) \cup A'(z \to p')$ bzw. $C' = B(a \to p') \cup \mathfrak{A}(z \to a) \cup A'(z \to p')$, so gilt $e \in J(C')$ gemäß Abschn. 4.2.6.2., Satz 3, andererseits ist $J(C') \subset G_1(A)$ und $e \notin G_1(A)$. Da eine vordere Umgebung von p' auf A' in $G_1(A)$ liegt und $\mathfrak{A} \cap A' = A \cap A' = \emptyset$ ist, folgt $A' \subset \overline{G_1(A)}$ und $G_1(A') \subset G_1(A)$. Aus $G_1(A') \subset G_1(A)$ folgt: $G_2(A) = G - \overline{G_1(A)} \subset G - \overline{G_1(A')} = G_2(A')$.

Fall 2: Es ist $C = C(p)$ eine Kurve, also $a, e \in J(C)$ gemäß Abschnitt 4.2.6.2., Satz 3. Daß $C(p)$ von A' nicht geschnitten wird, zeigt man wie im Fall 1. Daraus folgt dann wegen $G_2(A) = J(C)$, daß $A' \subset \overline{G_1(A)}$, also $G_1(A') \subset G_1(A)$ und weiter $G_2(A) \subset G_2(A')$.

Ist $p = p'$ und P' die vordere, P die hintere $\mathfrak{k}$-Paratingente in p an B, so ist die Behauptung ebenfalls richtig und läßt sich ebenso beweisen. Dabei ist evtl. P zu ersetzen durch eine zu P hinreichend benachbarte Maximalsekante $K(x_1, \ldots, x_k)$ mit $p \prec x_1$.

4.2.6.4.1. Mit Hilfe der Sätze in Abschn. 4.2.6.4. ergibt sich entsprechend zu Abschn. 4.2.6.3., Satz 3, der

Satz. *Es seien die Voraussetzungen des 1. Satzes in* Abschn. 4.2.6.4. *erfüllt. Dann gilt: In jedem Punkt von B mit Ausnahme abzählbar vieler existiert nur eine einzige $\mathfrak{k}$-Paratingente.*

4.2.7. Beispiele

Beispiele. (1). Ein Bogen vom Punktordnungswert 5 bezüglich des Systems der Ellipsen liegt „zwischen" den Schmiegellipsen in seinen Endpunkten. — (2). Die Schmiegkegelschnitte eines Bogens ohne sextaktische Punkte haben keine reellen Schnittpunkte.

4.3. Eine Kennzeichnung der Kurven von der zyklischen Ordnung Vier und ihre Verallgemeinerung

4.3.1. Spezieller Fall

Es soll eine Kennzeichnung der bezüglich eines OChsystems $\mathfrak{k}$ normalen Jordankurven $C \subset \underline{G}$ vom POW $(C; \mathfrak{k}) = k + 1$ bei $k \equiv 1 \pmod 2$ angegeben werden.

Sie sei am folgenden speziellen Fall erläutert:

Es sei $\mathfrak{k}$ das System der in G enthaltenen Kreise und Kreisbogen (vgl. Abschn. 1.2.), mithin ist $k = 3$. Ferner sei $C \subset \underline{G}$ ein Oval, so daß C normal ist bezüglich $\mathfrak{k}$. Schließlich besitze C in jedem Punkt endliche stetige Krümmung und nur endlich viele Scheitel, d. h. $\mathfrak{k}$-singuläre Punkte. Behauptet wird: Es ist POW $(C; \mathfrak{k}) = 4$ genau dann, wenn C von jedem Kreis in höchstens zwei Punkten berührt wird. Dabei wird der Berührungspunkt eines jeden Schmiegkreises S für zwei Berührungspunkte von C mit S gezählt. (Der Beweis ergibt sich durch Zurückführung auf den Satz in Abschn. 4.3.3.).

4.3.2. Bezeichnungen. Voraussetzungen

Voraussetzungen im allgemeinen Fall. Das System $\mathfrak{k}$ genüge den Axiomen in Abschn. 1.1.1. und Abschn. 2.4.; die Grundzahl $k \geq 3$ sei ungerade. Es sei $C \subset \underline{G}$ eine Jordankurve mit höchstens endlichem POW $(C; \mathfrak{k})$; außerdem sei C normal zu $\mathfrak{k}$. — Weiter sei C *$\mathfrak{k}$-konzentrationsbeschränkt*; das soll heißen: Es existiert eine reelle Zahl $\gamma = \gamma(C; \mathfrak{k}) > 0$ von folgender Art: Sind $T_1, \ldots, T_t$, $1 \leq t$, irgend endlich viele offene fremde Teilbogen von C, je von einer Spannweite kleiner als γ und sind für eine OCh K alle Punkte von $C \cap K$ Schnittpunkte, so wird gefordert: **$(k\, b)$**. Falls $w_\tau =$ POW $(T_\tau \cap K) \geq 1$ ist und zugleich $w_\tau \leq k$ für jedes $\tau = 1, \ldots, t$, so soll gelten: $w = \sum_\tau (w_\tau - 1) \leq k - 1$.

4.3.2.1. Der kürzeren Ausdrucksweise halber führen wir folgende Bezeichnungen ein: Es seien wie in $(k\, b)$ $T_1, \ldots, T_t$, $t \geq 1$ fremde offene Teilbogen von C je von einer Spannweite $\leq \gamma$; ferner sei K eine OCh, für die $w_\tau =$ POW $(T_\tau \cap K) \geq 1$ ist und alle Punkte von $C \cap K$ Schnittpunkte sind. Dann werde jedes der $T_\tau \cap K$ als ein *γ-Komplex* bezeichnet, und zwar als ein *kleiner* bzw. *großer*, je nachdem $w_\tau = 1$ bzw. $w_\tau > 1$ ist. Hat man $C \cap K = \bigcup_\tau T_\tau \cap K$, so heiße $C \cap K$ *zerlegt* in die γ-Komplexe $T_\tau \cap K$ und das System $\{T_\tau \cap K; \tau = 1, \ldots, t\}$ eine *γ-Zerlegung* $\mathfrak{Z}$ von $C \cap K$. Sind alle $w_\tau \leq k$, so heiße die γ-Zerlegung *ordinär*. *Genau für ordinäre* γ-Zerlegungen gilt $(k\, b)$ (Abschn. 4.3.2). Wir bemerken:

I. Unter den Voraussetzungen in Abschn. 4.3.2. gilt: (1). Ist $\mathfrak{Z} = \{T_\tau \cap K; \tau = 1, \ldots, t\}$ eine γ-Zerlegung von $C \cap K$ und gilt $k \leq w_\tau =$ POW $(T_\tau \cap K)$ für (mindestens) ein $\tau (1 \leq \tau \leq t)$, etwa für $\tau = 1$, so ist $T_1 \cap K$ der einzige große γ-Komplex in $\mathfrak{Z}$ und es gilt $k \leq w_1 \leq k + 1$ — (2). Jede γ-Zerlegung mit mindestens 2 großen γ-Komplexen ist ordinär, sogar mit $w_\tau \leq k - 1$ für jedes τ.

Beweis *Betr.* (1). Ist etwa $w_1 = k$ und $w_\tau \leq k$ für alle τ, so folgt die Behauptung (1) aus $(k\, b)$. Ist dagegen etwa $k + 1 \leq w_1$, also $w_1 = s \cdot k + s'$ mit $1 \leq s$, $0 \leq s' \leq k - 1$, so gestattet $T_1 \cap K$ eine γ-Zerlegung in s γ-Komplexe $T_{1\sigma} \cap K$ mit POW$(T_{1\sigma} \cap K) = k$, $\sigma = 1, \ldots, s$ und in höchstens einen γ-Komplex $T_{1,s+1} \cap K$ mit POW $(T_{1,s+1} \cap K) = s' \leq k - 1$; da nämlich T_1 eine Spannweite $< \gamma$ besitzt, gilt dies auch für jeden Teilbogen $T_{1\sigma}$. Entsprechend verfährt man für alle $w_\tau \geq k+1$ und erhält insgesamt eine ordinäre γ-Zerlegung $\mathfrak{Z}'$ von $C \frown K$, in der POW $(T_{11} \frown K) = k$ ist. Aus dem vorhin Bewiesenen folgt daher für $\mathfrak{Z}'$, daß $s = 1$ sowie $0 \leq s' \leq 1$ und daher $s' = 1$ sowie $w_1 = k+1$ ist, ferner daß $T_{11} \frown K$ der einzige große γ-Komplex in $\mathfrak{Z}'$, also $T_1 \frown K$ in $\mathfrak{Z}$ ist. — *Betr.* (2). Folgt aus (1).

II. Unter den Voraussetzungen in Abschn. 4.3.2. gilt: Für jeden Punkt $x \in C$ ist POW $(x; C; \mathfrak{k}) \leq k+1$. Daher gibt es auf C nur endlich viele $\mathfrak{k}$-singuläre Punkte und sie besitzen alle den POW $k+1$. Mithin ist C Vereinigung von endlich vielen (abgeschlossenen) Bogen je vom POW k und es ist POW $(C; \mathfrak{k})$ beschränkt.

Beweis. Aus POW $(x; C; \mathfrak{k}) \geq k+2$ würde die Existenz eines Teilbogens $T \subset C$ beliebig kleiner Spannweite folgen mit $x \in \underline{T}$ und (zu T) die Existenz eines $K \in \mathfrak{k}$ mit POW $(T \frown K) \geq k+2$. Gemäß I muß aber POW $(T \frown K) \leq k+1$ sein. Da C normal zu $\mathfrak{k}$ ist, folgt aus Abschn. 4.1.3.1.1., Satz 1, und aus POW $(x; C; \mathfrak{k}) \leq k+1$ für alle $x \in C$, daß die $\mathfrak{k}$-singulären Punkte isoliert auf dem kompakten C sind und daß folglich C Vereinigung von endlich vielen Teilbogen C' je mit POW $(C'; \mathfrak{k}) = k$ ist.

III. Jede γ-Zerlegung $\mathfrak{Z} = \{T_\tau \frown K; \tau = 1, \ldots, t\}$ von $C \frown K$ (bei endlichem POW $(C; \mathfrak{k})$) läßt sich durch eine *ordinäre* γ-Zerlegung $\mathfrak{Z}' = \{T'_\varrho \frown K; \varrho = 1, \ldots, r\}$ mit $t \leq r$ ersetzen. — In der Tat: Ist $\mathfrak{Z}$ nicht ordinär, so gilt (gemäß I) etwa $w_1 = k+1 =$ POW $(T_1 \frown K)$ und $T_1 \frown K$ ist der einzige große γ-Komplex in $\mathfrak{Z}$. Zerlegt man $T_1 \frown K$ in $T_{1j} \frown K$, $j = 1, 2$, mit POW $(T_{1j} \frown K) = k$ bzw. $= 1$ für $j = 1$ bzw. $j = 2$, so ergibt sich ein ordinäres $\mathfrak{Z}' = \{T_{1j} \frown K, T_i \frown K; j = 1,2; i = 2, \ldots, t\}$ mit $r = t+1$.

4.3.3. Konzentrationsbeschränktheit und Punktordnungswert

Satz. *Voraussetzung. Es sei C eine zu $\mathfrak{k}$ normale Jordankurve mit $k \equiv 1 \,(\mathrm{mod}\, 2)$ und $k \geq 3$.*

Behauptung. Folgende beiden Aussagen sind gleichwertig: (a). *Es ist* POW $(C; \mathfrak{k}) = k+1$. — (b). *Es ist C $\mathfrak{k}$-konzentrationsbeschränkt und* POW $(C; \mathfrak{k}) \geq k+1$.

Beweis. *Aus* (a) *folgt* (b). Ist nämlich $K \in \mathfrak{k}$ mit POW $(C \frown K) = k+1$, so gilt für jede γ-Zerlegung von $C \frown K$; $w = (w_1 - 1) + \cdots + (w_t - 1) = k+1-t$. Für $t \geq 2$ ist also $w \leq k-1$ und $w_\tau \leq k$ für jedes τ, und es gilt daher $(k\,b)$. (Für $t = 1$ ist $w_1 - 1 = k$, also $w_1 = k+1$.)

Aus (b) *folgt* (a).

(1). Gemäß (b) und Abschn. 4.3.2.1., II, ist POW $(C; \mathfrak{k})$ beschränkt, etwa $= m$, also nach (b) $k+1 \leq m$. Es existiert $K \in \mathfrak{k}$ mit POW

$(C \frown K) = m$, wobei alle Punkte von $C \frown K$ Schnittpunkte sind (Abschn. 1.4.3.). Da C Kurve ist, gilt $m \equiv 0 (\text{mod}\, 2)$, also $m \equiv k + 1 (\text{mod}\, 2)$. *Für jede ordinäre* γ-Zerlegung $Z = \{T_\tau \frown K; \tau = 1, \ldots, t\}$ (mit POW $(C \frown K) = m$) gilt

$$(1 +) \quad m = \sum_\tau w_\tau, \qquad m \leq k - 1 + t, \text{ also } 2 \leq b \leq t,$$

wenn $b = m - (k - 1)$; dabei ist $b \equiv 0 (\text{mod}\, 2)$ (wegen $m \equiv k + 1$).

Ferner: Weil C als normal zu $\mathfrak{k}$ vorausgesetzt ist, gilt der Monotoniesatz (Abschn. 2.3.) für jede, auch nicht ordinäre γ-Zerlegung; und da bei Kontraktionen je $k - 1$ Punkte festgehalten werden, ist (solange POW $(C \frown K) = m$ bleibt) *die gerade Zahl b gleich der Anzahl der jeweils beweglichen Punkte.*

(2). Es genügt der Beweis der folgenden Behauptung: Es gibt OCh K mit $m =$ POW $(C \frown K')$ und ordinäre γ-Zerlegungen $\mathfrak{Z}$ von $C \frown K'$ mit $t = 2$. — In der Tat: Aus $t = 2$ folgt wegen $(1 +)$ (Ziffer (1)), daß $m \leq k + 1$, also $m = k + 1$ (wegen $k + 1 \leq m$ (vgl. (b))).

(3). Zum Beweis der Behauptung in Ziffer (2) wird zunächst gezeigt: Aus jeder γ-Zerlegung $\mathfrak{Z} = \{T_\tau \frown K; \tau = 1, \ldots, t\}$ von $C \frown K$ mit POW $(C \frown K) = m$ läßt sich (eine OCh K' mit POW $(C \frown K') = m$ und) eine γ-Zerlegung $\mathfrak{Z}'$ von $C \frown K'$ gewinnen, die mindestens zwei große γ-Komplexe enthält und daher insbesondere ordinär ist (Abschn. 4.3.2.1., I). — Zur Konstruktion eines solchen $\mathfrak{Z}'$ unterscheide man: Es enthält $\mathfrak{Z}$ entweder (Fall A) mindestens 2 große γ-Komplexe oder (Fall B) genau einen oder (Fall C) keinen großen γ-Komplex. Der Fall B wird auf den (gewünschten) Fall A so zurückgeführt: Ist etwa $X_1 = T_1 \frown K$ der große γ-Komplex in $\mathfrak{Z}$ und ist $w_1 \geq 4$, so ist X_1 in zwei große γ-Komplexe zerlegbar. Ist aber $2 \leq w_1 \leq 3$ und sind x_1, x_2 die (entsprechend einer Orientierung von C) hintersten beiden Punkte x_1, x_2 von X_1, so faßt man die b unmittelbar aufeinanderfolgenden, unmittelbar hinter x_1, x_2 gelegenen Punkte von $\mathfrak{Z}$ zu $2^{-1} b$ Paaren benachbarter Punkte zusammen und macht die übrigen $k - 1 = m - b$ Punkte von $\mathfrak{Z}$ zu festen Punkten (einschließlich x_1, x_2). Wird dann eines dieser Paare beweglicher Punkte kontrahiert, so auch jedes andere Paar. Bei einer solchen Kontraktion sind Gewinne (wegen $m =$ POW $C \frown K$)) nicht möglich, bevor nicht Verluste eingetreten sind. Kontrahiert man daher hinreichend lange, so zieht sich eines dieser Paare, etwa $x_\alpha, x_{\alpha+1}$, in einen Bogen von kleinerer Spannweite als γ zusammen; mit (x_1, x_2) und $(x_\alpha, x_{\alpha+1})$ erhält man daher je einen großen γ-Komplex. — Der Fall C wird auf B so zurückgeführt: Man wählt $2^{-1} b$ Paare benachbarter Punkte von $\mathfrak{Z}$ als beweglich, hält die übrigen $k - 1$ Punkte fest und kontrahiert die Paare; mindestens eines liefert schließlich (vgl. Fall B) einen großen γ-Komplex und damit einen Fall B.

(4). Es sei also $\mathfrak{Z}$ eine (ordinäre) γ-Zerlegung von $C \frown K$ mit POW $(C \frown K) = m$, die mindestens 2 große γ-Komplexe enthält. Wegen $2 \leq b \leq t$ (für $\mathfrak{Z}$) gibt es in $\mathfrak{Z}$ eine gerade Anzahl b von γ-Komplexen X_i, $i = 1, \ldots, b$, welche (entsprechend einer Orientierung von C) auf C in dieser Reihenfolge unmittelbar hintereinander liegen. Nach evtl. zyklischer Vertauschung der X_i kann man annehmen, daß (mindestens) zwei große γ-Komplexe von $\mathfrak{Z}$ in der Reihe der $X_1, \ldots, X_b$ nicht benachbart sind. Man fasse die X_i zu $2^{-1}b$ Komplexen $P_j = X_j \smile X_{j+1}$, $j = 1, 3, \ldots, b-1$, $j \equiv 1 \,(\mathrm{mod}\, 2)$ zusammen. In P_j sei mit x_{j1} bzw. x_{j2} der vorderste bzw. hinterste der Punkte von P_j bezeichnet, der von seinem hinteren bzw. vorderen Nachbarn x'_{j1} bzw. x'_{j2} einen „Quasiabstand" $q(x_{j1}, x'_{j1})$ bzw. $q(x_{j2}, x'_{j2})$ größer γ' besitzt, d. h., die Spannweite des zu $\mathfrak{Z}$ fremden offenen Bogens $\mathfrak{C}(x_{j1} | x'_{j1})$ usw. ist größer als γ'; dabei ist etwa $\gamma' = \gamma : 4m$ gesetzt. Gibt es, Fall I, in mindestens einem der P_j keine solchen x_{j1}, x_{j2}, so ist dieses P_j schon ein großer γ-Komplex und die γ-Zerlegung $\mathfrak{Z}' = \{X_1, \ldots, X_{j-1}; P_j, X_{j+2}, \ldots\}$ von $C \frown K$ ist von der „Stufe" $t-1$ statt t, d. h. $\mathfrak{Z}'$ enthält $t-1$ γ-Komplexe und mindestens 2 große. — Gibt es aber, Fall II, kein derartiges P_j, so werden in jedem P_j sämtliche Punkte mit Ausnahme von x_{j1}, x_{j2} festgehalten. Sodann kontrahiert man x_{11}, x_{12} und damit auch jedes Paar x_{j1}, x_{j2} so lange, als keiner der beiden folgenden Fälle eintritt:

II.A. Mindestens eines der $q(x_{j1}, x'_{j1})$, $q(x_{j2}, x'_{j2})$, $j = 1, 3, \ldots, b-1$, wird gleich γ'. — II.B. Mindestens eines der X_j, $j = 1, 2, \ldots, b$, „wird aufhören γ-Komplex zu sein"; dabei sagen wir, es wird z. B. X_j aufhören, γ-Komplex zu sein, wenn der Quasiabstand des vordersten und hintersten Punktes von X_j gleich γ geworden ist.

Betr. II.A. Wird $q(x_{j1}, x'_{j1}) = \gamma'$ oder (und) $q(x_{j2}, x'_{j2}) = \gamma'$ für ein j, so unterbricht man die Kontraktion und ersetzt x_{j1} oder (und) x_{j2} durch den vordersten bzw. hintersten Punkt $\bar{x}_{j1}$ bzw. $\bar{x}_{j2}$ von P_j, der jetzt von einem hinteren bzw. vorderen Nachbarn einen Quasiabstand größer als γ' besitzt (sofern nicht Fall I vorliegt). Tritt II.A. gleichzeitig für mehrere P_j ein, so wird in jedem dieser P_j nach der vorstehenden Vorschrift x_{j1} bzw. x_{j2} durch ein $\bar{x}_{j1}$ bzw. $\bar{x}_{j2}$ ersetzt. Sodann setzt man mit diesen neuen $\bar{x}_{j1}, \bar{x}_{j2}$ die Kontraktion fort.

Betr. II.B. Wird X_j aufhören γ-Komplex zu sein, so war zu Beginn der Kontraktion z. B. x_{j1} hinterster Punkt von X_j und in dem durch die Kontraktion aus X_j entstandenen Komplex $\bar{X}_j$ hat der vordere Nachbar x''_{j1} des x_{j1} von diesem einen Quasiabstand größer als γ'. Mit diesem x''_{j1} als beweglichem Punkt wird die Kontraktion fortgesetzt.

Bei gleichzeitigem Eintreten je eines oder mehrerer der Fälle II.A. und II.B. treten die für jeden einzelnen gegebenen Vorschriften in Kraft.

Bemerkung. Die b Punkte x_{j1}, x_{j2} sind die einzigen beweglichen Punkte bei unseren Kontraktionen.

Zusammenfassung. Durch den beschriebenen Kontraktionsprozeß läßt sich eine gegebene γ-Zerlegung der Stufe $t \geq 3$ immer auf eine solche einer Stufe τ mit $2 \leq \tau \leq t-1$ zurückführen, ohne daß Gewinne oder Verluste von Punkten der Zerlegung auftreten. Man kommt also schließlich zur Stufe 2 und damit zum Beweis der Behauptung in Ziffer (2); w. z. z. w.

Bemerkungen. Man kann zeigen, daß im Falle des Beispiels der „zyklischen Ordnung" (vgl. Abschn. 4.3.1.) die Voraussetzungen des Satzes erfüllt sind. — Die Definition der Konzentrationsbeschränktheit sowie der Satz selbst läßt sich auf den Fall gewisser Korrespondenzen auf der Kurve C verallgemeinern. Eine derartige Korrespondenz liegt dem 1. Satz in Abschn. 3.8.5. zugrunde.

4.4. Verallgemeinerung der Sätze von Carleman, Böhmer, Mohrmann und Mukhopadhyaya

Ein bekannter Satz von Böhmer besagt: Ist der Schmiegkegelschnitt eines Ovals in jedem Punkt eine Ellipse, so ist der Kegelschnitt durch fünf beliebige Punkte des Ovals ebenfalls eine Ellipse. Dieser Satz sowie damit zusammenhängende Sätze von Mohrmann, Carleman und Mukhopadhyaya erweisen sich als im Grunde von topologischer, nämlich von ordnungsgeometrischer Natur und als dementsprechend verallgemeinerungsfähig. Nachstehend soll dies gezeigt werden. Auch für den speziellen Fall der Kegelschnitte ergibt sich dabei als eine Verallgemeinerung z. B. des Böhmerschen Satzes: Hat in jedem Punkt eines Ovals der Schmiegkegelschnitt eine Exzentrizität kleiner als $e (1 \leq e)$, so gilt dies auch für den Kegelschnitt durch fünf beliebige Punkte des Ovals. Allgemein gilt dies aber, wenn die Kegelschnitte durch Kurven ersetzt werden, welche die in den folgenden Abschn. 4.4.2. und 4.4.3. angegebenen Eigenschaften besitzen. Bemerkt sei zu unseren Sätzen noch, daß nicht, wie in den oben aufgezählten Sätzen, infinitesimale Eigenschaften, wie z. B. die Existenz des Schmiegkegelschnittes, herangezogen werden, sondern lokale, wie dies etwa die e-Konvexität (Abschn. 4.4.4.) oder die $(<e)$-Gekrümmtheit (Abschn. 4.4.5.) sind. Vgl. dazu auch die Bemerkungen in Abschn. 4.4.7.

4.4.1. Grundbereich und Randinvolution

Der Grundbereich sei wieder eine abgeschlossene, von einem Kreis R berandete Kreisscheibe G in der euklidischen Ebene oder ein topologisches Bild davon. Ferner sei i eine topologische, involutorische, fixpunktfreie Abbildung von R auf sich. Sind dann $a, b \in R$ mit $a \neq b$

$\neq i(a)$, also auch mit $b \neq a \neq i(b)$, sonst aber beliebig, und ist $R(a|i(a))$ einer der beiden von a und $i(a)$ begrenzten Teilbogen von R, so folgt aus $b \in R(a|i(a))$, daß $i(b) \in R - R(a|i\,a))$. Es ist also genau einer der beiden von a und b begrenzten (abgeschlossenen) Teilbogen von R fremd zu $i(a)$ und dann auch zu $i(b)$; dieser Teilbogen werde *mit* $R^*(a|b)$ *bezeichnet,* wobei stets $a \neq b \neq i(a)$ vorausgesetzt ist.

4.4.2. Die Ordnungscharakteristiken $\mathfrak{K}$

Das System $\mathfrak{k}$ der *Ordnungscharakteristiken* (OCh) besitze eine Grundzahl $k \geq 5$. Die OCh sind entweder *Kurven* $K \subset \underline{G}$ oder „Bogen"; letzteres soll heißen: Entweder ist $K = K(c) \subset G$ eine Kurve mit einpunktigem $K \cap R = \{c\}$ oder es ist $K = K(a|b) \subset G$ ein Bogen mit genau den Endpunkten a, b in R, also $K \cap R = \{a\} \cup \{b\}$, wobei aber $a \neq b \neq i(a)$ sein soll. — Weiter genüge $\mathfrak{k}$ den folgenden Axiomen:

(1)—(3) [wie (II) (1)—(3) Abschn. 1.1.1.] und (3*) [wie Abschn. 2.4.].

(4). Ebenfalls den Axiomen (1) bis (3*) aber mit der Grundzahl $k - 2$ genügen die beiden folgenden Teilsysteme $\mathfrak{k}(a, b)$ und $\mathfrak{k}(c)$ von $\mathfrak{k}$, die so erklärt sind: Es ist $\mathfrak{k}(a, b)$ bzw. $\mathfrak{k}(c)$ das System aller „Bogen" $K(a|b) \in \mathfrak{k}$ mit festen a, b (wobei $a \neq b \neq i(a)$) bzw. aller $K(c) \in \mathfrak{k}$ mit festem c $(a, b, c \in R)$.

(5). Es existiert eine eindeutige Abbildung f von $\mathfrak{k}$ in die Menge der reellen positiven Zahlen mit folgender Eigenschaft: (α). Es ist $f(K) < 1$ bzw. $= 1$ bzw. > 1 je nachdem $K \in \mathfrak{k}$ eine Kurve, also $K \subset \underline{G}$ bzw. ein „Bogen" $K(c)$ bzw. ein „Bogen" $K(a|b)$ ist. — (β). Über dem System der OCh K mit $f(K) > 1$ ist f monoton im folgenden Sinne: Für $K(a|b)$ und $K(a'|b')$ gilt $f(K) = f(K')$ falls $a = a'$, $b = b'$, hingegen $f(K) < f(K')$ falls $R^*(a|b) \subset R^*(a'|b')$ und beide Bogen verschieden sind.

B e z e i c h n u n g e n. Es sei $\mathfrak{k}(<e)$ bzw. $\mathfrak{k}(=e)$ bzw. $\mathfrak{k}(>e)$ das System aller OCh K mit $f(K) < e$ bzw. $= e$ bzw. $> e$. Es kann e als (verallgemeinerte) *Exzentrizität,* auch als „Gestalt", von K aufgefaßt werden. — Für einen „Bogen" $K \in \mathfrak{k}$, also $K \in \mathfrak{k}(c)$ oder $K \in \mathfrak{k}(a, b)$ bzw. eine Kurve $K \in \mathfrak{k}$, also $K \subset \underline{G}$, werde mit $J(K)$ und als das *Innere* von K das von K oder $K \cup R^*(a|b)$ bzw. von K begrenzte (einfach zusammenhängende) Teilgebiet von G bezeichnet und $A(K) = G - G \cap \overline{J(K)}$ als das *Äußere* von K. — Es sei $\underline{K} = K - K \cap R$, also $K = \underline{K}$, wenn K Kurve.

4.4.3. Grundgebilde

Das *Grundgebilde* $C \subset G$ sei entweder eine zu R fremde Kurve oder ein „Bogen", der mit R höchstens seine, evtl. zusammenfallenden, Endpunkte gemeinsam hat (vgl. Abschn. 4.4.2.); mit $\underline{C}$ wird der größte in $\underline{G}$ enthaltene offene Teilbogen von C bezeichnet.

Außerdem soll für C noch gelten:

(1). Es sei POW $(C; \mathfrak{k})$ endlich.

(2). Ist C *oder* K eine *Kurve*, also $C \subset \underset{\sim}{G}$ oder $K \subset \underset{\sim}{G}$, und ist POW $(\underset{\sim}{C} \frown K) \geq k - 1$, so ist C normal zu K (vgl. Abschn. 2.3.1.). — Sind aber C *und* K beides „*Bogen*" mit POW $(\underset{\sim}{C} \frown K) \geq k - 1$ und ist C nicht normal zu K, so gibt es in $\underset{\sim}{C} \frown K$ genau einen „*anormalen*" Schnittpunkt s; das soll heißen: Sind $\underset{\sim}{C}'$ und $\underset{\sim}{C}''$ bzw. $\underset{\sim}{K}'$ und $\underset{\sim}{K}''$ die beiden (offenen) von s begrenzten Teilbogen von $\underset{\sim}{C}$ bzw. von $\underset{\sim}{K}$, so ist etwa $\underset{\sim}{C} \frown K = \underset{\sim}{C}' \frown \underset{\sim}{K}' \smile \{s\}$ und dann $\underset{\sim}{C}'' \frown \underset{\sim}{K}'' = \emptyset$ *sowie* $\underset{\sim}{C}'' \subset A(K)$; ferner ist C' normal zu K'. — Dabei ist vorausgesetzt, daß die Punkte von $\underset{\sim}{C} \frown K$ sämtlich Schnittpunkte sind; dies ist keine Beschränkung der Allgemeinheit, weil für jedes $\mathfrak{k}(c)$ und $\mathfrak{k}(a, b)$ sowie für $\mathfrak{k}$ selbst der Reduktionssatz gilt.

(3). Es sei C ein „*Bogen*". Dann existiert eine Zahl $N = N(C) > 0$, sog. *Normalitätsschranke*, derart, daß für jeden Teilbogen B von C, dessen Spannweite $S(B)$ kleiner als N ist, gilt: Ist POW $(\underset{\sim}{B} \frown K) \geq k-1$ für ein $K \in \mathfrak{k}$, so ist B normal zu K.

(4). Es sei C eine *Kurve* und $K \in \mathfrak{k}$ ein „Bogen" mit POW $(\underset{\sim}{C} \frown K) \geq k - 1 \geq 4$. Es ist also $\underset{\sim}{C} \frown K = \{p_1\} \smile \cdots \smile \{p_m\}$ mit $k - 1 \leq m$; dabei soll jedes p_μ Schnittpunkt sein. (Gemäß (2) dürfen die $p_1, p_2, p_3, \ldots, p_m$ in dieser Reihenfolge als simultan orientiert angenommen werden.) Dann soll der zu $\underset{\sim}{C} \frown K$ fremde Teilbogen $\underset{\sim}{C}(p_m|p_1)$ in $J(K)$ liegen.

4.4.4. *e*-Konvexität, *e*-Konkavität

Eine erste Eigenschaft, welcher die Untersuchung gilt, ist die e-Konvexität und die e-Konkavität des Grundgebildes C; dabei *soll stets* $e \geq 1$ *sein*. Und zwar heiße C *e-konvex* bzw. *e-konkav* im Punkt $p \in \underset{\sim}{C}$, wenn Umgebungen $W = W(p)$ und $V = V(W)$ von p auf C existieren derart, daß $\bar{V} \subset W$ und daß für jede Umgebung U von p auf C mit $\bar{U} \subset V$ folgendes gilt: Für jedes $K \in \mathfrak{k}(= e)$ mit POW $(U \frown K) \geq k - 1$ und mit zu $\bar{U}$ normalem K ist $(W - \bar{U}) \frown A(K) = \emptyset$ bzw. $(W - \bar{U}) \frown J(K) = \emptyset$.

Zusatz. Mit der e-Konvexität bzw. der e-Konkavität von C in p ist *gleichwertig:* Es gibt *beliebig kleine* Umgebungen W', V' von $p \in \underset{\sim}{C}$ auf C mit $\bar{V}' \subset W'$ derart, daß für jede Umgebung U' von p auf C mit $\bar{U}' \subset V'$ gilt: Für jedes $K' \in \mathfrak{k}(= e)$ mit POW $(U' \frown K') \geq k - 1$ und mit zu K' normalem U' ist $(W' - \bar{U}') \frown A(K') = \emptyset$ bzw. $(W' - \bar{U}') \frown J(K') = \emptyset$. — *Kürzer:* In der Definition der e-Konvexität und der e-Konkavität *dürfen* $W = W(p)$ *und* $V = V(W)$ *beliebig klein* angenommen werden.

Beweis. Aus der Bedingung des Zusatzes folgt die e-Konvexität bzw. e-Konkavität in p. — Umgekehrt: Es sei C e-konvex (e-konkav) in $p \in \underline{C}$. Sind nun W', V' mit $p \in \underline{V}' = V' \subset \bar{V}' \subset W' \subset \bar{W}' \subset V(W)$ beliebig klein, so gilt für jedes U' mit $p \in U' = \underline{U}' \subset \bar{U}' \subset V' = \underline{V}'$: Es ist $\bar{U}' \subset V(W)$ und für jedes $K' \in K(=e)$ mit POW $(U' \frown K') \geq k-1$ sowie mit zu K' normalem $\bar{U}'$ ist $\emptyset = (W(p) - \bar{U}') \frown A(K') \supset (W' - \bar{U}') \frown A(K')$ also die rechte Seite leer.

Ist C in jedem Punkt von $\underline{C}$ e-konvex bzw. e-konkav, so heißt C selbst e-konvex bzw. e-konkav.

Anmerkung. Über die Existenz eines $K \in \mathfrak{k}(=e)$ mit der für e-Konvexität usw. geforderten Eigenschaft wird in der obigen Definition nicht ausgesagt; es gilt also C als e-konvex in p auch dann, wenn keine solchen K existieren, insbesondere also wenn zwar $K \in \mathfrak{k}(=e)$ mit POW $(U \frown K) \geq k-1$ existieren, diese K aber nicht zu U normal sind.

Satz. *Voraussetzung* (1). *Die Grundzahl k sei ungerade (mit $k \geq 5$). Ferner sei $e \geq 1$.* — (2). *Es genüge $\mathfrak{k}$ und C den Forderungen in* Abschn. 4.4.1. bis 4.4.3.

Behauptung (1). *Eine Kurve C mit* POW $(C; \mathfrak{k}(=e)) = k-1$ *ist e-konvex.* — (2). ***Für** eine e-konvexe Kurve und für einen e-konkaven „Bogen“ C gilt* POW $(\underline{C}; \mathfrak{k}(=e)) \leq k-1$.

Zusatz. Eine *Kurve* C mit POW $(C; \mathfrak{k}(=e)) \geq k-1$ ist *nicht e-konkav*.

Beweis *Betr. Behauptung* (1). Eine Kurve C, also $C = \underline{C}$, ist gemäß Abschn. 4.4.3, (2) normal zu jeder OCh K mit POW $(\underline{C} \frown K) \geq k-1$ und dies gilt erst recht für alle Teilbogen $\bar{U}$ von C. Es sei also $p \in C = \underline{C}$ beliebig. Ferner seien W, V beliebige Umgebungen von p auf C mit $\bar{V} \subset W$. Schließlich sei $U = \underline{U}$ beliebig klein mit $p \in U \subset \bar{U} \subset V$. Wegen POW $(C; \mathfrak{k}(=e)) = k-1$ folgt aus $K \in \mathfrak{k}(=e)$ mit POW $(U \frown K) \geq k-1$, daß POW $(U \frown K) = k-1$ ist und folglich $(C - \bar{U}) \frown K = \emptyset$. Da $e \geq 1$, also jedes $K \in \mathfrak{k}(=e)$ ein „Bogen“ ist, folgt aus Abschn. 4.4.3., (4), daß $(C - \bar{U}) \subset J(K)$, erst recht also $(W - \bar{U}) \subset J(K)$. Somit ist C e-konvex in p; und da $p \in C$ beliebig war, folgt die Behauptung (1).

Betr. Behauptung (2). Indirekt.

I. Es existiere also ein $K' \in \mathfrak{k}(=e)$ mit POW $(\underline{C} \frown K') = m' \geq k$. Wegen $e \geq 1$ und $K' \in \mathfrak{k}(=e)$ ist K' ein „Bogen“ und gehört zu einem $\mathfrak{k}' = \mathfrak{k}(c)$ oder zu einem $\mathfrak{k}' = \mathfrak{k}(a, b)$ (je nachdem $e = 1$ oder $e > 1$) (Abschn. 4.4.2., (5), (α)). Gemäß Abschn. 4.4.2., (4) gilt bei festen c bzw. a, b für $\mathfrak{k}'$ der Reduktionssatz. Es gibt daher zu K' beliebig benachbarte $K \in \mathfrak{k}'$ derart, daß $C \frown K$ nur Schnittpunkte enthält und daß POW $(C \frown K) = m \geq m'$ ist. Es sei etwa $C \frown K = \{p_1\} \smile \cdots \smile \{p_m\}$, wobei $(p_1, \ldots, p_m)$ als bezüglich C orientiert angenommen werden kann. Betrachtet man die $(k-1)$-tupel $(p_1, \ldots, p_{k-1})$ und $(p_2, \ldots, p_k)$, so ist entweder $C_{12} = \underline{C}(p_1 | p_2)$ oder $C_{23} = \underline{C}(p_2 | p_3)$ in $J(K)$ enthalten und dann C_{23} oder C_{12} in $A(K)$; dabei ist C_{12} bzw. C_{23} der von p_1 und

p_2 bzw. von p_2 und p_3 begrenzte offene, kein $p_\mu \in C \cap K$ enthaltende Teilbogen von C.

II.1. Es sei zunächst C eine *Kurve*. Im Hinblick auf den Beweis des Zusatzes wird hier auch die Annahme einbezogen, daß die Kurve C e-konkav sei. Wir wählen aus $(p_1, \ldots, p_m)$ ein $(k-1)$-tupel, das mit $(p'_1, \ldots, p'_{k-1})$ bezeichnet werde, für welches $B' = \underset{\sim}{C}(p'_1|p'_2) \subset J(K)$ bzw. $B' \subset A(K)$ ist. (Solche B' existieren gemäß Ziffer I.) Es gibt dann eine vordere Umgebung F' von p'_1 auf C mit $\underset{\sim}{F}' \subset A(K)$ bzw. mit $\underset{\sim}{F}' \subset J(K)$. Da $\mathfrak{k}'$ die Grundzahl $k-2$ besitzt und da die Kurve C normal ist zu K, läßt sich auf $(p'_1, \ldots, p'_{k-1})$ der Kontraktionssatz anwenden. Demzufolge existiert ein $q \in \underset{\sim}{C}$ mit folgenden Eigenschaften: Zu beliebig kleiner Umgebung U'' von q existiert ein $K'' \in \mathfrak{k}'$ derart, daß POW $(U'' \cap K'') \geq k-1$ ist, und zwar gibt es einen Teilbogen $U = \underset{\sim}{U} \subset \bar{U} \subset U''$ mit $q \in U$ und mit $U \cap K'' = \{p''_1\} \cup \cdots \cup \{p''_{k-1}\}$. Gemäß des verschärften Kontraktionssatzes kann zufolge der Wahl von p'_1 überdies angenommen werden: Es gibt eine vordere Umgebung F'' von p''_1 auf C mit $\underset{\sim}{F}'' \subset A(K'')$ bzw. mit $\underset{\sim}{F}'' \subset J(K'')$. Es seien nun $W = W(q)$ und $V = V(W)$ Umgebungen von q auf C, wie sie wegen der angenommenen e-Konvexität bzw. e-Konkavität von C in q existieren. Da U'' beliebig klein sein kann, darf $\bar{U} \subset V(W)$ gewählt werden. Außerdem können wir durch Verkleinerung von U erreichen, daß $\underset{\sim}{F}'' \cap (W - \bar{U}) \neq \emptyset$ ist. Dann wird aber $(W - \bar{U}) \cap A(K'') \neq \emptyset$ bzw. $(W - \bar{U}) \cap J(K) \neq \emptyset$. Außerdem ist POW $(U \cap K'') \geq k-1$ und $\bar{U}$ normal zu K''. Damit hat man einen Widerspruch zur Definition von W und V, d. h. zur vorausgesetzten e-Konvexität bzw. e-Konkavität von C.

II.2. Es sei nun C ein „*Bogen*". Falls C normal zu den in Betracht kommenden OCh K ist, schließt man wie in Ziffer II.1. Dabei wird hier (im Hinblick auf die vorausgesetzte e-Konkavität von C) ein $\underset{\sim}{C}(p'_1|p'_2) \subset A(K)$ gewählt. Ist aber C nicht normal zu K, so existiert (gemäß Abschn. 4.4.3., (2)) ein anormaler Punkt s; o. B. d. A. kann $s = p_m$ (vgl. Ziffer I) angenommen werden. Der größte von s begrenzte, die $p_1, \ldots, p_{m-1}$ enthaltende, offene Teilbogen $\underset{\sim}{C}'$ von C ist normal zu K. Ist $m \geq k+1$, so kann man $(p'_1, \ldots, p'_{k-1})$ mit $\underset{\sim}{C}(p'_1|p'_2) \subset A(K)$ wie oben wählen. Ist aber $m = k$, so ist wegen $\underset{\sim}{C} - \bar{C}'$ in $A(K)$, und wegen $k - 1 \equiv 0 \pmod 2$ auch $\underset{\sim}{C}(p_1|p_2)$ in $A(K)$. Da $(p_1, \ldots, p_{k-1})$ simultan orientierbar auf C und K ist, kann wieder der verschärfte Kontraktionssatz angewandt und wie in II.1. geschlossen werden; dabei ist zu beachten, daß bei Kontraktionen der anormale Schnittpunkt nicht mit p_{k-1} bzw. p_{m-1} zusammenrücken kann.

Betr. den Zusatz. Aus der e-Konkavität einer Kurve C mit POW $(C; \mathfrak{k}(=e)) \geq k-1$ folgt gemäß des Beweises betr. Behauptung (2), II.1., daß POW $(C; \mathfrak{k}(=e)) \leq k-1$ hier also $= k-1$ ist. Zufolge der Behauptung (1) ist dann aber C e-konvex.

Anmerkung. Bei Anwendung des Kontraktionssatzes ist benutzt, daß sich mit K auch $J(K)$ bzw. $A(K)$ stetig ändert.

4.4.5. $(<e)$- und $(>e)$-gekrümmte C

Weitere Sätze beziehen sich — außer auf die e-Konvexität und e-Konkavität — auf die $(<e)$- und $(>e)$-Gekrümmtheit von C. Dabei wird das Grundgebilde C als *$(<e)$-gekrümmt* bzw. als *$(>e)$-gekrümmt* im Punkt $p \in \underset{\sim}{C}$ bezeichnet, wenn es eine Umgebung W^* von p auf C gibt derart, daß für jedes $K \in \mathfrak{k}$ aus POW $(W^* \frown K) \geq k$ folgt: $K \in \mathfrak{k}(<e)$ bzw. $K \in \mathfrak{k}(>e)$.

Anmerkung. Über die Existenz der in der Definition auftretenden OCh K wird auch hier nichts vorausgesetzt. Vgl. die Anmerkung in Abschn. 4.4.4. zur Definition der e-Konvexität.

Es wird C als $(<e)$- bzw. $(>e)$-gekrümmt bezeichnet, wenn C in jedem seiner Punkte diese Eigenschaft besitzt.

1. Satz. *Voraussetzung* (1). *Die Grundzahl k sei ungerade und $k \geq 5$. Ferner sei $e \geq 1$.* — (2). *Es genüge $\mathfrak{k}$ und C den Forderungen in* Abschnitt 4.4.1. bis 4.4.3. *Dabei sei C Kurve.*

Behauptung. Für $(<e)$-gekrümmtes C gilt:

(1). *Es ist C auch e-konvex.* — (2). *Aus* POW $(C \frown K) \geq k$ *für irgendein $K \in \mathfrak{k}$ folgt $K \in \mathfrak{k}(<e)$.*

Zusatz zur Behauptung (1). Wird die $(<e)$-Gekrümmtheit der Kurve C nur im Punkt $p \in \underset{\sim}{C}$ gefordert, so ist C e-konvex wenigstens im Punkt p.

Beweis *betr. Behauptung* (1) *und Zusatz.* Es sei $p \in \underset{\sim}{C}$ beliebig und $C(<e)$-gekrümmt in p. Wir schließen indirekt.

A. Es sollen also beliebig kleine Umgebungen W' von p auf C existieren sowie in W' enthaltene, beliebig kleine Umgebungen V' und mindestens ein U' mit $\bar{U}' \subset V' \subset \bar{V}' \subset W'$ sowie mit $p \in U' = \underset{\sim}{U}'$, die folgenden Eigenschaften besitzen: Es existiert zu U' ein $K' \in \mathfrak{k}(=e)$ mit POW $(U' \frown K) \geq k-1$, mit zu $\bar{U}'$ normalem K' und mit $(W' - \bar{U}') \frown A(K') \neq \emptyset$.

B. Da W' beliebig klein wählbar ist, kann vorausgesetzt werden, daß W' normal ist zu jedem $K \in \mathfrak{k}$ mit POW $(W' \frown K) \geq k-1$. Ist nämlich C eine Kurve, so folgt dies aus Abschn. 4.4.3., (2); ist aber C ein „Bogen“, so gilt das gleiche gemäß Abschn. 4.4.3., (3), sofern nur $S(W') < N(C)$ ist.

C. Es sei nun $U' \frown K' = \{p_1'\} \cup \cdots \cup \{p_{k-1}'\} \cup \cdots$. Gemäß des Reduktionssatzes können die $p_\varkappa'$ sämtlich als Schnittpunkte in U' und, weil W' normal zu K' ist (vgl. B.), als simultan orientiert angenommen werden. Ist W^* die, im Sinne der $(<e)$-Gekrümmtheit von C in p, zu p gehörige Umgebung von p, so kann $W' \subset W^*$, also $\bar{U}' \subset W^*$ angenom-

men werden; denn W' ist beliebig klein wählbar. Wegen $K' \in \mathfrak{k}(=e)$ und weil C in p $(<e)$-gekrümmt ist, folgt $\mathrm{POW}(W \cap K') \leq k-1$, also $= k-1$. Daher ist $U' \cap K' = W' \cap K' = W^* \cap K' = \{p_1'\} \cup \cdots \cup \{p_{k-1}'\}$. Somit ist p_1' vorderster Punkt von $W^* \cap K'$ in W^* und $\underline{B} \cap K' = \emptyset$, wobei $\underline{B} = W^* - C(p_1'|p_{k-1}')$ und $C(p_1'|p_{k-1}')$ der abgeschlossene, alle $p_\varkappa'$ enthaltende Teilbogen von C ist. Es war aber $(W' - \bar{U}') \cap A(K') \neq \emptyset$ (vgl. A), so daß erst recht $(W^* - \bar{U}') \cap A(K') \neq \emptyset$ ist, also $\underline{B} \subset A(K')$.

D. Es sei nun $p'' \in \underline{C}(p_2'|p_3')$. Dann existiert (gemäß Voraussetzung) $K'' = K(p_1', p_2', p'', p_3', \ldots, p_{k-1}')$, $k-1 \geq 4$. Da C in p $(<e)$-gekrümmt und $\mathrm{POW}(W^* \cap K'') \geq k$ ist, gilt $K'' \in \mathfrak{k}(<e)$. Wegen $W^* \cap K' = K'' \cap K' = \{p_1'\} \cup \cdots \cup \{p_{k-1}'\}$ (vgl. C) sind die $p_\varkappa'$ sämtlich Schnittpunkte auf $K'' \cap K'$. Wegen der Normalität von W' zu K'' (vgl. B) ist $p'' \in \underline{K}''(p_2'|p_3')$. Andererseits liegt wegen $\underline{B} \subset A(K')$ (vgl. C) eine vordere Umgebung von p_1' auf C in $A(K')$ bis auf p_1'; daraus folgt $p'' \in A(K')$, also $\underline{K}''(p_2'|p_3') \subset A(K')$. Wegen $k-1 \equiv 0 \pmod 2$ ist daher $\underline{K}'' - B'' \subset A(K')$, wobei $B'' = \bar{B}'' = K''(p_1'|p_{k-1}')$ alle $p_\varkappa'$ enthält (es ist ja $\mathrm{POW}(K'' \cap K') = k-1$). Wegen $e \geq 1$ und $K' \in \mathfrak{k}(=e)$ ist $K' = K(a'|b')$ ein „Bogen", wobei $a' = b'$, also $f(K') = 1$ zugelassen ist. Weil $\underline{K}'' - B'' \subset A(K')$ ist, muß auch $K'' = K(a''|b'')$ ein „Bogen" sein; und zwar ist $R^*(a'|b') \subset R^*(a''|b'')$, da $K' \cap K'' \subset B'' \subset \underline{K}''$, also $K' \cap K'' \cap R = \emptyset$ ist. Daraus und wegen Abschn. 4.4.2., (5) (β), folgt $f(K') = e < f(K'')$, also $K'' \in \mathfrak{k}(>e)$ im Widerspruch zu $K'' \in \mathfrak{k}(<e)$. Damit ist der Zusatz und, da $p \in \underline{C}$ beliebig war, auch die Behauptung (1) bewiesen.

Betr. Behauptung (2). Gemäß Behauptung (1) ist C e-konvex. Gemäß Abschn. 4.4.4., Satz, Behauptung (2), folgt daher $\mathrm{POW}(C; \mathfrak{k}(=e)) \leq k-1$. Weil aber jedes $(<e)$-gekrümmte C auch $(<e')$-gekrümmt ist, wenn $e < e'$ ist, so gilt auch $\mathrm{POW}(C; \mathfrak{k}(=e')) \leq k-1$. Ist daher $\mathrm{POW}(C \cap K) \geq k$ für ein $K \in \mathfrak{k}$, so kann nicht $K \in k(=e) \cup k(>e)$, es muß also $K \in \mathfrak{k}(<e)$ sein; w. z. z. w.

Eine gewisse Umkehrung des 1. Satzes ist enthalten im

2. Satz. *Voraussetzung* (1). *Die Grundzahl k sei ungerade mit $k \geq 5$. Ferner sei $e \geq 1$.* — (2). *Es genüge $\mathfrak{k}$ und C den Forderungen in* Abschnitt 4.4.1 bis 4.4.3. — (3), *Es sollen je $k-1$ hinreichend benachbarte Punkte von $\underline{C}$ auf einem $K \in \mathfrak{k}(=e)$ liegen.* — (4). *Es sei C Kurve.*

Behauptung. Ist C e-konvex, so ist C auch $(<e)$-gekrümmt.

Zusatz. Wird die e-Konvexität von C nur im Punkt $p \in \underline{C}$ und daneben $\mathrm{POW}(\underline{C}; \mathfrak{k}(=e)) \leq k-1$ gefordert, so ist C $(<e)$-gekrümmt wenigstens in p.

Anmerkung. Wegen Abschn. 4.4.4., Satz, Behauptung (2), folgt aus Voraussetzung (3) und der e-Konvexität von C, daß $\mathrm{POW}(\underline{C}; \mathfrak{k}(=e)) = k-1$ ist.

Beweis. Es sei $p \in \underset{\sim}{C}$. Da C in p e-konvex ist, existieren beliebig kleine Umgebungen $W = W(p)$, $V = V(W)$ und U von p auf C mit $\bar{U} \subset V \subset \bar{V} \subset W$ derart, daß $(W - \bar{U}) \cap A(K) = \emptyset$ ist, wenn $K \in \mathfrak{k}(=e)$ mit POW $(U \cap K) \geq k - 1$ und wenn K normal zu $\bar{U}$ ist. Für hinreichend kleines W ist jedes $K \in \mathfrak{k}$ mit POW $(W \cap K) \geq k - 1$ normal zu W (vgl. Satz 1, Beweis betr. Behauptung (1), B.) Falls nun ein $K'' \in \mathfrak{k}$ existiert mit POW $(U \cap K'') \geq k$, wobei $\bar{U} \subset V$ sonst beliebig, so setze man $U \cap K'' = \{p_1''\} \cup \cdots \cup \{p_k''\} \cup \cdots$; dabei können die $p_\varkappa''$ als Schnittpunkte mit U und (weil W normal zu K'' und $\bar{U} \subset W$ ist) auch als simultan orientiert (auf C und K'') angenommen werden. Bei hinreichend kleinem U, etwa $\bar{U} \subset Z$ (mit $Z \subset V$), existiert jetzt (Voraussetzung (3)) auch $K = K(p_1'', p_2'', p_4'', \ldots, p_k'') \in \mathfrak{k}(=e)$; zufolge Abschn. 4.4.4., Satz, Behauptung (2), ist $K \neq K''$. Wegen der e-Konvexität von C in p bzw. wegen der Wahl der W, V, U gilt aber $(W - \bar{U}) \cap A(K) = \emptyset$ und daher, weil POW $(\underset{\sim}{C}; \mathfrak{k}(=e)) \leq k - 1$ (vgl. die Voraussetzung im Zusatz bzw. die Anmerkung) auch $\underset{\sim}{C} - \bar{U}) \subset J(K)$. Da $K \cap K'' = \{p_1''\} \cup \{p_2''\} \cup \{p_4''\} \cup \cdots \cup \{p_k''\}$ ist und nur Schnittpunkte enthält, gilt $p_3'' \in J(K)$, also auch $\underset{\sim}{K}''(p_2'' | p_4'') \subset J(K)$ und mithin $\underset{\sim}{K}'' - K''(p_1'' | p_k'') \subset J(K)$ sowie $K \cap K'' \cap R = \emptyset$. Folglich ist $f(K'') < f(K) = e$, also $K'' \in \mathfrak{k}(<e)$. Und da diese Schlüsse für jedes K'' mit POW $(U \cap K'') \geq k$ und $\bar{U} \subset Z$ gelten, ist Z ein W^* im Sinne der Definition von $(<e)$-gekrümmt für C in p. Damit ist der Zusatz bewiesen, woraus der Satz selbst folgt.

1a. und 2a. Satz. Aus Satz 1 und 2 erhält man zwei weitere Sätze, wenn man in den Behauptungen des 1. und 2. Satzes ersetzt: Kurve durch Bogen, ferner e-konvex durch e-konkav, $(<e)$-gekrümmt durch $(>e)$-gekrümmt und $\mathfrak{k}(<e)$ durch $\mathfrak{k}(>e)$.

Anmerkung. Daß C im 1. Satz als Kurve vorausgesetzt wird, liegt in der Natur der Sache, Beispiele für den Fall, daß $\mathfrak{k}$ das System der Kegelschnitte ist (vgl. dazu Abschn. 4.4.7.) zeigen nämlich: Es gibt (sogar analytische) überall (<1)-gekrümmte, d. h. hier elliptisch gekrümmte *Bogen* B, zu denen Parabeln P existieren mit POW $(B \cap P) \geq 5$.

4.4.6. Verallgemeinerung von 4.4.5., Satz 1.

Die 2. Behauptung des 1. Satzes in Abschn. 4.4.5. läßt sich unter einer etwas schwächeren Voraussetzung gewinnen. Um diese Voraussetzung zu formulieren, bezeichnen wir als *$\mathfrak{k}$-Scheitel* von C jeden Punkt $p \in \underset{\sim}{C}$, für den POW $(p; C; \mathfrak{k}) \geq k + 1$ ist. Es gilt dann der

Satz. *Voraussetzung* (1). *Es sei die Grundzahl k ungerade und* $k \geq 5$; *ferner sei* $e \geq 1$. — (2). *Es genüge C und* $\mathfrak{k}$ *den Forderungen in* Abschnitt 4.4.1 bis 4.4.3. *Außerdem sei die Exzentrizität* $f(K)$ *von K stetige Funktion von K.* — (3). *Es sei C eine* Kurve *und* $(<e)$*-gekrümmt in jedem* $\mathfrak{k}$*-Scheitel.*

Behauptung. *Aus* POW $(C \cap K) \geq k$ *für ein* $K \in \mathfrak{k}$ *folgt* $K \in \mathfrak{k}(<e)$.

Beweis. Indirekt. Es existiere also ein $K \in \mathfrak{k}(=e) \cup \mathfrak{k}(>e)$ mit POW $(C \cap K) \geq k$.

I. Gemäß Abschn. 4.4.2., (5) (α), ist K ein „Bogen" $K = K(a\,|\,b)$ mit $a, b \in R$, wobei $a = b$, also $f(K) = 1$ zugelassen ist. Gemäß des für $\mathfrak{k}(a, b)$ gültigen Reduktionssatzes kann in $C \cap K = \{p_1\} \cup \cdots \cup \{p_m\}$, $k \leq m$, jedes p_μ als Schnittpunkt und (wegen Abschn. 4.4.3., (2)) $C \cap K$ als simultan orientiert angenommen werden. Weil C Kurve und K ein „Bogen" ist, gilt $m = 0 \,(\mathrm{mod}\, 2)$, also $k + 1 \leq m$ (weil k ungerade). Gemäß Abschn. 4.4.3., (4), ist $C - C(p_1|p_m) = \underline{C}(p_m|p_1) \subset J(K)$. Bezeichnet daher V_1 bzw. H_k eine (hinreichend kleine) vordere bzw. hintere Umgebung von p_1 bzw. von p_k auf C, so gilt $\underline{V}_1 \subset J(K)$ und mithin $\underline{H}_k \subset A(K)$.

II. O. B. d. A. kann $K \in \mathfrak{k}(>e)$ angenommen werden. Ist nämlich $K \in \mathfrak{k}(=e)$, so ersetze man K durch ein (gemäß Abschn. 4.4.2., (1), existierendes und durch p' eindeutig bestimmtes) $K' = K(p_1, \ldots, p_{k-1}, p') \in \mathfrak{k}$, wobei $p' \in \underline{H}_k$ zu p_k hinreichend benachbart auf C ist. Wegen $K \cap K' = \{p_1\} \cup \cdots \cup \{p_{k-1}\}$ und $p' \in A(K)$ liegt also eine vordere Umgebung von p_1 auf K' in $A(K)$ und ebenso eine hintere Umgebung von p_{k-1} auf K'; dabei wird benutzt: Die $p_1, \ldots, p_{k-1}$ sind sämtlich Schnittpunkte von K mit K' sowie die einzigen Punkte von $K \cap K'$; außerdem ist K' normal zu K, weil sowohl K als K' normal zu C sind. Folglich ist $\underline{K}' - K'(p_1, p_{k-1}) \subset A(K)$ sowie $K \cap K' \cap R = \emptyset$, also $e = f(K) < f(K')$. Man bemerke noch, daß für zu p_k hinreichend benachbartes p' mindestens m Schnittpunkte in $C \cap K'$ enthalten sind.

III. Der in Ziffer II ausgeführte Übergang von K zu K' entspricht einer speziellen Kontraktion des $(k + 1)$-tupels $(p_1, \ldots, p_{k+1}) \in C \cap K$, nämlich bei festgehaltenen $p_1, \ldots, p_{k-1}$ (vgl. Abschn. 2.4.2., Operation III). Entsprechend wird durch jede Kontraktion von $(p_1, \ldots, p_{k+1})$ bei der irgendwelche $k - 1$ dieser Punkte festgehalten werden, eine Vergrößerung von $f(K)$ bewirkt, wenn vom Auftreten von Stützpunkten abgesehen wird. In letzteren Fällen tritt eine Änderung von K, die evtl. mit einer Verkleinerung von $f(K)$ verbunden ist, nur bei Anwendung des Reduktionssatzes (vgl. Operation II) auf. Diese Änderung von K kann aber jeweils beliebig klein gehalten werden. Wegen der Stetigkeit von $f(K)$ (Voraussetzung (2)) läßt sich also auch die Änderung von $f(K)$ als beliebig klein annehmen und damit stets $f(K) > e$ erhalten. Aus diesen Bemerkungen ergibt sich: Mit Hilfe einer zum Beweise des verschärften Kontraktionssatzes benutzten Kontraktionsfolge erhalten wir, ausgehend von $(p_1, \ldots, p_{k+1})$ ein $p \in C$ und eine Folge von OCh K_n, $n = 1, 2, \ldots$, mit $e < f(K_n)$ derart, daß bei beliebig klein vorgegebener Umgebung U von p auf C für schließlich alle n gilt POW $(U \cap K_n)$

$\geq k+1$. Daher ist p ein $\mathfrak{k}$-Scheitel von C. Gemäß Voraussetzung (3) ist C $(<e)$-gekrümmt in p. Ist also W^* die definitionsgemäß zu p gehörige Umgebung derart, daß $K \in \mathfrak{k}(<e)$ für jedes $K \in \mathfrak{k}$ mit POW $(W \frown K) \geq k$, so braucht man nur $\bar{U} \subset W^*$ zu wählen sowie ein K_n mit POW $(U \frown K_n) \geq k+1$, um auf $K \in \mathfrak{k}(<e)$ zu schließen. Nach Konstruktion war aber $K \in \mathfrak{k}(>e)$. Dieser Widerspruch erweist die Beweisannahme als falsch; w. z. z. w.

4.4.7. Spezialfall der Kegelschnitte

A. Wie schon eingangs (Abschn. 4.4.) angedeutet, sind die in den Abschn. 4.4.4. bis 4.4.6. bewiesenen Sätze Verallgemeinerungen bereits bekannter Sätze über Kegelschnitte. Man wähle nämlich als Bild von G bzw. von $\mathfrak{k}$ die euklidische Ebene bzw. das System der nicht ausgearteten Kegelschnitte; ferner sei e die numerische Exzentrizität. Das Grundgebilde C sei ein (beschränktes) Oval oder ein beiderseits unbeschränkter „konvexer" Bogen (d. h. C besitzt keine Endpunkte, und jeder beschränkte Teilbogen von C ist ein Konvexbogen). Zwecks Formulierung der erwähnten Sätze über Kegelschnitte (welche — strenggenommen — der affinen Differentialgeometrie zugehören) setzen wir voraus, daß C bezüglich der Kegelschnitte von endlichem Punktordnungswert und hinreichend oft stetig differenzierbar sei. Existiert in einem Punkt p von C genau eine nicht ausgeartete Schmiegparabel, so heiße C in p *parabolisch konvex* bzw. *konkav*, wenn C in einer Umgebung von p fremd (bis auf p) zum Äußeren bzw. zum Inneren dieser Schmiegparabel ist. Existiert in p genau ein Schmiegkegelschnitt an C und ist er eine (nicht ausgeartete) Ellipse bzw. Hyperbel, so heiße C in p *elliptisch* bzw. *hyperbolisch gekrümmt*. Ersichtlich ist $\mathfrak{k}(<1)$ bzw. $\mathfrak{k}(=1)$ bzw. $\mathfrak{k}(>1)$ das System der Ellipsen bzw. Parabeln bzw. Hyperbeln; und es folgt aus der parabolischen Konvexität bzw. Konkavität die 1-Konvexität bzw. 1-Konkavität von C in p im Sinne von Abschn. 4.4.4.; ist ferner C in p elliptisch bzw. hyperbolisch gekrümmt, so auch (<1)- bzw. (>1)-gekrümmt im Sinne von Abschn. 4.4.5. Wir haben dann (wegen $k=5$):

A.1. Ist die konvexe Kurve C überall parabolisch konvex, so ist POW $(C; \mathfrak{k}(=1)) \leq 4$, d. h., es wird C von jeder Parabel in höchstens 4 Punkten getroffen (Satz von Carleman). Das gleiche gilt für überall parabolisch konkave Bogen.

Diese beiden Sätze sind Spezialfälle der Behauptung (2), des Satzes in Abschn. 4.4.4.

A.2. Die überall elliptisch gekrümmten konvexen Kurven sind identisch mit den parabolisch konvexen und die hyperbolisch gekrümmten (konvexen) Bogen mit den parabolisch konkaven.

Dies sind Spezialfälle des 1. Satzes, Behauptung (1), und des 2. Satzes bzw. des 1.a. und 2.a. Satzes in Abschn. 4.4.5.

A.3. Irgend 5 Punkte einer überall elliptisch gekrümmten (konvexen) Kurve liegen auf einer Ellipse (Satz von BÖHMER). Und irgend 5 Punkte eines überall hyperbolisch gekrümmten (konvexen) Bogens liegen auf einer Hyperbel (Satz von MOHRMANN).

Es handelt sich hier um Spezialfälle der 2. Behauptung in Satz 1 bzw. 1.a. der Abschn. 4.4.5.

A.4. Entsprechend liefert der Satz in Abschn. 4.4.6. als Spezialfall einen Satz von MUKHOPADHYAYA.

Die Beweise der Sätze in A.1. bis A.4. bedürfen gegenüber denen der allgemeinen Sätze (Abschn. 4.4.4. bis 4.4.6.) einer Ergänzung, weil in unseren allgemeinen Annahmen (Abschn. 4.4.2. bis 4.4.3.) weder die Existenz eines zweiten Astes bei den Hyperbeln noch die von ausgearteten Kegelschnitten berücksichtigt ist. Man hat dementsprechend zu zeigen: Erstens. Liegen 5 Punkte eines konvexen Bogens auf einer Hyperbel, so liegen sie auf dem gleichen Ast dieser Hyperbel. Zweitens. Bei den in den Beweisen (Abschn. 4.4.4. bis 4.4.6.) herangezogenen Kontraktionsprozessen treten keine ausgearteten Kegelschnitte auf, da bei den hier auftretenden Ovalen und „Konvexbogen" keine 3 Punkte auf einer Geraden liegen.

B. Allgemeiner gelten die Sätze in A.1. bis A.4., wenn man $e = 1$ durch ein $e > 1$ ersetzt, also das System der Kegelschnitte mit einer Exzentrizität $e > 1$ an Stelle des Systems der Parabeln treten läßt.

C. Aus dem Satz von HJELMSLEV (vgl. S. 230, 334) lassen sich die Sätze A.1. bis A.3. herleiten.

4.5. Ein 2-Scheitelsatz für (ebene) Jordankurven

Wie früher (Abschn. 4.1.2.2.1.) gezeigt, gibt es Ovale (sogar mit stetiger Tangente, aber mit zwei Unstetigkeitsstellen der Krümmung), welche genau zwei $\mathfrak{k}$-Scheitel bezüglich des Systems $\mathfrak{k}$ der Kreise besitzen, also Scheitel im Sinne der geometrischen Ordnungen. Andererseits gilt der KNESERsche 4-Scheitelsatz; diesem zufolge besitzt jede Jordankurve C — unter Voraussetzung endlicher stetiger Krümmung — mindestens vier Extremscheitel, und solche Extremscheitel sind immer auch $\mathfrak{k}$-Scheitel (vgl. Abschn. 4.1.1.1.). Aus dem angezogenen Beispiel ergibt sich daher: Die Gültigkeit des 4-Scheitelsatzes ist an „Differenzierbarkeitseigenschaften" der Kurve C gebunden, und ohne diese ist das Minimum M der Anzahl der $\mathfrak{k}$-Scheitel eines C höchstens Zwei. Hier soll gezeigt werden, daß $M = 2$ ist, sogar für beliebige Jordankurven C und beliebige Systeme $\mathfrak{k}$ von OCh mit $k = 3$. Genauer:

Allgemeiner 2-Scheitelsatz.

Voraussetzung. Das System $\mathfrak{k}$ *der OCh mit der Grundzahl* $k = 3$ *genüge den Axiomen in* Abschn. 1.1.1. *und in* Abschn. 2.4. *Ferner sei* $C \subset \underline{G}$ *eine beliebige Jordankurve mit* $4 \leq \mathrm{POW}\,(C;\, \mathfrak{k}) \leq \infty$.

Behauptung. Es besitzt C mindestens zwei $\mathfrak{k}$*-Scheitel* (*und es gibt C mit genau zwei* $\mathfrak{k}$*-Scheiteln*).

Der Gedankengang des Beweises (Abschn. 4.5.3.ff.) ist dieser: Zunächst sei POW $(C;\, \mathfrak{k})$ höchstens endlich und $K \in \mathfrak{k}$ mit POW $(C \frown K \geq 4$ gegeben. Dann enthält $C \frown K$ ein sog. ausgezeichnetes 4-tupel, d. h. Punkte $x_1, \ldots, x_4$, die bei passender Orientierung von C und von K auf beiden orientiert angeordnet sind und wobei $C(x_1|x_4) \frown K = \{x_1\} \smile \cdots \smile \{x_4\}$ ist. Für ausgezeichnete 4-tupel gilt aber der Kontraktionssatz (Abschn. 2.4.), und daraus folgt schon die Existenz eines $\mathfrak{k}$-Scheitels und sodann auch die eines zweiten. — Im Fall POW $(C;\, \mathfrak{k}) = \infty$ beachtet man, daß jeder Häufungspunkt von $C \frown K$ auf C ein $\mathfrak{k}$-Scheitel ist.

Anmerkung. Beim Beweis verwenden wir folgende Bezeichnung: Ist ein $K \in \mathfrak{k}$ ein Bogen $K = K(a|b)$; $a, b \in G_g$, so werde K durch einen Teilbogen $G_g(a|b)$ von G zu einer Jordankurve K_c ergänzt. Bei einer Orientierung von K, d. h. also auch von K_c, bei welcher a vor b liegt, möge $x \in \underline{K}$ vor $y \in \underline{K}$ liegen; dann soll mit $K(x|y)$ bzw. $K(y|x)$ der a und b nicht enthaltende bzw. enthaltende Teilbogen von K_c bezeichnet werden und $K(y|x)$ auch als Teilbogen von K (in einem weiteren Sinne). Es ist dann $K(y|x) = K(a|x) \smile K(y|b)$. Ist K Kurve, so soll $K = K_c$ sein.

4.5.1. Konjugierte Punkte

Zunächst sei $4 \leq \mathrm{POW}\,(C;\, \mathfrak{k})$ und *höchstens endlich*. Es sei $K \in \mathfrak{k}$ sowie $D = C \frown K = C \frown \underline{K}$ und POW $(C \frown K) \geq 4$. Es seien C und K orientiert. Mit J bzw. A wird das Innere bzw. Äußere von C bezeichnet. Zwei Punkte $x, y \in D$ heißen *konjugiert*, wenn für einen der Bogen $C(x|y)$ oder $C(y|x) = C - \underline{C}(x|y)$, etwa für $C' = C(x|y)$, und für einen der Bogen $K(x|y)$ oder $K(y|x)$, etwa für $K' = K(x|y)$, gilt: $C' \frown \underline{K}' = \emptyset$, und wenn es auf $\underline{K}'$ Umgebungen X von x und Y von y gibt derart, daß $X \smile Y \subset J$ oder $X \smile Y \subset A$, in *Zeichen* konj $(x, y;\, C', K';\, \alpha)$, kürzer konj$(x, y;\, \alpha)$ oder konj(x, y), wobei $\alpha = J$, $-\alpha = A$ oder $\alpha = A$, $-\alpha = J$ zu setzen ist. Es kann $(C - C') \frown \underline{K}' \neq \emptyset$ sein. Es heißen C' bzw. K' zu x, y *gehörige C-* bzw. *K-Bogen.*

Anmerkung. Aus $C' \frown \underline{K}' = \emptyset$ und POW $(C' \frown K) \equiv 0 \pmod 2$ folgt konj$(x, y;\, C', K';\, \alpha)$ und umgekehrt; dabei ist $C' = C(x|y)$ oder $C' = C(y|x)$ bzw. $K' = K(x|y)$ oder $K' = K(y|x)$ und alle Punkte von $C \frown K$ seien Schnittpunkte.

Beweis. Es sei $K'' = K - \underline{K}'$. Die beiden von der Jordankurve $\tilde{C} = C' \smile K'$ in G begrenzten Gebiete seien F' und F''. Für hinreichend kleine Umgebungen X'' von x und Y'' von y auf $\underset{\sim}{K}''$ gilt $X'' \cup Y'' \subset J$ oder $X'' \cup Y'' \subset A$; andernfalls ist nämlich etwa $X'' \subset F'$ und $Y'' \subset F''$, also POW $(C' \cap \underset{\sim}{K}'') = $ POW $(C \cap \underset{\sim}{K}'') \equiv 1 \pmod 2$, im Widerspruch zur Voraussetzung POW $(C' \cap K) \equiv$ POW $(C' \cap \underset{\sim}{K}'') \equiv 0 \pmod 2$. Wegen z. B. $X'' \cup Y'' \subset J$ folgt schließlich konj $(x, y; C', K'; A)$ sowie die Umkehrung.

Alle Punkte vou $D = C \cap K$ seien Schnittpunkte. Dann gilt

(1). Ist konj $(x, y; C', K'; \alpha)$ und $\underset{\sim}{C}' \cap K \neq \emptyset$, so ordnen sich die $2t$, $t \geq 1$ (vgl. Anmerkung) Punkte von $\underset{\sim}{C}' \cap K$ eindeutig in Paare $\{p, q\}$ mit konj $(p, q; \alpha)$, d. h. zu jedem $p \in \underset{\sim}{C}' \cap K$ existiert genau ein $q \in \underset{\sim}{C}' \cap K$ mit konj $(p, q; \alpha)$.

(2). Ist $p, q, p', q' \in \underset{\sim}{C}' \cap K$ mit konj $(p, q; \alpha)$ und konj $(p', q'; \alpha)$, so trennen sich die Paare $\{p, q\}$ und $\{p', q'\}$ auf C gegenseitig, d. h., es liegen auf C' zwischen p und q entweder sowohl p' als q' oder weder p' noch q'.

Beweis Betr. (1). Ist z. B. $\alpha = J$, so gibt es ein von $\tilde{C} = C' \cup K'$ in G begrenztes Gebiet F, für welches $F \cap U = F \cap U \cap J$, falls U eine hinreichend kleine G-Umgebung von C' ist. Da $p \in \underset{\sim}{C}' \cap K$ Schnittpunkt ist, gibt es Teilbogen $K(p\,|\,r)$ und $K(p\,|\,t)$ von K mit $\underset{\sim}{K}(p\,|\,r) \subset F \cap J$ und $\underset{\sim}{K}(p\,|\,t) \subset (G - \bar{F}) \cap A$. Somit existiert der größte, offene, $\underset{\sim}{K}(p\,|\,r)$ enthaltende, in F enthaltene Teilbogen $\underset{\sim}{K}(p\,|\,\bar{r})$ von $K - K(p\,|\,t)$. Dabei ist $\bar{r} \in \underset{\sim}{C}' \cap K$ und sogar $\underset{\sim}{C}(p\,|\,\bar{r}) \cap K(p\,|\,\bar{r}) = \emptyset$. Folglich ist konj $(p, \bar{r}; J)$. Entsprechend für $\alpha = A$. — *Betr.* (2). Es sei $N \subset C'$ bzw. $N' \subset C'$ zu p, q bzw. p', q' gehöriger C-Bogen. Zu zeigen ist, daß $N \cap N' = \emptyset$ oder $= N$ oder $= N'$ ist. — Ist nun etwa $\alpha = J$ und L bzw. L' der zu p, q bzw. zu p', q' gehörige K-Bogen mit $L, L' \subset F$, so gibt es von $N \cup L$ bzw. von $N' \cup L'$ begrenzte Gebiete H bzw. H' mit $H \cup H' \subset F$ (vgl. betr. (1)). Wegen $L \cap L' = \emptyset$ folgt die Behauptung.

4.5.2. Ausgezeichnete 4-tupel

Definition. Es enthalte $D = C \cap K$ wieder nur endlich viele Punkte p_ϱ, die sämtlich Schnittpunkte sind. Statt p_ϱ schreiben wir oft kürzer ϱ und dementsprechend z. B. für $C(p_i\,|\,p_j)$ auch $C(i\,|\,j)$ usw. Ein 4-tupel $\{p_1, \ldots, p_4\} = \{1, \ldots, 4\}$ mit $p_i \in D$, kürzer $i \in D$, heißt *ausgezeichnet*, kurz *a* · *4-tupel*, wenn bei geeigneter Orientierung von C und K folgendes gilt: (I). Die Schnittpunkte $p_1, \ldots, p_4$ sind in dieser Reihenfolge orientiert angeordnet auf C und gleichzeitig auf K. — (II). Es ist $C' \cap K = \{p_1\} \cup \cdots \cup \{p_4\}$, wenn $C' = C(1\,|\,4)$ der p_2 (und p_3) enthaltende, von p_1 und p_4 begrenzte Teilbogen von C ist.

Aus (I) und (II) folgt

(III). Es gilt konj $(i, i+1; C'_i, K'_i; \alpha_i) = $ konj $(p_i, p_{i+1}; C'_i, K'_i; \alpha_i)$, $i = 1, 2, 3$ sowie konj $(1, 4; C', K'; \alpha_2)$ mit $C(i, i+1) = C'_i \subset C'$, $K' = K(4\,|\,1) = K(p_4\,|\,p_1)$, wobei $p_2, p_3 \notin K'$, $K'_i \subset K - K'$, $\alpha_i = -\alpha_{i+1}$. Es ist also $p_4 \notin K'_1 \cup K'_2$.

Beweis. Gemäß (II) und Abschn. 4.5.1., Anmerkung, sowie (1) und (2), ist konj $(1, 4; C', K'; \alpha)$, gemäß (I) und (II) konj $(i, i+1; C'_i, K'_i; \alpha_i)$. Da die p_i sämtlich Schnittpunkte sind, folgt die Behauptung (vgl. auch Abschn. 4.5.1., (1)).

1. Satz. *Es seien $x_1, \ldots, x_4 \in C$. Folgende beiden Aussagen sind gleichwertig:*

(a). Es ist $\{x_1, \ldots, x_4\}$ ein $a \cdot 4$-tupel. — (b). Es gibt ein $K \in \mathfrak{k}$ derart, daß die x_1, x_2, x_3, x_4 Schnittpunkte in $C \cap K$ sind; und zwar sei $C' \cap K = \{x_1\} \cup \{x_2\} \cup \{x_3\} \cup \{x_4\}$, wenn $C' = C(x_1|x_4)$ mit x_2, $x_3 \in \mathring{C}'$. Die Reihenfolge $x_1, \ldots, x_4$ sei orientiert auf C. Schließlich gelte konj $(x_i, x_{i+1}; C'_i, K'_i; \alpha_i)$, $i = 1, 2$, wobei $C'_i = C(x_i|x_{i+1})$, $K'_i = K(x_i|x_{i+1})$ mit $\mathring{C}'_i \cap K'_i = \emptyset$ sowie $x_4 \notin K'_1 \cup K'_2$.

Beweis. Aus (a) folgt (b) gemäß der Definition (I), (II) und der Folgerung (III). — Aus (b) folgt (a). Gemäß der Definition (I), (II) des $a \cdot 4$-tupels ist nur noch zu zeigen, daß die Reihenfolge $x_1, \ldots, x_4$ orientiert auch auf K ist. Aber aus konj$(x_i, x_{i+1}; C'_i, K'_i; \alpha_i)$, $i = 1, 2$ bzw. $\mathring{C}'_i \cap K'_i = \emptyset$ folgt, daß die Reihenfolge x_1, x_2, x_3 orientiert auf K ist. Wegen $x_4 \notin K'_1 \cup K'_2$ ist daher auch $x_1, \ldots, x_4$ orientiert auf K.

Die Existenz von $a \cdot 4$-tupeln ergibt sich aus dem

2. Satz. *Voraussetzung* (1). *Es sei $D = C \cap K$ endlich und enthalte nur Schnittpunkte.* — (2). *Für $p, q \in D$ sei* konj $(p, q; C', K'; \alpha)$, *also* POW $(C' \cap K) \equiv 0 \pmod 2$ (vgl. Abschn. 4.5.1., *Anmerkung*).

Behauptung (1). *Falls* POW $(\mathring{C}' \cap K) > 0$ *ist, enthält $C' \cap K$ (mindestens) ein $a \cdot 4$-tupel.* — (2). *Falls* POW $(\mathring{C}' \cap K) = 2r \geq 4$ *ist, existiert sogar ein $a \cdot 4$-tupel in $\mathring{C}' \cap K$.*

Beweis. *Betr. Behauptung* (1). (A) Aus Voraussetzung (1) und (2) folgt $C' \cap K = \{x_1\} \cup \cdots \cup \{x_m\}$ mit $x_1 = p$, $x_m = q$ und $m = 2t$, $t \geq 1$; dabei seien (o. B. d. A.) die $x_1, \ldots, x_m$ in dieser Reihenfolge orientiert angeordnet auf C. Außerdem existiert gemäß Abschn. 4.5.1., (1), zu jedem μ mit $2 \leq \mu \leq m-1$ ein $v = v(\mu)$, $v \neq \mu$, mit $2 \leq v \leq m-1$ und ein α derart, daß konj $(\mu, v(\mu), C'_\mu, K'_\mu; \alpha)$ mit $C'_\mu \subset C'$ und $K'_\mu \subset K - K'$, wobei also $K' = K(q|p)$. *Entweder* (1. Fall) ist $|\mu - v(\mu)| = 1$ für alle μ *oder* (2. Fall) es gibt ein μ mit $|\mu - v(\mu)| > 1$.

Der 2. Fall läßt sich auf den 1. zurückführen. Ist nämlich $|\mu - v(\mu)| > 1$, so liegt zwischen x_μ und $x_{v(\mu)}$ eine gerade, von Null verschiedene Anzahl der $x_2, \ldots, x_{m-1}$ (Abschn. 4.5.1., (2)). Mithin genügt $C'' = C(\mu|v(\mu))$ mit $C'' \subset \mathring{C}'$ den gleichen Voraussetzungen wie C' (vgl. Abschn. 4.5.1.). Indem man auf C'' die gleichen Schlüsse anwendet wie auf C' und dies nötigenfalls fortsetzt, gelangt man zu einem C'' des 1. Falles.

(B). Gemäß (A) genügt die Betrachtung von $C' \cap K$ für den 1. Fall, also die Annahme, daß z. B. konj $(2\tau, 2\tau + 1; C'_{2\tau}, K'_{2\tau}; J)$, $\tau = 1, \ldots, t-1$, also $\alpha = J$ ist. Zum Beweis der Behauptung (1) ist dann noch zu zeigen, daß auch $\operatorname{konj}(2\tau-1, 2\tau; A)$ für $\tau = 1, \ldots, t$. Wegen $\operatorname{konj}(1, 2t; C', K'; J)$ gilt $C' \frown \underset{\sim}{K}' = \emptyset$, wobei $\underset{\sim}{K}' = \underset{\sim}{K}(2t|1)$ in einer G-Umgebung von x_1 und x_{2t} in J liegt. Daher liegt $\underset{\sim}{K}'' = K - K'$ in einer G-Umgebung von x_1 in A sowie außerhalb des von $C' \smile K'$ begrenzten Gebietes, welches in einer G-Umgebung von C' zu J gehört. Wegen POW $(C' \frown K) \geq 4$ gibt es also ein i mit $2 \leq i \leq 2t-1$ und mit $\operatorname{konj}(1, i; A)$. Wegen Abschn. 4.5.1., Anmerkung, ist dann POW $(C(1|i) \frown K) \equiv 0$, wobei $C(1|i) \subset C'$. Somit gilt $i = 2s$, $s \geq 1$, und es gibt ein $K(1|2s) \subset K''$ mit $\underset{\sim}{C}(1|2s) \frown K(1|2s) = \emptyset$. — Es ist aber $s = 1$. Andernfalls nämlich betrachte man das von $C = K' \smile K(1|2s) \smile C(2s|2t)$ begrenzte Gebiet F, in dessen Innern x_2 liegt; dabei ist $C(2s|2t) \subset C'$ und $x_2 \in \underset{\sim}{K}''$. Da $\underset{\sim}{K}''$ in einer G-Umgebung von x_{2t} fremd zu F ist, muß die x_2 enthaltende Komponente von $K'' \frown F$ in C münden. Die einzigen in C mündenden Komponenten von $K'' \frown F$ sind aber die $K(2\sigma|2\sigma+1) \subset K'$, wobei $s \leq \sigma \leq t-1$. Der Widerspruch zeigt, daß $s = 1$ und $\operatorname{konj}(1, 2; A)$ ist.

(B 1). Neben $\operatorname{konj}(1, 2; A)$ ist $\operatorname{konj}(2, 3; J)$. Falls $t = 2$, also $m = 4$, folgt (bei Vertauschung von 1 mit 4 und 2 mit 3), daß auch $\operatorname{konj}(3, 4; A)$ gilt. Für $m = 4$ ist also die Behauptung (1) richtig. Für $t \geq 3$, $m \geq 6$, kann man induktiv schließen: Es sei schon $\operatorname{konj}(2\varrho-1, 2\varrho; A)$ bewiesen für $\varrho = 1, \ldots, r < t$. Daneben ist $\operatorname{konj}(2r, 2r+1; J)$ und $\operatorname{konj}(1, 2t; J)$ bekannt. Man ersetze nun C' durch $C^* = C(2r+1|2t) \subset C'$ und K' durch $K^* = K' \smile K(1|2r+1)$, wobei $K(1|2r+1) \subset K''$. Dann gilt $C^* \frown \underset{\sim}{K}^* = \emptyset$ und $\operatorname{konj}(2r+1, 2t; C^*, K^*; J)$, so daß, wie oben für $s = 1$, hier $\operatorname{konj}(2r+1, 2r+2; A)$ folgt.

Betr. Behauptung (2). Folgt aus (B 1).

Zusatz. *Voraussetzung.* Es sei $D = C \frown K = \{x_1\} \smile \cdots \smile \{x_m\}$, $m = 2t$, $t \geq 2$; und die x_i seien sämtlich Schnittpunkte. Auf C seien $x_1, \ldots, x_m$ in dieser Reihenfolge orientiert angeordnet. Ferner sei $\underset{\sim}{C}(j|j+1)$ der von x_j, x_{j+1} begrenzte, keines der x_i enthaltende Teilbogen von C; $i, j = 1, \ldots, m$; $x_{m+1} = x_1$.

Behauptung. Für jedes $j = 1, \ldots, m$, enthält $T_j = C - \underset{\sim}{C}(j|j+1)$ ein $a \cdot 4$-tupel.

Beweis. O.B.d.A. sei $j = m$. Wegen $m \geq 4$ enthält K einen größten Teilbogen $\underset{\sim}{K}(1|j') \subset J$ bzw. $\underset{\sim}{K}(1|j'') \subset A$; dabei ist $j' \neq j''$, etwa $j'' < j'$ und $2 \leq j'' < j' \leq m$. Für $C' = C(1|2) \smile \cdots \smile C(j'-1|j')$ und für $p = x_1$, $q = x_{j'}$ sind die Voraussetzungen des Satzes erfüllt, woraus der Zusatz folgt.

4.5.3. Beweis des 2-Scheitelsatzes

Vorbemerkung (1). Jeder Häufungspunkt h eines $C \frown K$ ist ein $\mathfrak{k}$-Scheitel (weil POW $(h; C; \mathfrak{k}) = \infty$ ist).

(2). Ist $\{x_1, \ldots, x_4\}$ ein $a \cdot 4$-tupel in $C \cap K$ und ist $C' = C(x_1|x_4)$ mit $x_2, x_3 \in \underline{C}'$, ist ferner $4 \leq \mathrm{POW}(U; \mathfrak{k})$ höchstens endlich für eine Umgebung U von C' auf C, so enthält eine beliebig kleine Umgebung $U' \subset U$ von C' mindestens einen $\mathfrak{k}$-Scheitel (dies wird in Abschn. 4.5.4. bewiesen).

I. *Fall.* Es ist $4 \leq \mathrm{POW}(C; \mathfrak{k})$ höchstens endlich.

II. *Fall.* Für jede OCh $\tilde{K}$ mit $\mathrm{POW}(C \cap \tilde{K}) = \infty$ besitzt $C \cap \tilde{K}$ den (für alle diese $\tilde{K}$ gleichen) einzigen Häufungspunkt $h \in C$.

Betr. I. *Fall.* Nach Voraussetzung existiert eine OCh K mit $C \cap K = \{x_1\} \cup \cdots \cup \{x_m\}$, $4 \leq m < \infty$. Da der Reduktionssatz anwendbar ist, können die $x_1, \ldots, x_m$ sämtlich als Schnittpunkte angenommen werden. Die $x_1, \ldots, x_m$ seien in dieser Reihenfolge orientiert angeordnet auf C; es ist $m = 2t$, $t \geq 2$. Gemäß Abschn. 4.5.2., Zusatz, ist in $C'' = C(x_1|x_{2t})$ mit $x_2 \in \underline{C}''$ ein $a \cdot 4$-tupel enthalten, etwa $\{x_1, \ldots, x_4\}$. Ist U Umgebung von $C' = C(x_1|x_4)$, so existiert gemäß Vorbemerkung (2) ein $\mathfrak{k}$-Scheitel $e \in U$. Dabei kann o. B. d. A. $e \in C(1|2) = C(x_1|x_2)$ angenommen werden und sogar $e \in \underline{C}(1|2)$. Ist nämlich $e = x_1$ oder $e = x_2$, so gibt es OCh K^* beliebig $\mathfrak{k}$-benachbart zu K mit $C \cap K^* = \{y_1\} \cup \cdots \cup \{y_r\}$, $m \leq r$, $y_3 = x_3$, $y_4 = x_4$ und $e \neq y_\varrho$, $\varrho = 1, \ldots, r$, wobei die y_ϱ sämtlich Schnittpunkte sind. Ist etwa $e \in \underline{C}(y_1|y_2) = \underline{C}(1|2)$, wobei die $y_1, \ldots, y_r$ in dieser Reihenfolge orientiert angeordnet auf C und sämtlich Schnittpunkte sind, so betrachtet man $C^* = C - \underline{C}(1|2)$ mit $y_3 \in C^*$ sowie die Umgebung $U^* = C - \overline{W}$ von C^*, wobei W eine Umgebung von e mit $\overline{W} \subset \underline{C}(1|2)$ ist. Da ein $\mathfrak{k}$-Scheitel $e' \in U^*$ existiert, wie die für U, C' angestellten Überlegungen zeigen, und da $e \neq e'$ (wegen $U^* \cap W = \emptyset$), ist der 2-Scheitelsatz bewiesen. — Damit ist der I. Fall erledigt.

Betr. II. *Fall.* Es genügt, Teilbogen U, C' von C sowie $K' \in \mathfrak{k}$ zu bestimmen, für die gilt: $U = \underline{U}$; $h \notin \overline{U}$; $C' = \overline{C}' \subset U$; $\mathrm{POW}(C'; \mathfrak{k})$ ist höchstens endlich; $C \cap K' = C' \cap K' = \{x_1\} \cup \cdots \cup \{x_m\}$, $m \geq 4$, wobei $C' = C(1|m)$, $2 \in \underline{C}'$, die x_μ sämtlich Schnittpunkte sind und in der Reihenfolge $x_1, \ldots, x_m$ orientiert auf C. — Dann enthält nämlich $C' \cap K'$ ein $a \cdot 4$-tupel (Abschn. 4.5.2., Zusatz) und die Existenz eines $\mathfrak{k}$-Scheitels in U folgt aus der 2. Vorbemerkung. — Nachweis der Existenz solcher U, C', K': Nach Annahme existiert ein $L \in \mathfrak{k}$ mit $h \in L$ und mit $\mathrm{POW}(C \cap L) = \infty$. Es gibt also eine Umgebung V von h auf C derart, daß für den Teilbogen $T = C - V$ gilt: $\mathrm{POW}(\underline{T} \cap L) \geq 4$. Da h einziger Häufungspunkt in beliebigen derartigen $C \cap L$ ist, muß $\mathrm{POW}(T; \mathfrak{k})$ höchstens endlich sein; es gibt also ein in $\mathfrak{k}$ offenes $\mathfrak{v}$ derart, daß $T \cap K = \underline{T} \cap K$ für jedes $K \in \mathfrak{v}$ nur Schnittpunkte enthält und daß $\mathrm{POW}(T; \mathfrak{v}) \geq 4$ ist. Da die OCh L mit $h \in L$ nirgends dicht in $\mathfrak{k}$ liegen, kann über $\mathfrak{v}$ außerdem vorausgesetzt werden, daß $h \notin K$ für jedes $K \in \bar{\mathfrak{v}}$. Es gibt dann $K' \in \mathfrak{v}$ mit $C \cap K' = \{x_1\} \cup \cdots \cup \{x_m\}$, $m = 2t$, $t \geq 2$, wobei die x_μ Schnittpunkte sind; die Reihenfolge $x_1, \ldots, x_m$ sei orientiert auf C. Wegen $h \notin K$ ist etwa $h \in \mathfrak{C}(1|2) \subset C$, wobei $\mathfrak{C}(1|2) \cap K' = \emptyset$. Dann ist $h \notin C' = C - \mathfrak{C}(1|2)$, und daher gibt es eine Umgebung U von C' mit zu h fremdem $\bar{U}$, so daß POW $(\bar{U}; \mathfrak{k})$ höchstens endlich ist. Wegen POW $(C' \cap K') \geq 4$ haben wir U, C', K' der gewünschten Art.

4.5.4. Beweis der Vorbemerkung (2) in Abschn. 4.5.3. (Kontraktionssatz)

Durch die Zulassung von Umgebungen U von C' auf C in der Vorbemerkung (2) wird, worauf hier hingewiesen sei, die unbeschränkte Anwendbarkeit des Reduktionssatzes ermöglicht und damit die jeweilige Beschränkung auf solche OCh K, für die $C \cap K$ nur Schnittpunkte enthält. Es handelt sich mithin im folgenden um Kontraktionsprozesse, gebildet aus Kontraktionen und Reduktionen wie in Abschnitt 2.4., mit dem Unterschied allerdings, daß hier immer sogar auf $a \cdot 4$-tupel reduziert werden muß.

(A 1). *Vorausgesetzt* wird also: Es sei $\{x_1, \ldots, x_4\}$ ein $a \cdot 4$-tupel; statt x_i schreiben wir kürzer auch i. Demgemäß sei $C' \cap K = \{1\} \cup \cdots \cup \{4\}$ mit $C' = C(1|4)$, $2 \in C'$ und $C' \subset U \subset C$. Außerdem sei POW $(U; \mathfrak{k})$ höchstens endlich.

Kontraktionsprozeß. Wir halten zwei der x_i fest und kontrahieren die beiden anderen; eine solche Kontraktion ist möglich, weil die Schnittpunkte $1, \ldots, 4$ in dieser Reihenfolge auf C und auf K orientiert angeordnet sind und weil zwischen ihnen auf C' keine weiteren Punkte von $C' \cap K$ liegen (vgl. die Definition des $a \cdot 4$-tupels sowie Abschnitt 2.4.).

Solange bei unserer Kontraktion keine Gewinne oder Verluste in C auftreten, ergeben sich — der Definition des $a \cdot 4$-tupels zufolge — immer wieder $a \cdot 4$-tupel, die in U enthalten sind.

Weil Verluste bei einem Kontraktionsprozeß innerhalb des jeweils betrachteten Teilbogens C' vermieden werden, sind lediglich die sämtlichen Gewinnmöglichkeiten zu prüfen, und zwar daraufhin, ob bei ihnen in U enthaltene $a \cdot 4$-tupel auftreten.

(A 2). Wir betrachten, was genügt, jeweils *„erste" Gewinne*; darunter ist folgendes zu verstehen: Wir denken uns den einzelnen Kontraktionsschritt bzw. die zugehörige Schar der OCh K als stetige Funktion $K = K(\zeta)$ eines reellen Parameters $\zeta \in [0, 1]$ dargestellt. In ζ' findet ein „erster" Gewinn statt, wenn für $\zeta < \zeta'$ noch keine Gewinne auftreten, wohl aber Gewinne für $\zeta = \zeta'$.

(A 3). Dabei dürfen wir *annehmen, daß in einem Punkt* $x \in U$, wenn überhaupt, *genau* 2 Punkte gewonnen werden. Denn ein Gewinn von mindestens $n > 2$ Punkten in x besagt: Für beliebig kleine Umgebungen X von x auf C existieren zu ζ' beliebig benachbarte $\zeta > \zeta'$ mit POW $(X \cap K(\zeta)) \geq n$. Und da in jedem Punkt x nur eine gerade Anzahl Punkte gewonnen werden kann, ist $n \geq 4$ (wenn $n > 2$), also x ein $\mathfrak{k}$-Scheitel. Und da wäre die Vorbemerkung (2) schon bewiesen.

(B). *Gewinnmöglichkeiten bei Kontraktionsprozessen.*

Wie in (A 1) sei konj $(j, j+1; \alpha_j)$, $\alpha_{j+1} = -\alpha_j$, $j = 1, 2, 3$, ferner $C' = C(1|4)$ mit $2 \in \underline{C}'$ und $K' = K(4|1)$ mit $2 \notin \underline{K}'$. Sind $1', \ldots, 4'$ Punkte in die jeweils $1, \ldots, 4$ bei der, den $\zeta \leq \zeta'$ entsprechenden Kontraktion übergeführt werden, so sind die möglichen „ersten" Gewinne, nämlich für $\zeta = \zeta'$, in den $C'_j = C(j'|(j+1)')$, $j = 1, 2, 3$, zu untersuchen; dabei ist C'_j durch die Bedingung $\underline{C}'_j \cap K = \emptyset$ festgelegt.

Betr. Gewinne in i'; $i' = 1', 2', 3', 4'$. Da es sich um Kontraktionen handelt, sind Gewinne in den i' höchstens in $2'$ und $3'$ möglich und lassen sich dann unter den jetzt zu untersuchenden Fall von Gewinnen in den $\underline{C}'_j$ subsumieren.

Betr. Gewinne in $\underline{C}'_j$. — *Bleibt* konj $(j', (j+1)'; \alpha_j)$ bei $\zeta = \zeta'$ *erhalten,* so tritt bei einem Gewinn in C'_j stets (mindestens) ein, in C'_j enthaltenes $a \cdot 4$-tupel auf (gemäß Abschn. 4.5.2., 2. Satz). — *Gilt aber* konj $(j', (j+1)'; \alpha_j)$ für $\zeta = \zeta'$ *nicht mehr,* so wird $D' = \underline{C}'_j \cap K'' \neq \emptyset$, wobei $K'' = K(\zeta')$; und zwar gibt es für $\zeta = \zeta'$ ein $x \in D'$ derart, daß eine Umgebung von x auf K'' bis auf x in α_j liegt und nicht in $-\alpha_j$, weil letztere Möglichkeit durch das Vorhandensein von $K(4'|1')$ mit $2' \notin K(4'|1')$ blockiert wird. Es ist also $D' = \underline{C}' \cap K(j'|(j+1)')$. Ist x der einzige derartige Gewinnpunkt, so liegen für zu ζ' hinreichend benachbarte ζ mit $\zeta' < \zeta$ zwei (Schnitt-) Punkte $x', x'' \in \underline{C}'_j \cap K(\zeta)$ in beliebiger Nähe von x (vgl. (A 3)); und mithin ist $\{j', x', x'', (j+1)'\}$ ein $a \cdot 4$-tupel. Entsprechend ergeben sich $a \cdot 4$-tupel in C'_j, wenn gleichzeitig mehrere Gewinne auftreten.

In allen Fällen liefern mithin jeweils (erste) Gewinne solche $a \cdot 4$-tupel, die in beliebig kleiner Umgebung von $\underline{C}'$ auf C liegen und kleinere Spannweite als $\{1, \ldots, 4\}$ besitzen.

4.5.5. Kontraktion (Fortsetzung)

Es bleibt noch zu zeigen, daß durch Kontraktionsprozesse, angewandt auf ein $a \cdot 4$-tupel, sogar $a \cdot 4$-tupel von *beliebig kleiner Spannweite* (in beliebig kleiner Umgebung U von $C(1|4)$) erhalten werden können. Denn daraus ergibt sich die Existenz eines $\mathfrak{k}$-Scheitels in U (vgl. Abschn. 4.1.1.1.). Der Beweis werde indirekt geführt.

I. Es sei also ein $a \cdot 4$-tupel π gegeben. Es sei β' das Infimum der Spannweiten $S(1|4) = |1\,4|$ aller $a \cdot 4$-tupel $\{1, \ldots, 4\}$, die aus π vermöge eines Kontraktionsprozesses erhalten werden. Behauptet wird, daß $\beta' = 0$ ist. Wir nehmen also $\beta' > 0$ an. Wir setzen $\beta = 9 \cdot 10^{-1} \beta'$.

Gemäß der Definition von β existieren $a \cdot 4$-tupel $\{1, \ldots, 4\}$ (in U) mit $\beta < |1\,4| < 6 \cdot 5^{-1}\beta$; und es gibt Umgebungen V auf C dieses $a \cdot 4$-tupels, deren Spannweiten zwischen β und $6 \cdot 5^{-1}\beta$ liegen. Wir haben aus $\beta > 0$ einen Widerspruch herzuleiten.

Für ein solches $a \cdot 4$-tupel $\{1, \ldots, 4\}$ gibt es in $\underset{\smile}{C}' = \underset{\smile}{C}(1|4)$ Punkte b, b' mit $|1\,b'| = |b\,4| = 4 \cdot 5^{-1}\beta$. Es liegt b auf C zwischen 1 und b', ferner b' zwischen b und 4 und es gilt $2 \cdot 5^{-1}\beta < |b\,b'| = |1\,b'| + |b\,4| - |1\,4| < 3 \cdot 5^{-1}\beta$ sowie $|1\,b| = |b'\,4| < 2 \cdot 5^{-1}\beta$. Bei Bedarf können b', b durch $\bar{b}', \bar{b}$ ersetzt werden mit $|1\,b'| < |1\,\bar{b}'| < \beta$ und $|b\,4| < |\bar{b}\,4| < \beta$, wobei dann noch $C(b|b') \subset \underset{\smile}{C}(\bar{b}|\bar{b}')$ angenommen wird.

II. Zunächst ist festzustellen: Für ein $a \cdot 4$-tupel $\{1, \ldots, 4\}$ mit $\beta < |1\,4| < 6 \cdot 5^{-1}\beta$ (vgl. I) ist *Entweder* (1. *Fall*) $2 \in \underset{\smile}{C}(1|b)$ und $3 \in \underset{\smile}{C}(b'|4)$ $(\subset C(1|4))$, *Oder* (2. *Fall*) $2, 3 \in \underset{\smile}{C}(1|b)$ bzw. $2, 3 \in \underset{\smile}{C}(b'|4)$.

Beweis. Wegen der Symmetrie zwischen 1, 2 und 4, 3 genügt es, aus $2 \in C(b|b')$ einen Widerspruch herzuleiten. Bei *festgehaltenen* 2, 4 werden 1 *und* 3 *kontrahiert.* Dabei können in $C(1|4)$ keine Gewinne auftreten. Denn andernfalls entstehen gemäß Abschn. 4.5.4., (B), $a \cdot 4$-tupel in beliebig kleinen Umgebungen von $C(1|2)$ oder von $C(2|3)$ oder von $C(3|4)$ im Widerspruch zur Definition von β, weil $|1\,2| < |1\,b'| < \beta$ sowie $|2\,3| < |b\,4| < \beta$ und $|3\,4| < |b\,4| < \beta$. Somit kann 1 oder 3 vermöge Kontraktion beliebig nahe an 2 herangebracht werden, etwa nach $1'$ bzw. $3'$.

Ist $1'$ *hinreichend benachbart zu* 2, so ist $|1'\,4| < |\bar{b}\,4| < \beta$ und $\{1', 2, 3', 4\}$ ein $a \cdot 4$-tupel im Widerspruch zur Definition von β.

Ist dagegen $3'$ *hinreichend benachbart zu* 2, so halten wir 2 *und* $3'$ *fest* und *kontrahieren* $1'$ *und* 4. Wir können $2, 3' \in \underset{\smile}{C}(\bar{b}|\bar{b}')$ annehmen. Dann treten auch bei dieser Kontraktion keine Gewinne in $C(1',4)$ auf (vgl. oben). Daher kann $1'$ oder 4 in beliebiger Nähe von 2 oder $3'$ gebracht werden. In beiden Fällen erhielte man aber $a \cdot 4$-tupel $\{1'', 2, 3', 4''\}$ mit $|1''\,4''| < \beta$ durch einen Kontraktionsprozeß aus $\{1, \ldots, 4\}$.

III. Gemäß II ist noch nachzuweisen, daß die Fälle 1 und 2 nicht eintreten können.

III.1. *Betr.* 1. *Fall.* Es sei $2 \in \underset{\smile}{C}(1|b)$ und $3 \in \underset{\smile}{C}(b'|4)$. Man *halte* 1 *und* 4 fest und *kontrahiere* 2 *und* 3.

Solange keine Gewinne auftreten, erhält man bei der Kontraktion $a \cdot 4$-tupel $\{1, 2', 3', 4\}$. Würden niemals Gewinne auftreten, so ließe sich $|2'\,3'|$ beliebig klein machen, woraus schließlich $2' \in C(b|b')$ oder $3' \in C(b|b')$ folgen müßte, im Widerspruch zu II.

„Erste" Gewinne können nur in $\underset{\smile}{C}(2'|b)$ *oder in* $\underset{\smile}{C}(b'|3')$ *auftreten.*

Beweis. Wir bezeichnen mit $2'$ bzw. $3'$ immer die am nächsten bei 1 bzw. 4 auf $\underset{\smile}{C}' = \underset{\smile}{C}(1|4)$ gelegenen Schnittpunkte von $C' \cap H$, $H \in \mathfrak{k}$. Wegen $|1\,2'| < \beta$, $|3'\,4| < \beta$ sind „erste" *Gewinne in* $\underset{\smile}{C}(1|2')$ *und* in

$C(3'|4)$ *nicht möglich,* aber auch nicht in 1 oder 4 (vgl. II und Abschnitt 4.5.4., (B)). Da ferner die $2t \geq 2$ in $\underset{\smile}{C}(1|4)$ etwa gewonnenen Punkte in Paaren beliebig benachbarter, kurz *Gewinnpaaren,* in Erscheinung treten, sind *Gewinne auch in* $C(b|b')$ *nicht möglich.* Wird nämlich in $\underset{\smile}{C}(2'|3')$ mindestens ein Paar gewonnen und davon mindestens eines in $\underset{\smile}{C}(\bar{b}|\bar{b}')$, so enthält (eine Umgebung von) $C(2'|3')$ ein $a \cdot 4$-tupel (gemäß Abschn. 4.5.4., (B)); dieses kann aber weder in $C(2'|b')$ noch in $C(b|3')$ enthalten sein (weil $|2'b'| < \beta$, $|b\,3'| < \beta$), so daß das in $\underset{\smile}{C}(\bar{b}|\bar{b}')$ gelegene Paar zu dem in Rede stehenden $a \cdot 4$-tupel gehört, im Widerspruch zu II.

III.1.1. Gemäß III.1. sind die Möglichkeiten „erster" Gewinne in $\underset{\smile}{C}(2'|b)$ und $\underset{\smile}{C}(b'|3')$ zu diskutieren; wegen der Symmetrie zwischen $1, 2', b$ und $4, 3', b'$ können wir uns dabei auf $\underset{\smile}{C}(2'|b)$ beschränken. Unter den Gewinnpaaren bezeichne $R = \{p, q\}$ das *am nächsten bei* $2'$ gelegene, wobei p näher bei $2'$ liegt als q. Es sei H' die aus H bei der Kontraktion hervorgehende OCh.

Für $R \subset \underset{\smile}{C}(2'|b) \frown H'(x|y)$ könnte $H'(x|y) = H'(1|2')$ oder $H'(x|y) = H'(2'|3')$ oder $H'(x|y) = H'(3'|4')$ sein. Hingegen ist $H'(x|y) = H'(4|1)$ mit $3 \notin H'(4|1)$ unmöglich, weil $\underset{\smile}{C}(2'|3')$ und $\underset{\smile}{H}'(4|1)$ auf verschiedenen Seiten von H liegen. Im einzelnen:

Für $R \subset \underset{\smile}{C}(2'|b) \frown H'(1|2')$ *oder* $R \subset \underset{\smile}{C}(2'|b) \frown H'(2'|3')$ wäre wegen Abschn. 4.5.2., Satz 1, und Abschn. 4.5.4., (B). schon $\{1, 2', p, q\}$ ein $a \cdot 4$-tupel im Widerspruch zu $|1q| < |1b| < \beta$.

III.1.2. Gemäß III.1.1. bleibt *nur noch* $R \subset \underset{\smile}{C}(2'|b) \frown H'(3'|4)$ zu diskutieren, und zwar weitere Gewinne in $\underset{\smile}{C}(2'|3')$. Sind $\{p', q'\}, \ldots,$ solche Gewinnpaare, so setzen wir $R' = \{p'\} \cup \{q'\}$ und bezeichnen dabei mit p' bzw. q' den am nächsten bei $2'$ bzw. bei $3'$ gelegenen Punkt, falls $R' \subset C(2'|b)$ bzw. $R' \subset C(b'|3')$. Mit p, q werden weiterhin Punkte bezeichnet, die bei der Kontraktion aus den ursprünglichen p, q hervorgehen, nämlich einer Kontraktion, bei der 1 und 4 festgehalten und $2', 3'$ kontrahiert werden, Hierbei könnten Gewinne auftreten in $\underset{\smile}{C}(b|b')$; $\underset{\smile}{C}(2'|p)$ oder $\underset{\smile}{C}(p|q)$; in $\underset{\smile}{C}(q|b)$; in $\underset{\smile}{C}(b'|3')$.

Unter diesen Möglichkeiten *kommt nur* $R' \subset \underset{\smile}{C}(b'|3')$ *in Betracht.* In der Tat: Es ist $R' \not\subset \underset{\smile}{C}(b|b')$, weil andernfalls ein $a \cdot 4$-tupel $\{q, p', q', 3'\}$ entsteht (Abschn. 4.5.4., (B)) im Widerspruch zu II. Weiter ist $R' \not\subset \underset{\smile}{C}(2'|p)$ und $R' \not\subset \underset{\smile}{C}(p|q)$, da sonst $a \cdot 4$-tupel mit Spannweiten kleiner als β entstehen (vgl. Abschn. 4.5.4., (B)). Außerdem ist $R' \not\subset \underset{\smile}{C}(q|b)$; denn andernfalls ist $R' \subset \underset{\smile}{H}'(p|q)$ oder $R' \subset \underset{\smile}{H}'(q|3')$ oder $R' \subset \underset{\smile}{H}'(2'|3')$, wobei in den beiden ersten Fällen $\{p, q, p', q'\}$ ein $a \cdot 4$-tupel mit $|p\,q'| < |1\,b| < \beta$ ist, im dritten Fall hingegen $\{2', p, q, p'\}$ mit $|2'p'| < |1\,b| < \beta$. Dagegen *kommt* $R' \subset \underset{\smile}{C}(b'|3')$ *höchstens für* $R' \subset H'(p|q)$ *in Betracht.* Denn für $R' \subset H'(q|3')$ oder $R' \subset H'(2'|3')$ wäre $\{p', q', 3', 4\}$ ein $a \cdot 4$-tupel mit $|p'\,4| < |b'\,4| < \beta$.

Die noch nicht erwähnten Fälle, daß $R' \subset (\mathfrak{C}(q|b) \cup \mathfrak{C}(b'|3')) \cap H'(4|1) \cup H'(1|2'))$, wobei $3' \notin H'(4|1)$, $4' \in H'(1|2')$ scheiden von vornherein aus, und zwar die dem $H'(4|1)$ entsprechenden Möglichkeiten, weil $\mathfrak{C}(2',3')$ und $H'(4|1)$ auf verschiedenen Seiten von H liegen (vgl. III.1.1.), ferner die dem $H'(1|2')$ entsprechenden, weil „vorher" $\mathfrak{C}(2'|p) \cap H'(1|2') \neq \emptyset$ werden müßte, während $\{p, q\}$ das am nächsten bei $2'$ gelegene Gewinnpaar sein sollte.

III.1.3. *Ergebnis.* Ist gemäß III.1.2. ein Gewinnpaar $\{p, q\}$ aus $\mathfrak{C}(2'|b) \cap H'(3'|4)$ vorhanden, so können bei Fortsetzung des Kontraktionsprozesses mit festen $1, 4$ keine weiteren Gewinne in $\mathfrak{C}(1|4)$, insbesondere also nicht in $\mathfrak{C}(2'|b)$ oder (und) in $\mathfrak{C}(b'|3')$ erfolgen, solange $D'' = \mathfrak{C}(b'|3') \cap H'(p|q) = \emptyset$ bleibt, wobei $1 \notin H'(p|q)$. Tritt aber ein Gewinnpaar $\{p', q'\}$ mit $p', q' \in \mathfrak{C}(b'|3') \cap H'(p|q)$ für ein bei Fortführung der Kontraktion entstehendes $H_1' \in \mathfrak{k}$ auf, dann liegt für den Teilbogen $H_1'(4|3')$ von H_1' mit $p \in H_1'(4|3')$ die gleiche Situation vor, wie früher für $H'(2'|1)$ mit $4 \in H'(2'|1)$; anders ausgedrückt: die gleicheSituation für $4, 3', q', p', q, p, \in C(2'|4)$ wie für $1, 2', p, q, 3', 4 \in C(1|4)$.

Folgerung. Die in III.1.3. erhaltenen Feststellungen betr. „erste" und „zweite" Gewinne im 1. Fall gelten sinngemäß für „dritte" Gewinne, nämlich für die auf den „zweiten" folgenden Gewinne. Bei Fortsetzung der Kontraktion mit festen $1, 4$ sind also Gewinnpaare $\{p_n, q_n\}$ nur abwechselnd mit $p_n, q_n \in \mathfrak{C}(b'|3') \cap H_n'(p_{n-1}|q_{n-1})$, $p_0 = p$, $q_0 = q$; $p_1 = p'$, $q_1 = q'$; $H_0' = H$; bzw. mit $p_{n+1}, q_{n+1} \in \mathfrak{C}(2'|b) \cap H_{n+1}'(p_n|q_n)$ möglich; $n = 1, 2, \ldots$; $(1 \notin H_n'(p_{n-1}|q_{n-1})$ usw.).

Bei der Kontraktion geht ein Gewinnpaar, wenn einmal vorhanden, nicht wieder verloren, weil p_n und q_n sich voneinander entfernen und $q_n \neq p_{n+1}$ usw. bleibt.

Außerdem wird die Anzahl der Gewinnpaare $\{p_n, q_n\}$ bei hinreichend weit getriebener Kontraktion beliebig groß. Denn andernfalls existiert z. B. $\tilde{2} = \lim 2'$ und $\tilde{3} = \lim 3'$, also (gemäß des Axioms in Abschn. 2.4.) $\tilde{H} = \lim H'$ mit $\tilde{H} \in \mathfrak{k}$ derart, daß etwa POW $(\mathfrak{C}(\tilde{2}|\tilde{3}) \cap \tilde{H}(\tilde{3}|4))$ endlich ist. Dann ist aber, wegen $\tilde{2} \neq \tilde{3}$, die Kontraktion über $\tilde{H}$ hinaus fortsetzbar. Mithin endet die Möglichkeit weiterer Kontraktion erst mit solchen $\tilde{2}, \tilde{3}$ und $\tilde{H} \in \mathfrak{k}$, für welche POW $(C(1|4) \cap \tilde{H})$ unendlich ist.

Dies widerspricht der in Abschn. 4.5.4., (A 1), gemachten Annahme, daß POW $(U; \mathfrak{k})$ höchstens endlich sei.

Der 1. Fall kann also nicht eintreten.

III.2. *Betr.* 2. *Fall.* Es sei also $\{1, \ldots, 4\}$ ein $a \cdot 4$-tupel mit $2, 3 \in \mathfrak{C}(1|b)$ oder $2, 3 \in \mathfrak{C}(b'|4)$. O. B. d. A. sei $2, 3 \in \mathfrak{C}(b'|4)$. Wir *halten* 3 *und* 4 *fest und kontrahieren* 1 *und* 2.

Wegen Abschn. 4.5.2., Satz 1, und Abschn. 4.5.4., (B), und $|b\,4| < \beta$ können *Gewinne höchstens* in $\mathfrak{C}(1'|b)$ auftreten. Es sei $\{p, q\}$ das am nächsten bei b gelegene Gewinnpaar und q näher an b als p. Folgende „erste" Gewinnmöglichkeiten bieten sich an:

(1). $p, q \in \mathcal{C}(1'|b) \cap H'(2'|3)$, $4 \notin H'(2'|3)$. Es ist konj$(p, 3)$ und $\{p, q, 2', 3\}$ ein $a \cdot 4$-tupel, welches zum 1. Fall gehört und somit ausscheidet. Weitere Gewinnpaare, sofern sie in $C(1'|p)$ liegen, ändern daran nichts.

(2). $p, q \in \mathcal{C}(1'|b) \cap H'(3|4)$; $1' \notin H'(3|4)$.

Dies ist unmöglich weil $\{2'\} = \mathcal{C}(q|3) \cap H'$ und weil H' Punkte in den beiden, von $C(q|3) \cup H'(q|3)$, wobei $4 \notin H'(q|3)$, begrenzten Gebieten enthält aber nur einen Punkt des Gebietsrandes.

(3). $p, q \in \mathcal{C}(1'|b) \cap H'(1'|2')$, wobei $3 \notin H'(1'|2')$.

Hier ist konj$(p, 3)$ und $\{p, q, 2', 3\}$ $a \cdot 4$-tupel, welches zum 1. Fall gehört, so daß diese Möglichkeit ausscheidet. Weitere Gewinne, sofern sie in $\mathcal{C}(1'|p)$ liegen, ändern an der Sachlage nichts.

(4). $p, q \in \mathcal{C}(1'|b) \cap H'(1'|4)$, wobei $3 \notin H'(1'|4)$.

Es ist konj$(q, 4)$ und $\{q, 2', 3, 4\}$ ein $a \cdot 4$-tupel, welches wieder zum 2. Fall gehört.

Ergebnis. Im 2. Fall kommt nur die Möglichkeit (4) in Betracht. Setzen wir dann mit dem $a \cdot 4$-tupel $\{q, 2', 3, 4\}$ bei festen $3, 4$ die Kontraktion fort, so gelangen wir wieder zu einem Fall (4). Bei Fortsetzung des Kontraktionsprozesses tritt somit immer nur Fall (4) auf. Da aber dieser Kontraktionsprozeß beliebig lange fortsetzbar ist (vgl. III.1.3. vor III.2.), kommen schließlich die Gewinnpunkte q dem $2'$ beliebig nahe. Dies bedingt aber, daß $q \in C(b|b')$ oder $2' \in C(b|b')$ wird. Beides ist gemäß II. unmöglich.

Auch der 2. Fall kann also nicht eintreten, Damit ist der in Abschnitt 4.5.5. zu führende indirekte Beweis geliefert dafür, daß $a \cdot 4$-tupel beliebig kleiner Spannweite vermöge Kontraktion erhalten werden können. Die Vorbemerkung (2) in Abschn. 4.5.3. ist also ebenfalls bewiesen.

4.6. Topologische Verallgemeinerung des Kneserschen 4-Scheitelsatzes

Das Beispiel zum 2-Scheitelsatz (im Abschn. 4.1.2.2.1.) zeigt: Für die Gültigkeit des 4-Scheitelsatzes sind zusätzliche Forderungen an die (Jordan-) Kurve J notwendig, mindestens dann, wenn die OCh Kreise sind; für diesen Fall der Kreise ist die Stetigkeit der Krümmung eine solche (hinreichende) zusätzliche Forderung, wie der 4-Scheitelsatz von A. Kneser ([4]) zeigt. Eine Verallgemeinerung, bei der an Stelle der Kreise OChSysteme mit $k = 3$ treten und die zusätzliche Forderung topologischer Art ist, lautet:

4-Scheitelsatz. *Voraussetzung.* (1) *Es sei* $\mathfrak{k}$ *ein System von* OCh *mit* $k=3$, *welches den Axiomen in Abschn.* 1.1.1. *und* 2.4. *genügt. Ferner sei* J *eine Jordankurve mit* $J\subset \underline{G}$. — (2) *Ist* $y_{in}, y\in J$ *mit* $y_{in}\neq y_{jn}$ *für* $i\neq j$; $i,j=1,2,3$; $n=1.2,..$; *und* $y=\lim y_{in}$, $i=1,2,3$, *ist ferner* $K_n\in\mathfrak{k}$ *mit* $y_{in}\in K_n$, $i=1,2,3$, *und existiert* $A=\lim K_n$, *so gilt* $A\in\mathfrak{k}$ *mit mehrpunktigem* A.

Behauptung. Es besitzt J *mindestens vier* $\mathfrak{k}$*-Scheitel:*

Erstens im Fall $\mathrm{POW}(J;\mathfrak{k})=4$, *wenn die Eindeutigkeitsbedingung* (EP_3) *aus Abschn.* 4.1.4.1. *erfüllt ist. — Zweitens im Fall* $\mathrm{POW}(J;\mathfrak{k})\geq 6$, *wenn jeder* $\mathfrak{k}$*-Scheitel* s *die Eigenschaft besitzt: Es gibt eine vordere und eine hintere Umgebung* V *bzw.* H *von* s *auf* J *von folgender Art:* (a) *Für jede* OChK *mit* $\mathrm{POW}(V\cap K)\geq 3$ *bzw.* $\mathrm{POW}(H\cap K)\geq 3$ *ist auch* $\mathrm{POW}((V\cup H)\cap K)\geq 4$. — (b) *Jedes im Sinne von Abschn.* 4.5.2. *ausgezeichnete* 4*-tupel* $\{p_1,\ldots,p_4\}\subset(V\cup H)\cap K$ *besitzt das gleiche (nur von* s *abhänige) „Vorzeichen“,* d. h., *es existiert eine durch* s *eindeutig bestimmte Seite* $J(\alpha)$ *von* J, *in welcher sowohl eine vordere Umgebung von* p_1 *auf* $K-K(p_1|p_4)$ *als eine hintere Umgebung von* p_4 *auf* $K-K(p_1|p_4)$ *liegt, wobei* $K(p_1|p_4)$ *der* p_2 *und* p_3 *enthaltende Teilbogen von* K *ist.*

Bemerkungen. (1) Da im Falle $\mathrm{POW}(J;\mathfrak{k})=4$ die Kurve J normal bezüglich $(\mathfrak{k},3)$ ist, besitzt J genau 4 $\mathfrak{k}$-Scheitel (vgl. den Kennzeichnungssatz in Abschn. 4.1.4.3.1.).

(2) Die Voraussetzungen des obigen verallgemeinerten 4-Scheitelsatzes sind im KNESERschen Falle erfüllt, d. h. dann, wenn $\mathfrak{k}$ das System der Kreise ist und wenn J stetige Krümmung besitzt (also J darstellbar ist durch $(x(t), y(t))$ mit auf der Kreisperipherie S^1 zweimal stetig differenzierbaren $x(t), y(t)$, wobei $x'^2+y'^2>0$ auf S^1.) Der KNESERsche 4-Scheitelsatz ist also Spezialfall des obigen.

(3) Inwieweit die Forderung (a) in Zweitens (Fall $\mathrm{POW}(J;\mathfrak{k})\geq 6$) Folge der Forderung (b) ist, bleibe hier dahingestellt.

Ergänzende Hinweise zum Text des Abschnitts I.4

Zu Abschn. **4.1.** Die Beweise gründen sich auf den Kontraktionssatz von MUKHOPADHYAYA (vgl. zu Abschn. 2.). — Bezüglich differentialgeometrisch (rechnerisch) behandelter 4-Scheitel- und analoger Sätze, vgl. BARNER-FLOHR [*2*], insbesondere auch die dort angegebene Literatur.

Zu Abschn. **4.1.2.2.** Der auf Kurven sich beziehende Teil des Satzes ist eine naheliegende (auf Differenzierbarkeitsvoraussetzungen verzichtende) Verallgemeinerung der einschlägigen Sätze von MUKHOPADHYAYA [*3*], vgl. auch H. [*26*].

Zu Abschn. **4.1.3.1.1.,** Satz 1. Vgl. H. [*7*]. Bezüglich der Abschätzung von $s'(k)$ vgl. zu Abschn. 5.2.6.

Zu Abschn. **4.1.4.3.1.** (1). Eingehende Untersuchungen über die Gestalten der Kurven 4. Ordnung bezüglich des Systems der Kreise bei JUEL [*5*]; dort (S. 369) auch der 4-Scheitelsatz für solche Kurven, vgl. auch NAGY [*27*], S. 122. — (2). Es seien die Schmiegkegelschnitte K', K'' in den Endpunkten eines konvexen, hinreichend oft differenzierbaren Bogens B identisch, also $K'=K''=K$. Dann besitzt B mindestens 5 sextaktische Punkte und sogar 6, wenn Umgebungen auf B der beiden Endpunkte von B auf verschiedenen Seiten von K liegen. — Dies kann aus den Sätzen des Textes gefolgert werden. Vgl. Bol [*2*], S. 41/42, sowie den Beweis bei Fabricius-Bjerre [*5*].

Zu Abschn. **4.2.** (*1*). Der Inhalt dieser Nr. stellt die Umarbeitung eines Manuskripts von J. Haller dar, vgl. Haller [*1, 2*]. — (2). Ergänzend sei noch bemerkt: Eine Kennzeichnung der zu $\mathfrak{k}$ normalen Bogen B mit POW $(B; \mathfrak{k}) = k$ ist folgende: Alle OCh durch k Punkte von B liegen gleichartig, d. h. sind $x_1, \ldots, x_k$ die Punkte von $B \cap K$ in der einer Orientierung von K entsprechenden Reihenfolge, so liegt eine vordere Umgebung von x_1 auf K auf der gleichen Seite von B für alle K mit POW $(B \cap K) = k$. — Eine entsprechende Kennzeichnung besteht in der gleichartigen Lage aller mit B „gleichorientierten" $\mathfrak{k}$-Paratingenten (vgl. H. [*30*], insbesondere Satz 2 (S. 2)). — (3). Im Falle $k \equiv 1 \pmod 2$ begrenzen (gemäß Abschn. 4.2.6.3., Satz 1 und 2) die vordere und die hintere $\mathfrak{k}$-Paratingente im Punkt $x \in B$, soweit beide verschieden sind, einen „Sektor" S, in dem alle übrigen $\mathfrak{k}$-Paratingenten an B in x liegen. Unbeantwortet ist die (von W. Schwarz gestellte) Frage, ob oder unter welchen Bedingungen S von diesen $\mathfrak{k}$-Paratingenten lückenlos überdeckt wird. — (4). Zu Abschn. 4.2.6.3., Satz 2. Für den Fall der Kreise (und stetiger Krümmung) vgl. auch A. Kneser [*1*], insbesondere §§ 8 bis 10. — (5). Zu Abschn. 4.2.7., Beispiel 1, vgl. Podehl [*1*]. — Betr. Beispiel 2, vgl. Bol [*2*], S. 52.

Zu Abschn. **4.3.** Die Problemstellung ist analog zu der in Abschn. 3.8.5. — Dieser Abschn. 4.3. ist die Umarbeitung einer Note (Math. Nachr. 4, 81—96 (1950)), in welcher die Frage allgemeiner für gewisse Korrespondenzen auf der Kurve C behandelt wird, während jetzt im Text eine solche Korrespondenz vermöge der Durchschnitte von C mit den OCh erzeugt wird. Die Beweisführung a. a. O. bedarf einer Korrektur, welche jetzt im Text vorgenommen ist.

Zu Abschn. **4.4.** (1). Es handelt sich (vgl. auch H. [*20, 21*]) um eine Zusammenfassung und Verallgemeinerung von Sätzen für Kegelschnitte als OCh der folgenden Autoren: Zu Abschn. 4.4.4. Carleman [*1*]; zu Abschn. 4.4.5., Satz 1., Behauptung (2): Böhmer [*1*]; Satz 1a., Behauptung (2): Mohrmann [*1* bis *3*]; zu Abschn. 4.4.6.: Mukhopadhyaya [*5*]. — Vgl. auch Blaschke [*1*], § 21. — (2). Ein dem Fall der Kegelschnitte stärker angepaßtes, infolgedessen aber gegenüber den Annahmen in Abschn. 4.4.1. bis 4.4.3. komplizierteres System von Annahmen, aus denen die Sätze der Abschn. 4.4. hergeleitet werden können, in H. [*21*]. Die dort gegebene Definition von „e-konvex" bzw. „e-konkav" entspricht nicht genau der dort bei den Beweisen verwendeten; sie wurde jetzt entsprechend verbessert. — (3). Die Behauptung (2) des 1. Satzes in Abschn. 4.4.5. gilt im allgemeinen *nur* für *Kurven* C, nicht für Bogen B. Dies zeigt folgendes Beispiel von Mohrmann [*2*]: Es ist B die überall elliptisch gekrümmte Einhüllende der Geradenschar $x \cos\varphi + y \sin\varphi = \varepsilon + a\varphi$ für z. B. $-10^{-1} < \varphi < \pi - 10^{-1}$; $\varepsilon = 10^{-1}$, $a = 1$. — (4). Zu Abschn. 4.4.7. A. Direkt-infinitesimalgeometrische Bedingungen für Kurven bzw. Bogen, aus denen die e-Konvexität, $(< e)$-Gekrümmtheit usw. folgen, finden sich in H. [*27*]. — (5). Zu Abschn. 4.4.7.C. Vgl. dazu die Hinweise in H. [*20*], S. 222.

Zu Abschn. **4.5., 4.6.** (1). Der 4-Scheitelsatz für stetig gekrümmte Jordankurven wurde, bezüglich des Systems $\mathfrak{k}$ der Kreise, zuerst (1912) von A. Kneser [*4*] formuliert und bewiesen; ein anderer Beweis des Kneserschen 4-Scheitelsatzes bei H. Kneser [*1*]. Beide Beweise sind geometrisch, ebenso wie der (1909 veröffentlichte) von Mukhopadhyaya [*2*], der sich nur auf Ovale bezieht, aber auch für andere OCh als Kreise gilt. An weiteren, direkt-geometrisch gehaltenen hierhergehörigen Arbeiten seien (ohne Anspruch auf Vollständigkeit) noch erwähnt: Fabricius-Bjerre [*1*], Jackson [*1, 2*], der auch Kurven mit mehrfachen Punkten betrachtet. Vgl. im übrigen auch: Zu Abschn. 4.1. — (2). Einen 4-Scheitelsatz für Polygone bezüglich der Kreise als OCh hat BILINSKI [*1*, *2*] aufgestellt und bewiesen: Es sei P ein geschlossenes konvexes n-Eck mit lauter stumpfen Innenwinkeln. Es seien $a_1, \ldots, a_n$ die Ecken von P in der einer Orientierung von P entsprechenden Reihenfolge. Der Radius des Kreises K_ν durch $a_{\nu-1}$, a_ν und $a_{\nu+1}$ sei r_ν; $1 \leq \nu \leq n$; $a_0 = a_n$, $a_{n+1} = a_1$; die r_ν seien nicht alle gleich. Behauptung:

Dann enthält die Folge der Differenzen $r_{\nu+1} - r_\nu$, $\nu = 1, \ldots$; $r_{n+1} = r_1$, mindestens 4 Vorzeichenwechsel. Die Behauptung bleibt richtig für geschlossene konvexe Polygone auch mit spitzen Innenwinkeln, wenn das Zentrum des zugehörigen Kreises K_ν innerhalb des Winkels $a_{\nu-1}\, a_\nu\, a_{\nu+1}$ liegt. Dagegen gilt dieser 4-Scheitelsatz *nicht* für *jedes* geschlossene konvexe Polygon. — (3). In bezug auf die Geraden als OCh gibt es ebene Kurven von beliebig großem POW mit genau 2 Wendepunkten, z. B. geeignete Spiralen. Entsprechend lassen sich ebene Kurven (Spiralen) von beliebig großem POW bezüglich der Kreise angeben, welche genau 4 Scheitel (bezüglich der Kreise als OCh) besitzen. — (4). Beispiele von Systemen $\mathfrak{k}$ von OCh mit der Grundzahl $k = 3$, die nicht Kreise sind, bei BENZ [*1*], S. 19. — (5). Ein Beweis zu 4.6. wird später veröffentlicht.

II. Probleme in n-dimensionalen und allgemeineren Räumen

5. Kontinua höchstens endlichen Ordnungswertes bezüglich der Hyperebenen im n-dimensionalen projektiven Raum

5.1. Durchlaufungskurven und ihre Schmiegräume

Im folgenden sollen zunächst Parameterbogen (Durchlaufungsbogen) und ihre k-dimensionalen Schmieg-, insbesondere Tangential-(halb-) Ebenen, im n-dimensionalen projektiven Raum P_n untersucht werden. Ein wichtiges Hilfsmittel wird dabei die Zentralprojektion der Bogen und ihrer k-dimensionalen Schmieg- sowie Tangentialebenen sein $(1 \leq k \leq n-1)$.

5.1.1. Vorbemerkungen

Es sei P_n der n-dimensionale projektive Raum; $n \geq 1$. Jeder k-dimensionale projektive Unterraum L_k von P_n heiße eine *k-Ebene*; dabei ist $-1 \leq k \leq n$ und $L_{-1} = \emptyset$, $L_n = P_n$. Der Raum aller $L_k \subset P_n$ sei $\tilde{P}_k$, $0 \leq k \leq n$; es ist also $\tilde{P}_0 = P_n$. Die $(n-1)$-Ebenen heißen auch *Hyperebenen.*

Es sei M eine Teilmenge von P_n; den kleinsten, M enthaltenden projektiven Unterraum bezeichne man als *lineare Hülle* $L(M)$ *von* M (in P_n) und die Dimension $\dim L(M)$ von $L(M)$ als *Rang* $\mathfrak{R}(M)$ von M. Es ist $L(L_k) = L_k$, $\mathfrak{R}(L_k) = k$ und $\mathfrak{R}(\bar{M}) = \mathfrak{R}(M)$. Aus der bekannten Dimensionsbeziehung

$$\dim L_k + \dim L_m = \dim L(L_k \cup L_m) + \dim L(L_k \cap L_m),$$

$-1 \leq k,\ m \leq n$, wobei $L(L_k \cap L_m) = L_k \cap L_m$ ist, folgt allgemein

$$\mathfrak{R}(M) + \mathfrak{R}(N) = \mathfrak{R}(M \cup N) + \mathfrak{R}(M \cap N).$$

Zusatz. Es ist $-1 \leq \mathfrak{R}(L_k \cup L_m) \leq k + m + 1$, wobei das Gleichheitszeichen rechter Hand genau dann gilt, wenn $L_k \cap L_m = \emptyset$ (d. h. $\mathfrak{R}(L_k \cap L_m) = -1$) ist.

Anmerkung. Durch $\Re(M)$ wird in P_n eine geometrische Ordnung (im Sinne von Abschn. 1.6.) definiert. Ist $p \in M$ und $i = \inf(\Re(M \frown U)$; für alle Umgebungen U von p in $P_n)$, so heiße i der (lokale) *Rang* $\Re(M; p)$ von M *in* p. Ist $\Re(M; p) = n$ für jedes $p \in M$ bzw. nur für $p = p'$, so heiße M *lokal rangmaximal* bzw. rangmaximal in p'.

Zeichnet man in P_n eine $(n-1)$-Ebene L_u als *uneigentlich* aus, so wird P_n bzw. $P_n - L_u$ zu einem n-dimensionalen und allgemein L_k bzw. $L_k - L_k \frown L_u$ zu einem k-dimensionalen *affinen* bzw. euklidischen Raum A_k bzw. E_k. Ist $L_{k-1} \subset L_k$, so ist A_k Vereinigung von L_{k-1} und von zwei fremden in A_k offenen, von $A_k \frown L_{k-1}$ begrenzten, zusammenhängenden Mengen, den sog. *k-Halbebenen* $L\,h_k$ von L_k *bezüglich* L_{k-1} (und bezüglich L_u).

5.1.2. Stellenordnungswert. Stellenindex

Es sei $J = [0, 1] = (0 \leq t \leq 1)$ die abgeschlossene Einheitsstrecke. Es sei $p|J$ eine eindeutige, stetige Abbildung von J in P_n; es ist also $p = p(t)$ Bildpunkt von t. Wir bezeichnen die (geordneten) Paare $\pi(t) = \{t, p(t)\}$ als *Stellen* und die Gesamtheit der Stellen als (Parameter-) Bogen $B = B(p; J)$; ist speziell $p(0) = p(1)$, so sprechen wir auch von einer (Parameter-) *Kurve* $C = C(p; J)$. Die Gesamtheit der Bildpunkte $p = p(t)$ (für alle t) heiße der *Träger* $T(B)$ *des Bogens* bzw. der Kurve; das einzelne $p(t)$ ist Träger der *Stelle* $\pi(t)$.

Ist $p|J$ topologisch, so soll gelegentlich die Unterscheidung zwischen Stelle und Träger wegfallen; man spricht dann auch von einem *einfachen* Bogen (Kurve).

Die *Orientierung* von J (im Sinne wachsender t) überträgt sich vermöge $p|J$ auf den Bogen (Kurve); dabei wird t bzw. $(t, p(t))$ oder $p(t)$ als *vor* oder *hinter* t' bzw. $\pi(t')$ oder $p(t')$ gelegen bezeichnet, wenn $t < t'$ oder $t' < t$ ist. Demgemäß definieren wir als (vermöge $p|J$) einander entsprechend: die (abgeschlossenen) Teilstrecken bzw. die offenen oder halboffenen Teilstrecken von J und die (abgeschlossenen) *Teilbogen* bzw. die *offenen* oder *halboffenen* Teilbogen von B sowie die vorderen bzw. hinteren Umgebungen von t in J und die *vorderen* bzw. *hinteren Umgebungen* der Stelle $\pi(t)$ des Bogens (bzw. der Kurve) (Stellenumgebungen). Der *größte offene* Teilbogen von B wird mit $\underset{\smile}{B}$ bezeichnet. Falls B *keine Kurve* ist, also $p(0) \neq p(1)$, heißt die Stelle $\pi(0)$ bzw. $\pi(1)$ *Anfangs-* bzw. *Endstelle* des Bogens; gemeinsame Bezeichnung ist *Extremstelle*.

Forderung. Der Träger eines jeden Teilbogens soll mehrpunktig sein.

5.1.2.1. Der Punkt p des Trägers $T(B) = T$ von B sei als *m-fach* oder von der *Vielfachheit* m bezeichnet, wenn p Träger von genau $m \geq 1$ Stellen ist. Als *Stellenordnungswert* StOW $(T \frown H)$ von $D = T \frown H$, wo H eine $(n-1)$-Ebene ist, wird bezeichnet die Mächtigkeit von D, wenn jeder Punkt von D mit *seiner Vielfachheit gezählt* wird. Entsprechend wie früher (vgl. Abschn. 1.3.3.) erklärt man jetzt bezüglich eines Teilsystems $\mathfrak{h} \subset \tilde{P}_{n-1}$ von $(n-1)$-Ebenen die Begriffe *endlicher* bzw. *beschränkter Stellenordnungswert* StOW $(B; \mathfrak{h}) =$ StOW $(T(B); \mathfrak{h})$ von B (oder auch von $T(B)$), ebenso den StOW $(t; B; \mathfrak{h})$ der Stelle $\pi(t)$ auf B als Minimum der StOW aller Stellenumgebungen von $\pi(t)$ auf B.

Vom StOW $(B; \mathfrak{h})$ ist natürlich zu unterscheiden der *Komponenten-* bzw. *Punkt*ordnungswert KOW $(T(B); \mathfrak{h})$ bzw. POW $(T(B); \mathfrak{h})$ des Trägers $T(B)$, wobei jetzt jedes $p \in T(B)$ mit der *Vielfachheit* 1 *gezählt* wird. — Im Falle $\mathfrak{h} = \tilde{P}_{n-1}$ läßt man in StOW $(B; \mathfrak{h})$ usw. das $\mathfrak{h}$ fort.

Es ist POW $(T(B); \mathfrak{h}) \leq$ StOW $(B; \mathfrak{h})$; das Gleichheitszeichen steht, wenn B *einfacher* Bogen ist.

Man bezeichne als (Stellen-) *Index* (-wert) StI $(B; \mathfrak{k})$ des Bogens $B \subset P_n$ das Minimum (falls es existiert) der StOW $(B \frown K)$ für alle OCh K, für die $B \frown K$ nur Schnittstellen enthält.

Satz. *Ist* $B \subset P_n$ *vom beschränkten* StOW $(B; \mathfrak{k}) = t < \infty$, *so gilt* StI $(B; \mathfrak{k}) \leq$ StOW $(B; \mathfrak{k}) - 2$. — *Ist B Kurve, so ist sogar* StI $(B; \mathfrak{k}) \equiv t$ (mod 2).

Beweis (1). Der Satz ist bewiesen für $n = 2$ und einfache Bogen bzw. Kurven in Abschn. 3.5. Der dortige Beweis gilt aber mutatis mutandis auch für den Fall, daß B mehrfache Punkte enthält, d. h. auch für den StI (statt wie in Abschn. 3.5. für den PI). Bei der Bestimmung von StOW und StI wird jeder Punkt des Trägers des Bogens mit seiner Vielfachheit gezählt. — (2). Die Behauptung sei schon bewiesen für alle n mit $2 \leq n < m$. Es sei $B \subset P_m$ eindeutiges stetiges Strecken- oder Kreisbild und StOW $(B; \mathfrak{k}_m) = t$, StI $(B; \mathfrak{k}_m) = i$, wobei $\mathfrak{k}_m$ das System der $(m-1)$-Ebenen im P_m bezeichnet; es ist $i \leq t$. Definitionsgemäß gibt es $(m-1)$-Ebenen $E \subset P_m$ mit StOW $(B \frown E) = i$ derart, daß $B \frown E$ nur Schnittstellen enthält; da der Reduktionssatz auch für StOW gilt, gibt es auch $(m-1)$-Ebenen F mit StOW $(B \frown F) = t$ und mit lauter Schnittstellen in $B \frown F$. Es gibt Punkte $z \in E \frown F \frown (P_m - B)$, wobei B hier den Träger von B bedeutet. Man projiziere B aus z in eine $(m-1)$-Ebene P' auf $B' \subset P'$; dabei wird als Vielfachheit eines jeden Punktes p' von B' die Summe der Vielfachheiten aller Punkte von B erklärt, die sich in p' projizieren, also die Anzahl aller Stellen von B, die sich in p' projizieren. Es ist dann StOW $(B'; \mathfrak{k}_{m-1}) = t$, also, nach Induktionsannahme, $i' \leq t - 2$, wenn $i' =$ StI $(B'; \mathfrak{k}_{m-1})$ und wenn $\mathfrak{k}_{m-1}$ das System der $(m-2)$-Ebenen in P' bezeichnet. Es ist aber $i = i'$. In der Tat: Jedenfalls ist $i' \leq i$. Es existiert eine $(m-2)$-Ebene $E' \subset P'$ mit StOW $(B' \frown E') = i'$ und lauter Schnittstellen in $B' \frown E'$. Ist E'' die von z und E' aufgespannte $(m-1)$-Ebene (in P_m), so gilt StOW $(B \frown E'') =$ StOW $(B' \frown E')$ und es enthält $B \frown E''$ nur Schnittstellen. Somit ist $i \leq i'$, w. z. z. w. Daher $i \leq t - 2$ und für Kurven B auch $i \equiv t (\text{mod} 2)$.

5.1.2.2. Jeder Bogen B bzw. jede Kurve C vom *Stellenordnungswert* n mit $1 \leq n$ *ist* ein *einfacher* Bogen bzw. eine *einfache* Kurve *vom Punktordnungswert* n.

Es besitze nämlich (mindestens) ein Punkt $p \in T(B)$ eine Vielfachheit $k \geq 2$. Wegen POW $(B) \leq$ StOW $(B) = n$ ist POW (B) beschränkt, also $T(B)$ lokal rangmaximal. Es gibt mithin $n - 1$ Punkte q_ν, $\nu = 1, \ldots, n-1$ von $T(B)$, die untereinander und von p verschieden sind. Es gibt also eine $(n-1)$-Ebene H mit $p, q_\nu \in H$, so daß StOW $(B) \geq$ StOW $(T(B) \frown H) \geq n + 1$.

Jeder Bogen B vom Stellenordnungswert $n+1$, $n \geq 2$, besitzt höchstens einen mehrfachen Punkt und dieser ist (wenn vorhanden) *von der Vielfachheit zwei.* (Jeder solche Bogen ist daher Vereinigung von höchstens drei einfachen Bogen, die bis auf höchstens Endpunkte paarweise fremd sind.)

1. Anmerkung. Später wird gezeigt, daß ein solcher Bogen sogar Vereinigung einer beschränkten Anzahl von Bogen des POW n ist (vgl. Abschn. 3.2.4. und 3.2.5.5.).

Der Beweis beruht auf der Bemerkung, daß aus der Existenz eines Punktes von höherer Vielfachheit als 2 bzw. von zwei mehrfachen Punkten StOW $(B) \geq n + 2$ folgt (vgl. oben).

2. Anmerkung. Schon für $n = 2$ gibt es Bogen B mit StOW $(B) = n + 2 = 4$, für die jeder Punkt von $T(B)$ mehrfach ist. Beispiel: Doppelt durchlaufener Konvexbogen.

5.1.3. Reduktionssatz

Auch bei Vielfachheitszählung der einzelnen Trägerpunkte gilt der **Reduktionssatz.** *Voraussetzung. Es sei H' eine $(n-1)$-Ebene und* $\mathfrak{w}$ *eine Umgebung von H' in $\tilde{P}_{n-1}$. Weiter sei B ein Bogen mit endlichem* StOW $(B; \mathfrak{w})$ *und mit* StOW $(T(B) \frown H') = m$.

Behauptung. In beliebiger Nähe von H' in $\mathfrak{w}$ gibt es eine in $\mathfrak{w}$ offene Menge $\mathfrak{o}$ und dazu eine natürliche Zahl $m_0 \geq m$ mit folgender Eigenschaft: Für jedes $H \in \mathfrak{o}$ ist StOW $(T(B) \frown H) = m_0$*; ferner ist $T(B) \frown H$ Träger nur von Schnittstellen, und von diesen liegen* (*bei zu H' hinreichend benachbartem* $\mathfrak{o}$) *mindestens m in beliebiger Nähe der m Stellen, die zu $T(B) \frown H'$ gehören.*

In Übereinstimmung mit einer früher eingeführten Terminologie (vgl. Abschn. 1.3.3.) wird dabei eine von den etwa vorhandenen Extremstellen von B verschiedene Stelle $\pi(t)$ mit $p(t) \in H$ als *Schnitt-* bzw. *Stützstelle* von B mit H bezeichnet, wenn eine vordere und eine hintere Umgebung V und W von $\pi(t)$ auf B existiert derart, daß $T(V)$ und $T(W)$

je in einer der beiden von H begrenzten abgeschlossenen n-Halbebenen (bezüglich eines L_u) liegen, und zwar in verschiedenen bzw. in der gleichen n-Halbebene.

Bemerkung. Werden die offenen (statt der abgeschlossenen) n-Halbebenen benutzt, so hat $T(V) - \{p(t)\}$ bzw. $T(W) - \{p(t)\}$ an Stelle von V bzw. W zu treten.

Der Beweis dieses Reduktionssatzes verläuft wie der in Abschn. 7.7.5. angegebene, weil bei der vereinbarten Vielfachheitszählung im Falle eines Bogens die Extremstellen die einzigen nicht-inneren Stützstellen sind, während es im Falle einer Kurve überhaupt keine solchen gibt. In diesem Sinne ist also B stets (stellen-) ordnungsreduzibel.

5.1.4. Die k-Tangential- (halb-) Ebenen eines Bogens

Es sei $(t_0, p(t_0))$ eine Stelle des Bogens B. Gemäß Abschn. 5.1.2., Forderung, gibt es in jeder Umgebung der Stelle solche Stellen t', deren Träger von $p(t_0)$ verschieden sind. Im folgenden werden *nur derartige Stellen t' in Betracht gezogen.*

Als vordere und hintere 0-Tangentialebene $v\,T_0(t_0)$ und $h\,T_0(t_0)$ bzw. 0-Tangentialhalbebene $v\,Th_0(t_0)$ und $h\,Th_0(t_0)$ von B an der Stelle $\pi(t_0)$ wird $\{p(t_0)\}$ erklärt. Für ν mit $0 < \nu \leq n$ erfolgt die Definition durch Induktion: Es sei $v\,T_\nu(t_0)$ usw. schon erklärt für $0 \leq \nu < k$, wobei $1 \leq k \leq n$. Dann sei $v\,T_k(t_0) = \lim\limits_{t' \to t_0} L(v\,T_{k-1}(t_0) \cup \{p(t')\})$, wobei $t_0 > t'$, vorausgesetzt, daß $v\,T_{k-1}(t_0)$ und der Limes existieren (der Limes bezogen auf die Topologie in $\tilde{P}_k$). Es heißt $v\,T_k(t_0)$ die *vordere k-Tangentialebene an B in $\pi(t_0)$*. Entsprechend wird die *hintere* k-Tangentialebene an B in $\pi(t_0)$ erklärt.

Weiter sei $v\,Th_\nu(t_0)$ schon für $0 \leq \nu < k$ erklärt; und es existiere $v\,Th_{k-1}(t_0)$. Bezüglich eines uneigentlichen L_u sei $v\,H_k(t')$ die (offene) von $v\,T_{k-1}(t_0)$ begrenzte $p(t')$ enthaltende k-Halbebene von $L(v\,T_{k-1}(t_0) \cup \{p(t')\})$; dabei ist noch die Voraussetzung zu machen, daß zu t_0 beliebig benachbarte t' mit $t_0 > t'$ existieren, für die $p(t')$ nicht in $v\,T_{k-1}(t_0)$ enthalten ist. (Diese Voraussetzung ist stets *erfüllt, wenn* StOW(B) oder wenigstens StOW$(t_0; B)$ *endlich* ist.) Es wird dann $v\,Th_k(t_0) = \lim\limits_{t' \to t_0} v\,H_k(t')$ mit $t' < t_0$ als die *vordere k-Tangentialhalbebene* an B in $(t_0, p(t_0))$ erklärt, falls dieser Limes existiert. — Etwas verschieden (gegenüber Abschn. 3.1.6.) gestaltet sich die Definition der *hinteren k-Tangentialhalbebene* $h\,Th_k(t_0)$: *Wenn* $k \equiv 0 \pmod 2$ ist, sei $h\,Th_k(t_0)$ der Limes (falls er existiert) der durch $h\,T_{k-1}(t_0)$ begrenzten k-Halbebene von $L(h\,T_{k-1}(t_0) \cup \{p(t')\})$, wobei $(t', p(t'))$ einer hinteren Umgebung von $(t_0, p(t_0))$ angehört und $p(t') \in P_n - h\,T_{k-1}(t_0)$ ist; *hingegen wenn* $k \equiv 1 \pmod 2$ ist, sei $h\,Th_k(t_0)$ die von der vorstehend erklärten Limeshalbebene verschiedene, ebenfalls von $h\,T_{k-1}(t_0)$ begrenzte k-Halbebene.

Dabei wird die Konvergenz einer Folge von k-Halbebenen so erklärt: Es sei Lh^i bzw. Lh eine (offene) k-Halbebene, begrenzt durch die $(k-1)$-Ebene L^i bzw. L; ferner sei $x \in Lh = \overline{Lh} - L$. Gilt dann $L = \lim L^i$ und existieren $x_i \in Lh^i = \overline{Lh^i} - L^i$ mit $x = \lim x_i$, so wird Lh als Limes $\lim Lh^i$ der Lh^i bezeichnet.

Stimmen an einer Stelle vordere und hintere k-Tangential- bzw. k-Tangentialhalbebene überein, so setzen wir $T_k(t_0) = v\,T_k(t_0) = h\,T_k(t_0)$ bzw. $Th_k(t_0) = v\,Th_k(t_0) = h\,Th_k(t_0)$ und sagen, es existieren die *k-Tangentialebene* $T_k(t_0)$ bzw. die *k-Tangentialhalbebene* $Th_k(t_0)$ an B in $(t_0, p(t_0))$. Existiert $T_k(t_0)$ bzw. außerdem $Th_k(t_0)$ für jedes k mit $-1 \leq k \leq n-1$, so heiße B in $(t_0, p(t_0))$, oder kürzer auch die Stelle $(t_0, p(t_0))$, *differenzierbar* bzw. *gewöhnlich differenzierbar* (auch *glatt*). Gilt dies für jede Stelle, so heißt B selbst (gewöhnlich) differenzierbar.

Beispiel: Bilden zwei Konvexbogen $(n = 2)$ im gemeinsamen Endpunkt e eine Spitze bzw. einen regulären oder Wendepunkt, so ist der von den Konvexbogen gebildete Bogen in e differenzierbar bzw. gewöhnlich differenzierbar.

Anmerkung. Aus der Definition folgt: Existieren $T_k(t_0)$, $v\,Th_k(t_0)$ und $h\,Th_k(t_0)$, so sind die beiden letzteren entweder identisch oder komplementär (in $T_k(t_0)$). Mit der Existenz von $T_k(t_0)$ ist auch die von $v\,Th_k(t_0)$ und von $h\,Th_k(t_0)$ vorausgesetzt.

5.1.5. Zentralprojektion in eine $(n-1)$-Ebene

5.1.5.1. Es sei $z \in P_n$ und Z eine, z nicht enthaltende $(n-1)$-Ebene. Ferner sei B ein Bogen. Die Projektion $f(p) = f(p;\, z) = L(\{z\} \cup \{p\}) \cap Z$ des von z verschiedenen Punktes $p = p(t) \in T(B)$ ist eindeutige stetige Funktion sowohl von p als von t, nämlich $f\,p(t) = f(p(t);\, z)$. Durch $f\,p(t)$ wird daher in Z ein Bogen $f(B) = f(B;\, z)$, die *Projektion von B aus z in Z*, bestimmt, soweit nämlich z nicht auf $T(B)$ liegt. Die *Stellen $(t, f\,p(t))$ des Bildbogens $f(B)$* werden *mit $f\,\pi(t)$ bezeichnet.* — Ist aber $z \in T(B)$, so hat man es mit der *Projektion f aus einer* jeweils festzulegenden *Stelle $\pi(t_0)$* mit $z = p(t_0)$ als Träger zu tun. Um die (Eindeutigkeit und) *Stetigkeit von f auch in $\pi(t_0)$* zu sichern, fordert man, daß in $\pi(t_0)$ die Tangente $T_1(t_0;\, B)$ existiert, und setzt fest, daß der Träger des Bildes $f\,\pi(t_0)$ von $\pi(t_0)$ sein soll $T_1(t_0;\, B) \cap Z$, der im Falle eines einfachen Punktes z auch mit $f(z)$ bezeichnet wird. *Ist speziell $f\,p(0) = f\,p(1)$*, so werden die *Bilder der Extremstellen* $\pi(0)$, $\pi(1)$, nämlich $f\,\pi(0)$ und $f\,\pi(1)$, *identifiziert* und mithin $f(B)$ *als Kurve* erklärt.

Anmerkung. In dem für uns fast ausschließlich in Betracht kommenden Fall, daß $z = p(t_0)$ von *endlicher Vielfachheit* ist, also etwa bei endlichem StOW (B), existiert eine Umgebung U von $\pi(t_0)$ auf B, so daß $p(t_0)$ einfacher Punkt auf $T(U)$ ist. Soweit es sich dann bei der Projektion aus $p(t_0)$ um lokale bzw. infinitesimale Eigenschaften (z. B. um die Existenz von Tangentialebenen usw.) handelt, kann hier z als ein einfacher Punkt behandelt werden. Außerdem existiert bei endlichem StOW $(t_0; B)$ sowohl $v\,Th_1(t_0; B)$ als $h\,Th_1(t_0; B)$ (vgl. Abschnitt 5.1.7.).

5.1.5.2. Wir bezeichnen mit f bzw. f_B die durch die Projektion aus z bestimmte Abbildung von P_n bzw. von B in Z. Für eine zu z fremde bzw. nicht fremde k-Ebene L_k, $1 \leq k \leq n-1$ ist dann die Projektion $f(L_k) = f(L_k; z)$ wieder eine k-Ebene bzw. eine $(k-1)$-Ebene, nämlich $f(L_k) = L_k \cap Z$. — Die Umkehrung f^{-1} bzw. f_B^{-1} von f bzw. f_B ist unendlich vieldeutig bzw. im allgemeinen mehrdeutig. Dagegen ist z. B. das Urbild $f^{-1}(L'_k)$ der in Z enthaltenen k-Ebene L'_k die $(k+1)$-Ebene $L(L'_k \cup \{z\})$; ferner ist $f_B^{-1}(T(f(B) \cap L'_k) = T(B) \cap L(L'_k \cup \{z\})$.

5.1.5.3. Als *Vielfachheit* des *Punktes* $f\,p(t) \in T(f(B))$ ist gemäß Abschn. 5.1.2.1. zu erklären die Summe der Vielfachheiten aller Punkte von $T(B)$, deren Projektionen nach $f\,p(t)$ fallen, wenn $p(t) \neq z$. Demzufolge gilt:

Der Stellenordnungswert der Projektion (aus z) eines Bogens B (in Z) bezogen auf den Raum der $(n-2)$-Ebenen in Z ist endlich, falls der des Urbildes B endlich ist. Wenn aber StOW (B) *beschränkt ist, so ist* StOW $(f(B))$: (a) *falls z nicht in $T(B)$ liegt, nicht größer als* StOW (B); (b) *falls z in $T(B)$ liegt, nicht größer als der um Eins verminderte* StOW (B). Also StOW $(f(B)) \leq$ StOW (B) bzw. StOW $(f(B)) \leq$ StOW $(B) - 1$. Das gleiche gilt für den Stellenordnungswert einer *Stelle* $f\,\pi(t)$ von $f(B)$. — Ist B ein *einfacher* Bogen oder eine *einfache* Kurve, so tritt an Stelle des Stellen- der *Punkt*ordnungswert.

Zum *Beweis betr. Behauptung* (b) ist zu berücksichtigen: Es sei etwa $z = p(t_0)$ und H eine, $T_1(t_0; B)$ enthaltende $(n-1)$-Ebene, für welche StOW $((f(B)) \cap H) = m'$ sein möge. Dann gibt es in Z (zufolge des Reduktionssatzes) eine zu $H \cap Z$ beliebig benachbarte $f\,p(t_0)$ nicht enthaltende $(n-2)$-Ebene H' mit StOW $((f(B)) \cap H') = m'' \geq m'$. Für $H'' = L(H' \cup \{z\})$ gilt daher $m' \leq m'' \leq$ StOW $((B) \cap H'') - 1$.

5.1.5.4. Speziell ergibt sich noch:

Ist B ein Bogen mit StOW $(B) =$ POW $(B) = n$ *in P_n und liegt das Projektionszentrum z:* (a) *nicht auf $T(B)$ bzw.* (b) *auf $T(B)$, so ist die Projektion $f(B)$ aus z:* (a) *ein Bogen mit* StOW $(f(B)) \leq n$ *bzw.* (b) *ein (einfacher) Bogen (evtl. Kurve) mit* StOW $(f(B)) =$ POW $(f(B)) = n-1$.

Beweis *betr.* (b). Gemäß Abschn. 5.1.5.3. ist StOW $(f(B)) \leq$ StOW $(B) - 1$. Andererseits gilt für jeden Bogen $f(B)$ in Z mit beschränktem StOW auch $n-1 \leq$ POW $(f(B)) \leq$ StOW $(f(B))$.

5.1.6. Projektion von Tangential(halb)ebenen

5.1.6.1. *Betr. Projektionen von Halbebenen.* Bezüglich einer festen uneigentlichen $(n-1)$-Ebene L_u bezeichnen wir (vgl. Abschn. 5.1.4.) die von $L_{k-1} \subset L_k$ in L_k begrenzten *(offenen)* k-Halbebenen mit $Lh_k(\pm; L_{k-1})$, $1 \leq k \leq n$; $1 \leq n$. *Dabei soll* L_{k-1} *nicht* in L_u *enthalten* sein $(L_{k-1} \not\subset L_u)$.

Es sei f die Projektion von P_n aus einem Punkt $z \in P_n$ *in eine* $(n-1)$-*Ebene* Z, *in welcher weder* z *noch* L_k *enthalten* ist.

(a). *Es liege* z *nicht in* L_k; $1 \leq k \leq n-1$. Wir *wählen* L_u (mit $L_{k-1} \not\subset L_u$) *so, daß* $L_k \cap Z \subset L_u$. Dann ist ($z \in L_u$ zulässig und)

$$f(Lh_k(\pm; L_{k-1})) = f(L_k)\, h_k'(\pm; f(L_{k-1})).$$

(b). *Es liege* z *in* L_{k-1}, $2 \leq k \leq n$. Wir *wählen* L_u *so, daß* z *nicht in* L_u *und* $L_{k-1} \cap Z$ *nicht in* $L_u \cap Z$ *liegt.*

Um zu vermeiden, daß $f(Lh_k(+; L_{k-1})) = f(Lh_k(-; L_{k-1})) = L_k \cap Z$ wird, schränken wir den Definitionsbereich von f ein auf je einen der beiden (in $P_n - L_u$ „komplementären") offenen n-Halbräume P_n', P_n'' von $P_n - L_u$, die begrenzt sind von einer $(n-1)$-*Ebene* E *durch* z *und* $L_u \cap Z$. Es gilt dann

$$f(P_n' \cap Lh_k(\pm; L_{k-1})) = Lh_k(\pm; L_{k-1}) \cap Z = f(L_k)\, h_{k-1}(\pm; f(L_{k-1}))$$
$$= f(P_n'' \cap Lh_k(\mp; L_{k-1})).$$

5.1.6.2. *Bezeichnung.* Um bei den jetzt zu betrachtenden Projektionen von Tangential(halb)ebenen bequemer zwischen Urbild und Bild zu unterscheiden, *schreiben wir wieder* $v\,T_k(t_0; B)$, $v\,Th_k(t_0; B)$ usw. bzw. $v\,T_k(t_0; f(B))$, $v\,Th_k(t_0; f(B))$ usw. statt „$v\,T_k(t_0)$ an B in $\pi(t_0)$" bzw. „an $f(B)$ in $f\pi(t)$" usw.

5.1.6.2.1. Die Projektionssätze in Abschn. 5.1.5.2. und 5.1.6.1. sollen nun auf $L_k = v\,T_k(t_0; B)$ und $L_{k-1} = v\,T_{k-1}(t_0; B)$ bzw. auf $Lh_k = v\,Th_k(t_0; B)$ angewandt werden. Beim Satz (b) für $k \geq 2$ ist zu diesem Zweck P_n' *als derjenige* der beiden, von E begrenzten n-Halbräume *zu wählen*, in welchem $T(V) - \{p(t_0)\}$ liegt, unter V eine vordere Umgebung von $\pi(t_0)$ auf B verstanden; ein solches P_n' existiert, weil $v\,T_{k-1}(t_0; B)$ und folglich $v\,T_1(t_0; B)$ (existiert und) nicht in E liegt (denn $E \cap Z \subset L_u$ und $v\,T_{k-1}(t_0; B) \cap Z$ liegt nicht in L_u). Ist $\pi(t_0)$ gewöhnlich differenzierbar, so liegt $T(W)$ für jede hinreichend kleine hintere Umgebung W von $\pi(t_0)$ auf B in P''. Unter diesen sowie den in Abschn. 5.1.6.1. bei (a) und (b) getroffenen Festsetzungen gilt:

Satz. Es existiere $v\,T_k(t_0; B)$ und es werde aus z projiziert.

(a). Liegt z nicht in $v\,T_k(t_0; B)$, $0 \leq k \leq n-1$, so existiert auch $v\,T_k(t_0; f(B))$ und es ist $f(v\,T_k(t_0; B)) = v\,T_k(t_0; f(B))$.

(b). Liegt z in $v\,T_k(t_0; B)$ und ist $1 \leq k \leq n-1$, so existiert auch $v\,T_{k-1}(t_0; f(B)) = f(v\,T_k(t_0; B)) = v\,T_k(t_0; B) \cap Z$.

Dies gilt also speziell auch für $z = p(t_0)$.

Entsprechend, wenn $h\,T_k(t_0;\,B)$ existiert.

Satz. Es existiere $v\,Th_k(t_0;\,B)$ bzw. $h\,Th_k(t_0;\,B)$, $0 \leq k \leq n-1$, und es werde aus z projiziert.

(a). Liegt z *nicht* in $v\,T_k(t_0;\,B)$, so existiert auch $v\,Th_k(t_0;\,f(B))$ und es ist

$$f(v\,Th_k(t_0;\,B)) = v\,Th_k(t_0;\,f(B)), \qquad 0 \leq k \leq n-1.$$

Entsprechend für $h\,Th_k(t_0;\,B)$.

(b). Ist $z \in v\,T_{k-1}(t_0;\,B) - \{p(t_0)\}$ bzw. $z \in h\,T_{k-1}(t_0;\,B) - \{p(t_0)\}$, so existiert auch $v\,Th_{k-1}(t_0;\,f(B))$ bzw. $h\,Th_{k-1}(t_0;\,f(B))$, und zwar

$$v\,Th_{k-1}(t_0;\,f(B)) = v\,Th_k(t_0;\,B) \cap Z$$

bzw.

$$h\,Th_{k-1}(t_0;\,f(B)) = \left(h\,T_k(t_0;\,B) - \overline{h\,Th_k(t_0;\,B)}\right) \cap Z.$$

(c). Ist $z = p(t_0)$ und existiert $T_1(t_0\colon B)$, so existiert zugleich auch $v\,Th_{k-1}(t_0;\,f(B))$ bzw. $h\,Th_{k-1}(t_0;\,f(B)$, und zwar ist

$$v\,Th_{k-1}(t_0;\,f(B)) = v\,Th_k(t_0;\,B) \cap Z$$

bzw.

$$h\,Th_{k-1}(t_0;\,f(B)) = h\,Th_k(t_0;\,B) \cap Z.$$

Beweis (mit der Existenz von z. B. $v\,Th_k(t_0;\,B)$ ist die von $v\,T_k(t_0;\,B)$ vorausgesetzt.) Die Projektion f ist stetig, bildet also eine konvergente Folge von Lh ab auf eine ebenfalls konvergente Folge von k- bzw. von $(k-1)$-Halbebenen.

5.1.6.2.2. Es soll nun umgekehrt im Falle der Projektion f aus einer Stelle $p(t_0)$ von B von der Existenz von $v\,Th_{k-1}(t_0;\,f(B))$ auf die von $v\,Th_k(t_0;\,B)$ geschlossen werden und entsprechend für $h\,Th_k(t_0;\,B)$. Wir behaupten:

Satz. *Voraussetzung. Es sei $B \subset P_n$, $n \geq 2$, aus $\pi(t_0)$ projiziert in Z. Dabei existiere $v\,Th_1(t_0;\,B)$ und $h\,Th_1(t_0;\,B)$ mit*

$$v\,Th_1(t_0;\,B) = h\,Th_1(t_0;\,B).$$

Behauptung (I). *Aus der Existenz von $v\,Th_{k-1}(t_0;\,f(B))$ (für mindestens ein Z) folgt die Existenz von $v\,Th_k(t_0;\,B)$. Gleiches gilt für $h\,Th_k(t_0;\,B)$. Dabei sei $2 \leq k \leq n$.*

(II). *Ist für ein k mit $2 \leq k \leq n$ überdies $v\,Th_{k-1}(t_0;\,f(B)) = h\,Th_{k-1}(t_0;\,f(B))$, so auch $v\,Th_k(t_0;\,B) = h\,Th_k(t_0;\,B)$.*

Beweis. *Betr. Behauptung* (I). Aus der Voraussetzung folgt insbesondere die Existenz von $T_1(t_0;\,B)$. Wir benutzen die in Abschnitt 5.1.6.2.1. getroffenen Verabredungen betr. L_u, Z und E. Ferner bezeichnen wir mit $\mathfrak{Lh}$ das „Komplement" der von L_{k-1} begrenzten, in der k-Ebene L_k gelegenen k-Halbebene Lh, also $\mathfrak{Lh} = L_k - L_u - L_{k-1} - Lh$; es werde $\mathfrak{Lh}$ als die zu Lh *komplementäre* k-Halbebene bezeichnet.

Zuerst behandeln wir den Fall der *hinteren* Tangentialhalbebenen. Wegen $h\,T_{k-1}(t_0; f(B)) = h\,T_k(t_0; B) \frown Z$ folgt zunächst aus der Existenz von $h\,Th_{k-1}(t_0; f(B))$ die von $h\,T_k(t_0; B)$. Es sei J^* eine hintere Umgebung von t_0 auf J und $J'' = J^* - \{t_0\}$, $t_0 \neq 0$.

Im Falle *k gerade* ist, gehen wir aus von der Definition von $h\,Th_k(t_0; B)$ (vgl. Abschn. 5.1.4.): Für $t' \to t_0$ mit $t' \in J''$ und $p(t') \neq p(t_0)$ ist $h\,Th_k(t_0; B) = \lim Lh(h\,T_{k-1}(t_0; B) \smile \{p(t')\}) = \lim \mathfrak{Lh}(h\,T_{k-1}(t_0; B) \smile \{f\,p(t')\})$, letzteres weil $p(t') \in P''_n$ und $f\,p(t') \in P'_n$. Daraus und aus $h\,T_{k-2}(t_0; f(B)) = h\,T_{k-1}(t_0; B) \frown Z$ folgt weiter $h\,Th_k(t_0; B) = \lim \mathfrak{Lh}(h\,T_{k-1}(t_0; B) \smile h\,T_{k-2}(t_0; f(B)) \smile \{f\,p(t')\})$. Weil $k-1$ ungerade ist, gilt $\lim Lh(h\,T_{k-2}(t_0; f(B)) \smile \{f\,p(t')\}) = \mathfrak{h}\,\mathfrak{Th}_{k-1}(t_0; f(B))$; daher ist $h\,Th_k(t_0; B) = \lim \mathfrak{Lh}(h\,T_{k-1}(t_0; B) \smile \mathfrak{h}\,\mathfrak{Th}_{k-1}(t_0; f(B))) = Lh(h\,T_{k-1}(t_0; B) \smile h\,Th_{k-1}(t_0; f(B)))$. Auf Grund der Voraussetzung des Satzes existiert aber (eindeutig) die rechte Seite der letzten Gleichung. Da die von der ersten (Definitions-) Gleichung zu dieser letzten Gleichung führenden Schlüsse auch in umgekehrter Richtung in Geltung bleiben, existiert auch die linke Seite, also $h\,Th_k(t_0; B)$. — Im Falle *k ungerade* ist, schließt man ebenso, daß $\mathfrak{h}\,\mathfrak{Th}_k(t_0; B) = \mathfrak{Lh}(h\,T_{k-1}(t_0; B) \smile \smile h\,Th_{k-1}(t_0; f(B)))$, woraus wieder die Behauptung folgt. — Der Beweis für die Existenz von $v\,Th_k(t_0; B)$ verläuft entsprechend; nur ist hier die Fallunterscheidung zwischen geradem und ungeradem k überflüssig.

Betr. Behauptung (II). Zugleich mit $v\,Th_{k-1}(t_0; f(B))$ und $h\,Th_{k-1} \cdot \cdot (t_0; f(B))$ existieren $v\,Th_k(t_0; B)$ und $h\,Th_k(t_0; B)$ (gemäß Behauptung (I)); und da ihre Projektionen zusammenfallen, liegen sie beide in dem (somit existierenden) $v\,T_k(t_0; B) = h\,T_k(t_0; B)$. Gemäß der Festsetzung in Abschn. 5.1.6.2.1., (b), gilt nun $f(v\,Th_k(t_0; B)) = v\,Th_{k-1}(t_0; B)$ usw. Daraus kann für $k \geq 2$ aus der Übereinstimmung der Bilder auf die der Urbilder geschlossen werden.

5.1.6.2.3. Mit den Festsetzungen und Voraussetzungen wie in Abschn. 5.1.6.2.2. ergibt sich noch:

I. Aus der gewöhnlichen Differenzierbarkeit von B in $\pi(t_0)$ folgt die der Projektion $f(B)$ in $f\,\pi(t_0)$ und — falls $v\,Th_1(t_0; B) = h\,Th_1(t_0; B)$ ist — umgekehrt, und zwar bei Projektionen aus $\pi(t_0)$.

Zusatz. Bei Projektion aus $\pi(t_0)$ sind die Gleichungen

$$v\,Th_{n-1}(t_0; f(B)) = h\,Th_{n-1}(t_0; f(B)) \quad \text{und} \quad v\,Th_n(t_0; B) = h\,Th_n(t_0; B)$$

gleichwertig.

II. *Es sei B in* $\pi(t_0)$ *bzw.* $f(B)$ *in* $f\,\pi(t_0)$ *gewöhnlich differenzierbar; dabei sei f die Projektion aus* $\pi(t_0)$ (vgl. Ziffer I). *Unter dieser Voraussetzung ist* $\pi(t_0)$ *Schnitt- bzw. Stützstelle von B auf* $T_{n-1}(t_0; B)$ *genau dann, wenn* $f\,\pi(t_0)$ *Stütz- bzw. Schnittstelle von* $f(B)$ *auf* $T_{n-2}(t_0; f(B))$ *ist.*

Beweis. Ist z. B. $\pi(t_0)$ Schnittstelle, so liegen die Träger T', T'' von vorderen und hinteren Umgebungen von $\pi(t_0)$ auf B auf verschiedenen Seiten von $T_{n-1}(t_0; B)$. Da ferner $\pi(t_0)$ Schnittstelle auch auf E ist (zufolge der Wahl von E), liegen T', T'' in Scheitelwinkeln, die von E und $T_{n-1}(t_0; B)$ gebildet werden. Daher liegen $f(T')$, $f(T'')$ in der gleichen von $T_{n-2}(t_0; f(B))$ begrenzten $(n-1)$-Halbebene von Z. Ist hingegen $\pi(t_0)$ Stützstelle von B auf $T_{n-1}(t_0; B)$, so liegen T', T'' in von E und $T_{n-1}(t_0; B)$ gebildeten Nebenwinkeln. Da auch das Umgekehrte richtig ist, folgt die Behauptung.

Weitere Bemerkungen. (1). Bei endlichem StOW $(t_0; B)$ und gewöhnlicher Differenzierbarkeit von B in $\pi(t_0)$ folgt aus der Existenz und Gleichheit von $v\,Th_n(t_0; B)$ und $h\,Th_n(t_0; B)$, daß $\pi(t_0)$ Schnitt- bzw. Stützstelle ist, je nachdem n ungerade oder gerade ist. Sind $v\,Th_n(t_0; B)$ und $h\,Th_n(t_0; B)$ komplementär, so sind im vorstehenden Schnitt- und Stützstelle zu vertauschen.

(2). Es sei B in $\pi(t_0)$ gewöhnlich differenzierbar; und es sei H eine $(n-1)$-Ebene, in der $T_{n-2}(t_0; B)$ enthalten und die von $T_{n-1}(t_0; B)$ verschieden ist. Je nachdem n gerade oder ungerade ist, wird B von H in $\pi(t_0)$ geschnitten oder gestützt.

(3). Bei endlichem StOW $(t_0; B)$ und vorhandenen $v\,Th_k(t_0; B)$ für $k = 1, \ldots, n-1$, liegt der Träger des Bildes einer hinreichend kleinen vorderen Umgebung von $\pi(t_0)$ auf B im Bild von $v\,Th_{n-1}(t_0; B)$, wenn aus einem nicht in $v\,T_{n-1}(t_0; B)$ gelegenen Punkt projiziert wird. Spezieller Fall: $Z = v\,T_{n-1}(t_0; B)$ oder Z enthält $v\,T_{n-2}(t_0; B)$, ist aber verschieden von $v\,T_{n-1}(t_0; B)$.

5.1.7. Existenz der Tangentialhalbräume

Aus der Endlichkeit des StOW $(t_0; B)$ folgt die Existenz sämtlicher Tangentialhalbräume in $\pi(t_0)$. Es gilt nämlich der

Satz. *Besitzt die Stelle $\pi(t_0)$ des Bogens (oder der Kurve) B (höchstens) endlichen Stellenordnungswert, so existiert der vordere bzw. hintere k-Tangentialhalbraum $v\,Th_k(t_0)$ bzw. $h\,Th_k(t_0)$ für jedes k mit $0 \leq k \leq n-1$.*

Für den *Beweis* genügt es, die Existenz von $v\,Th_k(t_0)$ zu beweisen. Ferner kann man die Betrachtung auf eine beliebig kleine Umgebung V von t_0 in J beschränken und damit auf eine Umgebung U von $p_0 = p(t_0)$ in P_n derart, daß $p(t) \neq p(t_0)$ und $p(t) \in U$ für jedes $t \in V - \{t_0\}$; es existiert nämlich V, weil StOW $(t_0; B)$ (höchstens) endlich ist. Nun kann man so vorgehen: Es sei A der, V entsprechende Teilbogen von B.

5.1.7.1. *Die Behauptung wird zunächst für $k = 1$ bewiesen.* — (I). Für $n = 2$ vgl. Abschn. 3.3. — (II). Den Fall $n > 2$ erledigt man vermittelst Projektion und Induktion. Die Behauptung sei schon für jedes ν mit $2 \leq \nu < n$ bewiesen, aber nicht richtig für die Anfangsstelle $(t_0, p(t_0))$

eines Bogens B in P_n. Es existieren also Halbgerade $H' = \lim L(\{p(t_0)\} \cup \{p(t'_r)\})$ und $H'' = \lim L(\{p(t_0)\} \cup \{p(t''_r)\})$ mit $H' \neq H''$ und mit $t'_r \to t_0$, $t''_r \to t_0$ für $r \to \infty$. Wir projizieren B aus einem Punkt z, der nicht in $L_2 = L(H' \cup H'')$ liegt. Dann ist, unter f die Projektionsabbildung verstanden, $f(H') = \lim L(\{f(p(t_0))\} \cup \{f(p(t'_r))\})$ usw. mit $f(H') \neq f(H'')$; ferner ist $f(B)$ ein Bogen mit endlichem StOW $(t_0; f(B))$ in der Bild-$(n-1)$-Ebene Z. Nach Voraussetzung existiert also $v\,Th_1(t_0)$ an $f(B)$ in $(t_0, f(p(t_0)))$, so daß nach Definition von H' usw. gilt $f(H') = f(H'') = v\,Th_1(t_0)$ an $f(B)$ in $f(\pi(t_0))$. Widerspruch. Die Behauptung gilt also bezüglich $v\,Th_1(t_0)$ auch für n.

5.1.7.2. Aus der Existenz von $v\,Th_1(t_0)$ an B im P_n schließt man vermittelst Projektion aus $p(t_0)$ und Induktion auf die von $v\,Th_k(t_0)$ für $2 \leq k \leq n-1$. Die Existenz sei nämlich bewiesen für $1 \leq k < m$. Da aber $f(B)$ wieder ein Bogen (in Z) mit endlichem StOW $(t_0; f(B))$ ist, existiert nach Voraussetzung $v\,Th_{m-1}(t_0)$ an $f(B)$ in $f(\pi(t_0))$. Gemäß Abschnitt 5.1.6.2.2. existiert daher $v\,Th_m(t_0)$ an B in $\pi(t_0)$.

5.2. Bogen und Kurven der Ordnungswerte n und $n+1$ im projektiven P_n

Unter Benutzung der vorangehenden Entwicklungen (vgl. Abschnitt 5.1.) sollen jetzt die Bogen im P_n vom Punktordnungswert n und $n+1$ näher untersucht werden. Dazu wird einleitend gezeigt, daß die Betrachtung von Kontinuen der POW n und $n+1$ sowie die von Parameterbogen der StOW n und $n+1$ im wesentlichen auf die von einfachen Bogen dieser POW hinausläuft.

5.2.1. Bezeichnung

Sofern nicht ausdrücklich anders bemerkt wird, ist in die Bezeichnung „Bogen" immer auch der Fall einer Kurve einbegriffen. — Wir schicken zunächst einige Bemerkungen allgemeiner Art voraus (Abschnitt 5.2.2., 5.2.3.).

5.2.2. Beschränkte Mengen

Eine Menge M im P_n heiße *beschränkt*, wenn eine $(n-1)$-Ebene H existiert mit $\bar{M} \cap H = \emptyset$. Eine beschränkte Menge liegt daher in dem euklidischen Raum E_n, geliefert durch $P_n - H$. Als *konvexe Hülle* $k\,H(M)$ von M (in E_n) ist erklärt der Durchschnitt aller M enthaltenden (offenen oder abgeschlossenen) n-Halbräume (von E_n). Es ist $k\,H(M) = \overline{k\,H(M)} = k\,H(\bar{M})$. Eine beschränkte Menge M heißt *konvex*, wenn $\bar{M} = k\,H(M)$, Für jede $(n-1)$-Ebene L ist $k\,H(M) \cap L$ leer oder konvex.

Lemma. Es sei $M \neq \emptyset$ eine abgeschlossene Menge in P_n und H eine $(n-1)$-Ebene, welche mit M genau einen oder zwei Punkte gemeinsam hat, in deren jedem M von H gestützt wird (d. h. $M - M \cap H$ liegt in einer hinreichend kleinen Umgebung U eines jeden dieser Punkte ganz auf einer „Seite" von $H \cap U$). Dann ist M beschränkt.

Zusatz. Hat der Träger $T(B)$ eines Bogens B mit H nur $p(0)$ und $p(1)$ gemeinsam, so ist $T(B)$ beschränkt.

Anmerkung. Es gibt in H $(n-2)$-Ebenen L, durch welche eine, von H verschiedene Stützhyperebene an $M - M \cap H$ geht.

Beweis. (a). Es sei $M \cap H = \{q'\}$. Dann existieren $(n-2)$-Ebenen $L \subset H$ mit $M \cap L = \emptyset$ und daher zu H beliebig benachbarte $(n-1)$-Ebenen H', welche L enthalten und fremd sind zu $\bar{U}'$, wobei U' eine Umgebung von q' auf M ist. Wegen der Kompaktheit von M gibt es unter diesen $H' \neq H$ auch solche mit $(M - U') \cap H' = \emptyset$, also mit $M \cap H' = \emptyset$. — (b). Ist $M \cap H = \{q'\} \cup \{q''\}$ und L_u eine zu q', q'' fremde „uneigentliche" $(n-1)$-Ebene, so liegen hinreichend kleine Umgebungen U' von q' bzw. U'' von q'' auf $M - M \cap H$ je ganz auf einer Seite von H. Liegen U', U'' auf der gleichen Seite, so wähle man L in H (vgl. (a)) fremd zur abgeschlossenen Verbindungsstrecke S von q' und q'' (wobei also $S \subset H - H \cap L_u$) und schließe weiter wie in (a). Liegen U', U'' auf verschiedenen Seiten von H, so wähle man L fremd zu q', q'', aber nicht fremd zu S und schließe wie bei (a). Der *Zusatz* folgt daraus, daß $T(B)$ in den Extrempunkten $p(0)$, $p(1)$ von H gestützt wird, wenn, wie vorausgesetzt, $p(0)$ und $p(1)$ isoliert auf $T(B) \cap H$ sind. — Die Anmerkung folgt aus der Kompaktheit von M.

5.2.3. k-Beine

Unter einem *k-Bein* mit dem Scheitel q in P_n verstehen wir eine Vereinigung von k einfachen Bogen $B_\varkappa$, $\varkappa = 1, \ldots, k$; $2 \leq k$, die paarweise fremd sind bis auf den ihnen gemeinsamen Extrempunkt q; also $B_\varkappa \cap B_\mu = \{q\}$ für $\varkappa \neq \mu$.

1. Lemma. *Voraussetzung*. Es sei Q ein k-Bein im P_n mit $n \geq 2$ (und $k \geq 2$).

Behauptung. Je nachdem $k \geq 2t$ oder $k \geq 2t+1$ ist, $t \geq 1$, gibt es $(n-1)$-Ebenen H mit

$$\text{POW}(Q \cap H) \geq n + t - 1 \quad \text{oder mit}$$

$$\text{POW}(Q \cap H) \geq n + t.$$

Beweis. O. B. d. A. kann POW (Q) als beschränkt vorausgesetzt werden, da andernfalls nichts zu beweisen ist. Dann ist der Rang $\mathfrak{R}(Q_1) = n$. Es gibt daher n linear unabhängige (l. u.) Punkte $q, x_\nu \in Q$, $\nu = 2, \ldots, n$. Es ist dann q fremd zur $(n-2)$-Ebene $L' = L(\{x_2\} \cup \cdots \cup \{x_n\})$. Ist

$U_\varkappa$ eine hinreichend kleine Umgebung von q auf $B_\varkappa$, so liegen mindestens t bzw. $t+1$ der $U_\varkappa$ in der gleichen n-Halbebene (bezüglich eines zu q fremden L_u), welche begrenzt wird von der $(n-1)$-Ebene $H' = L(L' \cup \{q\})$. Durch hinreichend kleine, geeignete Drehung von H' um L' erhält man eine $(n-1)$-Ebene H, welche mit jedem der t bzw. $t+1$ $U_\varkappa$ (mindestens) einen von q verschiedenen, zu q beliebig benachbarten Punkte gemeinsam hat und außerdem die davon verschiedenen $x_2, \ldots, x_n$. Daraus folgt die Behauptung.

2. Lemma. *Voraussetzung.* Es sei Q' bzw. Q'' ein k'- bzw. k''-Bein mit dem Scheitel q' bzw. q'', mit $q' \neq q''$ und mit $k' \geq 2t' + 1$, $k'' \geq 2t'' + 1$; $t', t'' \geq 1$.

Behauptung. Es gibt $(n-1)$-Ebenen H, für welche

$$\mathrm{POW}\left((Q' \cup Q'') \cap H\right) \geq n + t' + t''.$$

Beweis. Entsprechend wie für das 1. Lemma.

5.2.4. Kontinua der Ordnung n und $n+1$

Wir zeigen weiter, daß sich die Untersuchung von Kontinuen des POW n und $n+1$ auf die von einfachen Bogen des gleichen POW zurückführen läßt.

1. Satz. *Voraussetzung. Es sei K ein Kontinuum im P_n, $n \geq 2$, mit höchstens endlichem* POW (K) *(bezüglich $\tilde{P}_{n-1}$, d. h. bezüglich der $(n-1)$-Ebenen).*

Behauptung. Es ist K reguläre Kurve im Sinne der topologischen Kurventheorie, also insbesondere lokal zusammenhängend. Überdies ist K erbliche Bogensumme.

Beweis. Wir zerlegen P_n durch $n+1$ linear unabhängige $(n-1)$-Ebenen H_ν in 2^n beschränkte, abgeschlossene Simplizes S_r mit paarweise fremden offenen Kernen $\underline{S}_r$, $r = 1, \ldots, 2^n$. Der Rand R_r von S_r ist enthalten in $\bigcup_\nu H_\nu$, hat also mit K nur endlich viele Punkte gemeinsam. Daher besitzt $K \cap S_r$ nur endlich viele Komponenten (denn jede dieser Komponenten mündet in R_r (vgl. III. 3., 4.)). Folglich ist $K \cap S_r$ Vereinigung von endlich vielen paarweise fremden Kontinuen $K_{r\mu}$, $\mu = 1, \ldots, m_r$. Es ist POW $(K_{r\mu})$ endlich, insbesondere also bezüglich eines Büschels von $(n-1)$-Ebenen durch eine zu S_r fremde $(n-2)$-Ebene. Gemäß Abschn. 7.8.4. ist daher die Behauptung richtig für $K_{r\mu}$ (im Kompaktum S_r). Wegen $K = \bigcup_r \bigcup_{\mu=1}^{m_r} K_{r\mu}$ ist auch K reguläre Kurve sowie Bogensumme. Da jedes Teilkontinuum K' von K ebenfalls endlichen POW besitzt, ist K' wieder Bogensumme, also K sogar erbliche Bogensumme.

Nunmehr ergibt sich der

2. Satz. *Jedes Kontinuum K im P_n mit* POW $(K) = n$ *ist ein einfacher Bogen oder eine einfache Kurve* $(n \geq 1)$.

Beweis. Für $n = 1$ klar. — Wegen POW $(K) = n$ kann K kein k-Bein mit $k \geq 3$ enthalten; dies folgt aus Abschn. 5.2.3., Lemma 1. Gemäß Satz 1 ist K lokal zusammenhängend. Daraus folgt nach MENGER [2], S. 214 und 267, die Behauptung.

3. Satz. *Jedes Kontinuum K im P_n mit* POW$(K) = n + 1$, *wobei* $n \geq 2$, *ist entweder ein einfacher Bogen oder eine einfache Kurve oder ein k-Bein,* $3 \leq k \leq 4$, *oder Vereinigung von insgesamt höchstens 3 einfachen Bogen und Kurven, die bis auf einen gemeinsamen Punkt a paarweise fremd sind.*

Zusatz. Es ist K Vereinigung von höchstens $q'(n)$ einfachen Bogen B_r mit POW $(B_r) = n$; dabei ist $q'(n)$ abhängig nur von n, und die Bogen sind bis auf Extrempunkte paarweise fremd.

Beweis. Gemäß Abschn. 5.2.3., Lemma 2., enthält K nicht mehr als *ein* k-Bein mit $k \geq 3$ und gemäß Abschn. 5.2.3., Lemma 1., keines mit $k \geq 5$. — Betr. Zusatz. Zufolge Abschn. 5.2.6. ist jeder einfache (in K enthaltene) Bogen (oder Kurve) darstellbar als Vereinigung von nicht mehr als $q(n)$ Bogen vom POW n, die bis auf Extrempunkte paarweise fremd sind.

5.2.5. Bogen der Ordnung n und $2k$

Im Hinblick auf die Sätze 2 und 3 in Abschn. 5.2.4. betrachten wir im folgenden (wenigstens zunächst) *nur noch einfache Bogen von den* POW n *und* $n + 1$. Zunächst zwei einfache Bemerkungen:

(a). Jeder Bogen $B \subset P_n$ mit StOW $(B) = n$ ist einfach. Wenn StOW$(B) = n + 1$ ist, besitzt B höchstens einen mehrfachen Punkt, und dessen Vielfachheit ist genau gleich 2. Insbesondere folgt also aus StOW$(B) = n$, daß auch POW $(B) = n$ ist.

(b). Ist POW $(B) = n$, so sind je $k \leq n$ Punkte von B linear unabhängig. Für die durch $p_\nu \in B$, $\nu = 1, \ldots, n$, (eindeutig) bestimmte $(n - 1)$-Ebene L sind die p_ν Schnittpunkte mit B, ausgenommen etwaige Extrempunkte von B unter den p_ν.

Beweis. Gibt es linear abhängige Punkte $p_1, \ldots, p_k$ von B, so liegen diese zusammen mit beliebigen $n + 1 - k$ anderen Punkten von B in einer $(n - 1)$-Ebene, so daß POW $(B) \geq n + 1$ ist. — Ist etwa p_1 Stützpunkt von B mit L, so gibt es zu L beliebig benachbarte $(n - 1)$-Ebenen, die $p_2, \ldots, p_n$ enthalten und mit einer zu diesen p_ν fremden Umgebung von p_1 auf B mindestens zwei Punkte gemeinsam haben, so daß wieder POW $(B) \geq n + 1$.

5.2.5.1. 1. Satz. *Voraussetzung. Es sei* $B \subset E_n = P_n - L_u$ *ein beschränkter Bogen mit* POW $(B) = n$.

Behauptung (1). *Es liegt* B *auf dem Rand* R *der konvexen Hülle* $k\,H\,(B)$. (2). *Ist* B *orientiert, so ist die Orientierung aller von* n *Punkten von* B *aufgespannten und im Sinne der Orientierung von* B *orientierten Simplizes die gleiche (bezüglich des* E_n*).*

Beweis. Betr. Behauptung (1). Indirekt. Andernfalls existiert ein $q \in \underline{k\,H}(B)$ und folglich ein Teilbogen $B' = \bar{B}'$ von $\underline{B}$ mit $B' \subset \underline{k\,H}(B)$. Mithin gibt es Punkte $p_1, \ldots, p_m \in \underline{B}'$, welche in dieser Reihenfolge als orientiert angeordnet auf B' angenommen werden können; dabei soll sein $m = n$ bzw. $m = n - 1$, wenn n gerade bzw. ungerade ist, und für ungerades n werde noch ein Endpunkt p_n von B hinzugenommen. Auf der $(n-1)$-Ebene L mit $p_\nu \in L$ sind die p_ν für $\nu = 1, \ldots, n-1$ sämtlich Schnittpunkte (vgl. Abschn. 5.2.5., (b)). Daher liegen die Teilbogen $\underline{B}_r$ mit den Endpunkten p_{2r-1}, p_{2r}, $r = 1, \ldots, 2^{-1}m$, sämtlich im gleichen offenen n-Halbraum E_n' von E_n, der begrenzt wird von L, so daß $S = \underline{B} - \bar{S}' \subset E_n - \bar{E}_n'$, wenn $S' = \bigcup_r \underline{B}_r$. Es gibt nun (wegen der Beschränktheit von B) eine in E_n' gelegene, zu L „parallele" $(n-1)$-Ebene L', von welcher S' in einem Punkt $x \in S'$ gestützt wird. Da L' zugleich Stützhyperebene von B ist, gilt $x \in R$ im Widerspruch zu $x \in B' \subset \underline{k\,H}\,(B)$.

Betr. Behauptung (2). Sind Q bzw. Q' die durch $x_\nu \in B$ bzw. durch $x_\nu' \in B$ aufgespannten Simplizes, $\nu = 1, \ldots, n+1$, und sind die x_ν bzw. x_ν' konsekutiv auf B, so kann man $(x_1, \ldots, x_{n+1})$ stetig in $(x_1', \ldots, x_{n+1}')$ (auf B) überführen derart, daß die x_ν dabei linear unabhängig bleiben, wegen POW $(B) = n$.

In diesen Zusammenhang gehört noch der

2. Satz. *Voraussetzung. Es sei* B *ein in* P_n *beschränkter Bogen mit* StOW $(B) = 2k \geq n \geq 2$.

Behauptung (1). *Die Träger aller Stellen* $\pi(t)$ *mit* StOW $(t; B) = 2k$ *liegen auf dem Rand* R *der konvexen Hülle* $k\,H(T(B))$ *des Trägers* $T(B)$ *von* B. — (2). *Liegt der Träger des (abgeschlossenen) Teilbogens* B' *von* B *im Innern von* $k\,H(T(B))$, *so ist* StOW $(B') \leq 2k - 1$.

Beweis. Betr. (1). Ist StOW $(t; B) = 2k$, so gibt es zu beliebig kleiner Umgebung V von $\pi(t)$ auf B solche $(n-1)$-Ebenen L, für die StOW $(T(V) \cap L) = 2k$ ist; diese $2k$ Stellen können sämtlich als Schnittstellen angenommen werden (gemäß des Reduktionssatzes vgl. Abschn. 5.1.3.).

Ist $p(t) \in \underline{k\,H}(T(B))$, so gilt $T(V) \subset \underline{k\,H}(T(B))$ für hinreichend kleines V. Die Träger der beiden Extremstellen $\pi(t')$, $\pi(t'')$ von V liegen in der gleichen, durch L begrenzten n-Halbebene. Man schließt entsprechend wie im Beweis von Satz 1 auf die Existenz eines t_V mit

$\pi(t_V) \in V$ und $p(t_V) \in R$. Läßt man V eine auf $\pi(t)$ sich zusammenziehende Folge durchlaufen, so konvergieren die t_V gegen t, also die $p(t_V)$ gegen $p(t)$. Wegen $p(t_V) \in R$ folgt $p(t) \in R$ im Widerspruch zu $p(t) \in \underline{kH}(T(B))$.

Betr. (2). Ist StOW $(B') = 2k$, so existiert eine $(n-1)$-Ebene L mit StOW $(T(B') \cap L) = 2k$. Auf B' und L kann man nun die gleichen Schlüsse anwenden wie auf V und L im Beweis betr. (1); man schließt so auf die Existenz eines t' mit $\pi(t') \in B'$ und $p(t') \in R$ im Widerspruch zu $T(B') \subset \underline{kH}(T(B))$.

5.2.6. Bogen der Ordnung $n+1$

Wir gehen nun über zum Beweis dafür, daß jeder einfache Bogen B im P_n mit POW $(B) = n+1$ Vereinigung einer nach oben beschränkten Anzahl von Bogen des POW n ist. Hierbei benötigen wir den folgenden

Hilfssatz. *Voraussetzung* (1). Es sei B' in $Z = P_{n-1} \subset P_n$ ein einfacher Bogen $(n \geq 2)$ mit POW $(B') = n-1$. — (2). Es sei M der Kegelmantel mit $z \in P_n - P_{n-1}$ als Spitze und mit B' als Basis (Leitlinie). — (3). Es sei $B \subset M$ ein einfacher Bogen derart, daß jede Erzeugende (Gerade) von M genau einen von z verschiedenen Punkt von B enthält. — (4). Falls $z \in B$ ist, soll z Extrempunkt von B sein, in z soll $T_1(z; B)$ existieren und ganz in M liegen; ferner soll $B \cap T_1(z; B) = \{z\}$ sein. (Es ist also B' topologisches Bild von B bei Projektion aus z.) — Ist $z \in B$, so bezeichnen wir mit U eine beliebig kleine konvexe Umgebung von z in P_n; es projiziert sich dann $M \cap (\bar{U} - U)$ eineindeutig in B'.

Behauptung (1). Die $(n-1)$-Ebenen L durch n von z verschiedene Punkte von B sind durch diese n Punkte eindeutig bestimmt; die Durchschnitte von M mit den L sind einfache, zu z fremde Bogen K, die mit jeder Erzeugenden von M (genau) einen Punkt gemeinsam haben und sich mit n ihrer Punkte stetig ändern. — (2). Das System der Durchschnitte dieser K mit einem geeigneten Teilgebiet $G(U)$ von $M - M \cap U$, wobei $B(U) = B \cap G(U)$ einfacher Bogen, liefert* ein System $\mathfrak{k}$ von Ordnungscharakteristiken mit der Grundzahl $k = n$. Falls POW $(B(U))$ bezüglich $\mathfrak{k}$ endlich ist, gelten der Kontraktions- und der Expansionssatz nebst ihren Folgerungen.

Beweis. Gemäß der Voraussetzungen (3) und (4) ist B topologisches Bild von B'. Aus POW $(B') = n-1$ folgt, daß jede $(n-1)$-Ebene durch z höchstens $n-1$ Erzeugende von M enthält, also höchstens $n-1$ Punkte mit $B - \{z\}$ gemeinsam hat und ebenso jede zu z fremde $(n-2)$-Ebene höchstens $n-1$ Punkte mit M. Andererseits sind je

* Genauer gesagt in einem topologischen Bild von $G(U)$ in der euklidischen Ebene.

n Punkte von $B - \{z\}$ linear unabhängig; denn andernfalls liegen diese n Punkte in einer $(n-2)$-Ebene L', so daß jede $(n-1)$-Ebene, welche z und L' enthält, mit $B - \{z\}$ mindestens n Punkte gemeinsam hat. Daher ist durch je n Punkte $x_\nu \in B - \{z\}$, $\nu = 1, \ldots, n$, eine $(n-1)$-Ebene L eindeutig bestimmt, und diese ist fremd zu z. Es ist $M \frown L$ eineindeutiges stetiges Bild von B', also ein einfacher Bogen K, eindeutig bestimmt durch n Punkte x_ν. Ist U_ν eine hinreichend kleine Umgebung von x_ν auf M mit $\bar{U}_\nu \frown \bar{U}_\mu = \emptyset$ für $\nu \neq \mu$, so ändert sich K stetig mit x_ν in U_ν. Da B und K vermöge der Projektion aus z einander eineindeutig entsprechen, liegen die x_ν, wenn orientiert angeordnet auf B, dann auch auf K. Schließlich kann $G(U)$ so gewählt werden, daß $G(U)$ topologisches Bild eines Quadrates ist. Daraus folgen die Behauptungen.

Darstellungssatz für die Bogen und Kurven B vom POW $n+1$. *Zu jedem $n \geq 2$ existiert eine natürliche Zahl $q(n)$ von folgender Art: Jeder Bogen und jede Kurve vom* StOW $n+1$ *ist darstellbar als Vereinigung* von nicht mehr als $q(n)$ einfachen Bogen B_i, deren jeder den* POW n *besitzt und die paarweise fremd sind bis auf höchstens Extrempunkte.*

Beweis (1). Die Behauptung ist richtig sogar für $n = 1$, wenn man von der Fremdheit der Teilbogen vom POW 1 bis auf Extrempunkte absieht. Für $n = 1$ ist nämlich $p|J$ eine eindeutige stetige Abbildung von J in P_1, deren Umkehrung höchstens 2-wertig ist. Die Darstellung in $J \times P_1$ zeigt, daß $q(1) = 3$ ist. Wir benützen das Ergebnis für $n = 1$ zum Induktionsbeweis.

(2.1.). Für $n \geq 2$ besitzt B höchstens einen mehrfachen Punkt, und ein solcher ist von der Vielfachheit 2 (denn bei mindestens 2 mehrfachen Punkten oder einem von mindestens der Vielfachheit 3 ist StOW $(B) \geq n+2$). Daher ist B Vereinigung von höchstens 4 einfachen Bogen, deren jeder nur abzählbar viele Ecken und Spitzen besitzt (vgl. z. B. Haupt-Aumann-Pauc [*1*], 2. Bd.) und überdies von beschränktem POW ist. Daher ist in jedem Punkt $x \in B$, bis auf abzählbar viele, $v\,Th_1(x; B) = h\,Th_1(x; B)$ (die Existenz von $v\,Th_1(x; B)$ usw. folgt aus Abschn. 5.1.7.). — Je nachdem B Bogen oder Kurve ist, projizieren wir B aus demjenigen Extrempunkt $p(t_0)$ von B, welcher einfacher Punkt von B ist oder aus einem einfachen Punkt $p(t_0)$ mit $v\,Th_1(t_0; B) = h\,Th_1(t_0; B)$. Gemäß Abschn. 5.1.5.4. ist StOW $(f(B)) \leq n = (n-1)+1$.

(2.2). Die Behauptung des Darstellungssatzes sei für $1 \leq n < k$ bewiesen. Für $n = k$ und B in P_k mit StOW $(B) = k+1$ ist also StOW $(f(B)) \leq k$ und $T(f(B)) \subset P_{k-1} = Z$. Nach Induktionsannahme

* „Vereinigung" soll hierbei besagen: Das Urbildintervall J ist zerlegt in nicht mehr als $q(n)$, bis auf Extrempunkte fremde, abgeschlossene Intervalle J_i, auf deren jedem $p|J$ topologisch ist.

ist $f(B)$ Vereinigung von nicht mehr als $q(k-1)$ einfachen Bogen B'_i mit $B'_i \cap B'_j = \emptyset$ für $i \neq j$ und mit POW $(B'_i) = k-1$. Vermöge der Projektion f ist aber B'_i topologisches Bild eines *einfachen* Teilbogens B_i von B mit POW $(B_i) \leq k+1$. Von diesen B_i enthält höchstens einer das Projektionszentrum $p(t_0)$; in Rücksicht auf die Anwendung des vorangehenden Hilfssatzes ersetzen wir ein solches B_i durch seine 2 Teilbogen mir dem gemeinsamen Extrempunkt $p(t_0)$. Insgesamt haben wir es also mit nicht mehr als $q(k-1)+1$ Bogen B_i zu tun, deren keiner $p(t_0)$ im Innern enthält. Wir betrachten die einzelnen B_i und setzen zur Abkürzung $B_i = B$, $B'_i = B'$, $p(t_0) = z$. Es liegt dann B auf einem Kegelmantel M derart, daß alle Voraussetzungen des Hilfssatzes erfüllt sind. Auf $G(U)$ gilt daher für $B(U)$ bezüglich der $K' = K \cap \overline{G(U)}$ der Kontraktions- und Expansionssatz.

(2.3). Bei den in Ziffer (2.2) eingeführten Bezeichnungen kann behauptet werden: In B liegt höchstens ein Punkt x mit POW $(x; B) = k+1$. Man kann dies indirekt so sehen: Es mögen $x', x'' \in B$ existieren mit POW $(x'; B) =$ POW $(x''; B) = k+1$, so daß also insbesondere POW $(B) = k+1$ ist. Es gibt Umgebungen X' von x' bzw. X'' von x'' auf B mit $\overline{X}' \cap \overline{X}'' = \emptyset$, $\overline{X}' \cup \overline{X}'' \subset B$ und $(k+1)$-tupel von Punkten $x'_\varkappa \in X'$ und $x''_\varkappa \in X''$, $\varkappa = 1, \ldots, k+1$, die je assoziiert sind, d. h. je auf einer $(n-1)$-Ebene L, also auf einem K' liegen; dabei wird U so klein angenommen, daß $\overline{X}' \cup \overline{X}'' \subset B(U)$. Wegen POW $(B(U)) = k+1$ sind die Voraussetzungen des Expansionssatzes (Abschn. 2.4.5.) erfüllt für $B(U)$. Läßt man daher die $x'_2, \ldots, x'_{k+1}$ auf $B(U) = B(u'|u'')$, wobei x'_1 zwischen u' und x'_2 liegt, monoton und stetig aus X' nach X'' auf $B(U)$ rücken, so wandert x'_1 gegen u' und darüber hinweg aus $G(U)$ heraus, um über u'' wieder in $G(U)$ bzw. $B(U)$ hinein nach X'' zu gelangen (vgl. Abschn. 2.4.5., Beweis). Da $z \in B - B(U)$ ist und da x'_1 nur über alle Punkte von $B - B(U)$ wieder nach $B(U)$ gelangen kann, wird auch einmal $x'_1 = z$. Es gibt also ein $(k+1)$-tupel von Punkten $y_1 = z$, und $y_2, \ldots, y_{k+1} \subset B(U)$. Dies steht aber im Widerspruch mit den Eigenschaften von B'_i gemäß Ziffer (2.2).

(2.4). Gemäß Ziffer (2.3) enthält B entweder keinen Punkt vom POW $k+1$ und, da in B der Kontraktionssatz gilt, ist also POW$(B) = k$ (vgl. Abschn. 4.1.2.1.), oder es existiert in B genau ein Punkt x mit POW $(x; B) = k+1$, so daß $B = B' \cup B''$ mit $B' \cap B'' = \{x\}$; wie vorhin folgt POW $(B') =$ POW $(B'') = k$.

(2.5). Somit ist der ursprünglich vorliegende Bogen B darstellbar als Vereinigung von nicht mehr als $2\big(q(k-1)+1\big)$ einfachen, bis auf höchstens Extrempunkte paarweise fremden Bogen vom POW k; w. z. z. w.

Zusatz. Jeder Punkt vom StOW $n+1$ auf B im P_n liegt isoliert, d. h., er besitzt einseitige Umgebungen je vom StOW n. Die Anzahl der singulären Punkte eines Bogens B mit StOW $(B) = n+1$ im P_n besitzt eine, nur von n abhängige obere Schranke (vgl. Abschn. 4.1.3.1.1.).

5.2.7. Lokale Eigenschaften der Bogen vom POW n und $n+1$ im P_n

Es soll hier u. a. gezeigt werden, daß ein gewöhnlich differenzierbarer Punkt q auf der Vereinigung B zweier Bogen je vom POW n nur die POW n oder $n+1$ besitzen kann; zugleich werden diese beiden Möglichkeiten gekennzeichnet durch die Übereinstimmung oder Komplementarität der vorderen und hinteren n-Tangentialhalbebenen an B in q.

5.2.7.1. Vorausgeschickt sei das

Lemma. *Voraussetzung* (1). Es sei B ein (einfacher) Bogen oder eine (einfache) Kurve im P_n, $1 \leq n$. Es sei StOW $(B) = n$. — (2). Ferner sei B an der Stelle $\pi(t)$ differenzierbar; im Falle B eine Kurve ist, sei o. B. d. A. $t = 0$ oder $t = 1$. — (3). Es sei $p(t') \in T_{n-1}(t; B)$ und $t \neq t'$.

Behauptung. Es ist $t = 0$ und $t' = 1$ oder $t = 1$ und $t' = 0$. M. a. W.: Im Falle B ein Bogen ist, sind $\pi(t)$ und $\pi(t')$ die beiden Extremstellen; im Falle B eine Kurve ist, gilt $p(t) = p(t')$. (Für $n = 1$ ist B eine Kurve, nämlich $B = P_1$.)

Beweis. Für $n = 1$ ist die Behauptung richtig. Denn hier ist $T_{n-1}(t; B) = p(t)$, so daß aus $p(t') \in T_{n-1}(t; B)$ folgt: $p(t') = p(t)$. Da aber B wegen StOW $(B) = 1$ keine mehrfachen Punkte besitzt, ist $t = 0$, $t' = 1$ oder $t = 1$, $t' = 0$. — Die Behauptung sei für $1 \leq n < k$ bewiesen. Wir projizieren B in P_k aus $z = p(t)$ in Z. Dann ist POW $(f(B)) = k - 1$ (vgl. Abschn. 5.1.5.4.). Ferner ist $f(B)$ in $f\pi(t)$ differenzierbar und $f(T_{k-1}(t; B)) = T_{k-2}(t; f(B))$ (vgl. Abschn. 5.1.6.2.1.) sowie $f p(t) = T_1(t; B) \frown Z$. Außerdem ist $f p(t') \in T_{k-2}(t; f(B))$, wegen $p(t') \in T_{k-1}(t; B)$. Aus $t \neq t'$ folgt daher im Hinblick auf die Induktionsannahme, daß $t = 0$, $t' = 1$ oder $t = 1$, $t' = 0$.

Zusatz. Es sei POW $(B) = n$, ferner $\pi(t)$ keine Extremstelle von B und H eine $(n-1)$-Ebene mit $T_k(t; B) \subset H$. Dann enthält $B \frown H$ höchstens $n - k - 1$ Punkte außer $p(t)$.

Ist k maximal, so ist $p(t)$ Schnitt- oder Stützpunkt in $B \frown H$ bei geradem oder ungeradem k.

Aus dem Lemma folgt der

Satz. *Voraussetzung*. Es sei B ein (einfacher) Bogen, evtl. eine Kurve, in P_n; $n \geq 2$, mit POW $(B) = n$. Es sei B in q differenzierbar, wobei evtl. q auch Extrempunkt von B.

Behauptung (1). Enthält für ein k mit $1 \leq k \leq n-1$ der k-Tangentialraum $T_k(q; B)$ einen von q verschiedenen Punkt $q' \in B$, so ist B ***keine*** Kurve, und q, q' sind die Extrempunkte von B.

(2). Ist q innerer Punkt von B, d. h. $q \in \underset{\sim}{B}$, so wird B bei Projektion aus q topologisch abgebildet auf einen Bogen B' bzw. auf eine Kurve C' mit POW $(B') = n - 1$ bzw. POW $(C') = n - 1$, je nachdem B Bogen oder Kurve ist.

(2a). Es sei q Extrempunkt von B. Enthält $T_1(q; B)$ den anderen Extrempunkt q' von B, so ist das Bild $f(B)$ von B bei Projektion aus q eine Kurve (mit POW $(f(B)) = n - 1$) und es ist f topologisch auf $B - \{q\}$. Liegt der Extrempunkt $q' \neq q$ nicht auf $T_1(q; B)$, so ist $f(B)$ ein Bogen und f topologisch auf B.

(3). Jeder *Bogen* B (mit POW $(B) = n$) ist beschränkt.

(3a). Für gerades n ist auch jede *Kurve* C (mit POW $(C) = n$) beschränkt.

Beweis. *Betr.* (1). Gemäß des Lemmas gilt die Behauptung für $k = n - 1$. Wegen $T_k(q; B) \subset T_{n-1}(q; B)$, für $1 \leq k \leq n - 2$, ist die Behauptung auch für diese k richtig. — *Betr.* (2) *und* (2a). Folgt aus (1) für $k = 1$. — *Betr.* (3). Es sei q Extrempunkt von B. Gemäß (1) enthält $D_{n-1} = (B - \{q\}) \cap T_{n-1}(q; B)$ höchstens einen Punkt und ein solcher ist Extrempunkt von B. Die Behauptung folgt daher aus Abschn. 5.2.2., Lemma, Zusatz. — *Betr.* (3a). Ist C eine Kurve mit POW $(C) = n = 2t \geq 2$ und ist $q \in C$ differenzierbar, so wird C von $T_{n-1}(q; B)$ in q gestützt (vgl. Abschn. 5.2.5.1., Satz 2., angewandt auf eine Umgebung von q in B). Da überdies $(C - \{q\}) \cap T_{n-1}(q; B) = \emptyset$ ist (gemäß des Lemmas), folgt die Behauptung wieder aus Abschn. 5.2.2., Lemma.

5.2.7.2. Wir benötigen weiter den folgenden

Hilfssatz. Es seien B', B'' (einfache) Bogen im P_n, $n \geq 2$, mit POW $(B') =$ POW $(B'') = n$ und mit q als gemeinsamem Extrempunkt. In $q \in B = B' \cup B''$ sollen die vordere und die hintere 1-Tangentialhalbebene (Halbtangente) $v\,Th_1(q; B)$ und $h\,Th_1(q; B)$ an B übereinstimmen. Es ist jede 1-Paratingente (vgl. Abschn. 5.2.8.) $T_1^*(q; B)$ in q an B identisch mit der Tangente $T_1(q; B)$, d. h. mit dem gemeinsamen Träger von $v\,Th_1(q; B)$ und $h\,Th_1(q; B)$. Dabei ist jedes $T_1^*(q; B)$ erklärt als Limes von Geraden $G_i = L(\{x_i'\} \cup \{x_i''\})$ für $x_i' \in \underset{\sim}{B}'$, $x_i'' \in \underset{\sim}{B}''$ mit $x_i' \to q$ und $x_i'' \to q$ für $i \to \infty$.

Beweis. Da nach Voraussetzung $v\,Th_1(q; B) = h\,Th_1(q; B)$, sind $\underset{\sim}{B}'$ und $\underset{\sim}{B}''$ in einer Umgebung von q fremd, also B in einer solchen Umgebung ein einfacher Bogen. Daher ist $x_i' \neq x_i''$ für (schließlich) alle i, mithin die G_i eindeutig bestimmt. Die Behauptung ist richtig für $n = 2$. Denn eine Umgebung von q auf B läßt sich (wegen $v\,Th_1(q; B) = h\,Th_1 \cdot \cdot (q; B)$ und POW $(B') =$ POW $(B'') = 2$) repräsentieren durch eine eindeutige, reelle, stetige Funktion $y = h(x)$, die in $q = (x = y = 0)$ differenzierbar ist, etwa mit $h'(0) = 0$. Für ein solches $h(x)$ gilt aber bekanntlich die Behauptung (vgl. z. B. Haupt-Aumann-Pauc [*1*], 2. Bd., Abschn. 2.1.2., Satz 1). — Die Behauptung sei schon bewiesen für

$2 \leq n < r$. Genügt $B = B' \cup B'' \subset P_r$ den Voraussetzungen des Hilfssatzes, so projizieren wir B aus einem zu $T_1(q; B)$ fremden Punkt z. Gemäß Abschn. 5.2.6., Darstellungssatz, gibt es eine Umgebung U von $f(q)$ auf $f(B)$, die Vereinigung zweier Bogen je vom POW $r-1$ mit $f(q)$ als gemeinsamem Endpunkt (und sonst fremd). Zufolge der Wahl von z ist $f(v\,Th_1(q; B)) = v\,Th_1(f(q); U) = f(h\,Th_1(q; B)) = h\,Th_1 \cdot$ $\cdot (f(q); U)$, so daß für U und $f(q)$ die Voraussetzungen des Hilfssatzes erfüllt sind; nach Induktionsvoraussetzung ist also der Hilfssatz auf $f(B)$ anwendbar.

Wir betrachten ein $T_1^*(q; B) = \lim G_i$ und wählen, was die gemachten Feststellungen nicht beeinflußt, z fremd zu der von $T_1(q; B)$ und $T_1^*(q; B)$ aufgespannten 2-Ebene. Es ist z fremd zu (schließlich) allen G_i und folglich $G_i' = f(G_i) = L(\{f(x_i')\} \cup \{f(x_i'')\})$, also $T_1^*(f(q); U)$ $= \lim G_i'$ Tangente im weiteren Sinne in $f(q)$ an $f(B)$. Da für $f(B)$ der Hilfssatz betr. $f(q)$ gilt, folgt $f(T_1^*(q; B)) = T_1^*(f(q); U) = T_1(f(q); U)$ und daraus wegen $f(T_1(q; B)) = T_1(f(q); U)$ auch $T_1^*(q; B) = T_1(q; B)$.

5.2.7.3. Anfügungssatz. *Voraussetzung* (1). *Es seien B', B'' im P_n Bogen mit* POW (B') = POW $(B'') = n$, $1 \leq n$. — (2). *Es sei q gemeinsamer Extrempunkt von B' und B''; und es sei $B = B' \cup B''$ gewöhnlich differenzierbar in q. Außerdem sei $(B - \{q\}) \cap T_{n-1}(q; B) = \emptyset$; und $\underset{\sim}{B}' \cap \underset{\sim}{B}'' = \emptyset$ für $n = 1$.* — (3). *Es sei $z' \in B'$ beliebig gewählt, aber $z' \neq q$. Ferner sei A' der von z' und q begrenzte Teilbogen von B'.*

Behauptung Es existiert eine Umgebung U'' von q auf B'' von folgender Art: Es ist $A = A' \cup U''$ ein einfacher Bogen, für welchen POW $(A) = n$ *oder* POW $(A) = n + 1$ *ist, je nachdem $v\,Th_n(q; B)$ und $h\,Th_n(q; B)$ gleich sind* (*Fall* (a)) *oder komplementär sind* (*Fall* (b)). *Insbesondere ist also* POW $(q; B) = n$ *oder* $= n + 1$.

Zusatz. Es kann U'' sogar so gewählt werden, daß sich A aus z' in einen Bogen vom POW $n - 1$ projiziert.

Bemerkung. Falls POW (B) höchstens endlich und B in $q \in \underset{\sim}{B}$ gewöhnlich differenzierbar ist, können $v\,Th_n(q; B)$ und $h\,Th_n(q; B)$ nur entweder identisch oder komplementär sein; ferner existieren (wegen $v\,Th_1(q; B) = h\,Th_1(q; B)$) Umgebungen U', U'' von q auf B mit $\underset{\sim}{U}' \cap \underset{\sim}{U}'' = \emptyset$ und mit

$$(\bar{U}' - \{q\}) \cap T_{n-1}(q; B) = (\bar{U}'' - \{q\}) \cap T_{n-1}(q; B) = \emptyset.$$

Beweis (I). Für $n = 1$ ist die Behauptung richtig. Denn B', B'' sind Strecken in P_1 mit gemeinsamem Extrempunkt q; für hinreichend kleines U'' sind B' und U'' fremd bis auf q.

(II). Die Behauptung sei schon für $1 \leq n < k$ bewiesen. Die Voraussetzungen des Anfügungssatzes seien für B', B'' in P_k erfüllt.

(II 1). Es sei *f die Projektion aus q* in Z. Es ist $f(B)$ in $f(q)$ gewöhnlich differenzierbar sowie $v\,Th_{k-1}(f(q); f(B)) = v\,Th_k(q; B) \cap Z$ und

$h\,Th_{k-1}(f(q); f(B)) = h\,Th_k(q; B) \cap Z$ (gemäß Abschn. 5.1.6.2.1.). Nach Induktionsannahme gibt es daher eine Umgebung V'' von $f(q)$ auf $f(B'')$ derart, daß POW $(f(B') \cup V'') = k-1$ bzw. $= k$, je nachdem Fall (a) oder (b) vorliegt ($n = k-1$).

(II 2). Es sei f' *die Projektion aus* z' in Z. Es ist $f'(B)$ in $f'(q)$ gewöhnlich differenzierbar und sogar $v\,Th_{k-1}(f'(q); f'(B)) = f'(v\,Th_{k-1}(q; B)) = f'(h\,Th_{k-1}(q; B)) = h\,Th_{k-1}(f'(q); f'(B))$ (gemäß Abschn. 5.1.6.2.1.). Weiter ist POW $(f'(B')) = k-1 =$ POW $(f'(A'))$ und POW $(f'(B''))$ $\leq k$ (betr. A' vgl. Voraussetzung (3)). Gemäß Abschn. 5.2.6., Darstellungs satz, existiert daher auf $f'(B''))$ eine Umgebung W'' von $f'(q)$ mit POW $(W'') = k-1$. Dann liegt für $f'(A')$ und (hinreichend kleines) W'' der Fall (a) vor ($n = k-1$). Nach Induktionsvoraussetzung existiert also eine Umgebung W von $f'(q)$ auf W'' derart, daß POW $(f'(A') \cup W)$ $= k-1$ ist. Dies gilt auch für $V \cap W$ mit $V = f'(f^{-1}(V''))$. Es ist $V \cap W$ topologisches Bild eines $U'' \subset B''$ bei f'; und für $A = A' \cup U''$ ist mithin POW $(f'(A)) = k-1$.

(II 3). Wir behaupten weiter: Im Fall (a) bzw. (b) (vgl. die Behauptung des Anf.-Satzes) ist POW $(A) \leq k$ bzw. POW $(A) \leq k+1$. — Um dies einzusehen, schließen wir indirekt, nehmen also für $A = A' \cup U''$ an, es sei POW $(A) \geq k+1$ im Fall (a) bzw. POW $(A) \geq k+2$ im Fall (b).

(II 3 1). Für den Kegelmantel M' mit z' als Spitze, mit $f'(A)$ als Leitlinie und mit $A \subset M'$ sind wegen POW $(f'(A)) = k-1$ (Ziffer (II 2)) die Voraussetzungen des Hilfssatzes in Abschn. 5.2.6. erfüllt. Es gilt also insbesondere der Monotoniesatz. Nach der zu Beginn dieser Ziffer gemachten Annahme gibt es im Fall (a) bzw. (b) eine $(k-1)$-Ebene L mit POW $(A \cap L) \geq k+1$ bzw. $\geq k+2$. Wegen POW $(B') =$ POW $(B'') = k$ ist POW $(A) < 2k+1$, also beschränkt. Es seien nun x_μ, $\mu = 1, \ldots, m < 2k+1$, die sämtlichen Punkte von $A \cap L$, wobei also $k+1 \leq m$ bzw. $k+2 \leq m$ ist. O. B. d. A. können diese x_μ sämtlich als *Schnitt*punkte angenommen werden. Wir heben hervor:

Bemerkung. Es ist $x_\mu \neq q$ *und* $x_\mu \neq z'$ *für jedes* μ (Ist nämlich $x_\mu = q$, so ist $q \in L$, also POW $(f(A) \cap L) \geq k$ bzw. $\geq k+1$ im Widerspruch zu POW $(f(A)) = k-1$ bzw. $= k$ (Ziffer (II 1)); für $x_\mu = z'$ ist $z' \in L$, so daß POW $(f'(A) \cap L) \geq k$ im Widerspruch zu POW $(f'(A)) = k-1$ (Ziffer (II 2)).)

Nehmen wir die $x_1, \ldots, x_m$ in dieser Reihenfolge als orientiert auf A, wobei x_1 der am nächsten bei z' gelegene Punkt ist, so gilt stets $x_1 \in A'$ und $x_m \in U''$ (wegen POW $(A') =$ POW $(U'') = k < k+1 \leq m$. Somit liegt q zwischen einem x_r und x_{r+1}. Im Fall $m \geq k+2$ ist sogar immer $x_1, x_2 \in A'$ und $x_{m-1}, x_m \in U''$, also $r \geq 2$.

(II 3 2). In Anwendung des Monotoniesatzes auf $A \subset M'$ (vgl. Ziffer (II 3 1)) halten wir $k-1$ von x_r, x_{r+1} verschiedene der x_μ fest und kontrahieren x_r, x_{r+1}. Durch geeignete Wahl der festgehaltenen

Punkte unter den x_μ werden wir — was für den beabsichtigten Beweis wesentlich ist — erreichen, daß auch bei der Annahme POW $(A) \geq k+2$ während der Kontraktion stets $k+1$ Punkte erhalten bleiben. Wir treffen nämlich folgende

Verabredung (1). Ist $m = k+1$, so werden alle x_μ bis auf x_r, x_{r+1} festgehalten (sowohl für $r = 1$ als für $r \geq 2$). — (2). Ist $m \geq k+2$, so werden, je nachdem $r = 2$ oder $r > 2$, festgehalten: $x_4, \ldots, x_{k+2}$ oder $x_2, \ldots, x_{r-1}, x_{r+2}, \ldots, x_{k+2}$; hier bleibt also in $\mathfrak{A}'$ stets x_1 und x_r beweglich, hingegen in U'' noch x_{r+1} und (falls $m > k+2$) auch x_μ mit $\mu > k+2$.

(II 3 3). Wir lassen nun x_r gegen q sich bewegen, also auch x_{r+1} gegen q. Im Fall (2) der Verabredung (Ziffer (III 3 2)) bewegt sich dann x_1 und (falls $m \geq k+3$) auch x_{k+3} von q weg, und zwar x_1 gegen $z' \neq q$. Bei dieser Bewegung können zunächst zwischen z' und x_{k+1} bzw. x_{k+2} keine Verluste (weder im Fall (1) noch im Fall (2)), sondern höchstens Gewinne stattfinden und diese auch nur zwischen x_r und x_{r+1} sowie im Fall (2) außerdem zwischen z' und x_1. Dabei kann zwischen z' und x_1 kein Gewinn dadurch auftreten, daß über z' hinweg ein Punkt nach $\mathfrak{A}'$ hereinrückt (wie aus Ziffer (II 3 1), Bemerkung, folgt). Tritt nun ein Gewinn zwischen z' und x_{k+1} bzw. x_{k+2} ein, so werden die festzuhaltenden Punkte gemäß Ziffer (II 3 2), Verabredung, neu gewählt; sodann wird x_r weiter gegen q bewegt (um Gewinne und Verluste zwischen x_{k+2} und dem (von q verschiedenen) Extrempunkt von U'' brauchen wir uns nicht zu kümmern, da sie ohne Einwirkung auf die $x_1, \ldots, x_{k+2}$ bleiben). Durch die jeweilige Neuwahl der festzuhaltenden Punkte werden Verluste zwischen z' und x_{k+2} verhindert. Wegen POW $(B') = k$ kann sich die Notwendigkeit einer Neuwahl der festzuhaltenden Punkte infolge des Auftretens von Gewinnen zwischen z' und q nur beschränkt oft wiederholen; die in $\mathfrak{A}'$ festzuhaltenden Punkte bleiben also schließlich unverändert und x_r bewegt sich (ohne weitere Unterbrechung) stetig gegen q, während die monotone Bewegung von x_{r+1} gegen q unstetig sein kann. Bei unbeschränkter Fortsetzung der Bewegung von x_r gegen q kann nicht $z' = x_1$ werden, wie oben bemerkt. Ebensowenig kann (wieder gemäß Ziffer (II 3 1), Bemerkung) $x_r = q$ bei $x_{r+1} \neq q$ oder $x_{r+1} = q$ bei $x_r \neq q$ eintreten. Aber auch $x_{r+1} = x_r = q$ ist unmöglich. Da nämlich A in q gewöhnlich differenzierbar ist, konvergiert die Verbindungsgerade von x_r und x_{r+1} gegen $T_1(q; A)$ (gemäß Abschn. 5.2.7.2.); daher geht diejenige $(n-1)$-Ebene L', in welcher die k bzw. $k+1$ Punkte $x_1, \ldots, x_{r-1}, q, x_{r+2}, \ldots, x_{k+1}$ bzw. x_{k+2} liegen, durch $f(q)$. Mithin ist POW $(f(A) \frown L') \geq k$ bzw. $\geq k+1$ je nachdem $m \geq k+1$ bzw. $m \geq k+2$ war, also (vgl. Ziffer (II 3)) Fall (a) bzw. (b) vorliegt und daher (vgl. Ziffer (II 1)) POW $(f(A))$ $= k-1$ bzw. $= k$ war. Widerspruch.

(II 4). Gemäß Ziffer (II 3) ist nun POW $(A) = k$ im Fall (a) und POW $(A) = k + 1$ im Fall (b). Denn jedenfalls ist POW $(A) \geq k$, also die Behauptung im Fall (a) richtig. Außerdem liegt, wie noch gezeigt wird (vgl. Abschn. 5.2.7.3.1., Hilfssatz), für POW $(A) = k$ der Fall (a) vor. Im Fall (b) ist somit POW $(A) \geq k + 1$ und daher POW $(A) = k + 1$. Die Behauptung des Satzes ist also richtig für k, wenn für $k - 1$, womit der Beweis vollständig ist. — Der Zusatz ist in Ziffer (II 2) bewiesen.

5.2.7.3.1. Zum Beweis des Anfügungssatzes (Abschn. 5.2.7.3.) ist noch nachzutragen:

Hilfssatz. *Voraussetzung.* Es sei B ein Bogen im P_n, $n \geq 1$, mit StOW $(B) =$ POW $(B) = n$. Außerdem sei B in der von etwaigen Extremstellen von B verschiedenen Stelle $\pi(t_0)$ gewöhnlich differenzierbar.

Behauptung (1). Es ist $v\,Th_n(t_0; B) = h\,Th_n(t_0; B)$. — (2). Es wird B in $\pi(t_0)$ von $T_{n-1}(t_0; B)$ gestützt bzw. geschnitten, je nachdem n gerade bzw. ungerade ist.

Beweis. Durch Induktion und Projektion aus $p(t_0)$ (vgl. Abschnitt 5.1.6.2.3., (II)).

5.2.7.4. Eine naheliegende Folgerung aus Abschn. 5.2.7.3. ist der

1. Satz. *Voraussetzung. Es seien B', B'' im P_n Bogen mit* POW (B') $=$ POW $(B'') = n$; $n \geq 2$. *Ferner sei $\underline{B}' \cap \underline{B}'' = \emptyset$, während B', B'' einen Extrempunkt q bzw. beide Extrempunkte q und r gemeinsam haben, so daß $B = B' \cup B''$ Bogen bzw. Kurve ist. Es sei B in q bzw. in q und r gewöhnlich differenzierbar.*

Behauptung. Es ist POW $(B) = n$ *genau dann, wenn die beiden folgenden Bedingungen gleichzeitig erfüllt sind:*

I. Projektionsbedingung. Je nachdem B ein Bogen bzw. eine Kurve ist, soll B aus einem Extrempunkt bzw. aus q (oder r) schlicht in einen Bogen, evtl. in eine Kurve, bzw. in eine Kurve vom POW $n - 1$ sich projizieren.

II. Windungsbedingung. Es ist $v\,Th_n(q; B) = h\,Th_n(q; B)$ bzw. auch $v\,Th_n(r; B) = h\,Th_n(r; B)$.

Beweis. *Nur dann.* Aus POW $(B) = n$ folgt I. wegen Abschn. 5.1.5.4. und II. wegen Abschn. 5.2.7.3.1. — *Dann.* Zufolge I. ist der Hilfssatz in Abschn. 5.2.6. anwendbar. Daher (vgl. Abschn. 4.1.2.1.) ist POW (B) $= n$ genau dann, wenn jeder Punkt von B selbst den POW n besitzt; dies wird aber gerade durch II. garantiert, wie aus Abschn. 5.2.7.3. folgt.

Die im vorstehenden 1. Satz angegebene, für POW $(B) = n$ hinreichende Bedingung läßt sich, falls B *Kurve* ist, durch eine andere, die sog. Fremdheitsbedingung, ersetzen. Man sagt dabei, ein Bogen A im P_n mit den (gewöhnlich) differenzierbaren Extrempunkten a', a'' genüge der *Fremdheitsbedingung*, wenn $T_k(a'; A) \cap T_{n-k-1}(a''; A) = \emptyset$ für *jedes* k mit $0 \leq k \leq n - 1$. Es wird also behauptet:

2. Satz. *Voraussetzung* (1). *Es seien B', B'' Bogen im P_n, $n \geq 2$, mit den gemeinsamen Extrempunkten z', z'', so daß $C = B' \cup B''$ eine Kurve ist (die aber nicht als einfach vorausgesetzt zu werden braucht).* — (2). *Es sei C in z' und z'' gewöhnlich differenzierbar.* — (3). *Es genüge B' (und wegen Voraussetzung (2) auch B'') der Fremdheitsbedingung.* — (4). *Es sei* POW $(B') =$ POW $(B'') = n$.

Behauptung. Es ist C sogar eine einfache Kurve. Außerdem ist POW $(C) = n$. *Insbesondere genügt also C in z' und z'' der Windungsbedingung (d. h., es ist auch $v\,Th_n(z'; C) = h\,Th_n(z'; C)$ usw.).*

Beweis (I). Die Behauptung ist richtig für $n = 2$. In der Tat: Zufolge der Fremdheitsbedingung für B' ist z' fremd zu $T'' = T_1(z''; C)$, also $T'' \neq T' = T_1(z'; C)$; und T', T'' sind verschieden von der Verbindungsgeraden G von z' und z''. Wegen POW $(B') =$ POW $(B'') = n = 2$ sind $\underline{B}'$ und $\underline{B}''$ fremd zu T', T'', G. Daher liegt $\underline{B}'$ in einem Dreieck D' mit Seiten $T'(z'|s) \subset T'$, $T''(z''|s) \subset T''$, $G(z'|z'') \subset G$, wobei $\{s\} = T' \cap T''$; und $\underline{B}''$ liegt, weil C in z' und z'' gewöhnlich differenzierbar ist, in dem Dreieck D'' mit den Seiten $T' - \underline{T}'(z'|s)$, $T'' - \underline{T}''(z''|s)$ und $G(z'|z'')$. Somit ist für C in z' und z'' die Windungsbedingung (vgl. Satz 1) erfüllt. Jede Gerade L, für die $C \cap L \neq \emptyset$ ist, trifft entweder nur D' oder nur D'' oder D' und D''; in allen drei Fällen ist $C \cap L$ zweipunktig oder L ist Stützgerade an C. Somit ist C einfach und POW $(C) = 2$; w. z. z. w. — (II). Die Behauptung sei richtig für $2 \leq n < k$. Genügt dann C in P_k den Voraussetzungen (1) bis (4), so sei f die Zentralprojektion aus z' in eine $(n-1)$-Ebene Z und $C' = f(C)$. Es genügt $F' = f(B')$ der Fremdheitsbedingung; denn es gilt $\emptyset = f(T_i(z''; C) \cap T_{n-i-1}(z'; C)) = T_i(f(z''); C') \cap T_{n-i-2}(f(z'); C)$; insbesondere ist also $f(z') \neq f(z'')$. Da überdies C' in $f(z')$ und $f(z'')$ gewöhnlich differenzierbar ist (vgl. Abschn. 5.1.6.2.3., I.), genügt C' den Voraussetzungen (1) bis (4) für $n = k - 1$. Daher ist C' eine einfache Kurve mit POW $(C') = k - 1$, es ist also für C' die Windungsbedingung in $f(z')$ und $f(z'')$ erfüllt (gemäß Satz 1). Nach Abschn. 5.1.6.2.2., Satz Beh. (II), genügt C in z' und z'' der Windungsbedingung. Weil C' einfache Kurve ist gilt $f(\underline{B}') \cap f(\underline{B}'') = \emptyset$. Daher und weil B', B'' sich schlicht projizieren sowie wegen POW $(C') = k - 1$, ist für C auch die Projektionsbedingung erfüllt. Gemäß Satz 1 kann somit auf POW $(C) = k$ geschlossen werden; w. z. z. w.

Schließlich sei noch eine Modifikation des Anfügungsssatzes erwähnt, nämlich der

3. Satz. *Voraussetzung. Es sei B ein einfacher Bogen in P_n, wobei $n \geq 2$. Ferner sei $q \in \underline{B}$ und B in q differenzierbar, also*

$$T_k(q; B) = v\,T_k(q; B) = h\,T_k(q; B), \quad k = 0, 1, \ldots, n-1.$$

Behauptung. Es ist POW $(q; B) = n$ *genau dann, wenn eine vordere und eine hintere Umgebung von q auf B den* POW n *besitzt und wenn* $v\,Th_\nu(q; B) = h\,Th_\nu(q; B)$ *ist für* $\nu = 1, \ldots, n$, *wenn also B in q insbesondere gewöhnlich differenzierbar ist.*

Beweis. *Dann.* Folgt aus Abschn. 5.2.7.3. — *Nur dann.* Es sei also POW $(q; B) = n$. Für $n = 2$ ist die Behauptung richtig; ist nämlich POW $(q; B) = 2$, so liegt in q keine Spitze und kein Wendepunkt von B. — Die Behauptung sei schon für $2 \leq n < r$ bewiesen. Genügt B in P_r der Voraussetzung und ist POW $(q; B) = r$, so existiert eine Umgebung U von q auf B mit POW $(\bar{U}) = r$ und mit $(\bar{U} - \{q\}) \cap T_{r-1}(q; B) = \emptyset$ (vgl. Abschn. 5.2.7.1., Lemma; es ist nämlich $q \in \underline{U}$). Aus einem Extrempunkt z von U projiziert sich $\bar{U}$ schlicht in $f(\bar{U})$ mit POW $(f(\bar{U})) = r - 1$, ferner ist $f(\bar{U})$ in $f(q)$ differenzierbar, weil dies für $\bar{U}$ gilt (vgl. Abschn. 5.1.6.2.1.). Nach Induktionsannahme ist also $v\,Th_\nu(f(q); f(B)) = h\,Th_\nu(f(q); f(B))$, $\nu = 1, \ldots, r - 1$. Weil B in q differenzierbar ist und z nicht in $T_{r-1}(q; B)$ liegt, existieren und sind gleich die $v\,Th_\nu(q; B)$ und $h\,Th_\nu(q; B)$ für $\nu = 1, \ldots, r - 1$. Daß auch $v\,Th_r(q; B) = h\,Th_r(q; B)$ ist, folgt aus Abschn. 5.2.7.3.

5.2.7.5. Erweiterbarkeit von Bogen $B \subset P_n$ mit POW $(B) = n$ zu einer Kurve C mit POW $(C) = n$; $n \geq 2$.

Wir wenden schließlich den „Zusammenfügungssatz" Abschn. 5.2.7.4., Satz 2, an, um zu zeigen:

Erweiterungssatz für Bogen B mit POW$(B) = n$.

Jeder der Fremdheitsbedingung (Abschn. 5.2.7.4.) *genügende Bogen* $B \subset P_n$ *mit* POW $(B) = n$ *läßt sich zu einer Kurve C mit* POW $(C) = n$ *erweitern* (*d. h., es existiert zu B ein Bogen B' derart, daß* $C = B \cup B'$ *eine einfache Kurve mit* POW $(C) = n$ *ist*).

Beweis. Der Beweis beruht auf der Konstruktion einer projektiven Abbildung $\bar{s}$ (des P_n auf sich) derart, daß das Bild $B' = \bar{s}(B)$ von B die gleichen Extrempunkte a, b besitzt wie B und daß $C = B \cup B'$ in a und b gewöhnlich differenzierbar ist. Da POW $(B') = n$ ist, folgt aus Abschn. 5.2.7.4., Satz 2, daß C eine *einfache* Kurve mit POW $(C) = n$ ist.

(I). *Konstruktion einer Abbildung* $\bar{s}$. Es seien a der Anfangs- und b der Endpunkt von B; wir setzen $T_\nu(a) = h\,T_\nu(a; B)$ und $T_\nu(b) = v\,T_\nu(b; B)$, $0 \leq \nu \leq n$. Gemäß der Fremdheitsbedingung für B ist $T_k(a) \cap T_{n-k-1}(b) = \emptyset$, $0 \leq k \leq n$. Daher ist $T_k(a) \cap T_{n-k}(b) = \{x_k\}$ einpunktig mit $x_0 = a$, $x_n = b$. (Denn gemäß Abschn. 5.1.1.1. ist $\dim L(T_k(a) \cup T_{n-k-1}(b)) = n = \dim L(T_k(a) \cup T_{n-k}(b))$, also $\dim(T_k(a) \cap T_{n-k}(b)) = 0$).

(*I 1*). *Die $n + 1$ Punkte x_k sind linear unabhängig. Ferner ist* $T_k(a) = L(\{x_0\} \cup \cdots \cup \{x_k\})$ *und* $T_{n-k}(b) = L(\{x_k\} \cup \cdots \cup \{x_n\})$. — Beweis. Für $k = 0$ ist die Behauptung betr. $T_k(a)$ richtig; sie sei schon für $0 \leq k < K$ bewiesen. Dann ist $x_K \in T_K(a) \cap T_{n-K}(b)$ und $x_K \notin T_{K-1}(a)$, letzteres, weil $T_{K-1}(a) \cap T_{n-K}(b) = \emptyset$. Somit sind $x_0, \ldots, x_K$ linear unabhängig; ferner ist $T_K(a) = L(T_{K-1}(a) \cup \{x_K\}) = L(\{x_0\} \cup \cdots \cup \{x_k\})$. Geht man mit dem Induktionsschluß von x_n statt von x_0 aus, so ergibt sich die Behauptung betr. $T_{n-k}(b)$.

(*I 2*). Es sei S_k die von den $x_\varkappa$ mit $\varkappa \neq k$ aufgespannte $(n-1)$-Ebene, $0 \leq k \leq n$, und s_k die projektive Spiegelung des P_n an S_k mit x_k als Spiegelzentrum. Es gilt:

(α). Es ist s_k topologisch, bildet jede ν-Ebene auf eine ν-Ebene ab und daher jeden Bogen B'' mit POW $(B'') = n$ auf einen Bogen B_k'' mit POW $(B_k'') = n$.

(β). Bei jedem s_k wird x_ν sowie $T_\nu(a)$ und $T_\nu(b)$ auf sich abgebildet, $\nu = 0, \ldots, n$. Insbesondere hat also $s_k(B)$ die gleichen Extrempunkte wie B.

(γ). Es gilt sogar $s_k(h\,T_\nu(a;B)) = v\,T_\nu(a; s_k(B))$ und $s_k(v\,T_\nu(b;B)) = h\,T_\nu(b; s_k(B))$; dabei ist $s_k(B)$ so orientiert, daß b bzw. a Anfangs- bzw. Endpunkt von $s_k(B)$ ist.

Beweis betr. (β). Es ist x_k und S_k punktweise invariant bei s_k und $x_\nu \in S_k$ für $\nu \neq k$. Ferner ist $T_\nu(a) = L(\{x_0\} \cup \cdots \cup \{x_\nu\})$. Betr. ($\gamma$). Folgt aus der Stetigkeit von s_k wegen der Invarianz von a und $T_\nu(a)$ bzw. b und $T_\nu(b)$.

(*I 3*). Das *Verhalten von* $h\,Th_\nu(a;B)$ *und* $v\,Th_\nu(b;B)$ *bei* s_k, $0 \leq \nu \leq n-1$, ist noch zu untersuchen. Da nun eine „uneigentliche" $(n-1)$-Ebene (die als von den S_k verschieden und zu den x_k fremd angenommen wird) bei s_k nicht invariant bleibt, beziehen wir die Definition von $h\,Th_\nu(a;B)$ usw. auf eine hinreichend kleine Umgebung $U_a = U(a;k)$ bzw. $U_b = U(b;k)$ von a bzw. b in P_n, wie es der lokalen Natur der Definition von $h\,Th(a;B)$ usw. entspricht; dabei kann o. B. d. A. $s_k(U_a) = U_a$ und $s_k(U_b) = U_b$ angenommen werden. Ist L bzw. L' eine ν- bzw. $(\nu-1)$-Ebene (im affinen A_n) mit $L' \subset L$ und H eine der durch L' in L begrenzten (offenen) ν-Halbebenen von L, so sei $\mathbf{C}H = L - L' - H$ das Komplement von H in $L - L'$. Wir behaupten:

(*I 4'*). Es sei $1 \leq k \leq n$: Dann gilt $s_k(h\,Th_\nu(a;B)) = h\,Th_\nu(a;B)$ bzw. $= \mathbf{C}\,h\,Th_\nu(a;B)$ je nachdem $k \neq \nu$ oder $k = \nu$; $0 \leq \nu \leq n$. — Ist hingegen $k = 0$, so gilt $s_0(h\,Th_\mu(a;B)) = \mathbf{C}\,h\,Th_\mu(a;B)$ für jedes μ mit $0 \leq \mu \leq n$.

(*I 4''*). Es sei $0 \leq k \leq n-1$: Dann gilt $s_k(v\,Th_{n-\nu}(b;B)) = v\,Th_{n-\nu} \cdot (b;B)$ bzw. $= \mathbf{C}\,v\,Th_{n-\nu}(b;B)$ je nachdem $\nu \neq k$ bzw. $\nu = k$; $0 \leq \nu \leq n$. Ist hingegen $k = n$, so gilt $s_n(v\,Th_\mu(b;B)) = \mathbf{C}\,v\,Th_\mu(b;B)$ für jedes μ mit $0 \leq \mu \leq n$.

Beweis betr. (I 4′) *und* (I 4″). Für $1 \leq k \leq n$ ist das Spiegelzentrum nicht in allen $T_\nu(a)$, $0 \leq \nu \leq n$, enthalten. Für $L' = T_{\nu-1}(a)$ und $L = T_\nu(a)$ ist wegen $s_k(L') = L'$ und $s_k(L) = L$ nun entweder $s_k(H) = H$ oder $= \mathbf{C}H$. Aber $s_k(H) = \mathbf{C}H$ genau dann, wenn $L' \subset S_k$, $L \not\subset S_k$ (denn S_k ist punktweise invariant, so daß $L \subset S_k$ ausscheidet; und für $L' \not\subset S_k$ ist $x_k \in L'$ und (wegen $a \neq x_k$) die Verbindungsstrecke von $x \in H \cap U_a$ mit $s_k(x) \in U_a$ fremd zu x_k). Wegen (I 1) ist schließlich $L' \subset S_k$, $L \not\subset S_k$ gleichwertig mit $\nu = k$ (erste Behauptung von (I 4′)). Entsprechend folgt die erste Behauptung von (I 4″). — Für $k = n$ ist das Spiegelzentrum b in allen $T_\nu(b)$ enthalten; und weil s_n auch als Spiegelung von U_b an b (bezüglich S_n) aufgefaßt werden kann, folgt die zweite Behauptung von (I 4″); entsprechend ergibt sich die zweite Behauptung von (I 4′).

(*I 5*). Eine Projektivität $\bar{s}$ der eingangs gewünschten Art kann nun als Produkt gewisser s_k erhalten werden. Da $\bar{C} = B \cup \bar{s}(B)$ in a (und b) gewöhnlich differenzierbar sein soll, muß jedenfalls $\mathbf{C}\, h\, Th_\nu(a; B) = v\, Th_\nu(a; \bar{s}(B))$ sein für jedes ungerade ν. Gemäß (I 4′) hat man daher anzusetzen: $s' = s_1 s_3 \ldots s_{n-1}$ falls n gerade, und $s'' = s_1 s_3 \ldots s_{n-2} s_n$ falls n ungerade (wobei die Abbildungen s_ν in der Reihenfolge von links nach rechts ausgeübt werden sollen); $n \geq 2$.

(II). Zu *verifizieren* ist, daß $C' = B \cup s'(B)$ bzw. $C'' = B \cup s''(B)$ in a und b gewöhnlich differenzierbar ist (vgl. die Bemerkung zum Beweis vor Ziffer (I)).

Zunächst ist jedes Produkt s von endlich vielen s_k eine Projektivität, für die (I 1) bis (I 3) gilt, wenn s_k durch s oder B durch $s(B)$ ersetzt wird (im letzteren Falle gilt auch (I 4′), (I 4″)). Insbesondere ist also $s(B)$ vom POW n und $B \cup s(B)$ ist differenzierbar in a und b. Für $s = s'$ und $s = s''$ folgt die gewöhnliche Differenzierbarkeit so:

(II′). Es sei n gerade, also $s = s'$. Gemäß (I 4′) ist $s'(h\, Th_\nu(a; B)) = \mathbf{C}\, h\, Th_\nu(a; B)$ genau für $\nu = 1, 3, \ldots, n-1$, und $v\, Th_\nu(a; s'(B)) = h\, Th_\nu(a; B)$ für $\nu = 0, 2, \ldots, n-2, n$. Entsprechendes gilt für b gemäß (I 4″); denn wegen $n \equiv 0 \pmod 2$ ist $n - \nu \equiv 1 \pmod 2$ genau dann, wenn $\nu \equiv 1 \pmod 2$. Es ist also $B \cup s'(B)$ in a und in b gewöhnlich differenzierbar.

(II″). Es sei n ungerade, also $s = s''$. Wie in (II′) ergibt sich $C'' = B \cup s''(B)$ als in a gewöhnlich differenzierbar. Für b hingegen kann man so schließen: Wegen $n \equiv 1 \pmod 2$ ist $n - \nu \equiv 1$ gleichwertig mit $\nu \equiv 0$. Für $s''_{n-2} = s_1 s_3 \ldots s_{n-2}$ ist daher (umgekehrt wie in (II′)) $v\, Th_\nu(b; s''_{n-2}(B)) = h\, Th_\nu(b; B)$ bzw. $= \mathbf{C}\, h\, Th_\nu(b; B)$ für $\nu \equiv 1$ bzw. $\nu \equiv 0$ mit $0 \leq \nu \leq n$. Da aber $s'' = s''_{n-2} s_n$ ist, folgt aus (II) und (I 4″) für $k = n$, daß $s_n(H) = \mathbf{C}H$ für $H = v\, Th_\nu(b; s''_{n-2}(B))$ und jedes ν mit $0 \leq \nu \leq n$.

5.2.8. Schmiegräume der Bogen vom POW n. Eindeutigkeitssätze

Neben den k-Tangential(halb-)ebenen sollen jetzt als Verallgemeinerung die sog. k-Schmieg(halb-)räume (Paratingenten) von Bogen betrachtet werden, und zwar speziell für Bogen vom POW n. Wir erklären zunächst allgemein: Es sei B ein Bogen im P_n; $n \geq 2$. Unter einem *k-Schmiegraum* $S_k = S_k(t_0; B)$ an B in $\pi(t_0) \in B$, $0 \leq k \leq n$, wird verstanden jeder Limes einer Folge von k-Ebenen L_k^i, $i = 1, 2, \ldots$, der folgenden Art: L_k^i enthält die Träger von (mindestens) $k+1$ Stellen $\pi(t_\varkappa^i)$, $\varkappa = 1, \ldots, k+1$, und es ist $t_0 = \lim t_\varkappa^i$ bei $i \to \infty$ für *jedes* $\varkappa$. Statt von einem k-Schmiegraum spricht man auch von einer *k-Paratingente.*

Unter einem vorderen bzw. hinteren k-Schmieg*halb*raum $v\,Sh_k = v\,Sh_k(t_0; B)$ bzw. $h\,Sh_k = h\,Sh_k(t_0; B)$ an B in $\pi(t)_0$ wird jeder Limes von k-Halbebenen $v\,Lh_k^i$ bzw. $h\,Lh_k^i$, $0 \leq k \leq n$, der folgenden Art verstanden: Es sei L_{k-1}^i eine $(k-1)$-Ebene, in welcher die $p(t_\nu^i)$ liegen, $\nu = 1, \ldots, k$, wobei also $t_\nu^i \neq t_\mu^i$ für $\nu \neq \mu$; ferner sei $v\,Lh_k^i$ eine von L_{k-1}^i begrenzte, offene k-Halbebene, zu deren abgeschlossener Hülle $p(t_{k+1}^i)$ gehört und wobei $\pi(t_{k+1}^i)$ auf B *vor* allen $\pi(t_\nu^i)$ liegt; weiter gilt $t_0 = \lim_i t_\nu^i = \lim_i t_{k+1}^i$. Die Definition von $h\,Sh_k$ unterscheidet sich von der von $v\,Sh_k$ dadurch, daß $\pi(t_{k+1}^i)$ auf B hinter allen $\pi(t_\nu^i)$ liegt und daß, je nachdem k ungerade oder gerade ist, der $\lim h\,Lh_k^i$ durch den zu ihm komplementären k-Halbraum ersetzt wird oder nicht (entsprechend der Definition der Tangentialhalbebenen).

Beispiele: $T_k(t_0; B)$ ist ein $S_k(t_0; B)$. Es ist $v\,Th_k(t_0; B)$ ein $v\,Sh_k(t_0; B)$. Es ist $S_0(t_0; B) = p(t_0)$ und $S_n(t_0; B) = P_n$.

Bemerkungen. (1). Besitzen mehrere $\pi(t_\varkappa^i)$ bzw. $\pi(t_\nu^i)$ den gleichen Träger, so ist L_k^i bzw. Lh_k^i durch die $t_\varkappa^i$ bzw. t_ν^i nicht eindeutig bestimmt, kann also jede, die sämtlichen $p(t_\varkappa^i)$ bzw. $p(t_\nu^i)$ enthaltende k-Ebene bzw. Halbebene sein. Daher gibt es z. B. unendlich viele $S_k(t_0; B)$, falls $p(t_0)$ Häufungspunkt von mehrfachen Punkten von $T(B)$ ist.

(2). Für die Definition von $v\,Lh_k$ ist es belanglos, ob $\pi(t_{k+1}^i)$ vor oder hinter $\pi(t_0)$ liegt. Ist $p(t_{k+1}^i) \subset L_{k-1}^i$, so kann $v\,Lh_k^i$ jede von L_{k-1}^i begrenzte k-Halbebene sein. Entsprechendes gilt für $h\,Lh_k^i$ sowie für den Limes.

(3). Entsprechend wie die $S_k(t_0; B)$ werden die k-Schmiegräume $S_k(x_0; M)$ einer Punktmenge M im Punkt x_0 erklärt, wobei an Stelle der verschiedenen Stellen $\pi(t_\varkappa^i)$ verschiedene Punkte $x_\varkappa^i \in M$ mit $x_\varkappa^i \to x_0$ für $i \to \infty$ treten. — Fordert man von den $p(t_\varkappa^i)$ und entsprechend von den $x_\varkappa^i$ lineare Unabhängigkeit für jedes i, so ist jedes $S_k(t_0; B)$ ein $S_k(p(t_0); T(B))$, aber nicht notwendig umgekehrt.

Beispiel. Es sei $T(B)$ die Vereinigung aus dem Halbkreis $x = \cos\varphi$, $y = \sin\varphi$, $0 \leq \varphi \leq \pi$, und der Strecke $0 \leq x \leq 1$, $y = 1$, während B dadurch erklärt ist, daß man mit φ von 0 bis π und zurück bis $\pi/2$ stetig und monoton läuft und sodann durch die Strecke von $x = 0$, $y = 1$ bis $x = 1$, $y = 1$. Für die Trägergerade G dieser Strecke gilt $G = S_1(t_0; B) = S_1(t_1; B)$, wobei $\pi(t_0)$ und $\pi(t_1)$ die beiden Stellen bedeuten, deren Träger $p_0 = (x = 0,\ y = 1)$ ist; aber jede Gerade durch $(x = 0,\ y = 1)$ ist ein $S_1(p_0; T(B))$.

Eindeutigkeitssatz. *Ist die Vereinigung $B = B' \cup B''$ zweier (einfacher) Bogen B', B'' mit* POW (B') = POW $(B'') = n$ *im gemeinsamen Extrempunkt q von B' und B'' differenzierbar, so existiert in q an B ein einziger vorderer v-Schmiegraum, und dieser ist zugleich der einzige hintere genau dann, wenn vordere und hintere v-Tangentialhalbebene identisch sind.*

Genauer zeigen wir:

Voraussetzung (1). Es seien B', B'' (einfache) Bogen (und keine Kurven) im P_n, $n \geq 1$, mit POW (B') = POW $(B'') = n$, welche einen Extrempunkt q und evtl. noch weitere Punkte gemeinsam haben. Der (Parameter-) Bogen B mit $T(B) = T(B') \cup T(B'')$ sei so orientiert, daß etwa $[0, 2^{-1}]$ bzw. $[2^{-1}, 1]$ durch $p|J$ topologisch auf $T(B')$ bzw. $T(B'')$ abgebildet wird und daß dabei $p(2^{-1}) = q$ wird, also insbesondere B' auf B vor B'' liegt.

(2). Es sei B in $\pi(t_0)$ mit $t_0 = 2^{-1}$ differenzierbar, d. h. es existiere $T_\nu(t_0; B)$, $\nu = 1, \ldots, n-1$.

(3). Es sei k mit $0 \leq k \leq n$ vorgegeben. Für $0 \leq \varrho \leq k$ sei $v\,Th_\varrho(t_0; B) = h\,Th_\varrho(t_0; B)$. Hingegen seien, falls $k \leq n-1$ ist, $v\,Th_{k+1}(t_0; B)$ und $h\,Th_{k+1}(t_0; B)$ verschieden*.

Behauptung (a). Für jedes ϱ mit $0 \leq \varrho \leq k$ ist $v\,Th_\varrho(t_0; B)$ der einzige einseitige, d. h. vordere und hintere ϱ-Schmieghalbraum in $\pi(t_0)$ an B. Daher ist auch $T_\varrho(t_0; B)$ der einzige ϱ-Schmiegraum in $\pi(t_0)$ an B.

(b). Falls $k = n-1$ ist, gibt es zwei n-Schmieghalbräume. Falls $k \leq n-2$ ist, existieren unendlich viele $\varkappa$-Schmiegräume in $\pi(t_0)$ an B für jedes $\varkappa$ mit $k+1 \leq \varkappa \leq n-1$. Für $\varkappa = n$ ist P_n der einzige n-Schmiegraum.

Zusatz. Zu Behauptung (b). Durch jeden Punkt des P_n geht (mindestens) ein $(n-1)$-Schmiegraum in $\pi(t_0)$ an B, falls $k \leq n-2$.

Beweis. *Betr. Behauptung* (a). Für $\varrho = 0$, insbesondere also für $k = 0$ ist die Behauptung richtig. Es sei jetzt $1 \leq \varrho \leq k$. Dann *gibt*

---

* Wegen POW(B') = POW$(B'') = n < \infty$ existieren $v\,Th_\mu(t_0; B)$ und $h\,Th_\mu(t_0; B)$ für jedes μ mit $0 \leq \mu \leq n$; und wegen Vor. (2) bzw. $T_n(t_0; B) = P_n$ haben sie auch gleichen Träger (auch wenn sie verschieden sind).

es eine Umgebung A von $\pi(t_0)$ auf B, welche einfacher Bogen ist (d. h., $T(A)$ besitzt nur einfache Punkte); denn andernfalls enthält B eine Folge von Stellen $\pi(t_i)$, $i = 1, 2, \ldots$, mit $t_0 = \lim_i t_i$, mit $\pi(t_{2s}) \in \underline{B}'$, $\pi(t_{2s+1}) \in \underline{B}''$ sowie mit $p(t_{2s}) = p(t_{2s+1})$, so daß $v\,Th_1(t_0; B) \neq h\,Th_1 \cdot$ $\cdot\,(t_0; B)$ im Widerspruch zu $k \geq 1$. O. B. d. A. sei $B = A$ gesetzt. — Die Behauptung (a) ist richtig für $n = 1$ (Fall (b) tritt für $n \leq 1$ nicht auf) und sei schon bewiesen für $1 \leq n < r$. Es genüge B in P_r den Voraussetzungen des Satzes. Wir diskutieren *getrennt die Fälle $k < r$ und $k = r$*.

(a 1). Es seien — wir schließen indirekt — für *ein k mit $k \leq r - 1$* und ein ν mit $1 \leq \nu \leq k$, aber für kein kleineres ν in $\pi(t_0)$ an B zwei verschiedene einseitige ν-Schmieghalbräume Lh', Lh'' vorhanden, während $v\,Th_\nu(t_0; B) = h\,Th_\nu(t_0; B)$ ist. Es gibt dann einen, weder in $T_{r-1}(t_0; B)$ noch in $L' = L(Lh')$ noch in $L'' = L(Lh'')$ enthaltenen Punkt $z \in P_r$; falls hierbei $L' \neq L''$ ist, gilt $L' \cap L'' = T_{\nu-1}(t_0; B)$ und es (kann und) soll z so gewählt werden, daß die von $L(T_{\nu-1}(t_0; B) \cup \{z\})$ begrenzten, Lh' bzw. Lh'' enthaltenden $(\nu + 1)$-Halbebenen verschieden sind. Wir projizieren jetzt B aus z in Z. Gemäß Abschn. 5.1.6.2.1. ist $f(B)$ in $f\pi(t_0)$ differenzierbar und $f(v\,Th_\nu(t_0; B)) = v\,Th_\nu(t_0; f(B))$ $= h\,Th_\nu(t_0; f(B))$; denn $T_\nu(t_0; B)$ ist, weil in $T_{r-1}(t_0; B)$ enthalten, fremd zu z. Weiter sind $f(Lh')$ und $f(Lh'')$ einseitige ν-Schmieghalbräume an $f(B)$ in $f\pi(t_0)$; nämlich: Es sei z. B. $Lh' = \lim Lh^i$ und dabei Lh^i eine, etwa durch $L(\{p(t_1^i)\} \cup \cdots \cup \{p(t_\nu^i)\})$ begrenzte abgeschlossene ν-Halbebene, in der $p(t_{\nu+1}^i)$ enthalten ist ($t_\varrho^i \neq t_\sigma^i$ für $\varrho \neq \sigma$); dann ist z fremd zu Lh^i für schließlich alle i, es projiziert sich daher Lh^i in eine ν-Halbebene in Z, und folglich ist $f(Lh')$ ein einseitiger ν-Schmieghalbraum an $f(B)$ in $f\pi(t_0)$. — Aus $Lh' \neq Lh''$ folgt gemäß der Wahl von z, daß auch $f(Lh') \neq f(Lh'')$. Andererseits genügt $f(B)$ in der $(r-1)$-Ebene Z den Voraussetzungen (2) und (3) des Satzes (für $n = r - 1$, $k \leq r - 1$). Außerdem ist für eine hinreichend kleine Umgebung von $f\pi(t_0)$ auf $f(B)$ auch die Voraussetzung (1) erfüllt; denn StOW $(f(B')) =$ StOW $(f(B''))$ $\leq r$, also StOW $(f(U')) =$ StOW $(f(U'')) = r - 1$ für eine hinreichend kleine Umgebung U' bzw. U'' von $\pi(t_0)$ auf B' bzw. B'' (gemäß Abschnitt 5.2.6.). Mithin folgt für $0 \leq \nu \leq k \leq r - 1$ aus der Induktionsannahme und aus $v\,Th_\nu(t_0; f(B)) = h\,Th_\nu(t_0; f(B))$, daß $f(Lh') = f(Lh'')$ ist im Widerspruch zum oben Gezeigten. Da $v\,Th_\nu(t_0; B)$ ebenfalls ein Lh' ist, folgt die Behauptung (a) für $k \leq r - 1$.

(a 2). *Es sei $k = r$*. Weil jetzt $v\,Th_\mu(t_0; B) = h\,Th_\mu(t_0; B)$ für $\mu = 0, 1, \ldots, r = k$ vorausgesetzt ist, folgt StOW $(t_0; B) = r$ (zufolge Abschn. 5.2.7.3., Anfügungssatz). Gemäß (a 1) ist die Behauptung richtig für $0 \leq \nu \leq r - 1$. Es sei nun Lh ein etwa vorderer r-Schmieghalbraum in $\pi(t_0)$ an B. Und zwar sei $Lh = \lim Lh^i$, wobei die r-Halbebene Lh^i begrenzt wird durch die $(r-1)$-Ebene $L^i = L(\{p(t_1^i)\} \cup \cdots \cup \{p(t_r^i)\})$

und $p(t^i_{r+1})$ enthält, wobei ferner $t_0 = \lim t^i_\varrho$, $\varrho = 1, \ldots, r+1$. Gemäß (a 1) ist aber $\lim L^i = T_{r-1}(t_0; B)$. Daher gibt es ein $\pi(t')$, welches für schließlich alle i und jedes ϱ mit $1 \leq \varrho \leq r+1$ vor $\pi(t^i_\varrho)$ auf B liegt. Wegen StOW $(t_0; B) = r$ ist $p(t')$ fremd zu schließlich allen L^i und liegt überdies auf der gleichen Seite von L^i (in P_r) wie $p(t^i_{r+1})$ (vgl. Abschn. 5.2.5.1., Satz 1, Behauptung (2)). Daher ist Lh identisch mit dem $p(t')$ enthaltenden, von $T_{r-1}(t_0; B)$ begrenzten r-Halbraum und folglich $Lh = v\,Th_r(t_0; B)$. Entsprechend schließt man für die hinteren r-Schmieghalbräume.

Betr. Behauptung (b). Die Behauptung betr. $k = n-1$ und $k = n$ ist richtig. Es sei also $k \leq n-2$ und $n \geq 2$. Für $n = 2$ hat der in $\pi(t_0)$ differenzierbare Bogen B eine Spitze in $\pi(t_0)$; wegen $n - 2 = 0$ ist $k = 0$, also $k + 1 = n - 1 = 1 = \varkappa$, und jede 1-Ebene durch $p(t_0)$ ist ein $S_1(t_0; B)$. — Die Behauptung sei schon für $2 \leq n < r$ bewiesen. Wir führen den Induktionsbeweis *getrennt für die Fälle* $\varkappa < r-1$ *und* $\varkappa = r-1$.

(b 1). *Es sei* $\varkappa < r - 1$, also $k \leq r - 3$. Als Projektionszentrum wird ein nicht in $T_{r-1}(t_0; B)$ gelegenes, sonst — zunächst — beliebiges $z \in P_r$ gewählt. Gemäß Abschn. 5.1.6.2.1. ist $f(B)$ in $f\pi(t_0)$ differenzierbar (vgl. Voraussetzung (2)) und genügt für $v \leq k \leq r-3$ und $n = r-1$ der Voraussetzung (3) des Satzes. Eine hinreichend kleine Umgebung U von $\pi(t_0)$ auf B projiziert sich (gemäß Abschn. 5.2.6.) in einen Bogen $f(U)$, für welchen bezüglich $f\pi(t_0)$ die Voraussetzung (1) des Satzes erfüllt ist. Nach Induktionsannahme gibt es also unendlich viele $S_\varkappa(t_0; f(U))$ für $k+1 \leq \varkappa \leq r-2$. In der $(\varkappa+1)$-Ebene durch ein $S_\varkappa(t_0; f(U))$ und durch z ist dann (mindestens) ein $S_\varkappa(t_0; B)$ enthalten; denn $S_\varkappa(t_0; f(U)) = \lim L'^i_\varkappa$ mit $L'^i_\varkappa = L(\{f p(t^i_1)\} \cup \cdots \cup \{f p(t^i_{\varkappa+1})\}) = f(L(\{p(t^i_1)\} \cup \cdots \cup \{p(t^i_{\varkappa+1})\} \cup \{z\}))$ mit $\lim t^i_1 = \cdots = \lim t^i_{\varkappa+1} = t_0$ und $S_\varkappa(t_0; B) = \lim L(\{p(t^i_1)\} \cup \cdots \cup \{p(t^i_{k+1})\})$ (wobei der letzte Limes rechterhand sicher für eine geeignete Teilfolge der i existiert). Daß es sogar unendlich viele verschiedene $S_\varkappa(t_0; B)$ gibt, kann man so einsehen. Andernfalls gibt es unter den endlich vielen $S_\varkappa(t_0; B)$ mindestens eines, etwa S^1, das im Durchschnitt zweier (sogar unendlich vieler) $L_{\varkappa+1} = L(S_\varkappa(t_0; f(U)) \cup \{z\})$ liegt (denn für verschiedene $S_\varkappa(t_0; f(U))$ sind die zugehörigen $L_{\varkappa+1}$ verschieden). Der Durchschnitt zweier $L_{\varkappa+1}$ ist eine, z und $p(t_0)$ enthaltende $\varkappa$-Ebene, stimmt also mit S^1 überein. Wählt man nun als Projektionszentrum ein, weder in $T_{r-1}(t_0; B)$ noch in S^1 gelegenes z', so liefern die gleichen Schlüsse für z' statt für z (mindestens) ein, z' enthaltendes, also von S_1 verschiedenes S^2. Gibt es nur endlich viele S^2, so wählt man ein neues (weder in den S^1 noch in den S^2 enthaltenes) z''. Fortsetzung dieser Schlüsse liefert in jedem Fall unendlich viele S^j, wie behauptet. Außerdem ist damit auch der *Zusatz* bewiesen.

(b 2). *Es sei jetzt* $\varkappa = r - 1$, also $k \leq r - 2$. Hier ist StOW $(t_0; B) \geq r + 1$; da nämlich B in $\pi(t_0)$ differenzierbar ist, folgt aus Abschnitt 5.2.7.4., Satz 3, daß andernfalls $v\, Th_\mu(t_0; B) = h\, Th_\mu(t_0; B)$ ist für jedes $\mu = 1, \ldots, r - 1$. Wir projizieren wieder aus einem zu $T_{r-1}(t_0; B)$ fremden z. Dann ist $f(B)$ differenzierbar in $f\pi(t_0)$, aber $v\, Th_{r-1}(t_0; f(B)) \neq h\, Th_{r-1}(t_0; f(B))$ und folglich StOW $(t_0; f(B)) \geq r$ (gemäß Abschn. 5.2.7.4., Satz 3). Daher existieren zu beliebiger Umgebung U von $\pi(t_0)$ auf B solche $(r-2)$-Ebenen $H' \subset Z$, für welche StOW $(T(f(U)) \cap H') \geq r$ ist. Für $H = L(H' \cup \{z\})$ ist daher StOW $(T(U) \cap H) \geq r$. Wegen der Kompaktheit von $\tilde{P}_{r-1}$ existiert eine auf $\pi(t_0)$ sich zusammenziehende Folge von Umgebungen U_i von $\pi(t_0)$ auf B und ein zu U_i gehöriges H_i mit StOW $(U_i \cap H_i) \geq r$ derart, daß $\lim H = H''$ existiert; es ist also H'' ein z enthaltendes $S_{r-1}(t_0; B)$. Da z fremd zu $T_{r-1}(t_0; B)$, im übrigen aber beliebig sein sollte und da $T_{r-1}(t_0; B)$ selbst ein $S_{r-1}(t_0; B)$ ist, folgt die Behauptung (b) nebst Zusatz.

5.2.9. Einseitige Stetigkeit der k-Schmieg(halb)räume

Mit Hilfe des Eindeutigkeitssatzes (Abschn. 5.2.8.) ergibt sich weiter der

Satz. *Einseitige Stetigkeit der k-Schmieghalbräume und der k-Schmiegräume für die Bogen B mit* POW $(B) = n$; $n \geq 2$. Genauer:

Voraussetzung (1). Es sei B ein (einfacher) orientierter Bogen vom POW n im P_n. Ferner sei $q \in B$ und B' derjenige Teilbogen von B, welcher q als Anfangs- bzw. als Endpunkt besitzt. — (2). Es sei $x' \in B'$ und $Sh_k(x'; B)$ ein beliebiger vorderer oder hinterer k-Schmieghalbraum bzw. $S_k(x'; B)$ ein beliebiger k-Schmiegraum in x' an B; $0 \leq k \leq n$.

Behauptung. Für $x' \to q$ existiert $\lim Sh_k(x'; B)$ bzw. $\lim S_k(x'; B)$ und ist gleich $h\, Th_k(q; B)$ bzw. $h\, T_k(q; B)$ oder gleich $v\, Th_k(q; B)$ bzw. $v\, T_k(q; B)$ je nachdem q Anfangs- oder Endpunkt von B' ist.

Beweis. Die Behauptung folgt aus der „Oberhalbstetigkeit" der Schmiegräume (vgl. Haupt-Aumann-Pauc [*1*], 1. Bd., Abschn. 6.3.3., Satz 1.a.). — *Anmerkung.* Der bekannte Beweisgedanke läßt sich in Anpassung an den vorliegenden speziellen Fall so formulieren: Es genügt, *Folgen* $Sh_k(x_i; B)$ bzw. $S_k(x_i; B)$ mit $x_i \to q$ für $i \to \infty$ zu betrachten. Definitionsgemäß ist $Sh_k(x_i; B) = Sh_k(x_i; B') = \lim_j Lh^{ij}$, wobei Lh^{ij} eine von $y^{ij}_\varkappa \in B'$ aufgespannte, etwa von $L(\{y^{ij}_1\} \cup \cdots \cup \{y^{ij}_k\})$ begrenzte, y^{ij}_{k+1} enthaltende k-Halbebene ist und $y^{ij}_\varkappa \to x_i$ für $j \to \infty$. Es existiert eine Folge von Indizes j_i derart, daß Lh^{ij_i} für schließlich alle i beliebig benachbart ist zu $Sh_k(x_i; B)$ (mit $j_i \to \infty$ für $i \to \infty$). Nach dem Eindeutigkeitssatz existiert aber $\lim Lh^{ij_i}$ und ist gleich $v\, Th_k(q; B)$ bzw. gleich $h\, Th_k(q; B)$ $(= h\, Th_k(q; B'))$, wenn die $x^{ij_i}_x$ alle vor q bzw. hinter q auf B' liegen ($y^{ij_i} \to q$ für $i \to \infty$). Daher existiert auch $\lim Sh_k(x_i; B)$ usw. — Ebenso schließt man für $S_k(x'; B)$.

5.2.10. Differenzierbarkeit der Bogen n-ter Ordnung

Des öfteren verwendet wird auch die Tatsache, daß ein Bogen B mit POW $(B) = n$ „beinahe überall" gewöhnlich differenzierbar ist. Es gilt nämlich der

Satz. *Jeder Bogen B im P_n, $n \geq 2$, mit* POW $(B) = n$ *ist in jedem seiner Punkte* gewöhnlich differenzierbar, *ausgenommen abzählbar viele Punkte von B.*

Beweis. Die Behauptung ist richtig für $n = 2$, gemäß Abschn. 3.1.6.1., Satz, Behauptung (2), (3). — Die Behauptung sei schon für $2 \leq n < r$ bewiesen. Es sei POW $(B) = r$ in P_r. Es genügt, die Behauptung für eine vordere und eine hintere Umgebung eines jeden $x \in B$ zu beweisen, weil B mit abzählbar vielen derartigen Umgebungen überdeckbar ist. — Zunächst gibt es eine z. B. vordere Umgebung V von x auf B mit $\bar{V} \subset B$ derart, daß $(\bar{V} - \{x\}) \cap v\, Th_\nu(x; B) = \emptyset$ ist für jedes ν mit $1 \leq \nu \leq r - 1$ (denn POW (B) ist beschränkt). Wegen der einseitigen Stetigkeit von $v\, S_\nu(y; B)$ und $h\, S_\nu(y; B)$ in x ($y \in V$; Abschn. 5.2.9.) gibt es zu V eine vordere Umgebung V' von x auf B mit $\bar{V}' \subset V$ derart, daß $v\, S_\nu(z; B)$ und $h\, S_\nu(z; B)$ fremd sind zu dem von x verschiedenen Endpunkt $q = q(V)$ von V für jedes $z \in \bar{V}'$. Aus q projiziert sich V topologisch in einen Bogen $f(V)$ mit POW $(f(V)) = r - 1$ derart, daß dabei $f(v\, Th_\nu(z; B)) = v\, Th_\nu(f(z); f(V))$ und $f(h\, Th_\nu(z; B)) = h\, Th_\nu(f(z); f(V))$, $\nu = 1, \ldots, r - 1$ (vgl. Abschn. 5.1.6.2.1.). Nach Induktionsannahme ist aber für jedes z, bis auf abzählbar viele, $v\, Th_\nu(f(z); f(V)) = h\, Th_\nu(f(z); f(V))$, $\nu = 0, 1, \ldots, r - 1$. Wir setzen $v\, H(\nu) = v\, Th_\nu(z; V)$, $h\, H(\nu) = h\, Th_\nu(z; V)$ und wollen durch Induktion nach μ beweisen, daß $v\, H(\mu) = h\, H(\mu)$ für $\mu = 0, 1, \ldots, r$ ist. Trivialerweise ist $v\, H(0) = h\, H(0)$. Es sei m die größte Zahl so, daß $v\, H(\mu) = h\, H(\mu)$ für $0 \leq \mu < m$; $1 \leq m \leq r - 2$; insbesondere existiert daher $T_{m-1}(z; V) = T(m - 1)$. Weiter gilt $v\, H(m) \cup h\, H(m) \subset L(\{q\} \cup T_m(f(z); f(V))) = L$, wobei L eine $(m + 1)$-Ebene ist. Daher ist $T(m - 1) = \overline{v\, H(m) \cap h\, H(m)}$, falls nicht $v\, H(m)$ und $h\, H(m)$ komplementär sind; im letzteren Fall wären aber vermöge der Projektion auch $v\, Th_m(f(z); f(V))$ und $h\, Th_m(f(z); f(V))$ komplementär im Widerspruch zur gewöhnlichen Differenzierbarkeit von $f(V)$ in $f(z)$, auch für $m = r - 1$. Nun ist L ein $(m + 1)$-Schmiegraum an V in z; denn es ist $L = \lim(T(m - 1) \cup \{z_v\} \cup \{z_h\})$ für $z_v \to z$, $z_h \to z$ und $z_v \in V$ vor z, $z_h \in V$ hinter z. Es ist aber $q \in L$ im Widerspruch zur Wahl von q. Durch Induktion gelangt man so zu $m = r - 1$. Die Abzählbarkeit der z mit $v\, T_{r-1}(z) \neq h\, T_{r-1}(z)$ folgt aus Abschn. 4.2.6.4.1., weil B als Bogen auf dem „Kegelmantel" M mit q als Spitze den

POW $(B; \mathfrak{k}) = r$ besitzt, wenn $\mathfrak{k}$ das System der Durchschnitte von M mit den zu q fremden $(r-1)$-Ebenen ist (gemäß Abschn. 5.2.6. genügt $\mathfrak{k}$ den Postulaten in Abschn. 4.2.). Da aber POW $(V) = r$ ist, folgt aus $v\,H(\mu) = h\,H(\mu)$, $\mu = 0, 1, \ldots, r-1 < m = r$, auch $v\,H(r) = h\,H(r)$ gemäß Abschn. 5.2.7.4., Satz 3. Ebenso schließt man für eine hinreichend kleine hintere Umgebung von z.

5.3. Monotonie der Halbtangenten eines Bogens vom Punktordnungswert *n* mit stetiger (Halb-) Tangente im R_n

Es sei B ein einfacher Bogen im euklidischen Raum R_n mit POW $(B) = n$; $n \geq 2$. Existiert $v\,Th_1(x) = h\,Th_1(x)$ für jedes $x \in B$, so ist diese Halbtangente, d. h. 1-Tangentialhalbebene, einseitig stetig (vgl. Abschnitt 5.2.9.). Für beispielsweise algebraische Bogen B mit POW $(B) = n$ ist nun der Halbkegel der von einem festen Punkt ausgehenden Parallelen zu diesen Halbtangenten stückweise von $(n-1)$. Ord. und die Schnittkurve der Halbtangenten mit einer $(n-1)$-Ebene ist ebenfalls stückweise von POW $n-1$. Daß dies allgemein für jedes B mit POW $(B) = n$ und mit stetiger (Halb-)Tangente gilt, soll im folgenden gezeigt werden; es genügt dabei, den Beweis nur für einseitige Umgebung $U = U(x)$ auf B für ein beliebiges $x \in B$ zu führen.

Anmerkung. Ist die Halbtangente nicht stetig, so besitzt doch die Menge der Parallelen mit festem Anfangspunkt den Ordnungswert $n-1$ usw.

Es erweist sich als zweckmäßig, nach dem Vorgang von HJELMSLEV, der auch den obigen Satz zuerst ausgesprochen hat [4], zunächst nur Folgen $\mathfrak{f}$ von Punkten $p_i \in R_n$ zu betrachten, die gegen $x \in R_n$ konvergieren. Immer ist dabei die Folge $\mathfrak{f}$ als *geordnet* angenommen, in dem Sinne, daß p_{i+1} auf p_i folgt; $i = 1, 2, \ldots$ Und zwar wird $\mathfrak{f}$ als *monoton* angenommen; das soll heißen: Die von beliebigen Punkten $p_{i_1}, p_{i_2}, \ldots, p_{i_n}$ mit $i_{\nu-1} < i_\nu$ aufgespannten *n-Simplizes* sind sämtlich nicht ausgeartet und besitzen die *gleiche Orientierung bezüglich* R_n, wenn ihre Eckpunkte p_{i_ν} im Sinne wachsender i_ν, also wachsender ν geordnet sind. Außerdem existiert bei einer monotonen Folge $e_0 = \lim p_i \in R_n$, es ist also $\mathfrak{f}$ insbesondere *beschränkt*. (Daß aus der Beschränktheit (und Monotonie) von $\mathfrak{f}$ schon die Konvergenz folgt, wird später gezeigt (vgl. Abschnitt 5.3.4.).)

Wir beweisen also den eingangs als Ziel erwähnten Satz zunächst nur für monotone Folgen $\mathfrak{f}$, von denen nicht vorausgesetzt zu werden braucht, daß sie auf einem Bogen B mit POW $(B) = n$ liegen. Aus diesem Satz für Folgen ergibt sich dann der Satz für Bogen B, und zwar allgemeiner für solche vom Komponentenordnungswert POW $(B) = n$. Beim

Beweis für Folgen wird eine Reihe tiefer liegender Eigenschaften monotoner Folgen herangezogen. Diese sollen zunächst bewiesen werden.

Anmerkung. Gleichbedeutend mit der Betrachtung monotoner Folgen $\mathfrak{f} = ((p_i))$ ist die Betrachtung derjenigen Bogen von schwachen POW n, welche Vereinigungen von $e_0 = \lim p_i$ und der (abzählbar vielen) Strecken mit den Extrempunkten p_i und p_{i+1} sind, $i = 1, 2, \ldots$

5.3.1. Bezeichnungen

Im R_n mit $n \geq 1$ sei eine Folge $\mathfrak{f} = ((p_i))$ von Punkten p_i gegeben, von der bei *allen* Betrachtungen im gegenwärtigen Kapitel *vorausgesetzt* wird: Je $n+1$ unmittelbar in $\mathfrak{f}$ aufeinanderfolgende p_i, also $p_i, p_{i+1}, \ldots, p_{i+n}$, $i = 1, 2, \ldots$ sind *linear unabhängig*; insbesondere sind also auch $p_i, \ldots, p_{i+j}$ linear unabhängig für jedes j mit $0 \leq j \leq n$. Soweit nicht anderes bemerkt wird, sind Punkte $p_{i_0}, \ldots, p_{i_j}$ stets *in dem Sinne geordnet*, daß $i_{r-1} < i_r$ ist.

(I). Als *j-Sekante* $L_j = L(i_0, \ldots, i_j)$ von $\mathfrak{f}$ wird die lineare Hülle $L = L\left(\bigcup_{r=0}^{j} \{p_{i_r}\}\right)$ der Punkte p_{i_r} bezeichnet, $0 \leq j \leq n$; ferner sei gesetzt $L_{-1} = \emptyset$. Ist speziell $i_{\varrho+1} = 1 + i_\varrho$, $0 \leq \varrho \leq j-1$, so wird L_j als *j-Tangentialebene* $T_j(i_0)$ in p_{i_0} (an $\mathfrak{f}$) bezeichnet. Das von den p_{i_r} aufgespannte *j-Simplex* sei $\mathfrak{S}_j = \mathfrak{S}(i_0, \ldots, i_j)$; es ist $\mathfrak{S}_j \subset L_j$. Wird $\mathfrak{S}_j$ in L_j *orientiert* im Sinne der Durchlaufung $i_\varrho \to i_{\varrho+1}$, so schreiben wir $\vec{\mathfrak{S}}_j = \vec{\mathfrak{S}}(i_0, \ldots, i_j)$. Wir nennen gleichorientierte j-Simplizes im (euklidischen Raum) L_j äquivalent, in Zeichen $\vec{\mathfrak{S}}' \sim \vec{\mathfrak{S}}''$. Besitzen $\vec{\mathfrak{S}}'$ und $\vec{\mathfrak{S}}''$ *entgegengesetzte* Orientierung, so schreiben wir $\vec{\mathfrak{S}}' \sim -\vec{\mathfrak{S}}''$.

(II). Wird in L_j diejenige Äquivalenzklasse, in welcher $\vec{\mathfrak{S}}$ enthalten ist, (etwa als positiv) ausgezeichnet, so auch L_j *selbst* als *orientiert*; in Zeichen $\vec{L}_j$. Entsprechend ist $\vec{T}_j(i)$ Zeichen für ein orientiertes $T_j(i)$.

Statt durch Angabe (Auszeichnung) einer Äquivalenzklasse orientierter Simplizes läßt sich die *gleiche Orientierung von* $L_j = L(i_0, \ldots, j_j)$ *auch* (induktiv) *durch Auszeichnung von Halbebenen* definieren. Es sei nämlich $Lh_\mu = Lh(i_0, \ldots, i_\mu) = Lh(L_{\mu-1} | i_\mu)$ die offene, von $L_{\mu-1} = L(i_0, \ldots, i_{\mu-1})$ begrenzte, p_{i_μ} enthaltende μ-Halbebene, $\mu = 1, \ldots, j \leq n$. Ist nun $L_{\mu-1}$ orientiert durch Auszeichnung einer Klasse orientierter $(\mu-1)$-Simplizes bzw. eines ihrer Repräsentanten $\vec{\mathfrak{S}}_{\mu-1}$, so auch L_μ, wenn man als positiv jedes Simplex $\vec{\mathfrak{S}}_\mu$ in L_μ mit der Seite $\mathfrak{S}_{\mu-1}$ und einem Eckpunkt $x_\mu \in Lh_\mu$ auszeichnet, wobei x_μ in $\vec{\mathfrak{S}}_\mu = (\vec{\mathfrak{S}}_{\mu-1}, x_\mu)$ als letzter Eckpunkt auf die der Orientierung von $\vec{\mathfrak{S}}_{\mu-1}$ entsprechend geordneten Eckpunkte von $\vec{\mathfrak{S}}_{\mu-1}$ folgt ($\mathfrak{S}_\mu$ ist nicht ausgeartet). Wählt man $\vec{\mathfrak{S}}_0 = \vec{\mathfrak{S}}(i_0)$ als positiv, so wird dem eben Gesagten zufolge bei schrittweiser Auszeichnung von μ-Halbebenen $Lh_\mu = Lh(L_{\mu-1} | x_\mu)$, $\mu = 1, 2, \ldots$, jedes der L_μ orientiert.

Speziell können die j-Tangentialebenen $T_j(i)$ durch eine Auszeichnung der *j-Tangentialhalbebenen* $Th_j(i) = Lh(T_{j-1}(i)|p_{i+j})$ orientiert werden; und diese Orientierung stimmt überein mit derjenigen, bei welcher die $\mathfrak{S}_j(i) = \mathfrak{S}(i, \ldots, i+j)$ als positiv in $T_j(i)$ gewählt sind. *Verabredung: Die eben beschriebene Orientierung von* $T_j(i)$ wird später *stets zugrunde gelegt.*

5.3.1.1. Statt monotoner Folgen betrachten wir zunächst sog. (schließlich) *lokal monotone, orientierungskonvergente* Folgen (die sich später als mit den monotonen identisch herausstellen werden). Dabei heiße eine in R_n *konvergente* Punktfolge $\mathfrak{f} = ((p_i))$ (schließlich) *lokal monoton*, wenn schließlich alle $\mathfrak{S}_n(i)$ äquivalent sind in R_n. („Schließlich alle" heißt: Es gibt ein i', so daß die Äquivalenz für $i' \leq i (< \cdots < i+n)$ besteht. Ferner heiße $\mathfrak{f}$ *orientierungskonvergent*, abgekürzt orient.-konv., wenn $\lim Th_j(i) = Eh_j$ existiert, wobei Eh_j eine offene j-Halbebene ist, $0 \leq j \leq n$; d. h.: Ist $Eh_j = Lh(E_{j-1}|y_j)$, so soll $y_{ji} \in Th_j(i)$ existieren derart, daß neben $\lim T_{j-1}(i) = E_{j-1}$ gilt $\lim y_{ji} = y_j$ (wobei also $y_j \in Eh_j$). Speziell ist eine orient.-konv. Folge konvergent im üblichen Sinne $(j = 0)$.

5.3.1.2. Als *Inzidenzkette*, abgekürzt IK, bezeichnen wir jede aufsteigende Folge $((H_\nu))$ von ν-Ebenen, $\nu = 0, 1, \ldots, n$, im R_n; also $H_0 \subset H_1 \subset \cdots \subset H_\nu \subset H_{\nu+1} \subset \cdots \subset H_n = R_n$. Beispielsweise bilden die $T_j(i)$ für $j = 0, \ldots, n$ eine IK.

Ist $\mathfrak{f}$ orientierungskonvergent, so läßt sich der IK der $T_j(i)$ eine für schließlich alle i sozusagen „komplementäre" IK $\mathfrak{C}(\mathfrak{f}) = ((W_\nu))$ zuordnen, die (nicht eindeutig bestimmt ist und) als eine *zur orientierungskonvergenten Folge* $\mathfrak{f}$ *zugehörige* IK, abgekürzt *zugeh.* IK, bezeichnet sei. Ein solches $\mathfrak{C}(\mathfrak{f})$ wird folgendermaßen definiert: Nach Annahme über $\mathfrak{f}$ ist $E_j = \lim T_j(i)$ und $Eh_j = \lim Th_j(i)$, $j = 0, \ldots, n$; $1 \leq n$. Nun soll sein:

(1). Es ist $E_\nu \cap W_{n-\nu-1} = \emptyset$ sowie $T_\nu(i) \cap W_{n-\nu-1} = \emptyset$ für schließlich alle i; $\nu = 0, \ldots, n$; $W_{-1} = \emptyset$, $E_n = R_n$. Und zwar soll dies auch bei Einbeziehung der uneigentlichen Punkte gelten.

(2). Es existieren die Punkte $w(\nu) = Eh_\nu \cap W_{n-\nu}$ sowie $w(\nu; i) = Th_\nu(i) \cap W_{n-\nu}$ für schließlich alle i; $0 \leq \nu \leq n$. (Man beachte, daß definitionsgemäß die $w(\nu)$, $w(\nu; i)$ eigentliche Punkte und die Eh_ν, $Th_\nu(i)$ *offene* ν-Halbebenen sind.)

(3). Insbesondere liegt p_{i+1} auf $Th_1(i)$ zwischen p_i und $w(1, i)$ für schließlich alle i. Aus (1) und (2) folgt noch:

(4). Es ist $w(\nu) = \lim w(\nu; i)$. Für jede hinreichend kleine Umgebung $V(\nu)$ von $w(\nu)$ in R_n oder auch in $W_{n-\nu}$ gilt ferner $V(\nu) \cap W_{n-\nu-1} = \emptyset$ sowie $w(\nu; i) \in V(\nu)$ für schließlich alle i. Dabei kann und soll $V(\nu)$ als *konvex* gewählt sein.

(5). Es ist $w(\nu; i) \neq w(\nu; i+1)$. Ferner sind die $w(\nu)$ sowie die $w(\nu; i)$ bei festen i linear unabhängig; $\nu = 0, 1, \ldots$

Solche zu $\mathfrak{f}$ gehörige IK $\mathfrak{D}(\mathfrak{f})$ *existieren*. In der Tat: Wegen $E_0 = \lim p_i$ und $Eh_1 = \lim Th_1(i)$ gibt es eigentliche, keines der E_r, $0 \leq r \leq n-1$ enthaltende $(n-1)$-Ebenen W_{n-1} derart, daß $w(1) = Eh_1 \frown W_{n-1} \in R_n$ sowie $w(1; i) = Th_1(i) \frown W_{n-1} \in R_n$ existiert und daß p_{i+1} auf $Th_1(i)$ zwischen p_i und $w(1; i)$ liegt für schließlich alle i; damit ist (3) und für $0 \leq \nu \leq 1$ auch (2) Genüge geleistet. Es sei nun $W_{n-\mu}$ schon konstruiert für jedes μ mit $0 \leq \mu < \nu$, wobei $\nu \geq 2$, so daß (3) sowie (1) und (2) erfüllt ist für diese μ und daß W_{n-1} keines der E_μ enthält, wozu $\{e_0\} = E_0 \notin W_{n-1}$ genügt. Nach dieser Induktionsannahme ist $w(\nu-1) = Eh_{\nu-1} \frown W_{n-\nu+1}$. Daher ist $E_\nu \frown W_{n-\nu+1}$ eine Gerade und $Eh_\nu \frown W_{n-\nu+1}$ eine Halbgerade (gemäß III., Abschn. 3., 1, (1), für $A = E_{\nu-1}$, $A' = E_\nu$, $B = W_{n-\nu+1}$). Durch einen von $w(\nu-1)$ verschiedenen Punkt dieser Halbgeraden gibt es $(n-\nu)$-Ebenen $W_{n-\nu} \subset W_{n-\nu+1}$, so daß $E_{\nu-1} \frown W_{n-\nu} = \emptyset$ also $Eh_\nu \frown W_{n-\nu}$ einpunktig ist; dieser Punkt werde mit $w(\nu)$ bezeichnet. Aus $E_{\nu-1} = \lim T_{\nu-1}(i)$ bzw. $Eh_\nu = \lim Th_\nu(i)$ folgt, daß $T_{\nu-1}(i) \frown W_{n-\nu} = \emptyset$ und $Th_\nu(i) \frown W_{n-\nu} = w(\nu; i)$ für schließlich alle i. So fortfahrend erhält man eine IK, für deren letztes Glied W_0 gilt $T_{n-1}(i) \frown W_0 = \emptyset$ und $Th_n(i) \frown W_0 = w(n; i)$ für schließlich alle i sowie $E_{n-1} \frown W_0 = \emptyset$ und $Eh_n \frown W_0 = w(n) = W_0$. Fügt man noch $W_n = R_n$ hinzu, so hat man also ein $\mathfrak{D}(\mathfrak{f})$. — *Betr.* (5). Es ist $T_\nu(i) \frown T_\nu(i+1) = T_{\nu-1}(i+1)$ und $T_{\nu-1}(i+1) \frown W_{n-\nu} = \emptyset$.

1. Zusatz. Durch beliebig kleine Änderung der uneigentlichen $(n-1)$-Ebene im projektiven P_n, welcher Erweiterung von R_n ist, kann und soll — soweit dies später jeweils erforderlich ist — erreicht werden, daß eine beliebig vorgegebene abzählbare Menge von r-Ebenen $(0 \leq r \leq n-1)$ eigentlich wird, während gleichzeitig alle W_ν, E_ν und $Th_\nu(i)$ eigentlich bleiben.

2. Zusatz. Gemäß Zusatz 1 nehmen wir an, daß alle abzählbar vielen $T(i_0, \ldots, i_\nu)$ und ihre Durchschnitte untereinander und mit den W_ν eigentlich sind. — Man bemerkt, daß (gemäß III., Abschn. 3., 1, (1)) $E_j \frown W_{n-\nu-1}$ und $T_j(i) \frown W_{n-\nu-1}$ eine $(j-\nu-1)$-Ebene ist.

5.3.1.3. Zwecks Verwendung in Abschn. 5.3.1.4. zeigen wir: Für jede orientierungskonvergente Folge $\mathfrak{f}$ existiert ein mit $\mathfrak{S}_j(i)$ äquivalentes j-Simplex $\mathfrak{S}(z_{i0}, \ldots, z_{ij})$ in $T_j(i)$ sowie ein orientiertes j-Simplex $\mathfrak{S}(e_0, \ldots, e_j)$ in $E_j = \lim T_j(i)$ derart, daß $z_{ij} \in Th_j(i)$ sowie $e_j \in Eh_j$ und $e_j = \lim z_{ij}$, $0 \leq j \leq n$; $n \geq 1$; insbesondere ist $e_0 = \lim p_i$.

Beweis. Zu gegebenem i seien die rechtwinkligen kartesischen Koordinaten $\xi_{i\nu}$, $1 \leq \nu \leq n$ im R_n so gewählt, daß $z_{i0} = p_i = (\xi_{i\nu} = 0, 1 \leq \nu \leq n)$ und $Th_r(i) = (\xi_1, \ldots, \xi_{r-1}$ beliebig; $\xi_r > 0$; $\xi_{r+1} = \cdots = \xi_n = 0)$, $1 \leq r \leq n$. Wir setzen dann $z_{i\nu} = (\xi_1 = \cdots = \xi_\nu = 1; \xi_{\nu+1} = \cdots = \xi_n = 0)$, $1 \leq \nu \leq n$. Es ist also $z_{ij} \in Th_j(i)$. Mit $Th_j(i)$ konvergiert auch z_{ij} für $i \to \infty$, woraus die Existenz von e_j folgt. Da aber $z_{ij} \in Th_j(i)$ von $T_{j-1}(i)$ einen Abstand ≥ 1 besitzt, gilt auch $e_j \in Eh_j$.

5.3.1.4. Dem Beweis des Satzes, daß die Projektion aus W_{n-j-1} in E_j bzw. $T_j(k)$ einer lokal monotonen, orient.-konv. Folge wieder diese Eigenschaften besitzt (vgl. Abschn. 5.3.1.5.) schicken wir voraus:

Für jede orientierungskonvergente Folge $\mathfrak{f} = ((p_i))$ und eine zu $\mathfrak{f}$ gehörige Inzidenzkette $\mathfrak{O}(\mathfrak{f}) = ((W_v))$ gilt: Projiziert man $\mathfrak{S}_j(i) = \mathfrak{S}(i, \ldots, i+j) \subset T_j(i)$ aus W_{n-j-1} in E_j bzw. in $T_j(k)$, bei gegebenem $k \geq 1$, so ist das Bild $g_j^e(\mathfrak{S}_j(i)) \subset E_j$ sowie das Bild $g_j^k(\mathfrak{S}_j(i)) \subset T_j(k)$ für schließlich alle i ein eigentliches, nicht ausgeartetes j-Simplex. Orientiert man das Bildsimplex gemäß der Festsetzung

$$g_j^e(\mathfrak{S}_j(i)) = \mathfrak{S}(g_j^e(p_i), \ldots, g_j^e(p_{i+j}))$$

bzw.

$$g_j^k(\mathfrak{S}_j(i)) = \mathfrak{S}(g_j^k(p_i), \ldots, g_j^k(p_{i+j})),$$

so ist $g_j^e(\mathfrak{S}_j(i)) \sim \mathfrak{S}(e_0, \ldots, e_j)$ bzw. $g_j^k(\mathfrak{S}_j(i)) \sim \mathfrak{S}_j(k)$ für $0 \leq j \leq n$; $n \geq 1$, und für schließlich alle i und k.

A n m e r k u n g Für die Bildfolgen $((g_j^e(p_i)))$ in E_j bzw. $((g_j^k(p_i)))$ in $T_j(k)$ ist $T_j(g_j^e(p_i), \ldots, g_j^e(p_{i+j})) = g_j^e(T_j(i))$ und $T_j(g_j^k(p_i), \ldots, g_j^k(p_{i+j})) = g_j^k(T_j(i))$.

B e w e i s (1). Wegen $T_j(i) \cap W_{n-j-1} = T_j(k) \cap W_{n-j-1} = E_j \cap W_{n-j-1} = \emptyset$ (für schließlich alle i) ist sowohl g_j^e als g_j^k topologisch, so daß nicht-ausgeartete Simplizes aus $T_j(i)$ nicht-ausgeartete Bilder in E_j bzw. in $T_j(k)$ besitzen. Ferner sind für schließlich alle i und k sowohl die $g_j^e(p_i) \in E_j$ als die $g_j^k(p_i) \in T_j(k)$ eigentlich; denn $e_0 = \lim p_i \in E_j$ und $E_j = \lim T_j(i)$. — (2). Es sind die Projektionen äquivalenter (eigentlicher) Simplizes, soweit jene Projektionen eigentlich sind, wieder äquivalent, d. h.: Ist $\mathfrak{S}_j' = \mathfrak{S}(a_0', \ldots, a_j')$, $\mathfrak{S}_j'' = \mathfrak{S}(a_0'', \ldots, a_j'')$, so folgt aus $\mathfrak{S}_j' \sim \mathfrak{S}_j''$ in $T_j(i)$, daß auch $g_j^e(\mathfrak{S}_j') \sim g_j^e(\mathfrak{S}_j'')$ in E_j und $g_j^k(\mathfrak{S}_j') \sim g_j^k(\mathfrak{S}_j'')$ in $T_j(k)$, wenn die Projektionen im Sinne der Festsetzung in der Behauptung orientiert sind. Es ist nämlich $\mathfrak{S}_j' \sim \mathfrak{S}_j''$ genau dann, wenn $\mathfrak{S}_j'$ in $\mathfrak{S}_j''$ durch eine affine gleichsinnige Abbildung ineinander überführbar sind. Wegen der Linearität der Projektionen g_j^e und weil die $\mathfrak{S}_j'$, $\mathfrak{S}_j''$ gegen e_0 konvergieren, gehen dann auch $g_j^e(\mathfrak{S}_j')$ und $g_j^e(\mathfrak{S}_j'')$ durch eine solche Affinität ineinander über und umgekehrt; und entsprechend für g_j^k.

(3). Unter Bezugnahme auf die Bezeichnungen in Abschn. 5.3.1.3. schreiben wir abkürzend $\mathfrak{S}(z_{0i}, \ldots, z_{ji}) = \mathfrak{S}_j(z_{vi})$ und $\mathfrak{S}(e_0, \ldots, e_j) = \mathfrak{S}_j(e_v)$. Gemäß Abschn. 5.3.1.3. ist $\mathfrak{S}_j(i) \sim \mathfrak{S}_j(z_{vi})$, also $g_j^e(\mathfrak{S}_j(i)) \sim \mathfrak{S}_j(g_j^e(z_{vi}))$. Weiter ist zu bemerken: Weil die $e_v \in Eh_v$ und eigentlich sind, weil ferner $e_v = \lim z_{vi}$ ist, sind die $g_j^e(z_{vi})$ eigentlich für schließlich alle i. Wegen der Stetigkeit von g_j^e ist $e_v = g_j^e(e_v) = \lim g_j^e(z_{vi})$ und folglich $\mathfrak{S}_j(g_j^e(z_{vi})) \sim \mathfrak{S}_j(e_v)$ für schließlich alle i. Zusammen mit dem vorhin

Bewiesenen folgt $\mathfrak{S}_j(e_\nu) \sim g_j^e(\mathfrak{S}_j(i))$. Es ist aber auch $\mathfrak{S}_j(k) \sim g_j^k(\mathfrak{S}_j(i))$. Zunächst nämlich ist $g_j^e(\mathfrak{S}_j(i)) = g_j^e(g_j^k(\mathfrak{S}_j(i))$. Daraus und aus dem oben Bewiesenen entnimmt man, daß $g_j^e(g_j^k(\mathfrak{S}_j(i)) \sim \mathfrak{S}_j(e_\nu) \sim g_j^e(\mathfrak{S}_j(k))$. Gemäß Ziffer (2) ist also $g_j^k(\mathfrak{S}_j(i)) \sim \mathfrak{S}_j(k)$.

5.3.1.5. Wir beweisen jetzt den folgenden Projektionssatz.

Satz. *Voraussetzung.* Es sei $\mathfrak{f}$ eine lokal monotone, orientierungskonvergente Folge in R_n, $n \geq 2$, und $((W_v))$ eine zu $\mathfrak{f}$ gehörige Inzidenzkette $\mathfrak{D}(\mathfrak{f})$.

Behauptung. Die Projektion $g_j^k(\mathfrak{f})$ von $\mathfrak{f} \subset R_n$ aus W_{n-j-1} in $T_j(k)$ ist für schließlich alle k lokal monoton und orientierungskonvergent. In $g_j^k(\mathfrak{f})$ tritt dabei j an Stelle von n in $\mathfrak{f}$, und durch $W'_{j-r-1} = T_j(k) \cap W_{n-r-1}$, $0 \leq r \leq j$, wird eine zu $g_j^k(\mathfrak{f})$ gehörige Inzidenzkette geliefert. Entsprechendes gilt für die Projektion $g_j^e(\mathfrak{f})$ von $\mathfrak{f}$ aus W_{n-j-1} in E_j.

Beweis (1). Gemäß Abschn. 5.3.1.4. sind die Projektionen aller j-Simplizes $\mathfrak{S}_j(i)$ in $T_j(k)$ für schließlich alle i bei hinreichend großem k untereinander äquivalent, also $g_j^k(\mathfrak{f})$ lokal monoton.

(2). Wegen $T_r(i) \cap W_{n-j-1} = \emptyset$ für $r \leq j$ ist die Projektion $T'_r(i) = g_j^k(T_r(i))$ von $T_r(i)$ aus W_{n-j-1} in $T_j(k)$ gleich $T_j(k) \cap L(T_r(i) \cup W_{n-j-1})$ und eine r-Ebene (gemäß III., Abschn. 3., 1, (2)) für $A = W_{n-j-1}$, $B = T_r(i)$, $C = T_j(k)$), und zwar r-Tangentialebene von $g_j^k(\mathfrak{f})$. Da sich $T_{r-1}(i)$ entsprechend in $T'_{r-1}(i) \subset T'_r(i)$ projiziert, so ist die Projektion einer r-Halbebene von $T_r(i)$ wieder eine r-Halbebene in $T'_r(i)$. Somit projiziert sich $Th_r(i) = Lh(T_{r-1}(i)|\{p_{i+r}\})$ in die r-Tangentialhalbebene $Th'_r(i)$ von $T'_r(i)$. Da $\mathfrak{f}$ orient.-konv. ist, existiert $\lim T_r(i)$ und $\lim Th_r(i)$. Wegen der Stetigkeit von g_j^k folgt daher auch die Existenz von $\lim T'_r(i)$ und von $Th'_r(i)$. Definitionsgemäß ist daher auch $g_j^k(f)$ orient.-konv. Übrigens ist $\lim T'_r(i) = E'_r = L(E_r \cup W_{n-j-1}) \cap T_j(k)$ und ebenso $\lim Th'_r(i) = Eh'_r$ Bild von Eh_r.

Schließlich ist $W'_{j-r-1} = T_j(k) \cap W_{n-r-1}$ eine zu $g_j^k(\mathfrak{f})$ gehörige IK. In der Tat: Man setze $A = T_r(i)$, $B = W_{n-j-1}$, $B' = W_{n-r-1}$. Wegen $A \cap B = \emptyset$ folgt aus III., Abschn. 3., 1, (3): $g_j^k(A \cap B') = L(A \cap B' \cup B) \cap T_j(k) = (L(A \cup B) \cap T_j(k)) \cap (B' \cap T_j(k)) = T'_r(i) \cap W'_{j-r-1} = \emptyset$, weil $A \cap B' = \emptyset$. Ebenso ist, wenn $B'' = W_{n-r}$ gesetzt wird, $g_j^k(T_r(i) \cap W_{n-r}) = T'_r(i) \cap W'_{j-r}$ einpunktig; da der Urbildpunkt aber in $Th_r(i)$ liegt, so der Bildpunkt in $Th'_r(i)$; w. z. z. w.

5.3.1.6. Zur Vorbereitung des Satzes in Abschn. 5.3.1.6.1. zeigen wir zunächst:

Voraussetzung. Es sei $\mathfrak{f}$ lokal monoton und orient.-konv. im R_n mit $n \geq 1$. Ferner sei $((W_v))$ eine zu $\mathfrak{f}$ gehörige IK.

Behauptung. Für schließlich alle i gilt: Es ist $H_{n-1}(i;\varrho) = L(T_{n-\varrho-1}(i+\varrho) \cup W_{\varrho-1})$ eine $(n-1)$-Ebene. Die $n+1$ Punkte $w(n-r; i+r-1) = T_{n-r}(i+r-1) \cap W_r$, $0 \leq r \leq n$, sind linear unabhängig. Und zwar liegt $w(n-r; i+r-1)$ für $r \neq \varrho$, $0 \leq \varrho \leq n$, in $H_{n-1}(i; \varrho)$ aber nicht für $r = \varrho$ (dabei ist $W_{-1} = T_{-1}(i) = \emptyset$ gesetzt.)

Die $w(n - r; i + r - 1)$ bilden also die Ecken eines offenen n-Simplexes $Q(i)$ (das nicht ausgeartet ist und) dessen Seiten in den $H_{n-1}(i; \varrho)$ liegen, wobei $H_{n-1}(i; \varrho)$ der Ecke $w(n - \varrho; i + \varrho - 1)$ gegenüberliegt. Es ist $Q(i) \subset Th_n(i)$.

Beweis. Setze $A = T_{n-r-1}(i + r)$, $A' = T_{n-r}(i + r - 1)$, $B = W_{r-1}$, $B' = W_r$. Dann ist $A \cap B' = A' \cap B = \emptyset$. Definitionsgemäß ist $D' = A' \cap B' = w(n - r; i + r - 1)$ einpunktig. Ferner ist $D' \subset H_{n-1}(i; \varrho)$ für $r \neq \varrho$; denn $B' \subset W_{\varrho-1}$ für $r \leq \varrho - 1$ und $A' \subset T_{n-\varrho-1} \cdot (i + \varrho)$ für $\varrho \leq r - 1$ (daß $H_{n-1}(i; r) = L(A \cup B)$ eine $(n - 1)$-Ebene ist, folgt aus $A \cap B = \emptyset$ und $\dim A = n - r - 1$, $\dim B = r - 1$). Schließlich ist $D' \cap H_{n-1}(i; r) = \emptyset$ (vgl. III., Abschn. 3., 1, (3)). Demgemäß sind die $w(n - r; i + r - 1)$ linear unabhängig; denn andernfalls wären sie alle in einem $H_{n-1}(i; \varrho)$ enthalten. Wegen $w(n; i - 1) = W_0 \in Th_n(i)$ und $H_{n-1}(i; 0) = T_{n-1}(i)$ folgt $Q(i) \subset Th_n(i)$.

5.3.1.6.1. Es kann nun behauptet werden:

Satz. *Voraussetzung.* Es sei $\mathfrak{f} = ((p_i))$ lokal monoton und orientierungskonvergent in R_n, $n \geq 1$. Ferner sei $((W_\nu))$ eine zu $\mathfrak{f}$ gehörige Inzidenzkette und $Q(i)$ das in Abschn. 5.3.1.6. erklärte offene n-Simplex.

Behauptung. Für schließlich alle i gilt:

(1). Für $i + n \leq k$ ist $p_k \in Q(i)$ und $Q(i) \subset Th_n(i)$, daher $p_k \in Th_n(i)$.

(2). Für $i < j$ ist $Q(j) \subset Q(i)$.

(3). Auf W_1 liegen die Punkte $w(n - 1; i + \mu) = T_{n-1}(i + \mu) \cap W_1$, $\mu = 0, 1, \ldots$; $n \geq 2$; in der Reihenfolge $w(n - 1; i + 0)$, $w(n - 1; i + 1)$, $w(n - 1; i + 2), \ldots, W_0$.

Beweis. *Betr. Behauptung* (1) *und* (2). Durch Induktion nach n. Die Behauptungen sind richtig für $n = 1$; sie seien schon bewiesen für jedes $\nu < n$, wobei $n \geq 2$. Wir projizieren $\mathfrak{f}$ aus W_0 in $T_{n-1}(i)$; es sei p'_t die Projektion von p_t, $i \leq t$. Gemäß Abschn. 5.3.1.5. ist die Folge $\mathfrak{f}' = ((p'_t))$ lokal monoton und orient.-konv. mit $W'_{\nu-1} = T_{n-1}(i) \cap W_\nu$, $1 \leq \nu \leq n$, als zu $\mathfrak{f}'$ gehöriger IK; dabei wird wieder $W'_{-1} = \emptyset$ und $W'_{n-1} = T_{n-1}(i)$ gesetzt.

(I). Das erste von den p_t verschiedene p'_t ist p'_{i+n}. Nach Induktionsannahme ist — für hinreichend großes i — p'_{i+n} enthalten in demjenigen offenen $(n - 1)$-Simplex $Q'(i + 1)$, welches begrenzt wird von den $(n-2)$-Ebenen $H'_{n-2}(i; \varrho) = L(T_{n-\varrho-1}(i + \varrho) \cup (T_{n-1}(i) \cap W_{\varrho-1}))$, $1 \leq \varrho \leq n$, und die Eckpunkte $w(n - \varrho; i + \varrho - 1)$ besitzt. Nämlich: es ist $w(n - \varrho; i + \varrho - 1) \in T_{n-1}(i)$ für $\varrho \neq 0$ und $H_{n-1}(i; \varrho) \cap T_{n-1}(i) = L(T_{n-\varrho-1}(i + \varrho) \cup W_{\varrho-1}) \cap T_{n-1}(i) = L(T_{n-\varrho-1}(i + \varrho) \cup (T_{n-1}(i) \cap W_{\varrho-1}))$ (vgl. III., Abschn. 3., 1, (3)). Somit ist $Q'(i + 1) = T_{n-1}(i) \cap Q(i)$ mit $p'_{i+n} \in Q'(i + 1) \subset Th_{n-1}(i + 1)$ (nach Induktionsannahme).

(II). Entsprechend ist $Q'(i+2) \subset T_{n-1}(i)$ begrenzt von den $(n-2)$-Ebenen $H'_{n-2}(i+1;\varrho) = H_{n-1}(i+1;\varrho) \cap T_{n-1}(i)$, $1 \leq \varrho \leq n$. Andererseits sind unter denjenigen $(n-1)$-Ebenen, von welchen $Q(i+1)$ begrenzt wird, diese $H_{n-1}(i+1;\varrho)$, $1 \leq \varrho \leq n$, gerade diejenigen n, in welchen W_0 enthalten ist, während $T_{n-1}(i+1)$ die $(n+1)$-te ist und W_0 nicht enthält.

(III). Schließlich sei bemerkt, daß die $(n-1)$-Ebenen $T_{n-1}(i)$, $T_{n-1}(i+1)$ und $H_{n-1}(i+1;1)$ paarweise $T_{n-2}(i+1)$ als Durchschnitt besitzen und daß $p'_{i+n} \in T_{n-1}(i)$, $p_{i+n} \in T_{n-1}(i+1)$ und $W_0 \in H_{n-1}(i+1;1)$ ist.

(IV). Aus W_0, $p_{i+n} \in Th_n(i)$ und $p'_{i+n} \in T_{n-1}(i)$ folgt, daß p_{i+n} im Innern der von W_0 und p'_{i+n} begrenzten Strecke $s(W_0, p'_{i+n})$ liegt. Wegen (I) ist aber $p'_{i+n} \in Q'(i+1) = T_{n-1}(i) \cap Q(i)$; weil aber $T_{n-1}(i)$ zu den $Q(i)$ begrenzenden $(n-1)$-Ebenen gehört und W_0 Eckpunkt von $Q(i)$ ist, gilt $p_{i+n} \in Q(i)$. Ferner ist $Q'(i+2) \subset Q'(i+1)$ (nach Induktionsannahme). Wegen (II) und $p_{i+n} \in T_{n-1}(i+1)$ folgt daher $Q(i+1) \subset Q(i)$ (vgl. (III)). Da ebenso $Q(i+1+t) \subset Q(i+t)$ sowie $p_{i+n+t} \in Q(i+t)$, $t = 1, 2, \ldots$, ergibt sich Behauptung (1) und (2).

Betr. Behauptung (3). Es ist $w(n-1; i+1) = T_{n-1}(i+1) \cap W_1 \subset T_{n-1}(i+1)$ und $p_{i+n} = s(W_0, p'_{i+n}) \cap T_{n-1}(i+1)$ (vgl. (IV)). Ferner liegen p'_{i+n} und $w(n-1;i)$ in $T_{n-1}(i)$ auf der gleichen Seite von $T_{n-2}(i+1)$; dies folgt aus $w(n-1;i) = Th_{n-1}(i) \cap W_1$ sowie aus $p'_{i+n} \in Th_{n-1}(i)$.

5.3.2. Sekantenhüllen

5.3.2.1. Mit $\mathfrak{K}(x_1, \ldots, x_m)$ werde die abgeschlossene konvexe Hülle in R_n der Menge der Punkte $x_\mu \in R_n$, $\mu = 1, \ldots, m$; $m \geq 1$, bezeichnet.

Es sei $\mathfrak{f} = ((p_i))$ lokal monoton und orient.-konv., ferner $\mathfrak{O}(\mathfrak{f}) = ((W_\nu))$ eine zugehörige IK. Als 0-Sekantenhülle $H(T_0(i_1), \ldots, T_0(i_m))$ der $T_0(i_\mu) = \{p_{i_\mu}\}$ sei $\mathfrak{K}(p_{i_1}, \ldots, p_{i_m})$ erklärt. Ferner sei die s-Sekantenhülle $H(T_s(j_1), \ldots, T_s(j_m))$ der s-Tangentialebenen $T_s(j_\mu)$ schon erklärt für $0 \leq s < k$; $k \geq 1$. Sind nun $T_k(i_\varrho)$, $\varrho = 1, \ldots, r$, gegeben, so bezeichnen wir die in mindestens einem der $T_k(i_\varrho)$ enthaltenen $T_s(i)$ mit $T_s(i'_\tau)$, wobei $0 \leq s \leq k$ und $\tau = 1, \ldots, t = t(s)$. Für hinreichend große i_μ ist dann die k-Sekantenhülle $H(T_k(i_1), \ldots, T_k(i_r))$ der $T_k(i_\varrho)$, $\varrho = 1, \ldots, r$, erklärt als das System aller k-Ebenen S_k, welche sowohl (mindestens) einen Punkt von $H(T_k(i_1) \cap W_{n-k}, \ldots, T_k(i_r) \cap W_{n-k})$ als auch (mindestens) eine $(k-1)$-Ebene S_{k-1} aus $H(T_{k-1}(i'_1), \ldots, T_{k-1}(i'_{t(k-1)}))$ enthalten. Hierbei ist $T_k(i_\varrho) \cap W_{n-k} = w(k; i_\varrho)$ (vgl. Abschn. 5.3.1.2., (2)) und $H(w(k;i_1), \ldots, w(k;i_r)) \subset V(k) \cap W_{n-k}$; betr. $V(k)$ vgl. Abschn. 5.3.1.2., (4); es ist sogar $w(k;i) \in Th_k(i)$.

5.3.2.2. Folgerung (I). Jede zu einer k-Sekantenhülle $H(T_k(i_1), \ldots, T_k(i_r))$ gehörige k-Ebene S_k ist fremd zu W_{n-k-1}.

(II). Die k-Sekantenhülle $H(T_k(i_1), \ldots, T_k(i_r))$ ist identisch mit dem System $H'_k = H'(T_k(i_1), \ldots, T_k(i_r))$ aller k-Ebenen $S'_k = L\left(\bigcup_{\varkappa=0}^{k}\{y_\varkappa\}\right)$, wobei die $y_\varkappa$ linear unabhängige Punkte sind mit $y_\varkappa \in H_0(\varkappa) \cap (W_{n-\varkappa} - W_{n-\varkappa-1})$ und $H_0(\varkappa) = H(w(\varkappa; i'_1), \ldots, w(\varkappa; i'_{t(\varkappa)}))$, $0 \leq \varkappa \leq k$. Die $y_\varkappa$ liegen also in W_{n-1}, wenn $\varkappa > 0$, während y_0 zur konvexen Hülle der in den $T_k(i_\varrho)$ enthaltenen p_{i_τ} gehört.

Beweis. Betr. (I). Die Behauptung ist richtig für $k = 0$ gemäß der Definition von W_{n-1}. Die Behauptung sei schon für $0 \leq k < q$ bewiesen. Definitionsgemäß ist jedes $S_q \in H_q = H(T_q(i_1), \ldots, T_q(i_r))$ darstellbar als $S_q = L(S_{q-1} \cup \{y\})$, wobei $S_{q-1} \in H_{q-1} = H(T_{q-1}(i'_1), \ldots, T_{q-1}(i'_{t(q-1)}))$ und $y \in V(q) \cap W_{n-q} \cap H_0(q)$. Wegen $V(q) \cap W_{n-q-1} = \emptyset$ (Abschn. 5.3.1.2.) ist $y \in W_{n-q} - W_{n-q-1}$. Falls $S_q \cap W_{n-q-1} \neq \emptyset$ ist, enthält $S_q \cap W_{n-q}$ mindestens zwei Punkte; es ist also $\dim(S_q \cap W_{n-q}) \geq 1$ und folglich $\dim(S_{q-1} \cup W_{n-q}) \leq \dim(S_q \cup W_{n-q}) \leq n-1$, mithin $\dim(S_{q-1} \cap W_{n-q}) \geq 0$ im Widerspruch zur Induktionsvoraussetzung.

Betr. (II). Die Behauptung ist richtig für $k = 0$, sie sei schon für $0 \leq k < q$ bewiesen. Für $S_q \in H_q$ gilt (vgl. Beweis betr. (I)) $S_q = L(S_{q-1} \cup \{y_q\})$ mit $y_q \in (W_{n-q} - W_{n-q-1}) \cap H_0(q)$. Nach Induktionsannahme ist $S_{q-1} = L\left(\bigcup_{\varkappa=0}^{q-1}\{y_\varkappa\}\right)$, also $S_q = L\left(\bigcup_{\varkappa=0}^{q}\{y_\varkappa\}\right) \in H'_q$. Überdies ist y_q linear unabhängig von den (nach Voraussetzung) untereinander unabhängigen $y_0, \ldots, y_{q-1}$, weil $y_q \in W_{n-q} - W_{n-p-1}$ und $y_0, \ldots, y_{q-1} \in W_n - W_{n-q}$. — Umgekehrt folgt aus $S_q \in H'_q$, daß $S_q \in H_q$, und zwar ebenfalls durch Induktion, weil dies für $k = 0$ richtig ist.

5.3.2.3. Gemäß Abschn. 5.3.2.2., (I), ist $S_k \cap W_{n-k-1} = \emptyset$ für jedes zur k-Sekantenhülle $H(T_k(i_1), \ldots, T_k(i_r))$ gehörige S_k. Daher projiziert sich S_k aus W_{n-k-1} eineindeutig in E_k; dabei ist E_k durch Auszeichnung von $\mathfrak{S}(e_0, \ldots, e_k)$ (positiv) orientiert (vgl. Abschn. 5.3.1.4.). Wegen der Eineindeutigkeit und Linearität der Projektion kann und soll S_k *orientiert* werden *durch die Festsetzung*, daß jedes in S_k positive k-Simplex sich auf ein zu $\mathfrak{S}(e_0, \ldots, e_k)$ in E_k äquivalentes projiziert (vgl. Abschn. 5.3.1.4., Beweis Ziffer (2)).

Den eben geschilderten Sachverhalt bezeichnen wir auch so: *Für alle hinreichend großen $i_1, \ldots, i_m$ sind die $\tilde{T}_k(i_\mu)$ sowie die $\mathfrak{S}_k \in H(T_k(i_1), \ldots, T_k(i_m))$ äquivalent bezüglich W_{n-k-1}* (in E_k). Gemäß Abschn. 5.3.1.4. besteht diese Äquivalenz bezüglich W_{n-k-1} auch in jedem $T_k(j)$ für hinreichend großes j (und i_μ).

5.3.3. Ein Hilfssatz

Wir *bezeichnen* von jetzt ab mit $T_t(i; \varrho)$ bzw. $\mathfrak{S}_t(i; \varrho)$ die bzw. das durch die Punkte $p_i, \ldots, p_{i+\varrho-1}, p_{i+\varrho+1}, \ldots, p_{i+t+1}$ aufgespannte

t-Ebene bzw. orientierte t-Simplex, dessen Orientierung der angegebenen Reihenfolge der Punkte $p_i, \ldots$ entspricht; $1 \leq \varrho \leq t \leq n$. Außerdem setzen wir $T_t(i; 0) = T_t(i+1)$, $T_t(i; t+1) = T_t(i)$.

Es wird nun behauptet:

Hilfssatz. *Voraussetzung*. Es sei $\mathfrak{f} = ((p_i))$ eine lokal monotone, orientierungskonvergente Folge in R_n; $n \geq 2$, und $\mathfrak{O}(\mathfrak{f}) = ((W_\nu))$ eine zugehörige Inzidenzkette. Es sei $1 \leq \varrho \leq r$ und $2 \leq r \leq n$.

Behauptung. Für schließlich alle i gilt:

(1). Es ist $T_{r-1}(i; \varrho) \in H(T_{r-1}(i), T_{r-1}(i+1))$ (bezüglich $\mathfrak{O}(\mathfrak{f})$).

(2). Das Simplex $\tilde{\mathfrak{S}}_r(i; \varrho)$ ist nicht ausgeartet und seine Projektion aus W_{n-r-1} in $T_r(i)$ ist äquivalent zu $\tilde{\mathfrak{S}}_r(i)$ in $T_r(i)$ bzw. zu $\tilde{\mathfrak{S}}_r(i+1)$ in $T_r(i+1)$. Daher sind die Projektionen der $\tilde{\mathfrak{S}}_r(i)$, $\tilde{\mathfrak{S}}_r(i; \varrho)$ und $\tilde{\mathfrak{S}}_r(i+1)$ bezüglich W_{n-r-1} äquivalent in E_r (vgl. Abschn. 5.3.2.3.).

(3). Es ist $\lim T_r(i; \varrho) = E_r$ und $\lim \tilde{T}_r(i; \varrho) = \tilde{E}_r$, wenn $\tilde{T}_r(i; \varrho)$ bzw. $\tilde{E}_r$ durch Auszeichnung von $\tilde{\mathfrak{S}}_r(i; \varrho)$ bzw. von $\tilde{\mathfrak{S}}_r(e_0, \ldots, e_r)$ orientiert ist.

Der *Beweis* läßt sich so führen:

5.3.3.1 *Die Behauptung* (3) *folgt aus Behauptung* (1) *und* (2).

Zufolge Abschn. 5.3.1.2. ist $T_t(i) \frown W_{n-t} \in V(t)$ und $T_t(i+1) \frown W_{n-t} \in V(t)$ bei beliebig kleinem $V(t)$ für schließlich alle i. Wegen der Konvexität von $V(t)$ sowie wegen Behauptung (1) ist dann auch $y(t; i, \varrho) = T_t(i; \varrho) \frown W_{n-t} \in V(t)$; daher gilt $\lim y(t; i, \varrho) = w(t)$ (gemäß Abschn. 5.3.1.2., (4)). Wegen der linearen Unabhängigkeit der $w(t)$ (Abschn. 5.3.1.2.) sind die $y(t; i, \varrho)$ linear unabhängig und mithin $E_t = L(\{w(0)\} \smile \cdots \smile \{w(t)\})$ sowie $T_t(i; \varrho) = L(\{y(0; i, \varrho)\} \smile \cdots \smile \{y(t; i, \varrho)\})$ (vgl. Abschn. 5.3.2.2., (II)). Somit $\lim T_t(i; \varrho) = E_t$. Folglich ist $\lim \tilde{S}(y(0; i, \varrho), \ldots, y(t, i, \varrho)) = \tilde{S}(w(0), \ldots, w(t))$. Aus Behauptung (2) folgt nun das übrige.

5.3.3.2. Die *Behauptungen* (1) *und* (2) werden *zunächst für den Fall* $r = 2$ bewiesen.

5.3.3.2.1. Betr. Behauptung (1). *Hierbei ist* $\varrho = 1 = r - 1$.

(I). Es ist $w(1; i) = Th_1(i) \frown W_{n-1} \in W_1(i) = T_2(i) \frown W_{n-1}$; dabei ist $W_1(i)$ eine Gerade (vgl. III., Abschn. 3., 1, (1)). Wegen $T_1(i) \subset T_2(i)$ und $W_{n-2} \subset W_{n-1}$ bzw. $T_1(i+1) \subset T_2(i)$ folgt noch $w(2; i) = Th_2(i) \frown W_{n-2} \in W_1(i)$ und $w(1; i+1) \in W_1(i)$.

(II). Gemäß Abschn. 5.3.1.2., (3), liegt p_{i+1} auf $Th_1(i)$ zwischen p_i und $w(1; i)$, ferner p_{i+2} auf $Th_1(i+1)$ zwischen p_{i+1} und $w(1; i+1)$.

(III). Auf der Geraden $W_1(i)$ liegen $w(1; i)$, $w(1; i+1)$ sowie $w(2; i)$, (Ziffer (I)). Wir betrachten das in $T_2(i)$ gelegene Dreieck $D(i)$ mit den Eckpunkten p_{i+1}, $w(1; i)$ und $w(1; i+1)$. Die Träger der Seiten von $D(i)$ werden durch die Gerade $T_1(i; 1)$ in p_i und p_{i+2} geschnitten, wobei p_i außerhalb bzw. p_{i+2} innerhalb der Dreiecksseite $s(p_{i+1}, w(1; i))$ bzw. $s(p_{i+1}, w(1; i+1))$ liegt (Ziffer (II)). Nach dem

Axiom von Pasch liegt somit ein Punkt auf $W_1(i)$ zwischen $w(1;i)$ und $w(1;i+1)$ auch auf $T_1(i;1)$; er sei mit $w(i,i+2)$ bezeichnet. Daher *gehört* $T_1(i;1)$ *zu* $H(T_1(i),T_1(i+1))$ und es *liegen auf* $W_1(i)$ *die Punkte* $w(1;i)$, $w(i,i+2)$, $w(1;i+1)$ *in dieser Reihenfolge.*

5.3.3.2.2. Betr. Behauptung (2). *Hierbei ist* $1 \leq \varrho \leq 2$.

Fall $\varrho = 2$. Gemäß Abschn. 5.3.1.5., Satz, ist die Projektion $g_2^i(\mathfrak{f})$ von $\mathfrak{f}$ in die 2-Ebene $T_2(i)$ aus W_{n-3} wieder lokal monoton und orient.-konv.; dabei ist $g_2^i(p_j) = p_j$ für $j = i, i+1, i+2$. Gemäß S. 273, Abschn. 5.3.1.6.1., Satz, Behauptung (1), liegt $p'_{i+3} = g_2^i(p_{i+3})$ für schließlich alle i in $Th_2(i)$ (weil $g_2^i(p_j) \in T_2(i)$ ist, hat man in Abschn. 5.3.1.6.1. $n=2$ zu nehmen). Daher ist $\mathfrak{S}(p_i, p_{i+1}, p_{i+2}) \sim \mathfrak{S}(p_i, p_{i+1}, p'_{i+3})$ in $T_2(i)$, womit der Fall $\varrho = 2$ erledigt ist.

Fall $\varrho = 1$. Der in Abschn. 5.3.3.2.1., Ziffer (III), betrachteten Figur fügen wir noch p'_{i+3} hinzu und bringen die Gerade $T'_1(i+2) = L(\{p_{i+2}\} \cup \{p'_{i+3}\})$ zum Schnitt mit der (von ihr verschiedenen) Geraden $W_1(i)$; der Schnittpunkt $w'(1;i+2)$ existiert und ist eigentlich (vgl. Abschn. 5.3.1.2., Zusatz 2). (Es ist $W_1(i)$ in $T_2(i)$ die $(n-1)$-Ebene einer zu $\mathfrak{f}$ gehörigen IK (vgl. Abschn. 5.3.1.5., Satz)). Wie in Abschnitt 5.3.3.2.1., Ziffer (II), ergibt sich, daß p'_{i+3} auf $T'_1(i+2)$ zwischen p_{i+2} und $w'(1;i+2)$ liegt. Die beiden, nicht auf $W_1(i)$ liegenden Seiten des Dreiecks $D'(i+1)$ mit den Ecken p_{i+2}, $w(1;i+1)$ und $w'(1;i+2)$ werden von $T'_1(i+1;1) = L(\{p_{i+1}\} \cup \{p'_{i+3}\})$ in p_{i+1} bzw. p'_{i+3} getroffen; daher existiert der Schnittpunkt $w'(i+1;1) = T'_1(i+1;1) \cap W_1(i)$ und liegt auf $W_1(i)$ zwischen $w(1;i+1)$ und $w'(1;i+2)$.

Nach dem bisher (Abschn. 5.3.3.2.1., Ziffer (III), und soeben) Festgestellten liegen die nachstehend aufgeführten Punkte in dieser Reihenfolge auf $W_1(i)$: $w(1;i)$, $w(i;i+2)$, $w(1;i+1)$, $w'(i+1;1)$, $w'(1;i+2)$; ferner liegt p'_{i+3} zwischen p_{i+2} und $w'(1;i+2)$ auf $T'_1(i+2)$. Daraus folgt:

Da $w(1;i)$ und $w'(1;i+2)$ auf verschiedenen Seiten von $T(i;1)$ liegen, ist

$$\mathfrak{S}(p_i, p_{i+2}, p'_{i+3}) \sim \mathfrak{S}(p_i, p_{i+2}, w'(1;i+2)) \sim$$
$$-\mathfrak{S}(p_i, p_{i+2}, w(1;i)) \sim -\mathfrak{S}(p_i, p_{i+2}, p_{i+1}) \sim \mathfrak{S}(p_i, p_{i+1}, p_{i+2}).$$

5.3.3.3. Beweis für den Fall $r > 2$.

Im Induktionsschluß werde angenommen, daß Behauptung (1) und (2) schon für jedes r mit $2 \leq r < t$ bewiesen sei ($t \geq 3$).

5.3.3.3.1. Betr. Behauptung (1).

Zur *Abkürzung* schreiben wir: $\mathfrak{S}(i, \ldots, i+t-1, x) = \mathfrak{S}(\mathfrak{S}_{t-1}(i), x)$ für $\mathfrak{S}(p_i, \ldots, p_{i+t-1}, x)$, wobei speziell $\mathfrak{S}_\tau(i) = \mathfrak{S}(i, \ldots, i+\tau-1, p_{i+\tau})$ ist. Ferner sei gesetzt:

$$\mathfrak{S}(i, \ldots, [i+\varrho], \ldots, i+t, x)$$
$$= \mathfrak{S}(i, \ldots, i+\varrho-1, i+\varrho+1, \ldots, i+t, x) = \mathfrak{S}(\mathfrak{S}_{t-1}(i,\varrho), x),$$

speziell

$$\mathfrak{S}_\tau(i;\varrho) = \mathfrak{S}(i,\ldots,[i+\varrho],\ldots,i+\tau+1).$$

Entsprechend ist $T(i,\ldots,i+t-1,x)$, $T(i;\varrho)$ usw. zu verstehen. $1 \le \varrho \le t$.

Nun wird bemerkt:

(I). Wegen $w(t-1;i) \in Th_{t-1}(i) = Lh(T_{t-2}(i)\,|\,p_{i+t-1})$ liegen p_{i+t-1} und $w(t-1;i)$ in $T_{t-1}(i)$ auf der gleichen Seite von $T_{t-2}(i)$. Daher gilt:

(I 1). $\mathfrak{S}_{t-1}(i) \sim \mathfrak{S}(i,\ldots,i+t-2,$

$$w(t-1;i)) \sim (-1)^{t-\varrho-1}\,\mathfrak{S}(i,\ldots,[i+\varrho],\ldots,i+t-1,i+\varrho).$$

Nach Induktionsvoraussetzung gilt: $T_{t-2}(i;\varrho) \in H(T_{t-2}(i), T_{t-2}(i+1))$, also $T_{t-2}(i,\varrho) \cap W_{n-t+1} = \emptyset$ (Abschn. 5.3.2.2., (I)) sowie $T_{t-2}(i;\varrho) \subset T_{t-1}(i)$; und gemäß (I 1) liegt $w(t-1;i)$ nicht in $T_{t-2}(i;\varrho)$, weil $w(t-1;i) \subset W_{n-t+1}$ und $W_{n-t+1} \cap V(t-2) = \emptyset$ gemäß Abschn. 5.3.1.2., (4). Außerdem ist $\mathfrak{S}_{t-2}(i;\varrho)$ bezüglich $w(t-1;i)$ äquivalent mit $\bar{S}_{t-2}(i)$ (in E_{t-2}) nach Induktionsannahme, betr. Behauptung (2). Daher gilt gemäß (I 1)

(I 2) $\mathfrak{S}_{t-1}(i) \sim \mathfrak{S}(\mathfrak{S}_{t-2}(i),\, w(t-1;i)) \sim \mathfrak{S}(\mathfrak{S}_{t-2}(i;\varrho),\, w(t-1;i))$,

weil $w(t-1;i)$ gemeinsamer Eckpunkt der beiden vorstehenden Simplizes ist.

Aus (I 2) und der zweiten Hälfte von (I 1) folgt nun:

Es liegen $w(t-1;i)$ und $p_{i+\varrho}$ in $T_{t-1}(i)$ auf der gleichen bzw. auf der entgegengesetzten Seite von $T_{t-2}(i;\varrho)$ je nachdem $t-\varrho+1$ gerade oder ungerade ist; dies gilt für $1 \le \varrho \le t-1$ (nämlich auch für p_{i+t-1} und $w(t-1;t)$). — Durch entsprechende Schlüsse ergibt sich das gleiche für $w(t-1;i+1)$, $p_{i+\varrho}$ und $T_{t-2}(i+1;\varrho-1)$ (in $T_{t-1}(i+1)$). Daraus folgt:

(I 3). *Es liegen $p_{i+\varrho}$ und $w(t-1;i)$ in $T_{t-1}(i)$ auf der gleichen bzw. entgegengesetzten Seite von $T_{t-2}(i;\varrho)$ je nachdem $p_{i+\varrho}$ und $w(t-1;i+1)$ in $T_{t-1}(i+1)$ auf der entgegengesetzten oder gleichen Seite von $T_{t-2}(i+1;\varrho-1)$ liegen: $1 \le \varrho \le t-1$.*

(II). Mit Hilfe des in Ziffer (I) Gezeigten kann man weiter so schließen:

(II 1). *Es ist $Y_2 = L(\{p_{i+\varrho}\} \cup \{w(t-1;i)\} \cup \{w(t-1;i+1\})$ eine (eigentliche) 2-Ebene in $T_t(i)$; $1 \le \varrho \le t-1$.*

In der Tat: Die drei, V_2 aufspannenden Punkte sind in $T_t(i)$ enthalten. Es ist $w(t-1;i) \neq w(t-1;i+1)$ (vgl. Abschn. 5.3.1.2., (5)), beide sind in W_{n-t+1} enthalten (und eigentlich), während $p_{i+\varrho}$ nicht in W_{n-t+1} liegt.

(II 2). $Y_1(t-1;i) = Y_2 \cap T_{t-1}(i) = L(\{p_{i+\varrho}\} \cup \{w(t-1;i)\})$ und $Y_1(t-1;i+1) = Y_2 \cap T_{t-1}(i+1) = L(\{p_{i+\varrho}\} \cup \{w(t-1;i+1\})$, $1 \le \varrho \le t-1$, sind (eigentliche) Gerade (1-Ebenen) mit $Y_1(t-1;i)$

$\cap Y_1(t-1; i+1) = \{p_{i+\varrho}\}$. Übrigens ist $L(Y_2 \cup T_{t-1}(i)) = T_t(i) = L(Y_2 \cup T_{t-1}(i+1))$.

Beweis. Es ist $Y_2 \cup T_{t-1}(i) \subset T_t(i)$. Andererseits ist Y_2 nicht in $T_{t-1}(i)$ enthalten; denn andernfalls ist $\emptyset \neq \{w(t-1; i+1)\} \cap T_{t-1}(i) = W_{n-t+1} \cap T_{t-1}(i+1) \cap T_{t-1}(i) = W_{n-t+1} \cap T_{t-2}(i+1) = \emptyset$. Somit $L(Y_2 \cup T_{t-1}(i)) = T_t(i)$ und $\dim(Y_1(t-1; i)) = 1$. Ebenso schließt man für $Y_1(t-1; i+1)$. Daß die beiden Geraden verschieden und daß ihr Durchschnitt $p_{i+\varrho}$ ist, ergibt sich aus der linearen Unabhängigkeit der $p_{i+\varrho}, w(t-1; i)$ und $w(t-1; i+1)$ sowie aus $w(t-1; i) \subset T_{t-1}(i)$, $w(t-1; i+1) \subset T_{t-1}(i+1)$.

(II 3). Es ist $Y_1(t-1; i; \varrho) = Y_2 \cap T_{t-1}(i; \varrho)$ eine Gerade, die als eigentlich angenommen werden kann; $1 \leq \varrho \leq t-1$.

Beweis. Es ist wieder $Y_2 \cup T_{t-1}(i; \varrho) \subset T_t(i)$; da $p_{i+\varrho}$ nicht in $T_{t-1}(i; \varrho)$ enthalten ist, folgt $\dim(Y_1(t-1; i; \varrho)) = 1$. Daß die Gerade als eigentlich wählbar ist, folgt aus Abschn. 5.3.1.2., Zusatz 2.

(II 4). Es sind $y(t-2; i; \varrho) = Y_2 \cap T_{t-2}(i; \varrho)$ und $y(t-2; i+1; \varrho-1) = Y_2 \cap T_{t-2}(i+1; \varrho-1)$ verschiedene Punkte, die als eigentlich angenommen werden können; $1 \leq \varrho \leq t-1$.

Beweis. Es ist $T_{t-2}(i; \varrho)$ echter Teil von $T_{t-1}(i; \varrho)$ und $Y_1(t-1; i; \varrho)$ eine Gerade. Entsprechend für $T_{t-1}(i+1; \varrho-1)$. Daß die beiden Punkte verschieden sind, folgt aus $Y_2 \cap T_{t-2}(i; \varrho) \cap T_{t-2}(i+1; \varrho-1) \not\supset \{p_{i+\varrho}\} = Y_2 \cap T_{t-1}(i) \cap T_{t-1}(i+1)$ (gemäß (II 2)).

(II 51). Es ist $p_{i+\varrho}$, $w(t-1; i)$ und $y(t-2; i; \varrho)$ in $Y_1(t-1; i)$ enthalten ebenso $p_{i+\varrho}$, $w(t-1; i+1)$ und $y(t-2; i+1; \varrho-1)$ in $Y_1(t-1; i+1)$. Folgt aus (II 2) und (II 4) wegen $T_{t-2}(i; \varrho) \subset T_{t-1}(i)$ usw.

(II 52). Es ist $y(t-2; i; \varrho) = Y_1(t-1; i) \cap Y_1(t-1; i; \varrho) \in Y_1(t-1; i; \varrho)$ und $y(t-2; i+1; \varrho-1) = Y_2 \cap T_{t-1}(i+1) \cap T_{t-1}(i+1; \varrho-1) \in Y_1(t-1; i; \varrho)$.

Beweis. Die Gleichungen folgen aus $T_{t-1}(i) \cap T_{t-1}(i; \varrho) = T_{t-2}(i; \varrho)$ usw. Die zweite Enthaltenseinsrelation ergibt sich aus $T_{t-1}(i+1) \cap T_{t-1}(i+1; \varrho-1) = T_{t-1}(i+1) \cap T_{t-1}(i; \varrho)$.

(II 5). Es ist $Y_1(t-1; i; \varrho) = L(\{y(t-2; i; \varrho)\} \cup \{y(t-2; i+1; \varrho-1)\})$. Folgt aus (II 52) und aus $y(t-2; i; \varrho) \neq y((t-2; i+1; \varrho-1)$ (vgl. (II 4)).

(III). Die Konfiguration aus den drei Geraden $Y_1(t-1; i)$, $Y_1(t-1; i+1)$ und $Y_1(t-1; i; \varrho)$ ergibt sich definitionsgemäß als Durchschnitt der Konfiguration der drei $(t-1)$-Ebenen $T_{t-1}(i)$, $T_{t-1}(i+1)$ und $T_{t-1}(i; \varrho)$ mit der 2-Ebene Y_2, welche von den Punkten $p_{i+\varrho}$, $w(t-1; i)$ und $w(t-1; i+1)$ aufgespannt wird (vgl. (II 1)). Daher folgt aus Ziffer (I 3) und (II): Es liegen $p_{i+\varrho}$ und $w(t-1; i)$ in $Y_1(t-1; i)$ auf der gleichen oder entgegengesetzten Seite von $y(t-2; i; \varrho)$, je nachdem $p_{i+\varrho}$ und $w(t-1; i+1)$ auf der entgegengesetzten oder gleichen Seite von $y(t-2; i+1; \varrho-1)$ in $Y_1(t-1; i+1)$ liegen.

Nach dem Axiom von PASCH existiert daher in jedem Fall auf $W_1(i) = L(\{w(t-1; i)\} \cup \{w(t-1; i+1)\}) = Y_2 \cap W_{n-t+1} = T_t(i) \cap W_{n-t+1}$ ein Punkt $y(i; \varrho) = W_1(i) \cap Y_1(t-1; i; \varrho)$ zwischen $w(t-1; i)$ und $w(t-1; i+1)$. Demnach gilt für die Punkte *auf* $W_1(i)$ die *Reihenfolge* $w(t-1; i)$, $y(i; \varrho)$, $w(t-1; i+1)$. Es ist $y(i; \varrho)$ zwar in $T_{t-1}(i; \varrho)$, aber nicht in $T_{t-2}(i; \varrho)$ enthalten; denn $Y_2 \cap T_{t-2}(i; \varrho) = y(t-2; i; \varrho)$ liegt nicht in $W_1(i)$, weil es nach Ziffer (II 52) der (gemäß obigem (Ziffer (III), Anfang)) von $w(t-1; i)$ verschiedene Schnittpunkt von $Y_1(t-1; i; \varrho)$ und $Y_1(t-1; i)$ ist. Somit gilt $T_{t-1}(i; \varrho) = L(T_{t-2}(i; \varrho) \cup \{y(i; \varrho)\})$. Nach Induktionsannahme ist aber $T_{t-2}(i; \varrho) \in H(T_{t-2}(i), T_{t-2}(i+1))$; ferner liegt $y(i; \varrho)$ zwischen $w(t-1; i) = T_{t-1}(i) \cap W_{n-t+1}$ und $w(t-1; i+1) = T_{t-1}(i+1) \cap W_{n-t+1}$. Gemäß der Definition von $H(T_{t-1}(i), T_{t-1}(i+1))$ (vgl. Abschn. 5.3.2.1.) folgt daher, daß $T_{t-1}(i; \varrho) \in H(T_{t-1}(i), T_{t-1}(i+1))$, und zwar für $1 \leq \varrho \leq t-1$. Damit ist die Behauptung (1) des Hilfssatzes in Abschn. 5.3.3. bewiesen, denn für $\varrho = t$ wird $T_{t-1}(i; \varrho) = T_{t-1}(i)$.

5.3.3.3.2. Betr. Behauptung (2) *für* $t \geq 3$.

(I). Für $\varrho = t$ folgt die Behauptung aus Abschn. 5.3.1.5. und 5.3.1.6.1. Denn gemäß Abschn. 5.3.1.5. ist die Projektion $\mathfrak{f}'$ von $\mathfrak{f}$ aus W_{n-t-1} in $T_t(i)$ bzw. $T_t(i+1)$ wieder lokal monoton und orientierungskonvergent. Wegen Abschn. 5.3.1.6.1. ist daher (alles bezogen auf $\mathfrak{f}'$) $p_{i+t}, p_{i+t+1} \in Th_t(i)$ und folglich $\mathfrak{S}(i) \sim \mathfrak{S}(i; t) = \mathfrak{S}(i, \ldots, i+t-1, i+t+1)$; w. z. z. w.

(II). Es sei also $1 \leq \varrho \leq t-1$. Die Projektion aus W_{n-t-1} in $T_t(i)$ liefert $\mathfrak{f}' = ((p'_j))$ mit $p'_j = L(W_{n-t-1} \cup \{p_j\}) \cap T_t(i)$ als Bilder der p_j, wobei $p'_j = p_j$ für alle j mit $i \leq j \leq i+t$. — Wir setzen

$$T'_m(i+u) = L(\{p'_{i+u}\}, \ldots, \{p'_{i+u+m}\}), \quad 0 \leq m \leq t-1; \quad u = 0, 1, \ldots,$$

ferner

$$T'_{t-1}(i+1; \varrho-1) = L(\{p'_{i+1}\}, \ldots, \{p'_{i+\varrho-1}\}, \{p'_{i+\varrho+1}\}, \ldots, \{p'_{i+t+1}\})$$

und erklären entsprechend $\mathfrak{S}'_m(i+u)$, $\mathfrak{S}'_{t-1}(i+1; \varrho-1)$. Speziell ist $T'_m(i) = T_m(i)$ für $m \leq t-1$.

Ist wieder $W'_1 = T_t(i) \cap W_{n-t+1}$, so sei $w'(t-1; i+u) = T'_{t-1}(i+u) \cap W'_1$ (vgl. Abschn. 5.3.1.), ferner $y'(t-1; i+1; \varrho-1) = T'_{t-1}(i+1; \varrho-1) \cap W'_1$. Speziell ist $w'(t-1; i) = w(t-1; i)$, $w'(t-1; i+1) = w(t-1; i+1)$.

(II'). Die zu beweisende *Behauptung* (2) lautet jetzt: $\mathfrak{S}'_t(i; \varrho) \sim \mathfrak{S}'_t(i)$, wobei $\mathfrak{S}'_t(i; \varrho) = \mathfrak{S}(i, \ldots, i+\varrho-1, i+\varrho+1, \ldots, i+t, p'_{i+t+1})$ gesetzt ist. Der Beweis kann so geführt werden:

(II′ 1). Wir ziehen Abschn. 5.3.1.6.1., Satz, Behauptung (3), heran, indem wir R_n durch $T_t(i)$, also $\mathfrak{f}$ durch $\mathfrak{f}'$ ersetzen, ferner W_1 durch W_1' (vgl. Abschn. 5.3.1.5., Satz) und $w(n; i) = W_0$ durch $w(t; i)$. Gemäß Abschn. 5.3.1.6.1. liegen die Punkte $w(t-1; i)$, $w(t-1; i+1)$, $w'(t-1; i+2)$, in dieser Reihenfolge auf W_1'. Und gemäß Abschnitt 5.3.3.3.1., Ziffer (III), liegt $y(i; \varrho)$ bzw. $y'(t-1; i+1; \varrho-1)$ zwischen $w(t-1; i)$ und $w(t-1; i+1)$ bzw. zwischen $w(t-1; i+1)$ und $w'(t-1; i+2)$. Daher gilt:

Die Reihenfolge aller dieser Punkte auf W_1' ist: $w(t-1; i)$, $y(t-1; i; \varrho)$, $w(t-1; i+1)$, $y'(t-1; i+1; \varrho-1)$, $w'(t-1; i+2)$.

(II′ 2). Definitionsgemäß ist $w(t-1; i) \in Lh(T_{t-2}(i) | p_{i+t-1}) = Th_{t-1}(i)$, $w'(t-1; i+1) \in Lh(T'_{t-2}(i+1) | p'_{i+t})$ (vgl. Abschnitt 5.3.1.2. und Abschn. 5.3.1.5.) $= Th'_{t-1}(i+1)$. Daraus folgt $\mathfrak{S}_{t-1}(i) = \mathfrak{S}(\mathfrak{S}_{t-2}(i) | p_{i+t-1}) \sim \mathfrak{S}(\mathfrak{S}_{t-2}(i) | w(t-1; i))$ und entsprechend für $\mathfrak{S}'_{t-1}(i+1) \sim \mathfrak{S}(\mathfrak{S}'_{t-2}(i+1) | w'(t-1; i+1))$.

(II′ 3). *Weiter gilt* $y(t-1; i; \varrho) \in Lh(T_{t-2}(i; \varrho) | p_{i+t}) = Th_{t-1}(i; \varrho)$ und

$$y'(t-1; i+1; \varrho-1) \in Lh(T_{t-2}(i+1; \varrho-1) | p'_{i+t+1})$$
$$= Th_{t-1}(i+1; \varrho-1).$$

Um dies zu beweisen bemerke man: (*A*). Nach Induktionsannahme ist $T_{t-2}(i; \varrho)$ und $T_{t-2}(i+1; \varrho-1)$ in $H(T_{t-2}(i), T_{t-2}(i+1), T_{t-2}(i+2))$ enthalten. Wegen Abschn. 5.3.2.2., (I), und der Definition von W_1' ist daher $T_{t-2}(i; \varrho) \cap W_1' = T_{t-2}(i+1; \varrho-1) \cap W_1' = \emptyset$.

(*B*). Nach Induktionsannahme ist $\mathfrak{S}_{t-1}(i) \sim \mathfrak{S}_{t-1}(i; \varrho) \sim \mathfrak{S}'_{t-1}(i+1) \sim \mathfrak{S}'_{i-1}(i+1; \varrho-1)$ bezüglich W_{n-t-1}.

(II′ 4). Gemäß Abschn. 5.3.3.3.1., (I 2), liegen $w(t-1; i)$ und $p_{i+\varrho}$ in $T_{t-1}(i)$ auf der gleichen oder entgegengesetzten Seite von $T_{t-2}(i; \varrho)$, je nachdem $t-\varrho+1$ gerade oder ungerade ist ($1 \leq \varrho \leq t-1$).

(III). Nun ist $\bar{S}_t(i) \sim \bar{S}(\bar{S}_{t-1}(i) | w(t-1; i+1))$ (weil $\bar{S}_t(i) = \bar{S}(p_i | \bar{S}_{t-2}(i+1) | p_{i+t}) \sim \bar{S}(p_i | \bar{S}_{t-2}(i+1) | w(t-1; i+1)$ gemäß (II′ 2)). — Weiter $\bar{S}_t(i) \sim (-1)^{t-\varrho+1} \bar{S}(\bar{S}_{t-2}(i; \varrho) | p_{i+\varrho} | w(t-1; i+1)) \sim \bar{S}(\bar{S}_{t-2}(i; \varrho) | w(t-1; i) | w(t-1; i+1))$ (wegen (II′ 4)). Daraus folgt $\bar{S}_t(i) \sim \bar{S}(\bar{S}_{t-2}(i; \varrho) | y(t-1; i; \varrho) | y'(t-1; i+1; \varrho-1)$ (wegen (II′ 1) Ende). Hierauf wendet man nacheinander die Behauptung in (II′ 3) an. Dann ergibt sich: $\bar{S}_t(i) \sim \bar{S}(\bar{S}_{t-2}(i; \varrho)) | p_{i+t} | y'(t-1; i+1; \varrho-1) \sim \bar{S}(\bar{S}_{t-2}(i; \varrho) | p_{i+t} | p'_{i+t+1}) = \bar{S}'_t(i; \varrho) \sim \bar{S}_t(i)$ w. z. z. w.

5.3.4. Beschränktheit und Orientierungskonvergenz

Satz: *Jede beschränkte monotone Folge* $\mathfrak{f} = ((p_i))$ *ist orientierungskonvergent.*

Beweis. Indirekt. (1). Wegen der Beschränktheit von $\mathfrak{f}$ existiert $p = \lim p_i$. Angenommen, es gäbe zwei Teilfolgen von $\mathfrak{f}$: $p_{i_1}, p_{i_2}, \ldots$

und $p_{j_1}, p_{j_2}, \ldots$ mit $p' = \lim p_{i_r}$ und $p'' = \lim p_{j_r}$. Für genügend große r, s, t mit $i_r < j_s < i_t$ gilt dann: $\mathfrak{S}(i_{r-n+1}, i_{r-n+2}, \ldots, i_r, j_s) = \mathfrak{S}(i_{r-n+1}, i_{r-n+2}, \ldots, i_{r-1}, p', p'') = -\mathfrak{S}(i_{r-n+1}, i_{r-n+2}, \ldots, i_{r-1}, p'', p') = -\mathfrak{S}(i_{r-n+1}, i_{r-n+2}, \ldots, i_{r-1}, j_s, i_t)$ im Widerspruch zur Monotonie von $\mathfrak{f}$. Zum Beweis der Orientierungskonvergenz nehmen wir die Existenz zweier gegen p konvergierender Folgen von $(k+1)$-tupeln $p_{i_0}, \ldots, p_{i_k}$ und $p_{j_0}, \ldots, p_{j_k}$, $1 \leq k \leq n-1$, an derart, daß die durch $\mathfrak{S}(i_0, i_1, \ldots, i_k)$ bzw. $\mathfrak{S}(j_0, j_1, \ldots, j_k)$ orientierten k-Ebenen $L(i_0, i_1, \ldots, i_k)$ bzw. $L(j_0, j_1, \ldots, j_k)$ die orientierten k-Ebenen L'_k bzw. L''_k zum Limes haben, wobei L'_k und L''_k verschiedene k-Ebenen sind oder die gleichen k-Ebenen aber mit verschiedener Orientierung. Dann lassen sich $n-k$ linear unabhängige Punkte $q_1, q_2, \ldots, q_{n-k}$ finden, so daß $\mathfrak{S}(q_1, q_2, \ldots, q_{n-k}, p_{i_0}, p_{i_1}, \ldots, p_{i_k}) \sim -\mathfrak{S}(q_1, q_2, \ldots, q_{n-k}, p_{j_0}, p_{j_1}, \ldots, p_{j_k})$. Es sei $W = L(\{q_1\} \cup \{q_2\} \cup \cdots \cup \{q_{n-k}\})$. — (2). Bei einer Projektion f von $\mathfrak{f}$ aus W in eine zu W fremde k-Ebene L_k gehen gleich orientierte k-Simplexe $\mathfrak{S}_k$ und $\mathfrak{S}_k^*$ mit Eckpunkten p_i aus $\mathfrak{f}$ wieder in gleich orientierte k-Simplexe $f(\mathfrak{S}_k)$ und $f(\mathfrak{S}_k^*)$ über für genügend große i; denn $\mathfrak{S}_k$ läßt sich durch eine affine gleichsinnige Abbildung in $\mathfrak{S}_k^*$ überführen und dann, da $\mathfrak{f}$ beschränkt ist, für genügend großes i auch $f(\mathfrak{S}_k)$ in $f(\mathfrak{S}_k^*)$ durch eine affine gleichsinnige Abbildung (vgl. Abschn. 5.3.1.4., Beweis (2)). Die Projektion $f(\mathfrak{f})$ von $\mathfrak{f}$ aus W in L_k ist also schließlich monoton. — Aus dem in (1) Bewiesenen folgt aber: $f(\mathfrak{S}(i_0, i_1, \ldots, i_k)) \sim -f(\mathfrak{S}(j_0, j_1, \ldots, j_k))$, womit wir zu einem Widerspruch gelangt sind.

5.3.5. Folgerungen aus Abschn. 5.3.3.

Satz 1. *Voraussetzung. Es sei $\mathfrak{f}' = p_1', p_2', \ldots$, eine unendliche Punktfolge, die aus der lokal monotonen, orientierungskonvergenten Folge $\mathfrak{f}$ durch Elimination von endlich vielen Punkten enstanden ist.*

Behauptung (1). *Die n-Simplexe $\mathfrak{S}(p_v', p_{v+1}', \ldots, p_{v+n}')$, $v = 1, 2, \ldots$, sind für genügend großes v alle äquivalent.* — (2). *Es ist $\mathfrak{f}'$ orientierungskonvergent.*

Der Beweis ergibt sich durch wiederholte Anwendung des Hilfssatzes in Abschn. 5.3.3.

Aus dem Satz 1 folgt dann der

Satz 2. *Für eine Punktfolge $\mathfrak{f}$ im P_n sind folgende beiden Aussagen gleichwertig*: (a). *Es ist $\mathfrak{f}$ schließlich monoton und beschränkt.* — (b). *Es ist $\mathfrak{f}$ schließlich lokal monoton sowie orientierungskonvergent (insbesondere also konvergent).*

5.3.6. Büschel der 1-Sekantenrichtungen

Es sei $\mathfrak{f}$ eine monotone, beschränkte Punktfolge. Wir nehmen daher an, daß $\mathfrak{f}$ in einem euklidischen Raum R_n liegt. Es sei q ein beliebiger

Punkt im R_n und $L(q|q_i)$ sei die von q begrenzte q_i enthaltende und zu $Lh(p_{i-1}|p_i)$ parallele Halbgerade („parallele" soll hier heißen: Durch Translation überführbar in $Lh(p_{i-1}|p_i)$). Ferner sei $\{p_i'\} = Lh(q|q_i) \cap H$, wobei H eine zu q fremde Hyperebene sei, die schließlich mit allen $Lh(q|q_i)$ einen nicht leeren Durchschnitt hat.

5.3.6.1. Aus der linearen Unabhängigkeit von $p_i, p_{i+1}, \ldots, p_{i+n}$ folgt die von $Lh(q|q_{i+1}), Lh(q|q_{i+2}), \ldots, Lh(q|q_{i+n})$ und die von $p'_{i+1}, \ldots, p'_{i+n}$. Aus der Äquivalenz der $\mathfrak{S}(p_i, p_{i+1}, \ldots, p_{i+n})$ folgt die der $\mathfrak{S}(p'_{i+1}, p'_{i+2}, \ldots, p'_{i+n})$ für schließlich alle i. Es ist daher die Punktfolge $\mathfrak{f}'$: $p'_1, p'_{i+1}, \ldots$, schließlich lokal monoton.

5.3.6.2. Da $T_k(i)$ parallel ist zur k-Ebene $L_k(i) = L(\{q\} \cup \{p'_{i+1}\} \cup \cdots \cup \{p'_{i+k}\})$, $1 \leq k \leq n-1$, so ist auch $\lim L_k(i)$ parallel zu $E_k = \lim T_k(i)$. Es entsprechen sich $Th_k(i)$ und $Lh(L_{k-1}(i)|p'_{i+k}) = Lh_k(i)$. Daraus folgt die Existenz von $\lim Lh_k(i) = Lh_k$; es entspricht Lh_k dem $Eh_k = \lim Th_k(i)$. — Da $T'_{k-1}(i+1) = L(\{p'_{i+1}\} \cup \{p'_{i+2}\} \cup \cdots \cup \{p'_{i+k}\}) = L_k(i) \cap H$, so existiert auch $\lim Lh(T'_{k-1}(i+1)|p'_{i+k}) = Lh_k \cap H$. Es ist also $\mathfrak{f}'$ orientierungskonvergent und wegen Abschn. 5.3.5., Satz 2, und Abschn. 5.3.6.1. schließlich monoton.

5.3.7. Monotonie der 1-Sekantenrichtungen

Man erhält aus Abschn. 5.3.6.1. und 5.3.6.2. den

Satz. *Die zu den gerichteten 1-Sekanten einer konvergenten monotonen Folge $p_0, p_1, \ldots$, im R_n parallelen von einem Punkt q ausgehenden Halbgeraden bzw. deren Schnittpunkte p'_i, $1 \leq i$, mit einer zu q fremden Hyperebene bilden eine schließlich monotone Folge.*

5.3.8. Teilfolgen

Ist $\mathfrak{f} = ((p_i))$ monoton und beschränkt, dann auch orientierungskonvergent (gemäß Abschn. 5.3.4.). Ist nun $\nu_1 < \nu_2 < \nu_3 < \cdots$, so ist auch $p_{\nu_1}, p_{\nu_2}, p_{\nu_3}, \ldots$, schließlich monoton (gemäß Abschn. 5.3.5.). Nach Abschn. 5.3.7. bilden auch die von q ausgehenden, zu $Lh(p_{\nu_1}|p_{\nu_2})$, $Lh(p_{\nu_2}|p_{\nu_3})$, $Lh(p_{\nu_3}|p_{\nu_4}), \ldots$, parallelen Halbgeraden und deren unendlichen Teilfolgen schließlich monotone Folgen. Daraus ergibt sich der

Satz. *Die von einem Punkt q ausgehenden, zu den Halbgeraden $Lh(p_{\nu_1}|p_{\nu_2})$, $Lh(p_{\nu_3}|p_{\nu_4})$, $Lh(p_{\nu_5}|p_{\nu_6}), \ldots$, $(\nu_1 < \nu_2 < \nu_3 < \cdots)$ einer konvergenten monotonen unendlichen Punktfolge $p_0, p_1, p_2, \ldots$, parallelen Halbgeraden bilden eine schließlich monotone Folge von Halbgeraden.*

5.3.9. Monotone Bogen

Ein Bogen heiße *monoton*, wenn jede im Sinne einer Orientierung von B auf B angeordnete Punktfolge monoton ist. Jedes B mit POW $(B; \mathfrak{h}) = n$ ist monoton. Aus dem Satz in Abschn. 5.3.8. folgt dann durch Grenzübergang von den Halbsekanten zu den Halbtangenten der

Satz. *Voraussetzung. Es sei B ein einfacher Bogen im euklidischen R_n mit* POW $(B; \mathfrak{h}) = n$; $2 \leq n$.

Behauptung. Der Halbkegel der von einem festen Punkt ausgehenden Parallelen zu den hinteren (vorderen) Halbtangenten an B ist stückweise vom Punktordnungswert $n - 1$ bezüglich der $(n-2)$-Ebenen des R_n.

5.4. Schwach ordnungsminimale Kontinua im projektiven P_n; $n \geq 2$

Vorbemerkung. Ein (mehrpunktiges) Kontinuum $C \subset P_n$ vom Rang $\mathfrak{R}(C) = n$ heiße *schwach ordnungsminimal*, in Zeichen *schw. o. m.*, wenn schwPOW $(C; \mathfrak{h}_n) = n$; dabei bezeichnet $\mathfrak{h}_n$ den Raum $\tilde{P}_{n-1}$ der Hyperebenen (der $(n-1)$-Ebenen) des P_n.

Ist sogar POW $(C; \mathfrak{h}_n) = n$, so besitzt C keinen Verzweigungspunkt (vgl. Abschn. 5.2.4.). Demgegenüber können im Falle schwPOW $(C; \mathfrak{h}_n) = n$ sehr wohl Verzweigungspunkte auftreten. Ihre Anzahl ist aber beschränkt, nämlich maximal gleich $n - 1$. Ferner ist C als Vereinigung von maximal $3n - 2$ einfachen Bogen darstellbar. Diese und andere Eigenschaften der schw. o. m. Kontinua sollen jetzt bewiesen werden.

5.4.1. Einige Hilfssätze allgemeinerer Natur

5.4.1.1. Es sei $B \subset P_n$ ein einfacher Bogen mit beschränktem schwPOW $(B; \mathfrak{h}_n) = m < \infty$. Dann besitzt B in jedem seiner Punkte genau eine vordere bzw. hintere Halbtangente.

Beweis. Da die Behauptung für $n = 2$ bewiesen ist (Abschn. 3.1.6., Satz 1), sei $n \geq 3$ angenommen. Es sei $x \in B$, ferner U eine einseitige (beschränkte) Umgebung von x auf B und H eine Halbgerade mit x als Anfangspunkt. Enthält $D = \underline{U} \frown H$ eine Strecke S mit x als Anfangspunkt, so ist H die einzige Halbtangente an U in x. Es enthalte also D für kein H ein solches S. Gibt es nun (mindestens) zwei verschiedene Halbtangenten H', H'' in x an U, so sei A eine $(n-2)$-Ebene, welche mit der von H' und H'' aufgespannten 2-Ebene nur den Punkt x gemeinsam hat. Weiter sei Q eine $(n-1)$-Ebene mit $A \subset Q$ derart, daß $\underline{H}'$ und $\underline{H}''$ auf verschiedenen Seiten von Q liegen. Entsprechend wie beim Beweis für $n = 2$ ergibt sich, daß KOW $(U \frown Q)$ unendlich ist, was dem Abschn. 5.4.1.2. widerspricht; an Stelle der für $n = 2$ benützten ebenen Winkelräume W', W'' treten hier n-dimensionale Winkelräume, die von $(n-1)$-dimensionalen, A enthaltenden Ebenen begrenzt werden.

5.4.1.2. Ein Kontinuum $C \subset P_n$ von beschränktem schwKOW $(C; \mathfrak{h}_n) = m$ besitzt sogar beschränkten KOW $(C; \mathfrak{h}) < 3m + 1$ (H. [33], Abschn. 1.3., Anmerkung).

5.4.1.3. Aus schwPOW $(C; \mathfrak{h}_n) = m < \infty$ folgt, daß C erbliche Bogensumme und reguläre Kurve ist (Abschn. 7.8.6.).

5.4.1.4. Ist A eine ν-Ebene in P_n, $0 \leq \nu \leq n - 2$, so wird die Gesamtheit $\mathfrak{s}(A)$ aller Hyperebenen H mit $A \subset H$ als eine (Hyperebenen-) *Schar* mit der Achse A bezeichnet; im Falle $\nu = n - 2$ sagt man statt Schar auch Büschel. Im Falle $A = \emptyset$ soll $\mathfrak{s}(A) = \mathfrak{h}_n$ sein. Wir zeigen nun:

5.4.1.4.1. Voraussetzung. Es sei $\mathfrak{b} = \mathfrak{b}(A)$ ein Hyperebenenbüschel, also die Achse A eine $(n - 2)$-Ebene. Ferner sei C ein Kontinuum mit *endlichem* schwPOW $(C; \mathfrak{h}_n)$. — *Behauptung.* Es gibt nur abzählbar viele Hyperebenen $H' \in \mathfrak{b}$ mit nicht diskontinuierlichem $(C - C \cap A) \cap H'$.

Anmerkung. Die Behauptung gilt sogar bei „abzählbarem" schwPOW $(C; \mathfrak{h}_n)$.

Beweis. Andernfalls existieren überabzählbar viele, abgekürzt: ü. a., paarweise fremde, zusammenhängende mehrpunktige Teilmengen $T \subset C \cap H'$, nämlich entsprechend ü. a. verschiedenen Hyperebenen $H' \in \mathfrak{b}$ mit nicht diskontinuierlichem $(C - C \cap A) \cap H'$. Es gibt nun ein $\delta > 0$ und dazu ü. a. $T = T_\alpha$ sowie (da P_n eine abzählbare Umgebungsbasis besitzt) zwei offene Mengen U', U'' mit folgender Eigenschaft: Der Durchmesser eines jeden T_α ist größer als δ, der der U', U'' kleiner als $4^{-1}\delta$; ferner besitzt jedes T_α einen Durchmesser, dessen Endpunkte s'_α, s''_α in U' bzw. in U'' liegen: $s'_\alpha \in U'$, $s''_\alpha \in U''$. Daher ist $\bar{U}' \cap \bar{U}'' = \emptyset$. Ist H eine zu $\bar{U}' \cup \bar{U}''$ fremde Hyperebene (H existiert), so ist für ü. a. der T_α entweder (1. Fall) $T_\alpha \cap H \neq \emptyset$ oder (2. Fall) $T_\alpha \cap H = \emptyset$; und jeweils gleiches gilt dann für jedes H' je aus einer Nachbarschaft $\mathfrak{v}$ von H in $\mathfrak{h}_n$. Im 1. Fall enthält, weil die T_α paarweise fremd sind, $\bigcup_\alpha T_\alpha \cap H'$ also erst recht $C \cap H'$ ü. a. Punkte, während schwPOW$(C; \mathfrak{h}_n)$ endlich sein sollte. Im 2. Fall liegen ü. a. T_α in einer Menge M mit $\bar{M} \subset P_n - H$ und es gibt ein $H'' \in \mathfrak{h}_n$ sowie eine Nachbarschaft $\mathfrak{v}'$ von H'' derart, daß $\bar{U}'$ und $\bar{U}''$ auf verschiedenen Seiten (in $P_n - H$) eines jeden $H' \in \mathfrak{v}'$ liegen. Da die T_α zusammenhängend sind, gilt $T_\alpha \cap H' \neq \emptyset$ und es liegt für $\mathfrak{v}'$ der 1. Fall vor.

5.4.1.4.2. Es sei $C \subset P_n$, $2 \leq n$, ein Kontinuum mit schwPOW $(C; \mathfrak{h}) = m < \infty$, ferner sei A eine $(n - t)$-Ebene, $2 \leq t \leq n$. Dann liegen die Hyperebenen H aus der Schar $\mathfrak{s} = \mathfrak{s}(A)$ mit der Achse A, für welche $(C - C \cap A) \cap H$ (punkthaft, also) diskontinuierlich ist, dicht in $\mathfrak{s}$.

Anmerkung. Bei diskontinuierlichem $(C - C \cap A) \cap H$ ist jede mehrpunktige Komponente von $C \cap H$ in $C \cap A$ enthalten.

Beweis (I). *Betr. Anmerkung.* Für jede mehrpunktige Komponente K von $C \cap H$ ist $C \cap A \cap K \neq \emptyset$; und aus $(C - C \cap A) \cap K \neq \emptyset$ würde die Existenz einer mehrpunktigen Komponente von $(C - C \cap A) \cap H$ folgen.

(II). Betr. die übrige Behauptung. Für $t = 2$ ist die Behauptung richtig (gemäß Abschn. 5.4.1.4.1.). Sie sei für ein t mit $2 \leq t < n$ bewiesen. Ist nun die Behauptung nicht richtig für $t + 1$, d. h. für eine $(n - (t + 1))$-Ebene A, so gibt es in $\mathfrak{s} = \mathfrak{s}(A)$ ein offenes $\mathfrak{v}$ derart, daß $(C - C \cap A) \cap H$ nicht punkthaft ist für $H \in \mathfrak{v}$. Es sei $H_1 \in \mathfrak{v}$ beliebig. Wegen $3 \leq t + 1$ enthält H_1 eine $(n - t)$-Ebene A_1 mit $A \subset A_1$. In $\mathfrak{s}_1 = \mathfrak{s}(A_1)$ gibt es, weil die Behauptung für t gilt, ein in $\mathfrak{s}_1$ dichtes $\mathfrak{d}_1'$ derart, daß $(C - C \cap A) \cap H_1'$ diskontinuierlich ist für jedes $H_1' \in \mathfrak{d}_1'$; alle mehrpunktigen Komponenten von $C \cap H_1'$ liegen also in A. Da $\mathfrak{v}$ offen in $\mathfrak{s}$ und $H_1 \in \mathfrak{v}$, ist $\mathfrak{d}_1' \cap \mathfrak{v} \neq \emptyset$, so daß $H_1' \in \mathfrak{v}$ angenommen werden kann. — Mit einem solchen H_1' verfahre man wie mit H_1, wähle also in H_1' eine (von A_1 verschiedene) $(n - t)$-Ebene A_2 mit $A \subset A_2$, was wegen $A \subset H_1'$ usw. möglich ist. In $\mathfrak{s}_2 = \mathfrak{s}(A_2)$ gibt es $H_2 \in \mathfrak{s}_2 \cap \mathfrak{v}$, für welche alle mehrpunktigen Komponenten von $C \cap H_2$ in A_2 enthalten sind. Es ist $A_1 \cap A_2 = A$. Aus $A_2 - A_2 \cap A_1 \subset H_1' - A_1$ folgt daher $C \cap (A_2 - A) \subset (C - C \cap A_1) \cap H_1'$. Weil hier die rechte Seite endlich ist (vgl. Anmerkung), gilt dies auch von der linken und damit von $C \cap (A_2 - A) \cap H_2$. Da aber auch $(C - C \cap A_2) \cap H_2$ endlich ist, gilt gleiches für $(C - C \cap A) \cap H_2$ im Widerspruch zu $H_2 \in \mathfrak{v}$. Damit ist die Behauptung auch für $t + 1$ bewiesen.

5.4.2. Hyperebene Schnitte von Kontinuen

Ist $M \subset P_n$ eine Punktmenge vom Rang n, in Zeichen $\mathfrak{R}(M) = n$, so werde jedes System S von (nur) $n + 1$ bzw. n l. u. Punkten aus M eine *Basis* bzw. *Unterbasis* von M genannt. Ist $S = \{p_1, \ldots, p_n\}$ Unterbasis von M und ist $p \in M$, so gibt es stets $n - 1$ unter den p_ν, etwa $p_1', \ldots, p_{n-1}'$, welche zusammen mit p eine Unterbasis $S' = \{p, p_1', \ldots, p_{n-1}'\}$ bilden. (Der Fall $p = p_\nu$ ist eingeschlossen.)

Es gelten nun die folgenden Sätze:

1. Satz. *Voraussetzung* (1). Es seien $C_1, \ldots, C_m$ Kontinua oder einpunktige Mengen im projektiven P_n; $2 \leq n$; $1 \leq m$. Es sei $\mathfrak{R}(V) = n$, wenn $V = \bigcup_{\mu=1}^{m} C_\mu$. Ferner seien $q_\varrho \in P_n$, $\varrho = 1, \ldots, r$; $r \geq 1$, beliebige Punkte und es sei $Q = \bigcup_{\varrho=1}^{r} \{q_\varrho\}$ gesetzt.

(2). Es existiere eine Unterbasis S von V mit $L(S) \cap Q \neq \emptyset$ (betr. $L(S)$, vgl. Abschn. 5.1.1.). Ferner soll für jede ν-Ebene P_ν mit $P_\nu \cap Q \neq \emptyset$, welche $\nu + 1$ Punkte von S enthält, gelten: Es existiert ein μ (mit $1 \leq \mu \leq m$) bzw. ein C_μ mit $C_\mu \cap P_\nu \neq \emptyset$ und mit $C_\mu \not\subset P_\nu$, d. h. mit $C_\mu \cap P_\nu \neq C_\mu$; dabei kann ν jede der Zahlen $0, 1, \ldots, n - 1$ sein.

Behauptung (I). Es existiert eine echte oder leere Teilmenge S^* von S mit $L(S^*) \frown Q = \emptyset$ und in der Hyperebenenschar $\mathfrak{s}$ mit der Achse $L(S^*)$ eine in $\mathfrak{s}$ offene, zu $L(S)$ beliebig benachbarte Menge $\mathfrak{u}$ von folgender Eigenschaft: Jedes $H \in \mathfrak{u}$ ist fremd zu Q und enthält n linear unabhängige Punkte von V.

(II). Ist überdies schwPOW $(V; \mathfrak{h}_n)$ beschränkt, so liegen in $\mathfrak{u}$ (vgl. Behauptung (I)) diejenigen Hyperebenen H' dicht, für die unter den n linear unabhängigen Punkten von $V \frown H'$ (vgl. Behauptung (I)) mindestens $n - \mathfrak{R}(S^*)$ Schnittpunkte von H' mit $V - V \frown L(S^*)$ enthalten sind.

Zusatz. Die Voraussetzung (2) ist erfüllt, wenn $L(S) \frown Q \neq \emptyset$ und wenn $C_\mu \frown L(S) \neq C_\mu$ für jedes C_μ mit $C_\mu \frown Q \neq \emptyset$; speziell also, wenn lediglich $L(S) \frown Q \neq \emptyset$ und dabei $m = 1$ ist.

Beweis (1). *Vorbemerkung.* Folgende *Konstruktion* liegt dem Beweis zugrunde: *Annahme.* Es sei P' eine ν-Ebene, $0 \leq \nu \leq n - 1$, und $V \frown P'$ enthalte eine Basis S' von P'; es sei also $P' = L(S')$ und $V \frown P' \neq \emptyset$. Unter den wegen $\mathfrak{R}(V) = n$, $\mathfrak{R}(P') \leq n - 1$ und $V \frown P' \neq \emptyset$ existierenden C_μ mit $C_\mu \frown P' \neq \emptyset$ soll es (mindestens) eines, etwa C, geben mit $C \not\subset P'$, d. h. mit $C \frown P' \neq C$. Schließlich sei H^* eine P' enthaltende Hyperebene.

Folgerung. Es gibt ein ν Punkte von S' enthaltendes S'' (also $\mathfrak{R}(S'') = \mathfrak{R}(S') - 1 = \nu - 1$ und $L(S'') \subset P'$) sowie in beliebiger Nachbarschaft von H^* ein in der Schar $\mathfrak{s}(L(S''))$ offenes $\mathfrak{u}''$ derart, daß $V \frown H''$ für jedes $H'' \in \mathfrak{u}''$ $\nu + 1$ l. u. Punkte enthält, nämlich alle ν Punkte von S'' sowie ein $\bar{a}$.

Konstruktion von S'' *und* $\mathfrak{u}''$. Wegen $\emptyset \neq C \frown P' \neq C$ ist C ein (mehrpunktiges) Kontinuum, so daß ein $a \in P'$ existiert, in welchem eine Komponente von $C - C \frown P'$ mündet. Durch Einfügen von a werde S' umgebildet in eine Basis $\tilde{S}'$ von P'. Setzt man $S'' = \tilde{S}' - \{a\}$, gilt $a \notin L(S'')$; und dabei ist S'' echte Teilmenge der endlichen Menge S', und $L(S'')$ ist eine in P' enthaltene $(\nu - 1)$-Ebene. In der Schar $\mathfrak{s}''$ mit der Achse $L(S'')$ gibt es zu beliebig kleiner Umgebung U von a (in P_n) in beliebiger Nähe von H^* (in $\mathfrak{h}_n$) eine in $\mathfrak{s}''$ offene Menge $\mathfrak{u}'' \subset \mathfrak{s}''$ derart, daß jedes $H \in \mathfrak{u}''$ einen Punkt $\bar{a} \in (V - V \frown L(S'')) \frown U$ enthält; o. B. d. A. kann $L(S'') \frown \bar{U} = \emptyset$ angenommen werden.

Daß $\mathfrak{u}''$ beliebig nahe bei H^* wählbar ist, ist, im Falle $C \frown U \not\subset H^*$ für beliebig kleines U, klar. Im Fall $C \frown U \subset H^*$ gibt es beliebig nahe bei H^* solche $n - \nu$ Hyperebenen $H^r \in \mathfrak{s}(P')$, $1 \leq r \leq n - \nu$, deren Durchschnitt gleich P' ist; wegen $C \frown U \not\subset P'$ ist daher $C \frown U \not\subset H^r$ für mindestens ein r. Da S'' Basis von $L(S'')$ und da $\bar{a}$ l. u. von S'' ist, da ferner $S'' \smile \{\bar{a}\} \subset V$ ist, sind $\nu + 1$ l. u. Punkte von V in $S'' \smile \{\bar{a}\}$ enthalten.

Anmerkung. Ist speziell schwPOW $(V;\mathfrak{h}_n)$ beschränkt (vgl. Behauptung (II)), so liegen (gemäß Abschn. 5.4.1.4.2.) in $\mathfrak{u}''$ diejenigen H'' dicht, für die $(V - V \cap L(S'')) \cap H''$ diskontinuierlich, also $\bar{a}$ Schnitt*punkt* ist (unter den $\nu + 1$ l. u. Punkten von $S'' \cup \{\bar{a}\}$).

(2). Es sei jetzt $S = \bigcup_{\tau=1}^{n} \{p_\tau\}$ eine der Voraussetzung (2) genügende Unterbasis von V. In Voraussetzung (2) nehmen wir $\nu = n - 1$ und $P_\nu = L(S)$. Dann ist $P_\nu \cap Q \neq \emptyset$ und P_ν enthält S, also $\nu + 1$ Punkte von $S \subset V$. Infolgedessen sind für $S' = S$ und $P' = L(S)$ sowie für $H^* = L(S)$ die Annahmen in Ziffer (1) erfüllt, insbesondere also (nach Voraussetzung (2)) die Existenz eines C_μ gesichert. Gemäß Ziffer (1), Folgerung existiert daher ein a, S'' und $\mathfrak{u}''$ sowie $\bar{a}$. Wir unterscheiden die Fälle:

$$L(S'') \cap Q = \emptyset \quad \text{und} \quad L(S'') \cap Q \neq \emptyset.$$

(2.1). *Im Falle* $L(S'') \cap Q = \emptyset$ ist für $S^* = S''$ die Behaupting (I) des Satzes richtig, wenn $\mathfrak{u}''$ so gewählt wird, daß $Q \cap H'' = \emptyset$ für jedes $H'' \in \mathfrak{u}''$; dies ist wegen der Endlichkeit von Q möglich. Ist überdies schwPOW $(V;\mathfrak{h}_n)$ beschränkt, so gibt es (vgl. Ziffer (1), Anmerkung) eine in $\mathfrak{s}''$ offene Menge $\mathfrak{u}'' \subset \mathfrak{s}''$, in welcher diejenigen H'' dicht liegen, für die in $(V - V \cap L(S'')) \cap H''$ mindestens $n - \mathfrak{R}(S'') = n - (n-1) = 1$ Schnittpunkte, nämlich $\bar{a}$ unter den n l. u. Punkten in $S'' \cup \{\bar{a}\} \subset V \cap H''$ enthalten sind.

(2.2). Im Fall $L(S'') \cap Q \neq \emptyset$ nehmen wir $\nu = n - 2$, so daß für die ν-Ebene $L(S'') = P'$ gemäß Voraussetzung (2) die Annahmen in Ziffer (1) erfüllt sind. Wir schreiben für die in Ziffer (2) angegebenen S'', $\mathfrak{u}''$, $\bar{a}$ jetzt S_1, $\mathfrak{u}_1$, $\bar{a}_1$. Für $S' = S_1$ und ein $H^* \in \mathfrak{u}_1$ ist dann die Annahme in Ziffer (1) erfüllt. Daher gibt es ein $a_2 \in V \cap L(S_1)$, ein $\tilde{S}_1$ und die echte Teilmenge $S_2 = \tilde{S}_1 - \{a_2\}$ von S_1 mit $\mathfrak{R}(S_2) = \mathfrak{R}(S_1) - 1$; ferner zu beliebig kleinen Umgebungen U_1 von $\bar{a}_1$ und U_2 von $\bar{a}_2$ (wobei o. B. d. A. $\bar{U}_1 \cap \bar{U}_2 = \bar{U}_1 \cap S_2 = \bar{U}_2 \cap S_2 = \emptyset$) in beliebiger Nähe von H^*, also auch von $L(S)$, in der Schar $\mathfrak{s}_2$ mit der Achse S_2 eine in $\mathfrak{s}_2$ offene Menge $\mathfrak{u}_2$ von folgender Eigenschaft: Für jedes $H'' \in \mathfrak{u}_2$ enthält $V \cap H''$ (mindestens) n l. u. Punkte, nämlich $n - 2$ aus S_2 und zwei weitere (von S_2 l. u.) Punkte von V, nämlich $\bar{a}_1 \in U_1$ und $\bar{a}_2 \in U_2$. — Ist überdies schwPOW $(V;\mathfrak{h}_n)$ beschränkt, so sind $\bar{a}_1$ und $\bar{a}_2$ Schnittpunkte in $V \cap H''$ für jedes H'' aus einer, in einer offenen Teilmenge von $\mathfrak{u}_2$ dichten Menge.

(3). Im Falle nun $L(S_2) \cap Q = \emptyset$ sind wir (mit $S^* = S_2$) fertig (vgl. Ziffer (2.1). Andernfalls wird auf $S' = S_2$ und ein $H^* \in \mathfrak{u}_2$ wieder Ziffer (2.2) angewendet. Fortsetzung des Verfahrens führt (nach höchstens n Schritten) zu einem S^* der in Behauptung (I) bzw. (II) beschriebenen Art, wobei $S^* = \emptyset$ zugelassen ist.

Beweis des Zusatzes. Für jedes P_ν, $0 \leq \nu \leq n-1$, das $\nu + 1$ Punkte von S enthält, ist $P_\nu \subset L(S)$; aus $C_\mu \not\subset L(S)$ folgt daher $C_\mu \not\subset P_\nu$, $\mu = 1, \ldots, m$. Und wegen $\emptyset \neq S \cap P_\nu \subset V \cap P_\nu$ existiert ein C_μ mit $C_\mu \cap P_\nu \neq \emptyset$.

Aus dem 1. Satz läßt sich folgern:

2. Satz. *Voraussetzung. Es sei $C \subset P_n$ ein Kontinuum mit $\mathfrak{R}(C) = n$ und mit (beschränktem)* schwPOW $(C; \mathfrak{h}_n) = t$. *Ferner sei $H \in \mathfrak{h}_n$ derart, daß n linear unabhängige Punkte q_ν, $\nu = 1, \ldots, n$, in $C \cap H$ enthalten sind.*

Behauptung. In beliebiger Nähe von H gibt es eine in $\mathfrak{h}_n$ offene Menge $\mathfrak{u}$, *in welcher diejenigen H' dicht liegen, für die $C \cap H'$ n linear unabhängige Punkte enthält, die sämtlich Schnittpunkte von $C \cap H'$ sind.*

Beweis. Man setze im 1. Satz: $V = C$, ferner $Q = \bigcup\{q_\nu\} = S$, also $L(S) = H$. Außerdem beachte man, daß die Voraussetzung in Satz 1, Zusatz, erfüllt ist.

3. Satz. *Für jedes Kontinuum $C \subset P_n$ mit $\mathfrak{R}(C) = n$ ist*

$$\text{schwPOW}(C; \mathfrak{h}_n) \geq n.$$

Beweis. Wegen $\mathfrak{R}(C) = n$ existiert eine Unterbasis S von C aus n Punkten. Setzen wir wieder $S = Q$ und $m = 1$, so folgt aus Satz 1 die Existenz eines in $\mathfrak{h}_n$ offenen $\mathfrak{u}$ mit POW $(C; \mathfrak{u}) \geq n$.

4. Satz. *Voraussetzung. Es sei $C \subset P_n$ ein schw. o. m. Kontinuum, also $\mathfrak{R}(C) = n \geq 2$. Ferner sei C' Teilkontinuum von C mit $\mathfrak{R}(C') = t$, also $1 \leq t \leq n$.*

Behauptung. Es ist C' ebenfalls schw. o. m., d. h. schwPOW $(C'; \mathfrak{h}_t) = t$, *wobei $\mathfrak{h}_t$ das System der $(t-1)$-Ebenen im $P_t = L(C')$ bezeichnet.*

Beweis (I). Gemäß Satz 3 ist schwPOW $(C'; \mathfrak{h}_t) \geq t$. Wegen schwPOW $(C'; \mathfrak{h}_n) \leq n$ ist daher die Behauptung richtig für $t = n$; ebenso übrigens für $t = 1$. Es sei also $2 \leq t \leq n-1$, und schwPOW $(C'; \mathfrak{h}_t) = t' \geq t$. Demgemäß gibt es in $\mathfrak{h}_t$ ein offenes $\mathfrak{v}$ derart, daß $C' \cap H'$ genau t' Punkte enthält und daß diese sämtlich Schnittpunkte sind für jedes $H' \in \mathfrak{v}$. Da sich die Schnittpunkte stetig mit H' ändern, enthält $\mathfrak{v}$ ein offenes $\mathfrak{v}'$ derart, daß $\mathfrak{R}(C' \cap H') = t''$ unabhängig von H' in $\mathfrak{v}'$ ist. Dabei gilt also $t'' \leq t - 1 \leq t' - 1$. — In der Tat: Wegen $\mathfrak{R}(C' \cap H') \leq t - 1$ besitzt $\mathfrak{R}(C' \cap H')$ ein Maximum t'' in $\mathfrak{v}$, etwa für $\bar{H}$; es gibt also genau $t'' + 1$ l. u. (Schnitt-) Punkte in $C' \cap \bar{H}$, etwa $\bar{p}_0, \ldots, \bar{p}_{t''}$. Weiter gibt es eine Umgebung U_τ von $\bar{p}_\tau$, $\tau = 0, \ldots, t''$, derart, daß die $p_0', \ldots, p_{t''}'$ l. u. sind für beliebige $p_\tau' \in U_\tau$. Für jedes H' aus einer Nachbarschaft $\mathfrak{v}' \subset \mathfrak{v}$ von $\bar{H}$ ist daher $\mathfrak{R}(C' \cap H') \geq t''$, wobei wegen der Maximaleigenschaft von t'' das Gleichheitszeichen gilt.

(II). Der Beweis, daß $t = t' = t'' + 1$ ist, stützt sich auf folgende Bemerkung. Es ist $C - C \cap (\bigcup_{H' \in \mathfrak{v}'} H') = M \neq \emptyset$ für hinreichend kleines $\mathfrak{v}'$, wie im folgenden angenommen wird. Es gebe $q_\nu \in M$, $\nu = 1, \ldots, n''$

$= n - t'' - 1 \geq n - t$, sowie Umgebungen V_ν von q_ν derart, daß alle Systeme $S = \{q'_1, \ldots, q'_{n''}; p'_0, \ldots, p'_{t''}\}$ Unterbasen von C sind für beliebige $q'_\nu \in V_\nu$, $p'_\tau \in U_\tau$. Die Hyperebenen $L(S) \in \mathfrak{h}_n$ bilden dann eine in $\mathfrak{h}_n$ offene Menge $\mathfrak{o}$ und es ist POW $(C \frown L(S)) \geq n'' + t' \geq n + (t' - t)$, was nur für $t' = t$ möglich ist. Solche q_ν lassen sich wie folgt konstruieren.

(II 1). Es sei $\tilde{H} \in \mathfrak{v}'$ festgehalten, also auch $\tilde{D} = C' \frown \tilde{H}$. Wegen $\mathfrak{R}(C) = n > t \geq t'' + 1$ und $C' \subset C$ gibt es eine Unterbasis $\tilde{S}$ von C, welche echte Obermenge der Basis $\tilde{S}' = \{\tilde{p}_\tau; \tau = 0, \ldots, t''\}$ von $\tilde{D}$ ist derart, daß $L(\tilde{T}) \frown L(\tilde{S}') = \emptyset = L(\tilde{T}) \frown L(\tilde{D})$, wenn $\tilde{T} = \tilde{S} - \tilde{S}'$. Bei festem $\tilde{T}$ gilt $L(\tilde{T}) \frown L(D') \neq \emptyset$ mit $D' = C' \frown H'$ für alle H' aus einer hinreichend kleinen, in $\mathfrak{v}'$ enthaltenen Nachbarschaft von $\tilde{H}$, die wieder mit $\mathfrak{v}'$ bezeichnet sei. Es ist $\tilde{T} = \{\tilde{q}_\nu; \nu = 1, \ldots, n''\}$, so daß $\tilde{S} = \{\tilde{p}_\tau; \tilde{q}_\nu\}$ $= \{\tilde{p}_0, \ldots, \tilde{p}_{t''}; \tilde{q}_1, \ldots, \tilde{q}_{n''}\}$. Ersetzen wir $\tilde{S}'$ durch $S' = \{p'_0, \ldots, p'_{t''}\}$ und $\tilde{S}$ durch $S = \{p'_\tau; \tilde{q}_\nu\} = (\tilde{S} - \tilde{S}') \smile S'$, so ist $S - S' = \tilde{S} - \tilde{S}'$, ferner $D' = C' \frown H' = C' \frown L(S')$. Die S sind wieder Unterbasen von C; und es ist $L(S - S') \frown L(S') = \emptyset$ sowie POW $(C \frown L(S)) \geq n + (t' - t)$. Wir erhalten nun das in Ziffer (II) gewünschte in $\mathfrak{h}_n$ offene $\mathfrak{o}$, indem wir die Punkte $\tilde{q}_\nu$ durch beliebig benachbarte q'_ν ersetzen, die Schnittpunkte von $C \frown L(S)$ sind, wenn $S = \{p'_0, \ldots, p'_{t''}; q'_1, \ldots, q'_{n''}\}$ ist (dabei ist S wieder Unterbasis von C). Denn es gibt dann Umgebungen V_ν der q'_ν von der in Ziffer (II) gewünschten Eigenschaft.

(II 2). Zur Konstruktion solcher q'_ν genügt es, nur diejenigen unter den $\tilde{q}_\nu$ zu betrachten, die noch nicht Schnittpunkte von $C \frown L(\tilde{S})$ sind; denn bei hinreichend kleinen Änderungen von $L(\tilde{S})$ bleiben diese Schnittpunkte erhalten und auf beliebig kleine Umgebungen ihrer ursprünglichen Lage beschränkt. Dementsprechend nehmen wir alle schon vorhandenen Schnittpunkte unter den $\tilde{q}_\nu$ aus $\tilde{T}$ weg und fügen sie zu $\tilde{S}'$ oder S' hinzu. Die so entstehenden Systeme werden wieder mit $\tilde{T}, \tilde{S}'$ bezeichnet und ihre Punkte mit $\tilde{q}_\nu, \tilde{p}_\tau$ bzw. p'_τ, ferner ihre Anzahlen mit n'', t'' usw. Es ist $L(\tilde{T}) \frown L(S') = \emptyset$. Bei beliebigen $p'_\tau \in U_\tau$ (vgl. Ziffer (I)) bilden die $L(S')$ eine in $\mathfrak{h}_{t''}$ offene Menge; und da $L(\tilde{S})$ durch $L(\tilde{T})$ und $L(\tilde{S}')$ bzw. $L(S)$ durch $L(\tilde{T})$ und $L(S')$ aufgespannt wird, bilden die $L(S)$ in der Schar mit der Achse $L(\tilde{T})$ eine offene Menge, nämlich eine Umgebung vom $L(\tilde{S})$ in der Schar. Gemäß Satz 1., Behauptung (II), gibt es unter diesen $L(S)$ solche mit diskontinuierlichem $(C - C \frown L(\tilde{T})) \frown L(S)$, die beliebig benachbart sind zu $L(\tilde{S})$. Es sei $L(\underline{S})$ ein solches $L(S)$.

(II 3). Es ist $F = C \frown L(\underline{S} - S')$ eine abgeschlossene, in $L(\underline{S})$ enthaltene nicht leere Menge $\neq C$. Jeder Punkt $\tilde{q}_\nu = q_\nu \in \underline{S}' - S' = \tilde{T}$ gehört zu einer Komponente von F. Und da $(C - F) \frown L(\underline{S})$ diskontinuierlich ist, gibt es zu jeder Komponente F_ϱ von F Komponenten K_ϱ von $C - C \frown L(\underline{S})$, welche in einem Punkt f_ϱ von F_ϱ münden. Beim Übergang von etwa $q_1 = q \in F_1$ zu einem Schnittpunkt sind zu unterscheiden:

1. Fall. Mindestens eines der f_1, etwa f, ist gleich q. Es sei $\mathfrak{s}'$ das Büschel mit der Achse $L(\underset{\sim}{S} - \{q\})$, also $L(\underset{\sim}{S}) \in \mathfrak{s}'$. Es gibt zu $L(\underset{\sim}{S})$ beliebig benachbarte $H \in \mathfrak{s}'$, für welche $C \frown H$ einen zu q beliebig benachbarten Schnittpunkt enthält. In der Tat: Ein in q mündendes K_1 ist zusammenhängend, so daß Punkte von K_1 für geeignete, zu $L(\underset{\sim}{S})$ beliebig benachbarte H auf verschiedenen Seiten von H liegen, also $K_1 \frown H \neq \emptyset$. Gemäß Satz 1 kann $K_1 \frown H$ als endlich angenommen werden, so daß $K_1 \frown H$ Schnittpunkte enthält; unter diesen gibt es, weil C reguläre Kurve und $q \in \lim K_1 \frown H$ für $H \to L(\underset{\sim}{S})$ solche, etwa q_1', die zu q beliebig benachbart sind.

2. Fall. Jedes f_1 ist verschieden von q. Wegen $f_1 \in L(\underset{\sim}{S} - S')$ gibt es ein kleinstes Teilsystem S'' von $\underset{\sim}{S} - S'$, von welchem f_1 linear abhängt. Ersetzt man eines der $q_\nu \in S''$, etwa q^* durch f_1, so ist $(\underset{\sim}{S} - \{q^*\}) \smile \{f_1\}$ wieder Unterbasis von C, welche alle p_τ' enthält. Wir sind daher beim 1. Fall angelangt, wenn f_1 mit q_1 bezeichnet wird.

(II 4). Setzt man $S_1' = S' \smile \{q_1'\}$ und $\underset{\sim}{S}_1 = (\tilde{T} - \{q_1\}) \smile S_1'$, so ist die Anzahl der Schnittpunkte von $C \frown L(\underset{\sim}{S}_1)$ um mindestens 1 größer als die von $C \frown L(\underset{\sim}{S})$. Durch Anwendung der Ziffern (II 1) bis (II 3) auf $\underset{\sim}{S}_1$ bzw. S_1' und bei Berücksichtigung des Umstandes, daß $\underset{\sim}{S}_1 - S_1'$ einen Punkt weniger enthält als $\underset{\sim}{S} - S'$, ergibt sich bei Fortsetzung des Verfahrens schließlich das gewünschte Resultat.

5. Satz. *Voraussetzung* (1). *Es sei $C \subset P_n$ ein Kontinuum mit $\Re(C) = n \geq 2$, und mit beschränktem* schwPOW $(C; \mathfrak{h}_n) = t \geq n$. — (2). *Weiter sei $p \in C$* nicht *Zerlegungspunkt von C.*

Behauptung. In der Hyperebenenschar $\mathfrak{s} = \mathfrak{s}(p) \subset \mathfrak{h}_n$ mit der Achse p gibt es eine in $\mathfrak{s}$ offene Menge u, *in welcher diejenigen $H \in \mathfrak{s}$ dicht liegen, deren Durchschnitte mit C diskontinuierlich sind und je n linear unabhängige Punkte enthalten, die bis auf höchstens p sämtlich Schnittpunkte sind.*

Beweis (I). Es sei $H \in \mathfrak{s}$ beliebig, also $p \in C \frown H$. Wegen $\Re(C) = n$ ist $C - C \frown H \neq \emptyset$. Da p nicht Zerlegungspunkt von C sein soll, gilt für jede Komponente K von $C - C \frown H$, die in p mündet: Ist $\bar{K} \neq C$, so ist $\bar{K} \frown (H - \{p\}) \neq \emptyset$, d. h., K mündet auch in $H - \{p\}$. Denn andernfalls wäre $\bar{K} \frown H = \{p\}$, also $K = \bar{K} - \{p\}$ und folglich $C = K \smile \{p\} \smile D$ eine Zerlegung von C durch p, weil $D = C - \bar{K} \neq \emptyset$ und $K \frown \bar{D} = \bar{K} \frown D = \emptyset$.

(II). Wir setzen $p = p_n$ und ergänzen p_n zu einer Unterbasis $S = \{p_1, \ldots, p_n\}$ von C, was wegen $\Re(C) = n$ stets möglich ist. Weiter setzen wir $Q = \{p_1, \ldots, p_{n-1}\}$ und wenden auf $V = C$, also $m = 1$, und S sowie auf $H^* = L(S)$ den 1. Satz nebst Zusatz an. Da $L(S^*) \frown Q = \emptyset$ ist (vgl. Satz 1), gilt $S^* = \{p_n\}$ oder $S^* = \emptyset$. Im ersten Fall folgt die Behauptung des vorstehenden Satzes aus Satz 1. — Der Fall $S^* = \emptyset$

kann aber nicht eintreten. Nämlich: Bei den einzelnen Schritten der Konstruktion von S^* gemäß Ziffer (1) des Beweises von Satz 1, existiert im Hinblick auf Ziffer (I) jeweils ein von p_n verschiedener Punkt a. Die Umbildung von S' in $\tilde{S}'$ (vgl. Satz 1., Beweis (1)) kann daher, solange neben p_n noch (mindestens) ein $p_\nu (1 \leq \nu \leq n-1)$ vorhanden ist, bei jedem Schritt so eingerichtet werden, daß dabei niemals p_n gegen a ausgewechselt wird. Der erste Schritt, bei dem ein S^* mit $L(S^*) \frown Q = \emptyset$ erreicht wird, ist daher derjenige mit $S^* = \{p_n\} = \{p\}$.

6. Satz. *Voraussetzung* (1). Es sei $C \subset P_n$ ein Kontinuum mit $\Re(C) = n \geq 2$. Ferner sei schwPOW $(C; \mathfrak{h}_n) = t$ beschränkt. — (2). Es sei p Verzweigungspunkt von C. Es existieren also drei in der regulären Kurve C enthaltene, bis auf den gemeinsamen Endpunkt p fremde Bogen B_i, $i = 1, 2, 3$, — (3). Es sei $S = \{p_1, \ldots, p_n\}$ eine Unterbasis von C, wobei $p = p_n$ ist.

Behauptung. Ist keine der Tangenten T_i in p an B_i in $L(S) \in \mathfrak{h}_n$ enthalten, so ist $n < t$.

Zusatz. Die Verzweigungsordnung von p in C ist beschränkt $(< 2nt + 1)$.

Beweis (I). *Betr. den Zusatz.* Zu jedem Punkt $x \in C$ existieren beliebig kleine konvexe Umgebungen W der folgenden Art: Es ist W der Durchschnitt von $2n$ offenen Halbräumen, deren jeder begrenzt ist von einer Hyperebene H' mit POW $(C \frown H') \leq t$. — Es existieren nämlich beliebig kleine konvexe Umgebungen begrenzt von $2n$ Hyperebenenstücken, und zu diesen Hyperebenen gibt es beliebig benachbarte H' der obengenannten Art (weil schwPOW $(C; \mathfrak{h}_n) = t$). Für die Begrenzung $W_g = \overline{W} - W$ von W gilt daher POW $(W_g \frown C) < 2nt + 1$.

(II). *Betr. Behauptung.* Zufolge der in der Behauptung gemachten Annahme liegen etwa $T_1 - \{p\}$ und $T_2 - \{p\}$ in einer Umgebung U von p, also auch $(B_1 - \{p\}) \frown U$ und $(B_2 - \{p\}) \frown U$ auf der gleichen Seite von $H = L(S)$. (Es existiert T_i, da schwPOW $(B_i; \mathfrak{h}_n) \leq t$ (vgl. Abschn. 5.4.1.1.).)

In der Schar $\mathfrak{s} = \mathfrak{s}(A)$ mit der Achse $A = L(S - \{p\})$ gibt es daher in beliebiger Nachbarschaft von H eine in $\mathfrak{s}$ offene Menge $\mathfrak{v}$ von Hyperebenen H' mit $p \notin H'$ derart, daß $B_i \frown H'$, $i = 1, 2$ mindestens eine Schnittkomponente S_i enthält für jedes $H' \in \mathfrak{v}$; gemäß Abschn. 1.4.2. ist dabei S_i Schnittpunkt für geeignete H' und $S_1 \neq S_2$.

(II 1). Es sei nun W eine (beliebig kleine) Umgebung von p, wie sie in Ziffer (I) konstruiert wurde mit $S_1, S_2 \in W$. Da jede Komponente von $C \frown (P_n - \overline{W})$ in W_g mündet, besitzt $C - C \frown W$ nicht mehr als $2nt$ Komponenten $C_1, \ldots, C_m$, $m \leq 2nt$, deren jede Teilkontinuum von C ist. Für hinreichend kleines W ist dabei $\Re(V) = n$, wenn $V = B_1 \frown \overline{W} \smile \left(\bigcup_{\mu=1}^{m} C_\mu\right)$, also insbesondere $S_1 \in V$, $S_2 \notin V$. Es kann nun

H' so gewählt werden, daß kein C_μ in H' enthalten ist und daß S_i Schnittpunkt bleibt. Bildet man S um in $S' = (S - \{p\}) \cup \{S_1\}$, so ist S' eine Unterbasis von V. Für V und S' sowie für $Q = S'$ sind die Voraussetzungen (1) und (2) des 1. Satzes bzw. des Zusatzes, erfüllt, weil $L(S') = H'$. Wegen $S = Q$ ist $S^* = \emptyset$; es gibt daher beliebig nahe bei H' eine (in $\mathfrak{h}_n$) offene Menge $\mathfrak{u}$ derart, daß $V \cap H''$ n l. u. Punkte enthält für jedes $H'' \in \mathfrak{u}$. Da bei hinreichend kleinem $\mathfrak{u}$ überdies $H'' \cap U \neq \emptyset$ für eine Umgebung U von S_2 ist, gilt POW $(C \cap H'') \geq n + 1$ für jedes $H'' \in \mathfrak{u}$, also schwPOW $(C; \mathfrak{h}_n) \geq n + 1$.

7. Satz. *Jeder Verzweigungspunkt p eines schw. o. m. Kontinuums $C \subset P_n$, also $\Re(C) = n \geq 2$, ist Zerlegungspunkt sowohl von C als auch eines jeden Teilkontinuums C' von C mit $\Re(C') = n$, in welchem p Verzweigungspunkt ist.*

Zusatz. Ist C (mit $\Re(C) = n$) ein schw. o. m. Kontinuum mit p als Verzweigungspunkt, so gilt für jedes, p als Verzweigungspunkt enthaltende Teilkontinuum C' von C: Ist p nicht Zerlegungspunkt von C', so ist $\Re(C') < n$.

Beweis. Es sei $p \in C'$, wobei $C = C'$ zugelassen ist. Falls p *nicht* Zerlegungspunkt von C' ist, gilt gemäß Satz 5: Es gibt eine in $\mathfrak{s} = \mathfrak{s}(p)$ offene Menge $\mathfrak{u}$, in welcher dicht liegen die Hyperebenen $\tilde{H}$ mit diskontinuierlichem $C' \cap \tilde{H}$ und wobei $C' \cap \tilde{H}$ n l. u. Punkte enthält, die bis auf (höchstens) p Schnittpunkte sind. Da p überdies Verzweigungspunkt von C' sein soll, existieren 3 bis auf den gemeinsamen Endpunkt p paarweise fremde Teilbogen B_i von C'. Es gibt solche $\tilde{H}$, welche fremd sind bis auf p zu der Tangente T_i an B_i in p, $i = 1, 2, 3$. Dies gilt dann auch für alle $\tilde{H}$ aus einer hinreichend kleinen Nachbarschaft eines solchen $\tilde{H}$. Wird das System der n l. u. Punkte von $C' \cap \tilde{H}$ mit $\tilde{S}$ bezeichnet, wobei also $p \in \tilde{S}$, so läßt sich der 6. Satz auf p und $\tilde{S}$ anwenden. Somit ist schwPOW $(C'; \mathfrak{h}_n) > n$ im Widerspruch zu Satz 4 wegen $\Re(C') = n$. — Der Zusatz folgt unmittelbar aus dem Satz.

5.4.3. Hilfssätze

Benötigt werden weiter die folgenden drei zusammengehörigen Hilfssätze.

1. Hilfssatz. *Voraussetzung* (1). Es seien $C_1, \ldots, C_t$; $t \geq 1$, Kontinua oder einpunktige Mengen in $P = P_n$; $n \geq 2$.

(2). Das System $\Phi = \{C_1, \ldots, C_t\}$ oder, was das gleiche bedeuten möge, die Menge $V = V(\Phi) = C_1 \cup \cdots \cup C_t$ soll maximalen Rang (bezüglich der C_τ) besitzen, d. h., es soll sein

$$\Re(V) = \Re(C_1) + \cdots + \Re(C_t) + t - 1.$$

Behauptung (I). Mit Φ bzw. V besitzt auch jedes Teilsystem $\Phi' = \{C_{\tau_1}, \ldots, C_{\tau_r}\}$, $1 \leq r \leq t$, bzw. $V' = V(\Phi')$ maximalen Rang; es ist also $L(V') \cap L(V - V') = \emptyset$, und insbesondere sind die $C_1, \ldots, C_t$ paarweise fremd.

(II). Ist $t \geq 2$, so ist der Durchschnitt aller $L(V - C_\tau)$, $1 \leq \tau \leq t$, leer.

(III). Zu jedem $x \in P_n$ existiert mindestens ein τ derart, daß x nicht in $L(V - C_\tau)$ enthalten ist; $1 \leq \tau \leq t$.

Anmerkung. Für $t = 1$ besteht immer Rangmaximalität.

Beweis. *Betr.* (I). O. B. d. A. sei $V' = C_1 \cup \cdots \cup C_r$ und $V'' = V - V'$. Es sei gesetzt $\mathfrak{R}_\tau = \mathfrak{R}(C_\tau)$. Dann gilt, unabhängig von der Voraussetzung (2),

(1) $$\mathfrak{R}(V') \leq \mathfrak{R}_1 + \cdots + \mathfrak{R}_r + r - 1;$$

(2) $$\mathfrak{R}(V'') \leq \mathfrak{R}_{r+1} + \cdots + \mathfrak{R}_t + (t - r) - 1;$$

(3) $$\mathfrak{R}(V) \leq \mathfrak{R}(V') + \mathfrak{R}(V'') + 1 \leq \mathfrak{R}_1 + \cdots + \mathfrak{R}_t + t - 1.$$

Zufolge Voraussetzung (2) gelten in (3) und folglich in (1) und (2) die Gleichheitszeichen; daraus folgt der 1. Teil der Behauptung (I). Da hiernach $\mathfrak{R}(L(V') \cap L(V'')) = -1$ ist und $L(C_\varrho) \subset L(V')$ für $1 \leq \varrho \leq r$ usw. folgt auch der 2. Teil der Behauptung.

Betr. (II). Setzt man $L(\tau) = L(V - C_\tau)$ und $D(r) = L(1) \cap \cdots \cap L(r)$, $1 \leq r \leq t$, so gilt die Rekursionsformel

($\mathfrak{R}$) $$\mathfrak{R}(D(r)) = \mathfrak{R}(D(r-1)) - \mathfrak{R}(C_r) - 1.$$

In der Tat: Es ist $\mathfrak{R}(D(r)) = \mathfrak{R}(D(r-1) \cap L(r)) = \mathfrak{R}(D(r-1)) + \mathfrak{R}(L(r)) - \mathfrak{R}(D(r-1) \cup L(r))$. Aber $\mathfrak{R}(L(r)) = \mathfrak{R}_1 + \cdots + \mathfrak{R}_t - \mathfrak{R}_r + t - 2$ und $R(D(r-1) \cup L(r)) = \mathfrak{R}(V) = \mathfrak{R}_1 + \cdots + \mathfrak{R}_t + t - 1$; denn wegen $C_\tau \cap C_\mu = \emptyset$ für $\tau \neq \mu$ ist $C_r \subset D(r-1)$ und daher $L(V) \subset L(D(r-1) \cup L(r)) \subset L(V)$. Folglich ist $\mathfrak{R}(D(r)) - \mathfrak{R}(D(r-1)) = -\mathfrak{R}_r - 1$, also ($\mathfrak{R}$). Für $r = 2$ folgt aus ($\mathfrak{R}$) wegen $D(1) = L(1)$, daß $\mathfrak{R}(D(2)) = \mathfrak{R}_3 + \cdots + \mathfrak{R}_t + t - 3$, wobei für $t = 2$ die $\mathfrak{R}_\tau$ rechterhand wegfallen. Vollständige Induktion vermittelst ($\mathfrak{R}$) liefert $\mathfrak{R}(D(t)) = -1$, w. z. z. w.

Betr. (III). — Folgt aus (II).

2. Hilfssatz. *Voraussetzung* (1). Es seien $C_1, \ldots, C_m$, $m \geq 2$, Kontinua oder einpunktige Mengen in $P_n = P$; $n \geq 2$. Es sei $\Phi = \{C_1, \ldots, C_m\}$ und $V = V(\Phi) = C_1 \cup \cdots \cup C_m$.

(2). Es sei $\mathfrak{R}(V) = \mathfrak{R}(C_1) + \cdots + \mathfrak{R}(C_m) + m - 2 - \overline{m} = s$, wobei $\overline{m} \geq 0$; es ist also Φ bzw. V nicht rangmaximal bezüglich der C_μ.

(3). Hingegen besitze $\Phi(\mu) = \Phi - \{C_\mu\}$ bzw. $V(\mu) = V - C_\mu$ maximalen Rang bezüglich der C_ϱ mit $\varrho \neq \mu$, für jedes μ; $1 \leq \mu \leq m$. Für $m = 2$ sei dabei $V(1) = C_2$, $V(2) = C_1$.

Behauptung. Es gibt eine Basis $\tilde{A}$ von V (d. h. ein System $\tilde{A}$ von $n + 1$ linear unabhängigen Punkten aus V) mit folgender Eigenschaft:

Für jedes μ mit $1 \leq \mu < d = \min(\overline{m} + 2; m)$ enthält $C_\mu \cap \tilde{A}$ höchstens $\Re(C_\mu)$ Punkte, hingegen für $d \leq \mu \leq m$ genau $\Re(C_\mu) + 1$ Punkte. (Es ist $d \geq 2$).

Zusatz: Nimmt man aus $\tilde{A}$ einen der $\Re(C_d) + 1$ Punkte weg, so erhält man eine Unterbasis A von V.

Anmerkung. Im Falle $m = 2$ sind $L(C_1)$ und $L(C_2)$ nicht notwendig fremd. Für $m \geq 3$ ist $L(C_\mu) \cap L(C_\tau) = \emptyset$ für alle μ, τ mit $\mu \neq \tau$.

Beweis (1). Wir setzen $\Re_\mu = \Re(C_\mu)$. Aus der Rangmaximalität von $V(\mu)$ folgt: (a). Es ist $\Re_\mu - \overline{m} \geq 0$. Denn es gilt $\Re(V(\mu)) + \Re_\mu - \overline{m} = s$ und $\Re(V(\mu)) \leq \Re(V) = s$. — (b). Es gibt eine Basis A_1 von V derart, daß $\Re_1 - \overline{m} \geq 0$ Punkte von A_1 in C_1 liegen und $1 + \Re_\mu$ Punkte in C_μ für $2 \leq \mu \leq m$. — (2). In Verallgemeinerung von A_1 für $2 \leq t \leq d - 1 = \operatorname{Min}(\overline{m} + 1, m - 1)$ werde mit A_t, $1 \leq t \leq d - 1$ eine Basis von V der folgenden Art bezeichnet: Es seien in $A_t(\mu) = C_\mu \cap A_t$ enthalten: $\Re_1 - \overline{m} + t - 1$ Punkte für $\mu = 1$, ferner $\Re_\mu$ Punkte für $2 \leq \mu \leq t$ (falls $2 \leq t$) und $1 + \Re_\mu$ Punkte für $t + 1 \leq \mu \leq m$. — Für $t = d - 1$ ist A_{d-1} ein $\tilde{A}$ im Sinne des 2. Hilfssatzes. — (3). Wir konstruieren A_{d-1} vermittelst Induktion nach t. Für $t = 1$ existiert A_1 gemäß (1) (b). Es sei A_τ schon konstruiert für alle τ mit $1 \leq \tau < t$, wobei $2 \leq t \leq d - 1$. Wegen $t - \overline{m} \leq 1$ (vgl. (2)) enthält C_1 (mindestens) einen von $A_t(1)$ lin. unabh. Punkt $x_t(1)$; es sei $\tilde{A}_t(1) = A_t(1) \cup \{x_t(1)\}$ gesetzt und $\tilde{A}_t = \tilde{A}_t(1) \cup A_t(2) \cup \cdots \cup A_t(m)$ sowie $T(t+1) = \tilde{A}_t - A_t(t+1)$. Dann ist $\Re(T(t+1)) = \sum_{\mu=1}^{m} \Re_\mu - \Re_{t+1} - \overline{m} + t - 1 - (t-1) + m - 2 = \sum_{\mu=1}^{m} \Re_\mu - \Re_{t+1} - \overline{m} + m - 2$ und außerdem $\Re(T(t+1) \cup C_{t+1}) = \Re(T(t+1) \cup A_t(t+1)) = \Re(\tilde{A}_t) = \Re(A_t) = s$. Daraus folgt $\Re(L(T(t+1)) \cap L(C_{t+1})) = \Sigma \Re_\mu - \Re_{t+1} - \overline{m} + m + R_{t+1} - 2 - s = 0$. Mithin existiert ein System $\tilde{A}_t(t+1) \subset C_{t+1}$ bestehend aus $\Re_{t+1}$ lin. unabh. Punkten derart, daß $T(t+1) \cup \tilde{A}_t(t+1)$ eine Basis A_{t+1} von V ist.

3. Hilfssatz. *Voraussetzung* (1). Es seien $C_\varkappa$, $\varkappa = 1, \ldots, k$; $k \geq 3$, Kontinua oder einpunktige Mengen in $P = P_n$; $n \geq 2$. Ferner seien Punkte $q_\varkappa \in C_\varkappa$ beliebig vorgegeben; $\varkappa = 1, \ldots, k$; dabei brauchen die $q_\varkappa$ nicht verschieden zu sein, ebensowenig wie die $C_\varkappa$.

(2). Es gebe eine natürliche Zahl m mit $2 \leq m \leq k$ von folgender Art: Setzt man $V = C_1 \cup \cdots \cup C_m$ und $V' = C_{m+1} \cup \cdots \cup C_k$, wobei $V' = \emptyset$ für $m = k$, so soll gelten:

(a). Jedes System $\{C_1, \ldots, C_{\mu-1}, C_{\mu+1}, \ldots, C_m\}$ für beliebiges μ, $1 \leq \mu \leq m$, hat maximalen Rang bezüglich der (in ihm enthaltenen) C_ϱ, $\varrho \neq \mu$.

(b). Hingegen ist $\Re(V) = \Re(C_1) + \cdots \Re(C_m) + m - 2 - \overline{m}$ mit $\overline{m} \geq 0$; es ist also V nicht rangmaximal bezüglich der C_μ.

(c). Falls $m < k$ ist $L(V) \cap L(V') \neq \emptyset$.

Behauptung. Es existiert eine Unterbasis A von $V'' = V \cup V'$ derart, daß die Hyperebene $L(A)$ fremd ist zu gewissen d unter den $q_1, \ldots, q_m$; dabei ist $d = \min(\overline{m} + 2, m)$. Falls $m < k$ ist, kann von A überdies gefordert werden, daß auch unter den $q_{m+1}, \ldots, q_k$ ein zu A fremder Punkt existiert.

Beweis. *Bezeichnungen.* Es werde gesetzt: $v = \Re(V)$, $v' = \Re(V')$ und $v'' = \Re(V'')$ sowie $\Re_\varkappa = \Re(C_\varkappa)$, ferner $L = L(V)$ und $L' = L(V')$. Es genügt, den Fall $m < k$ zu betrachten; es ist dann $\Re(L \cap L') \geq 0$ und daher $v'' = v + v' - \Re(L \cap L') \leq v + v'$ (Voraussetzung (2) (c)). Wir setzen noch $V(\mu) = V - C_\mu$; gemäß Voraussetzung (2) (a) sind die $V(\mu)$ rangmaximal (vgl. Hilfssatz 2 nebst Anmerkung).

(I). Es existiert ein $x \in L \cap L'$. Da $V(1)$ rangmaximal und $m \geq 2$ ist, gibt es gemäß Hilfssatz 1, Behauptung (III), ein $V(1, \mu) = V(1) - C_\mu$, so daß $x \notin L(V(1, \mu))$. Bei geeigneter Numerierung der C_μ kann $\mu = 2$ angenommen werden. (Für $m = 2$ ist $V(1, 2) = \emptyset$.)

(II). Ferner existiert (vgl. Hilfssatz 2, Zusatz) eine Unterbasis A von V derart, daß $A \cap C_\mu$ höchstens $\Re_\mu$ Punkte enthält, falls $1 \leq \mu \leq d$, und, wenn $d < m$, genau $\Re_\mu + 1$ Punkte für $d + 1 \leq \mu \leq m$.

(II a). Ist E eine ν-Ebene, $1 \leq \nu \leq v - 1$, für welche $E \subset L = L(V)$, und sind $\nu + 1$ Punkte in $A \cap E$ enthalten, existiert überdies ein λ mit $1 \leq \lambda \leq d$, für welches $C_\lambda \cap E \neq \emptyset$ ist, so existiert auch ein ϱ mit $1 \leq \varrho \leq d$, für welches neben $C_\varrho \cap E \neq \emptyset$ sogar $C_\varrho \cap E \neq C_\varrho$ ist.

Zusatz. Insbesondere ist $C_\lambda \cap E \neq \emptyset$, wenn $q_\lambda \in E$.

Beweis. Es seien $C'_1, \ldots, C'_t$ diejenigen unter den C_μ, für welche $C'_\tau \cap E \neq \emptyset$. Nach Annahme sind $\nu + 1$ Punkte in $A \cap E$ enthalten, also $E = L(A \cap E)$. Es sei nun sogar $C'_\tau \subset E$ für alle τ mit $1 \leq \tau \leq t$; dabei ist $t \leq m - 1$, weil für $t = m$ gilt $V \subset E$ und damit $v \leq \Re(E)$ im Widerspruch zu $\Re(E) < \Re(V)$. Da jeder Punkt von $A \cap E$ zu einem C_μ mit $C_\mu \cap E \neq \emptyset$ gehört, also zu einem der $C'_1, \ldots, C'_t$, ist $A \cap E \subset T = C'_1 \cup \cdots \cup C'_t$ und $E \subset L(T)$, also wegen $C'_\tau \cap E = C'_\tau$ sogar $T \cap E = T$ und $E = L(T)$. Wegen $t \leq m - 1$ ist T rangmaximal, so daß $\Re(E) = \nu = \Re'_1 + \cdots + \Re'_t + t - 1 = \Re(A \cap E)$, wobei $\Re'_\tau = \Re(C'_\tau)$ gesetzt ist. Gemäß Ziffer (II) enthält andererseits $A \cap T$ höchstens $\sum_{\tau=1}^{t} (\Re'_\tau + 1 - \eta'_\tau)$ Punkte, wobei $\eta'_\tau = 1$ bzw. $= 0$ ist für $C'_\tau = C_{\mu_\tau}$ und $\mu_\tau \leq d$ bzw. $d < \mu_\tau$. Aus $A \cap E \subset T$ folgt daher, daß $\nu + 1 \leq \Re'_1 + \cdots + \Re'_t + t - \Sigma \eta'_\tau$. Mithin gilt $\eta'_\tau = 0$ für alle τ, d. h. $\mu_\tau > d$. Existiert daher ein C_ϱ mit $C_\varrho \cap E \neq \emptyset$ und $\varrho \leq d$, so kann nicht $C_\mu \subset E$ sein für alle C_μ mit $C_\mu \cap E \neq \emptyset$.

(II b). Es sei E wieder eine ν-Ebene, die $\nu + 1$ Punkte aus A und außerdem $x \in L(V) \cap L(V')$ enthält (vgl. Ziffer (I)). Nach Annahme ist x nicht in $L(V(1, 2))$ enthalten. Wäre, mit den Bezeichnungen in (II a),

Beweis, $E = L(T)$, so wäre $d < \mu_\tau$, $T \subset V(1, 2)$ und daher $E \subset L(V(1,2))$, also $x \notin E$ im Widerspruch zur Annahme über x. Die Behauptung in Ziffer (II a) gilt somit auch, wenn $\{x\} \cap E \neq \emptyset$ ist (statt $C_\lambda \cap E \neq \emptyset$).

(II c). Zusammenfassung der Resultate in Ziffer (II a) und (II b) ergibt: Ist A Unterbasis von V mit den in Ziffer (II) angegebenen Eigenschaften und ist E eine ν-Ebene, $1 \leq \nu \leq v - 1$, welche $\nu + 1$ Punkte aus A enthält (so daß $E \subset L(V)$) und außerdem (mindestens) ein q_λ, $1 \leq \lambda \leq d$, oder ein $x \in L(V) \cap L(V')$, so gibt es ein μ mit $1 \leq \mu \leq m$, für welches $C_\mu \cap E \neq \emptyset$ und $C_\mu \cap E \neq C_\mu$ ist.

(III). Nunmehr läßt sich der 1. Satz Abschn. 5.4.2. auf A (statt S) und den Raum $L(V)$ (statt P_n) anwenden. Es gibt also in beliebiger Nähe von $L(A)$ eine $(v - 1)$-Ebene H', welche zu etwa $q_1, \ldots, q_d$ sowie zu x fremd ist und welche eine Unterbasis A' von V enthält.

(IV). Es ist jetzt für den Fall $m < k$ noch die Existenz einer Unterbasis $\tilde{A}$ von V'' nachzuweisen, für die $L(\tilde{A})$ fremd ist zu etwa $q_1, \ldots, q_d$ sowie zu einem der $q_{m+1}, \ldots, q_k$. Dieser Nachweis läßt sich so führen: In $V' - L \cap L'$ gibt es ein System B' von $v'' - v$ l. u. Punkten, welche A' zu einer Unterbasis A'' von V'' ergänzen (vgl. die Bezeichnungen vor Ziffer (I)); im Falle $V' \subset L \cap L'$ sein sollte, ist $B' = \emptyset$ zu setzen. Es ist $A'' = A' \cup B'$, $L(V) \cap L(B') = \emptyset$ und $\mathfrak{R}(A'') = v'' - 1$. Weiter gilt $L(V) \cap L(A'') = L(A')$; denn $A' \subset V$, also $L(V \cup A'') = L(V \cup A' \cup B') = L(V \cup B') = L(V'')$, mithin $\mathfrak{R}(L(V) \cap L(A'')) = v + v'' - 1 - v'' = v - 1$ und daneben $A' \subset V \cap A'' \subset L(V) \cap L(A'')$. — Nun folgt: Wegen $q_1, \ldots, q_d$, $x \in L(V)$ und weil $L(A')$ fremd zu $q_1, \ldots, q_d$ und x ist, ist auch $L(A'')$ fremd zu diesen Punkten (denn $L(V) \cap L(A'') = L(A')$). Somit ist schließlich $x \in L(V')$ und $x \notin L(A'')$, also $\emptyset \neq L(V') \cap L(A'') \neq L(V')$. Daher gibt es ein C_s mit $m + 1 \leq s \leq k$ und mit $C_s \not\subset L(A'')$. Es ist $q_s \in C_s$. Ist nun $q_s \notin L(A'')$, so ist schon A'' ein $\tilde{A}$ der oben gewünschten Art. Ist aber $q_s \in C_s \cap L(A'')$, so sind für $S = A''$, $V = V''$ und $Q = \{q_s\}$ die Voraussetzungen von Abschn. 5.4.2., Satz 1 und Zusatz, erfüllt. Daher existiert in beliebiger Nähe von $L(A'')$ eine Hyperebene H, die eine Unterbasis $\tilde{A}$ von V'' enthält und zu $q_1, \ldots, q_d, q_s$, x fremd ist. W. z. z. w.

5.4.4. Verzweigungspunkte der schwach ordnungsminimalen Kontinua C und Darstellung der C als Bogensummen

5.4.4.1. Zerlegungen der schw.o.m. Kontinua. Es sei C ein schw. o. m. Kontinuum, also C mehrpunktig und $\mathfrak{R}(C) = n \geq 2$. Ferner sei p Verzweigungspunkt, kurz V-Punkt, von C. Wegen der Beschränktheit der Verzweigungsordnung, kurz V-Ordnung, von p (vgl. Abschn. 5.4.2., Satz 6, Zusatz) ist die Anzahl der Komponenten $K'_\varkappa$ von $C - \{p\}$ beschränkt, aber mindestens gleich 2 (weil p Zerlegungspunkt von C,

Abschn. 5.4.2., Satz 7); es sei etwa $\varkappa = 1, \ldots, k$, also $k \geq 2$. Wir setzen noch $K_\varkappa = K'_\varkappa \cup \{p\}$, so daß

$$(K) \qquad C = K_1 \cup \cdots \cup K_k \quad \text{mit} \quad K_\varkappa \cap K_\varrho = \{p\} \quad \text{für} \quad \varkappa \neq \varrho;\ k \geq 2.$$

Die durch p eindeutig bestimmte Darstellung (K) von C werde als *Komponentenzerlegung*, kurz K-Zerlegung, von C *bezüglich* p bezeichnet.

Jedes $K_\varkappa$ *in* (K) *ist ein schw. o. m. Kontinuum* (Abschn. 5.4.2., Satz 4), *in welchem* p *die* V*-Ordnung 1 oder 2 besitzt, also* p *End- oder gewöhnlicher Punkt von* $K_\varkappa$ *ist.* (Denn andernfalls ist p V-Punkt in $K_\varkappa$, also Zerlegungspunkt von $K_\varkappa$ (Abschn. 5.4.2., Satz 7) und $K'_\varkappa$ nicht zusammenhängend.)

Eine *einfache* Zerlegung, kurz Z-Zerlegung, von C *bezüglich* p

$$(Z) \qquad C = C' \cup C''$$

liegt vor, wenn C' und C'' Kontinua sind mit $C' \cap C'' = \{p\}$. Es sind C', C'' je Vereinigungen gewisser $K_\varkappa$ aus (K). Es ist (Z) im allgemeinen nicht eindeutig bestimmt; es existiert aber, wegen $k \geq 2$ in (K), stets mindestens ein solches (Z).

Schließlich spricht man von einer *elementaren* Zerlegung, kurz E-Zerlegung, von C bezüglich p in die Elemente $E_1, \ldots, E_t$

$$(E) \qquad C = E_1 \cup \cdots \cup E_t \quad \text{mit} \quad t \geq 1,$$

wenn folgendes gilt: (a). Es ist E_τ Vereinigung gewisser $K_\varkappa$ aus (K). — (b). Es ist $E_\tau \cap E_\varrho = \{p\}$, $\tau \neq \varrho$. — (c). Entweder ist E_τ ein sog. *ordinäres*, kurz ord., Element von (E), d. h., es ist p End- oder gewöhnlicher Punkt von E_τ. Ein solches ord. Element ist entweder ein $K_\varkappa$ oder Vereinigung zweier $K_\varkappa$, für deren jedes p Endpunkt ist. — Oder es ist E_τ *extraordinär*, kurz extr.ord., d. h., es ist E_τ Vereinigung von mindestens dreien der $K_\varkappa$, etwa

$$(E') \qquad E_\tau = K_{\tau 1} \cup \cdots \cup K_{\tau s_\tau}, \quad \text{wobei} \quad s_\tau \geq 3,$$

derart, daß p Endpunkt eines jeden der $K_{\tau\sigma} \in (K)$ und daß

$$(E'') \qquad \mathfrak{R}(K_{\tau 1}) + \cdots + \mathfrak{R}(K_{\tau s_\tau}) = \mathfrak{R}(E_\tau) + 1.$$

Die E_τ sind wieder schw. o. m. Kontinua. Es ist (E) i. allg. nicht eindeutig bestimmt. Es existieren aber stets E-Zerlegungen: Beispielsweise ist (K) eine E-Zerlegung mit lauter ord. Elementen, nämlich den $K_\varkappa$.

5.4.4.2. Für des Folgende wichtig, aber auch an sich bemerkenswert ist

E-Zerlegungssatz. *Voraussetzung.* Es sei C ein schw. o. m. Kontinuum in P_n, also mit $\mathfrak{R}(C) = n \geq 2$. Ferner sei p Verzweigungspunkt von C.

Behauptung. Es existiert eine E-Zerlegung (E) von C bezüglich p derart, daß

$$(E^*) \qquad n = \Re(E_1) + \cdots + \Re(E_t) \quad \text{und} \quad 1 \leq t \leq n$$

ist.

Zusatz. Falls in der Behauptung $t > 1$ ist, existiert auch eine Z-Zerlegung $C = C' \cup C''$ bezüglich p mit $\Re(C) = \Re(C') + \Re(C'')$ $(= n)$.

Beweis (I). Der Satz ist richtig für $n = 2$. Ein schw. o. m. C mit einem V-Punkt p ist nämlich entweder Vereinigung zweier Geraden bzw. Strecken mit p als V-Punkt oder ein von drei Strecken gebildetes Dreibein mit p als Scheitel (wobei jedes „Bein" im Scheitelwinkel des von den beiden anderen gebildeten Winkels $(< \pi)$ liegt). Im 1. bzw. 2. Fall hat man 2 ord. bzw. ein extr.ord. Element. Zugleich ergibt sich $t \leq n$ $(= 2)$.

(II). Vollständige Induktion nach n. Der Satz sei schon für alle $\bar{n}$ mit $2 \leq \bar{n} < n$ bewiesen. Wie in Abschn. 5.4.4.1. bemerkt, existiert eine Z-Zerlegung $C = C' \cup C''$. Ist $\Re(C') = n'$, $\Re(C'') = n''$, so ist $n \leq n' + n''$ (wegen $\Re(L(C') \cap L(C'')) \geq 0$. Wir unterscheiden (für $n \geq 3$) die beiden Fälle:

(F 1). Es existiert ein (Z) mit $n = n' + n''$;

(F 2). Für jede Z-Zerlegung von C bezüglich p ist $n < n' + n''$.

(III). *Betr.* (F 1). Es sei also $C = C' \cup C''$ mit $n = n' + n'' \geq 3$, also $1 \leq n' < n$ und $1 \leq n'' < n$. Ist p V-Punkt z. B. von C', so existiert (nach Induktionsannahme wegen $\Re(C') = n' < n$) eine E-Zerlegung $C' = E_1' \cup \cdots \cup E_{w'}'$ mit $w' \leq n'$ und $\Re(C') = \Re(E_1') + \cdots + \Re(E_{w'}') = n'$. Ist dagegen p nicht V-Punkt z. B. von C'', so ist $E_1'' = C''$ ord. Element einer E-Zerlegung von C'' mit $\Re(E_1'') = n''$. In jedem Falle ist also $C = (E_1' \cup \cdots \cup E_{w'}') \cup (E_1'' \cup \cdots \cup E_{w''}'')$ und $\Re(C) = n = n' + n'' = \Re(E_1') + \cdots + \Re(E_w') + \Re(E_1'') + \cdots + \Re(E_{w''}'')$ sowie $w' + w'' \leq n' + n'' = n$. Der Satz ist daher im Falle (F 1) auch für n richtig.

(IV). *Betr.* (F 2). Es sei also $n' + n'' > n$ für jede Z-Zerlegung $C = C' \cup C''$. Wir zeigen (indirekt), daß (F 2) nicht auftritt, abgesehen von einem Ausnahmefall, in welchem nur eine E-Zerlegung existiert, die genau ein Element E_1 enthält $(t = 1)$, und zwar ist E_1 extr. ord. (vgl. Ziffer (V)).

Da p beschränkte V-Ordnung besitzt (vgl. Abschn. 5.4.4.1.), enthält C in einer Umgebung von p eine Vereinigung nur endlich vieler einfacher Bogen $B(i)$, $i = 1, \ldots, j$, die bis auf den gemeinsamen Endpunkt p paarweise fremd sind (vgl. Menger [2], S. 214). In p existiert genau eine Tangente $T(i)$ an $B(i)$; jedes $B(i)$ ist in genau einem der $K_\varkappa$ enthalten.

(IV 1). Es sei f die Zentralprojektion von C in eine zu p fremde Hyperebene H aus p als Zentrum. Dabei ist $f(x)$ eindeutig bestimmt für jedes $x \in C - \{p\}$. Demgegenüber wird $f(p)$ erklärt als die Menge der Punkte $T(i) \cap H = f_i$; $i = 1, \ldots, j$.

Außerdem wird festgesetzt: Es wird jedes Bild $f(x) \in H$ von $x \in C - \{p\}$ mit der Vielfachheit α gezählt, wenn α die Anzahl der verschiedenen Urbilder x von $f(x)$ ist. Ausgenommen ist der Fall, daß $f(x)$ Projektion auch von in C enthaltenen Strecken ist; dann wird als Vielfachheit α von $f(x)$ erklärt die Anzahl der größten, abgeschlossenen Urbildstrecken plus die Anzahl der nicht zu solchen Strecken gehörigen Urbilder x von $f(x)$. Entsprechend wird dem Punkt $f_i = T(i) \cap H$ die Vielfachheit α zugeschrieben, wenn $T(i)$ gemeinsame Tangente an genau α der $B(i)$ in p ist.

Daß (F 2) einen Widerspruch impliziert, ergibt sich aus der folgenden, in Ziffer (IV 2) zu beweisenden

Zwischenbehauptung. Es existiert (im Fall (F 2) ohne Ausnahmefall) eine Hyperebene H' mit $p \in H'$, deren Projektion $f(H')$ fremd ist zu einem System von Punkten f_i, für welche die Summe ihrer Vielfachheiten mindestens 3 beträgt, während auf $f(H')$ $n - 1$ linear unabhängige (nicht mit ihren Vielfachheiten gezählte) Punkte von $f(C - \{p\})$ liegen.

Aus der Zwischenbehauptung ergibt sich in der Tat der gewünschte Widerspruch so: Es enthält H' mindestens n l. u. Punkte, nämlich die (verschiedenen) Urbilder der $n - 1$ l. u. Punkte von $f(C - \{p\}) \cap H'$ und dazu noch p; damit enthält H' eine Unterbasis von C. Ferner liegen die Tangenten von mindestens dreien der $B(i)$ nicht in H'. Gemäß Abschn. 5.4.2., Satz 6, ist daher schwPOW $(C; \mathfrak{h}_n) > n$ im Widerspruch zu schwPOW $(C; \mathfrak{h}_n) = n$.

(IV 2). *Beweis* der Zwischenbehauptung in Ziffer (IV 1).

Gemäß der Festsetzung in Ziffer (IV 1) gilt: Ist $\mathfrak{R}(K_\varkappa) > 1$ und ist etwa nur $B(1)$ oder aber $B(1) \cup B(2)$ in $K_\varkappa$ enthalten, so ist $f(K_\varkappa) = f(K'_\varkappa) \cup \{f_1\}$ bzw. $f(K_\varkappa) = f(K'_\varkappa) \cup \{f_1\} \cup \{f_2\}$, wobei $f_1 = f_2$ zuzulassen ist. Es ist $f(K_\varkappa)$ abgeschlossen in H. — Ist hingegen $\mathfrak{R}(K_\varkappa) = 1$ und wieder etwa $B(1) \subset K_\varkappa$ oder $B(1) \cup B(2) \subset K_\varkappa$, so ist $f(K_\varkappa) = f(B(1)) = f_1$ bzw. $f(K_\varkappa) = f_1 = f_2$.

Demnach ist $f(C) = f(K_1) \cup \cdots \cup f(K_k)$, $k \geq 2$; $L(f(K_\varkappa)) = L(K_\varkappa) \cap H$, und $\mathfrak{R}(f(K_\varkappa)) = \mathfrak{R}(K_\varkappa) - 1$. Wir unterscheiden die beiden Unterfälle:

Unterfall (IV 2a). In (K) (Abschn. 5.4.4.1.) gibt es ein $K_\varkappa$, etwa K_1, derart, daß p gewöhnlicher Punkt von K_1 ist. Wir setzen $C' = K_1$, $C'' = K_2 \cup \cdots \cup K_k$.

Unterfall (IV 2b). Es ist p Endpunkt eines jeden $K_\varkappa$, also $k \geq 3$. Es sei m die größte natürliche Zahl derart, daß es m solche $K_\varkappa$ gibt, etwa $K_1, \ldots, K_m$ mit folgender Eigenschaft: Wird $C' = K_1 \cup \cdots \cup K_m$

gesetzt, so gilt für jedes μ mit $1 \leq \mu \leq m$:

$$(K^*) \qquad \mathfrak{R}(C' - K_\mu) = \mathfrak{R}(K_1) + \cdots + \mathfrak{R}(K_m) - \mathfrak{R}(K_\mu).$$

Es existiert ein solches m, und zwar ist $2 \leq m \leq k$; denn (K^*) gilt schon für $m = 2$, wobei $\mathfrak{R}(C' - K_2) = \mathfrak{R}(K_1') = \mathfrak{R}(K_1)$ usw. benutzt wird.

Aus der Maximaleigenschaft von m folgt noch

$$(K^{**}) \qquad \mathfrak{R}(C') = \mathfrak{R}(K_1) + \cdots + \mathfrak{R}(K_m) - m^* \quad \text{mit} \quad 1 \leq m^*.$$

In diesem Unterfall (IV 2b) werde gesetzt: $C'' = K_{m+1} \cup \cdots \cup K_k$, wenn $m > k$, sonst $C'' = \emptyset$.

(IV 2 1). Um in den beiden Unterfällen den 3. Hilfssatz des Abschnitts 5.4.3. auf die Projektionen der $K_\varkappa$ anzuwenden, setze man $V = f(C')$, $V' = f(C'')$, $V'' = V \cup V' = f(C)$; $L = L(V)$, $L' = L(V')$; $\mathfrak{R}(V) = v = n' - 1$, $\mathfrak{R}(V') = v' = n'' - 1$, $\mathfrak{R}(V'') = v'' = n - 1$, so daß $v'' < v + v' + 1$. Weiter sei $D = L \cap L' = L(C') \cap L(C'') \cap H$, also $\mathfrak{R}(D) = v + v' - v'' \geq 0$, so daß $D \neq \emptyset$.

Im Unterfall (IV 2a) sei weiter $C_1 = C_2 = f(K_1)$ und $C_\varkappa = f(K_{\varkappa-1})$ für $3 \leq \varkappa \leq k' = k + 1$. Es ist dann (im Hilfssatz 3) $m = 2$, $V = C_1 \cup C_2$, $V' = C_3 \cup \cdots \cup C_{k'}$ und $\mathfrak{R}(V) = \mathfrak{R}(C_1) + \mathfrak{R}(C_2) - \overline{m}$, wobei $\overline{m} = v \geq 0$, also V nicht rangmaximal ist. Hingegen sind die Teilsysteme $\{C_1\}$, $\{C_2\}$ rangmaximal. Sind $B(1)$, $B(2)$ zwei im gewöhnlichen Punkt p von K_1 mündende Bogen, so sei $q_1 = f_1 \in C_1$ und $q_2 = f_2 \in C_2$ (vgl. Ziffer (IV 2)); es ist $q_1 = q_2$ zugelassen. Schließlich sei $q_\varkappa = T(\varkappa) \cap H$, $\varkappa = 3, \ldots, k'$, wenn $T(\varkappa)$ Tangente in p an einem in $K_{\varkappa-1}$ enthaltenen, in p mündenden Bogen ist $(q_\varkappa \in C_\varkappa)$.

Im Unterfall (IV 2b) sei $C_\varkappa = f(K_\varkappa)$, $1 \leq \varkappa \leq k$, also $V = C_1 \cup \cdots \cup C_m = f(C')$, wobei m die in (IV 2b) angegebene Bedeutung besitzt. Weiter sei $\mathfrak{R}_\mu = \mathfrak{R}(C_\mu) = \mathfrak{R}(f(K_\mu)) = \mathfrak{R}(K_\mu) - 1$ und $\mathfrak{R}(V) = \mathfrak{R}(f(C')) = \mathfrak{R}(C') - 1 = \mathfrak{R}(K_1) + \cdots + \mathfrak{R}(K_m) - 1 - m^* = \mathfrak{R}_1 + \cdots + \mathfrak{R}_m + m - \overline{m} - 2$ für $\overline{m} = m^* - 1 \geq 0$. Ferner ist $V(\mu) = V - C_\mu = V - f(K_\mu)$ für $m > 2$, hingegen $V(1) = C_2 = f(K_2)$, $V(2) = C_1 = f(K_1)$ für $m = 2$, und daher $\mathfrak{R}(V(\mu)) = \mathfrak{R}(f(K_1) \cup \cdots \cup f(K_m) - f(K_\mu)) = \mathfrak{R}(C' - K_\mu) - 1 = \mathfrak{R}(K_1) + \cdots + \mathfrak{R}(K_m) - \mathfrak{R}(K_\mu) - 1 = \mathfrak{R}_1 + \cdots + \mathfrak{R}_m - \mathfrak{R}_\mu + m - 2$. Somit ist V nicht, wohl aber $V(\mu)$ rangmaximal (bezüglich der C_ϱ mit $\varrho \neq \mu$). Schließlich wird $q_\varkappa = T(\varkappa) \cap H$ gesetzt, wobei $T(\varkappa)$ die Tangente in p an einen in $K_\varkappa$ enthaltenen, in p mündenden Bogen ist.

(V). *Zusammenfassung.* In den Unterfällen (IV 2a) (mit k' statt k) und (IV 2b) sind nach dem soeben Bemerkten die Voraussetzungen des 3. Hilfssatzes (Abschn. 5.4.3.) für die oben definierten $C_\varkappa$ erfüllt. Dabei ist $d = \min(2 + v, 2) = 2$ (IV 2a) bzw. $d = \min(\overline{m} + 2, m)$ (IV 2b); in (IV 2b) ist also insbesondere $d > 2$, sofern nur $m > 2$ oder $\overline{m} > 0$ ist.

Folgerung. Es existiert im Unterfall (IV 2a) und (IV 2b) in H je eine $(n-2)$-Ebene H', welche $(n-1)$ l. u. Punkte von V'' enthält. Im Unterfall (IV 2a) kann überdies H' fremd zu (mindestens) 3 Punkten q_1, q_2, und q_τ mit $3 \leq \tau \leq k+1$, gewählt werden; hingegen sind im Unterfall (IV 2b) drei solche Punkte jedenfalls dann vorhanden, wenn $d > 2$, also $m > 2$ bzw. $\overline{m} > 0$, oder wenn $d = 2$ aber $m < k$ ist. In diesen Fällen von (IV 2b) sowie in (IV 2a) ist somit die Zwischenbehauptung (Ziffer (IV 1)) bewiesen und damit die Möglichkeit von (F 2) widerlegt. Es bleibt somit nur noch übrig der

Ausnahmefall. Es ist $d = 2$ und $m = k$, also $\overline{m} = 0$, d. h. $m^* = 1$. Dann ist aber $C = E_1$ mit $E_1 = K_1 \cup K_2 \cup \cdots \cup K_m$ eine E-Zerlegung von C bezüglich p mit $t = 1$ und mit E_1 als extr.ord. Element; denn p ist V-Punkt von E_1 und $\mathfrak{R}(C) = \mathfrak{R}(K_1) + R(K_2) + \cdots + \mathfrak{R}(K_m) - 1$. Damit ist alles bewiesen.

5.4.4.3. Mit Hilfe des Zerlegungssatzes in Abschn. 5.4.4.2. ergibt sich:

1. Satz. *Die Anzahl der Verzweigungspunkte eines schwach ordnungsminimalen Kontinuums $C \subset P_n$ besitzt $\mathfrak{R}(C) - 1 = n - 1$ als Maximum.*

Beweis. Für $n = 1$ ist der Satz richtig. Er sei schon für alle $\bar{n}$ mit $1 \leq \bar{n} < n$ bewiesen. Ist dann $\mathfrak{R}(C) = n$ und p V-Punkt von C, so existiert eine E-Zerlegung bezüglich p mit $C = E_1 \cup \cdots \cup E_t$ und $n = \mathfrak{R}(E_1) + \cdots + \mathfrak{R}(E_t)$ (Abschn. 5.4.4.2.). Für $t = 1$ ist E_1 extr.ord., so daß für $C = E_1 = K_1 \cup \cdots \cup K_k$, $k \geq 3$ gilt $\mathfrak{R}(E_1) + 1 = n_1 + \cdots + n_k$, wobei $n_\varkappa = \mathfrak{R}(K_\varkappa) \geq 1$. Daher ist $n_\varkappa < n$ und nach Induktionsannahme $n_\varkappa - 1$ die maximale Anzahl der V-Punkte von $K_\varkappa$ (zu denen p nicht gehört). Folglich besitzt C einschließlich p höchstens $(n_1 - 1) + \cdots + (n_k - 1) + 1 = n - k + 2 \leq n - 1$ V-Punkte. — Für $t \geq 2$ sei $\mathfrak{R}(E_\tau) = t_\tau$, $\tau = 1, \ldots, t$. Wegen $\mathfrak{R}(E_\tau) \geq 1$ ist wieder $t_\tau < n$ und $n - t + 1 \leq n - 1$ Schranke für die Anzahl der V-Punkte von C. — Daß $\mathfrak{R}(C) - 1$ auch Maximum ist, also erreicht wird. zeigt das folgende

Beispiel eines schw. o. m. Kontinuums $C \subset P_n$; $n \geq 2$. Es sei $Y_1, \ldots, Y_n$ ein Koordinatensystem im affinen Raum. Es wird C erklärt als Vereinigung von n Strecken S_ν der folgenden Art: Es ist S_ν parallel zu Y_ν. Im Innern von S_1 und S_n ist je ein Punkt p_1 bzw. p'_n markiert, im Innern von S_ν, $\nu = 2, \ldots, n-1$, hingegen sind zwei Punkte p'_ν und p_ν vorgegeben. Es ist nun $S_\nu \cap S_{\nu+1} = \{p_\nu\} = \{p'_{\nu+1}\}$ für $\nu = 1, \ldots, n-1$. Somit ist C Summe von $2 + 3(n-2) + 2 = 3n - 2$ Bogen (nämlich Strecken), für deren jeden mindestens einer der Endpunkte, aber kein innerer Punkt V-Punkt ist. Es besitzt C die $n - 1$ V-Punkte $p_1, \ldots, p_{n-1}$, deren jeder die V-Ordnung 4 hat.

Bei den weiteren Überlegungen ist der Begriff der *Verzweigungsstärke*, kurz V-Stärke, $\sigma(p)$ eines Verzweigungspunktes p nützlich; man versteht darunter die Zahl $2^{-1}\omega - 1$, wenn ω die Verzweigungsordnung von p (in C) ist. — Es gilt der

2. Satz. *Die Summe der Verzweigungsstärken aller Verzweigungspunkte eines schwach ordnungsminimalen Kontinuums $C \subset P_n$ besitzt $\Re(C) - 1 = n - 1$ als Maximum.*

Beweis. Der Satz ist richtig für $n = 2$; er sei schon für alle $\bar{n}$ mit $2 \leq \bar{n} < n$ bewiesen. Wir gehen aus von einer gemäß Abschn. 5.4.4.2. existierenden E-Zerlegung $C = E_1 \cup \cdots \cup E_t$, $t \geq 1$, mit $\Re(C) = \Re(E_1) + \cdots + \Re(E_t) = n$. Darin seien $E_1, \ldots, E_r$ ord. und $E_{r+1}, \ldots, E_t$ extr.ord.; es ist $0 \leq r \leq t$ und $r = 0$ bzw. $r = t$ bedeutet, daß keine ord. bzw. keine extr.ord. Elemente vorhanden sind. Definitionsgemäß gilt $E_{r+\mu} = K_{r+\mu,1} \cup \cdots \cup K_{r+\mu,t_\mu}$, wobei $3 \leq t_\mu$, $1 \leq \mu \leq t - r$, und $\Re(E_{r+\mu}) + 1 = \Re(K_{r+\mu,1}) + \cdots + \Re(K_{r+\mu,t_\mu})$, weil $E_{r+\mu}$ extr.ord. Für die Summe $\sigma(E_\tau)$ der V-Stärken der V-Punkte von E_τ gilt nach Induktionsannahme $\sigma(E_\varrho) \leq \Re(E_\varrho) - 1$, $\varrho = 1, \ldots, r$; und $\sigma(E_{r+\mu}) \leq \sum_{\tau=1}^{t_\mu} \bigl(\Re(K_{r+\mu,\tau}) - 1\bigr) = \Re(E_{r+\mu}) + 1 - t_\mu$.

Es ist noch die V-Stärke von p zu bestimmen. Da p gewöhnlicher Punkt eines jeden E_ϱ ist, liefert jedes E_ϱ höchstens zwei in p mündende Teilbogen von C. Da ferner jedes extr.ord. $E_{r+\mu}$ genau t_μ der $K_\varkappa$ enthält, für deren jedes p Endpunkt ist, so liefert jedes dieser $K_\varkappa$ genau einen Teilbogen von C mit Endpunkt p, also $E_{r+\mu}$ zusammen t_μ Bogen. Mithin ist $\sigma(p) \leq \bigl(r + 2^{-1}(t_1 + \cdots + t_{t-r})\bigr) - 1$. Insgesamt hat man $\sigma(C) \leq \Bigl(\Bigl(\sum_{\varrho=1}^{r} \Re(E_\varrho)\Bigr) - r\Bigr) + \Bigl(\sum_{\mu=1}^{t-r} \bigl(\Re(E_{r+\mu}) - t_\mu + 1\bigr)\Bigr) + \sigma(p) = \sum_{\tau=1}^{t} \Re(E_\tau) - r - (t_1 + \cdots + t_{t-r}) + (t - r) + r + 2^{-1}(t_1 + \cdots + t_{t-r}) - 1 \leq n - 2^{-1}(t - r) - 1 \leq n - 1$; dabei ist $t_\mu \geq 3$, also $(t_1 + \cdots + t_{t-r}) \geq 3(t - r)$ benutzt. — Das Beispiel zum 1. Satz zeigt, daß diese obere Schranke $n - 1$ auch erreicht wird.

5.4.4.4. Jedes schw. o. m. Kontinuum $C \subset P_n$ ist Bogensumme und besitzt beschränkt viele V-Punkte (Abschn. 5.4.4.3., Satz 1) mit beschränkten V-Ordnungen (vgl. Abschn. 5.4.4.3., Satz 2). Daher besitzt C *Normaldarstellungen* als Bogensumme, d. h. C ist darstellbar als Vereinigung von beschränkt vielen einfachen, abgeschlossenen Bogen, die paarweise fremd sind bis auf höchstens Endpunkte und für welche Bogen mindestens einer seiner Endpunkte ein V-Punkt ist. Dabei wurde abgesehen von dem Fall, daß C keine V-Punkte besitzt, also C entweder selbst ein Bogen oder eine Kurve, also Summe zweier Bogen ist. Diese Normaldarstellungen von C sind zugleich *minimale*, d. h. solche mit einer kleinstmöglichen Anzahl von Bogen. Diese Minimaldarstellungen lassen sich so konstruieren: Es seien $p_1, \ldots, p_s$ die V-Punkte von C $(0 \leq s \leq n - 1)$. Es seien B_ϱ die Komponenten von

$C - (\{p_1\} \cup \cdots \cup \{p_s\})$, $1 \leq \varrho \leq r$. Die $\bar{B}_\varrho$ sind entweder Bogen oder Kurven und enthalten, wenn Bogen, mindestens einen V-Punkt als Endpunkt, aber keinen V-Punkt im Innern, dagegen, wenn sie Kurven sind, genau einen V-Punkt im Innern. Zerlegt man jede solche Kurve durch den V-Punkt und einen von ihm verschiedenen im übrigen beliebigen Punkt in zwei Bogen, so liefern diese zusammen mit denjenigen $\bar{B}_\varrho$ die Bogen sind, eine Minimaldarstellung von C. Eine solche Minimaldarstellung ist bis auf die durch Teilung der Kurven unter den B_ϱ entstandenen Bogen eindeutig bestimmt, die Anzahl der sie bildenden Bogen ist stets die gleiche.

Satz. *Die Anzahlen der Bogen, aus denen die Minimaldarstellungen der schwach ordnungsminimalen Kontinua $C \subset P_n$, $n \geq 2$, bestehen, besitzen das Maximum $3n - 2$. Im Falle $n = 1$ und wenn dabei C eine Kurve, d. h. eine Gerade, ist, enthält jede Minimaldarstellung 2 Bogen.*

Anmerkung. Gibt es also n_1 Bogen und n_2 Kurven unter den B_ϱ, so gilt $n_1 + 2n_2 \leq 3n - 2$.

Beweis. Für $n = 1$ klar. Es sei $n \geq 2$ und ω_σ die V-Ordnung von p_σ, $\sigma = 1, \ldots, s$. Ferner sei a bzw. b die Anzahl sämtlicher Bogen der Minimaldarstellungen von C bzw. die Anzahl derjenigen ihrer Bogen, deren beide Endpunkte V-Punkte sind. Es ist $s - 1 \leq b$, ferner $a = \omega_1 + \cdots + \omega_s - b$. Mithin $a \leq \omega_1 + \cdots + \omega_s - s + 1$. Gemäß Abschn. 5.4.4.3., Satz 2, ist aber $\omega_1 + \cdots + \omega_s \leq 2n - 2 + 2s$ und gemäß Satz 1 ist $s \leq n - 1$. Zusammen ergibt dies $a \leq 2n - 2 + (n - 1) + 1 = 3n - 2$. — Daß diese Schranke erreicht wird, zeigt das Beispiel in Abschn. 5.4.4.3. zu Satz 1.

Weitere Folgerungen bzw. Eigenschaften der schw. o. m. Kontinua im P_n finden sich in KÜNNETH [6].

5.5. Kontinua ohne n richtungsabhängige 1-Schmiegräume und Bogen vom schwachen Punktordnungswert n im euklidischen R_n; $n \geq 2$

Der im gegenwärtigen Abschn. 5.5. zugrunde gelegte Ordnungsbegriff für eine Menge $M \subset R_n$ fällt insofern aus dem Rahmen der bisher betrachteten Ordnungsbegriffe heraus, als es sich hier um die Durchschnitte des Systems der „Tangenten", d. h. der 1-Schmiegräume (Paratingenten, vgl. unten) einer gegebenen Menge $M \subset R_n$ mit den Systemen von Geraden handelt, die je zu einer $(n - 1)$-Ebene parallel sind (d. h. die eine uneigentliche $(n - 2)$-Ebene treffen). Die Mengen M sind dabei Kontinua und es wird gefordert, daß M für keine $(n - 1)$-Ebene mehr als $n - 1$ zu ihr parallele „Tangenten" besitzt. Für $n \geq 3$ erweisen sich derartige Kontinua M, von Strecken abgesehen, als mit stetiger Tangente versehene Bogen vom POW $(M; \mathfrak{k}) = n$ sowie vom Rang n, wobei $\mathfrak{k}$ das System der $(n-1)$-Ebenen des R_n ist (vgl. Abschnitt 5.5.8., Satz). Umgekehrt erweist sich jeder hinreichend kurze derartige Bogen als ein Kontinuum der in Rede stehenden Art (dies folgt aus Abschn. 5.3.9.). — Für $n = 2$ sind die gesuchten Kontinua entweder gewisse Sterne von Strecken oder Konvexbogen ohne parallele Paratingenten, d.h. Stützgeraden (Abschn. 5.5.9., Satz). Solche Bogen besitzen übrigens die Translations-Eigenordnung 1 (vgl. III., Abschn. 2.(e)). Und umgekehrt besitzt jeder hinreichend kurze Konvexbogen keine parallelen Stützgeraden. — Für $n \geq 3$ sind die hinreichend kurzen Bogen mit stetiger Tangente vom POW n und vom Rang n durch die Eigenschaft, höchstens $n-1$ zu einer Hyperebene parallele „Tangenten" zu besitzen, gekennzeichnet.

5.5.1. Vorbemerkungen

Bezeichnungen. Unter einem *Büschel* $\mathfrak{b}$ von $(n-1)$-Ebenen, kurz $(n-1)$-Büschel, mit der $(n-2)$-Ebene A als *Achse* wird das System aller A enthaltenden $(n-1)$-Ebenen im R_n verstanden; dabei kann A auch uneigentlich sein, also $\mathfrak{b}$ ein Büschel paralleler $(n-1)$-Ebenen. Als *1-Schmiegraum*, abgekürzt $S_1(M)$ oder $S_1(p; M)$ an eine Menge $M \subset R_n$ mit dem *Berührungspunkt* $p \in \bar{M}$, oder *in* p, wird jeder Limes von 1-Ebenen (Geraden) durch je zwei, gegen p konvergierende Punkte $p'_r, p''_r \in M$, $r = 1, 2, \ldots$, verstanden. Ist $T \subset M$, so ist jedes $S_1(p; T)$ ein $S_1(p; M)$. *Ist p Häufungspunkt von M, so existiert mindestens ein $S_1(p; M)$.* (Dies folgt aus der Kompaktheit des Systems der eine beschränkte, abgeschlossene Menge treffenden 1-Ebenen.) *Jede k-Ebene E, $1 \leq k \leq n-1$ mit unendlichem $M \cap E$ enthält bei kompaktem M mindestens ein $S_1(M)$*; speziell für $k = 1$ ist E selbst ein $S_1(M)$. *Jeder Limes einer Folge von $S_1(M)$ ist ein $S_1(M)$.*

Es sei J eine größte, in M enthaltene Strecke, d.h., J ist nicht echte Teilmenge einer in M enthaltenen Strecke. Ist $J \subset S_1(M)$, so ist definitionsgemäß $S_1(M) = S_1(p; M)$ für *jedes* $p \in \bar{J}$. In Rücksicht auf unsere späteren Betrachtungen identifizieren wir alle diese $S_1(p; M)$ und sprechen folgerichtig von *dem* $S_1(M)$ im *verlängerten* (*Berührungs-*) *Punkt* $\bar{J}$ *von* M. Umgekehrt ist jede eine (größte) Teilstrecke J von M enthaltende Gerade ein $S_1(M)$ im (verlängerten) Berührungspunkt $\bar{J}$. Gehört dagegen der Berührungspunkt p in $S_1(p; M)$ keiner Strecke $\bar{J}$ mit $J \subset M \cap S_1(p; M)$ an, so heiße p *gewöhnlicher* Berührungspunkt von $S_1(p; M)$. Im folgenden kann in $S_1(p; M)$ der Berührungspunkt p sowohl gewöhnlich als verlängert sein.

Sind die Trägergeraden von $S' = S_1(p'; M)$ und von $S'' = S_1(p''; M)$ identisch, aber die (gewöhnlichen oder verlängerten) Berührungspunkte

p', p'' fremd, so zählen S' und S'' als *verschiedene* $S_1(M)$. Sind dagegen die Trägergeraden von S' und S'' verschieden, so zählen auch S' und S'' als verschiedene $S_1(M)$, gleichgültig, ob p' und p'' fremd sind oder nicht.

Schließlich bezeichnen wir eine Menge M als vom (beschränkten) *S_1-Ordnungswert* j bezüglich des $(n-1)$-Büschels $\mathfrak{b}$, in Zeichen $j = S_1\,\mathrm{OW}\,(M; \mathfrak{b})$, wenn genau j $S_1(M)$ existieren, die in $(n-1)$-Ebenen aus $\mathfrak{b}$ liegen; $j \geq 0$ natürliche Zahl. Ist $S_1\,\mathrm{OW}\,(M; \mathfrak{b}') \leq j$ für alle $(n-1)$-*Parallel*büschel, d. h. für alle $(n-1)$-Büschel paralleler $(n-1)$-Ebenen, und ist $S_1\,\mathrm{OW}\,(M; \mathfrak{b}') = j$ für mindestens ein solches $\mathfrak{b}'$, so heiße M *vom* $S_1\,\mathrm{OW}\,j$, in Zeichen $S_1\,\mathrm{OW}\,(M) = j$. Die Begriffe endlicher oder unendlicher $S_1\,\mathrm{OW}\,(M)$ werden entsprechend erklärt (vgl. z. B. betr. POW Abschn. 1.3.3.). Es ist $S_1\,\mathrm{OW}\,(M)$ ein Ordnungswert im Sinne des Abschn. 1.6.

5.5.2. Kontinua als reguläre Kurven

Satz. *Voraussetzung* (1). Es seien $\mathfrak{b}_\nu$, $\nu = 1, \ldots, n$, Büschel paralleler $(n-1)$-Ebenen in R_n mit den (uneigentlichen) Achsen A_ν; $n \geq 2$. Die $\mathfrak{b}_\nu$ seien *linear unabhängig*, d. h., der Durchschnitt der A_ν sei leer (in der uneigentlichen $(n-1)$-Ebene). — (2). Es sei K ein Kontinuum in R_n, insbesondere also beschränkt. — (3). Für jedes $\mathfrak{b}_\nu$ sei die Menge derjenigen $(n-1)$-Ebenen, in denen $S_1(K)$ liegen, nirgends dicht in $\mathfrak{b}_\nu$; $\nu = 1, \ldots, n$.

Behauptung. Es ist K eine reguläre Kurve i. S. d. t. K. (d. h. im Sinne der topologischen Kurventheorie), insbesondere also lokal zusammenhängend und bogenverknüpft (vgl. III., Abschn. 3., 6.).

Beweis. Für ein $E \in \mathfrak{b}_\nu$ ist $K \cap E$ jedenfalls dann endlich, wenn in E kein $S_1(K)$ liegt. Zu beliebigem $x \in K$ gibt es daher gemäß Voraussetzung (3) aus jedem $\mathfrak{b}_\nu$ zwei E'_ν, E''_ν derart, daß x der von E'_ν und E''_ν begrenzten offenen Parallelschicht P_ν angehört, daß x von E'_ν und von E''_ν beliebig kleinen Abstand hat und daß $K \cap E'_\nu$ sowie $K \cap E''_\nu$ endlich ist. Der Durchschnitt der P_ν ist also eine beliebig kleine Umgebung von x, deren Begrenzung mit K nur endlich viele Punkte gemeinsam hat. Definitionsgemäß ist daher K reguläre Kurve.

Das weitere Ziel ist jetzt die Feststellung, daß K keine Verzweigungspunkte i. S. d. t. K. besitzt, falls $S_1\,\mathrm{OW}\,(K; \mathfrak{b}) \leq n-1$ ist für alle Parallelbüschel $\mathfrak{b}$. Der Nachweis hierfür führt über eine Reihe von jetzt zu besprechenden Hilfssätzen.

5.5.3. Komponenten- und S_1-Ordnung

Hilfssatz. *Voraussetzung.* Es sei B ein einfacher Bogen in R_n; $n \geq 2$. Ferner sei $\mathrm{KOW}\,(B) \geq k+1$, d. h., der Komponentenordnungswert von B bezüglich der $(n-1)$-Ebenen sei mindestens $k+1$, evtl. also auch endlich oder unendlich; $k \geq 1$.

Behauptung. Es ist $S_1 \operatorname{OW}(B) \geq k$.

Zusatz. *Genauer gilt:* Ist $\operatorname{KOW}(B \frown E) \geq k+1$ für eine $(n-1)$-Ebene E, so gibt es mindestens k verschiedene, zu E parallele, nicht in E gelegene $S_1(B)$, deren Berührungspunkte (gewöhnliche oder verlängerte) *innere* Punkte von B sind, d. h. zu $\underset{\sim}{B}$ gehören. (Nach Voraussetzung existieren solche E.) Ist $\operatorname{KOW}(B \frown E)$ unendlich, so gibt es unendlich viele zu E parallele $S_1(B)$.

Beweis (1). Es sei B orientiert, ferner seien $K_1, \ldots, K_{k+1}$ Komponenten von $D = B \frown E$; dabei wird o. B. d. A. angenommen, daß $K_{\varkappa+1}$ auf B hinter $K_\varkappa$ liegt, $\varkappa = 1, \ldots, k$. — Die $K_\varkappa$ sind abgeschlossene und paarweise fremde Teilbogen oder Punkte von B. Daher gibt es k offene, paarweise fremde Teilbogen $\underset{\sim}{B}_\varkappa$ von B derart, daß der Anfangs- bzw. Endpunkt von $\underset{\sim}{B}_\varkappa$ End- bzw. Anfangspunkt von $K_\varkappa$ bzw. von $K_{\varkappa+1}$ oder $K_\varkappa$ bzw. $K_{\varkappa+1}$ selbst ist, also in E liegt; jedes solche $\underset{\sim}{B}_\varkappa$ enthält Punkte, die nicht in E liegen. — (2). Wegen der Beschränktheit der $\underset{\sim}{B}_\varkappa$ existiert zu jedem $\varkappa$ eine zu E parallele $(n-1)$-Ebene $E_\varkappa$ mit $D_\varkappa = \underset{\sim}{B}_\varkappa \frown E_\varkappa \neq \emptyset$ derart, daß $\underset{\sim}{B}_\varkappa$ im abgeschlossenen, von $E_\varkappa$ berandeten, E enthaltenden n-Halbraum von R_n liegt; insbesondere ist $E \neq E_\varkappa$. — (3). Entweder ist $D_\varkappa$ unendlich; dann enthält $E_\varkappa$ mindestens ein $S_1(p; B)$, wobei der (gewöhnliche oder verlängerte) Berührungspunkt p abgeschlossene Teilmenge von $\underset{\sim}{B}_\varkappa$, also fremd zu allen übrigen $\underset{\sim}{B}_\varkappa$ ist. Oder $D_\varkappa$ ist endlich; es sei $p \in D_\varkappa$, also isolierter Punkt von $D_\varkappa$. Daher existiert eine vordere und eine hintere Umgebung V bzw. H von p auf $\underset{\sim}{B}_\varkappa$, die zu E und zu $E_\varkappa - \{p\}$ fremd ist. Es gibt daher Folgen von zu E parallelen (zu $E_\varkappa$ fremden und) gegen $E_\varkappa$ konvergierenden $(n-1)$-Ebenen F_r, $r = 1, 2, \ldots$, derart, daß $V_r = V \frown F_r \neq \emptyset$ und $H_r = H \frown F_r \neq \emptyset$ ist, d.h. es gibt $v_r \in V_r$ und $h_r \in H_r$ mit $v_r \neq h_r$, deren Verbindungsgerade G_r mithin parallel zu E ist. Die Folge der G_r enthält eine konvergente Teilfolge, deren Limes ein in $E_\varkappa$ gelegenes $S_1(p; B)$ ist; denn $v_r \to p$ und $h_r \to p$ für $r \to \infty$. — (4). Da k beliebig groß sein kann, liefern die gleichen Schlüsse auch die Existenz unendlich vieler $S_1(B)$, falls $\operatorname{KOW}(B \frown E)$ unendlich ist. — Damit ist der Zusatz und folglich auch der Hilfssatz selbst bewiesen.

Folgerung. Ist $S_1 \operatorname{OW}(B) \leq n-1$, so ist $\operatorname{KOW}(B) \leq n$.

5.5.4. Hilfssatz

Hilfssatz. *Voraussetzung* (1). Es seien A und B (einfache) Bogen im R_n, $n \geq 2$, mit dem gemeinsamen Extrempunkt c. In c existiere an A sowohl als an B genau eine Halbtangente $H_a = Th_1(c; A)$ bzw. $H_b = Th_1(c; B)$. Die Trägergeraden von H_a und H_b seien verschieden;

die von ihnen aufgespannte 2-Ebene sei $F = L(H_a \cup H_b)$. — (2). Es sei G eine Gerade durch c. — (3). Es sei G weder ein $S_1(c;\, A)$ noch ein $S_1\,(c;\, B)$, also insbesondere weder H_a noch H_b in G enthalten.

Behauptung. Es ist G ein $S_1(c;\, A \cup B)$ genau dann, wenn G in F liegt und wenn H_a und H_b der gleichen abgeschlossenen, durch G berandeten 2-Halbebene Fh von F angehören.

Zusatz (I). Aus der Voraussetzung (1) folgt also für $n \geq 3$ die Existenz unendlich vieler $S_1(c;\, A \cup B)$, die in F liegen. — (II). Gibt es nur ein einziges $S_1(c;\, A)$ und $S_1(c;\, B)$, so folgt die Behauptung des Hilfssatzes aus den Voraussetzungen (1) und (2), *ohne* (3).

Beweis. *Betr. dann.* (I). Es sei γ der von H_a und H_b gebildete Winkel mit $\gamma < \pi$; nach Voraussetzung (1) ist $0 < \gamma$. Ferner sei $K(A;\, \varepsilon)$ bzw. $K(B;\, \varepsilon)$ der n-dimensionale offene Rotationshalbkegel vom Öffnungswinkel ε mit $0 < \varepsilon < 2^{-2}\gamma$ sowie mit c als Spitze und mit H_a bzw. H_b als Halbachse. Wegen $0 < \gamma < \pi$ existiert eine Umgebung A' bzw. B' von c auf A bzw. auf B mit $\underline{A}' \cap \underline{B}' = \emptyset$. Für $a \in \underline{A}'$, $b \in \underline{B}'$ ist also $a \neq b$. Es sei $L(a, b) = L(\{a\} \cup \{b\})$ die Verbindungsgerade der Punkte a, b, ferner $|a, b|$ der Abstand von a und b.

(II). Zu zeigen ist: Genügt G den Voraussetzungen (2), (3) und ist $G \subset F$ (vgl. Behauptung), so ist G ein $S_1(c;\, A \cup B)$; d. h., es existieren $a_r \in \underline{A}'$, $b_r \in \underline{B}'$, $a_r \neq b_r$, mit $c = \lim a_r = \lim b_r$ und mit $G = \lim L(\{a_r\} \cup \{b_r\})$ für $r \to \infty$. Solche a_r, b_r lassen sich konstruieren wie folgt: Ist $n = 2$ bzw. $n > 2$, so sei N eine Gerade (also $(n-1)$-Ebene für $n = 2$) in F bzw. eine zu F orthogonale $(n-1)$-Ebene derart, daß N parallel zu G und fremd zu c ist mit $N \cap H_a \neq \emptyset$, $N \cap H_b \neq \emptyset$. Es gibt dann eine Folge von $(n-1)$-Ebenen N_t, die parallel zu N sowie fremd zu c sind und deren Abstand von c mit $t \to \infty$ gegen Null konvergiert. Zu einer beliebigen Nullfolge positiver ε_r existiert eine monotone Folge von Indizes $t(r)$ mit $t(r) \to \infty$ für $r \to \infty$ derart, daß $A_r = K(A;\, \varepsilon_r) \cap A' \cap N_{t(r)} \neq \emptyset$ sowie $B_r = K(B;\, e_r) \cap B' \cap N_{t(r)} \neq \emptyset$. Es sei $a_r \in \underline{A}_r$, $b_r \in \underline{B}_r$ und a'_r bzw. b'_r die (Zentral-) Projektion von a_r bzw. b_r aus c in N. Dann sind die Geraden $L'(r) = L(\{a'_r\} \cup \{b'_r\})$ und $L(r) = L(\{a_r\} \cup \{b_r\})$ parallel und es existiert $a' = \lim a'_r$ mit $a' = H_a \cap N$ sowie $b' = \lim b'_r$ mit $b' = H_b \cap N$; daher ist $a' \neq b'$ und $L' = L(\{a'\} \cup \{b'\}) = \lim L'(r) = F \cap N$. Somit existiert auch $L = \lim L(r)$ und ist parallel zu L'. Aber L' ist parallel zu G, also L, weil c enthaltend, mit G identisch. Definitionsgemäß ist schließlich L ein $S_1(c;\, A \cup B)$.

Betr. Nur dann. Es sei G ein $S_1(c;\, A \cup B)$, aber kein $S_1(c;\, A)$ oder $S_1(c;\, B)$. Es existieren also $a_r \in \underline{A}'$, $b_r \in \underline{B}'$ mit $c = \lim a_r = \lim b_r$ und mit $G = \lim(\{a_r\} \cup \{b_r\})$; insbesondere existiert zu jeder monotonen Nullfolge positiver ε_t eine monotone Folge von Indizes $r(t)$ mit $r(t) \to \infty$ für $t \to \infty$ derart, daß $a''_t = a_{r(t)} \in K(A;\, \varepsilon_t) \cap \underline{A}'$ und $b''_t = b_{r(t)} \in K(B;\, \varepsilon_t) \cap \underline{B}'$ außerdem ist $c = \lim a''_t = \lim b''_t$. — Es sei N wie im Beweis betr. Dann, Ziffer (II), erklärt mit der Modifikation, daß $N \cap H_b \neq \emptyset$ nicht vorausgesetzt wird. Es sei nun a'_t die Projektion von a''_t aus c in N, hingegen b'_t derjenige Punkt auf der b''_t enthaltenden Halbgeraden mit dem Anfangspunkt c, für welchen $|b'_t, c| : |b''_t, c| = |a'_t, c| : |a''_t, c|$. Dann ist $L'(t) = L(\{a'_t\} \cup \{b'_t\})$ parallel zu $L''(t) = L(\{a''_t\} \cup \{b''_t\})$ und $a' = \lim a'_t$ mit $\{a'\} = H_a \cap N$. Weil $G = \lim L''(t)$ parallel zu N und weil $a'_t \in N$, ferner $L'(t)$ parallel zu $L''(t)$ ist, folgt $b' = \lim b'_t$ mit $\{b'\} = H_b \cap N$. Mithin ist $L(\{a'\} \cup \{b'\}) \subset Fh$ und parallel zu G; somit ist auch $H_a \cup H_b \subset Fh$; w. z. z. w.

5.5.5. Rang und S_1-Ordnung

Satz. *Voraussetzung. Es sei B ein Bogen im R_n mit $n \geq 3$. Der Rang $r = \Re(B)$ von B sei nicht größer als $n - 1$.*

Behauptung. Es besitzt B endlichen S_1 OW genau dann, wenn B den Rang 1 besitzt, also B eine Strecke ist. (Dann ist S_1 OW $(B) = 1$.)

Zusatz. Ist $2 \leq \Re(B) \leq n - 1$, so ist S_1 OW (B) unendlich; es gibt nämlich unendlich viele $S_1(B)$, die in einer, B enthaltenden $(n - 1)$-Ebene liegen.

Beweis. Da die Behauptung des Satzes aus dem Zusatz folgt, genügt es, letzteren zu beweisen.

(I). Es sei also $2 \leq \Re(B) = r \leq n - 1$ und $L(B)$ die B enthaltende r-Ebene. Wegen $r \leq n - 1$ gibt es $(n - 1)$-Ebenen F, die parallel (und fremd) zu $L(B)$ sind. Jedes $S_1(B)$ ist, weil in $L(B)$ enthalten, parallel zu F.

(II). Gemäß Ziffer (I) ist noch die Existenz unendlich vieler $S_1(B)$ zu beweisen. Nur die folgenden drei Fälle sind denkbar: (II 1). Es existiert ein Teilbogen T von B, welcher keine Strecken enthält. Da jedes $p \in T$ Häufungspunkt von $T - \{p\}$ ist, existieren $S_1(p; B)$; dabei ist der Berührungspunkt p ein gewöhnlicher, wie aus der Streckenfreiheit von T folgt. Weil es unendlich viele $p \in T$ gibt, ist der Zusatz im Falle (II 1) bewiesen. — (II 2). Der (einfache) Bogen B ist abgeschlossene Hülle einer Vereinigung von abzählbar unendlich vielen größten bis auf Extrempunkte paarweise fremden, abgeschlossenen Strecken T_μ, $\mu = 1, 2, \ldots$. Die Trägergerade von T_μ ist ein $S_1(B)$ mit dem verlängerten Berührungspunkt T_μ. Nun liegen irgend zwei der T_μ, welche gemeinsame Extrempunkte besitzen, auf verschiedenen Geraden (weil die T_μ als „größte" (Teil-) Strecken angenommen wurden). Daher sind die $S_1(T_\mu; B)$ für verschiedene μ verschieden, woraus wieder der Zusatz folgt. — (II 3). Es ist B Vereinigung endlich vieler, größter Strecken $T_1, \ldots, T_m$. Wegen $\Re(B) \geq 2$ ist $m \geq 2$ und gibt es mindestens zwei unter den T_μ, etwa T', T'', die einen Extrempunkt c gemeinsam haben und deren Vereinigung den Rang 2 besitzt. Für $A = T'$, $B = T''$ und c sind aber die Voraussetzung des Zusatzes (I) zum Hilfssatz in Abschn. 5.5.4. erfüllt. Auch im Falle (II 3) gilt also der Zusatz.

5.5.6. Hilfssatz

Hilfssatz. *Voraussetzung*. Es seien A_i, $i = 1, 2, 3$, (einfache) Bogen im R_n mit $n \geq 2$. Die A_i sollen einen gemeinsamen Extrempunkt p besitzen und bis auf p paarweise fremd sein. Es sei gesetzt $A = A_1 \cup A_2 \cup A_3$.

Behauptung (1). Jede $(n-1)$-Ebene E durch p enthält (mindestens) ein $S_1(p; A)$. — (2). Ist der Komponentenordnungswert KOW $(A_i) \geq k$ für (mindestens) ein i, so ist auch S_1 OW $(A) \geq k$; dabei ist $k \geq 1$ angenommen.

Beweis *Betr. Behauptung* (1). Es gibt nur folgende beiden Möglichkeiten: I. *Fall*: Für mindestens eines der A_i, etwa A_1, ist p Häufungspunkt von $A_1 \cap E$. Gemäß Abschn. 5.5.1. existiert ein in E enthaltenes $S_1(p; A_1)$. Wegen $A_1 \subset A$ folgt die Behauptung (1). — II. *Fall*: Der Fall I liegt nicht vor. Dann ist p isolierter Punkt von $A_i \cap E$ für jedes i. Daher gibt es zwei unter den A_i, etwa A_1 und A_2 derart, daß eine Umgebung U von p auf $A_1 \cup A_2$ durch E in p gestützt wird, d. h., daß U bis auf p in einem der beiden offenen, von E begrenzten n-Halbräume liegt. Wie in Abschn. 5.5.3. beim Beweis des Hilfssatzes, Ziffer (3), ergibt sich die Existenz eines in E gelegenen $S_1(p; U)$, und dieses ist, wegen $U \subset A$, ein $S_1(p; A)$.

Betr. Behauptung (2). (I). Nach Annahme existiert eine $(n-1)$-Ebene F, für welche etwa $A_1 \cap E$ mindestens k Komponenten besitzt. — (II). Je nachdem p in F liegt oder nicht liegt, existiert (gemäß Behauptung (1)) ein in F enthaltenes oder ein zu F paralleles $S_1(p; A)$. — (III). Für $k = 1$ folgt die Behauptung (2) aus Ziffer (II). Ist aber $k > 2$, so besitzt A_1 mindestens $k - 1$ zu F parallele, verschiedene $S_1(q; A_1)$ mit zu A_1 gehörigen, also von p verschiedenen Berührungspunkten q (gemäß Abschn. 5.5.3., Hilfssatz, Zusatz). Diese $S_1(q; A_1)$ sind also von dem gemäß Ziffer (II) vorhandenen $S_1(p; A)$ verschieden und selbst $S_1(A)$. Somit ist auch für $k \geq 2$ die Behauptung (2) richtig.

5.5.7. Komponenten- und schwache Punktordnung

Hilfssatz. *Voraussetzung*. Es seien A', A'' Bogen im R_n, mit $n \geq 2$, die bis auf den gemeinsamen Extrempunkt p fremd sind. Ferner besitze $A = A' \cup A''$ in p eine Spitze (d. h., es sei $H' = Th_1(p; A')$ und $H'' = Th_1(p; A'')$ eindeutig bestimmt und $H' = H''$).

Behauptung. In jeder $(n-1)$-Ebene E durch p liegt ein $S_1(p; A)$.

Beweis. Entweder liegt $H' = H''$ in E. Da H' ein $S_1(p; A')$ ist, folgt die Behauptung. Oder $H' = H''$ liegt nicht in E. Dann wird eine Umgebung von p auf A in p durch E gestützt; wie in Abschn. 5.5.3., Ziffer (3), des Beweises des Hilfssatzes ergibt sich die Existenz eines $S_1(p; A)$.

5.5.7.1. Satz. *Voraussetzung. Es sei* $B \subset R_n$, $n \geq 2$, *ein (einfacher) Bogen mit* $\mathfrak{R}(B) = n$ *und mit* KOW $(B) =$ KOW $(B; \mathfrak{h}) = t$, *wobei* $\mathfrak{h}$ *das System der* $(n-1)$*-Ebenen des* R_n *bezeichnet.*

Behauptung. Es ist sogar schwPOW $(B) =$ schwPOW $(B; \mathfrak{h}) = t$.

Beweis. Es genügt, zu zeigen: Es gibt ein in $\mathfrak{h}$ offenes $\mathfrak{o}'$ derart, daß POW $(B \frown H') = t$ für jedes $H' \in \mathfrak{o}'$. — Wegen KOW $(B) = t$ existiert ein $H \in \mathfrak{h}$ mit KOW $(B \frown H) = t$. Da für B der Reduktionssatz gilt (Abschn. 7.7.5.) existiert ein zu H beliebig benachbartes, in $\mathfrak{h}$ offenes $\mathfrak{o}''$ derart, daß $B \frown H''$ genau t Schnittkomponenten besitzt für jedes $H'' \in \mathfrak{o}''$. Angenommen, es gibt ein $H'' \in \mathfrak{o}''$ so, daß $B \frown H''$ mindestens eine mehrpunktige Komponente K besitzt. Es sei N eine Normalumgebung von K, also $\bar{N}$ fremd zu allen übrigen Komponenten von $B \frown H''$. Wegen $\mathfrak{R}(B) = n$ existiert eine Komponente S von $B \frown (N - N \frown H'') = B \frown (N - K)$, welche etwa in $s \in K$ mündet. Da K mehrpunktig ist, gibt es eine zu s fremde $(n-2)$-Ebene $A \subset H''$ mit $K \frown A \neq \emptyset$ und dazu ein, zu H'' beliebig benachbartes, A enthaltendes $H \in \mathfrak{o}''$, für welches $B \frown H \frown N$ mindestens zwei Komponenten K', K'' enthält, nämlich ein $K' \subset S \frown H$ und ein K'' mit $K'' \frown A \neq \emptyset$; dabei ist $K' = \bar{K}'$, $K'' = \bar{K}''$ und $K' \frown K'' = \emptyset$. Da alle Komponenten von $B \frown H''$ Schnittkomponenten sind, ist KOW $(B \frown H) \geq t + 1$ für dieses $H \in \mathfrak{o}''$ im Widerspruch zur Definition von $\mathfrak{o}''$. Daher enthält $B \frown H''$ für jedes $H'' \in \mathfrak{o}''$ genau t einpunktige (und keine mehrpunktigen) Komponenten, so daß $\mathfrak{o}''$ ein $\mathfrak{o}'$ der eingangs geforderten Art ist.

5.5.7.2. Hilfssatz. *Voraussetzung.* Es sei $C \subset R_n$ ein Kontinuum mit $\mathfrak{R}(C) = n$ und schwPOW $(C; \mathfrak{h}) = t < \infty$; $n \geq 2$.

Behauptung. Es ist $n \leq t$.

Beweis. Wegen $\mathfrak{R}(C) = n$ gibt es $H \in \mathfrak{h}$, für welche n lin. unabh. Punkte in $C \frown H$ enthalten sind. Gemäß Abschn. 5.4.2., Satz 2, existiert ein in $\mathfrak{h}$ offenes, zu H beliebig benachbartes $\mathfrak{u}$ und ein in $\mathfrak{u}$ dichtes $\mathfrak{d}$ derart, daß $C \frown H'$ für $H' \in \mathfrak{d}$ n lin. unabh. Schnittpunkte enthält; es ist also $n \leq$ POW $(C; \mathfrak{d})$. Wegen schwPOW $(C; \mathfrak{h}) = t$ existiert ein in $\mathfrak{u}$ offenes $\mathfrak{u}'$ mit POW $(C; \mathfrak{u}')) \leq t$. Wegen $\mathfrak{u}' \frown \mathfrak{d} \neq \emptyset$ ist aber $n \leq$ POW $(C; \mathfrak{u}')$, also $n \leq t$; w. z. z. w.

Da ein Bogen B ein Kontinuum ist, ergibt sich aus dem Hilfssatz zusammen mit Abschn. 5.5.7.1. der

Satz. *Voraussetzung. Es sei* $B \subset R_n$ *ein Bogen mit* $\mathfrak{R}(B) = n$ *und* KOW $(B) = t$.

Behauptung. Es ist $n \leq t$.

5.5.8. Kontinua im R_n, $n \geq 3$

Mit Hilfe der vorstehend bewiesenen Sätze und Hilfssätze ergibt sich der

Satz. *Voraussetzung. Es sei K ein Kontinuum im R_n mit $n \geq 3$. Ferner sei S_1 OW $(K) < n$, als insbesondere beschränkt.*

Behauptung (1). *Es ist K ein (einfacher) Bogen (und keine Kurve).* — (2). *Es ist S_1 OW $(K) = n - 1$ oder $= 1$. Im Falle S_1 OW $(K) = n - 1$ ist sowohl der Rang $\mathfrak{R}(K)$ als der Komponentenordnungswert* KOW (K) *von K gleich n. Im Falle S_1 OW $(K) = 1$ ist K eine Strecke, also $\mathfrak{R}(K)$* $=$ KOW $(K) = 1$. — (3). *In jedem Punkt x von K existiert eindeutig die vordere und die hintere 1-Tangentialhalbebene $v\,Th_1(x; K)$ und $h\,Th_1(x; K)$; beide fallen zusammen und sind stetige Funktionen von x.*

Anmerkung. Im Anfangs- bzw. Endpunkt des Bogens K existiert nur die vordere bzw. hintere Halbtangente Th_1. — Wenn K den Rang n besitzt, ist der lokale Rang $\mathfrak{R}(x; K)$ von K in $x \in K$ entweder 1 oder n; es kann also K insbesondere auch Strecken enthalten.

Beweis (I). Zunächst wird gezeigt: Für jeden in K enthaltenen Bogen (oder Kurve) B gilt: (α). Es ist entweder $\mathfrak{R}(B) = n$ und dann KOW $(B) = n$ oder $\mathfrak{R}(B) = 1$ und dann KOW $(B) = 1$. — (β). Es existiert in jedem Punkt $x \in \underset{\sim}{B}$ eindeutig $v\,Th_1(x; B)$ und $h\,Th_1(x; B)$ und beide fallen in die gleiche Gerade. In den Extrempunkten von B existiert (nur) $v\,Th_1$ bzw. $h\,Th_1$.

Beweis betr. (I) (α). Weil S_1 OW $(B) \leq S_1$ OW $(K) \leq n - 1$ ist, folgt aus Abschn. 5.5.5., Satz, daß $\mathfrak{R}(B) = 1$ ist, falls nicht $\mathfrak{R}(B) = n$. Im Falle $\mathfrak{R}(B) = 1$ ist KOW $(B) = 1$. Ist aber $\mathfrak{R}(B) = n$, so folgt aus Abschn. 5.5.7.2., daß $n \leq$ KOW (B) ist. Andererseits ist KOW (B) $\leq n$. Ist nämlich KOW $(B) \geq n + 1$, so existieren (gemäß Abschn. 5.5.3., Hilfssatz, Zusatz) eine $(n - 1)$-Ebene, zu welcher es mindestens n verschiedene, zu E parallele $S_1(B)$ gibt. Weil jedes $S_1(B)$ ein $S_1(K)$ ist, ergibt sich ein Widerspruch zur Voraussetzung, daß S_1 OW $(K) \leq n - 1$ ist. Somit kann nur KOW $(B) = n$ sein. — *Betr.* (I) (β). Wegen Abschnitt 5.4.1.1. existieren die $v\,Th_1(x; B)$ usw. (auch in den Extrempunkten von B). Zufolge Abschn. 5.5.4., Hilfssatz, Zusatz (I), und S_1 OW $(K) \leq n - 1$ haben die $v\,Th_1$ und $h\,Th_1$ die gleiche Trägergerade.

(II). *Betr. Behauptung* (1). Weil S_1 OW (K) endlich ist, genügt K den Voraussetzungen des Satzes in Abschn. 5.5.2., ist also lokal zusammenhängend. Wenn daher p Verzweigungspunkt von K ist, gibt es (gemäß Menger [2], S. 214) mindestens 3 bis auf den gemeinsamen Extrempunkt p fremde (einfache) Bogen A_i, $i = 1, 2, 3$, die in K enthalten sind. Da $A_i \cup A_j$; $i, j = 1, 2, 3$, einfache Bogen sind, die in K

enthalten sind, und da S_1 OW (K) endlich ist, liegen (gemäß Ziffer (I) (β)) die $v\,Th(p;\,A_i)$, $i = 1, 2, 3$, alle in der gleichen Geraden. Daher gibt es unter den A_i mindestens eines, etwa A_1, mit folgenden Eigenschaften: Es ist $\Re(A_1) = n$ (also A_1 keine Strecke) und es gibt ein anderes A_i, etwa A_2, derart, daß $A' = A_1 \cup A_2$ in p eine Spitze besitzt (denn mindestens zwei der $v\,Th_1(p;\,A_i)$ müssen zusammenfallen). Aus $\Re(A_1) = n$ folgt KOW $(A_1) = n$ (gemäß Ziffer (I) (α)). Ist nun E eine $(n-1)$-Ebene mit KOW $(A_1 \cap E) = n$, so gibt es (Abschn. 5.5.3., Zusatz zum Hilfssatz) mindestens $(n-1)$ verschiedene, zu E parallele $S_1(A_1)$ mit in $\underline{A}_1$ enthaltenen Berührungspunkten; diese sind also fremd zu p. Da A' in p eine Spitze besitzt, existiert gemäß Abschn. 5.5.7., Hilfssatz, ein $S_1(p;\,A')$, welches von den eben erwähnten $S_1(A_1)$ verschieden und entweder zu E parallel oder in E enthalten ist. Somit ist S_1 OW $(A') \geq n$. Da jedes $S_1(A')$ und jedes $S_1(A_1)$ ein $S_1(K)$ ist, folgt somit aus der Existenz eines Verzweigungspunktes von K, daß S_1 OW $(K) \geq n$ ist im Widerspruch zur Voraussetzung. Wenn aber die reguläre Kurve K keine Verzweigungspunkte besitzt, so ist K eine (einfache) Kurve oder ein (einfacher) Bogen (gemäß Menger [2], S. 267). Daß K keine Kurve sein kann, wird beim jetzt folgenden Beweis betr. Behauptung (2) gezeigt.

(III) *Betr. Behauptung* (2). Aus Ziffer (I) (α) und aus Behauptung (1) folgt die Behauptung (2) soweit sie sich auf $\Re(K)$ und KOW (K) bezieht. Ist aber KOW $(K) = n$, so folgt aus Abschn. 5.5.3., Hilfssatz, auch S_1 OW $(K) \geq n-1$. Das Umgekehrte ergibt sich, weil mit S_1 OW $(K) = 1$ auch $\Re(K) = 1$ ist; andernfalls muß nämlich $\Re(K) = n$ sein (Ziffer (I), (α)), also auch KOW $(K) \geq n$ und folglich S_1 OW $(K) \geq n - 1 > 1$ (vgl. Abschn. 5.5.3., Hilfssatz). Demgemäß kann auch K *keine Kurve* sein. Für eine Kurve $C = K$ ist nämlich $\Re(C) > 1$, also, wie eben gezeigt, $\Re(C) = n$; daher enthält C einen Bogen T mit KOW $(T) = n$. Es sei E eine $(n-1)$-Ebene mit KOW $(T \cap E) = n$ und T' der größte Teilbogen von T, dessen Extrempunkte in E liegen. Es ist dann auch KOW $(T') = n$. Gemäß Abschn. 5.5.3., Zusatz zum Hilfssatz, gibt es mindestens $n-1$ verschiedene, zu E parallele $S_1(T')$ mit zu $\underline{T}'$ gehörigen Berührungspunkten. Liegt $T'' = C - \underline{T}'$ in E, so ist nach dem schon Bewiesenen $\Re(T'') = 1$, also T'' eine Strecke, welche ein $S_1(T'')$ liefert, das somit von den $n-1$ schon als vorhanden nachgewiesenen $S_1(T')$ verschieden ist; Widerspruch mit S_1 OW $(K) < n$. Existiert aber ein nicht zu E gehöriger Punkt von T'', also von $\underline{T}''$, so ist KOW $(T'' \cap E) \geq 2$, da jedenfalls die beiden Extrempunkte zu verschiedenen Komponenten von $T'' \cap E$ gehören. Gemäß Abschn. 5.5.3., Zusatz zum Hilfssatz, existiert daher ein $S_1(T'')$ parallel zu E mit zu $\underline{T}'$ fremdem Berührungspunkt. Wiederum ergibt sich ein Widerspruch zu S_1 OW $(K) \leq n - 1$.

(IV). *Betr. Behauptung* (3). Ist x Extrempunkt oder innerer Punkt einer Teilstrecke von K, so ist nichts zu beweisen. Andernfalls besitzt x in einer einseitigen, z. B. vorderen Umgebung V von x auf K den lokalen Rang n. Gemäß Ziffer (I) (α) ist also KOW $(V) = n$. Ist H eine hintere Umgebung von x auf K, so existieren gemäß Ziffer (I) (β) $v\,Th_1(x; K)$ und $h\,Th_1(x; K)$ und besitzen die gleiche Trägergerade. Sind die beiden Halbtangenten verschieden (im Sinne von Abschn. 5.1.4.), so besitzt K in x eine Spitze, was mit KOW $(V) = n$ nicht verträglich ist (wie in Ziffer (II) nachgewiesen wurde). Somit gilt $v\,Th_1(x; K) = h\,Th_1(x; K)$ für $x \in \underline{K}$. Daß $v\,Th(x; K)$ in jedem Punkt $y \in K$ stetige Funktion von y ist, folgt wegen KOW $(K) = n$ oder $= 1$ aus $v\,Th_1(y; K) = \lim v\,Th_1(y_r; K) = \lim h\,Th_1(y_r; K)$ für $y_r \in \underline{V}$ mit $y_r \to y$ für $r \to \infty$ (vgl. Abschn. 5.2.9.).

5.5.9. Kontinua im R_2

Im Unterschied zu $n > 2$ gilt für $n = 2$ der

Satz. *Voraussetzung. Es sei K ein Kontinuum in R_2. Ferner sei* S_1 OW $(K) < 2$.

Behauptung. Es ist K entweder ein Bogen mit KOW $(K) = 2$ *(und keine Kurve) oder es ist K ein „regulärer Stern", d. h., es existiert ein Punkt p derart, daß K reguläre Kurve und Vereinigung von endlich oder abzählbar unendlich vielen Strecken T_i ist, $i = 1, 2, \ldots$, welche bis auf den gemeinsamen Extrempunkt p paarweise fremd sind. Der Fall, daß K eine Strecke ist, wird einbegriffen.*

Zusatz. Ist K ein Bogen mit KOW $(K) = 2$, so kann K (beliebig viele) Ecken besitzen.

Beweis (1). Gemäß Abschn. 5.5.2., Satz, ist K reguläre Kurve. Ferner gilt für jeden in K enthaltenen Bogen B: Es ist B eine Strecke oder es ist KOW $(B) = 2$ (denn gemäß Abschn. 5.5.3., Hilfssatz, ist KOW $(B) \leq 2$).

(2). Ein Verzweigungspunkt p von K kann gemeinsamer Extrempunkt nur solcher in K enthaltener, paarweise bis auf p fremder Bogen A_i sein, die Strecken sind. In der Tat: Es seien A_1, A_2, A_3 solche Bogen und etwa KOW $(A_1) = 2$, ferner G eine Gerade durch p und durch ein $q \in \underline{A}_1$. Dann enthält G keinen verlängerten Punkt von A_1. Nämlich: Gemäß Abschn. 5.5.3., Zusatz zum Hilfssatz, existiert ein von G verschiedenes zu G paralleles $S_1(\underline{A}_1)$, weil nach Annahme p nicht Extrempunkt einer in A_1 enthaltenen Strecke ist. Enthält nun G einen verlängerten Punkt von $\underline{A}_1$, so ist auch G ein $S_1(K)$ im Widerspruch zu S_1 OW $(K) < 2$. Demnach kann (erforderlichenfalls nach beliebig kleiner Änderung von q) angenommen werden, daß die (existierenden) (Halb-) Tangenten in p an A_2 und A_3 nicht in G enthalten sind. Daher liegen mindestens zwei der A_i, etwa A'_1, A'_2, in der Umgebung von p auf der gleichen Seite von G, so daß G ein $S_1(p; A'_1 \cup A'_2)$ ist (vgl. Abschn. 5.5.3., Hilfssatz, Beweis (3)), während noch ein zu G paralleles $S_1(K) = S_1(A_1)$ existiert, im Widerspruch zu S_1 OW $(K) < 2$.

(3). Es besitzt K höchstens *einen* Verzweigungspunkt. Es seien nämlich p' und p'' (verschiedene) Verzweigungspunkte von K. Ferner seien A'_i bzw. A''_i (gemäß Ziffer (2)) Strecken mit dem gemeinsamen Extrempunkt p' bzw. p''; $i = 1, 2, 3$. Es kann kein A'_i parallel sein zu einem A''_j; $i, j = 1, 2, 3$; denn parallele (also nicht in der gleichen Geraden liegende) A'_i, A''_j geben Anlaß zu (zwei) verschiedenen, parallelen $S_1(K)$. Ist G die Verbindungsgerade von p' und p'', so liegt mindestens eines der A'_i nicht in G, etwa A'_1. Ist P die zu A'_1 parallele Gerade durch p'', so liegen also mindestens zwei der A''_j auf der gleichen Seite von P; daher ist P ein $S_1(p''; K)$ und parallel zu A'_1, welch letzteres ein $S_1(A'_1; K)$ liefert. Es ist also S_1 OW $(K) \geq 2$, im Widerspruch mit der Voraussetzung.

(4). Zufolge Ziffer (3) ist K ein Stern nur dann nicht, wenn K ein Bogen mit KOW $(K) = 2$ oder eine Strecke ist. Daß K keine Kurve sein kann, ergibt sich wie in Ziffer (III) des Beweises des Satzes in Abschn. 5.5.8.

5.5.9.1. Der Satz in Abschn. 5.5.9. gestattet eine Umkehrung. Denn jeder reguläre Stern besitzt den S_1 OW 1 und ebenso jeder *hinreichend kurze* Konvexbogen, das soll heißen jede hinreichend kleine Umgebung eines Punktes auf einem Bogen vom KOW 2. Wir haben also den

Satz. *Damit K ein Kontinuum in R_2 mit S_1 OW $(K) = 1$ sei, ist notwendig und hinreichend, daß K entweder ein regulärer Stern oder ein hinreichend kurzer Konvexbogen ist.*

5.5.9.2. Ebenso läßt der Satz in Abschn. 5.5.8. eine Umkehrung zu. Es sei nämlich B ein Bogen im R_n mit $n \geq 3$ und mit KOW $(B) = n$, welcher höchstens Strecken mit $(n-1)$-Ebenen gemeinsam hat; es besitzt also B *lokal nur den Rang* 1 oder n, d. h., für einen beliebigen Teilbogen T von B ist entweder $\mathfrak{R}(T) = 1$ oder $\mathfrak{R}(T) = n$. Ferner besitze B *stetige Halbtangente*, das soll heißen: Für jedes $x \in B$ existieren $v\, Th_1(x; B)$ und $h\, Th_1(x; B)$ und beide sind gleich (im Sinne von Abschnitt 5.1.4.). Gemäß Abschn. 5.2.9. sind dann die Halbtangenten stetig; in den Extrempunkten existiert eine der Halbtangenten und ist Limes der Halbtangenten in den benachbarten Punkten. Nach dem Satz von Hjelmslev (vgl. Abschn. 5.3.9., Satz) bilden dann die Parallelen zu den Halbtangenten durch einen festen Punkt $q \in R_n$ einen Kegelmantel $\mathfrak{M}$, der von einer zu q fremden $(n-1)$-Ebenen E' in einem Bogen B' getroffen wird, welcher lokal den KOW $n-1$ besitzt. Daher wird jede hinreichend kleine Umgebung U' eines jeden Punktes $x' \in B'$

von jeder (in E' enthaltenen) $(n-2)$-Ebene in höchstens $n-1$ Punkten (oder Komponenten) getroffen. Für $\mathfrak{M}$ bzw. B besagt dies, daß derjenige Mantelteil von $\mathfrak{M}$ bzw. derjenige Teilbogen von B, welcher dem U' entspricht, keine n zu einer $(n-1)$-Ebene (in R_n) parallele Erzeugende bzw. Halbtangenten besitzt. Wir haben somit den

Satz. *Damit K ein Kontinuum in R_n mit $n \geq 3$ und mit S_1* OW (K) $\leq n-1$ *sei, ist notwendig und hinreichend, daß K entweder eine Strecke ist oder ein hinreichend kurzer Bogen B mit stetiger Halbtangente sowie mit* KOW $(B) = n$, *welcher lokal nur den Rang* 1 *oder n besitzt.*

Anmerkung. Die Definition von S_1 OW und dementsprechend die Sätze in Abschn. 5.5.9.1. und 5.5.9.2. bleiben allgemein für beschränkte Kontinua im affinen Raum von $n = 2$ bzw. von $n \geq 3$ Dimensionen gültig.

5.6. Reguläre und singuläre Punkte auf Bogen im P_n, $n \geq 2$

Im folgenden soll eine Klassifikation der Punkte (der regulären sowohl als der singulären) eines offenen einfachen Bogens $\underset{\sim}{B}$ gegeben werden. Dabei wird die Existenz der einseitigen ν-Tangentialräume im betrachteten Punkt vorausgesetzt, $\nu = 1, \ldots, n-1$; dies ist sicher dann der Fall, wenn $\underset{\sim}{B}$ oder wenigstens der betrachtete Punkt endlichen POW besitzt bezüglich der $(n-1)$-Ebenen als OCh. Da sich die Betrachtung auf *einfache* Bogen beschränkt, sind insbesondere Singularitäten ausgeschlossen, welche Häufungspunkte von mehrfachen Punkten oder Punkte unendlicher Vielfachheit sind. — Entsprechend dem Abschnitt 4.1.1.1. heißt ein Punkt $c \in \bar{B} = \overline{(\underset{\sim}{B})}$ (ordnungsgeometrisch) *singulär* bzw. *regulär* (i. w. S.), wenn POW $(c; \bar{B}) > n$ bzw. POW $(c; \bar{B}) = n$ ist. Ferner heißt ein Punkt $d \in \bar{B}$ *elementar*, wenn eine vordere und eine hintere Umgebung (soweit beide vorhanden sind) von d auf $\bar{B}$ den (minimalen) POW n besitzt; es ist dann $n \leq$ POW $(d; \bar{B}) \leq 2n$ (wegen $d \subset \bar{B}$ kann d auch Extrempunkt von $\underset{\sim}{B}$ sein). Da es sich um Betrachtungen lokaler Natur handelt, kann B als beschränkt angenommen werden.

5.6.1. Schmiegkoordinatensysteme

Es sei $c \in B = \underset{\sim}{B}$, also c innerer Punkt von $\bar{B}$. Es existiere die vordere und die hintere ν-Tangential(halb)ebene $v\,T_\nu = v\,T_\nu(c; B)$, $v\,Th_\nu = v\,Th_\nu(c; B)$ und $h\,T_\nu = h\,T_\nu(c; B)$, $h\,Th_\nu = h\,Th_\nu(c; B)$ in c an B für jedes ν mit $0 \leq \nu \leq n$ (vgl. Abschn. 5.1.4.).

Definition. Unter einem *vorderen Schmieg(koordinaten)system*, abgekürzt vSKS, in c an B verstehen wir ein n-tupel orientierter Geraden $X_1, \ldots, X_n$ durch c von folgender Eigenschaft: Wird die positive bzw. negative Halbgerade von X_ν mit dem Anfangspunkt c durch X_ν^+ bzw. X_ν^- bezeichnet, so soll gelten: $X_1^+ = v\,Th_1$; allgemein $X_\nu \subset v\,T_\nu$, aber $X_\nu \not\subset v\,T_{\nu-1}$ und $X_\nu^+ \subset v\,Th_\nu$, $\nu = 1, \ldots, n$. Dadurch ist übrigens die Orientierung der X_ν bereits eindeutig bestimmt; die Geraden X_ν selbst können im Rahmen der ihnen auferlegten Bedingungen beliebig gewählt sein.

Ersetzt man $v\,T_\nu$ usw. durch $h\,T_\nu$ usw., so erhält man die Definition eines *hinteren* Schmieg(koordinaten)systems, hSKS, $Y_1, \ldots, Y_n$ bzw. $Y_1^+, \ldots, Y_n^+$ in c an B. Dabei wird aber die hintere $h\,Th_\nu$ *nicht gemäß der Festsetzung* in Abschn. 5.1.4. erklärt, sondern für jedes ν als $h\,Th_\nu = \lim\limits_{y \to c} Lh(h\,T_{\nu-1} \cup \{y\})$, wobei die y einer hinteren Umgebung von c auf B angehören.

5.6.1.1. Folgerung (1). Es ist $v\,T_\nu = L(v\,T_{\nu-1} \cup X_\nu) = L(X_1 \cup \cdots \cup X_\nu)$ und $v\,Th_\nu = Lh(v\,T_{\nu-1} \cup X_\nu^+)$, d. h. die von $v\,T_{\nu-1}$ begrenzte, X_ν^+ enthaltende ν-Halbebene. Und entsprechend für jedes $Y_1, \ldots, Y_n$.

(2). Die X_ν und ebenso die Y_ν sind *linear unabhängig*; denn $v\,T_n = L(X_1 \cup \cdots \cup X_n)$.

(3). Bezüglich eines vorderen SKS $X_1, \ldots, X_n$ läßt sich eine vordere Umgebung V von c auf B darstellen durch $\xi = \xi(t) = (x_\nu(t)) \in V$, wobei $x_\nu(t)$ eindeutig, reell und stetig in t mit $0 \le t \le t'$ ist und $0 = x_\nu(0)$, $\nu = 1, \ldots, n$. Wenn nun, wie hier angenommen, POW $(c; B)$ endlich ist, kann t' so gewählt werden, daß $x_\nu(t) > 0$ für jedes t mit $0 < t \le t'$ und jedes ν. Außerdem gilt dann:

$$\lim_{t \to 0+} x_{i+1}(t) : x_i(t) = 0, \qquad i = 0, 1, \ldots, n-1,$$

wenn $x_0(t) = \text{konst.} = 1$ gesetzt ist.

Beweis. Es ist $v\,T_{i-1}$ gekennzeichnet durch $x_\nu = 0$ für $i \le \nu \le n$, und daher $L_i(t) = L(v\,T_{i-1} \cup \{\xi(t)\})$ durch $x_\nu = a\,x_\nu(t)$ mit $i \le \nu \le n$, bei beliebigem reellem a. In $L_i(t)$ gilt somit $x_{i+1} : x_i = x_{i+1}(t) : x_i(t)$. Wählt man nun bei gegebenem t das a so, daß $x_i = 1$, und beachtet, daß $L_i(t) \to v\,T_i$ für $t \to 0$, so folgt $x_{i+1} \to 0$ für $t \to 0$ und daraus die Behauptung.

5.6.2. Vermittelnde Schmiegkoordinatensysteme. Vermittelnde Permutation

Im Hinblick auf unsere Zwecke besonders bequem sind solche Paare von vorderen und hinteren SKS (X_ν^+), (Y_ν^+), für welche die (nicht orientierten) Achsen X_ν, Y_ν paarweise zusammenfallen im folgenden Sinne: Zu jedem i mit $1 \le i \le n$ existiert (mindestens) eine ganze Zahl $\sigma = \sigma(i)$ mit $1 \le \sigma(i) \le n$ derart, daß diese $\sigma(i)$ sämtlich verschieden sind und daß $X_i = Y_{\sigma(i)}$ ist, so daß also durch die $\sigma(i)$ eine Permutation der $1, \ldots, n$ bestimmt wird. Jede solche Permutation werde als eine *zum gegebenen* $\mathfrak{B}$ *und* $c \in \mathfrak{B}$ *gehörige* (nichtsignierte) *vermittelnde* Permutation bezeichnet. Wir zeigen in Abschn. 5.6.2.1. bis 5.6.2.5.: *Zu* $\mathfrak{B}$ *und* c *existiert eine vermittelnde Permutation, und zwar nur eine einzige.* Das System der zugehörigen, nichtorientierten Achsen $X_i = Y_{\sigma(i)}$ bzw. der gemäß Abschn. 5.6.1. orientierten Halbachsen X_i^+, $Y_{\sigma(i)}^+$ bezeichnen wir auch als *vermittelndes* nichtorientiertes *Schmiegkoordinatensystem*, abgekürzt SKS, bzw. als vermittelndes SKS (schlechthin).

5.6.2.1. Notwendige Bedingungen, welchen $\sigma(i)$ zu genügen hat, ergeben sich so: Definitionsgemäß (vgl. Abschn. 5.6.1.) ist $X_i \subset v\,T_i$, $X_i \not\subset v\,T_{i-1}$ und $Y_\sigma \subset h\,T_\sigma$, $Y_{\sigma-1} \not\subset h\,T_{\sigma-1}$. Setzen wir jetzt

$$(j, k) = v\,T_j \cap h\,T_k \quad \text{und} \quad d(j, k) = \dim(j, k),$$

so gilt, wegen $X_i = Y_\sigma$,

$$X_i \subset (i, \sigma), \quad X_i \not\subset (i, \sigma - 1) \quad \text{und} \quad X_i \not\subset (i - 1, \sigma).$$

Daraus folgt

(2.1a) $d(i, \sigma) = d(i, \sigma - 1) + 1 = d(i - 1, \sigma) + 1$, für $1 \leq i, \sigma \leq n$, wobei $d(0, k) = d(j, 0) = 0$ und $d(n, k) = d(k, n) = k$ ist.

Beweis. Wir setzen für $1 \leq j, k \leq n$

$$d'(j, k) = d(j, k) - d(j, k - 1), \qquad d''(j, k) = d(j, k) - d(j - 1, k)$$

und zeigen zunächst

(2.1b) $0 \leq d'(j, k) \leq 1$, $0 \leq d''(j, k) \leq 1$ für alle j, k mit $1 \leq j, k \leq n$.

In der Tat: Es ist $d(j, k) + \dim(L(v\,T_j \cup h\,T_k)) = j + k$, folglich $0 \leq d'(j, k) = \dim(L(v\,T_j \cup h\,T_{k-1})) - \dim(L(v\,T_j \cup h\,T_k)) + 1 \leq 1$.

Nun ist aber $(i, \sigma - 1)$ echte Teilmenge von (i, σ); denn $X_i \subset (i, \sigma)$, $X_i \not\subset (i, \sigma - 1)$ und $(i, \sigma - 1) \subset (i, \sigma)$. Somit $d'(i, \sigma) = 1$. Ebenso ergibt sich $d''(i, \sigma) = 1$, womit (2.1a) bewiesen ist.

Wir bemerken in diesem Zusammenhang noch

(2.1c)
$$d'(j - 1, k) \leq d'(j, k) \leq d'(j + 1, k),$$
$$1 \leq j \leq n - 1, \quad 1 \leq k \leq n$$

sowie

$$d''(j, k - 1) \leq d''(j, k) \leq d''(j, k + 1),$$
$$1 \leq k \leq n - 1, \quad 1 \leq j \leq n.$$

In der Tat: Wegen (2.1b) genügt es, zu zeigen: Aus $d'(j, k) = 0$ bzw. $= 1$ folgt $d'(j - 1, k) = 0$ bzw. $d'(j + 1, k) = 1$. Ist aber $d'(j, k) = 0$, also $d(j, k) = d(j, k - 1)$, so folgt wegen $(j, k - 1) \subset (j, k)$, daß $(j, k - 1) = (j, k)$ und daraus wegen $v\,T_{j-1} \cap v\,T_j = v\,T_{j-1}$, auch $(j - 1, k - 1) = (j - 1, k)$, also $d'(j - 1, k) = 0$. Ist ferner $d'(j, k) = 1$, so ist nach dem eben Bewiesenen jedenfalls $d'(j + 1, k) > 0$ also nach (2.1b) $= 1$. Ebenso beweist man (2.1c) für $d''(j, k)$.

Angemerkt sei noch die aus der Definition von $d'(j, k)$, $d''(j, k)$ folgende Identität

$$(2.1d) \quad d'(j, k) - d''(j, k) = d'(j-1, k) - d''(j, k-1).$$

Zusatz. Die Eigenschaften (2.1b), (2.1c) und (2.1d) folgen allein aus der Definition von (j, k) und setzen die Existenz eines σ gemäß (2.1a) nicht voraus.

5.6.2.2. Wir zeigen weiter: Die für vermittelnde Permutationen notwendige Bedingung (2.1a) ist auch hinreichend. Genauer: *Es gibt genau eine ganzzahlige Lösung $\sigma(i)$ der Differenzengleichung* (2.1a), falls $d(j, k)$ den Bedingungen (2.1b), (2.1c) (und (2.1d)) genügt und *falls* $1 \leq \sigma(i) \leq n$. *Diese Lösung liefert überdies eine Permutation der* $1, \ldots, n$ (d. h., es ist $\sigma(i)$ eindeutig umkehrbar).

Zunächst gibt es jedenfalls (mindestens) eine solche Lösung $\sigma'(i) = \sigma'$, welche zugleich Permutation ist. Wir erklären σ' als diejenige natürliche Zahl mit $1 \leq \sigma' \leq n$, für welche $d''(i, \sigma' - 1) = 0$ und $d''(i, \sigma') = 1$ ist; gemäß (2.1c) und wegen $d''(i, 0) = 0$, $d''(i, n) = 1$ gibt es nämlich genau ein solches σ'. Aus (2.1d) folgt dann $d'(i, \sigma') = d'(i-1, \sigma') + 1$, wegen (2.1b) und (2.1c) also $d'(i-1, \sigma') = 0$ und $d'(i, \sigma') = 1$. In Rücksicht auf die Definition von $d'(j, k)$ und $d''(j, k)$ folgt daraus (2.1a) für σ'. — Es wird durch σ' eine Permutation der $1, \ldots, n$ geliefert; d. h., es ist $\sigma'(i) \neq \sigma'(j)$ für $i \neq j$, etwa für $i \leq j - 1$. Andernfalls wäre nämlich $d'(i, \sigma'(i)) = 1 \leq d'(j-1, \sigma'(i)) \leq d'(j-1, \sigma'(j)) = 0$ (gemäß (2.1c) und der Definition von σ'). Es existiert also eindeutig die *Umkehrfunktion* $i = \zeta'(k)$ von $k = \sigma'(i)$. Es sei nun $\sigma = \sigma(i)$ eine zweite Lösung von (2.1a) mit $1 \leq \sigma(i) \leq n$. Es ist dann $d''(i, \sigma) = 1$. Zufolge der Definition von σ' ist aber σ' das kleinste derartige σ, also $\sigma'(i) \leq \sigma(i)$ für jedes i mit $1 \leq i \leq n$. Daher ist zunächst $n = \sigma'(\zeta'(n)) \leq \sigma(\zeta'(n)) \leq n$, also $\sigma'(j) = \sigma(j)$ für $j = \zeta'(n)$. Da $\zeta'(\nu)$ für $\nu = n, n-1, \ldots, 1$, jeden der Werte $1, \ldots, n$ genau einmal annimmt, liefert der gleiche Schluß in vollständiger Induktion $\sigma(i) = \sigma'(i)$ für jedes $i = 1, \ldots, n$.

5.6.2.3. Die in Abschn. 5.6.2.2. gefundene Permutation ist eine (und zwar die einzige) *vermittelnde Permutation*; *mit ihrer Hilfe lassen sich alle nicht orientierten vermittelnden SKS* (für $\underline{B}$ in *c*) *konstruieren* (es existieren immer solche SKS).

In der Tat: Wegen $d''(1, \sigma(1)) = d'(1, \sigma(1)) = 1$ (vgl. Abschn. 5.6.2.2. betr. σ') gibt es (mindestens) einen Punkt $x_1 \in v\,T_1 \cap h\,T_{\sigma(1)}$, der weder in $v\,T_1 \cap h\,T_{\sigma(1)-1}$ noch in $v\,T_0 \cap h\,T_{\sigma(1)}$ enthalten ist. Die Verbindungsgerade von x_1 mit c fällt mit $v\,T_1$ zusammen und liegt in $h\,T_{\sigma(1)}$, aber nicht in $h\,T_{\sigma(1)-1}$. Allgemein folgt aus $d''(i, \sigma(i)) = d'(i, \sigma(i)) = 1$ die Existenz eines x_i bzw. einer Geraden X_i durch x_i und c mit $X_i \subset v\,T_i$, $X_i \not\subset v\,T_{i-1}$ und $X_i \subset h\,T_{\sigma(i)}$ sowie $X_i \not\subset h\,T_{\sigma(i)-1}$. Für $X_i = Y_{\sigma(i)}$ ist somit die Bedingung für ein nichtorientiertes SKS in $c \in \underset{\sim}{B}$ erfüllt. Und jedes vermittelnde (nichtorientierte) SKS entspricht einer Wahl solcher x_i bzw. X_i.

5.6.2.4. Bisher handelte es sich nur um nichtorientierte SKS, d. h. um nichtorientierte Achsen X_ν, $Y_{\sigma(\nu)}$. Andererseits ist aber definitionsgemäß die Orientierung der Achsen eines jeden vSKS und hSKS durch $\underset{\sim}{B}$, c (bei orientiertem $\underset{\sim}{B}$) oder vielmehr durch $v\,Th_\nu$ und $h\,Th_{\sigma(\nu)}$ eindeutig festgelegt. Handelt es sich nun um vermittelnde SKS (mit orientierten Achsen), so ist $Y^+_{\sigma(\nu)}$ entweder $= X^+_\nu$ oder $= X^-_\nu$. Um auch mit einer Bezeichnung kenntlichzumachen, welcher von diesen beiden Fällen vorliegt, gehen wir von $\sigma(\nu)$ über zum „signierten" $\tilde{\sigma}(\nu)$, wobei $\tilde{\sigma}(\nu) = \sigma(\nu)$, falls $Y^+_{\sigma(\nu)} = X^+_\nu$, bzw. $\tilde{\sigma}(\nu) = -\sigma(\nu)$, falls $Y^+_{\sigma(\nu)} = X^-_\nu$. Es heiße dann $(\tilde{\sigma}(1), \ldots, \tilde{\sigma}(n))$ oder kürzer $(\tilde{\sigma}(\nu))$ die *signierte vermittelnde* Permutation, welche zu $c \in \underset{\sim}{B}$ gehört; sie ist eindeutig bestimmt durch $\underset{\sim}{B}$ und c (bei orientiertem $\underset{\sim}{B}$). Ferner bezeichnen wir $(\zeta(\nu))$ bzw. $(\tilde{\zeta}(\nu))$ als *Reziproke* von $(\sigma(\nu))$ bzw. von $(\tilde{\sigma}(\nu))$, wenn $i = \zeta(k)$ gleichwertig ist mit $k = \sigma(i)$ und wenn $\tilde{\zeta}(k) = \zeta(k)$ bzw. $= -\zeta(k)$, je nachdem $\tilde{\sigma}(i) > 0$ oder $\tilde{\sigma}(i) < 0$ ist.

Anmerkung. Die Reziproke einer vermittelnden Permutation, die zu $\underset{\sim}{B}$, c gehört, ist die vermittelnde Permutation, die zu $\underset{\sim}{B}'$, c gehört, wenn $\underset{\sim}{B}'$ gleich dem mit der entgegengesetzten Orientierung versehenen $\underset{\sim}{B}$ ist (Vertauschung der vorderen und hinteren Umgebungen von c auf $\underset{\sim}{B}$).

Zusammenfassung. *Durch $\underset{\sim}{B}$, seine Orientierung und durch $c \in \underset{\sim}{B}$ ist eindeutig die vermittelnde signierte Permutation bestimmt. Mit Hilfe dieser signierten Permutation lassen sich alle vermittelnden SKS konstruieren.*

5.6.2.5. Wir bezeichnen Paare $(\underset{\sim}{B}, c)$ aus einem orientierten Bogen $\underset{\sim}{B}$ und einem Punkt $c \in \underset{\sim}{B}$ als vom gleichen *Typus* $\tilde{P}$, wenn sie zur gleichen signierten Permutation gehören. Jeder signierten Permutation aus n Elementen entspricht im P_n auch ein Typus, d. h., es gibt Paare $(\underset{\sim}{B}, c)$, welche zu dieser signierten Permutation gehören. Es gibt also genau $2^n n!$ verschiedene Typen im P_n; $n \geq 2$.

Anmerkung. Es ist $\underset{\sim}{B}$ in c differenzierbar bzw. gewöhnlich differenzierbar (im Sinne von Abschn. 5.1.4.) genau dann, wenn $|\tilde{\sigma}(i)| = i$ bzw. wenn $\tilde{\sigma}(i) = (-1)^i i$ ist, $i = 1, \ldots, n-1$.

5.6.3. Kombinatorische Mindestordnung

In den folgenden Abschn. 5.6.3.1. usw. soll eine später (vgl. Abschnitt 5.6.3.1.2.) noch zu definierende untere Schranke $K(\tilde{P})$ für POW$(c; B)$ angegeben werden, welche durch $\tilde{P}$ allein bestimmt ist und als *kombinatorischer Mindestordnungswert*, kurz kMOW, für den Typus $\tilde{P}$

bezeichnet werde; es handelt sich dabei um den Punktordnungswert bezüglich der Hyperebenen als Ordnungscharakteristiken. Übrigens ist $K(\bar{P})$ genaue Schranke, wenigstens bei in c differenzierbarem B, insofern, als es Bogen B und $c \in \underline{B}$ vom Typus $\tilde{P}$ gibt mit POW $(c; B) = K(\tilde{P})$ (vgl. Abschn. 5.6.4.).

5.6.3.1. Wir gehen aus von einem vermittelnden SKS $X_1^+, \ldots, X_n^+$ für B in $c \in \underline{B}$; die zugehörigen Koordinaten seien $z_1, \ldots, z_n$. Jede $(n-1)$-Ebene E wird dann repräsentiert durch eine Gleichung $E(z) = 0$ für den Punkt $z = (z_1, \ldots, z_n)$, wobei $E(z) = \sum_{\nu=0}^{n} e_\nu z_\nu$ mit $z_0 = 1$ und mit $\sum_{\nu=1}^{n} |e_\nu| > 0$. Ist $z(t) = (z_\nu(t))$, $-d' < t < +d'$ die Darstellung einer hinreichend kleinen Umgebung U von c auf B in den $z_1, \ldots, z_n$, so ist die Anzahl der Nullstellen von $E(z(t)) = \sum_{\nu=0}^{n} e_\nu z_\nu(t)$ nicht größer als POW $(c; B)$. Nun ist ein vermittelndes SKS einerseits vSKS etwa mit den Koordinaten $x_1, \ldots, x_n$, andererseits hSKS etwa mit den Koordinaten $y_1, \ldots, y_n$. Dabei ist $y_\nu = \operatorname{sign}(\zeta(\nu))\, x_{\zeta(\nu)}$ und $x_\nu = \operatorname{sign}(\tilde{\sigma}(\nu))\, y_{\sigma(\nu)}$. Eine vordere bzw. hintere Umgebung $V \subset U$ bzw. $H \subset U$ von c auf B wird dargestellt durch $x(\xi) = (x_\nu(\xi))$, $0 \leq \xi < d$ bzw. durch $y(\eta) = (y_\nu(\eta))$, $0 \leq \eta < d$, wobei $x_\nu(0) = y_\nu(0) = 0$ ist. Daher ist die Nullstellenzahl von $E(z(t))$ gleich der Summe der Nullstellenzahlen Erstens einer Gleichung $G(\xi) = \sum_{\nu=0}^{n} a_\nu x_\nu(\xi) = 0$ und Zweitens der Gleichung $G(\eta; \bar{P}) = \sum_{\nu=0}^{n} b_\nu y_\nu(\eta) = 0$, wobei $x_0(\xi) = y_0(\eta) = 1$, ferner $a_0 = b_0$ und $b_\nu = \operatorname{sign}(\zeta(\nu))\, a_{\zeta(\nu)}$, $1 \leq \nu \leq n$. Wir bezeichnen die Linearformen $G(\xi)$ und $G(\eta; \bar{P})$ bzw. die zugehörigen Gleichungen als ein *zusammengehöriges Paar.*

5.6.3.1.1. Bei der angekündigten Definition des kMOW $K(\tilde{P})$ beschränken wir uns auf Nullstellen einer speziellen Art, der sog. *Übergewichtsnullstellen,* zu deren Erklärung wir jetzt übergehen. Zu diesem Zwecke betrachten wir zunächst nur $G(\xi)$ und V. Hinreichend für die Existenz einer Nullstelle von $G(\xi)$ ist dann jedenfalls folgendes:

Es gibt ξ', ξ'' beliebig nahe bei 0, etwa mit $0 \leq \xi' < \xi''$ derart, daß für ein μ bzw. $\varkappa$ mit $\mu \neq \varkappa$ gilt

$$\text{(I}'\text{)} \qquad |a_\mu|\, x_\mu(\xi') > \sum_{\nu}^{\nu \neq \mu} |a_\nu|\, x_\nu(\xi')$$

sowie

$$\text{(I}''\text{)} \qquad |a_\varkappa|\, x_\varkappa(\xi'') > \sum_{\nu}^{\nu \neq \varkappa} |a_\nu|\, x_\nu(\xi'')$$

und

$$a_\mu\, a_\varkappa < 0;$$

dabei ist berücksichtigt, daß $x_\nu(\xi) > 0$ ist in $\underline{V}$ (weil POW $(c; B)$ endlich sein soll; vgl. Abschn. 5.6.1.1.).

Denn alsdann ist $G(x')\,G(x'') < 0$, so daß zwischen ξ' und ξ'' eine Nullstelle von $G(\xi)$ liegt. Eine solche Nullstelle soll als *Übergewichtsnullstelle* (von $G(\xi)$), kurz als *Ü-Nullstelle,* bezeichnet werden. Gilt (I') bzw. (I''), so heiße ξ' bzw. ξ'' Übergewichtsstelle, kurz *Ü-Stelle,* bezüglich $G(\xi)$, ferner μ bzw. $\varkappa$ *Ü-Index,* a_μ bzw. $a_\varkappa$ *Ü-Koeffizient.* Ist $a_0 \neq 0$, so ist $\xi' = 0$ Ü-Stelle, 0 Ü-Index usw.

Aus dieser Definition einer Ü-Stelle ergibt sich folgende Konstruktion:

1. Hilfssatz. *Voraussetzung.* Es seien μ und $|a_\mu| > 0$ sowie die in $\Sigma\, a_\nu\, x_\nu$ „rechts von a_μ stehenden" Koeffizienten $a_{\mu+1}, \ldots, a_n$ beliebig vorgegeben, $1 \leq \mu \leq n$.

Behauptung. In beliebig kleiner vorderer Umgebung von c auf B gibt es ein $\xi = \xi(|a_\mu|, |a_{\mu+1}|, \ldots, |a_n|) \neq 0$, also > 0, und dazu eine Zahl $m = m(\xi) > 0$ derart, daß ξ Ü-Stelle von $G(\xi) = \Sigma\, a_\nu\, x_\nu(\xi)$ mit μ als Ü-Index und a_μ als Ü-Koeffizienten ist, sofern nur die in $\Sigma\, a_\nu\, x_\nu$ links von a_μ stehenden Koeffizienten $a_{\mu-1}, \ldots, a_0$ absolut nicht größer sind als m, also $|a_\nu| \leq m$ für $0 \leq \nu \leq \mu - 1$.

Beweis. Gemäß Abschn. 5.6.1.1., (3), gibt es ein ξ beliebig nahe bei 0 derart, daß $\sum_{\nu=\mu+1}^{n} |a_\nu|\, x_\nu(\xi) < a'_\mu = 4^{-1}|a_\mu|\, x_\mu(\xi)$. Ferner ist $\sum_{\nu=0}^{\mu-1} |a_\nu|\, x_\nu(\xi) < a'_\mu$ bei festen ξ und $|a_\mu|$, sobald $|a_\nu| < a'_\mu : (1 + x_1(\xi) + \cdots + x_{\mu-1}(\xi)) = m$.

Aus dem 1. Hilfssatz folgt unmittelbar der

2. Hilfssatz. *Voraussetzung.* Es seien gegeben: Die natürliche Zahl r mit $1 \leq r \leq n$, ferner die Indizes α_ϱ, $0 \leq \varrho \leq r$ mit

$$(\alpha) \qquad 0 \leq \alpha_0 < \alpha_1 < \cdots < \alpha_r \leq n$$

sowie $|a_{\alpha_\varrho}| \neq 0$, $\varrho = 0, 1, \ldots, r$.

Behauptung. Es gibt $G(\xi) = \Sigma\, a_\nu\, x_\nu(\xi)$ derart, daß $G(\xi)$ mindestens $r + 1$ Ü-Stellen ξ_ϱ besitzt je mit α_ϱ als Ü-Index und mit a_{α_ϱ} als Ü-Koeffizient. Dabei lassen sich die ξ_ϱ beliebig nahe bei 0 wählen und so, daß $0 \leq \xi_0 < \xi_1 < \cdots < \xi_r$ ist.

Zusatz. Jedes derartige $G(\xi)$ besitzt mindestens r Ü-Nullstellen, sofern die Vorzeichen der a_{α_ϱ} abwechselnd positiv und negativ sind $(a_{\alpha_\varrho} a_{\alpha_{\varrho+1}} < 0)$.

Beweis. Man wende den Hilfssatz 1 der Reihe nach für α_r, a_{α_r}; α_{r-1}, $a_{\alpha_{r-1}}$, usw. an, gehe also in (α) *von rechts nach links.*

5.6.3.1.2. Die in Abschn. 5.6.3.1.1. angegebenen Konstruktionen von Ü-Stellen bezogen sich auf ein $G(\xi)$ allein und waren bedingungslos, d. h. ohne Beschränkungen hinsichtlich der Ü-Indizes ausführbar. Dies ändert sich, wenn die Konstruktionen auf ein zusammengehöriges Paar (vgl. Abschn. 5.6.3.1.) $G(\xi)$, $G(\eta; \tilde{P})$ ausgedehnt werden sollen. Als eine solche Ausdehnung wählen wir die folgende:

Man gebe beliebig natürliche Zahlen r, t mit $0 \leq r$, $t \leq n$ vor sowie (als gewünschte Ü-Indizes)

(α). Indizes $\alpha_0, \ldots, \alpha_r$ bezüglich $G(\xi)$ mit $0 \leq \alpha_\varrho < \alpha_{\varrho'} \leq n$ für $\varrho < \varrho'$;

(β). Indizes $\beta_0, \ldots, \beta_t$ bezüglich $G(\eta; \tilde{P})$ mit $0 \leq \beta_\tau < \beta_{\tau'} \leq n$ für $\tau < \tau'$.

Unter Erhaltung der (ihrer natürlichen Größenordnung entsprechenden) Reihenfolge der α_ϱ (wie in (α)) bzw. der β_τ (wie in (β)) ordne man sodann die α_ϱ, β_τ *beliebig* in eine *Folge*

(i) $$i_1, \ldots, i_p \quad \text{von} \quad p = r + t + 2 \quad \text{Indizes } i_\pi$$

und fordere die Bestimmung zusammengehöriger Paare $G(\xi)$, $G(\eta; \tilde{P})$ gemäß Hilfssatz 2 (Abschn. 5.6.3.1.1.) derart, daß die i_π der Reihe nach, und zwar in umgekehrter Reihenfolge wie in (i) (also in (i) von rechts nach links) zu Ü-Indizes gemacht werden, und zwar für $G(\xi)$ bzw. für $G(\eta; \tilde{P})$, je nachdem i_π ein α_ϱ oder ein β_τ ist.

Die soeben geforderte Bestimmung von $G(\xi)$, $G(\eta; \tilde{P})$ kann höchstens dann unausführbar werden, wenn folgender Fall vorliegt: Es steht $i_\pi = a_\varrho = \alpha$ in (i) links von $i_{\pi'} = \beta_\tau = \beta$ (also $\pi < \pi'$), während gleichzeitig $\zeta(\beta) < \alpha$ ist. (Natürlich braucht $\zeta(\beta)$ nicht in (i), d. h. also in (α), enthalten zu sein.) — In der Tat: Wegen $\pi < \pi'$ ist zuerst β zum Ü-Index bezüglich $G(\eta; \tilde{P})$ zu machen, womit zugleich $|b_\beta| = |a_{\zeta(\beta)}| \neq 0$ festgelegt wird. Soll sodann α Ü-Index bezüglich $G(\xi)$ werden, so wird von $|a_\nu|$ mit $\nu < \alpha$ gefordert, daß $|a_\nu| < m$ sei, insbesondere also $|a_{\zeta(\beta)}| < m$, wobei m von $|a_{\zeta(\beta)}|$ unabhängig ist. Die letzte Ungleichung ist also i. allg. nicht erfüllbar. — Entsprechndes gilt, wenn $\pi' < \pi$ und $\sigma(\alpha) < \beta$ ist. — Wenn hingegen $\pi < \pi'$ und $\alpha \leq \zeta(\beta)$ festgelegt ist oder $\pi' < \pi$ und $\beta \leq \sigma(\alpha)$, so sind die geforderten Konstruktionen bedingungslos durchführbar. In der Tat: Wird zuerst β zum Ü-Index gemacht, d. h. ist $\pi < \pi'$, so wird dabei $|b_\beta| = |a_{\zeta(\beta)}|$ festgelegt und im Falle $\alpha = \zeta(\beta)$ auch $|a_\alpha|$, während im Falle $\alpha < \zeta(\beta)$ die Festlegung von $|a_{\zeta(\beta)}|$ keine Einschränkung für die Bestimmung von a_α als Ü-Koeffizient nach sich zieht (eben weil $\alpha < \zeta(\beta)$). Ebenso schließt man im Falle $\pi' < \pi$ und $\beta \leq \sigma(\alpha)$. In beiden Fällen läßt sich α und β bedingungslos zu Ü-Indizes machen.

Aus den vorstehenden Bemerkungen folgt: Man vermeidet mit Sicherheit die Undurchführbarkeit der geforderten Konstruktionen, wenn man sich auf Folgen (i) beschränkt, bei welchen immer $\alpha \leq \zeta(\beta)$ bzw. $\beta \leq \sigma(\alpha)$ ist, wenn α bzw. β links von β bzw. von α steht. Wir bezeichnen solche *Folgen* (i) als *reduziert* und gelangen zu folgender

Definition. Der *kombinatorische Mindestordnungswert* (kMOW) $K(\bar{P})$ für den Typus $\bar{P}$ sei das Maximum der Anzahl der Ü-Nullstellen zusammengehöriger Paare $G(x)$, $G(\eta; \bar{P})$, wenn für die Konstruktion solcher Ü-Nullstellen nur *reduzierte* Folgen (i) herangezogen werden.

Verabredung. Im folgenden soll immer $\alpha_0 = \zeta(\beta_0) = 0 = \beta_0 = \sigma(\alpha_0)$ sein. Diese Festsetzung bedeutet keine Beschränkung der Allgemeinheit, weil einerseits α_0 und β_0 bedingungslos zu Ü-Indizes gemacht werden können und weil andererseits die Hinzufügung von $\alpha_0 = \beta_0 = 0$ zu einer reduzierten Folge wieder eine reduzierte Folge liefert.

5.6.3.2. Die Bestimmung von $K(\bar{P})$ läßt sich, wie jetzt gezeigt werden soll, auf die Betrachtung von Folgen (α), (β) allein zurückführen (ohne Heranziehung der (i)), falls sich aus (α) und (β) (mindestens) eine reduzierte Folge (i) bilden läßt; dabei soll also (i) *sämtliche* α_ϱ und β_τ aus (α) bzw. (β) enthalten. Derartige Paare (α), (β) lassen sich durch eine einfache Eigenschaft kennzeichnen und sollen ebenfalls als *reduziert* bezeichnet werden. Alle aus einem reduzierten Paar zusammensetzbaren Folgen (i) liefern, wie sich zeigen wird, die gleiche Anzahl von Ü-Stellen, nämlich $r + t + 2 \leq 2 + 2n$. Dabei sind die reduzierten Paare durch P allein bestimmt; demgegenüber ist $K(\bar{P})$, d. h. die in der Reihe der zugehörigen Ü-Koeffizienten mögliche Maximalzahl von Vorzeichenwechseln, und damit von Ü-Nullstellen, durch $\bar{P}$ bedingt.

5.6.3.2.1. Um zunächst die *reduzierten Paare* (α), (β) *zu kennzeichnen*, bedienen wir uns der folgenden geometrischen Interpretation der (vermittelnden) Permutation P. In der euklidischen Ebene seien A, B zwei parallele, gleichorientierte Geraden und auf jeder von ihnen seien $n + 1$ (äquidistante) Punkte markiert, die, im Sinne der Orientierung von A bzw. B durchlaufen, je mit $0, 1, \ldots, n$ bezeichnet seien; im Sinne dieser Orientierung von A bzw. B liegt also μ *links* bzw. *rechts* von ν (auf A bzw. B), je nachdem $\mu < \nu$ oder $\nu < \mu$ ist. Die Punkte auf A bzw. B heißen α- bzw. β-Punkte. Vermöge $P = (\sigma(\alpha))$ geben die α- und β-Punkte Anlaß zu $n + 1$ „Sehnen" $(\alpha, \sigma(\alpha)) = (\zeta(\beta), \beta)$ mit $\beta = \sigma(\alpha)$, d. h. zu offenen Strecken mit den Extrempunkten $\alpha = \zeta(\beta)$ und $\beta = \sigma(\alpha)$. Die zugehörigen halboffenen bzw. abgeschlossenen Strecken $[\alpha, \sigma(\alpha))$ und $(\zeta(\beta), \beta]$ bzw. $[\alpha, \sigma(\alpha)]$ bezeichne man als a- bzw. b- bzw. a, b-*Sehnen*; dabei soll *jede a, b-Sehne* nach Bedarf *auch als a- und ebenso auch als b-Sehne gelten.* Insbesondere ist $[0, 0]$ eine a, b-Sehne. Demgemäß *entspricht jedem Paar* (α), (β) von Folgen *eineindeutig ein System von a- und b-Sehnen,* wenn vereinbart wird: Einem $\alpha'' \in (\alpha)$ entspricht die a-Sehne $[\alpha'', \sigma(\alpha''))$ und einem $\beta'' \in (\beta)$ die b-Sehne $(\zeta(\beta''), \beta'']$. Ist $\alpha' \in (\alpha)$ und $\beta' = \sigma(\alpha') \in (\beta)$, so werden $[\alpha', \sigma(\alpha'))$ und $(\zeta(\beta'), \beta']$ zur a, b-Sehne $[\alpha', \beta']$ zusammengefaßt. Gemäß der Verabredung in Abschn. 5.6.3.1.2. ist insbesondere jedem Paar (α), (β) die a, b-Sehne $[0, 0]$ zugeordnet.

Hinsichtlich der gegenseitigen Lage einer a-Sehne $[\alpha, \sigma(\alpha))$ und einer b-Sehne $(\zeta(\beta), \beta]$, die voneinander verschieden (d. h. deren Extrempunkte verschieden) und die nicht beide a, b-Sehnen sind, hat man nur die nachstehenden beiden Möglichkeiten:

I. Die a- und die b-Sehne *schneiden sich links*, das soll heißen: *Es ist* $\zeta(\beta) < \alpha$ *und gleichzeitig* $\sigma(\alpha) < \beta$ (es liegen also die nicht zu den Sehnen gerechneten Extrempunkte links von den dazu gerechneten).

II. Die a- und die b-Sehne schneiden sich *nichtlinks*, das soll heißen: *Es ist* $\alpha < \zeta(\beta)$ *oder* $\beta < \sigma(\alpha)$. Genauer: Es gilt *entweder* $\alpha < \zeta(\beta)$ und $\sigma(\alpha) < \beta$ (1. Fall) *oder* $\beta < \sigma(\alpha)$ und $\zeta(\beta) < \alpha$ (2. Fall) *oder* $\alpha < \zeta(\beta)$ und $\beta < \sigma(\alpha)$ (3. Fall). — Im 1. und 2. Fall sind die Sehnen *fremd*, und zwar liegt, wie wir sagen wollen, $[\alpha, \sigma(\alpha))$ im 1. Falle *links* und im 2. Falle *rechts* von $(\zeta(\beta), \beta]$. Im 3. Falle schneiden sich die beiden Sehnen, und zwar, wie wir sagen wollen, schneiden sie sich rechts.

Zusatz. Eine a- und eine a, b-Sehne, die nicht fremd sind, können einander, die a, b-Sehne als b-Sehne aufgefaßt, sowohl links als rechts schneiden (gemäß der vorstehenden Definition). — Hingegen ist der Begriff: „einander links bzw. rechts schneiden" für zwei a, b-Sehnen nicht erklärt. Eine solche Erklärung ist aber auch nicht erforderlich; schneiden sich nämlich die beiden a, b-Sehnen $[\alpha', \sigma(\alpha')]$ und $[\zeta(\beta'), \beta']$, so können ersichtlich (vgl. Abschn. 5.6.3.1.2.) die vier Indizes α', $\sigma(\alpha')$, $\zeta(\beta')$ und β' nicht sämtlich bedingungslos zu Ü-Indizes gemacht werden, vielmehr ist dies bedingungslos nur möglich, wenn beide Sehnen fremd sind (vgl. II., 1. und 2. Fall).

5.6.3.2.2. **Satz.** (I). Folgende zwei Aussagen sind gleichwertig:

Erstens. Das Paar von Folgen (α), (β) ist reduziert (im Sinne der Definition von Abschn. 5.6.3.2.). — *Zweitens.* Je zwei verschiedene, dem Paare (α), (β) zugeordnete a- und b-Sehnen (von denen höchstens eine auch a, b-Sehne ist) schneiden sich rechts oder sind fremd, d. h., sie schneiden sich nichtlinks. Hingegen sind je zwei verschiedene, dem (α), (β) zugeordnete a, b-Sehnen stets fremd.

(II). Es sei Erstens oder Zweitens (in (I)) erfüllt. Ist S bzw. D die Gesamtheit aller a- und b-Sehnen bzw. nur der a, b-Sehnen, welche dem Paar (α), (β) zugeordnet sind, dann läßt sich S vermittelst D in Systeme $S_\varkappa$, $\varkappa = 1, \ldots, k$, so zerlegen: Sind $s_\varkappa = [\alpha_\varkappa, \sigma(\alpha_\varkappa)]$ die sämtlichen a, b-Sehnen aus D, $\varkappa = 0, \ldots, k$, wobei $s_0 = [0, 0]$ ist, so sind die $s_\varkappa$ paarweise fremd (gemäß (I), Zweitens), es sei also o. B. d. A. $\alpha_\varkappa < \alpha_{\varkappa+1}$, $\sigma(\alpha_\varkappa) < \sigma(\alpha_{\varkappa+1})$, $\varkappa = 0, \ldots, k$. Dann sind die Elemente von $S_\varkappa$ neben $s_{\varkappa-1}$ alle rechts von $s_{\varkappa-1}$, aber nicht rechts von $s_\varkappa$ gelegenen a- und b-Sehnen die (α) bzw. (β) entsprechen. Jedes $S_\varkappa$ zerfällt seinerseits in (paarweise fremde) Systeme $T_{\varkappa 1}, \ldots, T_{\varkappa k_\varkappa}$ von a- und b-Sehnen derart, daß diese $T_{\varkappa\mu}$ für alle aus (α), (β) gebildeten reduzierten

Folgen (i) die nämlichen sind. Die einzelnen derartigen (i) unterscheiden sich nämlich nur durch die (im übrigen beliebig wählbare) Reihenfolge der a- und b-Sehnen innerhalb der $T_{\varkappa\mu}$; dabei bleiben aber die Extrempunkte α bzw. β der a- bzw. b-Sehnen stets in ihrer ursprünglichen (natürlichen) Reihenfolge (vgl. Abschn. 5.6.3.1.2., Definition von (i)).

Beweis *von Behauptung* (I).

(1). *Aus Erstens folgt Zweitens.* Es sei also (i) eine aus (α), (β) zusammengesetzte reduzierte Folge (in (i) sind insbesondere alle $\alpha \in (\alpha)$ und alle $\beta \in (\beta)$ enthalten. Dann sind zunächst je zwei a, b-Sehnen, die (dem Paar (α), (β) also auch) der Folge (i) zugeordnet sind, fremd (gemäß Abschn. 5.6.3.2.1., Zusatz). Sind ferner $[\alpha, \sigma(\alpha))$ und $(\zeta(\beta), \beta]$ zwei verschiedene, (i) zugeordnete a- und b-Sehnen und steht α in (i) links bzw. rechts von β, so ist (weil (i) reduziert sein soll) $\alpha < \zeta(\beta)$ bzw. $\beta < \sigma(\alpha)$. Definitionsgemäß schneiden also beide Sehnen einander nichtlinks.

(2). *Aus Zweitens folgt Erstens.* Unter der Voraussetzung, daß Zweitens erfüllt ist, hat man aus (α), (β) (mindestens) eine reduzierte Folge (i) zusammenzusetzen. — Nach Voraussetzung gilt aber für zwei, dem Paar (α), (β) zugeordnete beliebige a- und b-Sehnen $[\alpha, \sigma(\alpha))$ und $(\zeta(\beta), \beta]$, die verschieden und *nicht fremd* sind, sowohl $\alpha < \zeta(\beta)$ als $\beta < \sigma(\alpha)$. Daher ist für solche α, β die Reduziertheitsforderung bezüglich (i) erfüllt (Abschn. 5.6.3.1.2.), gleichgültig ob α in (i) links oder rechts von β steht. Damit die zu konstruierende Folge (i) reduziert sei, hat man daher (i) nur noch so einzurichten: Für irgend zwei zueinander *fremde* a- und b-Sehnen $[\alpha, \sigma(\alpha))$ und $(\zeta(\beta), \beta]$, von denen übrigens eine oder jede sogar a, b-Sehne sein kann, steht α in (i) links bzw. rechts von β, je nachdem $\alpha < \zeta(\beta)$ (und dann $\sigma(\alpha) < \beta$) bzw. $\beta < \sigma(\alpha)$ (und dann $\zeta(\beta) < \alpha$) ist. Dem wird durch die Konstruktion in (2.1) bis (2.3) Rechnung getragen.

(*2.1*). Die dem Paar (α), (β) zugeordneten a, b-Sehnen seien $s_\varkappa = [\alpha'_\varkappa, \sigma(\alpha'_\varkappa)]$, $\varkappa = 0, 1, \ldots, k$; $k \geq 0$, wobei $s_0 = [0, 0]$ immer vorhanden ist. Nach Voraussetzung über (α), (β) sind die $s_\varkappa$ paarweise fremd, so daß o. B. d. A. angenommen werde (Φ) $\alpha'_\varkappa < \alpha'_{\varkappa+1}$ und $\sigma(\alpha'_\varkappa) < \sigma(\alpha'_{\varkappa+1})$, $\varkappa = 0, \ldots, k-1$ (falls $k > 0$). Gemäß (Φ) zerfällt die Menge S aller Sehnen oder, was damit gleichbedeutend, die Menge ihrer zu ihnen gehörigen Extrempunkte, also die Menge der $\alpha \in (\alpha)$ und $\beta \in (\beta)$ in k Systeme $S_\varkappa$, die folgendermaßen erklärt sind: Für $1 \leq \varkappa \leq k-1$ (falls $k > 1$) besteht $S_\varkappa$ aus allen $\alpha_\varrho \in (\alpha)$ und $\beta_\tau \in (\beta)$ mit $\alpha'_{\varkappa-1} \leq \alpha_\varrho < \alpha'_\varkappa$ und $\sigma(\alpha'_{\varkappa-1}) \leq \beta_\tau < \sigma(\alpha'_\varkappa)$. Für $\varkappa = k$ hingegen besteht S_k aus allen $\alpha_\varrho, \beta_\tau$ mit $\alpha'_k \leq \alpha_\varrho$ und $\sigma(\alpha'_k) \leq \beta_\tau$. In der Tat ist jede dem Paar (α), (β) zugeordnete Sehne in genau einem der $S_1, \ldots, S_k$ enthalten.

Daraus folgt: Jede a-Sehne $[\alpha, \sigma(\alpha)) \in S_\varkappa$ und jede b-Sehne $(\zeta(\beta), \beta] \in S_\varkappa$, die von $s_{\varkappa-1}$ verschieden ist, liegt rechts von $s_{\varkappa-1}$ (aber nicht rechts von $s_\varkappa$) (denn andernfalls ist, wenn $\beta'_{\varkappa-1} = \sigma(\alpha'_{\varkappa-1})$ gesetzt wird, $\sigma(\alpha) < \beta'_{\varkappa-1}$ neben $\alpha'_{\varkappa-1} = \zeta(\beta'_{\varkappa-1}) < \alpha$, so daß sich die a, b-Sehne und die a-Sehne links schneiden; und entsprechend für die b-Sehne).

(*2.2*). Mit Hilfe der $S_\varkappa$ läßt sich aus (α), (β) eine reduzierte Folge (i) folgendermaßen zusammensetzen; wobei die Folge $S_1, \ldots, S_k$ von rechts nach links durchlaufen wird.

(*2.2.1*). Wir beginnen also mit S_k und setzen $S_k = S''$. Es seien α''_ϱ bzw. β''_τ, $1 \leq \varrho \leq r''$, $1 \leq \tau \leq t''$, die in S'' enthaltenen $\alpha \in (\alpha)$ bzw. $\beta \in (\beta)$.

Dabei sei

$$(S'') \quad \alpha''_1 < \alpha''_2 < \cdots \text{ und } \beta''_1 < \beta''_2 < \cdots, \text{ also } \alpha''_1 = \alpha'_k,\ \beta''_1 = \sigma(\alpha'_k).$$

Wir unterscheiden die alle Möglichkeiten erschöpfenden Fälle:

(a). Es ist $r'' = t'' = 1$. Es enthält also S'' nur α''_1 und β''_1, also nur s_k. Dann werden, und zwar in beliebiger Reihenfolge, α'' und β'' als die beiden, von rechts nach links gerechnet ersten Glieder des zu konstruierenden (i) gewählt. Damit ist S_k schon erschöpft.

(b). Es ist $r'' = 1$ und $t'' > 1$ oder $t'' = 1$ und $r'' > 1$; außer α''_1 treten also keine α_ϱ oder außer β''_1 keine β_τ in S'' auf. Dann wählen wir in (S'') die β''_τ oder die α''_ϱ als die in (i) von rechts nach links gerechnet ersten Glieder von (i), wobei auch (S'') von rechts nach links durchlaufen wird (so daß also die Reihenfolge der β''_τ usw. festliegt). Sodann füge links von den β''_τ bzw. α''_ϱ noch α''_1 bzw. β''_1 als weiteres Glied in (i) hinzu. Damit ist S_k schon erschöpft.

(c). Es ist $r'' > 1$ und $t'' > 1$ und es liegt entweder $s(r''; \alpha'') = [\alpha''_{r''} \sigma(\alpha''_{r''}))$ oder $s(t''; \beta'') = (\zeta(\beta''_{t''}), \beta''_{t''}]$ rechts von allen übrigen $s(\varrho; a'') = [\alpha''_\varrho, \sigma(a''_\varrho))$ und allen $s(\tau; \beta''_\tau) = (\zeta(b''_\tau); \beta''_\tau]$. Dann wird $\alpha''_{r''}$ bzw. $\beta''_{t''}$ als in (i) von rechts nach links gerechnet erstes Glied in (i) gewählt.

(d). Es ist $r'' > 1$, $t'' > 1$ und es liegt der Fall (c) nicht vor. Dann gibt es ein in S'' am weitesten links gelegenes α''_ϱ und β''_τ, etwa α''_r, β''_t, von folgender Beschaffenheit: Für beliebige ϱ, τ mit $r \leq \varrho \leq r''$, $t \leq \tau \leq t''$ schneiden sich $s(\varrho; \alpha'')$ und $s(\tau; \beta'')$ (rechts) (Beweis. Jedenfalls schneiden sich $s(r''; \alpha'')$ und $s(t''; \beta'')$. Es gibt mithin ein kleinstes r mit $1 < r \leq r''$ und ein kleinstes t mit $1 < t \leq t''$ derart, daß $s(\varrho; \alpha'')$ und $s(t''; \beta'')$ sowie $s(r''; \alpha'')$ und $s(\tau; \beta'')$ einander (rechts) schneiden, falls $r \leq \varrho \leq r''$ und $t \leq \tau \leq t''$. Es ist also $(\alpha''_\varrho < \zeta(\beta''_{t''})$ und) $\beta''_\tau < \beta''_{t''} < \sigma(\alpha''_\varrho)$ sowie $\alpha''_\varrho < \alpha_{r''} < \zeta(\beta''_\tau)$ (und $\beta''_\tau < \sigma(\alpha''_{r''})$, woraus $\beta''_\tau < \sigma(\alpha''_\varrho)$ und $\alpha''_\varrho < \zeta(\beta''_\tau)$ folgt. Dabei sind die r, t die kleinsten derartigen Zahlen). — Jetzt werden die in (i) von rechts nach links gerechnet ersten Glieder von (i) gewählt als die Glieder der Folge, die aus den in beliebiger Reihenfolge genommenen α''_ϱ mit $r \leq \varrho \leq r''$ und β''_τ mit $t \leq \tau \leq t''$ gebildet ist, wobei wie stets die Reihenfolge der α''_ϱ in (α) und der β''_τ in (β) unter sich gewahrt bleibt.

Daß die Fälle (a) bis (d) eine vollständige Disjunktion bilden, ist klar. Ferner folgt aus den Bemerkungen in Ziffer (2), daß die gemäß einer der Konstruktionen (a) bis (d) ausgewählten ersten Glieder von (i) (in der vorgeschriebenen Reihenfolge) zusammen eine reduzierte Folge (i'_1) bilden. Das System der Glieder von (i'_1) sei J'_1. Nur in den Fällen (c) und (d) wird $S'' = S_k$ durch J'_1 nicht erschöpft.

(*2.3*). Das System $S'' - J'_1$ erfüllt, falls nicht leer, wieder die Voraussetzung Zweitens, kann also gemäß Ziffer (2.2) weiterbehandelt werden. Es ergibt sich so eine reduzierte Folge (i'_2), die links an (i'_1) angefügt mit (i'_1) zusammen eine ebenfalls reduzierte Folge (i'_{12}) liefert (vgl. die Bemerkungen in Ziffer (2)). Man setzt das Verfahren fort bis $S'' = S_k$ erschöpft ist und hat damit die Glieder von S_k in eine reduzierte Folge (i_k) geordnet. Das Verfahren läßt sich der Reihe nach für S_{k-1}, $\ldots$, S_1 fortsetzen und führt zu einer Anordnung der $\alpha_\varrho \in (\alpha)$ und der $\beta_\tau \in (\beta)$ in eine reduzierte Folge (i); w. z. z. w.

Beweis *von Behauptung* (II). Die Konstruktionsschritte (a) bis (d) im Beweis von Behauptung (I), Ziffer (2.2), sind die jeweils größtmöglichen, wenn eine reduzierte Folge (i) aus dem Paar (α), (β) erhalten werden soll. Die in Ziffer (2.1) bis (2.3) beschriebene Konstruktion liefert daher überhaupt alle reduzierten Folgen (i), welche sich aus (α), (β) zusammensetzen lassen. Diese (i) unterscheiden sich mithin untereinander nur hinsichtlich der Reihenfolge der Glieder, soweit diese Reihenfolge bei den einzelnen Konstruktionen (a) bis (d) jeweils als willkürlich angegeben wurde. Die zu einem $S_\varkappa$ gehörigen α_ϱ und β_τ zerfallen demgemäß in für alle (i) gleiche Teilsysteme $T_{\varkappa\mu}$, welche aus α_ϱ, β_τ gebildet sind, die in (α) bzw. (β) unmittelbar aufeinanderfolgen; und innerhalb der $T_{\varkappa\mu}$ ist die Reihenfolge willkürlich mit der Einschränkung, daß die ursprüngliche Anordnung der α_ϱ bzw. β_τ innerhalb (α) bzw. (β) erhalten bleiben muß.

5.6.3.3. Als Ergänzung zum Satz in Abschn. 5.6.3.2.2. zeigen wir noch, daß jede Folge von paarweise fremden Sehnen als Folge der a, b-Sehnen in einem reduzierten System (i) auftreten kann. Es gilt nämlich der

Satz. *Voraussetzung.* Es sei $\bar{S}$ die Gesamtheit der $n+1$ Sehnen (einschließlich $(0, 0)$), welche der Permutation $P = (\sigma(\nu))$ zugeordnet sind. Ferner sei F eine Folge paarweise fremder Sehnen $s'_\varkappa = (\alpha_\varkappa, \sigma(\alpha_\varkappa))$, $\varkappa = 1, \ldots, k$, wobei $s'_0 = (0, 0)$ und (o. B. d. A.) $\alpha_\varkappa < \alpha_{\varkappa+1}$, $\sigma(\alpha_\varkappa) < \sigma(\alpha_{\varkappa+1})$ ist.

Behauptung. Es gibt eine reduzierte Folge (i) von folgender Beschaffenheit: Die Folge der a, b-Sehnen in (i) stimmt überein mit der Folge der zu den $s'_\varkappa$ gehörigen a, b-Sehnen $[\alpha_\varkappa, \sigma(\alpha_\varkappa)] = s_\varkappa$; und (i) enthält alle Sehnen aus $\bar{S}$, und zwar als a- oder als b-Sehnen, soweit es sich nicht um ein $s_\varkappa$ handelt.

Beweis (1). Wir ergänzen zunächst F zu einer „größten" Folge $F' = (f_1, \ldots, f_m)$ paarweise fremder Sehnen; es soll also $F \subset F'$ sein und „zwischen" f_μ und $f_{\mu+1}$, wenn f_μ links von $f_{\mu+1}$ liegt, keine Sehne aus $\bar{S}$ existieren, die zu f_μ und $f_{\mu+1}$ fremd ist, $\mu = 1, \ldots, m-1$, während rechts von f_m keine Sehne aus $\bar{S}$ liegt. Demgemäß ist jede Sehne aus $\bar{S} - F'$ nicht fremd zu mindestens einem f_μ. Es zerfällt daher $\bar{S} - F'$ in $m - 1$ Systeme $\bar{S}_\mu$, die folgendermaßen erklärt sind: Es ist $\bar{S}_\mu$ das System aller Sehnen aus $\bar{S} - F'$, die rechts von f_μ, aber nicht rechts von $f_{\mu+1}$ liegen; $\mu = 1, \ldots, m-1$. Dabei kann $\bar{S}_\mu$ leer sein, weil f_μ und $f_{\mu+1}$ nicht zu $\bar{S}_\mu$ gerechnet werden. Wir wählen jetzt f_μ als a, b- oder als a-Sehne, je nachdem $f_\mu \in F$ oder $f_\mu \in F' - F$. Ist ferner $f_\mu = (v_\mu, \sigma(v_\mu))$ (also $v_\mu \leq v_{\mu+1}$ sowie $\sigma(v_\mu) < \sigma(v_{\mu+1})$) und $s = (\lambda, \sigma(\lambda)) \in \bar{S}_\mu$, so wird s als a- oder als b-Sehne gewählt, je nachdem $v_\mu < \lambda < v_{\mu+1}$ oder $\sigma(v_\mu) < \sigma(\lambda) < \sigma(v_{\mu+1})$ (diese beiden Möglichkeiten schließen sich nach Definition von $\bar{S}_\mu$ aus).

(2). Die so gewählten a- und b-Sehnen liefern ein Paar (α), (β), das die Eigenschaft Zweitens in der Behauptung (I) des Satzes des Abschn. 5.6.3.2.2. besitzt. In der Tat: Zwei fremde Sehnen oder zwei a- oder zwei b-Sehnen schneiden einander nichtlinks, insbesondere sind die a, b-Sehnen fremd. Ist nun $s' = [\alpha, \sigma(\alpha))$ bzw. $s'' = (\zeta(\beta), \beta]$ eine a- bzw. b-Sehne und sind beide nicht fremd, so gilt: Höchstens eine, etwa s', gehört zu F' (weil andernfalls beide fremd sind), also $s' = f_\mu$. Wegen $s'' \notin F'$ gehört s'' zu $\bar{S}_\nu$ mit $\nu < \mu$, da für die b-Sehne s'' definitionsgemäß $\beta < \sigma(\alpha)$ ist. Für $s'' = f_\mu$ folgt ebenso $\alpha < \zeta(\beta)$. Ist hingegen weder s' noch s'' ein f_μ und etwa $s' \in \bar{S}_\mu$, $s'' \in \bar{S}_\nu$, so ist definitionsgemäß s' bzw. s'' nicht fremd zu $f_{\mu+1}$ bzw. zu $f_{\nu+1}$. Falls $\mu \leq \nu$, folgt $\alpha < v_{\mu+1} \leq v_{\nu+1} < \zeta(\beta)$; falls $\nu < \mu$, ist $\sigma(v_{\nu+1}) < \sigma(v_{\mu+1})$, woraus $\beta < \sigma(\alpha)$ folgt. In allen Fällen schneiden also zwei Sehnen aus $\bar{S}$ einander nichtlinks bzw. sind fremd, so daß Zweitens erfüllt ist. Aus der Konstruktion in Abschn. 5.6.3.2.2., Ziffer (2), folgt jetzt, daß mit Hilfe der Systeme $\bar{S}_\mu$ aus (α), (β) eine reduzierte Folge (i) gewonnen werden kann, deren a, b-Sehnen genau die vorgegebenen $s_\varkappa$ sind, w. z. z. w.

5.6.3.4. Wir haben bisher die Konstruktion lediglich von Ü-Stellen für $G(\xi)$ und $G(\eta; \bar{P})$ in Betracht gezogen; hierbei war nur die nichtsignierte Permutation P benötigt. Als Ergebnis können wir formulieren: Die größte Anzahl konstruierbarer Ü-Stellen ist $2n + 2$; denn wir konnten in (α), (β) alle Indizes $0, 1, \ldots, n$ aufnehmen (vgl. Abschnitt 5.6.3.3.). Die Reihenfolge der Ü-Stellen ξ_ϱ bzw. η_τ für $G(\xi)$ bzw. $G(\eta; \tilde{P})$ bei der Konstruktion entspricht dabei der Reihenfolge der $\alpha \in (\alpha)$ bzw. $\beta \in (\beta)$ in (i) bzw. in (α) und (β), wenn diese von rechts nach links durchlaufen werden, also entsprechend abnehmenden ϱ, τ; überdies kann vermöge der Konstruktion erreicht werden, daß $0 < \xi_\varrho < \xi_{\varrho+1}$ sowie $0 < \eta_\tau < \eta_{\tau+1}$.

Der kombinatorische Mindestordnungswert (kMOW) $K(\tilde{P})$ hängt nun definitionsgemäß (vgl. Abschn. 5.6.3.1.2.) ab von der Anzahl der Vorzeichenwechsel, welche sich in der Reihe der Ü-Koeffizienten $a_0, a_1, \ldots, a_n$ und $b_0, b_1, \ldots, b_n$ erzwingen lassen; und diese Anzahl ist ihrerseits wesentlich bedingt durch die signierte Permutation $\tilde{P}$.

Zur Bestimmung möglichst vieler derartiger Zeichenwechsel, zunächst bei gegebenem reduziertem Paar (α), (β) betrachten wir das System S der durch dieses Paar bestimmten a, b-, a- und b-Sehnen. Es seien $s_\varkappa = [\alpha'_\varkappa, \sigma(\alpha'_\varkappa)]$, $\varkappa = 0, 1, \ldots, k$, die a, b-Sehnen aus S, wobei $s_0 = [0, \sigma(0)] = [0, 0]$ und (o. B. d. A.) $\alpha'_{\varkappa-1} < \alpha'_\varkappa$ und $\beta'_{\varkappa-1} < \beta'_\varkappa$, $\varkappa = 1, \ldots, k$. Wir setzen

$$\tilde{\eta}_\varkappa = \left(|\tilde{\sigma}(\alpha'_{\varkappa-1})| + \tilde{\sigma}(\alpha'_{\varkappa-1})\right)\left(2\tilde{\sigma}(\alpha'_{\varkappa-1})\right)^{-1}, \quad \varkappa = 1, \ldots, k+1.$$

Wegen $\tilde{\sigma}(0) = +1$ ist $\tilde{\eta}_1 = 1$.

Ferner sei $S_\varkappa$, $\varkappa = 1, \ldots, k$, das System der rechts von $s_{\varkappa-1}$, aber nicht rechts von $s_\varkappa$ gelegenen a- und b-Sehnen mit der Festsetzung, daß $s_{\varkappa-1}$, nicht aber $s_\varkappa$ zu $S_\varkappa$ gehört, $1 \leq \varkappa \leq k$; hingegen soll S_{k+1} aus s_k und allen, rechts von s_k gelegenen a- und b-Sehnen bestehen (soweit solche vorhanden sind). Die Anzahl der Elemente von $S'_\varkappa = S_\varkappa - \{s_{\varkappa-1}\}$ sei $C_\varkappa = C_\varkappa((\alpha), (\beta))$, wobei der Fall $C_\varkappa = 0$ zugelassen ist; $\varkappa = 1, \ldots, k+1$.

Die Vorzeichen derjenigen Ü-Koeffizienten a_ϱ bzw. b_τ, welche den in $S'_\varkappa$ enthaltenen a- bzw. b-Sehnen entsprechen, können beliebig gewählt werden. Ist daher $A_\varkappa$ bzw. $B_\varkappa$ die Anzahl der in $S'_\varkappa$ enthaltenen a- bzw. b-Sehnen, so kann bei beliebigem Vorzeichen von $a'_{\varkappa-1} = a_{\alpha'_{\varkappa-1}}$, $b'_{\varkappa-1} = b_{\sigma(\alpha'_{\varkappa-1})} = \operatorname{sign}(\tilde{\sigma}(\alpha'_{\varkappa-1}))\, a'_{\varkappa-1}$, $\varkappa = 1, \ldots, k+1$, stets erreicht werden, daß in der Folge der obengenannten Ü-Koeffizienten (welche den in $S'_\varkappa$ enthaltenen a- bzw. b-Sehnen entsprechen) je genau $A_\varkappa$ bzw. $B_\varkappa$ Vorzeichenwechsel vorliegen (wenn man $a'_{\varkappa-1}$ bzw. $b'_{\varkappa-1}$ hinzunimmt), also insgesamt $C_\varkappa$. Werden die Vorzeichen dieser Ü-Koeffizienten derartig gewählt, so gilt:

Es haben diejenigen Koeffizienten $a''_\varkappa = a_{\alpha_\varrho}$ und $b''_\varkappa = b_{\beta_\tau}$, welche dem größten, in $S'_\varkappa$ auftretenden α_ϱ bzw. β_τ entsprechen, gleiches bzw. entgegengesetztes Vorzeichen, je nachdem

$$A_\varkappa + \tilde{\eta}_\varkappa + B_\varkappa = C_\varkappa + \tilde{\eta}_k \equiv 1 \quad \text{bzw.} \quad \equiv 0 \pmod 2.$$

Denn es ist $C_\varkappa \equiv 0$ gleichwertig mit $A_\varkappa \equiv B_\varkappa$.

Geht man nun von $S_\varkappa$ zu $S_{\varkappa+1}$ über, so lassen sich zwischen $a''_\varkappa$ und $a'_\varkappa$ sowie zwischen $b''_\varkappa$ und $b'_\varkappa$ insgesamt genau *ein* bzw. genau *zwei* Zeichenwechsel erzwingen, je nachdem

$$C_\varkappa + \tilde{\eta}_\varkappa \equiv 1 + \tilde{\eta}_{\varkappa+1} \quad \text{bzw.} \quad \equiv \tilde{\eta}_{\varkappa+1} \pmod 2$$

(nämlich je nachdem $a''_\varkappa b''_\varkappa \gtrless 0$ und zugleich $\tilde{\sigma}(\alpha'_\varkappa) \lesseqgtr 0$ ist bzw. umgekehrt $\tilde{\sigma}(\alpha'_\varkappa) \gtreqless 0$).

Die Fälle, in welchen *zwei* Zeichenwechsel erzwungen werden können, liefern, wie sich zeigen wird, die über n hinausgehende Anzahl von Zeichenwechseln in $G(\xi)$ und $G(\eta; \tilde{P})$ zusammen und damit von Ü-Nullstellen. Wir betrachten daher die *Anzahl* $W_\varkappa = W_\varkappa((\alpha), (\beta))$ *derjenigen* μ *mit* $1 \leq \mu \leq \varkappa$, *für welche* $C_\mu + \tilde{\eta}_\mu \equiv \tilde{\eta}_{\mu+1}$ ist; $1 \leq \varkappa \leq k$. *Außerdem* setzen wir $W_0 = 0$.

Die Gesamtzahl N der Ü-Nullstellen, die von einer Folge (i) geliefert werden, ist gemäß Abschn. 5.6.3.2.2., Satz, Behauptung (II) bzw. Behauptung (I), Zweitens, nur vom Paar (α), (β) abhängig, also $N = N((\alpha), (\beta))$, und zwar ist

$$N = C^*_{k+1} + k + W_k, \quad \text{wobei} \quad C^*_\varkappa = \sum_{\mu=1}^{\varkappa} C_\mu \quad \text{gesetzt ist.}$$

Demzufolge ist

$$K(\tilde{P}) = \operatorname{Max}(N((\alpha), (\beta)) \quad \text{für alle reduzierten Paare } (\alpha), (\beta)).$$

Nun ist $C^*_{k+1} + k$ die Anzahl der Elemente aus (α) und (β), abgesehen von $\alpha = \beta = 0 = \sigma(\alpha) = \zeta(\beta)$. Daher ist $\operatorname{Max}(C^*_{k+1} + k) = n$. Zur Bestimmung von $K(\tilde{P})$ wird gezeigt, daß $L = L(\tilde{P}) = \operatorname{Max} W_k$ schon für (reduzierte) Paare (α), (β) erreicht wird, für die $C^*_{k+1} + k = n$ ist. Zugleich mit diesem Nachweis ergibt sich ein systematisches Verfahren zur Bestimmung von $L(\tilde{P})$ aus der Kenntnis von $\tilde{P}$.

Satz. *Der kombinatorische Mindestordnungswert* $K(\tilde{P})$ *von* $\tilde{P}$ *bzw. der Paare* (B, c) *vom Typus* $\tilde{P}$ *ist somit*

$$K(\tilde{P}) = n + L(\tilde{P}).$$

5.6.3.5. *Bestimmung von* $L(\tilde{P})$.

Zunächst ist $W_\varkappa$ näher zu untersuchen. Definitionsgemäß ist

$$(W') \qquad W_\varkappa = 1 + W_{\varkappa-1}$$

genau dann, wenn $C_\varkappa + \tilde{\eta}_\varkappa \equiv \tilde{\eta}_{\varkappa+1}$, $\varkappa = 1, \ldots, k$, und $W_0 = 0$. Demgemäß ist

$$\sum_{\mu=1}^{\varkappa} (C_\mu + \tilde{\eta}_\mu) = C^*_\varkappa + \sum_{\mu=1}^{\varkappa} \tilde{\eta}_\mu \equiv \varkappa - W_\varkappa + \sum_{\mu=1}^{\varkappa} \tilde{\eta}_{\mu+1}.$$

Wegen $\tilde{\eta}_1 = 1$ folgt daraus $1 + C^*_\varkappa \equiv \varkappa - W_\varkappa + \tilde{\eta}_{\varkappa+1}$, also

$$(W'') \qquad W_\varkappa \equiv \tilde{\eta}_{\varkappa+1} + T_\varkappa + 1, \quad \text{wobei} \quad T_\varkappa = \varkappa + C^*_\varkappa.$$

In (W'') ist $T_\varkappa$ *die Anzahl der Sehnen* aus S, *die nicht rechts von* $s_\varkappa$ *liegen*, wobei s_0 nicht eingerechnet wird wohl aber $s_\varkappa$.

Aus (W') und (W'') folgt nun: *Es ist* W_k *die Anzahl derjenigen* a, b-*Sehnen, für welche abwechselnd*

$$(T) \qquad T'_\mu = \tilde{\eta}_{\mu+1} + T_\mu \equiv 0 \quad \text{und} \quad \equiv 1 \quad \text{ist, wobei} \quad T'_0 = 1.$$

Es führt (T) in folgender Weise zur Bestimmung von $L(\tilde{P})$: Man ermittelt die maximale Gliederzahl von Folgen paarweise fremder, der Permutation P zugeordneter Sehnen s''_ϱ, $\varrho = 1, \ldots, r$; $s''_\varrho \neq s_0$, für welche (T) gilt. Es sei also M_1 das System der Sehnen $s = (\nu, \sigma(\nu))$, welche P zugeordnet sind; $\nu = 1, \ldots, n$. Es sei $\tilde{\eta}(s) = 1$ bzw. $= 0$, je nachdem $\tilde{\sigma}(\nu) > 0$ oder < 0. Ist $s \in M_1$, so sei $T(s)$ die Anzahl aller nicht rechts von s gelegenen Sehnen aus M_1, wobei s eingeschlossen ist. Wir setzen $T'(s) = \tilde{\eta}(s) + T(s)$ und schreiben $s \equiv 0$ bzw. $s \equiv 1$, je nachdem $T'(s) \equiv 0$ bzw. $\equiv 1$ ist.

Nun betrachten wir in M_1 das System R_1 aller Sehnen s mit $s \equiv 0$, welche in M_1 „am weitesten links liegen", d. h., welche nicht rechts von einem $s' \in M_1$ mit $s' \equiv 0$ liegen. Ist $R_1 = \emptyset$ (also $s \equiv 1$ für jedes $s \in M_1$), so brechen wir die Konstruktion „nach 0 Schritten" ab, d. h. wir konstruieren nichts.

Ist $R_1 \neq \emptyset$, so gilt: Je zwei Sehnen aus R_1 schneiden sich und R_1 ist maximal, d. h. jedes $s' \in M_1$ mit $s' \equiv 0$ schneidet alle $s \in R_1$ (mit $s' \neq s$) nur, wenn $s' \in R_1$. Es sei also $R_1 \neq \emptyset$, ferner $M'_2 = M_1 - R_1$ gesetzt und R'_2 das System aller $s \in M'_2$ mit $s \equiv 1$, welche nicht rechts von einem $s \in R_1$ liegen. Sind nun in $M_2 = M'_2 - R'_2$ keine s mit $s \equiv 1$ enthalten, so wird die Konstruktion mit R_1, also mit dem 1. Schritt, abgebrochen. Andernfalls ist das System R_2 aller am weitesten links in M_2 gelegenen $s \in M_2$ mit $s \equiv 1$ nicht leer.

Auf M_2 und R_2 wird nun die gleiche Konstruktion angewandt, wie vorher auf M_1 und R_1, wobei aber $s \equiv 0$ und $s \equiv 1$ zu vertauschen sind. In dieser Weise wird das Verfahren bis zum Abbrechen fortgesetzt.

Wir erhalten eine (evtl. leere, nämlich für $R_1 = \emptyset$) Folge F von Systemen $R_1, \ldots, R_r$ mit folgender Eigenschaft: (1). Je zwei, zu R_ϱ gehörige Sehnen schneiden sich, während (2) jede Sehne aus $R_{\varrho+1}$ rechts von (mindestens) einer Sehne aus R_ϱ liegt; außerdem (3) ist $s \equiv \varrho + 1$ für jedes $s \in R_\varrho$.

Jede Folge mit diesen Eigenschaften (1) bis (3) heiße *alternierend*; die leere Folge gilt ebenfalls als alternierend.

Die konstruierte alternierende Folge $R_1, \ldots, R_r$ ist gekennzeichnet durch die *Maximaleigenschaft: Es ist F eine „längste" alternierende Folge*; d. h., ist $F' = \{R'_1, \ldots, R'_t\}$ alternierend, so ist $t \leq r$.

In der Tat: Entweder ist $R'_1 \subset R_1$ oder mindestens ein $s' \in R'_1$ liegt rechts von einem $s \in R_1$; denn andernfalls existiert ein $s'' \in R'_1 - R'_1 \cap R_1$, welches links von einem $s \in R_1$ liegt oder von jedem $s \in R_1$ geschnitten wird, und beides widerspricht (zufolge der Eigenschaften von R_1) der Annahme, daß s'' nicht zu R_1 gehört. Entsprechendes gilt allgemein für R_ϱ und R'_ϱ. Ist nun $r + 1 \leq t$, so gibt es $s' \in R'_{r+1} \neq \emptyset$ mit $s' \equiv r + 2$, welche nicht zu R_r gehören und rechts von mindestens einem $s \in R_r$ liegen, im Widerspruch zur Definition von R_r.

Die „Länge" r von $F = (R_1, \ldots, R_r)$ ist nun das gesuchte $L(\tilde{P})$. Da nämlich, wie man sich überzeugt, jede (T) genügende Folge paarweise fremder Sehnen von größter Länge k in F enthalten ist, in dem Sinne, daß jedes s der Folge in genau einem R_ϱ liegt und da jede solche Folge als Folge von a, b-Sehnen auftritt (vgl. Abschn. 5.6.3.3.) folgt die Behauptung.

5.6.4. Differenzierbare Singularitäten

Einfach gestaltet sich die Bestimmung von $K(\tilde{P}) = n + L(\tilde{P})$, wenn B in c *differenzierbar* ist, d. h., wenn $v\, T_\nu = h\, T_\nu$ ist für $\nu = 1, \ldots, n - 1$. Dann ist nämlich $X_i = Y_i$, $i = 1, \ldots, n$, also $i = \sigma(i)$; es gibt nur a, b-Sehnen, nämlich $[j, j]$, $j = 0, 1, \ldots, n$, so daß $k = n$ und P die Identität ist. Daraus folgt $C_i = 0$, also auch $C_i^* = 0$ und $K(\tilde{P}) = N = n + W_n$ (Abschn. 5.6.3.4.). Definitionsgemäß ist aber W_n gleich der Anzahl derjenigen μ mit $1 \leq \mu \leq n$, für die $\tilde{\eta}_\mu = \tilde{\eta}_{\mu+1}$; daher ist W_n die Anzahl der Zeichenfolgen in der Reihe $\tilde{\sigma}(0), \ldots, \tilde{\sigma}(n)$.

Ergebnis. *Ist B in c differenzierbar, so ist die kombinatorische Mindestordnung von c gleich der um n vermehrten Anzahl der Zeichenfolgen in $\tilde{\sigma}(0), \tilde{\sigma}(1), \ldots, \tilde{\sigma}(n)$.*

5.6.5. Mindestordnung und Punktordnungswert

Bemerkung. *Die kombinatorische Mindestordnung $K(\tilde{P})$ von $c \in \underline{B}$ ist gleich dem Punktordnungswert* POW $(c; B)$ *von c, es hat also $K(\tilde{P})$ eine geometrische Bedeutung, beispielsweise* dann, wenn B ein *dualisierbarer Bogen* und wenn c für r Werte von $k\,(0 \leq k \leq n - 1)$ eine k-dimensionale Rückkehrstelle ist (vgl. III. 2.(a)); $0 \leq r \leq n$. Dabei ist c differenzierbarer und elementarer Punkt (vgl. Abschn. 5.6.4. und 5.6.). Und zwar ist $K(\tilde{P}) =$ POW $(c; B) = n + r$, wobei r jeden der Werte $0, \ldots, n$ annehmen kann, so daß also alle a priori denkbaren Ordnungswerte bei elementaren Punkten wirklich auftreten. Offen ist die Frage, ob $K(\tilde{P}) =$ POW $(c; B)$ allgemein für beliebige elementare Punkte c zutrifft (also für nicht notwendig dualisierbare Bogen bzw. differenzierbare Punkte). Vermutlich ist diese Frage zu bejahen, evtl. mit Hilfe gleichmäßiger Approximation eines jeden B mit POW $(B) = n$ durch analytische Bogen des POW n (vgl. III. 2.(f)).

Ergänzende Hinweise zum Text des Abschnitts II.5

Zu Abschn. **5.1.7.** Eine notwendige und zugleich auch hinreichende Bedingung für die Eindeutigkeit der Halbtangenten in einem Punkt an einen einfachen Bogen gibt Marchaud [*5*].

Zu Abschn. **5.2.** Eine Kennzeichnung der (gewöhnlich) differenzierbaren Kurven C im P_n mit POW(C; $\mathfrak{k}$) $= n$ (bezüglich des Systems $\mathfrak{k}$ der Hyperebenen) ist die folgende von Hjelmslev [*7*]: Es sei C eine (einfache) differenzierbare Kurve ohne n-Sekanten (d. h. keine n, evtl. auch zusammenfallenden, Punkte von C liegen in einer (n-2)-Ebene); ferner besitze jeder Punkt von C den POW n. Dann besitzt die Kurve (global) den POW(C; $\mathfrak{k}$) $= n$ (ein Beweis für $n = 3$ ohne Differenzierbarkeitsvoraussetzung bei H. [*29*]). — Zu Abschn. **5.2.4.** Die Betrachtung von Kontinuen (im P_n) zuerst bei Marchaud [*2*]; dort werden u.a. die Kontinua vom POW n mit den Bogen dieses POW identifiziert und es werden die Differenzierbarkeitseigenschaften der Kontinua vom POW n und $n + 1$ untersucht. Weiteres in III. 1.(c). — Zu Abschn. **5.2.6.** und Abschn. **4.1.3.1.1.** vgl. H. [*7, 8*]. Betr. Abschätzung der Schranke $q(n)$ im Darstellungssatz für die minimale Anzahl der Bogen vom POW n, in die B zerlegbar ist: Delvendahl [*1*] erhält (durch einen modifizierten Beweis) für Bogen $q(n) = 2^{n-2} + 3$, $n \geq 2$, hingegen für Kurven $q(n) = 2^{n-2} + 2$. Ferner zeigt er (a. a. O, S. 39): Für $n \equiv 0 \pmod 2$ läßt sich jeder Bogen bzw. jede Kurve vom POW $n + 1$, der bzw. die einen Doppelpunkt besitzt, in höchstens 4 bzw. 3 Bogen des POW n zerlegen, die bis auf höchstens Endpunkte fremd sind; für $n \equiv 1 \pmod 2$ sind die entsprechenden Zahlen 5 bzw. 4 (dabei ist festgesetzt, daß eine Kurve ihren Anfangspunkt als einzigen Endpunkt besitzt). Für $n = 2$ und $n = 3$ sind diese Schranken genau, wie Beispiele zeigen. Außerdem *gelten die* Beweise und *Ergebnisse* (mutatis mutandis) *auch für Systeme* $\mathfrak{k}$ *von* OCh *in einem ebenen Grundgebiet G* mit der Grundzahl $k = n$. — Linsman [*6*] betrachtet allgemeiner in einem regulären Raum R Systeme $\mathfrak{k}$ von in R abgeschlossenen, nirgends dichten Mengen (OCh) K derart, daß $R - K$ in zwei offene fremde Mengen $K(\pm)$ zerfällt und daß K die Vereinigung der Begrenzungen von $K(\pm)$ ist. Mit K sollen sich $K(\pm)$ stetig ändern. Außerdem sollen die K im Falle der Grundzahl $k = 1$ ein R schlicht überdeckendes System bilden, während $\mathfrak{k}$ für $k \geq 2$ durch Induktion so erklärt wird: Das System der $K \in \mathfrak{k}$ durch einen (gemeinsamen) Punkt von R soll ein System $\mathfrak{k}$ mit der Grundzahl $k - 1$ sein. Unter weiteren Annahmen über ein als Grundgebilde fungierendes lokal kompaktes Kontinuum C, vermöge deren die Gültigkeit des Kontraktionssatzes gesichert ist, ergibt sich wieder der Darstellungssatz für jedes solche C vom POW $k + 1$. Im Falle C ein Bogen ist, erhält Linsman $q(k) = 3 \cdot 2^{k-1}$. Beispiele für solche R, $\mathfrak{k}$ und C werden angegeben.

Zu Abschn. **5.2.7.** bis **5.2.10.** Vgl. Sauter [*1, 2*]. — Der Erweiterungssatz wurde auch von Scherk [*2, 3*] bewiesen, und zwar für den Fall differenzierbarer Bogen vom POW n; bei Scherk findet sich für diese Bogen auch der Satz von der Stetigkeit der ν-Tangentialebenen. — Zu Abschn. 5.2.10. Beweis bei H. [*10*] ohne Kenntnis der Arbeit von Hjelmslev [*4*], was auch für Sauter gilt. Vgl. betr. Hjelmslev auch zu Abschn. 5.3. — Erklärt man den „sphärischen" POW, kurz S_{n-1} OW(B), eines Bogens im (euklid.) R_n als die maximale Mächtigkeit des Durchschnittes von B mit den ($n - 1$)-dimensionalen Sphären des R_n, so gilt: Hat B bezüglich der ($n - 1$)-Ebenen den POW n und ist gleichzeitig S_{n-1} OW (B) $= n + 2$, so besitzt die Mindestzahl von Bogen mit dem S_{n-1} OW $= n + 1$, in die B zerlegbar ist, eine nur von n abhängige obere Schranke (vgl. H. [*9*]). — Betr. die Klassifikation der Kurven C mit POW(C; $\mathfrak{k}$) $= 4$ im P_3 bezüglich der Ebenen als OCh vgl. die Bemerkung in Abschnitt Bericht über Scherk (S. 396ff.). — Die *ordnungs-*

feste Erweiterung eines Bogens B im projektiven P_n, wenn POW$(B; \mathfrak{h}) = t > n$ ist (wobei $\mathfrak{h}$ das System der Hyperebenen bezeichnet), wird in H. [28] behandelt. Dort sind auch Durchlaufungsbogen (d. h. eindeutige stetige Streckenbilder) zugelassen und dementsprechend Stellenordnungswerte StOW$(B; \mathfrak{h})$. Man erhält ein Kriterium dafür, daß — je nachdem $n \equiv 0$ bzw. $n \equiv 1 \pmod 2$ ist — B durch Hinzufügen eines Bogens vom StOW n zu einer Kurve mit StOW$(C; \mathfrak{h}) \leq t + n - 2$ bzw. $\leq t + n - 1$, für $n = 2$ also ordnungsfest, erweiterbar ist. Handelt es sich um den schwStOW, so ist ordnungsfeste Erweiterung stets durch Hinzufügen einer Strecke mit den gleichen Endpunkten wie B möglich.

Zu Abschn. **5.3.** (1) Die Sätze in Abschn. 5.3.4. bis 5.3.9. sind von Hjelmslev [4] ohne Beweis ausgesprochen. Beweise zuerst bei Künneth [5], sodann bei Derry [9]. Der Beweis von Künneth wird, in Einzelheiten etwas modifiziert, im Text reproduziert. — (2) Eine andersartige, als Windungsmonotonie bezeichnete Eigenschaft der Bogen $B \subset P_n$ mit POW$(B; \mathfrak{k}) = n$, wobei $\mathfrak{k}$ das System der Hyperebenen ist, findet sich in Denk [5]. Diese Windungsmonotonie bezieht sich auf das („monotone") Verhalten der Maximalsekanten von B in bezug auf ein Schmiegkoordinatensystem (vgl. Abschn. 5.6.) und nicht, wie in Abschn. 5.3. auf das monotone Verhalten der Tangenten bzw. des Richtungskegels. Sind $\xi_1, \ldots, \xi_n$ die orientierten Achsen des Schmiegkoordinatensystems und ist a_ν die mit Vorzeichen genommene Strecke, welche auf ξ_ν durch die Maximalsekante H ausgeschnitten wird, so sind die Quotienten $q_\nu = a_{\nu+1} : a_\nu$, $\nu = 1, \ldots, n-1$, sämtlich negativ und konvergieren schließlich monoton gegen Null, wenn die a_ν schließlich monoton gegen den Nullpunkt konvergieren.

Zu Abschn. **5.4.** Wie die im Text wiedergegebene Untersuchung von Künneth [6] zeigt, treten bei der Beschränkung auf den *schwachen* POW n weit mehr Kontinua auf, als im Falle des POW n, in welchem ja die Kontinua mit den Bogen zusammenfallen (Marchaud [2]).

Zu Abschn. **5.5.** Vgl. H. [31]. Eine verwandte Fragestellung bei Derry [2] siehe auch III. 1.(a)). — Die Durchlaufungsbogen in der Ebene ohne parallele Paratingenten wurden in H. [32] betrachtet.

Zu Abschn. **5.6.** Vgl. Denk [2, 3, 4] und H. [23]. — Betr. den *Zusammenhang mit der Charakteristik von Scherk* (III. 1.(d) C), die sich auf *differenzierbare Punkte* bezieht: Für einen solchen Punkt $x \in B$ entspricht der Scherkschen Charakteristik $(a_0, \ldots, a_{n-1})$ mit $a_\nu = 1$ oder $a_\nu = 2$ die signierte Permutation $(\beta_1, \ldots, \beta_n)$ mit $\beta_\nu = \pm\nu$ derart, daß $a_\nu = 1$ bzw. $a_\nu = 2$ ist, je nachdem $\beta_{\nu+1} = \nu + 1$ bzw. $\beta_{\nu+1} = -(\nu + 1)$, $\nu = 0, \ldots, n-1$. — Nicht entschieden wird hier, wann die kombinatorische Mindestordnung auch im Fall nicht differenzierbarer Punkte x erreicht wird, z. B. ob dies der Fall ist, wenn eine vordere und eine hintere Umgebung von x ein (evtl. differenzierbarer) Bogen vom POW n ist. — Für den Fall differenzierbarer Punkte vgl. auch III. 1.(d) C.1.

6. Über t-dimensionale Kompakta im E_n von endlichem Punktordnungswert

6.1. Vorbemerkungen

Kontinua in der Ebene, die von höchstens endlichem POW bezüglich eines Systems $\mathfrak{k}$ von Ordnungscharakteristiken mit der Grundzahl $k = 1$ sind, lassen sich darstellen als abgeschlossene Hüllen $\bar{H}$ mit $H = \bigcup T_r$, wobei die abzählbar vielen T_r Bogen mit POW $(T_r; \mathfrak{k}) = 1$ sind (vgl. Abschn. 7.8.4.). Eine weitgehende Verallgemeinerung dieses Satzes auf (voll-) kompakte metrische Räume rührt von G. Nöbeling [1] her, über die hier zunächst berichtet werden soll (Abschn. 6.1. bis 6.2.) und an die wir weitere Bemerkungen anschließen (Abschn. 6.3.).

6.1.1. Schwache Schnittpunkte

Bezeichnungen. Es seien $x_1, \ldots, x_t, y_{t+1}, \ldots, y_n$ kartesische rechtwinklige Koordinaten im n-dimensionalen euklidischen E_n; $2 \leq n$; $1 \leq t \leq n-1$; ferner werde $x = (x_\tau) = (x_1, \ldots, x_t)$ und $y = (y_\nu) = (y_{t+1}, \ldots, y_n)$ sowie $z = (x, y)$ gesetzt. Mit X bzw. Y bzw. Z werde der Raum aller x bzw. y bzw. z bezeichnet, so daß $Z = E_n = X \times Y$ ist. Weiter sei gesetzt $X(y_0) = \{z : x \in X,\, y = y_0\}$ und $Y(x_0) = \{z : x = x_0,\, y \in Y\}$; es bezeichnet also z. B. $X(y_0)$ die zu X parallele t-Ebene durch $(0, y_0)$. Das System $\mathfrak{k}$ der OCh K wird gebildet von den zu Y parallelen $(n-t)$-Ebenen $K(z) = K(x) = Y(x)$ mit $x \in X$. Außerdem erklären wir Umgebungen von $z_0 = (x_0, y_0)$ in $X(y_0)$ bzw. $Y(x_0)$ vermöge $X(z_0 | x_0; \sigma) = \{z : \Sigma\, |x_\tau - x_{0\tau}| < \sigma,\quad y = y_0\}$ bzw. $Y(z_0 | y_0; \varrho) = \{z : x = x_0, \Sigma\, |y_\nu - y_{0\nu}| < \varrho\}$, wenn $x_0 = (x_{0\tau})$, $y_0 = (y_{0\nu})$; weiter wird $Y(z_0 | y_0; \varrho', \varrho) = Y(z_0 | y_0; \varrho) - Y(z_0 | y_0; \varrho')$ gesetzt, so daß letzteres sozusagen die „Schale" von $Y(z_0 | y_0; \varrho')$ ist $(0 < \varrho' < \varrho)$.

Es sei $C \subset Z$. Es heiße $z \in C$ *schwacher* $\mathfrak{k}$-Schnittpunkt bzw. $\mathfrak{k}$-*Schnittpunkt*, wenn zu jeder Umgebung U von z in Z ein $\varepsilon = \varepsilon(z; U) > 0$ gehört derart, daß für *jedes* $K \in \mathfrak{k}$ mit einem Abstand von z kleiner als ε gilt: $C \frown K \frown U \neq \emptyset$ bzw. $C \frown K \frown U$ enthält (mindestens) einen schwachen $\mathfrak{k}$-Schnittpunkt.

6.1.2. Hilfssatz

Wir beweisen zunächst den folgenden

Hilfssatz. *Voraussetzung*. Es sei C (voll-) kompakt im E_n und $\operatorname{Dim} C = t$; außerdem sei POW $(C; \mathfrak{k})$ höchstens endlich, wobei $\mathfrak{k}$ das System der parallelen $(n-t)$-Ebenen $Y(x)$ ist.

Behauptung. Es enthält C mindestens einen $\mathfrak{k}$-Schnittpunkt.

Beweis (*1*). Es sei $z' = (x', y') \in C$. Dann ist $C \frown K(z')$ endlich. Daher existiert ein $\varrho > 0$ derart, daß $C \frown \bar{Y}(z' | y'; \varrho) = \{z'\}$. Mithin gibt es ϱ' mit $0 < \varrho' < \varrho$ und $\sigma > 0$, so daß $C \frown (X(z' | x'; \sigma) \times \times \bar{Y}(z' | y'; \varrho', \varrho)) = \emptyset$. Für die Umgebung $U(z'; \sigma, \varrho) = X(z' | x'; \sigma) \times \times Y(z' | y'; \varrho)$ von z' im E_n hat daher $C \frown \bar{U}(z'; \sigma, \varrho)$ einen positiven Abstand $\zeta = \zeta(C; z'; \sigma, \varrho')$ von $\bar{Y}(z' | y'; \varrho', \varrho)$. Andererseits folgt aus der Definition von $U(z'; \sigma, \varrho)$: Für jedes $(x', y) \in Y(z' | y'; \varrho)$ ist $\bar{U}(z'; \sigma, \varrho) \frown X(y) = X((x', y) | x'; \sigma)$ Vereinigung von 2^t t-dimensionalen Simplizes S der folgenden Art: Die $t+1$-Ecken von S sind (x', y)

sowie je einer der beiden Punkte im Abstand σ von (x', y) auf der Parallelen zur x_τ-Achse durch (x', y). — Der jetzt folgende (Ziffer (2) ff.) indirekte Beweis beruht auf der Konstruktion einer topologischen Selbstabbildung φ des E_n derart, daß bei beliebig vorgegebenen, endlich vielen OCh K^i für das zugehörige φ gilt $C \frown \varphi(K^i) = \emptyset$. Unter Heranziehung einer Pflasterung von X mit Würfeln ergibt sich dann $\operatorname{Dim} C \leq t - 1$ und damit ein Widerspruch zur Voraussetzung im Hilfssatz.

(*2*). Es sei die Behauptung des Hilfssatzes falsch. Dann ist jedes $z' = (x', y') \in C$ nicht $\mathfrak{k}$-Schnittpunkt; es gibt daher zu z' ein $z'' = (x'', y') \in U(z'|\sigma, \varrho) = U$ derart, daß $C \frown K(x'') \frown U$ entweder leer ist oder doch keinen schwachen $\mathfrak{k}$-Schnittpunkt enthält; ist insbesondere z' selbst nicht schwacher $\mathfrak{k}$-Schnittpunkt, so gibt es (sogar in beliebiger Nähe von x') ein x'' mit $C \frown K(x'') \frown U = \emptyset$.

(*2.1*). Es sei nun $Q' = Q(z')$ ein n-dimensionaler achsenparalleler, abgeschlossener Quader mit z' als Mittelpunkt und so klein, daß $\{z'\} = Q' \frown K(x') \frown C$ (vgl. Ziffer (1)). Außerdem seien jetzt σ, ϱ so klein angenommen, daß $\bar{U}(z'; \sigma, \varrho) \subset Q'$. Es gibt dann eine Abbildung χ (abhängig von z' und Q') des E_n auf sich mit folgenden Eigenschaften:

(a'). Es ist χ topologisch und auf $E_n - Q'$ die Identität.

(b'). Es enthält $C \frown \chi(K(z')) \frown Q'$ keinen schwachen $\mathfrak{k}$-Schnittpunkt; und falls z' nicht schwacher $\mathfrak{k}$-Schnittpunkt ist, gilt $C \frown \chi(K(z')) \frown Q' = \emptyset$.

(c'). Es gibt ein $\eta > 0$ derart, daß für jedes $\bar{z} = (\bar{x}, \bar{y}) \in C$ gilt: Die Menge $\bar{Y}(\bar{z}|\bar{y}; \eta)$, also eine „abgeschlossene" Umgebung von $\bar{y}$ in $K(\bar{x})$, erleidet bei χ und bei χ^{-1} eine Parallelverschiebung (die speziell auch die Identität sein kann).

Konstruktion von χ. In $E_n - U(z'; \sigma, \varrho)$ sei χ die Identität. Für jedes $(x', y) \in Y(z'|y'; \varrho)$ werde jedes Simplex S in $X((x', y)|x', \sigma)$ (vgl. Ziffer (1)) bei χ affin abgebildet derart, daß $(x', y) \to (x' + \lambda \cdot \cdot (x'' - x'), y)$ mit $\lambda = 1$ für $y \in \bar{Y}(z'|y'; \varrho')$ und mit $\lambda = (\varrho - \Theta) : (\varrho - \varrho')$, wobei $\varrho' \leq \Theta \leq \varrho$, wenn für (x', y) gilt $\Sigma |y_\nu - y'_\nu| = \Theta$ (betr. x'', vgl. Ziffer (2)). — Ersichtlich sind (a'), (b') für ein solches χ erfüllt. Betr. (c'): Zufolge der Existenz von $\zeta(C; z'; \sigma, \varrho')$ (Ziffer (1)) und der Definition von χ gibt es ein solches $\eta > 0$ für die Punkte von $C \frown (E_n - U(z'; \sigma, \varrho')) = C \frown (E_n - U(z'; \sigma, \varrho))$ sowohl als für die von $C \frown \bar{U}(z'; \sigma, \varrho')$.

(*2.2*). Mit Hilfe des in Ziffer (2.1) definierten χ läßt sich eine Abbildung ψ des E_n auf sich konstruieren, welche neben (a') die folgende Eigenschaft besitzt:

(b''). $C \frown \psi(K(x')) \frown Q' = \emptyset$.

In der Tat: Es sei $z_0 = (x_0, y_0) \in C \frown \chi(K(x'))$ beliebig gewählt. Bei χ^{-1} erleidet $\bar{Y}(z_0|y_0; \eta)$ eine Parallelverschiebung (gemäß (c')); es ist also $\chi^{-1}(\bar{Y}(z_0|y_0; \eta))$ eine abgeschlossene Umgebung von $\chi^{-1}(z_0)$ in

$K(x')$. In der Umgebung von z_0 fällt daher $\chi(K(x'))$ mit $K(x_0)$ zusammen. Wegen der Endlichkeit von $C \cap K(x_0)$ ist z_0 isoliert auch in $C \cap \chi(K(x'))$; da $z_0 \in C \cap \chi(K(x'))$ beliebig war und da C kompakt ist, folgt: Es enthält $C \cap \chi(K(x')) \cap Q'$ nur endlich viele Punkte, etwa z'_μ, $\mu = 1, \ldots, m$. Gemäß (b′) ist keines der z'_μ schwacher $\mathfrak{k}$-Schnittpunkt. Wir konstruieren zu jedem z'_μ einen n-dimensionalen achsenparallelen Quader Q'_μ, entsprechend dem Q' zu z', wobei $\bar{Q}'_\mu \cap \bar{Q}'_\sigma = \emptyset$ für $\mu \neq \sigma$ und $\bar{Q}'_\mu \subset Q'$ sei, und zu Q'_μ bzw. z'_μ eine Abbildung χ_μ des E_n auf sich mit den Eigenschaften (a′) bis (c′), entsprechend wie χ zu Q', z'. Sodann werde $\psi = \chi_1 \ldots \chi_m \chi$ gesetzt. Neben (a′) gilt nun (b″) für ψ; denn keines der z'_μ ist schwacher $\mathfrak{k}$-Schnittpunkt, so daß (b″) aus der Gültigkeit von (b′) für den Fall folgt, daß z' nicht schwacher $\mathfrak{k}$-Schnittpunkt ist.

(*2.3*). Es seien nun $x^\mu \in X$, $\mu = 1, \ldots, m$, beliebig gewählt. Dann ist $C \cap \left(\bigcup_{\mu=1}^{m} K(x_\mu) \right)$ (falls nicht leer) endlich, besteht also etwa aus $z_\varkappa \in C$, $\varkappa = 1, \ldots, k$. Es sei $z_\varkappa$ Mittelpunkt eines abgeschlossenen, achsenparallelen Quaders $Q_\varkappa = Q_\varkappa(z_\varkappa)$, der entsprechend wie $Q' = Q(z')$ zu z' in Ziffer (2.1) gewählt ist; dabei kann und soll $Q_\varkappa \cap Q_\mu = \emptyset$ für $\varkappa \neq \mu$ gefordert werden. Gehört $\psi_\varkappa$ zu $Q_\varkappa$ im Sinne der Ziffer (2.2), so gilt für die Abbildung $\varphi = \psi_1 \ldots \psi_k$ des E_n auf sich: (a). Es ist φ topologisch und auf $E_n - (\bigcup_\varkappa Q_\varkappa)$ die Identität. — (b). Es ist $C \cap \varphi(K(z_\varkappa)) = \emptyset$ für $\varkappa = 1, \ldots, k$.

(*3*). Für den weiteren Verlauf des indirekten Beweises für den Hilfssatz , in welchem φ herangezogen wird, sei folgendes bemerkt:

(*3.1*). Es sei $\varepsilon > 0$ beliebig vorgegeben. Ist $K \in \mathfrak{k}$ und $C \cap K \neq \emptyset$, also endlich, so existieren *Zerlegungen* $Z = Z(K; \varepsilon) = ((W_q))$ von $K(x)$ in abzählbar viele achsenparallele, kongruente, $(n-t)$-dimensionale, abgeschlossene Würfel W_q, also $K(x) = \bigcup_q W_q$ derart, daß die Durchmesser der W_q kleiner als ε sind, daß $\underline{W}_p \cap \underline{W}_q = \emptyset$ für $q \neq p$ und daß $\emptyset = C \cap B(W_p)$ für jedes $p = 1, 2, \ldots$, wenn $B(W_q) = W_q - \underline{W}_q$ die Begrenzung von W_q ist. Es hat $B(Z) = \bigcup_q B(W_q)$ positiven Abstand $a(Z) = a(Z(K; \varepsilon), C)$ von C, weil C kompakt (also beschränkt und abgeschlossen) ist. Wir setzen $a(K) = a(K; \varepsilon) = \sup(a(Z)$ für alle $Z = Z(K; \varepsilon))$. Behauptet wird:

Es ist $\inf(a(K); C \cap K \neq \emptyset; K \in \mathfrak{k}) = a(C; \varepsilon) = a > 0$. Also: *Zu jedem $K \in \mathfrak{k}$ mit $C \cap K \neq \emptyset$ existiert ein $Z(K; \varepsilon)$ mit $a(Z(K; \varepsilon), C) \geq a$; ein solches $Z(K; \varepsilon)$ heiße ausgezeichnet.*

In der Tat: Andernfalls existiert wegen der Kompaktheit von C eine Folge $((K_\mu))$ mit $K_\mu \in \mathfrak{k}$ und mit $C \cap K_\mu \neq \emptyset$ sowie mit $\lim K_\mu = K_0 \in \mathfrak{k}$ und $C \cap K_0 \neq \emptyset$ derart, daß $a(K_\mu) \to 0$, $\mu = 1, 2, \ldots$ Wegen $a(K_0) = a_0 > 0$ existiert ein $Z_0 = Z(K_0)$ mit $a(Z_0) > 2^{-1} a_0$. Für jedes hinreichend große μ, etwa $\mu > M$, hat aber K_μ von K_0 einen Abstand

$< 2^{-2}a_0$. Die Orthogonalprojektion des Z_0 auf K_μ liefert daher ein $Z(K_\mu;\varepsilon)$ mit $a(Z(K_\mu;\varepsilon), C) > 2^{-2}a_0$ für $\mu > M$, im Widerspruch zu $a(K_\mu) \to 0$.

(*3.2*). Bei gegebenem $\varepsilon > 0$ ist X darstellbar (MENGER [*1*], S. 156) als Vereinigung abzählbar vieler achsenparalleler, kongruenter, abgeschlossener Würfel V_i, deren Durchmesser kleiner als Min $(\varepsilon; 2^{-1}a)$ sind, wobei $a = a(C;\varepsilon)$, ferner $\underline{V}_i \frown \underline{V}_{i'} = \emptyset$ für $i \neq i'$ und wobei die V_i zu je $t+2$ einen leeren, zu je $t+1$ einen höchstens einpunktigen Durchschnitt besitzen. Ist $x^i \in X$ Zentrum von V_i und $Z(K(x^i);\varepsilon) = ((W_{ij}))$ ausgezeichnet (vgl. Ziffer (3.1)), so werde $Q_{ij} = V_i \times W_{ij}$ gesetzt. Da die Durchmesser der V_i und W_{ij} kleiner als ε sind, gilt:

Die Durchmesser der Q_{ij} sind kleiner als 2ε.

(*3.3*). Als *ausgezeichneten Begrenzungsteil* $AB(Q_{ij})$ von Q_{ij} (vgl. Ziffer (3.2)) bezeichnen wir die Menge derjenigen Begrenzungspunkte von Q_{ij}, deren orthogonale Projektion auf $K(x^i)$ in der Begrenzung $B(W_{ij})$ von W_{ij} liegt. Der Durchmesser von V_i ist kleiner als $2^{-1}a$ und mithin der Abstand eines jeden Punktes aus $AB(Q_{ij})$ von $B(W_{ij})$ kleiner als $2^{-1}a$. Weil aber $((W_{ij}))$ ausgezeichnet sein soll, folgt aus der Definition von a (vgl. Ziffer (3.1)):

Es hat $\bigcup\limits_{ij} AB(Q_{ij})$ von C positiven Abstand.

(*4*). Es gibt nur endlich viele Punkte $z^\sigma = (x_{\sigma 1}, \ldots, x_{\sigma t}; y_{t+1} = \cdots = y_n = 0) \in X$, $\sigma = 1, \ldots, s$, welche dem Durchschnitt von je $(t+1)$ der V_i angehören und für welche zugleich $C \frown K(z^\sigma) \neq \emptyset$ ist. Es ist $C \frown (K(z^1) \smile \cdots \smile K(z^s)) = \{z_1\} \smile \cdots \smile \{z_m\}$ endlich. Es sei dann Q_μ, $\mu = 1, \ldots, m$, ein achsenparalleler n-dimensionaler abgeschlossener Quader mit z_μ als Zentrum und derart, daß $Q_\mu \frown Q_\varrho = \emptyset$ für $\mu \neq \varrho$ sowie daß $Q_\mu \frown AB(Q_{ij}) = \emptyset$ für alle μ, i, j; die letzte Bedingung ist wegen Ziffer (3.3) erfüllbar. Zu diesen Q_μ gehört entsprechend Ziffer (2.3) eine Abbildung φ. Es ist $E_n = \bigcup\limits_{ij} \varphi(Q_{ij})$. Setzt man $C_{ij} = C \frown \varphi(Q_{ij})$, so gilt (weil C beschränkt ist):

(*4.1*). $C = \bigcup\limits_{ij} C_{ij}$, wobei nur endlich viele der C_{ij} nicht leer sind;

(*4.2*). $C_{ij} = \bar{C}_{ij}$ (weil $Q_{ij} = \bar{Q}_{ij}$ und $C = \bar{C}$);

(*4.3*). Bei hinreichender Kleinheit der Q_μ sind die Durchmesser der C_{ij} kleiner als 4ε.

Betr. (4.3): Für hinreichend kleine Q_μ ist die durch φ bewirkte Verrückung eines jeden Punktes von E_n beliebig klein, woraus wegen Ziffer (3.2) auch (4.3) folgt.

(*4.4*). Der Durchschnitt von je $t+1$ der C_{ij} ist leer.

Betr. (4.4): Es seien (i_τ, j_τ), $\tau = 1, \ldots, t+1$, verschiedene Paare natürlicher Zahlen. 1. Fall. Es ist $i_\mu = i_\tau$ für $\mu \neq \tau$, etwa $i_1 = i_2$. Dann ist $D = Q_{i_1 j_1} \frown Q_{i_1 j_2} \subset \overline{AB(Q_{i_1 j_1})}$ (evtl. ist $D = \emptyset$), also $C \frown D = \emptyset$

(Ziffer (3.3)). Ferner ist $\varphi(Q_{i_1 j_1}) \cap \varphi(Q_{i_1 j_2}) = \varphi(Q_{i_1 j_1} \cap Q_{i_1 j_2}) = Q_{i_1 j_1} \cap Q_{i_1 j_2}$, letzteres deshalb, weil $Q_\mu \cap AB(Q_{ij}) = \emptyset$ (Ziffer (4)), also φ auf $AB(Q_{ij})$ die Identität ist. Wegen $C \cap AB(Q_{ij}) = \emptyset$ folgt $C_{i_1 j_1} \cap \cdots \cap C_{i_{t+1} j_{t+1}} = \emptyset$. — 2. Fall. Alle i_τ sind verschieden. Da jetzt $\bigcap_{\tau=1}^{t} V_{i_\tau} = \{z'\}$ einpunktig ist, gilt $\bigcap_\tau Q_{i_\tau j_\tau} \subset K(z')$, so daß $\bigcap_\tau C_{i_\tau j_\tau} = C \cap \varphi(\bigcap_\tau Q_{i_\tau j_\tau}) \subset C \cap \varphi(K(z')) = \emptyset$ (gemäß Ziffer (2.3) (b)).

(5). Zufolge Ziffer (4.1) ist $C = \bigcup C_{ij}$, wobei die endlich vielen nicht leeren $C_{ij} = \bar{C}_{ij}$ beliebig kleine Durchmesser (nämlich kleiner als 4ε) und zu je $t+1$ leere Durchschnitte besitzen. Daher ist $\operatorname{Dim} C \leq t-1$ im Widerspruch zur Voraussetzung im Hilfssatz. Dieser ist damit bewiesen.

6.1.3. Zerlegungen

Für die weiteren Betrachtungen wird noch benötigt die

Bemerkung. *Voraussetzung* (1). Es sei R ein topologischer Raum mit abzählbarer (Umgebungs-) Basis $\mathfrak{b}$. — (2). Es sei $C \subset R$ und $C = \overline{\bigcup_r S_r}$, wobei die S_r, $r = 1, 2, \ldots$, nicht leere, in C offene Mengen sind.

Behauptung. Es gibt nicht leere, in C offene S''_m, $m = 1, 2, \ldots$, die paarweise fremd sind und für die $C = \overline{\bigcup_m S''_m}$ ist; außerdem ist jedes S''_m in (mindestens) einem der S_r enthalten.

Zusatz. Sind die S_r t-Zellen*, so können auch die S''_m als t-Zellen gewählt werden.

Beweis. *Betr. die Behauptung*. Es sei $\mathfrak{b} = \{U'_1, U'_2, \ldots\}$ und $T_1 = \bigcup_r S_r$ gesetzt. In der Folge der Umgebungen $U''_m = U'_m \cap C$ in C, die eine Basis $\mathfrak{b}''$ in C bilden, sei U''_{m_1} dasjenige mit dem kleinsten Index, welches nicht leer ist. Wegen Voraussetzung (2) gibt es (mindestens) eines unter den S_r, etwa S_{r_1}, mit $U''_{m_1} \cap S_{r_1} = D_1 \neq \emptyset$. Es ist $D_1 \subset S_{r_1} \subset C$ und offen in C. Wir setzen $S''_1 = D_1$ und $C_1 = C - S''_1$; dabei ist $C_1 = \bar{C}_1$. *Fall* (a). Entweder ist der in C offene Kern von C_1 leer; dann ist $C = \overline{S''_1}$ und die Behauptung ist bewiesen. — *Fall* (b). Oder es gibt unter den $U''_{m_1+1}, U''_{m_1+2}, \ldots$ eines mit kleinstem Index, etwa U''_{m_2}, welches in C_1 enthalten ist. Es existiert aber ein S_{r_2} mit $\emptyset \neq U''_{m_2} \cap S_{r_2} = S''_2$, wobei $S''_1 \cap S''_2 = \emptyset$ ist und $S_{r_1} = S_{r_2}$ sein kann.

Für $C_2 = C_1 - S''_2 = C - (S''_1 \cup S''_2)$ hat man wieder die Fallunterscheidung (a) und (b), wobei für (b) die Folge $U''_{m_2+1}, U''_{m_2+2}, \ldots$ zugrunde gelegt wird. Vollständige Induktion führt zu paarweise fremden S''_t, $t = 1, 2, \ldots$, die in C offen sind und von denen jedes

* Unter einer t-Zelle wird jedes topologische Bild einer offenen Vollkugel des t-dimensionalen euklidischen Raumes verstanden.

in mindestens einem S_r enthalten ist; außerdem existiert zu jedem S_t'' ein m_t derart, daß keines der U_μ'' für $\mu = 1, \ldots, m_{t-1}$ in $C_{t-1} = C - \left(\bigcup_{\tau=1}^{t-1} S_\tau''\right)$ enthalten ist, wohl aber U_{m_t}''. Entweder stellt sich einmal der Fall (a) ein; dann ist die Behauptung bewiesen. Oder es ist für das (wegen der Abgeschlossenheit der C_t) abgeschlossene $C' = \bigcap_t C_t$ der in C offene Kern von C' leer; denn andernfalls gibt es ein U_μ'', welches in allen C_t enthalten ist, während zufolge Konstruktion U_μ'' in schließlich allen C_t nicht enthalten ist (wegen $m_t \to \infty$).

Betr. den Zusatz. In $S_1'' = U_{m_1}'' \cap S_{r_1} \neq \emptyset$ ist eine t-Zelle S_1^* enthalten. Ersetzt man S_1'' durch S_1^* und C_1 durch $C - S_1^* = C_1^*$, so ist in C_1^* das U_{m_1}'' nicht enthalten. Man kann also alle Schlüsse mit den S_t^* statt den S_t'' wiederholen.

6.2. Sätze von Nöbeling

Das Ziel dieser Nummer ist der

1. Satz. *Voraussetzung. Es sei C (voll-) kompakt im E_n mit höchstens endlichem* POW $(C; \mathfrak{k})$, *wobei $\mathfrak{k}$ ein System paralleler $(n-t)$-Ebenen ist, durch welche eine Umgebung von C im E_n überdeckt wird* $(2 \leq n;\ 1 \leq t \leq n-1)$.

Behauptung (1). *Es ist* $\operatorname{Dim} C \leq t$. — (2). *Es ist* $C = N \cup \bar{H}$; *dabei ist N offen in C mit* $\operatorname{Dim} N \leq t-1$ *und $\bar{H}$ ist in C abgeschlossene Hülle einer (evtl. leeren) Vereinigung H von abzählbar vielen, in $\bar{H}$ offenen, paarweise fremden t-Zellen S_r, $r = 1, 2, \ldots,$ mit* POW $(S_r; \mathfrak{k}) = 1$. — (3). *Es ist* $\operatorname{Dim}(C - H) \leq t - 1$. *Ferner ist $H \neq \emptyset$ genau dann, wenn $\mathfrak{k}' = \{K : C \cap K \neq \emptyset, K \in \mathfrak{k}\}$ eine nicht leere, in $\mathfrak{k}$ offene Teilmenge enthält.*

Zusatz. Man füge der Voraussetzung des Satzes hinzu: Es sei $\operatorname{Dim} C = t$ und die Menge T der Punkte von C, in denen C die Dimension t besitzt, sei dicht in C. Dann ist in der Behauptung (2) zu setzen: $N = \emptyset$ und $H \neq \emptyset$, also $C = \bar{H}$.

Beweis des Zusatzes. (I). Zunächst gilt: Die Menge der $\mathfrak{k}$-Schnittpunkte ist dicht in C. — Nämlich: Es sei $z \in C$ beliebig und U eine Umgebung von z im E_n mit beliebig kleinem $\bar{U}$. Es ist $C' = C \cap \bar{U}$ kompakt mit $\operatorname{Dim} C' = t$, letzteres weil T dicht in C ist. Aus dem Hilfssatz (Abschn. 6.1.2.) folgt die Existenz eines $\mathfrak{k}$-Schnittpunktes in C'. Und da jeder $\mathfrak{k}$-Schnittpunkt in C' auch ein solcher in C ist, folgt die vorstehende Behauptung (I).

(II). Es gilt weiter: Die Menge der in C enthaltenen t-Zellen S mit POW $(S; \mathfrak{k}) = 1$ ist dicht in C. — In der Tat: Es bezeichne $U(z; \delta)$ die offene n-Kugel (d. h. n-dimensionale Kugel) mit z als Zentrum und mit δ als Radius; ferner bezeichne $\mathfrak{k}(K'; \delta')$ das System der $K \in \mathfrak{k}$, deren Abstand von $K' \in \mathfrak{k}$ kleiner als δ' ist. — Es sei $z_1 \in C$ und $\delta_1 > 0$ beliebig. Gemäß Ziffer (I) existiert ein $\mathfrak{k}$-Schnittpunkt $z_2 \in C \cap U_1$, wobei $U_1 = U(z_1; \delta_1)$. Da z_2 $\mathfrak{k}$-Schnittpunkt ist, gibt es definitionsgemäß ein $\delta_2 > 0$ derart, daß $\bar{U}_2 = \bar{U}(z_2; \delta_2) \subset U_1$ und daß $C \cap K \cap U_2$ für jedes $K \in \mathfrak{k}_2 = \mathfrak{k}(K(z_2); \delta_2)$ einen schwachen $\mathfrak{k}$-Schnittpunkt z_3 enthält. Falls $C \cap K \cap U_2$ einpunktig für jedes $K \in \mathfrak{k}_2$ ist, folgt aus der Definition des schwachen $\mathfrak{k}$-Schnittpunktes: Die Menge M_3 der z_3 wird vermöge Orthogonalprojektion p auf X (weil alle z_3 schwache $\mathfrak{k}$-Schnittpunkte sind) sogar stetig, also topologisch abgebildet auf die t-Kugel um $p(z_2)$ vom Radius δ_2; es ist also M_3 eine t-Zelle, und die Behauptung (II) ist bewiesen. Andernfalls gibt es ein $K_3 \in \mathfrak{k}_2$ derart, daß $C \cap K_3 \cap U_2$ mindestens zwei Punkte z_3', z_3 enthält, wobei z_3' schwacher $\mathfrak{k}$-Schnittpunkt ist. Bei kleinem δ_3' mit $0 < \delta_3' < \delta_2$ gilt aber für $U_3' = U(z_3'; \delta_3')$ und $U_3 = U(z_3; \delta_3')$: Es ist $\bar{U}_3' \cap \bar{U}_3 = \emptyset$ und $\bar{U}_3' \cup \bar{U}_3 \subset U_2$ sowie $C \cap K \cap \bar{U}_3' \neq \emptyset$ für jedes $K \in \mathfrak{k}_3 = \mathfrak{k}(K_3; \delta_3')$. Auf z_3, U_3 lassen sich dann die gleichen Schlüsse anwenden wie auf z_1, U_1. Man gelangt so entweder zu einer in U_3 enthaltenen t-Zelle, womit die Behauptung (II) bewiesen ist, oder zu z_4', $z_4 \in C \cap K \cap U_3$ mit $K \in \mathfrak{k}_3$, wobei etwa z_4' schwacher $\mathfrak{k}$-Schnittpunkt ist, sowie zu $\delta_4' > 0$ bzw. zu $U(z_4'; \delta_4')$, $U(z_4; \delta_4')$ und $\mathfrak{k}_4 \subset \mathfrak{k}_3$. Fortsetzung dieser Schlüsse führt wegen $C \cap K \cap U_\nu' \neq \emptyset$, $\nu = 3, 4$ usw. in bekannter Weise (vgl. z. B. Abschn. 1.4.1.) nach endlich vielen Schritten zu einer in $C \cap U_1$ enthaltenen t-Zelle, weil man andernfalls, wegen der Kompaktheit von $\mathfrak{k}(C) = \{K; C \cap K \neq \emptyset, K \in \mathfrak{k}\}$ zu einem $K \in \mathfrak{k}(C)$ mit unendlichem $C \cap K$ gelangt und damit zu einem Widerspruch mit der der Behauptung (II) zugrunde liegenden Voraussetzung, daß POW $(C; \mathfrak{k})$ höchstens endlich sei.

(III). Es bezeichne $p: M \to X$ die (Orthogonal-) Projektion von $M \subset E_n$ in X, ferner $V = V(x)$ eine offene t-Kugel in X mit dem Zentrum x. Es sei $z_1 \in C$, $x_1 = p(z_1)$, $V_1 = V(x_1)$, ferner $P_1 = C \cap p^{-1}(V_1) - \{z: p(z) \in V_1, z \in C\}$. Wegen $p(z_1) \subset V_1$ gibt es gemäß Ziffer (II) eine in P_1 enthaltene t-Zelle $S_1' \subset C$; o. B. d. A. sei $p(S_1') = V_2$ mit $p(\bar{S}_1') \subset \bar{V}_2 \subset V_1'$. Wenn es in $P_2 = C \cap p^{-1}(V_2)$ ein $z_2 \notin S_1'$ gibt, so auch eine t-Zelle S_2' mit $p(S_2') \in \bar{V}_2 \subset V_1$ und $S_1' \cap S_2' = \emptyset$. Die Fortsetzung dieser Schlüsse bricht nach endlich vielen Schritten ab (vgl. Ziffer (II)). Es gibt also eine in X offene Menge V^* mit $\overline{V^*} \subset V_1$ derart, daß $C \cap p^{-1}(V^*) = S_1 \cup \cdots \cup S_m$, wobei $p(S_\mu) = V^*$, $\mu = 1, \ldots, m$, und die $S_\mu \subset C$ paarweise fremde t-Zellen mit POW $(S_\mu; \mathfrak{k}) = 1$ sind. Es ist $p^{-1}(V^*)$ offen in E_n und daher $S_1 \cup \cdots \cup S_m$ offen in C (wegen $S_\mu \cap S_\varrho = \emptyset$ für $\mu \neq \varrho$) folglich auch S_μ offen in C.

Da $V^* \subset V_1$ und V_1 eine beliebig kleine Umgebung des beliebigen Punktes $x_1 \in p(C)$ ist und $p(C) \subset X$ kompakt, läßt sich $p(C)$ darstellen als abgeschlossene Hülle einer in $p(C)$ dichten Vereinigung X^* von abzählbar vielen V^*, etwa von $V_1, V_2, \ldots$, wobei $C \cap p^{-1}(V_r)$ Vereinigung von endlich vielen fremden t-Zellen $S_{r1}, \ldots, S_{rm_r}$ ist, $r = 1, 2, \ldots$. Nun ist auch $C - H = F$ nirgends dicht in C, wenn $H = \bigcup_{r,\mu} S_{r\mu}$; denn es ist $X^* = \bigcup_r V_r$ dicht in $p(C)$, also $F^* = p(C) - X^*$ nirgends dicht in $p(C)$. Mithin folgt $\mathrm{Dim} F^* \leq t - 1$ (vgl. MENGER [*1*], S. 245). Da aber $p: C \to p(C)$ nicht dimensionserniedrigend ist, weil die Urbildmengen der Punkte $x \in p(C)$ endlich, also nulldimensional sind (vgl. MENGER [*1*], S. 235) folgt wegen $p(F) = F^*$, daß $\mathrm{Dim} F \leq t - 1$ ist. Enthielte nun F ein $C \cap U \neq \emptyset$, wobei U eine n-Kugel bezeichnet, so wäre auch $\mathrm{Dim}(C \cap U) \leq t - 1$ im Widerspruch damit, daß — wie im Zusatz vorausgesetzt — in C die Punkte dicht liegen, in denen C die Dimension t besitzt. Unter den Annahmen des Zusatzes ist daher $C = \bar{H}$, wie im Zusatz behauptet. Die Anwendung der Bemerkung in Abschn. 6.1.3. zeigt, daß die V_r und damit die $S_{r\mu}$ für beliebige r, μ paarweise fremd gewählt werden können.

Beweis des 1. Satzes. Ist $\mathrm{Dim} C \leq t - 1$, so setzen wir $C = N$, $\bar{H} = \emptyset$, womit die Behauptung bewiesen ist. — Es sei nun $\mathrm{Dim} C \geq t$. Da $p: C \to p(C)$ nicht dimensionserniedrigend ist (vgl. Beweis des Zusatzes, Ziffer (III)), ist auch $\mathrm{Dim} p(C) \geq t$, also $\mathrm{Dim} p(C) = t$, weil $\mathrm{Dim} p(C) \leq t$ wegen $p(C) \subset X = E_t$. Folglich ist $\mathrm{Dim} C \leq t$, also $\mathrm{Dim} C = t$. Weiter existiert die größte in C offene Teilmenge M von C mit $\mathrm{Dim} M \leq t - 1$; denn jedes in C offene M' ist eine F_σ und die Vereinigung beliebig vieler offener M' mit $\mathrm{Dim} M' \leq t - 1$ ist darstellbar als Vereinigung von abzählbar vielen dieser M', so daß der Summensatz der Dimensionstheorie (vgl. MENGER [*1*], S. 93) anwendbar ist. In $C' = C - M$ ist dicht die Menge P derjenigen Punkte, in denen C' die Dimension t besitzt; denn andernfalls gibt es ein $z \in C' - P$ derart, daß z positiven Abstand von P besitzt, es gibt also eine n-Kugel U mit z als Zentrum, für die $C \cap U$ offen in C mit $C \cap U \subset C' - P$, also $U \cap P = \emptyset$ und daher mit $\mathrm{Dim}(C \cap U) \leq t - 1$, so daß $z \in M$ entgegen $z \in C' = C - M$. Wendet man auf die kompakte Menge C' den Zusatz an, so ergeben sich die Behauptungen des 1. Satzes.

Aus dem 1. Satz läßt sich folgern der

2. Satz. *Voraussetzung. Es sei C ein metrischer (voll-) kompakter Raum. Ferner sei f eine eindeutige, stetige Abbildung von C in den E_n, wobei f von höchstens* endlicher Ordnung *(d. h. die zu einem beliebigen $z \in f(C)$ gehörige Urbildmenge $f^{-1}(z)$ besitzt endliche Mächtigkeit).*

Behauptung. Es ist $\mathrm{Dim} C \leq n$. *Ferner ist $C = N \cup \bar{H}$, wobei* $\mathrm{Dim} N \leq n - 1$ *und N offen in C ist. Weiter ist, falls H nicht leer, $H = \bigcup_r S_r$, wobei die S_r in $\bar{H}$ offene, paarweise fremde n-Zellen sind, auf denen f*

topologisch ist. Es ist $H \neq \emptyset$ genau dann, wenn $f(C)$ eine in E_n offene Teilmenge besitzt.

Zusatz. Umgekehrt folgt aus dem 2. Satz der 1.; es sind also Satz 1 und 2 gleichwertig.

Beweis. Es ist $\operatorname{Dim} f(C) \geq \operatorname{Dim} C$ (vgl. Satz 1, Beweis des Zusatzes, Ziffer (III)). Ferner ist $\operatorname{Dim} f(C) \leq n$, weil $f(C) \subset E_n$. Daher $\operatorname{Dim} C \leq n$. Folglich kann $C \subset E_{2n+1}$ angenommen werden (vgl. MENGER [*1*], S. 295). Man setze $E_n = X$, $E_{2n+1} = Y$ und $Z = X \times Y$. Es ist dann $f(C) \subset X$ und $C \subset Y$. Nun wird folgende Abbildung g von C in Z erklärt: Für $y \in C$ sei $\{g(y)\} = \{f(y)\} \times \{y\}$, kürzer $g(y) = f(y) \times y$. Es ist g eindeutig und (zugleich mit f) stetig. Es ist g sogar eineindeutig, also topologisch; denn aus $y' \neq y''$ folgt $g(y') \neq g(y'')$. Für $g(y'), g(y'') \in g(C)$, also $g(y') = x' \times y'$, wenn $f(y') = x'$ usw. ist $g(y'), g(y'') \in Y(x_0)$ genau dann, wenn $x' = x'' = f(y') = f(y'') = x_0$. Weil f von endlicher Ordnung ist, folgt daher, daß POW $(g(C); \mathfrak{k})$ höchstens endlich ist, wobei $\mathfrak{k}$ die Schar der Parallelen zu Y. Auf $g(C)$ ist daher der 1. Satz anwendbar. Und da g topologisch ist, erhält man den 2. Satz.

Beweis des Zusatzes. Unter den Voraussetzungen des 1. Satzes ist die Projektion p von C in den E_t eine eindeutige stetige Abbildung f von endlicher Ordnung. Und daß f auf den S_r topologisch ist, besagt, daß POW $(S_r; \mathfrak{k}) = 1$.

Aus dem 2. Satz gewinnt man weiterhin den folgenden

3. Satz. Verallgemeinerung des 1. Satzes.

Voraussetzung (1). Es sei R ein metrischer Raum und $\mathfrak{k}$ ein beliebiges System von Teilmengen von R. — (2). Ferner sei $C \subset R$ kompakt mit höchstens endlichem POW $(C; \mathfrak{k})$. Außerdem sei $\{C \cap K : K \in \mathfrak{k}\}$ eine stetige Zerlegung* von C; der zugehörige Zerlegungsraum sei mit $\mathfrak{z}(C; \mathfrak{k})$ bezeichnet. — (3). Es existiere eine eindeutige stetige Abbildung f von endlicher Ordnung von $\mathfrak{z}(C; \mathfrak{k})$ in den E_n.

Behauptung. Wie im 2. Satz. Insbesondere wird jede n-Zelle $S_r \subset H$ durch die Zerlegung von C in ihre Punkte zerlegt.

Beweis. Es sei h eine eindeutige stetige Abbildung von C auf $\mathfrak{z}(C; \mathfrak{k})$, bei der $h(y') = h(y'')$ für $y', y'' \in C$ genau dann, wenn $y', y'' \in C \cap K$ für das gleiche $K \in \mathfrak{k}$. Es ist dann $e = f h$ eine eindeutige stetige Abbildung endlicher Ordnung von C in den E_n. Somit ist der 2. Satz anwendbar. Damit ergibt sich die Behauptung des 3. Satzes.

Zusatz. Die Voraussetzung des 2. Satzes läßt sich so abschwächen: Es sei C metrisch und kompakt, ferner f eine eindeutige stetige Abbildung von C in den E_t, wobei f von endlicher Ordnung ist bis auf die Punkte z einer in E_t nirgends dichten Menge $N \subset f(C)$, für die $f^{-1}(z)$ höchstens nulldimensional ist ($z \in N$) (vgl. NÖBELING [*1*], S. 139, Zusatz).

* Die Zerlegung heißt stetig, wenn aus $z' = \lim z_j$ und $z_j \in C \cap K_j$ sowie $z' \in C \cap K'$ folgt $\limsup C \cap K_j \subset C \cap K'$.

6.3. Aufbau aus Lipschitz-Flächenstücken

Dem 1. Satz im Abschn. 6.2. läßt sich eine noch etwas schärfere Aussage betr. die t-Zellen S_r hinzufügen, nämlich die, daß die S_r als t-Flächenstücke von beschränkter Dehnung (Lipschitz-Flächenstücke) angenommen werden können, woraus dann die Existenz einer einzigen t-dimensionalen Tangentialebene an $\bar{H}$ in den Punkten einer in $\bar{H}$ dichten Menge folgt.

6.3.1. Hilfssätze

Wir beweisen zunächst drei Hilfssätze.

1. Hilfssatz. *Voraussetzung.* Es sei R ein metrischer vollständiger Raum. Weiter sei $T \subset R$ abgeschlossen und $T = \overline{\bigcup_\nu Q_\nu}$ mit (in T) abgeschlossenen Q_ν; $\nu = 1, 2, \ldots$

Behauptung (1). Die Vereinigung der bezüglich T offenen Kerne der Q_ν ist dicht in T. — (2). Ist außerdem $T = \overline{\bigcup_\mu P_\mu}$ mit in T offenen P_μ, $\mu = 1, 2, \ldots$, so existieren in T offene Q'_ϱ mit $T = \overline{\bigcup_\varrho Q'_\varrho}$ derart, daß jedes Q'_ϱ, $\varrho = 1, 2, \ldots$, in (mindestens) einem der $Q_\nu \cap P_\mu$ enthalten ist. — (2a). Besitzt R überdies eine abzählbare (Umgebungs-) Basis, so können die Q'_ν als paarweise fremd angenommen werden.

Zusatz. Sind die P_μ sämtlich t-Zellen, so können in Behauptung (2) die Q'_ν sämtlich als t-Zellen angenommen werden.

Beweis. *Betr. Behauptung* (1). Wir haben zu zeigen: Ist $x \in T$ beliebig und U irgendeine Umgebung von x in T, so ist in U eine in T offene Teilmenge Q'' (mindestens) eines der Q_ν enthalten. — Diese letzte Behauptung läßt sich so einsehen:(A). Zu U gehört (mindestens) ein Q_ν derart, daß $U \cap Q_\nu$ nicht nirgends dicht ist. Denn andernfalls ist $U \cap Q_\nu$ nirgends dicht in U für *jedes* ν. Da R, also (Hahn [*1*], Abschnitt 18.5.11.) auch T vollständig und mithin (Hahn [*1*], Abschnitt 19.1.1.) U ein absolutes G_δ ist, so ist (Hahn [*1*], Abschn. 19.7.51.) $U - U \cap T$ dicht in U, im Widerspruch zu $U \subset T$. — (B). Ist gemäß (A) etwa $U \cap Q_1$ nicht nirgends dicht in U, so gibt es eine in U (also auch in T) offene Menge $Q'' \neq \emptyset$ mit $Q'' \subset U \cap Q_1 \subset T \cap Q_1$ (vgl. Hahn [*1*], Abschn. 11.2.13.).

Betr. Behauptung (2). Es sei K_ν der in T offene Kern von Q_ν; gemäß Behauptung (1) ist $K = \bigcup_\nu K_\nu$ dicht in T, und nach Voraussetzung (2) gilt dies ebenso für $P = \bigcup_\mu P_\mu$. Daher ist (Hahn [*1*], Abschn. 11.1.5.) auch $K \cap P = \bigcup_{\nu,\mu} K_\nu \cap P_\mu$ dicht in T; dabei ist $K_\nu \cap P_\mu \subset Q_\nu \cap P_\mu$ und offen in T.

Betr. Behauptung (2a). Daß die $K_\nu \frown P_\mu$ in Behauptung (2) durch paarweise fremde offene Teilmengen dieser $K_\nu \frown P_\mu$ ersetzbar sind, folgt aus Abschn. 6.1.3., Bemerkung. — *Betr. Zusatz.* Eine in P_μ offene Menge Q'_ϱ ist homöomorph zu einer offenen Teilmenge R_ϱ einer (Urbild-) t-Kugel. Es ist aber R_ϱ Vereinigung abzählbar vieler offener t-Kugeln, deren Bilder in Q'_ϱ t-Zellen sind. Daher ist auch $\bigcup_\varrho Q'_\varrho$ Vereinigung abzählbar vieler t-Zellen.

2. Hilfssatz. *Voraussetzung.* Es sei C (voll-) kompakt und von höchstens endlichem POW $(C; \mathfrak{k})$, wobei $\mathfrak{k}$ das System der $(n-t)$-Ebenen im E_n und $C \subset E_n$. Außerdem sei $\operatorname{Dim} C = t$, und die Menge der Punkte, in denen C die Dimension t besitzt, sei dicht in C.

Behauptung. Jeder Punkt z von C ist enthalten in einer $(n-t)$-Ebene, die keine Halbtangente an C in z enthält.

Beweis. Man hat also die Existenz einer z enthaltenden $(n-t)$-Ebene zu beweisen, in welcher keine Halbtangente, kurz: Th, an C in z enthalten ist. Wir schließen indirekt:

(I). Mit F werde eine $(n-t-1)$-Ebene bezeichnet, für die $z \in F$ ist. Ferner sei $\mathfrak{b} = \mathfrak{b}(F)$ das System der $(n-t)$-Ebenen B mit $F \subset B$. Wir zeigen zunächst: Annahme. Die Behauptung des 2. Hilfssatzes sei nicht richtig. Behauptung. Es gibt ein $z \in C$ und dazu (mindestens) ein F derart, daß $(B - F) \smile \{z\}$ für *jedes* $B \in \mathfrak{b}(F)$ eine Halbtangente (Th) an C in z enthält. In der Tat: Es genüge z der Annahme. Entweder (α) gibt es ein F, in welchem kein Th enthalten ist; nach der Beweisannahme ist dann die letzte Behauptung richtig. Oder (β) jedes F enthält ein Th. Daß auch im Fall (β) die letzte Behauptung richtig ist, sieht man (indirekt) so ein: Andernfalls existiert zu jedem F (mit $z \in F$) ein $B \in \mathfrak{b}(F)$, etwa $B' = B(F)$, für welches alle in B' enthaltenen Th in F liegen. Es sei nun $F = F_1$ (mit $z \in F_1$) beliebig und $B'_1 = B(F_1)$. Es gibt $F_2 \subset B'_1$ derart, daß $z \in F_2$ und $G_2 = F_1 \frown F_2$ eine $(n-t-2)$-Ebene ist; es sind alle in F_2 enthaltenen Th, also mindestens eines, in G_2 enthalten. Weiter sei $B'_2 = B(F_2)$, wobei auch $B'_2 = B'_1$ sein kann. Es gibt in B'_2 ein F_3, so daß $G_3 = F_1 \frown F_2 \frown F_3$ eine $(n-t-3)$-Ebene ist; alle in F_3 enthaltenen Th, also mindestens eine, liegen dann in G_3. So fortfahrend gelangt man zu einer 0-Ebene $F_1 \frown F_2 \frown \cdots \frown F_{n-t}$, in der ein Th enthalten ist, also zu einem Widerspruch.

(II). Es sei also bei (beliebig) gegebenem $z \in C$ ein F gemäß Ziffer (I) gewählt. Nach Voraussetzung ist POW $(C; \mathfrak{k}) \geq 1$ höchstens endlich bezüglich des Systems $\mathfrak{k}$ der $(n-t)$-Ebenen des E_n; dies gilt dann auch für POW $(C \frown F)$. Daher gibt es eine Umgebung U_1 von z im E_n derart, daß $(F - \{z\}) \frown U_1 \frown C = \emptyset$ ist. Zufolge der Wahl von F ist in einem irgendwie herausgegriffenen $B''_1 \in \mathfrak{b}(F)$ ein nicht in F liegendes Th enthalten. Daher gibt es in beliebiger Nachbarschaft von B''_1 in $\mathfrak{b}(F)$ solche $B_1 \in \mathfrak{b}(F)$, zu denen ein $p_1 \in (C - C \frown F) \frown U_1 \frown B_1$ existiert.

Es gibt eine, F enthaltende, zu p_1 fremde $(n-1)$-Ebene E^1_{n-1} in dem den E_n enthaltenden projektiven Raum P_n. Zeichnet man E^1_{n-1} als uneigentliche $(n-1)$-Ebene im P_n aus, so ist $\mathfrak{b}(F)$ eine Schar paralleler $(n-t)$-Ebenen von der in Abschn. 6.2., Satz 1, zugrunde gelegten Art. Es gibt ferner eine n-Kugel V_1 um p_1 mit $\bar{V}_1 \cap E^1_{n-1} = \emptyset$. Dann genügt $C_1 = C \cap \bar{V}_1$ den Voraussetzungen des 1. Satzes in Abschn. 6.2. Daher ist $C_1 = \overline{\bigcup_r S_r}$, wobei die S_r paarweise fremde t-Zellen mit POW $(S_r; \mathfrak{b}(F)) = 1$ sind. Wegen $p_1 \in C_1$ ist p_1 Berührpunkt von $\bigcup_r S_r$; es kann also stets p_1 und B_1 so gewählt werden, daß $p_1 \in S_r$, etwa für $r = 1$. Folglich gibt es eine, p_1 enthaltende, in C_1 enthaltene t-Zelle $S_{11} \subset \bar{S}_{11} \subset S_1$ derart, daß $\bar{S}_{11}$ im E_n positiven Abstand von (E^1_{n-1} und folglich von) F besitzt. Zu S_{11} gibt es eine in $\mathfrak{b}(F)$ offene Menge $\mathfrak{b}_1$ mit kompaktem $\bar{\mathfrak{b}}_1 \neq \emptyset$ derart, daß POW $(S_{11} \cap B) = 1$ für jedes $B \in \bar{\mathfrak{b}}_1 \subset \mathfrak{b}(F)$. Da $\bar{S}_{11}$ positiven Abstand von F besitzt, existiert eine Umgebung W_{11} von $\bar{S}_{11}$ (in E_n) mit $\bar{W}_{11} \cap F = \emptyset$ sowie eine, $\mathfrak{b}_1$ enthaltende offene Teilmenge $\mathfrak{b}_{11}$ von $\mathfrak{b}(F)$ derart, daß W_{11} von $\mathfrak{b}_1$ (schlicht) überdeckt wird. Außerdem existiert eine Umgebung U_2 von z mit $W_{11} \cap U_2 = \emptyset$ und mit $U_2 \subset \bar{U}_2 \subset U_1$. Wir betrachten ein $B''_2 \in \mathfrak{b}_1 \subset \mathfrak{b}_{11} \subset \mathfrak{b}(F)$. Zufolge der Wahl von F (am Anfang dieser Ziffer (II)) enthält B''_2 ein Th. Mithin enthält ein zu B''_2 beliebig benachbartes $B_2 \in \mathfrak{b}_1$ ein $p_2 \in (C - C \cap F) \cap U_2$. Nun lassen sich auf $p_2, (C - C \cap F) \cap U_2$ und $\mathfrak{b}_{11}$ die gleichen Schlüsse anwenden, wie vorhin auf p_1, $(C - C \cap F) \cap U_1$ und $\mathfrak{b} = \mathfrak{b}(F)$. Man gelangt so zu einem in $\mathfrak{b}$ offenen $\mathfrak{b}_2$ mit $\mathfrak{b}_2 \subset \bar{\mathfrak{b}}_2 \subset \mathfrak{b}_1$ und mit $\bar{\mathfrak{b}}_2 \neq \emptyset$ sowie zu einer t-Zelle S_{21} mit $\bar{S}_{21} \subset C \cap \bar{U}_2$, also mit $\bar{S}_{11} \cap \bar{S}_{21} = \emptyset$, mit positivem Abstand von F und mit POW $(S_{21} \cap B) = 1$ für jedes $B \in \bar{\mathfrak{b}}_2$. Da sich diese Schlüsse unbegrenzt fortsetzen lassen, erhält man eine absteigende Folge kompakter $\bar{\mathfrak{b}}_t \neq \emptyset$, $t = 1, 2, \ldots$, also mit nicht leerem Durchschnitt $\mathfrak{d}$ und dazu eine (unendliche) Folge paarweise fremder t-Zellen $S_{t1} \subset C$ derart, daß POW $(S_{t1} \cap B) = 1$ für jedes $B \in \mathfrak{d}$, und zwar für alle $t = 1, 2, \ldots$ bei festem B. Dies steht im Widerspruch dazu, daß POW $(C \cap B)$ endlich ist für jedes $B \in \mathfrak{k}$. Damit ist der 2. Hilfssatz bewiesen.

Definition. Eine t-Zelle S im E_n, $n \geq 2$; $1 \leq t \leq n-1$, heiße (evtl. abgeschlossenes) *t-Flächenstück*, wenn im E_n kartesische (orthogonale) Koordinaten $x_1, \ldots, x_t, y_{t+1}, \ldots, y_n$ so gewählt werden können, daß S Graph ist einer eindeutigen stetigen (Vektor-) Funktion $f(x) = (y_\nu = f_\nu(x_1, \ldots, x_t), \nu = t+1, \ldots, n; f_\nu$ reelle Funktion), wobei der Definitionsbereich der f_ν eine (evtl. abgeschlossene) t-Kugel S' in der t-Ebene E_t der $x_1, \ldots, x_t$ ist. Das t-Flächenstück S heiße *dehnungsbeschränkt* (oder Lipschitzisch), wenn f einer Lipschitzbedingung genügt, d. h. wenn eine reelle Zahl α existiert, so daß für beliebige Punkte

$x' = (x'_1, \ldots, x'_t) \in S'$ und $x'' = (x''_1, \ldots, x''_t) \in S'$ gilt: $|f_\nu(x') - f_\nu(x'')| \leq \alpha(\sum_\tau |x'_\tau - x''_\tau|)$ für jedes $\nu = t+1, \ldots, n$.

Es gilt nun der

3. Hilfssatz. *Voraussetzung* (1). Es sei $S \subset E_n$ eine t-Zelle; $2 \leq n$; $1 \leq t \leq n-1$. — (2). Für jedes $z \in S$ existiere eine z enthaltende $(n-t)$-Ebene $B = B(z)$, in welcher keine Halbtangente Th an S in z liegt.

Behauptung. Es ist S enthalten in einer Vereinigung abzählbar vieler *dehnungsbeschränkter* abgeschlossener t-Flächenstücke.

Beweis (1). Es sei $z_0 \in E_n$ und $\mathfrak{r} = \mathfrak{r}(z_0)$ das System der (offenen) n-Kugeln mit z_0 als Zentrum und mit rationalem Radius. Ferner sei $\mathfrak{c}$ eine (Umgebungs-) Basis auf der $(n-1)$-dimensionalen Sphäre, die z_0 als Zentrum und den Radius 1 besitzt. Es ist dann z_0 Spitze abzählbar vieler n-dimensionaler (Doppel-) Kegel $K = K(z_0; C)$ über $C \in \mathfrak{c}$; dabei ist $K - \{z_0\}$ offen in E_n. Das System $\mathfrak{p}(z_0)$ der Durchschnitte $P = R \cap K$ mit $R \in \mathfrak{r}$, $K = K(z_0; C)$, $C \in \mathfrak{c}$, ist abzählbar; als Radius von P wird der Radius von R bezeichnet. Weiter gibt es im System $\mathfrak{b} = \mathfrak{b}(z_0)$ der $(n-t)$-Ebenen B mit $z_0 \in B$ eine abzählbare dichte Menge $\mathfrak{e}(z_0)$. Ist nun $B \in \mathfrak{b}$ beliebig, so gibt es $B'(z_0) \in \mathfrak{e}(z_0)$ in beliebiger Nachbarschaft von B. Durch Translation im E_n erhält man in jedem $z \in E_n$ abzählbare Systeme $\mathfrak{r}(z)$, $\mathfrak{p}(z)$ und $\mathfrak{e}(z)$ mit den entsprechenden Eigenschaften.

(2). Zu jedem $z \in S$ existiert nach Voraussetzung (2) ein $B \in \mathfrak{b}(z)$, also auch ein (beliebig) benachbartes $B'(z) \in \mathfrak{e}(z)$, in welchem kein Th in z an S enthalten ist. Für ein $R = R(z) \in \mathfrak{r}(z)$ mit hinreichend kleinem Radius δ' ist daher $S \cap R(z) \cap B'(z) = \{z\}$. Man wähle jetzt eine Gerade $G = G(z) \subset B'(z)$ mit $z \in G$. Es ist G enthalten in einem $K' = K(z; C)$, so daß ein $R(z) \in \mathfrak{r}(z)$ existiert mit einem Radius $2\delta < \delta'$ derart, daß für $P' = P'(z) = R(z) \cap K' \in \mathfrak{p}(z)$ gilt $(S - \{z\}) \cap P' = \emptyset$. Wegen der Abzählbarkeit und Translationskongruenz der $\mathfrak{p}(z)$, $\mathfrak{e}(z)$ ist $S = \bigcup_m S_m$, $m = 1, 2, \ldots$, wobei die S_m paarweise fremde, größte Mengen sind mit translationskongruenten $B'(z_i)$, $P'(z_i)$ für beliebige $z_i \in S_m$, $i = 1, 2$. Die $B'(z)$, $z \in S_m$, sind sämtlich parallel, also orthogonal zu einer (nur von m, nicht von z abhängigen) t-Ebene E_t. Es wird S_m seinerseits zerlegt: Es sei $2\delta < \delta'$ der Radius der $P'(z)$ für alle $z \in S_m$. Es ist E_n darstellbar als Vereinigung abzählbar vieler, abgeschlossener „Parallelschichten" T_{mr}, $r = 1, 2, \ldots$, deren Begrenzungen aus je zwei parallelen, zu den $B'(z)$ aber nicht zu E_t orthogonalen $(n-1)$-Ebenen je mit dem Abstand δ bestehen und deren offene Kerne paarweise fremd sind. Aus der Definition von δ folgt: Erstens enthält $S \cap B'(z) \cap R(z) \cap T_{mr}$ höchstens den Punkt z, so daß $S_{mr} = S \cap T_{mr}$ sich schlicht in E_t projiziert; Zweitens ist $(S - \{z\}) \cap P'(z) = \emptyset$, so daß S_{mr} dehnungsbeschränkt ist bezüglich E_t bzw. bezüglich kartesischer Koordinaten $x_1, \ldots, x_t$ in E_t. Wegen Erstens ist S_{mr} darstellbar als eindeutige (Vektor-) Funktion $f(x) = f(x_1, \ldots, x_t)$. Da $f(x)$ gemäß Zweitens dehnungsbeschränkt ist, liegt S_{mr} auf einem dehnungsbeschränkten abgeschlossenen t-Flächenstück F_{mr} (vgl. HAUPT-AUMANN-PAUC [1], 1. Band, Abschn. 5.2.5., Satz 2). Wegen $S = \bigcup_{m,r} S_{mr}$ ergibt sich die Behauptung des 3. Hilfssatzes.

6.3.2. Ergebnis

Auf Grund des Abschn. 6.3.1. erhält man den

Satz. *Voraussetzung* (1). *Es sei* $C \subset E_n$ *(voll-) kompakt mit höchstens endlichem* POW $(C; \mathfrak{k})$, *wobei* $\mathfrak{k}$ *das System der* $(n-t)$*-Ebenen des* E_n *ist;* $2 \leq n;\ 1 \leq t \leq n-1$. — (2). *Es sei* $C = \overline{\bigcup_\mu P_\mu}$ *mit paarweise fremden (in* C *offenen)* t*-Zellen* P_μ, $\mu = 1, 2, \ldots$.

Behauptung. Es ist $C = \overline{\bigcup_r Q'_r}$, *wobei die (in* C *offenen)* t*-Zellen* Q'_r *paarweise fremd und zugleich* t*-Flächenstücke je von beschränkter Dehnung sind.*

Zusatz. Unter den Voraussetzungen des Satzes gibt es eine in C dichte Menge L mit der Eigenschaft: In jedem Punkt von L existiert ein einziger t-dimensionaler Tangentialraum an C.

Anmerkung. Die Voraussetzung (2) des Satzes ist erfüllt, wenn $\operatorname{Dim} C = t$ und wenn die Menge derjenigen Punkte von C, in denen C die Dimension t besitzt, dicht ist in C (vgl. Abschn. 6.2., Satz 1, Zusatz).

Beweis. Gemäß Abschn. 6.3.1., Hilfssatz 2 und 3, angewandt auf die einzelnen P_μ, gilt $P_\mu = \bigcup_s C \cap F_{\mu s}$, wobei die $F_{\mu s}$ abgeschlossene, je dehnungsbeschränkte t-Flächenstücke sind. Daher gilt $C = \overline{\bigcup_\nu Q_\nu}$ mit in C abgeschlossenen Q_ν, wobei jedes Q_ν ein $C \cap F_{\mu s}$, also in einem dehnungsbeschränkten t-Flächenstück enthalten ist. Zufolge Abschnitt 6.3.1., Hilfssatz 1, Behauptung (2), (2a), ist $C = \overline{\bigcup_r Q'_r}$, wobei die Q'_r in C offen und paarweise fremd sind, sowie (gemäß des Zusatzes) t-Zellen; außerdem ist jedes Q'_r in einem der $Q_\nu \cap P_\mu$, also in einem $Q_\nu = C \cap F_{\mu s} \subset F_{\mu s}$ enthalten. Nun ist $F_{\mu s}$ schlicht projizierbar auf E_t, also topologisch abbildbar in E_t. Daher ist diese Projektion selbst eine t-Zelle. Daher ist die t-Zelle Q'_r ein dehnungsbeschränktes t-Flächenstück; w. z. z. w.

Betr. den Zusatz. Es sei $Q'' = \bigcup_r Q'_r$, ferner bezeichne $T(z; C')$ einen t-dimensionalen Tangentialraum in $z \in C$ an eine Teilmenge C' von C. Ist $Q = Q'_r$ der Graph der dehnungsbeschränkten Funktion $f = (f_\nu(x_1, \ldots, x_t);\ \nu = t+1, \ldots, n)$ mit einer t-Zelle $D \subset E_t$ als Definitionsbereich, so sind die f_ν bis auf eine LEBESGUEsche („t-dimensionale") Nullmenge N in D differenzierbar (vgl. HAUPT-AUMANN-PAUC [1], 3. Bd., Abschn. 11.1.3.1.). Da $D - N$ dicht in D ist, existiert $T(z; Q)$ in einer in Q dichten Menge $M''(Q) \subset Q$. — Weil die $Q = Q'_r$ offen und paarweise fremd sind, ist $T(z; Q) = T(z; Q'')$ für jedes $z \in M'' = \bigcup_r M''(Q'_r)$, wobei M'' dicht in Q'', also auch dicht in C ist. Mithin ist nur noch eine in M'' dichte Menge $M' \subset M''$ zu konstruieren mit $T(z; Q'') = T(z; C)$ für jedes $z \in M'$. Zur Konstruktion eines solchen M' genügt es, für jedes $Q = Q'_r$ ein in Q dichtes $M'(Q) \subset Q$ anzugeben derart, daß zu jedem $z \in M'(Q)$ eine Umgebung $U(z)$ gehört mit $U(z) \frown (C - Q) = \emptyset$. Nun gibt es in beliebiger Nähe eines jeden x' des Definitionsbereiches D von f eine in D offene Menge $D(x') \subset D$ und eine natürliche Zahl $m = m(D(x'))$ derart, daß für jedes $x \in D(x')$, die zu E_t orthogonale, x enthaltende $(n - t)$-Ebene $E(x)$ mit C genau m Punkte gemeinsam hat, und zwar je einen mit einer von m festen t-Zellen, die paarweise fremde abgeschlossene Hüllen besitzen (dies folgt aus Ziffer (III) des Beweises von Abschn. 6.2., Satz 1, Zusatz). Es ist $o(D(x')) = \bigcup_{x \in D(x')} E(x)$ offen in E_n, und $o(D(x'))$ überdeckt die eben genannten m festen t-Zellen; da deren abgeschlossene Hüllen fremd sind, folgt: Ist $z \in M'' \frown Q \frown E(x)$ mit $x \in D(x')$, so gilt $T(z; Q) = T(z; C)$; weil M'' dicht in Q ist, liegen auch diese z dicht in $Q \frown o(D(x'))$. — Nun ist aber $D' = \bigcup_{x' \in D} D(x')$ dicht in D, so daß $Q \frown (\bigcup_{x' \in D} o(D(x'))$ dicht in Q ist. Gleiches gilt daher für $M'' \frown Q \frown (\bigcup_{x' \in D} o(D(x')) = M'(Q)$ und es ist $T(z; Q) = T(z; C)$ für $z \in M'(Q) \subset Q$. Somit ist $M' = \bigcup_r M'(Q'_r)$ dicht in Q mit $T(z; Q'') = T(z; C)$ für $z \in M'$.

Ergänzender Hinweis zum Text des Abschnitts II.6

Zu Abschn. 6. Betr. Abschn. 6.1. bis 6.2. Wiedergabe einer Arbeit von NÖBELING [1]. Betr. Abschn. 6.3. Vgl. H. [24].

7. Ordnungsgeometrische Probleme in metrischen kompakten Räumen

Bisher wurde der Reduktionssatz (vgl. Abschn. 1.4.3.) sowie der Darstellungssatz des Abschn. 1.5. lediglich für Systeme $\mathfrak{k}$ von OCh in der Ebene bewiesen. Es soll jetzt noch gezeigt werden, daß diese beiden Sätze und andere mit ihnen zusammenhängende unter ziemlich allgemeinen Voraussetzungen gelten, die beispielsweise für den n-dimensionalen projektiven Raum und das System der Hyperebenen oder den sphärischen S_n mit dem System der $(n-1)$-Sphären als OCh erfüllt sind. Dabei werden auch die in Abschn. 1.5. noch unbewiesenen Behauptungen erhalten.

7.1. Grundraum

Der *Grundraum* P, in welchem sich sämtliche Betrachtungen abspielen, sei ein metrischer kompakter Raum; mit $\mathfrak{F}$ sei der metrische kompakte Raum der (in sich) kompakten Teilmengen von P bezeichnet. Die (ε-)-Umgebung der Menge M in P bzw. der (kompakten) Menge A in $\mathfrak{F}$ sei als (ε-) P-Umgebung bzw. (ε-) $\mathfrak{F}$-Umgebung und mit $U(M;\varepsilon) = U_P(M;\varepsilon)$ bzw. $U_{\mathfrak{F}}(A;\varepsilon)$ bezeichnet. Entsprechend ist der Ausdruck „(ε-) P-benachbart" bzw. „(ε-) $\mathfrak{F}$-benachbart" zu verstehen.

Zu jeder P-Umgebung V von $A \in \mathfrak{F}$ existieren $\mathfrak{F}$-Umgebungen $\mathfrak{u}$ von A derart, daß aus $A' \in \mathfrak{u}$ folgt $A' \subset V$.

7.2. Ordnungscharakteristiken

Unter einem System $\mathfrak{k}$ von *Ordnungscharakteristiken*, kurz OCh, K (in P) wird verstanden ein Teilsystem von $\mathfrak{F}$ mit folgenden Eigenschaften: ($\mathfrak{k}$). Es enthält $\mathfrak{k}$ mindestens zwei Elemente (OCh). Kein $K \in \mathfrak{k}$ ist Teilmenge eines von K verschiedenen $K' \in \mathfrak{k}$; insbesondere ist $K \neq \emptyset$ für jedes $K \in \mathfrak{k}$.

Für den durch eine beliebige OCh K_0 bestimmten (offenen) Unterraum $E_0 = \boldsymbol{C}(K_0)$ von P soll gelten:

(Sp) *Spaltbarkeit von E_0 durch jede OCh $K \in \mathfrak{k} - \{K_0\}$*: Es ist

$$E_0 - E_0 \cap K = E_0(K;+) \cup E_0(K;-),$$

wobei die (in P offenen) eindeutig bestimmten $E_0(K;\pm)$ beide nicht leer und fremd sind; $E_0(K;\pm)$ werden als die beiden *Seiten* von K in E_0 bezeichnet.

(St) *Stetigkeit der Seiten von K in E_0*: Es sei $K \in \mathfrak{k} - \{K_0\}$ beliebig. Für jede hinreichend kleine P-Umgebung V von K und für beliebiges $K' \in \mathfrak{k} - \{K_0\}$ mit $K' \subset V$ gilt bei passender Wahl von $\pm$ in $E_0(K';\pm)$:

$$E_0(K';+) \cap \boldsymbol{C}(V) = E_0(K;+) \cap \boldsymbol{C}(V) \neq \emptyset$$

und

$$E_0(K';-) \cap \boldsymbol{C}(V) = E_0(K;-) \cap \boldsymbol{C}(V) \neq \emptyset.$$

(Tr) *Trennungseigenschaft der Ordnungscharakteristiken in E_0:*
Es sei $K \in \mathfrak{k} - \{K_0\}$, $E_0 = \boldsymbol{C}(K_0)$ und $x \in K \cap E_0$, $y \in \boldsymbol{C}(K) \cap E_0$; zu beliebig kleiner P-Umgebung V von K gibt es OCh $K' \subset V$ derart, daß x und y auf verschiedenen Seiten von K' liegen.

Beispiele. (1). $P = P_n$ n-dimens. projekt. Raum, $\mathfrak{k}$ System der $(n-1)$-Ebenen. — (2). E_0 ist die offene n-dimensionale Vollkugel mit ihren Durchschnitten mit den $(n-1)$-(dimensionalen) Sphären als OCh. — (3). E_0 die punktierte n-Sphäre mit den $(n-1)$-Sphären als OCh. — (4). E_0 ist das Grundgebiet im Sinne von Abschn. 1.1.1. und $\mathfrak{k}$ das System der dortigen OCh.

Anmerkungen. (1). Mit $E_0(K; +)$ bzw. $E_0(K; -)$ ist vermöge (St) auch $E_0(K'; +)$ bzw. $E_0(K'; -)$ festgelegt. Aus (Sp) folgt $E_0(K'; -) = E_0 \cap \boldsymbol{C}(K') - E_0(K'; +)$, also, wegen $\boldsymbol{C}(V) \cap \boldsymbol{C}(K') = \boldsymbol{C}(V) \cap \boldsymbol{C}(K)$, aus der 1. Gleichung in (St) die 2. und umgekehrt. — (2). Ist $y \in P - K$, so auch $y \in P - K''$ für jedes zu K hinreichend $\mathfrak{F}$-benachbarte $K'' \in \mathfrak{k}$. Mit K' hat auch jede zu K' hinreichend $\mathfrak{F}$-benachbarte OCh die in (Tr) genannte Eigenschaft bezüglich x, y. — (3). Die Axiome $(\mathfrak{k})$ — (Tr) gelten, wenn für $\mathfrak{k}$, dann auch für jede in $\mathfrak{k}$ dichte Menge $\mathfrak{t} \subset \mathfrak{k}$, insbesondere für $\mathfrak{k} - \mathfrak{n}$, wenn $\mathfrak{n}$ nirgends dicht in $\mathfrak{k}$ ist. — (4). Zu jedem $x \in E_0$ gibt es $K' \in \mathfrak{k} - \{K_0\}$ mit $x \notin K'$. — Andernfalls sei $x \in K \in \mathfrak{k} - \{K_0\}$; wegen (Sp) gibt es $y \notin K \cup K_0$ und daher wegen (Tr) K' mit $x \notin K'$. — (5). *Es ist* $\mathfrak{k}$ *in sich dicht* (bezüglich der Topologie in $\mathfrak{F}$). Ist nämlich $K \in \mathfrak{k}$ beliebig, so gibt es $K_0 \in \mathfrak{k} - \{K\}$ (gemäß $(\mathfrak{k})$). Da K nicht Teilmenge von K_0 ist (gemäß $(\mathfrak{k})$), existiert $x \in K \cap \boldsymbol{C}(K_0)$ und (wegen (Sp)) auch $y \in \boldsymbol{C}(K) \cap \boldsymbol{C}(K_0)$. Aus (Tr) folgt nun die Existenz von zu K beliebig $\mathfrak{F}$-benachbarten OCh K' mit $K \neq K'$. — (6). Es sei $\mathfrak{f} \subset \mathfrak{F}$. Für jede Teilmenge M von P bezeichne $\mathfrak{f}(M)$ das System aller $F \in \mathfrak{f}$ mit $M \cap F \neq \emptyset$. Wenn $\mathfrak{f}$ abgeschlossen in $\mathfrak{F}$ und kein $F' \in \mathfrak{f}$ echter Teil eines $F'' \in \mathfrak{f}$ ist, gilt: Ist $M \subset P$ nicht leer und offen bzw. abgeschlossen in P, so ist $\mathfrak{f}(M)$ offen bzw. abgeschlossen in $\mathfrak{F}$.

Beweis. Es sei M offen in P und $F \cap M \neq \emptyset$; dann gibt es eine P-Umgebung $U(F; \varepsilon) = U$ derart, daß $F' \cap M \neq \emptyset$ ist für alle $F' \in \mathfrak{f}$ mit $F' \subset U$, und da $F'' \subset U$ für $F'' \in \mathfrak{u}(F; \varepsilon)$ ist, folgt $\mathfrak{f}(M)$ offen in $\mathfrak{F}$. — Ist M abgeschlossen in P, so ist das Komplement $\boldsymbol{C}(\mathfrak{f}(M))$ von $\mathfrak{f}(M)$ in $\mathfrak{F}$ gleich $\boldsymbol{C}(\mathfrak{f}) \cup \{F : F \subset \boldsymbol{C}(M);\ F \subset \mathfrak{f}\}$; da beide Glieder in dieser Vereinigung offen in $\mathfrak{F}$ sind (wegen der Abgeschlossenheit von $\mathfrak{f}$ und von M), ist $\boldsymbol{C}(\boldsymbol{C}(\mathfrak{f}(M))) = \mathfrak{f}(M)$ abgeschlossen in $\mathfrak{F}$.

7.3. Beschränkte Mengen

Es heiße $M \subset P$ nichtbeschränkt, wenn $\bar{M} \cap K \neq \emptyset$ ist für jedes $K \in \mathfrak{k}$. Existiert ein $K_0 \in \mathfrak{k}$ mit $\bar{M} \cap K_0 = \emptyset$, so heißt M *beschränkt* (bezüglich K_0 oder in $E_0 = \boldsymbol{C}(K_0)$). Jedes beschränkte M besitzt beschränkte P-Umgebungen. Ist M beschränkt bezüglich K_0, so auch bezüglich einer jeden zu K_0 hinreichend P-benachbarten OCh (um so mehr also bezüglich jeder zu K_0 hinreichend $\mathfrak{F}$-benachbarten).

Jede endliche Teilmenge von P ist beschränkt. — Denn gemäß Abschnitt 7.2., Anmerkung (4), ist die Behauptung richtig für einpunktige Mengen. Und daraus ergibt sich wegen (St) durch Induktion die Behauptung für endliche Mengen.

7.4. Komponenten- und Punktordnungswerte

Unter einem *Stück* T von $M \subset P$ wird verstanden eine nicht leere, in M abgeschlossene Teilmenge von M, deren Komplement bezüglich M ebenfalls abgeschlossen in M ist; dabei wird $T = M$ zugelassen. — Ist $M = T_1 \cup \cdots \cup T_n$ und sind die T_ν sämtlich (nicht leere) Stücke von M, $n \geq 2$, so sagt man: Die T_ν bilden eine *Spaltung* von M und M ist in diese n Stücke spaltbar; es ist dann $T_\nu \cap T_\mu = \emptyset$ für $\nu \neq \mu$. Ist M in n Stücke spaltbar, so besitzt M mindestens n Komponenten. Besitzt M mindestens $m \geq 2$ Komponenten, so ist M in m Stücke spaltbar (für $m = 2$ richtig, für $m \geq 3$ vollständige Induktion). Besitzt M nur endlich viele Komponenten, so bilden diese Komponenten eine Spaltung von M und jede von ihnen ist (daher) ein Stück von M.

Jedes Stück T von M besitzt P-Umgebungen N mit $(M - T) \cap \overline{N} = \emptyset$; jedes solche N heiße *Normalumgebung*, kurz auch N-Umgebung, von T in M. Zu jeder P-Umgebung V von T gibt es N-Umgebungen N mit $\overline{N} \subset V$. Ist $M = T_1 \cup \cdots \cup T_n$ eine Spaltung von M und N_ν N-Umgebung von T_ν, so gilt $T_\nu = M \cap N_\nu$ und $\overline{N}_\nu \cap \overline{N}_\mu = \emptyset$, $\nu \neq \mu$; $\nu, \mu = 1, \ldots, n$. Bei beschränktem T können auch die N-Umgebungen von T als beschränkt angenommen werden. Ist T beschränktes Stück von M und ist $T \subset K$, ist ferner N beschränkte N-Umgebung von T, so hat jede hinreichend kleine P-Umgebung V von K die Eigenschaft, daß $D(\alpha) = N \cap \mathbf{C}(V) \cap E_0(K; \alpha) \neq \emptyset$ für $\alpha = +$ und $\alpha = -$; diese beiden $D(+)$ und $D(-)$ heißen die *Deckel* von N bezüglich V.

Genau wie in Abschn. 1.3.3. lassen sich jetzt die Begriffe *Komponenten-* und *Punktordnungswert*, *schwacher* Komponentenordnungswert usw. bzgl. des Durchschnitts $M \cap K$ für eine Menge M und für $K \in \mathfrak{k}$ bzw. vom M bezüglich $\mathfrak{k}$ erklären, in Zeichen KOW $(M \cap K)$ bzw. KOW $(M; \mathfrak{k})$ usw. Man spricht auch noch bei beschränktem KOW vom *starken* KOW von M bezüglich $\mathfrak{k}$, in Zeichen staKOW $(M; \mathfrak{k})$, wenn KOW $(M; \mathfrak{k})$ = schwKOW $(M; \mathfrak{k})$. Entsprechend wird staPOW erklärt.

7.4.1. Schwache Ordnungswerte

Beispiele *betr. schwKOW und schwPOW.*

(a). Ein auch später nützliches Beispiel dafür, daß KOW $(M; \mathfrak{k})$ und schwKOW $(M; \mathfrak{k})$ zwar beschränkt, aber verschieden sein können, ist das folgende, wobei M sogar ein beschränktes Kontinuum C ist.

Es sei P die projektive Ebene und $\mathfrak{k}$ das System aller Geraden von P. In E_0 seien x, y kartesische (rechtwinklige) Koordinaten. Nun sei C die Vereinigung der nachstehend erklärten $4t+1$ Strecken S_τ, wobei $t \geq 1$ ist. Es besitze S_τ für $\tau = 1, \ldots, t$, die Endpunkte $p' = (x = 0; y = +1)$ und $q_\tau = (-2\tau; 0)$; für $\tau = t+1, \ldots, 2t$, die Endpunkte p' und $q_\tau = \big(2(\tau - t); 0\big)$; für $\tau = 2t+1, \ldots, 3t$, die Endpunkte $p'' = (0; -1)$ und $q_\tau = \big(-2(\tau - 2t) + 1; 0\big)$; für $\tau = 3t+1, \ldots, 4t$ die Endpunkte p'' und $q_\tau = \big(2(t - 3t) - 1; 0\big)$; schließlich besitzt S_{4t+1} die Endpunkte p', p''. Es liegen also die S_τ für $1 \leq \tau \leq 2t$ sämtlich oberhalb und für $2t+1 \leq \tau \leq 4t$ sämtlich unterhalb der x-Achse, während S_{4t+1} auf der y-Achse liegt und die x-Achse schneidet. Nun ist KOW $(C \frown X) = 4t+1$, wenn X die x-Achse bezeichnet; für jede andere Gerade K ist hingegen KOW $(C \frown K) \leq 2t+2$ und die Geraden K mit KOW $(C \frown K) = 2t+2$ bilden eine nicht nirgends dichte Teilmenge von $\mathfrak{k}$. Daher ist schwKOW $(C; \mathfrak{k}) = 2t+2$ und KOW $(C; \mathfrak{k}) = 4t+1$. Die nirgends dichte Menge $\mathfrak{n}$ der Geraden K mit KOW $(C \frown K) > 2t+2$ enthält nur ein Element, nämlich X. Durch geeignete Fortsetzung der Konstruktion gewinnt man Kontinua C (in E_0) mit schwKOW $(C; \mathfrak{k}) <$ KOW $(C; \mathfrak{k}) < \infty$, für welche die nirgends dichte Menge $\mathfrak{n}$ der Geraden mit KOW $(C \frown K) >$ schwKOW $(C; \mathfrak{k})$ eine beliebig große endliche Mächtigkeit besitzt (vgl. H. [*22b*]).

(b). Im Beispiel (a) war schwKOW $(C; \mathfrak{k}) =$ schwPOW $(C; \mathfrak{k})$, aber POW $(C; \mathfrak{k}) = \infty >$ KOW $(C; \mathfrak{k})$, weil nämlich C Strecken enthält. Durch leichte Abänderung der Konstruktion läßt sich erreichen,

(b 1). daß POW $(C; \mathfrak{k}) =$ KOW $(C; \mathfrak{k}) = 4t+1$. Zu dem Zwecke ersetze man jedes S_τ durch einen geeigneten, zu S_τ hinreichend benachbarten Konvexbogen mit den gleichen Endpunkten wie S_τ;

(b 2). daß schwPOW $(C; \mathfrak{k}) = \infty$ ist. Zu dem Zwecke ersetze man jedes S_τ durch etwa ein Parallelogramm, welches zu S_τ hinreichend benachbart ist, von dem je zwei Seiten parallel sind zu S_τ und zur x-Achse und in dem S_τ die Verbindungsstrecke der Mittelpunkte der zur x-Achse parallelen Seiten ist.

7.5. Kontinua

Kontinuum heißt wieder jede nicht leere, zusammenhängende, abgeschlossene, evtl. auch einpunktige Menge (in P). Es sei $C \subset P$ ein Kontinuum, $K \in \mathfrak{k}$ und $C \frown K = T_1 \smile \cdots \smile T_n$ eine Spaltung mit N-Umgebungen N_ν von T_ν; $\nu = 1, \ldots, n$; $n \geq 1$. Es gilt:

(1). Für jede zur OCh K hinreichend $\mathfrak{F}$-benachbarte OCh K' mit $C \frown K' \neq \emptyset$ wird durch die $T'_\nu = C \frown N_\nu \frown K'$, soweit $T'_\nu \neq \emptyset$, eine Spaltung von $C \frown K'$ in Stücke T'_ν geliefert. Ferner ist $C \frown (N_\nu)_g \frown V = \emptyset$ für jede hinreichend kleine P-Umgebung V von K.

(2). Ist T ein Stück von $C \frown K$ und N eine N-Umgebung von T mit $C \frown N \neq T$, so gilt für jede hinreichend kleine N-Umgebung N' von T und jede hinreichend kleine P-Umgebung V von K: Jede Komponente Q von $C \frown N'$ mündet in $\mathbf{C}(V) \frown N'_g$; insbesondere ist also $C \frown N'_g \neq \emptyset$.

(3). Ist N *beschränkte* N-Umgebung des Stückes T von $C \frown K$, etwa $\bar{N} \subset E_0$, und ist $C \frown N \neq T$, ist ferner $N' \subset N$ bzw. V eine hinreichend kleine N- bzw. P-Umgebung von T bzw. von K, so mündet jede zu T nicht fremde Komponente Q' von $C \frown N'$ in mindestens einem Deckel von N' bezüglich V. Mündet Q' etwa in $N'_g \frown E_0(K; +) \frown \mathbf{C}(V) = D$, dann sowohl in T als in D.

Zusatz. Ist T *Komponente* von $C \frown K$, so ist Q' in (3) eindeutig bestimmt.

Beweis. Es folgen: (1). Aus der Kompaktheit von C; ferner (2) und (3) aus dem Rand- bzw. dem speziellen Brückensatz.

7.6. Schnitt- und Stützkomponenten

Es sei $C \subset P$ ein Kontinuum, $K \in \mathfrak{k}$ und T eine Komponente von $C \frown K$ mit $C \frown K \neq C$. Ist T beschränkt, so heiße T *Schnitt*komponente, wenn zu jeder beschränkten Umgebung N von T eine Komponente Q von $C \frown N$ und Punkte $x, y \in \bar{Q}$ existieren, so daß x und y auf verschiedenen Seiten von K liegen; andernfalls heißt T *Stütz*komponente. Jede nicht beschränkte Komponente T wird zu den Schnittkomponenten gerechnet.

1. Satz. *Kennzeichnung der beschränkten Schnitt- und Stützkomponenten.*

Voraussetzung (1). Es gelten die Axiome ($\mathfrak{k}$), (Sp), (St) und (Tr) in $E_0 = \mathbf{C}(K_0)$ ($K_0 \in \mathfrak{k}$). — (2). Es sei C ein in E_0 *beschränktes* Kontinuum. — (3). Für ein $K \in \mathfrak{k}$ sei KOW ($C \frown K$) endlich und T eine Komponente von $C \frown K$.

Behauptung. Folgende Aussagen sind *gleichwertig*:

(I). Es ist T Schnitt- bzw. Stützkomponente von C bezüglich K. — (II). Für jede hinreichend kleine (beschränkte) Normalumgebung N von T ist $\tilde{D}(\alpha) = C \frown N \frown E_0(K; \alpha) \neq \emptyset$ für $\alpha = +$ und gleichzeitig für $\alpha = -$ bzw. es ist $\tilde{D}(\alpha) \neq \emptyset$ nur für eines der α, etwa $\tilde{D}(+) \neq \emptyset$ und $\tilde{D}(-) = \emptyset$. — (III). Für jede hinreichend kleine (beschränkte) Normalumgebung N von T ist $C \frown N_g \frown E_0(K; \alpha) \neq \emptyset$ gleichzeitig für $\alpha = +$ und für $\alpha = -$ bzw. nur für *ein* α.

Zusatz. Bei *festem* α sind gleichwertig die Aussagen: (1). Es ist $C \frown N \frown E_0(K; \alpha) \neq \emptyset$ für jede (beliebig kleine) Normalumgebung N von T. — (2). Es gibt beschränkte Normalumgebungen N' von T derart, daß $C \frown N' \frown E_0(K; \alpha)$ eine Komponente $Q' = Q'(\alpha)$ besitzt, durch die

T mit $C \frown N'_g \frown E_0(K;\alpha)$ verbunden wird (d. h. Q' mündet in beiden Mengen). — (3). Es existiert eine (beschränkte) zusammenhängende Teilmenge $Q^* = Q^*(\alpha)$ von $C \frown E_0(K;\alpha)$, welche in T mündet.

Beweis (A). Zunächst werde der Zusatz bewiesen. — *Aus* (1) *folgt* (2). Es sei nämlich N'' eine festgehaltene beschränkte N-Umgebung von T. Zufolge (1) gibt es $x_n \in C \frown E_0(K;\alpha)$ mit $\lim x_n = x \in T$; mithin ist $x_n \in N'' \frown E_0(K;\alpha)$ für schließlich alle (abgekürzt: schl. a.) n. Ist Q_n die x_n enthaltende Komponente von $C \frown N'' \frown E_0(K;\alpha)$, so gilt *entweder* $\bar{Q}_n \frown T \neq \emptyset$ für mindestens ein n *oder* $\bar{Q}_n \frown T = \emptyset$ für schl. a. n. — Falls $\bar{Q}_n \frown T \neq \emptyset$ für ein n, etwa für $n = m$, ist $Q''_m = \bar{Q}_m \frown T$ ein (beschränktes) in $\overline{N'' \frown E_0(K;\alpha)}$ enthaltenes Kontinuum. Wählt man N' so klein, daß $x_m \in \mathbf{C}(N')$, so gibt es nach dem Brückensatz eine Komponente Q' von $Q''_m \frown N' \frown E_0(K;\alpha)$, welche N'_g mit T verbindet; w. z. z. w. — Falls aber $\bar{Q}_n \frown T = \emptyset$ für schl. a. n, ist (nach dem Randsatz) $\bar{Q}_n \frown N''_g \frown E_0(K;\alpha) \neq \emptyset$ für schl. a. n. Aus Kompaktheitsgründen kann die Existenz eines Kontinuums $\bar{Q} = \lim \bar{Q}_n$ (bei Beschränkung auf eine Teilfolge der Q_n) angenommen werden. Und es ist dann $\bar{Q} \frown T \neq \emptyset$ sowie $\bar{Q} \frown N''_g \frown E_0(K;\alpha) \neq \emptyset$. Nach dem Brückensatz ist in $\bar{Q}$ eine Komponente Q' der behaupteten Art enthalten, wenn $N' = N''$ gesetzt wird. — *Aus* (2) *folgt* (3). Man setze $Q^* = Q'(\alpha)$. — *Aus* (3) *folgt* (1). Da Q^* in T mündet und $Q^* \subset C$, ist $C \frown N \frown E_0(K;\alpha) \neq \emptyset$ für jedes N.

(B). Mit Hilfe des soeben bewiesenen Zusatzes ergibt sich der Satz so: (B 1). *Es sind* (I) *und* (II) *gleichwertig*. Ist T Schnittkomponente, so gibt es definitionsgemäß für beschränktes N eine Komponente Q von $C \frown N$ sowie $x(\alpha) \in \bar{Q}$ mit $x(\alpha) \in E_0(K;\alpha)$, $\alpha = \pm$. Wegen $C \frown N \frown K = T$ (vgl. Abschn. 7.5., (1)) und weil Q zusammenhängend ist, gilt $Q \frown T \neq \emptyset$, also $T \subset Q$. Nach dem Brückensatz wird für hinreichend kleine N-Umgebungen $N' \subset N$ das T mit $C \frown N'_g \frown E_0(K;\alpha)$ durch eine in $Q \frown E_0(K;\alpha)$ enthaltene Brücke verbunden. Daraus folgt (II) für Schnittkomponenten. Ist T Stützkomponente, so folgt (II) entsprechend. Umgekehrt folgt (I) aus (II) gemäß Zusatz (2). — (B 2). *Es ist* (II) *gleichwertig mit* (III). Dies ergibt sich aus Zusatz (1) und (2).

Anmerkung. Die beschränkte Komponente T von $C \frown K$ ist Schnittkomponente genau dann, wenn für *mindestens* eine (beschränkte) N-Umgebung N von T ein Q im Sinne der Definition existiert bzw. $\bar{\mathfrak{D}}(\pm) \neq \emptyset$ ist (gemäß Behauptung (II)).

2. Satz. Existenz von beschränkten Schnittkomponenten.

Voraussetzung (1). Es gelten ($\mathfrak{k}$), (Sp), (St) und (Tr). — (2). Es sei C ein *beschränktes* Kontinuum in P, etwa $C \subset E_0 = \mathbf{C}(K_0)$. Ferner sei KOW $(C \frown K)$ endlich für ein gegebenes $K \in \mathfrak{k}$. — (3). Es sei

$$C \frown E_0(K;+) \neq \emptyset \text{ und } C \frown E_0(K;-) \neq \emptyset.$$

Behauptung. Es existiert in $C \frown K$ *mindestens eine Schnittkomponente*.

Beweis. Wie für Abschn. 1.3.3., Satz 2.

3. Satz. Erhaltung und Stetigkeit der Schnittkomponenten.

Voraussetzung. Es seien ($\mathfrak{k}$), (Sp), (St) und (Tr) erfüllt. Es sei C ein Kontinuum mit höchstens endlichem KOW (C; $\mathfrak{k}$). Außerdem sei $K \in \mathfrak{k}$ und $T = C \frown N \frown K$ eine in E_0 *beschränkte Schnitt*komponente von $C \frown K$ mit der (beschränkten) N-Umgebung N (wobei $T \neq C \frown N$).

Behauptung. Es gibt eine $\mathfrak{F}$-Umgebung $\mathfrak{u}$ von K (in $\mathfrak{k}$) derart, daß $C \frown N \frown K'$ für jedes $K' \in \mathfrak{u}$ (mindestens) eine Schnittkomponente enthält.

Beweis. Wie für den Satz in Abschn. 1.3.4.

4. Satz. Stetige Überführung von Schnitt- und Stützkomponenten in Schnittkomponenten.

Voraussetzung. Es gelten ($\mathfrak{k}$), (Sp), (St) und (Tr). Es sei C ein (nicht notwendig beschränktes) Kontinuum in P mit höchstens endlichem KOW (C; $\mathfrak{k}$). Und T sei (Schnitt- oder Stütz-) Komponente von $C \frown K$ (für ein $K \in \mathfrak{k}$) mit der N-Umgebung N.

Behauptung. In beliebiger $\mathfrak{F}$-Umgebung von K gibt es eine in $\mathfrak{k}$ offene Menge $\mathfrak{o} \subset \mathfrak{k}$ derart, daß $C \frown N \frown K'$ für jedes $K' \in \mathfrak{o}$ (mindestens) eine *Schnitt*komponente enthält.

Beweis (1). Es sei zunächst T *Stütz*komponente, also T definitionsgemäß beschränkt. Definitionsgemäß ist für jede N-Umgebung N von T die T enthaltende Komponente Q von $C \frown N$ fremd etwa zu $E_0(K; -)$, aber $\bar{D}(+) \neq \emptyset$ (Satz 1). Wir können N als N' im Sinne des Zusatzes (2) von Satz 1 wählen und $Q = Q'$. Es gibt dann $x \in T \frown \bar{Q}'$ und $y \in (N')_g \frown \bar{Q}'$. Gemäß ($Tr$) und ($St$) existiert eine in $\mathfrak{k}$ offene Menge $\mathfrak{o}$ derart, daß x und y auf verschiedenen Seiten eines jeden $K' \in \mathfrak{o}$ liegen. Da $\bar{Q}'$ zusammenhängend ist, ist $\bar{Q}'$ nicht fremd zu $E_0(K'; \alpha)$ für $\alpha = +$ und $\alpha = -$. Wegen $\bar{Q}' \subset C$ gilt dies auch für C. Gemäß Satz 2 existiert also eine Schnittkomponente in $C \frown K'$, die nicht fremd ist zu $\bar{Q}'$, weil auch $Q' \frown K'$ gemäß Satz 2 Schnittkomponenten besitzt. — (2). Es sei T *beschränkte* Schnittkomponente. Dann folgt die Behauptung aus dem 3. Satz. — (3). Es sei schließlich T *nicht beschränkt*; definitionsgemäß ist T Schnittkomponente. (a). *Entweder* gibt es in beliebiger $\mathfrak{F}$-Umgebung von K ein $K' \in \mathfrak{k}$ derart, daß unter den (endlich vielen) Komponenten von $C \frown N \frown K'$ (mindestens) eine beschränkte Schnitt- oder Stützkomponente auftritt. Dann liegt für K' der in Ziffer (1) oder (2) behandelte Fall vor. Für (a) ist also die Behauptung richtig. — (b). *Oder* für kein K' aus einer $\mathfrak{F}$-Umgebung von K in $\mathfrak{k}$ gibt es beschränkte Komponenten in $C \frown N \frown K'$. Dann ist jede dieser Komponenten definitionsgemäß Schnittkomponente; w. z. z. w.

Über die Menge der OCh, welche Stützkomponenten enthalten, läßt sich jetzt folgendes behaupten.

5. Satz. *Voraussetzung.* Es gelten die Axiome ($\mathfrak{k}$), (Sp), (St) und (Tr); außerdem sei $\mathfrak{k}$ *lokal kompakt.* Es sei C ein Kontinuum. Und zu einem vorgegebenen $K' \in \mathfrak{k}$ existiere eine $\mathfrak{F}$-Umgebung $\mathfrak{u}$ von K' in $\mathfrak{k}$ derart, daß KOW (C; $\mathfrak{u}$) höchstens endlich und nicht Null ist.

Behauptung. Diejenigen $K \in \mathfrak{u}$, für welche $C \frown K$ Stützkomponenten besitzt, bilden eine in $\mathfrak{u}$ *nirgends dichte* Menge $\mathfrak{k}'$.

Anmerkung. (1). Da beim nachstehenden Beweis etwa vorhandene nicht beschränkte Komponenten keine Rolle spielen, brauchte C nicht als beschränkt vorausgesetzt zu werden. — (2). Bei zusätzlichen Annahmen über $\mathfrak{k}$ ist $\mathfrak{k}'$ sogar eine separierte Menge.

Beweis. Wie für den Satz in Abschn. 1.4.1.

Aus dem 5. Satz erhält man noch den

6. Satz. *Voraussetzung* (1). Es gelten die Axiome ($\mathfrak{k}$), (Sp), (St) und (Tr). Es sei $\mathfrak{k}$ *lokal kompakt.* — (2). Es sei C ein Kontinuum in P von höchstens endlichem schwachem Komponentenordnungswert.

Behauptung (1). Zu jeder OCh K mit $\emptyset \neq C \frown K \neq C$ gibt es in beliebiger $\mathfrak{F}$-Umgebung von K eine (nicht leere) in $\mathfrak{k}$ offene Menge $\mathfrak{o}$ (mit kompakter abgeschlossener Hülle $\bar{\mathfrak{o}}$) und (durch $\mathfrak{o}$ bestimmte) nicht-negative, ganze Zahlen n', n'' von folgender Art: Für jedes $K' \in \bar{\mathfrak{o}}$ enthält $C \frown K'$ *nur Schnitt*komponenten, und zwar genau n' beschränkte und n'' nicht-beschränkte, also insgesamt $n = n' + n'' \geq 1$, mithin für jedes K' die gleiche Anzahl. — (2). Es sei $K' \in \mathfrak{o}$ gemäß Behauptung (1) und $C \frown K' = C'_1 \smile \cdots \smile C'_n$ die Spaltung von $C \frown K'$ in die $n \geq 1$ Schnittkomponenten $C'_\nu = C \frown N_\nu \frown K'$ mit N-Umgebungen N_ν von C'_ν (wobei $\bar{N}_\nu \frown \bar{N}_\mu = \emptyset$ für $\nu \neq \mu$). Bei hinreichend kleinen N_ν gilt für diejenige Komponente Q_ν von $C \frown N_\nu$, in welcher C'_ν enthalten ist: Es ist $C \frown N_\nu \frown K = Q_\nu \frown K$ für jedes K aus einer hinreichend kleinen $\mathfrak{F}$-Umgebung $\mathfrak{o}^*(K')$ von K', und zwar gleichzeitig für jedes $\nu = 1, \ldots, n$; folglich ist $Q_\nu \frown K$ Schnittkomponente (und einzige Komponente) von $C \frown N_\nu \frown K$; wegen der Abgeschlossenheit von Q_ν in N_ν und von $Q_\nu \frown K \subset N_\nu$ in $C \frown K$ ist mithin $C \frown K = Q_1 \frown K \smile \cdots \smile Q_n \frown K$ für jedes $K \in \mathfrak{o}^*(K')$.

Beweis. *Betr. Behauptung (1).*

(A). Zufolge Satz 5 gibt es zu K beliebig $\mathfrak{F}$-benachbarte, nicht leere, in $\mathfrak{k}$ offene $\mathfrak{o}'_1$, $\mathfrak{o}_1 \subset \mathfrak{k}$ mit $\bar{\mathfrak{o}}_1 \subset \mathfrak{o}'_1$ und kompaktem $\bar{\mathfrak{o}}_1$ derart, daß für jedes $K_1 \in \bar{\mathfrak{o}}_1$ die Komponenten von $C \frown K_1$ sämtlich Schnittkomponenten sind und daß es eine natürliche Zahl $j_1 \geq 1$ gibt mit KOW ($C \frown K_1$) $\geq j_1$ für jedes $K_1 \in \bar{\mathfrak{o}}_1$.

(B). Ist $\mathfrak{o}_1$ noch nicht ein $\mathfrak{o}$ der in Behauptung (1) genannten Art, so gibt es ein $K' \in \bar{\mathfrak{o}}_1$ derart, daß $C \frown K'$ etwa $j_2 \geq j_1 + 1$ Schnittkomponenten besitzt. Gemäß Satz 3 gibt es eine $\mathfrak{F}$-Umgebung $\mathfrak{o}'_2$

von K' (in $\mathfrak{k}$) derart, daß $C \frown K''$ mindestens j_2 Schnittkomponenten enthält für jedes $K'' \in \bar{\mathfrak{o}}_2'$, erst recht also für jedes $K'' \in \mathfrak{d} = \bar{\mathfrak{o}}_1 \frown \bar{\mathfrak{o}}_2'$; es ist $\mathfrak{o}_2 = \mathfrak{o}_1 \frown \mathfrak{o}_2'$ offen und wegen $K' \in \bar{\mathfrak{o}}_1 \frown \mathfrak{o}_2'$ nicht leer, außerdem $\bar{\mathfrak{o}}_2 \subset \mathfrak{d}$, also $\bar{\mathfrak{o}}_2$ kompakt und für jedes $K \in \bar{\mathfrak{o}}_2$ enthält $C \frown K$ mindestens j_2 Schnittkomponenten. Falls nicht schon $\bar{\mathfrak{o}}_2 \subset \mathfrak{o}_1$ ist, ersetzen wir, was stets möglich ist, $\mathfrak{o}_2$ durch eine offene Teilmenge, deren abgeschlossene Hülle in $\mathfrak{o}_2$ enthalten ist. Ist nun $\mathfrak{o}_2 \subset \mathfrak{o}_1$ noch kein $\mathfrak{o}$ im Sinne der Behauptung (1), so lassen sich die Schlüsse fortsetzen, indem man $\mathfrak{o}_2$ an Stelle von $\mathfrak{o}_1$ betrachtet. Die Fortsetzung dieser Schlußkette bricht nach endlich vielen Schritten ab. Andernfalls nämlich existiert eine unendliche Folge natürlicher Zahlen j_m mit $1 + j_m \leq j_{m+1}$, $m = 1, 2, \ldots$, und zugehöriger, in $\mathfrak{k}$ offener, nicht leerer Mengen $\mathfrak{o}_m$ mit $\bar{\mathfrak{o}}_{m+1} \subset \mathfrak{o}_m \subset \mathfrak{o}_1$ sowie mit kompaktem $\bar{\mathfrak{o}}_m$) derart, daß KOW $(C \frown K) \geq j_m$ für jedes $K \in \bar{\mathfrak{o}}_m$. Es ist aber $D = \bigcap\limits_{m=1}^{\infty} \bar{\mathfrak{o}}_m = \bigcap\limits_{m=1}^{\infty} \mathfrak{o}_m \neq \emptyset$ (wegen der Kompaktheit der $\bar{\mathfrak{o}}_m$); es existiert also ein $K_0 \in D \subset \mathfrak{o}_m$, $m = 1, 2, \ldots$ Nach Voraussetzung (2) ist KOW $(C \frown K_0] = j_0 < +\infty$. Andererseits ist KOW $(C \frown K_0) \geq j_m$ für beliebiges m. Wegen $j_0 < j_m$ für hinreichend großes m ergibt sich ein Widerspruch.

Es existiert also ein $\mathfrak{o}' \subset \mathfrak{o}_1$, mithin in beliebiger $\mathfrak{F}$-Umgebung von K, mit kompaktem $\bar{\mathfrak{o}}'$ derart, daß $C \frown K'$ für jedes $K' \in \bar{\mathfrak{o}}'$ genau $m \geq 1$ Komponenten besitzt, die überdies sämtlich Schnittkomponenten sind. Unter diesen Schnittkomponenten seien $m'(K')$ beschränkt und $m''(K')$ nicht beschränkt; es ist $m = m'(K') + m''(K') \geq 1$ und $m'(K') \geq 0$, $m''(K') \geq 0$. Es sei $m' = \max(m'(K'); K' \in \mathfrak{o}')$; es gibt dann, falls $m' \geq 1$, ein $K_0 \in \mathfrak{o}'$ mit $m' = m'(K_0)$. Ist $C \frown N \frown K_0$ eine beschränkte Schnittkomponente, also N o. B. d. A. beschränkt, so ist auch $C \frown N \frown K'$ beschränkt für jedes zu K_0 hinreichend $\mathfrak{F}$-benachbarte $K' \in \mathfrak{o}'$. Somit gibt es ein offenes $\mathfrak{o} \subset \mathfrak{o}'$ (mit kompaktem $\bar{\mathfrak{o}}$) derart, daß $m' = m(K)$ für jedes $K \in \mathfrak{o}$. Da $\mathfrak{o} \subset \mathfrak{o}'$ in beliebig kleiner $\mathfrak{F}$-Umgebung von K liegt, ist die Behauptung (1) bewiesen. Im Falle $m' = 0$ ist $m = m''(K')$.

Betr. Behauptung (2). (I). Wir setzen $C' = C_\nu'$ und $N = N_\nu$. Nach Annahme ist C' Schnittkomponente von $C \frown N \frown K'$; es habe $\mathfrak{o}$ für K' die gleiche Bedeutung wie in Behauptung (1) für K. Wir unterscheiden die Fälle:

Entweder (A). Es ist C' *nicht beschränkt.* Dann ist $C' \frown K \neq \emptyset$ für jedes $K \in \mathfrak{k}$, also erst recht $Q \frown K \neq \emptyset$ für jedes $K \in \mathfrak{o}$, wenn Q die C' enthaltende Komponente von $C \frown N$ bezeichnet; dabei ist $\mathfrak{o}$ eine $\mathfrak{F}$-Umgebung von K'. Es gibt daher eine zu Q nicht fremde Komponente $S = S(K)$ von $C \frown N \frown K$. Da $Q \smile S$ zusammenhängende Teilmenge von $C \frown N$ ist, folgt $Q \smile S = Q$ oder $S = S(K) \subset Q \frown K \subset Q$. Da andererseits $C \frown N \frown K$ genau eine Komponente enthält (gemäß

Behauptung (1)), ist $S = C \cap N \cap K = Q \cap K$ für $K \in \mathfrak{o}$, wie behauptet.

Oder (B). Es ist C' *beschränkt*. Es sei $Q = Q(N)$ die C' enthaltende Komponente von $C \cap N$. Bei hinreichend kleinem N ist $Q \cap K \neq \emptyset$ für $K \in \mathfrak{o}' \subset \mathfrak{o}$, wenn $\mathfrak{o}'$ eine hinreichend kleine $\mathfrak{F}$-Umgebung von K' ist (vgl. Abschn. 7.6., Satz 1, Zusatz (2), sowie evtl. Satz 2 (letzterer für Q statt für C)). Nun schließt man wie im Fall (A).

(II). Gemäß (A) und (B) existiert zu C_1' und hinreichend kleinem N_1 eine $\mathfrak{F}$-Umgebung $\mathfrak{o}_1 \subset \mathfrak{o}$ von K' derart, daß $C \cap N_1 \cap K = Q_1 \cap K$ für $K \in \mathfrak{o}_1$, wenn Q_1 die C_1' enthaltende Komponente von $C \cap N_1$ ist. Unter Zugrundelegung von $\mathfrak{o}_1$ statt von $\mathfrak{o}$ wiederholt man den Schluß für C_2', erhält eine $\mathfrak{F}$-Umgebung $\mathfrak{o}_2 \subset \mathfrak{o}_1$ von K', so daß $C \cap N_2 \cap K = Q_2 \cap K$ für $K \in \mathfrak{o}_2$. So fortfahrend gelangt man zu einer $\mathfrak{F}$-Umgebung $\mathfrak{o}^* \subset \mathfrak{o}_\nu$ von K', welche die in Behauptung (2) genannten Eigenschaften besitzt.

7.7. Ordnungsreduzible Kontinua. Reduktionssatz

Unter den in Abschn. 7.1. bis 7.2. eingeführten Räumen P bzw. E_0 sollen jetzt solche Räume und in ihnen solche Kontinuen betrachtet werden, für die der Reduktionssatz (vgl. Abschn. 7.7.5.) gilt. Spezialfälle sind der in Abschn. 1.4.3. betrachtete Fall der Systeme von Ordnungscharakteristiken in einem ebenen Bereich sowie der Fall des projektiven P_n mit den Hyperebenen als OCh; im letzteren Fall ist der Reduktionssatz schon früher (vgl. Abschn. 5.1.ff.) ohne Beweis benutzt worden.

7.7.1. Reduktionseigenschaft

Beim Reduktionssatz handelt es sich — allgemein zu reden — um die Angabe einer hinreichenden Bedingung (*Reduzibilitätsbedingung*) dafür, daß eine Menge M bezüglich eines Systems $\mathfrak{k}$ von OCh die folgende *Reduktionseigenschaft* besitzt: Ist KOW $(M \cap K') = m$ für ein beliebiges $K' \in \mathfrak{k}$, so gibt es zu K' beliebig $\mathfrak{F}$-benachbarte OCh K, für die $M \cap K$ mindestens m *Schnitt*komponenten besitzt. — Entsprechend für POW. — Für Kontinua mit Reduktionseigenschaft gilt der

Satz. *Voraussetzung. Es genüge* $\mathfrak{k}$ *den Axiomen in Abschn.* 7.1. *bis* 7.2. *Es sei* $C \subset P$ *ein Kontinuum mit höchstens endlichem* KOW $(C; \mathfrak{k})$ *bzw.* POW $(C; \mathfrak{k})$. *Außerdem besitze* C *die Reduktionseigenschaft* (*für jedes* $K' \in \mathfrak{k}$).

Behauptung. Es sind gleichwertig die drei Aussagen: (1). KOW $(C; \mathfrak{k}) = m$ *bzw.* POW $(C; \mathfrak{k}) = m (m < \infty)$. — (2). schwKOW $(C; \mathfrak{k}) = m$ *bzw.* schwPOW $(C; \mathfrak{k}) = m$. — (3). staKOW $(C; \mathfrak{k}) = m$ *bzw.* staPOW $(C; \mathfrak{k}) = m$.

Beweis. Definitionsgemäß gelten (1) und (2) gleichzeitig genau dann, wenn (3) gilt. — Die Gleichwertigkeit von (1) und (2) folgt so: Ist KOW $(C \cap K') = q$, so gibt es (gemäß der Reduktionseigenschaften) zu K' beliebig $\mathfrak{F}$-benachbarte $K \in \mathfrak{k}$ derart, daß $C \cap K$ mindestens q Schnittkomponenten besitzt. Aus Abschn. 7.6., Satz 3, folgt die Existenz eines zu K' beliebig benachbarten offenen $\mathfrak{o} \subset \mathfrak{k}$ mit KOW $(C \cap K'')$ $\geq q$ für jedes $K'' \in \mathfrak{o}$. Mithin ist $q \leq$ schwKOW $(C; \mathfrak{k})$ und (weil K' beliebig war) KOW $(C; \mathfrak{k}) \leq$ schwKOW $(C; \mathfrak{k})$. Da definitionsgemäß die umgekehrte Ungleichung gilt, folgt die Behauptung. Entsprechend für POW.

7.7.2. Zusätzliche Axiome

Diejenigen Systeme $\mathfrak{k}$, für welche eine Reduzibilitätsbedingung formuliert wird, sollen außer

I. den Axiomen ($\mathfrak{k}$), (*Sp*), (*St*) und (*Tr*) (Abschn. 7.1. bis 7.2.) noch zusätzlich den folgenden genügen:

II. Es gibt ein System $\mathfrak{l}$ von nicht leeren, abgeschlossenen Teilmengen L von P mit folgenden Eigenschaften:

II.1. Es sei $L_\mu \in \mathfrak{l}$, $\mu = 1, 2, \ldots$, und $D_\mu = L_1 \cap \cdots \cap L_\mu \neq \emptyset$ echte Obermenge von $D_{\mu+1}$ für $\mu = 1, 2, \ldots$. Dann bricht die Reihe dieser $D_1, D_2, \ldots$ mit einem m ab, für welches D_m einpunktig ist.

II.2. Ist $K \in \mathfrak{k} - \{K_0\}$ und $L \in \mathfrak{l}$ mit $L \subset K$ und $L \cap K \neq L$, so ist $(K - L) \cap E_0$ (mit $E_0 = \boldsymbol{C}(K_0)$) Vereinigung zweier nicht leerer offener Mengen $K(L; \pm)$, der beiden sog. *Seiten* von L in $K \cap E_0$, also

$$(K - L) \cap E_0 = K(L; +) \cup K(L; -).$$

Mit $\mathfrak{b}(L)$, $L \subset \mathfrak{l}$, werde das System aller $K \in \mathfrak{k}$ bezeichnet, für die $L \subset K$ ist $(K \neq L)$. Es sei $K, K' \in \mathfrak{b}(L)$ mit $K \neq K'$. Hinsichtlich der Seiten von L in K bzw. in K' soll dann gelten:

II.2.1. Die beiden Seiten von L in K' liegen auf verschiedenen Seiten von K in E_0. Also: Ist z. B. $K'(L; +) \cap E_0(K; +) \neq \emptyset$, so folgt $K'(L; +) \subset E_0(K; +)$ und $K'(L; -) \subset E_0(K; -)$.

II.2.2. Ist überdies K' hinreichend $\mathfrak{F}$-benachbart (in $\mathfrak{b}(L)$) zu K, so ist jede der beiden Seiten von L in K' beliebig $\mathfrak{F}$-benachbart zu je einer der beiden Seiten von L in K. Also: Zu jedem $\varepsilon > 0$ existiert ein $\delta = \delta(\varepsilon; L; K) > 0$ derart, daß aus $K' \in U_{\mathfrak{F}}(K; \delta)$ folgt $K'(L; \pm)$ $\subset U_P(K(L; \pm); \varepsilon)$.

II.2.3. (Trennungseigenschaft) Ist $x_\nu \in K(L; \alpha)$, $\alpha = \pm$, $\nu = 1, \ldots, n$ beliebig und $y_\nu \in E_0(K; \beta)$, $\beta = \pm$, zu x_ν hinreichend benachbart, so liegen x_ν und y_ν für jedes ν auf verschiedenen Seiten von K' bzw. von $K'(L; \alpha)$ für jedes, zu K in $\mathfrak{b}(L)$ hinreichend $\mathfrak{F}$-benachbarte K', für welches $K'(L; \alpha) \subset E_0(K; \beta)$. Solche $K' \in \mathfrak{b}(L)$ sollen existieren.

Anmerkung. Es ist II.2.3. für beliebiges $n \geq 1$ erfüllt, wenn für $n = 1$.

7.7.3. Ein anderes Axiomensystem

Ein anderes System von Postulaten, das von dem in Abschn. 7.7.2. angegebenen verschieden ist (und das ebenfalls die Reduktionseigenschaft nach sich zieht), ist das folgende:

I′ = I; II′ 1. Zu jedem $x \in K \in \mathfrak{k}$ gibt es ein $L \in \mathfrak{l}$ mit $L \subset K$ und $x \in K - L$; II′ 2 bis II′ 2.3. = II 2 bis II.2.3. Es unterscheidet sich also I′ bis II′ 2.3. von I bis II 2.3. nur durch Ersetzung von II 1 durch II′ 1.

7.7.4. Beispiele

Beispiele, in welchen die Axiome in Abschn. 7.7.2. erfüllt sind: (A). Es ist P der projektive n-dimensionale Raum P_n und $\mathfrak{k}$ das System der Hyperebene, hingegen $\mathfrak{l}$ das System der linearen $(n-2)$-dimensionalen (projektiven) Unterräume von P_n. — (B). Der Grundraum sei jetzt E_0, und zwar die offene Kreisscheibe $\mathfrak{K}$ (oder ein topologisches Bild von ihr), ferner $\mathfrak{k}$ ein System von Bogen und Kurven $K \subset E_0$, deren Endpunkte, soweit vorhanden, auf der Begrenzung von $\mathfrak{K}$ liegen und deren jedes durch $k \geq 2$ Punkte eindeutig bestimmt ist, wobei sich die K mit den Bestimmungspunkten stetig ändern (vgl. Abschn. 1.1.1.). Ferner seien die Mengen L die Systeme von je höchstens $k-1$ Punkten auf den $K \in \mathfrak{k}$. Es wird dann $K(L; \pm)$ erklärt als je ein System von Komponenten von $K - L$, deren abgeschlossene Hüllen paarweise fremd sind; beim Durchlaufen von K betritt man also abwechselnd eine zu $K(L; +)$ und eine zu $K(L; -)$ gehörige Komponente.

7.7.5. Ordnungsreduzible Kontinua

Es sei $C \subset E_0$ ein (beschränktes) Kontinuum und $K \in \mathfrak{k}$. Ferner sei T eine Stützkomponente von $C \cap K$ und N eine Normalumgebung von T (vgl. Abschn. 7.6.), also N beschränkt. Wir bezeichnen T als *innere* bzw. *nicht-innere Stützkomponente* von $C \cap K$, wenn für (jedes) hinreichend kleine N *mehr* als eine bzw. genau eine Komponente von $C \cap (N - K)$ in T mündet.

Reduzibilitätsbedingung $\bar{A}$. Es genüge $\mathfrak{k}$ den Axiomen I bis II.2.3. (Abschn. 7.7.2.). Ein Kontinuum C heiße *ordnungsreduzibel bezüglich* I bis II.2.3., wenn für jedes $K \in \mathfrak{k}$ mit endlichem KOW $(C \cap K)$ folgendes gilt: Es seien $T_1, \ldots, T_r$ nicht-innere Stützkomponenten von $C \cap K$. Erstens: Existiert ein $D = L_1 \cap \cdots \cap L_n \subset K$ mit $T_\varrho \cap D \neq \emptyset$ für jedes $\varrho = 1, \ldots, r$, so gibt es ein $L \in \mathfrak{l}$ mit $L \subset K$ derart, daß $D \cap L$ echter Teil von D ist und daß *höchstens* eines der $T_1, \ldots, T_r$ fremd ist zu $D \cap L$. Zweitens: Das gleiche wie in Erstens gilt, wenn dort D durch K ersetzt wird (dann ist trivialerweise $T_\varrho \cap K \neq \emptyset$ und $L \cap K = L \neq K$, letzteres, weil $K \cap L$ echter Teil von K ist).

Reduzibilitätsbedingung $\bar{B}$. Ein Kontinuum $C \subset E_0$ heiße *ordnungsreduzibel bezüglich* I′ bis II′ 2.3., wenn für jedes $K \in \mathfrak{k}$ mit endlichem KOW $(C \frown K)$ folgendes gilt: Es existiert ein $L \in \mathfrak{l}$ mit $L \subset K$ derart, daß *genau* eine der nicht-inneren Stützkomponenten $T_1, \ldots, T_r$ fremd ist zu L (vorausgesetzt, daß mindestens eine nicht-innere Stützkomponente existiert).

Entsprechende Definitionen A, B der ordnungsreduziblen Kontinua für den Fall eines endlichen *Punkt*ordnungswertes POW $(C \frown K)$ erfordern nicht die Annahme, daß C beschränkt ist; denn die endliche Menge $C \frown K$ ist beschränkt (Abschn. 7.3.).

Beispiele ordnungsreduzibler Kontinua bezüglich sowohl I bis II 2.3. als bezüglich I′ bis II′ 2.3. — (A). Im *Beispiel A* des Abschn. 7.7.4. ist ordnungsreduzibel (1) jeder Bogen; (2) jeder Baum, dessen Endpunkte linear unabhängig sind; (3). Jede endliche Bogensumme C mit der Eigenschaft: Hat eine Menge E von Endpunkten von C den Rang t, wobei $1 \leq t \leq n - 1$, so gibt es ein $e \in E$ derart, daß der Rang von $E - \{e\}$ gleich $t - 1$ ist; dabei braucht hier C nicht als beschränkt (in P_n) angenommen zu werden, weil man hier nur schwPOW in Betracht zu ziehen braucht und die endliche Menge $C \frown K$ stets als beschränkt angenommen werden kann. — Im *Beispiel B* ist jeder einfache Bogen ordnungsreduzibel, allgemeiner jede Bogensumme mit höchstens k Endpunkten. — Im Falle eines Bogens kann man L stets so wählen, daß L einen vorgegebenen Punkt von $C \frown K$ enthält.

Reduktionssatz. *Voraussetzung* (1). *Es genüge* $\mathfrak{k}$ *den Axiomen* I *bis* II 2.3. *bzw.* I′ *bis* II′ 2.3. *Abschn.* 7.7.2. *bzw.* 7.7.3. — (2). *Es sei* $C \subset E_0$ *ein beschränktes Kontinuum und* $K' \in \mathfrak{k}$ *mit endlichem* KOW $(C \frown K') = t \geq 1$, *wobei* $C \frown K' \neq C$. — (3). *Für eine* $\mathfrak{F}$*-Umgebung* $\mathfrak{u}$ *von* K' *in* $\mathfrak{k}$ *sei* KOW $(C; \mathfrak{u})$ *höchstens endlich.* — (4). *Es sei C ordnungsreduzibel bezüglich* I *bis* II 2.3. *bzw. bezüglich* I′ *bis* II′ 2.3.

Behauptung (1). *Es besitzt C die Reduktionseigenschaft bezüglich* K', *d. h. in beliebig kleiner* $\mathfrak{F}$*-Umgebung von* K' *gibt es* $K'' \in \mathfrak{k}$ *derart, daß* $C \frown K''$ *mindestens t* Schnitt*komponenten besitzt.* — (2). *Es gilt der Satz in Abschn.* 7.7.1.

Zusatz. Der Reduktionssatz gilt auch, wenn in Voraussetzung und Behauptung überall Komponenten- durch Punktordnungswert ersetzt wird. Die Voraussetzung, daß C beschränkt sei, ist dabei entbehrlich, weil die Mengen $C \frown K$ dann stets endlich, also die Stützkomponenten von $C \frown K$ gleichmäßig beschränkt sind.

7.7.5.1. Beweis mit Hilfe der Axiome I bis II 2.3.

(I). Wir setzen $K' = K_1$ und $t = t_1$; weiter sei s_1 die Anzahl der *Schnitt*komponenten von $C \frown K_1$, also $s_1 \leq t_1$. Im Falle $s_1 = t_1$ ist nichts zu beweisen. Es sei also $0 \leq s_1 < t_1$.

(I 1). Es sei $L_1 \in \mathfrak{l}$ mit $L_1 \in K_1$, also $K_1 \in \mathfrak{b}(L_1)$, sonst zunächst beliebig. Die Anzahl der zu L_1 *nicht* fremden *Stütz*komponenten von $C \frown K_1$ sei q_1; die Anzahl der zu L_1 *fremden inneren* bzw. *nichtinneren* Stützkomponenten von $C \frown K_1$ sei i_1 bzw. j_1. Ist $\alpha = \pm$, $\beta = \pm$, so sei $i_1(\alpha, \beta)$ bzw. $j_1(\alpha, \beta)$ die Anzahl der in $K(L_1, \alpha)$ gelegenen inneren bzw. nichtinneren Stützkomponenten T, für welche $C \frown N \frown E_0(K_1; \beta) \neq \emptyset$ ist, unter N eine hinreichend kleine Normalumgebung der betrachteten Stützkomponente verstanden. Es ist somit $i_1 = \sum_{\alpha,\beta} i_1(\alpha, \beta)$, $j_1 = \sum_{\alpha,\beta} j_1(\alpha, \beta)$.

(I 2). Setzen wir

$$f_1 = 2i_1(+, +) + 2i_1(-, -) + j_1(+, +) + j_1(-, -),$$
$$g_1 = 2i_1(+, -) + 2i_1(-, +) + j_1(+, -) + j_1(-, +),$$

so gilt

$$\text{(I 2')} \qquad t_1 = q_1 + s_1 + 2^{-1} f_1 + 2^{-1} g_1 + 2^{-1} j_1.$$

Da bei Vertauschung von β mit $-\beta$ sich f_1 und g_1 vertauschen, kann o. B. d. A. angenommen werden, daß $g_1 \leq f_1$ ist und folglich

$$\text{(I 2'')} \qquad t_1 \leq q_1 + s_1 + f_1 + 2^{-1} j_1.$$

Folgerung. Es gibt ein zu K_1 beliebig $\mathfrak{F}$-benachbartes $K_2 \in \mathfrak{b}(L_1)$ mit $K_2(L_1; +) \subset E_0(K_1; +)$ derart, daß für $C \frown K_2$ *Erstens* die Anzahl s_2' der zu L_1 fremden Schnittkomponenten nicht kleiner als $s_1' + f_1$, wenn s_1' die Anzahl der zu L_1 fremden Schnittkomponenten von $C \frown K_1$ bezeichnet, und *Zweitens* die Anzahl q_2' der zu L_1 nicht fremden Komponenten nicht kleiner als $q_1 + s_1''$ ist, wenn s_1'' die Anzahl der zu L_1 nicht fremden Schnittkomponenten bezeichnet (es ist $s_1 = s_1' + s_1''$ und $q_1 + s_1''$ die Anzahl der zu L_1 nicht fremden Komponenten von $C \frown K_1$).

Beweis der Folgerung. Betr. Erstens. Es sei J eine beliebige, *zu* L_1 *fremde* Stützkomponente von $C \frown K_1$. Je nachdem J eine der $j_1(+, +) + j_1(-, -)$ bzw. der $i_1(+, +) + i_1(-, -)$ nicht inneren bzw. inneren Stützkomponenten von $C \frown K_1$ ist, gibt es für eine hinreichend kleine N-Umgebung N von J (mindestens) eine bzw. (mindestens) zwei Komponenten S bzw. S', S'' von $C \frown (N - K_1)$, welche in J münden. Gemäß Axiom II.2.1. bis II.2.3. existiert ein zu K_1 beliebig $\mathfrak{F}$-benachbartes $K_2 \in \mathfrak{b}(L_1)$ mit zu $K_1(L_1; \alpha)$ beliebig P-benachbartem $K_2(L_1; \alpha) \subset E_0(K_1; \alpha)$ und mit $\alpha = +$ bzw. $\alpha = -$ je nachdem J zu einer der $j_1(+, +)$ oder $i_1(+, +)$ bzw. $j_1(-, -)$ oder $i_1(-, -)$ Komponenten gehört derart, daß folgendes gilt: Es ist $\bar{S}_0 \frown K_2 \neq \emptyset$ und $\bar{S}_0 \frown K_2 \subset K_2(L_1; \alpha)$, wobei $S_0 = S$ bzw. $S_0 = S'$ oder $S_0 = S''$ zu setzen sowie $\bar{S}' \frown K_2 \frown \bar{S}'' = \emptyset$ ist. (In der Tat gibt es im Kontinuum $\bar{S}_0$ Punkte, die auf verschiedenen Seiten von K_2 liegen.) Wegen der vorausgesetzten Beschränktheit von C bzw. wegen der Endlichkeit von KOW $(C; \mathfrak{u})$

folgt aus Abschn. 7.6., Satz 2, daß jedes S_0 zu (mindestens) einer Schnittkomponente von $C \frown K_2$ Anlaß gibt. Gemäß Abschn. 7.7.2., Trennungseigenschaft II.2.3., Anmerkung, gibt es (zu K_1 beliebig $\mathfrak{F}$-benachbarte) K_2, die gleichzeitig zu jeder der Komponenten J eine bzw. zwei Schnittkomponenten liefern und wobei diese Schnittkomponenten paarweise fremd sind.

Betr. Zweitens. Daß $q_1 + s_1'' \leq q_2'$ ist, folgt daraus, daß jede zu L_1 nicht fremde Komponente von $C \frown K_1$ zu (mindestens) einer, zu L_1 nicht fremden Komponente von $C \frown K_2$ Anlaß gibt; solche Komponenten von $C \frown K_2$ sind verschieden, sofern K_2 zu K_1 hinreichend $\mathfrak{F}$-benachbart ist.

(I 3). Da C ordnungsreduzibel bezüglich I bis II 2.3. (Abschn. 7.7.5., Reduzibilitätsbedingung $\bar{A}$) ist, kann definitionsgemäß von L_1 angenommen werden, daß höchstens eine der nichtinneren Stützkomponenten von $C \frown K_1$ fremd ist zu L_1, daß also $0 \leq j_1 \leq 1$. Gemäß (I 2″) ist aber $t_1 - 2^{-1} j_1 \leq q_1 + s_1 + f_1$. Wegen $2^{-1} j_1 < 1$ und der Ganzzahligkeit von t_1, q_1, s_1, f_1 folgt $t_1 \leq q_1 + s_1 + f_1 = (q_1 + s_1'') + (s_1' + f_1)$ und gemäß der Folgerung in Ziffer (I 2) schließlich $t_1 \leq q_2' + s_2'$.

Wird nun mit s_2'' bzw. mit q_2 die Anzahl der zu L_1 nicht fremden Schnitt- bzw. Stützkomponenten von $C \frown K_2$ bezeichnet, so ist $q_2' = q_2 + s_2''$ und es wird $s_2 = s_2' + s_2''$ gleich der Anzahl aller Schnittkomponenten von $C \frown K_2$. Somit erhalten wir schließlich

$t_1 \leq q_2 + s_2$; und außerdem ist $s_1 < s_2$ jedenfalls dann, wenn $f_1 > 0$. *Dabei ist also q_2 bzw. s_2 die Anzahl aller zu L_1 nicht fremden Stützkomponenten bzw. aller Schnittkomponenten von $C \frown K_2$ und t_1 die Gesamtzahl aller Komponenten von $C \frown K_1$.* Es kann K_2 beliebig $\mathfrak{F}$-benachbart zu K_1 gewählt und infolgedessen angenommen werden, daß $C \frown K_2$ in beliebig kleiner Umgebung von $C \frown K_1$ liegt.

Daß $s_1 < s_2$ für $f_1 > 0$, folgt aus $s_1 + f_1 \leq s_2$ und letzteres aus $s_1 = s_1' + s_1''$, $s_2 = s_2' + s_2''$, $s_1' + f_1 \leq s_2'$ sowie aus $s_1'' \leq s_2''$ und dieses aus der Tatsache, daß jede zu L_1 nicht fremde Schnittkomponente von $C \frown K_1$ Anlaß zu (mindestens) einer zu L_1 nicht fremden Schnittkomponente von $C \frown K_2$ gibt.

(II). Ist $q_2 = 0$, so **wird** $t_1 \leq s_2$ und die Behauptung des Reduktionssatzes ist bewiesen. Im Falle $q_2 > 0$ wird ein zu K_2 (und damit zu K_1) beliebig $\mathfrak{F}$-benachbartes $K_3 \in \mathfrak{k}$ folgendermaßen konstruiert: Zufolge der Ordnungsreduzibilität im Sinne von Abschn. 7.7.5., Definition $\bar{A}$, gibt es ein $L_2 \in \mathfrak{l}$ mit $L_2 \subset K_2$ derart, daß $D_2 = L_1 \frown L_2 \neq L_1$ und daß die Anzahl j_2 der zu D_2 fremden, nichtinneren Stützkomponenten von $C \frown K_2$ höchstens 1 ist ($0 \leq j_2 \leq 1$). Wie in Ziffer (I 1) bis (I 3) erhält man ein zu K_2 beliebig $\mathfrak{F}$-benachbartes $K_3 \in \mathfrak{b}(L_2)$ derart, daß s_3 Schnittkomponenten und q_3 zu D_2 nicht fremde Stützkomponenten in $C \frown K_3$ enthalten sind, wobei $t_1 \leq s_3 + q_3$ und $s_2 \leq s_3$ ist.

(III). Die Wiederholung der in Ziffer (II) angegebenen Schlüsse führt nach endlich vielen, etwa n, Schritten auf ein zu K beliebig $\mathfrak{F}$-benachbartes $K'' \in \mathfrak{k}$ von folgender Art: Entweder enthält $C \frown K''$ keine Stützkomponenten, aber mindestens t_1 Schnittkomponenten. Oder es existiert ein einpunktiges $D'' = L_1 \frown L_2 \frown \cdots \frown L_n \subset K''$, $L_\nu \in \mathfrak{l}$, und es besitzt $C \frown K''$ s'' Schnittkomponenten sowie q'' zu D'' nicht fremde Stützkomponenten, wobei $t_1 \leq q'' + s''$. Weil D'' einpunktig ist, gilt $0 \leq q'' \leq 1$. Ist $q'' = 0$, so ist $t_1 \leq s''$, und die Behauptung des Reduktionssatzes ist bewiesen. Ist aber $q'' = 1$, so sei C'' die zu D'' nicht fremde Stützkomponente von $C \frown K''$. Es sei N'' eine Normalumgebung von C''. Gemäß der Definition der Stützkomponente gibt es ein $x \in C''$, in welchem eine Komponente S'' von $C \frown (N'' - K'')$ mündet. Ersetzt man $\mathfrak{k}$ im 4. Satz des Abschn. 7.6. durch $\mathfrak{u}$ (vgl. die Voraussetzung des Reduktionssatzes), so ergibt sich die Existenz eines zu K'' beliebig $\mathfrak{F}$-benachbarten $K' \in \mathfrak{k}$ derart, daß $C \frown N'' \frown K'$ mindestens eine Schnittkomponente enthält. Da $\bar{N}''$ fremd ist zu den Normalumgebungen der s'' Schnittkomponenten von $C \frown K''$ und da jede von diesen gemäß Abschn. 7.6., Satz 3 (wobei wieder $\mathfrak{k}$ durch $\mathfrak{u}$ zu ersetzen ist), je mindestens eine Schnittkomponente von $C \frown K'$ liefert, besitzt $C \frown K'$ mindestens t Schnittkomponenten, wie im Reduktionssatz behauptet ist.

7.7.5.2. Beweis mit Hilfe der Axiome I′ bis II′.2.3. (vgl. Abschnitt 7.7.3.). Die Beweisschritte (I 1) und (I 2) in Abschn. 7.7.5.1. können wörtlich beibehalten werden. An Stelle des dortigen (I 3) tritt hier

(I′ 3). Wir unterscheiden die Fälle: (a). Es besitzt $C \frown K_1$ mindestens eine nichtinnere Stützkomponente; (b). Es besitzt $C \frown K_1$ höchstens innere Stützkomponenten.

Betr. Fall (a). Da C ordnungsreduzibel im Sinne der Reduzibilitätsbedingung $\bar{B}$ (Abschn. 7.7.5.) ist, gibt es ein $L_1 \in \mathfrak{l}$ mit $L_1 \subset K_1$ derart, daß genau eine nichtinnere Stützkomponente von $C \frown K_1$ fremd zu L_1 ist, also $j_1 = 1$ und daher $f_1 > 0$. Nun schließt man wie in (I 3) (Abschn. 7.7.5.1.) und gelangt zu $t_1 \leq q_2 + s_2$ und $s_1 + 1 \leq s_2$.

Betr. Fall (b). Wir können annehmen, daß mindestens eine Stützkomponente von $C \frown K_1$ vorhanden ist, weil andernfalls $t_1 = s_1$, also der Reduktionssatz schon bewiesen ist. Es sei q'' die Anzahl der (inneren) Stützkomponenten von $C \frown K_1$.

Unterfall (b′). Es existiert ein $L_1 \in \mathfrak{l}$ mit $L_1 \subset K_1$, für welches (mindestens) eine (innere) Stützkomponente von $C \frown K_1$ fremd ist zu L_1. Dann ist $i_1 > 0$, also $f_1 > 0$ und man schließt wie in (I 3) auf $s_1 + 1 \leq s_2$ für ein zu K_1 beliebig $\mathfrak{F}$-benachbartes $K_2 \in \mathfrak{b}(L_1)$.

Unterfall (b''): *Jedes* $L_1 \in \mathfrak{l}$ mit $L_1 \subset K_1$ ist fremd zu keiner Stützkomponente von $C \frown K_1$. Jetzt kann man so schließen: Es sei J eine Stützkomponente von $C \frown K_1$ und N eine (hinreichend kleine) Normalumgebung von J. Ferner sei $x \in J$ ein Punkt, in welchem eine Komponente S von $C \frown (N - K_1)$ mündet. Gemäß Axiom II'1 existiert ein zu x fremdes $L_1 \in \mathfrak{l}$ mit $L_1 \subset K_1$. Ist $y \in S$, also $y \in E_0(K_1; \alpha)$, so gibt es gemäß der Trennungseigenschaft Abschn. 7.7.2. (II.2.3.) ein $K_2 \in \mathfrak{b}(L_1)$ mit $y \in E_0(K_2; \alpha)$ und $x \in E_0(K_2; -\alpha)$. Da aber $x, y \in \bar{S}' = J \smile \bar{S}$ und da $\bar{S}'$ zusammenhängend ist, existiert (mindestens) eine Schnittkomponente von $C \frown K_2$ in N. Und da die s_1 Schnittkomponenten von $C \frown K_1$ fremd zu $\bar{N}$ sind und zu s_1 Schnittkomponenten von $C \frown K_2$ Anlaß geben, enthält $C \frown K_2$ im ganzen s_2 Schnittkomponenten mit $s_1 + 1 \leq s_2$. Da außerdem die die $q'' - 1$ übrigen Stützkomponenten zu (mindestens) $q'' - 1$ Komponenten von $C \frown K_2$ Anlaß geben, ist die Anzahl der Komponenten von $C \frown K_2$ nicht kleiner als $(s_1 + 1) + q'' - 1) = s_1 + q'' = t_1$ und die Anzahl s_2 der Schnittkomponenten nicht kleiner als $s_1 + 1$.

(II'). Gemäß Ziffer (I'3) existiert in jedem Falle — soweit die Behauptung des Reduktionssatzes nicht schon bewiesen ist — ein zu K_1 beliebig $\mathfrak{F}$-benachbartes $K_2 \in \mathfrak{k}$ mit folgender Eigenschaft: Ist t_2 die Gesamtzahl der Komponenten von $C \frown K_2$, so ist $t_1 \leq t_2$ und für die Anzahl s_2 der Schnittkomponenten unter den t_2 Komponenten gilt $s_1 + 1 \leq s_2$; d. h. beim Übergang von K_1 zu K_2 hat sich die Anzahl der Komponenten nicht verringert und die Anzahl der Schnittkomponenten um mindestens 1 erhöht. Anwendung der Schlüsse in Ziffer (I'3) auf K_2 und Wiederholung — soweit nötig — führt nach höchstens t_1 Schritten zu einem K'', für welches $C \frown K''$ mindestens t_1 Schnittkomponenten besitzt; w. z. z. w.

7.8. Darstellungssätze für Kontinua, insbesondere bei schlichter Überdeckung des Raumes durch die Ordnungscharakteristiken

Der in Abschn. 1.5. für Systeme $\mathfrak{k}$ von OCh im ebenen Bereich G besprochene Darstellungssatz soll jetzt verallgemeinert werden; gleichzeitig wird der Beweis für den Abschn. 1.5. vervollständigt und ergänzt. Es handelt sich dabei um Räume, die mit den in Abschn. 7.1. bis 7.2. definierten verwandt sind, insofern sie als Unterräume von ihnen aufgefaßt werden können, ebenso wie die OCh-Systeme als Teilsysteme der früheren.

7.8.1. Axiome

Es wird also zugrunde gelegt ein metrischer kompakter Raum R mit folgenden Eigenschaften (es ist $\mathfrak{F}$ wieder das System der Kompakta von R und $\mathfrak{k}$ das System der Ordnungscharakteristiken (OCh)):

($\mathfrak{k}$) Die OCh sind nicht leer und keine ist echte Teilmenge einer anderen.

(Sp') Für jedes $K \in \mathfrak{k}$ gilt $R = R(K; +) \cup K \cup R(K; -)$ mit untereinander und zu K fremden, offenen $R(K; \pm)$. Für höchstens zwei OCh K ist dabei höchstens eines der $R(K; \pm)$ leer.

(St') Für jedes $K \in \mathfrak{k}$ und eine beliebige R-Umgebung V von K gilt

$$\boldsymbol{C}(V) \cap R(K'; \alpha) = \boldsymbol{C}(V) \cap R(K; \alpha), \quad \alpha = \pm, \quad K' \in \mathfrak{k} \text{ mit} K' \subset V.$$

(Tr') Beliebige $x \in K \in \mathfrak{k}$ und $y \in R - K$ lassen sich durch zu K beliebig $\mathfrak{F}$-benachbarte OCh K' trennen (so daß also $x \in R(K'; \alpha)$, $y \in R(K'; -\alpha)$ ist; $\alpha = \pm$).

Dazu treten noch Überdeckungsforderungen

(R B) (I). Für jede von $K \in \mathfrak{k}$ verschiedene OCh K' gilt

$$K' \subset R(K; +) \quad \text{oder} \quad K' \subset R(K; -).$$

(R B) (II). Es sei V die ε-R-Umgebung eines solchen $K \in \mathfrak{k}$, für welches $\boldsymbol{C}(V) \cap R(K; \alpha) \neq \emptyset$ sowohl für $\alpha = +$ als für $\alpha = -$ (vgl. (Sp')). Ist dann $K' \subset V$, so folgt aus $K' \subset R(K; \alpha)$, daß auch $R(K'; \alpha) \subset R(K; \alpha)$ ist für $\alpha = +$ oder $\alpha = -$ (bei passender Wahl von α in $R(K'; \alpha)$) ($K' \in \mathfrak{k}$).

(R B) (E). Es gibt zwei OCh K^*, K^{**} mit $E = R(K^*; +) \cap R(K^{**}; -) \neq \emptyset$ derart, daß durch jeden Punkt $x \in E$ (genau) ein $K \in \mathfrak{k}$ geht ($x \in K$).

(E K). *Kompaktheitsforderung*. Das System $\mathfrak{k}(\bar{E})$ der zu $\bar{E}$ nicht fremden OCh ist (in sich) kompakt (in $\mathfrak{F}$).

Bemerkung. Gemäß (R B) (I) sind je zwei verschiedene OCh fremd; und durch jedes $x \in R$ geht höchstens eine OCh. Ferner folgt aus (R B) (E): Ist $K \cap E \neq \emptyset$, so ist $K \subset E$. Es ist $\mathfrak{k}(E) = \{K : E \cap K \neq \emptyset, K \in \mathfrak{k}\}$.

Zusatz (1). Ist *jede* OCh *zusammenhängend*, so folgt (R B) (I) aus (Sp') und der folgenden Behauptung (R B) (I'): Für verschiedene OCh K', $K'' \in \mathfrak{k}$ gilt $K' \cap K'' = \emptyset$. — (2). Ist R *zusammenhängend*, so folgt (R B) (II) für K', $K'' \in \mathfrak{k}(E)$ aus (R B) (I) (und (E), (EK) usw.).

Beweis *Betr.* (1). Zufolge (R B) (I') und (Sp') sowie $K'' \subset R$ ist $K'' = K'' \cap R(K'; +) \cup K'' \cap R(K'; -)$; es gibt also eine Spaltung von K'', falls nicht eines der beiden Glieder rechter Hand leer ist, also z. B. $K'' \cap R(K' +) = \emptyset$ und folglich $K'' \subset R(K'; -)$. — *Betr.* (2). Siehe Abschn. 7.8.2., III.

Beispiel. Im kartesischen Raum R^* der $x_1, \ldots, x_n$ sei R eine beschränkte konvexe, abgeschlossene Punktmenge; es liege R zwischen den (parallelen) Stützhyperebenen $x_n = c'$ und $x_n = c''$ mit $c' < c''$.

Ferner sei $\mathfrak{k}$ das System der Durchschnitte von R mit den Hyperebenen $x_n = c$, wobei $c' + e \leq c \leq c'' - e$, und etwa $0 < e < 2^{-3}(c'' - c')$ ist. Schließlich sei E der (in R^*) offene Kern des Durchschnitts von R mit der Vereinigung der Hyperebenen $x_n = d$, wobei $c' + 2e \leq d \leq c'' - 2e$ ist. — Dieses Beispiel läßt sich vielfach abwandeln, indem man etwa R durch die abgeschlossene Hülle einer geeigneten offenen Menge in R^* ersetzt und $\mathfrak{k}$ durch geeignete Scharen fremder (einfacher) Hyperflächenstücke.

7.8.2. Folgerungen aus den Axiomen in Nr. 7.8.1.

I. *Für jedes $K \in \mathfrak{k}(E)$ ist K die gemeinsame (volle) Begrenzung (in R) von $R(K; \alpha)$ für $\alpha = +$ und für $\alpha = -$. Es gilt also $\overline{R(K; \alpha)} = K \cup R(K; \alpha)$.*

Bemerkung. Beim Beweis werden (St'), (Tr') und (R B) (II) nicht benutzt.

Zusatz. Ist $K' \in \mathfrak{k}(E)$, so enthält das System $\mathfrak{k}(E \cap R(K'; \alpha))$ $\mathfrak{F}$-konvergente Folgen mit dem Limes K'. — Jedes $K \in \mathfrak{k}(E)$ ist nirgends dicht in R.

Beweis. Zur Abkürzung sei gesetzt: $P = R(K; +)$, $N = R(K; -)$, $T = R - N$. Gemäß (Sp) ist $K = T - P$, also $P \subset T = \bar{T}$ und folglich $\bar{P} \subset T$. Mithin gilt $\bar{P} - P = \bar{P} - \underline{P} = P_g \subset K$. — Es ist aber auch $K \subset P_g$. In der Tat: Wegen $P = \underline{P}$ ist jedes $x \in P_g$ Häufungspunkt von $x_n \in P$. Wegen $E \cap K \neq \emptyset$ und (R B) (I) ist $K \subset E$, also $P_g \subset E$. Es existiert also ein $x \in P_g \cap E$; und da P_g als Randmenge nirgends dicht ist in E, ferner $P \cap E$ offen und nicht leer ist, gibt es $x_n \in P \cap E$ mit $x = \lim x_n$. Wegen (E) gibt es $K_n \in \mathfrak{k}(E)$ mit $x_n \in K_n$ und wegen (R B) (I) ist $K_n \subset P$. Gemäß (E K) kann die Existenz von $K' = \lim K_n \in \mathfrak{k}$ angenommen werden. Es ist aber $x \in K'$; da zugleich $x \in P_g \subset K$ gilt, ist somit $K' = K = \lim K_n$ (gemäß (R B) (I)). Wegen $K = \lim K_n$ ist jedes $y \in K$ Häufungspunkt gewisser $y_n \in K_n \subset P$, also y ein nicht zu P gehöriger Häufungspunkt von P. Somit ist $y \in P_g$ und daher $K \subset P_g$. — Mithin ist $P_g = K$. Und ebenso ergibt sich $N_g = K$; w. z. z. w. — *Betr. Zusatz.* Die erste Behauptung ist im Vorstehenden bewiesen. Die zweite Behauptung folgt daraus, daß $K = P_g$ also Randmenge ist.

II. *Es sei $K', K'' \in \mathfrak{k}(E)$ sowie $K' \subset R(K''; -)$ und $K'' \subset R(K'; +)$. Für $D = D(K', K'') = R(K'; +) \cap R(K''; -) = \underline{D}$ gilt: $D \cap K' = D \cap K'' = \emptyset$ sowie $\bar{D} = \overline{R(K'; +)} \cap \overline{R(K''; -)} = D \cup K' \cup K''$ und $D_g = K' \cup K''$.*

Wir bezeichnen D als den von K' und K'' begrenzten *Streifen* in $\mathfrak{k}(E)$.

Zusatz. Es gibt $K' \in \mathfrak{k}(E)$ mit $D \cap K' \neq \emptyset$ und $K' = \lim K_n$; und entsprechend für K''.

Beweis. Wegen $K' \cap R(K'; \alpha) = \emptyset$ ist $K' \cap D = \emptyset$ usw. Wegen $K', K'' \in \mathfrak{k}(E)$ ist $K' \cup K'' \subset E$. — (α). Man setze $P' = R(K'; +)$ und $N'' = R(K''; -)$, Gemäß I. nebst Zusatz gibt es zu jedem $x' \in K'$ solche $x'_n \in P'$ und K'_n mit $x'_n \in K'_n$, für die $x' = \lim x'_n$ und $K' = \lim K'_n$. Nach Voraussetzung ist $K' \subset \overline{N''} = \underline{N''}$, mithin $x'_n \in N'' \cap P' = D \subset E$ für schließlich alle n, also $K'_n \subset D$ und $K' \subset \bar{D}$. Da sich ebenso $K'' \subset \bar{D}$ ergibt, folgt $K' \cup K'' \subset \bar{D}$. — ($\beta$). Gemäß I. ist $\overline{P'} = P' \cup K'$, $\overline{N''} = N'' \cup K''$, also $\overline{P'} \cap \overline{N''} = D \cup K' \cup K''$. Bildung der abgeschlossenen Hülle rechts und links liefert $\overline{P'} \cap \overline{N''} = \bar{D} \cup K' \cup K'' = \bar{D}$ (gemäß (a)), also $\bar{D} = \underline{D} \cup K' \cup K''$. — Der *Zusatz* ist im Vorstehenden bewiesen.

III. Es sei $K' \in \mathfrak{k}(E)$. Ist U eine ε-R-Umgebung von K' und ist $\boldsymbol{C}(U) \cap R(K'; \alpha) \neq \emptyset$ für $\alpha = +$ und $\alpha = -$, so folgt für jedes $K'' \in \mathfrak{k}(E)$ aus $K'' \subset U \cap R(K'; \beta)$, daß $K' \subset R(K''; -\beta)$ und $\overline{R(K'; -\beta)} \subset R(K''; -\beta)$.

Zusatz (1). Ist R zusammenhängend, so ergibt sich ohne (R B) (II) die folgende Behauptung (II'): Ist U wie vorstehend (in III.) erklärt und ist $K', K'' \in \mathfrak{k}(E)$ mit $K'' \subset R(K'; \alpha)$, so ist $K' \subset R(K''; -\alpha)$. — (2). Ist R zusammenhängend, so folgt aus Behauptung (II') (vgl. Zusatz (1)), daß (R B) (II) gilt für $K', K'' \in \mathfrak{k}(E)$.

Beweis. Wegen $K' \neq K''$ wäre gemäß (R B) (I) nur noch $K' \subset R(K''; \beta)$ möglich. Dann ist aber $R(K'; \beta) \subset R(K''; \beta)$ (Abschn. 7.8.1., (R B) (II)). Wegen $K'' \subset R(K'; \beta)$ folgt ebenso $R(K''; \beta) \subset R(K'; \beta)$, also $K' = K''$, Widerspruch.

Betr. Zusatz (1). Wir setzen $F = \overline{R(K'; \alpha)} \cup \overline{R(K''; \alpha)}$; es ist also $F = \bar{F} \neq \emptyset$. Zufolge Abschn. 7.8.2., I (was ohne (R B) (II) bewiesen ist) hat man $\overline{R(K'; \alpha)} = K' \cup R(K'; \alpha)$ usw. Gilt nun neben $K' \subset R(K''; \alpha)$ auch $K'' \subset R(K'; \alpha)$, so ist $F = R(K'; \alpha) \cup R(K''; \alpha)$; und da die rechte Seite eine offene Menge ist, folgt $F = \underline{F}$, so daß $R - F$ abgeschlossen ist. Somit ist $R = F \cup (R - F)$ eine Spaltung von R, falls $F \neq 0$, $R - F \neq \emptyset$. Oben ist $F \neq \emptyset$ bemerkt. Ferner ist $R - F = R - (\overline{R(K'; \alpha)} \cup \overline{R(K''; \alpha)}) = (R - \overline{R(K'; \alpha)}) \cap (R - \overline{R(K''; \alpha)}) = R(K'; -\alpha) \cap R(K''; -\alpha)$. Die rechte Seite ist nicht leer, wie aus (St') bzw. aus $\boldsymbol{C}(U) \cap R(K'; -\alpha) \cap R(K''; -\alpha) = \boldsymbol{C}(U) \cap R(K'; -\alpha) \neq \emptyset$ folgt. Weil R zusammenhängend sein soll, kann aber keine Spaltung von R existieren. — *Betr. Zusatz* (2). Es ist zu zeigen: Aus $K'' \subset U \cap R(K'; \alpha)$ folgt $R(K''; \alpha) \subset R(K'; \alpha)$. — Zunächst ist $K' \subset R(K''; -\alpha)$ (gemäß Zusatz (1), Behauptung (II')). Wir schließen nun indirekt: Andernfalls ist $G = R(K'; -\alpha) \cap R(K''; \alpha) \neq \emptyset$. Es ist G offen. Weiter ist $R - G = \boldsymbol{C}(R(K'; -\alpha)) \cup \boldsymbol{C}(R(K''; \alpha)) = K' \cup R(K'; \alpha) \cup K'' \cup R(K''; -\alpha) = R(K'; \alpha) \cup R(K''; -\alpha) \neq \emptyset$; somit ist $R - G$ ebenfalls offen und nicht leer. Daher ist $R = G \cup (R - G)$ eine Spaltung von R entgegen der Annahme.

IV. Aus $K', K'' \in \mathfrak{k}(E)$ und $K'' \subset R(K'; \alpha)$ folgt $D = R(K'; \alpha) \cap R(K''; -\alpha) \neq \emptyset$.

Beweis. Jedes $x'' \in K''$ besitzt eine R-Umgebung $V = V(x'')$ mit $V \subset R(K'; \alpha)$. Weil x'' Häufungspunkt von $R(K''; -\alpha)$ ist (vgl. Abschn. 7.8.2., I), gilt $V \cap R(K''; -\alpha) \neq \emptyset$. Wegen $V \subset R(K'; \alpha)$ folgt die Behauptung.

V. Neben der R- bzw. $\mathfrak{F}$-Topologie (d. h. der Topologie in R bzw. in $\mathfrak{F}$) betrachten wir noch die sog. *$R\mathfrak{F}$-Topologie in $\mathfrak{F}$*, welche durch folgende offene Basis von $\mathfrak{F}$ definiert wird: Ist $B \in \mathfrak{F}$, so werde als (ε-) $R\mathfrak{F}$-Umgebung $U_{R\mathfrak{F}}(B; \varepsilon)$ von B in $\mathfrak{F}$ erklärt: $U_{R\mathfrak{F}}(B; \varepsilon) = \{X : B \subset X \subset U_R(B; \varepsilon), X \in \mathfrak{F}\}$. Die 3 ersten Umgebungsaxiome sind für die $U_{R\mathfrak{F}}$ erfüllt (vgl. z. B. Kowalsky [*1*], 5.6.). Die $\mathfrak{F}$-Topologie ist feiner als die $R\mathfrak{F}$-Topologie; denn es ist $U_{\mathfrak{F}}(B; \varepsilon) \subset U_{R\mathfrak{F}}(B; \varepsilon)$. *Es sei $K \in \mathfrak{k}(E)$ und $U = U_R(K; \varepsilon)$ die ε-R-Umgebung von K mit* $\mathbf{C}(U) \cap R(K; \pm) \neq \emptyset$.

Ferner sei $U_{R\mathfrak{F}} = U_{R\mathfrak{F}}(K; \varepsilon)$ die zugehörige $R\mathfrak{F}$-Umgebung von K. Dann gibt es $K', K'' \in \mathfrak{k}(E)$ derart, daß der Streifen $D = D(K', K'') = R(K'; +) \cap R(K''; -)$ nicht leer ist, K enthält und folgende Eigenschaft besitzt: Es ist $D \subset U$ bzw, es ist $\mathfrak{k}(D) \subset U_{R\mathfrak{F}}$ (dabei ist $\mathfrak{k}(D) = \{K; K \cap D \neq \emptyset, K \in \mathfrak{k}\}$).

1. Zusatz. Es gibt sogar Streifen D mit $\bar{D} \subset U$ bzw. mit $\mathfrak{k}(\bar{D}) \subset U_{R\mathfrak{F}}$.

2. Zusatz. In $\mathfrak{k}(E)$ ist das System der Streifen D gleichwertig mit dem der $R\mathfrak{F}$-Umgebungen, bildet also eine Basis der $R\mathfrak{F}$-Topologie in $\mathfrak{k}(E)$.

Beweis. Wegen $K \in \mathfrak{k}(E)$ und gemäß I. existieren $K_n(\alpha) \in \mathfrak{k}(E)$ mit $K_n(\alpha) \subset R(K; \alpha)$ und $K = \lim K_n(\alpha)$; $\alpha = \pm$. Daher gibt es K', $K'' \in \mathfrak{k}(E)$ mit $K' \subset U \cap R(K; -)$, $K'' \subset U \cap R(K; +)$. Gemäß III. ist $K \subset R(K'; +)$, $K \subset R(K''; -)$, also $K \subset D$. Ferner folgt aus (R B) (II), daß $K'' \subset R(K'; +)$, so daß $D \neq \emptyset$ gemäß IV. Weiter ergibt sich $D \subset U$ aus (St').

Gemäß (R B) (E) liegt jedes $x \in D$ auf (genau) einem $K(x) \in \mathfrak{k}$ und wegen (R B) (I) ist $K(x) \subset D$. Anders gesagt: Es gilt $K \subset D$ für jedes $K \in \mathfrak{k}(D)$. Wegen $D \subset U$ ist folglich $\mathfrak{k}(D) \subset U_{R\mathfrak{F}}$. — Umgekehrt ist in jedem $D = D(K', K'')$ mit $K \subset D$ ein $U_R(K; \delta)$ enthalten; denn K hat von $D_g = K' \cup K''$ positiven Abstand δ_0, so daß $U_{R\mathfrak{F}}(K; \delta_0) \subset \mathfrak{k}(D)$.

Betr. Zusatz 1. In $V = U_{R\mathfrak{F}}(K; \varepsilon)$ ist ein $V' = U_{R\mathfrak{F}}(K; \varepsilon')$ mit $\bar{V}' \subset V$ enthalten. Für ein D mit $D \subset V'$ ist daher $\bar{D} \subset V$; mithin ist $\mathfrak{k}(\bar{D}) \subset U_{R\mathfrak{F}}(K; \varepsilon)$.

Betr. Zusatz 2. Definitionsgemäß ist das System der $R\mathfrak{F}$-Umgebungen feiner als das der Streifen. Das Umgekehrte ist im Vorstehenden bewiesen.

VI. *Für jedes $K \in \mathfrak{k}(E)$ gibt es zu jeder $\mathfrak{F}$-Umgebung $\mathfrak{v}$ von K und zu jedem $z \in K$ eine R-Umgebung $U = U(z; \delta)$ von z mit $\mathfrak{k}(U) \subset \mathfrak{v}$.*

Beweis. Indirekt. Andernfalls existieren $\delta_n > 0$ mit $0 = \lim \delta_n$ und mit $K_n \in \mathfrak{k}(V_n)$, wobei $V_n = U(z; \delta_n)$ ist, derart, daß $K_n \notin \mathfrak{v}$. Wegen $K_n \in \mathfrak{k}(V_n)$ gibt es zu $z \in K$ ein $z_n \in V_n \cap K_n$ so, daß $z = \lim z_n$. Wegen $K \in \mathfrak{k}(E)$ ist $K \subset E$ und $z_n \in E$ für schließlich alle n, also $K_n \subset E$. Weil $\mathfrak{k}(\bar{E})$ (in sich) kompakt ist (Abschn. 7.8.1., (E K)), kann die Folge der K_n als $\mathfrak{F}$-konvergent angenommen werden, so daß $K' = (\mathfrak{F}) \lim K_n$ existiert mit $K' \in \mathfrak{k}(\bar{E})$. Wegen $z_n \in K_n$ und $z = \lim z_n$ ist $z \in K'$, also $K' = K$ (vgl. (R B) (I)). Für schließlich alle n ist daher $K_n \in U_{\mathfrak{F}}(K; \varepsilon) \subset \mathfrak{v}$, im Widerspruch zur Annahme, daß $K_n \notin \mathfrak{v}$.

VII. Mit Hilfe der vorangehenden Bemerkungen I bis VI erhält man den

1. Satz. *Voraussetzung.* Es sollen die Axiome ($\mathfrak{k}$), (Sp'), (St'), (Tr'), (R B) (I) und (II) sowie (E) und (E K) erfüllt sein (vgl. Abschn. 7.8.1.).

Behauptung. Die $R\mathfrak{F}$-Topologie und die $\mathfrak{F}$-Topologie sind in $\mathfrak{k}(E)$ gleichwertig.

Zusatz. Das System der Streifen D bildet eine Basis für die $\mathfrak{F}$-Topologie.

Beweis. Gemäß V ist die $\mathfrak{F}$-Topologie feiner als die $R\mathfrak{F}$-Topologie. Daher folgt der vorstehende 1. Satz aus der Behauptung (1) des nachstehenden 2. Satzes. der Zusatz ergibt sich aus der Behauptung des 1. Satzes und aus Abschn. 7.8.2., V, Zusatz (2).

2. Satz. *Voraussetzung* (1). Wie im 1. Satz. — (2). Es sei $K \in \mathfrak{k}(E)$ und die $\mathfrak{F}$-Umgebung $\mathfrak{u}$ von K vorgegeben.

Behauptung (1). Es gibt eine $R\mathfrak{F}$-Umgebung V von K mit $V \subset \mathfrak{u}$.

(2). Es gibt sogar einen K enthaltenden Streifen D mit $\mathfrak{k}(D) \subset \mathfrak{k}(\bar{D}) \subset \mathfrak{u}$.

Beweis. *Betr. Behauptung* (1). Andernfalls existieren $\delta_n > 0$ mit $0 = \lim \delta_n$ und $K_n \in V_n = U_{R\mathfrak{F}}(K; \delta_n)$ mit $K_n \notin \mathfrak{u}$; dabei ist $K_n \in \mathfrak{k}(E)$, sofern nur V_n hinreichend klein ist. O. B. d. A. kann (wegen (E K)) angenommen werden, daß $K' = \lim K_n$ mit $K' \in \mathfrak{k}(\bar{E})$ existiert. Gemäß VI, Beweis, ist $K' = K \in \mathfrak{k}(E)$. Bei beliebigem $\varepsilon > 0$ ist daher $K_n \in \mathfrak{v} = U_{\mathfrak{F}}(K; \varepsilon)$ für schließlich alle n. Andererseits ist $\mathfrak{v} \subset \mathfrak{u}$ für hinreichend kleines ε, also $K_n \in \mathfrak{u}$, im Widerspruch zur Beweisannahme. — *Betr. Behauptung* (2). Gemäß Behauptung (1) existiert ein δ, so daß $U_{R\mathfrak{F}}(K; \delta) \subset \mathfrak{u}$. Und gemäß V, Zusatz (1), gibt es K enthaltende Streifen D mit $\mathfrak{k}(\bar{D}) \subset U_{R\mathfrak{F}}(K; \delta)$.

7.8.3. Darstellungssatz bei Komponentenordnung

Wir wenden uns zur Bestimmung der ordnungshomogenen Kontinua bezüglich eines schlicht überdeckenden Systems von OCh im Sinne von Abschn. 7.8.1. Der Komponentenordnungswert solcher ordnungshomogener Kontinua erweist sich als gleich Eins, wie der folgende Darstellungssatz zeigt.

Verabredung. Da sich alle Betrachtungen der folgenden Abschn. 7,8.3. bis 7.8.5. in E abspielen, schreiben wir in den Beweisen zur Abkürzung $\mathfrak{k}$ und $\overline{\mathfrak{k}}$ statt wie bisher $\mathfrak{k}(E)$ und $\mathfrak{k}(\bar{E})$; es ist dann $\overline{\mathfrak{k}}$ kompakt in sich.

Darstellungssatz für Kontinua von endlichem Komponentenordnungswert. *Voraussetzung* (1). *Es seien die in Abschn.* 7.8.1. *angegebenen Axiome* ($\mathfrak{k}$), (Sp'), (St'), (Tr'), (R B) (I), (II) *sowie* (E) *und* (E K) *erfüllt.* — (2). *Es sei C ein in E enthaltenes Kontinuum* (*in* R) *von höchstens endlichem Komponentenordnungswert bezüglich* $\mathfrak{k}$, *also bezüglich* $\mathfrak{k}(E)$.

Behauptung (1). *Es ist C darstellbar als Vereinigung von abzählbar vielen, paarweise fremden Kontinuen $C_n \subset C$ mit* KOW $(C_n; \mathfrak{k}) = 1$ *und von einer in R nirgends dichten Menge J.*

(2). *Die Menge* $J = C - (\bigcup_n C_n)$ *ist Vereinigung von Mengen* $C \frown K_i \neq \emptyset$, *wobei diese* $K_i \in \mathfrak{k}(E)$ *eine in* $\mathfrak{k}(C)$ *im Sinne der $\mathfrak{F}$-Topologie nirgends dichte Menge $\mathfrak{z}$ bilden.*

Beweis (I). Im folgenden kommen wegen $C \subset E$ nur OCh $K \in \mathfrak{k}(E)$ in Betracht. Dementsprechend beziehen sich die Aussagen bezüglich der $\mathfrak{F}$-Topologie zugleich auf die mit ihr in $\mathfrak{k}(E)$ gleichwertige $R\,\mathfrak{F}$-Topologie (vgl. Abschn. 7.8.2., VII, Satz 1). Wir setzen $\mathfrak{k}_0 = \mathfrak{k}(C) \subset \mathfrak{k}(E) \subset \mathfrak{k}(\bar{E})$. Wegen der Kompaktheit von $\mathfrak{k}(\bar{E})$ in sich (vgl. Abschn. 7.8.1., (E K)) ist auch $\mathfrak{k}_0$, weil (gemäß Abschn. 7.2., Anm. (6)) abgeschlossen (in $\mathfrak{k}(\bar{E})$), ebenfalls kompakt in sich bezüglich der $\mathfrak{F}$-Topologie. Zufolge Abschn. 7.6., Satz 6, Behauptung (1), gehören die dort erwähnten offenen Teilmengen $\mathfrak{o}$ zu $\mathfrak{k}_0$, und dies gilt auch für die dort (Behauptung (2)) konstruierten offenen $\mathfrak{o}^*(K')$; außerdem folgt aus den Behauptungen (1) und (2), daß die Vereinigung der $\mathfrak{o}$ sowie die der $\mathfrak{o}^*(K')$ je eine in $\mathfrak{k}_0$ dichte offene Menge bilden. Da $\mathfrak{k}_0$, als metrisch und in sich kompakt, eine abzählbare Basis besitzt, genügt es, eine in $\mathfrak{k}_0$ dichte Folge $((\mathfrak{o}_\mu))$ bzw. $((\mathfrak{o}^*(K'_\mu)))$ zu betrachten.

(II). Gemäß Abschn. 7.6., Satz 6., Behauptung (1) und (2), ist $C \frown K'_1 = C \frown N_{11} \frown K'_1 \smile \cdots \smile C \frown N_{1 n_1} \frown K'_1$ und $C \frown K = C \frown N_{11} \frown K \smile \cdots \smile C \frown N_{1 n_1} \frown K$ für jedes $K \in \mathfrak{o}^*(K'_1)$; dabei ist also n_1 abhängig höchstens von K'_1 nicht von K und die $C \frown N_{1\nu} \frown K$ sind Schnittkomponenten mit den $N_{1\nu}$ als Normalumgebungen. Es gibt ε-R-Umgebungen U von K'_1 mit $C \frown (N_{1\nu})_g \frown \bar{U} = \emptyset$ für jedes ν. Gemäß Abschn. 7.8.2., V, Zusatz 1, und VII, Satz 2, Behauptung (2), gibt es ferner Streifen $\bar{D}_1$, welche K'_1 enthalten, in U enthalten sind und für welche $\mathfrak{k}(\bar{D}_1) \subset \mathfrak{o}^*(K'_1)$ ist. Dann ist $N'_{1\nu} = N_{1\nu} \frown \bar{D}_1$ wieder Normalumgebung für $C \frown N_{1\nu} \frown K'_1$. Wegen $\mathfrak{k}(\bar{D}_1) \subset \mathfrak{o}^*(K'_1)$ ist Abschn. 7.6., Satz 6. Behaupt. (2), anwendbar.

so daß $C \cap K = \overline{Q_{11}} \cap K \cup \cdots \cup \overline{Q_{1n_1}} \cap K$ für jedes $K \cap \bar{D}_1$; dabei ist $Q_{1\nu}$ die $C \cap N'_{1\nu} \cap K'_1$ enthaltende Komponente von $C \cap N_{1\nu}$ und die $\overline{Q_{1\nu}} \cap K$ sind zusammenhängend (sowie abgeschlossen in R). Es ist aber $\overline{Q_{1\nu}} \cap \overline{N'_{1\nu}} = C \cap \overline{N'_{1\nu}}$, also $\overline{Q'_{1\nu}} = C \cap \overline{N'_{1\nu}}$ die einzige Komponente von $C \cap \overline{N'_{1\nu}}$. Andernfalls nämlich existiert ein $K \subset \bar{D}_1$, für welches $C \cap \overline{N'_{1\nu}} \cap K$ mindestens zwei Komponenten besitzt, was der Beziehung $\mathfrak{k}(\bar{D}_1) \subset \mathfrak{o}^*(K'_1)$ widerspricht. Daraus folgt aber die Spaltung $C \cap \bar{D}_1 = \overline{Q'_{11}} \cup \cdots \cup \overline{Q'_{1n_1}}$; insbesondere sind also die $\overline{Q'_{1\nu}}$ paarweise fremd und Kontinua (in R). Weiter ist KOW $(\overline{Q'_{1\nu}}; \mathfrak{k}_0) =$ KOW $(\overline{Q'_{1\nu}}; \mathfrak{k}'_1) = 1$, wobei $\mathfrak{k}'_1 = \mathfrak{k}(\overline{Q'_{1\nu}})$ gesetzt und unabhängig von ν sowie abgeschlossen, also in sich kompakt ist (vgl. Abschn. 7.2., Anm. (6)).

(III). Auf C und auf die in $\mathfrak{k}$ offene Menge $\mathfrak{k}_1 = \mathfrak{k}_0 - \mathfrak{k}'_1$ lassen sich jetzt, sofern $\mathfrak{k}_1 \neq \emptyset$ ist, die in Ziffer (II) für C und $\mathfrak{k}_0$ auseinandergesetzten Schlüsse anwenden; denn, falls $\mathfrak{k}_1 \neq \emptyset$, existiert ein $K'_\mu \in \mathfrak{k}_1$ und damit auch ein $\mathfrak{o}^*(K'_\mu) \subset \mathfrak{k}_1$. Die Fortsetzung dieser Schlüsse bricht nach abzählbar vielen Schritten ab (da die K'_μ abzählbar sind). So ergibt sich eine Folge von in R bzw. in $\mathfrak{k}_0$ abgeschlossenen, paarweise fremden Mengen $\bar{D}_p$ bzw. $\mathfrak{k}'_p = \mathfrak{k}(\bar{D}_p)$ und eine Folge von paarweise fremden Kontinuen $\overline{Q'_{p\nu}} \subset \bar{D}_p$, $\nu = 1, \ldots, n_p$; $p = 1, 2, \ldots$, so daß $C \cap \bar{D}_p = \bigcup_{\nu=1}^{n_p} \overline{Q'_{p\nu}}$ gilt. Dabei ist $\mathfrak{s} = \mathfrak{k}_0 - (\bigcup_p \mathfrak{k}(\bar{D}_p))$ nirgends dicht in $\mathfrak{k}$, weil andernfalls $\mathfrak{s}$ ein $\mathfrak{o}^*(K'_\mu)$ also ein $\mathfrak{k}(\bar{D}_\mu)$ enthält, im Widerspruch mit der Konstruktion von $\mathfrak{s}$. Somit gilt

$$\mathfrak{k}_0 = \overline{\bigcup_p \mathfrak{k}(\bar{D}_p)}$$

sowie

$$C = \bigcup_{K \in \mathfrak{k}} C \cap K = J \cup (\bigcup_p C \cap \bar{D}_p),$$

wobei

$$J = \bigcup_{K \in \mathfrak{s}} C \cap K.$$

Es ist aber J nirgends dicht in R. Denn in beliebig kleiner ε-R-Umgebung U eines jeden $K'' \in \mathfrak{s}$ gibt es ein zu K'' fremdes $\bar{D}_p$ bzw. offenes D_p.

7.8.4. Darstellungssatz bei Punktordnung

Für den Fall, daß das Kontinuum $C \subset E$ endlichen *Punkt*ordnungswert besitzt, lassen sich weitergehende Aussagen machen als in Abschnitt 7.8.3. Es gilt hier nämlich zunächst (vgl. aber noch Abschn. 7.8.5.) der

Darstellungssatz für Kontinua von endlichem Punktordnungswert. *Voraussetzung* (1). *Es gelten in R und $\mathfrak{k}$ die Axiome* ($\mathfrak{k}$), (Sp'), (St'), (Tr'), (R B) (I), (II), (E) *und* (E K). — (2). *Es sei $C \subset E$ ein*

mehrpunktiges Kontinuum von höchstens endlichem Punktordnungswert bezüglich $\mathfrak{k}$, *also bezüglich* $\mathfrak{k}(E)$.

Behauptung (I). *Die Menge* J *im Darstellungssatz bei Komponentenordnungswert* (*Abschn.* 7.8.3.) *ist nirgends dicht sogar* in C.

(II). *Es ist* C *reguläre Kurve im Sinne der topologischen Kurventheorie* (MENGER). *Insbesondere ist also* C *zusammenhängend im Kleinen* (*oder lokal zus.*, vgl. III. Abschn. 3.,6.).

(III). *Es ist* C *abgeschlossene Hülle einer Vereinigung von abzählbar vielen, paarweise fremden, einfachen* (*abgeschlossenen*) *Bogen* B_n, *deren jeder den Punktordnungswert Eins besitzt, also*

$$C = \overline{\bigcup_n B_n} \quad \textit{mit} \quad \mathrm{POW}(B_n; \mathfrak{k}) = 1.$$

Beweis. *Vorbemerkung.* Es ist $C \cap K \neq C$ für jedes $K \in \mathfrak{k}$; andernfalls nämlich ist $C \cap K$, da endlich und, weil gleich C, zusammenhängend, sogar einpunktig gegen die Voraussetzung über C. — Es sei $x \in C \cap K'$, $K' \in \mathfrak{k}(E)$. Gemäß Voraussetzung (2) ist $\{x\}$ einpunktige Komponente von $C \cap K'$; jede hinreichend kleine R-Umgebung von x ist also eine Normalumgebung $N = N(x)$ für $\{x\}$ in $C \cap K'$. Wegen $C \cap K' \neq C$ gilt bei hinreichend kleinem $N(x)$ für die x enthaltende Komponente Q von $C \cap N$: Es ist $\bar{Q} \cap N_g \neq \emptyset$. Ist etwa $\bar{Q} \cap N_g \cap R(K'; +) \neq \emptyset$, so gibt es in beliebiger $R\mathfrak{F}$-Umgebung U von K' einen (K' nicht enthaltenden) Streifen $\bar{D} \subset R(K'; +)$ derart, daß $Q \cap K \neq \emptyset$ für jedes $K \subset \bar{D}$ (denn es gibt ein zu K' fremdes $K'' \in U$ mit $K'' \subset R(K'; +)$ und $Q \cap K'' \neq \emptyset$, also auch eine $R\mathfrak{F}$-Umgebung $V \subset U$ von K'' mit $Q \cap K \neq \emptyset$ für jedes $K \in V$; dann aber gibt es gemäß Abschn. 7.8.2., V, Zusatz 1, ein K'' enthaltendes D mit $\mathfrak{k}(\bar{D}) \subset V$).

Betr. Behauptung (I). Ist $x \in C \cap K'$ mit $K' \in \mathfrak{s}$ im Sinne von Abschnitt 7.8.3., Satz, Behauptung (2), so enthält der in der Vorbemerkung konstruierte, zu K' beliebig benachbarte (offene) Streifen D bzw. $\mathfrak{k}(D)$ eine zu $\mathfrak{s}$ fremde offene Teilmenge $\mathfrak{o}'$ von $\mathfrak{k}(E)$; denn $\mathfrak{s}$ ist nirgends dicht in $\mathfrak{k}(C)$. In $\mathfrak{o}'$ ist aber, gemäß Abschn. 7.8.2., V, Zusatz 1, ein Streifen $\mathfrak{k}(\overline{D'})$ enthalten, der also ebenfalls fremd zu $\mathfrak{s}$ ist. Gemäß Abschnitt 7.8.3., Satz, Behauptung (1), ist daher $M = C \cap \overline{D'} \subset C - J$. Nun liegt aber $\overline{D'}$ zugleich in beliebig kleiner Umgebung $U_H(K'; \varepsilon)$ von K' und damit $M \cap N$ in beliebig kleiner R-Umgebung von x (bei hinreichend kleinem N). Da aber $M \subset C - J$ und $x \in K' \in \mathfrak{s}$, also $x \in J$ ist, folgt, daß J nirgends dicht in C ist.

Betr. Behauptung (II). Es sei $x \in C \cap K_0$ mit beliebigem $K_0 \in \mathfrak{k}(E)$ und N eine beliebig kleine Normalumgebung von $\{x\}$ in $C \cap K_0$ (vgl. die Vorbemerkung). Ferner sei U eine beliebig kleine $R\mathfrak{F}$-Umgebung von K_0 und $D = D(K', K'')$ ein K_0 enthaltender beliebig kleiner Streifen mit $\mathfrak{k}(\bar{D}) \subset U$ und mit $C \cap N_g \cap \bar{D} = \emptyset$. Dann ist auch N'

$= N \cap D$ eine beliebig kleine Normalumgebung von $\{x\}$ in $C \cap K_0$. Wegen $N'_g \subset N_g \cap D \cup N \cap D_g \cup N_g \cap D_g$, wegen $D_g \subset \bar{D}$ und $C \cap N_g \cap \bar{D} = \emptyset$ gilt also $C \cap N'_g \subset C \cap N \cap D_g \subset C \cap D_g = C \cap K' \cup C \cap K''$; denn $D_g = K' \cup K''$ gemäß Abschn. 7.8.2., II. Weil $C \cap (K' \cup K'')$ endlich ist, gilt dies also auch für $C \cap N'_g$. Andererseits ist $C \cap N'_g \neq \emptyset$ bei hinreichend kleinem $N' \subset N$. Somit besitzt x beliebig kleine R-Umgebungen N' mit nicht leerem, endlichem $C \cap N'_g$. Dies ist aber kennzeichnend für reguläre Kurven.

Betr. Behauptung (III). Gemäß Behauptung (I) und Abschn. 7.8.3., Satz, Behauptung (1), ist $C = \overline{\bigcup_n C_n}$; dabei bezeichnet C_n ein Kontinuum mit POW $(C_n; \mathfrak{k}) = 1$. Wir setzen $B = C_n$ zur Abkürzung. Gemäß Behauptung (II) ist B reguläre Kurve. Gemäß Abschn. 7.8.3., Satz, Beweis, Ziffer (II), gibt es nun zu B einen Streifen $D_p = D(K', K'')$ von folgender Art: Es ist $C \cap \bar{D}_p = \overline{Q_{p1}} \cup \cdots \cup \overline{Q_{p n_p}}$; die $\overline{Q_{p\nu}}$ sind paarweise fremde Kontinua, welche zu K' und K'' nicht fremd sind; außerdem ist B unter den $\overline{Q_{p\nu}}$ enthalten, so daß etwa $B = \overline{Q_{p1}}$ ist. Es ist $B \cap K$ einpunktig bzw. leer für jedes $K \subset \bar{D}_p$ bzw. $K \subset R - \bar{D}_p$. Da B reguläre Kurve ist (als Kontinuum in E von endlichem POW), enthält B zu irgend zweien seiner Punkte, etwa zu x', x'', einen einfachen Bogen $B(x', x'')$ mit x' und x'' als Begrenzungspunkten. Wählt man $\{x'\} = B \cap K'$, $\{x''\} = B \cap K''$, so wird $B(x', x'')$ von jedem $K \subset \bar{D}_p$ in mindestens einem Punkt getroffen (weil x' und x'' für $K \subset D_p$ auf verschiedenen Seiten von K liegen (gemäß Abschn. 7.8.2., III), weil K die Begrenzung von $R(K; \pm)$ (Abschn. 7.8.2., I) und weil $B(x', x'')$ ein Kontinuum ist). Weil $B(x', x'') \cap K \subset B \cap K$ und POW $(B \cap K) = 1$ ist für beliebiges $K \in \mathfrak{k}(\bar{D}_p)$, folgt $B = B(x', x'')$. Damit ist die Behauptung (III) bewiesen.

7.8.5. Darstellbarkeit als Bogensumme

Über das Ergebnis in Abschn. 7.8.4. hinaus läßt sich noch zeigen, daß C sogar Bogensumme ist, und zwar erbliche.

7.8.5.1. Zuvor wird folgender Hilfssatz bewiesen.

Hilfssatz. *Voraussetzung* (1). Es seien die in Abschn. 7.8.4., Satz, Voraussetzung (1), aufgezählten Axiome erfüllt. — (2). Es sei C ein Kontinuum mit $C \subset E$ und endlichem POW $(C; \mathfrak{k})$.

Behauptung. Es besitzt C abzählbar viele Endpunkte im Sinne der topologischen Kurventheorie.

Beweis. Indirekt. Es sei also C_e die Menge der Endpunkte von C und C_e nicht abzählbar. Weil R eine abzählbare Basis besitzt (denn R ist kompakt und metrisch), ist die Menge C_c der Kondensationspunkte von C_e nicht leer und überabzählbar; es ist $(C_c)_c = C_c \subset C = \bar{C}$ und C_c abgeschlossen.

(I). Es sei $d \in C_c$, ferner $U = U(d; \varepsilon)$. Dann gibt es überabzählbar viele $d', d'', \ldots \in C_c \cap U$ (bei beliebig kleinem ε). Weil $d \in C$ und weil POW $(C; \mathfrak{k})$ endlich ist, gibt es $d', d'' \in C_c \cap U$ derart, daß diejenigen $K^*, K^{*\prime}, K^{*\prime\prime} \in \mathfrak{k}$ verschieden sind, für welche $d \in K^*$, $d' \in K^{*\prime}$ und $d'' \in K^{*\prime\prime}$ ist. Nach Umbezeichnung der d, d', d'' hat man Punkte $f, f', f'' \in C_c \cap U$ und $K, K', K'' \in \mathfrak{k}(C)$ mit $f \in K, f' \in K', f'' \in K''$ derart, daß $K \subset D(K', K'') = R(K'; +) \cap R(K''; -)$ (vgl. Abschn. 7.8.2., III), also $f' \in R(K; \alpha)$, $f'' \in R(K; -\alpha)$.

(II). Es sei nun $d_1^* \in C_c \subset C$ beliebig und $V_1 = U(d_1^*; \varepsilon_1)$. Da C lokal zusammenhängend ist (vgl. Abschn. 7.8.4., Satz, Behauptung (II)), gibt es ein $U_1 = U(d_1^*; \varepsilon_1') \subset V$ derart, daß beliebige $x_1', x_1'' \in C_c \cap U_1$ in einem, in V_1 enthaltenen Teilkontinuum C_1 von C liegen. Da auch POW $(C_1; \mathfrak{k})$ endlich, also C_1 lokal zusammenhängend ist, gibt es einen in $C_1 \subset C \cap V_1$ enthaltenen, einfachen Bogen, der x_1', x_1'' als Begrenzungspunkte besitzt. Durch Umbezeichnung der d_1^*, x_1', x_1'' erhält man (vgl. Ziffer (I)) Punkte $f_1, f_1', f_1'' \in C_c \cap U_1$ und $K_1, K_1', K_1'' \in \mathfrak{k}(C)$ mit $f_1 \in K_1, f_1' \in K_1', f_1'' \in K_1''$ derart, daß $f_1' \in R(K_1; -)$ und $f_1'' \in R(K_1; +)$, also $f_1 \in D_1 = D(K_1', K_1'') = R(K_1'; +) \cap R(K_1''; -)$ ist (vgl. Abschn. 7.8.2., III und IV). Wegen $f_1', f_1'' \in U_1$ existiert ein einfacher Bogen $T_1 \subset C \cap V_1$ mit f_1', f_1'' als Begrenzungspunkten. Es ist somit $T_1 \cap K \neq \emptyset$ für jedes $K \in \mathfrak{k}(\bar{D}_1)$.

(III). *Kein Punkt von* $\underline{T}_1 = T_1 - \{f_1'\} - \{f_1''\}$ (vgl. Ziffer (II)) *ist Endpunkt von* C, d. h., es ist $\underline{T}_1 \cap C_e = \emptyset$. (Denn jedes $x \in \underline{T}_1$ ist nicht einmal Endpunkt von T_1, um so weniger also von C.) Ferner *existiert ein zu* f_1 *beliebig* R*-benachbartes* $d_2^* \in C_c$, also auch mit $d_2^* \in D_1 \cap U_1$ *derart, daß* d_2^* *nicht auf* $\underline{T}_1$ *liegt.* In der Tat: Ist $f_1 \notin \underline{T}_1$, so kann $d_2^* = f_1$ gewählt werden. Andernfalls ist $f_1 \in \underline{T}_1 \cap C_c$. Dann ist wegen $\underline{T}_1 \cap C_e = \emptyset$ auch $T_1 \cap W_1 \cap C_e = \emptyset$ für jede hinreichend kleine R-Umgebung W_1 von f_1, in welcher die Begrenzungspunkte von T_1 nicht enthalten sind. Setzt man $W_1' = W_1 - W_1 \cap T_1$, so ist sogar $W_1' \cap C_c \neq \emptyset$. Denn sonst besitzt jedes $y \in W_1'$ eine in W_1' enthaltene R-Umgebung Y mit abzählbarem $Y \cap C_e$; und da R eine abzählbare Basis besitzt, enthält W_1' und somit auch W_1 nur abzählbar viele Endpunkte von C, so daß $W_1 \cap C_c = \emptyset$ ist, im Widerspruch zu $f_1 \in W_1 \cap C_c$. Es existiert also auch bei $f_1 \in \underline{T}_1 \cap C_c$ ein $d_2^* \in W_1' \cap C_c$, welches somit nicht auf $\underline{T}_1$ liegt.

(IV). Aus Ziffer (I) bis (III) dieses Beweises folgt: Zu beliebigem $d_1^* \in C_c$ und beliebiger R-Umgebung V_1 von d_1^* gibt es $f_1, f_1', f_1'' \in V_1 \cap C_c$ derart, daß für $K_1, K_1', K_1'' \in \mathfrak{k}(C)$ mit $f_1 \in K, f_1' \in K', f_1'' \in K''$ und für $D_1 = D(K_1', K_1'') \neq \emptyset$ gilt: Es ist $f_1 \in D_1$ und es existiert ein einfacher, in K_1' und K_1'' mündender Bogen T_1 mit $T_1 \subset C \cap V_1$, der von jedem $K \in \mathfrak{k}(\bar{D}_1)$ getroffen wird; außerdem gibt es ein zu d_1^* beliebig benachbartes $d_2^* \in (C_c - C_c \cap \underline{T}_1) \cap D_1 \cap V_1$. — Indem man Ziffer (I) bis (III) auf d_2^* und $V_2 = U(d_2^*; \varepsilon_2)$ mit $\bar{V}_2 \subset (V_1 - V_1 \cap \bar{T}_1) \cap D_1$ anwendet, erhält man einen einfachen, zu T_1 fremden Teilbogen T_2 von C und einen Streifen $D_2 \neq \emptyset$ mit $\bar{D}_2 \subset D_1$ derart, daß $T_2 \cap K \neq \emptyset$ und $T_1 \cap K \neq \emptyset$ für jedes $K \in \mathfrak{k}(\bar{D}_2)$. Fortsetzung dieser Schlüsse führt zu einer Folge paarweise fremder, einfacher Bogen $T_n \subset C$ und Streifen $D_n \neq \emptyset$ mit $\overline{D_{n+1}} \subset D_n$ so, daß für $D_0 = \bigcap_n \bar{D}_n = \bar{D}_0$ gilt: $T_n \cap K \neq \emptyset$ für jedes $K \in \mathfrak{k}(\bar{D}_0)$ und für jedes $n = 1, 2, \ldots$ Wegen der Kompaktheit der $\bar{D}_n \neq \emptyset$ bzw. der $\mathfrak{k}(\bar{D}_n) \neq \emptyset$ ist $\bar{D}_0 \neq \emptyset$ bzw. $\mathfrak{k}(\bar{D}_0) \neq \emptyset$. Es gibt also ein $K \in \mathfrak{k}(\bar{D}_0)$ mit $T_n \cap K \neq \emptyset$ für jedes $n = 1, 2, \ldots$, im Widerspruch zur Voraussetzung, daß POW $(C; \mathfrak{k})$ endlich sei. Somit kann nicht $C_c \neq \emptyset$ sein. Es besitzt also C nur abzählbar viele Endpunkte; w. z. z. w.

7.8.5.2. Ein Kontinuum C, welches lokal zusammenhängend ist, heißt *erbliche* Bogensumme, wenn C und jedes Teilkontinuum von C als Bogensumme darstellbar ist. Ferner verstehen wir unter einem *Baum* jedes im Kleinen zusammenhängende Kontinuum, welches keine einfache, geschlossene Kurve (d. h. kein topologisches Bild der Kreisperipherie) enthält. Wir beweisen jetzt den oben (Abschn. 7.8.5.) ins Auge gefaßten

Satz. *Voraussetzung* (1). *Es seien für R und* $\mathfrak{k}$ *die Axiome in Abschnitt* 7.8.1. *erfüllt.* — (2). *Es sei C ein in E enthaltenes Kontinuum von endlichem Punktordnungswert bezüglich* $\mathfrak{k}$.

Behauptung. Es ist C erbliche Bogensumme.

Beweis (I). Es genügt, zu wissen, daß die (gemäß Abschn. 7.8.4., Satz) reguläre Kurve C Bogensumme (abgekürzt BS) ist. Denn jedes Teilkontinuum von C erfüllt ebenfalls die Voraussetzung (2), ist also BS, wenn C BS ist.

(II). Weiter genügt es, zu zeigen: Es ist C darstellbar als Vereinigung einer (evtl. leeren) BS S und eines zu S fremden Baumes F mit abzählbar vielen Endpunkten; denn ein derartiges F ist eine BS (vgl. Menger [2], S. 310) und die Vereinigung zweier BS ist wieder eine BS.

(III). Ein F und ein S im Sinne von Ziffer (II) läßt sich folgendermaßen konstruieren.

(III 1). Gemäß Abschn. 7.8.4., Satz, Behauptung (III), ist $C = J \cup (\bigcup_n B_n)$, wobei J nirgends dicht in R ist und die B_n paarweise fremde, einfache (abgeschlossene) Bogen sind. Dabei zerfallen die B_n in Systeme zu je endlich vielen $B_{p1}, \ldots, B_{pn_p}$, $p = 1, 2, \ldots$, derart, daß $\bigcup B_n = \bigcup C \cap \bar{D}_p$ mit $C \cap \bar{D}_p = B_{p1} \cup \cdots \cup B_{pn_p}$; die Streifen $\bar{D}_p$ sind paarweise fremd. Kein B_n enthält daher Verzweigungspunkte (im Sinne der topologischen Kurventheorie), und kein B_n enthält Endpunkte von C.

(III 2). Vermittelst der Darstellung $C = J \cup (\bigcup B_n)$ erhält man die in Ziffer (II) genannte Zerlegung $C = F \cup S$ in folgender Weise: Es sei $B_1' = \overline{B_1'}$ ein beliebiger abgeschlossener Teilbogen von $\mathring{B}_1$. Entweder ist $C - \mathring{B}_1'$ zusammenhängend; dann setzt man $A_1 = \mathring{B}_1'$ und $C_1 = C - A_1 \neq \emptyset$. Oder $C - \mathring{B}_1'$ ist nicht zusammenhängend; dann setzt man $A_1 = \emptyset$ und wieder $C_1 = C - A_1 \neq \emptyset$. In beiden Fällen ist C_1 ein Kontinuum; denn C_1 ist in sich kompakt, zusammenhängend (und übrigens mehrpunktig, weil $\mathring{B}_1 - \overline{A}_1 \subset C_1$ in jedem Falle mehrpunktig ist). Es ist $C = C_1 \cup A_1$ mit $C_1 \cap A_1 = \emptyset$ und $A_1 = \mathring{A}_1$ bzw. $\mathring{A}_1 = A_1 = \emptyset$. — Entsprechend wie C_1 und A_1 aus $C_0 = C$ und B_1 erhält man ein Kontinuum $C_2 = C_1 - A_2$ mit $A_2 = \mathring{A}_2 \subset \overline{A}_2 \subset \mathring{B}_2$, also mit $\overline{A}_1 \cap \overline{A}_2 = \emptyset$ und $C_2 = C - (A_1 \cup A_2)$. Die Fortsetzung dieser Konstruktion führt zu einer Folge von offenen Teilbogen bzw. leeren Mengen $A_n = \mathring{A}_n$, $n = 1, 2, \ldots$, mit $\overline{A}_n \cap \overline{A}_m = \emptyset$ für $n \neq m$, und von Kontinuen C_n mit $C_n = C - S_n$, wobei $S_n = \bigcup_{\nu=1}^{n} A_\nu$ und wobei der Fall $S_n = \emptyset$ eingeschlossen ist. Wegen $C_{n+1} \subset C_n$ ist $F = \bigcap_n C_n$ ein Kontinuum (vgl. Hausdorff [*1*], S. 163)); insbesondere ist F mehrpunktig, weil $B_n \cap B_m = \emptyset$ und daher $\mathring{B}_n - A_n \subset C_m$ für $n \leq m$, wobei $\mathring{B}_n - A_n$ mehrpunktig ist. Weiter ist $S = \bigcup_n A_n$ eine (evtl. leere) BS mit $S = \bigcup_n S_n = \bigcup_n (C - C_n) = C - (\bigcap_n C_n) = C - F$. Da F ein Kontinuum von endlichem POW ist, folgt aus Abschn. 7.8.4., Satz, und Abschn. 7.8.5.1., Hilfssatz, daß F reguläre Kurve mit abzählbar vielen Endpunkten (im Sinne der topologischen Kurventheorie) ist.

(III 3). Gemäß Ziffer (II) und (III 2) ist nur noch zu zeigen, daß F ein Baum ist. — *Beweis*. Indirekt. Es existiere also eine in F enthaltene einfache geschlossene Kurve Q.

(α). Mindestens eines der B_n (vgl. Ziffer (III 1)), etwa B_q, ist Teilbogen von Q. In der Tat: Weil POW $(Q; \mathfrak{k})$ endlich ist, kann Q nicht in einem $K \in \mathfrak{k}$ liegen. Ist also $y' \in Q$, so gibt es ein $K' \in \mathfrak{k}(C)$ mit $y' \in K'$. Ist ferner $U = U(K'; \varepsilon)$, so gibt es $K'' \in \mathfrak{k}(C)$ mit $K'' \neq K'$ und $y'' \in Q \cap K'' \cap U$. Zu $D = D(K', K'') \neq \emptyset$ (vgl. Abschn. 7.8.2., IV) existiert daher ein Teilbogen $T = \overline{T}$ von Q mit $T \subset \overline{D} = \overline{D}(K', K'')$, dessen Begrenzungspunkte auf K' und K'' liegen, so daß $T \cap K \neq \emptyset$ für jedes $K \in \mathfrak{k}(\overline{D})$. Es sei nämlich H irgend einer der beiden von y' und y'' begrenzten Teilbogen von Q; es gibt dann einen auf H am nächsten bei y'' bzw. bei y' gelegenen Punkt z' bzw. z'' mit $z' \in H \cap K'$ bzw. $z'' \in H \cap K''$, so daß der von z' und z'' begrenzte Teilbogen von H ein T der gesuchten Art ist. Es gibt aber einen Streifen D_p mit $C \cap \overline{D}_p = B_{p1} \cup \cdots \cup B_{pn_p}$ (vgl. Abschn. 7.8.4., Satz, Beweis betr. Behauptung (III) oder Ziffer (III 1)), für welchen $D \cap D_p \neq \emptyset$ ist; denn die D_p liegen dicht in R (vgl. Abschn. 7.8.4., Satz, Beweis betr. Behauptung (I)). Wegen $D' = D \cap D_p \neq \emptyset$ ist in D' ein offener Streifen $D_0 = D_0(K_0', K_0'')$ enthalten. Für $\bar{D}_0$ gilt $C \cap \bar{D}_0 = \bigcup_r B_{pr}''$, wobei die $B_{pr}'' = B_{pr} \cap \bar{D}_0$ einfache, abgeschlossene, paarweise fremde Bogen sind; denn es ist B_{pr} einfacher Bogen und $B_{pr} \cap K$ einpunktig für jedes $K \in \mathfrak{k}(\bar{D}_0)$. Ferner enthält T einen in $\bar{D}_0$ enthaltenen Teilbogen T'', dessen Begrenzungspunkte auf K_0' und K_0'' liegen (die Existenz von T'' ergibt sich wegen $T \cap K_0' \neq \emptyset$ und $T \cap K_0'' \neq \emptyset$ wie oben die Existenz von T). Somit ist $T'' = T'' \cap \bar{D}_0 = C \cap T'' \cap \bar{D}_0 = \bigcup_r B_{pr}'' \cap T''$. Weil die B_{pr}'' paarweise fremd sind, folgt $T'' = B_{pr}''$ für genau ein r, also $T'' \subset B_{pr}$. Daher enthält Q einen Teilbogen T'' eines der B_n, etwa von B_q. Da $\underline{B}_q$ keinen Verzweigungspunkt von C enthält und $Q \subset C$ ist, folgt $\underline{B}_q \subset Q$, also auch $B_q \subset Q$.

(β). Gemäß (α) sei $B_q \subset Q$. Nach Konstruktion von C_{q-1} ist jedenfalls $B_q \subset C_{q-1}$. Wegen $Q \subset F$ ist aber $Q \subset C_q$, also $B_q \subset C_q$. Gemäß der Konstruktion von C_q ist daher $C_{q-1} - \underline{B}_q'$, erst recht also $C_{q-1} - B_q'$ nicht zusammenhängend. Im Widerspruch dazu erweist sich $C_{q-1} - B_q'$ auch als zusammenhängend. Nämlich: Es ist $Q \subset C_q \subset C_{q-1}$. Da $B_q' \subset \underline{B}_q$ ist, also B_q' keinen Verzweigungspunkt von C enthält, mündet jede Komponente C' von $C_{q-1} - Q$ nur in $Q - B_q'$; es ist also $\bar{C}' \cap (Q - B_q') \neq \emptyset$. Infolgedessen ist $(C_{q-1} - Q) \cup (Q - B_q') = C_{q-1} - B_q'$ zusammenhängend; denn $Q - B_q'$ ist zusammenhängend, weil Q Kurve ist. — Damit ist der (indirekte) Beweis der Behauptung in Ziffer (III 3) geführt und der Satz (Abschn. 7.8.5.2.) bewiesen.

7.8.6. Fall schwacher Punktordnungswerte

Als Ergänzung zu den Sätzen in Abschn. 7.8.4. und 7.8.5. sei noch angeführt, daß Kontinua von beschränktem schwachem Punktordnungswert, z. B. für den Fall der Hyperebenen im projektiven $P = P_n$ als OCh, reguläre Kurven und erbliche Bogensummen sind.

Zwecks einfacher Darstellung der (Voraussetzungen und) des Beweises dieser Behauptung für den P_n sowie deren Verallgemeinerungen stellen wir die (neben ($\mathfrak{k}$), (Sp), (St) in Abschn. 7.2.) wesentlichen Forderungen an das System $\mathfrak{k}$ der OCh nachstehend zusammen; daß diese Forderungen (Tr I) usw. beispielsweise für den P_n erfüllt sind, ist ohne weiteres einzusehen, abgesehen von (M), für deren Verifikation im P_n etwa auf H. [22], Abschn. 2.6.2., verwiesen werden kann.

Es sei $K_0 \in \mathfrak{k}$ und $E_0 = \mathbf{C} K_0 = P - K_0$.

(Tr I) Ist $L \in \bar{\mathfrak{k}}$ und $x', x'' \in L \cap E_0$ mit $x' \neq x''$, so gibt es $K \in \mathfrak{k}$ mit $x' \in E_0(K; \alpha)$, $x'' \in E_0(K; -\alpha)$; $\alpha = \pm$.

(Tr II) Es seien $K \in \mathfrak{k} - \{K_0\}$ und $n \geq 1$ beliebig, ferner $x_\nu \in K \cap E_0$

und $y_\nu \in E_0(K; +)$, $\nu = 1, \ldots, n$, beliebig gegeben. Dann gibt es zu beliebig kleiner P-Umgebung V von $K \cap K_0$ mit $x_\nu, y_\nu \in \mathbf{C}\,\bar{V}$, $\nu =, \ldots, n$, in beliebig kleiner $\mathfrak{F}$-Umgebung von K ein $K' \in \mathfrak{k} - \{K_0\}$ derart, daß $K \cap K' \subset V$ und daß $x_\nu \in E_0(K'; -)$, $y_\nu \in E_0(K'; +)$ für jedes $\nu = 1, \ldots, n$.

(Tr III) Es seien beliebig gegeben: $G \subset P$ offen mit $\bar{G} \subset E_0$, ferner $K \in \mathfrak{k}$ mit $G \cap K \neq \emptyset$. Dann gibt es in beliebig kleiner $\mathfrak{F}$-Umgebung von K eine K enthaltende überabzählbare (abgekürzt: ü. a.) Menge $\mathfrak{i} = \bar{\mathfrak{i}} = \mathfrak{i}(G; K) \subset \mathfrak{k}$ mit folgender Eigenschaft: Irgend zwei $K', K'' \in \mathfrak{i}$ mit $K' \neq K''$ sind fremd in $\bar{G}$ (d. h. $K' \cap K'' \cap \bar{G} = \emptyset$); ferner gibt es zu jedem $K' \in \mathfrak{i}$ und jedem $\alpha = \pm$ in beliebig kleiner $\mathfrak{F}$-Umgebung von K' ü. a. $K'' \in \mathfrak{i}$ mit $(K' \cup E_0(K'; \alpha)) \cap \bar{G} \subset E_0(K''; \alpha)$ genau für diese K''.

Zu diesen Trennbarkeitseigenschaften (Tr I) bis (Tr III) kommt noch (M). Zu jedem offenen $Q \subset P$ mit $\bar{Q} \subset E_0$ gibt es eine ü. a. Teilmenge $\mathfrak{m} = \mathfrak{m}(Q)$ von $\mathfrak{k}$ der folgenden Art: Zu keiner *endlichen* Teilmenge $T \subset \bar{Q}$ existiert eine ü. a. Teilmenge $\mathfrak{t}$ von $\mathfrak{m}$ derart, daß POW $(T \cap K) \geq 2$ für jedes $K \in \mathfrak{t}$.

Folgerung aus (Tr II): Ist $C \subset P$ Kontinuum mit schwPOW $(C; \mathfrak{k}) = c$, so gilt KOW $(C; \mathfrak{k}) < 2c + 1$.

Beweis. Aus schwPOW $(C; \mathfrak{k}) = c$ folgt schwKOW $(C; \mathfrak{k}) = c$. Angenommen, es existiert $K \in \mathfrak{k}$, für welches $C \cap K$ mehr als $2c$ Komponenten besitzt (evtl. unendlich viele). Dann ist $C \cap K$ in (mindestens) $q = 2c + 1$ Stücke spaltbar, etwa in $S_1, \ldots, S_q$ (vgl. z. B. H. [22], S. 126). Wegen $S_r = \bar{S}_r$ und $S_r \cap S_t = \emptyset$ für $r \neq t$, gibt es Normalumgebungen U_r von S_r mit $\bar{U}_r \cap \bar{U}_t = \emptyset$ für $r \neq t$; $r, t = 1, \ldots, q$. In jedem S_r mündet (mindestens) eine Komponente Q_r von $C \cap U_r \cap E_0(K; \alpha)$, wobei $\alpha = +$ oder $= -$. Mindestens $c + 1$ dieser $Q_1, \ldots, Q_q$ liegen auf der gleichen Seite von K, etwa in $E_0(K; +)$. Daher gibt es gemäß (Tr II) beliebig nahe bei K ein in $\mathfrak{k}$ offenes $\mathfrak{o}$ mit KOW $(C; \mathfrak{o}) \geq c + 1$ im Widerspruch zu schwKOW $(C; \mathfrak{k}) = c$.

Hilfssatz. *Voraussetzung* (1). Für den Raum P und das System $\mathfrak{k}$ der OCh seien die Forderungen ($\mathfrak{k}$), (Sp), (St), (Tr I), (Tr II), (Tr III) und (M) erfüllt. — (2). Es sei $C \subset E_0$ (mehrpunktiges) Kontinuum mit schwPOW $(C; \mathfrak{k}) = c < +\infty$. — (3). Es sei Q offen mit $C \subset Q \subset \bar{Q} \subset E_0$.

Behauptung. Es gibt höchstens abzählbar viele $K \in \mathfrak{m} = \mathfrak{m}(Q)$ (gemäß (M)), für welche $C \cap K$ nicht diskontinuierlich ist, d. h. für welche $C \cap K$ (mindestens) ein mehrpunktiges Kontinuum enthält.

Beweis. Indirekt. — (I). Andernfalls gibt es eine ü. a. Menge $\mathfrak{m}' \subset \mathfrak{m} = \mathfrak{m}(Q)$ so, daß $C \cap K$ ein mehrpunktiges Kontinuum $C(K)$ enthält für jedes $K \in \mathfrak{m}'$. Demzufolge existiert dann eine ü. a. Teilmenge $\mathfrak{m}''$ von $\mathfrak{m}'$ derart, daß für jedes $K \in \mathfrak{m}''$ der Durchmesser $d(C(K))$ von $C(K)$ größer als ein $\delta > 0$ ist; demgemäß gibt es $e'(K)$,

$e''(K) \in C(K)$, deren Abstand nicht kleiner als δ ist. Es gibt daher $e', e'' \in P$ von folgender Beschaffenheit: Der Abstand der e', e'' ist nicht kleiner als δ; und zu beliebig kleinen Umgebungen V' von e', V'' von e'' existieren ü. a. $K \in \mathfrak{m}''$ mit $e'(K) \in V$, $e''(K) \in V''$. Die ü. a. Menge dieser K sei mit $\mathfrak{m}''(V', V'')$ bezeichnet; dabei wird angenommen, daß V' und V'' Durchmesser kleiner als $4^{-1}\delta$ besitzen, so daß $\bar{V}' \cap \bar{V}'' = \emptyset$. — Zum Beweis der Existenz solcher e', e'': Ist $E' = \{e'(K); K \in \mathfrak{m}''\}$, $E'' = \{e''(K): K \in \mathfrak{m}''\}$, so hat man z. B. für E' die Möglichkeiten $1E'$: Es ist E' nicht ü. a., so daß $e' \in E'$ mit ü. a. $\{K: e'(K) = e'; K \in \mathfrak{m}''\}$ existiert; oder $2E'$: Es ist E' ü. a., so daß (weil P als metrisch und kompakt abzählbare Basis besitzt) ein Kondensationspunkt e' von E' existiert. Die Diskussion der 4 Kombinationen iE', jE''; $i, j = 1, 2$, liefert die Existenz von e', e''. (Wegen (M) scheidet übrigens $1E'$, $1E''$ von vorneherein aus). Es gibt nun Teilfolgen $((K_r))$ in $\mathfrak{m}''$, so daß $e' = \lim e'(K_r)$, $e'' = \lim e''(K_r)$ und $L = \lim K_r$ existiert, also $L \in \bar{\mathfrak{k}}$ und $C \cap L$ Kontinuum (mehrpunktig). Gemäß (Tr I) für $x' = e'$, $x'' = e''$ sei $\bar{K} \in \mathfrak{k}$ so gewählt, daß $e' \in E_0(\bar{K}; +)$, $e'' \in E_0(\bar{K}; -)$. Weil $C(K)$ zusammenhängend ist für jedes $K \in \mathfrak{m}''(V', V'')$, wobei $\bar{V}' \subset E_0(\bar{K}; +)$, $\bar{V}'' \subset E_0(\bar{K}; -)$, also $\bar{V}' \cap \bar{K} = \bar{V}'' \cap \bar{K} = \emptyset$, gilt $C(K) \cap \bar{K} \neq \emptyset$ für jedes $K \in \mathfrak{m}''(V', V'')$. Es ist übrigens $\mathfrak{m}''(V', V'')$ ü. a. Ist $\tilde{\mathfrak{u}}$ eine hinreichend kleine $\mathfrak{F}$-Umgebung von $\bar{K}$, so ist $C(K) \cap K' \neq \emptyset$ für alle $K \in \mathfrak{m}''(V', V'')$ und $K' \in \tilde{\mathfrak{u}}$.

Es ist $\bar{K} \cap Q \neq \emptyset$. Gemäß ($Tr$ III) gibt es ein ü. a. $\mathfrak{i} = \mathfrak{i}(Q, \bar{K})$ mit $\mathfrak{i} \in \tilde{\mathfrak{u}} \cap \mathfrak{k}$ von folgender Art: Für beliebige $K', K'' \in \mathfrak{i}$ mit $K' \neq K''$ gilt $K' \cap K'' \cap Q = \emptyset$ sowie $C(K) \cap K' \neq \emptyset$ und $C(K) \cap K'' \neq \emptyset$ für jedes $K \in \mathfrak{m}''$. Es gibt aber höchstens ein $K' \in \mathfrak{i}$ mit diskontinuierlichem $C \cap K'$. In der Tat: Bei diskontinuierlichem $C \cap K' = T'$ ist $\mathrm{POW}(C \cap K') = a < 2c + 1$ (gemäß Folgerung aus (Tr II)). Wegen $\emptyset \neq C(K) \cap K' \subset C \cap K \cap K' \subset T'$ ist also $T' \cap K \neq \emptyset$ für jedes $K \in \mathfrak{m}'' = \mathfrak{m}''(V', V'')$. Ist $T'' = C \cap K''$ diskontinuierlich für ein $K'' \in \mathfrak{i} - \{K'\}$, so gilt ebenso $T'' \cap K \neq \emptyset$ für die endliche Menge T'' und für jedes der ü. a. $K \in \mathfrak{m}''$. Wegen $T' \cap T'' \subset K' \cap K'' \cap Q = \emptyset$ ist $\mathrm{POW}(T \cap K) \geq 2$ für die endliche Menge $T' \cup T'' = T \subset Q$ und die ü. a. K. Widerspruch mit (M) bzw. mit der Definition des in der Behauptung des Hilfssatzes und hier auftretenden $\mathfrak{m} = \mathfrak{m}(Q)$ wegen $\mathfrak{m}'' \subset \mathfrak{m}$.

(II). Zufolge des am Schlusse von (I) Bewiesenen existiert eine ü. a. Teilmenge $\mathfrak{i}' \subset \mathfrak{i} \subset \mathfrak{k}$ derart, daß $Q \cap K' \cap K'' = \emptyset$ für beliebige K', $K'' \in \mathfrak{i}'$ mit $K' \neq K''$ und daß $C \cap K'$ ein (mehrpunktiges) Kontinuum $C'(K') \subset C$ enthält für jedes $K' \in \mathfrak{i}'$. Wie in (I) ergibt sich: Es existieren $e', e''(e' \neq e'')$ und $\bar{K} \in \mathfrak{k}$ sowie Umgebungen V' von e' bzw. V'' von e'' mit $\bar{V}' \subset E_0(\bar{K}; +)$, $\bar{V}'' \subset E_0(\bar{K}; -)$ von folgender Art: Es gibt

$e'(K') \in C'(K') \cap V'$ und $e''(K') \in C'(K') \cap V''$ für jedes $K' \in \mathfrak{i}'$. Daher ist $C'(K') \cap \mathfrak{K}'' \neq \emptyset$ für $K' \in \mathfrak{i}'$ und jedes $\mathfrak{K}''$ aus einer hinreichend kleinen $\mathfrak{F}$-Umgebung $\mathfrak{w}$ von $\mathfrak{K}$ (in $\mathfrak{k}$). Weil die $K' \in \mathfrak{i}'$ paarweise fremd in Q sind, folgt POW $(C \cap \mathfrak{K}'') = \infty$ für jedes $\mathfrak{K}'' \in \mathfrak{w}$. Dies widerspricht der Voraussetzung (2) des Hilfssatzes, derzufolge schwPOW $(C; \mathfrak{k}) = c < \infty$.

Von der Menge $\mathfrak{m}(Q) = \mathfrak{m}$ in (M) kann überdies folgendes gefordert werden:

(M′) Es ist $\mathfrak{m} \subset \mathfrak{k}$ Vereinigung von überabzählbar vielen, paarweise fremden, je überabzählbaren Teilsystemen $\mathfrak{b}$, deren jedes für sich zusätzlich den Forderungen (Tr'), (R B) (I) und (II) sowie (E) und (E K) in Abschn. 7.8.1. genügt. (Es ist also für die einzelnen $\mathfrak{b}$ das R und E in Abschn. 7.8.1. abhängig von $\mathfrak{b}$, d. h., es ist $\mathfrak{k}$, R und E jeweils zu ersetzen durch $\mathfrak{k}(\mathfrak{b}) = \mathfrak{b}$, $R(\mathfrak{b})$ und $E(\mathfrak{b})$).

Anmerkung. Es ist (M′) erfüllbar z. B. für den $P = P_n$ (vgl. etwa H. [22]).

Satz. *Voraussetzung* (1). *Es genüge P und $\mathfrak{k}$ sowie C den Voraussetzungen des Hilfssatzes. Überdies erfülle das dort auftretende $\mathfrak{m}(Q)$ die Forderung* (M′); *dabei soll $Q \subset E(\mathfrak{b})$ sein für jedes $\mathfrak{b} \subset \mathfrak{m}(Q)$.*

Behauptung. Es ist C reguläre Kurve und erbliche Bogensumme.

Beweis (1). Die Behauptung ist richtig, wenn es mindestens ein $\mathfrak{b}$ gibt, etwa $\mathfrak{b}'$, mit beschränktem POW $(C; \mathfrak{b}')$; denn bezüglich eines solchen $\mathfrak{b}'$ sind dann für C die Voraussetzung der Sätze in Abschn. 7.8.4. und 7.8.5.2. erfüllt. — (2). Die Existenz eines $\mathfrak{b}'$ im Sinne von (1) ergibt sich so: Zufolge Voraussetzung (1) ist der Hilfssatz anwendbar; es existieren also in $\mathfrak{m}$ höchstens abzählbar viele K mit nicht diskontinuierlichem $C \cap K$. Daher gibt es unter den ü. a. $\mathfrak{b}$ solche, etwa ein $\mathfrak{b}'$, daß $C \cap K'$ diskontinuierlich ist für jedes $K' \in \mathfrak{b}'$ .Weil C und K, also auch $C \cap K$ kompakt ist, sind alle Komponenten von $C \cap K$ einpunktig für jedes $K \in \mathfrak{b}'$ (vgl. Hausdorff [*1*], S. 152 u. 160). Andererseits ist KOW $(C; \mathfrak{k}) < 2c + 1$ (gemäß der Folgerung aus $(Tr$ II)). Daher ist POW $(C \cap K') < 2c + 1$ beschränkt für jedes $K' \in \mathfrak{b}'$; w. z. z. w.

Anwendung auf den projektiven P_n. Jedes Kontinuum $C \subset P_n$ mit beschränktem schwPOW $(C; \mathfrak{k})$ ist reguläre Kurve und erbliche Bogensumme (dabei ist $\mathfrak{k}$ das System der Hyperebenen des P_n).

Beweis (1). Falls C beschränkt ist, folgt die Behauptung aus dem vorherigen Satz, weil dessen Voraussetzung für den P_n erfüllbar sind. — (2). Es sei also C nicht beschränkt. Jedes $x \in C$ ist innerer Punkt beliebig kleiner offener n-dimensionaler Simplexe S, deren Begrenzungen S_g je in $n + 1$ Hyperebenen H mit beschränktem POW $(C \cap H)$ enthalten sind; daher ist C reguläre Kurve (denn $C \cap S_g$ ist endlich). Weiter ist wegen der Endlichkeit von $C \cap S_g$ auch die Anzahl der Komponenten C'' von $C \cap \bar{S}$ endlich. Jedes C'' ist, weil beschränktes Kontinuum mit beschränktem schwPOW $(C''; \mathfrak{k})$ Bogensumme (gemäß (1)). Folglich ist $C \cap \bar{S}$ als Vereinigung endlich vieler Bogensummen selbst Bogensumme. Wegen der Kompaktheit von C ist aber C Vereinigung endlich vieler $C \cap \bar{S}$, also wieder Bogensumme. Und da jedes Teilkontinuum C' von C beschränkten schwPOW $(C'; \mathfrak{k})$ besitzt, ist auch C' Bogensumme, also C erbliche Bogensumme; w. z. z. w.

Ergänzende Hinweise zum Text des Abschnitts II.7

Zu Abschn. **7.6.** bis **7.8.** Vgl. KÜNNETH [*4*]. — *Zu Abschn. 7.6., Satz 5.* — (A) Es ist $\mathfrak{k}$ lokal kompakt, wenn z. B. jede OCh durch $k \geq 1$ ihrer Punkte eindeutig bestimmt und stetige Funktion solcher Punkte (vgl. Abschn 1.3.1., Satz 2; allgemeiner Bull. Soc. Royale Sci. Liège **32**, 449—455 (1963)); die Axiome (Sp), (Tr) werden beim Beweise für die lokale Kompaktheit nicht benötigt. — (B) Unter spezielleren Annahmen über P und $\mathfrak{k}$ ist $\mathfrak{n}$ sogar separiert (vgl. z. B. H. [*35*]). — *Zu Abschn. 7.8.2.* VII. Satz 1. Schwächere hinreichende Bedingung für diese Gleichwertigkeit a. a. O. zu Abschn. 7.6., Satz 5.

Zu Abschn. **7.8.4.** bis **7.8.5.** Für den Fall, daß P der n-dimensionale projektive Raum und $\mathfrak{b}$ ein Büschel von Hyperebenen mit der Achse A ist, gelten die Sätze von MARCHAUD [*4*] (vgl. S. 390). Ferner: Ist $C \subset P_n$ ein Kontinuum mit nulldimensionalem $C \cap A$, besitzt weiter $C - C \cap A$ bezüglich $\mathfrak{b}$ „nulldimensionalen POW sowie höchstens endlichen POW bezüglich einer in $\mathfrak{b}$ dichten Teilmenge $\mathfrak{b}'$, so ist C reguläre Kurve (wie aus MARCHAUD [*4*] folgt). — Ist F abgeschlossen im euklidischen E_n, ferner $F \cap A$ höchstens abzählbar und POW$(F; \mathfrak{b})$ höchstens endlich, so ist F Vereinigung der Menge seiner einpunktigen Komponenten mit einer Bogensumme (H. [*6*]).

Zu Abschn. **7.8.6.** Ist $\mathfrak{h}$ das System der Hyperebenen im projektiven P_n und $C \subset P_n$ ein Kontinuum mit schwKOW$(C; \mathfrak{h}) = a < \infty$, so sind folgende vier Aussagen gleichwertig: (1). Es ist schwPOW $(C; \mathfrak{h}) = a$. — (2). Es ist C erbliche Bogensumme. — (3). Es ist C Bogensumme. — (4). Die $H \in \mathfrak{h}$ mit diskontinuierlichem $C \cap H$ liegen dicht in $\mathfrak{h}$ (vgl. H. [*33*]). — Ein entsprechender Satz gilt bezüglich geeigneter OCh-Systeme $(\mathfrak{k}, k)$ (in der Ebene) für Kontinua C von beschränktem schwKOW$(C; \mathfrak{k})$ (vgl. H. [*41*]).

III. Ergänzungen

1 (a) Arbeiten von D. Derry.

Es handelt sich um Bogen B^n und Kurven C^n sowie um offene bzw. geschlossene Polygone β^n bzw. γ^n im reellen projektiven Raum P_n von n-ter Ordnung bezüglich der $(n-1)$-Ebenen.

A. Betr. Bogen und Kurven n-ter Ordnung. In DERRY [*1*] wird der SCHERKsche Satz von der Dualisierbarkeit der differenzierbaren B^n ohne Heranziehung des Erweiterungssatzes (vgl. Abschn. 5.2.7.5.) bewiesen. — Es sei (DERRY [*2*]) $C = C^n$ differenzierbar und L eine Gerade derart, daß jeder Punkt von L im Durchschnitt von je n verschiedenen (Tangentialschmieghyperebenen) $T_{n-1}(x_i)$ an C liegt; $x_i \in C$, $x_i \neq x_j$ für $i \neq j$; $i, j = 1, \ldots, n$. Ferner sei $\lambda(C)$ das System aller $(n-1)$-Ebenen, die mindestens ein L enthalten. Bei geeigneter Vielfachheitszählung für Punkte aus einem $C \cap H$, wo H eine $(n-1)$-Ebene ist, gilt für $n \geq 2$: Es ist $\lambda(C)$ das System aller $(n-1)$-Ebenen, die höchstens $n-1$ Punkte von C enthalten. Sind $x_i, y_i, i = 1, \ldots,$ verschiedene Punkte von C, wobei die Reihenfolge $x_1, y_1, \ldots, x_n, y_n, x_1$ einer Orientierung von C entspricht und wird $\{x\} = \bigcap_{i=1}^{n} T_{n-1}(x_i)$, $\{y\} = \bigcap_{i=1}^{n} T_{n-1}(y_i)$ gesetzt, so ist die Verbindungsgerade von x und y ein L und jedes L kann als eine solche Gerade dargestellt werden. — Im affinen Raum A_n sei (DERRY [*3*]) die nicht (notwendig differenzierbare) Kurve $C = C^n$ gegeben. Es sei $\underline{\bar{H}} = \underline{\bar{H}}(C)$ das Innere der konvexen Hülle $\bar{H}(C)$ von C. Ist $n = 2k+1$, so ist jedes $x \in \bar{H}$ in genau einem von $k+1$ verschiedenen Punkten aus C aufgespannten Simplex enthalten. Ist $n = 2k$ und ist $L(x_0, \ldots, x_k)$ die von den (linear unabhängigen) $x_i \in C$ aufgespannte k-Ebene, $i = 0, 1, \ldots, k$, so ist $\bar{H}$ die Vereinigung aller Durchschnitte $L(x_0, \ldots, x_k) \cap L(y_0, \ldots, y_k)$, wobei die $x_i, y_i \in C$ sämtlich verschieden sind; $i = 0, \ldots, n$. — In DERRY [*8*] ist $C = C^n$ differenzierbar; die ν-Tangentialebene $T_\nu(x; C)$ in x an C werde mit $T(x; \nu)$ abgekürzt, $0 \leq \nu \leq n-1$. Zu irgend endlich vielen $x_1, \ldots, x_m \in C$, $x_\nu \neq x_\mu$ für $\nu \neq \mu$, und Zahlen $k_1, \ldots, k_m$ mit $0 \leq k_\mu \leq n-1$ wird ein Polygon β^n mit Ecken $p_1^1, \ldots, p_{k_1+1}^1; p_1^2, \ldots, p_{k_2+1}^2, \ldots, p_1^m, \ldots, p_{k_m+1}^m$ konstruiert derart, daß $T(x_\mu; k_\mu) = L(p_1^\mu, \ldots, p_{k_\mu+1}^\mu)$,

$\mu = 1, \ldots, m$, ist. Mit Hilfe solcher β^n wird gezeigt: Es sei $x \in C$ sowie eine festgehaltene $(n-2)$-Ebene L gegeben. Mit $e = e(x; L)$ bzw. $i = i(x; L)$ werde die größte natürliche Zahl k bezeichnet, für welche L und $T(x; k)$ eine $(n-1)$-Ebene aufspannen bzw. für welche $T(x; k) \subset L$ ist; dabei wird $i(x; L) = -1$ gesetzt, falls $x \notin L$. Es gilt dann $\sum_{x \in C} \bigl(e(x; L) + i(x; L) + 1\bigr) \leq 2n - 2$ (für jedes L) (vgl. auch Derry [*4*]).

B. Betr. Polygone. Ein Polygon β^n bzw. γ^n heiße von n-ter Ordnung, wenn es in keiner $(n-1)$-Ebene E enthalten ist und mit jedem E höchstens n Schnitt- oder Eckpunkte gemeinsam hat. In Derry [*5*] werden γ^n betrachtet. Als Tangente an γ^n im Eckpunkt p werde jeder Limes von Geraden durch gegen p konvergierende Punkte auf den in p zusammenstoßenden Polygonseiten erklärt. Die Anzahl der eine gegebene $(n-2)$-Ebene treffenden Tangenten ist höchstens $2n-2$ (vgl. auch Derry [*8*]). — Es seien (Derry [*4*]) $p_1, \ldots, p_r$ die Eckpunkte von β^n, in der einer Orientierung von β^n entsprechenden Reihenfolge angeschrieben. Jedes Teilpolygon mit Ecken $p_j, \ldots, p_{j+n}$ läßt sich durch Adjunktion einer passenden (offenen) Strecke $S(p_{j+n}|p_j)$ mit den Endpunkten p_{j+n}, p_j zu einem γ^n erweitern. Als eine Schmieghyperebene $T_{n-1}(p_{j+1}, \ldots, p_{j+n-1})$ von β^n wird jede $(n-1)$-Ebene H mit $S(p_{j+n}|p_j) \cap H = \emptyset$ und mit $p_{j+1}, \ldots, p_{j+n-1} \in H$ bezeichnet. Es wird gezeigt: Die duale Menge zur Menge aller Schmieghyperebenen eines γ^n ist ein γ^n. Jedes β^n, etwa β_k, läßt sich darstellen als letztes Glied einer Kette von β^n, etwa $\beta_1, \ldots, \beta_k$, wobei β_r, $r = 1, \ldots, k$, ein β^n mit $n + r$ Ecken ist und wobei die Ecken von β_{r+1} auf den Seiten von β_r liegen. — Es seien (Derry [*6, 7*]) $a_1, \ldots, a_r$ die Ecken von β^n. Weiter sei $S(a_r|a_1)$ für $n = 1$ die offene, von a_r und a_1 begrenzte Strecke, für $n \geq 2$ die Menge aller $\bigcap_{i=r-n+2}^{r+1} T_{n-1}(a_i, \ldots, a_{i+n-2})$. Es erweist sich $S(a_r|a_1)$ als offenes Simplex mit den Ecken $p_1, \ldots, p_{n+1}$, wobei $p_1 = a_1$, $\{p_2\} = L(a_1, a_2) \cap L(a_r, \ldots, a_{r-n+1}), \ldots, \{p_n\} = L(a_1, \ldots, a_n) \cap L(a_r, a_{r-1})$, $p_{n+1} = a_r$. Ist nun γ' ein geschlossenes Polygon mit den Ecken $a_1, \ldots, a_r, a'$, so ist γ' ein γ^n genau dann, wenn der offene Streckenzug $a_r a' a_1$ in $S(a_r|a_1)$ enthalten ist. Zu gegebenem β^n lassen sich alle γ^n mit Ecken $a_1, \ldots, a_r, b_1, \ldots, b_k$ konstruieren (für Bogen vgl. Abschn. 5.2.7.5.).

In Derry [*9*] handelt es sich um monotone Folgen und um Beweise einiger Sätze von Hjelmslev (vgl. auch Abschn. 5.3.). Es sei β_∞ ein „Polygon" mit den unendlich vielen Ecken $a_1, a_2, \ldots$; in Zeichen $\beta_\infty: a_1, a_2, \ldots$ Es heißt β_∞ von der Ordnung n, in Zeichen β_∞^n, wenn jedes Abschnittspolygon β_r: $a_1, a_2, \ldots, a_r$ ein β^n ist. Sind die i-Ebenen L_i, $i = 0, 1, \ldots, n-1$, mit $L_i \subset L_{i+1}$ beliebig gegeben, und ist h hinreichend groß, so existiert zu β_∞^n ein $\beta^n: q_1, \ldots, q_n, a_h$, wobei h derart, daß $L_i = L(q_1, \ldots, q_{i+1})$, $i = 0, \ldots, n-1$, und daß $\beta_\infty : q_1, \ldots, q_n$, $a_h, a_{h+1}, \ldots$ wieder ein β^n_∞ ist. Außerdem existiert für hinreichend großes m ein $\beta^n : p_1, \ldots, p_n, a_m$ derart, daß $p_1 = \lim a_r$, $L(p_1, p_2) = \lim L(a_r, p_1), \ldots, L(p_1, \ldots, p_n) = \lim L(a_r, p_1, \ldots, p_{n-1})$ für $r \to \infty$ und daß $p_1, \ldots, p_n, a_m, a_{m+1}, \ldots$ ein β^n_∞ ist. Es gilt sogar $L(p_1, \ldots, p_k) = \lim L(a_{i_1}, a_{i_2}, \ldots, a_{i_k})$ für $i_1 \to \infty$, wenn für die im übrigen beliebigen i_ν gilt: $i_1 < i_2 < \cdots < i_n$; $1 \leq k \leq n$. — Für (im Sinne von HJELMSLEV) schließlich monotone Folgen im affinen A_n ergibt sich daraus insbesondere, daß ihre Zentralprojektionen wieder schließlich monotone Folgen sind (vgl. Abschn. 5.3.ff.).

Neuerdings hat D. DERRY in einer Arbeit „Iperpiani ad inflessione di poligoni“ folgendes gezeigt: Es seien $A_1, A_2, \ldots, A_m$, $m > n$ Punkte des reellen projektiven Raumes L_n, $n \geq 2$, in allgemeiner Lage. π sei ein geschlossenes Polygon in L_n mit den Eckpunkten $A_1, A_2, \ldots, A_m$. Es sei $[A_i, A_{i+1}, \ldots, A_{i+n-1}] = L_{n-1}$ die Hyperebene, die die Punkte $A_i, A_{i+1}, \ldots, A_{i+n-1}$ enthält ($A_{j+m} = A_j$). Ist q die Anzahl der Punkte des Segments $A_{i+n}, A_{i+n+1}, \ldots, A_{i+m-1}$ von π innerhalb L_{n-1}, so nennt man L_{n-1} Inflexionshyperebene von π, wenn $q + n + 1$ eine gerade (ungerade) Zahl ist, falls π gerade (ungerade), d. h., von gerader bzw. ungerader Ordnung bezüglich der Hyperebenen ist.

Für $n = 2$ sei L_1 eine Gerade, die keinen Eckpunkt von π enthält. Ist $n > 2$, so sei L_1 eine Gerade, für welche $L_1 \cap [A_{i+1}, A_{i+2}, \ldots, A_{i+n-1}] = \emptyset$ ist; $1 \leq i \leq m$. Ist $n = 2$ bzw. $n > 2$, so bedeute r die Anzahl der Punkte des Durchschnittes $L_1 \cap \pi$ bzw. die Anzahl der Schmiegräume $L(A_{i+1}, A_{i+2}, \ldots, A_{i+n-2})$ von π, für welche $L(A_{i+1}, A_{i+2}, \ldots, A_{i+n-2}) \cap L_1 \neq \emptyset$. Ist k die Anzahl der Inflexionshyperebenen von π, so hat man den Satz: $k + r$ ist eine gerade Zahl.

Bekanntlich geht durch $n + 3$ Punkte in allgemeiner Lage im L_n eine einzige Normkurve, d. h. algebraische Kurve n-ter Ordnung. Das dieser Normkurve eingeschriebene Polygon mit den gegebenen $n + 3$ Punkten als Eckpunkten ist ein Polygon π_n der Ordnung n. Mittels des obigen Satzes gewinnt man einen anderen Beweis dafür, daß π_n existiert, der gleichzeitig zeigt, daß π_n eindeutig bestimmt ist.

1 (b) Arbeiten von F. Fabricius-Bjerre.

A. Betr. Singularitäten von Kurven im projektiven reellen Raum P_n; $n \geq 2$.

In FABRICIUS-BJERRE [6] handelt es sich um einfache, streckenfreie gewöhnlich differenzierbare ebene Kurven C mit genau 2 Wendepunkten u, v, also um Vereinigungen von je zwei Spiralen U, V mit den Endpunkten u, v, wobei unter „Spiralen“ verstanden werden: Konvexbogen, einfache oder Doppelspiralen (vgl. Abschn. 3.8.2.). Es ist $C = U$

$\cup V$ beschränkt. Der Rand der konvexen Hülle von C ist Vereinigung aus einem konvexen Teilbogen $T = C(a|b)$ von C und einer Strecke F. Dabei ist T Teil von U oder von V, etwa $T \subset U$; ferner ist die Trägergerade von F Doppeltangente an C mit den Stützpunkten a, b. Es sei L die Verbindungsgerade von u und v. Durchläuft man U von u nach v, so seien der Reihe nach $u_1, \ldots, u_p, v_1, \ldots, v_q$ die von u und v verschiedenen Punkte von $U \cap L$; dabei kann p bzw. q so gewählt werden, daß v auf L nicht zwischen den $u_1, \ldots, u_p$ liegt und u nicht zwischen den $v_1, \ldots, v_q$. Für diese „charakteristischen Zahlen p, q von U" ist auch $p = 0$ und $q = 0$ möglich. Ist $p > 0$ und $q > 0$, so ist U Doppelspirale und $p - 1$, $q - 1$ sind die charakteristischen Zahlen von V. Für die Ordnung n und die Klasse m von C (bezüglich der Geraden) gilt $n \equiv m \equiv 0 (\mathrm{mod}\, 2)$ und $2p + 2q \leq n + m \leq 2p + 2q + 2$. Ferner ist die Anzahl der Doppeltangenten $d = (2p - 1)(2q - 1) - 2a - 2b$; dabei ist z. B. $2a$ die mit geeigneten Vorzeichen genommene Differenz zwischen der Anzahl der Punkte von $C \cap W_u$ und $2p$, unter W_u die Wendetangente an C in u verstanden. In FABRICIUS-BJERRE [*3*] finden sich Sätze über die Kurven C^{n+1} vom POW $n + 1$ im P_n (bezüglich der $(n - 1)$-Ebenen). Die Ergebnisse sind zum Teil in späteren von P. SCHERK (vgl. Abschn. B.1.) enthalten. Erwähnt sei nur: Hat ein C^{n+1} genau q singuläre Punkte, so ist C^{n+1} Vereinigung von q Bogen des POW n (dabei ist C^{n+1} als differenzierbar vorausgesetzt). Es gibt nichtalgebraische und nichtanalytische Kurven C^{n+1} im P_n mit vorgeschriebenen Singularitäten; sie ergeben sich durch Zentralprojektion von Kurven $C \subset P_{n+1}$ mit POW $(C) = n + 1$. Es werden dann Anwendungen gemacht auf ebene Kurven der Ordnung 6 bezüglich der Kegelschnitte. So ergibt sich u. a.: Ein Oval dieser Ordnung 6 besitzt sechs sextaktische Punkte und ist Vereinigung von 6 Bogen der Ordnung 5 (vgl. Abschn. 4.1.4.3.1.). In FABRICIUS-BJERRE [*4*] wird dann gezeigt, daß die 10 SCHERKschen Typen von C^4 in P_3 (vgl. SCHERK [*1*]) durch Projektion einer $C^4 \subset P_4$ aus einem geeigneten Punkt des P_4 erhalten werden.

B. Kennzeichnung der streng monotonen Bogen bzw. Kurven im P_n als der linear monotonen.

In FABRICIUS-BJERRE [*7, 9, 11* und *14*] wird folgendes gezeigt: Eine Folge von Punkten $p_1, \ldots, p_m \in P_n$, $n + 1 \leq m$ heißt *monoton*, wenn die p_i (in dieser Reihenfolge) die Ecken eines Polygons β^n vom schwPOW n (bezüglich der $(n - 1)$-Ebenen) bilden; für $n = 1$ heißt das, daß die $p_1, \ldots, p_m$ eine monotone Folge auf dem P_1 bilden (dieser auf den projektiven P_n sich beziehende Begriff der monotonen Folge ist zu unterscheiden von dem auf den affinen A_n sich beziehenden von HJELMSLEV (vgl. Abschn. 5.3.ff.)). — Ein Bogen (evtl. Kurve) $B \subset P_n$ heißt *linear monoton*, wenn für jede $(n - 1)$-Ebene H, die mit B mindestens n Punkte gemeinsam hat, diese Punkte in der einer Orientierung von B entsprechenden Reihenfolge eine monotone Folge (im oben erklärten Sinne) bilden. Ferner heißt B *streng konvex* bezüglich $(x_0, \ldots, x_{n-2})$, wenn durch die linear unabhängigen Punkte $x_0, \ldots, x_{n-2} \in B$ eine $(n-1)$-Ebene geht, die mit B genau die $x_0, \ldots, x_{n-2}$ gemeinsam hat. Ist B streng konvex bezüglich beliebiger derartiger $x_0, \ldots, x_{n-2}$, so werde B als (schlechthin) streng konvex bezeichnet. Es gilt nun der Satz: Für $n = 2$: Jeder ebene, streng konvexe Bogen B ist linear monoton (also normal bezüglich der Geraden, vgl. Abschn. 2.3.1.); und jeder linear monotone Bogen ist streng konvex in jedem nicht singulären Punkt (also jedem Punkt vom POW 2). — Für $n \geq 3$: Jeder streng konvexe Bogen B im P_n ist linear monoton; und jeder linear monotone Bogen B ist streng konvex bezüglich eines jeden $(n-1)$-tupels $x_1, \ldots, x_{n-1} \in B$, wenn $L_{n-2} \cap T_2(x_v) = \{x_v\}$ ist für jedes $v = 1, 2, \ldots, n-1$, wobei L_{n-2} die $(n-2)$-Ebene durch $x_1, x_2, \ldots, x_{n-1}$ und $T_2(x_v)$ den 2-Schmiegraum an B in x_v bezeichnet. Dabei ist B als n-mal differenzierbar und als von höchstens endlichem POW bezüglich der $(n-1)$-Ebenen vorausgesetzt.

1 (c) Arbeiten von A. Marchaud.

1. Zunächst ist zu erwähnen die durch neue Ergebnisse und Fragestellungen wichtige Arbeit [*2*]; da auf mehrere Einzelheiten an einschlägigen Stellen des Buches hingewiesen wird, sei der Inhalt von [*2*] nur angedeutet. Marchaud betrachtet als erster Kontinua C (nicht nur Bogen und Kurven) im euklidischen (bzw. projektiven) E_n. Es sei $\mathfrak{k}$ das System der Hyperebenen des E_n und es seien $\mathfrak{b}_1, \ldots, \mathfrak{b}_n \subset \mathfrak{k}$ linear unabhängige Büschel paralleler Hyperebenen. Ist POW $(C; \mathfrak{b}_\nu)$ beschränkt für $\nu = 1, \ldots, n$, so ist C Vereinigung abzählbar vieler, rektifizierbarer, einfacher Bogen $B_1, B_2, \ldots$, mit paarweise endlichem Durchschnitt; besitzt C nur endlich viele Verzweigungspunkte, so genügen für die Darstellung von C endlich viele $B_1, B_2, \ldots$ Für Bogen B mit beschränktem POW $(B; \mathfrak{k})$ wird (in [*2*]) unter anderem zum erstenmal der Reduktionssatz formuliert und bewiesen. Ferner wird ein direkt geometrischer Beweis für die Existenz der einseitigen k-Tangentialebenen $(1 \leq k \leq n-1)$ in jedem Punkt eines Bogens B mit höchstens endlichem POW $(B; \mathfrak{k})$ angegeben. — Im E_2 erweisen sich die Kontinua C mit POW $(C; \mathfrak{k}) = 2$ als identisch mit den Konvexbogen (vgl. auch Rosenthal [*2*]) und die C mit POW $(C; \mathfrak{k}) = 3$ als Vereinigungen von höchstens zwei Bogen, ferner Bogen und Kurven B mit POW $(B; \mathfrak{k}) = 3$ als Vereinigungen von höchstens vier Konvexbogen. Eine entsprechende Untersuchung der Kontinua $C \subset E_3$ mit POW $(C; \mathfrak{k}) = 3$ (sowie mit POW $(C; \mathfrak{k}) = 4$) schließt sich an (historische Bemerkungen bezüglich der Fälle $n = 2$ und $n = 3$ in MARCHAUD [*19*]). Schließlich werden Kontinua C in der Ebene von beschränktem POW bezüglich des Systems der Kreise untersucht, insbesondere für den POW 3; für solche C wird unter anderem die Existenz der einseitigen Schmiegkreise bewiesen. In (*4*] wird dann die Betrachtung ausgedehnt auf Kontinua im E_n von höchstens endlichem POW bezüglich eines einzigen Hyperebenenbüschels. Darüber hinaus wird noch gezeigt: Es sei C ein Kontinuum und $\mathfrak{b}$ ein (den E_n überdeckendes) Hyperebenenbüschel, ferner $\mathfrak{b}'$ dicht in $\mathfrak{b}$. Ist $C \cap E$ nulldimensional für jedes $E \in \mathfrak{b}$, so ist C eindimensional und, wenn überdies von höchstens endlichem POW bezüglich $\mathfrak{b}'$, sogar eindeutiges stetiges Streckenbild.

2. Flächen 3. Ordnung. Die JUELsche Theorie der Flächen 3. Ordnung (abgekürzt: Fl. 3. Ord.) im 3-dimensionalen projektiven Raum P_3 (vgl. JUEL [*6, 11, 16*], auch HAALMEIJER [*1, 4*]) ist von MARCHAUD vermöge einer viel weniger fordernden Definition (vgl. unten 2.3.) auf eine neue Grundlage gestellt worden; dabei wird MARCHAUD zu ebenso schönen wie tiefliegenden Ergebnissen geführt, die über die JUELschen wesentlich hinausgehen. Mit Rücksicht auf den hier zur Verfügung stehenden Raum können nur einige dieser Ergebnisse ohne Beweise angegeben und muß im übrigen auf die einschlägigen Arbeiten von MARCHAUD verwiesen werden (Berichte betr. JUEL in J. v. Sz. NAGY [*27*]; betr. MARCHAUD auch in MARCHAUD [*18, 19*]). Unter der Ordnung einer Fläche im P_3 wird der schwPOW bezüglich des Systems der Geraden verstanden. Die Zitate beziehen sich, soweit nicht anders vermerkt, im folgenden auf Arbeiten von MARCHAUD.

2.1. Flächenstücke im P_3. Grundlegend für das Folgende ist das in [*10*] gewonnene und in [*13*] vervollständigte Theorem über das Kontingent (Deriviertenbündel, faisceau dérivé) $\mathfrak{c}(q; F)$ und das Paratingent (Tangentenbündel, faisceau des tangentes) $\mathfrak{p}(q; F)$ eines einfachen (Jordanschen) Flächenstückes F im Punkt $q \in F$ bezüglich des Systems $\mathfrak{k}$ der Geraden des P_3. Dabei sei also F topologisches Bild einer abgeschlossenen Kreisscheibe K in den P_3 und $\mathfrak{p}(q) = \mathfrak{p}(q; F)$ bzw. $\mathfrak{c}(q) = \mathfrak{c}(q; F)$ die Menge der Limiten aller Geraden durch zwei auf F beliebig gegen q konvergierende Punkte bzw. der Limiten aller Halbgeraden mit q als Anfangspunkt durch einen gegen q konvergierenden Punkt $q' \in F - \{q\}$. Als Inneres $\underline{F}$ von F wird das Bild von $\underline{K}$ bezeichnet. Ein Punkt $q \in \underline{F}$ heiße ordinär, wenn $\mathfrak{p}(q)$ nicht alle Geraden durch q umfaßt. Bekanntlich gibt es zu jedem ordinären $q \in F$ eine (im P_3 beschränkte) Umgebung U von q auf F und zu U eine x, y-Ebene, bezüglich deren U darstellbar ist als

$$\text{(F)} \qquad U = \{(x, y, z) : z = f(x, y),\ (x, y) \in U'\},$$

wobei x, y, z, kartesische Koordinaten sind, f (eindeutige, stetige) Lipschitzfunktion und U' ein offenes Oval (in der x, y-Ebene), welches die Projektion von q parallel zur z-Achse in die x, y-Ebene enthält.

Zunächst sei das ganze Flächenstück F in der Gestalt (F) darstellbar; wir schreiben dann (F) statt F. Die Menge der ordinären Punkte von (F) projiziert sich dann als offene, überall dichte Menge in U'. Bei ordinärem q ist (bezogen auf einen q enthaltenden euklidischen Teilraum von P_3) der Träger $T(\mathfrak{p}(q))$ von $\mathfrak{p}(q)$ (d. h. die Menge der Punkte aller Geraden aus $\mathfrak{p}(q)$) entweder eine Ebene oder ein Bidieder (d. h. ein Paar bezüglich einer gemeinsamen Achse symmetrischer Dieder) oder das Komplement eines Paares bezüglich q symmetrischer konvexer Halbkegel. Im folgenden wird der Einfachheit wegen $\mathfrak{p}(q)$ statt $T(\mathfrak{p}(q))$ geschrieben und entsprechend $\mathfrak{c}(q)$ statt $T(\mathfrak{c}(q))$.

2.2. Flächenstücke 3. Ordnung. Es sei (F) von 3. Ordnung, d. h., jede Gerade G, für die $(F) \cap G$ keine Strecken enthält, soll mit (F) höchstens 3 Punkte gemeinsam haben und es soll mindestens eine solche Gerade geben. Außerdem besitze (F) *keine lokal stützende* Ebene. Dann ist jedes $q \in (F)$ ordinär bis auf höchstens vier Ausnahmepunkte (sind vier solche vorhanden, so liegen sie nicht in einer Ebene). In jedem ordinären $q \in (F)$ ist $\mathfrak{c}(q)$ entweder (1) eine Ebene oder (2) ein Dieder. Im Fall (1) ist $\mathfrak{c}(q) = \mathfrak{p}(q)$. Im Fall (2) liegt die Achse A des Dieders $\mathfrak{c}(q)$ in (F), und die Trägerebene E einer der Diederseiten ist die (einzige) Tangentialebene längs $A - \{q\}$; es wird E von (F) längs A durchsetzt, und in jeder Umgebung von q ist der Durchschnitt von (F) mit dem Innern des Dieders nicht leer. Die Punkte des Falles (2) besitzen in $(\underline{F})$ keinen Häufungspunkt. — Im Fall (1) und (2) hat also (F) stetige Tangentialebene, ausgenommen eine in $(\underline{F})$ isolierte Menge.

Besonders wichtig für die Beweise der Sätze insbesondere über Flächenstücke (F) von 3. Ordnung sind die in [*15*], Abschn. 21. und 23. gewonnenen Resultate.

2.3. Geschlossene Flächen 2. und 3. Ordnung. Der Definition dieser Flächen liegen folgende Erklärungen zugrunde. Unter einer Kurve 2. Ordnung C_2 in der projektiven Ebene wird verstanden entweder ein nicht-zerfallendes C_2, d. h. ein Oval, oder ein zerfallendes C_2, d. h. ein Geradenpaar oder ein zweifach zu zählender isolierter Punkt. Als eine zerfallende C_3 wird definiert die Vereinigung aus einer Geraden mit einer nicht zerfallenden oder zerfallenden C_2. Als (nicht zerfallende) Fläche 2. Ordnung (abgekürzt: Fl. 2. Ord.) wird bezeichnet jede abgeschlossene Menge im P_3, deren Durchschnitte mit den Ebenen, wenn nicht leer, Kurven höchstens von 2. Ord. sind und darunter (mindestens) eine nicht zerfallende C_2. Zufolge dieser Definition ist ([*9*]) jede Fl. 2. Ord. entweder eine Regelfläche 2. Grades oder ein konvexer Kegel oder ein

Ovoid, d. h. die Begrenzung eines (beschränkten) konvexen Körpers (beschränkt heißt eine Menge $M \subset P_3$, wenn eine Ebene E mit $\bar{M} \cap E = \emptyset$ existiert). Aus der Definition der Fl. 2. Ord. erhält man die Definition der Flächen 3. Ordnung (Fl. 3. Ord.), indem man in der ersteren überall „2. Ord." durch „3. Ord." ersetzt. Es zeigt sich ([*12*]), daß die derart definierten Fl. 3. Ord. sämtlich Flächen im üblichen Sinne sind. Hervorzuheben ist, daß *diese Definitionen sich lediglich auf die Begriffe „Kontinuum" und „Ordnung" stützen*; denn die ebenen Kurven 2. und 3. Ordnung lassen sich im wesentlichen auf die ebenen Kontinua 2. und 3. Ordnung ohne Endpunkte zurückführen (vgl. [*2*]).

2.3.1. Reguläre und irreguläre Punkte auf Fl. 3. Ord. Bei der Untersuchung der mit S zu bezeichnenden Fl. 3. Ord. spielt der Begriff des regulären und des irregulären Punktes eine wesentliche Rolle. Dabei heißt $p \in S$ *regulär* (auf S), wenn eine Gerade G mit $p \in G$ und dreipunktigem $S \cap G$ existiert. Nichtreguläre *Punkte* heißen *irregulär.* Enthält eine Gerade G' mindestens 3 irreguläre Punkte, so sind alle Punkte von G' irregulär, und es heißt dann G' *irreguläre Gerade.*

Ein irregulärer Punkt $i \in S$ heißt von 1. Art, wenn i Häufungspunkt von regulären Punkten ist; andernfalls heißt i von 2. Art. Besonders wichtig (speziell bei der Untersuchung des Falles (III) für $n = 2, 3, 4$, im nächsten Absatz) ist folgende Feststellung: Sind i', i'' irregulär von 1. Art, so liegt ihre Verbindungsgerade G auf S. Ist dabei G nicht irregulär, so ist $\mathfrak{c}(x) = E_\mu$ für $x \in J_\mu$, $\mu = 1, 2$, wobei E_1, E_2 zwei (von x unabhängige) G enthaltende Ebenen und J_1, J_2 die beiden offenen von i' und i'' begrenzten Teilstrecken von G bedeuten. Enthält $S \cap (E_\mu - G)$ für mindestens eines der μ reguläre Punkte (was nicht für jedes S der Fall ist), so gilt $E_1 = E_2 = E$ und $S \cap E = G \cup G'$, wobei G' eine von G verschiedene Gerade bezeichnet; überdies ist $E = \mathfrak{p}(y)$ für $y \in G - G \cap G' - \{i'\} - \{i''\}$.

Hinsichtlich der Verteilung der irregulären Punkte auf S bestehen (vgl. [*16*], Abschn. 2) folgende drei Möglichkeiten: I. *Fall*: Es gibt zwei sich schneidende irreguläre Geraden. Dann ist S Vereinigung eines Kegels mit einer durch seine Spitze gehenden Geraden. — II. *Fall*: Es gibt genau eine irreguläre Gerade J. Dann ist S ein Kegel (evtl. zuzüglich eines isolierten Punktes) oder eine (nicht konische) Regelfläche, welche J als Leitgerade (Direktrix) besitzt (d. h., S wird durch J schneidende Geraden erzeugt); für jede J enthaltende Ebene E' mit höchstens zwei Ausnahmen ist $S \cap E' = J \cup O$, wobei O ein Oval. Es besitzt S in jedem nicht zu J gehörigen Punkt stetige Tangentialebene und sogar differentielle Eigenschaften 2. Ordnung (übrigens kann noch eine zweite Direktrix vorhanden sein). — III. *Fall*: Es existiert keine irreguläre Gerade. Dann ist S eine Fläche im üblichen Sinne. Für die Anzahl n der irregulären Punkte von S gilt $0 \leq n \leq 4$; für $n = 4$ liegen die vier

Punkte nicht in einer Ebene. Höchstens einer der irregulären Punkte kann isoliert sein.

2.3.2. Singuläre Punkte einer Fl. 3. Ord. Die Definition des irregulären Punktes nimmt Bezug auf globales Verhalten von S. Lokalen Charakter besitzt demgegenüber der Begriff des *singulären* Punktes. In Analogie zur entsprechenden Begriffsbildung bei algebraischen Flächen wird jedes $s \in S$ als singulär bezeichnet, welches isoliert ist oder eine Umgebung U auf S besitzt mit $U \subset \mathfrak{p}(s)$. Jedes irreguläre $i \in S$ ist singulär. Dagegen gibt es S mit regulär-singulären Punkten (was bei algebraischen Flächen 3. Grades nicht möglich ist); jedes solche S (vgl. [*16*]) ist Vereinigung einer Fläche S' von 3. Ord. und einer Fläche Z von 2. Ord. mit höchstens einpunktigem $D = S' \frown Z$. Im Falle $D = \emptyset$ enthält S nur reguläre Punkte. Im Falle $D = \{z\} \neq \emptyset$ ist z einziger irregulärer Punkt von S. Es ist Z ein Ovoid, falls nicht S' und Z Kegel mit gemeinsamer Spitze sind.

Bezeichnet man Fl. 3. Ord. S, welche weder Kegel noch Ovoide enthalten, als Flächen Σ, so gilt: Auf Σ sind (ebenso wie auf den algebraischen Fl. 3. Grades) irreguläre und singuläre Punkte identisch. Gemäß Abschn. 2.3.1. existiert auf Σ höchstens eine irreguläre Gerade. In jedem nichtsingulären Punkt p von Σ ist $\mathfrak{c}(p)$ entweder ein konvexer Halbkegel oder ein Dieder oder eine Ebene. Enthält eine Gerade $G \subset \Sigma$ genau einen singulären Punkt i, so ist $\mathfrak{c}(x)$ für $x \in G - \{i\}$ eine Ebene und stetige Funktion von x. Es ist Σ eine Regelfläche R genau dann, wenn Σ eine singuläre Gerade besitzt. Die verschiedenen Erzeugungsweisen von R lassen sich angeben. In jedem nicht zur singulären Geraden gehörigen Punkt besitzt R stetige Tangentialebene. Jedes (nicht konische) R besitzt in jedem regulären Punkt, abgesehen von Punkten der Erzeugenden einer höchstens abzählbaren Erzeugendenmenge Q, eine EULERsche Indikatrix für die Krümmung der Normalschnitte, die sich, im Falle Q leer ist, stetig ändert.

2.3.3. Die Geraden auf den Flächen 3. Ordnung. In neuesten Arbeiten (vgl. [*23, 24, 25* I. und II.]) gelangt MARCHAUD zu folgendem Ergebnis:

Satz. *Für die Flächen S von 3. Ordnung, die mehr als 7 Geraden (evtl. auch irreguläre) enthalten, sind nur folgende Fälle möglich:* (A). *Es ist S ein Kegel oder Vereinigung eines Kegels mit einem Ovoid oder mit einem (isolierten) Punkt.* — (B). *Es ist S eine Regelfläche mit einer oder mit zwei Leitgeraden (von denen eine irregulär ist).* — (C). *Auf S liegen genau* $N = 8, 9, 10, 11, 12, 15, 16, 21, 27$ *Geraden. Diese Geraden gehören gleichzeitig einer einzigen reellen* algebraischen Fläche $\mathfrak{A}$ vom 3. Grade *an, ausgenommen den Fall, daß* $N = 8$ *ist und daß S zwei irreguläre Punkte besitzt. Außerdem sind die N Geraden* $(N \neq 8)$ *jeweils die einzigen reellen Geraden des zugehörigen* $\mathfrak{A}$, *ausgenommen den Fall* $N = 11$.

Die Beziehung zwischen N und der Anzahl n der irregulären Punkte von S ist aus der nachstehenden Tabelle ersichtlich:

N	8	9	10	11	12	15	16	21	27
n	2; 3	2; 4	1	1	3	0; 1	2	1	0

Bei jeder dieser Kombinationen N, n ist die Lage der N Geraden von S vollständig bestimmt.

In dem oben ausgeschlossenen *Fall* $N = 8$, $n = 2$ wird durch die 8 Geraden von S ein lineares Bündel $\mathfrak{a}'$ von algebraischen Fl. 3. Grades $\mathfrak{A}'$ bestimmt; und für gewisse (evtl. alle) $\mathfrak{A}' \in \mathfrak{a}'$ sind die 8 Geraden von S wieder die einzigen (reellen) Geraden von $\mathfrak{A}'$. — Im oben ausgeschlossenen Fall $N = 11$ kann das (durch die 11 Geraden eindeutig bestimmte) zugehörige $\mathfrak{A}$, je nach Lage der 11 Geraden von S, auch 16 oder 21 reelle Geraden enthalten (im Falle von 16 solchen Geraden auf $\mathfrak{A}$ besitzt $\mathfrak{A}$ zwei reelle singuläre Punkte).

2.3.4. Flächen 3. Ordnung mit höchstens 4 irregulären Punkten. Es sei wieder n die Anzahl der irregulären Punkte von S.

Fall $n = 4$ (vgl. [*25*], II., Abschn. 19). Es seien i_μ, $\mu = 1, \ldots, 4$, die irregulären Punkte von S (sie sind linear unabhängig, vgl. Abschnitt 2.3.1.). Ist etwa i_1 isolierter Punkt von S, so enthält S nur 3 Geraden, nämlich die 3 Verbindungsgeraden von je zweien der i_2, i_3, i_4. Ist kein i_μ isoliert, so enthält S genau 9 Geraden, nämlich die 6 Verbindungsgeraden v_j, $j = 1, \ldots, 6$ von je zweien der i_μ und außerdem die Diagonalen d_r, $r = 1, 2, 3$, desjenigen vollständigen Vierecks, welches durch die 4 Verbindungsebenen $E_1, \ldots, E_4$ von je dreien der i_μ auf einer gewissen wohlbestimmten Ebene ausgeschnitten wird (diese 9 Geraden v_j, d_r sind die einzigen reellen Geraden des zu S gehörigen $\mathfrak{A}$; vgl. Abschn. 2.3.3.). Es berühren sich S und $\mathfrak{A}$ längs der v_j. Die d_r sind enthalten in 4 von den 8 Gebieten, in welche der Raum durch die $E_1, \ldots, E_4$ zerlegt wird; in jedem dieser 4 Gebiete besitzt S stetige Tangentialebene (ebenes Paratingent).

Fall $n = 3$ (vgl. [*25*], II, Abschn. 29). Enthält S mehr als 3 Gerade, so genau $N = 5, 6, 8, 12$. Für $N = 5$ und $N = 6$ wird durch die Geraden je ein lineares Bündel $\mathfrak{a}''$ von algebraischer Fläche 3. Grades bestimmt derart, daß gewisse (evtl. alle) $\mathfrak{A}'' \in \mathfrak{a}''$ genau diese 5 bzw. 6 Geraden enthalten. Für $N = 8$ und $N = 12$ vgl. den Satz in Abschn. 2.3.3.

Fall $n = 2$ (vgl. [*25*], II, Nr. 46). Ist eines der irregulären $i_1, i_2 \in S$ isolierter Punkt von S, so ist entweder S Vereinigung eines Kegels mit diesem Punkt oder S enthä*lt* höchstens 6 Gerade. Ist keines der i_1, i_2 isoliert und zugleich $N > 1$, so ist $N = 2, 3, 4, 5, 7, 8, 9, 16$. Für die Fälle $N \geq 8$ vgl. Abschn. 2.3.3. Für $N = 7$ sind die 7 Geraden auf S die Verbindungen der i_1, i_2 mit gewissen 3 kollinearen Punkten sowie die Trägergerade dieser 3 Punkte.

Fall $n = 1$ (vgl. [25], II, Nr. 56). Es sei S nicht degeneriert, d. h., S enthalte keine 7 Geraden durch einen Punkt p. Ist $N > 6$, so genau $N = 7, 10, 11, 15, 21$. Für $N > 7$ vgl. Abschn. 2.3.3. Für $N = 7$ wird durch die 7 Geraden von S ein lineares Bündel $\bar{\mathfrak{a}}$ von algebraischen Flächen 3. Grades bestimmt derart, daß die $\mathfrak{A}$ eines Teilsystems von $\bar{\mathfrak{a}}$ diese 7 Geraden als einzige reelle Geraden besitzen.

Fall $n = 0$ (vgl. [25], I). Enthält S mehr als 7 Geraden, so ist S entweder Vereinigung eines Kegels mit einem dazu fremden Ovoid oder es ist $N = 15$ bzw. $N = 27$ (vgl. Abschn. 2.3.3.).

Hinzugefügt sei noch: Enthält S keine 7 Geraden mit nicht leerem Durchschnitt, ist ferner $0 \leq n \leq 4$, so enthält S höchstens $2^{-1}(n^2 - 13n + 54)$ Geraden (vgl. [22]).

Anmerkung. Es gibt reelle algebraische Flächen F im P_3 von 3. Ordnung mit 27 verschiedenen reellen Geraden, wobei F vom Grade 9 oder 27 ist (Bloch [1], Meynieux [1]). Damit ist eine von Juel und Montel gestellte Frage beantwortet.

3. Linear zusammenhängende Mengen im projektiven P_n. Eine Erweiterung des Begriffes des konvexen Körpers im P_n wird von de Groot-de Vries [1] und von Marchaud [21] behandelt: Es heiße eine Menge $M \subset P_n$ linear zusammenhängend (linéairement connexe), abgekürzt l. z. ([21]) oder als semikonvex (de Groot-de Vries [1]), wenn mit beliebigen zwei Punkten $x, y \in M$ auch (mindestens) eine der von x und y begrenzten Strecken zu M gehört. Es ist also KOW $(M; \mathfrak{k}(1)) = 1$ für l. z. M, wenn $\mathfrak{k}(1)$ das System der Geraden des P_n bezeichnet. Es heißt M konvex, wenn M l. z. ist und wenn eine Hyperebene H existiert mit $H \cap \bar{M} = \emptyset$ (Marchaud [21]) [oder mit $H \cap M = \emptyset$ (de Groot-de Vries [1])]. Im folgenden sei M stets l. z. und $\underline{M} \neq \emptyset$ sowie $\underline{CM} \neq \emptyset$, wobei $CM = P_n - M$; außerdem ist $M_g = \bar{M} - \underline{M}$ gesetzt. Eine k-Ebene L_k mit $1 \leq k \leq n-1$, $n \geq 1$, heißt k-Sekante (für M und für CM), wenn $L_k \cap \underline{M} \neq \emptyset$ und $L_k \cap \underline{CM} \neq \emptyset$. Ein $z \in M_g$ heißt singulär oder Singularität (für M und CM), wenn z in keiner 1-Sekante enthalten ist. Schließlich wird unter dem Index $i(M)$ von M die größte (natürliche) Zahl j verstanden derart, daß eine j-Ebene L_j existiert mit $L \subset \underline{M}$. Mit diesen Bezeichnungen (nach Marchaud) gilt: Es ist $i(M) + i(CM) + 1 \leq n$ mit $i(M) \geq 0$, $i(CM) \geq 0$. Überdies ist $i(M) + i(CM) + 1 = n$ genau dann, wenn keine Singularitäten vorhanden sind. Wenn $i(M) = i(CM) = 0$ oder $i(M)\, i(CM) > 0$, ist M_g eine algebraische Mannigfaltigkeit 2. Grades mit einer Gleichung $\Phi = 0$, derart, daß das Polynom Φ als Differenz zweier Summen aus je $i(M) + 1$ bzw. $i(CM) + 1$ Quadraten darstellbar ist. Ist hingegen beispielsweise $i(M) = 0$ aber $i(CM) > 0$, so gilt:

Existieren keine Singularitäten, so ist M n-dimensional und konvex; andernfalls erfüllen die Singularitäten eine $(n-2-i(\complement M))$-Ebene E und es ist M ein „Vollkegel" mit E als „Spitze" und einem $(i(\complement M)+1)$-dimensionalen konvexen Körper als „Basis" (MARCHAUD [*21*]).

1 (d). Arbeiten von P. Scherk, N. D. Lane u. a.

A. Eine Vermutung von P. SCHERK. Es sei $P = P_n$ der n-dimensionale reelle projektive Raum; $n \geq 2$, und $\mathfrak{k}_\nu$ das System der ν-Ebenen von P. Es sei $B \subset P$ ein differenzierbarer Bogen (im Sinne von Abschnitt 5.1.4.). Weiter sei $L = L_{n-\varkappa-1}$ eine $(n-\varkappa-1)$-Ebene und $r(\varkappa; B; L) =$ Anzahl der $T_\varkappa(x)$ bzw. $x \in B$ mit $T_\varkappa(x) \cap L \neq \emptyset$; $0 \leq \varkappa \leq n-1$. Dann wird $\mathfrak{r}(\varkappa; B) = \sup\big(r(\varkappa; B; L)$ für alle $L \in \mathfrak{k}_{n-\varkappa-1}\big)$ als die $\varkappa$-dimensionale Rangzahl von B bezeichnet. SCHERK vermutet, daß für jedes B

$$\mathfrak{r}(\varkappa; B) \geq (\varkappa+1)(n-\varkappa)$$

und daß das Gleichheitszeichen genau dann steht, wenn POW $(B; \mathfrak{k}_{n-1}) = n$ ist; dies wäre also eine *Kennzeichnung der* Bogen B^n *von* n-ter *Ordnung*.

Die Vermutung ist richtig für $n = 2$ und $n = 3$ sowie für $n \geq 4$, falls $\varkappa = n-1$ ist; ferner gilt $\mathfrak{r}(1; B^n) \leqq 2(n-1)$ (DERRY [*8*]). Da ein B^n vermöge Dualität wieder ein B^n liefert (SCHERK [*3*]), so würde aus der Vermutung für jedes $\varkappa$ folgen $\mathfrak{r}(\varkappa; B^n) = \mathfrak{r}(n-\varkappa-1; B^n)$.

B. Theorie der Kurven C^{n+1} von $(n+1)$-ter Ordnung im P_n.

B.1. Für differenzierbare Bogen $B \subset P = P_n$ hat SCHERK [*2*] (vgl. auch DENK [*1*]) eine Einteilung der Punkte x von B in Typen gegeben, und zwar vermöge seiner „Charakteristik" $(a_0, a_1, \ldots, a_{n-1})$ (siehe zu Abschn. 5.6.4.). Ist nun POW $(x{:}B; \mathfrak{k}_{n-1}) = n+1$, so ist $a_\nu = 2$ für genau ein ν und x heißt $(n-\nu)$-*fach singulär*; $0 \leq \nu \leq n-1$.

Fortan sei C ein C^{n+1}, d. h., es sei POW $(C; \mathfrak{k}_{n-1}) = n+1$. Es sei $H \in \mathfrak{k}$ und $x \in C \cap H$, ferner ν der größte Index, für welchen $T_\nu(x) \subset H$; dann heiße x ein s_ν-facher Punkt von $C \cap H$, wobei $s_\nu = s_\nu(x) = a_0 + \cdots + a_\nu$ (für x). Im folgenden wird vorausgesetzt: Die Summe $s(H)$ der Vielfachheiten der Punkte von $C \cap H$ ist für jedes H nicht größer als $n+1$ (übrigens ist $s(H) \equiv n+1 \pmod 2$) (SCHERK [*4*], Nr. 3.5. bis 3.7.).

Ist nun $N(p)$ die Anzahl der $(n-p)$-fach singulären Punkte von C, so gilt nach SCHERK [*5*]:

$$S(n) = \sum_{p=0}^{n-1} (n-p)\, N(p) \leq n+1 \quad \text{und} \quad S(n) \equiv n+1 \pmod 2.$$

Der Beweis stützt sich auf die eineindeutige Abbildung $t_{n-1} = t^n_{n-1}$ von C auf sich, vermöge deren $x \in C$ auf x' mit $\{x'\} = C \cap T_{n-1}(x)$ abgebildet wird ($T_{n-1}(x)$ ist die $(n-1)$-Tangentialebene in x an C).

Die Fixpunkte von t_{n-1} sind genau die x mit POW $(x:C;\, \mathfrak{t}_{n-1}) = n + 1$; in ihnen ist t_{n-1} gegenläufig. Bezeichnet man x als *p-faches Urbild* von x', wenn $x' \in T_{n-p}(x)$ aber $x' \notin T_{n-p-1}(x)$, so sind die Umkehrpunkte von t_{n-1} genau die Urbilder von gerader Vielfachheit.

Mit Hilfe der t_1 in P_2 läßt sich die JUELsche Klassifikation der C^3 gewinnen (vgl. Abschn. 3.2.). Für $n = 3$ hat SCHERK [5] 80 und [7] unter Benutzung der t_2 eine volle Klassifikation der C^4 gegeben. (Die Klassifikationen in SCHERK [1] und COURTAND [1] sind unvollständig.)

B.2. Mit SCHERK [6] betrachte man allgemeiner Abbildungen $t_m = t^n_m$ von $C = C^{n+1} \subset P_n$ in sich, wobei jedem $x \in C$ die Menge $t_m(x)$ aller $x' \in C$ zugeordnet ist, deren Projektionen aus $T_m(x)$ in eine $(n - m - 1)$-Ebene L' singuläre Punkte der Bildkurve $C' \subset L'$ sind ($0 \leq m \leq n - 2$. Für gegebenes x und m ist $t_m(x)$ höchstens $(n - m)$-punktig. Den Urbildern x und den Bildern x' werden nun auf naturgemäße Weise Vielfachheiten zugeordnet; mit Hilfe dieser Vielfachheiten gelingt eine Kennzeichnung der Umkehrpunkte von t_m sowie derjenigen Urbilder, in denen sich die Anzahl der Bildpunkte ändert. In den Fixpunkten sind die zugehörigen Zweige von t_m gegenläufig. Eine Ausnahme bilden die „uneigentlichen" Bildpunkte, d. h. die mindestens $(m + 2)$-fach singulären Punkte von C.

Die (stetige) Abbildung t_m läßt sich erweitern zu einer stetigen $(1, n - m)$-Abbildung $\bar{t}_m$ von C *auf* sich (SCHERK [6], Abschn. 5.3.). Man erreicht dies im wesentlichen dadurch, daß man zu $t_m(x)$ noch alle gleichläufigen Bildpunkte aus $t_\mu(x)$ für alle $\mu = m + 1, \ldots, n - 1$, hinzunimmt. Mit Hilfe von $\bar{t}_m = \bar{t}^n_m$ erhält man (in Verschärfung der Ungleichung für $S(n)$ in B.1.) die Gleichung
$S(n) = n + 1 -$ (doppelte Anzahl der gleichläufigen Bilder von x bei sämtlichen Abbildungen $t_0, \ldots, t_{n-1}$).

Die Anzahl der Umkehrpunkte von t^n_m erweist sich für festes n als beschränkt (SCHERK [6], Abschn. 5.4.).

B.3. Eine ν-Ebene L heiße *speziell* (bezüglich $C = C^{n+1}$), wenn C von L genau $(\nu + 2)$-fach, aber von keiner, in L enthaltenen $(\nu - 1)$-Ebene $(\nu + 1)$-fach getroffen wird. Ist $x \in C$ $(n - \nu)$-fach singulär, so ist $T_\nu(x)$ speziell. Mit $N(p_1, \ldots, p_m) = N(p_1, \ldots, p_m;\, C)$ werde die Anzahl derjenigen bezüglich C speziellen linearen Unterräume bezeichnet, die je genau m verschiedene Punkte $x_1, \ldots, x_m$ enthalten und zugleich jedes der $T_{p_\mu}(x_\mu)$, $\mu = 1, \ldots, m$.

Mit Hilfe von t_{n-1} (vgl. B.1.) läßt sich zeigen (SCHERK [5a]), daß die $N(p, 0)$ beschränkt sind bei festem n (unabhängig von C) für $p = 0$,

$1, \ldots, n-2$. Ferner ergibt sich die Beschränktheit der $N(p, q)$ für $p+q \leq n-2$ aus der Beschränktheit der Anzahl der Umkehrpunkte von t_m (vgl. B.2.).

B.4. Eine zweite Erweiterung $\tilde{t}_m = \tilde{t}_m^n$ von t_m für $m = n-3$, $n \geq 3$, ist die folgende (SCHERK [7]): Bekanntlich hat jede $C^3 \subset P_2$ genau drei singuläre Punkte, wenn man etwa vorhandene Spitzen und Doppelpunkte je als zwei „singuläre" Punkte zählt (vgl. Abschn. 3.2.). Mit $\tilde{t}_{n-3}(x)$ für $x \in C = C^{n+1}$ werde nun das Tripel derjenigen $x' \in C$ bezeichnet, welche bei der Projektion π von C aus $T_{n-3}(x)$ in eine 2-Ebene L' auf „singuläre" Punkte von $C^3 = \pi(C) \subset L'$ abgebildet werden. Durch $x \to \tilde{t}_{n-3}(x)$ ist eine stetige $(1, 3)$-Abbildung von C in sich erklärt derart, daß $\tilde{t}_{n-3}(x) = t_{n-3}(x)$ ist genau dann, wenn weder t_{n-1} noch t_{n-2} in x gleichläufig ist. Wenn $x' \in \tilde{t}_{n-3}(x)$ aber $x' \notin t_{n-3}(x)$ ist, enthält die x' mit $T_{n-3}(x)$ verbindende $(n-2)$-Ebene noch einen dritten Punkt von C. Wieder (vgl. B.2.) lassen sich Kriterien für die Umkehrpunkte von $\tilde{t}_{n-3}$ sowie für die jeweilige Laufrichtung von $\tilde{t}_{n-3}$ gewinnen. Mit Hilfe dieser Kriterien ergibt sich die Beschränktheit der $N(p, 0, 0)$ bei festem n für $0 \leq p \leq n-4$. Außerdem ergibt sich für

$$S'(n) = 2S(n) + \sum_{m=1}^{n-2} (n-m-1)\, N(m, 0) + 2(n-1)\, N(0, 0)$$

mit Hilfe von $\tilde{t}_{n-3}$, daß

$$S'(n) \leq 2(n+1) \quad \text{und} \quad S'(n) \equiv 0 \pmod 2.$$

Diese Ungleichung folgt aus dem nachstehenden Satz:

Es besitze $C = C^{n+1}$ keinen Doppelpunkt. Das Bild C' von C bei Projektion aus $x \in C$ in eine $(n-1)$-Ebene L' ist ein C^n, mit deren Hilfe sich für $S'(n)$ ergibt: Bezieht sich $S'(n-1)$ auf C' und wird mit $u(\varrho)$ bzw. mit $\tilde{u}(n-3)$ die Anzahl der von x verschiedenen gleichläufigen Urbilder von x bei t_ϱ bzw. bei $\tilde{t}_{n-3}$ bezeichnet, wobei in $\tilde{t}_{n-3}$ die zu Zweigen von t_{n-3} gehörigen Urbilder nicht mitgezählt werden, so ist

$$S'(n) = S'(n-1) + 2 - 2u(n-1) + 2u(n-2) - 2\tilde{u}(n-3)$$

für jedes x bis auf endlich viele Ausnahmen.

Eine Vermutung von SCHERK besagt, daß in Verschärfung der Ungleichung für $S'(n)$ (vgl. oben) sogar gilt

$$S''(n) = S(n) + \sum_{m=1}^{n-2} (n-m-1)\, N(m, 0) \leq n+1.$$

Sind die bezüglich C speziellen ν-Ebenen (vgl. B.3.) sämtlich Schmiegräume, und zwar für $\nu = 0, 1, \ldots, n-3$, so gilt $S''(n) = 0$ oder $= n+1$, also die Vermutung.

Mit Hilfe von $\tilde{t}_{n-3}$ lassen sich diejenigen C^{n+1} klassifizieren, bezüglich deren spezielle 1-Ebenen (Geraden) existieren. Diese Klassifikation enthält die der C^4 und C^5.

B.5. Für weitergehende Untersuchungen bezüglich der $C = C^{n+1}$, $n \geq 3$, kommen nach SCHERK vielleicht Dreierkorrespondenzen $s(a, b, c) = s^n(a, b, c)$ auf C in Betracht, die so zu erklären sind: Es sei $a+b+c = n-3$ und $(x, y, z) \in s(a, b, c)$ genau dann, wenn eine $(n-2)$-Ebene existiert, von der C in den Punkten x, y, z je mit der Vielfachheit $a+1$ bzw. $b+1$ bzw. $c+1$ getroffen wird. Das aus x und den beiden Bildpunkten $\tilde{t}_{n-3}(x)$ gebildete Tripel gehört zur Korrespondenz $s(n-3, 0, 0)$, falls die Abbildung $\tilde{t}_{n-3}$ in x nicht mit Hilfe von t_{n-3} definiert ist (vgl. SCHERK[7]).

Die Untersuchung der $s(a, b, c)$ ist bisher viel weniger weit gefördert als die der t_m. Immerhin konnte mit ihrer Hilfe die Endlichkeit der $N(p, q, r)$ für $p+q+r \leq n-4$ gezeigt werden.

Eine befriedigende Theorie der C^{n+1} sollte nach SCHERK Beziehungen zwischen den $N(p)$, $N(p, q)$, $N(p, q, r)$ usw. aufdecken, ferner $S''(n) \leq n+1$ allgemein beweisen (vgl. B.4.) und durch Hinzunahme der $N(p, 0, 0)$ usw. verschärfen. Bei der Behandlung der hierbei voraussichtlich nützlichen Korrespondenzen möchte man auf Methoden der algebraischen Topologie hoffen (vgl. POHL, S. 404). SCHERK fügt diesen seinen Bemerkungen hinzu, daß es nach den bisherigen Erfahrungen leichter ist, die Richtung, die Fixpunkte und die Umkehrpunkte einer Abbildung bzw. Korrespondenz zu untersuchen und ihre Fixpunkte abzuzählen, als die Anzahl der Umkehrpunkte abzuschätzen.

C. Differenzierbare Bogen in der Ebene bezüglich eines Systems $\mathfrak{k}$ von Ordnungscharakteristiken mit einer Grundzahl $k \geq 3$. Bogen B vom minimalen POW $(B; \mathfrak{k}) = k$.

C.1. Charakterisierung der einzelnen Bogenpunkte.

Von LANE-SCHERK, LANE und LANE-SINGH sind Beispiele von Problemen der in Abschn. 1.1.1. definierten Art behandelt worden.

Bei SCHERK-LANE [*11, 12*] ist der Grundbereich die konforme Ebene $\mathfrak{K}$ und $\mathfrak{k}$ das System der Kreise. Als ein Tangentialkreis $C(x; q)$ in $x \in B$ an B werde bei festem $q \in \mathfrak{K} - \{x\}$ bezeichnet jeder Limes von Kreisen durch q, x und ein gegen x konvergierendes $x' \in B$; es werde $\{x\}$ als Tangentialnullkreis zugelassen. 1. *Forderung.* Es gibt nur ein $C(x; q)$ bei gegebenen x, q. Folgerung: Die $C(x; q)$ bilden bei festem x und variablem q ein Kreisbüschel $\mathfrak{t}(x)$ zweiter Art mit x als Grundpunkt (d. h., die $C(x; q)$ berühren sich alle in x). Es wird B in x von jedem $K \in \mathfrak{k} - \mathfrak{t}(x)$ mit $x \in K$ gestützt oder geschnitten; denn POW $(U \cap K)$ ist endlich für hinreichend kleine Umgebungen U von x auf B. Wird B in x von einem $K \in \mathfrak{k} - \mathfrak{t}(x)$ mit $x \in K$ gestützt bzw. geschnitten, so von jedem anderen derartigen K. — 2. *Forderung.* Es sei

Forderung 1 erfüllt und es existiere $C(x) = \lim C(x; x')$ für $x' \to x$ mit $x' \in B$. Ist diese Forderung erfüllt, so heiße B in x ($\mathfrak{k}$-)-differenzierbar und $C(x)$ Schmiegkreis in x an B. Es wird B in x, wenn von einem $K \in \mathfrak{t}'(x) = \mathfrak{t}(x) - \{C(x)\}$, dann von jedem gestützt bzw. geschnitten und, wenn $C(x)$ nicht der Nullkreis ist, dann gestützt. Die Kombination der aufgezählten Fälle des Stützens bzw. Schneidens der $K \in \mathfrak{k} - \mathfrak{t}(x)$ mit $x \in K$ bzw. $K \in \mathfrak{t}'(x)$ kombiniert mit dem Fall, daß x Häufungspunkt von $B \frown C(x)$ ist, führt zu einer „Charakteristik" (a_0, a_1, a_2) bzw. $(a_0, a_1, a_2)_0$ von x je nachdem $C(x)$ vom Nullkreis verschieden ist oder nicht; die a_0, a_1 sind $= 1$ oder $= 2$, a_2 ist $= 1$ oder $= 2$ oder $= \infty$. Und zwar ist $a_0 = 2$ bzw. $= 1$ je nachdem die $K \in \mathfrak{k} - \mathfrak{t}(x)$ mit $x \in K$ stützen oder schneiden; es ist $a_0 + a_1 \equiv 0$ bzw. $\equiv 1$ je nachdem die $K \in \mathfrak{t}'(x)$ stützen bzw. schneiden; es ist $a_0 + a_1 + a_2 = 0$ bzw. $= 1$ je nachdem $C(x)$ stützt oder schneidet; es ist $a_2 = \infty$, wenn $C(x)$ weder stützt noch schneidet (d. h. x Häufungspunkt von $B \frown C(x)$ ist).

Analog gewinnt LANE [*3*, *4*, *5*] eine Definition der differenzierbaren Punkte eines Bogens im konformen n-dimensionalen $\mathfrak{K}_n$ bezüglich der $(n-1)$-Sphären als Ordnungscharakteristiken und gibt vermöge einer „Charakteristik" eine Klassifikation der differenzierbaren Punkte.

Ferner behandelt LANE ebene Probleme der Art $(\mathfrak{k}, k)$, wobei $\mathfrak{k}$ in LANE [*7*, *9*] das System der Parabeln in der affinen Ebene, hingegen in [*8*] das System der Kegelschnitte in der projektiven Ebene ist. Dabei ist $\mathfrak{k}$ jeweils in geeigneter Weise (z. B. durch Adjunktion der Nullkreise) zu vervollständigen.

Als gemeinsame Ergebnisse seien genannt: I. Es ist POW $(x; B; \mathfrak{k})$ nicht kleiner als die Summe der Indizes $a_0, a_1, \ldots$ der „Charakteristik". II. Ist $x \in B$ „elementar", d. h. ist eine vordere und eine hintere Umgebung von x auf B vom niedrigsten POW nämlich $= k$, so ist POW $(x; B; \mathfrak{k}) =$ der Summe der Indizes der „Charakteristik". — III. Gewisse „Charakteristiken" können nicht auftreten.

Zum Fall, daß $\mathfrak{k}$ das System der Parabeln ist, sei noch bemerkt: Hier ist die Eindeutigkeitsforderung, wie sie im Axiom (II) (1) des Abschnitts 1.1.1. auftritt, nicht mehr erfüllt; denn es ist $k = 4$, und durch 4 Punkte gehen, wenn überhaupt, zwei Parabeln; als Folge davon erscheint die Existenz von Punkten des *einseitigen* POW $k + 1 = 5$. Dadurch wird die Theorie reicher, aber auch schwieriger.

Anmerkung. Eine Klärung des Zusammenhanges insbesondere von LANE [*5* bis *7*] mit H. [*20*, *27*] sowie mit HALLER [*2*] wäre erwünscht.

C.2. Ordnungsminimale Bogen.

Von SCHERK-LANE [*12*] bzw. LANE [*7*] werden die nicht notwendig als differenzierbar vorausgesetzten Bogen B^k des jeweils niedrigsten POW, nämlich des POW $(B; \mathfrak{k}) = k$ betrachtet, wobei k die Grundzahl ist. Es gilt dann: Es ist B^k in jedem Punkt einseitig „stark" differenzierbar und in jedem Punkt bis auf abzählbar viele Ausnahmen sogar zweiseitig stark differenzierbar. Dabei ist z. B. im Fall der Kreise als OCh die starke Differenzierbarkeit so erklärt (vgl. SCHERK-LANE [12], S. 363): Es seien $p, t, u, v \in B^3$, ferner q, r irgendwelche Punkte mit $r \neq p$ und beispielsweise $C(u, v, q)$ der Kreis durch u, v, q; dann soll Erstens $\lim C(u, v, q)$ für $u, v \to p$ und $q \to r$ existieren und Zweitens $\lim C(t, u, v)$ für $t, u, v, \to p$.

Außerdem ergibt sich, daß in jedem Punkt von B^k die ersten $k-2$ starken Differenzierbarkeitsbedingungen von selbst erfüllt sind.

Man vergleiche dazu die Differenzierbarkeitseigenschaften der n-konvexen (n-konkaven) Funktionen (z. B. HAUPT-AUMANN-PAUC [1], 2. Bd., Nr. 2.2.5.; dort (Satz 3, Beh. B., C.) muß „allgemeine" ersetzt werden durch „vordere bzw. hintere") sowie POPOVICIU [1].

Betr. Arbeiten von SCHERK über Erweiterung und Approximation von B^n vgl. S. 334 und 409.

1. (e) Arbeiten von Gyula (Julius) von Sz. Nagy.

Diese Arbeiten sind vorwiegend der Untersuchung des globalen Verhaltens von Kurven im P_n und von Flächen im P_n gewidmet, wobei Differenzierbarkeitsannahmen zugrunde liegen. Und zwar handelt es sich meist um Kurven und Flächen vom Maximalindex oder Maximalklassenindex. Über seine diesbezüglichen Untersuchungen hat J. VON SZ. NAGY in dem von ihm verfaßten Bericht [27] referiert; wir können deshalb auf diesen Bericht verweisen, zumal wir in Abschn. 3.6. seine Theorie der ebenen (mehrteiligen) Kurven vom Maximalklassenindex dargestellt haben.

2. (a) Dualisierbare Parameterkurven (vgl. KÜNNETH [3]).

Von einer dualisierbaren Parameterkurve (oder Bogen) im P_n wird man zu verlangen haben, daß in jeder Stelle t die k-Tangentialräume $T_k(t)$, $0 \leq k \leq n$, existieren und stetige Scharen bilden; ferner sollen Sätze über dualisierbare Kurven (Bogen) richtig bleiben bei „Dualisierung", d. h. bei Vertauschung von Vereinigung und Durchschnitt von $T_k(t)$ mit $T_{n-k-1}(t)$; dabei beziehen sich „Vereinigung" und „Durchschnitt" auf den Verband der linearen Unterräume $P_i(-1 \leq i \leq n)$ von P_n und es wird unter dem Durchschnitt $P_i \wedge P_k$ bzw. der Vereinigung $P_i \vee P_k$ der mengentheoretische Durchschnitt $P_i \cap P_k$ bzw. die lineare Hülle $L(P_i \cup P_k)$ verstanden.

Unserer durch diese Forderungen bedingten Definition der dualisierbaren Kurven seien folgende Bezeichnungen vorausgeschickt. T_k^i sei die Menge aller mit T_k inzidenten P_i und $(T_k^i)^\varrho$ sei die Menge derjenigen

P_ϱ, die mit einem P_i aus T_k^i inzidieren. Ferner sei mit $T_k^0 \vee T_m^0$ bzw. mit $T_k^{n-1} \wedge T_m^{n-1}$ die Menge aller $P_0' \vee P_0''$ bzw. $P_{n-1}' \wedge P_{n-1}''$ bezeichnet, für die P_0' bzw. P_{n-1}' mit T_k und P_0'' bzw. P_{n-1}'' mit T_m inzidiert.

Die obigen Forderungen für dualisierbare Kurven (Bogen) werden erfüllt, wenn als Definition der dualisierbaren Kurven (Bogen) die folgenden, für alle k, m mit $0 \leq k, m \leq n-1$ geltenden *Grundrelationen* dienen:

$$P_{-1}^1 \frown [\lim_{t_i \to t} T_k^0(t) \vee T_m^0(t_i)] = \text{System aller } T_{k+m+1-\nu}^1(t) \frown (T_\nu^0(t))^1$$

$$\text{für } \max(0, k+m+1-n) \leq \nu \leq \min(k, m);$$

und dual dazu

$$P_n^{n-2} \frown [\lim_{t_i \to t} T_k^{n-1}(t) \wedge T_m^{n-1}(t_i)] = \text{System aller } T_{k+m-1-\nu}^{n-2}(t) \frown (T_\nu^{n-1}(t))^{n-2}$$

$$\text{für } \max(k, m) \leq \nu \leq \min(n-1, k+m).$$

(P_{-1}^1 bzw. P_n^{n-2} ist die Menge aller Geraden bzw. $(n-2)$-Ebenen im P_n.)

Der Durchschnitt einer $(n-m)$-Ebene $P_{n-m}(0 \leq m \leq n-1)$ mit den k-Tangentialräumen $T_k(t)$ $(m \leq k \leq n-1)$ einer dualisierbaren Kurve (Bogen) C im P_n bildet, wenn P_{n-m} fremd ist zu $T_{m-1}(t)$ für alle Stellen t von C, wieder eine dualisierbare Kurve (Bogen) C', die „Spur" von C im P_{n-m}, wobei $P_{n-m} \frown T_k(t)$ der $(k-m)$-Tangentialraum an C' in $P_{n-m} \frown T_m(t) = \{p'(t)\}$ ist.

Eine dualisierbare Kurve (Bogen) C ist abgeschlossene Hülle einer Vereinigung von abzählbar vielen Bogen des POW n. Die *elementaren* (im Sinne des Abschn. 5.6.) singulären Stellen, kurz Singularitäten, sind die *m-dimensionalen Rückkehrstellen* von C, d. h. die Stellen, deren Bilder in der Spur C' Spitzen von C' sind (diese Definition ist unabhängig von der Wahl des „Spurenraumes" P_{n-m}) $(0 \leq m \leq n-1)$. Dabei heißt $p(t) = T_0(t)$ Spitze von C im P_n, wenn für jede $(n-1)$-Ebene H mit $T_0(t) \subset H$ und $T_1(t) \not\subset H$ eine vordere und eine hintere Umgebung von $p(t)$ in C auf der gleichen Seite von H liegen; eine Spitze von C ist 0-dimensionale Rückkehrstelle von C. Jede nichtelementare Singularität ist Häufungsstelle von Rückkehrstellen.

Ist die elementare Singularität t eine m-dimensionale Rückkehrstelle, so gilt $\operatorname{sign}\tilde{\sigma}(m) = \operatorname{sign}\tilde{\sigma}(m+1)$ bei der durch die $\tilde{\sigma}(i)$, $0 \leq i \leq n$, bestimmten signierten vermittelnden Permutation (vgl. Abschn. 5.6.2.4.); und umgekehrt. Ist t in C für r Werte von $k(0 \leq k \leq n-1)$ k-dimensionale Rückkehrstelle, so ist r die Anzahl der Vorzeichenfolgen in $\tilde{\sigma}(0)$, $\ldots$, $\tilde{\sigma}(n)$ und StOW $(t; C) = n + r$.

Die Projektion einer dualisierbaren Kurve (Bogen) aus einer s-Ebene P_s in eine m-Ebene P_m ist wieder eine dualisierbare Kurve (Bogen), wenn für alle t und $s + m < n$ gilt:

$$P_s \wedge T_{n-s-1}(t) = \emptyset; \quad [P_s \vee T_{n-s-m-2}(t)] \wedge P_m = \emptyset.$$

Der Darstellungssatz für dualisierbare Bogen gestattet eine Verallgemeinerung. Dabei (H. [35]) handelt es sich zunächst um Kontinua D im euklidischen Raum E_n mit gewissen infinitesimalgeometrischen Eigenschaften, die wesentlich schwächer sind als die mit der Dualisierbarkeit verknüpften Forderungen. Das Ergebnis läßt sich auf Durchlaufungsbogen ausdehnen.

2. (b) Bogen und Kurven, die im strengen Sinne frei sind von $(n-2, n+m)$-Sekanten (Strenge Konvexität im Sinne von M. Barner [1]) (Vgl. H. [38].)

Es sei B ein Bogen im P_n und $\mathfrak{k}$ das System der $(n-1)$-Ebenen des P_n. Als eine $(n-2, n+m)$-*Sekante von* B, wobei $m \geq 0$ ist, werde jede $(n-2)$-Ebene $S \subset P_n$ bezeichnet, für die folgendes gilt:

$S_{k_i}(p_i; s_i; B)$ sei ein k_i-dimensionaler Schmiegraum in $p_i \in B \cap S$ an B, $i = 1, \ldots, t$; $1 \leq t$; $k_i \geq 0$; $s_i \geq k_i + 1$; $s_1 + s_2 + \cdots + s_t = n + m$; außerdem sei $S_{k_i}(p_i; s_i; B)$ Limes von k_i-Ebenen $L^\nu_{k_i}$ mit $\nu \to \infty$, wobei für eine Umgebung U von p_i auf B gilt: POW $(U \cap L^\nu_{k_i}) = s_i$ und POW $(U \cap L'_{k_i}) \leq s_i$ für jede andere k_i-Ebene L'_{k_i}.

Es ist $S = L(S_{k_1}(p_1; s_1; B) \cup S_{k_2}(p_2; s_2; B \cup \cdots \cup S_{k_t}(p_t; s_t; B))$.

Für $k_i = 0$, $i = 1, \ldots, t$, folgt daraus: $s_i = 1$, $t = n + m$, $S_{k_i}(p_i; s_i; B) = \{p_i\}$ und $S = L(\{p_1\} \cup \{p_2\} \cup \cdots \cup \{p_{n+m}\})$.

Ein Bogen (eine Kurve) heißt im strengen Sinn frei von $(n-2, n+m)$-Sekanten, abgekürzt „i. str. S. n-Sek.-frei", wenn an B keine $(n-2, n+m)$-Sekanten existieren $(m \geq 0)$ und wenn überdies zu jeder $(n-2, n-1)$-Sekante S mindestens eine S enthaltende Hyperebene $H(S)$ existiert von folgender Art: $H(S)$ enthält außer den $p_i (i = 1, 2, \ldots, t)$ keine weiteren Punkte von B; enthält $H(S)$ einen k'_i-dimensionalen Schmiegraum $S_{k'_i}(p_i; s'_i; B)$ in p_i an B, so ist $k'_i \leq k_i$ und $s'_i \leq s_i$.

Für einen i. str. S. n-Sek.-freien Bogen B (nicht Kurve!) im P_n ist POW $(B) = n$ genau dann, wenn POW $(x; B) = n$ für jedes $x \in B$.

Ist POW $(B) \geq n t + 1$, $t \geq 1$, so sind mindestens t bzw. $t + 1$ $\mathfrak{k}$-singuläre Punkte in B vorhanden, je nachdem B Bogen oder Kurve ist.

Ist B sogar in jedem Punkt gewöhnlich differenzierbar und POW $(B) = q$, so ist $q - n$ bzw. q untere Schranke für die Anzahl der $\mathfrak{k}$-singulären Punkte von B, je nachdem B Bogen oder Kurve ist, und, falls B Kurve ist, ist POW $(B) = n + 1$ genau dann, wenn $n + 1$ $\mathfrak{k}$-singuläre Punkte vorhanden sind. Die Schranken sind, wenigstens für $n = 2$, genau.

Diese Sätze entsprechen denen in Abschn. 4.1.2. bis 4.1.4. über ebene Bogen und Kurven bezüglich der $\mathfrak{k}$-OCh, wenn die Bedingung der

Normalität an die Stelle der Bedingung i. str. S. n-Sek.-frei zu sein tritt. In beiden Fällen handelt es sich eben um im wesentlichen die gleichen monotonen Korrespondenzen auf Bogen bzw. Kurven. Man vergleiche dazu die von FABRICIUS-BJERRE gefundene Kennzeichnung der strengen Monotonie im Sinne von BARNER durch eine Monotonieeigenschaft (Näheres hierüber III. 1 (b), B.).

Ist B frei von $(n-2, n+m)$-Sekanten und vom POW $n+1$, so ist B auch im strengen Sinne frei von $(n-2, n+m)$-Sekanten. Dies folgt vermittelst Projektion durch Induktion daraus, daß eine doppeltpunktfreie Kurve 3. Ordnung in der Ebene i. str. S. n-Sek.-frei ist.

W. POHL [1] beweist: Eine einfache $(n+1)$-mal stetig differenzierbare Kurve C im projektiven n-dimensionalen Raum P_n ohne $(n-2, n+m)$-Sekanten und vom POW $n+1$ besitzt genau $n+1$ singuläre Punkte. — Der Beweisgedanke von POHL ist sehr einfach: Die Menge der geordneten $(n+1)$-tupel $T(n+1)$ von Punkten aus C bzw. die Teilmenge V der mit einer Hyperebene inzidenten $T(n+1)$ ist homöomorph zum $(n+1)$-fachen bzw. zum n-fachen kartesischen Produkt C^{n+1} bzw. C^n von C. Und die „in einen Punkt zusammenfallenden" $T(n+1)$ entsprechen der „Diagonale" von C^{n+1}, von der V in $n+1$ Punkten geschnitten wird. Diese $n+1$ Punkt entsprechen den singulären Punkten von C (d. h. den Punkten vom POW $n+1$). Und aus der vorausgesetzten $(n+1)$-maligen stetigen Differenzierbarkeit (im Sinne der Differentialgeometrie) von C folgt die gewöhnliche Differenzierbarkeit.

2. (c) Existenz ordnungshomogener Gebilde (bei gegebenem Grundraum R, gegebenem OCh-System $(\mathfrak{k}, k)$ und Grundgebilde D).

Ohne zusätzliche infinitesimalgeometrische Bedingungen ist die Frage beantwortet: Für $R =$ topologische projektive Ebene, $\mathfrak{k}$ System der „Geraden", $D =$ Kontinuum (vgl. Abschn. 3.4.); oder $R = F_2$, $\mathfrak{k}$ System der Kreise, D Bogen (bzw. Kontinuum (H. [*16*]); oder $R = P_3$, $\mathfrak{k}$ System der Geraden, $D =$ Kongruenzregelfläche (H. [*17*]): oder für $R = E_n$, $\mathfrak{k}$ Parallelbüschel von k-Ebenen, D etwa Flächenstück höchstens endlichen POW (vgl. Abschn. 6.2., auch Abschn. 7.8.). — *Mit* infinitesimalgeometrischen zusätzlichen Forderungen. Abgesehen vom Fall der Bogen bezüglich eines $(\mathfrak{k}, k)$-Systems bzw. des Systems der Hyperebenen des P_n (vgl. H. [*37*]) ist bekannt (H. [*14*]): $R = P_n$, $\mathfrak{k} = \mathfrak{k}_{n-m} =$ System der $(n-m)$-Ebenen L_{n-m}, D gegeben durch $x_{m+r} = f_r(x_1, \ldots, x_m)$, $r = 1, \ldots, n-m$ für $(x_1, \ldots, x_m) \in U$ mit konvexem U; die f_r seien eindeutig, reell, stetig sowie hinreichend oft differenzierbar und mit schwPOW $(D; \mathfrak{k}_{n-m}) = s < \infty$. Ist $p \in D \frown L_{n-m}$, so soll $D \frown L_{n-m+1} \frown W$ für eine passende Umgebung W von p auf D und für passendes, L_{n-m} enthaltendes, L_{n-m+1} ein Bogen sein. Dann können — abgesehen bei Ausnahme-D, welche Verallgemeinerungen der Regelflächen ($n = 3$, $m = 2$) sind — als lokale POW von ordnungshomogenen D lediglich die schwPOW N mit $n - m + 1 \leq N \leq m(n-m) + 1$ auftreten, während für die POW t der singulären Punkte gilt $n - m + 1 \leq t \leq 2m(n - m) + 2$. Für geeignete Polynome f_r ist jedes N realisierbar.

Hinsichtlich des *kleinsten Wertes* N, nämlich $N = n - m + 1$ ist folgendes bekannt: (1). Für $m = n - 1$ hat FENCHEL [2], ohne Differenzierbarkeitsannahmen zu machen, ein lokal topologisches Bild $f(V^{n-1}) \subset P_n$ einer geschlossenen $(n - 1)$-dimensionalen Mannigfaltigkeit V^{n-1} betrachtet mit POW $(x; f(V^{n-1}); \mathfrak{k}_{n-m}) = 2$ für jedes $x \in f(V^{n-1})$ (also nicht für schwPOW wie oben). Ist $n \geq 3$, so gilt POW $(f(V^{n-1}); \mathfrak{k}_{n-m}) = 2$; es ist also $f(V^{n-1})$ der Rand eines im üblichen Sinne konvexen Körpers, ferner f global topologisch und V^{n-1} topologisch äquivalent mit einer $(n - 1)$-Sphäre. — (2). Ist D hinreichend oft differenzierbare m-dimensionale Mannigfaltigkeit im affinen A_n mit POW $(D; \mathfrak{k}_{n-m}) = n - m + 1$ (also wieder nicht mit schwPOW wie oben), so muß sein $m = 1$ oder $m = n - 1$ (MOTZKIN [1]). Demgegenüber gibt MOTZKIN für $m = 2$, $n \geq 4$ Beispiele von (durch Polynome definierte) D im A_n mit schwPOW $(D; \mathfrak{k}_{n-m}) = n - 1$, wobei die in schwPOW zu vernachlässigende Teilmenge von $\mathfrak{k}_{n-m}$ als LEBESGUEsche Nullmenge angegeben wird. Wegen weiterer Ergebnisse sei auf MOTZKIN [1] verwiesen.

Hier ist noch hinzuweisen auf folgendes, von AUMANN [1, 2] gestellte und behandelte Ordnungsproblem: Vermöge $f: z \to w$ sei die offene Kreisscheibe K schlicht und konform abgebildet auf das (konvexe) Gebiet W. Es sei $\mathfrak{z}$ bzw. $\mathfrak{w}$ das System der Strecken in K bzw. in W, ferner sei $Z(r) \subset K$ die Kreisscheibe vom Radius r mit dem Zentrum z. Man erklärt POW $(Z(r); f) = \max\big(\text{POW}\big((f(L \cap Z(r)) \cap S\big); L \in \mathfrak{z}, S \in \mathfrak{w}\big)$ und POW $(z; f) = \lim \text{POW}\big(Z(r); f\big)$ für $r \to 0$. Bei variablem $z \in K$ ist dann POW $(z; f)$ überall entweder $= 1$ oder $= 2$ oder $= 3$, letzteres bis auf wohlbestimmte Ausnahmen z. Näheres bei AUMANN a. a. O.

2. (d) Limessätze.

Es liege eine unendliche Folge von Kontinuen C_n, $n = 1, 2, \ldots$ vor in einem metrischen kompakten Raum P (vgl. Abschn. 7.1.), für die $\lim C_n = C$ existiert. Es soll aus ordnungsgeometrischen Eigenschaften der C_n auf solche von C geschlossen werden; und zwar handelt es sich um schwKOW $(C; \mathfrak{k})$ und schwPOW $(C; \mathfrak{k})$, wobei $\mathfrak{k}$ ein System von OCh ist, das den Axiomen in Abschn. 7.2. sowie dem Trennungsaxiom (Tr I) und (Tr II) in Abschn. 7.8.6. genügt. Es gilt dann der

1. Limessatz. *Es ist* schwKOW $(C; \mathfrak{k}) \leq \liminf$ schwKOW $(C_n; \mathfrak{k})$, *falls jeder* schwKOW $(C_n; \mathfrak{k})$ *beschränkt ist* (vgl. H [*22b*]).

Ist lim inf schwKOW $(C_n \mathfrak{k})$ unendlich, so ist der Satz trivial. Ist lim inf schwKOW $(C_n \mathfrak{k}) = m$ endlich, so kann schwKOW $(C; \mathfrak{k}) = m'$ jeden Wert von 0 bis m annehmen. Beispiel. Es sei P die projektive Ebene und $a \in P$ sowie U eine beschränkte Umgebung von a in P. Ferner seien G_j, $j = 0, \ldots, m$ fest vorgegebene, voneinander verschiedene, a enthaltende Gerade und $S_n(i) = G_i(a|b_n(i)) \subset G_i \frown U$, $i = 1, \ldots, m$; $n = 1, 2, \ldots$, Strecken mit den Endpunkten a und $b_n(i)$ derart, daß die $b_n(i)$ für alle i und n auf der gleichen Seite von G_0 liegen. Ist $1 \leq m' \leq m$, so sei $b_n(i) = b_i$ konstant für alle n und $1 \leq i \leq m'$; falls $m' < m$, sei $\lim\limits_n b_n(i) = a$ für $m' + 1 \leq i \leq m$. Ist $m' = 0$, so sei $a = \lim\limits_n b_n(i)$ für $i = 1, \ldots, m$. Setzt man $C_n = \bigcup\limits_{i=1}^{m} S_n(i)$ und $C = \bigcup\limits_{i=1}^{m'} S_n(i)$, so ist $C = \lim C_n$ und schwKOW $(C_n; \mathfrak{k}) = m$, schwKOW $(C; \mathfrak{k}) = m'$.

Im 1. Limessatz kann schwKOW nicht ersetzt werden durch KOW. Auch dafür sei ein Beispiel gegeben. Dabei sei C das in Abschn. 7.4.1. betrachtete Kontinuum. Es ist KOW $(C \frown X) =$ POW $(C \frown X) = 4t + 1$, wenn X die X-Achse ist, für jede andere Gerade K ist KOW $(C \frown K) \leq 2t + 2$, so daß schwKOW $(C; \mathfrak{k}) = 2t + 2$. Entfernt man von den in C enthaltenen, oberhalb der X-Achse gelegenen Strecken $S_1, \ldots, S_{2t}$ alle Punkte unterhalb der durch $y = n^{-1}$ gegebenen Parallelen zur X-Achse, so wird aus C das Kontinuum C_n mit KOW $(C_n; \mathfrak{k}) =$ schwKOW $(C_n; \mathfrak{k}) = 2t + 2 < 4t + 1 =$ KOW $(C; \mathfrak{k})$ und $\lim C_n = C$.

Gibt es zu dem System $\mathfrak{k}$ der OCh Grundpunkte, also eine Menge $Q \subset P$ derart, daß $Q \frown K \neq \emptyset$ für jedes $K \in \mathfrak{k}$, so ist zum Limessatz noch die Zusatzforderung zu machen, daß $C \frown Q = \emptyset$. Ferner ist das Trennungsaxiom (Tr) in Abschn. 7.2. zu ersetzen durch

(Tr^*). Ist G eine beliebige zu Q fremde Menge in E_0 und $K \in \mathfrak{k}$ mit $K \frown G \neq \emptyset$, $y \in E_0(K; \alpha) \frown G$, so gibt es in beliebig kleiner $\mathfrak{F}$-Umgebung von K ein $K' \in \mathfrak{k}$ derart daß

$$y \in E_0(K'; \alpha) \text{ und } \bar{G} \frown K \subset E_0(K'; -\alpha).$$

Die Notwendigkeit der Forderung $C \frown Q = \emptyset$ ergibt sich aus folgendem Beispiel: In der euklidischen Ebene seien x, y rechtwinklige, kartesische Koordinaten. P sei die abgeschlossene Kreisscheibe S mit $p = (0, 0)$ als Mittelpunkt und 3 als Radius; $\mathfrak{k}$ sei das System der abgeschlossenen Radien von S, und K_0 sei der Radius mit dem Endpunkt $(-3, 0)$. Es ist hier $Q = \{p\}$. Es sei C_n der durch die Gleichung $(x - n^{-1})^2 + (y - 1)^2 = 1$ und die Ungleichung $x \geq n^{-1}$ gegebene Halbkreis; dann ist C gegeben durch $x^2 + (y - 1)^2 = 1$ und $x \geq 0$. Da schwKOW $(C_n; \mathfrak{k}) = 1$ für jedes n, aber schwKOW $(C; \mathfrak{k}) = 2$, gilt der Limessatz hier nicht.

Um einen dem 1. Limessatz entsprechenden Limessatz für den POW aufstellen zu können, muß auch noch das Trennungsaxiom (*Tr* III) in Abschn. 7.8.6. vorausgesetzt werden.

2. Limessatz. *Voraussetzung* (1). *Für* P *und* $\mathfrak{k}$ *sollen die Axiome in* Abschn. 7.2. *gelten, ferner* (*Tr* I), (*Tr* II) *und* (*Tr* III) *in* Abschn. 7.8.6.; $\mathfrak{k}$ *sei lokal kompakt.* — (2). *Es seien* C_n, $n = 1, 2, \ldots$, *Kontinua in* P *und es existiere* $C = \lim C_n$ *mit beschränktem* C.

Behauptung. Es ist schwPOW $(C; \mathfrak{k}) \leq \liminf$ schwPOW $(C_n; \mathfrak{k})$, *falls jeder* schwPOW $(C_n; \mathfrak{k})$ *beschränkt ist* (vgl. H [*46*]).

Auch hier kann schwPOW nicht durch POW ersetzt werden.

Ist lim inf schwPOW $(C_n; \mathfrak{k}) = m$ endlich und schwPOW $(C; \mathfrak{k}) = m'$, so kann wie beim 1. Limessatz m' wieder jeden Wert von 0 bis m annehmen.

Der (indirekte) Beweis des 2. Limessatzes soll hier in seinen Grundzügen kurz skizziert werden. Aus dem 1. Limessatz folgt zunächst, daß schwKOW $(C; \mathfrak{k}) \leq \liminf$ schwKOW $(C_n; \mathfrak{k})$ und hieraus, wie sich zeigen läßt, falls schwPOW$(C; \mathfrak{k}) > m$ ist, die Existenz einer in $\mathfrak{k}$ offenen Menge $\mathfrak{o}$ derart, daß $C \cap K$ für jedes $K \in \mathfrak{o}$ $q \leq m$ Komponenten enthält und darunter mindestens eine mehrpunktige; alle Komponenten sind Schnittkomponenten.

Es sei $K \in \mathfrak{o}$ und T eine mehrpunktige Komponente von $K \cap C$ mit einer Normalumgebung U. Dann gibt es gemäß (*Tr* III) eine überabzählbare Menge $\mathfrak{w} \subset \mathfrak{o}$, so daß $K' \cap K'' = \emptyset$ für $K', K'' \in \mathfrak{w}$ und eine Folge $((K_s))$ $s = 1, 2, \ldots$, mit $K_s \in \mathfrak{w}$ und $\lim K_s = K$ von folgender Art: Jedes $K_s \cap C \cap U$ enthält eine Komponente mit einem Durchmesser größer als $\delta > 0$. Zu jedem $K_s \cap C \cap U$ gibt es Normalumgebungen N_s mit $N_s \cap N_{s'} = \emptyset$ für $s \neq s'$ und ein $C_{n(s)}$ aus $((C_n))$ derart, daß $C_{n(s)} \cap N_s$ eine Komponente $T_{n(s)}$ enthält mit einem Durchmesser $\delta_{n(s)} > \delta' > 0$, dessen Endpunkte e_s^1 und e_s^2 seien; dabei kann $n(s) < n(s+1)$ angenommen werden. Es ist $\lim T_{n(s)} = T' \subset T$ (jedenfalls für eine Auswahlfolge der $T_{n(s)}$), $\lim e_s^i = e^i \in T$, $i = 1, 2$, für $n(s) \to \infty$, $e^1 \neq e^2$. Gemäß (*Tr* I) gibt es eine offene Menge $\mathfrak{u} \subset \mathfrak{k}$, so daß für jedes $K \in \mathfrak{u}$ gilt: $e^1 \in E_0(K; \alpha)$, $e^2 \in E_0(K; -\alpha)$. Es wird daher $C_n \cap N_s$ für genügend großes n für mindestens $m+1$-Werte von s von jedem $K \in \mathfrak{u}$ geschnitten, also ist, da $N_s \cap N_{s'} = \emptyset$ für $s \neq s'$, schwPOW $(C_n; \mathfrak{k}) > m$ im Widerspruch zur Voraussetzung.

Zum Beweis dieses Satzes ist außer (*Tr* III) auch (*Tr* I) nicht entbehrlich, wie folgendes Beispiel zeigt. P sei in der euklidischen Ebene das abgeschlossene Quadrat $Q(-2 \leq x, y \leq +2)$, $\mathfrak{k}$ sei die Menge der Durchschnitte von Q mit den zur Y-Achse parallelen Geraden. C_n sei Vereinigung der Strecken: $S = (0 \leq x \leq 1, y = 0)$ und $S_r = (x = r/n, 0 \leq y \leq 1)$, $r = 0, 1, \ldots, n$.

Hier ist schwPOW $(C_n; \mathfrak{k}) = 1$ und $C = \lim C_n = Q$.

Es ist $(Tr\,\mathrm{I})$ immer dann nicht erfüllt, wenn $k = 1$. (Vgl. auch H. [*22a*, *22b*]).

Hinsichtlich der Beziehung der Limessätze zum Blaschkeschen (Auswahl- und) Konvergenzsatz für konvexe Körper (BLASCHKE [*4*]), vgl. H. [*22*]).

Anmerkung. Betr. $(Tr\,\mathrm{I})$ und $(Tr\,\mathrm{II})$ vgl. auch H. [*46*].

2. (e) Translations-, Spiegelungs- und kinematische Ordnung.

1. Es sei B ein (Durchlaufungs-) Bogen (evtl. Kurve), d. h. eindeutiges stetiges Bild der (abgeschlossenen) Einheitsstrecke (evtl. der Kreislinie) in der euklidischen Ebene E_2. Unter der *Translationseigenordnung* $Tr(B)$ von B werde verstanden das Maximum (falls es existiert) der StOW $(B \frown B')$, wobei B' das Bild von B vermöge irgendeiner Translation von B bezeichnet; StOW bedeutet, daß mehrfache Punkte je mit ihrer Vielfachheit zu zählen sind. Nach ROSENTHAL [*5*] gelten folgende Sätze: Ist $Tr(B) = t$ beschränkt, so ist StOW $(B; \mathfrak{k}) = r$ ebenfalls beschränkt, wobei $\mathfrak{k}$ das System der Geraden in E_2 bedeutet. Je nachdem B Bogen oder Kurve ist, gilt $r \leq t + 1$ bzw. $r \leq t$. — Die Kurven C mit $Tr(C) = 2$ sind identisch mit den keine Strecken enthaltenden Ovalen. Ist $Tr(B) = 1$, so ist B ein streckenfreier Konvexbogen ohne parallele Stützgeraden an B. — Besitzt ein Bogen B in jedem Punkt die gleiche beschränkte Translationseigenordnung wie B, so ist diese gleich 1, d. h., die ordnungshomogenen Bogen von beschränkter Translationseigenordnung sind identisch mit den Bogen B, für die $Tr(B) = 1$ ist. Bei Hinzufügung weiterer Forderungen ergeben sich Verschärfungen.

2. Legt man nicht die Translationen, sondern die Spiegelungen an (beliebigen) Geraden zugrunde, so gilt, wie GERICKE [*1*] in Beantwortung einer von W. BLASCHKE gestellten Frage zeigen konnte: Die von Kreisen verschiedenen Ovale S der Spiegeleigenordnung $Sp(S) = 4$ sind genau diejenigen Ovale, welche bezüglich der Kreise als OCh den POW 4 besitzen sowie mindestens zwei zueinander orthogonale Symmetrieachsen; für die Kreise und nur für sie ist $Sp(S) = 2$. — Für Eiflächen F im E_3 erklärt BLASCKE als Spiegeleigenordnung $Sp(F)$ u. a. die Maximalzahl der Schnittpunkte des Durchschnittes von F und zweier Spiegelbilder von F. GERICKE [*1*] zeigt: Es ist $Sp(F) \geq Sp(S)$ für irgend einen ebenen Schnitt S von F. Aus $Sp(F) = 2$ folgt, daß F eine Kugel ist; und umgekehrt. Es gibt kein F mit $Sp(F) = 4$. Für jede algebraische Fläche A vom Grade k ist $Sp(A) \leq k^3$; daher gilt $Sp(A') = 8$, wenn A' Ellipsoid ist.

3. Läßt man sogar beliebige Bewegungen von E_2 in sich zu, so erhält man die von BLASCHKE [*3*] eingeführte kinematische Eigenordnung Kin(B). Nach FUJIWARA [*1*], vgl. auch BOL [*1*], gilt: Ist J eine Jordankurve, so ist $\mathrm{Kin}(J) = 4$ gleichwertig damit, daß J ein Mittelpunktsoval mit 4 Scheiteln (bezüglich der Kreise) ist.

1. Anmerkung. Bei BLASCHKE [*3*] kann eine Nullmenge von Lagen unberücksichtigt bleiben.

2. Anmerkung. Die Verallgemeinerung zum Begriff der Translations- usw. Ordnung einer (festen) Menge M bezüglich aller aus einer Menge N durch Translation usw. erhaltener Mengen N' liegt nahe, ebenso die auf den E_n. Vgl. BLASCHKE [*3*].

2. (f) Ordnungsfeste Approximation von Bogen B_n bzw. Kurven C_n (im projektiven P_n mit $\mathrm{POW}(B_n; \mathfrak{h}) = n$, wenn $\mathfrak{h}$ das System der Hyperebenen bezeichnet.)

Nach SCHERK [*8*] ist jedes C_n durch gewöhnlich differenzierbare C_n gleichmäßig approximierbar. Nach SCHOENBERG (insbesondere [*2*], S. 227) ist jedes beschränkte C_{2m} bzw. B_{2m+1} gleichmäßig approximierbar durch *analytische* C_{2m} bzw. B_{2m+1} mit den gleichen Endpunkten. SCHERK vermutet, daß jedes C_n durch rationale C_n gleichmäßig approximiert werden kann. — Hierher gehört noch die Feststellung von PIMIÄ [*1, 3*], daß es im P_3 Flächen 3. Ordnung (bezüglich des Systems der Geraden) gibt, die nicht durch Polyeder 3. Ordnung approximierbar sind (während Bogen im P_n durch Polygone stets ordnungsfest approximiert werden können) (vgl. auch Abschn. 3.2.8. sowie S. 168).

2. (g) Probleme, bei denen aus ordnungsgeometrischen Annahmen über das betrachtete Gebilde C algebraische Eigenschaften von C folgen.

Beispiele: (1). Die Sätze von GRAF-SAUER [*1, 2*] und deren Verallgemeinerung in BLASCHKE-BOL [*2*]. — (2). Die Kennzeichnung der ebenen algebraischen Kurven durch affingeometrische Eigenschaften nach KUBOTA [*1*]. — (3). Der „algebraische Charakter" der Geradensysteme auf Flächen 3. Ordnung nach MARCHAUD (vgl. S. 393). — (4). Probleme, wie sie von SEGRE [*2*] und MEYNIEUX [*2*] behandelt werden. — (*5*). Die JUELsche Bedingung dafür, daß eine in einem linearen Komplex (im P_3) enthaltene stetige Kongruenz von zweiter Ordnung und Klasse, algebraisch ist (JUEL [*19*]). — (6). Die JUELsche Kennzeichnung der Ellipsoide und algebraischen Zykliden als derjenigen Eiflächen, welche mit jedem — nicht auf ihnen gelegenen — Kreis maximal 4 Punkte gemeinsam haben (und noch gewissen infinitesimalgeometrischen Bedingungen genügen) (JUEL [*20*]). — (7). Eine Kennzeichnung des Ellipsoides nach MARCHAUD [*20*].

Gegenseitige Beziehungen zwischen (a) ordnungsgeometrischen und (b) infinitesimalgeometrischen Eigenschaften. — Beispiele. (I). *Aus* (a) *folgt* (b). (1). Vgl. Abschn. 3.3.; 5.1.7.; 5.2.9. und 4.2.6.3./4. — (2). Lipschitzeigenschaft ordnungshomogener k-Zellen (Abschn. 6.3.1.). — (3). Existenz und Stetigkeit der Tangentialebenen von Flächenstücken und Flächen 3. Ordnung nach MARCHAUD (vgl. S. 391ff.). — (4). Differenzierbarkeitseigenschaften der Bogen n-ter Ordnung bezüglich der Parabeln höchstens $(n-1)$-ten Grades (vgl. HAUPT-AUMANN-PAUC [*1*], 2. Bd., Abschn. 2.2.5.; 2.2.6.2.). Dazu SCHERK (vgl. S. 400, C.2.) sowie HJELMSLEV [*6*]. — (II). *Aus* (b) *folgt* (a). Unter geeigneten Annahmen infinitesimalgeometrischer Natur sind unter den Bogen höchstens endlichen POW die Bogen vom niedrigsten POW die einzigen ordnungshomogenen (H. [*37*]; vgl. auch H. [*34*], wo eine Einteilung von Problemen nach dem jeweiligen Auftreten von Bedingungen (a) und (b) in Voraussetzung und Behauptung versucht und durch Beispiele belegt wird).

3. Anhang

1. Dimensionsformeln im P_n.

Als *lineare Hülle* $L(A)$ von A wird der Durchschnitt aller linearen Unterräume L von P_n mit $A \subset L$ bezeichnet oder, damit gleichbedeutend, der kleinste A enthaltende lineare Unterraum von P_n.

Es ist $L(A) = L(\bar{A}) = L(L(A))$.

Der *Rang* $\mathfrak{R}(A)$ von A ist gleich der Dimension seiner linearen Hülle:

$$\mathfrak{R}(A) = \dim L(A).$$

$$L(L(A) \cup L(B)) = L(A \cup B).$$

Für lineare Unterräume A, B von P_n gilt:

$$L(A) \cap L(B) = L(A \cap B) = A \cap B$$

und

$$\dim A + \dim B = \dim L(A \cap B) + \dim L(A \cup B),$$

wobei $\dim \emptyset = -1$.

Folgerungen (für lineare Unterräume A, A', B, B', C im P_n).

(1) Ist $\mathfrak{R}(A \cup B) = n$, $\mathfrak{R}(A \cap B) = 0$, $A \subset A'$, $\mathfrak{R}(A') = \mathfrak{R}(A) + u$, $0 \leq u \leq n - \mathfrak{R}(A)$, so ist $\mathfrak{R}(A) + \mathfrak{R}(B) = n$ und $\mathfrak{R}(B \cap A') = \mathfrak{R}(B) + \mathfrak{R}(A) + u - n = u$.

(2) Ist $\mathfrak{R}(A \cup C) = n$, $\mathfrak{R}(A \cap B) = \mathfrak{R}(A \cap C) = -1$, so ist $\mathfrak{R}(L(A \cup B) \cap C) = \mathfrak{R}(A \cup B) + \mathfrak{R}(C) - n = \mathfrak{R}(A) + \mathfrak{R}(B) + \mathfrak{R}(C) + 1 - n$.

(3) Ist $A \cap B' = \emptyset$, $B \subset B'$ und $S = L((A \cap B') \cup B)$, $S' = L(A \cup B) \cap B'$, so ist $S = S'$; denn es ist $B \subset S'$, $A \cap B' \subset S'$, also $S \subset S'$, andererseits ist $\dim S' = \dim B' + \dim A + \dim B + 1 - (\dim B' + \dim A - \dim(A \cap B')) = \dim B + \dim(A \cap B') + 1 = \dim S$.

2. Begrenzung des Durchschnitts zweier Mengen in einem topologischen Raum R.

Mit M_g werde die Begrenzung einer Menge $M \subset R$ bezeichnet. Es ist $(A \cap B)_g \subset \bar{A} \cap \bar{B} - \underline{A} \cap \underline{B} = (\underline{A} \cup A_g) \cap (\underline{B} \cup B_g) - \underline{A} \cap \underline{B} = (\underline{A} \cap B_g) \cup (\underline{B} \cap A_g) \cup (A_g \cap B_g) \subset (\bar{A} \cap B_g) \cup (\bar{B} \cap A_g)$. Falls A und B in R abgeschlossen sind, ist $(A \cap B)_g = (A \cap B_g) \cup (B \cap A_g)$, da neben $(A \cap B)_g \subset (A \cap B_g) \cup (B \cap A_g)$ auch $A \cap B_g = A \cap (B - \underline{B}) = A \cap B - A \cap \underline{B} \subset A \cap B - \underline{A} \cap \underline{B} = (A \cap B)_g$ und ebenso $B \cap A_g \subset (A \cap B)_g$. Durch Übergang zum Komplement erhält man $(A \cup B)_g \subset (\complement A \cap B_g) \cup (\complement B \cap A_g) \cup (A_g \cap B_g)$.

3. Metrische kompakte Räume und ihre kompakten Teilmengen.

Ein topologischer Raum R heißt *kompakt*, wenn jede unendliche Teilmenge von R (mindestens) einen Häufungspunkt besitzt. Jeder metrische kompakte Raum besitzt eine abzählbare Basis (ALEXANDROFF-HOPF [*1*], S. 87, Satz VII).

Eine Teilmenge M eines Raumes R heißt kompakt (*in R oder relativ R*), wenn jede unendliche Teilmenge von M (mindestens) einen Häufungspunkt in R hat. Ist M kompakt in M, so sagt man auch, M sei *in sich* kompakt.

Das System $\mathfrak{g}$ der abgeschlossenen kompakten Teilmengen eines metrischen kompakten Raumes R ist selbst ein metrischer kompakter Raum (HAUPT-AUMANN-PAUC [*1*], 1. Band, 6.3.4.4., S. 206). Wegen der Metrik vgl. Abschn. 1.1.

Sind $C_1, C_2, \ldots$ kompakte Kontinua in R mit $C_{n+1} \subset C_n$, $n = 1, 2, \ldots$, so ist $C = \bigcap_n C_n = \lim C_n$ ein Kontinuum (HAUSDORFF [*1*], S. 163, XVIII).

Ein topologischer Raum R heißt *bikompakt* oder *vollkompakt*, wenn jede offene Überdeckung von R (d. h. jede Darstellung von R als Vereinigung von offenen Teilmengen) eine endliche Überdeckung von R enthält. Jeder metrische kompakte Raum ist bikompakt (vgl. z. B. KOWALSKY [*2*], 11.b. und 11.16.). — Jede bikompakte Teilmenge eines metrischen (allgemeiner eines T_2-) Raumes ist abgeschlossen. Jede abgeschlossene Menge eines bikompakten Raumes ist selbst bikompakt.

Die Punkte der abgeschlossenen Hülle einer Menge M (d. h. alle isolierten und Häufungspunkte von M) heißen auch *Berührpunkte* von M.

4. Spezieller Brückensatz. Es sei R ein metrischer, kompakter, zusammenhängender Raum, ferner $A, B \subset R$ mit $A = \bar{A} \neq \emptyset$, $B = \bar{B} \neq \emptyset$ und $A \cap B = \emptyset$. Dann gibt es in $U = R - (A \cup B)$ eine *Brücke* Q zwischen A und B, das soll heißen eine Komponente Q von U, welche in A und B *mündet* (d. h., für welche $\bar{Q} \cap A \neq \emptyset$ und $\bar{Q} \cap B \neq \emptyset$).

Randsatz. Es sei R metrisch, kompakt und zusammenhängend, ferner $U \subset R$ offen mit $U \neq \emptyset$, $R - U \neq \emptyset$. Dann mündet jede Komponente von U in $R - U$. (Vgl. KOWALSKY [*2*], S. 72 und 74.)

5. Bogensummen.

Unter einer Bogensumme S wird verstanden: eine Vereinigung von höchstens abzählbar vielen einfachen, abgeschlossenen Bogen, $S = \bigcup_n B_n$. Die Vereinigung höchstens abzählbar vieler Bogensummen ist wieder eine Bogensumme.

$S = \bigcup_n B_n$ heißt „Bogensumme im engeren Sinn", wenn $\underset{\sim}{B}_n \cap \underset{\sim}{B}_m = \emptyset$ für $n \neq m$. Jede Bogensumme ist darstellbar als Bogensumme im engeren Sinn. — Ist $S_\mu = \bigcup_{k=1}^{\infty} B_{\mu k}$, $\mu = 1, \ldots, m$, so gilt $\bigcup_{\mu=1}^{m} \bar{S}_\mu = \overline{\bigcup_{\mu=1}^{m} S_\mu}$ (vgl. z. B. H. [*35*], S. 19).

Ein Baum mit höchstens abzählbar vielen Endpunkten ist Bogensumme (MENGER [*2*], S. 310).

Man sagt, ein Bogen sei *stückweise konvex*, wenn B Vereinigung *endlich vieler* abgeschlossener konvexer Bogen ist. Allgemein kann eine abgeschlossene Menge Q als stückweise von der Eigenschaft E bezeichnet werden, wenn Q Vereinigung endlich vieler abgeschlossener Mengen ist, deren jede die Eigenschaft E besitzt.

6. Reguläre Kurven im Sinne der topologischen Kurventheorie (MENGER).

Es sei R ein topologischer Raum. Es heiße $M \subset R$ *lokal zusammenhängend* (auch stark zusammenhängend im Kleinen (MENGER [*2*], 32), wenn jeder Punkt von M beliebig kleine zusammenhängende Umgebungen auf M besitzt. Es sei R überdies metrisch und kompakt. Jedes lokal zusammenhängende Kontinuum $C \subset R$ ist Durchlaufungskurve, d. h. eindeutiges stetiges Streckenbild; und umgekehrt ist jede Durchlaufungskurve lokal zusammenhängend (vgl. KOWALSKY [*1*], 29.7). Jedes lokal zusammenhängende Kontinuum $C \subset R$ ist *bogenverknüpft* (d. h., je 2 Punkte von C sind Endpunkte eines in C enthaltenen einfachen Bogens) und ebenso jede zusammenhängende, in C offene Menge (KOWALSKY [*1*], 29.6). Es heiße $M \subset R$ *erblich lokal zusammenhängend*, wenn jedes Teilkontinuum von M lokal zusammenhängend ist. Ein Kontinuum $C \subset R$ heißt *reguläre Kurve* (im Sinne der topologischen Kurventheorie), wenn jedes $x \in C$ beliebig kleine Umgebungen U mit endlichem $C \cap \dot{U}$ besitzt. Jede reguläre Kurve ist erblich lokal zusammenhängend (MENGER [*2*], 256). — Ein lokal zusammenhängendes Kontinuum C heißt *erbliche Bogensumme*, wenn jedes Teilkontinuum von C Bogensumme ist (C eingeschlossen).

Metrische kompakte Kontinua sind, wenn im Kleinen, dann auch lokal zusammenhängend (vgl. MENGER [*2*], S. 33, 348ff.).

Literaturverzeichnis

ALEXANDROFF, P., u. H. HOPF: [1] Topologie I (Berlin 1935).

AUMANN, G.: [1] Konforme Abbildungen mit Ordnungseigenschaften. Deutsche Math. **2**, 574—576 (1937).

— [2] Über lokale Ordnungseigenschaften der konformen Abbildungen. J. reine angew. Math. **178**, 187—191 (1938).

BARNER, M.: [1] Über die Mindestzahl stationärer Schmiegebenen bei geschlossenen streng-konvexen Raumkurven. Abh. math. Seminar Univ. Hamburg **20**, 196—215 (1956).

— u. F. FLOHR [2]: Der Vierscheitelsatz und seine Verallgemeinerungen. Der Math. Unterr. **1958**, 43—73.

BENZ, W.: [1] Über Möbiusebenen. Jber. dtsch. Math.-Ver. **63**, 1—27 (1960).

BILINSKI, ST.: [1] Der „Vierscheitelsatz" für gleichseitige Polygone. Glasnik mat. Fiz. i Astr., Ser. II, **16**, 195—201 (1961).

— [2] Die primitivste Form des Vierscheitelsatzes. Glasnik mat. Fiz. i Astr., Ser. II, **18**, 85—93 (1963).

BLASCHKE, W.: [1] Vorlesungen über Differentialgeometrie II: Affine Differentialgeometrie. Bearb. v. REIDEMEISTER. Berlin 1923.

— [2] u. G. BOL; Geometrie der Gewebe. Berlin 1938.

— [3] Vorlesungen über Integralgeometrie, 3. Aufl. Berlin 1955.

— [4] Kreis und Kugel, 2. Aufl. Berlin 1956.

BLOCH, A.: [1] Sur les surface élémentaires du 3e ordre de la géométrie finie. Bol. Mat (Baidaff) **4**, 73 (1931).

BÖHMER, P.: Über elliptisch-konvexe Ovale. Math. Ann. **60**, 256—263 (1905).

BOL, G.: [1] Zur kinematischen Ordnung ebener Jordankurven. Abh. math. Seminar Univ. Hamburg **11**, 394—408 (1936).

— [2] Projektive Differentialgeometrie, I. Teil. Göttingen 1950.

— [3] u. W. BLASCHKE; Geometrie der Gewebe. Berlin 1938.

BOULIGAND, G.: [1] Introduction à la Géométrie infinitésimale directe. Paris 1932.

— [2] Essai sur l'Unité des Méthodes directes. Mém. Soc. Roy. Sci. Liège (3) **19**, 1—88 (1934).

BUCKEL, W.: [1] Über eine Verallgemeinerung der Dupinschen Indikatrix. J. reine angew. Math. **185**, 144—191 (1943).

— [2] Über die Auflösung mehrfacher Nullstellen. S.-Ber. physik. med. Sozietät Erlangen **73**, 13—23 (1942/43).

BURAU, W.: [1] Algebraische Kurven und Flächen. I. Algebraische Kurven der Ebene. Berlin 1962.

CARLEMAN, T.: [1] Sur les courbes paraboliquement convexes. Vjschr. Naturforsch. Ges. Zürich **85**, Beiblatt Nr. 32 (Fueter-Festschr.) 61—63 (1940).

COURTAND, M.: [1] Sur les courbes gauches du troisième et du quatrième ordre en géométrie finie. Actualités sci. ind. Nr. **868**, Paris 1940.

DELVENDAHL, O.: [1] Über Kurven von beschränkter Ordnung. Neue dtsch. Forsch., Abt. Math., Berlin 1938.

— [2] Die Singularitäten der Elementarkurven. J. reine angew. Math. **182**, 54—59 (1940).

DENK, F.: [1] Über elementare Punkte höherer Ordnung auf Kurven im R_n. S.-Ber. physik.-med. Sozietät Erlangen **67**, 1—3 (1935).

— [2] Über die Eindeutigkeit der Zerlegung der Permutationen geordneter Elemente. J. reine angew. Math. **178**, 127—128 (1938).

— [3] u. HAUPT: Über die Singularitäten reeller Bogen im R_n. J. reine angew. Math. **183**, 69—91 (1941).

— [4] u. HAUPT: Über gewöhnliche und signierte Permutationen. J. reine angew. Math. **186**, 170—183 (1949).

— [5] u. HAUPT: Über die Windungsmonotonie der Elementarbogen. J. reine angew. Math. **187**, 95—108 (1950).

DERRY, D.: [1] The duality theorem for curves of order n in n-space. Canad. J. Math. **3**, 159—163 (1951).

— [2] On Closed Differentiable Curves of Order n in n-space. Pacific J. Math. **5**, 675—686 (1955).

— [3] Convex Hulls of Simple Space Curves. Canad. J. Math. **8**, 383—388 (1956).

— [4] On polygons in real projective n-space. Math. Scand. **6**, 50—66 (1958).

— [5] A rank number for a class of polygons. Ann. Mat. pura appl. (4) **54**, 285—294 (1961).

— [6] Sugli spazi osculatori dei poligoni d'ordine n di L_n. Rend. Accad. Naz. Lincei (8) **33**, 253—259 (1962).

— [7] Sui poligoni aperti d'ordine n in uno spazio proiettivo reale di dimensione n. Rend. Accad. Naz. Lincei (8) **33**, 405—411 (1962).

— [8] Approssimazione di una Curve di L_n d'ordine n con un poligono dello stesso ordine. Rend. Accad. Naz. Lincei (8) **34**, 511—516 (1963).

— [9] A class of polygons with infinitely many sides. J. reine angew. Math. **216**, 31—42 (1964).

— [10] Iperpiani ad inflessione di poligoni. Ann. Mat. pura appl. (4) **71**, 267—280 (1966).

FABRICIUS-BJERRE, FR.: [1] Bevis for saetningen om 4 toppunkter paa en lukket konveks kurve, Mat. Tidsskr. B, **1936**, 76—78.

— [2] Nogle bemaerkninger om plane kurver af 3. orden og rumkurver af 4. orden. Mat. Tidsskr. B, **1942**, 12—20.

— [3] Über geschlossene Kurven (n + 1)-ter Ordnung im R_n mit einer Anwendung auf ebene Kurven der konischen Ordnung 5 und 6. Kgl. Danske Vidensk. Selsk. Skr., mat.-fys. Medd. **20**, Nr. 1, 1—25 (1942).

— [4] Sur les courbes du quatrième ordre, 10. Congrès des mathematiciens scandinaves. Copenhague **1946**, 65—69.

— [5] Note on a theorem of G. BOL. Arch. Math. **3**, 31—33 (1952).

— [6] On plane closed curves with two inflectional points. 12. Congr. Math. Scand., Lund **1953**, 42—43.

— [7] Om linaert-monotone elemantarkurver. Nord. mat. Tidsskr. **7**, 27—35 (1959).

— [8] Et bevis for 4-toppunkssaetningen. Nord. mat. Tidsskr. **8**, 115—116 (1960).

— [9] On strictly convex curves and linear monotonicity. Mh. Math. Phys. **65**, 213—219 (1961).

— [10] On a class of locally convex closed curves. Ann. Mat. pura appl. (IV) **55**, 47—54 (1961).

— [11] On polygons of order n in projective n-space, with an application to strictly convex curves. Math. Scand. **10**, 221—229 (1962).

— [12] A theorem on closed polygons in the projective plane. Nord. mat. Tidsskr. **10**, 143—146 (1962).

— [13] On the double tangents of plane closed curves. Math. Scand. **11**, 113—116 (1962).

FABRICIUS-BJERRE, FR.: [14] On linearly monotone curves in the projective n-space, Math. Scand. **14**, 179—184 (1964).
— [15] Eine Darstellung von J. HJELMSLEVS projektiver Infinitesimalgeometrie. Acta math. **95**, 111—154 (1956).
FENCHEL, W. [1] u. T. BONNESEN: Theorie der konvexen Körper. Ergebn. Math. **3**, 1—164 (Berlin 1935).
— [2] Sur les Variétés localement convexes des espaces projectifs. Colloque sur les Questions de réalité en géométrie. Liège **1955**, 95—104.
FUJIWARA, M.: [1] Ein Satz über konvexe geschlossene Kurven. Sci. Rep. Tôhoku Univ. (1) **9**, 289—294 (1920).
GERICKE, H.: [1] Lösung einer Aufgabe von W. BLASCHKE. Jber. dtsch. Math.-Ver. **49**, 31—34 (1939).
GRAF, H., u. R. SAUER: [1] Über dreifache Geradensysteme in der Ebene, welche Dreiecksnetze bilden. S.-Ber. math.-naturw. Abt. Bayer. Akad. Wiss. **1924**, 119—156.
— [2] Über besondere räumliche Geradenanordnungen derart, daß durch jeden Schnittpunkt gleichviele Geraden hindurchgehen. S.-Ber. math.-naturw. Abt. Bayer. Akad. Wiss. **1926**, 135—198.
GREENSPAN, D.: [1] On vertices of space arcs. Ann. mat. pura appl. (4) **44**, 45—72 (1957).
GROOT, J. DE, u. H. DE VRIES: [1] Convex sets in projective space. Compositio math. **13**, 113—118 (1957).
GUSTIN, W.: [1] Sets of finite planar order. Duke math. J. **14**, 51—66 (1947).
HAALMEIJER, B. P.: [1] Over elementairoppervlakken der derde orde (On elementary surfaces of the third order). Amsterdam Akad. Versl. **26**, 58—74; 320—337; 755—767 (1917); 1274—1281 (1918); Amsterdam Akad. Proc. **20**, 101—118; 304—321; 736—748 (1917/18).
— [2] Bijdragen tot de theorie der elementairoppervlakken (Beiträge zur Theorie der Elementarflächen). Diss. Amsterdam 1917.
— [3] On convex regions. Nieuw Arch. **12**, 152-160 (1917).
— [4] Over elementairoppervlakken der derde orde (5. Mitt.). Amsterdam Akad. Versl. **29**, 728—746 (1921).
HAHN, H.: [1] Reelle Funktionen I. (Lpz. 1932).
HALLER, J.: [1] Über die K_3-Schmieggebilde der ebenen Bogen von der K_3-Ordnung Drei. S.-Ber. physik.-med. Sozietät Erlangen **69**, 215—218 (1937).
— [2] Über ordnungsminimale Bogen bzw. Kurven in der Ebene und ihre k-Paratingenten. S.-Ber. math.-naturwiss. Kl. Bayer. Akad. Wiss. **1963**, 15—25.
HAUPT-AUMANN-PAUC: [1] Differential- und Integralrechnung (2. Aufl.) 1. Bd. (Berlin 1948), 2. Bd. (Berlin 1950).
HAUPT, O.: [1] Über zerlegbare Kurven. Math. Z. **22**, 8—15 (1925).
— [2] Zur JUELschen Theorie der reellen ebenen Kurven 4. Ordnung. S.-Ber. math.-naturwiss. Abt. Bayer. Akad. Wiss. **1925**, 1—8.
— [3] Über die Struktur reeller Kurven. J. reine angew. Math. **164**, 50—60 (1931).
— [4] Über Kontinua von beschränkter Ordnung. S.-Ber. math.-naturwiss. Abt. Bayer. Akad. Wiss. **1931**, 49—61.
— [5] Über Kontinua von endlicher Relativordnung. J. reine angew. Math. **167**, 20—39 (1932); **176**, 112 (1937).
— [6] Über die Struktur gewisser abgeschlossener Punktmengen. S.-Ber. math.-naturwiss. Abt. Bayer. Akad. Wiss. **1932**, 71—78.
— [7] Zur Theorie der Ordnung reeller Kurven in der Ebene. Mh. Math. Phys. **40**, 1—53 (1933).

HAUPT, O.: [8] Ein Satz über die reellen Raumkurven vierter Ordnung und seine Verallgemeinerung. Math. Ann. **108**, 126—142 (1933).

— [9] Über Raumbogen dritter Ordnung, welche die sphärische Ordnung Fünf besitzen. Math. Z. **37**, 589—593 (1933).

— [10] Über die gewöhnlich differenzierbaren Punkte der Bogen n-ter Ordnung im R_n. S.-Ber. math.-naturwiss. Abt. Bayer. Akad. Wiss. **1934**, 191—193.

— [11] Über ordnungsfeste Annäherung ebener Bogen. S.-Ber. math.-naturwiss. Kl. Heidelberger Akad. Wiss. **1934**, 7. Abh.

— [12] Über ebene Bogen und Kurven vom Maximalindex. S.-Ber. math.-naturwiss. Abt. Bayer. Akad. Wiss. **1935**, 37—70.

— [13] Gestaltsprobleme bei reellen Gebilden. Mh. Math. Phys. **43**, 261—274 (1936).

— [14] Zur Differentialgeometrie k-dimensionaler Gebilde im R_n. J. reine angew. Math. **176**, 95—111 (1937).

— [15] Zum Verteilungssatz der Strukturtheorie reeller Gebilde. Mh. Math. Phys. **46**, 84—92 (1937).

— [16] Bestimmung der zyklisch ordnungshomogenen ebenen Bogen. J. reine angew. Math. (a) **178**, 14—28 (1938); (b) **180**, 44—72 (1939).

— [17] Über Kongruenzregelflächen endlicher Ordnung. Mh. Math. Phys. **48**, 245—267 (1939).

— [18] Geometrische Ordnungen. Jber. dtsch. Math.-Ver. **49**, 190—207 (1939).

— [19] Linear-ordnungssinguläre Punkte ebener und räumlicher Bogen. S.-Ber. math.-naturwiss. Abt. Bayer. Akad. Wiss. **1939**, 253—263. Auch Jber. dtsch. Math.-Ver. **50**, 256—269 (1940) — J. reine angew. Math. **184**, 77—90 (1942).

— [20] Bemerkung über parabolisch konvexe und konkave Ovale. S.-Ber. med.-physik. Sozietät Erlangen **72**, 216—222 (1940/41).

— [21] Über Verallgemeinerungen des Böhmerschen und verwandter Ovalsätze. Abh. math. Seminar Univ. Hamburg **15**, 130—164 (1943).

— [22] Limessätze bei geometrischen Ordnungen. Ann. mat. pura appl. (4) **23**, 123—148 (1944). — Vgl. auch (a) S.-Ber. math. naturwiss. Kl. Bayer. Akad. Wiss. **1961**, 1—12 — (b) Math. Z. **77**, 81—93 (1961).

— [23] Über die kombinatorische Mindestordnung signierter Permutationen. J. reine angew. Math. **186**, 221—229 (1949).

— [24] Zur Struktur der Kompakta von endlicher Ordnung. Math. Ann. **120**, 423—429 (1948).

— [25] Schwache Ordnung im projektiven n-dimensionalen Raum. Math. Ann. **120**, 473—491 (1948).

— [26] Zur Verallgemeinerung des Vierscheitelsatzes und seiner Umkehrung. Ann. Mat. pura appl. (4) **27**, 293—320 (1948); **28**, 345 (1949).

— [27] Über einige affingeometrische Ovalsätze in der direkten Infinitesimalgeometrie. Math. Z. **51**, 635—657 (1949).

— [28] Über die Verteilung der Relativordnungen bezüglich eines Bogens. Math. Z. **52**, 527—546 (1949).

— [29] Zur Kennzeichnung der Kurven n-ter Ordnung im n-dimensionalen projektiven Raum. S.-Ber. math.-naturwiss. Kl. Bayer. Akad. Wiss. **1953**, 289—299.

— [30] Über Bogen mit lauter gleichartigen Schmieggebilden. Portugaliae Math. **13**, 1—23 (1953).

— [31] Bestimmung der Kontinua im E_n ohne n richtungsabhängige Paratingenten ($n \geq 2$). S.-Ber. math.-naturwiss. Kl. Bayer. Akad. Wiss. **1956**, 295—327.

— [32] Sur la notion de courbe continue dépourvue de paratingentes parallèles. C. R. Acad. Sci., Paris **244**, 297—299, 440—442 (1957).

HAUPT, O.: [33] Verallgemeinerung eines ordnungsgeometrischen Reduktionssatzes. J. reine angew. Math. **200**, 170—181 (1958).

— [34] Ordnungs- und infinitesimalgeometrische Probleme. Versuch einer Klassifikation. Portugaliae Math. **18**, 167—175 (1959).

— [35] Zur Verallgemeinerung des Rosenthalschen Struktursatzes für die ebenen dualisierbaren Kurven. J. reine angew. Math. **204**, 11—29 (1960).

— [36] Zur Verallgemeinerung des Zweischeitelsatzes bei ebenen Kurven. Arch. Math. **11**, 294—297 (1960).

— [37] Über die Existenz ordnungshomogener Bogen in der Ebene bezüglich vorgegebener Ordnungscharakteristiken. Bull. Soc. roy. Sci., Liège **30**, 195—209 (1961). — Für Bogen im projektiven R_n bzgl. der Hyperebenen als Ordnungscharakteristiken. Bull. Soc. roy. Sci., Liège **31**, 321—333 (1962).

— [38] Untersuchungen zur Barnerschen Verallgemeinerung des Vierscheitelsatzes auf Raumkurven. Math. Ann. **144**, 1—16 (1961); **139**, 151—170 (1959); **142**, 225—243 (1961).

— [39] Verallgemeinerung eines Satzes von Möbius. Bull. Soc. Math. Grèce. Nouv. Série, **3**, 1—11 (1962); **1**, 19—42 (1960).

— [40] Aus der Theorie der geometrischen Ordnungen. Jber. dtsch. Math.-Ver. **65**, 148—186 (1963).

— [41] Ein Kriterium für Bogensummen in der Ebene. Abh. math. Seminar Univ. Hamburg **27**, 124—141 (1964).

— [42] Verallgemeinerung eines Satzes über Konvexbogen. J. reine angew. Math. **214/215**, 419—431 (1964).

— [43] Bemerkung über Maximalsekanten ebener Kontinua. Math. Ann. **155**, 196—203 (1964).

— [44] Verallgemeinerung zweier Sätze über interpolatorische Funktionensysteme. Akad. d. Wiss. u. d. Lit. Abh. math.-naturwiss. Kl. **1965**, Nr. 4.

— [45] Über die Gleichwertigkeit zweier Axiomsysteme für Ordnungscharakteristiken in der Ebene. Math. Ann. **164**, 42—50 (1966).

— [46] Ordnungsgeometrische Limessätze in kompakten Räumen. II. Mitt.: Punktordnungswerte. J. reine angew. Math. **224**, 82—101 (1966).

— [47] Zur Verallgemeinerung der konvexen Funktionen und Kurven. Bull. Soc. math. de Grèce. N. Sér. **6**. 1—26 (1965).

HAUSDORFF, F.: [1] Mengenlehre, 3. Aufl. Berlin-Leipzig 1935.

HELLY, E.: [1] Über Mengen konvexer Körper mit gemeinschaftlichen Punkten. Jber. dtsch. Math.-Ver. **32**, 175—176 (1923).

HJELMSLEV, J.: [1] Om konvekse Omrader. Nyt Tidsskr. for Mat. **1905**, 16 B, 81—97.

— [2] Om Grundlaget for Laeren om simple Kurver. Nyt Tidsskr. for Mat. **1907**, 18 B, 49—70.

— [3] Contribution à la géométrie infinitésimale de la courbe réelle. Overs. over d. Kgl. Danske Vidensk. Selsk. Forh. **1911**, Nr. 5.

— [4] Introduction à la théorie des suites monotones. Overs. over d. Kgl. Danske Vidensk. Selsk. Forh. **1914**, Nr. 1.

— [5] Om Polygoner og Polyedre. Mat. Tidsskr. **1925**, B 65—73.

— [6] Die graphische Geometrie. Forh. Ättonde skand. Mat.-Kongr. Stockholm **1934**, 3—12.

— [7] Ein Satz über monotone Raumkurven im R_n mit einer Anwendung auf elliptisch und hyperbolisch gekrümmte Ovale. Acta math. **87**, 59—82 (1952).

JACKSON, S. B.: [1] Vertices for plane curves. Bull. Amer. math. Soc. **50**, 564—578 (1944).

JACKSON, S. B.: [2] The four-vertex-theorem for surfaces of constant curvature. Amer. J. Math. **67**, 563—582 (1945).
— [3] A note on arcs of finite cyclic order. Proc. Amer. math. Soc. **12**, 364—368 (1961).
JUEL, C.: [1] Indledning i Laeren om de grafiske Kurver. Kgl. Danske Vidensk. Selsk. Skr. (6) **10**, 1—90 (1899).
— [2] Om ikke-analytiske Kurver. Kgl. Danske Vidensk. Selsk. Skr. (7) **1**, 297—355 (1906).
— [3] Über nicht-analytische Raumkurven. Jber. dtsch. Math.-Ver. **16**, 196—204 (1907).
— [4] Note om en ikke analytisk Omdrejningsflade. Nyt. Tidssk. Math. **1909**, 20 B, 41—46.
— [5] Om simple cykliske Kurver. Kgl. Danske Vidensk. Selsk. Skr. (7) **8**, 365—385 (1911).
— [6] Sur les surfaces cubiques simples. C. R. Acad. Sci., Paris **152**, 1219—1221 (1911).
— [7] Om algebraiske og ikke-algebraiske Flader. 2. Skand. Mat. Kongr. **1912**, 91—97.
— [8] Über Elementarflächen. Jber. dtsch. Math.-Ver. **22**, 345—350 (1913).
— [9] Einleitung in die Theorie der ebenen Elementarkurven dritter und vierter Ordnung. Kgl. Danske Vidensk. Selsk. Skr. (7) **11**, 113—167 (1914).
— [10] Einige Sätze über ebene ein- und mehrteilige Elementarkurven vierter Ordnung. Math. Ann. **76**, 343—353 (1915).
— [11] Einleitung in die Theorie der Elementarflächen dritter Ordnung. Math. Ann. **76**, 548—574 (1915).
— [12] Über die verallgemeinerte Steinersche Fläche. Jber. dtsch. Math.-Ver. **24**, 17—24 (1915).
— [13] Die elementare Ringfläche vierter Ordnung. Kgl. Danske Vidensk. Selsk. Skr. (8) **2**, 179—198 (1917).
— [14] Die gewundenen Kurven vom Maximalindex auf einer Regelfläche zweiter Ordnung. Kgl. Danske Vidensk. Selsk. Skr. (8) **2**, 279—294 (1917).
— [15] Note über die paaren Zweige einer ebenen Elementarkurve vierter Ordnung. Kgl. Danske Vidensk. Selsk. mat.-fys. Medd. III, **5** (1920).
— [16] Die Elementarfläche dritter Ordnung mit vier konischen Doppelpunkten. Kgl. Danske Vidensk. Selsk. mat.-fys. Medd. III, **6** (1920).
— [17] Über Flächen vom Maximalindex. Kgl. Danske Vidensk. Selsk. mat.-fys. Medd. VI, **5** (1924).
— [18] F. Kleins Satz über die reellen Singularitäten einer algebraischen Kurve. Skand. Mat. Kongr. **1925**, 119—126.
— [19] Über die Kongruenz zweiten Grades und die Kummersche Fläche. Acta math. **49**, 163—181 (1926).
— [20] Beispiele von Elementarkurven und Elementarflächen. Atti Congr. intern. Mat. Bologna **1928**, t.4, Communic. Sez. 2, 195—215.
KARLIN, S., u. L. S. SHAPLEY: [1] Geometry of moment spaces. Mem. Amer. Math. Soc. **12**, (1953) 93 S.
KERÉKJÁRTO, B. v.: [1] Vorlesungen über Topologie I. (Berlin 1923).
KIVIKOSKI, E. (= STENFORS): [1] Ein Satz über völlig stetige geschlossene Kurven. Comm. phys. math. Soc. Sci. Fennicae **1**, 27 (1922) 5 S.
— [2] Über Streckenzüge in der projektiven Ebene. Ann. Acad. Sci. Fennicae A **28**, Nr. 14 (1928) 56 S.
— [3] Zur Theorie der projektiven Vielseite. Ann. Acad. Sci. Fennicae A **32**, Nr. 3 (1929) 21 S.

KIVIKOSKI, E. (=STENFORS): [4] Kennzeichnung der Kurven zweiter und dritter Ordnung. Ann. Acad. Sci. Fennicae A **44**, Nr. 2 (1935) 31 S.

— [5] Zur Kennzeichnung der Kurven durch Singularitäten. Ann. Acad. Sci. Fennicae, Ser. A., I. Math.-Phys. **1952**, 131, 21 S.

KNESER, A.: [1] Synthetische Untersuchungen über die Schmiegungsebenen beliebiger Raumkurven und die Realitätsverhältnisse spezieller Kegelschnittsysteme. Math. Ann. **31**, 507—548 (1888).

— [2] Allgemeine Sätze über die scheinbaren Singularitäten beliebiger Raumkurven. Math. Ann. **34**, 201—226 (1889).

— [3] Einige allgemeine Sätze über die einfachsten Gestalten ebener Kurven. Math. Ann. **41**, 349—376 (1893).

— [4] Bemerkungen über die Anzahl der Extreme der Krümmung auf geschlossenen Kurven und über verwandte Fragen in einer nicht-euklidischen Geometrie. Festschrift z. 70. Geburtstag von H. Weber, Leipzig-Berlin **1912**, 170—180.

KNESER, H.: [1] Neuer Beweis des Vierscheitelsatzes. Christian Huygens **2**, 315 bis 318 (1922/23).

KOWALSKY, H.-J.: [1] Topologische Räume. Basel-Stuttgart 1961.

— [2] Bemerkungen zum Brückensatz. S.-Ber. math.-naturwiss. Kl. Bayer. Akad. Wiss. **1963**, 71—81.

KUBOTA, T.: [1] Eine kennzeichnende Eigenschaft der ebenen algebraischen Kurven n-ter Ordnung. Math. Z. **31**, 625—628 (1930).

KÜNNETH, H.: [1] Eine Kennzeichnung lokal konvexer Kurven. J. reine angew. Math. **191**, 158—164 (1953).

— [2] Dualisierbare Kurven im R^3. J. reine angew. Math. **201**, 84—99 (1959).

— [3] Dualisierbare Kurven im R_n. Math Ann. **140**, 198—226 (1960).

— [4] u. O. HAUPT: Über einige allgemeine Sätze bei JUELschen Ordnungsproblemen. S.-Ber. math.-naturwiss. Kl. Bayer. Akad. Wiss. **1960**, 17—25.

— [5] Zu einem Satz von HJELMSLEV über monotone Bogen. Math. Z. **76**, 199—208 (1961).

— [6] Zur Struktur der schwach ordnungsminimalen Kontinuen. Bull. Soc. Math. Grèce, [NS] **2**, 82—103 (1961).

— [7] Die Theorie der geometrischen Ordnungen. Advances in Math. **1**, 103—144 (1964).

LANE, N. D. [1] u. P. SCHERK: Differentiable points in the conformal plane. Canad. J. Math. **5**, 512—518 (1953).

— [2] u. P. SCHERK: Characteristic and order of differentiable points in the conformal plane. Trans. Amer. Math. Soc. **81**, 358—378 (1956).

— [3] Differentiable points and arcs in conformal n-space. Pacific. J. Math. **6**, 301—313 (1956).

— [4] Characteristic and order of a differentiable point in conformal n-space. Trans. Roy. Soc. Canada III, **50**, 47—52 (1956).

— [5] Differentiability properties of arcs of order $n+1$ in conformal n-space. Trans. Roy. Soc. Canada III, **51**, 45—53 (1957).

— [6] u. F. A. SHERK: Differentiable points of arcs in conformal 3-space. Canad. J. Math. **8**, 105—118 (1956).

— [7] Parabolic differentiation. Canad. J. Math. **15**, 546—562 (1963).

— [8] u. K. D. SINGH: Conical differentiation. Canad. J. Math. **16**, 169—190 (1964).

— [9] Arcs of parabolic order four. Canad. J. Math. **16**, 321—338 (1964).

— [10] u. K. D. SINGH: Arcs of conical order five. Journ. r. u. angew. Math. **217**, 109—127 (1965).

LANE, N. D.: [11] u. K. D. SINGH u. P. SCHERK: Monotony of the osculating circles of arcs of cyclic order three. Canad. Math. Bull. **7**, 265—271 (1964).
— [12] u. K. D. SINGH: Order and caracteristic of conically differentiable points. Erscheint in Journ. r. u. angew. Math.
— [13] u. K. D. SINGH: Order and caracteristic of parabolically differentiable points. Ann. Mat. Pura Appl. (IV) **71**, 127—164 (1966).
— [14] u. K. D. SINGH: Parabolically differentiable functions. Noch unveröffentlicht.
— [15] u. K. D. SINGH: Conically differentiable functions. Noch unveröffentlicht.
LINSMAN, M.: [1] Sur les surfaces réglées du troisième ordre en géométrie finie. Bull. Sci. Math. (2) **60**, 1—8 (1936).
— [2] Sur les singularités des courbes élémentaires en géométrie finie. Bull. Cl. Sci. Acad. roy. Belgique (5) **22**, 688—698, 873—884 (1936).
— [3] Sur les arcs et les courbes réels gauches du quatrième ordre. C. R. Acad. Sci., Paris **204**, 463—465 (1937).
— [4] Sur la théorie de l'ordre des figures réelles etc. Enseignement Math. **37**, 23—48 (1938).
— [5] Sur certaines involutions topologiques. Bull. Cl. Sci., Acad. roy. Belgique (5) **24**, 693—709 und 781—790 (1938).
— [6] Introduction à une théorie abstraite de la notion de l'ordre des figures réelles. Acad. roy. Belgique Cl. Sci. Mém., **17**, Fasc. 3 (1938) 45 S.
— [7] Les involutions topologiques. C. R. Congr. Sci. Math. Liège **1939**.
— [8] Sur la configuration des arcs d'ordre linéaire $n+1$ d'un S_n. Bull. Soc. roy. Sci. Liège **10**, 350—354 (1941).
LOCHER-ERNST, L.: [1] Einführung in die freie Geometrie ebener Kurven. Basel 1952.
MARCHAUD, A.: [1] Sur les courbes rectifiables à indicatrice sphérique continue, considérées comme ensembles continus. Bull. Sci. Math. (2) **52**, 304—312 (1928).
— [2] Sur les continus d'ordre borné. Acta math. **55**, 67—115 (1930).
— [3] Sur une propriété topologique intuitive caractéristique des courbes de Jordan sans point double. Mathematica **4**, 137—156 (1930).
— [4] Sur diverses extensions de la notion de continu d'ordre borné. Ann. Sci. École norm. sup. (3) **49**, 113—136 (1932).
— [5] Sur une condition nécessaire et suffisante d'existence des demi-tangentes en un point d'un arc simple. Bull. Sci. math. (2) **56**, 178—182 (1932).
— [6] Sur les demi-sécantes et les semi-tangentes aux ensembles. J. Math. pur. appl. (9) **12**, 415—443 (1933).
— [7] Sur une condition de quasi-rectificabilité. Fundamenta Math. **20**, 105—116 (1933).
— [8] Sur les surfaces convexes. Bull. Sci. math. (2) **58**, 52—57 (1934).
— [9] Les surfaces du second ordre en Géométrie finie. J. Math. pur. appl. (9) **15**, 293—300 (1936).
— [10] Sur le contingent et le paratingent en un point d'une surface simple de Jordan. C. R. Acad. Sci. Paris **204**, 86—88 (1937).
— [11] Sur quelques propriétés différentielles des ensembles. Confér. Réunion internat. Math. Paris 1—13 (1937).
— [12] Sur les surfaces du troisième ordre de la géométrie finie. J. Math. pur. appl. (9) **18**, 323—362 (1939).
— [13] Sur les propriétés différentielles du premier ordre des surfaces simples de Jordan et quelques applications. Ann. Sci. École norm. sup. (3) **63**, 81—108 (1947).

MARCHAUD, A.: [*14*] Sur les ovales. Ann. Soc. Polon. Math. **21**, 324—331 (1948).
— [*15*] Sur les propriétés différentielles du premier ordre des surfaces d'ordre borné et plus particulièrement de celles du troisième ordre. Ann. Sci. École norm. sup. (3) **69**, 303—370 (1952).
— [*16*] Sur une classe de points singuliers des surfaces du troisième ordre de la Géométrie finie. J. Math. pur. appl. (9) **31**, 319—340 (1952).
— [*17*] Points singuliers des surfaces du troisième ordre de la Géométrie finie. Proc. Intern. Math. Congr. Amsterdam 1954, Vol. II, 240—241.
— [*18*] Propriétés différentielles des courbes et des surfaces d'ordre borné. Centre Belge Recherches Math. Coll. Questions de Réalité en Géométrie, Liège 1955, 39—57.
— [*19*] La Géométrie finie et ses richesses. Univ. Paris Conférences Palais Découverte 1958.
— [*20*] Un théorème sur les corps convexes. Ann. Sci. École norm. sup. (3) **76**, 283—304 (1959).
— [*21*] Sur les ensembles linéairement connexes. Ann. Mat. pura appl. (4) **56**, 131—157 (1961).
— [*22*] Sur certaines relations algébriques entre les droites d'une même surface du troisième ordre de la Géométrie finie. C. r. Acad. Sci. Paris **255**, 3349 bis 3350 (1962).
— [*23*] Un nouveaux théorème sur les droites de la surface du troisième ordre en Géométrie finie. C. r. Acad. Sci. Paris **257**, 3552—3553 (1963); **258**, 2474 (1964).
— [*24*] Sur les courbes et les surfaces du troisième ordre en Géométrie finie. Bull. Cl. Sci., Acad. roy. Belgique (5) **49**, 555—575 (1963).
— [*25*] Sur les droites de la surface du troisième ordre de la Géométrie finie: I. Premier mémoire. J. math. p. appl. **44**, 49—69 (1965). — II. Second mémoire. Ann. École norm. sup. (3) **81**, 207—265 u. 409 (1964).
MENGER, K.: [*1*] Dimensionstheorie (Leipzig 1928).
— [*2*] Kurventheorie (Leipzig 1932).
MEYNIEUX, R.: [*1*] Sur les surfaces élémentaires du troisième ordre. Bull. Sci. math. (2) **60**, 232—234 (1936).
— [*2*] Sur une propriété caractéristique des courbes et surfaces algébriques. C. r. Acad. Sci. Paris **222**, 715—716 (1946).
MÖBIUS, F. A.: [*1*] Über die Grundformen der Linien dritter Ordnung. Ges. Werke II (Leipzig 1886) 89—176; Selbstanzeige hierzu 177—182.
— [*2*] Über die Gestalt sphärischer Kurven, welche keine merkwürdigen Punkte haben. Ges. Werke II, 183—187.
MOHRMANN, H.: [*1*] Über beständig elliptisch, parabolisch oder hyperbolisch gekrümmte Kurven. Math. Ann. **72**, 285—291 (1912).
— [*2*] Über beständig hyperbolisch gekrümmte Kurvenstücke. Math. Ann. **72**, 593—595 (1912).
— [*3*] Über beständig hyperbolisch gekrümmte Kurvenstücke. Jber. dtsch. Math.-Ver. **21**, 286—292 (1913).
— [*4*] Die Minimalzahl der Scheitel einer geschlossenen konvexen Kurve. Circ. Mat. Palermo **37**, 267—268 (1914).
— [*5*] Gewundene reelle Kurvenzüge beliebig hoher Ordnung ohne reelle Singularität. S.-Ber. math.-physikal. Kl. Bayer. Akad. Wiss. **1916**, 201—208.
— [*6*] Die Minimalzahl der stationären Ebenen eines räumlichen Ovals. S.-Ber. math.-physikal. Kl. Bayer. Akad. Wiss. **1917**, 1—3.
— [*7*] Über algebraische und nichtalgebraische gewundene Kurven n-ter Ordnung vom Maximalindex. Math. Ann. **78**, 171—176 (1918).

MOHRMANN, H.: [8] Reduzible Kurven vom Maximalindex. Math. Ann. **92**, 58—68 (1924).
MOLDOVAN, E.: [1] Sur une généralisation des fonctions convexes. Mathematica **1**, 49—80 (1959).
MONTEL, P.: [1] Sur la géométrie finie et les travaux de M. C. JUEL. Bull. Sci. math. **48**, 109—128 (1924).
— [2] Les débuts de la géométrie finie. Colloque sur les Questions de réalité en géométrie, Liège **1955**, 27—37.
MOTZKIN, TH.: [1] Convex type varieties. Proc. nat. Acad. Sci. USA **46**, 1090—1092 (1960).
MUKHOPADHYAYA, S.: [1] Geometrical Theory of a plane Non-cyclic Arc, finite as well as infinitesimal. J. Asiatic Soc. Bengal, New Series, IV (1908) = Collected geometrical Papers (Calcutta 1929) Part I, 1—12.
— [2] New Methods in the Geometry of a plane Arc. I. Cyclic and Sextactic Points. Bull. Calcutta Math. Soc. 1 (1909) = Coll. Papers Part. I, 13—20.
— [3] Some General Theorems in the Geometry of a plane Curve. 1922 (Calcutta Univ. Publ.) = Coll. Papers Part. I, 105—118.
— [4] Extended Minimum-Number Theorems of cyclic and sextactic Points on a plane convex Oval. Math. Z. **33**, 648—662 (1931).
— [5] Generalized form of BÖHMERS Theorem for an elliptically curled Non-analytic Oval. Math. Z. **30**, 560—571 (1929) = Coll. Papers Part. I, 33—46.
NEWTON, J.: [1] Enumeratio linearum tertii ordinis (1704).
NÖBELING, G.: [1] Über die topologische Struktur der Mengen endlicher Ordnung. J. reine angew. Math. **180**, 129—140 (1939).
— [2] Geometrische (Realitäts-) Ordnung und topologische Struktur. J. reine angew. Math. **183**, 37—67 (1941).
OSTROWSKI, A.: [1] Vorlesungen über Differential- und Integralrechnung. 2. Bd. 2. Aufl. Basel-Stuttgart 1961.
— [2] Über die Verbindbarkeit von Linien- und Krümmungselementen durch monoton gekrümmte Kurvenbogen. Enseignement math. (2) **2**, 277—292 (1956).
— [3] Über die Evoluten von endlichen Ovalen. J. reine angew. Math. **198**, 14—27 (1957).
PIMIÄ, L.: [1] Über Vielflache dritter Ordnung. Ann. Acad. Sci. Fennicae A **49**, Nr. 2 (1938).
— [2] Über projektive Vielseite dritter Ordnung. Ann. Acad. Sci. Fennicae A **51**, Nr. 51 (1938).
— [3] Über zusammengesetzte Vielflache dritter Ordnung. Ann. Acad. Sci. Fennicae A **52**, Nr. 1 (1938).
PODEHL, E.: [1] Über berührende Kegelschnitte. Math. Z. **32**, 59—63 (1930).
POHL, W. F.: [1] On a theorem related to the four-vertex theorem. Erscheint in Ann of Math.
POPOVICIU, T.: [1] Les fonctions convexes. Paris 1945.
ROSENTHAL, A.: [1] Über die Singularitäten der reellen, ebenen Kurven. Math. Ann. **73**, 480—521 (1913).
— [2] Über Gebilde mit einzigem Ordnungsindex. S.-Ber. math.-physikal. Kl. Bayer. Akad. Wiss. **1922**, 221—240.
— [3] Über Kontinua von endlicher Ordnung. J. reine angew. Math. **167**, 270—273 (1932).
— [4] Über die Nichtexistenz von Kontinuen in gewissen Mengen mit einziger Ordnungszahl. S.-Ber. math.-naturwiss. Kl. Akad. Wiss. Heidelberg **1934**, 13. Abh., 10 Seiten.

ROSENTHAL, A.: [5] Die Translationsordnung ebener Kurven. Mh. Math. Phys. **45**, 76—91 (1937).

SALZMANN, H.: [1] Kompakte zweidimensionale projektive Ebenen. Math. Ann. **145**, 401—428 (1962).

— [2] Zur Klassifikation topologischer Ebenen. Math. Ann. **150**, 226—241 (1963) sowie die dort zitierte Literatur.

SAUER, R. s. H. GRAF und R. SAUER [1, 2].

SAUTER, J.: [1] Über die Stetigkeit der Tangentialschmieghalbräume eines Bogens n-ter (Realitäts-) Ordnung im projektiven R_n. S.-Ber. physik.-med. Sozietät Erlangen **65**, 189—190 (1934).

— [2] Zur Theorie der Bogen n-ter Realitätsordnung im R_n. 1. Mitt. Math. Z. **41**, 507—536 (1936); 2. Mitt. **42**, 580—592 (1937).

SCHERK, P.: [1] Über reelle geschlossene Raumkurven vierter Ordnung. Math. Ann. **112**, 743—766 (1936).

— [2] Über differenzierbare Kurven und Bögen I. Zum Begriff der Charakteristik Časopis Pěst mat. a fys. **66**, 165—171 (1937).

— [3] Desgl. II. Elementarbogen und Kurve n-ter Ordnung im R_n. Časopis Pěst. mat. a fys. **66**, 172—191 (1937).

— [4] Desgl. III. Über Punkte $(n+1)$-ter Ordnung auf Bögen im R_n. Ann. Mat. pura appl. (IV) **17**, 289—305 (1938).

— [5] On differentiable arcs and curves IV. On the singular points of curves of order $n+1$ in projective n-space. Ann. Math. **46**, 68—82 (1945).

— [5a] Desgl. IVa. On certain singularities of curves of order $n+1$ in projective n-space. Ann. Math. **46**, 175—181 (1945).

— [6] Desgl. V. On a class of mappings of the curves of order $n+1$ in projective n-space into themselves. Ann. Math. **47**, 786—805 (1946).

— [7] Desgl. VI. Primitive osculating spaces of curves of order $n+1$ in projective n-space (69 Schreibmaschinenseiten; unveröffentlicht).

— [8] A remark on curves of order n in n-space. Trans. Roy. Soc. Canada **47**. III. 35—36 (1953).

— [9] Dually differentiable points on plane arcs. Trans. Roy. Soc. Canada **48**, III, 43—48 (1954).

— [10] Elementary points on plane arcs. Trans. Roy. Soc. Canada **48**, III, 49—53 (1954).

— [11] u. N. D. LANE: Differentiable points in the conformal plane. Canad. J. Math. **5**, 512—518 (1953).

— [12] u. N. D. LANE: Characteristic and order of differentiable points in the conformal plane. Trans. Amer. Math. Soc. **81**, 358—378 (1956).

SCHOENBERG, I. J., u. A. WHITNEY: [1] A theorem on polygons in n dimensions with applications to variation-dimishing and cyclic variation-dimishing linear transformations. Compositio math. **9**, 141—160 (1951).

— [2] On smothing operations and their generating functions. Bull Amer. Math. Soc. **59**, 199—230 (1953) (insbes. 205ff., 226ff.).

— [3] An isoperimetric inequality for closed curves convexes in even-dimensional Euclidean spaces. Acta math. **91**, 143—164 (1954).

SEGRE, B.: [1] Intorno alle ovali sghembe, e su di un'estensione del teorema di Cavalieri-Lagrange alle funzioni di due variabili. Mem. Accad. Ital. Cl. Sci. fis. mat. nat. **7**, 365—397 (1936).

— [2] Sur l'algébricité des courbes ayant un ordre relativ réel convenable. J. Math. pure appl. (IX) **35**, 43—54 (1956).

STAUDT, G. K. CH. VON: [1] Geometrie der Lage (Nürnberg 1847).

SZ. NAGY, GY. (J) v.: [1] Über die reellen Züge algebraischer ebener und Raumkurven. Math. Ann. **77**, 416—429 (1916).

— [2] Über Kurven vom Maximalklassenindex. Über Kurven vom Maximalindex. Math. Ann. **89**, 32—75 (1923); **90** 150—151 (1924).

— [3] Über einen v.-Staudtschen-Satz. Acta Sci. math. (Szeged) **2**, 65—68 (1924).

— [4] Über die irreduziblen ebenen Kurven vom Maximalindex.. Acta Sci. math. (Szeged) **3**, 96—106 (1927).

— [5] Über Flächen vom Maximalindex. Math. Ann. **98**, 657—683 (1928).

— [6] Über die charakteristischen Zahlen einer Kurve vom Maximalklassenindex. Math. Ann. **100**, 164—178 (1928).

— [7] Über die Züge der ebenen Kurven vom Maximalklassenindex. Math. Ann. **100**, 179—187 (1928).

— [8] Über die ebenen reduziblen Kurven gegebener Klasse vom Maximalklassenindex mit der Maximalanzahl ineinanderliegender Ovale. Math. Ann. **103**, 502—515 (1930).

— [9] Über die ebenen Kurven vom Maximalindex und vom Maximalklassenindex. Jber. dtsch. Math.-Ver. **41**, 82—87 (1932).

— [10] Einige Sätze über ebene Elementarkurven. Acta Sci. math. (Szeged) **5**, 83—89 (1931).

— [11] Über die Ordnung der ebenen Kurven vom Maximalklassenindex. Math. Z. **35**, 80—92 (1932).

— [12] Über die Ungleichungen für die Ordnung der ebenen Kurven vom Maximalklassenindex. Math. Z. **37**, 493—513 (1933).

— [13] Über die Ovaloidschalen der Flächen vom Maximalindex. Acta Sci. math. (Szeged) **7**, 244—248 (1935).

— [14] Über eine Zerlegung der ebenen Kurven vom Maximalindex. Acta Sci. math. (Szeged) **8**, 136—146 (1937).

— [15] Über die Zirkulation der ebenen Kurven vom Maximalindex. Acta Sci. math. (Szeged) **8**, 147—148 (1937).

— [16] Über die Buschenveloppen von H. Brunn. Math. Z. **41**, 479—492 (1936).

— [17] Über Raumkurven vom Maximalindex. J. reine angew. Math. **177**, 197—214 (1937).

— [18] Über Kurven vom Maximalindex in mehrdimensionalen Räumen. Math. naturwiss. Anz. Ungarische Akad. Wiss. **55**, 550—570 (1937). Mit deutschem Auszug.

— [19] Über die aus Regelflächen zweiter Ordnung bestehenden Flächen vom Maximalindex. Jber. dtsch. Math.-Ver. **47**, 145—148 (1937).

— [20] Über ebene Vielecke, insbesondere über ebene einfache Vielecke. Math. naturwiss. Anz. Ungarische Akad. Wiss. **57**, 51—76 (1937). Mit deutschem Auszug.

— [21] Über die Eigenschaften der beschränkten ebenen Kurven ohne Tangentensingularität. Math. Z. **46**, 605—626 (1940).

— [22] Über die Kurven n-ter Ordnung im projektiven q-dimensionalen Raum für $n < 2q$. J. reine angew. Math. **183**, 1—8 (1941).

— [23] Zur Theorie der Flächen vom Maximalindex. J. reine angew. Math. **183**, 129—147 (1941).

— [24] Reduzible algebraische Kurven vom Maximalindex in den mehrdimensionalen Räumen. Math. naturwiss. Anz. Ungarische Akad. Wiss. **60**, 33—47 (1941). Mit deutschem Auszug.

— [25] Irreduzible algebraische Kurven vom Maximalindex in den mehrdimensionalen Räumen. Math. naturwiss. Anz. Ungarische Akad. Wiss. **60**, 49—61 (1941). Mit deutschem Auszug.

Sz. NAGY, GY. (J) v.: [*26*] Ein Beweis des Vierscheitelsatzes. Jber. dtsch. Math.-Ver. **52**, 198—200 (1943).

— [*27*] Geometrie endlicher Ordnung. Jber. dtsch. Math.-Ver. **53**, 103—136 (1943).

— [*28*] Kurven vom Maximalindex in mehrdimensionalen projektiven Räumen. J. reine angew. Math. **186**, 30—39 (1949).

— [*29*] Algebraische Kurven vom Maximalindex im mehrdimensionalen Raum. J. reine angew. Math. **186**, 40—48 (1949).

— [*30*] Über die Lage der Doppelgeraden von gewissen Flächen gegebener geometrischer Ordnung. Acta Sci. math. (Szeged) **11**, 234—238 (1948).

— [*31*] Darstellung algebraischer Flächen von Gestalt einer Kurve. Hungarica Acta math. **1**, 4. füzet, 10—11 (1949).

— [*32*] Ein topologischer Satz über endliche geschlossene Kurven in der Ebene. Elemente Math. **4**, 85—86 (1949).

— [*33*] Ein anschaulicher Beweis der ersten Plückerschen Formel. Publ. Math., Debrecen **1**, 71—72 (1950).

Sz. NAGY, B. v.: [*1*] Über projektive Vielecke und Vielseiten. Math. naturwiss. Anz. Ungarische Akad. Wiss. **57**, 105—119 (1938). Mit einem deutschen Auszug.

VALETTE, G.: [*1*] Cubiques topologiques à 1 Dimension. Arch. Math. **16**, 265—273 (1965).

— [2] Structures d'ovale topologique sur le cercle. Acad. Royale de Belgique. Bull. Cl. Sci. (5) **51**, 586—597 (1965).

VRIES, H. DE s. J. DE GROOT und H. DE VRIES [*1*].

WHITNEY, H.: [*1*] On regular closed curves in the plane. Comp. Math. **4**, 276—284 (1937).

Namenverzeichnis

Sachverzeichnis

The manufacturer's authorised representative in the EU is Springer Nature Customer Service Centre GmbH, Europaplatz 3, 69115 Heidelberg, Germany. If you have any concerns regarding our products, please contact ProductSafety@springernature.com

Printed and bound by CPI Group (UK) Ltd, Croydon, CR0 4YY
28/04/2026
02098508-0003